# 阳泉矿区瓦斯综合防治与利用技术

令狐建设　主　编

中国矿业大学出版社
·徐州·

## 内 容 简 介

本书结合煤矿瓦斯理论，系统介绍了阳泉矿区瓦斯地质情况和瓦斯综合防治与利用技术。全书内容共七章，分为绪论、阳泉矿区瓦斯赋存规律与突出机理、阳泉矿区煤与瓦斯突出区域探测与局部实时预警、阳泉矿区瓦斯抽采新技术、阳泉矿区瓦斯增透技术、阳泉矿区瓦斯防治智能管控技术、阳泉矿区瓦斯利用新技术。

本书内容为阳泉矿区多年瓦斯防治与利用经验和技术的总结，介绍了阳泉矿区成功先进的瓦斯防治与利用经验，内容可供其他矿区学习借鉴、专业读者了解相关技术。

**图书在版编目(CIP)数据**

阳泉矿区瓦斯综合防治与利用技术 / 令狐建设主编.
—徐州 ：中国矿业大学出版社，2021.11
ISBN 978-7-5646-5146-6

Ⅰ.①阳… Ⅱ.①令… Ⅲ.①瓦斯—综合治理—阳泉
Ⅳ.①TD712

中国版本图书馆 CIP 数据核字(2021)第 195432 号

**书　　名** 阳泉矿区瓦斯综合防治与利用技术
**主　　编** 令狐建设
**责任编辑** 陈　慧
**出版发行** 中国矿业大学出版社有限责任公司
(江苏省徐州市解放南路　邮编 221008)
**营销热线** (0516)83884103　83885105
**出版服务** (0516)83995789　83884920
**网　　址** http://www.cumtp.com　**E-mail**:cumtpvip@cumtp.com
**印　　刷** 徐州中矿大印发科技有限公司
**开　　本** 787 mm×1092 mm　1/16　**印张** 50.75　**字数** 1267 千字
**版次印次** 2021 年 11 月第 1 版　2021 年 11 月第 1 次印刷
**定　　价** 198.00 元

# 编审委员会

# 前　言

我国“缺气、少油、相对富煤”，2020年我国煤炭占一次能源消费的比例为56.7%左右，原油、天然气对外依存度分别达73%、43%。中国工程院预测：2050年煤炭占一次能源消费比例还将保持在50%左右，2050年以前以煤炭为主导的能源结构难以改变。

座落在太行山西麓、石太线中段的阳泉矿区，是全国最大的无烟煤生产基地，素有“太行明珠”之称。1950年阳泉矿务局建局，2020年阳泉煤业(集团)有限责任公司更名为华阳新材料科技集团有限公司，企业成立70余年来，为保障国家煤炭供给作出了卓越贡献。然而，阳泉矿区是我国煤与瓦斯突出频率最高、瓦斯涌出量最大、自然灾害最严重的矿区之一，瓦斯防治一直是制约矿区安全高效生产的大难题。

近年来，华阳集团针对高突矿井煤层碎软、透气性差、瓦斯含量高、抽采困难及利用率低的特点，开展了大量的瓦斯预测防治与利用方面的创新研究，并获得了中国煤炭工业协会“科技进步一等奖”及“瓦斯综合治理利用创新团队”称号等荣誉，取得的先进成果归纳总结逐渐形成了瓦斯治理阳泉模式，解决了沁水煤田深部开采低渗、碎软、突出、难抽采的世界难题。该成果经推广应用后，仅在寺家庄公司就实现了产能大幅提升，使其彻底扭转了被动局面。同时，通过对不同浓度的煤层气实施“净化—纯化—低温液化”工艺处理，实现了边远、零散地点和非连续性抽采矿区瓦斯的回收利用，大规模减少了温室气体排放，推动了煤炭资源利用方式变革。

借煤炭工业蓬勃发展的东风编写了本书，内容包含了阳泉矿区瓦斯赋存规律与突出机理、煤与瓦斯突出区域探测与局部实时预警、瓦斯抽采与强化增透、智能管控和瓦斯利用等。在本书编写过程中，清华大学、中国科学技术大学、中国矿业大学、辽宁工程技术大学、河南理工大学、太原理工大学、安徽理工大学、西安科技大学、山东科技大学以及中国煤炭科工集团有限公司等院校和科研部门的专家给予了大力支持，华阳集团总部及下属各个生产矿井的领导及技术人员在本书前期资料收集及撰写的过程中提供了大量的帮助。谨对本书的编写和出版给予大力支持和帮助的各位专家、领导及技术人员表示诚挚的感谢！

衷心希望本书能对从事煤矿瓦斯防治与利用的生产技术人员及科研人员有所帮助，能为阳泉矿区乃至全国的煤矿安全生产事业尽微薄之力。限于时间和水平，书中难免有不妥之处，敬请读者批评指正。

**编　者**

2021年10月

# 目　录

第1章　绪论……1
1.1　阳泉矿区概述……1
1.1.1　煤层赋存概况……2
1.1.2　地质构造概况……10
1.1.3　瓦斯赋存及利用概况……13
1.1.4　阳泉矿区生产概况……19
1.2　阳泉矿区瓦斯灾害现状……23
1.2.1　煤矿瓦斯概述……23
1.2.2　瓦斯灾害……24
1.3　阳泉矿区瓦斯治理概况……30
1.3.1　消突情况概述……31
1.3.2　抽采情况概述……36
1.3.3　标准化建设……40
1.3.4　瓦斯治理概况总结……46
参考文献……46

第2章　阳泉矿区瓦斯赋存规律与突出机理……49
2.1　阳泉矿区含煤地层沉积环境及构造条件……49
2.1.1　沁水煤田概况……51
2.1.2　阳泉矿区瓦斯赋存的沉积条件……54
2.1.3　阳泉矿区构造特征……60
2.1.4　地应力特征……98
2.2　煤与瓦斯地质赋存规律……102
2.2.1　地质构造与瓦斯赋存……103
2.2.2　煤层埋藏深度与瓦斯赋存……107
2.2.3　水文地质与瓦斯赋存……109
2.2.4　构造煤与瓦斯赋存……110
2.2.5　顶底板岩性与瓦斯赋存……111
2.2.6　煤层的后生冲蚀……113

2.3 煤层孔隙特征 …… 114
2.3.1 孔隙类型 …… 114
2.3.2 孔隙率与比表面积 …… 115
2.3.3 孔隙特征与结构微观解释 …… 116
2.3.4 煤的孔隙特征的影响因素 …… 120
2.4 煤的瓦斯吸附、解吸性能 …… 121
2.4.1 煤对瓦斯的吸附特性及其影响因素 …… 121
2.4.2 煤层吸附瓦斯机理与特征分析 …… 124
2.4.3 煤的瓦斯解吸性能 …… 131
2.5 含瓦斯煤的力学、渗透性能 …… 136
2.5.1 含瓦斯煤的力学性能 …… 136
2.5.2 含瓦斯煤的渗透性能 …… 137
2.6 煤与瓦斯突出机理 …… 141
2.6.1 突出机理假说 …… 141
2.6.2 突出发生条件与突出机理 …… 142
参考文献 …… 148

**第 3 章 阳泉矿区煤与瓦斯突出区域探测与局部实时预警** …… 150
3.1 煤与瓦斯突出鉴定及突出区域划分 …… 150
3.1.1 煤与瓦斯突出鉴定 …… 150
3.1.2 突出煤层区域划分 …… 153
3.1.3 瓦斯地质图 …… 156
3.2 煤与瓦斯突出预测与评价 …… 164
3.2.1 煤与瓦斯突出预测 …… 164
3.2.2 煤与瓦斯突出影响因素分析 …… 172
3.3 瓦斯富集区地球物理探测技术 …… 176
3.3.1 地面探测技术 …… 176
3.3.2 井下探测技术 …… 197
3.4 煤与瓦斯突出预警系统及保障机制 …… 221
3.4.1 预警系统构建 …… 221
3.4.2 预警保障机制建设 …… 253
3.4.3 预警应用效果考察 …… 258
参考文献 …… 269

**第 4 章 阳泉矿区瓦斯抽采技术** …… 272
4.1 阳泉矿区瓦斯抽采技术与效果 …… 272

4.1.1 瓦斯抽采目的与技术 …… 272
4.1.2 阳泉矿区瓦斯抽采特点及技术体系 …… 276
4.1.3 阳泉矿区瓦斯抽采指标及效果 …… 281
4.2 采前瓦斯抽采技术 …… 286
4.2.1 地面采前瓦斯抽采技术 …… 287
4.2.2 本煤层采前瓦斯抽采技术 …… 314
4.2.3 邻近层采前瓦斯抽采技术 …… 346
4.3 采中瓦斯抽采技术 …… 354
4.3.1 采中瓦斯来源及分源治理 …… 354
4.3.2 本煤层瓦斯抽采技术 …… 358
4.3.3 邻近层瓦斯抽采技术 …… 373
4.4 采后瓦斯抽采技术 …… 390
4.4.1 采空区瓦斯赋存与运移特征 …… 390
4.4.2 地面瓦斯抽采技术 …… 402
4.4.3 井下瓦斯抽采技术 …… 408
4.5 瓦斯抽采系统及装备 …… 413
4.5.1 抽采钻孔施工及封孔技术 …… 414
4.5.2 瓦斯抽采管理系统与附属装置 …… 430
4.5.3 瓦斯抽采监测系统 …… 433
参考文献 …… 440

**第5章　阳泉矿区瓦斯增透技术** …… 444
5.1 阳泉矿区煤层增透技术与效果 …… 444
5.1.1 煤层增透技术分类及特点 …… 444
5.1.2 阳泉矿区煤层增透技术体系与效果 …… 449
5.2 水力冲孔增透技术 …… 451
5.2.1 增透机理及装备 …… 452
5.2.2 现场应用及效果考察 …… 464
5.3 水力割缝增透技术 …… 502
5.3.1 增透机理及装备 …… 503
5.3.2 现场应用及效果考察 …… 509
5.4 水力压裂增透技术 …… 540
5.4.1 增透机理及装备 …… 540
5.4.2 现场应用及效果考察 …… 545
5.5 $CO_2$ 气相压裂增透技术 …… 572
5.5.1 增透机理及装备 …… 573

5.5.2 现场应用及效果考察 …… 577
5.6 注气置换煤层瓦斯技术 …… 587
5.6.1 增透机理及装备 …… 587
5.6.2 现场应用及效果考察 …… 591
5.7 等离子体脉冲谐振增透技术 …… 605
5.7.1 增透机理及装备 …… 606
5.7.2 现场应用及效果考察 …… 612
参考文献 …… 620

**第 6 章 阳泉矿区瓦斯防治智能管控技术** …… 623
6.1 阳泉矿区安全生产运营管理 …… 623
6.1.1 统一 GIS“一张图”协同管理 …… 623
6.1.2 管理系统概述 …… 648
6.2 瓦斯参数体系 …… 653
6.2.1 煤层瓦斯基础参数 …… 653
6.2.2 瓦斯防治技术参数库 …… 656
6.2.3 瓦斯参数应用库 …… 664
6.3 瓦斯防治管控软件系统及工程实践 …… 672
6.3.1 管控系统平台架构设计 …… 672
6.3.2 瓦斯参数管理与交互式可视化 …… 672
6.3.3 瓦斯参数存储与数据库开发 …… 681
6.3.4 瓦斯预警及数据专家模块 …… 686
6.3.5 瓦斯涌出量预测工程实践 …… 691
6.3.6 掘进工作面突出预警工程实践 …… 698
6.4 瓦斯抽采标准化效果及评价 …… 705
6.4.1 本煤层顺层瓦斯抽采钻孔设计标准化 …… 706
6.4.2 本煤层顺层瓦斯抽采钻孔施工标准化 …… 711
6.4.3 本煤层顺层瓦斯抽采钻孔施工标准化评价 …… 717
参考文献 …… 736

**第 7 章 阳泉矿区瓦斯利用技术** …… 739
7.1 阳泉矿区瓦斯利用体系 …… 739
7.1.1 瓦斯开发利用现状 …… 740
7.1.2 瓦斯储存 …… 742
7.1.3 瓦斯输送 …… 744
7.1.4 瓦斯气体净化 …… 749

7.2 瓦斯发电技术 …… 750
7.2.1 瓦斯发电技术原理 …… 751
7.2.2 低浓度瓦斯发电技术 …… 752
7.2.3 高浓度瓦斯发电技术 …… 755
7.3 瓦斯提纯及资源化利用技术 …… 757
7.3.1 低浓度瓦斯提纯技术 …… 757
7.3.2 高浓度瓦斯资源化利用技术 …… 772
7.4 风排瓦斯利用 …… 778
7.4.1 风排瓦斯利用技术 …… 778
7.4.2 低浓度瓦斯蓄热氧化技术 …… 779
参考文献 …… 798

# 第1章 绪 论

## 1.1 阳泉矿区概述

阳泉矿区位于我国山西省沁水盆地东北部，面积为 2 102.47 $km^2$。该矿区范围西北以郭家沟断层为界，东南以清漳河为界；北界、东界为煤层露头，西部深部界线以各勘探区和矿井边界连成一个半环形。

阳泉矿区是瓦斯灾害严重矿区之一[1-2]，主要特征是瓦斯含量大、易自燃、难抽采、突出频繁，开采时涌出的瓦斯不仅来自本煤层，还大量来自邻近层，各煤层均富含瓦斯。瓦斯压力最大达到2.5 MPa，瓦斯含量多数在 10 $m^3/t$ 以上，局部达到 30 $m^3/t$ 以上。2020年阳泉煤业(集团)有限责任公司 21 座生产矿井瓦斯绝对涌出量高达 3 276.54 $m^3/min$，年瓦斯涌出量约 18 亿 $m^3$。煤层透气性系数为 0.017～0.15 $m^2/(MPa^2 \cdot d)$，煤层坚固性系数 $f$ 值为 0.1～0.8，煤层突出危险性大、地质构造复杂、煤层碎软、透气性差，属于典型的低渗、碎软、突出、难抽采煤层。随着开采深度的增加，矿井的瓦斯含量和瓦斯压力增加，治理难度越来越大、治理效率越来越低、安全投入越来越大，抽掘采衔接十分紧张，严重影响了矿井的安全高效开采。

阳泉矿区有着丰富的煤炭资源且覆盖的范围较大，主要分为：老区(一矿、二矿、三矿、新景矿等)、平(定)昔(阳)矿区(五矿、运裕矿、寺家庄矿、坪上矿等)、寿阳矿区(新元矿、开元矿、平舒矿等)和(顺)左(权)矿区(长沟矿、石港矿、永佛寺矿等)。阳泉矿区分布见图 1-1-1。

阳泉煤业(集团)有限责任公司(简称阳煤集团)是阳泉矿区最大的煤炭企业，是全国最大的无烟煤生产供应商。作为世界 500 强企业，阳煤集团在 70 年的发展历程中，为国家能源安全作出了巨大贡献。2020 年 10 月 27 日，阳泉煤业(集团)有限责任公司更名为华阳新材料科技集团有限公司(简称华阳集团)。华阳集团拥有强大的研发创新实力，与清华大学、北京大学、斯坦福大学等 40 多所全球顶尖高校、院所合作，建立了院士专家工作站、博士后科研工作站、国家级工程中心、实验室、研发中心等多种形式的数十个创新平台。仅近 3 年，华阳集团就获得各类科技鉴定成果 219 项，其中国际领先水平 30 项、行业级以上科技奖 129 项，取得各类专利 633 项。华阳集团致力于构建集科研、产业、资本为一体的协同创新生态系统，推动新材料产业向高端、绿色、节能、环保发展，形成以碳基新材料为主业的战略格局，打造产值超过 2 000 亿元、世界一流的新材料产业集群。2021 年 9 月 25 日，华阳集团入选“2021 中国企业 500 强”榜单，排名第 133 位。

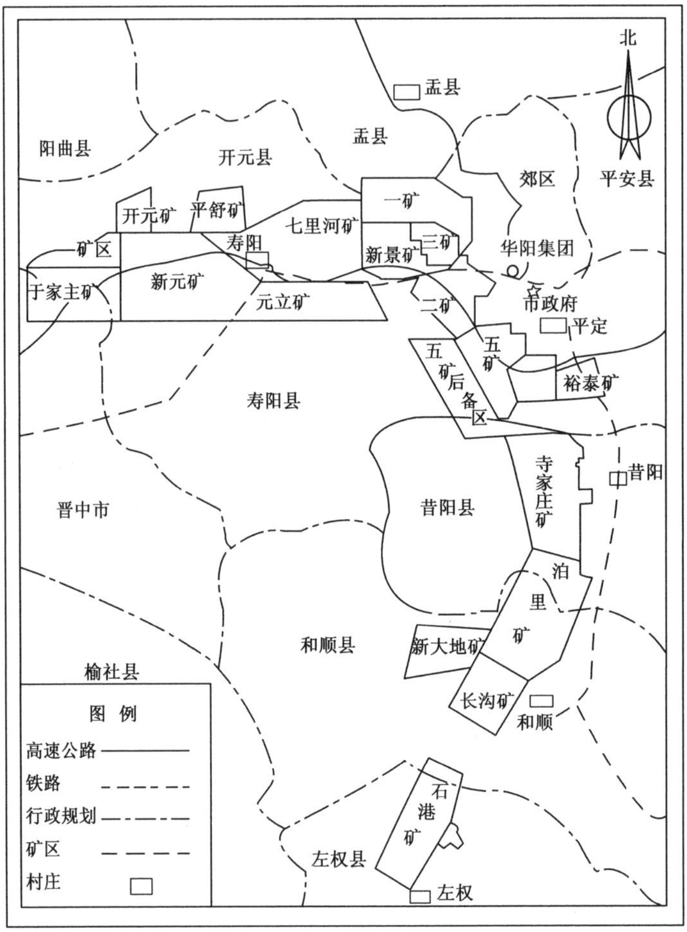


图 1-1-1　矿区分布图

### 1.1.1　煤层赋存概况

沁水盆地边缘到内部出露地层由老到新，呈典型向斜盆地的地层分布特征[3]。盆地从周边到内部依次为古生界、中生界，仅在盆地的西部边缘地带广泛分布第四纪黄土层。盆地的沉积中心在沁县-沁水一带，三叠系较为发育。阳泉矿区内大中型断裂构造稀少，小型断裂构造较多，以宽缓褶曲构造为主，地层倾角一般小于 15°，地质构造条件总体属简单类型。矿区内主要的含煤地层为石炭系太原组及二叠系山西组，已探明煤炭地质储量 118.2 亿 t，高品质无烟煤可采储量 21 亿 t，煤系地层总厚度为 180 m，煤层总厚度为13～15 m，距地表深度为 150～500 m，煤层倾角一般为 5°～10°。矿区共含煤 16 层（由上往下顺序编号），3#、15# 为矿区的主采煤层，局部可采的为 6#、8#、9#、12# 煤层，均为变质程度较高的无烟煤。阳泉矿区煤系地层综合地质柱状图如图 1-1-2 所示。

| 地层系统 | | | | 柱状图 | 厚度/m | 地质描述 |
|---|---|---|---|---|---|---|
| 统 | 组 | 段 | 代号 | 0 10 20 m | | |
| | | | $K_8$ | | 6.00 | 主要为灰色中粒及粗粒砂岩 |
| 二叠系下统 | 山西组 | | 1#<br>2#<br>3#<br>4#<br>5#<br>6#<br>$K_7$ | | 62.79 | 自$K_7$砂岩底起至$K_8$砂岩底止，下部为深灰色细粒或中粒砂岩；中部为灰黑色粉砂质泥岩与薄煤层互层，并且粉砂质泥岩中夹有植物化石碎片；上部为灰白色中粒砂岩，并且向上粒度逐渐变细至粉砂质泥岩 |
| | 太原组 | 三段 | 8#<br>$K_6$<br>9# | | 33.77 | 自$K_4$灰岩顶起至$K_7$砂岩底止，下部为黑色泥岩，含砂量较多，向上含有两层煤层，为9#和8#煤层，其中8#煤层厚度变化较大，不稳定，最大厚度可达4.6 m |
| | | 二段 | $K_4$<br>11#<br>12#<br>$K_3$<br>13#<br>$K_2$ | | 51.59 | 自$K_2$灰岩底起至$K_4$灰岩顶止，主要由$K_2$、$K_3$、$K_4$三层石灰岩，13#、12#、11#煤层，以及砂质泥岩、细砂岩等组成 |
| 石炭系上统 | | 一段 | 15#<br>15#下<br>$K_1$ | | 23.90 | $K_1$石英砂岩底起至$K_2$灰岩底止，下部为灰色中至细粒石英砂岩，向上颜色变深，粒度变细，中间夹有两层煤层 |
| | 本溪组 | | | | 50.70 | 主要由灰色、黑灰色泥岩、砂质泥岩与砂岩及石灰岩组成，含有3层厚度为0.2 m的薄煤层；本组地层含铁铝质较高，砂岩颗粒分选、磨圆性较好，充分显示了海陆交互相而以过渡相为主的沉积环境 |

图 1-1-2 阳泉矿区煤系地层综合地质柱状图

3# 煤层位于山西组中部，为本矿区稳定的大部可采煤层，煤层厚度为 0.50～4.80 m，在阳泉矿区个别地方煤层出现分叉现象，最厚为 1.50 m，最薄为 0.10 m，一般为0.2～0.5 m。本煤层层位稳定且分布广，是煤层对比的良好标志。3# 煤层局部有冲刷现象，在三矿井田比较严重，造成煤层上下分层和夹矸缺失。一般情况下，3# 煤层顶板为灰黑色砂质泥岩、粉砂岩，但由于煤层遭受后生冲蚀，部分地区顶板为灰白色中-细粒砂岩；底板为黑灰色泥岩、碳质泥岩、灰褐色砂质泥岩及细砂岩。

15# 煤层（包括合并层）位于太原组一段上部、$K_2$ 灰岩之下。本煤层在全矿区内均有分布，厚度稳定，全部可采，属稳定可采煤层。煤层厚度为 3.53～9.50 m。煤层直接顶为泥岩，基本顶为标志层 $K_2$ 灰岩；底板为砂质泥岩、粉砂岩。

煤系地层含煤建造为海陆交互的滨海海退后的残留海过渡相沉积[4]。太原组主要为灰白、灰黄绿色砂质泥岩、中粗粒砂岩、灰岩夹碳质泥岩和煤层所组成的一套海相、过渡相含煤建造，该组有 $K_2$（四节石）、$K_3$（钱石）及 $K_4$（猴石）灰岩三层，夹有 16#、15#、13#、12#、11#、9#、8# 等煤层，是本矿区的主要含煤地层，其岩性及岩相柱状如图 1-1-3 所示。太原组含煤性最好，平均煤层总厚为 12.04 m，含煤系数为 9.6%，以 15# 煤层为主，全矿区煤田范围内稳定可采，12# 煤层次之，其余的 9#、8# 煤层仅局部可采。

山西组主要由黑灰色砂质泥岩、泥岩和灰白色中粗粒砂岩组成，夹有 6#、5#、4#、3#、2#、1# 等煤层，亦为本矿区的主要含煤地层，其岩性岩相旋回柱状如图 1-1-4 所示。山西组煤层总厚平均为 3.61 m，含煤系数为 5.9%，以 3# 煤层为主，矿区煤田范围内绝大部分可采，6# 煤层局部可采。$K_7$ 砂岩厚度较大，在全矿区煤田内发育。它与相伴的 8# 煤顶板“海相泥岩”将其上的 6# 煤和其下的 8# 煤清楚地分开。

9# 煤层平均厚度为 0.59 m，局部可采区域厚度可达 2.0 m 左右，距 15# 煤层顶板 76.35 m。9# 煤层往下 22 m 有一层石灰岩，也称其为 $K_4$ 灰岩（俗称“猴石”），厚度为2 m 左右，其中富含瓦斯，距 15# 煤层顶板 52.35 m。12# 煤层除五矿外在各矿均为稳定可采煤层，厚度 1.4 m 左右，距 15# 煤层顶板 41 m 左右，但由于其含硫量高、灰分大，难以销售，目前仍处于呆滞状态。12# 煤层往下 7 m 左右有一层厚度达 2.84 m 的石灰岩，通常称 $K_3$ 灰岩（俗称“钱石”），距 15# 煤层顶板 30.54 m，其中富含瓦斯。15# 煤层（俗称“丈八煤”）平均厚度 6.50 m，赋存稳定。其煤层结构复杂，共有 3 层夹石：上部为厚 0.10 m 的碳质页岩；中部偏下为 0.65～0.10 m 的碳质页岩（连岩石）；下部为一层透镜状黑色页岩（俗称“驴石”），一般长 5～7 m、宽 3～5 m、厚 0～1.1 m，在煤层中不连续分布，但层位不变。15# 煤层中含有黄铁矿结核，呈饼状或马铃薯状分布，在连岩石和驴石夹层中分布较广。15# 煤层含硫量一般在 1.37%～2.3%。其直接顶为黑色砂质页岩，厚度为 0～6.5 m；基本顶为石灰岩，上部为泥岩、砂岩互层；底板大部为灰黑色砂质页岩，厚度在 7～12 m；基本底为灰白色细砂岩。综采放顶煤采煤工作面布置在 15# 煤层中。

煤系地层石炭二叠系的太原组和山西组，含煤建造为海陆交互的滨海和海退后的残留海过渡相沉积。太原组由灰黑色砂质泥岩、泥岩、灰白砂岩及 3 层石灰岩组成，含有 15#、13#、12#、9#、8# 等煤层；山西组主要由黑灰色砂质泥岩、泥岩和灰白色中粗粒砂岩

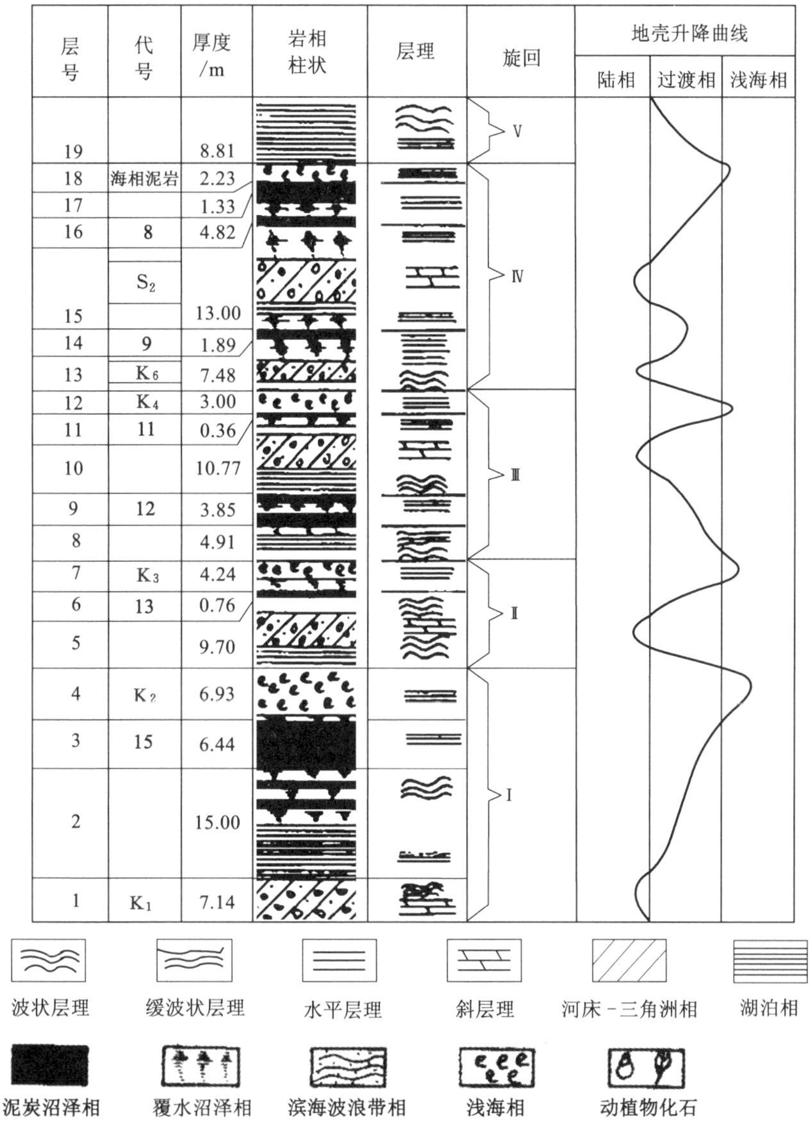
层号
代号
厚度/m
岩相柱状
层理
旋回
地壳升降曲线
陆相
过渡相
浅海相
19
8.81
Ⅴ
18
海相泥岩
2.23
17
1.33
16
8
4.82
Ⅳ
$S_2$
15
13.00
14
9
1.89
13
$K_6$
7.48
12
$K_4$
3.00
11
11
0.36
Ⅲ
10
10.77
9
12
3.85
8
4.91
7
$K_3$
4.24
6
13
0.76
Ⅱ
5
9.70
4
$K_2$
6.93
3
15
6.44
2
15.00
Ⅰ
1
$K_1$
7.14
波状层理
缓波状层理
水平层理
斜层理
河床-三角洲相
湖泊相
泥炭沼泽相
覆水沼泽相
滨海波浪带相
浅海相
动植物化石

图 1-1-3 太原组岩性岩相旋回柱状图

组成，含有 6#、3#、2#、1# 等煤层。本区虽然均属高变质的无烟煤，但其挥发分在水平方向上具有中部及东部低、西部及北部相对高的特点，一般在 10% 左右；而在垂直方向上，下部煤层变质程度高于上部煤层，挥发分在 9% 以下。3# 煤层的挥发分平均为 9.55%，12# 煤层的挥发分平均为 9.49%，15# 煤层的挥发分平均为 8.40%。

主采煤层的煤岩组分：3# 煤层主要由亮煤、暗煤和丝炭组成，含有较少的镜煤（在一矿、三矿，部分 3# 煤层受到水平构造力影响，底部煤层松软，呈揉皱状态，具油脂、土状光泽，可手捻为细末或极小的碎块。松软的鳞片状结构煤，多数节理面光滑如镜，一般称为

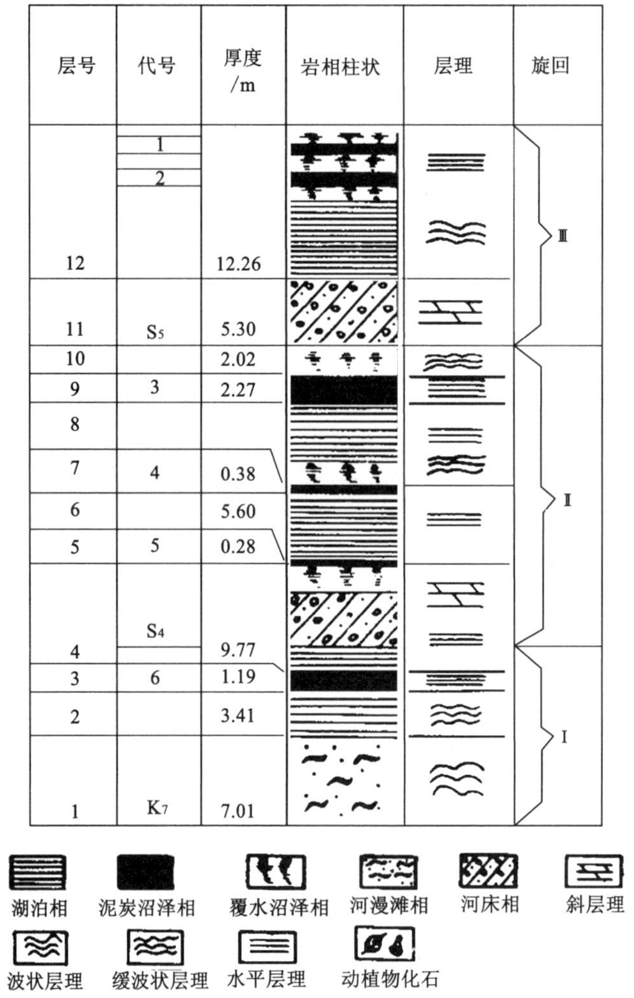

层号
代号
厚度/m
岩相柱状
层理
旋回
1
2
12
12.26
Ⅲ
11
S5
5.30
10
2.02
9
3
2.27
8
7
4
0.38
6
5.60
5
5
0.28
Ⅱ
S4
4
9.77
3
6
1.19
2
3.41
Ⅰ
1
K7
7.01
湖泊相
泥炭沼泽相
覆水沼泽相
河漫滩相
河床相
斜层理
波状层理
缓波状层理
水平层理
动植物化石


图 1-1-4　山西组岩性岩相旋回柱状图

软分层)；$12^{\#}$煤层主要由亮煤、暗煤和丝炭组成，丝炭比 $3^{\#}$ 煤含量偏少，含有少量的镜煤；$15^{\#}$煤层主要由镜煤、亮煤、半亮型煤和暗煤及少量的丝炭组成。

1.1.1.1　阳泉老区煤层赋存概况

阳泉老区主要含煤地层为上石炭系太原组和下二叠系山西组，煤系地层总厚度平均为 181 m，煤层总厚度平均为 18.63 m，含煤系数为 10.3%。煤系地层共含煤 19 层，由上往下统一编号为 $1^{\#}$、$2^{\#}$、$3^{\#}$、$4^{\#}$、$5^{\#}$、$6^{\#}$、$8^{\#}_{上}$、$8^{\#}$、$8^{\#}_{下}$、$9^{\#}_{上}$、$9^{\#}$、$11^{\#}$、$12^{\#}$、$12^{\#}_{下}$、$13^{\#}$、$14^{\#}$、$15^{\#}$、$15^{\#}_{下}$、$16^{\#}$煤层。其中山西组含煤 6 层，地层总厚 56 m，煤层总厚 5.64 m，含煤系数为 10.1%；太原组含煤 13 层，地层总厚度为 125 m，煤层总厚 12.99 m，含煤系数 10.4%，具体可见表 1-1-1。

**表 1-1-1 阳泉老区煤层赋存特征表**

| 煤层 | 煤层厚度/m<br>最薄—最厚<br>平均 | 煤层间距/m<br>最薄—最厚<br>平均 | 稳定性 | 开采性 |
|---|---|---|---|---|
| $3^{\#}$ | 0—4.31<br>2.33 | | 稳定 | 可采 |
| $6^{\#}$ | 0—3.1<br>1.38 | 13.6—35.53<br>22.11 | 较稳定 | 局部可采 |
| $8^{\#}_{上}$ | 0—1.95<br>0.91 | 12.61—18.95<br>16.25 | 不稳定 | 局部可采 |
| $8^{\#}$ | 0—3.64<br>1.73 | 0.78—8.13<br>2.33 | 较稳定 | 局部可采 |
| $9^{\#}$ | 0—3.15<br>1.46 | 0.78—23.57<br>10.71 | 较稳定 | 局部可采 |
| $12^{\#}$ | 0—1.76<br>1.13 | 19.18—54.58<br>31.25 | 较稳定 | 局部可采 |
| $13^{\#}$ | 0—1.4<br>0.74 | 3.35—18.55<br>11.51 | 不稳定 | 局部可采 |
| $15^{\#}$ | 3.94—8.21<br>6.14 | 14.92—51.19<br>22.34 | 稳定 | 可采 |
| $15^{\#}_{下}$ | 0—3.73<br>2.0 | 0.9—5.72<br>2.69 | 不稳定 | 局部可采 |

在众多煤层中，其中稳定全区可采的有 2 层（$3^{\#}$、$15^{\#}$），较稳定局部可采的有 4 层（$6^{\#}$、$8^{\#}$、$9^{\#}$、$12^{\#}$），不稳定的局部可采煤层 3 层（$8^{\#}_{上}$、$13^{\#}$、$15^{\#}_{下}$）。

$3^{\#}$煤层：位于$2^{\#}$煤层之下 24～20 m 处，东部略有增厚，西部相对变薄，最薄处为 6.05 m。本层厚度为 0.75～4.32 m，平均为 2.33 m，煤层结构简单，只在上部有一层 0.03～0.05 m厚的夹石层，夹石层层位稳定，分布甚广，极个别地区曾出现有中夹石层，厚度为0.2 m，但范围甚小。该煤层在全区内均有分布，厚度稳定，只是在局部地区因受河流冲蚀而煤层变薄甚至尖灭，但范围不大。从整体来看，本煤层东部较厚，西部较薄，由东南往西北方向有逐渐变薄之势。

$8^{\#}$煤层：位于$8^{\#}_{上}$煤层之下 0.78～8.31 m 处，平均间距为 2.33 m，煤层厚度为 0～3.44 m，可采区内平均厚度为 1.73 m。煤层在井田西部、南部、中部发育较好，可采性高；在东北部不发育，多不可采，只有在一些零星地段达到可采厚度，大面积尖灭。

$15^{\#}$煤层：位于 $K_2$ 灰岩之下，距$13^{\#}$煤层 14.92～51.19 m，平均为 22.14 m。该煤层在全区内均有分布，且厚度稳定，全部可采，是本区的主要可采煤层。只是在西部的田家庄、石垛足、高岭村一线往西，杨坡村往南，下部的夹石层增厚（夹石层厚度为 0.70～5.72 m，平均为 2.69 m），将该层分为两个独立的煤层，上层煤（$15^{\#}$煤层）为4.0 m左右，下层煤为 $15^{\#}_{下}$煤，平均厚度为 1.46 m 左右。在正常区内煤层厚度为 3.94～8.21 m，平均为 6.14 m。

#### 1.1.1.2 寿阳矿区煤层赋存概况

寿阳矿区含煤地层总厚平均为 179.19 m，含煤 18 层，平均总厚为 13.81 m，含煤系数为7.7%。可采煤层有 6 层，平均厚度为 11.73 m，可采含煤系数为 6.5%。太原组厚度平均为 126.21 m，含煤 12 层，自上而下编号为 $8^{\#}$、$8^{\#}_{下}$、$9^{\#}$、$9^{\#}_{下}$、$11^{\#}$、$11^{\#}_{下}$、$12^{\#}$、$13^{\#}$、$15^{\#}$、$15^{\#}_{下}$、$16^{\#}$，见煤点平均总厚 10.17 m，可采含煤系数为 8.1%，可采煤层($8^{\#}$、$9^{\#}$、$15^{\#}$、$15^{\#}_{下}$)平均总厚 8.17 m，可采含煤系数为 6.4%。山西组厚度平均为 52.96 m，含煤 6 层，自上而下编号为 $1^{\#}$、$2^{\#}$、$3^{\#}$、$4^{\#}$、$5^{\#}$、$6^{\#}$，见煤点平均总厚度为 3.89 m，含煤系数为 7.3%，可采煤层($3^{\#}$、$6^{\#}$)平均总厚 3.56 m，可采含煤系数为 6.7%。各可采煤层特征见表 1-1-2。

**表 1-1-2 寿阳矿区煤层赋存特征表**

| 煤层 | 煤层厚度/m | 煤层间距/m | 稳定性 | 开采性 |
| --- | --- | --- | --- | --- |
| | 最薄—最厚<br>平均 | 最薄—最厚<br>平均 | | |
| $3^{\#}$ | 0.40—4.08<br>2.77 | 0.94—7.32<br>3.89 | 稳定 | 可采 |
| $6^{\#}$ | 0.15—1.50<br>0.76 | 7.30—29.8<br>13.10 | 不稳定 | 局部可采 |
| $8^{\#}$ | 0.10—2.64<br>0.87 | 0.90—5.59<br>2.8 | 不稳定 | 局部可采 |
| $9^{\#}$ | 0.10—5.68<br>2.29 | 10.10—36.90<br>16.90 | 较稳定 | 大部可采 |
| $15^{\#}$ | 0.27—7.33<br>3.32 | 0.84—35.50<br>11.40 | 稳定 | 可采 |
| $15^{\#}_{下}$ | 0.20—5.43<br>1.60 | 3.15—24.0<br>10.70 | 不稳定 | 大部可采 |

$3^{\#}$煤层：厚度为 0.40～4.08 m，平均为 2.77 m，可采系数为 97%，厚度变异系数 27%，煤层结构简单，属全区基本可采的稳定煤层，也是本区主要首采煤层。

$6^{\#}$煤层：厚度为 0.15～1.50 m，平均为 0.76 m，可采系数为 37%，变异系数为 61%，煤层结构简单，为局部可采的不稳定煤层。

$8^{\#}$煤层：厚度为 0.10～2.64 m，平均为 0.87 m，可采系数为 45%，变异系数为 64%，煤层结构简单，为局部可采的不稳定煤层。

$9^{\#}$煤层：厚度为 0.10～5.68 m，平均为 2.29 m，可采系数为 75%，变异系数为 59%，煤层结构简单，为大部可采的较稳定煤层(局部属稳定煤层)。

$15^{\#}$煤层：厚度为 0.27～7.33 m，平均为 3.32 m，可采系数为 93%，变异系数为 35%，煤层结构中等，为基本稳定的主要可采煤层。

$15^{\#}_{下}$煤层：厚度为 0.20～5.43 m，平均为 1.60 m，可采系数为 63%，变异系数为 69%，煤层结构复杂，为大部可采的不稳定煤层。

本区煤层主要为贫煤，约占总储量的73%；其次为无烟煤，占总储量的26%；其余为贫瘦煤。其中3# 煤层主要为贫煤，占本层储量的96%，少量为贫瘦煤和无烟煤；9# 煤层以贫煤为主，占本层储量的87%，次为贫瘦煤和无烟煤；15# 煤层为贫煤和无烟煤，贫煤占本层储量的56%，无烟煤占44%。

#### 1.1.1.3 和(顺)左(权)矿区煤层赋存概况

该矿区主要含煤地层为上石炭统太原组和下二叠统山西组，含煤地层总厚度为212.21 m，煤层平均总厚度为13.43 m，含煤系数为6.3%。井田内可采煤层和局部可采煤层自上而下有3#、4#、8#、11#、15#煤层，共计5层。据有关资料分析得出的各可采煤层特征(详见表1-1-3)有：

**表1-1-3 和(顺)左(权)矿区煤层赋存特征表**

| 煤层 | 煤层厚度/m<br>最薄—最厚/平均 | 煤层间距/m<br>最薄—最厚/平均 | 稳定性 | 可采性 |
|---|---|---|---|---|
| 3# | 0.65—1.05<br>0.86 | 4.68—13.20<br>19.89 | 稳定 | 大部可采 |
| 4# | 0.81—2.76<br>1.36 | 8.71—11.45<br>9.69 | 稳定 | 可采 |
| 8# | 0.50—2.21<br>1.53 | 0.50—2.21<br>1.53 | 基本稳定 | 大部可采 |
| 11# | 0.84—1.08<br>0.95 | 0.50—2.21<br>24.37 | 稳定 | 可采 |
| 15# | 4.41—7.87<br>5.29 | 51.52—57.15<br>52.64 | 稳定 | 可采 |

3# 煤层：赋存于山西组上部，厚0.65～1.05 m，平均为0.86 m，不含夹矸，为稳定可采煤层。

4# 煤层：赋存于山西组下部，厚0.81～2.76 m，平均为1.36 m，煤层结构简单，局部含1～2层夹矸，为稳定可采煤层。

8# 煤层：赋存于太原组上段中上部，整体表现为中东部厚，沿走向和倾向厚度有一定程度的减小，厚0.50～2.21 m，平均为1.53 m，煤层结构简单，不含夹矸，为大部可采的较稳定煤层。

11# 煤层：赋存于太原组上段下部，厚0.84～1.08 m，平均为0.95 m，煤层结构简单，不含夹矸，为稳定可采煤层。

15# 煤层：赋存于太原组下段下部，厚4.41～7.87 m，平均为5.29 m，多含夹矸，局部含2层，为稳定可采煤层。

#### 1.1.1.4 平(定)昔(阳)矿区煤层赋存概况

平(定)昔(阳)矿区含煤地层包括石炭系上统本溪组、太原组以及二叠系下统山西组，其中主要含煤地层为石炭系上统太原组及二叠系下统山西组(平均厚约60 m)，含煤地层总厚 168.24 m，共含煤 18 层，煤层总厚 13.46 m，含煤系数约为 8%。

石炭系上统太原组厚 90.3～143.80 m，平均厚约 111.33 m，主要岩性为深灰、灰黑色砂质泥岩、泥岩、石灰岩及灰色砂岩。含煤 12 层，其中可采煤层 4 层，为本区主要含煤地层。按其岩性、岩相特征分为上、下两段，其中下段自 $K_1$ 砂岩底至 $K_4$ 灰岩顶，厚 80 m 左右，含 11#、12#、13#、14#、$14^{\#}_{下}$、15#、16# 共 7 层煤，15# 煤层全区稳定可采，其他煤层无开采价值；上段自 $K_4$ 顶至 $K_7$ 底，厚约 35 m，由灰、深灰、灰黑色泥岩、砂岩及浅灰色细砂岩、中-粗砂岩组成，含 8#、9# 两个煤组共 6 层煤，其中 $8^{\#}_{1}$、$8^{\#}_{4}$、9# 煤具有开采价值。可采煤层特征详见表 1-1-4。

**表 1-1-4　平(定)昔(阳)矿区煤层赋存特征表**

| 煤层 | 煤层厚度/m<br>最薄—最厚/平均 | 煤层间距/m<br>最薄—最厚/平均 | 稳定性 | 可采性 |
|---|---|---|---|---|
| $8^{\#}_{1}$ | 0.80—2.56/1.19 | 9.77—16.12/12.03 | 不稳定 | 局部可采 |
| $8^{\#}_{4}$ | 0.80—2.35/1.32 | 10.93—27.58/19.43 | 不稳定 | 局部可采 |
| 9# | 0.80—3.50/1.30 | 4.52—12.15/6.55 | 较稳定 | 大部可采 |
| 15# | 3.10—8.65/5.63 | | 稳定 | 全区可采 |

## 1.1.2　地质构造概况

沁水煤田是在华北克拉通基础上发展、分异而成的克拉通内断陷盆地。盆地主体构造为 NNE 向复向斜，南北翘起端呈箕状斜坡，东西两翼基本对称，西翼地层倾角相对稍陡，一般为 10°～20°，东翼相对平缓，一般在 10°左右。背斜、向斜褶曲发育，总体来看，西部以中生代褶皱和新生代正断层相叠加为特征，东北部和南部以中生代 EW 向、NE 向褶皱为主，盆地中部 NNE-NE 向褶皱发育为主，局部地区受后期构造运动的改造，轴向改变。断层主要发育于东西边缘地带，断裂规模和性质不同，以正断层居多，断层走向长数百米到数十千米不等，断距从数米到 4 000 m，有的可能是导致岩浆上升的通道，断层延伸方向以 NE 向为主，局部呈近 EW 向和 NW 向延伸。

沁水煤田地处华北克拉通中部，整个煤田是一个复式向斜，因受复合地质作用，煤田呈 NE 向斜列形式展布于太行山与吕梁山之间，为一继承性上叠构造盆地。含煤岩系形成后，又经历了印支期构造变形、燕山期沉积与改造和喜马拉雅期改造作用 3 个主要的构造旋回。

印支运动主体表现为近 NS 向的构造挤压。盆地北部阳曲-盂县和南部阳城两个断隆带上形成近 EW 向的褶皱及两组早期共轭剪裂隙，总体上看它们的影响不大，煤田仍保持了稳定状态，仅使盆地南北两边缘产生了一定程度的隆起抬升，形成沁水盆地的雏形。

燕山期的构造活动以挤压抬升和褶皱作用最为显著，在盆地内部形成宽缓褶皱。其中，NE-NNE 向褶皱发育，遍布全区，规模较大，一般长 10～30 km。褶皱走向自北向南呈规律性变化，北部阳泉-昔阳一带呈 NE 向，中部近 NS 向，南部阳城以南呈 NNE 向。在大型褶皱的两翼，往往发育一系列的次级褶皱。在盆地东西两缘特别是盆地东缘靠近太行山造山带形成了 NE 向展布的逆冲断层。

喜马拉雅期由于构造应力场的反转，盆地西部、北部的断裂广泛发育，形成晋中、临汾地堑系，促成了长治、榆社、武乡等地形成一些小型山间盆地。沁水盆地前期形成的挤压构造发生负反转，形成了规模较小的近 NS 向背、向斜相间分布，并叠加在燕山期 NE-NNE 向次级褶皱之上的次级宽缓褶皱，最后逐渐形成了现在以向斜盆地控煤构造为基础的构造格局。

1.1.2.1　阳泉老区构造概况

阳泉老区属于山西省沁水盆地北端寿阳-阳泉单斜带。沁水盆地位于华北板块中部、山西断块的东南侧，东依太行山隆起，南接豫皖地块，西邻吕梁山隆起，北靠五台山隆起，是华北晚古生代成煤期之后受近水平挤压作用形成的复向斜(图 1-1-5)。

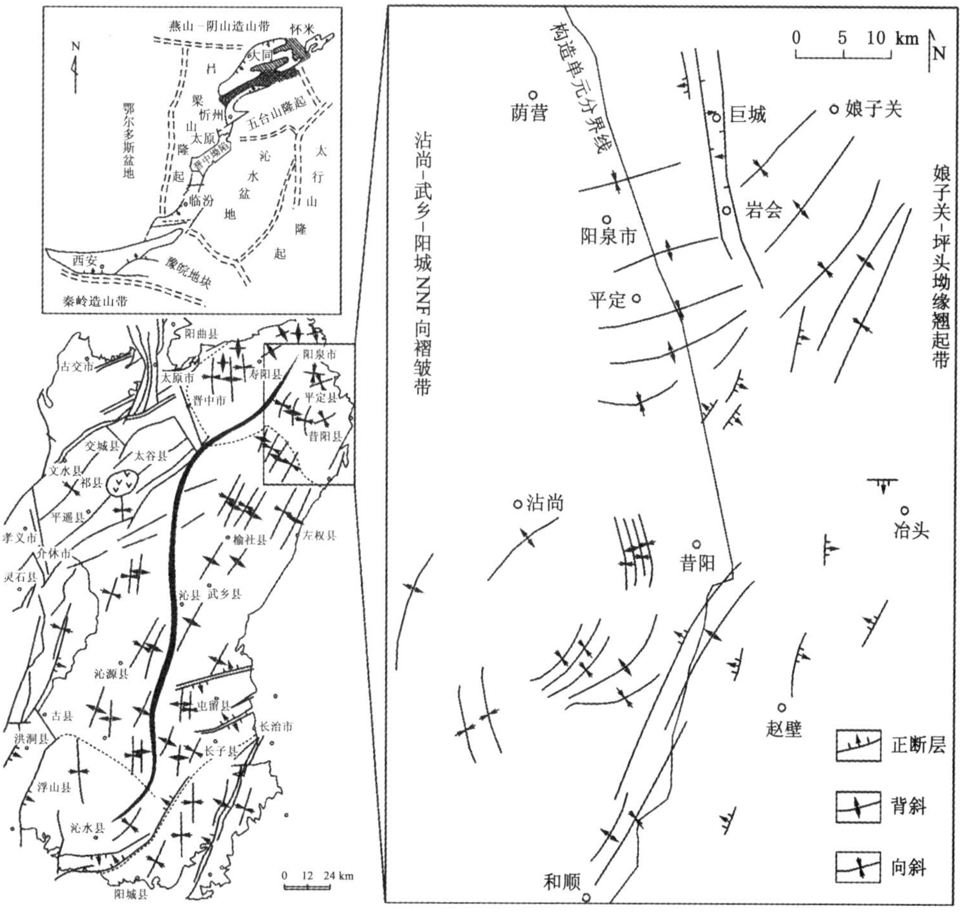


图 1-1-5　阳泉矿区区域位置及构造纲要图

阳泉老区东部是太行山隆起带,西部及西北部是太原盆地,北部是北纬 38°东西向构造亚带。矿区总体表现为东翘西倾的单斜构造,岩层走向 NNE,倾角在 10°左右。整个翘起带的构造较为简单,仅见一些小断层,但在北部的娘子关-平定县一带,发育有一个向 SW 方向散开、向 NE 方向收敛的帚状构造,帚状构造的中部被 NNW 向的巨型地堑所切割。矿区处于该帚状构造的散开部位,南部为沾尚-武乡-阳城北北东向褶皱带,该褶皱带是沁水块坳的主体,主要出露二叠系、三叠系,由系列不同级别褶皱组成的复式向斜。

在昔阳县之西、沾尚以南,以老庙山为核心形成一个由弧形褶皱组成的小型莲花状构造。经过多次不同时期、不同方式、不同方向区域性构造运动的综合作用,特别是太行山隆起带与北纬 38°东西向构造亚带的影响,阳泉矿区在走向 NW、倾向 SW 的单斜构造基础上,沿走向和倾向均发育有较平缓的褶皱群和局部发育的陡倾挠曲(图 1-1-6),其主体构造线多呈 NNE、NE 向,局部产生复合变异。

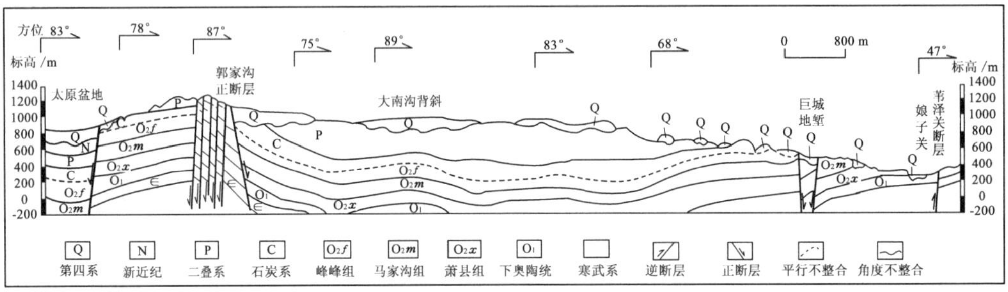


图 1-1-6　阳泉地区区域构造地质剖面图

#### 1.1.2.2　寿阳矿区构造概况

寿阳矿区位于沁水坳陷西北端,其北部为阳曲-盂县 EW 向隆起带(位于北纬 38°左右),西以郭家沟断层与东山复背斜毗邻,东侧为太行山近 NS 向隆起带,南部受控于寿阳西洛 NS 向隆起带。其中以北部的 EW 向隆起带对矿区构造影响最大,总体构造为走向近 EW 向、倾向南的平缓单斜构造。地层倾角一般为 5°～12°,西部边缘局部达 30°。

区内次一级构造以宽缓褶曲为主,褶曲轴向多为 EW 向,较大的有:

大南沟背斜:轴向近 EW 向,东端转为南东,呈"S"形扭曲。南翼倾角为 3°～5°,北翼倾角为 3°～6°,为一两翼大致对称的向 ES 倾伏的隐伏背斜。

蔡庄向斜:与大南沟背斜近平行,轴向 ES 向,北翼较缓,倾角为 2°～3°,南翼稍陡,倾角为4°～6°,为一两翼不对称的向 NW 倾伏的隐伏向斜,向东延伸至草沟背斜而消失。

草沟背斜:东翼倾角为 2°～5°,西翼陡,倾角为 3°～8°,为一两翼不对称的向南倾伏的隐伏背斜。西翼与大南沟背斜和蔡庄向斜相接,为区内的主要构造之一。

高家坡背斜:位于高家坡东侧,轴向 NW28°,两翼基本对称,倾角为 7°～8°,东西宽约 2 000 m,全长 4 500～5 000 m。

白草峪背斜:位于该区东部,轴向近 SN 向,两翼基本对称,倾角为 5°～6°,全长约 7 500 m。

齐家梁向斜:位于该区东部,走向近 SN 向,向南逐渐转为 NE40°,两翼基本对称,倾角为 8°,全长约7 200 m。

碧石背斜:位于该区东南部,轴向 NS 向,为一对称的宽缓背斜,南部与边界相交,两翼倾角为 5°～6°,在区内背斜东西宽 6 000～7 000 m,南北长约 4 500 m。

区内断层有 NE 向和 SE 向两组,落差较大的有郭家沟正断层和坪头正断层,走向 NE 向,最大落差 150～250 m,均位于矿区西部边缘。

陷落柱在该区局部地段较发育。该区没有赋存岩浆岩。

1.1.2.3　和(顺)左(权)矿区构造概况

和(顺)左(权)矿区位于沁水盆地东翼、太行背斜西翼,区域构造为 NNE 向的单斜,在此单斜构造的基础上沿走向和倾向均发育有较平缓的褶皱群和局部发育的陡倾挠曲。区内地层走向 NNE,倾向 NW,倾角一般在 10°左右,局部达 20°。

区内较大的褶曲有段峪-门贤岭向斜和李家峪-大佛头向斜,轴向均为 NNE 向。区内断层稀少,较大的断裂构造有李阳正断层,最大落差 200 m;三奇地堑和泊里地堑由落差 40～60 m 断层组成,走向 NNE 向,均分布于矿区东部。

该区局部存在有陷落柱,没有赋存岩浆岩。

1.1.2.4　平(定)昔(阳)矿区构造概况

平(定)昔(阳)矿区位于太行背斜西翼,主要构造线方向为 NE-NNE,岩层大致向 SW 倾斜,倾角一般在 10°左右,局部达 20°。波状褶曲发育,区内最大的褶皱构造是马郡头向斜,它属于 NE 方向的构造,位于矿区南部的五矿井田南部、寺家庄矿井田内,斜穿井田的西部,伸出界外,经段家庄、油坊沟、柳林背,直到东南沟,全长超过 20 km,控制着井田西北部的次级褶皱构造(一些小型的褶皱与它断续平行展布)。该构造呈 NE 方向线形展布,在它的北面是一条与它平行展布的大北垴、李家峪背斜,这条背斜全长 16 km,由南西往 NE 向延展,至寺家庄矿井田的西界逐渐消失。较大的断层多分布于该矿区东部外,主要有:武家坪正断层,走向 NE,倾向 SW,最大落差 150 m;杜庄正断层,走向 NNE,倾向 NW,最大落差 200 m,延伸约 15 km。陷落柱在该区较发育。

桃河向斜、马郡头向斜两条褶皱构造是平昔区内最大的两条构造,一条为 EW 向,一条为 NE 向,它们反映了两种构造体系的分布和对次级构造的控制作用,因此具有明显的代表性。

### 1.1.3　瓦斯赋存及利用概况

煤层气(煤矿瓦斯)是赋存在煤层及煤系的烃类气体,是优质清洁能源,其有效开发利用不仅能够增加清洁能源供应,而且可以有效缓解瓦斯防治的严峻形势,减少温室气体排放。根据阳泉矿区煤层气(煤矿瓦斯)开发利用规划,各可采煤层埋深均不超过 2 000 m,煤层气含气面积约 4 869 km$^2$,预测煤层气资源量为 5 788.84 亿 m$^3$,占沁水煤田煤层气资源总量的 10.74%。其中埋深 1 000 m 以浅区域(大中型矿井采煤区)面积 2 014 km$^2$,煤层气资源量为 2 165.27 亿 m$^3$;埋深 1 000～1 500 m 区域含煤面积 2 082 km$^2$,煤层气资源量为 2 665.67 亿 m$^3$;埋深 1 500～2 000 m 区域含煤面积 773 km$^2$,煤层气资源量为 957.9 亿 m$^3$。

然而,在漫长的地质变迁中由于地层抬升与风化剥蚀,成煤产生的瓦斯绝大部分已通过渗透、扩散与溶解而逸散到围岩或大气中，现今仍留在煤层中的瓦斯仅为原始生气量的很小一部分。存留在煤层中的瓦斯含量大小，取决于煤层瓦斯的“生”“储”“盖”条件[5-7]。

“生”指的是煤层变质过程中的瓦斯生成能力。煤层作为瓦斯的生气源岩，其瓦斯生成量与煤的变质程度密切相关，变质程度越高，生成瓦斯的量就越大。阳泉矿区井田所含煤以变质程度较高的无烟煤为主，因而井田内煤层具有良好的原始瓦斯生成能力。

“储”指的是煤层储存能力。煤层不但是瓦斯的生气层，而且是瓦斯的储集层。煤层作为一种复杂的多孔介质，拥有发达的孔隙体系和巨大的孔隙比表面积，是储集瓦斯的理想场所。煤层瓦斯 90%以上是以吸附状态存储在煤孔隙表面的。煤存储瓦斯的能力用煤对瓦斯吸附常数表示，它取决于煤中孔隙比表面积、孔隙率以及孔径分布。

“盖”指的是煤系地层及上覆古地层圈闭与阻止瓦斯逸散的盖层条件。它与地层的厚度、岩性及地质构造发育程度有关。从阳泉矿区井田煤层赋存条件来看，上覆古地层厚度在 108～530 m，围岩组合类型为细砂岩-砂质泥岩型，而且断层、地质构造较多，但大都是小型构造，且为封闭型构造。其水文地质条件简单，煤上覆盖层仅 $K_8$ 砂岩含水较多，具有较为理想的瓦斯逸散的围岩类型与盖层条件。

综上所述，阳泉矿区井田煤层瓦斯具有良好的“生”“储”“盖”条件，这既是今后开发利用煤层瓦斯资源的有利条件，也是矿井生产期间通风瓦斯管理上的不利因素。

1.1.3.1　瓦斯分布

阳泉矿区煤系地层中瓦斯的“生”“储”“盖”条件完善，结合主采煤层层位，可将含煤地层大致划分为以下 3 个瓦斯储集层段：

① 上储集层段：3# 煤层及其上下邻近层为上部瓦斯储集层。3# 煤层瓦斯压力为 1.30 MPa，瓦斯含量为 18.17 $m^3/t$，并具有煤与瓦斯突出危险性。

② 中储集层段：太原组顶部的厚层泥岩为中部瓦斯储集层段的盖层，储集层包括 12# 煤层及其上下邻近层和两层石灰岩 $K_4$、$K_3$。12# 煤层瓦斯压力为 1.10 MPa，瓦斯含量为 14.75 $m^3/t$。煤层生成的瓦斯，部分运移到 $K_4$、$K_3$ 灰岩的裂隙和溶洞内，常造成局部瓦斯富集。

③ 下储集层段：13# 煤层下部的中厚层泥岩为下部 15# 煤层储集层段的盖层，该段的 15# 煤层和 $K_2$ 灰岩均含有瓦斯。

由于煤系地层瓦斯“生”“储”“盖”条件的特殊，随深度变化的煤层瓦斯压力梯度成两个系统。山西组陆相地层随深度增加，瓦斯压力也增加，成正比例关系；太原组近海相地层石灰岩裂隙溶洞发育，局部积聚大量来自煤层的瓦斯，因而煤层原生瓦斯逸散，瓦斯压力与深度关系出现倒置现象。

阳泉矿区不同深度的煤层瓦斯含量和压力梯度变化趋势分为两段。以 9# 煤层为分界，在 1# ～9# 煤层，随深度增加，瓦斯压力和瓦斯含量也增加；在 9# ～15# 煤层间有 3 层石灰岩，煤层原生瓦斯逸散入裂隙溶洞，由于岩溶裂隙水流携带或石灰岩出露瓦斯释放作用，煤层瓦斯压力和瓦斯含量随着深度的增加而变小。而在无岩石出露及岩溶水流动性差的地区，瓦斯压力和含量随深度增加而增大，且矿区内小断层较多，瓦斯突出各项指标都超过临界值。因此，各煤层均属煤与瓦斯突出危险煤层。根据阳泉矿区多年开采统计，上储集层段开采 3#、6# 煤层的工作面瓦斯涌出来源，本煤层与邻近层各占 50%；开采中储集层段 8#、9# 和 12# 煤层的工作面瓦斯涌出来源，邻近层涌出占 60%～70%，本煤层涌出占 30%～40%；开采下储集层段 15# 煤层的工作面，邻近层瓦斯涌出占85%～90%，本煤层占 10%～15%。如果 15# 煤层上部有开采的邻近煤层，则工作面邻近层瓦斯涌出量降低，具体值与层间距和开采间隔时间有关。

1.1.3.2 瓦斯特征

对于煤矿而言，进行瓦斯参数测定是十分重要的工作，通过此项工作，不但能够为初步设计和瓦斯抽采设计提供基础数据，而且还能够为煤矿瓦斯管理提供以下几个方面的作用：

① 了解矿井煤层瓦斯的赋存状态：煤矿井下各煤层的瓦斯基础参数是看不见摸不着的，只有测定井下各区域的瓦斯基础参数，才能摸清井下瓦斯赋存分布规律，明确瓦斯防治的重点区域，避免瓦斯事故发生。井下瓦斯压力和瓦斯含量的分布是有规律可循的，通过测定不同地点、不同埋深下煤层的瓦斯压力和含量，就能计算出煤层瓦斯压力和含量的变化梯度，不仅对正在开采区域的安全生产具有指导意义，也为水平延伸的开拓部署提供预测基础。

② 为矿井制订瓦斯防治方案提供基础数据：现阶段，矿井瓦斯防治技术很多，但是具体到不同矿井，不同的瓦斯防治措施所起的作用是不同的，因而不同矿井煤层赋存不同，煤层瓦斯基础参数不同，需要采取的瓦斯防治方案也不同，只有准确地测定本矿井的各煤层瓦斯基础参数，才能制订出有针对性的瓦斯防治方案。

③ 为高瓦斯或突出矿井进行瓦斯抽采设计提供基础数据：瓦斯抽采是瓦斯防治的基本手段之一，瓦斯压力和瓦斯含量是决定煤层是否需要抽采的指标，煤层透气性系数和钻孔流量衰减系数是衡量瓦斯抽采难易程度的指标。因此，只有明确被抽采煤层的上述参数，才能有的放矢，采取合理有效的抽采措施。

④ 为突出矿井开展区域危险性预测提供依据：开采突出煤层必须严格按照两个"四位一体"管理，而区域突出危险性预测是首要步骤，区域预测一般根据煤层瓦斯参数结合瓦斯地质分析的方法进行。

⑤ 为矿井进行瓦斯抽采达标评价提供基础数据：对预抽瓦斯效果进行评价时，首先应根据抽采计量参数计算抽采后的残余瓦斯含量或残余瓦斯压力，然后计算可解吸瓦斯量，当其达到规定的预期达标指标后，再进行现场实测预抽瓦斯效果指标。而煤层瓦斯基础参数中的瓦斯含量是进行上述运算的基础数据。因此，应该在瓦斯基础参数测定基础上进行上述计算，否则，矿井建立的瓦斯抽采达标评价体系是不合理的。

瓦斯基础参数一般包括：煤层瓦斯压力、煤层瓦斯含量、孔隙特征、坚固性系数及瓦斯放散初速度指标、钻孔瓦斯流量衰减特性和煤层透气性系数等。

(1) 瓦斯压力

煤层瓦斯压力的测定按照《煤矿井下煤层瓦斯压力的直接测定法》(AQ/T 1047—2007)的规定进行，方法是向煤层施工穿透煤层的钻孔，然后封孔安装压力表，等待瓦斯压力上升到稳定值即得到煤层瓦斯表压力。测定煤层瓦斯压力成败的关键是封孔技术，测定压力钻孔封孔后，既要保证压力孔的煤孔段与测压管、压力表相通，又要保证测压管、压力表、压力孔及相应连接装置不漏气。为保证顺利封孔，要求测定煤层瓦斯压力孔的倾角在 15°以上。封孔浆液按一定比例配备，并加入适量的膨胀剂。封孔长度，根据压力孔岩石段的特性，可为 10～15 m。

测定瓦斯压力，有时要等待很长的时间，可能数月甚至一年，压力表才能稳定。为了加快压力测定速度，一般采用主动式测定压力技术，即测定压力孔封孔后，通过相关连接装置，向孔内灌入高压氮气，如果孔内压力大于煤层瓦斯压力，则孔内氮气向四周煤层扩散，孔内压力降低；如果孔内压力小于煤层瓦斯压力，则周围煤层瓦斯扩散流入孔内，使钻孔内瓦斯压力很快与煤层瓦斯压力平衡，即得到煤层瓦斯压力。

阳泉矿区瓦斯压力测定情况举例可见表 1-1-5。

**表 1-1-5　瓦斯压力测定结果举例**

| 矿井名称 | 序号 | 煤层 | 采样地点 | 孔深/m | 瓦斯压力/MPa |
|---|---|---|---|---|---|
| 一矿 | 1 | 3# | 西大巷正前 200 m | 58 | 1.70 |
| | 2 | 3# | 西大巷正前 400 m | 58.5 | 2.45 |
| 新景矿 | 3 | 3# | 南六副巷 461 m | 9 | 1.12 |
| | 4 | 3# | 7312 切巷距回风巷 195 m | 40 | 1.67 |
| 寺家庄矿 | 5 | 15# | 15104 工作面 | — | 0.40 |
| | 6 | 15# | 15110 底抽巷 | 45 | 0.53 |
| 石港矿 | 7 | 15# | 15202 工作面 | — | 0.66 |
| 新元矿 | 8 | 3# | 31004 工作面 | 60 | 0.86 |

(2) 瓦斯含量

煤层瓦斯含量：指煤层内单位质量或单位体积的煤在自然条件下所含的瓦斯量，单位是 $m^3/t$。煤层瓦斯含量是煤层瓦斯主要参数之一，它是反映煤与瓦斯突出危险程度的主要指标。通常，在我国由于煤层瓦斯含量测定方法的不同，瓦斯含量的内涵也不同，用间接法测试瓦斯含量时，瓦斯含量为吸附瓦斯含量和游离瓦斯含量之和；用直接法测试时，煤层瓦斯含量则包含煤样解吸瓦斯含量、损失瓦斯含量和残存量三部分。煤层围岩中有时也含有瓦斯，单位质量（或体积）岩石中所含的瓦斯体积称为岩石瓦斯含量。

阳泉矿区各矿煤层瓦斯含量举例（煤层原始瓦斯含量、煤层瓦斯解吸量、煤层残存瓦斯含量）见表 1-1-6。

**表 1-1-6　煤层瓦斯含量测定结果举例**

| 矿井名称 | 序号 | 煤层 | 采样地点 | 原始瓦斯含量 /($m^3/t$) | 瓦斯解吸量 /($m^3/t$) | 残存瓦斯含量 /($m^3/t$) |
|---|---|---|---|---|---|---|
| 一矿 | 1 | 3# | 7214 回风巷距开口 285 m | 7.60 | 2.71 | 6.87 |
| | 2 | 3# | 7214 回风巷距开口 258 m | 7.80 | 2.72 | 7.05 |
| 新景矿 | 3 | 3# | 芦南 7213 工作面正巷 365 m | 11.53 | 2.62 | 7.06 |
| | 4 | 3# | 芦南 7213 工作面副巷 260 m | 7.76 | 2.62 | 7.11 |

表 1-1-6(续)

| 矿井名称 | 序号 | 煤层 | 采样地点 | 原始瓦斯含量 /($m^3$/t) | 瓦斯解吸量 /($m^3$/t) | 残存瓦斯含量 /($m^3$/t) |
|---|---|---|---|---|---|---|
| 寺家庄矿 | 5 | 15# | 中央盘区轨巷新开以里 118 m | 7.70 | 4.68 | 4.34 |
| | 6 | 15# | 15104 工作面 | 11.22 | 3.26 | 5.13 |
| 石港矿 | 7 | 15# | 15203 回风巷 | 7.74 | 4.99 | 7.25 |
| 新元矿 | 8 | 3# | 31004 掘进工作面 | 12.138 | 2.98 | 4.67 |

(3) 孔隙特征

煤层孔隙为煤层瓦斯气体的吸附、解吸、扩散和渗流提供了良好的通道。煤层的孔隙结构受到包括沉积物组成、煤化作用以及地层构造运动等多方面的影响,故复杂多变。根据大量资料研究,可以将煤层孔隙大致分为三类:原生孔隙(直径 $1.0\times10^2\sim1.0\times10^5$ μm)、次生孔隙(直径一般为 $1.0\times10^3$ μm)和裂隙。原生孔隙主要是指沉积物颗粒之间形成的孔隙,会随着煤化作用的加深而逐渐减少,在深部煤岩体内,由于高压密实作用而基本消失;次生孔隙一般是指在煤化作用过程中形成的孔隙;裂隙一般指在煤化作用中形成的裂隙或构造裂缝。以上三种孔隙,是沉积物在煤化作用下形成的存在于煤层中的实际构造组成,属于煤岩体结构的重要部分,会对瓦斯的积聚和运移产生极大影响。表 1-1-7 为阳泉矿区部分矿井煤层的孔隙特征测定情况。

表 1-1-7 煤层孔隙特征测定结果举例

| 矿井名称 | 序号 | 煤层 | 采样地点 | 孔隙特征/nm |
|---|---|---|---|---|
| 一矿 | 1 | 3# | 7214 回风巷距开口 232 m | 1.354 |
| | 2 | 3# | 7214 回风距开口 181 m | 1.354 |
| 新景矿 | 3 | 3# | 芦南 7213 工作面正巷 80 m | 1.350 |
| | 4 | 3# | 420 皮带巷 408 m | 1.621 |
| 寺家庄矿 | 5 | 15# | 中央盘区轨巷新开以里 50 m | 1.350 |
| | 6 | 15# | 中央盘区轨巷新开以里 98 m | 1.251 |
| 石港矿 | 7 | 15# | 15203 回风巷 | 1.445 |

煤的孔隙发育,使得煤对瓦斯的吸附能力很强,而由表 1-1-7 可以看出,阳泉矿区煤层的孔隙特征测定结果均小于 10 nm 这个数量级,因此,阳泉矿区煤层突出危险性强。

(4) 坚固性系数及瓦斯放散初速度指标

煤的坚固性系数和瓦斯放散初速度指标是反映煤与瓦斯突出危险性的指标,其值大小不仅能够客观地反映煤体强度和破坏程度,还能够很好地定量表征煤体的瓦斯放散特征和发生瓦斯突出时的气体介质条件。阳泉矿区部分矿井煤层的坚固性系数及瓦斯放散初速度指标测试结果见表 1-1-8。

**表 1-1-8　煤层渗透率测定结果举例**

| 矿井名称 | 序号 | 煤层 | 采样地点 | 坚固性系数 $f$ | 瓦斯放散初速度指标/mmHg |
|---|---|---|---|---|---|
| 一矿 | 1 | 3# | 7214 回风距开口 285 m | 0.46 | 5.60 |
| | 2 | 3# | 7214 回风距开口 258 m | 0.47 | 5.53 |
| | 3 | 3# | 7214 回风距开口 232 m | 0.47 | 5.51 |
| 新景矿 | 4 | 3# | 芦南 7213 工作面正巷 80 m | 0.46 | 5.47 |
| | 5 | 3# | 北六副巷 N638 北 33 m | 0.34 | 13.00 |
| 寺家庄矿 | 6 | 15# | 中央盘区轨巷新开以里 98 m | 0.47 | 5.49 |
| | 7 | 15# | 15104 工作面 | 0.21 | 9.1 |
| 石港矿 | 8 | 15# | 15203 回风巷 | 0.47 | 5.58 |
| 五矿 | 9 | 15# | 赵家分区井底车场掘进头 | 0.56 | 23.32 |

由表 1-1-8 可以看出，煤的坚固性系数均接近 0.5，瓦斯放散初速度指标低于 10 mmHg，说明阳泉矿区煤与瓦斯突出是以瓦斯为主导因素，但是在煤层遇到地质构造时，煤的坚固性系数变小，瓦斯放散初速度指标变大，这也是煤与瓦斯突出主要发生在地质构造区域的重要原因。

(5) 煤层透气性系数及流量衰减系数

① 阳泉老区

一矿、三矿、新景矿 3# 煤层透气性系数为 0.018 8～0.137 7 $m^2/(MPa^2 \cdot d)$，平均0.078 25 $m^2/(MPa^2 \cdot d)$，百米钻孔瓦斯流量衰减系数 0.068 7～1.594 2 $d^{-1}$，平均0.831 5 $d^{-1}$，3# 煤层属于较难抽采煤层。

② 寿阳矿区

新元矿 3# 煤层透气性系数 0.017 $m^2/(MPa^2 \cdot d)$，百米钻孔瓦斯流量衰减系数 0.530 3 $d^{-1}$，属较难抽采煤层。

开元矿 3# 煤层透气性系数 0.112 7 $m^2/(MPa^2 \cdot d)$，但百米钻孔瓦斯流量衰减系数为 0.145 $d^{-1}$，属于较难抽采煤层；9# 煤层透气性系数 0.075 2 $m^2/(MPa^2 \cdot d)$，百米钻孔瓦斯流量衰减系数 0.139 $d^{-1}$，属较难抽采煤层。

平舒矿 $8_1^{\#}$ 煤层透气性系数为 0.128 1 $m^2/(MPa^2 \cdot d)$，但百米钻孔瓦斯流量衰减系数为 0.320 9 $d^{-1}$，综合评价属较难抽采煤层。

③ 平(定)昔(阳)矿区

五矿 15# 煤层透气性系数 1.681 $m^2/(MPa^2 \cdot d)$，百米钻孔瓦斯流量衰减系数 0.032 5 $d^{-1}$，属可以抽采煤层。

寺家庄矿 15# 煤层透气性系数 0.175 $m^2/(MPa^2 \cdot d)$，百米钻孔瓦斯流量衰减系数 0.041 7 $d^{-1}$，属可以抽采煤层。

④ 和(顺)左(权)矿区

永佛寺煤矿 3# 煤层透气性系数 6.928 6 $m^2/(MPa^2 \cdot d)$，百米钻孔瓦斯流量衰减系数 0.034 5 $d^{-1}$，属可以抽采煤层；4# 煤层透气性系数 0.023 7 $m^2/(MPa^2 \cdot d)$，

百米钻孔瓦斯流量衰减系数 0.186 3 $d^{-1}$，属较难抽采煤层；8# 煤层透气性系数 0.017 2 $m^2/(MPa^2 \cdot d)$，百米钻孔瓦斯流量衰减系数 0.376 1 $d^{-1}$，属较难抽采煤层。

石港矿 15# 煤层透气性系数 0.104 5 $m^2/(MPa^2 \cdot d)$，百米钻孔瓦斯流量衰减系数 0.058 7 $d^{-1}$，属可以抽采煤层。

新元矿 3# 煤层透气性系数 0.017 $m^2/(MPa^2 \cdot d)$，属较难抽采煤层。

#### 1.1.3.3 瓦斯利用概况

煤矿瓦斯抽采量、瓦斯浓度决定了其利用方式及经济性[8-9]。集中度低、抽采浓度不稳定且以低浓度瓦斯为主的特点，决定了煤矿瓦斯利用不得不遵循“就近、全浓度”利用原则。在阳泉矿区，浓度 30%以上的煤矿瓦斯主要通过管道集中输送，进行民用、工业利用或就地发电利用；浓度 10%～30%的煤矿瓦斯一般就地发电，部分提浓后进行民用；浓度小于 10%的煤矿瓦斯利用经济性不高，少部分与高浓瓦斯掺混后就地发电。

截至 2015 年，阳泉矿区已建成储配气站 15 座，接力运行站 2 座，瓦斯输送管网 590 km，已有居民用户 22.14 万户，工业用户 1 720 户。建成瓦斯发电厂 23 座，总装机容量 290.3 MW，形成了以瓦斯发电为主，民用、工业利用、供热、提纯、液化等多渠道、规模化利用的产业格局。2015 年阳泉矿区煤矿瓦斯利用量为 7.09 亿 $m^3$，利用率为 37.8%，其中，民用和公共福利用气 1.03 亿 $m^3$，瓦斯发电用气 4.05 亿 $m^3$，工业用气 1.57 亿 $m^3$，其他用途用气 0.44 亿 $m^3$。

阳煤集团是阳泉矿区煤矿瓦斯抽采利用的主体，建设的煤矿瓦斯集输管网系统基本覆盖了阳泉市区，并向周边县市辐射，建成瓦斯发电厂 9 座，装机容量 136 MW，还有氧化铝焙烧、煤泥烘干、燃气锅炉供热、CNG 和 ING 等瓦斯利用项目。2015 年阳煤集团煤矿瓦斯利用量为 5.9 亿 $m^3$，利用率为 42.5%。

### 1.1.4 阳泉矿区生产概况

#### 1.1.4.1 采掘概况

阳泉矿区采煤技术的发展大致可分为以下 4 个阶段：

(1) 普采、炮采阶段

1951 年 12 月在 15# 煤层试验成功并推广了走向长壁倾斜分层下行陷落采煤法，之后又试验并推广了单一煤层走向长壁式采煤法，初期全部采用木柱木棚支护，支护强度低，消耗量大。1952 年首次使用截煤机(1957 年达到 15 台)，同时开始使用刮板运输机和金属支柱，试验成功了金属网假顶分层采煤法。1965 年 11 月，煤炭生产进入普通机械化采煤(简称普采)时期，即由浅截式滚筒采煤机、可弯曲链板运输机、单体摩擦金属支柱和金属铰接顶梁等设备组成的机组共同完成采煤作业，采煤机械化程度只有 26.75%。经过多年发展，至 1978 年，普采成为阳泉矿务局的主导采煤技术，普采产量为 477 万 t，占总产量的 46.5%，采煤机械化程度达到 58.92%。1990 年，最后一个金属摩擦支柱工作面开采完毕，结束了阳泉矿务局普采、炮采的开采历史。

(2) 高档普采阶段

高档普采和普采的主要区别是单体液压支柱代替了摩擦金属支柱，实现了主动支护顶板。1984 年 12 月，阳泉矿务局第一套高档普采设备在三矿投产，至 1987 年末，各矿都推广使用了高档普采，全局共装备 13 个高档普采队，平均单产达到 18 500 t/月。20 世纪 90 年代后期，高档普采工作面逐年减少，至 2001 年全部淘汰。

(3) 综采(放)阶段

综合机械化开采即由液压支架、强力采煤机、大功率运输机和乳化液泵站等设备相互配套，共同完成采煤生产。1974 年，由我国自行设计和制造的第一套综采设备在四矿投入生产，阳泉矿务局采煤生产进入综采阶段；1980 年综采产量超过普采产量，成为主导采煤技术；1987 年全局发展到综采队 18 个；1988 年综采放顶煤试验成功，一矿北丈八井机采队于 1989 年成为全局第一个年产百万吨的综采队；1990 年在全局推广应用，采煤机械化程度达到 100%，进一步加快了综采的发展步伐；1994 年综放工作面发展到 10 个；1996 年开始在一矿北丈八井试验低位综采放顶煤技术；2005 年淘汰中位放顶煤支架；2002 年阳煤集团综采机械化程度达到了 100%，进入了完全综采时代。

(4) 大采高、自动化阶段

大采高综合机械化开采是指综采工作面采煤机割煤高度大于 3.5 m 的一次采全高的综采工艺，与综采放顶煤开采相比，系统简单，设备少，没有拉后溜及放煤工序，有利于工作面的管理。2009 年 7 月首次在寺家庄公司首采工作面投入大采高试生产，但由于支架选型不合理，最高月产只达到 23.6 万 t；2013 年 11 月 19 日一矿 S8310 工作面作为第二个大采高试验工作面如期投产，2014 年 2 月份，日产突破 2 万 t，月达到 46.6 万 t，创出集团建企 64 年来采煤工作面月产最高纪录。

综采自动化系统依赖于采煤机自动工况监测及故障诊断技术、采煤机自动技术、液压支架电液控制技术、输送机各种数据传输技术、机巷集中控制技术等，构成无人或少人的综合机械化采煤自动化技术。2012 年 9 月阳煤集团先后在新景矿 3103 工作面和新元矿 310205 工作面试验自动化开采技术，2013—2017 年在集团公司主力矿井大范围推广使用。

(5) 智能化阶段

2010 年左右，矿山物联网技术开始在煤矿应用，并在行业内逐渐对矿山物联网的架构、功能等达成共识，随着大数据、人工智能等技术的发展，煤炭工业逐步迈进智能化时代。近年来，集团以 5G 通信、先进控制技术为引领，积极组织力量，整合资源，开展总体规划，推进智能化煤矿建设。

① 推进 5G 网络在煤矿井下的使用

2019 年 9 月，中国移动、华为公司、阳煤集团签署战略合作协议，开展研究合作。全国首个煤矿井下 5G 基站及其组网落户新元公司。

② 重点推进综采智能化技术应用

阳煤集团先后对北京天玛、德国玛珂、郑州煤机、中国矿业大学、天津华宁等品牌的先进技术与装备进行了推广使用和研究改进。2019 年，国家科技攻关课题“高瓦斯矿井智能开采安全技术集成与示范”项目在新元 31004 智能综采工作面落地实施。

③ “技术一张图、管理一张网”的应用

阳煤集团安全生产运营管理平台基于“一张图”管理理念，统一 GIS 平台，统一管理平台，建立集团层和矿井层调度、生产技术、地测、通风、机电、安全、培训、煤质等安全生产部门的业务管理系统，实现安全生产信息集成共享、业务协同和一体化管理，形成了“技术一张图、管理一张网”的新型管理模式。基于此系统，阳煤集团建成了国内外第一个全集团分布式协同、高度透明展示和一体化管控的智慧、高科技矿区，为煤矿企业领导层正确决策提供科学依据，在煤炭行业具有很强的推广应用价值。

煤矿智能化从根本上改变了传统煤矿工人作业方式和条件，是煤矿工人的福祉，也是煤炭企业发展的内在要求，煤矿智能化建设虽然要增加一些投资，但会带来更大的安全效益、经济效益和社会效益。

1.1.4.2 *矿井通风概况*

阳泉矿区是我国典型的高瓦斯矿区，矿区开采过程中曾发生过多起瓦斯事故。利用通风办法治理采煤工作面瓦斯是矿井瓦斯治理的基本方法，通风系统不仅要保证采煤工作面的通风能力，提供足够的新鲜空气，达到稀释瓦斯浓度、吹散瓦斯积聚的目的，还必须有一定的抗灾能力，在灾变时能将其危害控制在最小范围内。

经过多年摸索，阳煤集团基本上形成了独具特色的通风系统。采区为双进双回四条采区巷道布置形式，保证采掘工作面的用风量需要，符合了《煤矿安全规程》规定的高瓦斯矿井设置采区专用回风巷的要求。对单一煤层综采工作面，全部采用由阳煤集团率先推广的“U＋L”形一进两回通风系统，即一条进风巷、一条回风巷加一条外错专用排瓦斯巷（外错尾巷），这种系统有效增大了风排瓦斯的能力，基本消除了回风隅角瓦斯超限隐患。综放工作面则全部采用“U＋I”形一进两回通风系统，即一条进风巷、一条回风巷加一条内错尾巷。

阳泉矿区大型生产矿井均采用多进风井、多回风井联合通风，矿井通风方式为分区式通风，中小型矿井通风系统较简单，多采用并列式通风，风量富余系数达 1.5 左右，提高了矿井通风能力和抗灾变能力。无论倾斜长壁式还是盘区式开拓布置，主要巷道布置有单翼或双翼专用回风巷。15# 煤层或 8#、9# 复合煤层内，综放或一次采全高采煤工作面通风方式为一进一回“U”形通风，并布置“走向岩石高位抽采巷”和“走向岩石低位抽采巷”；单一煤层综采工作面通风方式多采用一进一回“U”形通风，并布置“专用瓦斯抽采巷”，在有条件的区域采用“Y”形通风。其中“U”形通风方式是基本方式，其他通风方式是针对瓦斯涌出的特点及治理手段进行改进的。

内错尾巷和外错尾巷在通风系统上可归纳为同一种类型，对排放采空区瓦斯效果基本相同，但在功能上因排放口的不同，就产生了不同的作用。外错尾巷是利用采空区后部排放口排放采空区瓦斯；内错尾巷是利用采空区前部排放口排放采空区瓦斯，前部排放口处于综放工作面上部，在工作面煤壁前方卸压区大量瓦斯会通过裂隙涌向内错尾巷。因此，内错尾巷还能排放本煤层瓦斯。

“U”形布置方式是综放工作面通风机生产系统的基本布置方式，其他布置方式主要是依据工作面及采空区瓦斯的大小，考虑抽采及处理采空区或落山角瓦斯方便而变革来的。采用其他布置方式会改变采空区风流流动趋势，从而改变了采空区瓦斯涌出的途径。

“U＋L”形通风方式较“U”形通风方式的优点在于：① 排放能力大，一般比“U”形通风方式提高一倍以上；② 通过适当调节回风与尾巷的通风压差，便于治理回风隅角瓦斯超限问题；③ 外错尾巷还便于铺设抽采瓦斯管路，有利于抽采埋管。同时，“U＋L”形通风方式存在其自身的不足：① 与“U”形布置方式相比，增加了 1/3 的煤巷，增加了工程量，且煤柱加宽丢煤多，降低采区回采率；② “U＋L”形布置方式增加了通风管理的工作量和难度；③ 尾巷及横贯难以维护，特别在相邻工作面已采时更难维护，常常造成巷道、横贯被压垮的状态，一方面影响通风，另一方面又造成对抽采管路安全运行的威胁；④ 外错尾巷布置方式对防止自然发火不利。

“U＋I”形通风方式的优势在于：① 内错尾巷吸风口回风隅角在空间上处于“优势”地位，利于控制采煤工作面采空区涌出的瓦斯，治理采煤工作面回风隅角瓦斯经常超限的严重问题；② 布置内错尾巷比外错尾巷进尺量少，易于维护；③ 内错尾巷受压小，巷道随采随冒，一直处于畅通的全负压通风状态，通风良好，通过风量大；④ 通风管理简单，不需要人员进入尾巷深部，安全可靠，减少了大量密闭工程；⑤ 克服了外错尾巷易引发采空区浮煤自然发火的缺陷，减少了采空区的回风通道。总之，“U＋I”形通风方式是高瓦斯易燃煤层解决回风隅角瓦斯的一条根本出路，在阳泉矿区已作为一条主要技术途径加以制度化。

常用通风方式由于瓦斯随风流在采煤工作面运移，部分瓦斯积聚在工作面回风隅角，造成瓦斯超限。为了改变工作面及回风隅角瓦斯超限的问题，采用“Y”形通风方式，主进风通过工作面，稀释本煤层的瓦斯，并利用在采空区维护的沿空巷，有控制地向回风巷漏风，使采空区中的瓦斯直接进入回风道，而副进风巷用于驱散回风隅角的瓦斯积聚，并将回风巷的瓦斯稀释到安全浓度范围内，消除了工作面和回风隅角瓦斯隐患。

掘进工作面通风按照大功率风机、大直径风筒、大风量原则，防止瓦斯超限的同时提高抗灾能力。在高瓦斯矿井和瓦斯突出矿井，局部通风机实现双风机双电源自动切换、智能瓦斯引排装置、三专两闭锁，高突矿井煤巷掘进安装 45 kW、55 kW 对旋局部通风机，配备直径 800～1 200 mm 的防静电、阻燃风筒，出口风量均大于 400 $m^3/min$。同时根据不同时期风机工况的需求，采用变频调速技术，可以提高风门控制系统效率，节省能耗。

通风管理方面，严格落实六项管控。四项重点工程包括盲巷临时封闭、启封排瓦斯、贯通调改风、突出煤层揭煤；两项重点工作包括采煤工作面初采瓦斯管理及采煤工作面末采自然发火管理。严格按程序依次落实 5 个环节要求的各项内容，即：现场工程及安全技术措施的制定审批、施工前专题安排会议、任务联系单、现场施工指挥、安全监督保障，做到分工明确、责任到人提高管控层级，杜绝违反规定越权管理。

#### 1.1.4.3 瓦斯治理概况

治理矿井瓦斯的另一个主要措施是进行瓦斯抽采，阳泉矿区根据各煤层的瓦斯赋存和涌出特点，采取了多种瓦斯抽采治理措施，根据抽采对象的不同主要分为邻近层卸压瓦斯抽采、采空区瓦斯抽采和本煤层瓦斯抽采 3 大类。

邻近层卸压瓦斯是阳泉矿区工作面瓦斯的主要来源，邻近层卸压瓦斯涌出量很大，必须对其进行有效抽采才能保证工作面安全开采。近年来，阳泉矿区先后采取了 73 mm 密集钻孔、200 mm 大直径钻孔、拐弯钻孔等顶板穿层钻孔抽采技术，又创造性地试验并推广了顶板走向高抽巷和顶板倾斜高抽巷抽采邻近层卸压瓦斯技术以及伪倾斜后高抽巷解决综放面初采期间瓦斯技术，地面钻孔抽采采空区瓦斯的 7 种邻近层抽采方法，取得了成功。钻孔抽采上邻近层卸压瓦斯抽出率可达60%～70%，高抽巷道抽采上邻近层卸压瓦斯抽出率可达80%～90%。

随着采深和工作面产量的增大，15#煤层综放开采过程中本煤层瓦斯涌出量较以往明显增大，导致工作面瓦斯超限问题加重，影响安全开采。目前，阳泉矿区针对高瓦斯低透气性煤层实施强制预抽，降低煤层瓦斯含量，防治瓦斯突出，并将本煤层预抽纳入生产工艺程序，与生产部署统一设计、统一计划、统一实施。规定凡未进行预抽且预抽时间达不到3个月的回采面一律不得生产。

由于综采放顶煤回采率低，采空区浮煤多，浮煤瓦斯会逐步解吸释放，向工作面和尾巷流动；另一方面由于15#煤层上部的近距离邻近层处于采煤工作面采空区上方的冒落带，无法用抽采的方法控制其下行，势必造成采煤工作面回风隅角瓦斯超限。为解决这一普遍性问题，阳泉矿区对采用"U"形、"U+L"形通风方式的工作面采用了埋管抽采瓦斯的措施。这种方法容易施工，成本低，瓦斯抽采率达53.4%～83.0%，平均68.98%，抽采后工作面风排瓦斯量降到2～3 $m^3$/min，保证了工作面的安全生产。但是采用采空区埋管抽采瓦斯，管理比较困难，尤其是初期抽采时浓度低，难以确保连续抽采。

随着各项抽采措施的不断优化、抽采系统的不断完善以及各项管理制度的建立，近年来，阳泉矿区瓦斯抽采量呈现逐年递增的趋势，工作面安全高效开采得到了有力的保障。

## 1.2 阳泉矿区瓦斯灾害现状

### 1.2.1 煤矿瓦斯概述

煤中的瓦斯与煤同时形成于煤化作用过程中，瓦斯的形成贯穿于整个成煤过程，其形成之后又受到后期构造运动影响而发生运移和保存，故其赋存又与地质构造密切相关。煤化作用过程中瓦斯大量生成并保存下来，在其他因素恒定的条件下，煤的变质程度越高，煤层瓦斯含量越大。

不同煤矿瓦斯组成差异是很大的[10]，但因煤矿大部分瓦斯来自煤层，而煤层中的瓦斯一般以甲烷为主，所以狭义的煤矿瓦斯就是指甲烷。甲烷，化学式$CH_4$，是最简单的烃，由1个碳原子和4个氢原子组成。在标准状态下甲烷是无色无味的气体。甲烷在巷道断面内的分布取决于巷道壁附近有无瓦斯涌出源。在自然条件下，由于甲烷在空气中的扩散性强，它一经与空气均匀混合，就不会因其相对密度较空气轻而上浮、聚积，因此当无瓦斯涌出时，巷道断面内甲烷的浓度是均匀分布的；当有瓦斯涌出时，甲烷浓度则呈不均匀分布。在有瓦斯涌出的巷道壁附近，甲烷的浓度相对较高。在煤矿中有时见到在巷道顶(底)板、冒落区顶部、工作面煤壁积存瓦斯，这并不是由于甲烷的密度比空气小，而是说明这些地点有瓦斯(源)在涌出。

工作面范围内涌出瓦斯的来源称为瓦斯源[11]。含瓦斯煤层在开采时因受采掘作业影响，煤层及围岩中的瓦斯赋存条件遭到破坏，造成一定区域内煤层、围岩中的瓦斯涌入工作面，并构成采煤工作面瓦斯涌出的组成部分。工作面瓦斯涌出分为煤壁瓦斯涌出、落煤瓦斯涌出和采空区瓦斯涌出，而采空区的瓦斯涌出又包括围岩瓦斯涌出、邻近层瓦斯涌出、遗煤瓦斯涌出和未采分层瓦斯涌出，采空区瓦斯随着采场内煤、岩层的变形或垮落而卸压，它们按照各自的规律涌入采空区，混合在一起，然后在矿井通风负压的作用下涌入工作面。如果将这4部分瓦斯作为一个瓦斯源来确定采空区的涌出量不但具有实际意义，而且还可以减少误差。

工作面采煤时，煤壁不断暴露，在矿山压力的作用下，其原始状态发生了变化，即煤体裂隙扩大、煤层透气性系数增大、工作面前方煤体中的压力平衡状态遭到破坏、工作面的前方始终存在一个卸压带。煤体内部到煤壁表面之间存在着一定的瓦斯压力梯度，从而使煤层中的瓦斯沿着卸压带的裂隙大量涌向工作面，瓦斯的涌出强度随着煤壁暴露时间的增加而降低，煤壁的瓦斯释放量与割煤速度成近似线性关系。

采煤机在运输过程中的遗落煤呈块粒状，使煤体的暴露面积成倍增加，从而提高了瓦斯解吸强度和速度，导致瓦斯涌出量的增加。遗落煤瓦斯涌出强度与煤壁一样，也随时间增加而降低。遗落煤的瓦斯涌出量与采煤工作面的瓦斯质量体积、原始瓦斯压力、煤层透气性、煤体的坚固系数、块煤的粒径以及采煤机的效率、工作面推进速度等都有很大关系。在其他条件不变的情况下，遗落煤的块度越小则瓦斯涌出的强度越大。

采空区的瓦斯浓度一般随着采空区深度的增加而逐渐增大，即离工作面越远，瓦斯浓度越高，并且采空区内顶板瓦斯浓度要高于底板。如果工作面采用上行通风，则采空区上部(回风侧)的瓦斯浓度要高于其下部的瓦斯浓度。采空区中各处煤与矸石压实程度差异很大，风压变化较大，造成采空区各点的气体流动速度不同。采空区瓦斯受到气流压差的作用，一部分会向回风侧运移，通过回风隅角流入回风巷随回风流排走；另一部分，特别是采空区深部的瓦斯，不足以克服流动所需要的阻力，因而运移速度相对缓慢，容易发生瓦斯积聚。

从瓦斯涌出的来源可以看出，采空区瓦斯也是由遗煤和煤层暴露面等涌出的瓦斯构成的。工作面初采时，从开切眼开始向前推进，采空区从无到有。随着采空区面积的扩大，采空区内的瓦斯浓度也逐渐增大，在基本顶初次垮落之前，采空区的瓦斯涌出量较小；当基本顶初次垮落后，采空区的瓦斯涌出量出现一个峰值；以后随着基本顶发生周期性垮落，就重复出现上述过程。采空区瓦斯涌出量增加到一定值时，在开采条件基本不变的条件下，采空区瓦斯涌出量将趋于稳定。

## 1.2.2 瓦斯灾害

瓦斯是煤矿安全生产的第一杀手，阳泉矿区瓦斯地质条件复杂，瓦斯事故频发，严重影响煤矿安全生产。根据阳泉矿区近年来煤矿事故统计分类，煤矿瓦斯灾害包括煤与瓦斯突出、瓦斯爆炸、瓦斯燃烧、瓦斯窒息、瓦斯超限以及瓦斯复合灾害5种，其中煤与瓦斯突出和瓦斯爆炸发生最多、危害最大。

### 1.2.2.1 瓦斯灾害类型

(1) 煤与瓦斯突出

煤矿地下采掘过程中，在很短的时间(数分钟)内，从煤(岩)壁内部向采掘工作空间突然喷出煤(岩)和瓦斯的现象，人们称为煤(岩)与瓦斯突出[12-14]，简称瓦斯突出或突出。它是一种伴有声响和猛烈力能效应的动力现象，能摧毁井巷设备、破坏矿井通风系统，使井巷充满瓦斯和煤(岩)抛出物,造成人员窒息、煤流埋人,甚至可能引起瓦斯爆炸与火灾事故,导致生产中断等,是煤矿严重的灾害事故类型。

煤与瓦斯突出的原因有构造煤结构特征、地质构造及开采因素、煤层结构及瓦斯压力影响、石门揭煤:

① 构造煤结构特征。突出煤与瓦斯受到影响的大部分原因是构造煤的分布存在一定的集中性。煤构造上的厚度是影响其突出的主要原因,煤的结构特征给煤与瓦斯突出提供了一定的条件,降低了构造煤的渗透率,并且也利于保存瓦斯,这样一来会使得瓦斯的压力加剧,同时还会破坏煤体结构,降低煤的强度,从而降低抵抗煤突出的能力。

② 地质构造及开采因素。在开采煤的过程中,会影响地质构造,地质构造会对矿井的广泛性产生影响,而且地质构造区也很有可能发生突出现象。矿井工作面的回采方式、开拓方式、煤层以及采区的开采顺序也会增加煤与瓦斯突出的可能性。

③ 煤层结构及瓦斯压力影响。煤矿在发生突出现象之前,都会有一定的预兆性,以瓦斯浓度和煤层结构的变化较多。因为在开采过程中,煤层会受到开采区域的影响,导致结构特征出现变化,使得以往透气性较小的煤层的透气性更小,并且储藏的瓦斯压力也逐渐加剧,增加了突出危险存在的可能性。此时若不能及时解决煤层瓦斯压力过大的问题,就可能造成突出。

④ 石门揭煤。如果掘进头的前端位置是断层部位,将断层带打破之后,岩石就会处于没有支护的状态,运用钻杆进行打眼的时候,顶板位置处的岩石就会出现冒落,使地应力重新分布,之前围岩所承担的地应力部分或全部迅速转移到煤体之中,造成突出。

突出强度为发生煤与瓦斯突出时的突出煤(岩)量,是表征煤与瓦斯突出危险性的重要指标,按突出强度将煤与瓦斯突出分为以下5类:小型突出,强度小于10 t;中型突出,强度10～99 t;次大型突出,强度100～499 t;大型突出,强度500～999 t;特大型突出,强度等于或大于1 000 t。

中国是世界上煤与瓦斯突出最为严重的国家,严重影响了我国煤矿的安全生产。阳泉矿区自1966年在三矿头嘴发生第1次瓦斯突出以来,历史上共发生煤与瓦斯突出1 554次,瓦斯喷出2 415次,突出煤量8 123.89 t,瓦斯量涌出量3 275 657.44 $m^3$,矿井平均抽采率52.7%,是全国瓦斯涌出量最大的矿区之一。从2007年以来每年平均20次,突出煤量200 t以上的有29次,最大突出煤量525 t,瓦斯量17 850 $m^3$。现阶段突出主要发生在新元、新景、新大地和寺家庄等煤矿。

(2) 瓦斯爆炸

当井巷空气中瓦斯浓度达到5%～16%,遇到火源将会发生瓦斯爆炸[15-17]。通常瓦斯爆炸以爆燃为主,当瓦斯爆炸压力达到限值会向爆轰转化,并向四周产生冲击波。当瓦斯浓度达到9.5%时,瓦斯爆轰压力可以达1 719 MPa,速率为1 804 m/s。爆炸冲击波会对直接影响范围内的人体造成冲击伤害,致人死亡,对井巷内设备、支护、围岩以及通风设施造成直接破坏。由于井下煤尘较多,极易产生二次煤尘爆炸。

根据爆炸影响范围及引发原因,煤矿瓦斯爆炸事故可分为以下三类:

① 局部性瓦斯爆炸事故。这种瓦斯爆炸事故是由瓦斯在巷道回风隅角、工作面及采空区聚积引发的,主要特点是对巷道局部破坏。这种爆炸造成的冲击力小,对巷道造成的

破坏作用较小,不会破坏巷道及工作面支架的完整性,不会造成大的人员伤亡。

② 大型瓦斯爆炸事故。这种爆炸事故通常发生在盲巷和封闭巷道内,这些区域内会聚积大量瓦斯,遇到火源会发生剧烈爆炸。大型瓦斯爆炸事故通常会波及整个工作面甚至整个采区,爆炸冲击会引起巷道顶板冒落,片帮严重。爆炸事故发生后会造成局部风流逆转,工作面在短时间内难以恢复生产。

③ 连续性瓦斯爆炸。这种爆炸事故是由一次瓦斯爆炸引起的数次瓦斯爆炸的恶性瓦斯爆炸事故。在突出矿井,火灾会持续引爆瓦斯,造成连续性瓦斯爆炸,爆炸强度与进风量呈现正相关关系。连续性瓦斯爆炸会造成矿井大面积火灾,引起巨大的人员伤亡及财产损失。

影响瓦斯爆炸的因素主要包括:

① 局部爆炸区域混入其他可燃性气体及惰性气体。可燃性气体混入瓦斯爆炸区域时,瓦斯的爆炸下限会降低;惰性气体混入爆炸区域会降低氧气浓度,有效抑制瓦斯爆炸,降低瓦斯爆炸的危险性。

② 煤尘混入瓦斯爆炸中心区域时,会在火源温度达到 300 ℃时发生爆炸。煤尘爆炸产生高温,会引起瓦斯爆炸,导致连续性瓦斯爆炸事故。

③ 瓦斯-空气混合气体爆炸前的初始温度会影响瓦斯爆炸的浓度界限。研究表明,温度变高,瓦斯的爆炸浓度下限会明显降低。

瓦斯爆炸既有主观原因也有客观原因,如矿井管理不到位、自然条件恶劣、煤层中瓦斯含量高、井下火源管控不严格、工作面及采空区瓦斯治理措施不当等原因都可能造成瓦斯爆炸。为预防煤矿瓦斯爆炸,需要采取有效措施:

① 对本煤层、邻近煤层及采空区进行瓦斯抽采。针对煤矿瓦斯赋存条件,利用定向钻孔技术进行瓦斯抽采,做到有掘必探,探明瓦斯后选用合适的钻孔孔径及抽采方法对瓦斯进行抽采。

② 完善工作面及采空区瓦斯浓度及火源监测技术。为实现对煤矿井下瓦斯浓度及火源的实时监控,需要大力完善井下安全监控系统,利用传感器、报警仪、断电继电器等设备对井下实现全面控制,形成瓦斯与火源监控整体防治与在线监测,提升矿井的安全水平。

③ 加强对井下火源的防治工作。煤矿井下使用设备必须为本质安全型,对存在爆炸火花及电火花的设备进行重点控制,加大监测力度,形成对瓦斯易聚积区域的重点防治。煤矿严格检测瓦斯浓度,完善风电闭锁与瓦斯电闭锁系统。

④ 完善煤矿井下隔爆装置。设立防爆水袋棚、防爆岩粉棚等,使用压力传感器等及时将设置的防爆水及岩粉喷洒到巷道中,达到有效抑制爆炸的目的。

(3) 瓦斯燃烧

在高瓦斯煤矿中,存在瓦斯和煤炭两种可燃物质。其中,瓦斯可以燃烧,煤炭可以自燃。高瓦斯矿井内瓦斯含量较高,瓦斯涌出量大,使得巷道内瓦斯浓度较高,再加上通风不畅等原因,造成瓦斯集聚,一旦再具备使瓦斯燃烧的氧气条件,在遇到火源的情况下,即会产生瓦斯燃烧[18-19]。

现代矿井对于火源管理十分严格,但各种隐蔽、潜在火源仍然存在,且种类众多,如岩石冲击摩擦火花、采掘机械切剖硬质石英砂岩摩擦火花、电气线路短路火花、煤炭自燃等。

这些不确定火源一旦出现，虽不易引燃煤矿井下诸如浮煤、电缆等固体可燃物，但对于瓦斯这种可燃气体，因其点火能低，往往能形成燃烧。在标准条件下，瓦斯最小点火能为 0.28 mJ，最低点燃温度为 650～750 ℃。金属与岩石撞击或相互剧烈摩擦产生的灼热颗粒在离切削表面 10～30 cm 处最先产生火花，这时其切削面的表面温度往往能达到或超过 1 400 ℃。石英砂岩之间，在接触压力 171.2 N 以上以 10 m/s 的速度摩擦时可引起瓦斯爆炸。国外相关研究机构经过大量实验也验证了矿井下摩擦火花造成瓦斯燃烧事故的可能性。此外，瓦斯燃烧感应期小于爆炸感应期，更易引发事故。瓦斯很强的流动性造成其所形成的火焰会形成类似于液体流淌火的蔓延火，而且此种火焰还会整体地运移，形成更大的破坏面积，极大加速火势的发展。瓦斯除了在巷道内进行运移，煤层的多孔隙和裂隙结构，特别是采空区的多孔介质结构，也为瓦斯提供了大量的储存空间和运移通道。在遇到外界点火源时，常常会形成喷射火，这些储存空间或运移通道就会成为源源不断供给燃料的瓦斯罐。更为严重的是，在一些情况下，比如在用水枪灭火过程中，会将新鲜的空气带进这些裂隙、孔隙，甚至是采空区，使得瓦斯和氧气得以混合，形成隐蔽起来的暗火。同时由于瓦斯火焰一般呈淡蓝色，从表面上看似乎火焰已经熄灭，但实际上瓦斯仍在燃烧，一旦忽视的话，还会引起更大的事故。

煤矿井下现有防灭火技术及手段主要有均压、灌浆、注氮、冲水及快速推进等。这些手段在矿井火灾的防治过程中发挥了重要的作用，但对于瓦斯燃烧这种特殊的火灾，却存在着灭火效果不佳的问题，主要有以下原因：

① 均压防灭火主要是借助各种调压手段，改变通风系统内的压力分布，从而减少漏风，达到抑制和熄灭火势的目的。开区均压侧重于减少向采空区漏风，对于发生在工作面上的瓦斯燃烧，其窒息灭火效果将大大降低；闭区均压方式需要在所控区域封闭的条件才能发挥作用，但如果封闭火区将会大大增加瓦斯爆炸的可能性。

② 灌浆所用浆液作为一种固液两相流体，在重力的作用下，其流动趋向于低位。在标准状态下甲烷的密度为 0.77 $kg/m^3$，小于同状态下空气的 1.29 $kg/m^3$，所以形成的火焰处于高位，浆液在这种情况下难以发挥作用。

③ 水是一种天然的灭火剂，但煤矿井下现有的水枪式喷水灭火方式对气体火的抑制作用不够，特别是对于具有漂移特点的瓦斯燃烧，甚至在水的冲击作用下还会促使火焰向周围蔓延。

④ 注氮防灭火技术存在效果差、火区需较好封闭的缺点，在很多情况下难以扑灭瓦斯燃烧火灾。

⑤ 快速推进的防灭火作用主要体现是使自然发火的煤炭快速进入窒息带，但对于瓦斯这种气体，着火点会随着采掘作业的推进而移动，难以发挥灭火作用。

除了矿井现有灭火技术在瓦斯燃烧事故处理过程中效果不佳的情况外，初始阶段应急处理的有效性和科学性还有待提高。工人由于恐惧心理和缺乏必要的防灭火知识培训，往往会第一时间撤离现场。即使能够及时进行扑救，但就现阶段井下的消防设施来讲，对于瓦斯燃烧的扑救效果不佳，在很多时候不能在初期消灭火灾，从而失去扑灭火灾的最佳时机。

(4) 瓦斯窒息

在通风不良或未通风的巷道内，当瓦斯浓度上升或长时间内煤和坑木的氧化，使得氧气含量下降到10%～12%时，人将失去知觉；当氧气含量达到6%～9%时，人将在短时间内失去知觉直至死亡，即产生瓦斯窒息事故[20-21]。瓦斯窒息主要发生在通风不良的旧巷、盲巷、反眼、幺硐、立眼、斜坡、采掘工作面冒顶等地点。

发生瓦斯窒息事故与许多因素有关，但总的来说，主要与自然因素、安全技术手段、安全装备水平、安全意识和管理水平等有关，瓦斯窒息事故往往是以上因素相互作用所导致的。

(5) 瓦斯超限

瓦斯超限是指瓦斯浓度在较长一段时间(如2 min)内超过规定值的现象。其危险性很大，是严重的瓦斯事故隐患。特别在煤矿开采过程中快速形成了较大面积的采空区，由工作面落煤、遗煤、煤柱、围岩及邻近层向采空区涌出瓦斯，使得采空区涌出的瓦斯量急剧增加。普遍调查得知，多数矿井采空区瓦斯涌出量在总涌出量的占比为25%～35%，少数矿井甚至能达到50%～60%。反过来，采空区积聚的大量瓦斯向回采支架工作面的不断涌出极易造成综放工作面回风隅角与回风巷的瓦斯超限，轻则妨碍工作面生产的正常推进，对矿井的安全生产造成严重的威胁和影响，瓦斯灾害事故发生率大大增加；重则因瓦斯超限产生断电与停风事故，甚至可能是瓦斯爆炸等重特大安全事故，造成难以预料的矿难。这不仅会损坏矿井的生产设备、造成无可挽回的人员伤亡、使矿井生产不能正常推进，同时也极有可能诱导二次灾害(如井底火灾、巷道垮塌、顶板冒落和煤尘爆炸等)。如此这般，煤矿将无法在短时间恢复生产，整个矿井的安全、高效、持续生产受到严重制约[22-23]。

因此，改善矿井通风条件，强化瓦斯抽采，对可能存在瓦斯事故的矿井加强监管，建立一套完善的企业安全管理规章是解决瓦斯事故频发的重要方法。同时，瓦斯也是一种清洁能源，1 $m^3$ 纯甲烷的发热量为35.9 MJ，相当于1.2 kg标准煤的发热量。

矿井瓦斯在具有巨大的利用潜能的时候也会对环境产生一定的危害，瓦斯中的甲烷含量一般大于97%，部分在99%以上，另有少量的 $C_2H_6$、$C_3H_8$、$C_4H_{10}$、$CO_2$、$N_2$ 和微量惰性气体。瓦斯的温室效应是 $CO_2$ 的21倍。因此，利用瓦斯清洁能源替代煤炭也可减少部分温室气体排放。为提高煤矿瓦斯抽采量和利用率，最大化减少甲烷泄漏，应加强基础研究、科技攻关和示范工程建设。

为有效治理瓦斯，阳泉矿区先后开发应用过水力压裂、气相压裂、水力冲孔、水力割缝、氮气驱替、密集钻孔等煤层瓦斯抽采技术，有效遏制了瓦斯灾害发生。

(6) 瓦斯复合灾害

随着矿井开采深度的增加，煤矿瓦斯灾害有时会以复合灾害的形式发生。在浅部开采时，各种动力灾害通常独立发生，灾害间的相互作用不很明显，但进入深部开采之后，煤矿各种动力灾害之间的相互作用凸显，表现为两种以上灾害复合发生，或产生其他次生灾害，这使得开采条件进一步恶化，对深部开采矿井的生产安全构成了重大威胁。

由于复合动力灾害发生过程中，多种因素相互交织，在事故孕育、发生、发展过程中可能互为诱因，互相强化，或产生“共振”效应，与单一动力灾害相比，复合型动力灾害发生的门槛可能更低，灾害发生强度可能更大、更猛烈，这使得其发生机理更为复杂，预测和防治难度加大。

同时，煤炭开采深度增加也会导致煤层瓦斯含量和瓦斯压力不断增高，地温梯度急剧增大，大量浅部低瓦斯矿井升级为高瓦斯矿井甚至是突出矿井，不易自燃煤层转变成自燃甚至容易自燃煤层，导致瓦斯与煤自燃灾害交织共生，灾害风险不断增大，煤矿安全生产形势愈加严峻[24]。

采空区因为通风的不足，容易聚积大量的瓦斯和氧气，加上遗煤的存在，是发生瓦斯与煤自燃复合灾害的危险区域。瓦斯与煤的自燃复合灾害需在特定条件下才发生，首先，煤温度达到燃点后才可以燃烧；其次，氧气浓度必须大于10%，足够的氧气浓度为煤自燃提供了必要条件，煤随着氧化作用的发生，温度升高达到燃点才能点燃；此外，瓦斯含量介于5%～16%范围内，点燃的遗煤会诱发瓦斯爆炸，当两者同时发生时，称为复合灾害。

煤层自身的易氧化性能使其不断同空气发生反应放出热量，经过一段时间的热量积累和温度升高，最终使煤炭发火自燃。从热量积累和升温角度，煤的自然发火取决于两方面，一方面是煤的低温氧化能力，另一方面是对外散热情况。

判断煤自燃强弱性有多种指标，一是煤炭行业标准的氧气吸附量指标，二是氧化动力学的活化能指标，三是低温阶段的升温速率的大小。

矿井中煤炭自燃必须具备以下三个条件：① 煤具有自燃倾向性（即在常温下有较高的氧化活性）；② 有连续的供氧条件；③ 热量易于积聚。第一个条件为煤的内部特性，它取决于成煤物质和成煤条件[25]。后两个条件为外因，取决于矿井的地质、开采条件，这些条件显著影响着煤自燃的着火规律，包括：① 煤层厚度和倾角；② 煤层埋藏深度；③ 地质构造；④ 围岩性质；⑤ 煤的瓦斯含量；⑥ 开拓开采条件；⑦ 漏风条件；⑧ 采空区管理。

#### 1.2.2.2 瓦斯灾害现状

2010—2015年，阳煤集团共发生煤矿通风瓦斯事故19起，其中造成人员伤亡的事故有6起（每年1起），共死亡22人，其余13起为重大隐患事故或非伤亡事故。

这19起瓦斯事故可以分类为：① 瓦斯窒息事故2起；② 煤与瓦斯突出事故6起；③ 瓦斯爆炸事故3起；④ 瓦斯燃烧事故7起；⑤ 有害气体熏人事故1起。瓦斯事故类别占比如图1-2-1所示。通过数据可以看出，煤与瓦斯事故和瓦斯燃烧事故占比均超过了30%，而有害气体熏人事故仅发生了1起。

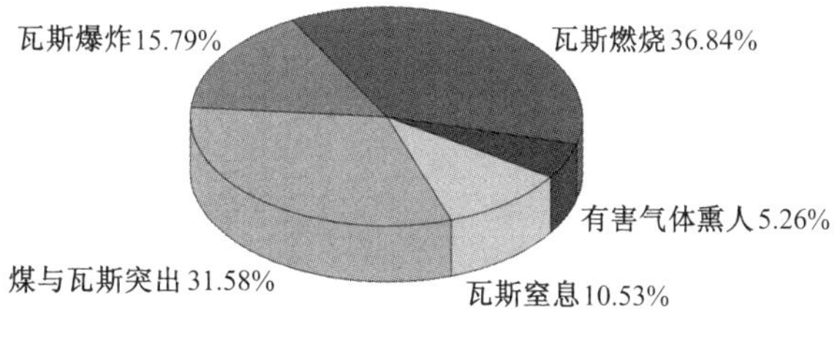


图1-2-1 阳煤集团瓦斯事故类别占比图

进一步分析这 19 起事故的伤亡情况，瓦斯窒息死亡 5 人，煤与瓦斯突出死亡 10 人，瓦斯爆炸死亡 7 人，瓦斯燃烧 2 人轻伤，有害气体熏人并未造成人员伤亡。瓦斯灾害死亡人数占比如图 1-2-2 所示。由数据可以看出，瓦斯事故造成人员死亡最多的是煤与瓦斯突出，其次是瓦斯爆炸，最后是瓦斯窒息。分析这些事故，大多是管理不善导致的。因此，改善矿井通风条件，强化瓦斯抽采，对可能存在瓦斯事故的矿井加强监管，建立一套完善的企业安全管理规章是解决瓦斯事故频发的重要方法。

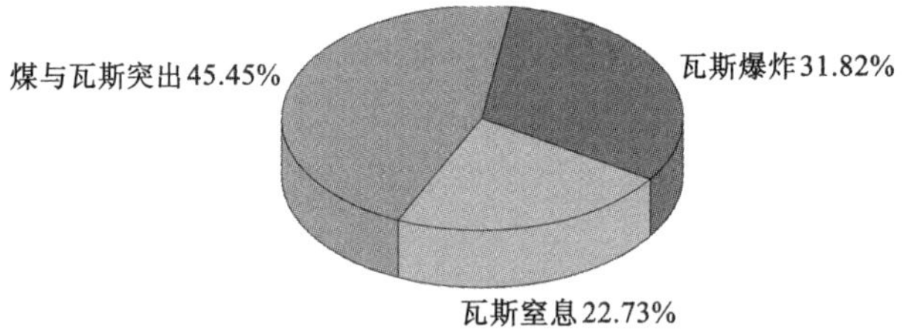


图 1-2-2　阳煤集团瓦斯灾害死亡人数占比图

2016 年以来，集团创造性地提出构建“166”安全管理新体系的总思路，把“一通三防”作为煤矿安全工作的重中之重不断探索、推进、固化符合集团实际的“8＋3”瓦斯治理模式，取得了显著的安全成效，5 年来杜绝了通风瓦斯死亡事故，发生 6 起非伤亡事故，安全形势保持总体稳定。

## 1.3　阳泉矿区瓦斯治理概况

阳泉矿区的瓦斯治理时间较早[26-27]，从 20 世纪 50 年代开始，企业就已经意识到瓦斯是影响煤矿安全生产的主要危险。企业建立之初，回采面采用长壁式炮采工艺，通风采用了最简单的一进一回“U”形通风系统。之后企业专门进行了瓦斯治理技术的研究，开展了邻近层穿层钻孔瓦斯抽采试验，1957 年初步取得成功，随后在局部瓦斯涌出量大的工作面推广应用。

20 世纪 70 年代，企业开始推广长壁式综采工艺，回采面瓦斯涌出量也成倍增加，根据这一情况，又开展了技术攻关，在长壁式综采工作面采用一进两回“U＋L”形通风系统＋“邻近层穿层钻孔瓦斯抽采技术”，使得通风系统排放瓦斯能力大幅提高，满足了综采工艺安全和高产高效需要。到 1996 年，以一进两回“U＋L”形通风系统＋“大直径(200 mm)邻近层穿层钻孔瓦斯抽采技术”为核心的技术（见图 1-3-1）及配套的管理制度，使得集团在瓦斯治理技术方面走在了全国前列。

随着采煤技术的进步，20 世纪 90 年代，集团开始推广长壁式综采放顶煤工艺。推广之初，仍然采用了成熟的一进两回“U＋L”形通风系统，先后试验了“邻近层穿层钻孔”“倾斜高抽巷道”“走向高抽巷道”等瓦斯抽采技术，终因煤层自然发火特性而失败，造成 5 个综放工作面被迫封闭。但集团没有放弃，再次选择了技术攻关，经过努力，以一进两回“U＋I”形通风系统＋“走向高抽巷道瓦斯抽采”为核心的瓦斯治理技术终于问世（见

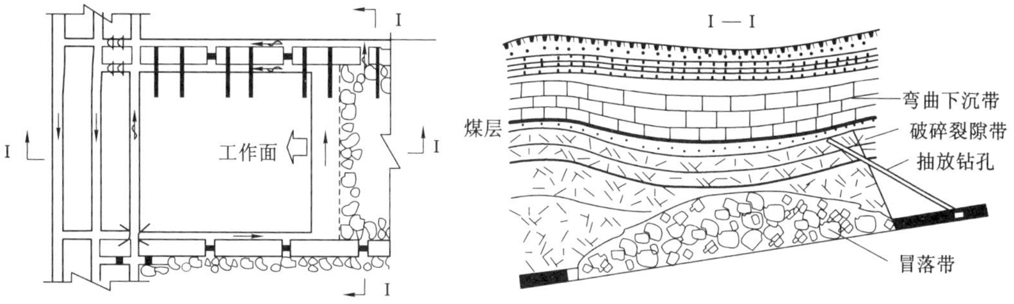


图 1-3-1 “U+L”形通风系统+“大直径穿层钻孔邻近层瓦斯抽采技术”巷道布置平、剖面示意图

图 1-3-2),并在综放工作面得到推广应用。该技术也获得 2005 年国家科技进步二等奖,达到世界领先水平。

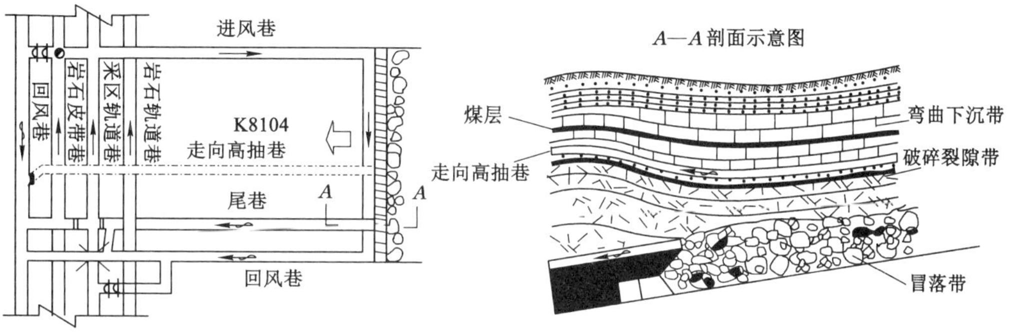


图 1-3-2 综采放顶煤工作面“U+I”形通风系统+走向高抽巷布置平、剖面示意图

## 1.3.1 消突情况概述

阳泉矿区大多数高瓦斯矿井煤层都存在透气性较低的问题,通常采用的瓦斯抽采技术有效性较差,抽采钻孔对煤层的有效作用范围较小,而且在工作面进行钻孔施工难度较大,使得瓦斯抽采效率低下,这是矿山很难根治瓦斯灾害的主要原因。

煤层增透技术主要有两种,一种是层外卸压增透,另一种是层内卸压增透[28]。矿井开采煤层群时,一般采用层外卸压增透,即保护层开采先开采非突出或突出危险程度低的煤层,对突出煤层进行层外卸压增透。开采保护层具有方法简单、经济性好和卸压范围大等优点,已为国内外普遍应用。开采单一煤层时,则主要采取层内卸压增透,常见的方法有水力化方法(水力冲孔、水力压裂、水力割缝)和爆破法等。

### 1.3.1.1 *层外卸压增透*

(1) 保护层开采

保护层分下、上保护层两类,如图 1-3-3 和图 1-3-4 所示。通过先采非突出煤层或弱突出煤层,可达到对邻近煤岩体松动、卸压的作用,进而提高被保护层煤体的透气性。保护层开采期间,被保护层处于保护范围内,受采动影响,被保护层充分卸压,它的大部分卸压瓦斯通过底板裂隙带内的层间导通裂隙直接涌向上保护层工作面及采空区。因此。保护层开采期间必须结合被保护层卸压瓦斯抽采。

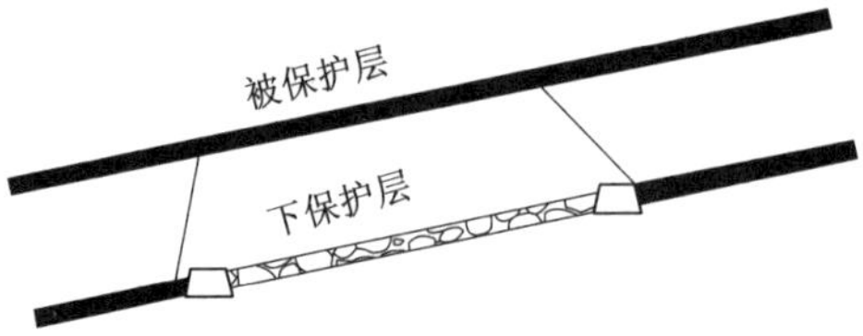


图 1-3-3　下保护层开采示意图

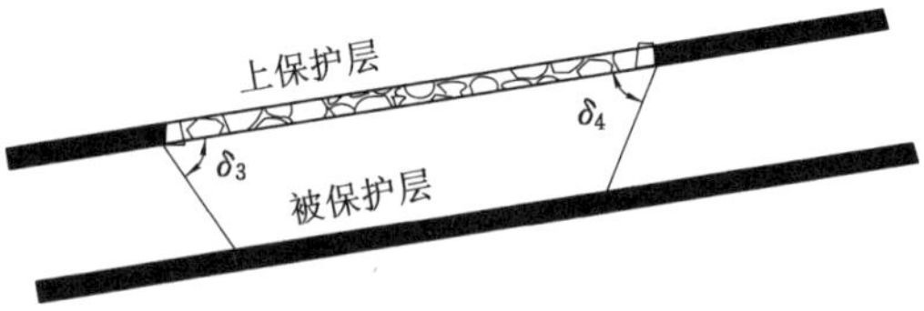


图 1-3-4　上保护层开采示意图

对有关矿井被保护层开采的现场考察发现，其被保护层瓦斯含量由 18.17 $m^3/t$ 降为 5.76 $m^3/t$，综合瓦斯抽采率达 68.3%，起到了保护层的保护作用。目前阳泉矿区已经进入被保护层开采的矿井有新景矿 9# 煤层、平舒矿 12# 煤层、坪上矿 8# 煤层等，正在准备的有新大地矿 8# 煤层、五矿西北翼 9# 煤层等，下一步规划的有新景矿佛洼区 15# 煤层等。

(2)"以岩保煤"区域预抽

在掘进工作面底(顶)板的稳定岩层中施工一条底(顶)板岩巷，岩巷先掘，利用底(顶)板岩巷施工穿层钻孔预抽煤层瓦斯，超前保护煤巷掘进。钻孔控制巷道轮廓线外不小于 15 m 范围，终孔间距按 3～5 m 布置(见图 1-3-5 和图 1-3-6)。

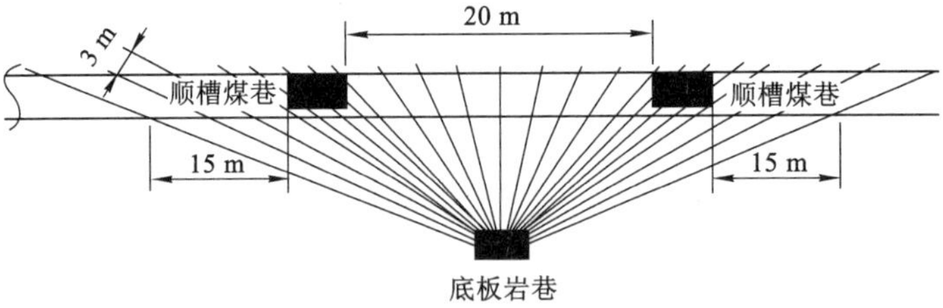


图 1-3-5　"以岩保煤"底板岩巷钻孔布置示意图

(3) 地面钻井预抽

在地面以 300 m 间距布置钻井至待采掘煤层，超前 3～5 年以上时间预抽煤层瓦斯；也可施工地面钻机至瓦斯构造区集中采放异常区瓦斯：能够实现抽采采煤工作面前方的

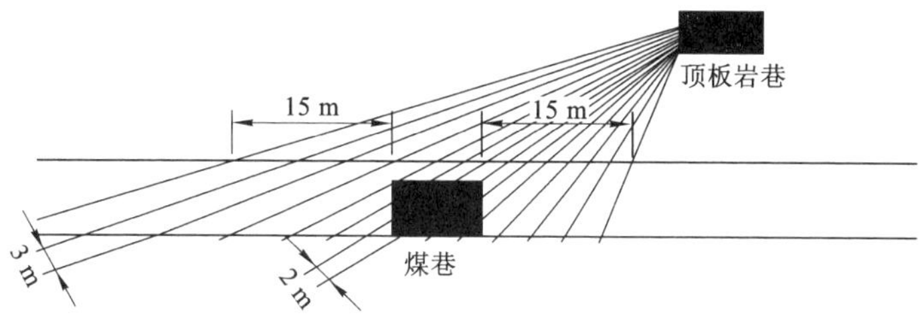


图 1-3-6 “以岩保煤”顶板岩巷钻孔布置示意图

卸压区瓦斯和后续的采空区瓦斯，以及直接在老采空区施工钻井抽采老采空区瓦斯(见图 1-3-7)。

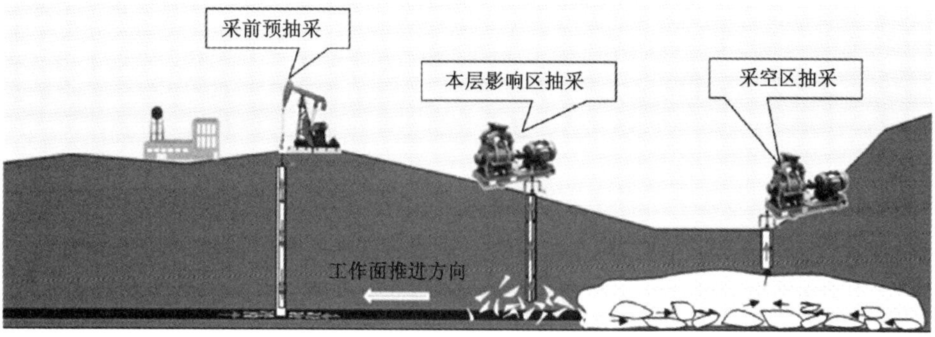


图 1-3-7 地面垂直井预抽方式示意图

1.3.1.2 *层内卸压增透*

(1) 水力压裂

煤层水力压裂增透技术是依靠注入煤层中水的压力克服最小地应力和煤岩体抗拉强度，将压裂液利用高压泵等装备注入目标煤岩层，使煤层弱面发生张开、扩展和延伸形成裂缝从而达到增大煤层透气性的一种措施。

① 底板岩石巷水力压裂。利用顶(底)板岩巷每隔 50～60 m 左右布置一个水力压裂孔，向被保护煤体注高压水，对煤体进行预裂，增大煤体透气性，再向煤体施工预抽孔预抽煤层瓦斯(见图 1-3-8)。

② 顺层长钻孔水力压裂。在底板岩石抽放巷利用千米钻机或其他深孔定向钻机施工穿层钻孔，钻孔穿透煤层后沿工作面走向在煤层中施工 300～500 m，最后封孔进行压裂，见图 1-3-9 和图 1-3-10。

③ 地面水力压裂。地面水力压裂技术即通过地面钻孔向煤层注入压裂液(主要为清水)，当压裂液压力大于煤层上覆围岩压力时，煤层内大量的闭合裂隙被压开并不断延伸扩展，瓦斯流动通道大大增加，煤层透气性显著提高。

(2) 冲孔造穴

高压水力冲孔造穴是依靠高压水的冲击能力造成煤体的破碎，并逐渐形成一个较大

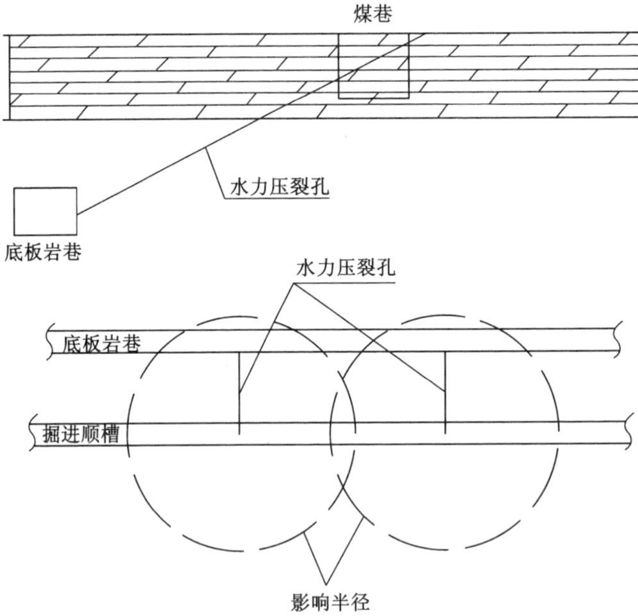


图 1-3-8　水力压裂钻孔布置示意图

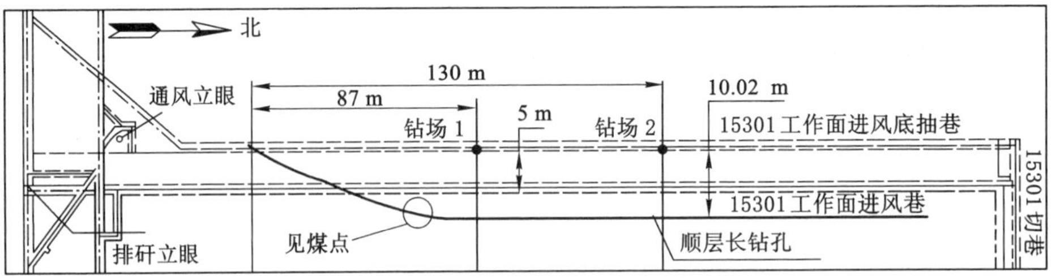


图 1-3-9　压裂钻孔平面布置示意图

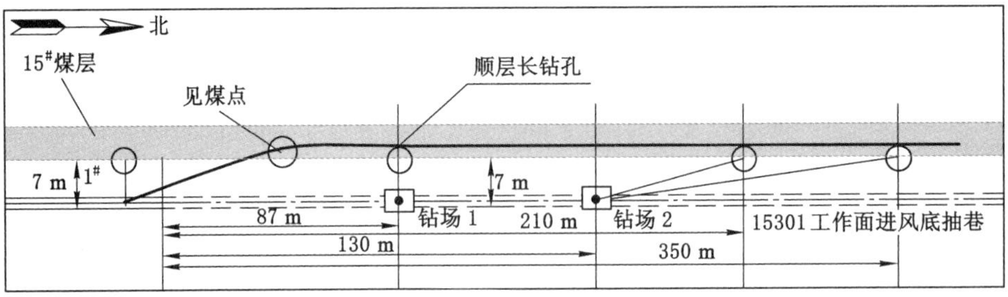


图 1-3-10　压裂钻孔布置剖面示意图

尺寸的孔洞，进而释放瓦斯压力。对于硬度较低的煤与瓦斯突出煤层，高压水射流会冲击煤体诱导可控的钻孔喷孔，在排出大量煤渣的同时，释放大量的瓦斯，瓦斯压力梯度大幅度下降，使发生瓦斯突出的应力和瓦斯条件得到了消除，且抑制了煤与瓦斯突出，对综合防突起到了很好的作用。

冲孔造穴技术主要配合掘进工作面本煤层顺层钻孔预抽条带煤层瓦斯和底板岩石抽采巷穿层钻孔预抽。

① 掘进工作面本煤层钻孔冲孔造穴。突出煤层掘进工作面采用本煤层顺层钻孔预抽配合冲孔造穴工艺,即按设计向正前本煤层施工顺层钻孔,每循环超前不少于 60 m 先施工不少于 5 个造穴钻孔,每个钻孔间隔 5～10 m 进行一次冲孔造穴,如图 1-3-11 所示。

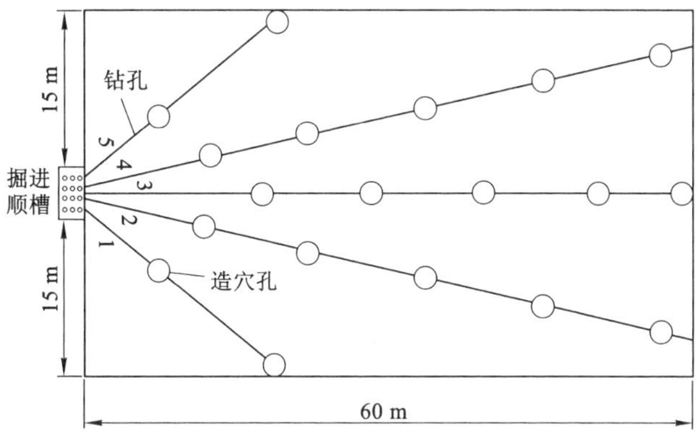


图 1-3-11 冲孔造穴钻孔布置示意图

② 穿层钻孔冲孔造穴。在底板抽采巷向上部煤层施工穿层钻孔,采用高压密封钻杆,静压水排渣,水力冲孔接头连接在钻头与第二根钻杆之间。孔深以穿至煤层顶板为准,在巷道及其轮廓线 15 m 范围内施工 3 个造穴钻孔,每组钻孔间距 10 m。设计造穴钻孔布置如图 1-3-12 所示。

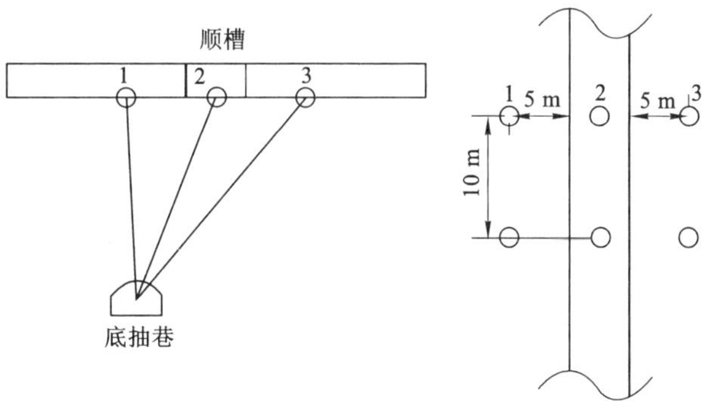


图 1-3-12 冲孔造穴钻孔布置示意图

③ 沿空掘进。沿空掘进技术即在靠近采空区侧的卸压范围内布置煤巷掘进,由于巷道处于应力降低区,掘巷期内围岩应力集中程度小,瓦斯压力得到释放,能有效降低掘进工作面突出危险性,区域、局部防突措施减少,巷道掘进期间瓦斯治理难度减弱。沿空掘进巷道布置如图 1-3-13 所示。

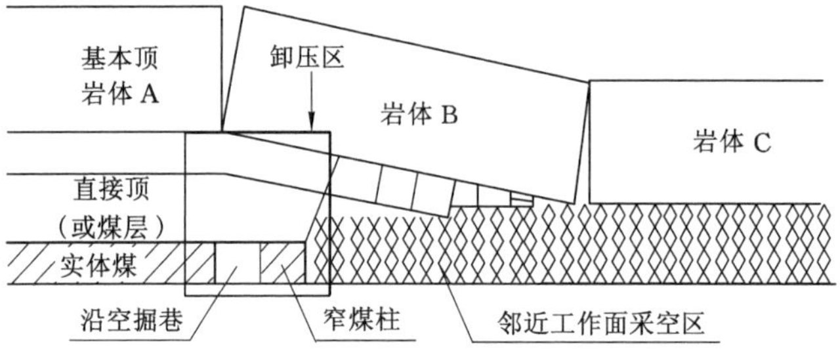


图 1-3-13　沿空掘进巷道布置示意图

目前阳泉矿区根据经验，沿空掘进巷道，煤柱预留 1 m(帮到帮)。在寺家庄矿试验施工约 2 000 m 煤巷，单进保持在 110～120 m/月，是原来速度的 3 倍，节约了瓦斯治理成本。

④ 气相压裂。气相压裂强化增透卸压消突技术是利用液体 $CO_2$ 在加热条件下瞬间膨胀为高压气体对煤层做功，压裂煤层，产生裂隙系统，最终提高煤层瓦斯抽采效率和使煤层卸压增透消突。压裂管内液态 $CO_2$ 加热后在 20～40 ms 内迅速转化为气态，其体积瞬间膨胀 600 多倍，压力剧增至设定压力，高能 $CO_2$ 气冲破剪切片后从压裂管喷气阀喷出，对煤体产生作用，从而达到对煤层造缝卸压增透的目的。气相压裂技术主要配合掘进工作面本煤层顺层钻孔预抽条带煤层瓦斯和底板岩石抽采巷穿层钻孔预抽。

## 1.3.2　抽采情况概述

据煤层瓦斯赋存情况，阳泉矿区经过多年瓦斯治理试验、总结、分析，在瓦斯抽采技术上有了适应于企业快速发展的技术手段，瓦斯抽采技术主要分为：① 采前瓦斯预抽技术(地面钻井、本煤层瓦斯抽采技术及保护层开采)；② 采中瓦斯抽采技术(本煤层瓦斯抽采及邻近层瓦斯抽采)；③ 采空区瓦斯抽采(内错尾巷打钻抽采、采空区埋管抽采和地面钻孔抽采)。

### 1.3.2.1　瓦斯预抽技术

突出煤层突出危险区域必须采用区域性的采前瓦斯抽采方法，经区域性抽采之后瓦斯含量和瓦斯压力应达到《煤矿瓦斯抽采基本指标》(AQ 1026—2006)的规定。区域性方法是在煤与瓦斯突出煤层开采过程中，由安全区域向不安全区域施工瓦斯治理工程，均匀有效地降低不安全区域的瓦斯含量，区域性消除煤与瓦斯突出危险性，使不安全区域转变为安全区域的防突方法。长期理论研究和突出危险煤层的开采实践证明，开采保护层和预抽煤层瓦斯是有效地防治煤与瓦斯突出的区域性措施，该方法可以避免长期与突出危险煤层处于短兵相接状态，提高了防治煤与瓦斯突出措施的安全性和可靠性。

阳泉矿区内的多数矿井都具备煤层群的开采条件，在首采煤层的采动作用下，会造成邻近煤层的地应力下降、移动变形、裂隙发育和渗透率显著增加，邻近煤层表现出明显的卸压特征。在邻近煤层为矿井主采煤层，且煤层瓦斯赋存丰富、瓦斯灾害严重的情况下，需要在卸压状态下对邻近的主采煤层进行瓦斯抽采，即进行邻近层的采前抽采，降低邻近煤层的瓦斯压力和瓦斯含量。这样一方面可以提高首采煤层工作面的安全开采程度，另一方面，若邻近煤层为突出煤层，可彻底消除邻近主采煤层的突出危险性，为主采煤层的安全开采创造条件。上述技术即为保护层开采技术。

为降低邻近高瓦斯煤层的瓦斯含量或消除邻近煤层的突出危险而先开采的煤层或岩层称为保护层；位于高瓦斯煤层或突出危险煤层上方的保护层称为上保护层，位于下方的称为下保护层。由于保护层开采的采动作用，同时邻近层抽采卸压瓦斯，可使邻近的高瓦斯或突出危险煤层的突出危险区域转变为低瓦斯煤层或是无突出危险区，该高瓦斯煤层或突出危险煤层称为被保护层。

长期的理论研究和突出危险煤层开采实践表明，保护层开采技术是最有效、最安全和最经济的防治突出的措施。

本煤层采前抽采煤层瓦斯有钻孔法和巷道法，其中巷道法采前抽采煤层瓦斯由于煤层巷道本身的施工难度非常大已被淘汰，目前主要采用钻孔法。从空间位置来说，钻孔法抽采煤层瓦斯有穿层钻孔和顺层钻孔两种，其他方法是在这两种方法的基础上衍生出来的。穿层钻孔瓦斯抽采是从突出煤层工作面底（顶）部的岩石（或煤层）巷道向突出煤层施工穿透煤层的钻孔，采前抽采煤体瓦斯，区域性消除煤体突出危险性，变高瓦斯突出危险煤层为低瓦斯无突出危险煤层。顺层钻孔瓦斯抽采是从已有的煤层巷道向突出煤层施工顺煤层的钻孔，采前抽采煤体瓦斯，区域性消除煤体的突出危险性，变高瓦斯突出危险煤层为低瓦斯无突出危险煤层。

穿层钻孔瓦斯抽采方法主要有底板岩巷大面积穿层钻孔预抽工作面瓦斯与底板岩巷密集穿层钻孔预抽煤巷条带结合顺层钻孔预抽工作面瓦斯两种。顺层钻孔瓦斯抽采有顺层钻孔递进掩护预抽、交叉钻孔预抽和枝状顺层长钻孔预抽等。

#### 1.3.2.2 边采边抽技术

矿井主采煤层在采用保护层开采和预抽煤层瓦斯等区域性防突措施并消除突出危险之后，便可掘进煤层巷道，进行工作面的准备工作。矿井主采煤层一般赋存较好，具备高产高效的条件。虽然煤层已消除突出危险性，但煤层中还残余部分可解吸瓦斯，特别是采用预抽煤层瓦斯技术，煤层中残存的可解吸瓦斯含量比采用保护层开采技术后的含量要高，该部分瓦斯在开采过程中要解吸出来涌入采掘作业场所，工作面产量越大，从煤炭中解吸的瓦斯也就越多。此外，开采层顶底板内赋存有不可采煤层时，工作面开采过程中，大量邻近层瓦斯将涌入工作面，给工作面带来极大的安全隐患。而单凭工作面的正常通风是无法解决工作面的大量瓦斯涌出问题的，因此在工作面开采过程中必须配合瓦斯抽采措施，进行随采随抽，即工作面采中瓦斯抽采，提高工作面开采期间的瓦斯抽采量，减小、控制煤层残余瓦斯和邻近层瓦斯向采掘工作面的涌入，进而降低工作面风排瓦斯量，保证工作面的安全高效开采。目前常用的有顺层钻孔、穿层钻孔以及高抽巷等方法。

#### 1.3.2.3 采空区瓦斯抽采技术

采空区涌出的瓦斯，占矿井瓦斯相当大的比例，这是由于在瓦斯矿井采煤时，尤其是开采煤层群和厚煤层条件下，邻近煤层、未采分层、围岩、煤柱和工作面丢煤中都会向采空区涌出瓦斯，不仅在工作面开采过程中涌出，并且工作面采完密闭后也仍有瓦斯继续涌出。一般新建矿井投产初期采空区瓦斯在矿井瓦斯涌出总量中所占比例不大，随着开采范围的不断扩大，相应地采空区瓦斯的比例也逐渐增大，特别是一些开采年限久的老矿井，采空区瓦斯多数可达25%～30%，少数矿井达40%～50%，甚至更大。对这一部分瓦斯如果只靠通风的办法解决，显然是增加了矿井通风的负担而且又不经济。通过国内外的实践，对采空区瓦斯进行抽采，不仅可行，而且也是有效的。

矿井老采空区瓦斯的抽采方式主要有：废弃矿井井筒抽采、地面定向钻孔抽采和井下老采空区封闭管路（或钻孔）抽采。

（1）废弃矿井井筒抽采

矿井封闭时一般预留一个通气管来防止井下压力异常，国外很多废弃矿井利用这些通气管来抽采废弃矿井的瓦斯，如图1-3-14所示。

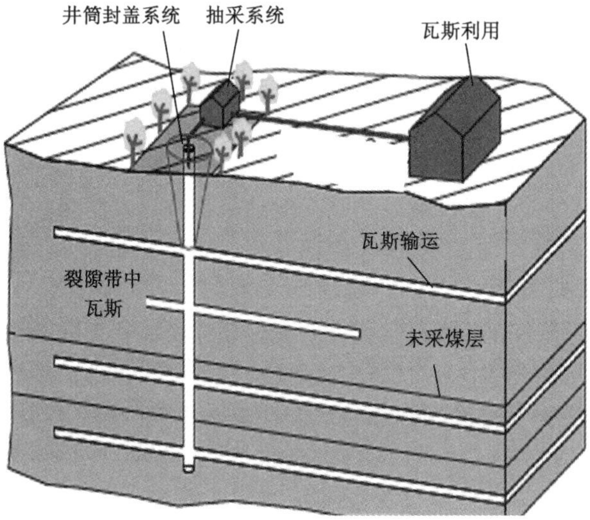


图1-3-14　利用封闭井筒抽采废弃矿井或老采空区瓦斯

废弃矿井井筒抽采老采空区瓦斯在国外应用较多且取得较好效果，这和国外矿井的封闭方式和开采条件有关。工作面开采结束后，阳泉矿区对各工作面进风巷及回风巷都做了密闭处理，将老采空区与通风系统隔绝。

（2）地面定向钻孔抽采

这种方式是指从地面或井下打钻至老采空区进行抽采。图1-3-15所示即为从已有瓦斯抽采系统位置钻进定向钻孔至老采空区。

该方法需要新布置钻井，钻孔地点选择比较灵活，技术成熟，也便于采取其他措施提高瓦斯的抽采速度，如：未采煤层进一步的水力致裂，增加瓦斯的解吸速度；注气置换技术促进瓦斯解吸，排水促进瓦斯解吸和提高瓦斯的抽采范围。

（3）井下老采空区封闭管路（或钻孔）抽采

这种方式是指利用现有的采掘系统，通过采区、工作面、巷道隔离封闭时安装的管路

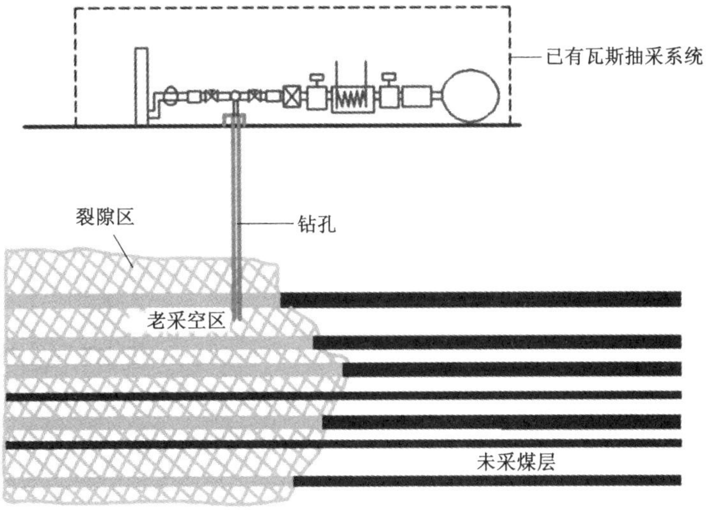


图 1-3-15 通过定向钻孔抽采老采空区瓦斯示意图

对生产矿井的老采空区瓦斯进行抽采，也可以从现有巷道往老采空区打钻来实施抽采。图 1-3-16 为通过现有巷道往老采空区打钻进行瓦斯抽采的示意图。但是老采空区瓦斯抽采方式只适用于开采矿井，不适用于废弃矿井，因此具有较大局限性，不建议阳泉矿区使用这种瓦斯抽采方式。

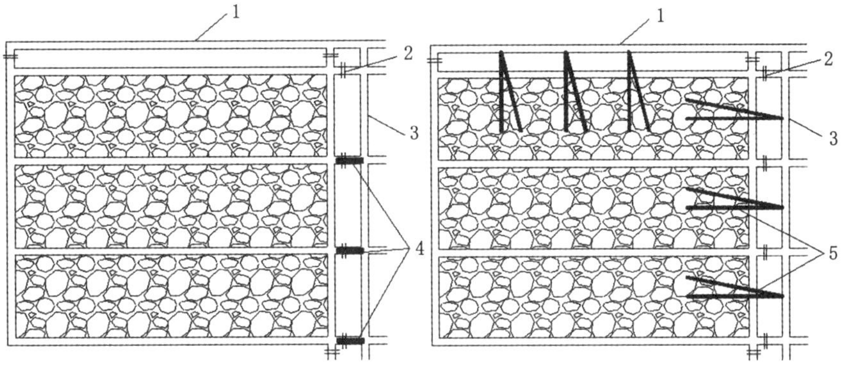


(a) 封闭管道抽采　　(b) 封闭钻孔抽采

1—水平巷道；2—封闭墙；3—倾斜巷道；4—封闭抽采管道；5—封闭抽采钻孔。

图 1-3-16 生产矿井老采空区布置钻孔抽采瓦斯示意图

同时，各矿均建有完善的抽采系统，共建有地面瓦斯抽采泵站 12 座，井下移动泵站 15 个，抽采设备总装机容量 6 905 kW，单机运行最大抽采能力达 1 106.4 $m^3/min$；敷设瓦斯抽采管路 150 km，主管路直径为 510 mm，支管路直径 226～380 mm。

随着各项抽采措施的不断优化、抽采系统的不断完善以及各项管理制度的建立，近年来，阳泉矿区瓦斯抽采量呈现逐年递增的趋势，如图 1-3-17 所示。

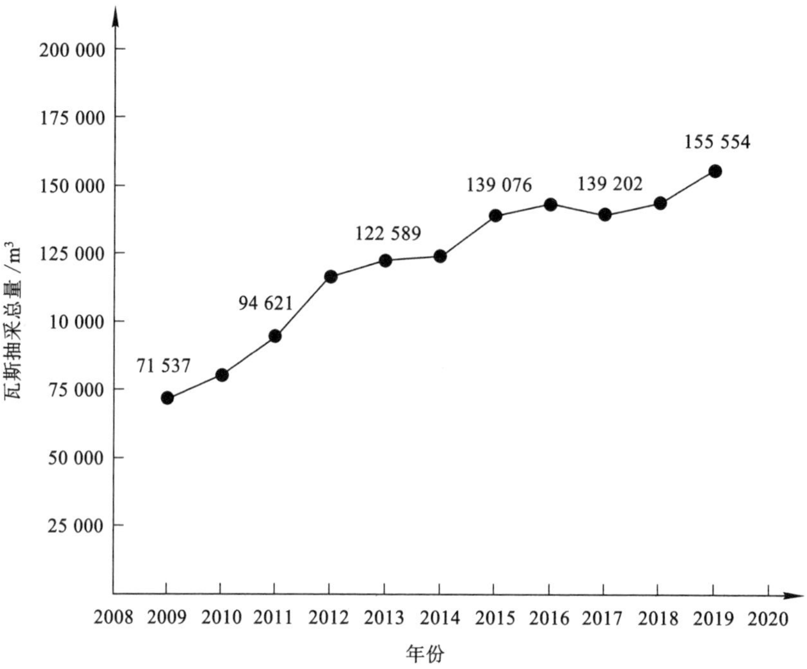


图 1-3-17　阳泉矿区各年瓦斯抽采量

## 1.3.3　标准化建设

2015 年底，阳煤集团提出了“一个钻孔就是一项工程”的瓦斯治理理念，通过技术创新、工程质量标准化管理、工程质量过程管理和工程质量目标管理等方面的提升，实现了本煤层钻孔瓦斯预抽效果质的提升。

### 1.3.3.1　瓦斯抽采钻孔工程质量标准化管理

工程质量标准化管理是阳泉矿区瓦斯防治基础管理中的重要一环[29-30]，其包括：

(1) 工作面瓦斯地质条件评价。首先由地质部门评价煤层瓦斯地质条件，包括地质构造、煤体结构、瓦斯含量等，确定钻孔参数，根据煤体结构特征，分级评价钻孔施工的难易程度，预测瓦斯抽采难易程度、抽采效果和抽采时间，建立瓦斯抽采指标体系，确定钻孔间排距，制定钻孔施工的技术工艺。

(2) 钻孔施工设计标准化。由集团公司制定瓦斯抽采钻孔施工设计标准化模板，按照标准模板，集团公司各矿瓦斯抽采部门完成单个瓦斯抽采钻孔的施工设计。标准设计的主要内容包括：

① 钻孔的几何学参数，如孔径、深度、方向、倾角、方位角、距煤层顶板或底板的距离等；

② 施工钻机和钻具选择；

③ 钻孔施工技术和工艺要求；

④ 完钻后钻孔质量验收标准；

⑤ 封孔技术；

⑥ 封孔质量验收标准；

⑦ 抽采管路连接技术要求和质量验收标准；

⑧ 瓦斯抽采参数监测和统计分析；

⑨ 瓦斯抽采效果初步预测，建立瓦斯抽采评价方法和标准。

施工设计是瓦斯抽采钻孔施工、过程管理、工程验收和效果评价的技术依据。

(3) 钻孔质量分级责任制。钻孔施工坚持“专人负责、分级验收、分级把关”的原则。即：钻孔施工过程中，明确各环节责任人和各自职责，施工班机长对班报的记录审查验收，验收人员对各环节验收、验收机构抽查验收和采掘过程中出现瓦斯异常涌出时分析倒查，若验收结果存在差异，后级验收可以否定前一级验收结果，形成长效责任追究机制。

(4) 钻孔现场定位标准化。由瓦斯抽采管理部门组织，抽采、地质和钻孔施工队共同参与现场钻孔定位，开孔位置误差不超过±100 mm，角度误差不大于±0.1°，挂牌标识，记录入档。

(5) 钻孔施工工艺标准化。根据煤层瓦斯地质条件和施工设计要求，优选钻机和钻具，按照要求完成钻孔施工。钻机选择原则是，针对煤层普遍碎软和施工过的钻孔塌孔现象，优先选用大功率、大转矩履带钻机，如 EH260 钻机、650OP 钻机等。其次，针对以往螺旋钻杆排渣距离长，对钻孔扰动大，钻杆旋转阻力大、导致钻机老化严重、维修率高等问题，优先选用肋骨钻杆、三棱钻杆和风水联动排渣工艺进行施工，减小对钻孔的扰动，降低钻机损耗，提高钻孔成孔率。

(6) 钻孔封孔工艺标准化。采用囊袋式“两堵注”专用封孔材料和带压封孔工艺，封孔压力不低于 2 MPa。通过标准化封孔工艺，提高钻孔的气密性和瓦斯抽采浓度。

(7) 抽采管路标准化。集团统一选购标准抽采管路和连接件，管路附属设施(自动放水器、阀门、抑爆装置、孔板测嘴)齐全，同时制订瓦斯抽采管路布置和铺设连接标准(见图 1-3-18、图 1-3-19)，各矿统一执行。

图 1-3-18　本煤层瓦斯抽采管路布设标准化

图 1-3-19　钻孔外部连接装置井下现场

(8) 单元化抽采管理。统一采用可重复利用的高压管外连接和不锈钢材质接头进行连孔，每 8～10 个孔为一组，100 m 为一个评价单元，确保单个钻孔和分组钻孔连接的气密性。抽采钻孔每组安设一套集气装置（安设导流管，具有放水功能）连接于支管，每个集气装置能实现瓦斯浓度、负压、流量、温度等抽采参数的测定，实行单孔观测、分组计量。

(9) 抽采数据监测标准化。矿井安装瓦斯抽采在线监测系统，从地面瓦斯泵站到井下的主、干、支管路及需要单独评价的区域分支、钻场、重要考察钻孔等布置抽采在线监测测点（见图 1-3-20）。

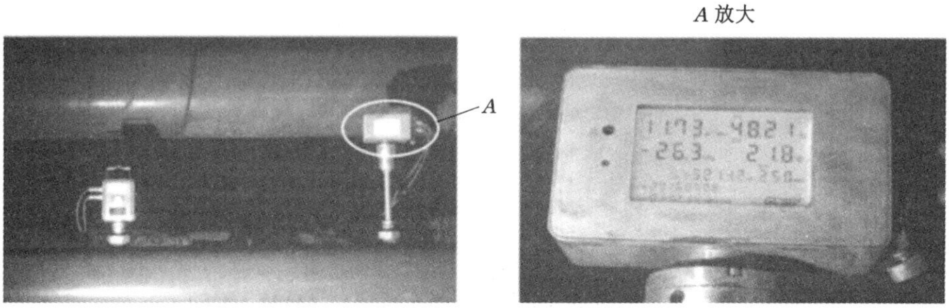


图 1-3-20　井下瓦斯参数监测仪器

瓦斯抽采在线监测系统随井下巷道掘进及抽采钻孔的施工及时扩展安装，实时反映各监测点抽采基本情况，通过瓦斯抽采系统拓扑示意图，实时显示瓦斯抽采泵站及各监测点管路的甲烷浓度、负压、温度等参数，并具备历史数据曲线查询、报表查询、瓦斯抽采网络拓扑查询及瓦斯抽采设备信息查询等功能，对瓦斯抽采在线监测数据进行通报。通过工作面瓦斯抽采评价单元画面，实时显示工作面各单元抽采基本情况及钻孔信息，实时监测各抽采测点的瓦斯抽采量、抽采浓度等抽采参数，做到抽采精准计量，为抽采效果评价和工作面抽采达标评价提供科学依据。

(10) 抽采效果评价定量化。根据瓦斯抽采浓度和流量,评价瓦斯抽采的综合效果。

(11) 标准化牌板管理。将每个抽采钻孔的设计参数、施工参数、开工和竣工时间、钻孔施工队组和负责人、封孔负责人和验收责任人填报在钻孔施工牌板,将材料消耗和成本投入填报在钻孔成本费用牌板,并在现场进行公示,同时设置钻孔抽采观测结果牌。通过标准化的牌板管理,明确钻孔质量与施工人员利益关系,一方面形成钻孔的长效责任追究机制,另一方面通过直观的成本费用标识,触动和提高职工的成本意识。

1.3.3.2 瓦斯抽采工程的过程管理

瓦斯抽采钻孔的过程管理,主要体现在钻孔施工和抽采过程中各个技术和施工环节的质量管理和控制。华阳集团瓦斯抽采钻孔质量控制的过程管理特别要求管控好下列5个关键环节:钻孔设计、钻孔施工、下筛管和封孔、抽采管路密封和抽采计量,任何环节的质量缺陷,都将造成钻孔质量和抽采效果严重损失。具体措施有:

(1) 科学设计。钻孔设计时,综合考虑施工区域煤层产状、硬度、瓦斯含量、瓦斯压力、煤层透气性和抽采半径等基础参数,做到“一孔一设计”。

(2) 优选施工队伍。根据施工区域瓦斯地质条件和钻孔施工难易程度,优选钻孔施工队伍和负责人。

(3) 明确和掌握标准。组织相关施工人员学习施工设计,重点强调施工地区瓦斯地质条件、钻孔技术要求、施工技术要点以及工程的达标标准和验收办法,明确工程质量和每个人的经济关系,加强每个参与人员的责任心。

(4) 规范施工操作。根据钻孔地质情况和钻孔要求,选择钻机和钻具,确定钻孔施工工艺,选择合理的钻进压力和推进速度等参数。在松软煤层钻进,严格执行“低压慢速,边进边退,掏空前进”的原则,保证钻孔平直、孔壁光滑、达到设计孔深。及时填写钻探原始班报,如发现任何异常情况,及时汇报。

(5) 下筛管护孔。这是保障长期稳定抽采的关键措施。矿井抽采科(防突科)监管施工过程。选用集团公司统一的标准材质筛管,采用“钻筛一体化工艺”下筛管,确保筛管下到位,预防塌孔、堵孔,保障钻孔孔壁的长期稳定和有效抽采。

(6) 保证封孔质量。执行集团公司统一的标准封孔工艺,包括专用封孔材料采购、“两堵一注”囊袋式封孔工艺和封孔注浆压力等。封孔工作由专业人员负责,封孔时队长以上管理人员现场跟班,在规定的负压下测定单孔浓度是否达标,确保封孔质量。

(7) 联网抽采监测和日常放水管理。这是保障长期有效抽采的最后一道屏障。统一采用集团公司标准化高压管外连接联孔工艺,确保钻孔抽采管和管路连接的密封性;每组钻孔安装一套放水装置,组织专人日常监测和巡回定时放水,确保抽采管路畅通。

(8) 针对阳泉矿区煤层碎软、透气性差,抽采时间长的难题,深入开展了以气相压力、水力压裂为主的增透抽采技术试验,有效改善了煤层的透气性,提高了钻孔的抽采效果,缩短了瓦斯治理时间。同时,对煤层各向异性进行了研究,即通过分析煤层渗透率的各向异性分布规律,探索煤层裂隙结构和地应力对渗透率各向异性的影响规律,找出最大渗透率的方向,在布孔时充分利用,这可以显著提高钻孔利用效率和抽采效果。

1.3.3.3 瓦斯抽采钻孔工程的目标管理和监管措施

(1) 建立科学合理的钻孔工程质量目标

瓦斯抽采钻孔的技术目的是通过抽采瓦斯实现消突。要实现这一技术目标,必须通过具有可考察性参数的具体技术目标来实现。集团目前主要考察孔深、抽采浓度和流量3个技术目标的达标情况。

① 孔深到位达标。钻孔深度必须按设计要求达到目标深度,才能实现抽采消突的基本功能。在瓦斯治理历史上,曾经发生过不少瓦斯突出事故发生在钻孔不到位、卸压不完全的钻孔空白段,所以,对于突出煤层,按照设计要求,钻孔深度到位是基本目标。因此,对每一个钻孔都认真监管和检查,确保钻孔施工到位。

② 瓦斯抽采浓度达标。抽采浓度是评价瓦斯抽采效果的基本参数,过去本煤层钻孔的瓦斯抽采浓度很低,绝大多数都在10%以下,严重影响了钻孔抽采效果。通过系列技术优化和管理水平提升,实现了提高瓦斯抽采浓度和瓦斯抽采效果的技术目标。目前集团规定的达标标准为封孔后24 h内钻孔瓦斯抽采浓度达到40%以上,3个月内不得低于30%。

③ 瓦斯抽采流量达标。抽采流量是钻孔抽采效果的综合评价参数,它是瓦斯地质条件、钻孔工程质量和抽采系统质量的综合表现。在相同地质条件下,瓦斯抽采纯流量是钻孔工程质量和抽采系统质量的综合反映,瓦斯流量大,其综合抽采效果好。通过建立合理科学的瓦斯抽采纯流量评价标准,客观评价钻孔质量,是实现钻孔治理瓦斯效果的关键目标管理内容,也是发现问题,提高认识,进一步改善钻孔质量和抽采效果的关键措施。目前集团规定的流量达标标准是百米钻孔瓦斯纯流量不低于0.02～0.04 $m^3/min$,即百米钻孔日抽采纯流量为28.0～57.6 $m^3$,根据煤层抽采难易程度不同而调整。

(2) 执行工程质量目标考核验收和结算制度

① 钻孔施工过程监控。抽采钻孔到位是钻孔工程质量目标管理和考核验收最基本的技术指标,是钻孔工程质量控制的关键环节和内容,必须严格按设计要求的标准,进行单孔质量验收,评价钻孔工程量完成情况和质量等级,记录入档,作为最终结算的重要依据。目前集团的做法是,在钻孔施工及退钻杆期间,执行"一钻一摄像、一孔一视频"的管理办法,即每台钻机施工地点安装1套钻孔施工视频监控系统,在地面调度室通过视频对钻孔施工现场的钻进、退杆进行实时监督(见图1-3-21),代替人工验孔,节约了大量验孔人员,而且保证了钻孔进尺的真实性,杜绝进尺假报现象。系统实现监控不中断、储存无失误,查询回放简便流畅,视频资料定期转存、清理,保存时间截至工作面采掘结束。

② 瓦斯抽采浓度和流量的目标管理和考核验收。瓦斯抽采效果考核,采用的是瓦斯浓度和流量的日常监测和不定时抽查两种方法。日常监测是指在线监测装置提取数据;抽查是由安全生产系统助理以上管理人员或者矿主管领导每月进行不定期的抽检,计入钻孔档案,月底进行考核。这一措施有效增强了施工队伍对钻孔钻-封质量的责任心和长期管理意识。

③ 建立瓦斯抽采量为考核指标的瓦斯工资制度。将矿井工资总额的30%作为瓦斯工资,与瓦斯抽采量挂钩进行考核,充分运用经济杠杆,调动各矿治理瓦斯的积极性。

(a) 井下钻孔施工

(b) 钻机视频装置

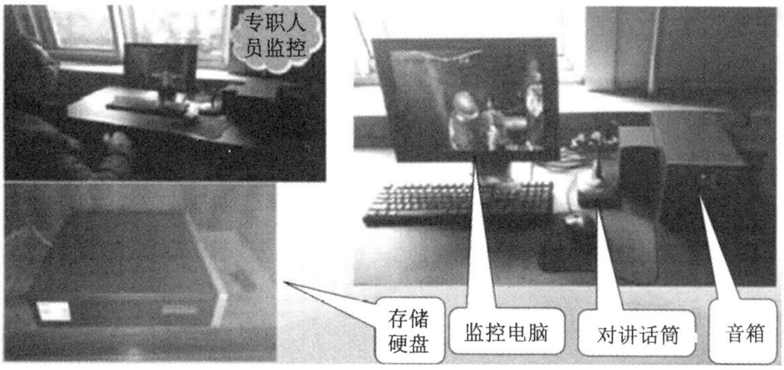


图 1-3-21 钻孔施工视频监控设备

④ 钻孔项目结算。抽采钻孔结算一般按两个部分进行评价和结算：一是按照设计要求，对钻孔封孔、接网等工程进行质量验收，钻孔深度不达设计深度 70%的不予结算；二是根据瓦斯抽采效果，即瓦斯抽采浓度和流量，封孔 24 h 内浓度不达 40%、百米钻孔抽采量不达规定要求的不予结算。

通过上述标准化方法的实施，本煤层瓦斯抽采钻孔质量和抽采效果大幅度提升。① 试验的 20 万 m 钻孔深度到位率达到了 97%以上，有效保障了钻孔抽采消突的功能目标和瓦斯高效抽采目标。② 钻孔抽采瓦斯浓度和流量大幅度提高。新元公司 9105 进风巷试验巷道 1 000 m 长，分为 7 个考核单元，钻孔间距 3 m，共有抽采钻孔 337 个。试验结果表明，本煤层钻孔抽采瓦斯浓度由原来的 8%提高到了 67%，百米钻孔瓦斯抽采量由 0.01 $m^3$/min 提高到了 0.041 $m^3$/min，持续稳定抽采 278 d，是集团历史上最好的抽采效果(表 1-3-1)。采煤工作面瓦斯抽采达标时间平均缩短了 60 d，极大缓解了因抽采时间长采煤工作面衔接紧张的局面。

**表 1-3-1 新元公司 9105 进风巷本煤层瓦斯抽采效果**

| 评价单元 | 钻孔数量/个 | 钻孔合计深度/m | 抽采时间/d | 抽采浓度/% | 混合量/($m^3$/min) | 纯量/($m^3$/min) | 平均纯量/($m^3$/min) | 平均百米钻孔纯量/($m^3$/min) | 累计抽采量/万 $m^3$ |
|---|---|---|---|---|---|---|---|---|---|
| 1 | 50 | 120 | 278 | 72 | 0.90 | 0.65 | 1.7 | 0.034 | 66.7 |
| 2 | 50 | 120 | 263 | 67 | 0.91 | 0.61 | 1.8 | 0.036 | 67.5 |

表 1-3-1(续)

| 评价单元 | 钻孔数量/个 | 钻孔合计深度/m | 抽采时间/d | 抽采浓度/% | 混合量/($m^3$/min) | 纯量/($m^3$/min) | 平均纯量/($m^3$/min) | 平均百米钻孔纯量/($m^3$/min) | 累计抽采量/万 $m^3$ |
|---|---|---|---|---|---|---|---|---|---|
| 3 | 50 | 120 | 239 | 74 | 1.07 | 0.79 | 1.8 | 0.036 | 60.5 |
| 4 | 50 | 120 | 219 | 65 | 1.28 | 0.83 | 1.6 | 0.032 | 51.7 |
| 5 | 53 | 120 | 199 | 63 | 1.62 | 1.02 | 1.8 | 0.034 | 50.8 |
| 6 | 58 | 120 | 178 | 61 | 2.23 | 1.36 | 2.0 | 0.034 | 51.9 |
| 7 | 26 | 120 | 143 | 72 | 2.50 | 1.80 | 2.1 | 0.081 | 42.1 |
| 平均 | — | — | — | 67.7 | 1.50 | 1.01 | 1.8 | 0.041 | 55.9 |

### 1.3.4 瓦斯治理概况总结

在瓦斯抽采方面，从 2007 年开始，阳泉矿区瓦斯治理从以邻近层瓦斯抽采为主逐渐向邻近层瓦斯抽采、本煤层抽采、井下千米钻机及长钻孔瓦斯抽采、保护层卸压瓦斯抽采、低透气性煤层增透抽采、顶底板岩石抽采巷穿层预抽、地面瓦斯抽采等全方位、立体化的煤与瓦斯共采格局转变。

在煤与瓦斯突出治理方面，阳泉矿区充分利用自身瓦斯抽采技术、管理和队伍优势，优先采用保护层开采和“以岩保煤”等区域防突措施，改变目前瓦斯抽采短兵相接、预抽时间短的现状，实现从风排型向抽采型转变、从符合型达标向根除型消突转变，最终消除采掘作业过程中的煤与瓦斯突出和其他瓦斯事故的发生。

近年来，阳泉矿区在以往瓦斯治理技术的基础上，即邻近层抽采技术(边采边抽上邻近层抽采钻孔、倾斜高抽巷、走向高抽巷)和本煤层抽采技术(采煤工作面抽采、掘进工作面抽采)，结合各高突矿井煤层碎软、透气性差、瓦斯含量高、抽采困难的特点，开展了大量的瓦斯治理技术创新研究，并取得了一系列的技术成果，逐渐形成了“8＋3”瓦斯治理阳泉模式，即以岩保煤、气相压裂、长钻孔水力压裂、沿空留巷、水力冲孔造穴、保护层开采、小煤柱开采及沿空留墙这 8 项技术和本煤层瓦斯抽采系统标准化、在线监测、精准计量这 3 种管理手段。

## 参考文献：

[1] 翟红，令狐建设.阳泉矿区瓦斯治理创新模式与实践[J].煤炭科学技术，2018，46(2)：168-175.

[2] 游浩，李宝玉，张福喜.阳泉矿区综放面瓦斯综合治理技术[M].北京：煤炭工业出版社，2008.

[3] 焦希颖，王一.阳泉矿区地质构造特征及形成机制分析[J].煤炭技术，1999，18(6)：34-35.

[4] 贾炳文，王平泽.山西省沁水煤田平昔矿区上石炭统太原组沉积环境探讨[J].沉

积学报,1989,7(2):71-78.

[5] 张子敏.瓦斯地质学[M].徐州:中国矿业大学出版社,2009.

[6] 程伟.煤与瓦斯突出危险性预测及防治技术[M].徐州:中国矿业大学出版社,2003.

[7] 袁崇孚.我国瓦斯地质的发展与应用[J].煤炭学报,1997,22(6):566-570.

[8] 黄盛初,朱超.我国煤层气利用技术现状与前景[J].中国煤炭,1998(5):25-28.

[9] 吴立新,赵路正.煤矿区煤层气利用技术[M].北京:中国石化出版社,2014.

[10] 俞启香.煤层突出危险性的评价指标及其重要性排序的研究[J].煤矿安全,1991,22(9):11-14.

[11] 俞启香,王凯.中国采煤工作面瓦斯涌出规律及其控制研究[J].中国矿业大学学报,2000,29(1):9-14.

[12] 杨家威.煤矿瓦斯灾害防治技术的研究[J].能源与节能,2016(10):160-161.

[13] 郑中南,朱晨,吕祥,等.阳泉矿区煤与瓦斯突出防治技术及设计探讨[J].山西煤炭,2013,33(10):58-60.

[14] 张仕和.煤与瓦斯突出机理的探讨[J].中国煤炭,2006,32(6):38-39.

[15] 张林华,刘玉洲,金智新.瓦斯事故类型影响严重程度的灰关联分析[J].河南理工大学学报(自然科学版),2006,25(2):93-96.

[16] 黄艳军,张斌.煤矿瓦斯的爆炸原因分析与防治对策[J].内蒙古煤炭经济,2009(2):86-87.

[17] 林柏泉.煤矿瓦斯爆炸机理及防治技术[M].徐州:中国矿业大学出版社,2012.

[18] 张丰海,冯云良,倪跃林,等.浅析瓦斯燃烧事故的处理技术[J].矿业安全与环保,2004,31(增刊1):4-6,10.

[19] 孔一凡,曹凯,王帅领.高瓦斯不易自燃煤层瓦斯燃烧事故引火源分析[J].煤矿安全,2013,44(1):178-180,184.

[20] 李建森,王国昌.煤矿井下瓦斯窒息事故的防治[J].郑煤科技,2007(4):14-15.

[21] 刘照鹏.瓦斯窒息伤亡事故分析与预防探讨[J].工业安全与防尘,1995(12):13-15.

[22] 张传喜,马丕良.浅析采煤工作面上隅角瓦斯超限的几种处理方法[J].煤矿安全,2008,39(3):78-81.

[23] 周世宁,林柏泉.煤矿瓦斯动力灾害防治理论及控制技术[M].北京:科学出版社,2007.

[24] 陈欢,杨永亮.煤自燃预测技术研究现状[J].煤矿安全,2013,44(9):194-197.

[25] 李树刚,安朝峰,潘宏宇,等.采空区煤自燃引发瓦斯爆炸致灾机理及防控技术[J].煤矿安全,2014,45(12):24-27.

[26] 张爱科.阳煤集团煤矿瓦斯治理状况与展望[J].中国煤层气,2009(6):28-30.

[27] 张富江.阳煤集团痛下决心治瓦斯[J].山西煤炭,2011,31(6):16-19.

[28] 国家安全生产监督管理总局,国家煤矿安全监察局.防治煤与瓦斯突出规定[M].北京:煤炭工业出版社,2009.

［29］韩真理.煤矿瓦斯抽采达标与抽采管理技术途径探讨[J].煤矿安全,2013,44(7):147-150.

［30］陈彪.煤矿井下瓦斯抽放钻孔施工装备与技术[J].陕西煤炭,2018,37(4):156-157,136.

# 第 2 章　阳泉矿区瓦斯赋存规律与突出机理

沉积环境控制着煤层的厚度发育、决定着煤层顶底板围岩的岩石类型，进而制约着煤层瓦斯含量，是瓦斯地质赋存的主要控制因素之一。瓦斯构造规律研究是瓦斯预测的基础，煤矿瓦斯（煤层气）是成煤作用的产物，阳泉矿区的煤层瓦斯赋存状态是煤层经历历次构造运动演化作用的结果并受到各种复杂地质因素控制。每次地质构造运动产生的不同构造应力场作用和板块构造的碰撞，区域构造应力的挤压或拉张引起的地层隆起或拗陷，以及形成的一系列不同级别的断裂、褶皱或发生的岩浆作用等，均控制着区域地质环境及其不同矿区（煤田）、矿井、采区、采面的煤层、围岩发生不同程度的变形破坏，形成构造煤，并引起水文、地应力等的变化，从而控制着瓦斯的赋存和变化，如瓦斯含量、瓦斯压力、瓦斯储层渗透性等。瓦斯赋存受不同地质条件控制，从区域到矿区、矿井、采区、采面都存在着不同地质条件下的瓦斯赋存状态，存在着不同的瓦斯赋存规律[1-3]。

因此，有必要对阳泉矿区的含煤沉积环境、地质构造条件以及煤自身的性质进行研究，并分析阳泉矿区的瓦斯突出机理。

## 2.1　阳泉矿区含煤地层沉积环境及构造条件

山西地处华北板块中部，经历了多期次的地质构造热事件和各异的大地构造演化阶段，最终形成现今的总体构造——呈一个拉长的“S”形，主体构造线方向为 NNE，而南北两端呈 NE 向的构造格局[4]。华北板块历经了古陆核的形成、增生与拼贴，复杂的构造变形，以及变质作用叠加改造，其演化历史经历三个重要的阶段：一是古陆及克拉通变质基底形成；二是板内构造演化，沉积盖层形成与发展；三是形成板内造山带，叠加形成板内裂谷带。山西大地构造序列演化综合如图 2-1-1 所示。

山西以吕梁山-太行山中生代板内造山带为主体，西为鄂尔多斯拗陷东缘单斜，东与华北平原和燕山造山带接壤，南北界于秦岭、阴山造山带之间。山西的总体构造格架形成于中生代，构造线方向以中部 NNE 向、南北两端为 NE 向的“S”形展布为主。自新生代以来，由于喜马拉雅运动的强烈活动，叠加形成了贯穿南北的汾渭裂谷带，隆起与凹陷特征明显[5]。

纵贯山西南北的新生代汾渭裂谷带，是新生代叠加在中生代构造基础上继承和发展的复合性构造，其总体呈一系列 NNE 向展布、NE 向斜列的新生代盆地，自北而南依次为大同盆地、忻定盆地、晋中盆地、临汾-运城盆地、芮城盆地，向北东包括河北省境内的延怀、蔚县盆地，南西以临汾-运城盆地隔黄河与陕西的渭河盆地相连。

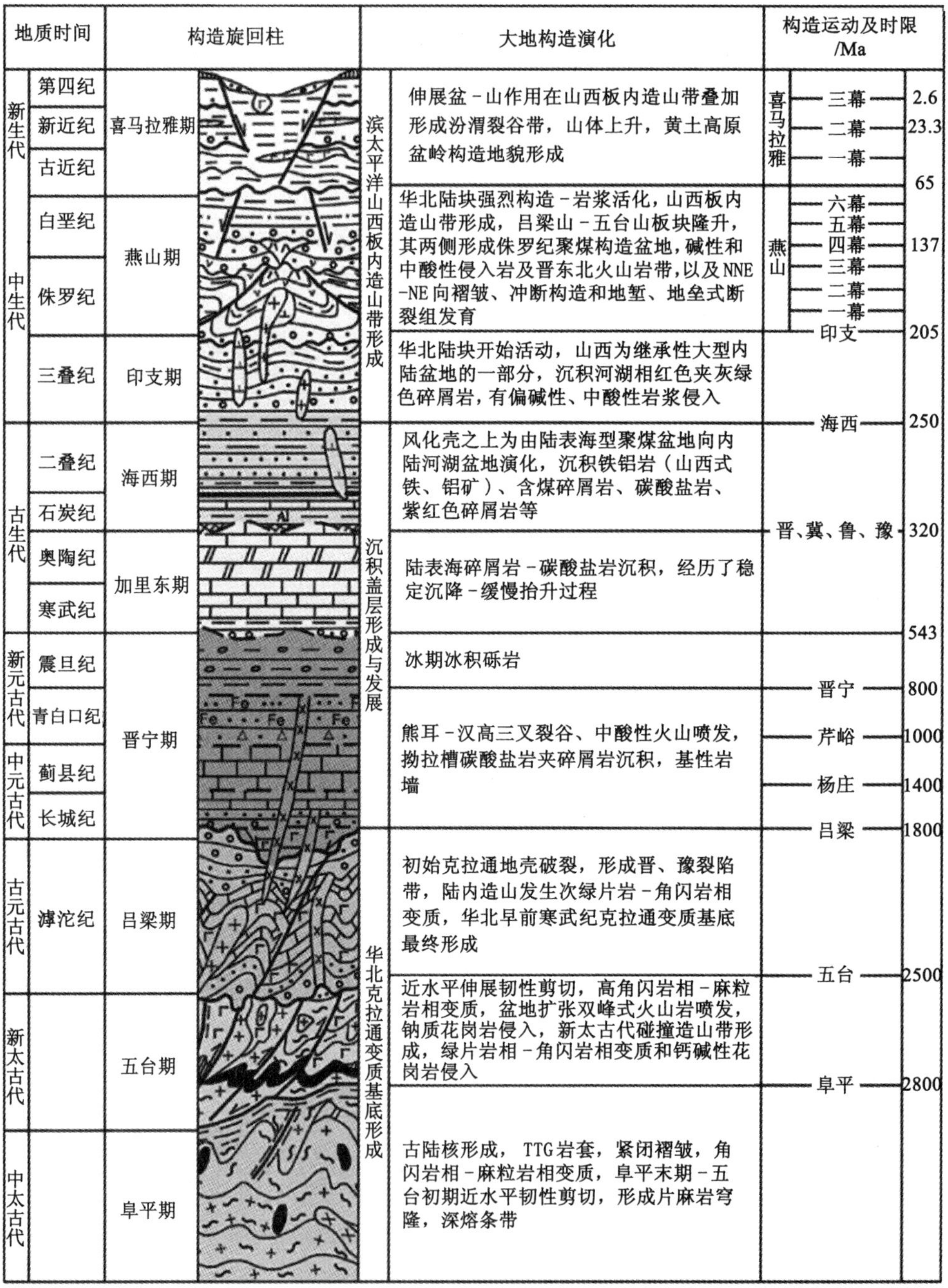
地质时间
构造旋回柱
大地构造演化
构造运动及时限/Ma
新生代
第四纪
新近纪
古近纪
喜马拉雅期
滨太平洋山西板内造山带形成
伸展盆-山作用在山西板内造山带叠加形成汾渭裂谷带，山体上升，黄土高原盆岭构造地貌形成
喜马拉雅
三幕
二幕
一幕
2.6
23.3
65
中生代
白垩纪
侏罗纪
燕山期
华北陆块强烈构造-岩浆活化，山西板内造山带形成，吕梁山-五台山板块隆升，其两侧形成侏罗纪聚煤构造盆地，碱性和中酸性侵入岩及晋东北火山岩带，以及NNE-NE向褶皱、冲断构造和地堑、地垒式断裂组发育
燕山
六幕
五幕
四幕
三幕
二幕
一幕
137
三叠纪
印支期
华北陆块开始活动，山西为继承性大型内陆盆地的一部分，沉积河湖相红色夹灰绿色碎屑岩，有偏碱性、中酸性岩浆侵入
印支
205
古生代
二叠纪
石炭纪
海西期
风化壳之上为由陆表海型聚煤盆地向内陆河湖盆地演化，沉积铁铝岩（山西式铁、铝矿）、含煤碎屑岩、碳酸盐岩、紫红色碎屑岩等
海西
250
奥陶纪
寒武纪
加里东期
沉积盖层形成与发展
陆表海碎屑岩-碳酸盐岩沉积，经历了稳定沉降-缓慢抬升过程
晋、冀、鲁、豫
320
543
新元古代
震旦纪
青白口纪
中元古代
蓟县纪
长城纪
晋宁期
冰期冰积砾岩
晋宁
800
熊耳-汉高三叉裂谷、中酸性火山喷发，拗拉槽碳酸盐岩夹碎屑岩沉积，基性岩墙
芹峪
1000
杨庄
1400
吕梁
1800
古元古代
滹沱纪
吕梁期
华北克拉通变质基底形成
初始克拉通地壳破裂，形成晋、豫裂陷带，陆内造山发生次绿片岩-角闪岩相变质，华北早前寒武纪克拉通变质基底最终形成
五台
2500
新太古代
五台期
近水平伸展韧性剪切，高角闪岩相-麻粒岩相变质，盆地扩张双峰式火山岩喷发，钠质花岗岩侵入，新太古代碰撞造山带形成，绿片岩相-角闪岩相变质和钙碱性花岗岩侵入
阜平
2800
中太古代
阜平期
古陆核形成，TTG岩套，紧闭褶皱，角闪岩相-麻粒岩相变质，阜平末期-五台初期近水平韧性剪切，形成片麻岩穹隆，深熔条带
Al
Fe

图 2-1-1　山西大地构造序列演化简图

### 2.1.1 沁水煤田概况

沁水煤田位于山西省东南部，地理坐标介于东经 111°44′39″～113°45′20″，北纬 35°28′33″～38°8′22″，位于太行山隆起带和吕梁山隆起带之间，沁水盆地赋煤构造带的大部。其总体呈长轴状、沿 NNE 向延伸、中间收缩的复向斜构造，核部地层平缓，位于沁水、沁县和榆社一线，是山西省最大的晚古生代煤田，南北长约 300 km，东西宽75～100 km，含煤面积约 27 301 km$^2$。该煤田范围内已建成阳泉、潞安、晋城等大型矿业集团，地方煤矿在数百处以上，煤炭开发极盛大，是中国无烟煤、化工用煤和炼焦煤最大的供应基地。

沁水煤田煤炭资源量约 3 000 亿 t，在尚未探明的预测煤炭资源中，绝大部分属可靠级，且埋深大部分小于 1 000 m。煤种以无烟煤为主，东、西、北边缘部分的浅部，有少量焦煤、瘦煤和贫煤，煤田的深部全为无烟煤。

沁水煤田是在华北克拉通基础上发展、分异而成的克拉通内断陷盆地[6-7]。盆地主体构造为 NNE 向复向斜，南北翘起端呈箕状斜坡，东西两翼基本对称，西翼地层倾角相对稍陡，一般为 10°～20°，东翼相对平缓，一般为 10°左右，背、向斜褶曲发育。总体来看，西部以中生代褶皱和新生代正断层相叠加为特征，东北部和南部以中生代 EW 向、NE 向褶皱为主，盆地中部以 NNE-NE 向褶皱发育为主，局部地区受后期构造运动的改造，轴向改变。断层主要发育于东西边缘地带，断裂规模和性质不同，以正断层居多，断层走向长从数百米到数十千米不等，断距从数米到 4 000 m，有的可能是导致岩浆上升的通道，断层延伸方向以 NE 向为主，局部呈近 EW 向和 NW 向延伸。

#### 2.1.1.1 煤田周缘构造特征

沁水盆地周缘均被挤压性断裂褶皱带所围限，包括北侧的盂县坳缘翘起带、东侧的娘子关-平头坳缘翘起带、西侧的太岳山坳缘翘起带和东南侧的析城山坳缘翘起带。

煤田东侧晋获断褶构造带，位于沁水盆地南东与太行山块隆之间，NNE 向区域性构造挤压带，决定了含煤岩系赋存状态。中生代沿晋获断裂带由西向东逆冲位移，盆地边缘翘起，含煤岩系盖层遭受剥蚀，断裂带西侧主采煤层埋深趋浅。新生代时期发生的构造反转，使晋获断裂带以东的太行山与西侧沁水盆地地貌反差增强，北段赞皇核杂岩大幅度伸展隆起，晚古生代煤系剥蚀殆尽，构成沁水煤田东界。中段长治新断陷为构造反转产物，东侧逆冲牵引向斜核部保留了小型含煤块段。构造反转幅度向南递减，太行山南段以奥陶系和上古生界为主，沿断裂带发育一系列构造低地，沁水煤田范围越过晋获断裂带，形成高平、晋城等浅部含煤盆地。断裂带对煤矿区构造发育的影响向盆内递减，南段斜穿晋城矿区，对矿区构造发育和构造展布起到重要控制作用。断裂带西盘作为由西向东位移的逆冲-褶皱构造的主动盘，构造复杂程度高于断裂带东盘。

北缘阳曲-盂县东西向构造带，一系列的 NEE 向正断层，两侧伴随发育与断层平行的宽缓褶皱，显示水平挤压特征，构成沁水盆地的北部边界。

西侧北段和晋中(太原)新裂陷相邻，中段和临汾新裂陷以霍山大断裂与浮山断裂为界，总体走向为 NNE 向，延展长度约为 60 km。中生代为由东向西逆冲的逆冲推覆构造，东盘变质岩基底逆冲于下古生界之上，断距超过 1 000 m，新生代发生西降东升构造反转，东盘霍山强烈上升，太古宇变质岩基底大面积出露。

南侧横河断裂带，北西端始于翼城县二曲，经沁水县西阎、阳城县横河，向东入河南省境内，总体呈 NW-SE 向延伸，在省内长约 65 km。断裂自北西向南东分为三段。二曲段：断裂走向近 EW，断裂面向南倾斜，倾角为 45°～70°，使北盘寒武系底部与南盘中奥陶统、石炭系接触，断距约 1 000 m。西阎段：断层线平直，走向 340°，倾向 NE，倾角在 70°左右，表现为北东盘下降、南西盘上升，使南西盘奥陶系与北东盘二叠系接触，断距约为 200 m。横河段：断层走向北西，倾向 SW，南西盘的长城系、寒武系逆掩于北东盘的寒武系和奥陶系之上。

2.1.1.2　煤田内部构造特征

沁水煤田内部构造线呈北北东向展布，南、北两端受边界构造影响，构造线方向偏转为 NEE 向或近 EW 向，呈宽缓盆地状。构造样式和变形强度由盆地内部向盆缘有规律地变化，内部以开阔的短轴褶曲和高角度正断层为主，褶皱对称，两翼岩层倾角一般不超过 10°；盆缘褶皱两翼岩层倾角增大，多数不对称，轴面向盆内倾斜并发育向外侧逆冲的逆断层，显现盆地内部构造稳定、边缘活动性增强的基本规律。沁水盆地内部不同地区构造特征不同，盆地西部以中生代褶皱和新生代正断层相叠加为特征，东北部以中生代 EW 向、SN 向褶皱为主，盆地中部 NNE-NE 向褶皱发育；断层主要发育于盆地东西边缘地带，在盆地中部有一组近 EW 向正断层，即双头-襄垣断裂构造带。根据盆地内不同地区构造样式的差异，煤田内部划分为 12 个构造区带，分别为寿阳-阳泉单斜带（Ⅰ）、天中山-仪城断裂构造带（Ⅱ）、聪子峪-古阳单斜带（Ⅲ）、漳源-沁源带状褶曲构造带（Ⅳ）、榆社-武乡褶曲构造带（Ⅴ）、娘子关-坪头单斜带（Ⅵ）、双头-襄垣断裂构造带（Ⅶ）、古县-浇底断裂构造带（Ⅷ）、安泽-西坪背斜隆起带（Ⅸ）、丰宜-晋义带状褶曲构造带（Ⅹ）、屯留-长治单斜带（Ⅸ）、固县-晋城单斜带（ⅩⅡ），如图 2-1-2 所示。

从山西省含煤地层等厚线图来看，沁水坳陷由于受到南泌方向扭应力作用，形成了一系列 NE 方向的同沉积聚煤凹陷，导致石炭系的沉积方向、岩相古地理、聚煤中心的展布均呈 NE 方向斜列展布。这说明当时古构造受华夏系构造体系所控制，其应力场为 SN 方向的扭应力场；山西地台表现为 NW-SE 向挤压，由于这一扭应力作用形成了山西地台 NNE 向左旋反扭的新华夏系构造，遭受了右旋正扭的 NNE-SSW 方向应力的剪切。阳泉矿区由于受东部太行山、北部五台山的阻遏及喜山期 NNE-SSW 方向的剪切应力配生出 SN 向的挤压，因此又产生 EW 向构造。

早古生代，区域稳定沉降，在之前形成的结晶基底上形成浅海碳酸盐岩沉积。中奥陶世之后，全区受到加里东运动影响整体抬升，遭受长期剥蚀。

研究区发生稳定沉降，沉积了 C-P 地层，形成了华北地区普遍存在的海陆交互相含煤地层。印支运动时期，华南板块与华北板块发生了碰撞，产生了近 NS 向的构造挤压应力，形成了近 EW 向的褶皱与断裂构造，并导致了山西省境内大部分缺失 $T_3$ 和 $J_1$ 沉积，多数地区 $J_2$ 地层不整合于 $T_2$ 地层之上。

燕山运动时期，古太平洋板块以低缓角度快速地向亚洲大陆俯冲，产生了 NWW-SEE 至近 EW 向的挤压构造应力场，局部可能偏 NW-SE 向挤压，在沁水盆地的东缘发育了走向 NNE-SSW 的褶皱与逆冲断层，使得区内发生整体隆升剥蚀，C-T 随着山西隆升而

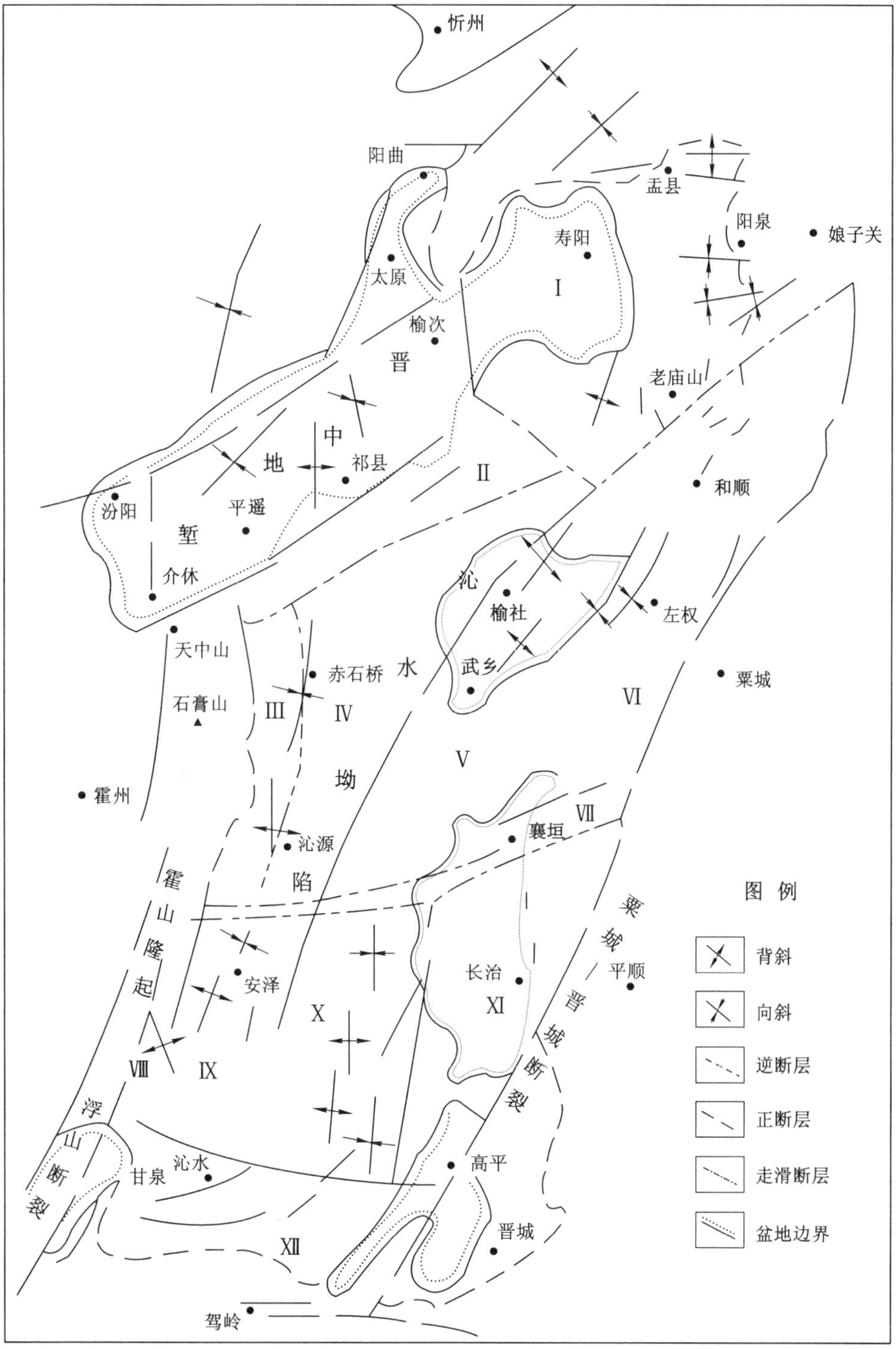


图 2-1-2　沁水盆地构造区带分布图

抬起、发生褶皱，形成了沁水向斜的构造雏形。东西边界断裂也开始活动，燕山晚期构造运动更加剧烈，盆地两翼进一步翘起，并形成了一系列短轴褶皱及规模不等的断裂构造；向斜轴部地区相对沉陷，沁水复向斜盆地基本定型。

新生代的喜马拉雅期，印度板块向欧亚板块的碰撞以及碰撞期后的陆内俯冲所产生的远程效应，使区域构造应力场发生了改变，由先前的 NWW-SEE 向水平挤压转变为 NNE-SSW 向挤压。东西两侧的霍山和太行山发生剧烈上隆，盆地相对下降；同时盆地边界大断裂发生了构造反转，在大型断裂附近沉降区接受了 N、E 和 Q 沉积，形成新生代裂陷。

## 2.1.2 阳泉矿区瓦斯赋存的沉积条件

### 2.1.2.1 含煤岩系沉积相类型

沉积环境控制着煤层的厚度发育，决定着煤层顶底板围岩的岩石类型，进而制约着煤层瓦斯含量，是瓦斯地质赋存的主要控制因素之一。基于阳泉水泉沟剖面、新景矿 3-188 和 3-215孔、五矿后备区 1612 孔岩芯观察，结合矿区钻孔测井相分析、沉积地球化学、古生物、岩性沉积序列等相标志，在阳泉矿区含煤岩系中识别出了碳酸盐潮坪、障壁砂坝-潟湖潮坪、浅水三角洲 3 种沉积相类型。其中，本溪组为碳酸盐潮下潮坪-障壁砂坝-潟湖潮坪沉积，太原组为碳酸盐潮下-障壁砂坝-潟湖潮坪-浅水三角洲沉积，山西组主要为浅水三角洲沉积。

### 2.1.2.2 含煤岩系层序地层格架与沉积演化

依据野外剖面和钻孔岩芯、地球化学、测井、古生物等综合分析，根据层序地层学原理，在阳泉矿区本溪组-山西组中识别出 10 个层序界面，将阳泉矿区本溪组-山西组划分为 9 个层序(见表 2-1-1)；基于区域标志层、层序地层对比，建立了阳泉矿区层序地层格架(见图 2-1-3、图 2-1-4)。

**表 2-1-1 阳泉矿区本溪组-山西组层序界面特征**

| 地层 | 层序 | 界　面 | 层序底界面特征 |
|---|---|---|---|
| 下石盒子组 | | $K_8$ 砂岩底面 | 河道下切面 |
| 山西组 | 9 | 第四砂岩($S_4$) | 河道下切面 |
| | 8 | $K_7$ 砂岩底面 | 河道下切面 |
| | 7 | 第二砂岩($S_2$)底面 | 河道下切面 |
| | 6 | 第一砂岩($S_1$)底面 | 区域海退面 |
| 太原组 | 5 | 猴石($K_4$)灰岩底面 | 海侵侵蚀面 |
| | 4 | 钱石($K_3$)灰岩底面 | 海侵侵蚀面 |
| | 3 | 太原组主煤层(15# 煤)底面 | 区域构造体系转换面 |
| | 2 | $K_1$ 砂岩底面 | 海侵冲刷面 |
| 本溪组 | 1 | 本溪组底面 | 区域不整合面 |

在层序地层格架内探讨了阳泉矿区太原组-山西组的沉积演化特征，建立了相应的沉积模式。以层序为单位，根据砂体厚度展布及含砂率、泥岩、灰岩、煤层厚度等单因素分析，结合研究区地质背景，编绘了各层序的沉积古地理图，见图 2-1-5。

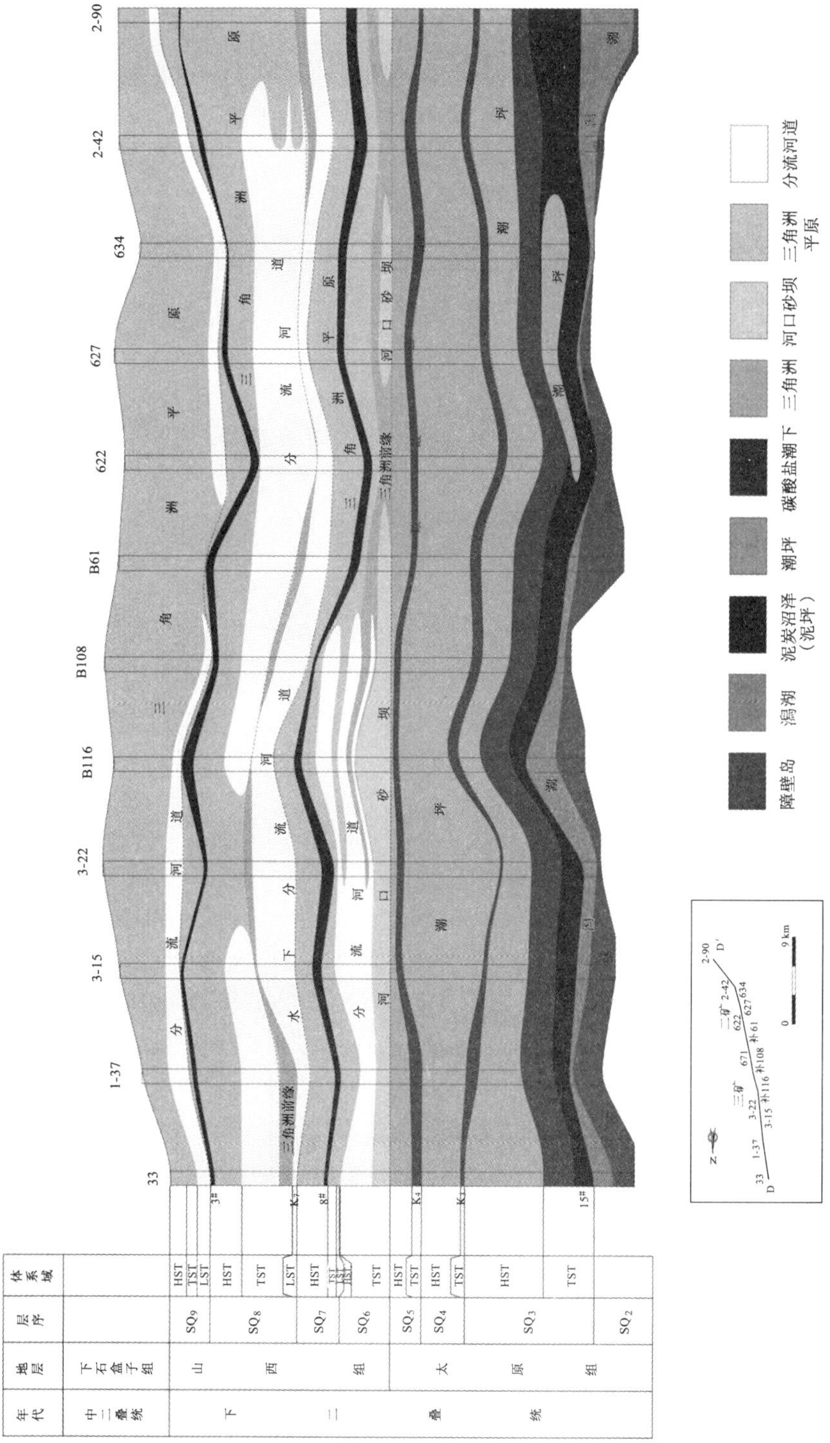


图 2-1-3　阳泉矿区层序地层格架及沉积断面图(SN 向)

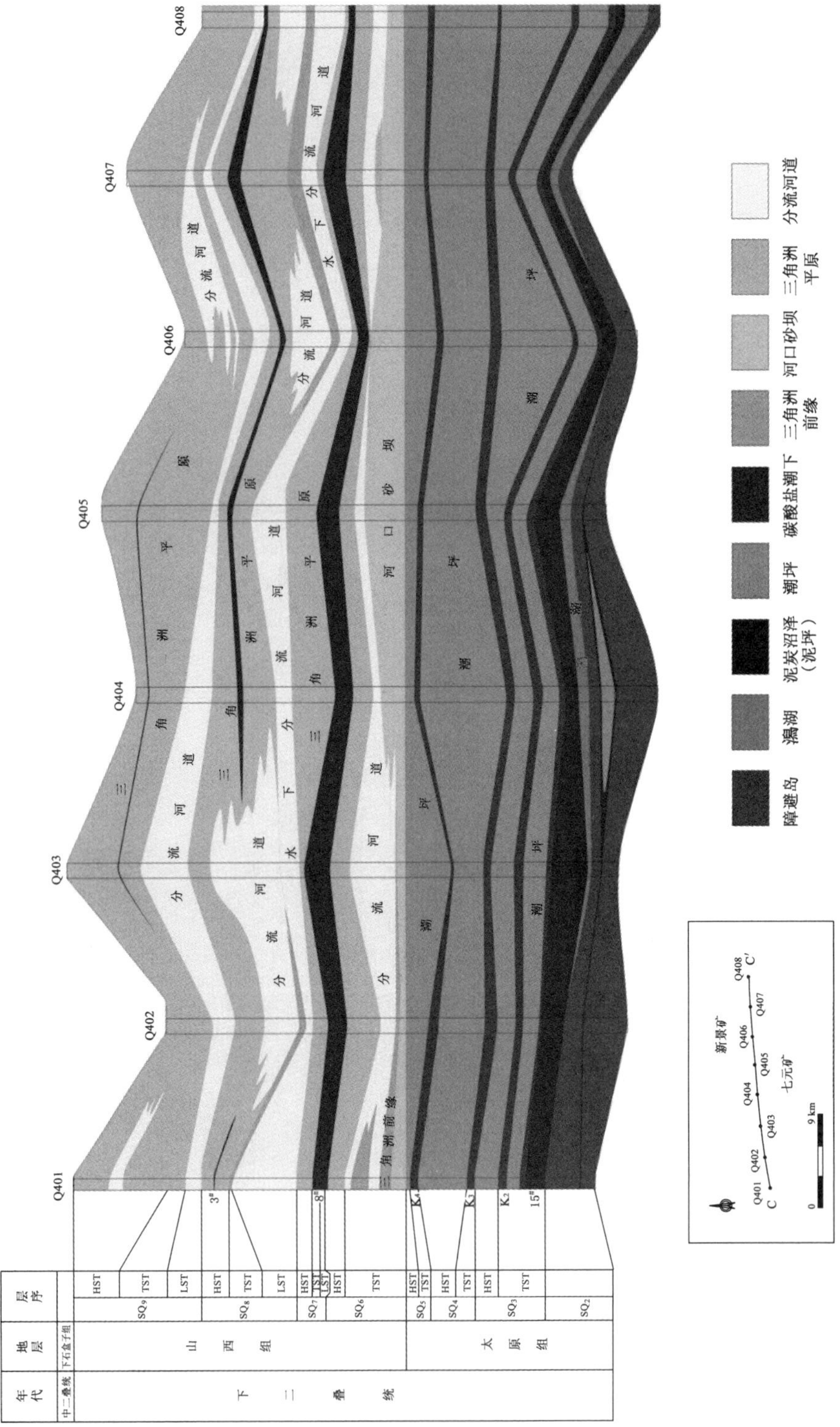


图 2-1-4　阳泉矿区层序地层格架及沉积断面图(EW 向)

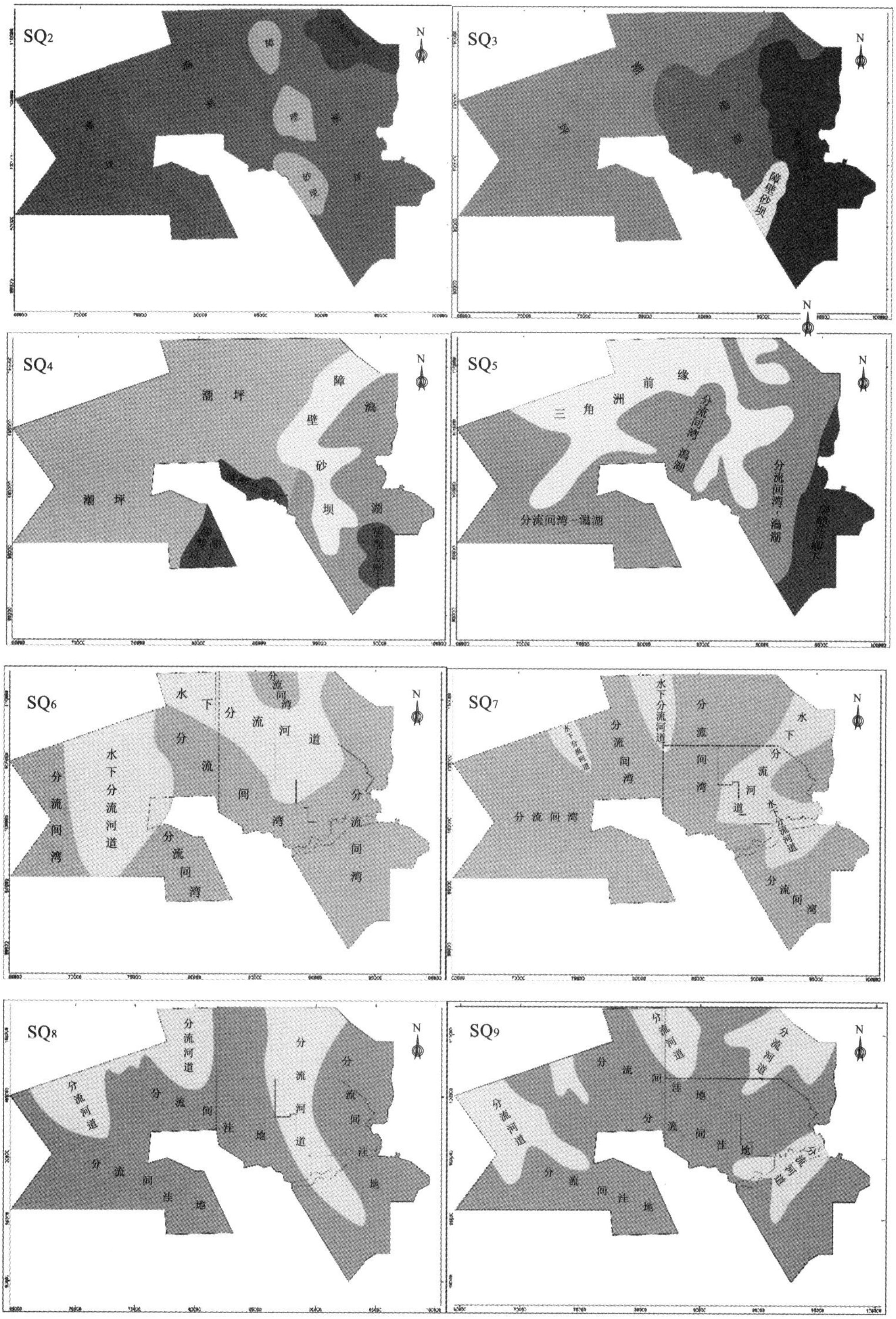


图 2-1-5　阳泉矿区太原组-山西组沉积期沉积古地理分布图

太原组沉积早期($SQ_2$),随着本溪期填平补齐,在陆表海背景上发育了一套以障壁砂坝-潟湖-潮坪沉积体系为主体的含煤沉积。$SQ_3$ 时期,随着海平面相对上升,形成碳酸盐潮下-潟湖-潮坪共存的古地理格局;相对海平面上升期,适宜的古气候条件,稳定的构造背景和有利的沉积环境,在潟湖-潮坪背景上的泥炭沼泽聚煤环境发育,形成了区域稳定的 15# 煤层,以及顶板石灰岩、砂泥岩组合;随区域相对海平面下降,研究区经历了短暂的潟湖潮坪发育过程并形成 13# 煤层。$SQ_4$ 继承了 $SQ_3$ 时期的古地理格局,在潟湖-潮坪基础上,泥炭沼泽发育,形成了局部发育的 12# 和 11# 煤层。太原组沉积末期($SQ_5$),随区域抬升,陆源碎屑作用加强,浅水三角洲延入研究区,形成碳酸盐潮下-潟湖-潮坪-浅水三角洲古地理格局。太原组沉积模式见图 2-1-6(a)所示。

山西组早期($SQ_6$,$SQ_7$),海水随着华北板块北缘的抬升,海域逐渐向东南方向萎缩,研究区主要发育近海浅水三角洲前缘沉积;在分流间湾充填变浅、废弃三角洲朵叶上形成了局部分布 10#、9# 与 8# 煤层;受区域相对海平面变化及海水波及影响,8# 煤层顶板形成了含腕足类等海相动物化石的泥质粉砂岩和粉砂质泥岩。山西组沉积中期($SQ_8$)形成于区域性海退背景下,三角洲进积作用加强,研究区为浅水三角洲平原环境,8# 煤层顶板之上普遍发育分流河道型 $K_7$ 砂岩;三角洲平原分流间洼地因充填变浅而发生沼泽化,形成了 6#、5#、4#、3# 等煤层聚集,3# 煤层局部可采,其他煤层因沉积环境等聚煤条件不稳定而厚度较薄、分布不稳定。山西组沉积晚期($SQ_9$),随着区域上北部构造抬升,沉积环境开始向大陆环境演化,主要为浅水三角洲平原沉积,分流河道发育,局部对下伏 3# 煤层造成冲刷。山西组沉积模式见图 2-1-6(b)所示。

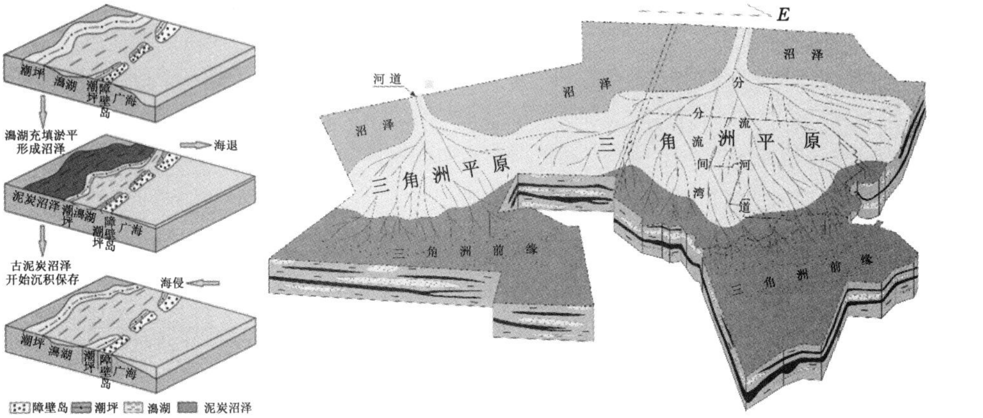


(a) (b)

图 2-1-6 含煤岩系沉积模式(左-太原组;右-山西组)

### 2.1.2.3 主要煤层沉积环境

太原组 15# 煤层聚煤前,井田为潟湖-潮坪和障壁沙坝等沉积所占据(图 2-1-7)。其中,障壁沙坝主要位于井田东北部,呈 NW 向展布;潮坪位于井田南部,以泥质沉积为主,局部发育小型的潮道砂体,其他区域为潟湖分布区。该时期潮坪、潟湖充填变浅以及障壁砂坝靠潟湖一侧的障壁潮坪上,因水浅、气候温湿、构造稳定,利于植物生长和沼泽化,为 15# 煤层的聚集奠定了沉积环境条件。

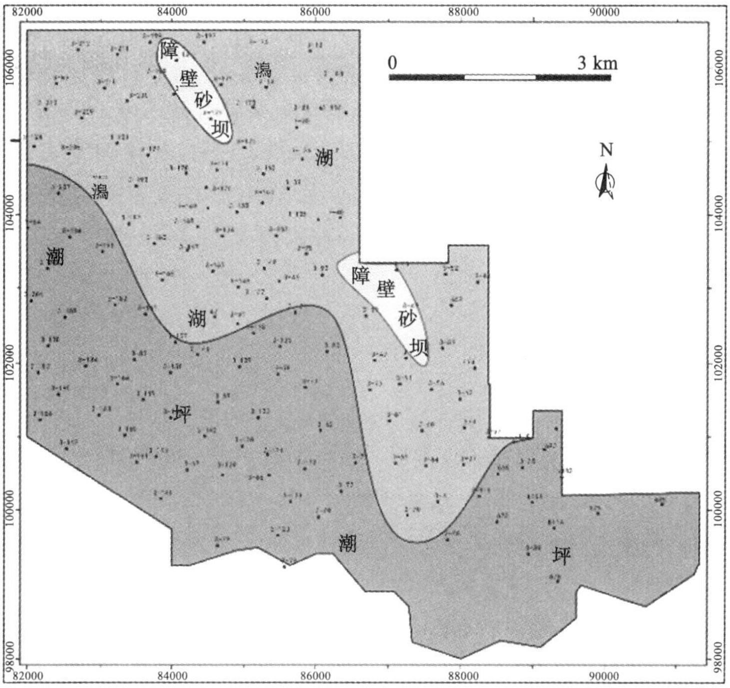


(a) 聚煤前

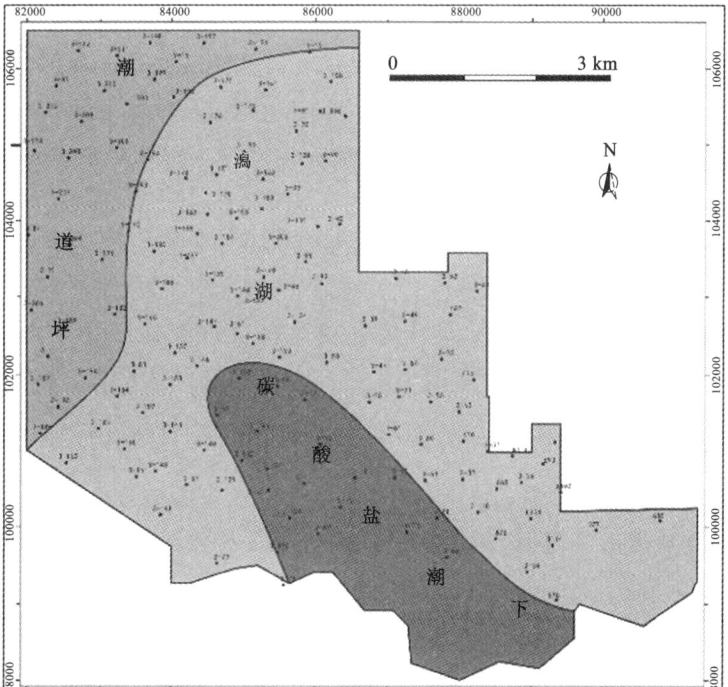


(b) 聚煤后

图 2-1-7 15# 煤层聚煤前、后古地理图

山西组 3# 煤层聚煤前沉积期，井田主要为浅水三角洲平原沉积(图 2-1-9)。井田东部主要为三角洲平原分流河道占据，西部分流间洼地发育。分流河道自 NW、NE 两个方向伸入井田，以东部分流河道较为发育。分流间洼地发育为泥炭沼泽以及废弃三角洲分流河道(朵叶)背景基础上发育的泥炭沼泽，为 3# 煤层的聚集奠定了环境基础。

3# 煤层聚煤后，井田范围内主要为浅水三角洲平原沉积，分流河道发育主要分布在井田中东部地区，底部冲刷显著，造成了井田内局部 3# 煤层厚度的变薄；西部分流间洼地发育(图 2-1-8)。分流河道及砂体展布表明，陆源碎屑物质主要来自北部，古地形北高南低。

## 2.1.3 阳泉矿区构造特征

### 2.1.3.1 *矿区构造特征*

阳泉矿区构造发育具有“褶皱叠加、带状变形、平面分区、垂向分异”的变形特征。阳泉矿区位于沁水盆地的东北边缘沾尚-武乡-阳城 NNE 向褶皱带内，其东部是太行山隆起带，西部及西北部是太原盆地，北部是 EW38°向构造亚带。本区由于受东部太行山和北部五台山的隆起所控制，阳泉矿区构造形态总体表现为一走向 NW 向、倾向 SW 向的大型不规则单斜构造，地层倾角较缓，一般在 10°左右，次一级宽缓多期叠加褶皱构成了阳泉矿区的主体构造形态。矿区仅南部见有大型断层稀疏发育，一般均以小型正断层为主，陷落柱发育较为密集(见图 2-1-9 和图 2-1-10)。

(1) 褶皱叠加

阳泉矿区构造形态总体表现为一走向 NW、倾向 SW 的大型不规则单斜构造，地层倾角较缓，次一级宽缓多期叠加褶皱构成了阳泉矿区的主体构造形态，矿区构造发育具有“叠加褶皱、带状变形、平面分区、垂向分异”的变形特征。叠加褶皱的形式主要表现为穹窿构造、盆形构造和马鞍状构造，呈网格状、雁列状和帚状的组合样式发育，形成了短轴状、阶梯状、雁列状等特殊构造形态。

(2) 带状变形

在矿区单斜构造和叠加褶皱构造发育的基础上，也发育了 9 个强变形构造带，它们主要呈 NE 向展布，间距 1.3～4.4 km，主要表现为煤层倾角的急剧增大、挠曲构造发育，同时常伴有密集断层带的发育，多为 NE 向紧闭背斜构造或大型逆断层构造发育所造成。

(3) 构造分区特征

根据研究区内构造类型及其组合方式、变形程度的差异，可将研究区分为 7 个构造分区，即：东北部弱褶皱变形区、西部大型褶皱发育区、中部叠加褶皱发育区、桃河弧形褶皱区、中东部弱褶皱变形区、中南部断褶区和南部复杂叠加褶皱区(图 2-1-11 和图 2-1-12)。

① 东北部弱褶皱变形区：主要位于一矿中东部和三矿东部。该区褶皱变形相对较弱，多为短轴褶皱，地层较为平缓，倾角一般为 3°～8°，局部甚至可达 1°～2°，显得更为平缓，沿 NNE-NE 向呈斜列式分布。煤层底板等高线相对稀疏，形态缓和，局部曲率较大，圈闭较多。在该变形区内 3# 和 15# 煤层的构造变形相似，但 15# 煤层在该变形区中褶皱相对 3# 煤层较为发育，局部褶皱显得较为强烈。

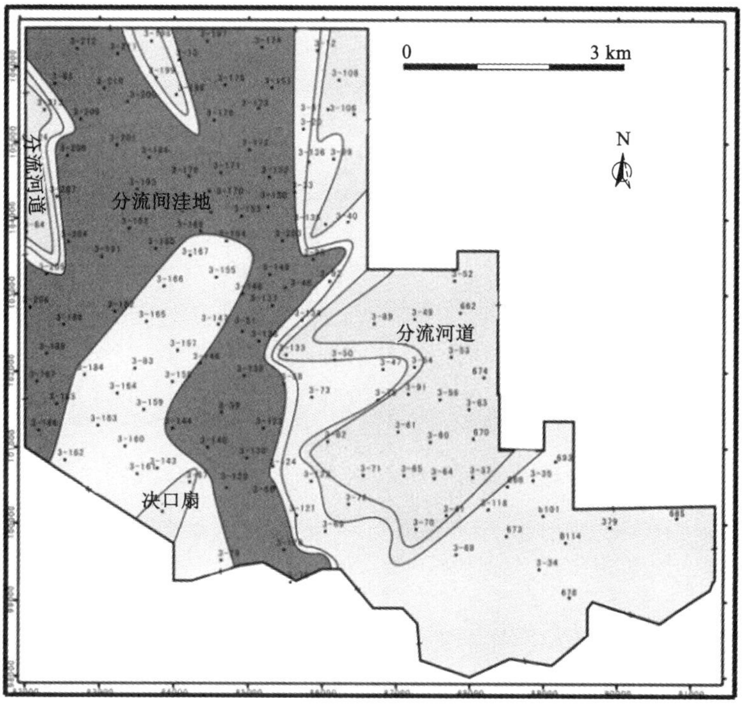


(a) 聚煤前

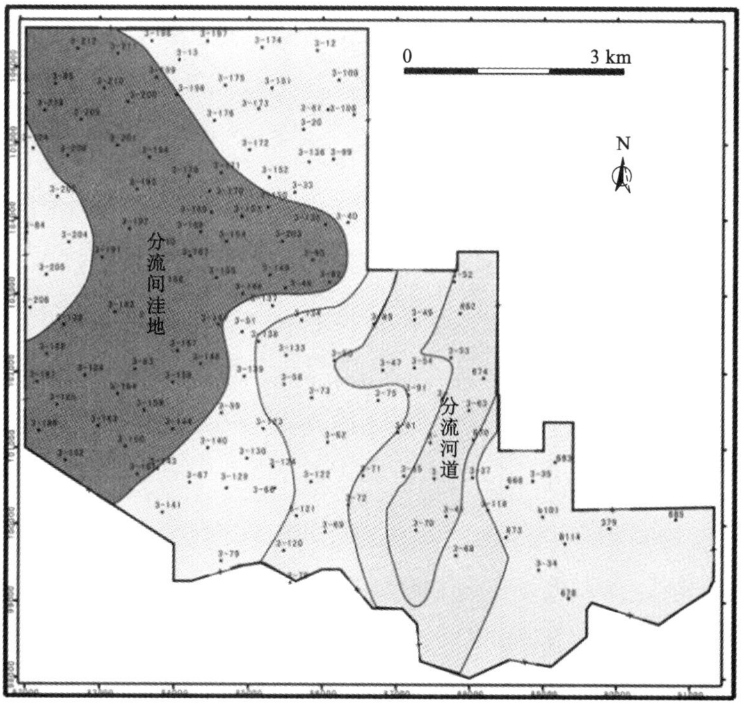


(b) 聚煤后

图 2-1-8　3# 煤层聚煤前、后古地理图

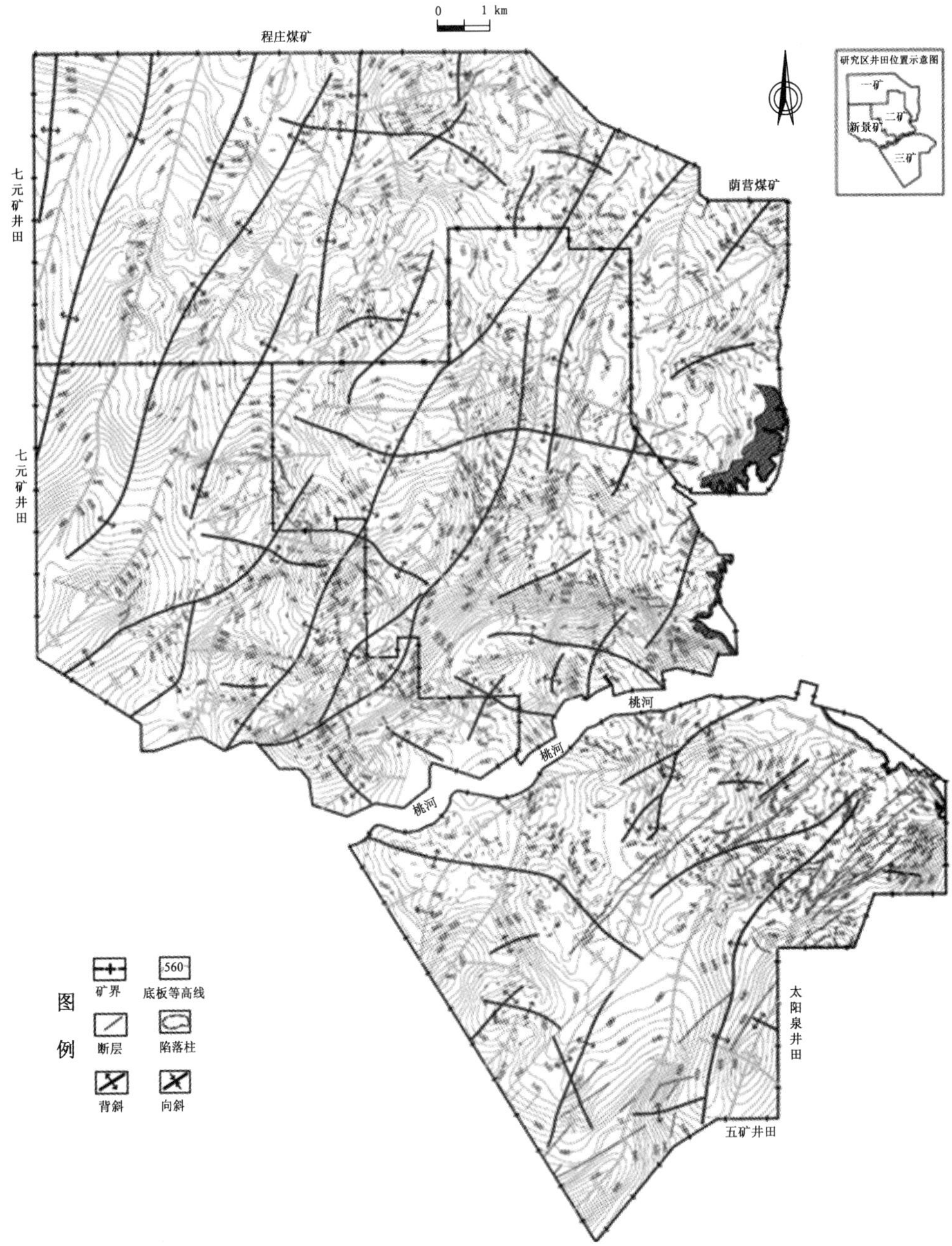


图 2-1-9　3# 煤层底板等高线与构造纲要图

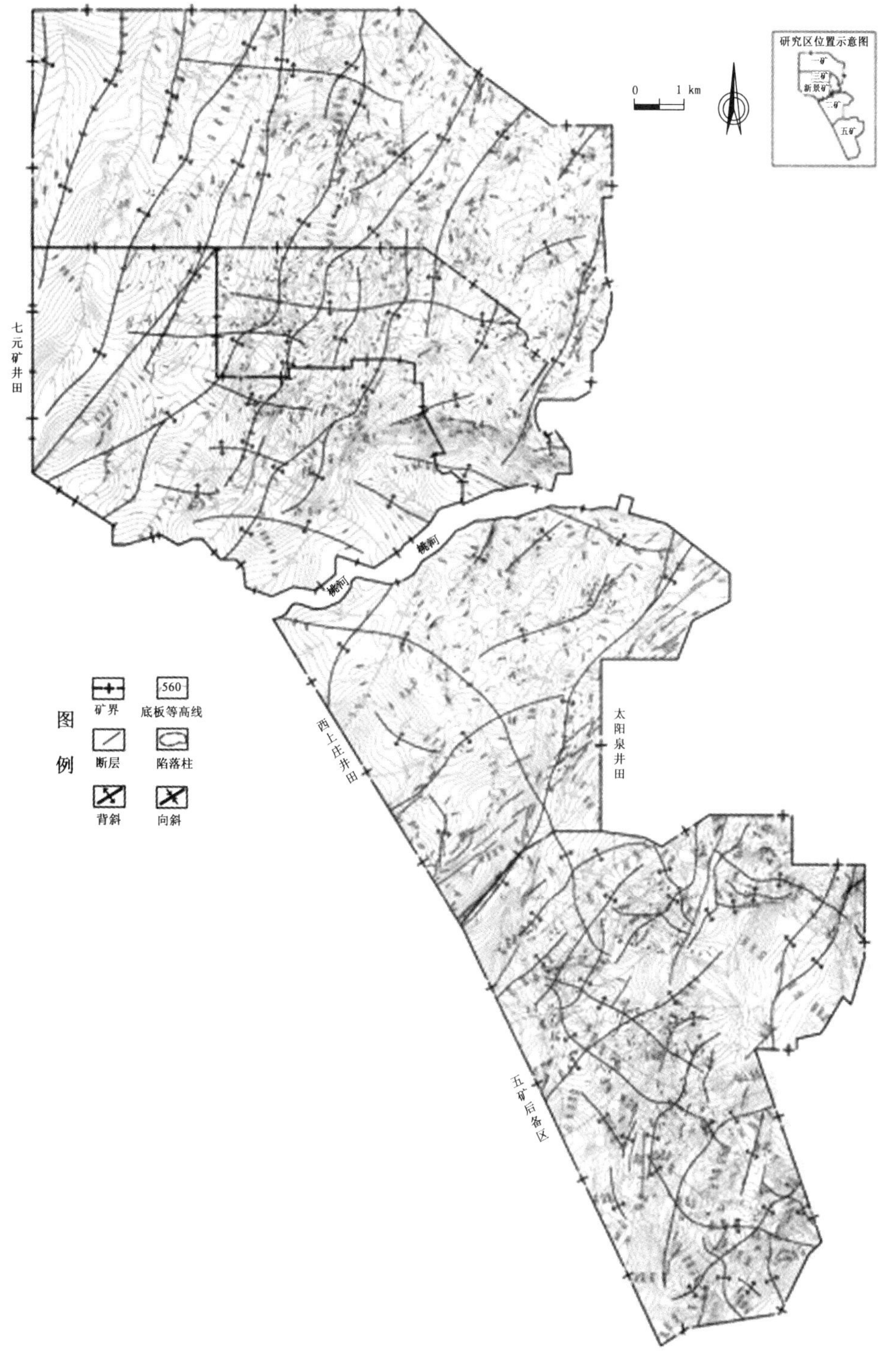


图 2-1-10　15# 煤层底板等高线与构造纲要图

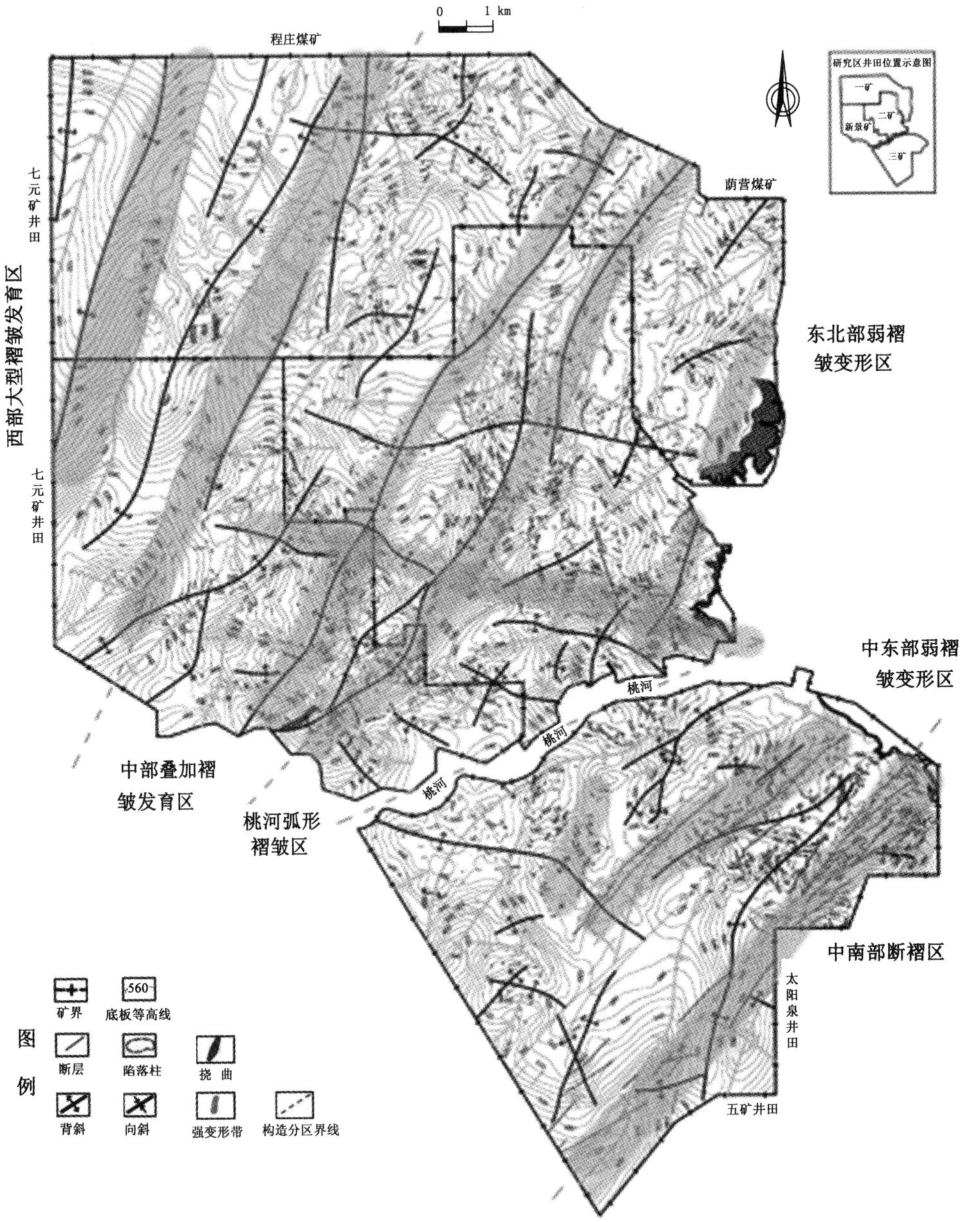


图 2-1-11　3# 煤层底板等高线与构造分区图

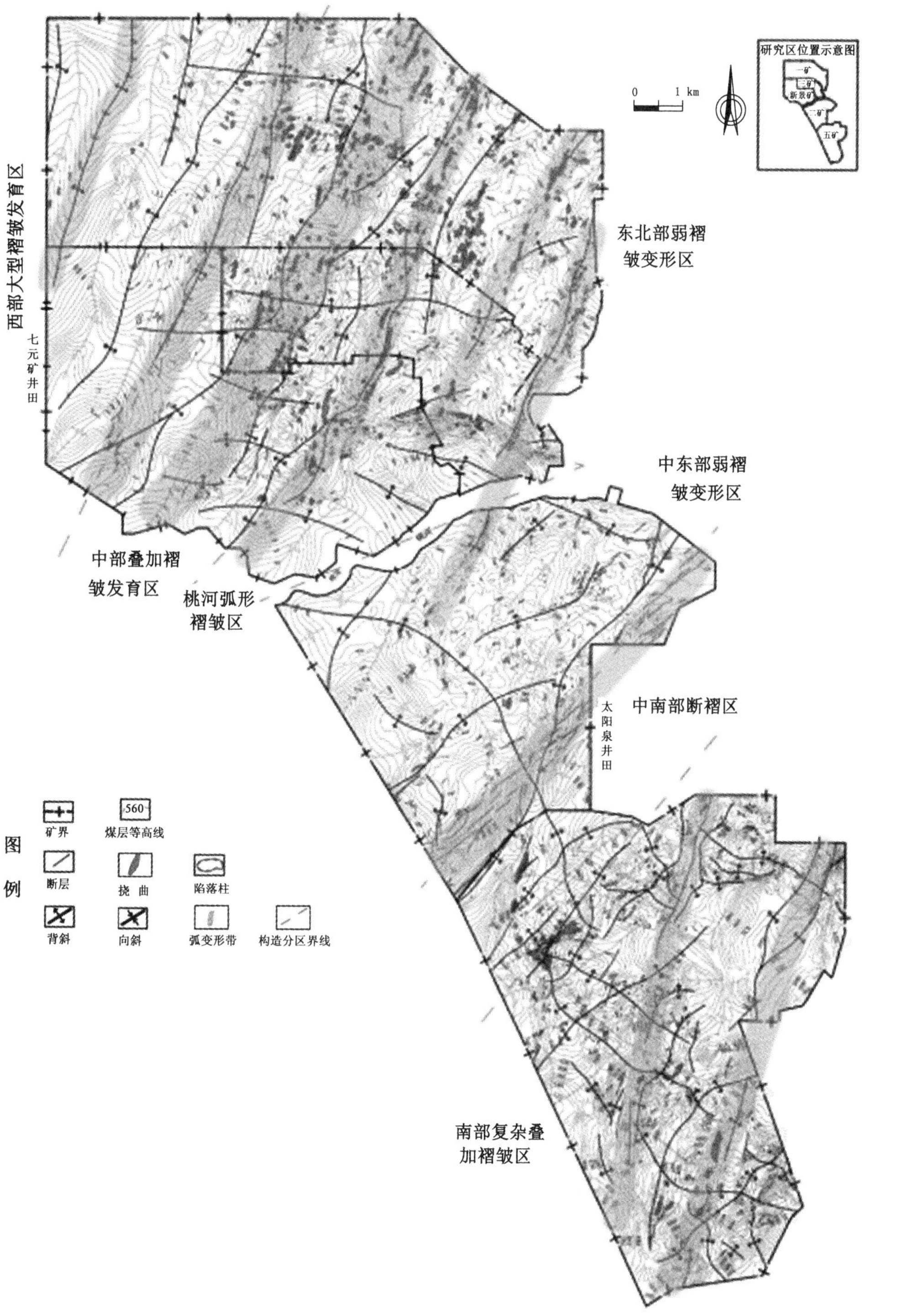


图 2-1-12　15# 煤层底板等高线与构造分区图

② 西部大型褶皱发育区：位于一矿西部和新景矿西北部。根据已勘测情况，区内主要为大型向背斜呈 NNE-NE 向相间发育，延伸稳定，规模较大，平行等间距排列；在剖面上形成隔挡式褶皱组合。在该变形区内 3# 和 15# 煤层的构造变形基本一致，不同的是 15# 煤层中揭露的陷落柱部分未在 3# 煤层中揭露，如在一矿井田西北部虎峪西向斜核部，15# 煤层揭露的陷落柱较 3# 煤层多，而未能贯穿上下煤层。

③ 中部叠加褶皱发育区：主要位于新景矿中东部、三矿西部和一矿中部。区内 3# 煤层和 15# 煤层褶皱变形较强，地层产状变化较大，表现为 NNE-NE、EW 和 NWW-NW 向三组褶皱的相互叠加、改造发育，不同轴迹的背斜叠加形成了穹状隆起，向斜叠加形成了盆形构造，在底板等高线上表现为等轴状或不规则状圈闭以及相邻等值线发生半月状离散、曲率突变现象。在该变形区内，15# 煤层褶皱变形较 3# 煤层更为强烈，如在二矿井田中西部，二家坪向、背斜西部在 15# 煤层内褶皱叠加、改造较 3# 煤层更为强烈，底板等高线呈现不规则状的圈闭，使得穹状隆起和盆形构造更为突出，同时在此处 15# 煤层中揭露的陷落柱并未贯穿 3# 煤层。

④ 桃河弧形褶皱区：集中在桃河两岸地区附近，主要包括新景矿的东南部和三矿的南部地区，桃河向斜自西向东由 NE 向转为 EW 向和 NWW 向、呈弧形展布，向斜北翼倾角较陡，西南翼较缓、同时与 NW 向次级褶皱叠加发育。煤层延伸不稳定，倾角常发生突变。

⑤ 中东部弱褶皱变形区：位于二矿的北部和东部地区。在该变形区内 15# 煤层和 3# 煤层构造变形相对较为一致。褶皱变形较弱，稀疏发育，且相互之间影响较小，多为短轴褶皱，地层较为平缓，可划分为 NNE-NE 向和 NWW-NW 向两组褶皱。

⑥ 中南部断褶区：主要位于二矿井田的南部，表现为 NE 向的褶皱和断层组合发育。主体 $S_{15}$ 向斜西北翼较东南翼缓，轴面倾向 SE，并被 NE 向断层所切错；背斜较为紧闭，呈隔挡式褶皱组合，且褶皱延伸至东北部渐变开阔，变形有所减弱。较大规模的断层及小型断层呈密集断裂带形式发育，大断层落差可高达 32 m，一般落差多在 10～20 m。在开采过程中共揭露落差 5 m 以下断层 276 条，走向主要为 NE 向，分布较为均匀，且可在 NE 向大断层附近平行、密集伴生发育。在该变形区内 15# 煤层构造变形和 3# 煤层之间存在一定的差异，15# 煤层构造变形较 3# 煤层强烈，在二矿南部 15# 煤层中大断层成群出现，部分并未能贯穿 3# 煤层，走向 NE 向，呈平行或雁列式展布。

⑦ 南部复杂叠加褶皱区：主要分布于五矿范围。该区煤层走向多延伸不稳定，常发生突变，一般在 3°～15°。主要表现为 NE-NEE 向和 NNW-NW 向两组褶皱的相互叠加、改造发育。褶皱的规模相对较小，发育较为密集。褶皱轴迹多延伸不稳定、平面上呈蛇曲状摆动，常见短轴状叠加褶皱雁列状分布。北东部大型逆断层的发育同时也导致了两盘牵引褶皱的发育，使得构造更为复杂。

(4) 垂向变形差异

在垂向上 3# 煤层和 15# 煤层的构造变形也存在明显的构造分异现象，主要表现为：

① 褶皱变形差异：就整个研究区而言，褶皱构造最为发育，平面上多呈 NNE-NE 向，

向背斜相间、斜列式、平列式组合，不同轴迹的背斜叠加形成了穹状隆起，向斜叠加形成了盆形构造，在底板等高线上表现为等轴状或不规则状圈闭以及相邻等值线发生半月状离散、曲率突变现象，背斜和向斜构造叠加改造则形成了马鞍状、阶地状褶皱。这些不同形态、不同组合的褶皱群，构成了构造的主体。而垂向上又存在一定的分异，下部 15# 煤层褶皱较 3# 煤层更为强烈，在中部叠加褶皱发育区内显得尤为突出，如在二矿井田中西部，二家坪向、背斜西部在 15# 煤层内褶皱叠加、改造较 3# 煤层更为强烈，底板等高线呈现不规则状的圈闭，使得穹状隆起和盆形构造更为突出。部分褶皱两翼地层延伸不稳定且倾角变大。

② 断裂构造差异：断层性质，15# 煤层较 3# 煤层逆断层发育，逆断层在 3# 煤层中所占比例仅为 12%，而在 15# 煤层中所占比例为 44%；断层规模，15# 煤层大断层较 3# 煤层发育，3# 煤层以小断层成群出现为主要特点，大于 3 m 的断层在 15# 煤层中所占比例为 20.0%，而在 3# 煤层中所占比例仅为 4.6%（又如根据勘探资料，在芦湖村西的 3-56# 钻孔中发现一条发育在 15# 煤层的逆断层，落差为 22 m，在 3# 煤层的巷道掘进中没有发现此断层，进一步证明了 15# 煤层较 3# 煤层大断层发育）；断层产状，15# 煤层断层走向较为集中，以 NNE 向集中发育，而 3# 煤层断层走向较分散，主要集中在 NNW-NNE 向，以 NE、NW 向最为发育。

③ 陷落柱构造差异：研究区内陷落柱多成群出现，带状分布，在条带之间陷落柱零星出现为主要特点。而 3# 煤层和 15# 煤层在分布上又存在一定差异，根据勘探及生产揭露情况，15# 煤层较 3# 煤层陷落柱发育，15# 煤层揭露的陷落柱多能在 3# 煤层中揭露，贯穿上、下开采煤层，同样也存在部分陷落柱在 15# 煤层中揭露而并未贯穿 3# 煤层，在一矿中西部、二矿南部、三矿中西部显得尤为突出。下面将介绍阳泉矿区典型矿井的构造特征。

#### 2.1.3.2　*新景矿*

新景煤矿位于研究区西部，与整体构造形态一致，井田构造总体表现为东北高、西南低的不规则单斜构造，倾角平缓，一般为 3°～11°，同时单斜构造上又发育次一级的褶皱构造，受区域构造控制，轴迹为 NNE-NE 向的褶皱控制矿井的基本构造形态，也发育有 EW 向褶皱和 NWW-NW 向褶皱，多期褶皱的相互叠加和改造形成了短轴状、等轴状和马鞍状等丰富的叠加褶皱类型，局部发育陡倾挠曲构造（图 2-1-13）。该井田的大型断层则不甚发育，中型断层也发育极少，而小型断层成群出现，且常常出现在本区褶皱的转折端、近核部以及向斜和背斜的过渡部位，可能为褶皱变形过程中的伴生产物，对煤层的开采影响不大，但是也容易造成构造煤发育，增大煤与瓦斯突出的危险性。同时陷落柱较为发育，无岩浆岩活动。

(1) 褶皱

井田内褶皱较为发育，主要为开阔褶皱，变形相对较弱，褶皱两翼地层产状平缓，倾角一般小于 11°，背斜和向斜交替出现，基本同等发育。按照轴迹展布方向和发育规模主要可分为三组：NNE-NE 向褶皱、EW 向褶皱和 NWW-NW 向褶皱，其中以 NNE-

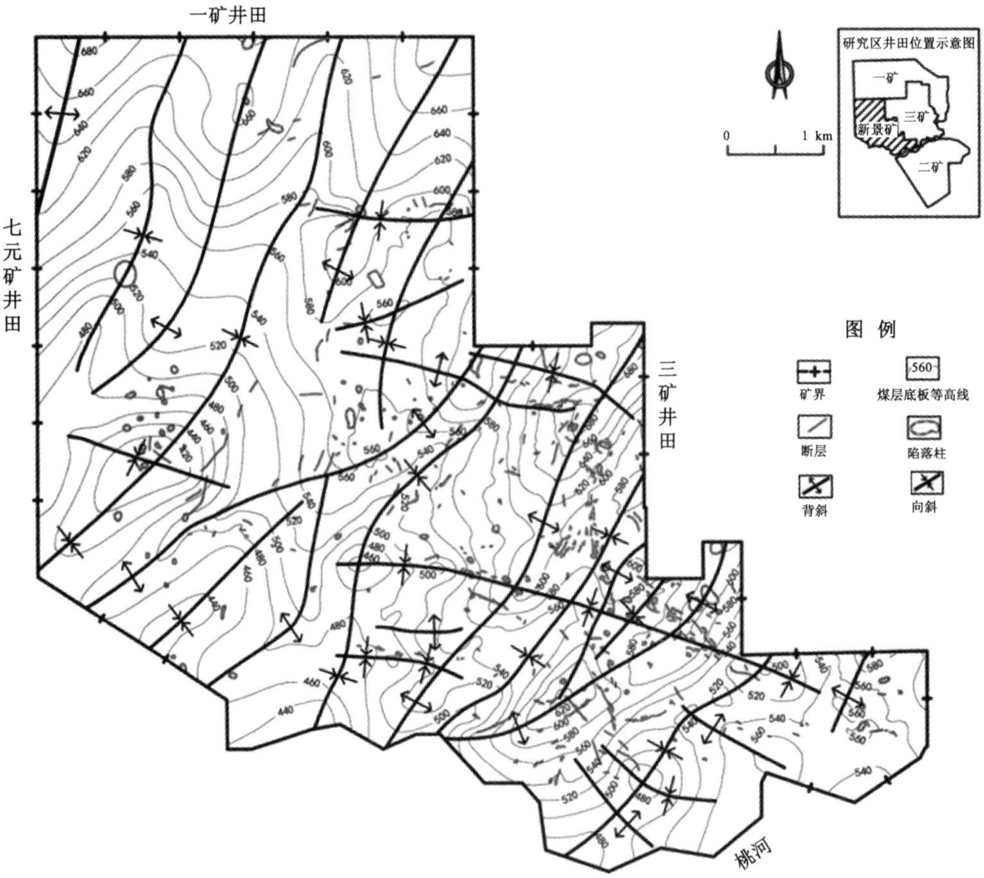


图 2-1-13　新景井田 3# 煤层底板等高线与构造纲要图

NE 向褶皱为主，该组褶皱规模最大、延伸距离长，变形相对较强，井田内最长可达 7.3 km，是矿井内主要地质构造，控制着井田的基本构造形态；发育规模相对较小的 EW 向和 NWW-NW 向褶皱，均属次一级褶皱，其延伸距离短，对矿井的构造形态影响相对较小。

这些不同期次、不同形态和组合类型的褶皱群，构成了井田构造的主体。多方向的褶皱相互叠加、改造，褶皱轴迹多发生弯曲，垂向上多呈现出波状、阶梯状起伏，平面上表现为“S”形和“N”形等形态展布，褶皱的规模和变形强度随褶皱的延展变化也较为明显。不同轴迹的背斜叠加形成了穹状隆起，向斜叠加形成了盆形构造，在底板等高线上表现为等轴状或不规则状圈闭以及相邻等值线发生半月状离散、曲率突变现象，背斜和向斜构造叠加改造则形成了马鞍状、阶地状褶皱。

由于本区煤系垂向上岩石力学性质的差异性和煤系底部强硬厚层奥陶系灰岩的发育，煤系中层间滑动比较发育，煤系上部与下部的主褶皱轴面并不都是直立的，而是有些倾斜，上部与下部煤层构造很不协调，褶皱的发育形态、规模和密度均有所差异，下部煤层的挠曲构造特别发育，尤其是在 8# 和 9# 煤层之下（见图 2-1-14 和图 2-1-15）。

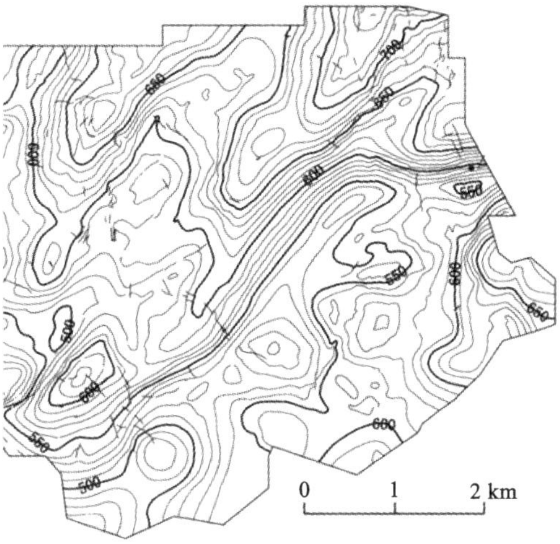


(a) 3#煤层

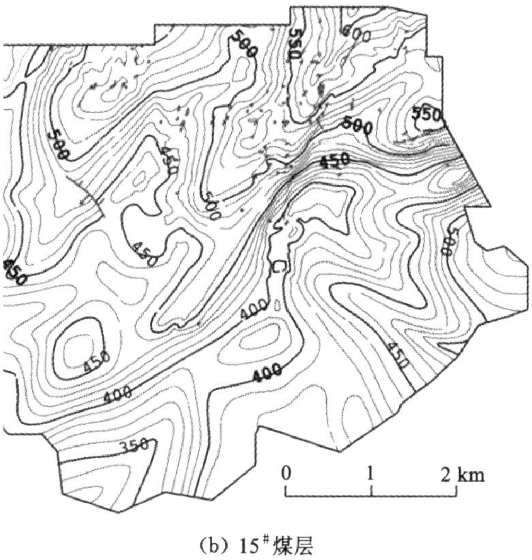


(b) 15#煤层

图 2-1-14　新景井田 3#、15# 煤层已采区域底板等高线对比图

通过修正已采区的底板等高线，从图 2-1-14 中所示新景井田的东北部区域，对比 15# 煤层和 3# 煤层已采区域的底板等高线发现，15# 煤层实测底板等高线上张家岩向斜、车道沟背斜以及芦湖沟东向斜在新景井田的北端均比在 3# 煤层中发育得更加紧闭、形态不规则，褶皱的转折端呈尖棱状，褶皱两翼地层延伸不稳定且倾角变大，可见下部 15# 煤层的褶皱变形相对较为强烈（见图 2-1-15）。底部强硬厚层灰岩与上覆软弱煤系细粒碎屑岩力学性质差异大，在强烈构造应力的作用下，易在煤系底部与灰岩接触部位出现顺层剪切作用增强、构造应力集中、变形增强的现象。

在新景井田中顺层滑动形成的挠曲多出现在太原组下部煤层中，且由下往上逐渐变

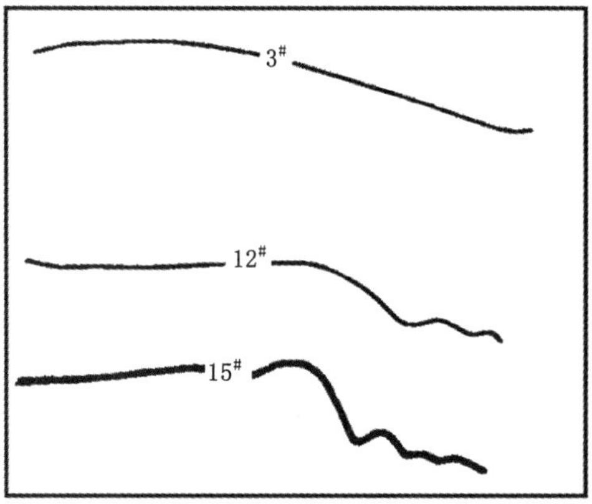


图 2-1-15　新景井田 3#、12#、15# 煤层褶皱示意图

少(图 2-1-16 和图 2-1-17),造成工作面回采中长期割顶板、底板,生产进度缓慢,给瓦斯治理工作也带来了压力。由于挠曲构造均为开采中所揭露,在勘探阶段均未查明或查清,因而在采区划分以后造成采区被破坏,给掘进和回采都带来了很大困难,使综采和综掘机械使用受到很大影响,大大地影响了掘进和回采进度,同样也严重影响了煤炭产量和经济效益的发挥。

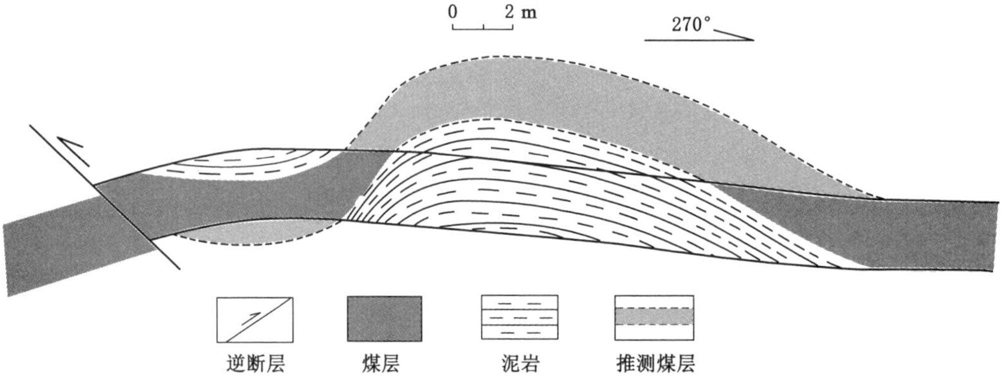


图 2-1-16　新景井田 8# 煤层 2112 工作面挠曲剖面图

(2) 断层

据勘探资料和生产实践证明,新景井田内断层以正断层为主、小断层成群出现为主要特点。通过对 3# 煤层底板 375 条(其中实测断层 348 条,三维地震勘测 27 条)、15# 煤层底板 254 条断层(其中实测断层 160 条,三维地震勘测 94 条)的统计分析,断层主要在西部以及中部地区集中发育;垂向上 3# 煤层较 15# 煤层断层发育密集,在实测断层中,3# 煤层以正断层为主,共计 294 条,占 84.5%,逆断层 54 条,占 15.5%,15# 煤层逆断层较 3# 煤层发育,且正、逆断层发育比例较为接近,其中正断层 87 条,占 54.4%,逆断层 73 条,占 45.6%。

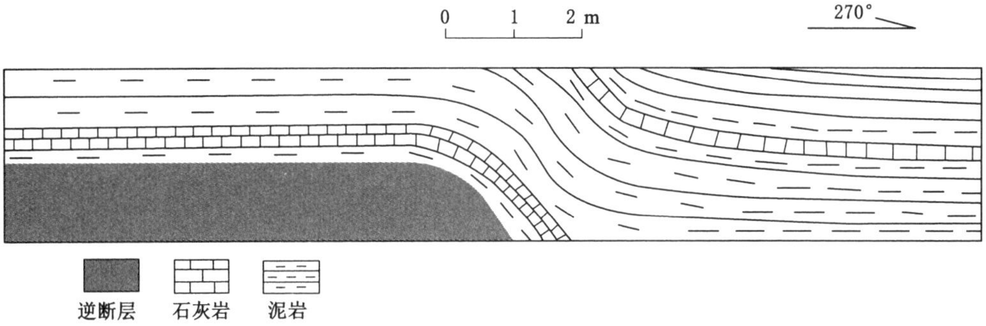


图 2-1-17　新景井田 15# 煤层 80113 工作面挠曲剖面图

① 断层走向

整体而言，新景井田断层走向以 3# 煤层断层走向比较分散，各个方向都有所发育，但以 NE 和 NW 向为主，15# 煤层断层走向较为集中为主要特点，现分述如下：

a. 通过对 3# 煤层的 375 条断层作走向玫瑰花图（图 2-1-18）发现，其断层走向以 NWW-NW 和 NE 向为主，其次为 NNE 向，其他方向发育微弱。其中实测正断层走向以 NWW-NW 向为主，其次为 NE 向，实测逆断层走向以 NNE 和 NE 向为主，NEE 和 NWW 向都有所发育。

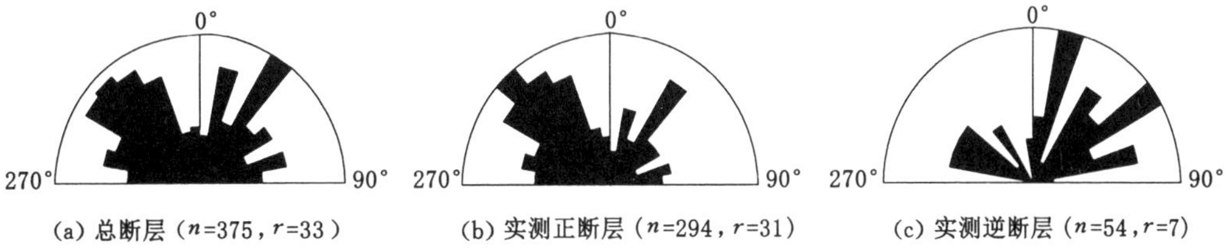


图 2-1-18　新景井田 3# 煤层断层走向玫瑰花图

b. 通过对 15# 煤层的 254 条断层作走向玫瑰花图（图 2-1-19）发现，其断层走向较为集中，以 NNE 向集中发育，其他方向微弱发育。

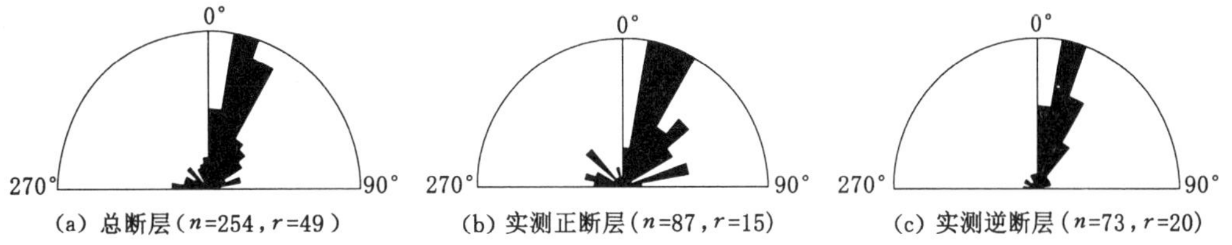


图 2-1-19　新景井田 15# 煤层断层走向玫瑰花图

② 断层落差

通过对 3# 煤层 348 条实测断层、15# 煤层 160 条实测断层落差统计（表 2-1-2 和表 2-1-3）发现：3# 煤层断层落差大于 5 m 的仅发现 3 条，所占比例不足 1%；15# 煤层较 3#

煤层大断层发育，落差大于 5 m 的断层占 6.9%。现分述如下：

a. 3# 煤层实测断层落差以小于 5 m 的断层为主，共计 345 条，占 99.1%，其中落差 3 m $\leqslant H<5$ m的有 13 条，占 3.7%；落差 1 m$\leqslant H<3$ m 的有 188 条，占 54.0%；落差 $H<1$ m 的有 144 条，占 41.4%。

b. 15# 煤层实测断层落差 $H\geqslant 5$ m 的断层有 11 条，占 6.9%，其中落差 3 m$\leqslant H<$ 5 m的有 7 条，占 4.3%；落差 1 m$\leqslant H<3$ m 的有 119 条，占 74.4%；落差 $H<1$ m 的有 23 条，占 14.4%。

**表 2-1-2 新景井田 3# 煤实测断层落差统计一览表**

| 断层性质 | 落差分类 | | | | 合计 |
|---|---|---|---|---|---|
| | 1 m 以下 | 1～3 m | 3～5 m | 5 m 以上 | |
| 正断层 | 118 | 166 | 7 | 3 | 294 |
| 逆断层 | 26 | 22 | 6 | 0 | 54 |
| 合计 | 144 | 188 | 13 | 3 | 348 |

**表 2-1-3 新景井田 15# 煤实测断层落差统计一览表**

| 断层性质 | 落差分类 | | | | 合计 |
|---|---|---|---|---|---|
| | 1 m 以下 | 1～3 m | 3～5 m | 5 m 以上 | |
| 正断层 | 16 | 64 | 4 | 3 | 87 |
| 逆断层 | 7 | 55 | 3 | 8 | 73 |
| 合计 | 23 | 119 | 7 | 11 | 160 |

③ 断层倾角

从 3# 煤层断层倾角分布直方图(图 2-1-20)中可以看出：3# 煤层的断层倾角分布范围为 10°～80°，主要分布区间为 30°～70°，以 40°～50°最为发育，占 23%左右；因正断层数目较多，故其倾角分布范围和总断层倾角分布范围较为相似，仍以 40°～50°最为发育；逆断层倾角分布范围相对有较明显的差别，其中以 30°～40°分布最多，占 30%左右，20°～30°次之，其他分布较为均匀。

从 15# 煤层断层倾角分布直方图(图 2-1-21)中可以看出：15# 煤层断层倾角主要集中在 10°～80°，以 50°～60°最为发育，占 23%左右，60°～70°次之；正断层的倾角分布范围为 20°～80°，以 60°～70°最为发育，占 23%左右；逆断层的倾角分布范围以低角度为主，以 20°～40°最为发育，占 60%。

④ 实测断层

在野外地质构造调查、节理测量和煤矿井下实地观测、采样以及矿井实际生产的过程中对出露的断层构造进行了详细的观测和系统的分析(图 2-1-22～图 2-1-25)，具体如下：

观测点 24 芦湖沟逆断层：发育于中二叠统下石盒子组，灰黄色中厚层长石岩屑砂岩中。断层走向近 EW 向，倾向 S，主断层面上部较陡，倾角达 55°，向下发生分叉，并且逐渐变缓，呈向下凹的弧形，断层带内岩体受到强烈的挤压破碎、揉皱变形，西南盘下降，东北

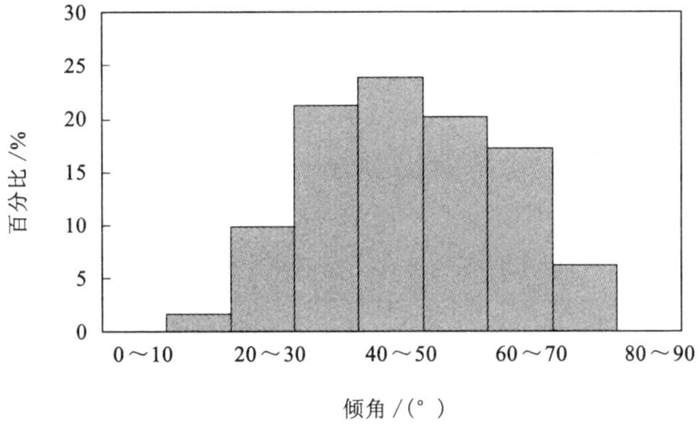


(a) 总断层

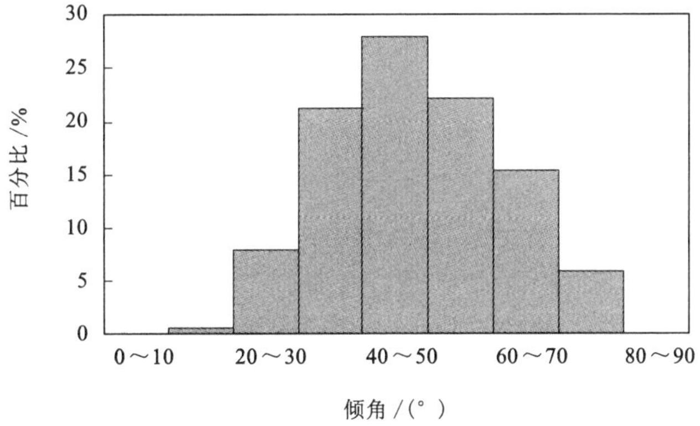


(b) 实测正断层

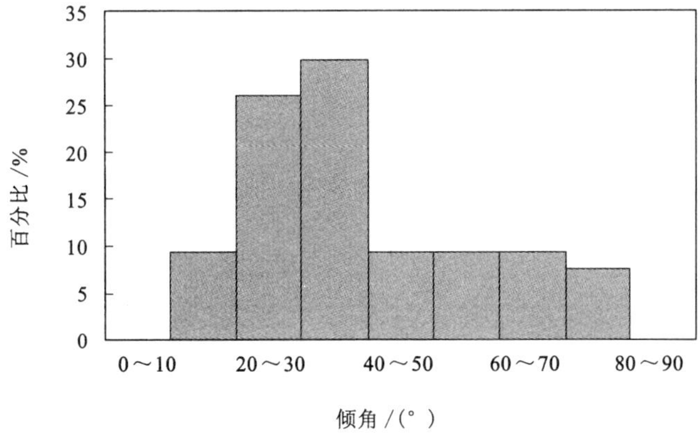


(c) 实测逆断层

图 2-1-20　新景井田 3# 煤层断层倾角分布直方图

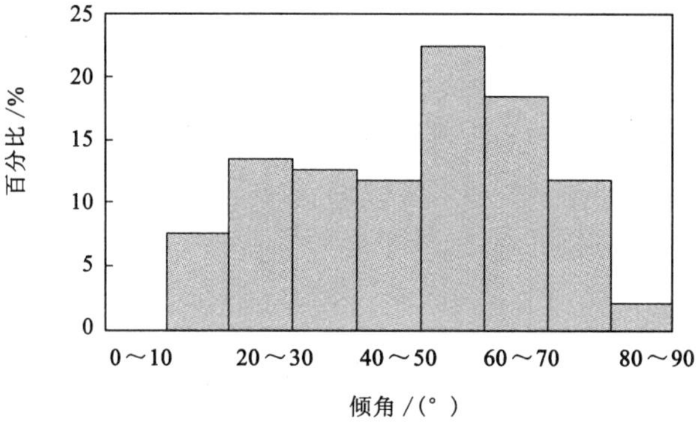


(a) 总断层

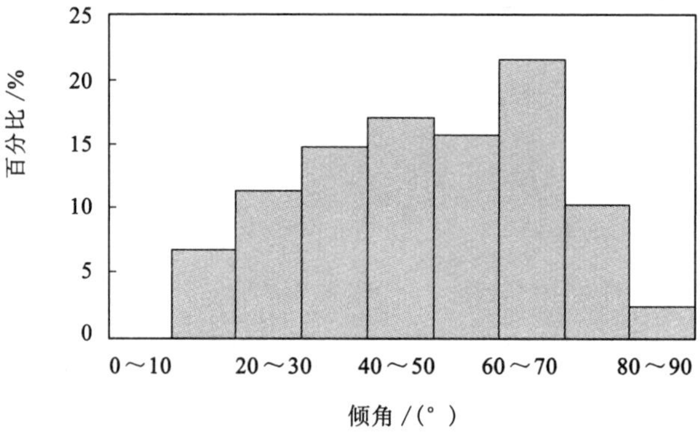


(b) 实测正断层

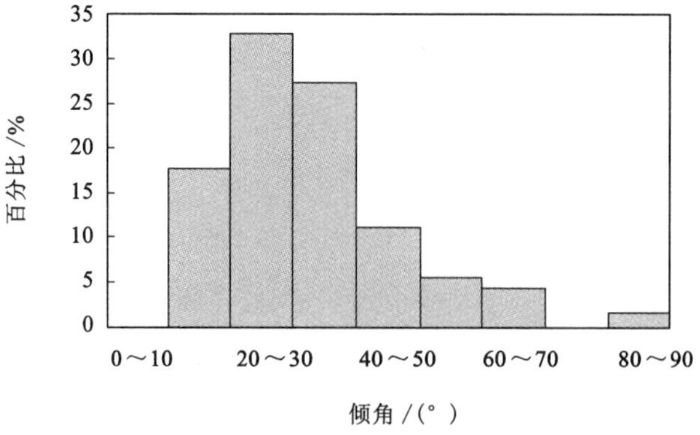


(c) 实测逆断层

图 2-1-21　新景井田 15# 煤层断层倾角分布直方图

盘上升，为逆断层，断层落差较小，0.8 m 左右，上盘和下盘厚层细砂岩中均发育有近于直立的剪节理(图 2-1-23)。

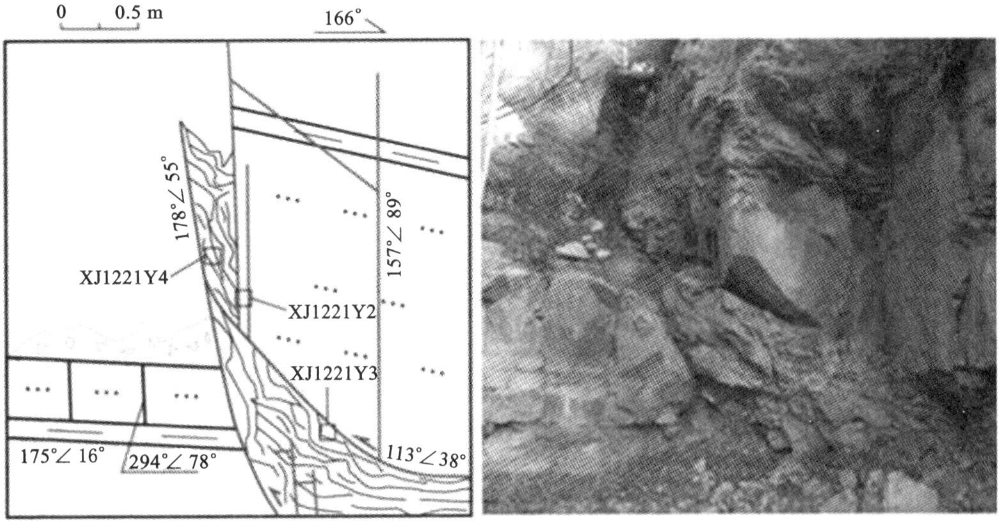


图 2-1-22　芦湖沟节理测量点逆断层图

观测点 21 车道沟逆断层：发育于中二叠统下石盒子组，下部灰白色粗砂岩，上部黄褐色薄-中厚层长岩屑砂岩，走向 SW-NE 向，倾向 SE，较为平缓，倾角最大达 22°，东南盘上升，西北盘下降，为逆断层，断层落差 1.5 m 左右。该断层表现为低角度的逆断层，下盘附近发育较多的、与断层面呈高角度相交的节理，指示对盘运动方向，上盘在断层牵引作用下发生弯曲，形成牵引背斜褶皱(图 2-1-24)。

新景井田芦北区 7318 进风巷逆断层：发育于 3# 煤层中的小型逆断层，断距约为 0.3 m，断层面在顶部发生分支、错开，形成菱形破碎带(图 2-1-25)。

新景井田 3# 煤层 80115 高抽巷正断层：工作面处于一条 NEE 向向斜的轴部，发育两条走向 NW、倾向相向的正断层，组成地堑形式，使 3# 煤层直接顶出露于工作面，断层附近挤压节理发育。

新景井田 9# 煤层 80115 高抽巷逆断层：断层走向 NEE，倾向 SE，倾角 50°左右，落差 2.2 m，东南盘上升，西北盘下降，为逆断层。断层附近煤层及附近泥岩在强烈挤压作用下形成了小型层间挠曲(图 2-1-26)。

新景井田 15# 煤层 80113 工作面断层：两端表现为两条小型倾向相反的逆断层，中间为两条倾向相背的正断层，正断层组合为地垒形式，煤层在多条断层的切割下位置变化，顶板破碎。

(3) 陷落柱

矿井在开采过程中揭露显示，本区陷落柱比较发育，在本井田范围内各生产煤层均有揭露(其中 3# 煤层 71 个，8# 煤层 133 个，15# 煤层 151 个)，在已开采区的陷落柱密集区高达 13 个/$km^2$，至今为止，本井田共揭露陷落柱 151 个，平均 2.3 个/$km^2$。它们在平面

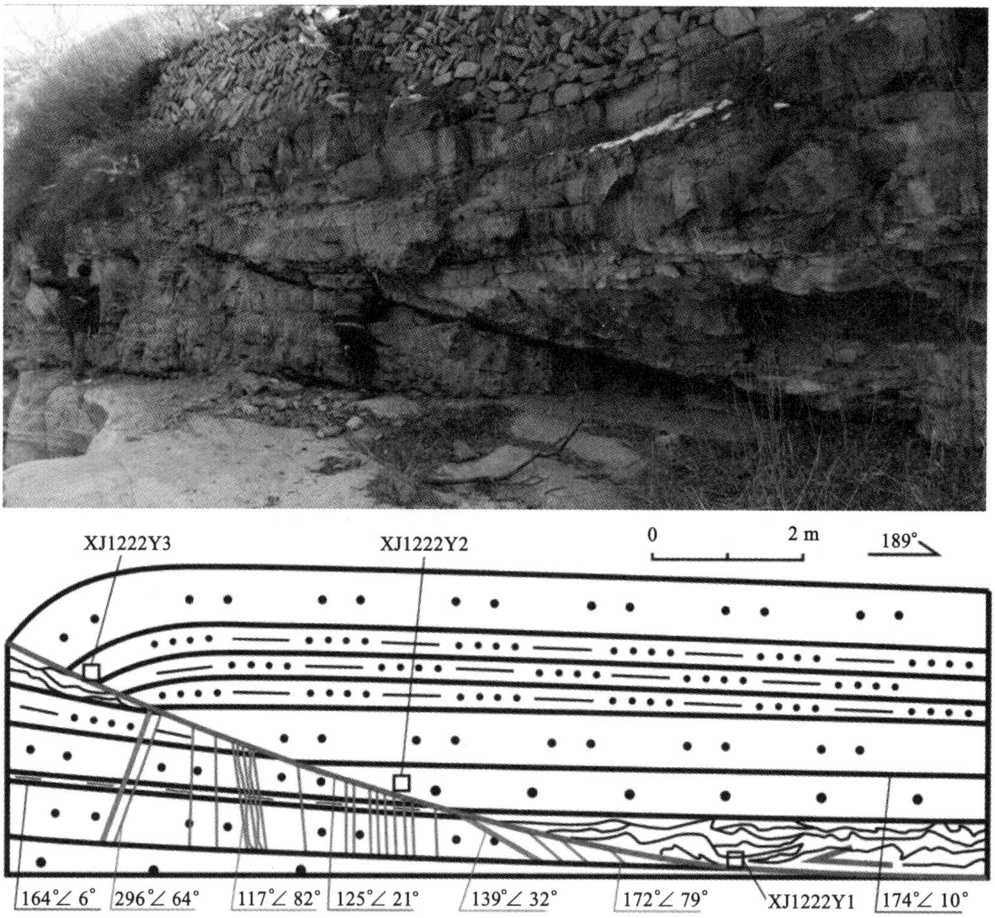


图 2-1-23　车道沟逆断层图

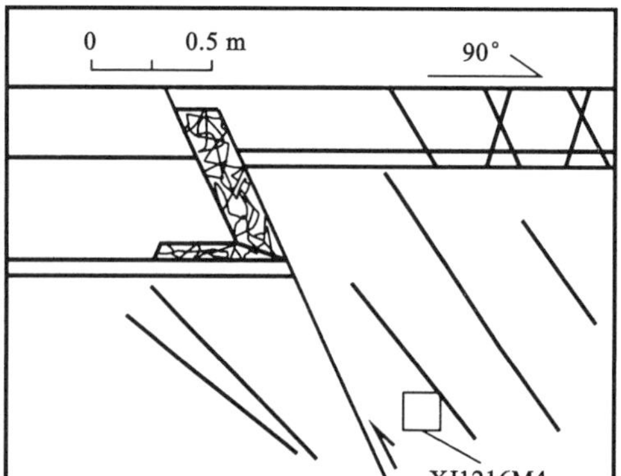


图 2-1-24　新景井田芦北区 7318 进风巷逆断层

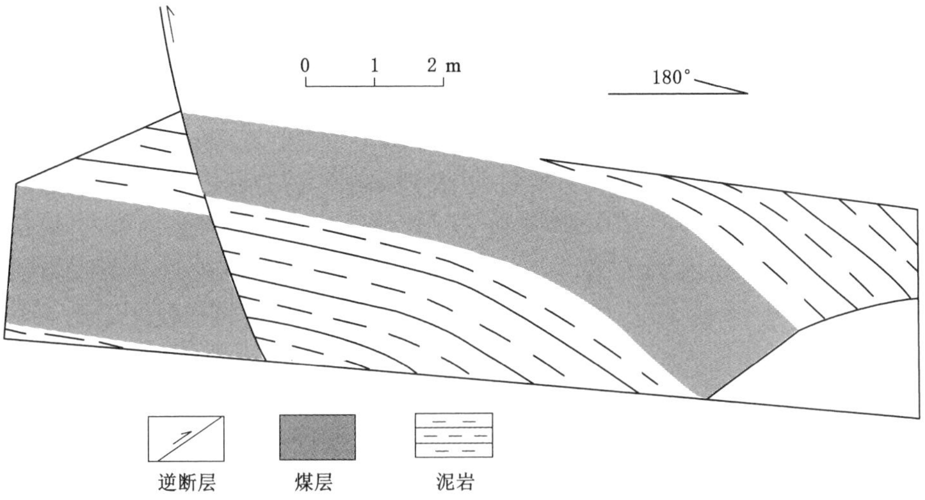


图 2-1-25　新景井田 9# 煤层 80115 高抽巷逆断层剖面图

形态上多呈椭圆形、圆形、浑圆形、长椭圆形，其中椭圆形占 97.3%，圆形占 2.7%，在剖面上呈下大上小的柱体形，但在煤层中由于受到后期的顺层挤压，在煤层中的主体多产生了水平位移，但位移量不大。

它们总的分布规律是：在平面上多呈群带状分布，很少有单个出现，群与群之间的间距一般为 800～1 000 m，在这个范围内，基本无陷落柱出现，称为空白区。在剖面上，凡是上部煤层中出露的，下部煤层基本均有，上下位置基本重叠，偏斜不大，但在下部煤层中出露的，上部煤层中不一定出露，这是由于陷落柱是自下而上地逐步溶蚀陷落而形成的，一般呈上小下大倒漏斗形态，塌陷角一般为 80°～85°，但一般对各煤层的破坏影响范围不超过 10 m，对各煤层的开拓布置有一定影响。

2.1.3.3　*一矿*

一矿井田位于研究区北部，其基本构造形态为一走向 NW、倾向 SW 的单斜构造，与整体构造形态一致，变形较弱，地层起伏较小，一般为 3°～15°，在这个大单斜面上次级多期叠加褶皱发育，受区域构造控制作用明显，以 NNE-NE 向的褶皱为主，控制着井田的基本形态，多期构造应力场的作用使得褶皱呈穹窿、盆形和马鞍形构造组合；而断裂构造发育较弱，且以 NNE-NE 向的小型正断层为主，大中断层不甚发育，形成了地堑、地垒及阶梯式的组合方式。矿井构造存在“东西分异”的特征：西部大型褶皱发育区，以大型或较大型的宽缓褶皱为主；中部叠加褶皱发育区，由多期短轴状的小型褶皱叠加发育；中部陷落柱密集发育区，陷落柱发育较多，且呈明显的 NW 向的条带状分布，构造发育程度较复杂；中东部弱褶皱变形区，褶皱变形程度较弱、地层倾角较缓。见图 2-1-26。

(1) 褶皱

通过对一矿的褶皱统计分析发现，一矿井田内发育各类褶皱共 90 余条，多以开阔平缓褶皱为主，变形较弱，延伸长度最长可达约 7 km，幅度在 10～100 m，两翼倾角多为

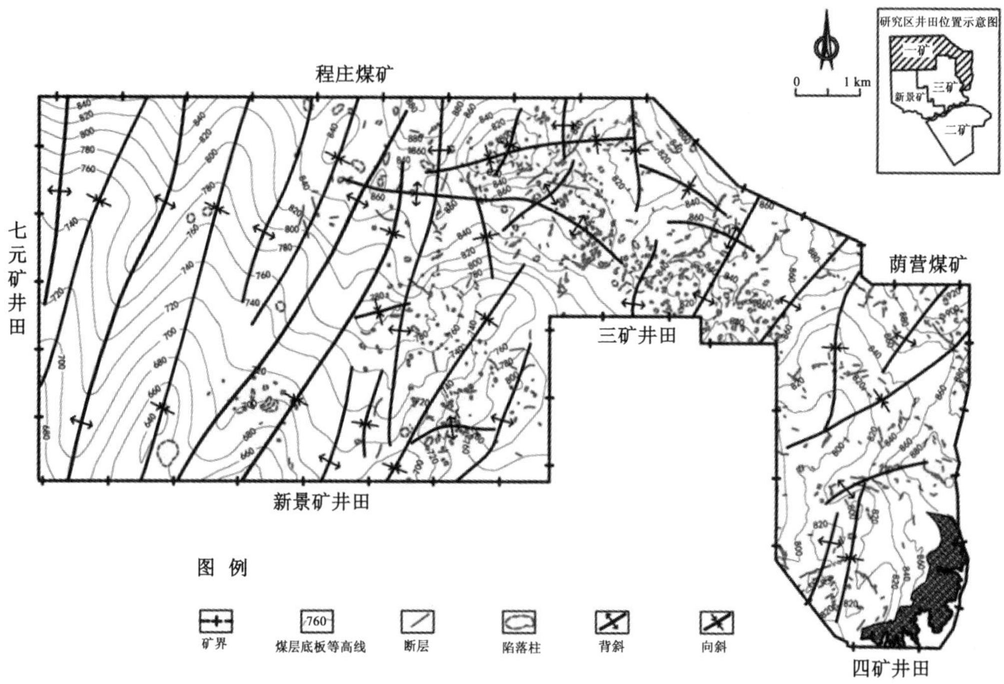


图 2-1-26　一矿井田 3# 煤层底板等高线与构造纲要图

3°～10°。根据褶皱轴迹的展布方向将褶皱主要分为两组：NNE-NE 向褶皱和 NWW-NW 向褶皱。其中，NNE-NE 向褶皱在平面上的组合呈现平列式或斜列式，为矿井的主要构造。位于矿井中西部的褶皱具有较为明显的等距性，距离多在 500～1 000 m。两组褶皱相互干扰、复合、归并等作用，使得褶皱常呈现较为舒缓的弧形展布，形态类似“S”形或“N”形；与此同时还形成穹窿、马鞍状、盆形等构造形态。局部地区还出现一些层间的挠曲和不协调褶皱。

(2) 断层

据勘探资料和生产实践证明，一矿井田内大中型断层不甚发育，以小型断层为主，断层落差绝大多数小于 5 m，为典型的层间断层，这些小断层几乎均是褶皱构造形成过程中在两组扭裂面的基础上发育起来的，是褶皱构造的派生构造，受褶皱构造所控。15# 煤层内发育有两条规模较大的断裂构造，均为逆断层，落差分别为 20 m 和 25 m。通过对 3# 煤层底板 506 条(其中实测断层 472 条，三维地震勘测 34 条)、15# 煤层底板 306 条实测断层的统计分析显示：3# 煤层较 15# 煤层断层发育，其实测断层中以正断层为主，共计 428 条，占 90.7%，逆断层 44 条，占 9.3%；15# 煤断层不同的是逆断层较正断层发育，逆断层共计 181 条，占 59.1%，正断层 125 条，占 40.9%。

① 断层走向

整体而言，一矿井田断层产状以 3# 煤层断层走向相对比较分散，而 NE 向最为发育，15# 煤层断层走向较为集中为主要特征。现分述如下：

a. 通过一矿 3# 煤层 506 条断层的走向玫瑰花图(图 2-1-27)可以看出,3# 煤的断层走向较为分散,以 NE、NW、近 NS 及近 EW 向为主,NE 向最为发育,其他方向也有所发育。其中实测正断层以 NW 向最为发育,其次为近 NE、近 NS 及 EW 向;实测逆断层走向较为集中,以 NE 向最为发育,其次为 NNE 向,其他方向发育微弱。

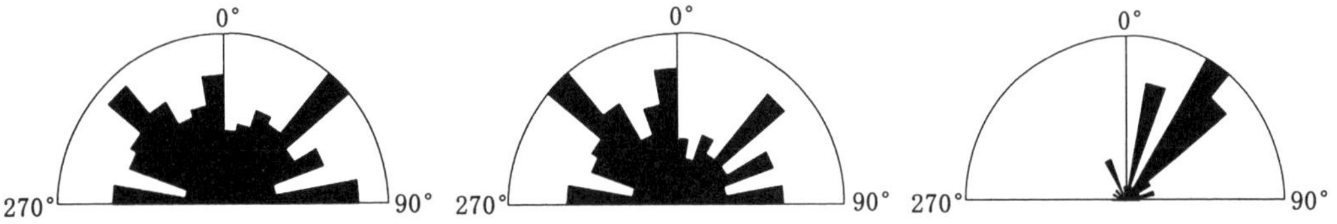


(a) 总断层 ($n$=506, $r$=46)　(b) 实测正断层 ($n$=462, $r$=41)　(c) 实测逆断层 ($n$=44, $r$=11)

图 2-1-27　一矿井田 3# 煤层断层走向玫瑰花图

b. 通过 15# 煤层 306 条断层的走向玫瑰花图(图 2-1-28)可以看出,15# 煤层断层走向较为集中,以 NNE-NE 向为主,NNE 向尤为突出,其他方向微弱发育。其中正断层走向以近 NS 及 NNE 向最为发育,其他方向也有所发育,相对逆断层较为分散;逆断层走向以 NNE 向集中发育。

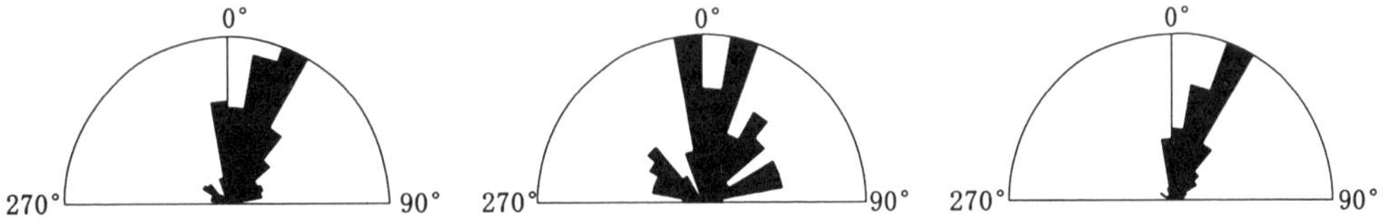


(a) 总断层 ($n$=306, $r$=53)　(b) 实测正断层 ($n$=125, $r$=16)　(c) 实测逆断层 ($n$=181, $r$=48)

图 2-1-28　一矿井田 15# 煤层断层走向玫瑰花图

② 断层落差

通过对一矿井田 3# 煤层 472 条实测断层、15# 煤层 306 条实测断层落差统计发现(表 2-1-4 和表 2-1-5):3# 煤层断层落差以小于 5 m 的小断层为主,共计 468 条,大于 5 m 仅发育 4 条,所占比例不足 1.0%;15# 煤层大断层较 3# 煤层发育,落差大于 5 m 的发育 30 条,占 9.8%。现分述如下:

**表 2-1-4　一矿井田 3# 煤层实测断层落差统计一览表**

| 断层性质 | 落差分类 | | | | 合计 |
|---|---|---|---|---|---|
| | 1 m 以下 | 1～3 m | 3～5 m | 5 m 以上 | |
| 正断层 | 194 | 222 | 10 | 2 | 428 |
| 逆断层 | 17 | 23 | 2 | 2 | 44 |
| 合计 | 211 | 245 | 12 | 4 | 472 |

**表 2-1-5　一矿井田 15# 煤层实测断层落差统计一览表**

| 断层性质 | 落差分类 | | | | 合计 |
|---|---|---|---|---|---|
| | 1 m 以下 | 1～3 m | 3～5 m | 5 m 以上 | |
| 正断层 | 46 | 63 | 8 | 8 | 125 |
| 逆断层 | 29 | 87 | 43 | 22 | 181 |
| 合计 | 75 | 150 | 51 | 30 | 306 |

a. 3# 煤层落差 $H\geqslant 5$ m 的断层有 4 条，所占比例不足 1.0%；落差 3 m$\leqslant H<5$ m 的有 12 条，占 2.5%；落差 1 m$\leqslant H<3$ m 的有 245 条，占 51.9%；落差 $H<1$ m 的有 211 条，占 44.7%。

b. 15# 煤层落差 $H\geqslant 5$ m 的断层有 30 条，占 9.8%；落差 3 m$\leqslant H<5$ m 的有 52 条，占 17.0%；落差 1 m$\leqslant H<3$ m 的有 150 条，占 49.0%；落差 $H<1$ m 的有 75 条，占 24.5%。

③ 断层倾角

从 3# 煤层断层倾角分布直方图(图 2-1-29)中可以看出，其断层倾角分布范围为 10°～80°，主要集中在 30°～60°，占 70%左右。因正断层数目较多，故其倾角分布和总断层倾角分布没有明显的差异，仍以 30°～60°最为发育；逆断层倾角分布范围相对有明显的差别，其中以 30°～40°分布最多，占 40%左右。

从 15# 煤层断层倾角分布直方图(图 2-1-30)中可以看出，其断层倾角分布范围较广，小角度和高角度都有分布，但其主要分布范围为 20°～70°，以 30°～40°分布最广，占 27%。正断层的倾角仍以 30°～40°分布最广，其次为 20°～30°、40°～50°；逆断层分布以 30°～50°较多，占 47%左右。

除上述特征之外一矿断层还具有以下三个特征：

① 断层的分布：在垂向上，位于上部的 3# 煤层断层发育得相对较多，而位于下部的 15# 煤层发育相对较少；在平面上西部较少，中东部较多。另外，在主干褶皱的翼部比较发育，轴部相对次之，同时转折端部位偏多，其他部位较少。

② 断层的相对位移特征：在正断层中绝大多数断层面上均发现有水平滑动的遗迹，即在力学性质上多属张扭和压扭性质。另外断层倾角，30°～60°的相对较多，占全部断层的 70%。

③ 断层走向：3# 煤的走向延伸方向比较分散，而 15# 煤的走向延伸方向相对集中，主要延伸方向为 NNE 向。

2.1.3.4　*二矿*

二矿位于研究区南部，基本构造形态为一走向 NW、倾向 SW 的单斜构造，地层起伏较小，倾角为 5°～15°，局部可达 40°以上。次级多期叠加褶皱发育，以 NNE-NE 向为主，多期褶皱相互叠加改造形成了短轴、等轴叠加褶皱。大型断裂和小断层分别局部稀疏和密集发育，以层间小断层为主，同时陷落柱较为发育，无岩浆岩活动。矿井构造的发育具有明显的分区性，可划分为东北部断裂密集发育区、南部大型褶皱断层发育区和西北部陷落柱发育区，见图 2-1-31。

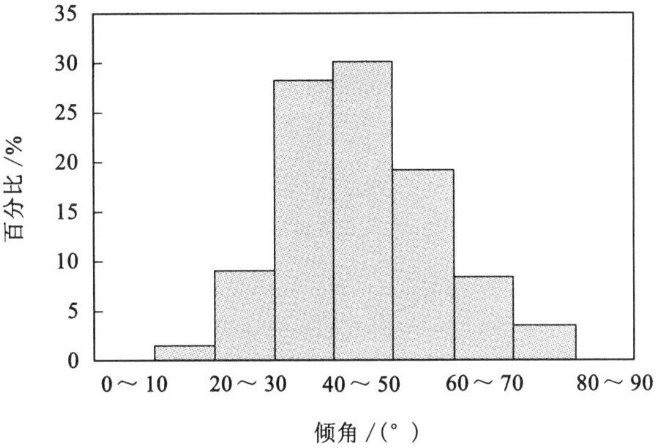


(a) 总断层

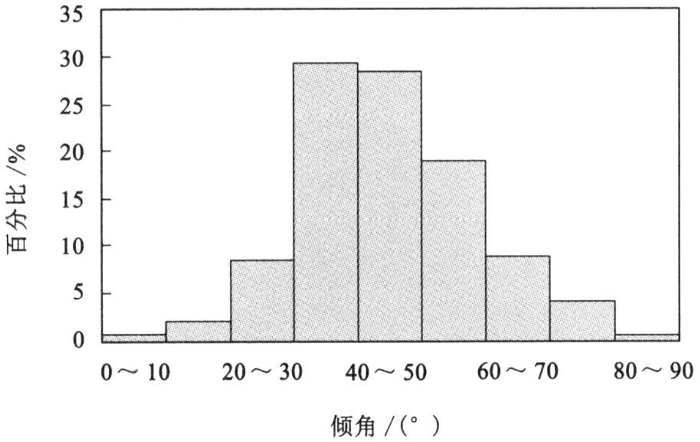


(b) 实测正断层

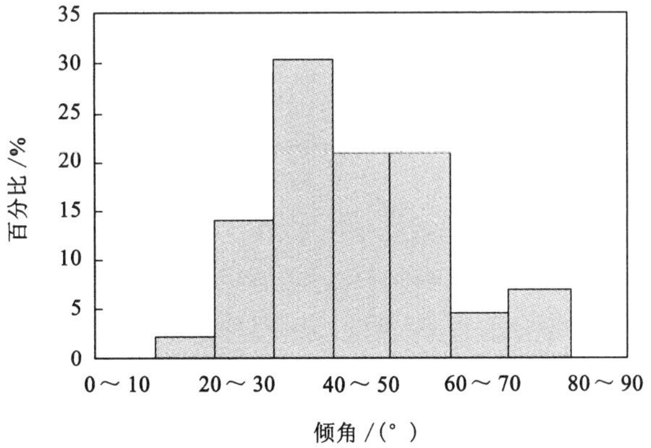


(c) 实测逆断层

图 2-1-29　一矿 3# 煤层断层倾角分布直方图

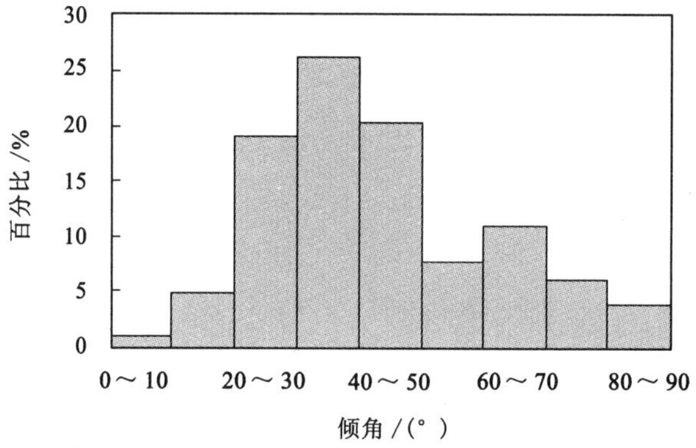


(a) 总断层

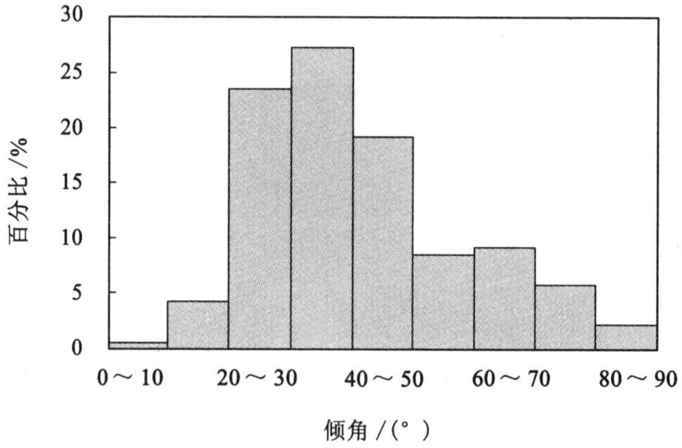


(b) 实测正断层

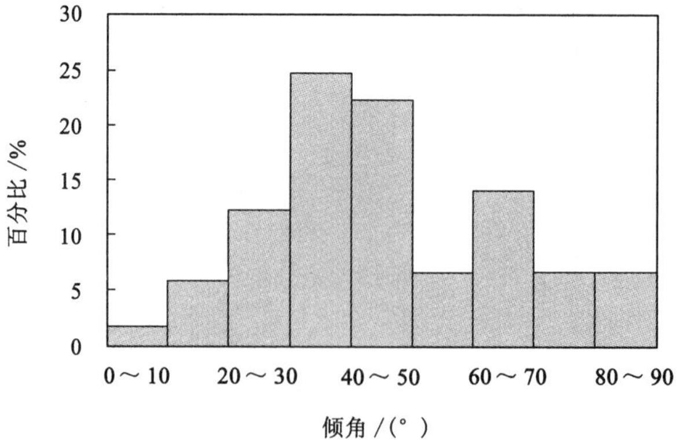


(c) 实测逆断层

图 2-1-30 一矿 15# 煤层断层倾角分布直方图

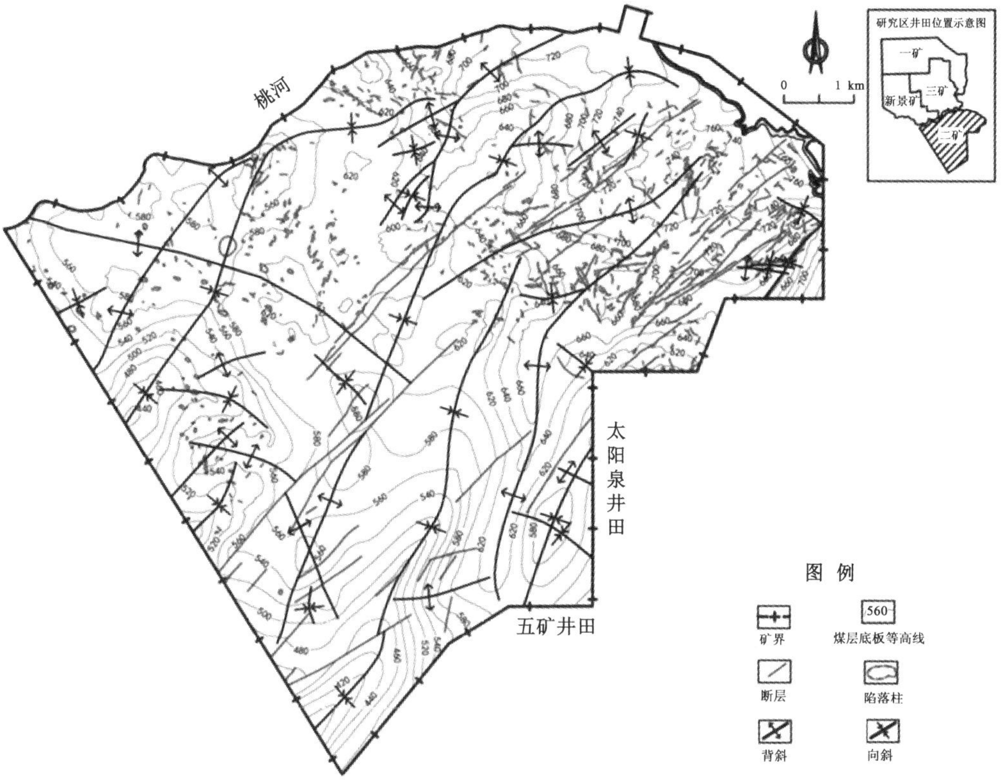


图 2-1-31　二矿井田 3# 煤层底板等高线与构造纲要图

(1) 褶皱

二矿井田褶皱较为发育，按褶皱轴迹展布方向、发育规模划分，井田褶皱主要可分为三组：NE-NNE 向褶皱、NW-NWW 向褶皱和 EW 向褶皱，其中主要以 NNE-NE 方向展布，该组褶皱不仅规模较大而且延展距离长，控制着本区构造的基本形态。发育规模相对较小的 EW 向、NW-NWW 方向的褶皱延伸距离短，属于次一级构造，对矿井的构造影响较小。由这些不同组合、不同形态的褶皱群构成了区域构造的主体。井田不同部位褶皱发育规模及展布形式也不尽相同，主要体现如下：

① 西部处于 NE 向和近 EW 向构造体系的复合部位，受两种构造体系综合作用影响形成以 2-21 钻孔为中心、直径约 2 km、长短轴之比小于 3∶1、核部甚为平坦的桑掌穹窿构造。四周为弧状、放射状的短轴向、背斜，褶曲轴迹延展长度为 500～3 000 m，均为宽缓向背斜。它们和桑掌穹窿一起组成了一个小型构造单元。

② 北部褶皱多以 NEE-NE 向为主，转折端相对西部比较紧闭，地层倾角也较西部略陡，轴迹平面上多呈波状展布，在平面上出现一爪状的组合样式。

③ 东部主要为 NE 向背斜，同时还有 NE 向断裂构造，二者平行匹配，密集伴生，组成褶断带，由于受断裂带影响，褶皱在延伸过程中发生中断再现现象，延展长度 500～4 700 m。其主要特征是：背向斜相间，较为开阔，褶曲轴方向为 NE，但靠近井田北部边

界，由于受近 EW 向构造即桃河向斜的影响，褶曲轴产生由 NE 向 NNE 方向的偏移，致使褶曲轴在平面上形成了弧形和近“S”形。

④ 南部叠加褶皱较为发育，背斜叠加于背斜之上形成穹窿构造，向斜叠加于向斜之上形成盆形构造，向斜叠加于背斜之上形成马鞍形构造，且以穹窿构造最为发育。在三矿井田最南段，S15 向斜被 NE 向断层所切割，可见褶皱先于断层形成，且受到后期改造。

(2) 断层

据勘探资料和生产实践证明，二矿相对研究区其他井田断层较为发育，且规模较大，多为 NE 向展布，小断层成群出现。井田 $3^{\#}$ 煤层揭露的断层中可见一条落差 32 m 的大型正断层。通过对 $3^{\#}$ 煤层底板 943 条、$15^{\#}$ 煤层底板 213 条实测断层的统计分析显示：$3^{\#}$ 煤层断层较多，落差绝大多数小于 5 m，以正断层为主，共计 773 条，占 82.0%，逆断层 170 条，占 18.0%；$15^{\#}$ 煤层中的断层数量相对较少，其中正断层为 160 条，占 75.1%，逆断层 53 条，占 24.9%。

① 断层走向

二矿井田断层走向以 NE 向集中发育，其次为 NNE 向，其他方向微弱发育为主要特征，而 $3^{\#}$ 煤层和 $15^{\#}$ 煤层之间又存在一定差异，现分述如下：

a. 对 $3^{\#}$ 煤层断层作走向玫瑰花图(图 2-32)发现：$3^{\#}$ 煤层断层走向以 NE 向最为发育，其他方向微弱发育；正断层所占比例较大，走向跟整体走向接近，以 NE 向最为发育，其他方向发育较少；逆断层走向以 NNE 向最为发育，其次为近 NS、NE 及近 EW 向，发育相对较为分散。

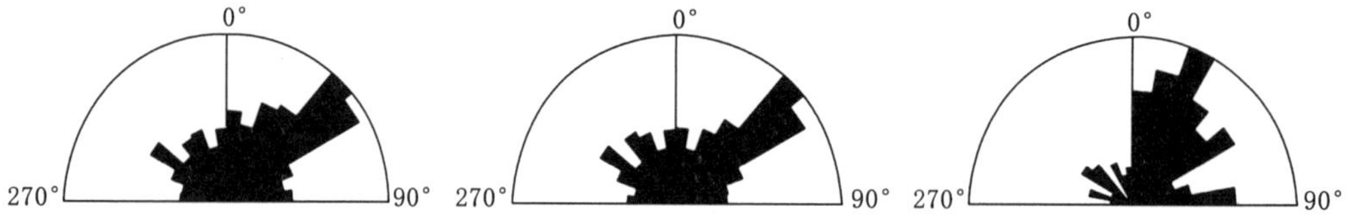


(a) 总断层（$n$=943，$r$=103）　(b) 正断层（$n$=773，$r$=91）　(c) 逆断层（$n$=170，$r$=21）

图 2-1-32　二矿井田 $3^{\#}$ 煤层断层走向玫瑰花图

b. 对 $15^{\#}$ 煤层断层作走向玫瑰花图(图 2-1-33)发现：$15^{\#}$ 煤层断层走向较为集中，以 NE 向为主，其次为 NNE 向；正断层以 NE 向集中发育，其他方向发育微弱，逆断层走向 NNE 向最为发育，其次为 NE 向。

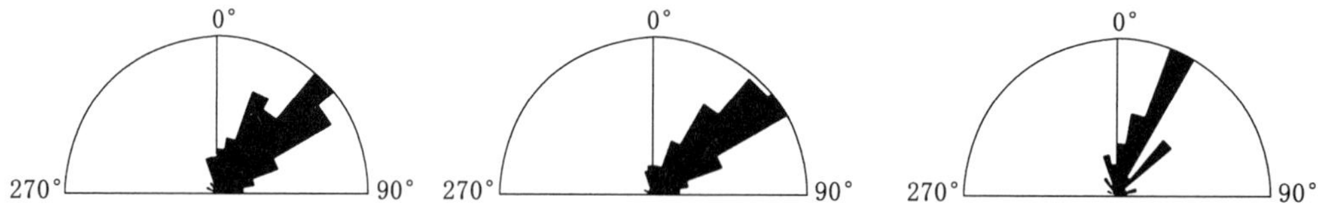


(a) 总断层（$n$=213，$r$=39）　(b) 正断层（$n$=160，$r$=31）　(c) 逆断层（$n$=53，$r$=15）

图 2-1-33　二矿井田 $15^{\#}$ 煤层断层走向玫瑰花图

② 断层落差

从对二矿井田3#煤层和15#煤层断层落差统计(见表2-1-6和表2-1-7)发现:3#煤层以落差小于5 m的小断层为主,占97.6%;15#煤层大断层相对较为发育,落差大于5 m的断层24条,占11.3%。分述如下:

表2-1-6　二矿3#煤层断层落差统计一览表

| 断层性质 | 落差分类 | | | | 合计 |
|---|---|---|---|---|---|
| | 1 m以下 | 1～3 m | 3～5 m | 5 m以上 | |
| 正断层 | 412 | 321 | 18 | 22 | 773 |
| 逆断层 | 95 | 71 | 3 | 1 | 170 |
| 合计 | 507 | 392 | 21 | 23 | 943 |

表2-1-7　二矿15#煤层断层落差统计一览表

| 断层性质 | 落差分类 | | | | 合计 |
|---|---|---|---|---|---|
| | 1 m以下 | 1～3 m | 3～5 m | 5 m以上 | |
| 正断层 | 61 | 60 | 17 | 22 | 160 |
| 逆断层 | 19 | 23 | 9 | 2 | 53 |
| 合计 | 80 | 83 | 26 | 24 | 213 |

a. 3#煤层落差$H\geqslant 5$ m的断层23条,仅占2.4%;落差3 m$\leqslant H<5$ m的有21条,占2.2%;落差1 m$\leqslant H<3$ m的有392条,占41.6%;落差$H<1$ m的有507条,占53.8%。

b. 15#煤层落差$H\geqslant 5$ m的断层24条,占11.3%;落差3 m$\leqslant H<5$ m的有26条,占12.2%;落差1 m$\leqslant H<3$ m的有83条,占39.0%;落差$H<1$ m的有80条,占37.6%。

③ 断层倾角

从二矿3#煤层断层倾角分布直方图(图2-1-34)中可以看出,3#煤层揭露的断层倾角基本以45°为对称轴呈正态分布,倾角变化范围较大,低角度至高角度均有发育。其中正断层倾角主要集中在30°～70°,低角度和高角度断层所占比例较低;逆断层倾角主要集中在20°～60°,分布较为集中,低角度断层和高角度断层也占有一定比例。

从二矿15#煤层断层倾角分布直方图(图2-1-35)中可以看出,15#煤层断层倾角以30°～40°与50°～60°最为发育,占45%左右,小角度和高角度不甚发育,其他角度分布较为均匀。其中,正断层倾角分布与总断层分布较为一致,低角度和高角度断层发育较弱;逆断层倾角分布以30°～40°最为发育,占30%,其次为40°～50°,占23%左右,高角度和小角度不发育。

(3) 陷落柱

二矿目前共发现陷落柱101个,其中地表揭露2个、钻孔揭露1个、井下揭露98个。陷落柱水平切面多为椭圆或近椭圆状,剖面形状多为上小下大的不规则的柱体,局部有时呈葫芦状。柱体内岩性杂乱,岩块多为棱角状,形状不规则,大小不一,与煤层接触面多有煤泥,厚0.01～0.05 m。塌陷角大多数为80°～85°,少数小于80°,在陷落柱边缘10 m左右,煤层及其顶板裂隙密集,有时伴有小断层或煤层底板牵引下弯现象。中心轴并非是一条直线,大多数中心轴都有不同程度的偏移或旋转,而且有一些中心轴弯曲偏移较大,如

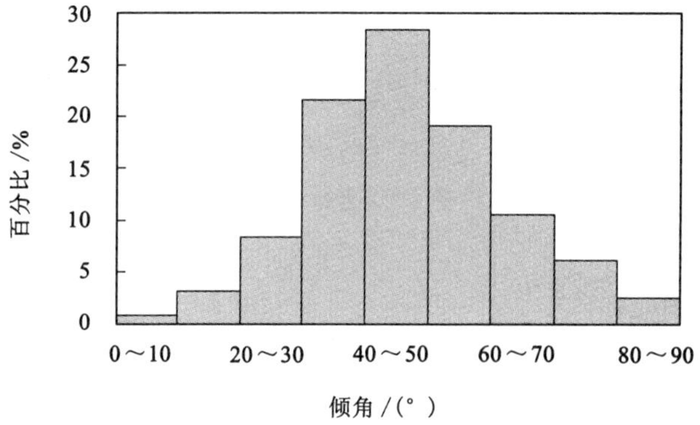


(a) 总断层

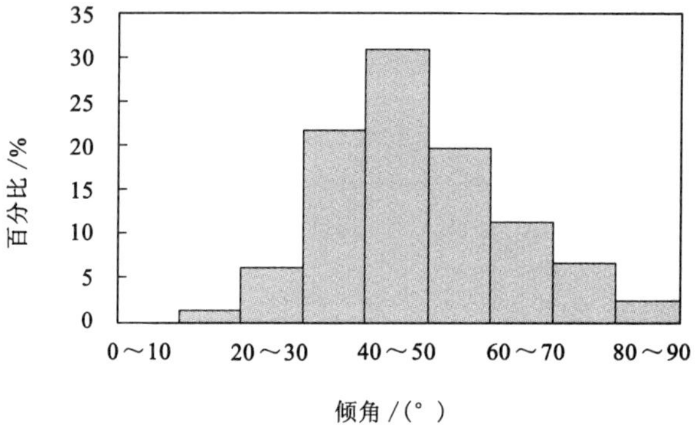


(b) 实测正断层

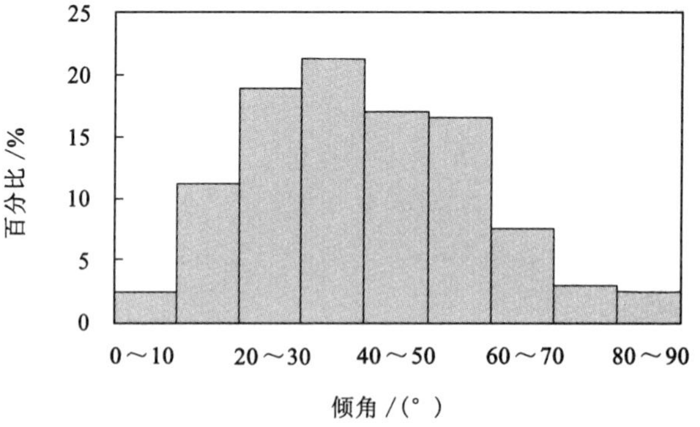


(c) 实测逆断层

图 2-1-34　二矿 3# 煤层断层倾角分布直方图

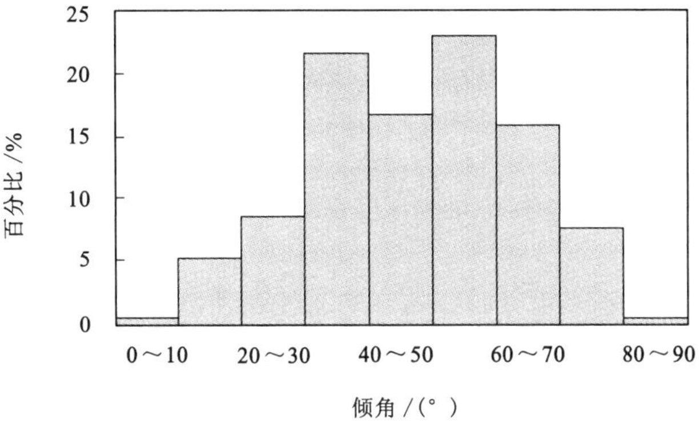


(a) 总断层

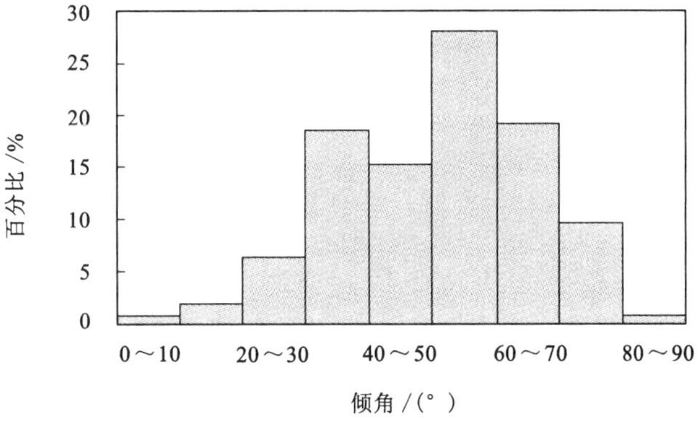


(b) 实测正断层

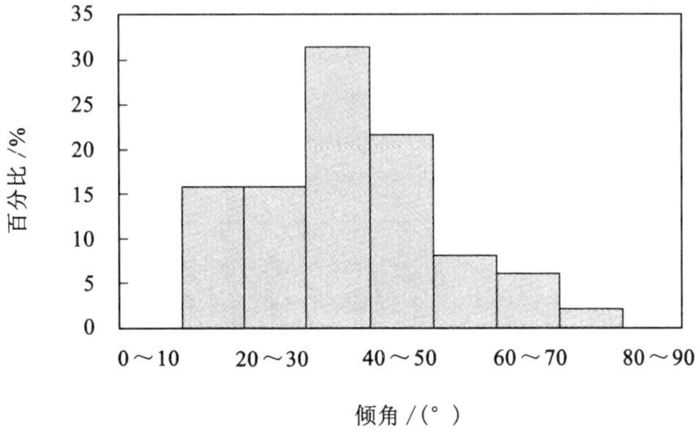


(c) 实测逆断层

图 2-1-35　二矿 15# 煤层断层倾角分布直方图

D-12 陷落柱，在 9# 煤层与 15# 煤层中水平偏移 50 m。由于井田内煤系地层无强含水层，柱体内的再生胶结较好，所以陷落柱一般不含水，只有少数有滴水现象。

在分布上，主要表现有：

① 二矿井田内岩溶陷落柱塌陷到地面的通天柱不多，大部分为隐伏的盲柱。下部煤层陷落柱较多，上部煤层揭露的陷落柱下部煤层必定存在。

② 陷落柱长轴沿两个方向发育，即 NE-SW 向和 NW-SE 向，以 NW-SE 向为主，NE-SW 次之。

③ 陷落柱常成群出现，平面分布具有不均衡性。井田东部陷落柱较少，往往是零星出现，中部、西部揭露较多，且成群出现，随着生产逐年向中西部和深部发展，陷落柱密度将会逐渐增大。

2.1.3.5 *三矿*

三矿井田位于新景井田东部、二矿北部，井田内赋存地层平缓，地层倾角集中在 3°～15°，有大量次一级构造伴随大单斜构造发育，其平面形态多呈 NNE-NE 向展布，褶皱整体为缓波状起伏，体现为向、背斜相间，斜列式、平列式组合。这些不同形态、不同组合的褶皱群，是三矿构造的主体。矿井内大中型断层几乎不发育，主要发育落差较小的层间断层。矿井内陷落柱比较发育，见图 2-1-36。

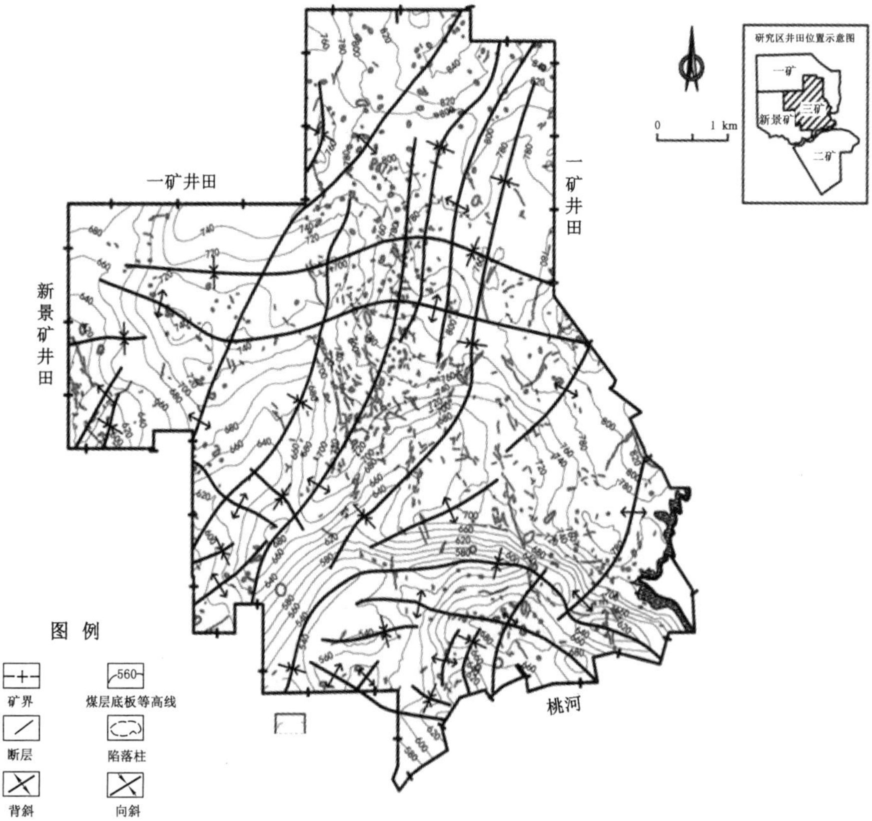


图 2-1-36　三矿 3# 煤层底板等高线与构造纲要图

(1) 褶皱

该井田共有褶皱构造 49 条，规模最大的一条褶皱为横穿井田南部的桃河向斜，还有一些次一级规模较大的褶皱构造，走向长度最大 6 500 m，最小为 200 m，幅度最大为 150 m，最小为 10 m，在 30 m 以上的有 30 条，占褶皱总数的 61.2%。褶皱两翼较为平缓，倾角大多在 5°～8°，局部地区发育有不协调褶皱，其部分倾角高达 60°。从构造形态特征和分布规律上看，三矿井田内的褶皱情况与一矿井田相似，其轴迹的展布方向主要为 NNE-NE 向、近 EW 向、近 NS 向、NW 向，其中以 NNE-NE 向和近 EW 向最为发育，控制着井田的整体形态，而以 NW 向褶皱发育最弱，其发育规模较小，对井田的构造形态影响较小。

这些不同期次、不同形态和组合类型的褶皱群，构成了三矿井田构造的主体。多方向的褶皱相互叠加、改造，褶皱轴迹多发生弯曲，平面上表现为“S”形和“N”形等形态展布。不同轴迹的背斜叠加形成了穹状隆起，向斜叠加形成了盆形构造，在底板等高线上表现为等轴状或不规则状圈闭以及相邻等值线发生半月状离散、曲率突变现象，背斜和向斜构造叠加改造则形成了马鞍状、阶地状褶皱。

(2) 断层

据勘探资料和生产实践证明，三矿井田以垂向上 $3^{\#}$ 煤层断层较 $15^{\#}$ 煤层发育，平面上西部多、中东部少，褶皱的翼部、轴部多，其他位置少为主要特征。这些小断层多是褶皱形成中，层间滑动所致，因此发育特征和分布受褶皱构造控制；断层倾角大多集中在 40°～60°。对 $3^{\#}$ 煤层 848 条、$15^{\#}$ 煤层 317 条实测断层的统计显示：$3^{\#}$ 煤层断层以正断层为主，共计 794 条，占 93.6%，逆断层仅 54 条，占 6.4%；$15^{\#}$ 煤层逆断层比例比 $3^{\#}$ 煤层高，共计 129 条，占 40.7%，正断层 188 条，占 59.3%，仍以正断层为主。

① 断层走向

整体而言，三矿井田断层走向以 $3^{\#}$ 煤层断层走向较为分散，$15^{\#}$ 煤层断层走向相对较为集中为主要特征，现分述如下：

a. 通过对 $3^{\#}$ 煤层的 848 条断层作走向玫瑰花图（图 2-1-37）发现，其断层走向主要以 NNW-NWW 向为主，以近 NW 向最为发育，其次为 NNE 向，其他方向发育微弱。正断层所占断层比例大，走向与整体相对较为一致，以近 NW 向最为发育；逆断层走向以 NE 向最为突出，其次为 NW 向。

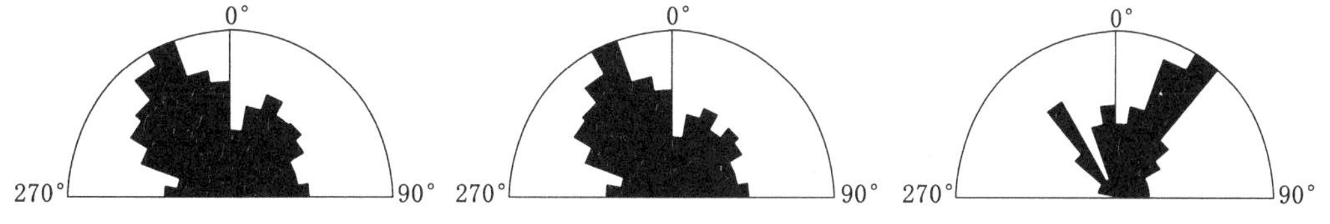


(a) 总断层（$n$=848，$r$=79）　(b) 正断层（$n$=794，$r$=78）　(c) 逆断层（$n$=54，$r$=7）

图 2-1-37　三矿井田 $3^{\#}$ 煤层断层走向玫瑰花图

b. 通过对 $15^{\#}$ 煤层的 317 条断层作走向玫瑰花图（图 2-1-38）发现，其断层走向都以 NE 向集中发育，其他方向微弱发育。

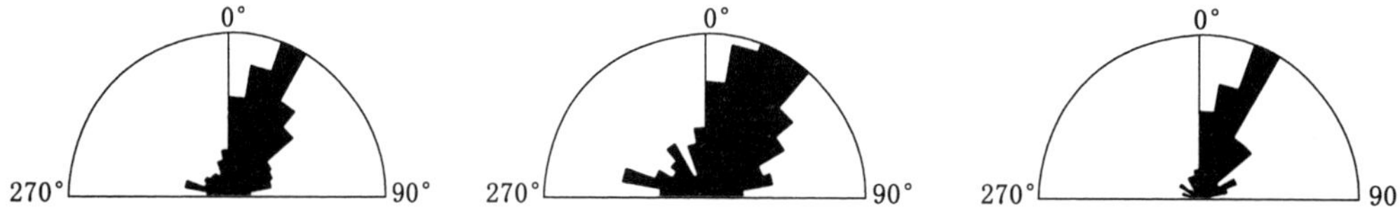


(a) 总断层（$n$=317，$r$=49）　(b) 正断层（$n$=188，$r$=21）　(c) 逆断层（$n$=129，$r$=28）

图 2-1-38　三矿井田 15# 煤层断层走向玫瑰花图

② 断层落差

从对 3# 煤层和 15# 煤层落差统计(表 2-1-8 和表 2-1-9)发现：3# 煤层断层落差基本小于 5 m，占 99.0%；15# 煤层大断层较 3# 煤层发育，落差大于 5 m 的共计 7 条，占 2.2%。现分述如下：

**表 2-1-8　三矿井田 3# 煤层断层落差统计表**

| 断层性质 | 落差分类 | | | | 合计 |
|---|---|---|---|---|---|
| | 1 m 以下 | 1～3 m | 3～5 m | 5 m 以上 | |
| 正断层 | 291 | 472 | 30 | 1 | 794 |
| 逆断层 | 14 | 35 | 7 | 5 | 54 |
| 合计 | 305 | 507 | 37 | 6 | 848 |

**表 2-1-9　三矿井田 15# 煤层断层落差统计表**

| 断层性质 | 落差分类 | | | | 合计 |
|---|---|---|---|---|---|
| | 1 m 以下 | 1～3 m | 3～5 m | 5 m 以上 | |
| 正断层 | 47 | 107 | 29 | 5 | 188 |
| 逆断层 | 19 | 94 | 14 | 2 | 129 |
| 合计 | 66 | 201 | 43 | 7 | 317 |

a. 3# 煤层落差 $H\geqslant5$ m 的断层有 6 条，仅占 1.0%左右；落差 3 m$\leqslant H<5$ m 的有 37 条，占 4.4%；落差 1 m$\leqslant H<3$ m 的有 507 条，占 59.8%；落差 $H<1$ m 的有 305 条，占 36.0%。

b. 15# 煤层落差 $H\geqslant5$ m 的断层有 7 条，仅占 2.2%；落差 3 m$\leqslant H<5$ m 的有 43 条，占 13.6%；落差 1 m$\leqslant H<3$ m 的有 201 条，占 63.4%；落差 $H<1$ m 的有 66 条，占 20.8%。

③ 断层倾角

a. 从 3# 煤层断层倾角分布直方图(图 2-1-39)中可以看出，3# 煤层断层倾角分布范围为 10°～90°，主要分布区间为 30°～60°，以 40°～50°最多，占 32%左右。因正断层数目较多，其倾角分布范围和总断层倾角分布没有明显的差异，仍以 40°～50°最为发育。逆断层倾角分布范围相对有较明显的差别，其中以 30°～40°最为发育，占 30%左右，20°～30°次之，高角度和小角度不甚发育。

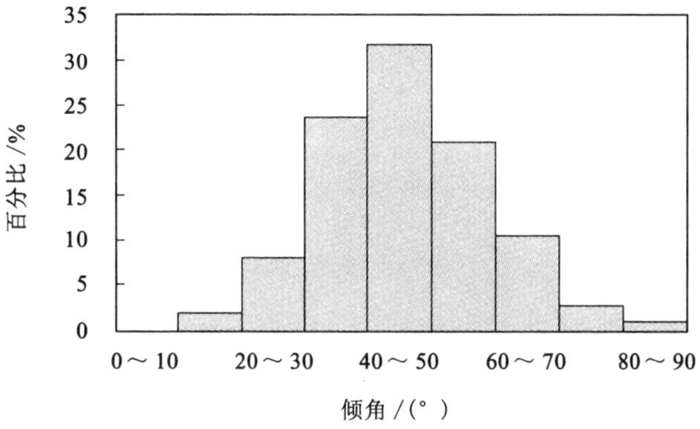


(a) 总断层

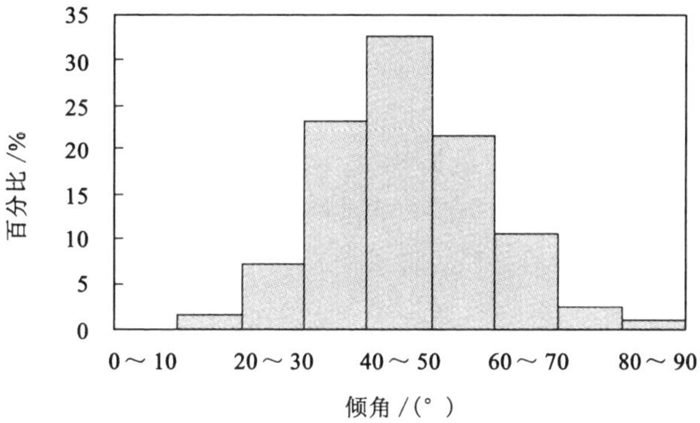


(b) 正断层

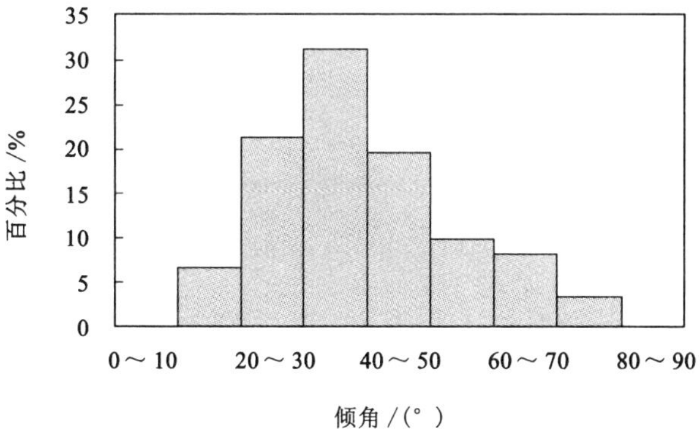


(c) 逆断层

图 2-1-39　三矿井田 3# 煤层断层倾角分布直方图

b. 15#煤层断层倾角分布直方图(图 2-1-40)中可以看出,15#煤层断层倾角分布范围较广,小角度和高角度都有分布,但其主要分布范围为 10°~80°,以 30°~40°最为发育,占 24%左右,20°~30°、40°~50°次之。正断层的倾角以 30°~60°最为发育,占 69%左右。逆断层的倾角以低角度为主,以 10°~40°最为发育,占 70%。

(3) 陷落柱

该井田内岩溶陷落柱也较为发育,在地质勘探和实际生产过程中共揭露陷落柱 316 个,其发育规模差异较大,长轴最大为 250 m,最小仅为 10 m。从整体上看,陷落柱大多数发育规模较小,但由于其数量较多,从整个研究区分布看,陷落柱发育密集,占井田总面积的 0.36%,给矿井开拓巷道的布置以及采煤工作面的持续推进带来很大的困难。矿井内大多数陷落柱为椭圆形,占到了总数的 95%,3.2%的为圆形,只有极个别的陷落柱形状怪异。在垂直剖面上,由于大多数陷落柱穿过的岩层较为坚硬、均一,故形态呈现上小下大的锥形;个别陷落柱穿过极易塌陷的含水松软岩层或煤层,故形态为上大下小的漏斗状。陷落柱内的塌落岩块大小悬殊,棱角明显,常常被一些松软岩屑、煤屑所胶结,强度较低。柱体内一般干燥无水,只在极个别地区发现有细小的淋头水出现。

#### 2.1.3.6 *五矿*

五矿井田总体为一东高西低的单斜构造(图 2-1-41),煤层走向多延伸不稳定、常发生突变,总的走向为 NW-NNW 向,倾向 SW,倾角平缓,一般在 3°~15°。区内总的构造线方向为 NNE-NE 向和 NW 向。多期多向次级较平缓的短轴状褶皱群和层间小断层发育,局部发育陡倾挠曲。断裂构造较少,断层规模一般较小,落差较大的多为逆断层。同时陷落柱相当发育,无岩浆岩活动。因此五矿井田内构造复杂程度定为构造中等偏复杂型。

(1) 褶皱

将褶皱按轴向展布方向、发育规模划分,全区褶皱主要可分为两组:NE-NNE 向褶皱和 NW-NWW 向褶皱。其中以 NE-NNE 方向展布褶皱为主,该组褶皱不仅规模较大而且延展距离长,基本控制着本区的构造形态;发育规模相对较小的 NW-NWW 方向褶皱发育较为稀疏。由这些不同组合、不同形态的褶皱群构成了区域构造的主体。

西北部主要以中大型 NE-NNE 向褶皱为主,中间夹有少量 NW-NNW 向小型褶曲,向背斜数量相差不大,延伸长度在 1 000~4 000 m,向背斜之间呈平行状展布,地层倾角较小,多在 3°~11°。其主要特征为向背斜相间,主要由几条延伸 2 000 m 以上的大型褶皱控制。

东北部褶皱走向主要呈现为 NW 向、NNW 向以及 NNE 向,相较于西北部褶皱而言,褶皱轴向明显发生变化,褶皱延伸长度为 800~2 000 m,其主要特征为向背斜相间排列,褶皱紧闭,由于多期褶皱叠加作用,区内发育有穹窿构造与盆地。

中南部区域褶皱走向以 NE-NNE 向为主,并有 NW 向叠加褶皱,延伸长度 700~5 700 m。受多期构造影响,如叠加褶皱和断裂构造,区内少数褶曲轴迹呈现出弯曲形态,皱褶较为紧闭。受 NW 向皱褶叠加作用,区内还发育有数个小型构造盆地、穹窿构造以及马鞍状构造。

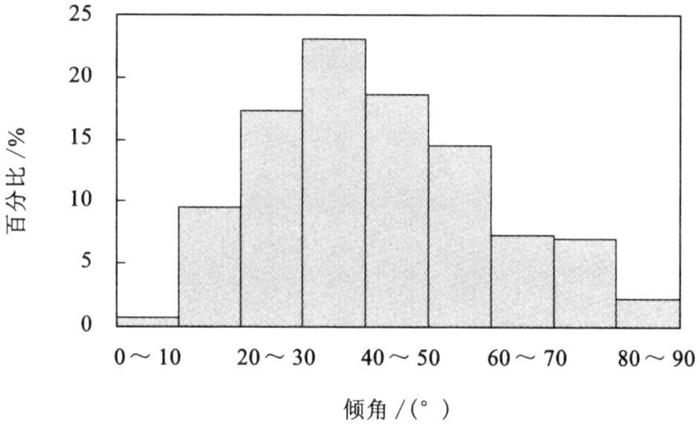


(a) 总断层

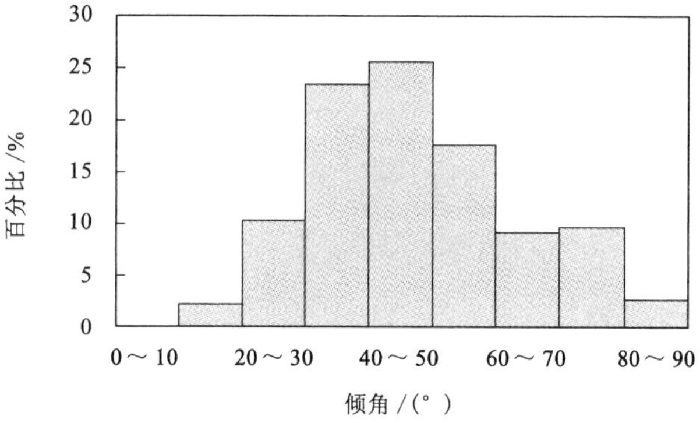


(b) 正断层

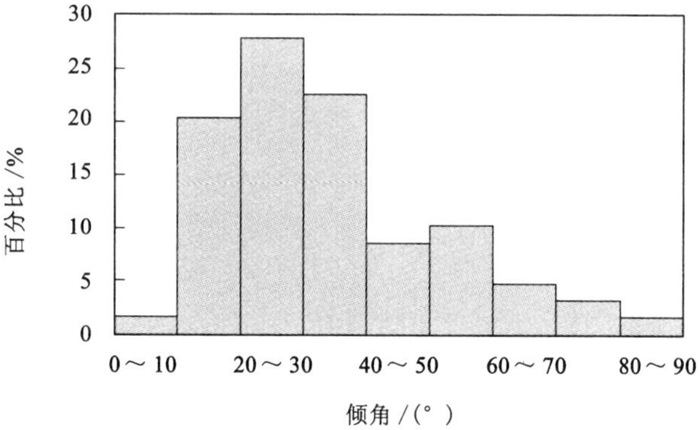


(c) 逆断层

图 2-1-40　三矿井田 15# 煤层断层倾角分布直方图

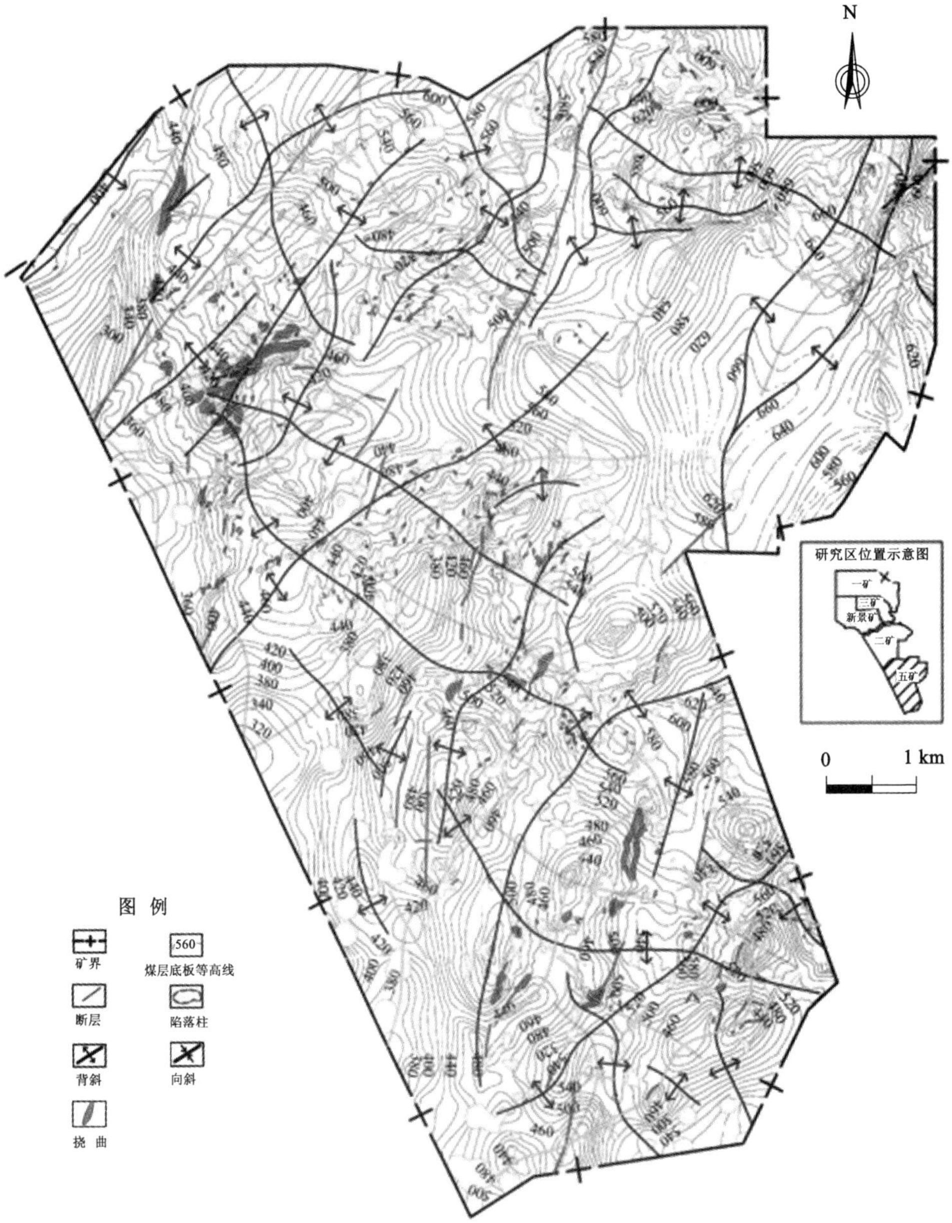


图 2-1-41　五矿 15# 煤层底板等高线图和构造纲要图

（2）断层

由五矿 15# 煤层构造纲要图（图 2-1-41）可以看出，井田内大型断层不发育，揭露仅数条，且走向均为 NE-NNE 向（见图 2-1-42），主要分布于井田北、西北及南部。矿井地质构造按等级划分可分为大型断层（落差大于 30 m）、中型断层（落差介于煤厚和 30 m）、小型断层（落差小于煤厚）。根据矿井勘测资料，五矿井田内断层不太发育，落差大于10 m的断层有 16 条，其中大于 20 m 的仅 5 条，其余均为小断层，落差 0.5～4.5 m，几乎分布于整个矿区，多达数百条。

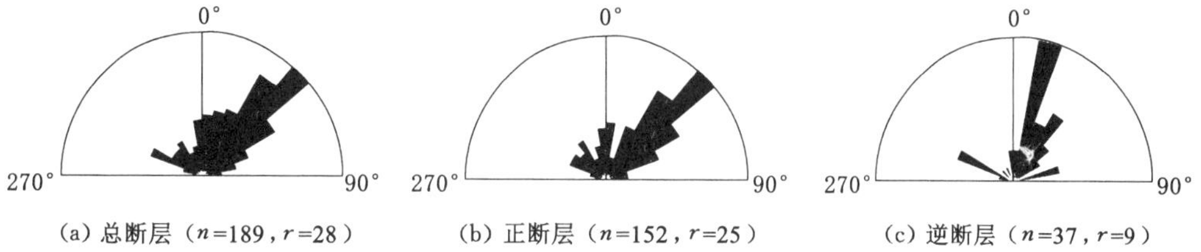


图 2-1-42　五矿 15# 煤层断层走向玫瑰花图

大中型断层以高角度为主，主要集中于 55°～70°，倾角 30°以下、75°以上基本不发育；小型断层倾角主要分布在 35°～60°，倾角在 35°～60°的断层相当发育，而 35°以下低角度和 60°以上高角度不发育。

（3）陷落柱

五矿井田内陷落柱十分发育，由以往各种勘探钻孔以及生产工作面所揭露的陷落柱资料来看，区内发育陷落柱有 500 多个，几乎遍布整个井田，主要分布区矿井北部、东北部、中部以及东南部陷落柱密集发育，局部密度可达 40 个/km²，而在井田西北部和东部区域，陷落柱零星发育。生产揭露的陷落柱的平面形态以椭圆形为主，圆形、近圆形以及长圆形较多，夹杂有极少数不规则形。陷落柱的直径大小也存在较大差异，最大直径可达 400 m，而最小直径只有 1 m，其中以 50～70 m 的陷落柱最多，占总数的 78%左右，15 m 以下、80 m 以上的仅占 12%左右。大多数陷落柱中轴线并不是一条直线，而是呈现出弯曲或者倾斜，倾斜角度 15°左右。生产中揭露的陷落柱多被上部岩层破碎充填，碎屑物直径较小，夹杂有煤屑等，胶结密实，含水性差。

总的来看，五矿井田构造较为复杂。

2.1.3.7　寺家庄矿

寺家庄矿井总体属于一单斜构造，倾向 SW，走向 NW。区内多期叠加褶皱构造发育，断层较少，以小型正断层为主，岩溶陷落柱十分发育，主要集中在北部，平面形状多为规则的圆形和椭圆形，未见岩浆岩体侵入，见图 2-1-43。

（1）褶皱

区内褶皱构造发育明显，向斜 18 条、背斜 17 条，轴迹长度大于 10 km 的有 6 条。背斜按照轴迹延伸的方向主要可分为两组：

a. 一组轴迹延伸方向为 NNW-近 NS 向，主要分布在井田中东部。延伸距离较长，规

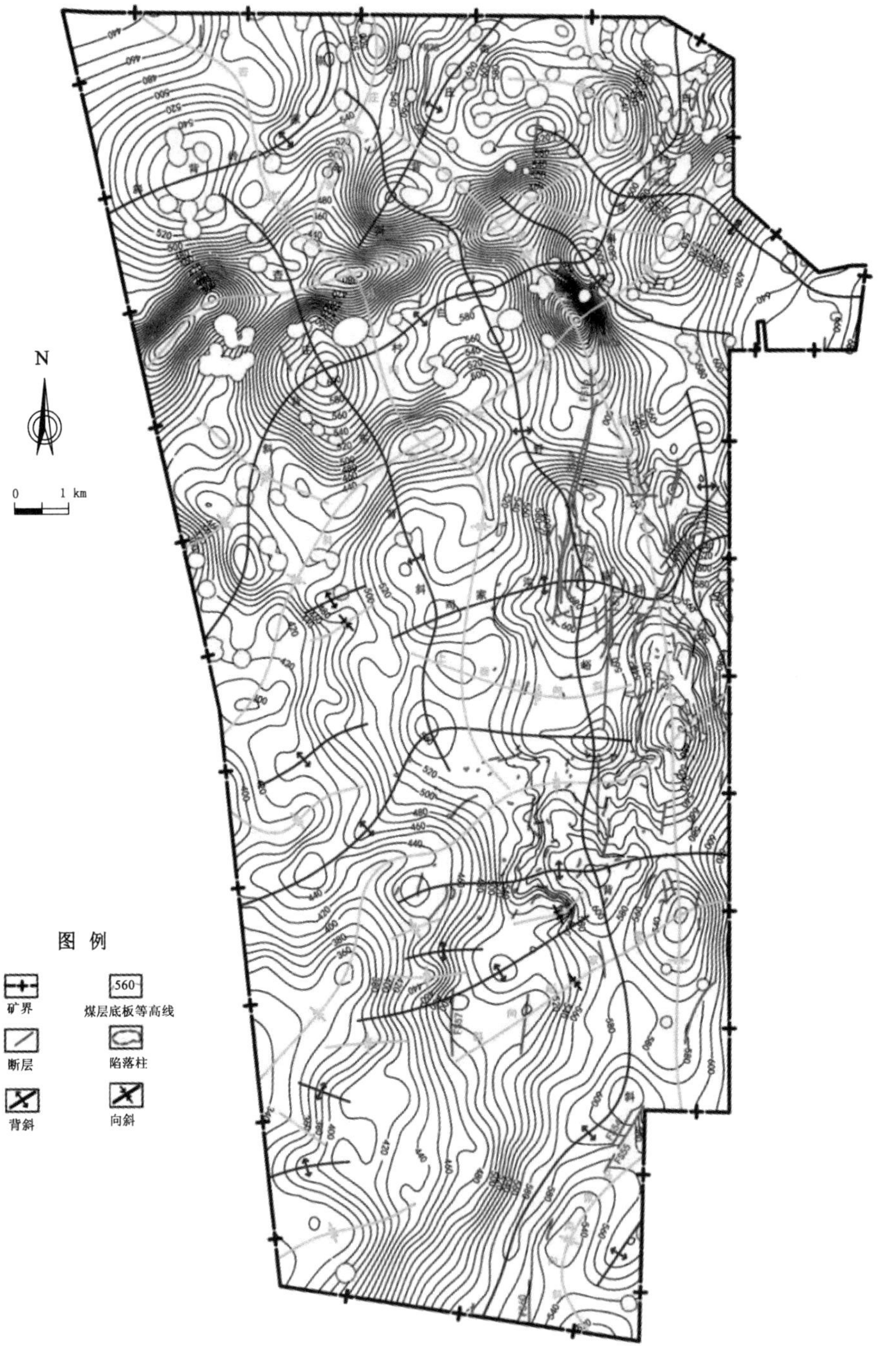


图 2-1-43　寺家庄矿 15# 煤层底板等高线图和构造纲要图

模较大，几乎沿南北方向横贯矿区，对全区整体构造影响较大。不同的褶皱相互叠加，轴迹呈现出微弱的反“S”形。褶皱范围内地层起伏变化较大，煤层底板等高线普遍发生较大曲率的弯曲，形成圈闭。

b. 另一组轴迹延伸方向为 NE-NNE 向，主要分布在井田中西北和西南。延伸长度大小不一，既有沿 NE 方向横贯矿区的大型褶皱，又有距离很短的局部小褶曲。褶皱整体的延伸方向为 NE 向，受多期构造运动的叠加，局部地区轴迹方向明显发生变化，呈蛇曲状。

另外有个别局部小褶曲轴迹方向为 NW 向和 NWW 向，延伸距离一般较短，数量不多，多与其他较大规模的褶皱相叠加形成穹窿构造、局部小构造盆地、马鞍状构造或豆荚状构造，对全区整体构造的形成起辅助作用。

（2）断层

寺家庄矿井区内断层相对较少，且多为落差不大的小断层，大型断层主要集中在井田东部边界附近，断层走向基本和附近褶皱轴迹的延伸方向一致，为近 NS 向，多为正断层（见图 2-1-44）。在矿井施工过程中有三个钻孔遇见层间逆断层，走向为 NE 方向，倾向 SE。根据矿井地质构造等级划分标准，落差大于 30 m 的为大型断层；落差大于煤层厚度而小于 30 m 的为中型断层；落差小于煤厚的为小型断层。根据井田统计资料，寺家庄矿井断层发育并不突出，落差大于 20 m 的有 13 个，落差在 10～20 m 的有 29 个，其余均为小于 10 m 的小断裂，大约有 136 个，并且落差大于 20 m 仅是个别断层的局部最大落差大于 20 m。

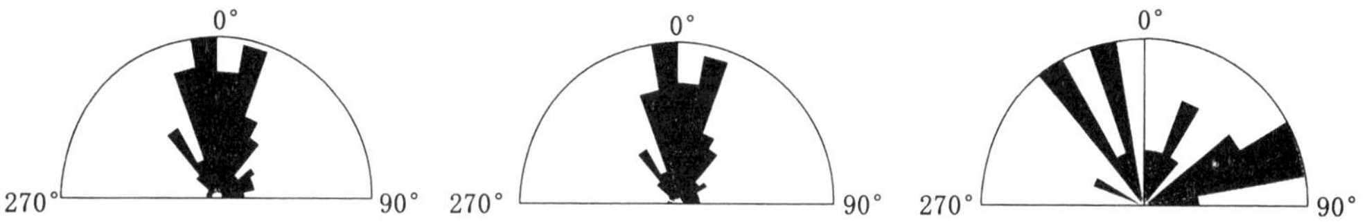

(a) 总断层（$n$=193，$r$=28）　(b) 正断层（$n$=171，$r$=28）　(c) 逆断层（$n$=22，$r$=3）

图 2-1-44　寺家庄矿 15# 煤层断层走向玫瑰花图

大中型断层的倾角主要在 60°～80°，40°以下的倾角几乎不发育，小型断层的倾角集中于 40°～80°。由此可知，寺家庄矿井的大倾角断层主要为大中型断层，小型断层主要为小倾角断层。

（3）陷落柱

寺家庄矿井区内陷落柱十分发育，几乎遍布全区，并且局部地区陷落柱密度较大，中东部和北部陷落柱更为集中。经统计计算知区内共有陷落柱 146 个，主要集中分布在西北、东北、中东，尤其东北部分布密度最大，密度可达 30 个/$km^2$，矿区西南部陷落柱也有零星发育。区内陷落柱平面形态以椭圆形为主，其次为圆形和近圆形，个别具有不规则形状。陷落柱直径大小不一，20～50 m 的占到总数的 50%以上。陷落柱中轴线并不是垂直水平面的直线，均有不同程度的弯曲、倾斜，与水平面的夹角多在 75°～85°。井下开采所揭露的陷落柱大多已经被周围及上部破碎的岩石填充，填充物胶结程度较好，碎屑直径较小，并且局部夹杂有煤屑。

寺家庄煤矿构造形态总体表现为一走向 NNW、倾向 SWW 的不规则单斜构造，地层倾角较缓，次一级宽缓 NNW 向和 NEE 向叠加褶皱构成了矿井主体构造形态，断层不发育，一般均以小型 NNW-NNE 向正断层为主。根据矿井构造类型及其组合方式、变形程度的差异，可划分出北部陷落柱发育区、北部叠加褶皱发育区、中部弱褶皱发育区、东部断层发育区和南部单斜构造区 5 个构造分区。

2.1.3.8 *新元矿*

新元矿井田位于沁水盆地北部扬起端，受区域构造的控制，基本构造形态为一走向近 EW、向 S 倾斜的单斜构造，倾角为 4°～21°，一般小于 10°（见图 2-1-45）。在此单斜基础上发育有近 EW 向和近 NS 向的宽缓次级褶皱，形成不同组合样式的叠加褶皱。新元矿出现"东西分异"的构造变形特征，东部以近 NS 向、呈左列雁形斜列组合的草沟背斜及次级向斜构成的近 NS 向构造发育为主；中西部以大南沟背斜和蔡庄向斜构成的近 EW 向构造发育为主，同时近 NS 向的叠加改造褶皱作用明显，造成了大南沟背斜和蔡庄向斜轴迹平面上的蛇曲摆动，形成构造盆地、穹窿及马鞍状叠加褶皱组合样式；中东部近 EW 向和近 NS 向构造转换部位，不规则次级褶皱构造发育、地层缓波状起伏明显；南部受近 NS 向次级褶皱发育影响显著，地层产状急剧变化，局部走向近 NS。与中西部近 NS 向褶皱呈现出背、向斜轴迹走向相接的现象，反映了近 EW 向褶皱构造形成相对较早。井田内断层稀少，以走向 NW 向断层为主、NE 向次之（见图 2-1-46）；以正断层为主，逆断层仅见有 6 条，多呈 NE 向延伸，没有岩浆侵入的影响。

## 2.1.4 地应力特征

2.1.4.1 *构造-应力特征*

从山西省含煤地层等厚线图来看，沁水坳陷由于受到南泌方向扭应力作用，形成了一系列北东方向的同沉积聚煤凹陷，导致石炭系的沉积方向、岩相古地理、聚煤中心的展布均呈北东方向斜列展布[10-12]。这说明当时古构造受华夏系构造体系所控制，其应力场为南北方向的扭应力场；山西地台表现为北西-南东向挤压，由于这一扭应力作用形成了山西地台北北东向左旋反扭的新华夏系构造，遭受了右旋正扭的北北东-南南西方向应力的剪切。阳泉矿区由于受东部太行山、北部五台山的阻遏及喜山期北北东-南南西方向的剪切应力配生出南北向的挤压，又产生东西向构造。

经初步分析，区内最少受过两次不同方向力的作用，显示了两个构造体系相复合的特点。第一次南北向挤压力形成于 38°东西构造亚带一致的构造线，这种构造体系形成较早，但对本区来讲强度比华夏系弱。第二次是在南北向一对力偶作用下产生了新华夏系北北东方向的主体褶皱群，这些褶皱尽管两翼倾角较小，轴部宽缓，但两翼倾角不一，一般向斜表现为东缓西陡，背斜则表现为东陡西缓。这些特点充分显示这一组褶皱群为新华夏构造体系。

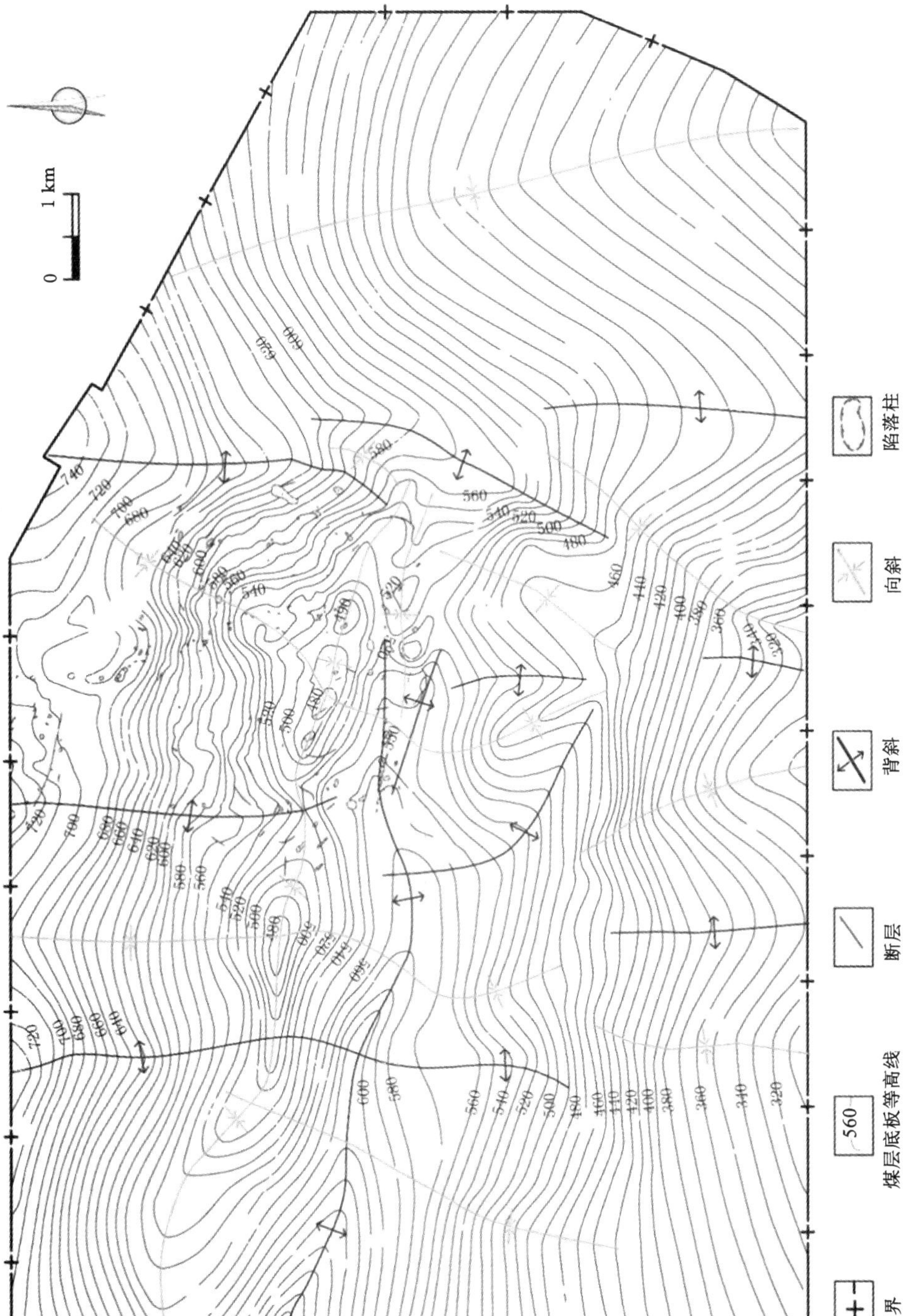


图 2-1-45　新元矿 15#煤层底板等高线与构造纲要图

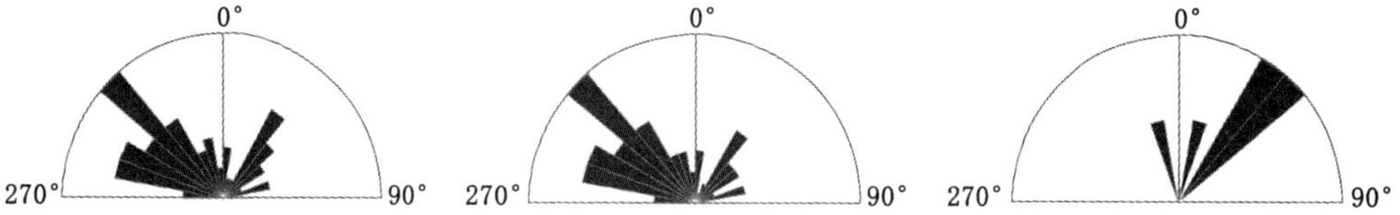


(a) 总断层（$n$=113，$r$=16）　(b) 正断层（$n$=107，$r$=16）　(c) 逆断层（$n$=6，$r$=2）

图 2-1-46　新元矿 3# 煤层断层走向玫瑰花图

在矿区内部由于边界条件不同而形成了不同的构造行迹，一矿、三矿井田先期的东西向褶皱和后期的 NNE 向复合叠加，在构造上呈现为向斜与向斜叠加使下凹加强，背斜与背斜叠加使上凸加强，背向斜相遇又会使背向斜减弱。二矿井田由于桑掌区底部有一砥柱，且井田东部浮山昔阳凤凰山均有岩浆岩溢出造成的砥柱，这样东西向构造在二矿井田表现很弱；同时，由于 SN 向侧力偶作用，该区 NNE 向线状褶皱和配生的剪切力生成的 NE 向断裂构造表现为延伸长、落差小、切割深的特点。五矿和马郡头井田，由于东部边界为奥陶灰岩，且井田内火成岩岩脉常切开煤层，致使构造区内砥柱发育，这样在 SN 向的侧向力偶作用下形成一系列扭动构造，导致落差大的逆断层发育；同时，受局部构造应力的影响，五矿、马郡头井田灶岩内坡角度较大的挠曲呈现出构造发育、节理密集、煤层破碎、硬度变小、局部的小型断层发育等特点。

2.1.4.2　矿区实测地应力特征

阳煤集团曾与有关单位合作，运用小孔径水压致裂地应力测量仪对主要生产矿井一矿、二矿、五矿和新景矿进行了地应力的测试工作，获得了研究区及其邻近矿区的地应力数据，见表 2-1-10。

**表 2-1-10　阳泉矿区地应力测试成果**

| 序号 | 矿名 | 测站位置 | 埋深/m | 垂直应力/MPa | 最大水平主应力/MPa | 最小水平主应力/MPa | 最大水平主应力方向 |
|---|---|---|---|---|---|---|---|
| 1 | 一矿 | 81303 进风巷 20 m | 513 | 12.83 | 16.33 | 8.73 | N57.8°W |
| 2 | | 十三采区轨道巷 600 m | 504 | 12.61 | 15.23 | 8.63 | N38.7°W |
| 3 | 二矿 | 81007 进风巷 120 m | 443 | 11.09 | 13.22 | 6.90 | N31.6°W |
| 4 | | 新内错巷 100 m | 433 | 10.83 | 15.8 | 8.20 | N46.4°W |
| 5 | | 21304 回风巷 200 m | 479 | 11.99 | 13.34 | 7.34 | N21.9°W |
| 6 | | 十三采区轨道巷 | 496 | 12.41 | 16.83 | 9.15 | N39.2°W |
| 7 | | 13 区左回风巷 150 m | 555 | 13.90 | 17.59 | 9.19 | N42.0°W |
| 8 | | 13 区左回风巷 300 m | 560 | 9.48 | 18.01 | 9.77 | N30.6°W |

表 2-1-10(续)

| 序号 | 矿名 | 测站位置 | 埋深 /m | 垂直应力 /MPa | 最大水平主应力/MPa | 最小水平主应力/MPa | 最大水平主应力方向 |
|---|---|---|---|---|---|---|---|
| 9 | 五矿 | 四采区 8406 进风巷 300 m | 460 | 11.19 | 14.64 | 7.24 | N27.2°E |
| 10 | | 四采区 8419 进风底抽巷 300 m | 600 | 14.83 | 20.08 | 11.34 | N55.4°E |
| 11 | 新景矿 | 15028 轨道巷 100 m | 607 | 15.28 | 15.90 | 8.68 | N67.9°E |
| 12 | | 15028 进风巷 160 m | 601 | 15.03 | 16.95 | 8.69 | N80.8°E |
| 13 | | 北三补轨 200 m | 454 | 11.36 | 15.23 | 8.49 | N36.2°E |
| 14 | | 北三正巷 100 m | 447 | 11.20 | 12.77 | 7.24 | N19.8°E |

其中在新景煤矿测试采用水压致裂法进行地应力测量，采用钻孔触探法进行顶板以上 10 m 范围内和对应的煤帮 10 m 范围内的煤岩体强度测试，采用孔壁观察法进行顶板岩层分布情况和结构观测。表 2-1-10 中第 11 测点、第 12 测点位置在研究区范围以外，大致在新景矿东区；第 13 测点位于 $8^{\#}$ 煤层北三补轨 200 m 处(图 2-1-47，X3)，测点所在处巷道沿 $8^{\#}$ 煤层顶板掘进，测点埋深约 468 m；第 14 测点位于 $8^{\#}$ 煤层北三正巷 100 m 处(图 2-1-47，X4)，沿 $8^{\#}$ 煤层顶板掘进，测点埋深约 465 m。

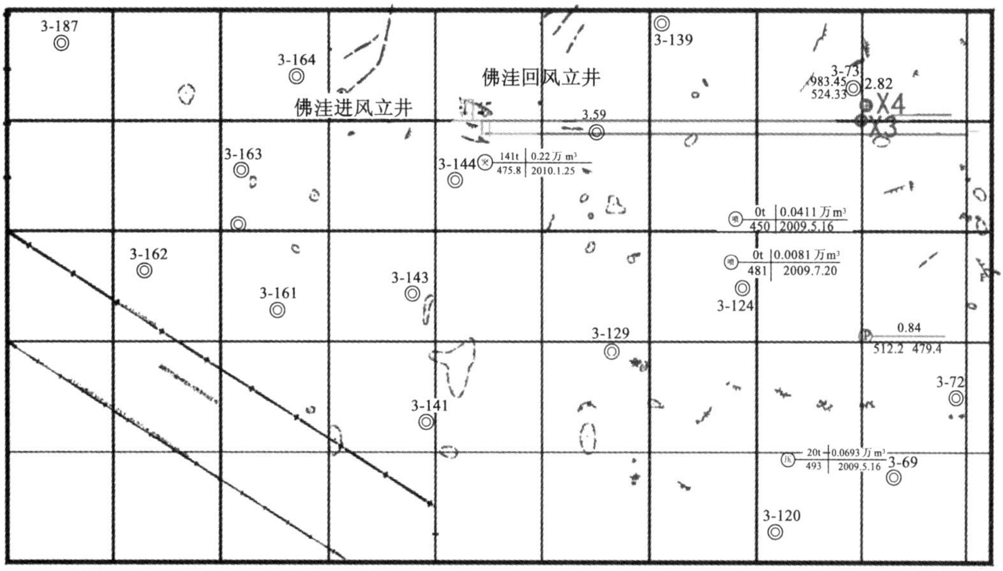


图 2-1-47　地应力测量位置图

根据研究区域及其邻近矿井的地应力测试成果(剔除了个别异常数据)可以看出，垂直应力和最大水平应力的大小一般随深度递增具有较好的线性关系，见图 2-1-48。

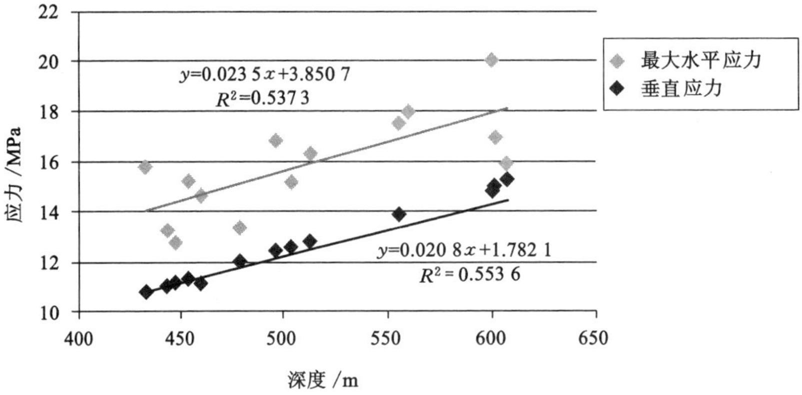


图 2-1-48　研究区地应力与深度的相关性

侧压比(最大水平应力与垂向应力之比)可以反映某地区地应力分布的特征，前人研究表明侧压比有随埋深减小的趋势。研究区的侧压比数值一般在 1.1～1.5，平均约 1.3，可能因数据较少、测试范围较狭窄之故，显示离散性较大，与深度关系不显著，见图 2-1-49。

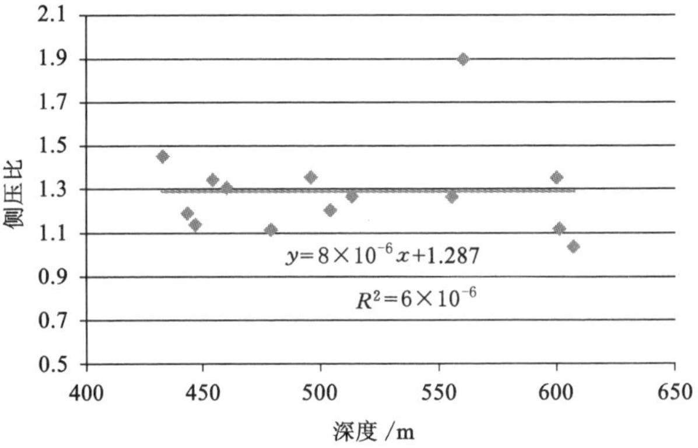


图 2-1-49　研究区侧压比与深度的相关性

## 2.2　煤与瓦斯地质赋存规律

阳泉矿区煤炭资源地质赋存条件复杂，瓦斯灾害威胁严重，主要是煤层瓦斯含量高、易自燃、抽采难度大、突出危险性高，开采时的瓦斯涌出不仅来自本煤层，还大量来自邻近层，各煤层均富含瓦斯，煤层数多、透气性差、瓦斯含量大是其赋存特点。阳泉矿区 3# 煤层围岩和构造条件有利于 3# 煤层瓦斯的保存。3# 煤层吸附瓦斯能力强，褶皱构造较为发育，断裂构造次之，煤层虽然裂隙、孔隙发育，但大多不连通，透气性很差，因而瓦斯含量高。井田 3# 煤层瓦斯含量普遍较大，并且具有井田中部较高、向北西和南东部渐小的趋势。瓦斯含量峰值区集中在 3-148～3-133～3-73 孔连线为中心线的 NW 向展布的短轴状区域。瓦斯压力与含量正相关。由于弯曲变形幅度较小，顶板砂岩的裂隙不发育，因此顶板砂岩对煤层瓦斯起到封闭作用。

阳泉矿区内 15# 煤层瓦斯易于顺纵向正断层和次级背斜顶部裂隙运移逸散，燕山期挤压作用机制下形成的 NNE 向断裂使区内形成一定厚度的构造煤，导致区内部分矿井发生煤与瓦斯突出。阳泉矿区内 15# 煤层从北部向南部煤层埋深变深，南部自东向西煤层埋深变深。煤层瓦斯含量与埋深呈正相关，相关性较好。15# 煤层实测点埋深为 86～828.71 m，瓦斯含量为 0.09～25.21 $m^3/t$，总体表现为埋藏深度增加，瓦斯浓度增大。阳泉矿区北部和东部奥灰水分别由西北部和东南流向东北，娘子关泉为溢出点，煤层上覆砂岩裂隙水和灰岩岩溶裂隙水由浅部向深部运移。浅部为地下水活动较强的补给、径流区，煤层瓦斯含量低，深部为滞流区，煤层瓦斯含量增高。

## 2.2.1　地质构造与瓦斯赋存

地质构造分为原生和次生构造。原生构造是指岩层沉积或成岩过程中形成的构造，如层理、波痕等；次生构造是指岩层形成后，在内、外力作用下形成的构造，如褶皱、断层、陷落柱等[13]。

地质构造区常常存在残余构造应力或应力集中，有利于提升煤体的弹性潜能水平[14]；同时，地质构造区煤体结构破坏严重，往往伴生着构造煤，煤体强度大幅降低，造成抵抗瓦斯突出的能力下降。

局部构造应力的作用使瓦斯压力呈现局部非均匀性及地质特征的差异性：在地质构造带，较强的构造应力作用可以使煤体中的孔隙和裂隙变小，甚至闭合，瓦斯流通性相对减弱，瓦斯占据孔隙减小，出现局部瓦斯压力增高带；而在一些开放性构造带，瓦斯运移致使瓦斯压力减小。

地质构造是影响瓦斯含量最重要的条件之一[15-16]，封闭型地质构造有利于封存瓦斯，开放型地质构造有利于排放瓦斯，地质构造具有不同时代、不同规模、不同组合的特点，对控制煤层瓦斯也具有不同效应。

### 2.2.1.1　褶皱与瓦斯

闭合而完整的背斜或穹窿构造并且覆盖不透气的地层是良好的储存瓦斯构造。在其轴部煤层内往往积存高压瓦斯，形成“气顶”，见图 2-2-1(a)(b)。在倾伏背斜的轴部，通常比相同埋深的翼部瓦斯含量高，但是当背斜轴的顶部岩层为透气岩层或因张力形成连通地面的裂隙时，瓦斯会大量流失，轴部含量反而比翼部少。向斜构造一般轴部的瓦斯含量比两翼高，这是因为轴部岩层受到强力挤压，围岩的透气性会变得更低，因此有利于在向斜的轴部地区封存较多的瓦斯，见图 2-2-1(e)。但在开采高透气性煤层时，向斜轴部的相对瓦斯涌出量反而比翼部低，这是因为开采越接近向斜轴部，瓦斯补给区域越窄小，补给瓦斯量越枯竭，以及向斜轴部裂隙较发育，煤岩透气性好，有利于轴部瓦斯的流失。

受构造影响形成煤层局部变厚的大煤包，见图 2-2-1(c)(d)，也会出现瓦斯含量增高的现象。这是因为煤包周围在构造挤压应力的作用下，煤层被压薄，形成对大煤包封闭的条件，有利于瓦斯的封存。同理，由两条封闭性断层与致密岩层封闭的地垒或地堑构造也可能是瓦斯含量增高区，见图 2-2-1(f)(g)，特别是地垒构造由于往往有深部供气来源，瓦斯含量会明显增大。

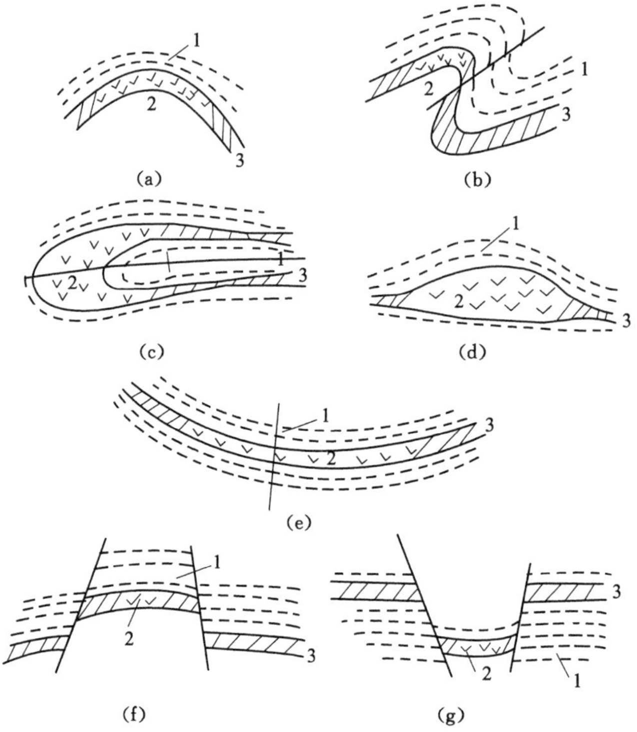


1—不透气性岩层；2—瓦斯含量增高部位；3—煤层。

图 2-2-1　几种常见的瓦斯储存结构

褶皱构造普遍出现在较发育的煤田，其对瓦斯赋存的影响主要表现在以下 3 个方面：

① 较发育的褶皱尤其是压扭性褶皱构造区有利于瓦斯的赋存。这是因为煤层受到强烈的挤压作用，其结构发生变化，煤层也变得较为松软，煤层间出现大量的微小缝隙，导致煤层的比表面积大大增加，有利于瓦斯的富集。

② 封闭而完整的背斜有利于瓦斯气体的赋存，尤其是煤层的轴部，容易聚积大量瓦斯气体，形成气顶。

③ 因褶皱构造具有同期性、长期性和继承性等发展特点，所以，不仅是煤层的底板受褶皱影响产生起伏变化，煤层的厚度同样受到褶皱的影响。煤层越厚，瓦斯气体的涌出量越大；相反，煤层越薄，瓦斯气体的涌出量越低。背斜轴部地层因强烈的剥蚀作用造成大量张性裂隙，不利于瓦斯的赋存，背斜两翼下部则因地层未受到严重的破坏，有利于瓦斯的富集。

a. 褶皱变形程度差异造成不同类型煤差异分布控制瓦斯赋存。根据构造煤孔隙结构的相关研究，变形强烈的构造煤更有利于瓦斯的运移与赋存，褶皱的核部以及部分褶皱弯折区域变形更为强烈，构造煤更为发育，在封闭性较好的区段，易于形成瓦斯富集区。

3[#]煤层底板以泥岩为主，横向变化不大，而顶板岩性横向变化较大，故瓦斯的保存与顶板的透气性关系密切。岩性资料显示，3[#]煤层顶板砂岩致密，孔隙率低，其透气性主要与裂隙的发育情况有关。

b. 褶皱叠加复合形成变形较强的构造煤进而控制瓦斯赋存。矿井经历了多期次的构造作用，形成不同期次、不同方向、不同变形程度的褶皱构造，褶皱叠加复合形成叠加褶皱，该部位应力集中、复杂，煤体遭受多次破坏，变形较强的构造煤较为发育，在封闭性较好的部分区域形成瓦斯富集区。

c. 褶皱作用形成伴生断层控制瓦斯赋存。对井下煤壁观察发现，大多数小型断层仅在煤层内发育，往往不完全切穿煤（岩）层，且多为剪性、扭性应力的产物，不利于瓦斯的散逸，加之断层附近变形强烈的构造煤十分发育，故而成为瓦斯聚集的有利场所。褶皱伴生小断层多分布于褶皱偏近核部及部分叠加复合的区域，这也是这些区域瓦斯含量偏高的原因之一。

当煤层遭受冲刷时，顶板冲刷带煤层的瓦斯解吸及赋存会发生相应变化。煤层及其顶板在弯曲变形过程中，正常沉积的煤层，顶板完整，煤层、伪顶、直接顶及基本顶的岩石力学强度逐渐变化，各层之间的摩擦力很大，一般超过弯曲过程中层间滑动的剪切力，各个岩层就像单一岩层那样变形[表 2-2-1(a)(c)]。但遭受冲刷的煤层顶板结构不完整，强硬的砂岩与软弱的煤层直接接触，此两层间的摩擦力一般小于弯曲过程中层间滑动的剪切力，因此在剪切力的作用下，较软弱的煤层面就会发生与砂岩顶板反方向的层间滑动，致使煤层揉搓粉碎，更有利于瓦斯的解吸，同时致密的砂岩顶板也更有利于瓦斯赋存[表 2-2-1(b)(d)]。

**表 2-2-1　正常结构煤层顶板及冲刷顶板的弯曲变形**

| | 正常结构顶板 | 煤层顶板遭受冲刷 |
|---|---|---|
| 背斜 | 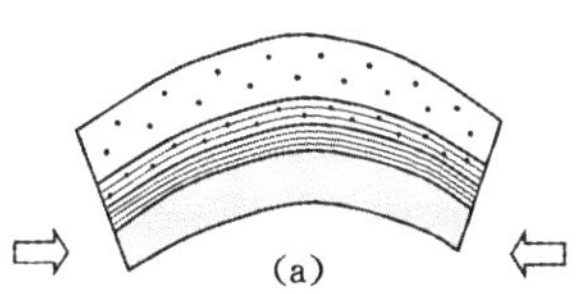 (a) | 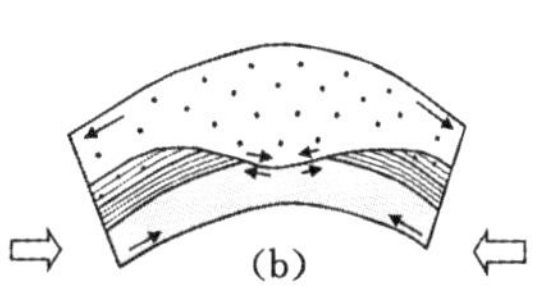 (b) |
| 向斜 | 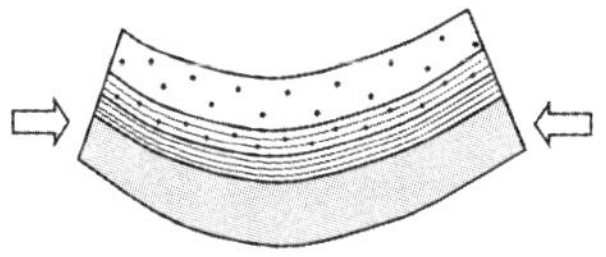 (c) | 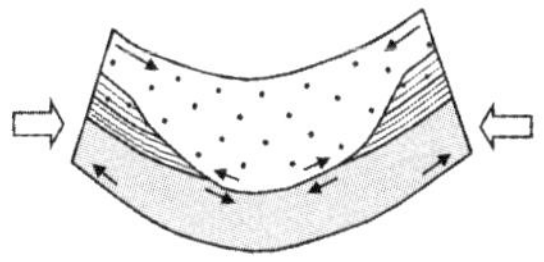 (d) |

2.2.1.2　*断层与瓦斯*

由于小断裂构造往往不完全切穿煤（岩）层，且多为剪性、扭性应力的产物，故往往阻断瓦斯的顺层运移，又不利于纵向逸散，为瓦斯的局部富集创造条件。

断层对瓦斯含量的影响比较复杂，一方面要看断层（带），另一方面还要看与煤层接触的对盘岩层的透气性。开放性断层（一般是张性、张扭性或导水断层）不论其与地表是否直接相通，都会引起断层附近的煤层瓦斯含量降低，当与煤层接触的对盘岩层透气性大时，瓦斯含量降低的幅度更大[图 2-2-2(a)(b)]。封闭性断层(一般是压性、压扭性、不导水，现在仍受挤压处于封闭状态的断层)并且与煤层接触的对盘岩层透气性低时，可以阻止煤层瓦斯的排放，在这种条件下，煤层具有较高的瓦斯含量。如果断层的规模很大，断距很长时，一般与煤层接触的对盘岩层属致密不透气的概率会减小，所以大断层往往会出现一定宽度的瓦斯排放带，在这个带内瓦斯含量会降低[图 2-2-2(c)(d)]。由于断层集中应力带的影响，距断层一定距离的岩层与煤层的透气性因受挤压而降低，故出现瓦斯含量增高区。图 2-2-2(d)表示煤层被两条封闭性逆断层分割成 3 个段块时瓦斯含量分部的情况：段块Ⅰ煤层有露头直通地面，下方无深部瓦斯补给，煤层的瓦斯含量低；段块Ⅱ上下被封闭性断层圈闭，其上方流失瓦斯不多，下部无深部瓦斯补给，所以煤层的瓦斯含量较高；段块Ⅲ上部被断层封闭，下部有深部瓦斯补给，和其他段块同一标高处的瓦斯含量相比最大。

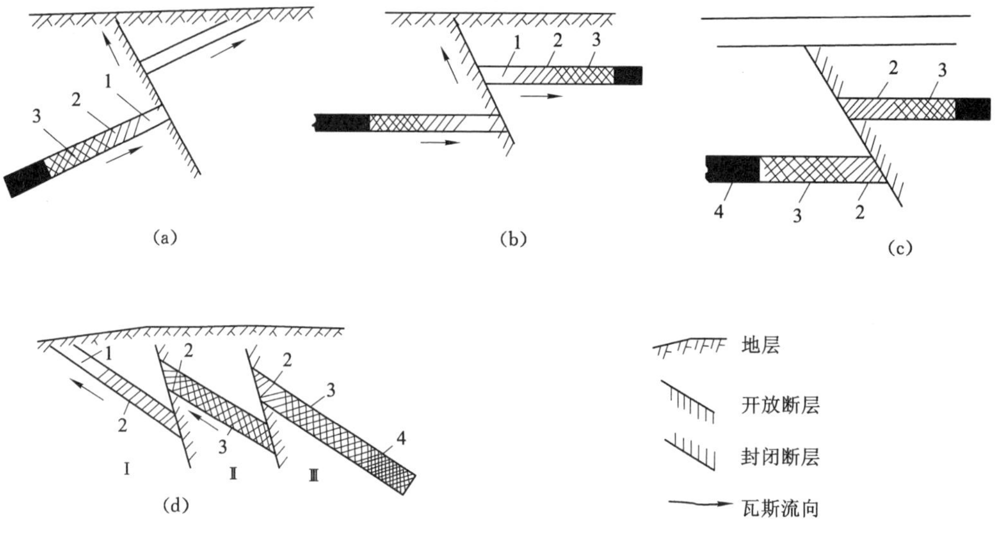


1—瓦斯散失区；2—瓦斯含量降低区；3—瓦斯含量异常增高区；4—瓦斯含量正常增高区。

图 2-2-2　断层对煤层瓦斯含量的影响

#### 2.2.1.3　陷落柱与瓦斯

煤层下伏碳酸盐岩等可溶岩层，经地下水强烈溶蚀形成空洞，从而引起上覆岩层失稳，向溶蚀空间冒落、塌陷，形成筒状或似锥状柱的陷落柱，俗称“无炭柱”或“矸子窝”。

岩溶陷落柱内岩层在塌落过程中，裂隙不断发育，有利于岩溶陷落柱内煤层瓦斯向上运移；同时岩溶陷落柱的形成使得周围岩层应力释放，吸附瓦斯大量解吸，沿煤层向岩溶陷落柱内运移，见图 2-2-3。

如果岩溶陷落柱顶部盖层封闭性较好，不存在大量直接和地面沟通的孔隙、通道，在岩溶陷落柱内会形成瓦斯富集带。但如果陷落柱的存在导致煤层与导气岩层或地表的连通，则有助于瓦斯的逸散。

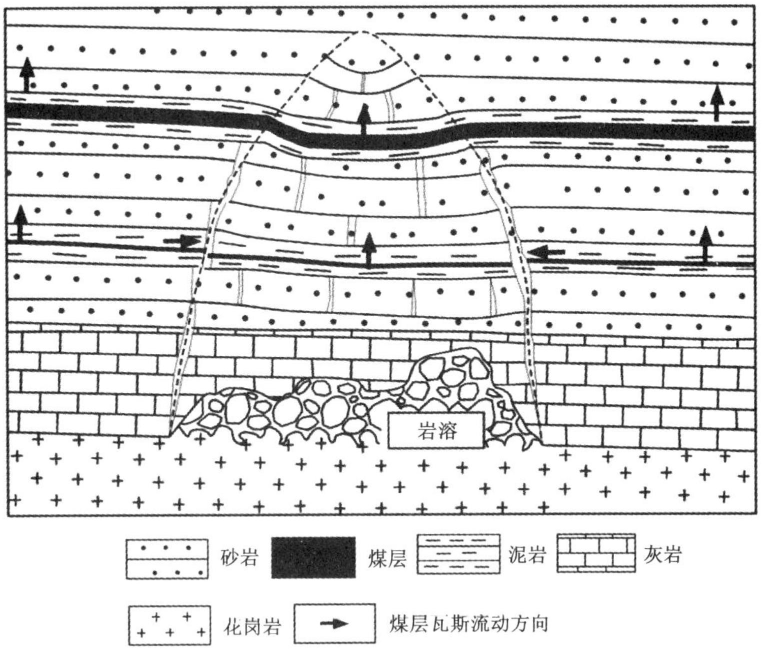


图 2-2-3　陷落柱内瓦斯运移示意图

新景矿岩溶陷落柱较为发育，生产揭露的 3# 煤层陷落柱为 71 个，其分布范围较为分散，主要在矿井的中部及东部地区，但部分陷落柱集中分布，很少有单个出现。陷落柱的存在导致煤层与导气层或地表的连通，有助于瓦斯的逸散，因此陷落柱发育区煤层瓦斯含量普遍变小。

## 2.2.2　煤层埋藏深度与瓦斯赋存

煤层埋深是煤层赋存温度和压力条件的一种间接表现形式。出露于地表的煤层，其赋存压力较小，煤层中瓦斯与空气交换频繁，故煤层瓦斯被稀释，$CH_4$ 浓度变低。随着煤层埋深的逐渐增大，煤层瓦斯赋存的压力也相应提高，压力的增加有助于围岩的压实加密，使其透气性减弱；此外，埋深加大也增加了瓦斯运移的距离，使得瓦斯逸散的难度加大，这种情况有利于瓦斯的保存。所以，一般情况下煤层瓦斯含量随着埋深的增加相应增大[17]。

在大多数情况下，阳泉矿区 1# ～15# 煤层瓦斯含量是随煤层埋藏深度的增大而增大。然而在此之外，因所含的 3 层石灰岩岩溶孔隙发达且连通性强，煤层中生成的瓦斯在漫长的岁月中缓慢释放，在石灰岩溶洞内积存大量的瓦斯，进而造成 15# 煤瓦斯压力及含量降低。

对 3# 、15# 煤层瓦斯含量的统计，可得出 3# 、15# 煤层瓦斯含量随着煤层埋深的变化趋势图（图 2-2-4～图 2-2-7）。

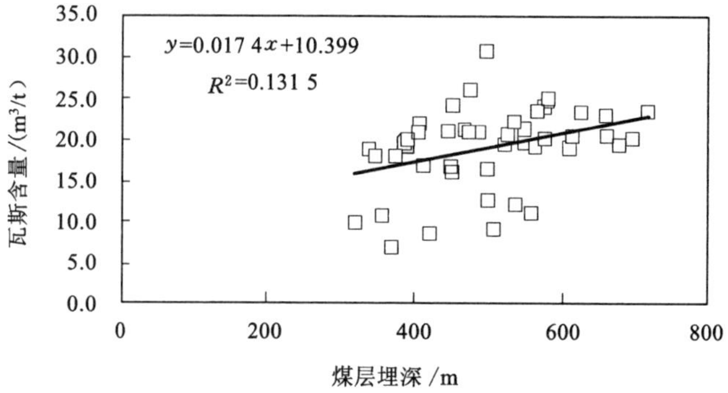


图 2-2-4　阳泉矿区北部 3# 煤层瓦斯含量与埋深关系

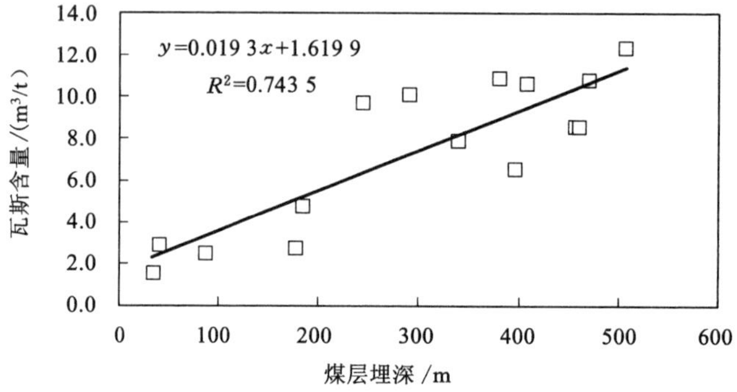


图 2-2-5　阳泉矿区二矿 3# 煤层瓦斯含量与埋深关系

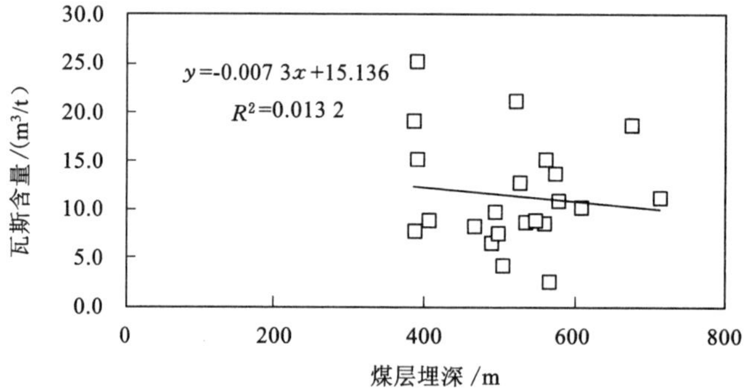


图 2-2-6　阳泉矿区北部 15# 煤层瓦斯含量与埋深关系

阳泉矿区桃河区北部的新景矿、一矿、三矿地处桃河向斜的北翼，构造形态总体上为一走向 NW、倾向 SW、宽缓的大规模单斜构造。煤层在东北部埋藏较浅，西南部埋藏较深。矿区内煤层的埋藏深度普遍较大，为 219～719 m，平均约 480 m，该条件对于煤层瓦斯的保存极为有利，一般情况下埋深较大的地区瓦斯含量也相对较高。但由于矿区内地形较为复杂，其埋深差异性较强，使瓦斯赋存状况变得复杂化。矿区北部 3# 煤层和 15# 煤层瓦斯含量与埋深之间的线性关系很差(图 2-2-4 和图 2-2-6)。

位于桃河向斜南翼的二矿井田构造主体是一走向 NW、向 SW 倾伏的单斜构造，瓦斯含量沿倾斜随埋藏深度增大而递增。主体褶曲多为宽缓开阔的背向斜，瓦斯含量变化不是太明显，但是与埋藏深度之间的线性关系较为显著(图 2-2-5 和图 2-2-7)。

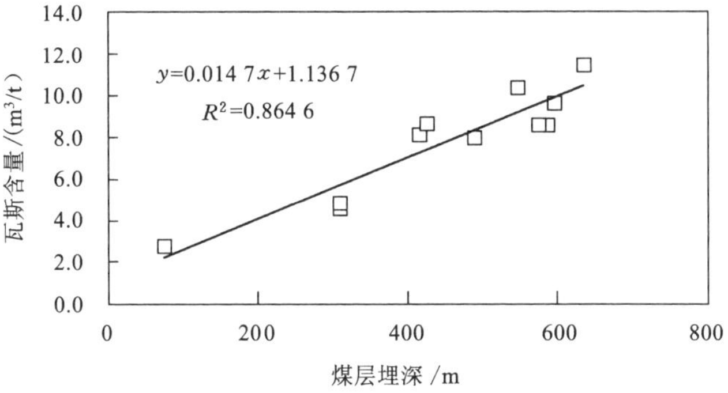


图 2-2-7　阳泉矿区二矿 15# 煤层瓦斯含量与埋深关系

## 2.2.3　水文地质与瓦斯赋存

阳泉矿区属于沁水煤田东北边缘的娘子关泉域水文地质单元。在圪套-赛鱼-冶西一线以东的桃河和温河河谷之间的三角形地区(图 2-2-8)，是娘子关泉域的地下水汇水区，水位平缓，水力坡度小于 1‰，富水性较好，具有岩溶水地下水库的特征。煤系直接覆于奥陶系碳酸盐岩之上，含水层主要有奥陶系马家沟组灰岩含水层，石炭系灰岩、砂岩含水层，二叠系砂岩含水层，第四系沉积含水层。

奥陶系马家沟组灰岩含水层是矿区主要含水层，该含水层具有比较统一的水位，静止水位一般为海拔＋390～＋400 m，而 3# 煤层的底板标高在＋410～＋690 m，因此该含水层一般不会影响 3# 煤层瓦斯赋存。石炭系、二叠系含水层下部有透水性差或不透水的隔水层，多从地表泄出，对 3# 煤层及瓦斯赋存不构成影响。第四系沉积含水层与 3# 煤层之间也有隔水层存在，不会对煤层瓦斯赋存造成影响。

3# 煤层中没有发育大、中型断层，只有落差较小的层间断层，常以顶(底)断底(顶)不断形式出现，难以导通煤层上、下部含水层，因此水文地质特征对 3# 煤层瓦斯赋存是有利的。15# 煤层中，水文地质条件为煤层赋存的次要控制因素。

在石灰岩地层中，其富含地下水且水力联系紧密，导致地下水与岩层发生化学作用，灰岩被溶解形成岩溶。因灰岩层形成时间较久，早期的古溶洞也较为发育，在之后地下水的不断溶蚀作用下，溶洞的规模逐渐增大，陷落柱的发育及分布也是影响瓦斯赋存的重要因素之一。一般来说，瓦斯通常会随着柱体裂隙运移至地表，但由于大量的陷落柱未塌陷至地表，因此在陷落柱柱体及其周围扰动带常成为瓦斯聚积区。另外，当陷落柱内含有构造煤时，在采动影响的情况下会有大量的瓦斯涌出甚至构造煤的突出，对安全生产形成威胁。

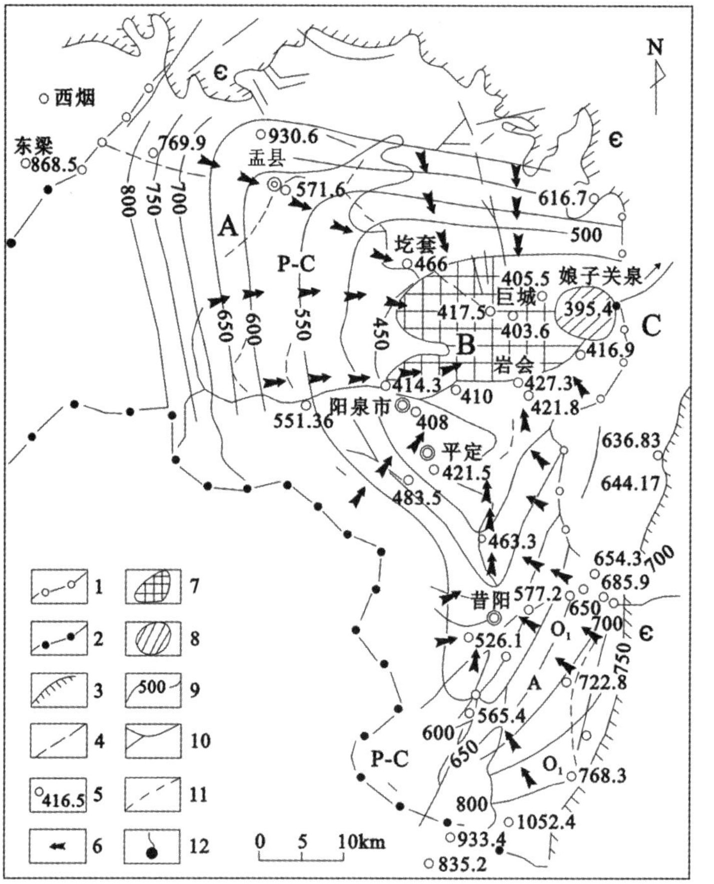


1—地形分水岭；2—地下分水岭；3—隔水边界；4—断层；5—钻孔及地下水位标高；6—地下水流向；7—地下水汇聚区；8—地下水排泄区；9—等水位线；10—常年河；11—干河道；12—泉。

图 2-2-8 阳泉地区奥灰岩溶地下水流向示意图

## 2.2.4 构造煤与瓦斯赋存

阳泉矿区构造煤总体发育类型较为简单，以原生结构煤和碎裂煤为主，局部发育强脆性变形和韧性变形构造煤。结合矿区构造煤发育特征，提出了阳泉矿区构造煤 3 个变形系列 7 类构造煤的分类方案，即脆性变形系列的碎裂煤、片状煤、碎斑煤、碎粒煤和脆-韧性过渡变形系列的鳞片煤以及韧性变形系列的揉皱煤和糜棱煤（图 2-2-9）。

本书提出了研究区构造煤的 7 种发育模式：原生弱变形区、斜交构造裂隙发育区、煤体松散破碎区、夹矸层附近构造变形强化区、断层附近构造变形增强区、逆断层挤压强化变形区和陷落柱、冲刷带发育区（图 2-2-10）。

3# 煤层构造煤发育，以碎裂煤和片状煤为主，其次为碎粒煤，局部有新景煤矿西北部佛洼西区强变形碎粒煤发育；西南部保安区也以碎粒煤以及揉皱煤、糜棱煤为主；东部煤

图 2-2-9　典型构造煤宏观与微观变形特征

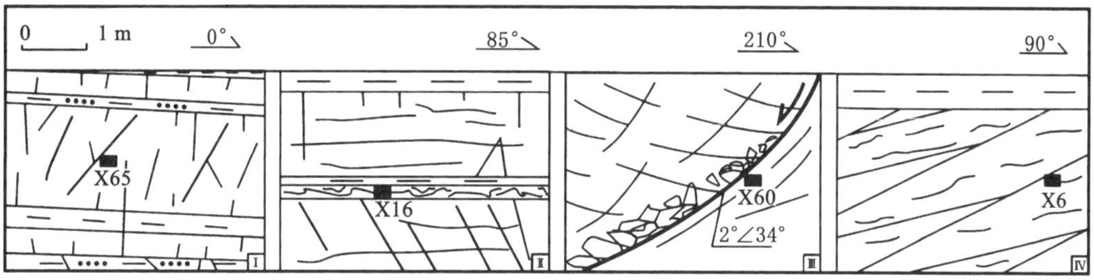


图 2-2-10　典型构造煤地质发育模式图

体构造变形较弱，多为原生结构煤和碎裂煤及少量碎斑煤、碎粒煤；3# 煤层夹矸层附近常发育滑动带、揉皱煤(图 2-2-11)。

随着变形强度增大，构造煤在宏观和微观上的变形特征表明构造作用使煤体的结构不同程度地遭到破坏，强度变低。煤体的孔容和孔隙率逐渐增大，各类构造煤微孔、中孔发育，比表面积增大，构造煤对瓦斯的吸附能力逐渐增大；大、中孔孔容及显微裂隙的发育导致了煤体的相对高渗，其连通性较好，有利于煤层瓦斯的快速解吸；孔隙类型由半封闭型孔、半封闭向开放过渡到最后的开放型孔隙发育逐渐变化，强变形的碎斑煤和揉皱煤开放孔明显增多，但由于裂隙间的相互切割、交错，且煤体破碎、粉粒化堵塞孔隙导致连通性变差；其细瓶颈孔的发育对气体扩散和渗流的阻碍导致渗透率急剧降低，造成了构造煤的低渗性。其“高瓦斯含量、高解吸速度、低力学强度、低渗透性”的特性造成瓦斯赋存的差异性，甚至造成煤与瓦斯突出。

## 2.2.5　顶底板岩性与瓦斯赋存

在正常的含煤建造剖面中，直接上覆于或下伏于煤层的沉积岩层称为煤层的顶板或底板。它们反映了聚煤期前后沉积环境及其演化，决定着煤层上覆及下伏地层的岩性、岩性组合和厚度，关系到岩层的透气与储气性能，特别是煤层上覆岩层的沉积，对煤层及上

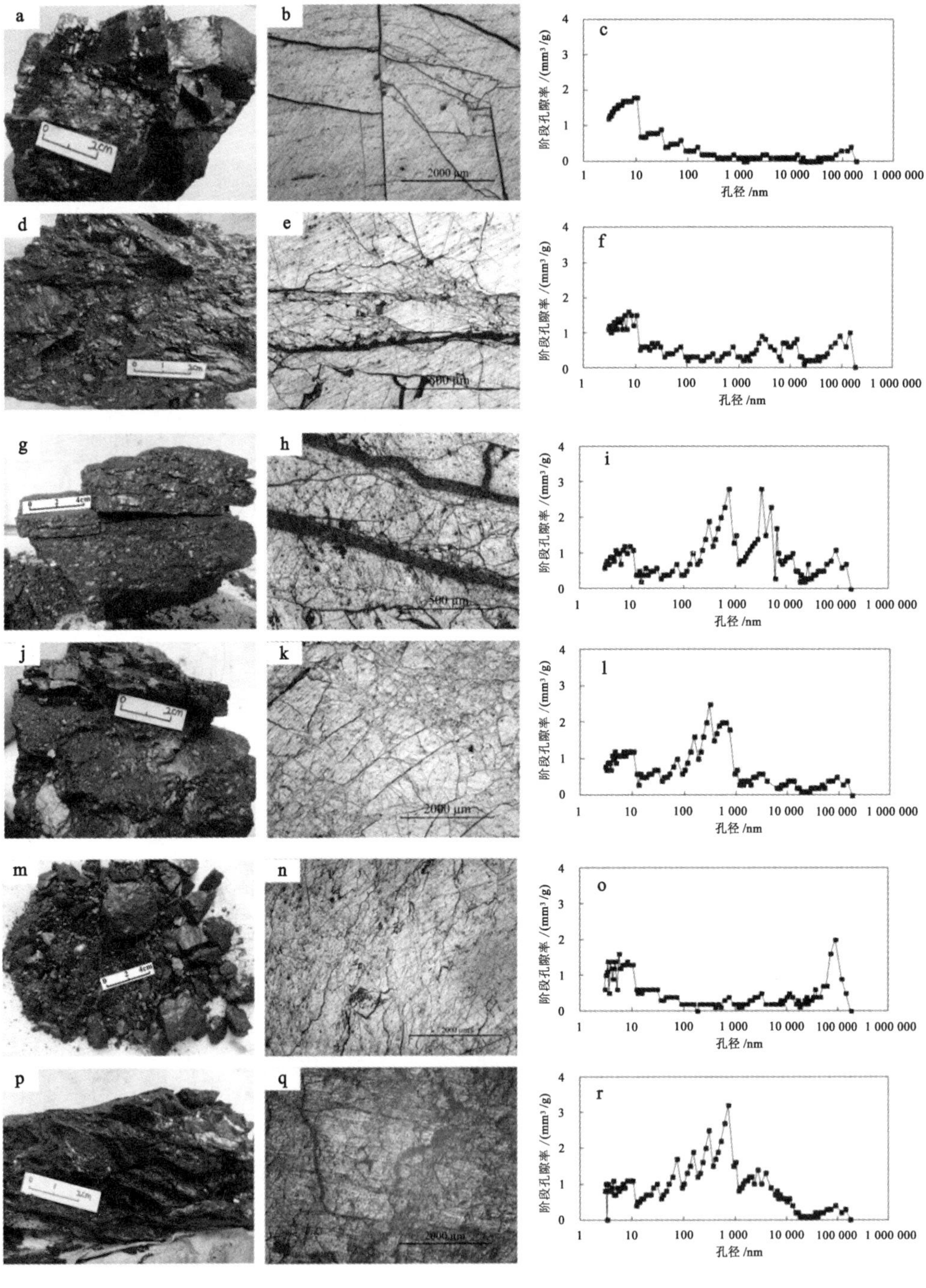


图 2-2-11　不同类型构造煤宏观-微观变形特征与孔隙结构演化特征

覆岩层瓦斯的保存或逸散有着直接影响。因此,煤层顶底板岩性、岩相及其与煤层的接触关系,是阐述煤层形成的沉积环境和演变过程的地质依据,也是评价煤层开采技术条件的工程指标[18-19]。

一般情况下,根据煤层顶底板岩层的组合层序和采动特征,顶板可分为伪顶、直接顶和基本顶,底板可分为直接底与基本底。

伪顶:是指直接位于煤层之上,极易垮落的极薄岩层,通常由强度极低的碳质页岩组成,厚度较小,为 0.1～0.5 m,随采随落,支撑不住。

直接顶:位于伪顶之上,若无伪顶则直接位于煤层之上,通常由泥质岩、粉砂岩等组成,一般随支柱的撤出而垮落。

基本顶:位于直接顶之上,若缺直接顶时,也可直接位于煤层之上,由厚而坚硬的岩层组成。基本顶可在采空区维持很大的悬露面积而不垮落,一般为砂岩、砾岩和石灰岩。

直接底与基本底岩性组合和直接顶与基本顶大体一致。

煤层围岩指的是煤层直接顶、基本顶和底板在内的一定厚度范围内的层段。煤层围岩的透气性是影响瓦斯保存的重要条件,瓦斯之所以能够保存在煤层中某个部位并具有突出危险性,与煤层围岩的低透气性有直接关系。当围岩为致密的泥质岩石时,透气性差,煤层中的瓦斯易被保存下来;当围岩为多孔隙或裂隙的岩石(如砾岩、砂岩)时,岩层中节理和裂隙的发育使围岩封盖能力下降,煤层瓦斯含量减小。

上煤组的山西组 3# 煤层主要形成于三角洲平原沉积环境的分流河道相和决口扇的泥炭沼泽相,其岩性组合为:泥岩或粉砂质泥岩→砂岩→泥岩或粉砂质泥岩或砂岩→煤层→泥岩或粉砂质泥岩或砂岩。阳泉矿区内煤层底板为封闭性较好的泥岩、砂质泥岩或碳质泥岩,且厚度较大;直接顶板为粉砂岩或泥岩,河流的原生冲蚀和后生冲蚀使得部分地区的直接顶板变为砂岩。盖层岩层因压实而致密,封盖能力强,且 3# 煤层顶底板岩相相互组合频率较高,因此煤层顶底板对于煤层瓦斯的密封性较好。

下煤组的太原组 15# 煤层形成于浅海沉积环境,底板为封闭性较好且厚度较大的砂质泥岩、粉砂岩;泥岩为煤层的直接顶,基本顶为致密灰岩。泥岩、粉砂岩的压实性好,固结程度高,因此具有良好的封闭能力。灰岩作为 15# 煤层的基本顶,其发育特征对于煤层的瓦斯含量具有直接的控制作用。若灰岩受岩溶影响较小,溶洞或裂隙不发育,则有利于瓦斯的保存;反之,不利于瓦斯的保存。

### 2.2.6　煤层的后生冲蚀

早期形成的煤层遭受到河流的冲蚀是造成阳泉矿区煤层厚度发生变化的原因之一。后生冲蚀对于阳泉矿区 3# 煤层的厚度薄化影响严重,冲刷带在矿区的中部和南部大部分地区都有分布,且大多呈 NNE 向和近 NE 向分布。遭受到后生冲蚀的煤层,其顶底板的岩性组合发生变化,由之前较软的泥岩、粉砂质泥岩、碳质泥岩变为硬度较大的砂岩,直接覆盖在较软的煤层之上。由于煤层较其顶、底板岩石软,在构造形变时,变形量相对较大,所以常发生煤层与顶、底板岩层的相对滑动和揉搓,使褶皱相关部位和小断层旁侧发育构造软煤,煤体破碎甚至成粉状,大大增加了煤的比表面积,吸附能力增强,使局部瓦斯含量增大，且加剧了煤层瓦斯赋存状况的横向差异性。此外，3# 煤层顶板砂岩孔隙率低，且裂隙不太发育，因此顶板砂岩对煤层瓦斯有较好的封闭作用，形成煤体结构破坏区且瓦斯含量较大。

## 2.3 煤层孔隙特征

### 2.3.1 孔隙类型

煤层对于瓦斯来说，既是瓦斯产生的渊源，又是瓦斯气体储存的良好介质。同时，煤岩结构的孔隙、裂隙又为煤层瓦斯气体的吸附解吸、扩散和渗流提供了良好的通道[20]。煤层的孔隙结构受到包括沉积物组成、煤化作用以及地层构造运动等多方面的影响，故煤层中的孔隙结构也是复杂多变的。根据大量资料研究，可以将煤层孔隙大致分为三类：原生孔隙、次生孔隙和裂隙。原生孔隙主要是指沉积物颗粒之间形成的孔隙，它们随着煤化作用的加深而逐渐减少，在深部煤岩体内，由于高压密实作用而基本消失；次生孔隙一般是指在煤化作用过程中形成的孔隙；裂隙一般指在煤化作用中形成的裂隙或构造裂缝。以上三种孔隙的形成，是沉积物在煤化作用下形成的存在于煤层中的实际构造组成，属于煤岩体结构的重要部分，同时对瓦斯的积聚和运移产生了极大的影响。

研究资料表明，煤层中的孔隙大小分布不一，并且大小相差很大，相差可从纳米级到微米级，大至数微米级的称为裂缝孔隙，小至氮气分子都无法通过的称为孔隙。显然可以理解为煤层中的孔隙是由孔隙和裂缝孔隙组成的双重孔隙结构。前人的研究中，曾经对煤层双重孔隙结构理想化模型进行简化，较典型的简化双重孔隙模型有：Warren-Root 模型、De Swaan 模型以及 Kazemi 模型。煤（岩）体内存在发育良好的割理。所谓割理就是在煤化作用下一般是垂直或者近似垂直煤层面发展的裂隙，一般可根据形态和裂隙特征分为面割理和端割理。割理将煤岩体分为多个基质块体，最终在煤化作用下形成裂缝孔隙。煤化作用形成的裂缝孔隙，对于煤层瓦斯的渗透起到了关键的作用，也为瓦斯的储存提供了大量的空间。在基质块体中形成的孔洞，也是瓦斯大量积聚的空间。表 2-3-1 为阳泉矿区部分矿井煤层的孔隙特征测定情况。

**表 2-3-1 煤层孔隙特征测定结果**

| 矿井名称 | 序号 | 煤层编号 | 采样地点 | 孔隙特征/nm |
|---|---|---|---|---|
| 一矿 | 1 | 3# | 7214 回风巷，距开口 232 m | 1.354 |
| | 2 | 3# | 7214 回风巷，距开口 181 m | 1.354 |
| | 3 | 3# | 7214 回风巷，距开口 125 m | 1.350 |
| | 4 | 3# | 7214 回风巷，距开口 285 m | 1.366 |
| | 5 | 3# | 7214 回风巷，距开口 258 m | 1.355 |
| 新景矿 | 6 | 3# | 芦南 7213 工作面正巷 80 m | 1.350 |
| | 7 | 3# | 420 皮带巷 408 m | 1.621 |

**表 2-3-1(续)**

| 矿井名称 | 序号 | 煤层编号 | 采样地点 | 孔隙特征/nm |
|---|---|---|---|---|
| 寺家庄矿 | 8 | 15# | 中央盘区轨巷新开以里 50 m | 1.350 |
| | 9 | 15# | 中央盘区轨巷新开以里 98 m | 1.251 |
| | 10 | 15# | 中央盘区轨巷新开以里 118 m | 1.356 |
| | 11 | 15# | 中央盘区轨巷新开以里 196 m | 1.359 |
| | 12 | 15# | 中央盘区轨巷新开以里 154 m | 1.348 |
| 石港矿 | 13 | 15# | 15203 回风 | 1.445 |

由表 2-3-1 可以看出，阳泉矿区煤层的孔隙特征测定结果均小于 10 nm 这个数量级，说明煤的孔隙发育，煤对瓦斯的吸附能力很强，因此，阳泉矿区煤层突出危险性强。

## 2.3.2　孔隙率与比表面积

### 2.3.2.1　孔隙率

孔隙率是衡量煤孔隙结构发育程度的关键指标，也是影响煤的吸附、渗透和强度性能的重要因素[21]。目前，我国煤炭行业技术人员普遍依据《煤和岩石物理力学性质测定方法》进行孔隙率的测定。《煤和岩石物理力学性质测定方法》定义煤孔隙率的科学含义为：煤的孔隙体积与其总体积之比为煤总孔隙率，其开口孔隙体积与总体积之比为有效孔隙率。一般通过测定煤的干块体密度和真密度，计算煤的孔隙率。计算公式为：

$$n=\left(1-\frac{\rho_g}{\rho}\right)\times 100\% \tag{2-3-1}$$

式中　$n$——煤的总孔隙率；

$\rho_g$——煤的干块体密度，g/cm$^3$；

$\rho$——煤的真密度，g/cm$^3$。

《煤和岩石物理力学性质测定方法》采用比重瓶法或气体膨胀法真密度分析仪测定煤的真密度，采用密封法或量积法测定煤的干块密度。该方法测定的煤的孔隙率实际与含瓦斯煤的孔隙率不同，煤是一种弹性的多孔介质，瓦斯以吸附的形态赋存于煤孔隙的固体表面。同时，煤的结构单元基质将发生变形，且该变形与瓦斯压力的大小密切相关，煤的固体骨架也将在瓦斯压力的作用下发生变形，进一步改变煤的孔隙体积。测定含瓦斯煤的孔隙率，应充分考虑地应力、瓦斯压力、温度等因素对煤孔隙率的影响，并建立相应的动态关联函数。因此，含瓦斯煤孔隙率实际并非为某一数值，而是以各影响因素为自变量的动态函数。

### 2.3.2.2　比表面积测试分析

煤是一种多孔介质，具有大量的表面积亦称内表面积。各种直径孔隙的表面积同容积具有相对应的关系，微微孔和微孔体积还不到总孔隙体积的 55%，而其孔隙表面积却占整个表面积的 97%以上。这说明微孔隙发育的煤，尽管孔隙率不高，但却有相当可观的孔隙内表面积。通常以比表面积即单位质量煤样中所含有的孔隙内表面积来度量煤表面积的大小。阳泉矿区典型矿井煤层的比表面积部分测定情况见表 2-3-2。

表 2-3-2　煤层比表面积测定结果

| 矿井名称 | 序号 | 煤层编号 | 采样地点 | 比表面积/(m²/g) |
|---|---|---|---|---|
| 一矿 | 1 | 3# | 7214 回风巷,距开口 285 m | 1.362 |
| | 2 | 3# | 7214 回风巷,距开口 258 m | 1.353 |
| | 3 | 3# | 7214 回风巷,距开口 232 m | 1.349 |
| 新景矿 | 4 | 3# | 芦南 7213 工作面正巷 80 m | 1.354 |
| | 5 | 3# | 芦北 7318 工作面 | 1.187 |
| 寺家庄矿 | 6 | 15# | 中央盘区轨巷新开以里 98 m | 1.402 |
| 石港矿 | 7 | 15# | 15203 回风巷 | 1.432 |

由测试数据分析可知:煤的孔隙特征、比表面积与煤的吸附瓦斯含量之间有很大的联系,孔隙率越高,它的比表面积就越大,并且微孔在煤的孔隙结构中占有主导地位,比表面积较大的煤层吸附瓦斯含量较大,因此,从瓦斯因素来考虑,煤的比表面积与煤与瓦斯突出危险性有密切的关系[22]。

## 2.3.3　孔隙特征与结构微观解释

### 2.3.3.1　煤的孔隙特征

煤中的大大小小、形态各异的孔隙以及裂隙是瓦斯的主要赋存空间及流通渠道,煤中孔隙的发育程度直接关系到煤层瓦斯的赋存以及运移,因而有必要对其进行微观研究,以期观察细孔的形状、大小和深度,孔隙的连续性和连通性以及封闭类型等特征。阳泉矿区的煤层孔隙比较发育,由于煤在各种作用力下变形破碎导致研究区煤层的煤中孔隙形态差距较大,一般填充物较少,孔隙分布也具有一定规律,大多数分布在镜质体周围且形状呈现不规则条带状。由扫描电子显微镜的观测,得出 3#、12#、15# 煤层的微观结构如图 2-3-1、图 2-3-2、图 2-3-3 所示。

图 2-3-1　3# 煤层煤样电镜照片

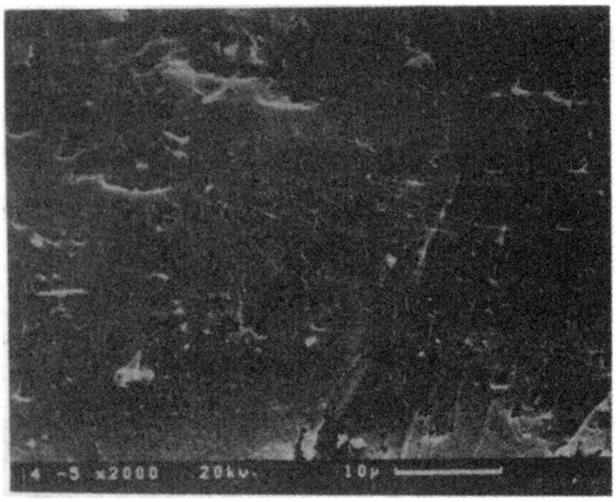

图 2-3-2　12# 煤层煤样电镜照片

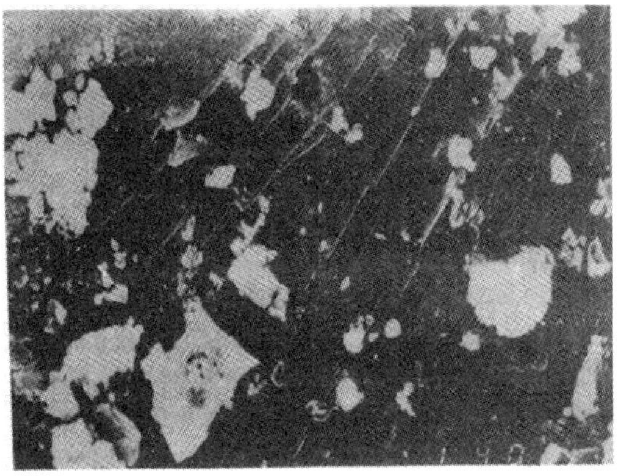

图 2-3-3　15# 煤层煤样电镜照片

从图 2-3-1 中可以看出，3# 煤内部微孔结构呈封闭型。再将其微孔结构放大 3×1 000和 7×1 000 倍，如图 2-3-4、图 2-3-5 所示。由图可以看出，电镜照片内小空洞的直径，最大的约 $3.5\times10^{-3}$ mm，最小的约 $2\times10^{-4}$ mm，空洞密度约 10 个/$mm^2$。

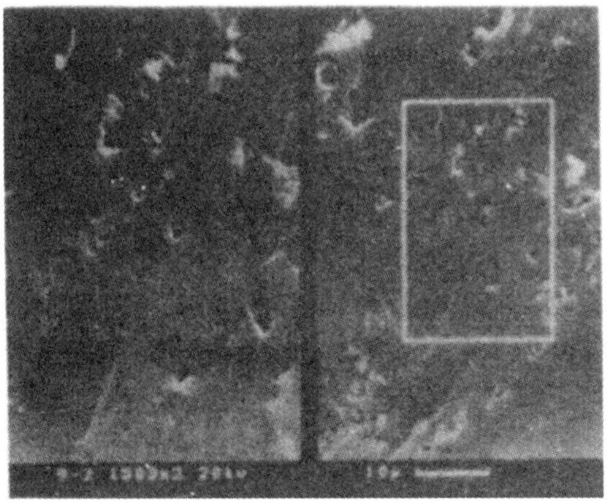

图 2-3-4　3# 煤层煤样 3×1 000 倍电镜照片

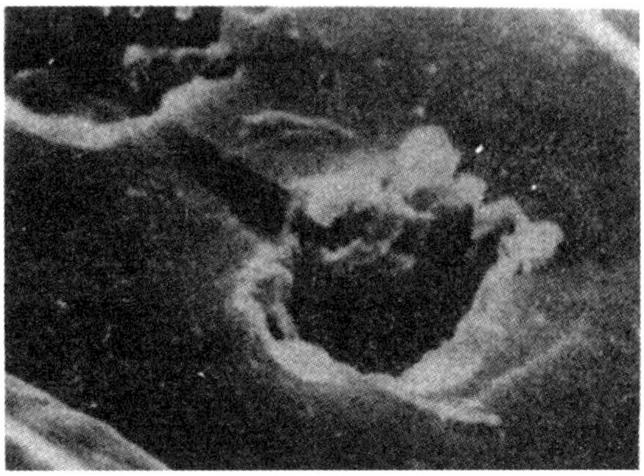

图 2-3-5　3# 煤层煤样 7×1 000 倍电镜照片

压汞仪测定煤孔隙的基本原理是利用不同孔径的孔隙对压入汞的阻力不同，然后根据压入汞的质量或压力，计算煤中孔隙体积和孔隙半径。计算公式为：

$$r=\frac{0.2\times\sigma\cos\theta}{p}=0.75/p \tag{2-3-2}$$

式中 $r$——微孔的有效半径，μm；

$p$——压汞所加的压力，MPa；

$\sigma$——汞的表面张力，在 25 ℃时为 $4.8\times10^{-3}$ N/cm=$4.8\times10^{-10}$ N/nm；

$\theta$——汞对煤的湿润边角，取平均值 140°。

一矿 3# 煤层煤样的水分 $M_{ad}$ 为 2.19%，灰分 $A_{ad}$ 为 10.13%，挥发分 $V_{daf}$ 为 10.23%。根据孔隙半径计算和图 2-3-6 的孔隙体积的分布，可得出 3# 煤层煤样微孔(孔径<0.008 μm)占比为 18.8%，小孔(孔径 0.008～0.1 μm)占比为 59.4%，中孔以上(孔径>0.1 μm)占比为 21.8%。微孔和小孔占总孔隙的 78.2%，这些孔属瓦斯吸附和毛细管作用空间。根据压汞仪测定数据计算，煤样的孔隙率仅为 4.26%，每吨煤的孔隙容积约为 0.032 $m^3$，其中微孔为 0.006 $m^3$、小孔为 0.019 $m^3$、大孔为 0.007 $m^3$。煤系地层主要岩石的孔隙率一般都较低，测定结果见表 2-3-3。

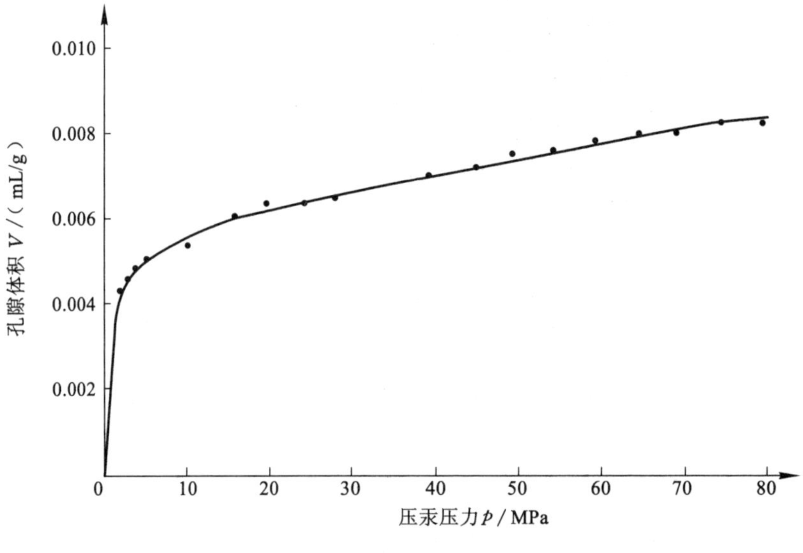


图 2-3-6 3# 煤层煤样压汞测定孔隙分布

**表 2-3-3 岩石工业分析和孔隙体积**

| 岩样名称 | $M_{ad}$ /% | $A_{ad}$ /% | $V_{daf}$ /% | $\rho$ /(t/$m^3$) | $\rho'$ /(t/$m^3$) | $n$/% | $V_s$ /($m^3$/t) |
|---|---|---|---|---|---|---|---|
| 灰白色中砂岩 | 1.63 | 93.49 | 5.23 | 2.82 | 2.68 | 4.96 | 0.019 |
| 灰白色粗砂岩 | 0.67 | 97.40 | 2.02 | 2.69 | 2.52 | 6.32 | 0.025 |
| $K_4$ 灰岩 | 0.47 | 60.48 | 33.49 | 2.84 | 2.76 | 2.82 | 0.010 |

表 2-3-3(续)

| 岩样名称 | $M_{ad}$ /% | $A_{ad}$ /% | $V_{daf}$ /% | $\rho$ /(t/m³) | $\rho'$ /(t/m³) | $n$/% | $V_s$ /(m³/t) |
|---|---|---|---|---|---|---|---|
| 黑色页岩 | 1.56 | 88.64 | 8.82 | 2.72 | 2.58 | 5.15 | 0.020 |
| 灰黑色砂页岩 | 1.18 | 81.24 | 17.05 | 2.74 | 2.73 | 0.36 | 0.006 |
| $K_3$ 灰岩 | 0.77 | 60.21 | 36.87 | 2.79 | 2.78 | 0.36 | 0.004 |
| 灰色细砂岩 | 0.87 | 88.03 | 9.31 | 2.74 | 2.68 | 2.19 | 0.008 |
| 浅灰色细砂岩 | 2.70 | 87.64 | 90.4 | 2.83 | 2.43 | 14.13 | 0.058 |
| $K_2$ 灰岩 | 0.30 | 73.13 | 24.70 | 2.90 | 2.76 | 4.83 | 0.018 |
| 灰黑色砂页岩 | 0.85 | 83.89 | 13.62 | 2.67 | 2.62 | 1.87 | 0.007 |

注:表中 $M_{ad}$为分析水分,$A_{ad}$为分析灰分,$V_{daf}$为可燃基挥发分,$\rho$ 为岩石密度,$\rho'$为岩石视密度,$n$ 为空隙率,$V_s$为孔隙容积。

各类岩石岩样孔隙容积按孔隙直径大小分为两类:孔径小于 0.05 μm 的称扩散孔,孔径大于 0.05 μm 的称渗透孔。各类孔的容积及其所占的比率见表 2-3-4。

表 2-3-4　岩样孔隙分布情况

| 岩石名称 | 孔隙容积/(m³/t) | | | | |
|---|---|---|---|---|---|
| | 总容积 | 其中 | | | |
| | | 扩散孔 | 占有率/% | 渗透孔 | 占有率/% |
| 灰白色中砂岩 | 0.090 | 0.007 | 36.84 | 0.012 | 63.16 |
| 灰白色粗砂岩 | 0.025 | 0.006 | 24.00 | 0.019 | 76.00 |
| $K_4$ 灰岩 | 0.010 | 0.003 | 30.00 | 0.007 | 70.00 |
| 黑色页岩 | 0.020 | 0.007 | 35.00 | 0.013 | 65.00 |
| 灰黑色砂页岩 | 0.006 | 0.003 | 50.00 | 0.003 | 50.00 |
| $K_3$ 灰岩 | 0.004 | 0.001 | 25.00 | 0.003 | 75.00 |
| 灰色细砂岩 | 0.008 | 0.002 | 20.00 | 0.006 | 80.00 |
| 浅灰色细砂岩 | 0.058 | 0.020 | 34.48 | 0.038 | 65.52 |
| $K_2$ 灰岩 | 0.018 | 0.003 | 16.67 | 0.015 | 83.33 |
| 灰黑色砂页岩 | 0.007 | 0.002 | 28.57 | 0.005 | 71.43 |

#### 2.3.3.2　结构微观解释

煤是一种典型的多孔介质,煤的孔隙系统是瓦斯吸附和流动的主要场所,其中纳米级孔隙以瓦斯吸附和扩散为主,微米级孔隙以瓦斯渗流为主。煤粒瓦斯放散包含解吸、扩散和渗流 3 个过程:甲烷分子在煤孔隙表面的吸附属于物理吸附,瓦斯吸附/解吸这一步骤所需时间非常短,可视为一个瞬间的过程;解吸后的瓦斯通过在纳米级孔隙中的扩散运动和在微米级孔隙中渗流运动放散至外部空间。

在构造作用下,煤的孔隙系统变得更为发育,尤其对于中孔及大孔范围内的孔隙,微米级孔隙的发育使得瓦斯在煤体中的渗流过程更为通畅,微米级孔隙中瓦斯的快速渗流促进纳米级孔隙中瓦斯的扩散速度提高。这一变化打破了瓦斯吸附-解吸平衡，导致瓦斯快速解吸的发生，最终造成了构造煤在瓦斯放散初期解吸速度的急剧增加。微米级孔隙作为瓦斯渗流过程的主要通道，对瓦斯解吸速度的制约作用明显。原生煤的孔隙连通性较好，但中孔、大孔的缺乏严重影响了其瓦斯解吸速度，这也导致了原生煤趋近极限瓦斯解吸量需要更长的时间。

### 2.3.4 煤的孔隙特征的影响因素

煤岩学特征对煤中孔隙分布的影响较为强烈，煤中的孔隙率随着煤级的升高呈高—低—高的变化规律，煤岩镜质体反射率 $R_o$ 在 2%左右时孔隙率达到最小。煤岩镜质体反射率 $R_o$ 对煤岩孔隙的总孔容、总孔隙表面积及各个孔径段的孔隙比例也有影响：当 $R_o<1.3\%$ 时，亦即长焰煤的开始阶段，煤岩的总孔容急剧减小，总比表面积不断增加，大孔的总孔容和总比表面积都急剧减小，而在这一阶段中，中孔、过渡孔和微小孔的孔容和孔比表面积都逐渐增加，说明如果成岩作用以压实和热力作用为主，那么煤发生变质时原始粒间孔就会不断地减小；$R_o=1.3\%$ 是煤化作用的一个转折点，在该处发生煤化作用的第二次跃变，煤岩也从肥煤变质为焦煤，因此，该转折点的前后煤岩孔隙分布特征及形态都有显著的不同；当 $1.3\%<R_o\leqslant 2.5\%$ 时，也就是由烟煤变质为无烟煤阶段，煤岩的总孔容和总比表面积都增大，并且达到极值，而与此同时，大孔的孔容和比表面积表现出比较缓慢的下降趋势，煤中仍然存在植物组织残留孔，中孔和微孔的孔容和比表面积都达到极值；当 $R_o>2.5\%$ 时，即发生第三次跃变之后，进入该阶段煤岩的生烃能力显著下降，在高温高压的作用下发生大规模的聚合作用，导致煤岩的各类孔隙进一步减小，并且新的气孔生成也比较微弱，致使煤岩的总孔容和总比表面积都在减小，并且各个孔径段的孔容和比表面积也都在减小。

煤中部分伴生的强黏结性物质的吸附和大分子含氧官能团同烷基侧链的消去与填充使得微小孔隙变少，但是随着变质程度的增加，煤岩成烃演化过渡到高成熟阶段，由于高温的作用液态烃会大量减少，沥青质和胶质也将逐渐减少，以至于填充作用减弱，同时由于芳环的缩合会产生新的微孔，从而使得孔容和孔比表面积有一个回升。在褐煤中，不同孔径段的孔隙分布比较均匀；到了长焰煤阶段，大孔及中孔所占比例就明显地减少，相应的微孔比例会增加很多；中等变质程度的烟煤中，大孔和微小孔所占比例较大，而中孔所占比例会低很多；到无烟煤阶段，微小孔的比例会很大。随着煤级的升高微小孔的体积占总孔容的比例呈增加趋势，但是这并不能说明微孔的体积值就随着煤级的升高而不断增加。通过对比数据发现：煤样反射率在 0.60%～2.30%时，随着煤级的升高各孔径段体积都不断地减小，而微小孔体积的变化趋势较大、中孔的较慢，才使得微孔的比例不断增加；煤岩反射率在 2.30%～3.43%时，纳米级热成因孔不断增加，才使得微孔的体积不断增大。所以得出结论：在中低变质程度阶段，随着煤岩反射率的增大，煤岩总比表面积是逐渐减小的，而到变质程度较高的无烟煤阶段，煤岩总比表面积又开始增加，并且，比表面积的极小值位于烟煤和无烟煤的交界处。

同时，在煤级相似的条件下，煤岩的三大显微组分特征将密切影响着它的孔隙结构，不同显微组分煤孔隙的发育程度及其孔隙类型都各不相同。比如镜质组中的孔隙就比较发育，并且由于其中的植物胞腔保存得比较完整，因此孔隙孔径一般比较小，常常以过渡孔和微孔为主，如果煤样的镜质组含量较高，那么该煤样对甲烷的吸附储集能力也较强，所以它的孔比表面积也较大，表现出的吸附能力也就较强；惰质组中则以中孔和大孔所占比例较高，并且当大部分植物胞腔未被丝质体或半丝质体充填时，这一现象尤其明显，致使煤样孔比表面积相对较小，最终使得对瓦斯的吸附性能减弱；在壳质组中虽然也含有一定量保存较好的植物胞腔，但是数量已经很少，即使它们能保存下来，其孔隙也很不发育，而且树皮体的胞腔已经被矿物质所填充，所以也基本不存在孔隙，这就使得各孔径段孔隙在壳质组中都不甚发育，所以一般情况下壳质组对煤样孔容的贡献不大。所以，在煤样中如果含有较多镜质组就会有很大的比表面积，从而也会吸附较多的瓦斯；如果煤样中含有较多的惰质组，那么，该煤样就会有较多的渗流孔隙，因此会有利于瓦斯在煤岩中的运移，从而有利于对瓦斯的开采；而壳质组则对瓦斯的储集和运移没有较大的影响。煤岩有机组分的含量还会影响煤孔隙的分形维数，如果煤样的变质程度相同，则煤岩成分越复杂者分形维数也就越大，比如煤岩成分较为简单的镜煤和烛煤，它们的分形维数就比较小，只有 2.72 左右，相对而言暗煤的煤岩组分就复杂很多，所以它的分形维数也就相对较大，可以达到 2.91 左右，中变质程度的烟煤分形维数要大于低变质程度的褐煤以及高变质程度的无烟煤。

## 2.4　煤的瓦斯吸附、解吸性能

### 2.4.1　煤对瓦斯的吸附特性及其影响因素

煤是一种富含裂隙和孔隙的非均质多孔介质，瓦斯主要以游离态（游离瓦斯）和吸附态（吸附瓦斯）赋存在煤体中[23-24]。游离瓦斯主要存在于煤的大孔、裂隙之中，其特性服从气体状态方程，大孔和裂隙的体积及瓦斯压力决定其含量的多少。吸附瓦斯又可分为两类：一类为吸附在孔隙表面的瓦斯，孔隙的表面积和瓦斯压力决定其含量；另一类则是以固溶体形式存在于煤分子之间的空间、晶体的芳香层缺陷内或芳香族碳的晶体内。瓦斯在煤体中的赋存状态及分布情况见表 2-4-1。

**表 2-4-1　煤层瓦斯赋存状态及分布**

| 瓦斯赋存位置 | 瓦斯赋存状态 | 瓦斯体积占比/% |
| --- | --- | --- |
| 裂隙和大孔隙 | 游离 | 5～12 |
| 块间间隙 | 吸附 | 8～12 |
| 侧基的分子空间 | 吸附（固溶体） | 75～80 |
| 微晶芳香层的缺陷区 | 替代式固溶体 | 1～5 |
| 芳香族的微晶中 | 填隙式固溶体 | 5～12 |

煤层中的游离瓦斯和吸附瓦斯是可以相互转化的：当外界压力降低时，吸附态瓦斯会解吸变为游离瓦斯；而当外界压力升高时，则游离态瓦斯可被吸附在煤中而变为吸附瓦

斯。在原始煤体中，游离瓦斯和吸附瓦斯始终处于动平衡状态。

天然煤层孔隙裂隙中存在着大量的瓦斯，孔隙是煤体吸附大量瓦斯的主要储存空间，而裂隙是游离态瓦斯主要的流动通道。吸附态瓦斯和孔隙组成了孔隙系统，游离态瓦斯和裂隙组成了裂隙系统。因此，天然煤体是由煤岩固体骨架、吸附态瓦斯和游离态瓦斯构成的类三相体。它们三者之间的关系可以用图 2-4-1 表示。

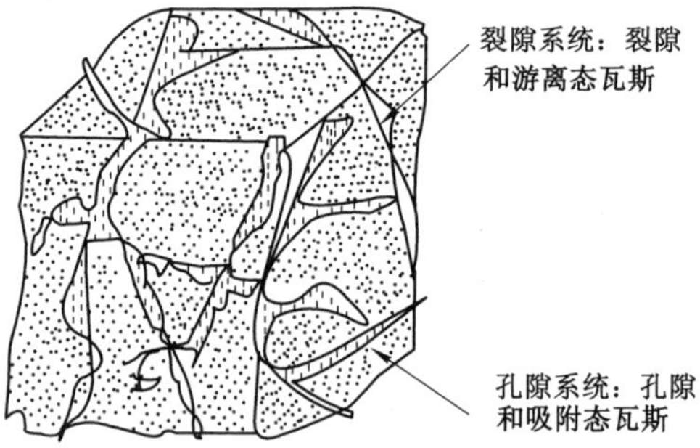


图 2-4-1　煤与瓦斯结构模式

煤层中瓦斯主要以吸附态、游离态存在，关于煤对瓦斯吸附规律国内外进行了大量的研究，普遍认为：煤是具有较大内表面积的多孔介质，具有吸附气体的能力且煤吸附气体属于物理吸附过程；瓦斯与煤体表面之间靠范德瓦尔斯力相互作用，煤层中的瓦斯主要是在范德瓦尔斯力的作用下以物理吸附的状态赋存于煤体表面，由于煤与瓦斯气体分子之间存在吸附势，煤体孔隙中的游离气体分子在吸附势的作用下，由自由态转变为吸附态，排列在煤体分子的表面。当吸附势降低或者瓦斯气体分子能量增大时，吸附态的气体分子克服煤体分子表面的吸附势重新变成游离态的气体分子，其中压力、温度和表面积大小是影响单位煤体内吸附瓦斯量多少的主要因素。由于煤的瓦斯吸附是一个物理过程，所以其过程可逆。

大量实验研究表明，吸附现象的典型吸附等温线可分为 5 种类型(如图 2-4-2 所示)，吸附等温线的类型可以反映吸附剂的孔分布性质和表面性质，同时也表征了吸附质与吸附剂之间的相互作用。

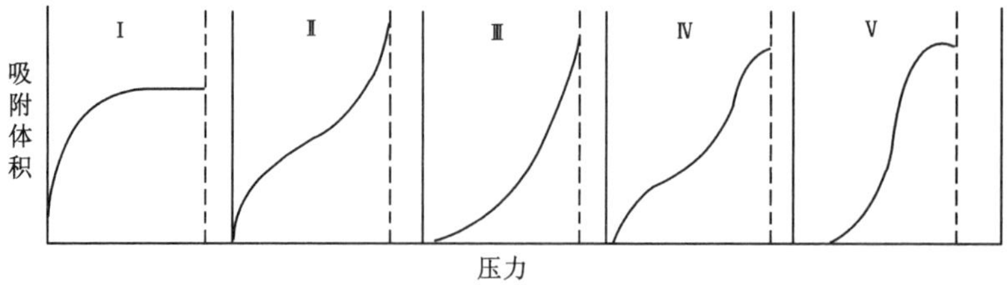


图 2-4-2　等温吸附线类型

其中类型Ⅰ主要表示单分子层的物理吸附，类型Ⅱ表示在低压状态下形成单分子层吸附，而在高压状态下产生多分子层吸附甚至出现毛细凝聚现象；类型Ⅲ主要表示多分子层吸附模型，首先随着压力增加吸附量随之逐渐增加，随着压力超过多分子层吸附极限，开始出现毛细凝聚，并最终达到吸附饱和；类型Ⅳ表示在低压力状态下为单分子层吸附，随着压力增加出现毛细凝聚，并最终达到吸附饱和；类型Ⅴ主要表示在低压力状态下为多分子层吸附，随着压力增加并超过多分子层吸附极限，即出现毛细凝聚并最终达到吸附饱和。

根据典型吸附等温线的形态，提出了煤与瓦斯的相关吸附理论。一般认为煤对甲烷的吸附等温线符合朗缪尔单分子层吸附方程，即：

$$Q = \frac{abp}{1 + bp} \tag{2-4-1}$$

式中　$Q$——给定温度下甲烷气体含量，$m^3/t$；

$p$——吸附平衡时甲烷气体压力，MPa；

$a(m^3/t)$、$b(MPa^{-1})$——煤对甲烷气体的等温吸附常数。

但也有一些研究认为，煤对甲烷吸附并不都符合朗缪尔方程，有相当一部分符合弗兰德里希等温吸附方程（简称费氏方程），即：

$$Q = Kp^{\frac{1}{n}} \tag{2-4-2}$$

式中　$K$、$n$——费氏吸附常数。

多分子层吸附理论是在朗缪尔单分子层吸附理论基础上的扩展，对于互不连续的分子层假定像单分子层那样处于动态平衡状态，并假设第一层分子间的吸附作用是气-固分子间的范德瓦尔斯力，第二层以外的吸附作用是气体分子之间的范德瓦尔斯力，属多层吸附，可表示为：

$$\frac{V}{V_m} = \frac{cx}{(1 + x)[1 + (c - 1)]}, x = p/p_0 \tag{2-4-3}$$

式中　$p$——气体压力，Pa；

$p_0$——饱和蒸气压，Pa；

$c$——与气体吸附热和凝结相关的常数。

在此基础上又进一步提出了微孔填充理论，认为吸附不是对微孔容积的表面覆盖而是对微孔容积的填充。根据微孔填充理论，可以利用吸附势函数来衡量吸附膜上任意点的吸附力所做的功，它可以用吸附量来表示，并可由气液平衡状态求得：

$$Q = Q_{max} \cdot \exp[-(A/E)^n] \tag{2-4-4}$$

$$A = RT \cdot \ln[n(p_s/p)] \tag{2-4-5}$$

式中　$Q_{max}$——饱和吸附容量，$cm^3/g$；

$E$——吸附特征能，J/mol；

$n$——吸附失去的自由度；

$p_s$——饱和蒸气压，Pa。

1969 年 Suwanayue 等提出了空位溶液理论，空位的定义是完全具有与吸附质分子同样大小的尺寸，占据着余下的吸附空间，其状态方程的推导依据是渗透平衡准则，吸附作用力可以利用渗透参数计算，最后得到分子筛系统的吸附等温线。利用活度分数代表空位和吸附质间交互作用，导出另一种形式的空位溶液理论，使方程形式及计算过程大大简化，当扩展到混合气体的吸附时也表现出一定的优越性；还有一些学者提出了超临界吸附理论，它源于波兰尼吸附位能理论的杜比宁方程描述气体及蒸汽在多孔吸附剂上的吸附行为，应用在活性炭上的吸附更加合适。

煤层吸附瓦斯能力主要依赖于煤基质的吸附性，煤吸附能力的高低取决于其物理化学结构、煤岩成分与显微组分、煤阶、灰分与水分含量等自身因素，同时，储层的温度、孔隙压力对煤的吸附性能也有较大的影响。

煤阶是影响煤的吸附能力的主要因素之一，通过吸附动力学理论和热力学理论分析了煤的吸附能力，认为随着变质程度增加，其吸附性呈现出先减小后增加的“U”形变化特征。

水分能降低煤的吸附能力，因此水分是影响煤吸附能力的主要因素之一。由于水在煤中与气体分子形成竞争吸附，并且水分导致煤的膨胀作用改变了煤孔隙的尺寸，同时使煤体内部的比表面积减小，因此，饱和水煤比干燥基煤的吸附量少得多。

煤是由煤颗粒组成，粒度也是影响煤吸附能力的主要因素之一。煤的粒度存在极限粒度，在极限粒度以内，煤的粒度越小，其比表面积越大，煤的吸附和放散越增强；煤的粒度在 0.096～0.15 mm 范围内时，煤吸附量随粒径的变小而增大。

煤岩成分与显微组分也是影响煤吸附特性的重要因素之一。煤由镜质组、惰质组、壳质组三类显微组分构成，高煤阶煤中富惰质组和富镜质组煤的吸附量相当；中煤阶煤中富惰质组煤的吸附量高于富镜质组煤；在煤的低中变质阶段，镜质组的吸附量比丝质体低且随变质程度的增高而呈现一种凹形曲线，在长焰煤—焦煤阶段，惰质组吸附量高于镜质组，在瘦煤—无烟煤阶段正好相反。

## 2.4.2 煤层吸附瓦斯机理与特征分析

### 2.4.2.1 煤对气体的吸附机理

固体对气体的吸附按其作用力的性质不同，可以分为两种类型：物理吸附和化学吸附[25]。物理吸附时，固体表面与气体之间为范德瓦尔斯力，物理吸附与气体在固体表面凝聚(结)相似，吸附时放出的吸附热较小，一般为汽化潜热的 30%～50%，物理吸附是可逆的。化学吸附时，在固体表面上，固体分子和气体分子之间发生了电子传递或原子重排，形成了化学吸附键，其吸附热近似于化学反应的热效应，一般比物理吸附热大十至几十倍，化学吸附是不可逆的。

煤是由碳原子构成的有机固体，煤体相内的碳原子被四周的碳原子吸引，处于力的平衡状态，当煤孔隙表面形成，则表面的碳原子至少有一侧是空的，因而出现受力不平衡(煤具有了表面自由能)，当孔隙中存在甲烷分子时，甲烷分子就被煤的表面所吸附。

### 2.4.2.2 煤对气体吸附模型

当前，在研究煤对气体吸附时，以朗缪尔单分子层吸附模型应用最为普遍。该模型是由朗缪尔于 1918 年提出的，后来针对多组分单分子层吸附提出了扩展朗缪尔方程[26]，如表 2-4-2所列。1938 年，由 Brunner、Emment、Teller 三人在单分子层吸附理论的基础上提出了多分子层吸附理论模型。1947 年，Dubinin 和 Radushkevich 提出了半经验方程，常用来表征微孔固体吸附体系，也称微孔填充理论，适合于孔径较小的物质，在煤的吸附研究中也有一定的应用。

**表 2-4-2 几种典型的吸附理论模型**

| 吸附理论 | 单组分单分子层吸附 | 多组分单分子层吸附 | 多分子层吸附 | 微孔充填理论模型 |
|---|---|---|---|---|
| 表达式 | $V=\frac{V_L \cdot p}{p_L+p}$ | $V=\frac{(V_m)_i b_i p_i}{1+\sum(b_i p_i)}$ | $\frac{p}{V(p-p_0)}=\frac{1}{V_m \cdot C}+\frac{C-1}{V_m \cdot C} \cdot \frac{p}{p_m}$ | $V=V\{^{-K(\frac{RT}{\beta}\ln\frac{p}{p_0})^2}\}$ |

在煤吸附研究中，许多学者结合不同的研究目的对吸附模型进行了讨论。刘常洪等曾对朗缪尔吸附模型的适应性进行了实验研究，认为不同的煤岩类型中，镜煤的等温吸附实验结果最为符合朗缪尔等温吸附曲线；不同煤级中，高煤级煤较中、低煤级煤的朗缪尔方程的拟合程度高。

2.4.2.3 煤对单组分气体的吸附特征

阳泉矿区主采煤层是 3# 和 15# 煤，对 3#、15# 煤样的 $CH_4$、$CO_2$、$N_2$ 吸附规律进行实验室模拟分析。

(1) 对 $CH_4$ 的吸附规律

阳泉矿区煤样对 $CH_4$ 的吸附规律符合朗缪尔模型，如图 2-4-3 和图 2-4-4 所示。

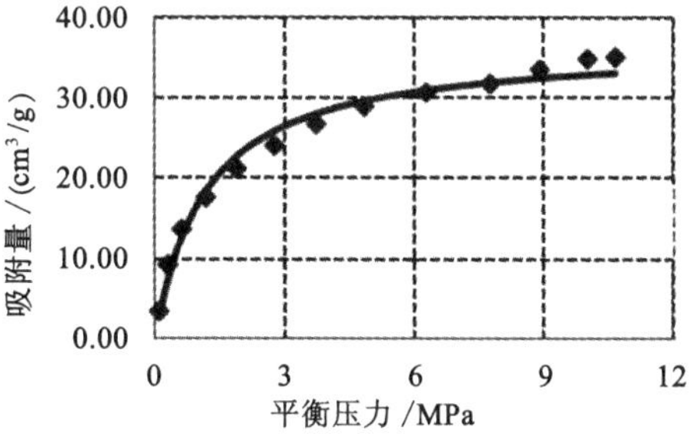


图 2-4-3 3# 煤对 $CH_4$ 的朗缪尔等温吸附曲线

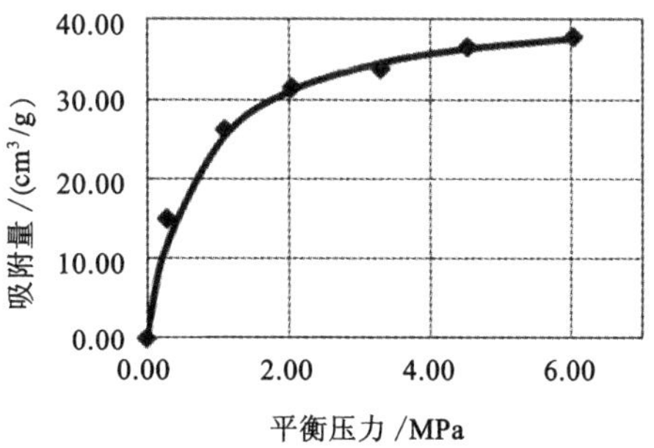


图 2-4-4 15# 煤对 $CH_4$ 的朗缪尔等温吸附曲线

从实验结果可以看出：3# 煤对 $CH_4$ 的吸附常数 $a=38.324\ 2\ m^3/t$，$b=0.758\ 7\ MPa^{-1}$；寺家庄 15# 煤对 $CH_4$ 的吸附常数 $a=41.152\ 3\ m^3/t$，$b=1.675\ 9\ MPa^{-1}$。阳泉矿区 15# 煤对 $CH_4$ 的吸附能力大于 3# 煤对 $CH_4$ 的吸附能力。

（2）对 $CO_2$ 的吸附规律

阳泉矿区煤样对 $CO_2$ 的吸附符合朗缪尔吸附模型，吸附曲线如图 2-4-5 和图 2-4-6 所示。

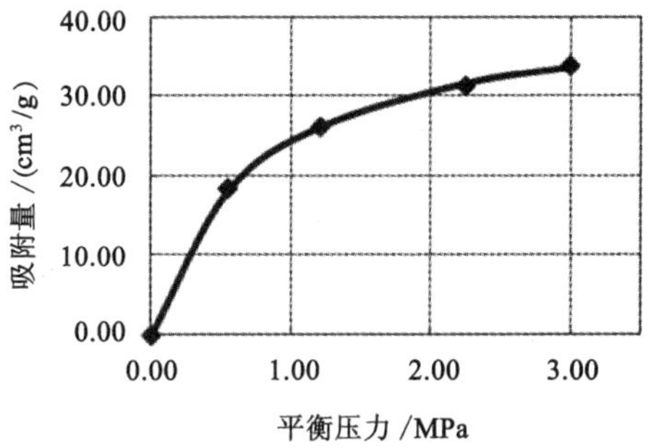


图 2-4-5　3# 煤对 $CO_2$ 的朗缪尔等温吸附曲线

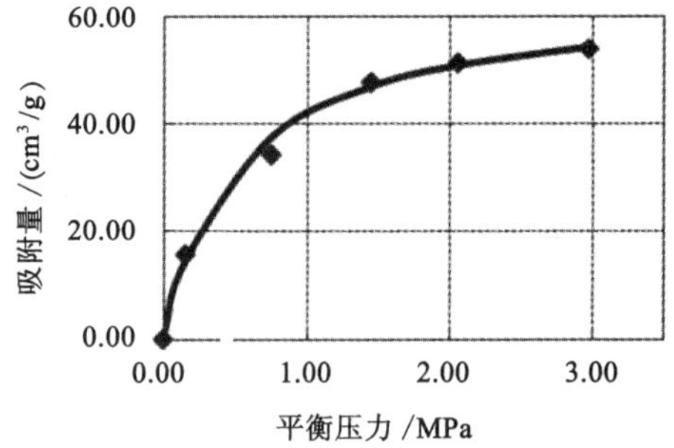


图 2-4-6　15# 煤对 $CO_2$ 的朗缪尔等温吸附曲线

从实验结果可以看出：3# 煤对 $CO_2$ 的吸附常数 $a=41.493\ 8\ m^3/t$，$b=1.401\ 2\ MPa^{-1}$；15# 煤对 $CO_2$ 的吸附常数 $a=63.694\ 3\ m^3/t$，$b=1.914\ 6\ MPa^{-1}$。阳泉矿区 15# 煤对 $CO_2$ 的吸附能力同样大于 3# 煤的吸附能力。

（3）对 $N_2$ 的吸附规律

阳泉矿区 3# 煤样对 $N_2$ 的吸附符合朗缪尔吸附模型，吸附曲线如图 2-4-7 所示。

从实验结果可以看出：3# 煤对 $N_2$ 的吸附常数 $a=16.583\ 7\ m^3/t$，$b=0.456\ 1\ MPa^{-1}$。

（4）对单组分气体吸附解吸的对比分析

阳泉矿区 3# 煤对 $CO_2$、$CH_4$、$N_2$ 单一气体组分的吸附规律对比分析如图 2-4-8 所示。

3# 煤对 $CO_2$、$CH_4$、$N_2$ 的吸附常数分别为 $a_{CO_2}=41.493\ 8\ m^3/t$，$a_{CH_4}=38.324\ 2\ m^3/t$，$a_{N_2}=16.583\ 7\ m^3/t$。所以，3# 煤对 $CH_4$、$CO_2$、$N_2$ 吸附的朗缪尔吸附体积 $V_L$ 的大小顺序为 $V_{LCO_2}>V_{LCH_4}>V_{LN_2}$，这与其分子间的范德瓦尔斯力的顺序一致，即 $Q(CO_2)>Q(CH_4)>Q(N_2)$。

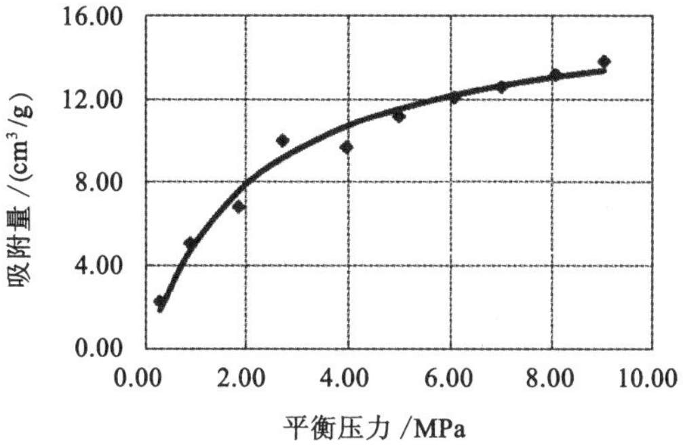


图 2-4-7 3# 煤对 $N_2$ 的朗缪尔等温吸附曲线

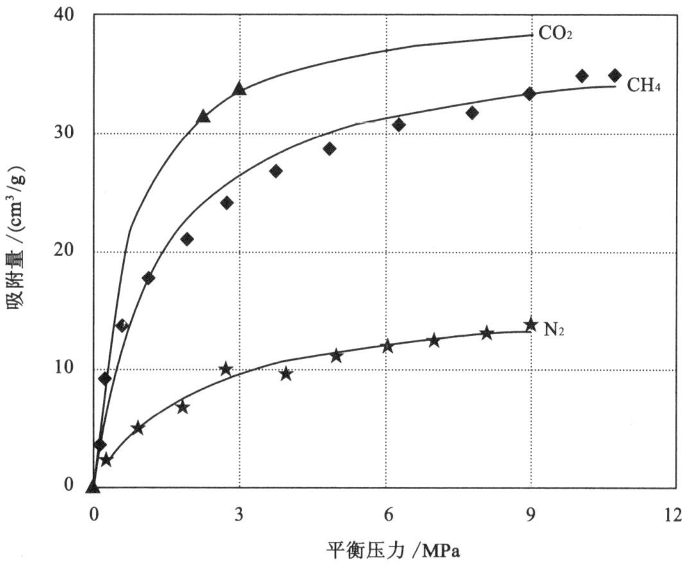


图 2-4-8 3# 煤对 $CH_4$、$CO_2$、$N_2$ 的朗缪尔等温吸附曲线

2.4.2.4 对多组分气体的吸附特征分析

研究 $CH_4$、$CO_2$、$N_2$ 混合气体在“平等竞争”(即不同浓度配比的混合气体进行竞争吸附)的条件下各种气体竞争吸附-解吸特性,掌握阳泉煤样多元混合气体竞争吸附机制。

(1) 二元混合气体 $CH_4$-$N_2$ 吸附-解吸实验

实验分别进行了 3# 煤对 30%$CH_4$ +70%$N_2$、50%$CH_4$ +50%$N_2$、80%$CH_4$ +20%$N_2$ 三种混合气体的吸附实验,其结果如图 2-4-9～图 2-4-12 所示,数据对比如表 2-4-3所列。

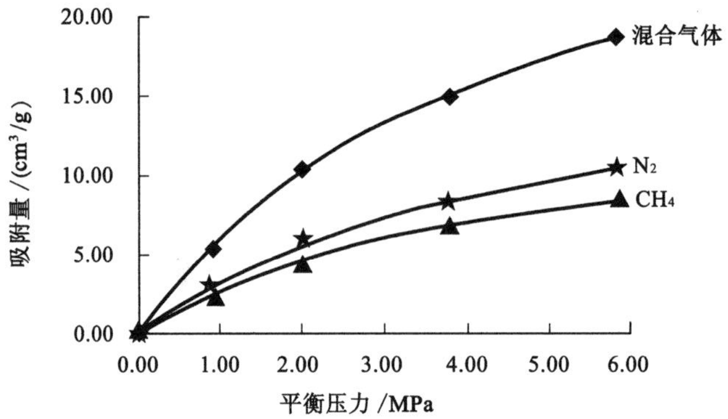


图 2-4-9　30%$CH_4$+70%$N_2$ 二元混合气体等温吸附曲线

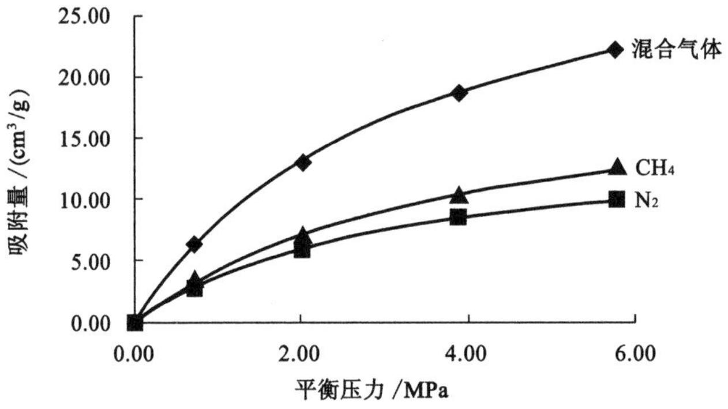


图 2-4-10　50%$CH_4$+50%$N_2$ 二元混合气体等温吸附曲线

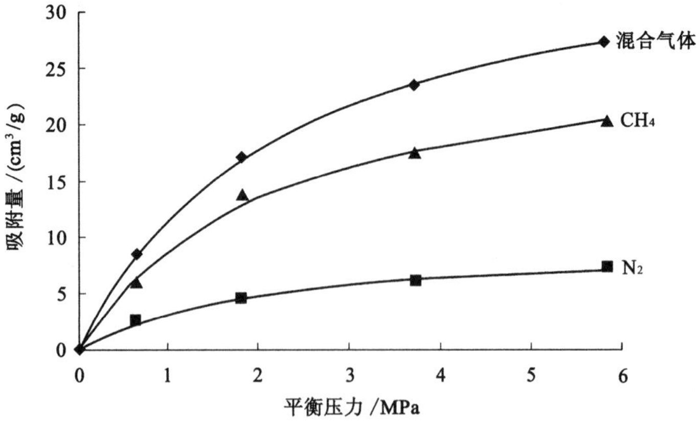


图 2-4-11　80%$CH_4$+20%$N_2$ 二元混合气体等温吸附曲线

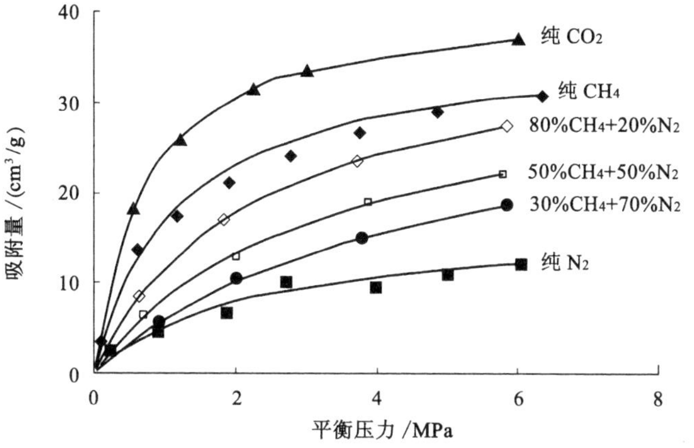


图 2-4-12　混合气体、纯气体总量等温吸附曲线

**表 2-4-3　单一气体、$N_2+CH_4$ 混合气体等温吸附常数**

| 气体种类 | $CH_4$ | $CO_2$ | $N_2$ | $30\%CH_4+70\%N_2$ | $50\%CH_4+50\%N_2$ | $80\%CH_4+20\%N_2$ |
|---|---|---|---|---|---|---|
| $a/(m^3/t)$ | 38.324 2 | 41.493 8 | 16.583 7 | 33.112 6 | 34.013 6 | 38.022 8 |
| $b/MPa^{-1}$ | 0.758 7 | 1.401 2 | 0.456 1 | 0.220 3 | 0.318 5 | 0.441 3 |

分析实验结果可知：

① 各组分的混合气体等温吸附特性都很好地符合了朗缪尔吸附模型。

② $CH_4$ 和 $N_2$ 混合气体的吸附总量曲线，介于两种纯气体的吸附总量曲线之间。

③ 混合气体中 $CH_4$ 浓度越高，则混合气体的吸附曲线越接近于纯 $CH_4$ 吸附曲线，吸附常数 $a$ 值和 $b$ 值越大。

④ $CH_4$ 和 $N_2$ 的混合配比为 1∶1 时，$CH_4$ 吸附量大于 $N_2$ 的吸附量；$CH_4$ 和 $N_2$ 的混合配比为 3∶7 时，$CH_4$ 吸附量小于 $N_2$ 的吸附量。这说明混合气体中各组分的吸附量不仅取决于其吸附能力的大小，还取决于其在混合气体中所占的浓度比例或分压。

(2) 二元混合气体 $CH_4$-$CO_2$ 吸附-解吸实验

实验分别进行了阳泉矿区 3# 煤对 $80\%CH_4+20\%CO_2$、$70\%CH_4+30\%CO_2$、$60\%CH_4+40\%CO_2$ 三种混合气体的吸附实验，其结果如图 2-4-13～图 2-4-16 所示，数据对比如表 2-4-4所列。

**表 2-4-4　单一气体、$CO_2+CH_4$ 混合气体等温吸附常数**

| 气体种类 | $CH_4$ | $CO_2$ | $N_2$ | $20\%CO_2+80\%CH_4$ | $30\%CO_2+70\%CH_4$ | $40\%CO_2+60\%CH_4$ |
|---|---|---|---|---|---|---|
| $a/(m^3/t)$ | 38.324 2 | 41.493 8 | 16.583 7 | 29.498 5 | 30.303 0 | 27.173 9 |
| $b/MPa^{-1}$ | 0.758 7 | 1.401 2 | 0.456 1 | 1.111 5 | 0.921 8 | 1.514 4 |

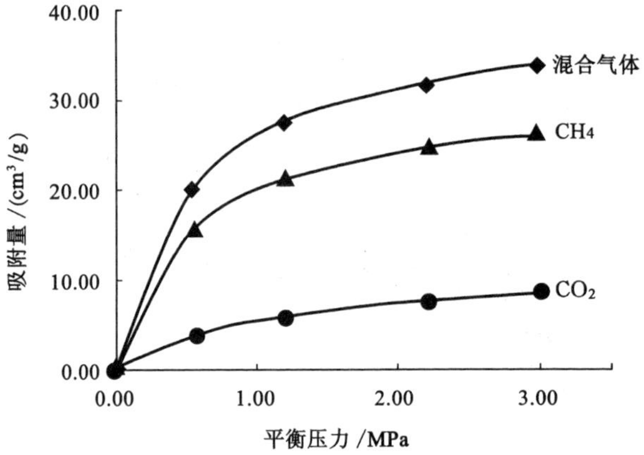


图 2-4-13　20%$CO_2$+80%$CH_4$ 二元混合气体等温吸附曲线

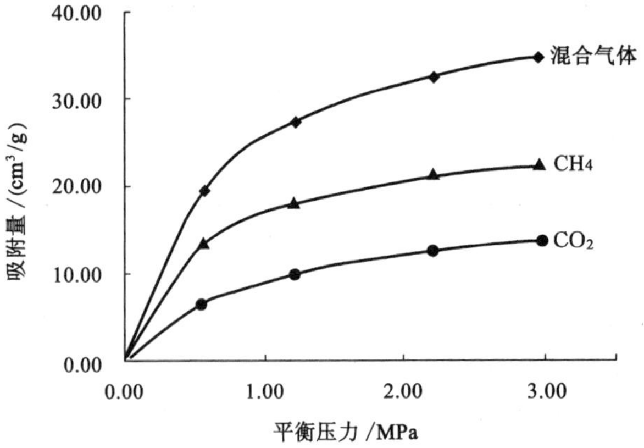


图 2-4-14　30%$CO_2$+70%$CH_4$ 二元混合气体等温吸附曲线

分析可知：

① 混合气体中 $CO_2$ 的吸附仍遵从朗缪尔吸附规律，但 $CH_4$ 的吸附已经偏离朗缪尔吸附曲线。这可由图 2-4-15 看出，煤对 $CH_4$ 和 $CO_2$ 的混合气体吸附时，$CH_4$ 的吸附曲线发生了变化，不再是随着吸附压力的增高而增大并趋于平衡，而是出现了突然变平的趋势。进一步的研究发现这种现象随着混合气体中 $CH_4$ 比例的减小而趋于明显，当 $CH_4$ 的比例降到 15%时，甚至出现了混合气体中 $CH_4$ 曲线下降的现象。这说明，随着 $CO_2$ 比例的提高，由于 $CO_2$ 相对于 $CH_4$ 有较强的吸附能力，表面出现对煤表面吸附位的激烈竞争，影响到 $CH_4$ 对吸附位的占据，使得 $CH_4$ 吸附量随着压力上升而增加的特征受到很大的压抑。这一点与 $CH_4$+$N_2$ 混合气体中 $N_2$ 对 $CH_4$ 吸附特征的影响是截然不同的。

② $CH_4$、$CO_2$ 混合气体的总量等温吸附曲线总位于 $CH_4$ 和 $CO_2$ 单组分等温吸附曲线之间，与 $CH_4$ 单组分吸附曲线接近。

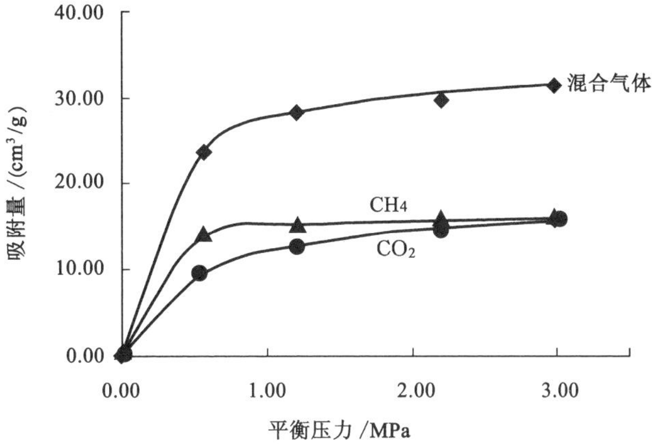


图 2-4-15　40%$CO_2$+60%$CH_4$ 二元混合气体等温吸附曲线

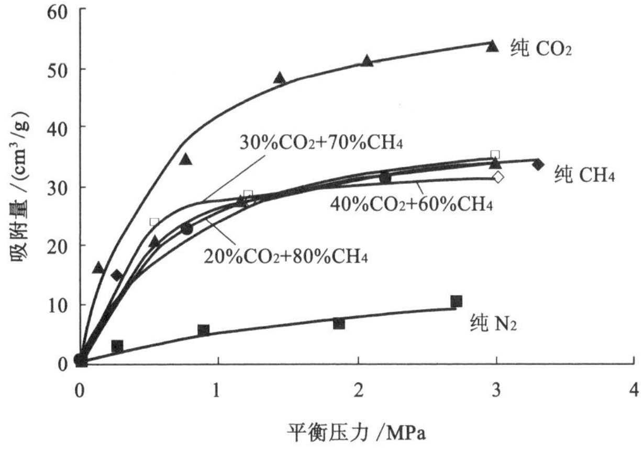


图 2-4-16　混合气体、纯气体总量等温吸附曲线

③ 随着 $CO_2$ 浓度配比增大，混合气体的吸附常数 $a$ 值呈增大趋势，但 $CO_2$ 浓度大于 40%后，吸附常数 $a$ 值却有所下降。这是由于 $CO_2$ 影响了 $CH_4$ 的吸附性能。

## 2.4.3　煤的瓦斯解吸性能

煤体是一种优良的吸附剂，煤层具有较强吸附甲烷气体的能力，因此煤层中瓦斯的含量远远大于孔隙和裂隙中瓦斯含量。煤层吸附甲烷气体的方式分为化学吸附和物理吸附。化学吸附是由共价键引发，发生电子转移，是不可逆过程；物理吸附是由范德瓦尔斯力和静电力引起，不发生电子转移，吸附速度快，是可逆的过程。煤体与甲烷之间的吸附作用产生一定的热量，同时原来吸附在煤体表面的气体重新回到自由游离状态，这一过程称为解吸。可见煤体对甲烷气体的吸附和解吸是同时进行的，在一定条件下两者达到一定的平衡状态。外界温度、压力或者作业条件的改变都会对煤体的吸附-解吸平衡产生影响，平衡状态被打破，吸附-解吸过程重新开始，经过一段时间后又达到新的平衡，这样的过程一直伴随着煤体的形成和整个开采过程[27-28]。大量的实验和理论研究证实，煤的等温解吸与其等温吸附曲线是基本相同的，是物理的可逆过程，符合朗缪尔等温吸附模型。因此，根据煤的朗缪尔等温吸附曲线可以描述煤层瓦斯的解吸过程，同样也可以在等温条件下根据解吸曲线来描述其吸附过程。

2.4.3.1　不同突出煤体瓦斯解吸特征

工作面受相同机械功后，受功煤体的平均粒径越小则煤体越软。通过对同一煤质、不同粒径、相同吸附压力下瓦斯自然解吸存在的差异来分析不同突出煤体瓦斯解吸特征的差异。利用经典乘幂关系对解吸数据进行拟合，结果如图 2-4-17、图 2-4-18 所示。

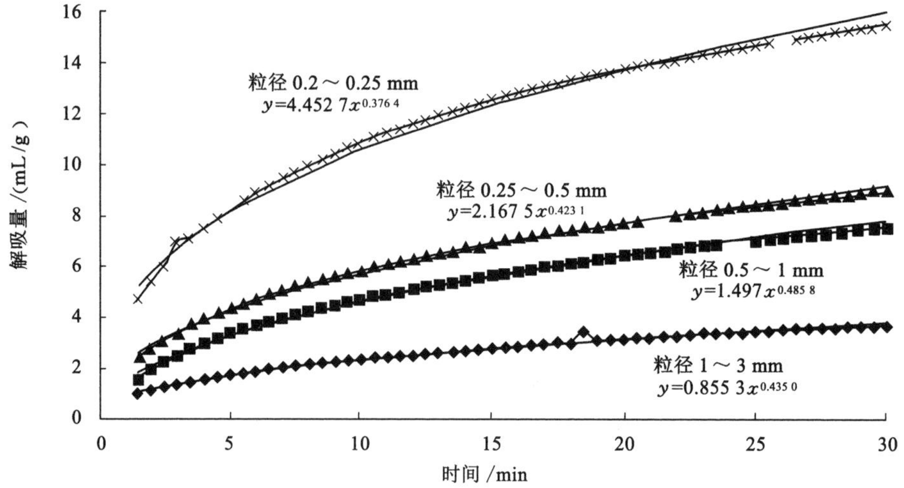


图 2-4-17　不同粒径煤体瓦斯解吸量规律图

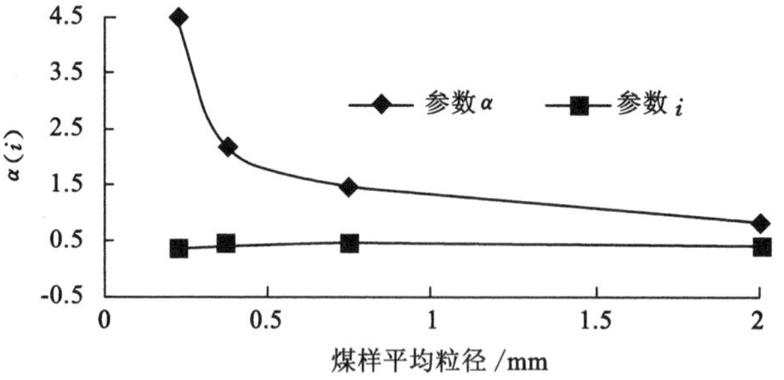


图 2-4-18　不同粒径煤样瓦斯解吸量特征参数变化图

可见，同一煤质、不同粒径、相同吸附压力下瓦斯自然解吸的差异主要表现在瓦斯解吸初始量 $\alpha$ 以及瓦斯解吸衰减参数 $i$ 上，其中煤样粒径越小，瓦斯解吸初始量 $\alpha$ 参数也就越大，变化较为明显，规律性极强，而瓦斯解吸衰减参数的变化则不明显，并且变化的规律性也不强，见表 2-4-5。

**表 2-4-5　不同粒径煤样的瓦斯解吸量特征参数**

| 粒径/mm | $\alpha$ | $\alpha$ 变化量 | $i$ | $i$ 变化量 |
|---|---|---|---|---|
| 1～3 | 0.855 3 | | 0.435 0 | |
| 0.5～1 | 1.497 0 | 0.641 7 | 0.485 8 | 0.050 8 |
| 0.25～0.5 | 2.167 5 | 0.670 5 | 0.423 1 | −0.062 7 |
| 0.2−0.25 | 4.452 7 | 2.285 2 | 0.376 4 | −0.046 7 |

同时对同一煤质、不同粒径、相同吸附压力下不同突出煤体瓦斯解吸速度衰减的特征进行分析。利用经典乘幂关系对解吸数据进行拟合，结果如图 2-4-19 所示。

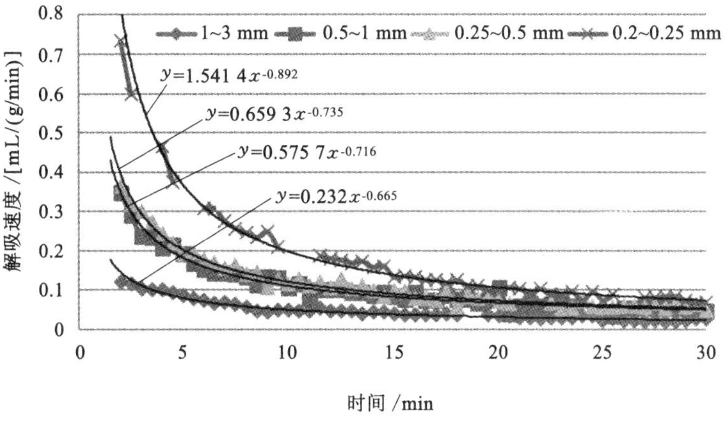


图 2-4-19　不同粒径瓦斯解吸量特征参数变化图

可见，对于同一煤质、不同粒径、相同吸附压力下瓦斯解吸速度衰减特征瓦斯自然解吸初速度特征参数 $v_0$ 以及瓦斯解吸速度衰减参数 $K_t$，煤样粒径越小，瓦斯解吸初速度特征参数 $v_0$ 以及瓦斯解吸速度衰减参数 $K_t$ 越大，其中 $v_0$ 变化幅度更大，如图 2-4-20 所示。

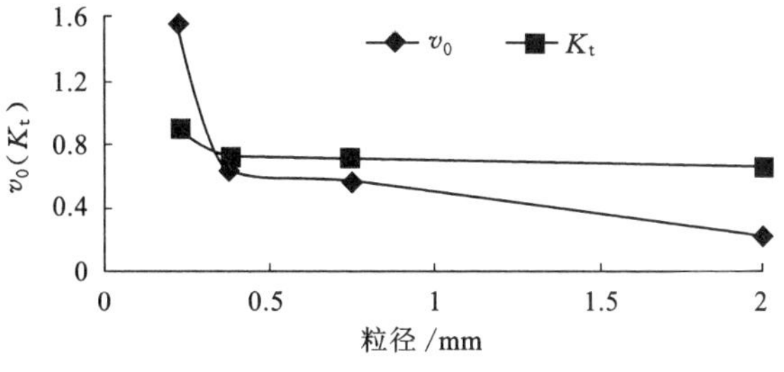


图 2-4-20　不同粒径瓦斯解吸参数变化图

2.4.3.2　瓦斯解吸特征的影响因素

掘进面瓦斯涌出解吸特征主要与煤体吸附特性、可解吸瓦斯含量、煤体暴露面积以及煤体渗透性有关。

(1) 煤体的吸附特性

吸附理论认为单位暴露面积的煤体解吸速度与煤体的吸附特性有密切的关系。在其他条件基本稳定的情况下，煤体对瓦斯气体的吸附特性主要是指煤体对瓦斯气体的极限吸附量以及煤体对瓦斯气体的脱附活化能。煤体的极限吸附量或脱附活化能越大，煤体的吸附能力可能越强，越不容易发生解吸现象，解吸初始量也就越小，峰值现象也就越不明显。但是在井下生产现场，同一工作面，同一区域甚至是同一煤层，煤体整体的变质程度相差不大，因此可以认为在井下生产现场煤体的吸附特性对煤体瓦斯解吸速度的影响十分微小。

(2) 煤体可解吸瓦斯含量

根据朗缪尔理论以及煤体水分与灰分对瓦斯吸附的影响，可得出单位面积煤体的解吸(瓦斯在煤体表面脱附速度与吸附速度之差)速度为：

$$v=\frac{k_{\mathrm{d}}\cdot(A_0+c)}{a}\left(1-\frac{k_{\mathrm{d}}}{a}\right)^t-c$$

$$=\frac{k_{\mathrm{d}}\cdot\left(\frac{abp}{1+bp}\cdot\frac{1}{1+0.31M_{\mathrm{ad}}}\frac{100-A_{\mathrm{ad}}-M_{\mathrm{ad}}}{100}+c\right)}{a}\left(1-\frac{k_{\mathrm{d}}}{a}\right)^t-c \tag{2-4-6}$$

$$v_0=\frac{k_{\mathrm{d}}\cdot(A_0+c)}{a}-c \tag{2-4-7}$$

式中　$A_0$——煤体表面对瓦斯的初始吸附量，mol；

$c$——巷道煤体对巷道内瓦斯吸附速度，mol/s；

$k_{\mathrm{d}}$——固体表面对气体分子的极限脱附速度，mol/s；

$t$——时间，s；

$a$——煤体饱和吸附量，$\mathrm{mol/cm^2}$；

$b$——与脱附活化能 $E_{\mathrm{d}}$ 相关的常数，$b=k\cdot\exp(-E_{\mathrm{d}}/RT)$；

$v$——单位面积煤体的解吸速度，$\mathrm{mol/(s\cdot cm^2)}$；

$v_0$——单位面积煤体的解吸初速度，$\mathrm{mol/(s\cdot cm^2)}$。

这之中 $c$ 远小于 $A_0$，可忽略不计。从上式来看，在煤体吸附特性变化不大的情况下，单位面积的煤体瓦斯解吸初速度 $v_0$ 与煤体表面的瓦斯初始吸附量呈正比关系。实验室数据表明一般都在 0.2～0.5。以新元公司 3# 煤层煤样数据为例，煤体的瓦斯含量从 8.17 $\mathrm{m^3/t}$增加到原始煤层瓦斯含量 16.07 $\mathrm{m^3/t}$，其瓦斯压力从 0.4 MPa 增加到 1.8 MPa，增加约 4.5 倍；解吸初速度从 1.34 $\mathrm{m^3/(t\cdot s)}$增加到 3.31 $\mathrm{m^3/(t\cdot s)}$，增加仅约 2.47 倍。再分别查看煤体瓦斯压力、瓦斯含量与煤体瓦斯解吸初速度之间的关系，如表 2-4-6、图 2-4-21和图 2-4-22 所示。

表 2-4-6　新元公司 3# 煤层煤样工业分析数据

| 序号 | 采样地点 | 吸附常数 | | 灰分 $A_{ad}$/% | 水分 $M_{ad}$/% |
|---|---|---|---|---|---|
| | | $a$/(mL/g) | $b$/$MPa^{-1}$ | | |
| 1 | 31003 胶带顺槽 850 m 处 | 30.707 7 | 1.471 6 | 10.44 | 1.05 |
| 2 | 北西回风返头 150 m 处 | 31.748 4 | 1.143 3 | 6.94 | 0.94 |

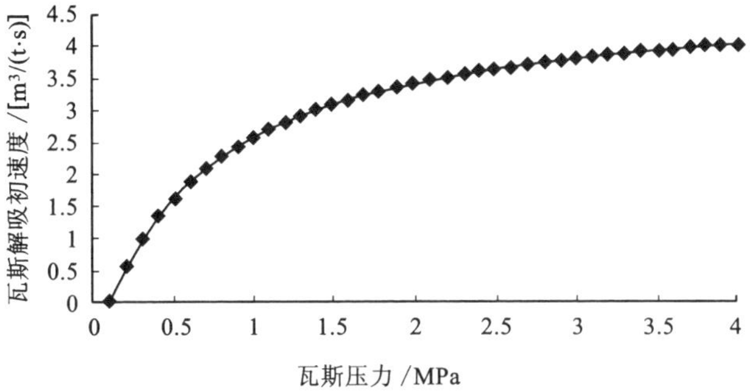


图 2-4-21　瓦斯解吸初速度与瓦斯压力的关系图

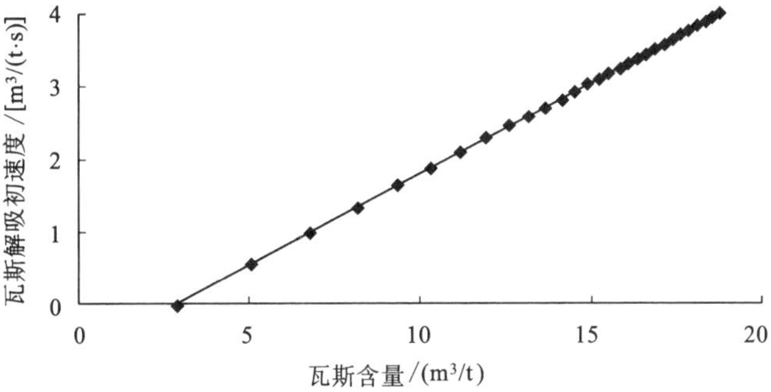


图 2-4-22　瓦斯解吸初速度与瓦斯含量的关系图

(3) 煤体的暴露面积

朗缪尔理论是最理想的固体表面吸附理论，其要求固体表面完全暴露。但是无论是在掘进中还是实验室试验过程中，煤体暴露都是相对的、不完全的。同一煤样，当煤体暴露面积增加时（粒径减小），煤体表面的瓦斯初始解吸总量就会相应地增加。

$$Q_0 = N \cdot q_0 \cdot t \tag{2-4-8}$$

式中　$Q_0$——暴露煤体瓦斯初始解吸总量，mol；

$N$——暴露煤体瓦斯表面积增加的倍率；

$t$——时间，s；

$q_0$——单位面积煤体的瓦斯解吸初始量，mol/s。

影响井下煤体暴露面积的因素主要是掘进落煤量以及煤体坚固性系数。

① 掘进落煤量

煤体落煤量越多，采掘空间内煤体暴露面积也就越大。由于井下作业的相对规范化，掘进落煤量越来越受到控制或者均衡。

② 煤体坚固性系数

当煤体受到的机械做功一定时，煤体的坚固性系数将是影响煤体表面积增加的主要原因。文光才等通过实验室试验研究发现，将煤破碎到一定程度所需的能量与破碎新增表面积、煤的坚固性系数、放散初速度之间存在如下相关关系：

$$W = 102.78 f^{0.77} A^{1.22} \Delta p^{-0.073} \tag{2-4-9}$$

式中 $W$——煤的破碎功，J/kg；

$f$——煤的坚固性系数；

$A$——煤破碎后的新增表面积，$m^2$/kg；

$\Delta p$——煤的放散初速度。

当不计 $\Delta p$ 的影响时，则：

$$W = 84.57 f^{0.86} \Delta A^{1.22}$$

③ 煤壁渗透特性

井下瓦斯峰值绝对值的大小是建立在煤体渗透性即煤壁瓦斯涌出基础之上的。也就是说，瓦斯涌出峰值可能只有0.5%，但是煤壁瓦斯涌出高达0.3%。这就迫使瓦斯峰值的绝对值变为0.8%。这种水涨船高的现象严重地影响了瓦斯涌出峰值反映煤体瓦斯解吸速度的可靠性。但是，煤壁瓦斯涌出对瓦斯峰值的影响是较为稳定的，其造成的绝对误差(整体影响)较大，但相对误差(个体影响)较小。

# 2.5 含瓦斯煤的力学、渗透性能

## 2.5.1 含瓦斯煤的力学性能

### 2.5.1.1 含瓦斯煤的力学性能的研究方法

据煤与瓦斯突出的综合假说，煤样的物理力学性质是影响煤与瓦斯突出的重要因素之一，煤的变形、破坏规律和煤的力学性质密切相关，对煤体的瓦斯渗透特性有很大的影响。因此，研究含瓦斯煤岩力学性质对煤与瓦斯突出机理研究具有现实意义。岩石力学实验是研究岩石力学性质的主要手段，自伺服试验机出现后，岩石力学实验更是得到了飞速发展。研究人员通过试样的全应力-应变曲线，认识到岩石试样的变形和破坏特征。因此想要获得煤岩强度规律和变形规律的最可靠的试验手段就是煤岩的单轴和三轴压缩实验。

### 2.5.1.2 瓦斯对煤力学特性的影响

相关研究发现，游离瓦斯和吸附瓦斯都将影响含瓦斯煤的力学性质和力学响应，游离瓦斯通过孔隙压力作为体积力影响煤体的力学性质，吸附瓦斯则通过吸附解吸作用产生附加影响。

由于瓦斯对煤体来说是活泼流体，瓦斯对煤体的作用除了其孔隙压力作为体积力的力学作用外，还有非力学作用所产生的附加影响[29-30]。瓦斯对煤体的非力学作用和影响，主要来自煤对瓦斯的吸附和解吸作用。煤对瓦斯有很强的吸附和解吸作用，短时间内即可完成。煤体对瓦斯的吸附量越多，吸附和解吸作用越强。煤体对瓦斯的吸附量是很大的，当煤体吸附瓦斯量达到饱和状态时，其内部吸附的瓦斯量大约要占煤体瓦斯总含量的80%。在一定温度下，煤对瓦斯的吸附和解吸作用与瓦斯压力有关，且微小孔隙瓦斯压力的变化都将使煤吸附和解吸大量瓦斯，从而使煤的力学响应特性也随之发生很大的变化。

在孔隙瓦斯压力的力学作用以及煤对瓦斯的吸附和解吸产生的非力学作用共同影响下，煤体的力学性质也都发生改变。煤的峰值强度、残余强度、弹性模量以及脆性度随着孔隙瓦斯压力的变化而改变。

煤的强度（包括峰值强度和残余强度）随着孔隙瓦斯压力的增加而降低。其原因是：

① 游离瓦斯的压力对煤的力学作用与围压的作用相反，瓦斯压力增加，有效应力减小，使煤抵抗破坏的能力降低。在一定程度上，游离瓦斯阻碍了裂隙的收缩，促进其扩展，减弱了宏观裂缝面间的摩擦因数，也使得煤体的强度降低。

② 瓦斯对煤的非力学作用，即吸附瓦斯减小了煤体内部裂隙表面的张力，从而使煤体骨架部分发生相对膨胀，导致煤体颗粒之间的作用力减弱，被破坏时所需要的表面能减小，同样也削弱了煤体的强度。

瓦斯使煤体的弹性模量随瓦斯压力的增加而降低，这一结果主要是由瓦斯对煤体的非力学作用造成的。弹性模量表示了煤岩体抵抗变形的能力。煤体颗粒吸附瓦斯气体分子后，使其附着于煤体颗粒表面，从而使煤体颗粒之间的联结力小于没有吸附瓦斯时的联结力，而且吸附的瓦斯分子还将由于被煤体颗粒所吸引而挤入两个接触很近的煤颗粒之间，使其间的距离增加，也使联结力减小，宏观上表现为煤体抵抗变形的能力降低，即弹性模量降低。瓦斯的非力学作用对煤体弹性模量的影响随孔隙瓦斯压力的增加而更加严重，因此瓦斯压力越大，弹性模量降低越多。围压较大时，弹性模量与瓦斯压力之间呈非线性关系，只有在围压很低的情况下才近似呈线性关系。

煤体的脆性度随瓦斯压力的增加而显著增加，这是由于煤体应力超过峰值强度形成宏观裂缝后，裂缝空间迅速被瓦斯气体所充满，增加了煤体的渗透能力，且形成的新裂隙通道与煤体的其他部分连通，变形剧烈区域有更多的瓦斯涌入，从而使煤体的强度进一步降低。试验结果表明，围压越小，脆性度随孔隙瓦斯压力增加的程度越大。煤体脆性度越大，其失稳破坏越容易发生，因此瓦斯的作用加速了煤体失稳破坏的进程。

### 2.5.2　含瓦斯煤的渗透性能

煤是一种孔隙-裂隙结构体，不同煤的孔隙及裂隙尺寸、结构形式以及发育程度均有很大的差别。流体在一定的压力梯度下能在煤体内流动即表明煤具有渗透性能。煤层透气系数是反映煤层内瓦斯流动难易程度的重要参数，也是评判瓦斯抽采的可行性指标之一，同时也是判断煤与瓦斯突出危险性的指标之一。因此，煤层瓦斯渗透率或煤层透气系数的测算方法研究是瓦斯渗流力学发展的关键技术，它始终是渗流力学界关注的热点之一。

2.5.2.1 煤层渗透性及影响因素

一般情况下,煤岩体的渗透性不大,随着深度和压力的增加而逐渐减小,其原因是压力增加,孔隙结构更加密实,孔隙、裂隙体积减小,容纳和流动通道直径缩小,直接影响到煤岩体的渗透性能[31-33]。煤的变质程度、煤岩组分和煤的灰分影响煤层的渗透性。由于煤岩体构造的复杂性,煤体各向渗透性也是不同的,沿着裂缝方向渗透率明显增加。

煤体的渗透性能用渗透系数 $K$ 或渗透率 $k$ 描述。渗透系数一方面取决于煤的孔隙和裂隙结构如孔隙大小、排列与孔隙率等;另一方面还和其中流体的性质(如密度、黏性等)有关。为了把煤和其中孔隙中的甲烷气体对渗透系数的影响区别开来,通常用渗透率 $k$ 来描述煤的渗透性能,它只与煤的结构有关,而与流体的性质无关。

渗透系数与渗透率的关系式为:

$$K = k\frac{\rho}{\varphi} \tag{2-5-1}$$

式中 $k$——煤的渗透率,通常采用 $cm^2$ 作单位,在工程上常用达西(D)或毫达西(mD)作为单位;

$K$——渗透系数,m/d 或 cm/s;

$\rho$——甲烷的密度,$g/cm^3$;

$\varphi$——甲烷的黏度系数,Pa · s。

如果在整个煤体介质流动区域上任意一点的渗透率是相同的,则称为均质,否则为非均质。如果渗透率和渗流方向无关,介质是各向同性的,否则为各向异性。实测表明,瓦斯沿煤样层理面流动的速度比垂直层理面的速度大得多,沿着层理方向其渗透率最大,垂直层理面渗透率最小,这两个方向的渗透率可能相差几个数量级,因此大多数煤层是各向异性的。

此外,煤层的渗透率还受煤体的应力及瓦斯压力梯度的影响。煤体在破坏之前,渗透率随着地应力增加而变小,随着瓦斯压力梯度增加而变大。煤层渗透率与有效应力之间存在的关系为:

$$K = K_i e^{3c\Delta\sigma} \tag{2-5-2}$$

式中 $K$——一定压力下的绝对渗透率,mD;

$K_i$——无应力条件下的绝对渗透率,mD;

$c$——煤的孔隙压缩系数,$MPa^{-1}$;

$\Delta\sigma$——从初始到某一应力状态下有效应力的变化值,MPa。

根据瓦斯-水两相渗流实验,同样得出有效应力对气、水有效渗透率影响非常大,并得到有效应力与气、水有效渗透率存在以下关系:

$$\begin{cases} K_g = 0.157 - 0.044P_c + 0.005P_c^2 \\ K_w = 0.426 - 0.181P_c + 0.020P_c^2 \end{cases} \tag{2-5-3}$$

式中 $K_g$——气有效渗透率,mD;

$K_w$——水有效渗透率,mD;

$P_c$——有效应力,MPa。

渗透率是进行煤层瓦斯流动分析的重要参数,是标志瓦斯抽采难易程度的关键参数,对指导矿井瓦斯抽采具有重大意义。

阳泉矿区煤层瓦斯渗透率很低，这也是阳泉矿区煤层透气性系数低、瓦斯抽采效果差的主要原因。因此，瓦斯抽采工作应该积极采用卸压抽采方法，煤层卸压后，瓦斯压力降低，瓦斯含量减小，煤体收缩，煤中的孔隙、裂隙发育，进而渗透率增大，瓦斯抽采效果变好。

影响煤体渗流的因素很多，对特定的煤体而言主要受瓦斯压力、渗透性、地应力等因素影响。对不同因素影响下的工作面前方煤体瓦斯渗流进行研究，分别考虑瓦斯压力、渗透率和煤层瓦斯含量对瓦斯渗流的作用规律。

在煤矿开采的过程中，原有的煤岩体系的物理化学平衡不断被破坏，瓦斯由煤体内慢慢向巷道表面渗透运移，最终涌出煤层而进入巷道。随着瓦斯不断地移动涌出，在工作面内煤体形成渗透率不断变化的渗透区域。通过对瓦斯运移的整个过程进行分析，瓦斯在煤层内的渗流情况也决定了瓦斯涌出煤层进入巷道的规律。

煤层瓦斯渗流状态的影响因素多样，且每种因素对渗流的影响强度也差异巨大，为了明确单一因素对煤体瓦斯渗流的影响，下面采用单一因素变化的方式来进行说明。

#### 2.5.2.2　瓦斯压力对煤层瓦斯渗流的影响

地下煤层开采过程中，由于受开采的影响，采空区域内空气压力远低于煤层中的瓦斯压力，瓦斯通过渗流运动从煤层中逐渐地运移到煤体表面，最后扩散进入巷道之中，破坏了煤层原有的瓦斯压力平衡，使得煤层瓦斯压力重新分布并形成了新的瓦斯压力梯度场。瓦斯渗流涌出过程是不断进行的，煤体内瓦斯压力也随着时间处于不断变化之中，这种变化是比较显著的。所以，瓦斯压力的分布与时间变化对煤层渗透率产生影响，从而对煤层瓦斯渗流产生了影响。

众所周知，在现场要摸清地应力不变情况下的瓦斯压力与煤层渗透率之间的关系，具有一定的困难，首先是地应力是变化的，其次是瓦斯压力本身的测定也有一定的困难。

研究表明，在煤体应力场不变的情况下，煤样孔隙内瓦斯压力与煤样渗透率之间基本呈现“V”形非线性关系，如图 2-5-1 所示。

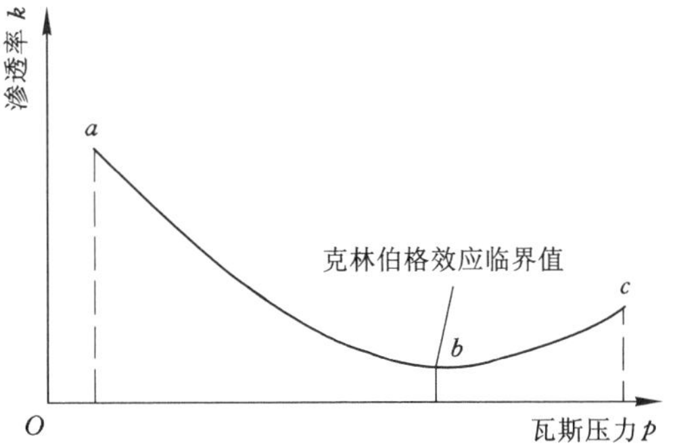


图 2-5-1　渗透率随瓦斯压力变化规律示意图

通过对渗流进行微观分析，产生这种关系的原因可能是：在瓦斯压力较低的情况下，如图 2-5-1 中曲线的 $ab$ 段，渗流受克林伯格效应的影响，随着煤样孔隙内瓦斯压力的升高，煤样内部微观表面吸附的瓦斯量增多，瓦斯分子在微观表面上的滑流现象逐渐增强，影响了瓦斯在煤体中的渗流效应，从而导致煤样渗透率快速下降；随着孔隙瓦斯压力不断增大，当其超过一定临界值时，如图 2-5-1 中曲线的 $bc$ 段，由于煤样对瓦斯的吸附作用逐渐达到平衡，克林伯格效应受到削弱，从而使煤样的渗透率又有较小幅度的回升。克林伯格效应一般在瓦斯压力较低的情况下发生，并且只与煤体本身的吸附条件和瓦斯压力有关，而与层理无关。

从渗流角度分析，吸附于孔隙裂隙渗流通道表面的气体吸附层厚度随瓦斯压力呈幂函数增加，这正好表现为使渗流通道断面积成负幂函数规律减小。根据前人验研究结果，考虑到克林伯格效应和瓦斯气体的吸附作用，煤样的渗透率随瓦斯压力的变化规律就可以表示为：

$$k=\alpha p^{n}\exp[\beta(\sigma_{ij}-\phi p)] \tag{2-5-4}$$

式中 $\alpha$、$\beta$、$n$——回归系数，它们与模型初始应力场息息相关；

$p$——煤体瓦斯压力；

$\phi$——煤体孔隙率；

$k$——视渗透率，mD；

$\sigma_{ij}$——$i$ 平面上 $j$ 方向的正应力。

煤样在不同围压下瓦斯压力对煤体渗透率影响的拟合经验公式如表 2-5-1 所列。

**表 2-5-1　固定围压条件下瓦斯压力与渗透率的关系**

| 围压/MPa | 拟合方程 |
|---|---|
| 4.0 | $k=7.141\times10^{4}\ p^{-1.027\ 8}\exp[-2.912\ 6(\sigma_3-\phi p)]$ |
| 5.0 | $k=1.346\ 9\times10^{6}p^{-0.964\ 3}\exp[-2.961\ 9(\sigma_3-\phi p)]$ |

### 2.5.2.3　煤层渗透率对瓦斯渗流影响分析

多孔介质用渗透率 $k$ 来表达其渗透性，它表示多孔介质传导流体的能力。渗透率可以通过反推线性渗流定律进行定义，其影响因素主要包括两方面：一方面取决于流体的物理力学性质，如与密度、黏性有关；另一方面还与渗流介质本身，如颗粒大小和孔隙率等有关。多孔介质的渗透率是关于采动应力和采动裂隙的高度非线性的动态函数。根据多孔介质是否是原始的或包含裂隙网络，有不同的书面公式用以估算多孔介质的渗透率。因此，正确地估计初始渗透率和计算采动造成的渗透率的变化都是非常重要的。任一相流体的流动都是由多孔介质的渗透率控制的，该渗透率可通过现场测量、理论或经验公式得到。

由于煤体渗透率比较低，瓦斯在煤层中的渗流速度很小，因此煤层中的瓦斯流动基本属于层流流动。将渗流力学中达西定律的速度表达式进行单位转化，得到煤层中的瓦斯渗流的速度表达式：

$$v=-\frac{k\cdot\partial p}{\mu\cdot\partial x} \tag{2-5-5}$$

式中　$v$——渗流速度，m/s；

$k$——渗透率，$m^2$；

$\mu$——流体动力黏度，Pa·s；

$p$——流体压力，MPa；

$x$——渗流介质长度，m。

2.5.2.4　煤层瓦斯含量对渗流影响分析

煤层瓦斯通常是以游离状态和吸附状态存在于煤体之中。游离状态也称自由状态，这种瓦斯以完全自由的气体状态存在于煤体或围岩的较大裂缝孔隙或空洞之中，游离瓦斯可以自由运动或从煤岩层的裂隙中散放出来，因此表现出一定压力。煤体内游离瓦斯的多少取决于储存空间的容积、瓦斯压力及围岩温度等因素。吸附状态存在的瓦斯量的多少，取决于煤的结构特点、炭化程度等。

瓦斯压力和瓦斯含量是表征煤层瓦斯赋存的两个重要基本参数。煤层瓦斯含量指单位质量的煤中所含有的瓦斯量，包括吸附瓦斯和游离瓦斯。游离瓦斯在煤层的孔隙裂隙等空隙中做无规则的热运动产生瓦斯压力，因此瓦斯压力与游离瓦斯含量有关。在一定的压力和温度条件下二者总是以一定的比例存在着，吸附瓦斯在瓦斯压力作用下与游离瓦斯处于吸附和解吸的平衡状态。煤层瓦斯压力和瓦斯含量关系如图 2-5-2 所示。

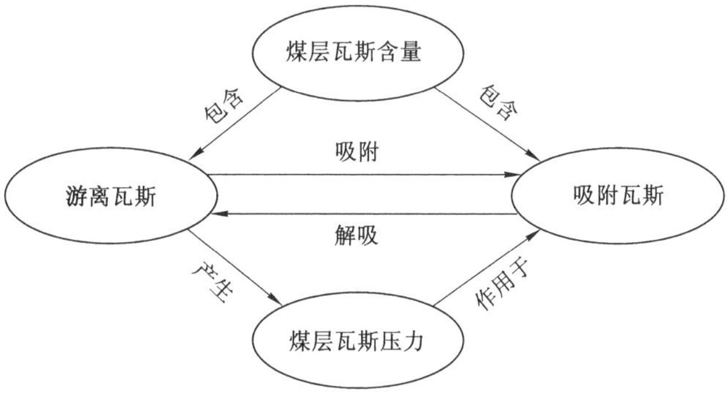


图 2-5-2　煤层瓦斯压力与煤层瓦斯含量关系图

煤层瓦斯含量不会直接影响煤层瓦斯渗流，而是通过煤层中游离的瓦斯产生煤层瓦斯压力来影响煤层瓦斯渗流。在煤层瓦斯渗流的过程中，瓦斯压力降低，促使煤层瓦斯不断解吸。因此煤层瓦斯含量对渗流的影响其实对应的是瓦斯压力对渗流的影响。

# 2.6　煤与瓦斯突出机理

## 2.6.1　突出机理假说

煤与瓦斯突出是指煤矿井下采掘过程中，在很短的时间内从煤岩体内部向采掘空间突然喷出大量的煤和瓦斯混合物的一种煤体动力现象。自 20 世纪以来，国内外学者对煤与瓦斯突出的机理做了深入研究，提出了几十种关于煤与瓦斯突出机理的假说，归纳起来主要有以下几种类型：瓦斯主导作用假说、地应力主导作用假说、化学本质作用假说和综合作用假说[34-36]。

（1）瓦斯主导作用假说认为高压瓦斯是突出中起主要作用的因素。煤层内存在瓦斯压力及瓦斯含量比邻近区域高得多的煤窝，该区域煤松软，孔隙与裂隙发育，具有较大的存贮瓦斯的能力，它被透气性差的煤（岩）所包围，储存着高压瓦斯。当巷道或工作面接近此区域时，煤壁受到高压瓦斯作用破坏而发生突出。其主要代表有“瓦斯包”说、粉煤带说、煤孔隙结构不均匀说、瓦斯膨胀说、闭合孔隙瓦斯释放说等。

（2）地应力主导作用假说认为在煤与瓦斯突出过程中起主导作用的是高地应力。含瓦斯煤体内储存了大量的弹性势能，当工作面接近该区域时，高应力区的弹性势能释放使煤体破坏而引起煤与瓦斯突出。其主要代表有岩石变形潜能说、应力集中说、振动波动说和应力叠加说等。

（3）化学本质作用假说认为煤质在突出过程中起主导作用。其主要代表有“爆炸的煤”说、重煤说、地球化学说、硝基化合物说等 4 种假说。目前，该假说在现场观察和实验室试验两个方面都没有得到支持，已被绝大多数研究者抛弃。

（4）综合作用假说认为煤与瓦斯突出是由于地应力、瓦斯（含量、压力）及煤的物理力学性质三种主要因素综合作用的结果。这类假说较全面地分析了突出发生的作用力和介质两个方面的主要因素，得到了大多数学者的认可。其主要代表有振动说、分层分离说、破坏区说、游离瓦斯压力说、地应力不均匀假说、能量假说等。

## 2.6.2 突出发生条件与突出机理

### 2.6.2.1 突出发生的条件

煤与瓦斯突出是在地应力、包含在煤中的瓦斯及煤结构力学性质综合作用下产生的动力现象[37]。

在突出过程中，地应力、瓦斯压力是发动与发展突出的动力，煤结构及力学性质是阻碍突出发生的因素[38]。因此，在研究突出发生条件时，必须首先研究地应力、瓦斯与煤的结构条件。

（1）地应力条件

一般说来，地应力在突出中的作用有以下三点：

① 围岩或煤层的弹性变形潜能做功，使煤体产生突然破坏和位移。

② 地应力场对瓦斯压力场起控制作用，围岩中的高地应力决定了煤层的高瓦斯压力，从而促进了瓦斯压力梯度在破坏煤体中的作用。

③ 煤层透气性也取决于地应力状态，当地应力增加时，煤层透气性按负指数规律降低。因此围岩中增高的地应力也决定了煤层的低透气性，使巷道前方的煤体不易排放瓦斯，而造成较高的瓦斯压力梯度。煤体一旦破坏，又有较高的瓦斯放散能力，这对突出是十分有利的。

从上述分析可以看出，具有较高的地应力是发生煤与瓦斯突出的第一个必要条件。当应力状态突然改变时，围岩或煤层才能释放足够的弹性变形潜能，使煤体产生突然破坏而激发突出。

可以认为，发生突出的充要条件是：煤层和围岩具有较高的地应力和瓦斯压力，并且在近工作面地带煤层的应力状态发生突然变化，从而使得潜能有可能突然释放。

应力状态的突然变化一般有下述几个原因：

① 巷道进入地质破坏区；

② 石门揭开煤层时；

③ 工作面迅速推进时，如爆破、打钻等；

④ 巷道从硬煤带进入软煤带；

⑤ 煤层突然加载，如巷道顶板下沉等；

⑥ 煤层突然卸压，如悬臂梁的突然断裂；

⑦ 煤的冒落。

(2) 瓦斯条件

以游离状态和吸附状态存在于煤裂隙和孔隙中的瓦斯对于煤体有三方面的作用：

① 全面压缩煤的骨架，促使煤体中产生弹性潜能；

② 吸附在微孔表面的瓦斯分子对微孔起楔子作用，因而降低煤的强度；

③ 具有很大的瓦斯压力梯度，从而造成作用于压力降低方向的力。在这个方向上，压力不是作用于煤层全断面上，而只作用在部分断面上，该断面与脱离接触的面积与煤结构单元的表面积的比值成比例。

因此，无论游离瓦斯，还是吸附瓦斯，都参与突出的发展。

突出时，依靠潜能的释放，使煤体破碎并发生移动，瓦斯的解吸使破碎和移动进一步加强，并由瓦斯流不断地把碎煤抛出，使突出空洞壁始终保持着一个较大的地应力梯度和瓦斯压力梯度，致使煤的破碎不断向深部发展。因此，突出过程的继续发展或终止，在某种程度上将决定于突出通道是否畅通，即碎煤被瓦斯搬走的程度。

煤与瓦斯突出发展的另一个充要条件是：有足够的瓦斯流把碎煤抛出，并且突出孔道要畅通，以便在空洞壁形成较大的地应力梯度和瓦斯压力梯度，从而使突出阵面向深部扩展。

(3) 煤结构和力学性质条件

煤结构和力学性质与发生突出的关系很大，因为煤体和煤的强度性质(抵抗破坏的能力)、瓦斯解吸和放散能力、透气性能等，都对突出的发动与发展起着重要作用。一般来说，煤越硬、裂隙越小，所需的破坏功越大，要求的地应力和瓦斯压力越高。因此，在地应力和瓦斯压力为一定值时，软煤分层易被破坏，突出往往只沿软煤分层发展。尽管在软煤分层中，裂隙丛生，但裂隙的连通性差，因而煤体透气性差，易于在软煤分层引起大的瓦斯压力梯度，又促进了突出的发生。同时，根据断裂力学的观点，煤层中薄弱地点(如裂隙交汇处、裂隙端部等)最易引起应力集中，所以煤体的破坏将从这里开始，而后再沿整个软煤分层发展在成煤过程和历次地质构造运动中，造成了煤结构和力学性质沿煤层走向和倾斜方向的不均质性，这种不均质性，不但给工作面附近煤体应力状态突然变化创造了有利条件，并且还影响着突出的发展速度和突出空洞的形状及尺寸。

2.6.2.2 突出发生的机理

(1) 突出过程及其特点

突出过程可划分为四个阶段,分述如下:

① 准备阶段。突出煤体经历着能量的积聚过程,使之逐渐发展到临界破坏甚至过载的脆弱平衡状态,在工作面附近的煤壁内形成高的地应力与瓦斯压力梯度。例如在有利的约束条件(石门岩柱,煤巷的硬煤包裹体)下,煤体内地应力梯度急剧增高,能够叠加各种地应力,形成很高的应力集中,积聚很大的变形能;同时由于孔隙、裂隙的压缩,瓦斯压力增高,瓦斯内能也增大。在这个阶段,会显现多种有声的与无声的突出预兆。准备阶段的时间可在很大范围内变化,在震动爆破或顶板动能冲击条件下,仅数秒钟即可完成。

② 激发阶段。该阶段的特点是地应力状态突然改变,即极限应力状态的部分煤体突然破坏,卸载(卸压)并发生巨响和冲击,向巷道方向作用的瓦斯压力的推力由于煤体的破裂,顿时增加数倍到十几倍,伴随着裂隙的生成与扩张,膨胀瓦斯流开始形成,大量吸附瓦斯进入解吸过程而参与突出。大量的突出实例表明,工作面的多种作业都可以引起应力状态的突变而激发突出。例如各种方式的落煤、打眼、刨柱窝、修整工作面煤壁等都可以人为激发突出。而且统计表明,应力状态变化越剧烈突出的强度越大,因此,震动爆破、一般爆破是最易引发突出的工序。

③ 发展阶段。该阶段具有两个互相关联的特点,一是突出从激发点起向内部连续剥离并破碎煤体,二是破碎的煤在不断膨胀的承压瓦斯风暴中边运送边粉碎。前者是在地应力与瓦斯压力共同作用下完成的,后者主要是瓦斯内能做功的过程。煤的粉化程度、游离瓦斯含量、瓦斯放散初速度、解吸的瓦斯量以及突出孔周围的卸压瓦斯流,对瓦斯风暴的形成与发展起着决定作用。在该阶段中煤的剥离与破碎不仅具有脉冲的特征,而且有时是多轮回的过程。这可以从突出物的多轮回堆积特征中得到证实,也可以从突出过程实测记录中找到依据。

④ 终止阶段。突出的终止有以下两种情况:一是在剥离与破碎煤体的扩展中遇到了较硬的煤体或地应力与瓦斯压力降低不足以破坏煤体;二是突出孔道被堵塞,其孔壁由突出物支撑建立起新的拱平衡或孔洞瓦斯压力因其被堵塞而升高,地应力与瓦斯压力梯度不足以剥离与破碎煤体。然而,这时虽然突出停止了,但是突出孔周围的卸压区与突出的煤涌出瓦斯的过程并没有停止,异常的瓦斯涌出还要持续相当长时间。

(2) 地应力与瓦斯压力在突出过程中的作用

地应力、瓦斯压力在突出过程的各个阶段所起的作用是不同的。通常情况下,在突出的激发阶段,破碎煤体的主导力是地应力(包括重力、地质构造应力、采动引起的集中应力以及煤吸附瓦斯引起的附加应力等),因为地应力的大小通常比瓦斯压力高几倍;而在突出的发展阶段,剥离煤体靠地应力与瓦斯压力的联合作用,运送与粉碎煤炭是靠瓦斯内能。根据对若干典型突出实例的统计数据进行计算,在突出过程中瓦斯提供的能量比地应力弹性能高3～6倍以上,压出和倾出时煤体最初破碎的主导力也是地应力。在极少数突出实例中也可以看到瓦斯压力为主导力发动突出的现象,这时需要很大的瓦斯压力梯度与非常低的煤强度。突出煤的重要力学特征是强度低和具有揉皱破碎结构,即所谓“构造煤”。这种煤处于约束状态时可以储存较高的能量,透气性锐减形成危险的瓦斯压力梯度；而当处于表面状态时，它极易破坏粉碎，放散瓦斯的初速度高，释放能量的功率大。因此，当应力状态突然改变或者从约束状态突然变为表面状态时容易激发突出。

地应力在突出过程中的主要作用有三：一是激发突出；二是在发展阶段中与瓦斯压力梯度联合作用对煤体进行剥离、破碎；三是影响煤体内部裂隙系统的闭合程度和生成新的裂隙，控制着瓦斯的流动、卸压瓦斯流和瓦斯解吸过程。当煤体突然破坏时，伴随着卸压过程，新旧裂隙系统连通起来并处于开放状态，顿时显现卸压流动效应，形成可以携带破碎煤的有压头的膨胀瓦斯风暴。

瓦斯在突出过程中的主要作用有三：① 在某些场合，能形成高瓦斯压力梯度（例如2 MPa/cm）时，瓦斯可独立激发突出，在自然条件下，由于有地应力配合，可以不需要这样高的瓦斯压力梯度就可以激发突出。② 发展与实现突出的主要因素，在突出的发展阶段中，瓦斯压力与地应力配合连续地剥离破碎煤体使突出向煤体的深部传播。③ 膨胀着的具有压头的瓦斯风暴不断地把破碎的煤运走、粉碎，并使新暴露的突出孔壁附近保持着较高的地应力梯度与瓦斯压力梯度，为连续剥离煤体准备条件。就这个意义上说，突出的发展或终止将取决于破碎煤炭被运出突出孔洞的程度，及时而流畅地运走突出物会促进突出的发展；反之突出孔洞被堵塞时，突出孔壁的瓦斯压力梯度骤降，可以阻止突出的发展，以至使突出停止下来。

煤与瓦斯突出几乎集中发生在断层、褶曲、煤层厚度和倾角及走向变化、揉皱、顶底板凸起等强烈变形的构造区域和高破坏类型煤发育的松软煤层区域。构造运动可以引起煤层结构整体发生变化，使整个煤层的强度降低，也可以使煤层内的部分煤体结构发生变化，这部分煤体称为软煤分层，如阳泉矿区的15# 煤层。

阳泉矿区下属矿井均为高瓦斯矿井或突出矿井，瓦斯事故频发。下面选取阳泉矿区内典型矿井发生的一起煤与瓦斯突出事故进行突出机理分析。

事故后经调查研究发现事故发生的主要原因有：

① 事故发生的周边范围内顶、底板压力较大，底鼓严重，顶板变形，说明措施巷周围地应力较大。

② 措施巷揭煤地点附近15# 煤层处在向斜的轴部，在现场勘查时发现措施巷工作面前方存在一条落差约为1.8 m的正断层，该断层走向与措施巷的掘进方向夹角约10°，说明措施巷突出工作面附近地质条件复杂。

③ 据调查事故前该措施巷在5月12日7时40分和5月13日0时30分均有爆破作业，事故前爆破震动对煤岩体的应力重新分布存在一定影响。

④ 瓦斯未得到有效的抽采。

在机理层面上，本次事故的主要原因是地质构造、爆炸引起地应力重新分布和瓦斯含量高。

地质构造综合影响地应力大小、构造煤分布和瓦斯的赋存状态，为方便研究，将不同地质构造所形成的构造煤和瓦斯地质体统一描述成“地质弱面体”。其中，构造煤体包括地质构造带附近区域的高破坏类型煤和非构造带区域由大型地质构造运动所形成的软煤分层发育。“地质弱面体”为煤与瓦斯突出的发生提供了松软煤体，营造了有利于煤与瓦斯突出发生的高应力场所、瓦斯赋存空间和突出启动的地质弱面环境。

煤与瓦斯突出多发生在地质构造运动所形成的“地质弱面体”,并且爆破作业诱导突出的次数多、强度大。爆破应力波从岩层或原生结构煤层传播到构造“地质弱面体”。其中,“地质弱面体”内煤体结构遭受破坏、强度降低并且含有高能瓦斯;原生结构煤结构完整或相对完整,煤体的强度较高,出现在煤层软硬变化处或煤层内有构造软分层时;岩体含气能力和透气性能差并且强度高,出现在巷道掘进或石门揭煤时。

构造“地质弱面体”具有特殊性质,微孔发育和比表面积大构成了瓦斯赋存的主要空间;对瓦斯的吸附能力强和渗透率小,使煤体能够保存较多的吸附瓦斯;对瓦斯的解吸速度相对较快,渗透率受围压的影响大,在突然卸压的条件下,容易在短时间内形成较高的瓦斯压力。

在爆破应力波从岩层或者原生结构煤层传播到“地质弱面体”所产生的压缩应力波和拉伸应力波经过的区域,煤岩体会产生强烈的压缩变形和膨胀变形。构造煤岩体在未受爆破应力波影响之前,煤体孔隙裂隙中的游离瓦斯和吸附瓦斯处于动态平衡状态,当拉伸应力波作用于煤岩交界面区域的地质弱面煤体时,该区域的煤体就会发生膨胀变形,导致体积增大、密度减小,煤体的孔隙裂隙增加,破坏了煤体中的瓦斯吸附平衡状态,吸附瓦斯解吸。

同时,爆破作用于地质弱面煤体使煤体内产生大量贯通性裂隙,游离瓦斯经爆破粉碎圈向爆破空腔和爆破裂隙区扩散,导致煤层瓦斯压力升高。

在构造带“地质弱面体”附近区域,存在构造应力,导致该区域的原岩应力、采动影响集中应力和构造应力相互叠加,远远大于煤层正常赋存的区域。爆破应力波扰动到该区域,应力波的反射拉伸导致岩体或者原生结构煤体损伤,裂隙增加,为瓦斯流动提供通道。爆破应力波对煤岩体的影响范围可达 10～20 m,吸附瓦斯解吸持续向煤体深部发展。

炸药在煤层中爆炸是一个复杂的动力耦合过程,爆破应力波作用于煤岩体打破了初始应力平衡状态,爆炸载荷促使煤岩体宏观裂纹扩展,而后在煤岩体中产生准静态应力场并与瓦斯压力场叠加促使裂纹进一步扩展,裂纹的扩展又将进一步促进瓦斯解吸,如图 2-6-1 所示。

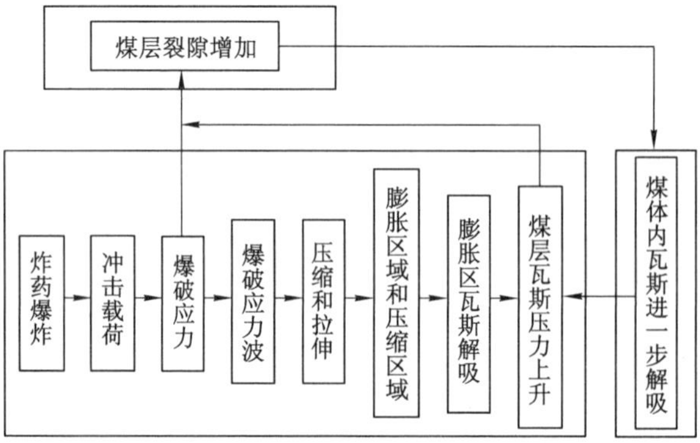


图 2-6-1　爆破载荷和瓦斯压力动力耦合演化过程

构造区域“地质弱面体”加强爆破应力波的反射拉伸和爆破振动的累积效应，导致煤岩交界面的煤岩体损伤严重，减小了松软煤体内部层理面之间、煤体与岩体交界面之间的摩擦力。同时，爆破作用导致“地质弱面体”内瓦斯压力升高，当煤体的拉应力和瓦斯压力大于煤岩体的抗剪强度和摩擦力时，煤层内储存的瓦斯内能和煤体的弹性潜能就会沿着破碎煤岩体迅速释放，导致煤与瓦斯突出。爆破扰动构造煤岩突出过程如图 2-6-2 所示。

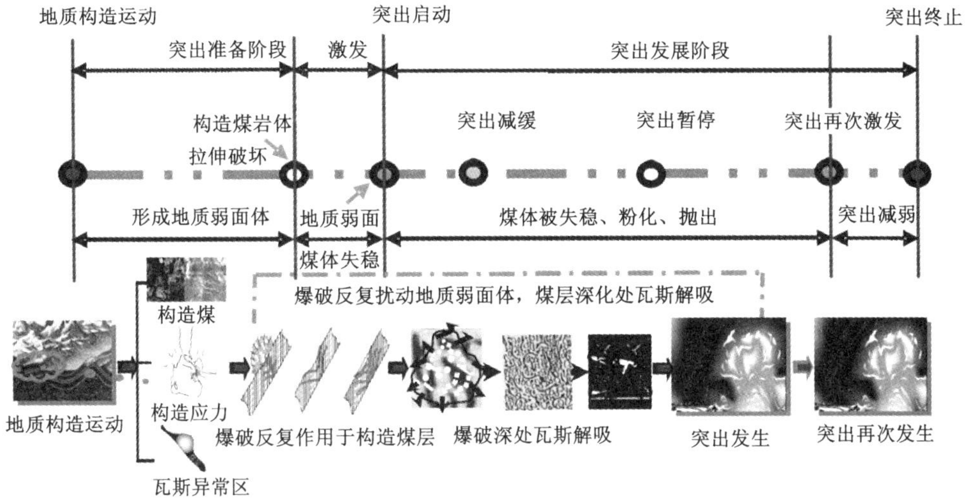


图 2-6-2　爆破扰动构造煤岩突出过程描述[39]

爆破扰动构造煤岩突出过程可划分为 4 个阶段，分别为突出的准备阶段、突出的激发阶段与启动阶段、突出的发展阶段和突出的停止阶段。

① 煤与瓦斯突出的准备阶段开始于地质构造运动时期，该阶段形成了吸附性强、孔隙率高、渗透性和强度低的构造煤，利于突出发生的高构造应力环境和瓦斯保存及突出启动的“地质弱面体”。爆破动载荷和工作面前方动态应力场会对“地质弱面体”的稳定性产生影响，该阶段会进一步破坏构造松软煤体，促使煤层深处裂隙增加，为后续突出的启动和发展提供粉煤和高压瓦斯。

② 突出的激发阶段为爆破应力波对岩体或者原生结构煤体和“地质弱面体”中松软煤体的持续扰动，应力波的透射、反射拉伸叠加等会使交界面的煤岩体损伤严重，导致煤岩体结构损伤破坏向深处转移并使瓦斯压力梯度增加，从而实现对突出的激发。突出的启动表现为工作面前方岩体或者原生结构煤体不足以抵抗瓦斯内能和煤体的弹性潜能时，“地质弱面体”中松软煤体的突变失稳、破坏和抛出。

③ 突出发展阶段是从突出启动到突出终止所经历的过程，其间有可能会遇到突出减缓、突出暂停和突出再次激发、启动的现象。

④ 突出终止是突出发展末期，煤岩体因不再具备突出的力学和能量条件而停止。

# 参考文献:

[1] 张子敏.瓦斯地质学[M].徐州:中国矿业大学出版社,2009.

[2] 程远平.煤矿瓦斯防治理论与工程应用[M].徐州:中国矿业大学出版社,2011.

[3] 林柏泉.矿井瓦斯防治理论与技术[M].2 版.徐州:中国矿业大学出版社,2010.

[4] 焦希颖,王一.阳泉矿区地质构造特征及形成机制分析[J].煤炭技术,1999,18(6):34-35.

[5] 陶明信,王万春,段毅.煤层气的成因和类型及其资源贡献[M].北京:科学出版社,2014.

[6] 琚宜文,侯泉林,范俊佳.沁水盆地构造演化与煤层气成藏条件[C]//中国矿物岩石地球化学学会.全国岩石学与地球动力学研讨会论文集.[S.l:s.n],2008.

[7] 张建博,王红岩.山西沁水盆地煤层气有利区预测[M].徐州:中国矿业大学出版社,1999.

[8] 侯海海, 邵龙义, 王帅,等.含煤岩系沉积环境控制下的煤层气富集特征:以沁水盆地为例[C]//2015 年全国沉积学大会论文集.[S.l:s.n],2015.

[9] 王一,秦怀珠,焦希颖.阳泉矿区地质构造特征及形成机制浅析[J].煤田地质与勘探,1998,26(6):24-27.

[10] 孟召平,田永东,李国富.沁水盆地南部地应力场特征及其研究意义[J].煤炭学报,2010,35(6):975-981.

[11] 傅雪海,秦勇,李贵中,等.山西沁水盆地中、南部煤储层渗透率影响因素[J].地质力学学报,2001,7(1):45-52.

[12] 韩军,张宏伟,宋卫华,等.煤与瓦斯突出矿区地应力场研究[J].岩石力学与工程学报,2008,27(A02):3852-3859.

[13] 李四光.区域地质构造分析[M].北京:科学出版社,1974.

[14] 王建章.煤田地质构造研究[M].北京:煤炭工业出版社,1980.

[15] 王魁军,程五一,高坤.矿井瓦斯涌出理论及预测技术[M].北京:煤炭工业出版社,2009.

[16] 郭德勇,韩德馨.地质构造控制煤和瓦斯突出作用类型研究[J].煤炭学报,1998,23(4):337-341.

[17] 赵丽娟,秦勇,林玉成.煤层含气量与埋深关系异常及其地质控制因素[J].煤炭学报,2010,35(7):1165-1169.

[18] 蒋承林,杨胜强,石必明.矿井瓦斯灾害防治与利用[M].徐州:中国矿业大学出版社,2013.

[19] 张玉贵,张子敏,曹运兴.构造煤结构与瓦斯突出[J].煤炭学报,2007,32(3):281-284.

[20] 王大曾.瓦斯地质[M].北京:煤炭工业出版社,1992.

[21] 李明,姜波,秦勇,等.构造煤中矿物质对孔隙结构的影响研究[J].煤炭学报,

2017,42(3):726-731.

[22] 张慧杰,张浪,汪东,等.构造煤的瓦斯放散特征及孔隙结构微观解释[J].煤炭学报,2018,43(12):3404-3410.

[23] 聂百胜,李祥春,崔永君.煤体瓦斯运移理论及应用[M].北京:科学出版社,2014.

[24] 李祥春,聂百胜,何学秋,等.瓦斯吸附对煤体的影响分析[J].煤炭学报,2011,36(12):2035-2038.

[25] 胡殿明,林柏泉.煤层瓦斯赋存规律及防治技术[M].徐州:中国矿业大学出版社,2006.

[26] 聂百胜,卢红奇,李祥春,等.煤体吸附-解吸瓦斯变形特征实验研究[J].煤炭学报,2015,40(4):754-759.

[27] 王振洋,程远平.构造煤与原生结构煤孔隙特征及瓦斯解吸规律试验[J].煤炭科学技术,2017,45(3):84-88.

[28] 曹树刚,张遵国,李毅,等.突出危险煤吸附、解吸瓦斯变形特性试验研究[J].煤炭学报,2013,38(10):1792-1799.

[29] 胡千庭,文光才.煤与瓦斯突出的力学作用机理[M].北京:科学出版社,2013.

[30] 梁冰,章梦涛,潘一山,等.瓦斯对煤的力学性质及力学响应影响的试验研究[J].岩土工程学报,1995,17(5):12-18.

[31] 李祥春,聂百胜,王龙康,等.煤层渗透性变化影响因素分析[J].中国矿业,2011,20(6):112-115.

[32] 张新民.中国煤层气地质与资源评价[M].北京:科学出版社,2002.

[33] 赵宇,张玉贵,岳高伟,等.煤层渗透性各向异性规律的实验研究[J].中国煤层气,2017,14(1):32-35.

[34] 李希建,林柏泉.煤与瓦斯突出机理研究现状及分析[J].煤田地质与勘探,2010,38(1):7-13.

[35] 于不凡.煤和瓦斯突出机理[M].北京:煤炭工业出版社,1985.

[36] 王永祥,杜卫新.煤与瓦斯突出机理研究进展[J].煤炭技术,2008,27(8):89-91.

[37] 舒龙勇,王凯,齐庆新,等.煤与瓦斯突出关键结构体致灾机制[J].岩石力学与工程学报,2017,36(2):347-356.

[38] 周世宁,林柏泉.煤矿瓦斯动力灾害防治理论及控制技术[M].北京:科学出版社,2007.

[39] 高魁,乔国栋,刘泽功,等.煤与瓦斯突出机理分类研究构想及其应用探讨[J].采矿与安全工程学报,2019,36(5):1043-1051.

# 第3章 阳泉矿区煤与瓦斯突出区域探测与局部实时预警

华阳集团在阳泉矿区内的下属矿井均属于高瓦斯矿井或突出矿井，瓦斯灾害十分严重，必须对突出矿井进行治理。《防治煤与瓦斯突出细则》(2019)第六条明确提出，防突工作必须坚持“区域综合防突措施先行、局部综合防突措施补充”的原则。区域瓦斯治理是瓦斯治理的方向。同时，国内外开采突出煤层的实践表明，突出灾害的发生具有明显的区域分布特征，即突出只发生在煤层中的某些地带(被称为区域分布或带状分布)[1]。突出危险煤层中有潜在突出危险的区域仅占10%～30%，因此，如果在突出危险煤层开采过程中，大面积地实施防突措施势必造成资源浪费，影响采掘效率[2]。本章从煤与瓦斯突出区域划分出发，介绍了阳泉矿区煤与瓦斯突出部位的预测与评价、瓦斯富集区的探测技术、预警系统构建及相应的保障机制。

## 3.1 煤与瓦斯突出鉴定及突出区域划分

### 3.1.1 煤与瓦斯突出鉴定

煤与瓦斯突出鉴定是指对矿井和煤层可能具有的煤与瓦斯突出危险性进行鉴定。突出矿井和突出煤层鉴定主要依据《防治煤与瓦斯突出细则》和《煤与瓦斯突出矿井鉴定规范》(AQ 1024—2006)[3]。煤与瓦斯突出鉴定程序如图3-1-1所示。

煤与瓦斯突出鉴定程序为：矿井或煤层初次发生瓦斯动力现象或按照《防治煤与瓦斯突出细则》的要求属必须鉴定情况的，煤矿企业应及时向当地煤炭行业主管部门和煤矿安全监察机构报告，保护好发生瓦斯动力现象后的现场，并实时监测瓦斯动力现象影响区域的瓦斯浓度、风量及其变化情况等。同时，必须委托具有煤与瓦斯突出危险性鉴定资质的鉴定机构鉴定。在鉴定机构提交鉴定报告后，煤矿企业应及时向省(自治区、直辖市)煤炭行业主管部门提出审批申请，经审批后将批复结果抄报省级及地方煤矿安全监督管理机构备案[4-5]。

3.1.1.1 突出矿井(或煤层)的判定依据

(1) 煤与瓦斯突出的基本特征

煤与瓦斯突出可分为煤与瓦斯突然喷出(简称突出)、煤的压出伴随瓦斯涌出(简称压出)和煤的倾出伴随瓦斯涌出(简称倾出)3种类型，其基本特征如下[6-7]：

1) 突出的基本特征

① 突出的煤向外抛出的距离较远，具有分选现象；

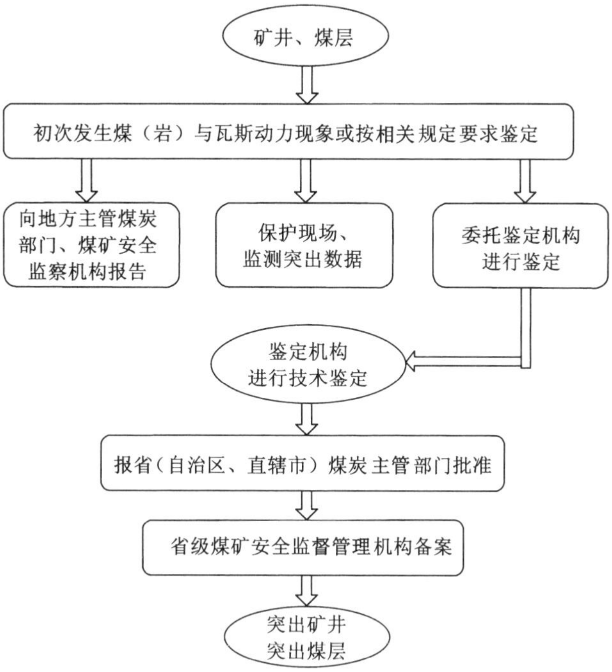


图 3-1-1　煤与瓦斯突出鉴定程序框图

② 抛出的煤堆积角小于自然安息角；

③ 抛出的煤破碎程度较高，含有大量碎煤和一定数量手捻无粒感的煤粉；

④ 有明显的动力效应，如破坏支架、推倒矿车、损坏或移动安装在巷道内的设施等；

⑤ 有大量的瓦斯涌出，瓦斯涌出量远远超过突出煤的瓦斯含量，有时会使风流逆转；

⑥ 突出孔洞呈口小腔大的梨形、舌形、倒瓶形、分岔形以及其他形状。

2）压出的基本特征

① 压出有两种形式，即煤的整体位移和煤有一定距离的抛出，但位移和抛出的距离都较小；

② 压出后，在煤层与顶板之间的裂隙中常留有细煤粉，整体位移的煤体上有大量的裂隙；

③ 压出的煤呈块状，无分选现象；

④ 巷道瓦斯涌出量增大；

⑤ 压出可能无孔洞或呈口大腔小的楔形、半圆形孔洞。

3）倾出的基本特征

① 倾出的煤就地按自然安息角堆积，无分选现象；

② 倾出的孔洞多为口大腔小，孔洞轴线沿煤层倾斜或铅垂（厚煤层）方向发展；

③ 无明显动力效应；

④ 倾出常发生在煤质松软的急倾斜煤层中；

⑤ 巷道瓦斯涌出量明显增加。

(2) 抛出煤炭的吨煤瓦斯涌出量

抛出煤炭的吨煤瓦斯涌出量可作为判断煤与瓦斯突出的辅助指标。瓦斯动力现象抛出煤炭的吨煤瓦斯涌出量的计算方法为瓦斯动力现象涌出的瓦斯量除以抛出的煤炭量,单位为 $m^3/t$。

抛出的煤量指堆积于原采掘工作面空间内的煤量,单位为 t。煤量的计算根据实际情况可采用下列方法之一:

① 实际清理出的煤量;

② 按照煤炭的堆积体积计算,抛出煤炭的粒度差别较大时,可分段按照不同堆积密度计算,煤炭的堆积密度取值范围为 $0.8\sim1.0\ t/m^3$。

瓦斯涌出量为发生瓦斯动力现象后回风巷中的瓦斯从升高开始,截至恢复到瓦斯动力现象发生前状态的增量。对瓦斯涌出量长时间不能恢复到瓦斯动力现象发生前的瓦斯涌出状态的,计算截止时间为瓦斯涌出量降到 $1.0\ m^3/min$ 时或瓦斯涌出量降到稳定状态时。

瓦斯涌出量可根据工作面、采区、矿井一翼或总回风流中的瓦斯浓度和风量的测定值计算,并应尽量选用靠近突出工作面而且瓦斯浓度测值没有超过测量仪器(或传感器)量程的测点资料,当发生瓦斯逆流或局部通风系统遭到破坏时,应选用采区、矿井一翼或总回风流中的测点资料计算。瓦斯涌出量可根据瓦斯浓度和风量的测值变化规律,采用曲线拟合后再积分的方法计算,或者采用分段取平均值的方法计算。如果突出后未测定回风流真实风量,当风流中瓦斯浓度大于 10%时,应按照瓦斯浓度和正常风量进行风量校正。

(3) 煤层突出危险性的指标

判定煤层是否具有突出危险性的指标可用煤的破坏类型、瓦斯放散初速度指标($\Delta p$)、煤的坚固性系数($f$)和煤层瓦斯压力($P$)。以上指标的测定点分布应能有效代表待鉴定采掘范围的煤层,测点应按照不同的地质单元分别进行布置,每个地质单元内在煤层走向和倾向上分别布置 3 个以上测点。各指标值取鉴定煤层各测点的最高煤层破坏类型、煤的最小坚固性系数、最大瓦斯放散初速度指标和最大瓦斯压力值。

在生产过程中出现的喷孔或其他典型突出预兆,也应作为判定煤层具有突出危险性的指标。

#### 3.1.1.2 突出矿井(或煤层)的判定规则

突出煤层鉴定应当首先根据实际发生的瓦斯动力现象进行,瓦斯动力现象特征基本符合煤与瓦斯突出特征或者抛出煤的吨煤瓦斯涌出量大于等于 30 $m^3$(或者为本区域煤层瓦斯含量 2 倍以上)的,应当确定为煤与瓦斯突出,该煤层为突出煤层。

当根据瓦斯动力现象特征不能确定为突出,或者没有发生瓦斯动力现象时,应当根据实际测定的原始煤层瓦斯压力(相对压力)$P$、煤的坚固性系数 $f$、煤的破坏类型、煤的瓦斯放散初速度指标 $\Delta p$ 等突出危险性指标进行鉴定。

当全部指标均符合表 3-1-1 所列条件,或者钻孔施工过程中发生喷孔、顶钻等明显突出预兆的,应当鉴定为突出煤层。否则,煤层突出危险性应当由鉴定机构结合直接法测定的原始瓦斯含量等实际情况综合分析确定，但当 $f \leqslant 0.3$、$P \geqslant 0.74$ MPa，或者 $0.3 < f \leqslant 0.5$、$P \geqslant 1.0$ MPa，或者 $0.5 < f \leqslant 0.8$、$P \geqslant 1.50$ MPa，或者 $P \geqslant 2.0$ MPa 的，一般鉴定为突出煤层。

**表 3-1-1　煤层突出危险性鉴定指标**

| 判定指标 | 原始煤层瓦斯压力（相对）$P$/MPa | 煤的坚固性系数 $f$ | 煤的破坏类型 | 煤的瓦斯放散初速度指标 $\Delta p$ |
|---|---|---|---|---|
| 有突出危险的临界值及范围 | ≥0.74 | ≤0.5 | Ⅲ、Ⅳ、Ⅴ | ≥10 |

确定为非突出煤层时，应当在鉴定报告中明确划定鉴定范围。当采掘工程超出鉴定范围的，应当测定瓦斯压力、瓦斯含量及其他与突出危险性相关的参数，掌握煤层瓦斯赋存变化情况。同时，当非突出煤层出现瓦斯动力现象、煤层瓦斯压力达到或超过 0.74 MPa 或相邻矿井开采的同一煤层发生突出或者被鉴定、认定为突出煤层等情况时，应当立即进行煤层突出危险性鉴定，或者直接认定为突出煤层；鉴定或者直接认定完成前，应当按照突出煤层管理。

## 3.1.2　突出煤层区域划分

研究表明，赋存在煤层内的瓦斯表现出垂向分带特征，煤层瓦斯沿垂向一般分为瓦斯风化带和甲烷带[9]。在甲烷带，煤层的瓦斯压力、瓦斯含量随埋藏深度的增加呈有规律的增长，相对瓦斯涌出量也随开采深度的增加而有规律地增加。从甲烷带内某一深度起，煤层除了一般瓦斯涌出外还出现了特殊瓦斯涌出，即瓦斯喷出和煤与瓦斯突出。进一步研究表明，区域地质构造对突出具有控制作用。地质构造，特别是对矿区或矿井总体上起控制作用的断层及褶皱，往往对煤与瓦斯的突出条件及突出点的分布具有显著影响。构造变形的规模及变形程度不同，其影响范围及影响程度也存在明显的差异，这不但使矿区的突出具有分区性质，且突出危险程度也有明显的区别。

综上所述，突出呈现出区域性分布特征。在突出煤层中，有突出危险区和无突出危险区。如果在突出煤层的开采过程中，大面积实施防突措施，势必要投入大量的人力、物力，增加防突工程量，这不但严重影响采掘效率，也带来不必要的经济损失。显然，通过区域预测把突出危险区域和无突出危险区域划分出来，采用相应的瓦斯治理方法，这将大大节约防突费用，提高在突出煤层中的采掘速度。

#### 3.1.2.1　突出煤层区域划分工作程序

突出煤层区域划分的工作程序如图 3-1-2 所示，包括[5]：

① 突出煤层资料收集，重点确定突出划分的关键构造与单元，对突出煤层分地质块段进行区域划分。

② 进行煤层瓦斯参数测试，重点对煤层的瓦斯压力、瓦斯含量、坚固性系数、瓦斯放散初速度，煤的吸附常数、灰分、水分、孔隙率等参数进行测试分析。

③ 确定划分标准。

#### 3.1.2.2　突出煤层区域划分所需资料

突出煤层区域划分所需的资料主要包括：

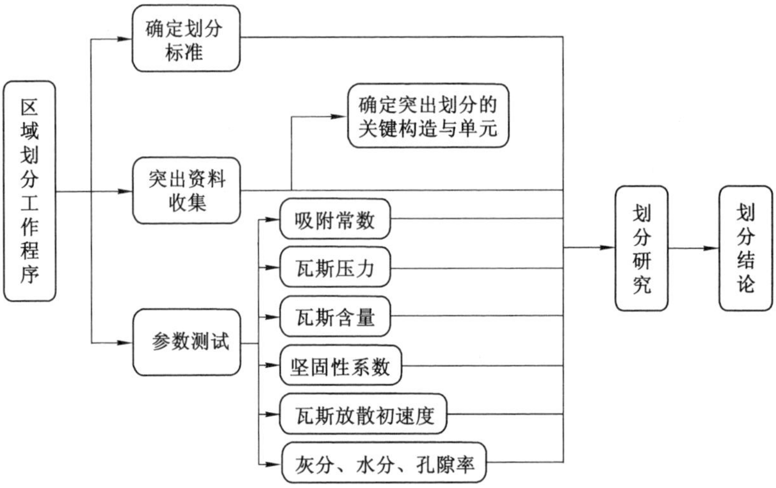


图 3-1-2　突出煤层区域划分工作程序

① 矿井概况；

② 矿井地质报告；

③ 矿井设计说明书；

④ 采掘资料及采矿工程平面图；

⑤ 井上下对照图；

⑥ 瓦斯含量、瓦斯压力历史测定资料；

⑦ 矿井瓦斯动力现象历史资料；

⑧ 近三年来的矿井瓦斯等级鉴定资料；

⑨ 突出及其预测参数测试资料。

3.1.2.3　突出煤层区域划分方法和验证指标

(1) 地质单元划分

对煤层瓦斯赋存起控制作用的、规模大的地质构造通常可将煤层划分为天然的地质单元，地质单元内的煤层及瓦斯赋存具有各自独立的规律[10]。因此，在对煤层瓦斯赋存、瓦斯涌出及突出危险区域划分研究时，通常以这些大型的、起控制作用的地质构造(大断层、大褶曲、煤缺失带、岩浆岩侵蚀造成的煤质变化等)为依据，将煤层划分为若干地质单元，在每个地质单元内分别研究瓦斯赋存的规律。

划分瓦斯地质单元的研究思路是瓦斯地质区划论，即地质条件控制瓦斯赋存和瓦斯突出的分布，具体可表达为以下方面：

① 瓦斯赋存和瓦斯突出的分布是不均衡的，具有分区、分带特点；

② 这种分区、分带性与地质条件密切相关，并受地质因素的制约；

③ 瓦斯突出分布具有分级控制的特点，不同级别的突出区域其影响因素不同，因而瓦斯突出预测的地质指标也应该分级提出。

瓦斯地质单元的划分是对某一区域瓦斯地质认识的综合和该区域瓦斯地质特点的集

中体现。

根据地质条件控制瓦斯分布的观点，划分瓦斯地质单元的边界应以控制瓦斯分布或突出分布的主导因素的区划边界为主来圈定。

（2）突出煤层区域划分方法

根据煤层瓦斯参数结合瓦斯地质分析的区域预测方法应当按照下列要求进行：

① 煤层瓦斯风化带为无突出危险区域。

② 根据已开采区域确切掌握的煤层赋存特征、地质构造条件、突出分布的规律和对预测区域煤层地质构造的探测、预测结果，采用瓦斯地质分析的方法划分出突出危险区域。当突出点及具有明显突出预兆的位置分布与构造带有直接关系时，则根据上部区域突出点及具有明显突出预兆的位置分布与地质构造的关系确定构造线两侧突出危险区边缘到构造线的最远距离，并结合下部区域的地质构造分布划分出下部区域构造线两侧的突出危险区；否则，在同一地质单元内，突出点及具有明显突出预兆的位置以上 20 m（埋深）及以下的范围为突出危险区，如图 3-1-3 所示。

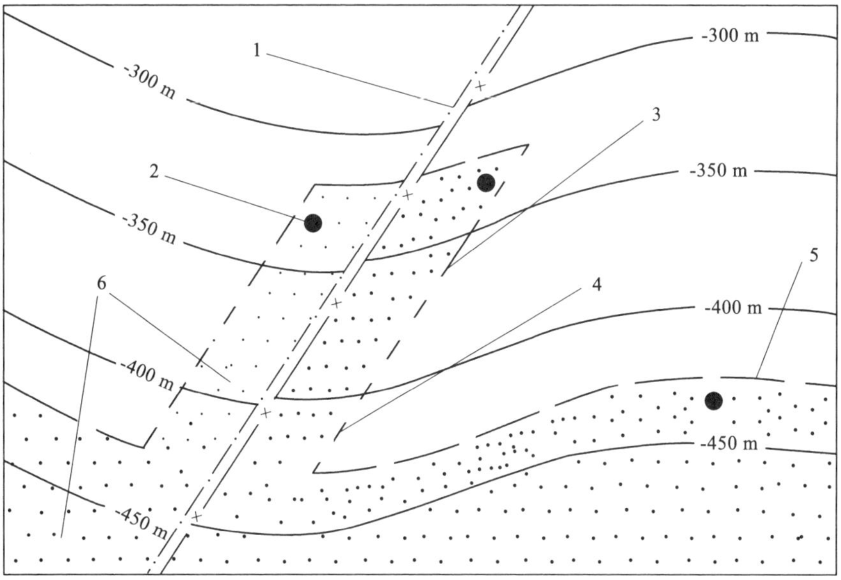


1—断层；2—突出点；3—上部区域突出点在断层两侧的最远距离线；
4—推测的下部区域断层两侧的突出危险区边界线；5—推测的下部区域突出危险区上边界线；
6—突出危险区（阴影部分）。

图 3-1-3　根据瓦斯地质分析划分突出危险区域示意图

③ 在上述①②项划分出的无突出危险区和突出危险区以外的区域，应当根据煤层瓦斯压力 $P$ 进行预测。如果没有或者缺少煤层瓦斯压力资料，也可根据煤层瓦斯含量 $W$ 进行预测。

进行开拓后区域预测时，还应当符合下列要求：

① 预测所主要依据的煤层瓦斯压力、瓦斯含量等参数应为井下实测数据；

② 测定煤层瓦斯压力、瓦斯含量等参数的测试点在不同地质单元内根据其范围、地质复杂程度等实际情况和条件分别布置；同一地质单元内沿煤层走向布置测试点不少于2个，沿倾向不少于3个，并有测试点位于埋深最大的开拓工程部位。

## 3.1.3 瓦斯地质图

### 3.1.3.1 瓦斯地质图图例

瓦斯地质图是瓦斯地质规律和瓦斯预测成果的直观表达和高度概括。瓦斯地质图内容丰富、区带分明，层次清晰、一目了然，直观简明、使用方便，使得各级领导和工程技术人员进行瓦斯综合治理有了共同语言。瓦斯地质图直接用于安全生产管理、瓦斯(煤层气)抽采利用和煤矿瓦斯治理规划，是我国煤炭工业发展必不可少的技术图件，随着煤矿开采深度的日趋增加和地质条件的日趋复杂越来越发挥出重要作用。

《煤矿安全规程》规定，突出矿井必须及时编制矿井瓦斯地质图。无论是高瓦斯矿井、突出矿井还是瓦斯矿井，无论是瓦斯灾害防治还是瓦斯资源开发利用，都需要编制煤矿瓦斯地质图。

图例是表达图的纲领性语言，是编图工作的关键技术。煤矿瓦斯地质图图例见表3-1-2。

**表3-1-2 瓦斯地质图图例**

| 名称 | 标记 | 说明 | 字体、颜色、线型等 |
|---|---|---|---|
| 小型突出点 | (突) 65.5 t ∣ 1.26万 $m^3$ / -356 ∣ 2010.03.27 | 煤与瓦斯突出强度<100 t/次；分子左侧为突出煤量(t)，右侧为涌出瓦斯总量(万 $m^3$)；分母左侧为标高(m)，右侧为突出年月日 | 左侧“突”字为宋体，字高2；右侧字体为新罗马字体，字高1.5；圆直径4 mm，线宽0.1 mm，颜色值为RGB(204,0,153) |
| 中型突出点 | (突) 326 t ∣ 6.37万 $m^3$ / -401 ∣ 2012.07.13 | 煤与瓦斯突出强度100～499 t/次；分子左侧为突出煤量(t)，右侧为涌出瓦斯总量(万 $m^3$)；分母左侧为标高(m)，右侧为突出年月日 | 左侧“突”字为宋体，字高3；右侧字体为新罗马字体，字高1.5；圆直径6 mm，线宽0.1 mm，颜色值为RGB(204,0,153) |
| 大型突出点 | (突) 632 t ∣ 5.28万 $m^3$ / -436 ∣ 2014.06.11 | 煤与瓦斯突出强度500～999 t/次；分子左侧为突出煤量(t)，右侧为涌出瓦斯总量(万 $m^3$)；分母左侧为标高(m)，右侧为突出年月日 | 左侧“突”字为宋体，字高4；右侧字体为新罗马字体，字高1.5；圆直径8 mm，线宽0.1 mm，颜色值为RGB(204,0,153) |
| 特大型突出点 | (突) 1 231 t ∣ 22.3万 $m^3$ / -512 ∣ 2016.09.03 | 煤与瓦斯突出强度≥1 000 t/次；分子左侧为突出煤量(t)，右侧为涌出瓦斯总量(万 $m^3$)；分母左侧为标高(m)，右侧为突出年月日 | 左侧“突”字为宋体，字高5；右侧字体为新罗马字体，字高1.5；圆直径10 mm，线宽0.1 mm，颜色值为RGB(204,0,153) |

**表 3-1-2(续)**

| 名称 | 标记 | 说明 | 字体、颜色、线型等 |
|---|---|---|---|
| 瓦斯含量点 | W　$\frac{14.30\ m^3/t}{-623.18 \mid 723.06}$ | 分子为瓦斯含量值($m^3/t$);分母左侧为测点标高(m),右侧为埋深(m) | 左侧“W”字为宋体,字高 2;右侧字体为新罗马字体,字高 1.5;圆直径 4 mm,线宽 0.1 mm,颜色值为 RGB(204,0,153) |
| 瓦斯压力点 | P　$\frac{2.6\ MPa}{-600 \mid 632}$ | 分子为瓦斯压力值(MPa);分母左侧为测点标高(m),右侧为埋深(m) | 左侧“P”字为宋体,字高 2;右侧字体为新罗马字体,字高 1.5;圆直径 4 mm,线宽 0.1 mm,颜色值为 RGB(204,0,153) |
| 动力现象点 | 动　$\frac{23\ t \mid 1\,800\ m^3}{-583 \mid 13.06}$ | 分子左侧为突出煤岩量(t),右侧为涌出瓦斯量($m^3$);分母左侧为标高(m),右侧为发生年月 | 左侧“动”字为宋体,字高 2;右侧字体为新罗马字体,字高 1.5;圆直径 4 mm,线宽 0.1 mm,颜色值为 RGB(204,0,153) |
| 煤层区域突出危险性预测指标值 | △1　$50=\frac{15}{0.3}$ | 等号左边为 $K$ 值;右侧分子为 $\Delta p$ 值,分母为 $f$ 值 | 左侧“1”为新罗马字体,字高 2;右侧字体为新罗马字体,字高1.5;三角形宽、高为 4 mm,线宽 0.1 mm,颜色值为 RGB(255,0,0) |
| 工作面突出危险性预测指标值Ⅰ | ▽1　$\frac{120}{2.3}$ | 分子为钻屑解吸指标 $\Delta h_2$(Pa),分母为钻孔最大钻屑量 $S_{max}$(L/m) | 左侧“1”为新罗马字体,字高 2;右侧字体为新罗马字体,字高 1.5;三角形宽、高为 4 mm,线宽 0.1 mm,颜色值为 RGB(255,0,0) |
| 工作面突出危险性预测指标值Ⅱ | ▽2　$\frac{5 \mid 2.3}{0.5}$ | 分子左侧为钻孔最大瓦斯涌出初速度 $q_{max}$[L/(m · min)],分子右侧为钻孔最大钻屑量 $S_{max}$(L/m);分母为 $R$ 值指标 | 左侧“2”为新罗马字体,字高 2;右侧字体为新罗马字体,字高 1.5;三角形宽、高为 4 mm,线宽 0.1 mm,颜色值为 RGB(255,0,0) |
| 采煤工作面瓦斯涌出量点 | $\frac{8.4 \mid 3.06}{3\,956 \mid 13.06}$ | 分子左侧为绝对瓦斯涌出量($m^3/min$),右侧为相对瓦斯涌出量($m^3/t$);分母左侧为工作面日产量(t),右侧为回采年月 | 字体为新罗马字体,字高 1.5,线宽 0.1 mm,颜色值为 RGB(255,0,0) |
| 掘进工作面绝对瓦斯涌出量点 | $\frac{1.8}{14.01}$ | 分子为掘进工作面绝对瓦斯涌出量($m^3/min$),分母为掘进年月 | 字体为新罗马字体,字高 1.5,线宽 0.1 mm,颜色值为 RGB(255,0,0) |
| 煤层气(瓦斯)资源量 | 0.5 \| $\frac{8.0-12.5}{10}$ / 5 \| B | 左上角为煤层气(瓦斯)资源量($Mm^3$),右上角为块段瓦斯含量大小($m^3/t$);左下角为块段编号,右下角为瓦斯储量级别 | 字体为新罗马字体,右上角字高 1,其余字高 1.5;边框矩形长 16 mm、宽 8 mm,线宽 0.3 mm,其他线宽 0.1 mm,颜色值为 RGB(240,200,240) |

**表 3-1-2(续)**

| 名称 | 标记 | 说明 | 字体、颜色、线型等 |
| --- | --- | --- | --- |
| 煤层气(瓦斯)资源块段划分界线 | 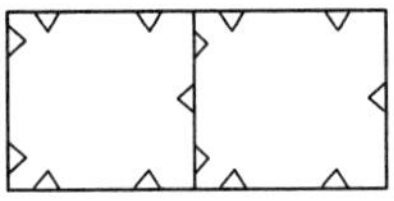 | 采用四边形划分块段,用三角形指向块段内部;块段划分考虑瓦斯含量级别、构造影响、含量值比较接近等因素 | 线宽 0.1 mm,颜色值为 RGB(240,200,240) |
| 瓦斯含量实测等值线 | 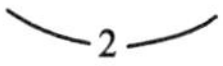 | 单位 $m^3/t$ | 字体为宋体,字高 2.5,线型为实线,线宽 0.4 mm,颜色值为 RGB(255,44,255) |
| 瓦斯含量预测等值线 | 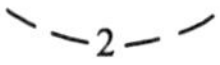 | 单位 $m^3/t$ | 字体为宋体,字高 2.5,线型为虚线,线宽 0.4 mm,颜色值为 RGB(255,144,255) |
| 绝对瓦斯涌出量实测等值线 | 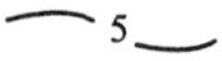 | 采煤工作面绝对瓦斯涌出量实测等值线,单位 $m^3/min$ | 字体为宋体,字高 2.5,线型为实线,线宽 0.3 mm,颜色值为 RGB(255,0,0) |
| 绝对瓦斯涌出量预测等值线 | 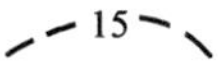 | 采煤工作面绝对瓦斯涌出量预测等值线,单位 $m^3/min$ | 字体为宋体,字高 2.5,线型为虚线,线宽 0.3 mm,颜色值为 RGB(255,0,0) |
| 煤层瓦斯压力实测等值线 | 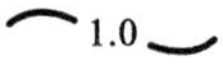 | 单位 MPa | 字体为宋体,字高 2.5,线型为实线,线宽 0.5 mm,颜色值为 RGB(204,0,153) |
| 煤层瓦斯压力预测等值线 | 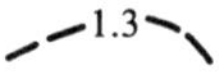 | 单位 MPa | 字体为宋体,字高 2.5,线型为虚线,线宽 0.5 mm,颜色值为 RGB(204,0,153) |
| 瓦斯突出危险区 |  | 三角指向煤与瓦斯突出危险区 | 线宽 1 mm,颜色值为 RGB(153,0,153) |
| 瓦斯涌出量小于 5 $m^3/min$ 区域 | 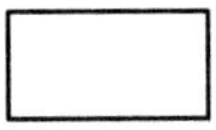 | | 颜色值为 RGB(255,255,235) |
| 瓦斯涌出量 5~10 $m^3/min$ 区域 |  | | 颜色值为 RGB(246,255,219) |
| 瓦斯涌出量 10~15 $m^3/min$ 区域 |  | | 颜色值为 RGB(240,255,235) |

**表 3-1-2(续)**

| 名称 | 标记 | 说明 | 字体、颜色、线型等 |
|---|---|---|---|
| 瓦斯涌出量大于 15 $m^3$/min 区域 |  | | 颜色值为 RGB(255,240,224) |
| 井筒 |   | 符号左侧分子为井口高程(m),分母为井底高程(m);右侧注明用途,如通风、提升等 | 内圆直径 2.5 mm,外圆直径 4 mm;标注字体为宋体,井筒名称字高 2,其他字高 1.5,颜色值为 RGB(51,51,51) |
| 见煤钻孔 | 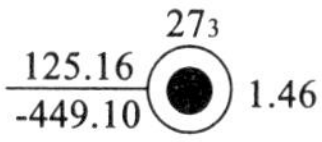  | 符号上方为孔号;左侧分子为地面标高(m),分母为煤层底板标高(m);右侧为煤厚(m) | 内圆直径 2.5 mm,外圆直径 4 mm;标注字体为宋体,字高 1.5,颜色值为 RGB(51,51,51) |
| 煤层露头及风氧化带 |   | (1)为煤层露头,(2)为风氧化带 | 煤层露头及风氧化带线为实线,煤层露头线宽 1 mm,风氧化带线宽 0.1 mm,颜色值为 RGB(128,128,28) |
| 井田边界 | —+— | | 线宽 1 mm,颜色值为 RGB(173,173,173) |
| 向斜轴 |  | 箭头表示岩层倾斜方向;实测褶皱每 100 mm 为一组,组间距 10 mm,推断褶皱每隔 5 节(1 节 20 mm)绘一组,组间距 10 mm | 轴线线宽 0.6 mm,箭头线宽 0.1 mm,颜色值 RGB(0,127,0) |
| 背斜轴 |  | 箭头表示岩层倾斜方向;实测褶皱每 100 mm 为一组,组间距 10 mm,推断褶皱每隔 5 节(1 节 20 mm)绘一组,组间距 10 mm | 轴线线宽 0.6 mm,箭头线宽 0.1 mm,颜色值 RGB(0,127,0) |
| 煤层上覆基岩厚度等值线 |   | 单位 m | 字体为宋体,字高 2,线型为虚线,线宽 0.1 mm,颜色值为 RGB(90,255,200) |
| 顶板泥岩厚度等值线 | 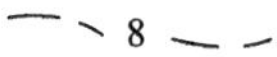  | 单位 m | 字体为宋体,字高 2,线型为虚线,线宽 0.1 mm,颜色值为 RGB(236,186,163) |
| 煤层底板等高线 | 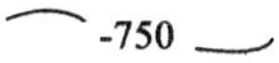  | 单位 m | 字体为宋体,字高 2,线型为实线,线宽 0.1 mm,颜色值为 RGB(45,45,45) |

表 3-1-2(续)

| 名称 | 标记 | 说明 | 字体、颜色、线型等 |
|---|---|---|---|
| 岩石巷道 | | | 线型为实线,线宽 0.3 mm,颜色值为 RGB(255,192,128) |
| 煤巷 | | | 线型为实线,线宽 0.2 mm,颜色值为 BGB(91,91,91) |
| 正断层、逆断层 | 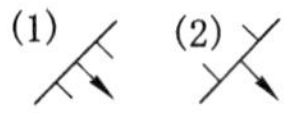 | (1)为正断层,(2)为逆断层 | 线宽 0.1 mm,颜色值为 RGB(0,127,0) |
| 断层上、下盘 | a ——·——<br>b ——×—— | a 为上盘,b 为下盘 | 线宽 0.1 mm,颜色值为 RGB(0,127,0) |
| 实测、推断陷落柱 | 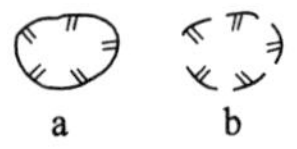 | a 为实测陷落柱,b 为推断陷落柱 | 线宽 0.1 mm,颜色值为 RGB(0,127,0) |
| 构造煤厚度点 | 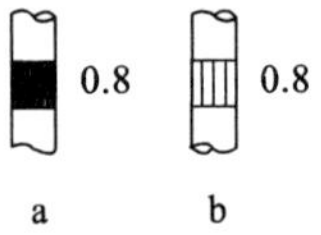 | a 为实测构造煤厚度(m),b 为测井曲线解译构造煤厚度(m) | 构造煤小柱状图例高 6 mm,宽 2 mm,中间填充区长 2 mm,宽 2 mm;字体为新罗马字体,字高 1.5,线宽 0.1 mm,颜色值为 RGB(51,51,51) |

#### 3.1.3.2 瓦斯地质图绘制所需基础资料

瓦斯地质资料的收集和系统整理是编制煤矿瓦斯地质图和做好瓦斯地质规律与瓦斯预测研究最主要的基础。所需要的基础资料如表 3-1-3～表 3-1-13 所列。

表 3-1-3 掘进工作面瓦斯涌出量统计表

| 序号 | 日期 | $CH_4$ 浓度/% | 风量/($m^3$/min) | 抽采量/($m^3$/min) | 绝对瓦斯涌出量/($m^3$/min) |
|---|---|---|---|---|---|
| | | | | | |
| | | | | | |

表 3-1-4 采煤工作面瓦斯涌出量统计表

| 序号 | 日期 | $CH_4$ 浓度/% | 风量/($m^3$/min) | 抽采量/($m^3$/min) | 日产量/t | 绝对瓦斯涌出量/($m^3$/min) | 相对瓦斯涌出量/($m^3$/t) |
|---|---|---|---|---|---|---|---|
| | | | | | | | |
| | | | | | | | |

表 3-1-5 煤层瓦斯含量统计表

| 序号 | 位置 | 煤层底板/m | 埋深/m | 瓦斯成分/% | | | 瓦斯含量/($m^3$/t) | 工业分析/% | | | 评价 | 备注 |
|---|---|---|---|---|---|---|---|---|---|---|---|---|
| | | | | $CH_4$ | $CO_2$ | $N_2$ | | 水分 | 灰分 | 挥发分 | | |
| | | | | | | | | | | | | |
| | | | | | | | | | | | | |

**表 3-1-6　煤层瓦斯压力统计表**

| 序号 | 位置 | 煤层底板标高/m | 埋深/m | 瓦斯压力/MPa | 瓦斯含量/($m^3$/t) | 备注 |
| --- | --- | --- | --- | --- | --- | --- |
| | | | | | | |
| | | | | | | |

**表 3-1-7　煤层突出危险性预测参数统计表**

| 序号 | 位置 | 煤层底板标高/m | 埋深/m | $f$ | $\Delta p$ |
| --- | --- | --- | --- | --- | --- |
| | | | | | |
| | | | | | |

**表 3-1-8　煤层采(掘)工作面瓦斯突出预测参数统计表**

| 序号 | 位置 | 煤层底板标高/m | 埋深/m | $S_{max}$/(L/m) | $\Delta h_2$/Pa | $K_1$/[mL/(g·$min^{0.5}$)] | $q_m$/(L·min) |
| --- | --- | --- | --- | --- | --- | --- | --- |
| | | | | | | | |
| | | | | | | | |

**表 3-1-9　煤层煤与瓦斯突出点统计表**

| 序号 | 时间 | 位置 | 煤层底板标高/m | 埋深/m | 突出类型 | 突出概况 | 当时工序 | 突出前兆 | 突出强度 | |
| --- | --- | --- | --- | --- | --- | --- | --- | --- | --- | --- |
| | | | | | | | | | 煤/t | 瓦斯/$m^3$ |
| | | | | | | | | | | |
| | | | | | | | | | | |

**表 3-1-10　采(掘)工作面煤与瓦斯突出位置断层、煤体结构、顶底板岩性统计表**

| 序号 | 时间 | 位置 | 断层描述 | | | | 煤体结构 | | 顶底板岩性 |
| --- | --- | --- | --- | --- | --- | --- | --- | --- | --- |
| | | | 倾向 | 倾角/(°) | 落差/m | 性质 | 原生结构煤厚度/m | 构造煤厚度/m | |
| | | | | | | | | | |
| | | | | | | | | | |

**表 3-1-11　采(掘)工作面断层统计表**

| 序号 | 名称 | 位置 | 倾向 | 倾角/(°) | 落差/m | 断层性质 | 力学性质 | 延展长度/m |
| --- | --- | --- | --- | --- | --- | --- | --- | --- |
| | | | | | | | | |
| | | | | | | | | |

表 3-1-12 大中型断层情况表

| 序号 | 编号 | 名称及性质 | 产状 | | | 落差/m | 走向长度/m | 控制工程 | 简要描述 | 控制程度 |
|---|---|---|---|---|---|---|---|---|---|---|
| | | | 走向 | 倾向 | 倾角/(°) | | | | | |
| | | | | | | | | | | |
| | | | | | | | | | | |

表 3-1-13 煤层钻孔瓦斯资料表

| 序号 | 孔号 | 样品深度/m | 煤层 | 煤厚/m | 直接顶板岩性 | 煤类 | 瓦斯成分/% | | | 含量(可燃质)/(mL/g) | |
|---|---|---|---|---|---|---|---|---|---|---|---|
| | | | | | | | $N_2$ | $CO_2$ | $CH_4$ | $CO_2$ | $CH_4$ |
| | | | | | | | | | | | |
| | | | | | | | | | | | |

(1) 矿井瓦斯地质图编图原理和目的

矿井瓦斯地质图是以矿井煤层底板等高线图和采掘工程平面图作为地理底图,系统收集、整理建矿以来采、掘工程揭露和测试的全部瓦斯资料和地质资料,如采掘工作面每日的瓦斯浓度、风量和瓦斯抽采量,煤与瓦斯突出危险性预测指标及煤与瓦斯突出点资料等,在查清矿井瓦斯地质规律,进行瓦斯涌出量预测煤与瓦斯突出危险性预测、瓦斯(煤层气)资源量评价和构造煤的发育特征等基础上按照图例绘制而成。矿井瓦斯地质图能高度集中反映煤层采掘揭露和地质勘探等手段测试的瓦斯地质信息,可准确反映矿井瓦斯赋存规律和涌出规律,准确预测瓦斯涌出量、瓦斯含量、煤与瓦斯突出危险性,准确评价瓦斯(煤层气)资源量及开发技术条件。

(2) 矿井瓦斯地质图编图内容和方法

1) 地理底图

选用 1∶5 000 矿井采掘工程平面图和煤层底板等高线图作为地理底图,要求地理底图的选取应能反映最新的瓦斯地质信息。

2) 地质内容及方法

地质内容包括以下方面:

① 煤层底板等高线:一般是标高差 50 m 一条,在褶皱和断层影响引起煤层倾角变化大的部位,等高线密度增加。

② 井田地质勘探钻孔、煤层露头、向斜、背斜、断层、煤层厚度、陷落柱分布、火成岩分布、煤层顶底板砂泥岩分界线、构造煤的类型、厚度分布等。

3) 瓦斯内容及方法

瓦斯内容包括以下方面:

① 瓦斯涌出量点:掘进工作面绝对瓦斯涌出量点,采煤工作面绝对瓦斯涌出量点和相对瓦斯涌出量点,每月筛选一个数据。

② 瓦斯涌出量和瓦斯压力等值线:绝对瓦斯涌出量等值线又分实测线和预测线;煤层瓦斯压力等值线分为实测等值线和预测等值线,其中要有 0.74 MPa 等值线。

③ 瓦斯涌出量区划：根据矿井瓦斯涌出特征，一般是级差 5 $m^3/min$，按表 3-1-2 图例填绘不同的颜色，表示瓦斯涌出量区划级别。

④ 瓦斯含量点和瓦斯含量等值线，按表 3-1-2 图例填绘。

⑤ 瓦斯突出危险性预测参数：瓦斯压力 $P$、瓦斯放散初速度 $\Delta p$、煤的坚固性系数 $f$、瓦斯突出危险性综合指标 $K$、钻屑瓦斯解吸指标 $\Delta h_2$、钻孔最大瓦斯涌出初速度 $q_{max}$、钻孔最大钻屑量 $S_{max}$ 等，按表 3-1-3 图例和表 3-1-8 填绘。

⑥ 瓦斯突出危险性区域划分：根据预测结果，将井田范围划分为突出危险区和无突出危险区，按表 3-1-2 图例标注。

⑦ 矿井瓦斯资源量：根据瓦斯含量、煤炭储量分块段计算，按表 3-1-2 图例标注。

(3) 矿井瓦斯地质图编图资料收集、整理要求

1) 地质资料

地质资料包括以下方面：

① 矿井地质勘探精查或详查报告、矿井生产修编地质报告(地质说明书)。

② 矿井采掘工程平面图、煤层底板等高线图、构造纲要图、井上下对照图、地层综合柱状图。

③ 采掘工作面地质说明书和相关图件。

④ 煤巷编录的构造煤厚度、测井曲线解译、物理方法探测构造煤厚度。

⑤ 断层、褶皱、陷落柱、火成岩和顶底板砂泥岩分界线等，按表 3-1-2 图例和表 3-1-12填绘。

⑥ 所有的钻孔柱状图和勘探线剖面图，按表 3-1-2 图例标注。

⑦ 三维地震勘探资料。

2) 瓦斯资料

瓦斯资料包括以下方面：

① 建矿以来掘进、采煤工作面瓦斯日报表，瓦斯抽采台账，风量报表，产量报表，采掘月进尺等资料，按照上述表格进行统计，由此计算出各掘进、采煤工作面的瓦斯绝对涌出量和相对涌出量。

② 瓦斯抽采资料：详细收集煤层预抽瓦斯和采掘过程中抽采的瓦斯量、所有的瓦斯抽采设计方案和瓦斯抽采台账，按表 3-1-3 和表 3-1-4 统计。

③ 瓦斯含量资料：地质勘探钻孔取样测定的瓦斯含量和生产阶段取样测定的瓦斯含量，按照表 3-1-5 进行统计。

④ 瓦斯压力测试数据：按表 3-1-6 进行统计。

⑤ 煤巷掘进测试的瓦斯突出预测参数，钻屑瓦斯解吸指标 $\Delta h_2$、钻孔最大瓦斯涌出初速度 $q_{max}$、钻孔最大钻屑量 $S_{max}$、瓦斯放散初速度 $\Delta p$、煤的坚固性系数 $f$ 值、瓦斯突出危险综合指标 $K_1$，按照表 3-1-7 和表 3-1-8 进行统计。

⑥ 煤与瓦斯突出点资料：统计建矿以来的所有煤与瓦斯突出点资料，并描述其发生过程和突出位置、作业工序等详细资料，按照表 3-1-9 统计。

(4) 编制矿井瓦斯地质图

① 比例尺为 1∶5 000。

② 矿井瓦斯地质图的不同符号和颜色表示不同的内容和含义。瓦斯地质图内容的表示方法和绘图要求，依据表 3-1-2 图例。

## 3.2 煤与瓦斯突出预测与评价

煤与瓦斯突出预测在区域综合防突措施和局部综合防突措施中占有重要地位，是突出煤层安全开采的前提条件[10-11]。突出危险性预测是区域综合防突措施和局部综合防突措施的第一环节，其实施的目的是确定突出危险区域和地点，指导防突措施的具体应用，确定在哪些区域和地点必须采取防突措施，哪些区域和地点可不采取防突措施。进行煤与瓦斯突出预测，不仅能指导防突措施科学地运用、减少防突措施工程量，而且由于对区域或工作面突出危险性进行了有效预测，还能保证突出煤层作业人员的安全[12-15]。由此可见，突出预测具有重大的现实意义。

### 3.2.1 煤与瓦斯突出预测

华阳集团各矿井现行的突出预测预报方法是以钻屑解吸指标为主的点预测方法，该方法主要是通过在煤壁上打钻，测试钻孔或钻屑的瓦斯解吸指标来进行预测。这种传统的预测预报方法施工工艺比较简单，在防治突出初期工作中起到了巨大的作用，但是需要耗费较多的预测时间，一般完成一次掘进工作面预测需要约 3 h 以上，并且要求工作面提前停止生产、支护等作业，为预测创造条件。这种复杂的工序以及较长的作业时间延缓了工作面掘进速度，束缚了矿井生产力的发展，特别是随着我国现代化矿井建设的推进，大型综采、综掘大面积使用，矿井综合机械化的生产效率受到了传统预测方法的严重制约。另外，传统的预测方法是间断性的点对点预测，不能及时有效地连续预测预报突出危险性，面对延期突出显得无能为力[16-17]。在华阳集团现行的瓦斯治理技术体系之下，要进一步提高瓦斯防治技术水平，应注重局部预测预报技术革新，以增强瓦斯灾害防治的针对性，大幅提高防突工作效率，为矿井高产、高效、安全生产提供防突技术上的保障。因此，研究阳泉矿区突出危险性演化规律，建立相应的突出危险快速、非接触式、连续辨识方法，改进现行突出预测预报方法的不足之处，对于提高华阳集团瓦斯突出灾害防治水平具有重要意义。

多年的研究表明，绝大部分突出都会发出相应的前兆信息，突出前煤体中出现劈裂声、炮声、闷雷声、煤层层理紊乱、煤变软变暗、支架来压、掉渣、煤面外鼓、片帮、瓦斯浓度增大、瓦斯涌出忽大忽小以及打钻时顶钻、夹钻、钻孔喷孔等一系列的预兆信息表明，突出是可以预测的[1]。为此不同的专家学者分别从声响预兆、温度预兆、电磁辐射预兆、多元信息融合等方面开展了大量的研究与应用工作。这些研究都存在一个共识，即无论用什么方法，都需要适应机械化作业的连续、快速危险性辨识[18-19]。工作面瓦斯涌出量增大或瓦斯涌出"忽大忽小"这一系列瓦斯涌出动态特征被行业科研工作者认为是煤与瓦斯突出前兆信息。据不完全统计，典型的突出事故发生前，80％的事故都存在瓦斯异常的前兆现象，这直接导致了 2015 年 7 月 9 日国家安监总局颁布《强化瓦斯防治十条规定》，要求矿井必须建立通风瓦斯分析制度，发现风流和瓦斯异常变化，必须排查隐患、采取措施。

根据相关要求，出现煤岩瓦斯涌出异常，有卡钻、顶钻、喷孔等动力现象，必须立即停止采掘作业，直接升级为突出矿井。煤与瓦斯突出预兆分为有声预兆和无声预兆，有声预兆主要包括煤体出现劈裂声、煤炮声、闷雷声或“吱吱”声等；无声预兆主要包括顶板来压、片帮、掉渣、煤面壁外鼓或瓦斯涌出忽大忽小、温度下降以及打钻时出现喷孔、顶钻等现象。煤与瓦斯突出事故发生前一般都有瓦斯涌出异常现象。在正常情况下，出现以下现象可认定为瓦斯异常：井下采掘工作面出现突然停风，或者是风量不稳定，忽大忽小；部分巷道出现风流紊乱、微风、无风；瓦斯浓度经常处于临界状态；瓦斯浓度变化幅度大；瓦斯浓度逐渐增大，甚至超限；打钻孔时喷孔、顶钻、卡钻等。因此，瓦斯涌出异常是一种极为重要的突出预兆信息，值得我们花费更多的人力、物力进行更为深刻的研究。

#### 3.2.1.1　区域突出危险性预测

突出矿井必须对突出煤层进行区域突出危险性预测，区域预测一般根据煤层瓦斯参数结合瓦斯地质分析的方法进行，也可以采用其他经试验证实有效的方法。

瓦斯地质分析法预测煤层突出危险性是根据已有资料结合预测区域地质构造特征来综合分析煤层是否具有突出危险性，要求具备已采区域的详细资料和预测区域地质构造的详细资料，了解控制突出的主要地质因素。

区域预测主要依据的突出预测指标参数为煤层瓦斯压力和煤层瓦斯含量，并且要求这些参数为井下实测数据。

(1) 瓦斯风化带

当煤层具有露头或直接为透气性较好的第四系冲击层覆盖时，在煤层内存在两个不同方向的气体运移，即煤化过程中生成的瓦斯经煤层露头和上覆第四系冲击层不断由煤层深部向地表运移；而地面空气、上覆第四系冲击层中生物化学反应生成的气体沿煤层向深部渗透扩散，从而使赋存在煤层内的瓦斯表现出垂向分带特性。煤层瓦斯沿垂向一般可分为瓦斯风化带与甲烷带。

煤层瓦斯风化带的深度取决于井田地质和煤层赋存条件，瓦斯风化带内瓦斯中 $CH_4$ 的组分低于 80%，煤层瓦斯压力下限为 0.1～0.15 MPa，瓦斯含量因煤的变质程度不同而大小不一，最大可达 7 $m^3/t$，不具备发生煤与瓦斯突出的条件。

(2) 瓦斯地质分析法

瓦斯地质分析法根据已开采区域突出点分布与地质构造(包括褶皱、断层、煤层赋存条件变化、火成岩侵入等)的关系，结合未开采区的地质构造条件来大概预测突出可能发生的范围。不同矿区控制突出的地质构造因素是不同的，有些矿区的突出主要受断层控制，有些矿区则主要受褶皱或煤层厚度变化的控制。因此，各矿区可根据已采区域主要控制突出的地质构造因素，预测未采区域的突出危险性。瓦斯地质分析法技术描述见图 3-2-1。

根据已开采区域确切掌握的煤层赋存特征、地质构造条件、突出分布的规律和对预测区域煤层地质构造的探测、预测结果，采用瓦斯地质分析的方法划分出突出危险区域。当突出点及具有明显突出预兆的位置分布与构造带有直接关系时，则根据上部区域突出点及具有明显突出预兆的位置分布与地质构造的关系确定构造线两侧突出危险区边缘到构造线的最远距离，并结合下部区域的地质构造分布划分出下部区域构造线两侧的突出危

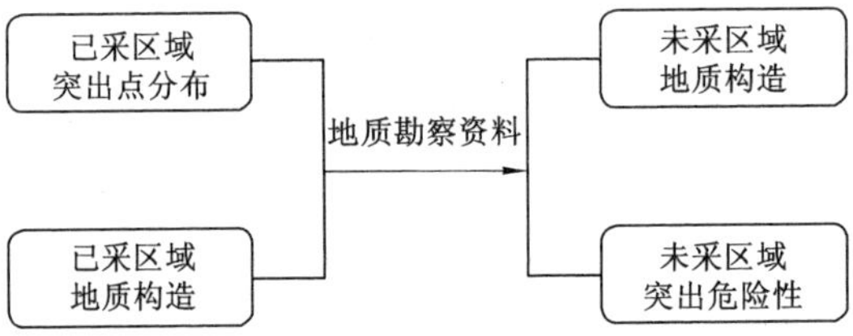


图 3-2-1 瓦斯地质统计法技术描述

险区；否则，在同一地质单元内，突出点及具有明显突出预兆的位置以上 20 m(埋深)及以下的范围为突出危险区。

瓦斯地质分析法主要是找出突出带的宽度与构造轴和深度的数量关系，并不断发现新问题，修正预测结果。对已开采煤层突出的特点进行综合分析后，结合突出预测的指标，从多方面综合判断煤层突出危险性，提高预测突出危险的准确性。

(3) 煤层瓦斯参数法

在瓦斯风化带和瓦斯地质分析法划分出的无突出危险区和突出危险区以外的区域，应根据煤层瓦斯压力 $P$ 进行预测。如果没有或者缺少煤层瓦斯压力资料，也可根据煤层瓦斯含量 $W$ 进行预测。预测所依据的临界值应根据试验考察确定，在确定前可暂按表 3-2-1选取。

**表 3-2-1 根据煤层瓦斯压力或瓦斯含量进行区域预测的临界值表**

| 瓦斯压力 $P$/MPa | 瓦斯含量 $W/(m^3/t)$ | 区域类别 |
|---|---|---|
| <0.74 | <8 | 无突出危险区 |
| 除上述情况以外的其他情况 | | 突出危险区 |

采用上述要求进行开拓后区域预测时，还应当符合下列要求：

① 预测主要依据的煤层瓦斯压力、瓦斯含量等参数应为井下实测数据。

② 测定煤层瓦斯压力、瓦斯含量等参数的测试点在不同地质单元内根据其范围、地质复杂程度等实际情况和条件分别布置；同一地质单元内沿煤层走向布置测试点不少于 2 个，沿倾向不少于 3 个，并有测试点位于埋深最大的开拓工程部位。

(4) 区域措施效果验证

经区域措施效果检验有效后，方可进行采掘作业和石门(含立、斜井)揭煤作业。在采掘作业和揭煤作业过程中需进行区域措施效果验证工作。在石门(含立、斜井)揭煤工作面对无突出危险区进行的区域验证，可以选用综合指标法、钻屑瓦斯解吸指标法或其他经试验证实有效的方法。在煤巷掘进工作面和采煤工作面对无突出危险区进行的区域验证，可以采用钻屑指标法、复合指标法、$R$ 值指标法及其他经试验证实有效的方法。

采掘工作面的区域验证工作还必须满足以下要求：

① 在工作面进入该区域时，立即连续进行至少两次区域验证；

② 工作面每推进 10～50 m(在地质构造复杂区域或采取了预抽煤层瓦斯区域防突

措施以及其他必要情况时宜取小值)至少进行两次区域验证；

③ 在构造破坏带连续进行区域验证；

④ 在煤巷掘进工作面还应当至少打 1 个超前距不小于 10 m 的超前钻孔或者采取超前物探措施，探测地质构造和观察突出预兆。

3.2.1.2　工作面突出危险性预测

工作面突出危险性预测主要在经区域预测或者区域效果检验判定为无突出危险区内进行。工作面预测的方法主要有综合指标法、钻屑瓦斯解吸指标法、钻屑指标法、复合指标法、$R$ 值指标法等。

在主要采用敏感指标进行工作面预测的同时，可以根据实际条件测定一些辅助指标（如瓦斯含量、工作面瓦斯涌出量动态变化、声发射、电磁辐射等），采用物探、钻探等手段探测前方地质构造，观察分析工作面揭露的地质构造、采掘作业及钻孔等发生的各种现象，实现工作面突出危险性的多元信息综合预测和判断。

(1) 工作面突出预测的主要指标

1) 综合指标法

用综合指标 $D$ 和 $K$ 来预测煤层的突出危险性，是通过测量及计算得出综合指标 $D$ 和 $K$，与临界值相比较直接判断煤层是否有突出危险。其技术描述如图 3-2-2 所示。综合指标 $D$ 和 $K$ 预测突出危险性，核心技术在于瓦斯放散初速度 $\Delta p$、煤的坚固性系数 $f$ 和煤层瓦斯压力 $P$ 的测定。综合指标 $D$、$K$ 的计算公式为：

$$D=\left(\frac{0.007\ 5H}{f}-3\right)\times(P-0.74) \tag{3-2-1}$$

$$K=\frac{\Delta p}{f} \tag{3-2-2}$$

式中　$D$——工作面突出危险性的 $D$ 综合指标；

$K$——工作面突出危险性的 $K$ 综合指标；

$H$——煤层埋藏深度，m；

$P$——煤层瓦斯压力，取各个测压钻孔实测瓦斯压力的最大值，MPa；

$\Delta p$——软分层煤的瓦斯放散初速度，mmHg；

$f$——软分层煤的坚固性系数。

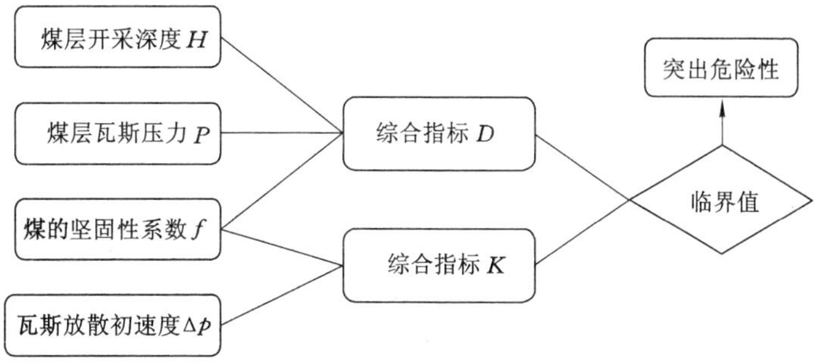


图 3-2-2　综合指标 $D$ 与 $K$ 的技术描述图

各煤层石门揭煤工作面突出预测综合指标 $D$、$K$ 的临界值应根据试验考察确定，在确定前可暂按表 3-2-2 所列的临界值进行预测。

**表 3-2-2 工作面突出危险性预测综合指标 $D$、$K$ 参考临界值**

| 综合指标 $D$ | 综合指标 $K$ | |
|---|---|---|
| | 无烟煤 | 其他煤种 |
| 0.25 | 20 | 15 |

当测定的综合指标 $D$、$K$ 都小于临界值，或者指标 $K$ 小于临界值且式(3-1-1)中两括号内的计算结果都为负值时，若未发现其他异常情况，则该工作面即为无突出危险工作面；否则判定为突出危险工作面。

本技术适用于各种条件的石门揭煤的突出危险性预测，但根据煤层瓦斯压力测定的要求，打钻时巷道至煤层的法线距离不得小于 10 m。

2）钻屑瓦斯解吸指标法

采用钻屑瓦斯解吸指标法预测采掘、石门（及其他岩石巷道）揭煤工作面突出危险性时，由工作面向煤层的适当位置打钻，采集孔内排出的粒径 1～3 mm 的煤钻屑，测定其瓦斯解吸指标 $K_1$ 或 $\Delta h_2$ 值。各类工作面钻屑瓦斯解吸指标的临界值应根据试验考察确定，在确定前可暂按表 3-2-3 中所列的指标临界值预测突出危险性。采用钻屑瓦斯解吸指标 $K_1$ 或 $\Delta h_2$ 值预测工作面的突出危险性，判断瓦斯解吸指标是否超过其临界值，一旦指标超过临界值，该工作面预测为突出危险工作面，反之为无突出危险工作面。

**表 3-2-3 钻屑瓦斯解吸指标法预测石门揭煤工作面突出危险性的参考临界值**

| 煤样 | $\Delta h_2$ 指标临界值/Pa | $K_1$ 指标临界值/[mL/(g · $min^{0.5}$)] |
|---|---|---|
| 干煤样 | 200 | 0.5 |
| 湿煤样 | 160 | 0.4 |

① 瓦斯解吸指标 $\Delta h_2$

瓦斯解吸指标 $\Delta h_2$ 为煤炭科学研究总院抚顺分院研究提出的。其物理意义为：煤样(10 g)自煤体脱落暴露于大气之中第 4 分钟和第 5 分钟瓦斯解吸所产生的压差，单位为 Pa。

当煤样暴露时间和粒度相同时，$\Delta h_2$ 值综合反映了煤的破坏程度和瓦斯压力（含量）这两个与突出危险性密切相关的因素。

瓦斯解吸指标 $\Delta h_2$ 采用 MD-2 型煤钻屑瓦斯解吸仪，其结构见图 3-2-3，仪器由水柱计 1、解吸室 2、煤样罐 3、三通活塞 4 和两通活塞 5 组成。仪器主体为一整块有机玻璃，外形尺寸为 270 mm×120 mm×34 mm，质量为 0.8 kg。

钻屑解吸指标($\Delta h_2$)的测定：自钻孔打至该采样段时启动秒表，在预定的位置取出钻屑，用孔径 1 mm 和 3 mm 的筛子筛分($\phi$1 mm 的筛子在下，$\phi$3 mm 的筛子在上)，将筛分好的 1～3 mm 粒度的试样装入 MD-2 型解吸仪的煤样瓶中，试样装至煤样瓶刻度线水平

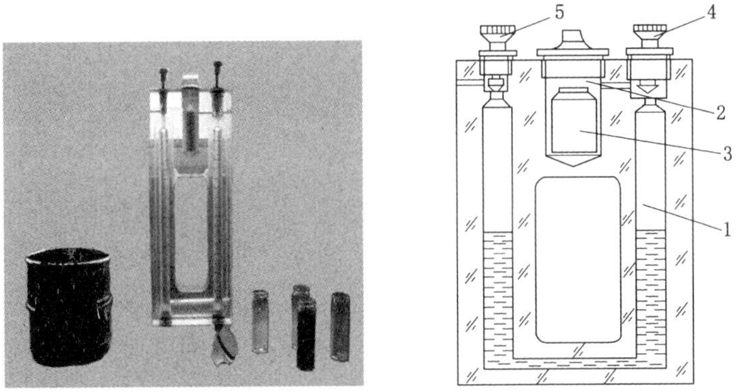


(a) 实物图　　　　(b) 结构示意图

1—水柱计；2—解吸室；3—煤样罐；4—三通活塞；5—两通活塞。

图 3-2-3　MD-2 型煤钻屑瓦斯解吸仪实物图与结构示意图

(10 g 左右)。计时至 3 min 时，转动三通阀，使煤样瓶与大气隔离，记录在 2 min 内解吸仪的读数，该值即为 $\Delta h_2$，单位为 Pa。

② 瓦斯解吸指标 $K_1$

钻屑瓦斯解吸指标 $K$ 值法为煤炭科学研究总院重庆研究院提出的。其物理意义为：煤样自煤体脱落暴露于大气之中解吸第 1 分钟内，每克煤样的瓦斯解吸总量，单位为 mL/(g · $\min^{0.5}$)。从国内外研究钻屑瓦斯解吸规律的关系式中，选用了计算较为方便的指数方程对钻屑瓦斯解吸 $K_1$ 值指标进行计算：

$$Q = K_1 t^{0.5} \tag{3-2-3}$$

式中　$Q$——煤样自煤体暴露到大气中 $t$ 时间内的瓦斯解吸量，mL/g；

$K_1$——钻屑瓦斯解吸特征，mL/(g · $\min^{0.5}$)；

$t$——煤样暴露的总时间，min。

$$t = 0.1L + t_1 + t_2$$

式中　$L$——取煤样时的钻孔长度，m；

$t_1$——煤样暴露于大气中到开始测量的时间，min；

$t_2$——自开始测量到读取数据的时间，min。

钻屑瓦斯解吸指标 $K_1$ 值的测定采用 WTC 型突出预测仪。仪器由煤样罐及主机两部分组成，主机带有单片微机系统，具有测量、数据处理、记忆、显示及报警等功能，其实物图如图 3-2-4 所示。

3）钻屑指标法

采用钻屑指标法测定工作面突出危险性时，测试的指标主要包括钻屑瓦斯解吸指标 $K_1$ 和钻屑量 $S$。钻屑指标法预测煤巷掘进工作面的突出危险性，是同时考虑了工作面的应力状态、物理力学性质和瓦斯含量，即考虑了决定突出危险的主要因素的综合性突出预测方法。

钻屑量可用重量法或滴定法测定。重量法：每钻进 1 m 钻孔，收集全部钻屑，用弹簧

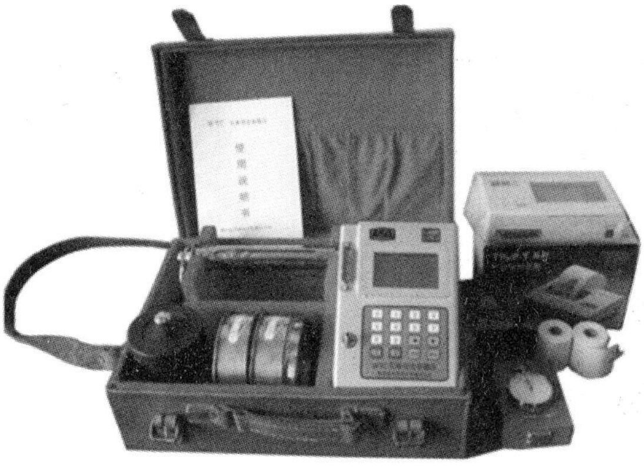

图 3-2-4　瓦斯解吸指标 $K_1$ 值测试仪器 WTC 型突出预测仪实物图

秤称重。滴定法：每钻进 1 m 钻孔，收集全部钻屑，用量袋或量杯计量钻屑体积。

各煤层采用钻屑指标法预测煤巷掘进工作面突出危险性的指标临界值应根据试验考察确定，在确定前可暂按表 3-2-4 的临界值确定工作面的突出危险性。

如果实测得到的 $S$、$K_1$ 或 $\Delta h_2$ 的所有测定值均小于临界值，并且未发现其他异常情况，则该工作面预测为无突出危险工作面；否则，为突出危险工作面。

**表 3-2-4　钻屑指标法预测煤巷掘进工作面突出危险性的参考临界值**

| 钻屑瓦斯解吸指标 $\Delta h_2$/Pa | 钻屑瓦斯解吸指标 $K_1$ /[mL/(g·min$^{0.5}$)] | 钻屑量 $S$ | |
|---|---|---|---|
| | | kg/m | L/m |
| 200 | 0.5 | 6 | 5.4 |

4）复合指标法

采用复合指标法预测工作面突出危险性时，测试的指标主要包括钻孔瓦斯涌出初速度 $q$ 和钻屑量 $S$。复合指标法预测工作面突出危险性，同时反映了工作面的应力状态、物理力学性质、煤层的破坏程度、瓦斯压力和瓦斯含量、煤体的应力状态及透气性，提高了突出危险性预测的准确性。

各煤层采用复合指标法预测煤巷掘进（采煤）工作面突出危险性的指标临界值应根据试验考察确定，在确定前可暂按表 3-2-5 的临界值进行预测。

**表 3-2-5　复合指标法预测煤巷掘进工作面突出危险性的参考临界值**

| 钻孔瓦斯涌出初速度 $q$/[g/(L·min)] | 钻屑量 $S$ | |
|---|---|---|
| | kg/m | L/m |
| 5 | 6 | 5.4 |

如果实测得到的指标 $q$、$S$ 的所有值均小于临界值，并且未发现其他异常情况，则该

工作面预测为无突出危险工作面；否则，为突出危险工作面。

5) $R$ 值指标法

钻孔瓦斯涌出初速度结合钻屑量综合指标($R$ 值)法预测煤层突出危险性是根据沿孔深测出的最大瓦斯涌出初速度和最大钻屑量计算综合指标 $R$ 值，与突出危险性的临界指标 $R_m$ 比较，当任何一个钻孔中的 $R \geqslant R_m$ 时，该工作面预测为突出危险工作面。

该预测方法同时考虑了工作面的应力状态、物理力学性质和瓦斯含量，即考虑了决定突出危险的主要因素。其中，钻屑量主要考虑煤层的强度性质和应力状态，而瓦斯涌出初速度则主要考虑瓦斯因素。因此，把钻屑量与瓦斯涌出初速度结合在一起来预测突出危险性是合适的。

根据每个钻孔的最大钻屑量 $S_{max}$ 和最大钻孔瓦斯涌出初速度 $q_{max}$，按下式计算各孔的 $R$ 值：

$$R = (S_{max} - 1.8)(q_{max} - 4) \tag{3-2-4}$$

式中　$S_{max}$——每个钻孔沿孔长的最大钻屑量，L/m；

$q_{max}$——每个钻孔的最大钻孔瓦斯涌出初速度，L/min。

判定各煤层煤巷掘进(采煤)工作面突出危险性的临界值应根据试验考察确定，在确定前可暂按以下指标进行预测：当所有钻孔的 $R$ 值有 $R_1 < 6$ 或 $R_2 < 30$ 且未发现其他异常情况时，该工作面可预测为无突出危险工作面；否则，判定为突出危险工作面。

6) 地质构造及采掘(钻孔)作业现象判定法

工作面地质构造、采掘作业及钻孔等发生的各种现象主要有以下方面：

① 煤层的构造破坏带，包括断层、剧烈褶曲、火成岩侵入等；

② 煤层赋存条件急剧变化；

③ 采掘应力叠加；

④ 工作面出现喷孔、顶钻等动力现象；

⑤ 工作面出现明显的突出预兆。

在突出煤层，当出现上述④⑤情况时，应判定为突出危险工作面；当有上述①②③情况时，除已经实施了工作面防突措施的以外，应视为突出危险工作面并实施相关措施。

(2) 工作面突出预测的辅助指标

1) $V_{30}$ 特征值法

所谓的 $V_{30}$ 值，是指爆破后前 30 min 内的瓦斯涌出量($m^3$)与崩落煤量(t)的比值，单位为 $m^3/t$。$V_{30}$ 指标主要由煤壁新增瓦斯涌出量、顶底板中未暴露煤层新增的瓦斯涌出量、爆破落煤中游离瓦斯涌出量以及爆破落煤中解吸瓦斯涌出量 4 部分组成。

$V_{30}$ 特征值预测法是利用矿井安装的监测系统监控的瓦斯数据和掘进工作面的进尺情况计算 $V_{30}$ 指标，以掌握掘进过程中的瓦斯动态，达到预测掘进工作面前方突出危险性的目的。对不同煤层的 $V_{30}$ 值统计分析表明，在无瓦斯突出危险的煤层，这些值的分布接近于正态分布，中值位于可解吸瓦斯含量的 10%～17%附近；一旦 $V_{30}$ 值达到可解吸瓦斯含量的 40%，就有瓦斯突出的嫌疑；达到可解吸瓦斯含量的 60%，就存在瓦斯突出危险。

2) 解吸指数 $K_t$ 法

该方法利用突出煤和非突出煤解吸速度随时间变化的特征不同进行工作面预测。煤样的解吸瓦斯量与解吸时间的关系式可用对数函数形式表示为：

$$K_t = \frac{\lg V_1 - \lg V_2}{\lg t_2 - \lg t_1} = \tan \alpha \tag{3-2-5}$$

预测临界指标可参考以下数值：对于无突出危险的煤层 $K_t = 0.035 \sim 0.74$，有突出危险的煤层 $K_t \geqslant 0.75$。

## 3.2.2 煤与瓦斯突出影响因素分析

煤与瓦斯突出是地应力、瓦斯及煤体物理力学性质三者综合作用的结果[20-21]。在形成“突出灾害中心体”过程中，地应力对煤体的破碎起主导作用，瓦斯对煤体的破碎起促进作用，瓦斯压力是灾害体能量的主要动力来源。影响工作面煤与瓦斯突出发生的主要影响因素被划分为地应力、瓦斯赋存特征、煤体物理力学性质 3 个因素类，每一个因素类又包含多个影响因素。

### 3.2.2.1 地应力类影响因素

在形成“突出灾害中心体”过程中，地应力对煤体的破碎起主导作用，地应力类影响因素又划分为开采深度、煤岩结构、地质构造和覆岩空间结构 4 个因素。

(1) 开采深度因素

开采深度的影响主要是煤体上覆岩层的重量对煤体产生力的作用。设煤层顶板岩层由多层岩层组成，在煤体内任取一单元体，则单元体所处应力为：

$$\sigma_z = \sum_{i=1}^{n} (\gamma_i h_i) \tag{3-2-6}$$

$$\sigma_x = \sigma_y = \lambda \sigma_z \tag{3-2-7}$$

$$\lambda = \frac{\mu}{1-\mu} \tag{3-2-8}$$

式中 $n$——煤层顶板岩层数；

$\gamma_i$——顶板第 $i$ 层岩层的平均体积力；

$h_i$——顶板第 $i$ 层岩层的厚度，m；

$\lambda$——侧压系数。

煤体内垂直应力 $\sigma_z$ 和水平应力 $\sigma_x$、$\sigma_y$ 都是压应力，且由弹性力学理论得到煤体内水平应力是由垂直应力的作用引起。垂直应力随深度呈线性增长，在一定深度范围内，煤体基本上处于弹性状态。当埋深超过一定深度时，煤体所受应力超过煤体的弹性强度，煤体将转化为处于潜塑性状态或塑性状态，此时，水平应力的增加是非线性的。随埋深的增大，煤岩体内应力增长的比例逐渐扩大，且增长的比例随围岩性质的不同而不同。因此，深度越大，煤岩体内应力水平越高。

开采深度单因素指标对地应力类因素的影响程度即隶属度通过不同的深度范围进行分级定量评价法确定。一般认为，单一的自重应力场影响下，500～600 m 是发生动力灾害的临界深度。

(2) 煤岩结构因素

煤岩结构是指其运动对采场矿山压力显现产生明显影响的煤(岩)层或岩层组。这些岩层(组)一般为相对厚而硬的岩层。煤岩结构对突出危险性的影响主要有坚硬顶板(主要是基本顶)、坚硬底板和关键层等因素。不同的组合对煤体内产生的应力的作用方式和程度不同。

对于煤岩结构单因素指标,对地应力类因素的影响程度即隶属度的确定方法采用分类指标法,根据采煤工作面坚硬顶板、坚硬底板和关键层 3 个指标的个数确定隶属度大小,具体如表 3-2-6 所列。

**表 3-2-6 煤岩结构单因素指标对地应力类因素的隶属度展示表**

| 序号 | 指标属性描述 | 隶属度值 |
|---|---|---|
| 1 | 无坚硬顶底板和关键层 | 0.1 |
| 2 | 单一坚硬顶底板和关键层 | 0.4 |
| 3 | “二因素”煤岩结构 | 0.7 |
| 4 | “三因素”煤岩结构 | 1.0 |

(3) 地质构造因素

地质构造对突出分布和发生的重要作用主要通过两个方面实现的,第一就是改变瓦斯赋存条件,其次对煤体的破坏形成构造煤。一般来说,闭合而完整的背斜或弯窿构造并且覆盖不透气的地层是良好的储存瓦斯构造,在其轴部积存的瓦斯含量要比翼部瓦斯含量高,这种情况就比较容易形成“气顶”;但如果背斜轴的顶部岩层为透气岩层或因张力形成连通地面的裂隙时,瓦斯会大量流失,轴部含量反而比翼部少。向斜由于轴部岩层受到强力挤压,围岩的透气性会变得更低,因此一般向斜的轴部积存的瓦斯比翼部高。此外,受构造影响形成煤层局部变厚的大煤包也会出现瓦斯含量增高的现象。这是因为煤包周围在构造挤压应力的作用下,煤层被压薄,形成对大煤包封闭的条件,有利于瓦斯的封存。

断层对瓦斯赋存条件的影响比较复杂,一方面要看断层(带)的封闭性;另一方面还要看与煤层接触的对盘岩层的透气性。开放性断层(一般是张性、张扭性或导水断层)不论其与地表是否直接相通,都会引起断层附近的煤层瓦斯含量降低,当与煤层接触的对盘岩层透气性大时,瓦斯含量降低的幅度更大。封闭性断层(一般是压性、压扭性、不导水,现在仍受挤压处于封闭状态的断层)并且与煤层接触的对盘岩层透气性低时,可以阻止煤层瓦斯的排放,在这种条件下,煤层具有较高的瓦斯含量。

突出不仅需要一定的瓦斯形成和保存条件,还需要具备瓦斯突出的地质条件;由于受地质条件的影响,有些矿区不但高瓦斯矿井发生突出,就是低瓦斯矿井也会因瓦斯的局部积聚而频繁发生煤与瓦斯突出事故。研究表明,构造煤最容易发生煤与瓦斯突出。构造煤是在构造应力的作用下结构遭到了破坏的煤,其实构造煤就是处在地质构造中。在构造区内突出危险性相对较大的部位是:构造体系的复合部位、弧形构造的弧顶部位、褶曲构造的褶扭部位、多种构造体系的交汇部位、压扭性断裂所夹的断块,以及旋转构造的收敛端和断层的尖灭端等。

对于地质构造单因素指标对地应力类因素的影响程度即隶属度的确定方法采用分类指标法确定。采用专家评分法,根据掘进工作面地质构造赋存特征确定隶属度大小。具体如表 3-2-7 所列。

表 3-2-7 地质构造单因素指标对地应力因素的隶属度展示表

| 序号 | 指标属性描述 | 隶属度值 |
| --- | --- | --- |
| 1 | 无构造 | 0 |
| 2 | 断层 | 0.8 |
| 3 | 褶曲 | 0.8 |
| 4 | 向斜构造轴部 | 0.7 |
| 5 | 相变带 | 0.8 |
| 6 | 山地应力影响带 | 0.7 |
| 7 | 含上述第 2～6 条所列因素中任意 2 个及以上因素 | 1 |

(4) 覆岩空间结构

覆岩空间结构对采煤工作面的影响主要发生在以下几个阶段：基本顶初次来压阶段，基本顶周期来压阶段，采煤工作面见方阶段(工作面推进长度与工作面采宽相等)，双工作面见方阶段(工作面推进长度等于本工作面和相邻工作面采宽之和)，三工作面见方阶段(工作面推进长度等于本工作面和相邻两工作面采宽之和)。最终根据以上各阶段可划分受覆岩空间结构影响的煤与瓦斯突出危险区域。

对于覆岩空间结构单因素指标对地应力类因素的影响程度即隶属度的确定方法采用分类指标法确定。采用专家评分法，确定覆岩空间结构在采煤工作面各个阶段对地应力类因素的隶属度大小。具体如表 3-2-8 所列。

表 3-2-8 覆岩空间结构单因素指标对地应力类因素的隶属度展示表

| 序号 | 指标属性描述 | 隶属度值 |
| --- | --- | --- |
| 1 | 无影响 | 0 |
| 2 | 基本顶初次来压阶段 | 0.6 |
| 3 | 基本顶周期来压阶段 | 0.4 |
| 4 | 单工作面见方阶段 | 0.9 |
| 5 | 双工作面见方阶段 | 1 |
| 6 | 三工作面见方阶段 | 0.8 |

3.2.2.2 瓦斯赋存特征类影响因素

瓦斯在灾害体形成过程中对煤体的破碎起促进作用，也是构成灾害体的重要组成部分。同时瓦斯压力也是灾害体发动的主要能量来源。瓦斯因素对突出的影响可通过煤层瓦斯赋存特征来表示，主要包括煤层瓦斯含量、煤层瓦斯压力等指标。

(1) 煤层瓦斯含量

根据我国《煤矿瓦斯等级鉴定暂行办法》的规定，矿井瓦斯等级应当依据实际测定的瓦斯涌出量、瓦斯涌出形式以及实际发生的瓦斯动力现象、实测的突出危险性参数等确定。

矿井瓦斯等级划分为：

① 煤(岩)与瓦斯(二氧化碳)突出矿井(简称突出矿井)；

② 高瓦斯矿井；

③ 瓦斯矿井。

具备下列情形之一的矿井为高瓦斯矿井：

① 矿井相对瓦斯涌出量大于 10 $m^3/t$；

② 矿井绝对瓦斯涌出量大于 40 $m^3/min$；

③ 矿井任一掘进工作面绝对瓦斯涌出量大于 3 $m^3/min$；

④ 矿井任一采煤工作面绝对瓦斯涌出量大于 5 $m^3/min$。

煤层瓦斯含量单因素对瓦斯因素类的影响程度即隶属度采用有无指标法确定。当矿井为高瓦斯矿井时隶属度取 1.0,其他情况下隶属度取值 0。

(2) 煤层瓦斯压力

瓦斯压力单因素对瓦斯因素类的影响程度即隶属度根据瓦斯压力数值大小采用定量指标法确定。隶属度函数为：

$$U(P)=\begin{cases}1 & P\geqslant 0.74\ \text{MPa}\\ 1.35P & 0<P<0.74\ \text{MPa}\end{cases} \tag{3-2-9}$$

式中　$P$——瓦斯压力,MPa。

3.2.2.3　煤体物理力学性质类影响因素

煤在煤与瓦斯突出中所起的作用就煤的物理力学性质来说主要表现在两个方面：一是煤的强度,煤作为突出的受力体,强度越小,破碎就越容易；二是煤快速放散瓦斯的能力,在瓦斯含量相同的条件下,煤的放散初速度越大,越有利于突出的发生。煤体强度可通过煤的坚固性系数和煤的破坏类型反映,煤的放散初速度可通过煤的瓦斯放散初速度和煤层透气性反映。参考预测煤层突出危险性单项指标法中各种指标的突出危险临界值,如表 3-2-9 所列,确定各单因素对煤的物理力学性质类因素的影响程度即隶属度 $U$。

**表 3-2-9　预测煤层突出危险性单项临界指标值**

| 煤层突出危险性 | 煤的破坏类型 | 瓦斯放散初速度 | 煤的坚固性系数 | 煤层瓦斯压力/MPa |
|---|---|---|---|---|
| 突出危险 | Ⅲ、Ⅳ、Ⅴ | ≥10 | ≤0.5 | ≥0.74 |
| 无突出危险 | Ⅰ、Ⅱ | <10 | >0.5 | <0.74 |

(1) 煤的破坏类型

煤的破坏类型对煤的物理力学性质类因素的隶属度采用有无指标法确定。方法如表 3-2-10 所列。

**表 3-2-10　煤的破坏类型对煤的物理力学性质类因素的隶属度表**

| 煤的破坏类型 | Ⅲ、Ⅳ、Ⅴ | Ⅰ、Ⅱ |
|---|---|---|
| 隶属度 | 1.0 | 0 |

(2) 煤的坚固性系数

煤的坚固性系数对煤的物理力学性质类因素的隶属度根据煤的坚固性系数数值大小采用定量指标法确定。隶属度函数为:

$$U(f)=\begin{cases}1 & f\leqslant 0.5\\ 0.4f-0.2 & 1<f\leqslant 3\\ 0 & f>1\end{cases} \tag{3-2-10}$$

式中 $f$——煤的坚固性系数。

(3) 瓦斯放散初速度

瓦斯放散初速度对煤的物理力学性质类因素的隶属度根据瓦斯放散初速度数值大小采用定量指标法确定。隶属度函数为:

$$U(\Delta p)=\begin{cases}1 & \Delta p\geqslant 10\\ 0.1\Delta p & 0<\Delta p<10\end{cases} \tag{3-2-11}$$

式中 $\Delta p$——瓦斯放散初速度。

(4) 煤层透气性

煤层透气性对煤的物理力学性质类因素的隶属度采用有无指标法确定。当煤层为低透气性煤层时,隶属度取 1.0;其他情况下隶属度取值 0。

## 3.3 瓦斯富集区地球物理探测技术

瓦斯突出煤体作为一种气固结合的地质体,从生成开始就不断向周围发射大量的信息,表现为压力的传递、瓦斯气体的运移等。在发射信息的过程中产生磁场、电场和热场等[22]。瓦斯突出动力现象在孕育、发生和发展过程中也产生声、光、电等多种形式的能量辐射。在煤岩动力灾害过程中存在多种物理力学响应,涉及力学过程、力学响应、物性及电性参数变化和地球物理场等[23]。国内外从事地球物理与瓦斯突出预测研究的学者们进行了大量的地球物理方法预测突出的有益尝试,并取得了诸多研究成果,从空间上来进行分类,瓦斯富集区探测技术可分为地面探测技术和井下探测技术[24]。

### 3.3.1 地面探测技术

#### 3.3.1.1 三维地震勘探技术

三维地震反演技术是岩性地震勘探的重要手段之一[25],利用钻孔测井数据纵向分辨率很高的有利条件,对井旁地震资料进行约束反演,并在此基础上对孔间地震资料进行反演,推断煤系地层岩性在平面上的变化情况,这样就把具有高纵向分辨率的已知测井资料与连续观测的地震资料联系起来,实现优势互补,大大提高三维地震资料的纵、横向分辨率和对地下地质情况的勘探研究程度。

利用三维地震反演技术可以确定煤层顶、底板的岩性分布,确定煤层中具有软分层特征的构造煤分布[26]。在此基础上,划分和预测瓦斯突出的危险区、带,为矿井瓦斯突出的预测和预防提供重要的科学依据。

野外地震数据资料采集:包括测量、钻浅井孔埋炸药(在使用炸药震源时)、埋检波器、布置电缆线至仪器车几道工序。通过检波器接收地面震源发出并经岩层界面反射回来的地震波，获得用以研究地下地质体埋藏情况的地震记录。

室内地震数据处理：把采集到的地震信息数据输入计算机处理终端运算，突出有效的，除去无效和干扰的，最后把经过各种处理的数据进行叠加和偏移，得到一份份地震剖面或三维数据体文件。

地震资料解释：把经过处理的地震信息变成地质成果的过程，包括运用波动理论和地质知识，综合地质、钻井、测井等各项资料，作出构造解释、地层解释、岩性和瓦斯富集检测解释及综合解释，绘出有关成果图件，对工作区域作出含气评价，提出钻探井位置等。

常规的三维地震勘探，主要解决煤层构造、煤层顶底板起伏、煤层厚度、埋深等构造问题[27]。基于三维地震数据，从多角度出发，可综合应用瓦斯地质学和弹性波传播理论，以常规三维地震勘探技术为基础解决煤层起伏、埋深和厚度问题，以波阻抗反演、地震属性分析、AVO 分析和方位角各向异性分析技术为核心，研究瓦斯富集相关的顶底板岩性、裂缝发育条件、含气性检测响应等问题，从而为瓦斯富集区划分提供依据，如图 3-3-1 所示。

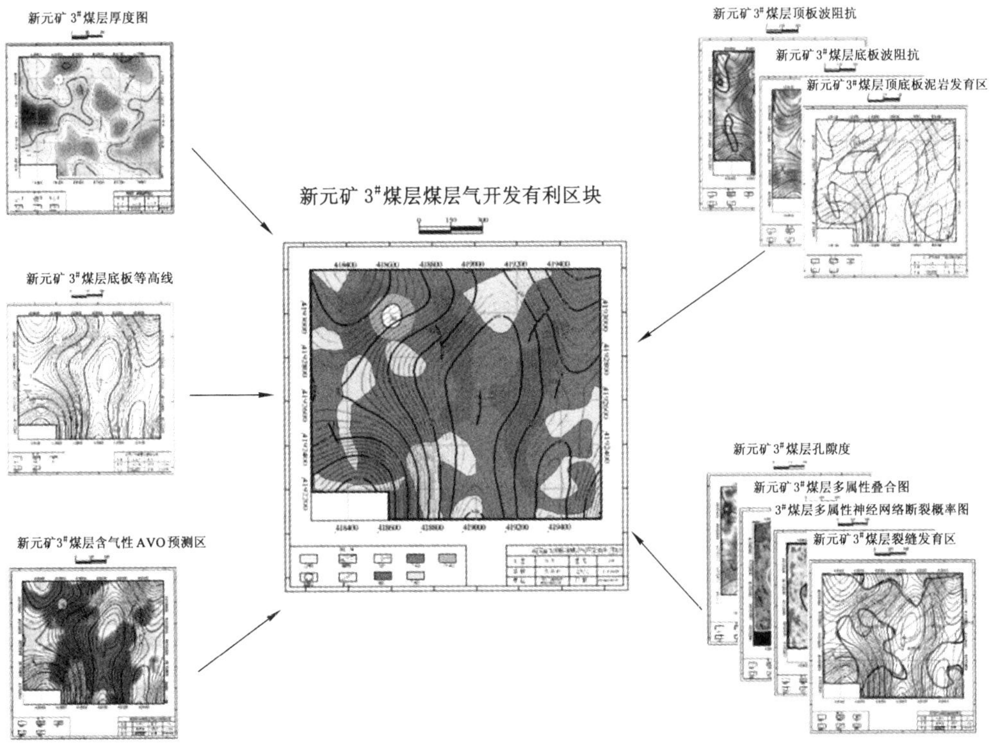


图 3-3-1　瓦斯富集区识别划分

其中波阻抗反演可解决煤层厚度、顶底板岩性及厚度，即解决了瓦斯生气源条件和保存条件的问题；同时，波阻抗反演在一定程度上还能区分构造煤和非构造煤，从而划分构造软煤发育区，以识别瓦斯富集区[28-29]。

地震属性分析，不仅可识别煤层厚度、顶底板岩性，同时通过正演分析可知不同的瓦斯富集程度其地震响应有所差异，则表现为不同的地震振幅、频率等波形特征，利用属性可直接识别瓦斯的富集区域[16, 30-32]。

近年来AVO技术在瓦斯检测中应用效果较好。瓦斯含量与弹性波参数之间存在一定的线性关系，随密度、纵波速度、横波速度的增大而减小；煤层顶、底板反射振幅都随偏移距增大而减小，顶板反射界面呈负截距、正梯度异常，而底板反射界面呈正截距、负梯度异常。瓦斯富集区一般都有较强的AVO异常，利用AVO属性能够预测瓦斯富集区并为瓦斯抽采井位的部署提供依据。

方位角各向异性分析技术，是基于各向异性弹性波传播理论。在各向异性介质中，P波速度随入射角与地层裂隙方位角而变化，界面上的反射系数随入射角改变，与地层裂隙方位及各向异性有关，即地震属性（如速度、振幅）随波传播方向的变化而变化。而在各向同性介质中，则不具有这一特点。因此，通过研究P波方位地震属性特征，可以研究地层的各向异性系数及裂隙发育密度，而瓦斯富集与裂缝发育密度密切相关，故而可划分瓦斯富集区。

（1）地震反演方法的分类

从使用的地震资料来分，地震反演可分为叠前反演和叠后反演；从利用的地震信息来分，地震反演可分为旅行时间反演和振幅反演；从反演的地质结果来分，地震反演可分为构造反演、波阻抗反演和多参数岩性（地震属性）反演；从实现方法来分，地震反演可分为递推反演、基于模型的反演和地震属性反演。

地震反演方法基本上分成两大类，一类是建立在较精确的波动理论基础上，即波动方程反演。这类方法主要在理论上进行探讨，尚未达到实用阶段。另一类是以地震褶积模型为基础的反演方法，目前流行的都属于这一类。具体地说，它又分成两类：一类是由反射系数推得的直接反演法，如虚测井、道积分等；另一类是以正演模型（褶积模型）为基础的间接（迭代）反演法，如无井资料的广义线性反演和有井资料的宽带约束反演、基于模型地震反演等。

（2）三维地震反演方法

三维地震的反演方法主要是从测井资料出发，根据钻井分层数据及时深关系对测井进行精细时深标定，合成间隔不足一个采样点的薄层，建立一个初始波阻抗模型，用此模型合成地震剖面与实际地震剖面作比较，然后不断修改模型，使合成剖面最佳地逼近实际剖面，得到最终的地质模型[26,33]。地震反演流程见图3-3-2，包括以下10个基本步骤。

① 测井资料的处理

测井资料的处理主要包括测井曲线的数字化、格式转换、采样以及类型的转化。

由于煤田只有模拟伽马测井资料，为了完成波阻抗反演，必须把模拟伽马测井曲线转换为数字密度测井曲线和速度测井曲线。这个过程分成两个步骤：

首先，根据选定标志层的密度值，利用下式把模拟伽马-伽马测井的强度转换为密度：

$$J_{yy} = KQ\mathrm{e}^{-m\delta} \tag{3-3-1}$$

式中 $J_{yy}$——伽马测井强度；

$\delta$——密度，g/cm$^3$；

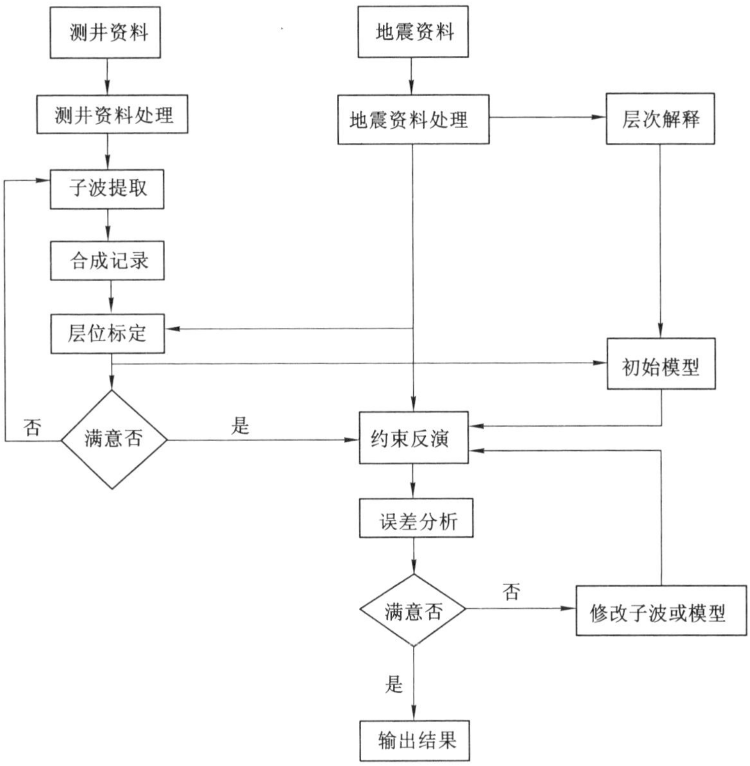


图 3-3-2　三维地震反演流程

$K$、$Q$、$m$——与伽马射线源有关的常数。

其次，根据选定标志层的速度值和密度值，利用加德纳公式把密度转换为速度：

$$\delta = a v_P^b \tag{3-3-2}$$

式中　$v_P$——速度，m/s；

$a$、$b$——与岩性有关的常数。

② 层位解释

将地震数据进行常规的处理以后，要进行精确的层位解释，层位是建立模型的基础，层位解释的精确与否直接影响着模型的精度。

③ 地震子波提取

提取地震子波的方法主要有两种：一是统计方法，即利用多道地震数据统计出子波的振幅谱，用户提供子波相位(如零相位、最小相位)；二是利用多道地震数据统计出子波振幅谱，利用测井数据与井旁地震道确定子波相位，再合成子波。

在实际的反演处理中，提取的子波往往是不很理想的，有时还很糟。究其原因主要有两个：其一，由于深度采样的测井曲线在转换成双程旅行时间的测井曲线时，会出现误差，从而降低了子波的质量；其二，地震记录本身是非零相位的，而用于标定的合成记录却是零相位的，在地震道和合成记录之间必然存在有相位差。因此，要想获得一个好的子波，除认真分析测井与地震道的对应关系做好标定外，还应根据抽取子波的相位谱对地震道进行相位校正处理。

④ 制作合成记录

利用提取的子波和反射系数序列，可以制作合成地震记录：

$$T(i)=\sum_{j}[r(j)W(i-j+1)+n(i)] \tag{3-3-3}$$

式中 $r(j)$——反射系数序列；

$W(i)$——地震子波；

$n(i)$——噪声。

⑤ 相位校正

相位校正的目的并不仅仅是为了提取子波，而是用零相位化子波反褶积把反射剖面处理成零相位剖面。若子波估算有误差，也就难以做到真正的零相位化。

⑥ 求取反射系数

利用测井曲线合成地震记录，在有了地震子波以后，重点应放在反射系数的求取上。如果测井曲线中有密度和速度，利用速度和密度的乘积及其他的一些处理可以求出反射系数，然而当测井曲线只有密度或速度中一个时，必须建立一个密度和速度的关系，这样可以根据一个求出另一个，进而能求出波阻抗，得出反射系数。根据 Gardner(加德纳)公式：

$$v=A\rho^{B} \tag{3-3-4}$$

式中 $A$、$B$——常数。

STRATA 反演系统中若没有密度测井资料，那就使用缺省值 $A=109$，$B=4$。在提供密度测井资料时，用回归分析，求出最佳的 $A$ 和 $B$ 值。

⑦ 反褶积

反褶积处理技术是建立在褶积模型基础上的，即地震道是由地震子波与地层反射系数的褶积，再加上噪声形成的。

⑧ 地震层位标定

合成记录是连接测井与地震数据的桥梁，通过精确制作合成记录，把地层岩性信息精确标定在地震剖面上。从地震数据体中提取合适的子波，选择最佳主频范围，确定层位标定区段，然后通过调整子波相位角度(在+180°～−180°范围内以 5°的增量)进行调试获得最佳的合成地震记录。层位标定是一个较为复杂的过程，主要是利用合成地震记录与井旁地震道进行对比，对照柱状图和综合地质资料，不断地修改，反复地进行此过程。

图 3-3-3 是地震层位标定的结果。其中，1、2 为钻孔的密度测井曲线和声速测井曲线，3 为用统计方法提取子波后所制作的合成记录，4 为在测井曲线上所对应的层位，5 为拾取的标志层，6 为钻孔的井旁地震道。通过合成记录 3 不断地与井旁地震道 6 之间做层位标定，包括相位和波形，直到达到比较高的一致性为止。这是非常烦琐和细致的工作，对子波的依赖性非常强。而只有可靠、准确地标定地震层位，才能建立高精度的初始模型。

⑨ 建立初始模型

测井资料在纵向上详细揭示了地层岩性的变化，地震信息则连续记录了波阻抗的横向变化，二者的结合过程就是建立模型的过程。初始模型的横向分辨率取决于地震层位

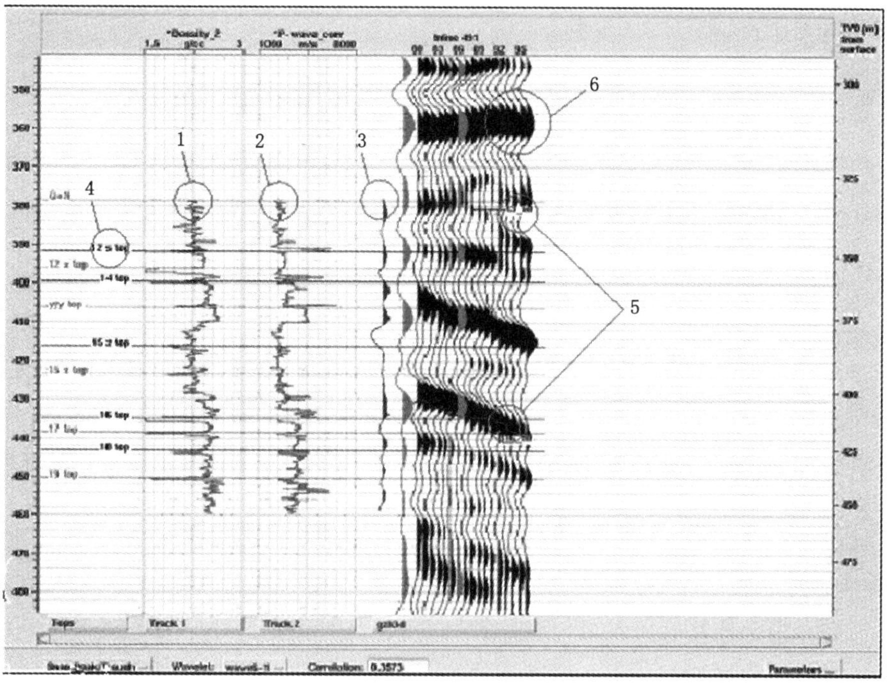


图 3-3-3　层位标定图

解释的精度，纵向分辨率受地震采样率的限制。建立模型的主要根据为标定后的地震记录和层位信息，在全区范围内通过内插外推的方法建立。

⑩ 地震反演

有了地震子波和初始模型，下一步就可以进行反演运算。运算过程主要通过修改初始模型，使合成剖面最佳逼近实际地震剖面。初始模型的建立就是一个按地震解释层位把测井声阻抗曲线沿层位横向外推的过程。外推的同时，按层序的厚度变化对测井声阻抗曲线进行拉伸和压缩。多井约束时，井间则按井的距离加权内插。这样，初始模型就保留了测井曲线的高分辨率。具体做法就是在给定的约束条件下不断地在初始模型与地震道之间求解一个反射系数校正值，并用此来修正初始模型的阻抗曲线，制作合成地震道，使其尽可能地与地震道吻合。最终修正的模型就是反演得到的波阻抗。

基于模型反演是指对于每一个地震道，生成一个初始猜测道来建立模型。通过重排地震测线中不同点的测井或速度/时间对，并且对它们进行内插生成对应每一个地震道的波阻抗道，进而得到初始猜测道。基于模型反演是通过目标函数最小化来实现的：

$$J = \mathrm{Weight}_1 \times (T - W * r) + \mathrm{Weight}_2 \times (M - H * r) \tag{3-3-5}$$

式中　$T$——地震道；

$W$——子波；

$r$——最终反射系数；

$M$——初始猜测模型阻抗；

$H$——与最终反射系数褶积产生最终阻抗的积分算子；

$Weight_1$、$Weight_2$——权重。

(3) 三维地震勘探应用实例

新景矿属于高瓦斯矿井，随着煤炭开采的延深，煤层的瓦斯含量不断增大，瓦斯动力现象和瓦斯超限频繁出现，严重威胁着职工生命安全，制约着煤矿的安全生产。因此对新景矿主要煤层的瓦斯富集区域进行预测，为瓦斯区域抽采、局部防突工作提供地质依据，具有十分重要的意义。

通过收集到的芦南二区中部、芦南二区和保安区东部的钻孔资料进行该区的地震反演工作，利用测井信息对煤层赋存情况进行了统计，得到了三个采区的各钻孔处揭露的主要煤层厚度和埋藏深度、3# 和 15# 煤层顶板的岩性及砂岩厚度和埋藏深度。因此选择合适的测井曲线作为约束条件参与地震反演是非常必要的基础工作。

通过对新景矿的所有测井曲线进行特征分析，发现对于 3# 煤层及其顶板岩性而言，在自然伽马曲线上的异常值大小为泥岩＞砂岩＞煤层；而对于 15# 煤层内部的岩性划分，发现当煤体结构破坏程度增加时，煤层中裂隙发育，煤质变软，密度曲线异常并不十分明显，而在视电阻率曲线上出现明显的低异常值。

考虑融合多条曲线的异常，得到拟密度曲线。该曲线包含地层的不同岩性信息，综合反映了煤层与顶板岩性的变化。在本次研究工作中，考虑融合自然伽马曲线和密度曲线的异常，形成的拟密度曲线作为 3# 煤层顶板砂岩反演的约束条件；而综合利用视电阻率曲线和密度曲线形成的拟密度曲线作为 15# 煤层的构造煤反演的约束条件。图 3-3-4 为 3# 煤层顶板砂岩反演的约束拟密度曲线，图 3-3-5 为 15# 煤层的构造煤反演的约束拟密度曲线，从两图中可以看出，从获得的拟密度曲线上能够很清晰地辨别目的层与围岩的信息，从而为地震反演工作打下了良好的基础。

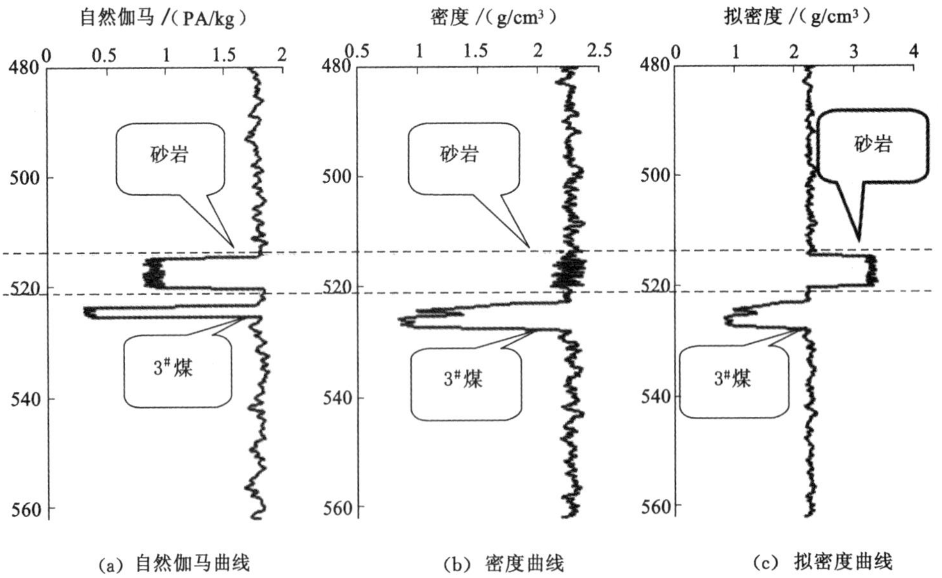


图 3-3-4 3# 煤层顶板砂岩反演的拟密度曲线

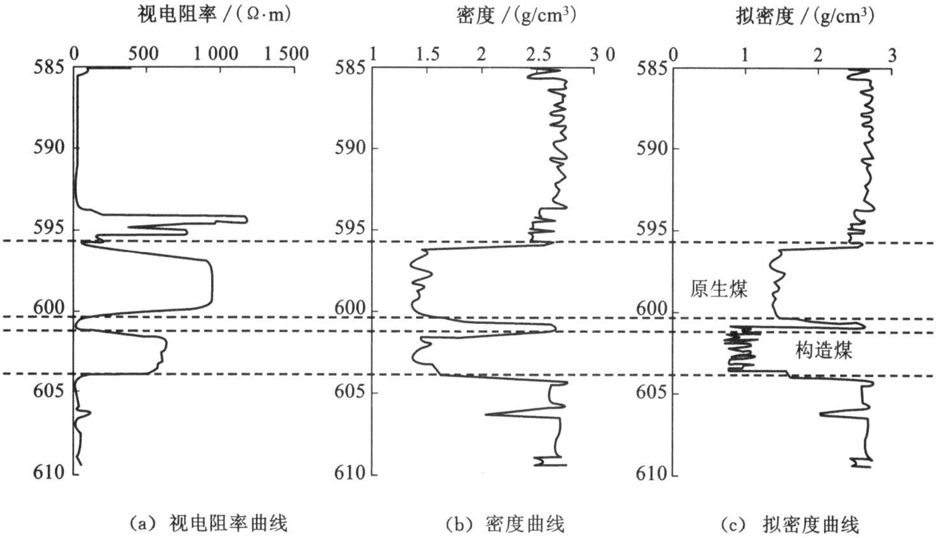


图 3-3-5　15# 煤层构造煤反演的拟密度曲线

通过将三维地震数据体与测井曲线导入 STRATA 地震反演系统中提取子波，并与测井曲线标定建立初始模型，设置合理的反演参数进行波阻抗反演，获得波阻抗数据体。

首先是对子波的提取及井曲线的标定，主要是利用统计法提取反演子波，再利用测井曲线可以获得地层反射系数序列，与提取的地震子波褶积便可得到合成记录。井曲线标定工作为反演提供了较高精度的初始模型，是地震反演前期处理的核心内容。

同时在正式反演之前，还需要进行反演分析，其实质上是在各钻孔处执行单道反演，追求井旁地震道与最终合成记录的相似性和匹配程度，用以确定合适的反演参数，如反演子波、约束条件、比例因子、迭代次数等，为推广到全区反演做好反演质量控制。经过多次调试，最终确定地震反演的基本参数。

通过对全区进行三维地震资料的反演解释，可以得到以下信息：

① 3# 煤层

根据已知的瓦斯地质图和钻孔资料可知，3# 煤层在采掘过程中，瓦斯突出的现象较为频繁，且往往与 3# 煤层的顶板砂岩有关。当顶板砂岩的厚度增大，3# 煤层受其冲刷影响厚度变薄，煤体结构遭到破坏，易于瓦斯的富集。因此，结合 3# 煤层和其顶板的波阻抗的变化关系，把 3# 煤层顶板为砂岩的区域视为防突区域，把砂岩厚度较大的区域视为重点防突区域。3# 煤层的瓦斯分布评价见图 3-3-6，图中三个边框分别代表保安区东部、芦南二区中部和芦南二区的采区边界，浅色填充区域为防突区域，深色填充区域为重点防突区域。

对于芦南二区中部，3-138 孔（3# 煤层厚度为 0.75 m，属于冲刷变薄区）与 3-144 孔（直接顶板为细粒砂岩）附近的区域为重点防突区域，主要依据为 3# 煤层波阻抗切片与顶板岩性波阻抗切片均表现为高值，因此初步判断该区域内的 3# 煤层厚度较薄，可能与顶板冲刷有关，瓦斯的含量可能会有所升高。采区西部区域（顶板为砂泥岩互层）为防突区

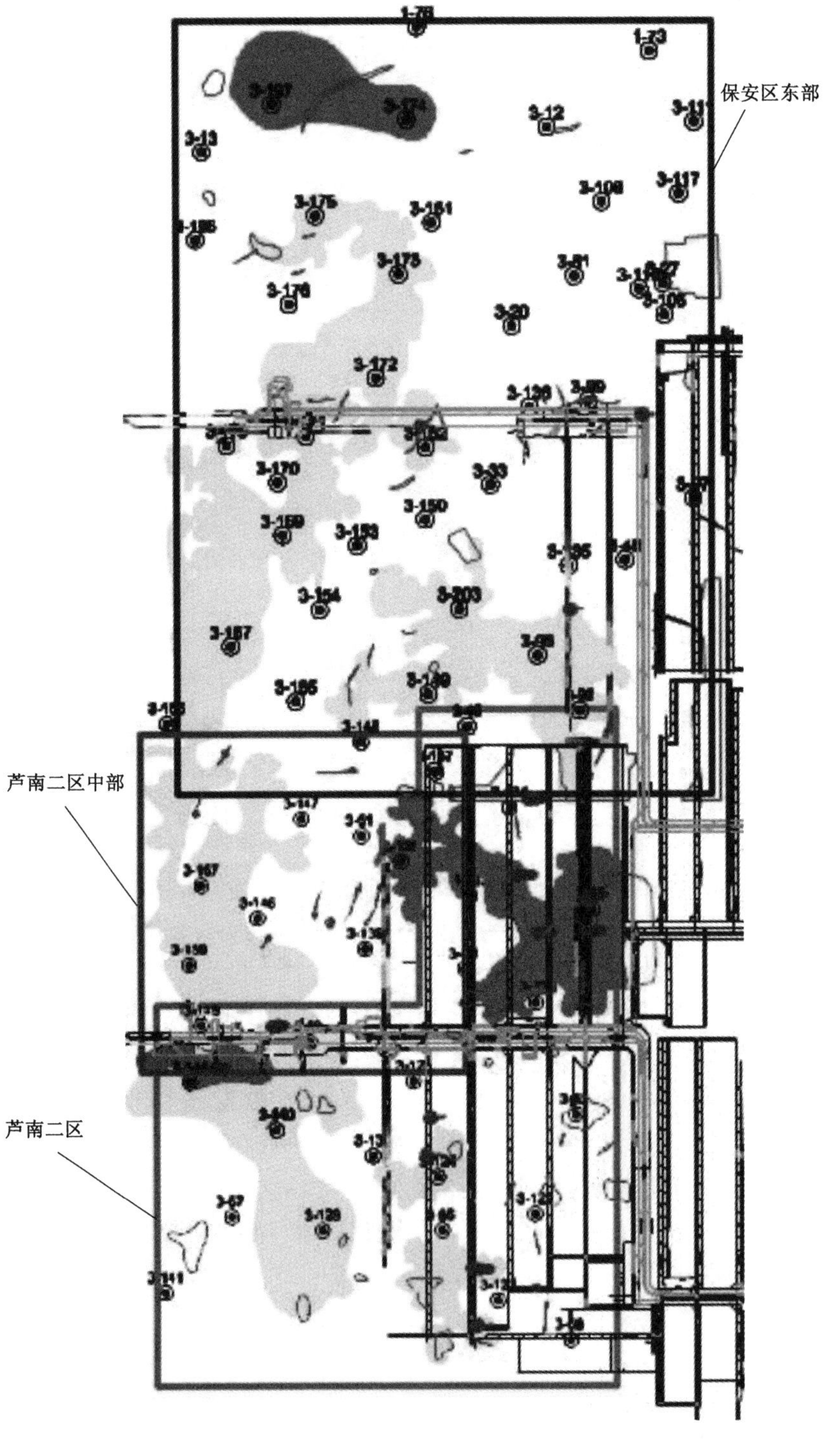


图 3-3-6　新景矿 3# 煤层瓦斯预测与评价图

域，主要依据为3$^{\#}$煤层波阻抗切片表现为低值，即该区域内的3$^{\#}$煤层厚度较厚，而顶板岩性波阻抗切片表现为高值，即顶板岩性不是泥岩。这两个区域在回采过程中均需要加强瓦斯指标的观测。

对于芦南二区，以3-50孔和3-133孔附近的区域为重点防治区域，主要依据为3$^{\#}$煤层波阻抗切片与顶板岩性波阻抗切片均表现为高值。此外，该区域在切片上有部分空白，原因主要是该区域在地震剖面上的波形特征发生变化。推断这可能与顶板岩性有关，煤层赋存状况发生变化，原解释方案为冲刷带，与反演切片上的结果也比较吻合，因此作为重点防突区域。而部分区域由于顶板为砂泥岩互层（3-140孔）或砂岩（3-129孔），对3$^{\#}$煤层的厚度影响虽然相对较小，但根据波阻抗值的大小，该区域的瓦斯含量仍然可能比较高，因此在回采过程中同样需要加强瓦斯指标的观测。

② 15$^{\#}$煤层

由于15$^{\#}$煤层还未进行回采，因此缺少必要的瓦斯地质资料。根据钻孔揭露情况可知，15$^{\#}$煤层厚度较大，沉积赋存环境比较稳定，其下分层较软，视电阻率测井曲线呈现低值反应，推断构造煤比较发育。

同时，15$^{\#}$煤层的波阻抗反演和孔隙率反演结果表明，15$^{\#}$煤层内部的构造煤比较发育。根据波阻抗数据体，从波阻抗反演剖面上追踪了15$^{\#}$煤层内部的构造煤层段，通过时深转换，获得了构造煤的厚度信息。

因此，在对15$^{\#}$煤层的瓦斯分布进行预测和评价时，主要把构造煤的厚度和孔隙率作为评价标准。即当构造煤的厚度较大且孔隙率值较高时，认为是高瓦斯突出煤层，瓦斯含量可能比较高。图3-3-7为15$^{\#}$煤层的瓦斯预测与评价分布图，图中三个边框分别代表保安区东部、芦南二区中部和芦南二区的采区边界，浅色填充区域为防突区域，深色填充区域为重点防突区域。对于芦南二区中部，东北角的3-133孔、3-137孔、3-138孔附近区域在波阻抗切片上表现为明显低值反应，而在孔隙率切片上表现为明显高值反应，结合钻孔可知这部分区域的15$^{\#}$煤层普遍偏软，构造煤可能非常发育，因此可认为是煤与瓦斯突出高危煤层，瓦斯含量比较高，在回采过程中值得注意。另一方面，3-137孔异常，因此推断可能有构造煤发育，在掘进或回采过程中，同样也要对相关瓦斯指标进行观测。

对于芦南二区，以北部的3-133孔、3-137孔以及中部的3-129孔、3-130孔附近区域在波阻抗切片上表现为明显低值反应，而在孔隙率切片上表现为明显高值反应，结合钻孔可知这部分区域的15$^{\#}$煤层普遍偏软，构造煤可能非常发育，因此可认为是煤与瓦斯突出高危煤层，瓦斯含量比较高，在回采过程中值得注意。另一方面，西南角的3-69孔及附近的15$^{\#}$煤层在孔隙率切片上也表现出相对高异常，因此推断可能有构造煤发育，在掘进或回采过程中，同样也要对相关瓦斯指标进行观测。

对于保安区东部，以东北角的1-73孔以及西南部的3-155孔、3-157孔附近区域（玫红色区域）在波阻抗切片上表现为明显低值反应，而在孔隙率切片上表现为明显高值反应，结合钻孔可知这部分区域的15$^{\#}$煤层普遍偏软，构造煤可能非常发育，因此可认为是煤与瓦斯突出高危煤层，瓦斯含量比较高，在回采过程中值得注意。值得注意的是，3-172孔及3-92孔附近的15$^{\#}$煤层在孔隙率切片上也表现出相对高异常，因此推断可能有构造煤发育，在掘进或回采过程中，同样也要对相关瓦斯指标进行观测。146孔、3-157

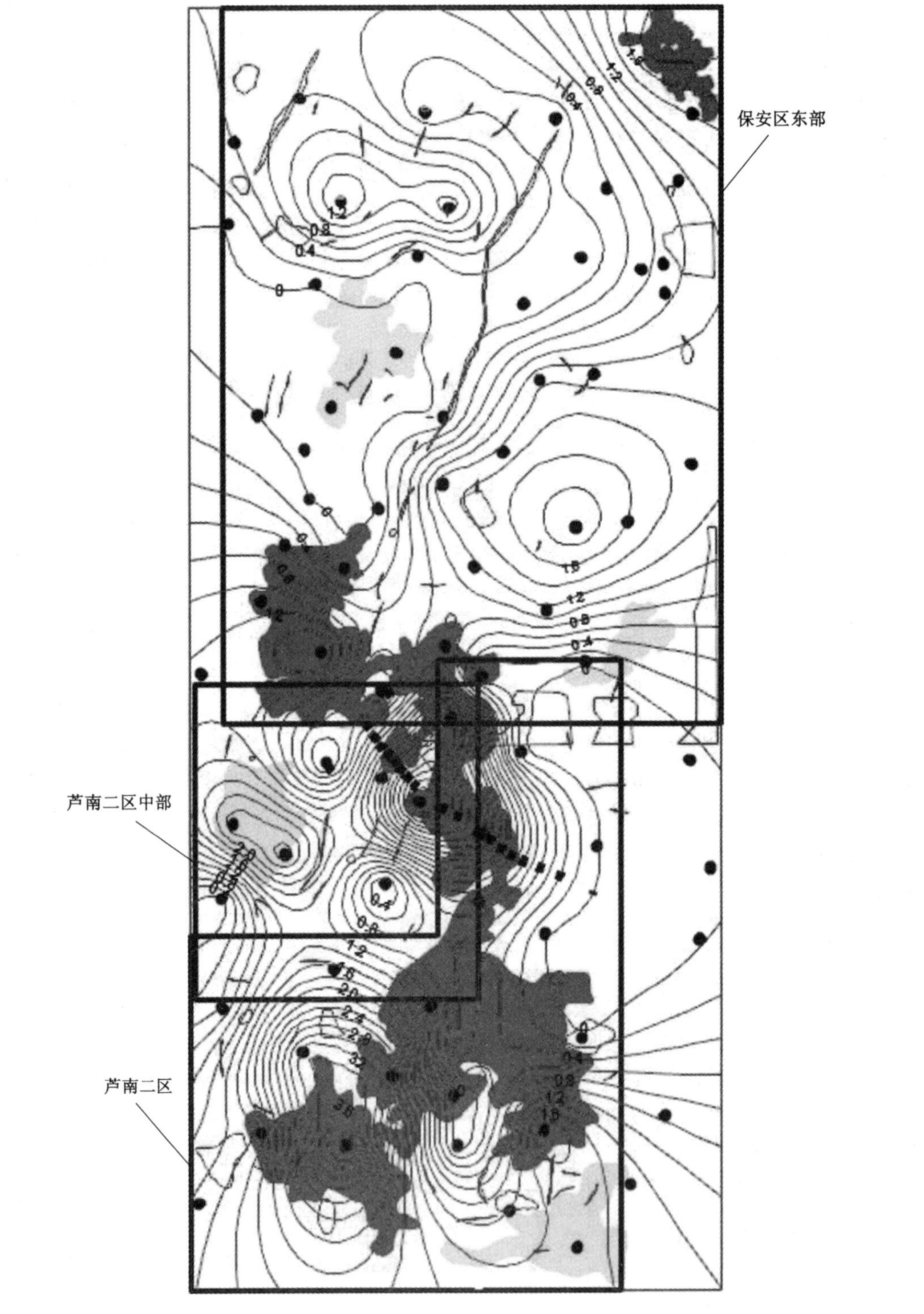


图 3-3-7　新景矿 15# 煤层瓦斯预测与评价图

孔及 3-148 孔西侧附近的 15# 煤层在孔隙率切片上也表现出相对高异常。146 孔、3-157 孔及 3-148 孔西侧附近的 15# 煤层在孔隙率切片上也表现出相对高异常。

根据新景煤矿提供的 3# 煤层瓦斯突出点分布图，保安区东部有 3 个瓦斯突出点，芦南二区有 10 个瓦斯突出点和 2 个瓦斯喷出点。因此，利用瓦斯突出\喷出资料对地震反演预测结果进行了对比验证。在 15 个瓦斯喷出\突出点中，有 12 个突出\喷出点位于预测的防突区域以内，有 3 个瓦斯突出\喷出点位于预测的防突区域以外，预测准确率为 80%。

a. 芦南二区

芦南二区瓦斯突出\喷出点信息见表 3-3-1。

**表 3-3-1　芦南二区瓦斯突出点信息**

| 编号 | 坐标/m | | | 煤量[34]/t | 瓦斯量/m³ | 日期 |
|---|---|---|---|---|---|---|
| | X | Y | H | | | |
| 1 | 86 249.980 1 | 102 210.000 0 | 537.00 | 29.0 | 1500 | 2005-06-27 |
| 2 | 86 212.105 6 | 102181.903 3 | 536.00 | 2.5 | 2100 | 2010-06-02 |
| 3 | 86 224.980 1 | 102 020.000 0 | 538.00 | 60.0 | 2470 | 2005-05-04 |
| 4 | 85 964.980 1 | 102 015.000 0 | 535.00 | 11.3 | 4700 | 2008-09-27 |
| 5 | 85 859.980 1 | 102 320.000 0 | 553.00 | 20.0 | 428 | 2008-06-01 |
| 6 | 85 924.980 1 | 102 710.000 0 | 561.00 | 76.0 | 6250 | 2008-01-13 |
| 7 | 84 549.980 1 | 101 530.000 0 | 504.07 | 27.0 | 540 | 2005-12-27 |
| 8 | 84 234.480 2 | 101 309.485 7 | 475.80 | 141.0 | 2200 | 2010-01-25 |
| 9 | 85 625.980 1 | 100 265.000 0 | 482.00 | 20.0 | 77 | 2008-05-06 |
| 10 | 85 649.241 0 | 99 968.151 7 | 493.00 | 20.0 | 693 | 2008-05-16 |
| 11 | 85 378.352 7 | 100 857.623 6 | 481.00 | 0.0 | 81 | 2009-07-20 |
| 12 | 85 401.134 2 | 101 054.553 5 | 460.00 | 0.0 | 411 | 2009-05-16 |

从图 3-3-6 中可以看出，1 号、2 号、3 号、4 号、5 号、8 号瓦斯突出点位于预测的重点防突区域以内(深色)；7 号、9 号、10 号瓦斯突出点和 11 号瓦斯喷出点位于预测的防突区域以内(浅色)；6 号瓦斯突出点和 12 号瓦斯喷出点位于预测防突区域以外，预测准确率为 83.3%。

b. 保安区东部

保安区东部瓦斯突出点信息见表 3-3-2。

**表 3-3-2　保安区东部瓦斯突出点信息**

| 编号 | 坐标/m | | | 煤量/t | 瓦斯量/m³ | 日期 |
|---|---|---|---|---|---|---|
| | X | Y | H | | | |
| 1 | 86 536.491 4 | 104 714.177 2 | 591.00 | 202.0 | 15600 | 2012-06-19 |
| 2 | 85 353.941 4 | 104 653.821 5 | 594.05 | 90.0 | 6100 | 2011-04-10 |
| 3 | 86 150.074 4 | 103 703.368 5 | 569.00 | 5.3 | 643 | 2011-03-28 |

从图 3-3-6 中可以看出，1 号、3 号瓦斯突出点位于预测的防突区域以内(浅色)；2 号瓦斯突出点位于预测防突区域以外。预测准确率为 66.7%。

3.3.1.2　地震干涉成像技术

地震干涉技术起源于 20 世纪 50 年代，将光的干涉特性应用到地震波的研究中，被动源地震成像就是在干涉技术的基础上发展而来的一种新的地震勘探方法。被动源是指地下存在的非人工激发的天然地震和微震等地质活动，由这些地质活动激发的震动不断地向地表传播，通过在地表接收这些震动响应，应用地震干涉技术，可以将地表检波器中的一个模拟成为虚拟震源，来合成反射波记录，又称虚炮集记录，该记录等价于地表地震剖面记录。同时由地质活动激发的震动在常规地震勘探中被视为噪声，应用地震干涉技术可以从噪声中提取有用信息。干涉成像原理如图 3-3-8 所示。

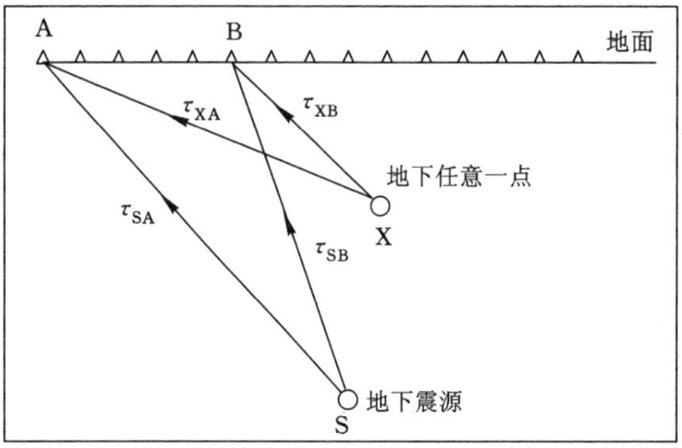


图 3-3-8　干涉成像示意图

从 2016 年开始，阳煤集团开展了利用被动源成像技术进行瓦斯富集区研究的工作，该研究的主要目的在于利用地面密集地震台阵，采集环境背景噪声信号，包括潮汐撞击海岸产生的低频信号、地球内部的自由振荡信号、大地震后的尾波信号、煤矿开采过程中产生的噪声信号以及瓦斯流体产生的低频震动信号，通过背景噪声成像和叠加裂缝成像，确定地震台阵下方三维地震速度异常分布，基于岩石物理实验测定的速度和瓦斯含量关系，进行瓦斯分布预测，为地面瓦斯抽采和利用提供技术支撑。通过本项目的研究，可以针对瓦斯问题防治和利用，发展一种基于被动源信号的直接有效地震监测方案，提高生产效率，为矿山人员和财产安全提供基础的保障。

通过背景噪声成像，刻画地下介质横波各向同性和各向异性速度三维分布及在时间上的变化。基于地震横波速度对裂缝和瓦斯存在的敏感性，推断裂缝和瓦斯的分布，进一步利用密集台阵接收到的与瓦斯富集有关的低频信号，通过谐振分析和叠加裂缝成像，并结合靶区煤层岩石物理实验，来研究地下煤层中瓦斯富集区[35]。

富含瓦斯的裂缝，在大多数情况下处于滑动的临界状态，在煤层采动的影响下会释放出低频谐振信号，这主要体现在频谱振幅峰值聚集在某个低频例如 3 Hz 附近，如图 3-3-9所示。这种低频信号不会受到岩性变化的强烈影响或随深度的增加而剧烈地衰减。这种低频信号产生的原因主要是固-气-水多相流体体系产生的谐振放大与谐振散射效应，并生成特征谱属性。图中瓦斯富集区域在低频信号的频域呈现了 PSD 异常。该方法可以开展瓦斯富集区域的分析研究。这种谐振放大，使汽藏孔隙中捕获的天然能量产生一定频谱，提供含气层潜在的有用信息。对于这种低频谐振信号，因为其在各个台站具有很强的相关性，所以可以通过长时间信号叠加，消除噪声而保留信号，确定裂缝的分布，如图 3-3-10所示。

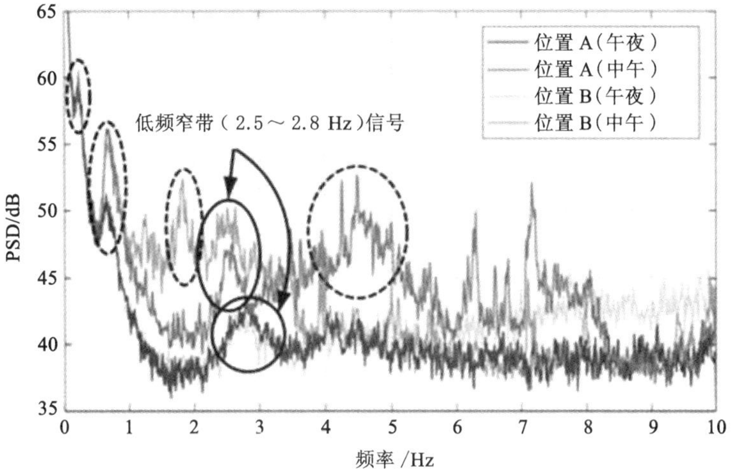


图 3-3-9　瓦斯富集区域低频微震信号特征图

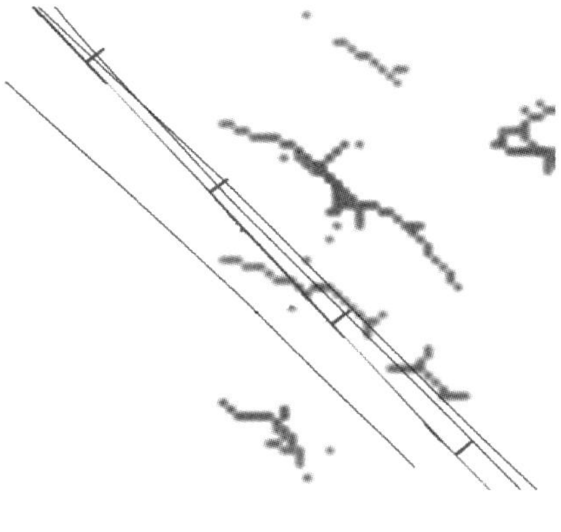

图 3-3-10　基于密集地震台阵监测裂缝叠加成像结果图

基于低频信号的裂缝叠加成像的算法可以简单总结如下：对目标区域进行网格离散化，根据三维速度模型，确定每个网格点到每个地震台站的地震波走时。以中心台站为基准，对其他台站接收到的波形进行向前或向后的时移，并进行叠加。最后对叠加的数据体提取出能量最强的网格，即为裂缝所在的位置，如图 3-3-11 所示。

因此，可以基于地表布设的密集台阵，采集和处理低频(1～10 Hz 左右)信号，通过叠加裂缝成像技术等，研究煤层内瓦斯相对富集区域等。

(1) 现场布置

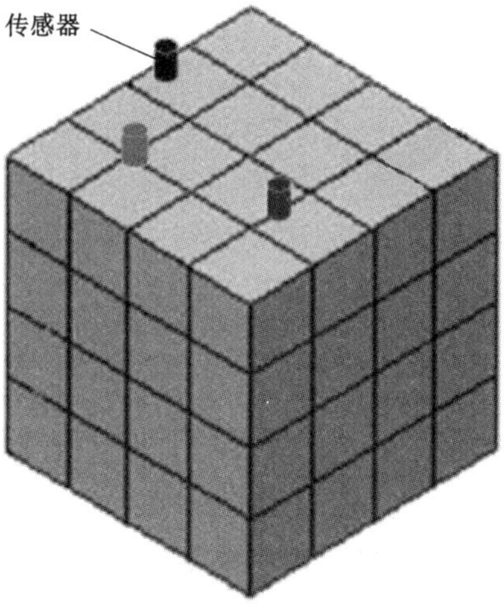


图 3-3-11 裂缝叠加成像示意图

寺家庄井田开展了基于地面密集地震台阵被动源成像技术进行瓦斯富集区的研究，并布置了相应的密集地震台观测系统。合理的地面密集地震台网既可以对监测区进行覆盖，又可以对各类型背景噪声和低频信号进行覆盖，最终达到地震台阵布设成本最低、效果最佳化配置。该课题根据研究区域的地形特征、地质构造、煤层赋存特征、已有的煤层气资料及背景噪声成像技术特点(煤矿开采扰动的区域为优先台阵布设区域)，进行地面密集地震台阵布置方法研究，主要包括正演模型研究(棋盘试验)，来获取研究区合理的台站布设方案，包括布设范围、台间距、采集时间长度等参数。

根据背景噪声成像技术特点，区域布设地面密集地震台阵，总共 120 个监测点，总覆盖区域 9 $km^2$，探测深度为 1 km 之上。为满足该监测要求，基于研究区地质资料及背景噪声成像技术特点(煤矿开采扰动的区域为优先台阵布设区域)，设计总共 120 个监测点，采取规则线状排列，由 100 套便携式数字地震仪、10 套数字化宽频地震仪、10 套微震采集仪(配套 10 支三分量传感器)。其中 100 套便携式数字地震仪内部每隔 500 m 布设一个监测点，外围拓宽到约 700 m 布设一个监测点，形成一个约 4.9 km 宽的正方体监测网(蓝色圆形表示)；10 套数字化宽频地震仪(绿色圆形表示)与 10 套微震采集仪(青色圆形表示)以类似圆圈形式布在 24 $km^2$ 范围内，如图 3-3-12 所示。

(2) 数据处理

① 噪声数据大规模并行计算

首先将宽频带地震仪所获得的波形数据 minseed 文件转成 sac 文件，并对所获得的不同台站的波形数据 sac 文件切割成以每一天为单位的文件。然后对各个台站做频谱分析。之后，对预处理获得的数据进行互相关计算。选取不同的台站数据，截取 1 h 的数据，将数据进行谱白化，然后对不同台站的数据进行两两互相关，最后将每小时的互相关函数进行叠加，从而获得最后的互相关函数。

② 频散提取

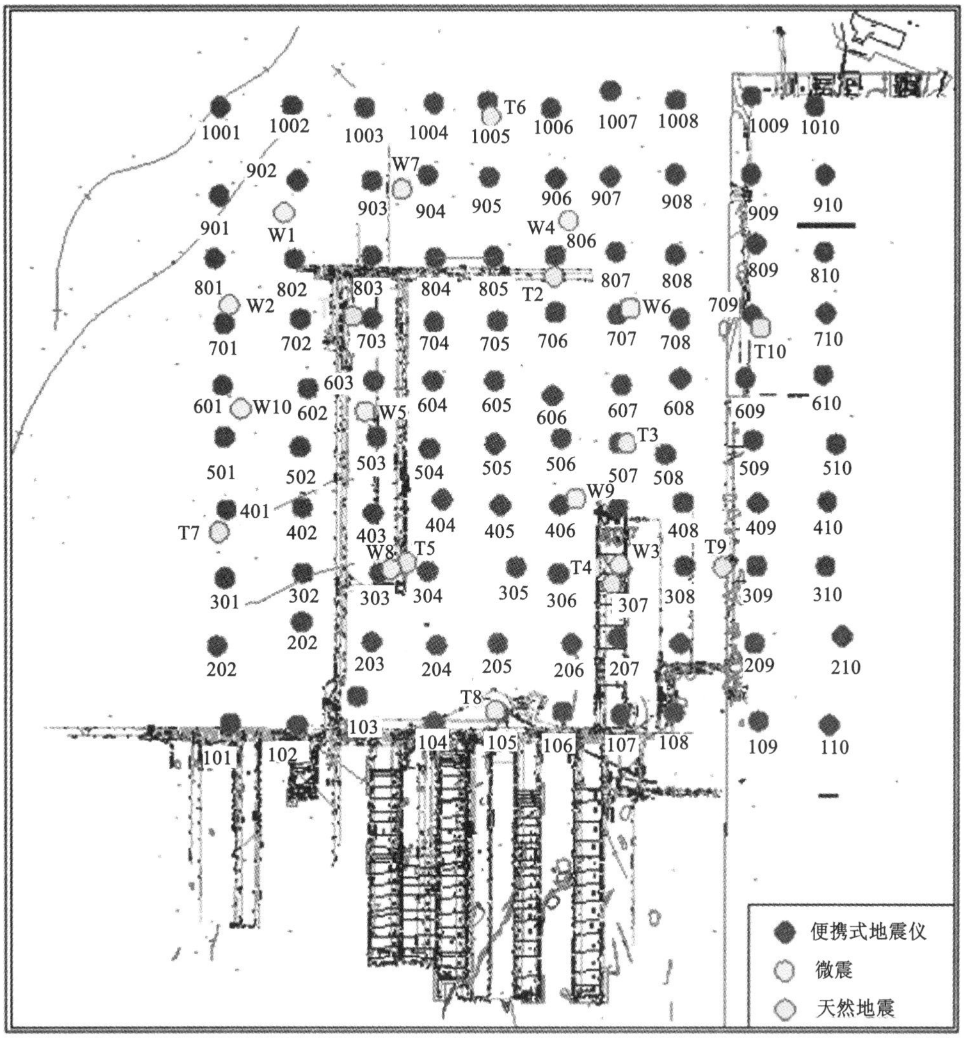


图 3-3-12　寺家庄煤矿密集台阵布设示意图

通过对不同周期的互相关函数进行分析，分别选取了群速度和相速度能量图（如图 3-3-13、图 3-3-14 所示）。对于群速度与相速度的提取原则：通过前面的互相关函数，获得的群速度在 1 km/s 左右，于是提取群速度尽量在 1 km/s 左右；对于相速度，尽量选取比群速度稍大的且速度随着周期先下降后上升的曲线。

根据提取群速度与相速度的准则，获得监测区域内的不同台站之间的频散曲线，如图 3-3-15 所示。

③ 三维反演

通过噪声数据大规模并行计算和频散提取等过程，获得不同台站之间的频散曲线，然后通过面波反演对整个监测区域进行三维 S 波速度结构成像。

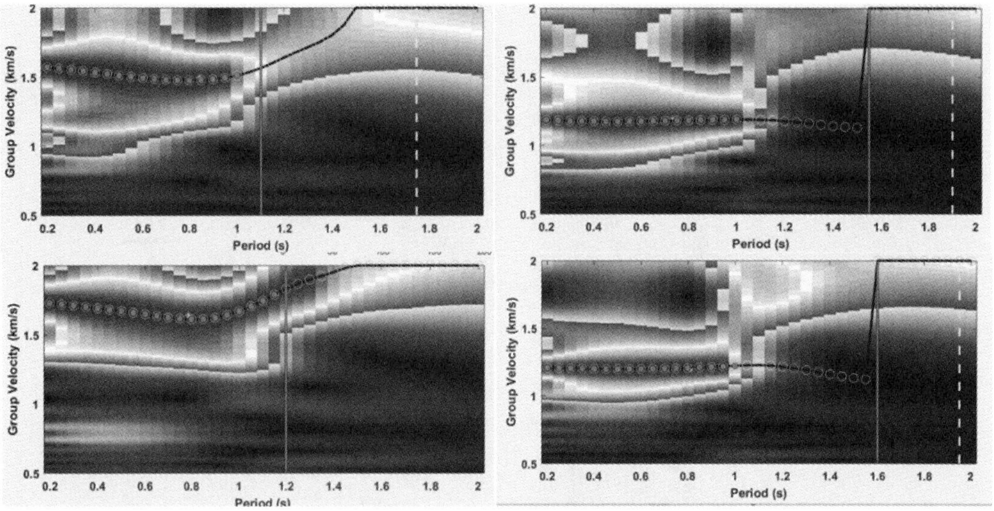


图 3-3-13　群速度能量图

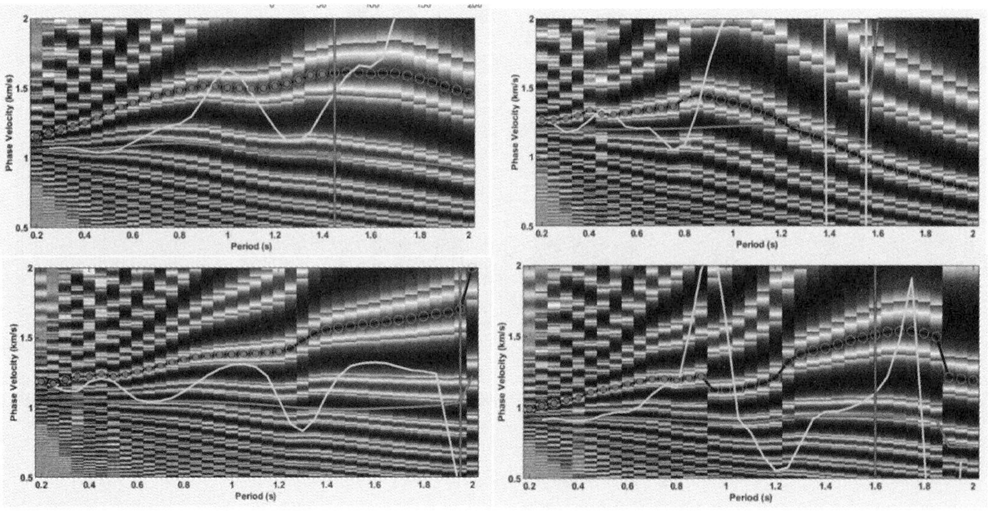


图 3-3-14　相速度能量图

④ 反演速度结果

通过对监测区域内的群速度与相速度进行反演，获得了整个区域内下方 1 km 以内的 S 波速度结构。

最终通过对检测到的噪声信号进行对比，同时将定位后的事件位置标记在瓦斯分布的 CAD 图中，如图 3-3-16 所示，绿色表示所有台站拾取后的定位位置，蓝色点表示台站位置，蓝色圈是瓦斯分布等值线。

(3) 多参数综合瓦斯含量计算

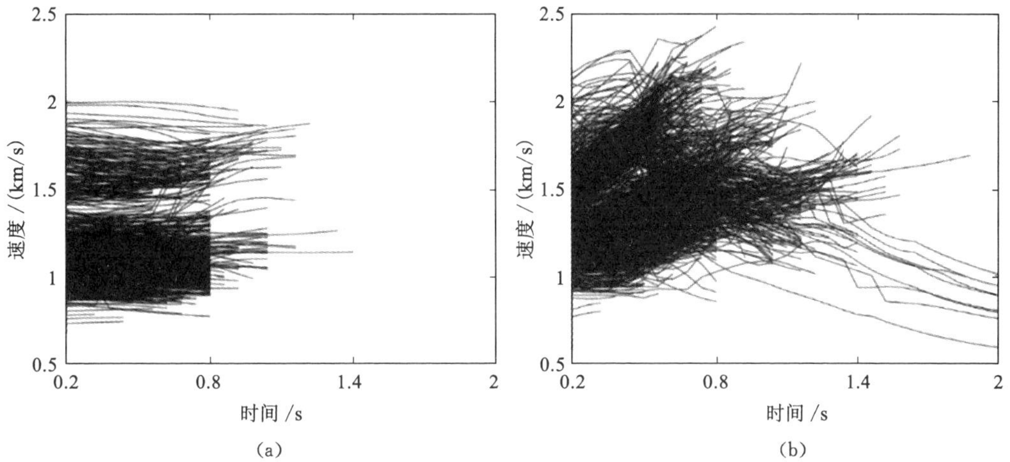


图 3-3-15　周期 0.2～2 s 下的群速度与相速度的频散曲线图

① 沿煤层速度分析

图 3-3-17 为基于密集台阵背景噪声成像计算得到的沿 15# 煤层横波速度平面图，红色代表低速，蓝色代表高速。图中黑色菱形代表地震台站（检波器）布置位置。从图中可以看出沿煤层地震横波速度分布在 1.2～3.0 km/s，整体背景速度在 2.0 km/s，工区西南侧分布高速异常，中部分布低速异常，低速度异常最低至 1.2 km/s。同时，从速度平面分布可以看出，速度在横向上具有较大变化。

② 速度-瓦斯回归关系

图 3-3-18 为根据岩石物理实验得到的瓦斯与煤层速度的散点图通过回归分析得到的对应关系图。图中菱形点为不同瓦斯含量时对应的地震纵波速度，实线为通过散点拟合得到的回归表达式，可以看出瓦斯含量与地震速度具有反比例关系，即随着瓦斯含量的增大，地震波速度降低，对应关系为幂指数关系。瓦斯含量与速度对应的拟合关系为 $y=1\ 215.3e^{-0.002x}$。因此，在瓦斯含量与地震波速度具有较好的回归关系的基础上，可以由煤层对应的地震波速度计算出瓦斯的含量分布。

③ 瓦斯含量预测

a. 背景噪声成像瓦斯含量计算。

图 3-3-19 为根据地震波速度计算得到的 15# 煤层瓦斯含量。因背景噪声成像得到的是地震横波速度，而岩石物理实验得到的是地震纵波速度，因此，在利用地震波速度估算瓦斯含量之前首先需要把横波速度转化为纵波速度，在得到纵波速度的基础上，利用公式 $y=1\ 215.3e^{-0.002x}$ 即可以计算得到沿煤层的瓦斯含量，如图 3-3-20 所示。沿 15# 煤层的瓦斯含量整体在 8 $m^3/t$，其中研究区西南部较低，最低值 6.8 $m^3/t$；研究区中部瓦斯含量最高，最高至 12.6 $m^3/t$。

b. 定量分析预测瓦斯含量。

基于定位及走时成像分析、低频信号频谱分析、连续波形叠加裂缝成像以及背景噪声成像结果，监测区域内瓦斯富集区位于监测区域中部，并进行定量分析。

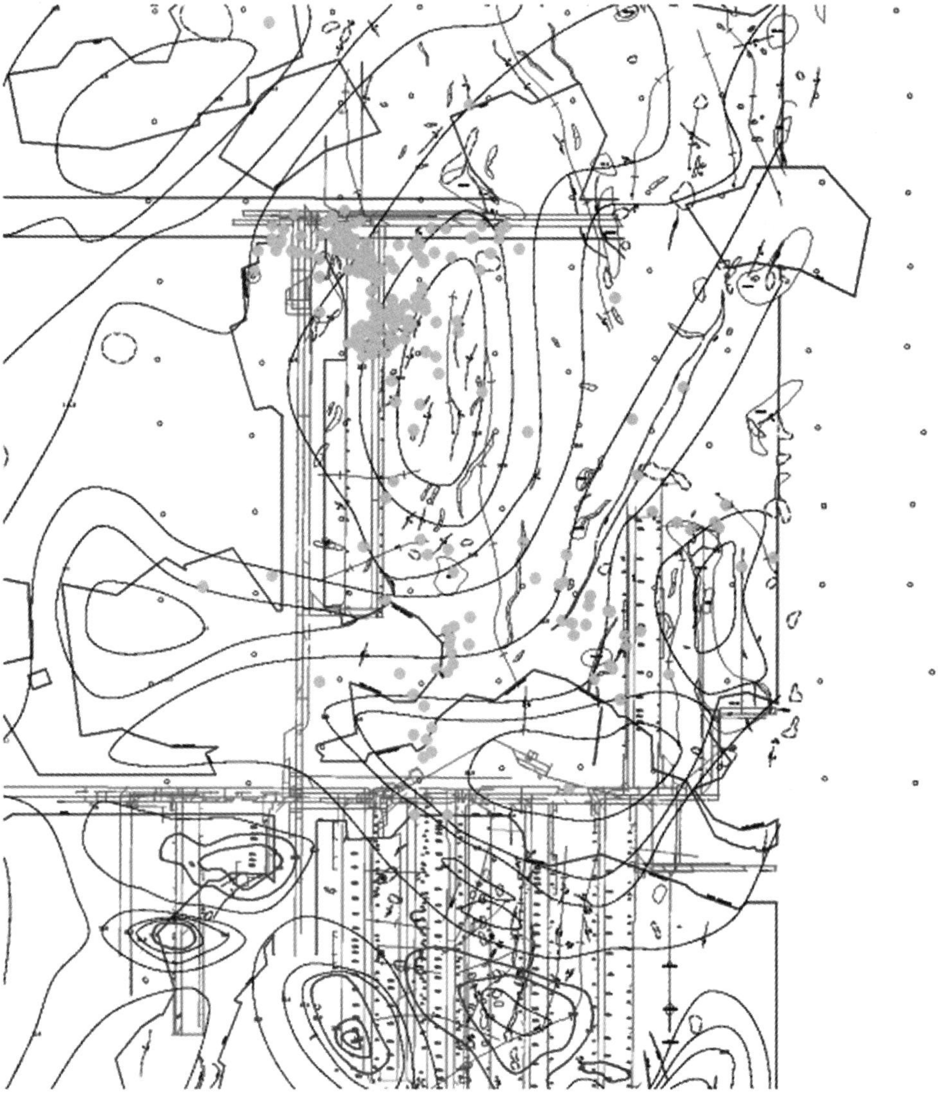

图 3-3-16　瓦斯分布与事件分布图

根据瓦斯含量预测结果，其中瓦斯含量高于 9.8 $m^3/t$ 的区域面积有 2.58 $km^2$（粉红色区域），如图 3-3-20 所示。

3.3.1.3　音频大地电磁法

音频大地电磁法（简称 AMT 法），是大地电磁法（MT）的一个分支。它与 MT 法一样，是利用天然的大地电磁场作为场源，来测定地下岩石的电性参数，并通过研究地电断面的变化来达到了解地质构造、找矿、找水等地质目的的一种地球物理勘探方法。AMT 法所利用的场源主要是由远处的雷电等活动所引起的频率约为数赫兹至数千赫兹的音频

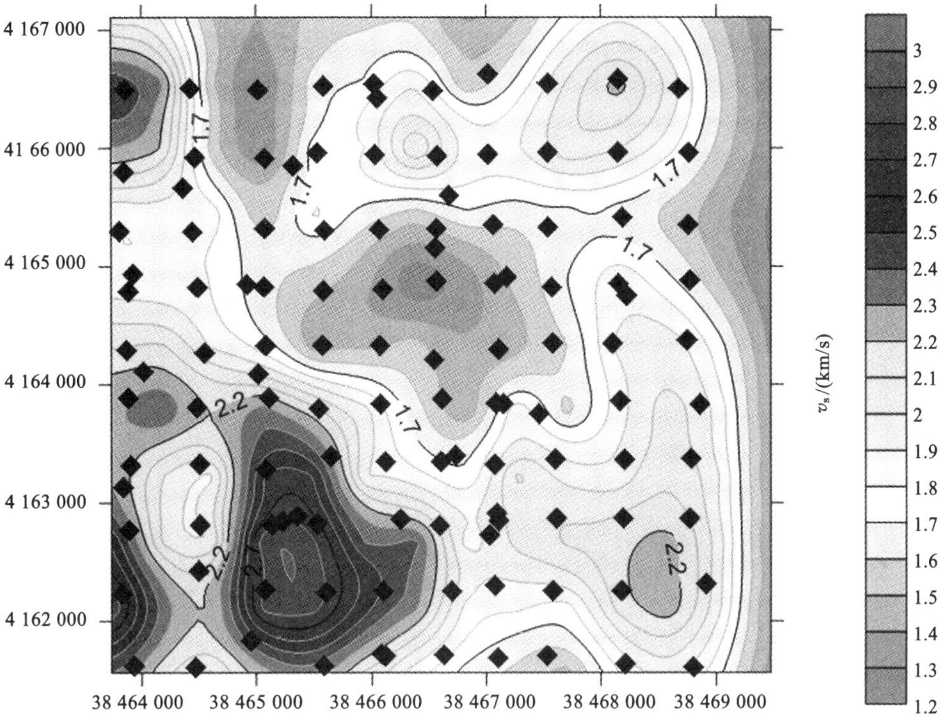


图 3-3-17　沿 15# 煤层速度分布平面图

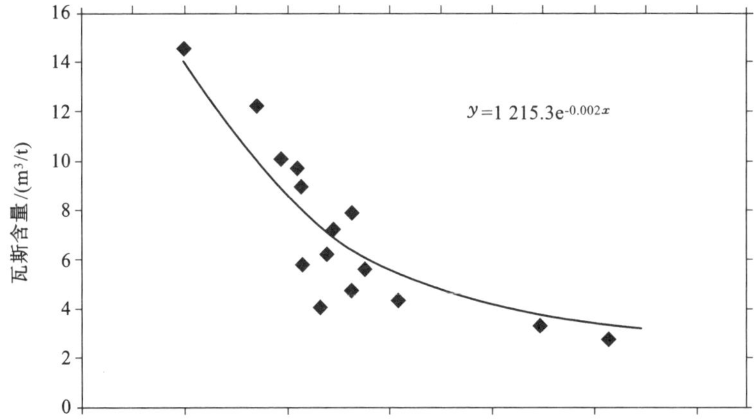


图 3-3-18　瓦斯含量与波速的关系图

大地电磁场，所以它的勘探深度相对 MT 法较浅，一般用于探测 1 000 m 以上的地质构造。AMT 法具有不受高阻层屏蔽和对低阻层有较高的分辨能力等优点。

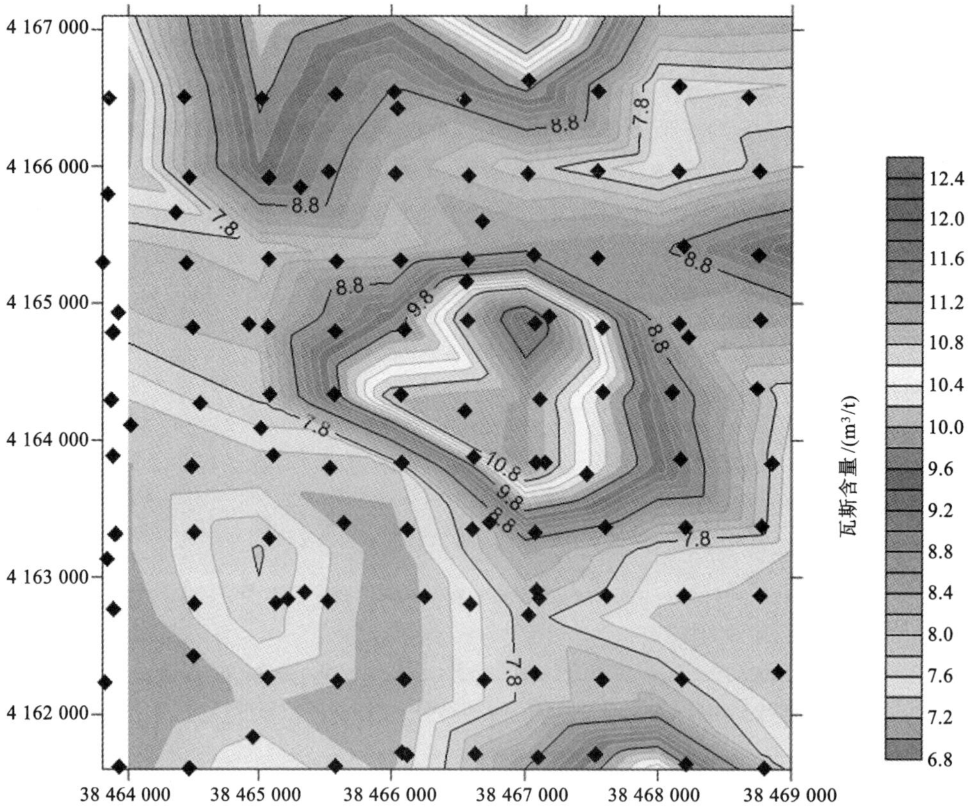


图 3-3-19 沿煤层瓦斯含量分布平面图

MT 可以探测地下数千米深的范围内的电性变化，这是人工源电磁探测难以达到的，而且它还具有受高阻率层的屏蔽小、对低阻率层反应灵敏等特点。但是由于天然场源存在着随机性，测量信号的强度和频率大小不确定，MT 需要付出巨大的工作量来记录和分析数据，这样大大影响了勘探效率，并且提高了勘探成本，降低了经济效益，同时在电阻率计算时将会带入观测误差，计算过程中又会将误差进一步放大，从而影响测量精度。AMT 由于频率较高，主要研究较浅处的电性变化，而 CSAMT 通过采用可控制人工场源，克服了 MT 和 AMT 的缺点，可以解决深层的地质问题。电磁法相比于直流电法具有的优点为：① 可以勘探的地层深度大；② 受高阻率层屏蔽小，对低阻率层反应灵敏；③ 适合特殊环境下的探测，大大提高勘探效率；④ 勘探成本低，速度快；⑤ 应用领域广，能满足多种勘查工作。

音频大地电磁法可根据不同地层的电性特征有效识别不同岩层及煤层，其视电阻率反演结果可准确提取陷落柱及断层位置分布及特征信息，其探测曲线异常中心深度、范围及幅值平均值分别与煤层埋深、厚度及瓦斯含量相关性较好，为定量评价提供了数据支持[36]。因而，在一定程度上，基于音频大地电磁探测数据可从多角度为煤层气富集区的圈定提供参考，目前音频大地电磁法在煤矿瓦斯富集区探测应用研究在积极发展中[37]。

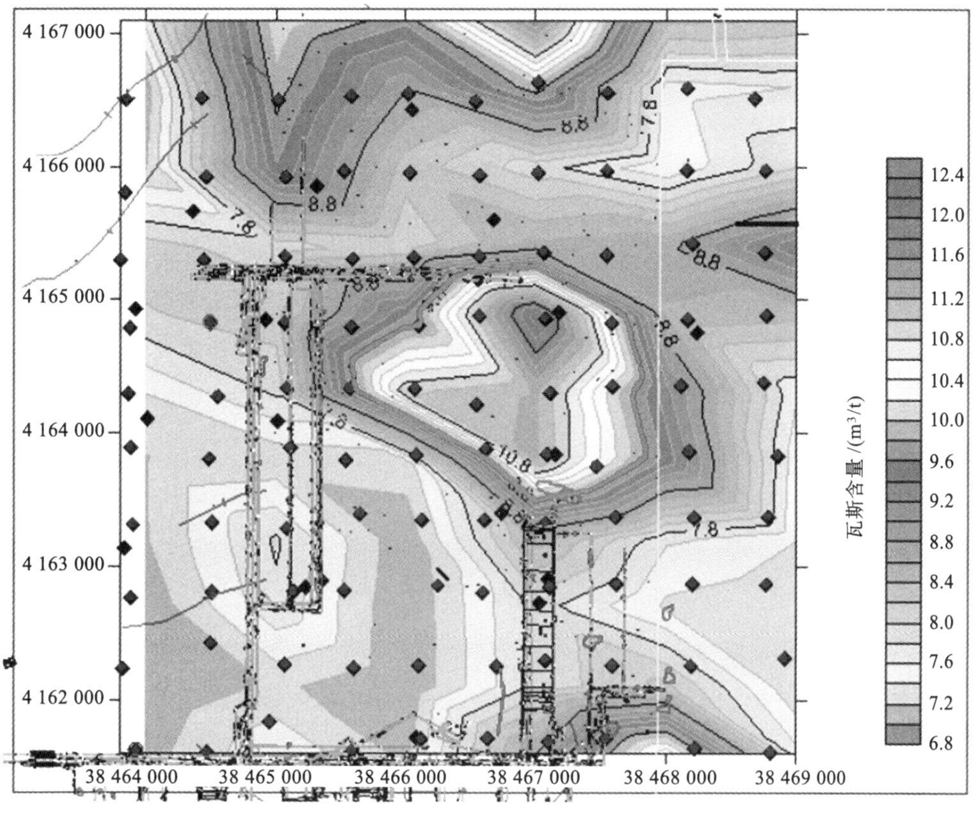


图 3-3-20　9.8 $m^3/t$ 瓦斯含量区域图

## 3.3.2　井下探测技术

煤矿井下地球物理勘探是以研究煤层及其围岩的某种物理性质(如电性、弹性、密度、磁性以及放射性等)为基础的，由于所研究的物性不同，形成了不同的方法技术[19, 38 43]。

3.3.2.1　电磁法探测技术

(1) 直流电法探测原理

电阻率法是以地壳中岩石和矿石的导电性差异为基础，通过观测与研究人工建立的地中电流场(稳定场或交变场)的分布规律进行找矿和解决地质问题的一组电法勘探分支方法。

在地表水平条件下，当地下半空间介质是均匀、各向同性岩石时，若通过地面的正、负点电流源 $A(+)$、$B(-)$ 向地下供入电流 $I$ 时，根据点源电场的基本公式，可以容易得到地面任意两点 $M$ 和 $N$ 处的电位和。

$$U_M = \frac{I\rho}{2\pi}\left(\frac{1}{AM} - \frac{1}{BM}\right) \tag{3-3-6}$$

$$U_N = \frac{I\rho}{2\pi}\left(\frac{1}{AN} - \frac{1}{BN}\right) \tag{3-3-7}$$

$M$、$N$ 两点之间的电位差为：

$$\Delta U_{MN}=U_M-U_N=\frac{I\rho}{2\pi}\left(\frac{1}{AM}-\frac{1}{AN}-\frac{1}{BM}+\frac{1}{BN}\right) \tag{3-3-8}$$

从而可得：

$$\rho=\frac{2\pi}{\frac{1}{AM}-\frac{1}{AN}-\frac{1}{BM}+\frac{1}{BN}}\cdot\frac{\Delta U_{MN}}{I} \tag{3-3-9}$$

在实际测量工作中，点电源 $A$、$B$ 是通过一对供电电极将电流 $I$ 供入地下，$M$、$N$ 两点通过一对测量电极与观测电位差的仪器相接；并将 $A$、$B$ 和 $M$、$N$ 分别命名为供电电极和测量电极。$AM$、$AN$、$BM$、$BN$ 分别为供电电极和测量电极间的水平距离。用来表示各个电极位置的几何关系的参数是装置系数 $K$，即：

$$K=\frac{2\pi}{\frac{1}{AM}-\frac{1}{AN}-\frac{1}{BM}+\frac{1}{BN}} \tag{3-3-10}$$

所以视电阻率公式简化为：

$$\rho=K\,\frac{\Delta U_{MN}}{I} \tag{3-3-11}$$

影响岩石的电阻率的主要因素包括岩石的矿物成分和结构、含水性、构造、温度、压力等。由于以上主要因素之间的相互作用，相同岩石的电阻率值可能不同，不同的岩石可能具有相同的电阻率值。图 3-3-21 是自然界中岩石、土、矿物及常见天然水的电阻率分布图。

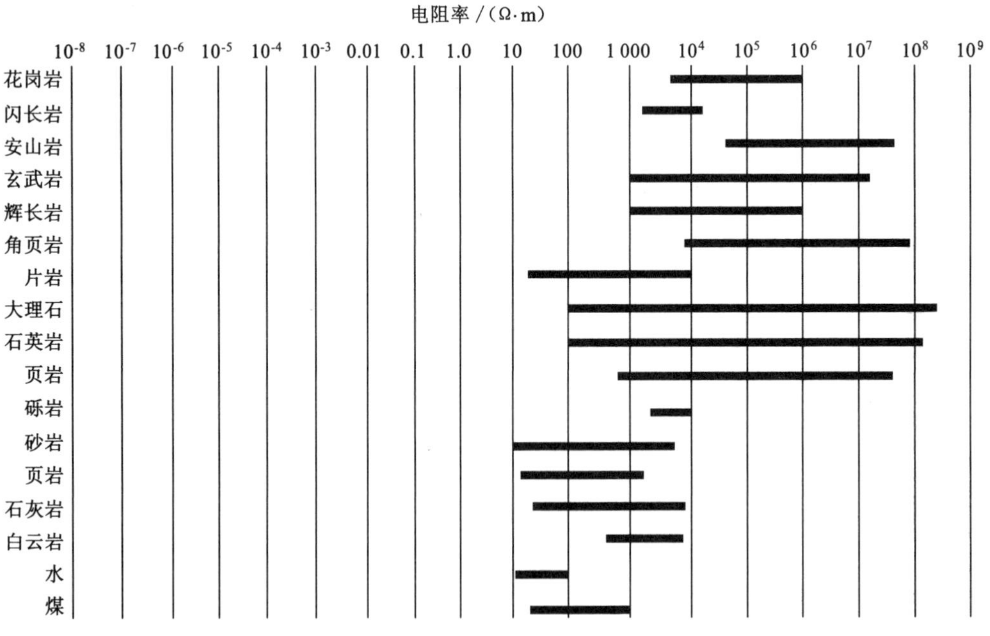


图 3-3-21 自然界中岩石、土、矿物及常见天然水的电阻率分布图

(2) 瞬变电磁探测技术

瞬变电磁法,又称时间域电磁法(简称 TEM 或 TDEM),是近年来国内外发展得较快、地质效果较好的一种电法勘探方法。它与其他测深方法相比,具有探测深度大、信息丰富、工作效率高等优点。自 20 世纪 50 年代以来,该方法得到迅速发展,特别是对探测高阻覆盖层下的良导电地质体取得了显著的地质效果。它主要应用于金属矿勘查、构造填图、油气田、煤田、地下水、地热以及冻土带和海洋地质等方面的研究,在国内外已取得令人瞩目的效果。

TEM 方法可以作为对地质体(掌子面)前方地质缺陷及含水性精细探测的一种地球物理探测手段。应用电磁场的偏振性质,有利于确定缺陷的方向性,且对与水有关的缺陷比较敏感,同时记录的是时间系列,一般情况下,时间域电磁法(TEM)和频率域电磁法(FDEM)相比,在相同的频率范围情况下 TDEM 的分辨率比 FDEM 要高。

瞬变电磁法属时间域电磁感应方法。其探测原理是:在发送回线上供一个电流脉冲方波(见图 3-3-22),在方波后沿下降的瞬间,产生一个向回线法线方向传播的一次场,在一次磁场的激励下,地质体将产生涡流,其大小取决于地质体的导电程度,在一次场消失后,该涡流不会立即消失,它将有一个过渡(衰减)过程(见图 3-3-23 和图 3-3-24)。该过渡过程又产生一个衰减的二次磁场向掌子面传播,由接收回线接收二次磁场,该二次磁场的变化将反映地质体的电性分布情况。如按不同的延迟时间测量二次感生电动势 $V(t)$,就得到了二次磁场随时间衰减的特性曲线。如果没有良导体存在时,将观测到快速衰减的过渡过程;当存在良导体时,由于电源切断的一瞬间,在导体内部将产生涡流以维持一次场的切断,所观测到的过渡过程衰变速度将变慢,从而发现导体的存在。

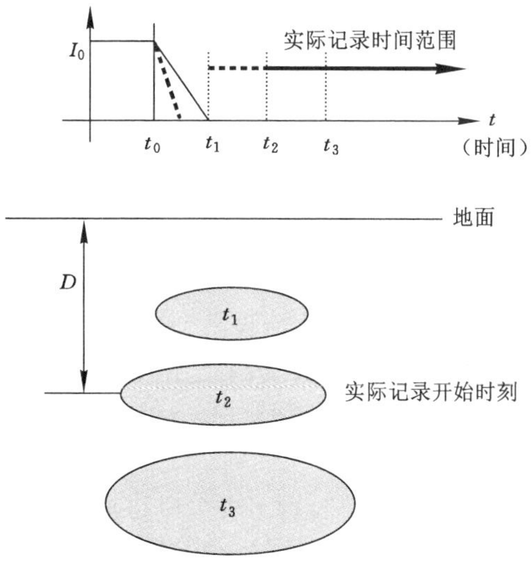


图 3-3-22　理论探测模型

瞬变电磁场在大地中主要以扩散形式传播,在这一过程中,电磁能量直接在导电介质中传播而消耗,由于趋肤效应,高频部分主要集中在地表附近,且其分布范围是发射源周围的局部,较低频部分传播到深处,且分布范围逐渐扩大。

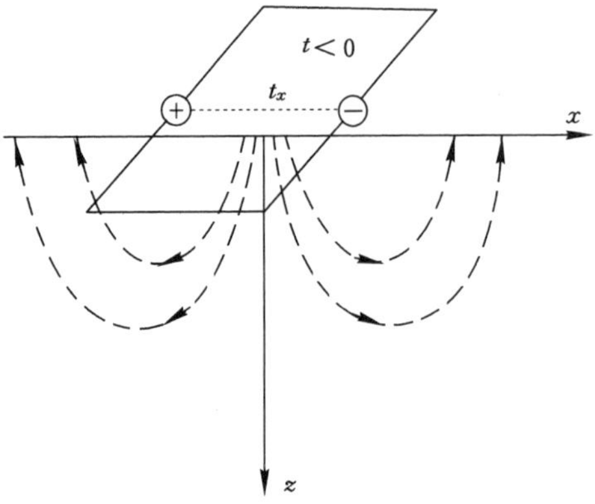


图 3-3-23　矩形回线中输入阶跃电流产生的磁力线图

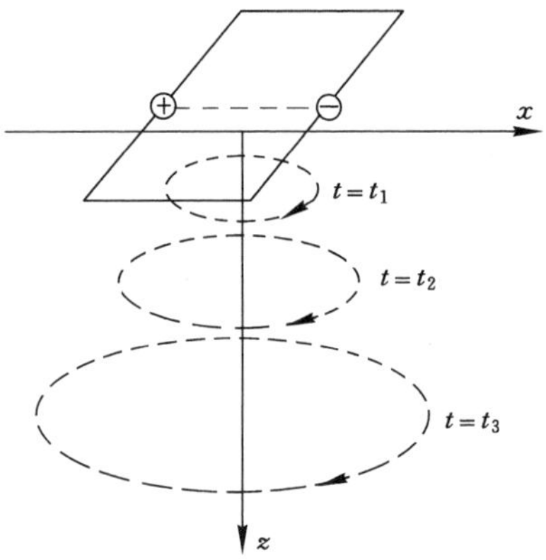


图 3-3-24　半空间中等效电流环示意图

矿井瞬变电磁和地面瞬变电磁法的基本原理是一样的，理论上也完全可以使用地面电磁法的一切装置及采集参数，但受井下环境的影响，矿井瞬变电磁法与地面的 TEM 的数据采集和处理相比又有很大的区别。由于矿井轨道、高压环境及小规模线框装置的影响，在井下的探测深度很受限制，一般有效解释距离在 100 m 左右。另外地面瞬变法为半空间瞬变响应，这种瞬变响应来自地表以下半空间层，而矿井瞬变电磁法为全空间瞬变响应，这种响应来自回线平面上下(或两侧)地层，这给确定异常体的位置带来很大的困难。实际资料解释中，必须结合具体地质和水文地质情况综合分析。具体来说矿井瞬变电磁法具有以下特点：

① 受矿井巷道的影响矿井瞬变电磁法只能采用边长小于 3 m 的多匝回线装置，这与地面瞬变电磁法相比数据采集劳动强度小，测量设备轻便，工作效率高，成本低。

② 采用小规模回线装置系统，因此为了保证数据的质量、降低体积效应的影响、提高勘探分辨率特别是横向分辨率，在布设测点时一定要控制点距，在考虑工作强度的情况下尽可能使测点密集。

③ 井下测量装置距离异常体更近，大大地提高了测量信号的信噪比，经验表明，井下测量的信号强度比地面同样装置及参数设置的信号强 10～100 倍。井下的干扰信号相对于有用信号近似等于零，而地面测量信号在衰减到一定时间段被干扰信号覆盖，无法识别有用的异常信号。

④ 地面瞬变电磁法勘探一般只能将线框平置于地面测量，而井下瞬变电磁法可以将线圈放置于巷道底板测量，探测底板一定深度内含水性异常体垂向和横向发育规律，也可以将线圈直立于巷道内，当线框面平行于巷道掘进前方，可进行超前探测；当线圈平行于巷道侧面煤层，可探测侧帮和顶底板一定范围内含水低阻异常体的发育规律。

另外矿井瞬变电磁法对高阻层的穿透能力强，对低阻层有较高的分辨能力。在高阻地区由于高阻屏蔽作用，如果用直流电法勘探要达到较大的探测深度，须有较大的极距，故其体积效应就大，而 TEM 在高阻地区用较小的回线可达到较大的探测深度，故在同样的条件下 TEM 较直流电法的体积效应小得多。

3.3.2.2　地震波法探测技术

和常规地面地震勘探关注介质垂直变化不同，反射二维地震勘探方法更多关注的是介质的水平变化情况。为了从地震记录中获得巷道前方反射波信息，在数据处理过程中的上下行波分离并保留下行波（负视速度）处理本质上就是压制来自测线垂向上的信息而保留来自水平方向上的反射信息，根据反射时距曲线的负视速度特征采用了线性拉冬变换技术进行上下行波分离，从而来提取反射波信息。当选择线性 $\tau$-$p$ 变换进行上下行波分离时已经假设介质是水平变化的且速度界面和测线垂直，因为只有与测线垂直的界面的反射相位在时间域才呈线性规律。

具体来讲，$\tau$-$p$ 变换可以将波场从 $t$-$x$ 域转换到 $\tau$-$p$ 域，在 $t$-$x$ 域中是用炮检距 $x$ 和波的旅行时间 $t$ 来描述波场信息，波场值为 $\psi(x,t)$。而在 $\tau$-$p$ 域中，是用射线变量 $p$（或称时距曲线的瞬时斜率 $\mathrm{d}t/\mathrm{d}x$，又称水平波慢度）和它在时间上的截距 $\tau$ 来描述波场，波场值为 $\psi(p,t)$。$t$-$x$ 域和 $\tau$-$p$ 域内描述波场的参量存在如下关系：

$$\begin{cases} t = \tau + px \\ p = \mathrm{d}t/\mathrm{d}x \end{cases} \tag{3-3-12}$$

式中　$t$——$t$-$x$ 域中的波旅行时间；

$x$——炮检距；

$p$——射线变量（水平波慢度）；

$\tau$——射线变量在时间轴上的截距。

$\tau$-$p$ 变换正变换是把 $t$-$x$ 域中共炮点记录或其他记录按不同的斜率 $p$ 和截距 $\tau$ 进行叠加。则正变换公式为：

$$\psi(\tau,p) = \sum_{i}^{N} \varphi(x_i, \tau + px_i) \tag{3-3-13}$$

式中　$N$——$t$-$x$ 域中地震道数。

按给定的斜率 $p$，即沿射线 $t=\tau+px_i$ 将记录的所有道叠加起来，即形成 $\tau$-$p$ 域的一个地震道；按某一个斜率范围叠加，则形成 $\tau$-$p$ 域的一组完整的地震道记录。

$\tau$-$p$ 逆变换类似于 $\tau$-$p$ 正变换，在 $\tau$-$p$ 域按不同斜率 $\mathrm{d}\tau/\mathrm{d}p$ 的直线做倾斜叠加就可以完成 $\tau$-$p$ 逆变换。$\tau$-$p$ 逆变换公式为：

$$\varphi(x,t) = \sum_{i}^{M} \psi(p_i, t - p_i x) \tag{3-3-14}$$

式中　$M$——$\tau$-$p$ 域中地震道数。

由 $t$-$x$ 域变换到 $\tau$-$p$ 域相当于一次坐标变换。经转换后各种波的波场特征在 $\tau$-$p$ 中会发生变化，从而能够容易识别在 $t$-$x$ 域中无法识别的波场特征。图 3-3-25 说明了 $\tau$-$p$ 正变换和逆变换的过程。

二维地震偏移成像是利用不同介质在波阻抗上的差异，在波阻抗分界面上满足斯奈尔定理发生了反射现象。地震的原始记录是关于激发接收点空间位置和反射相位的到时信息，这些原始记录中的反射相位在时间域形态一般不能直接代表地下地质体的实际形态，比如在共炮点道集中，来自水平层的反射相位在时间域内呈曲线状，这就需要在后续

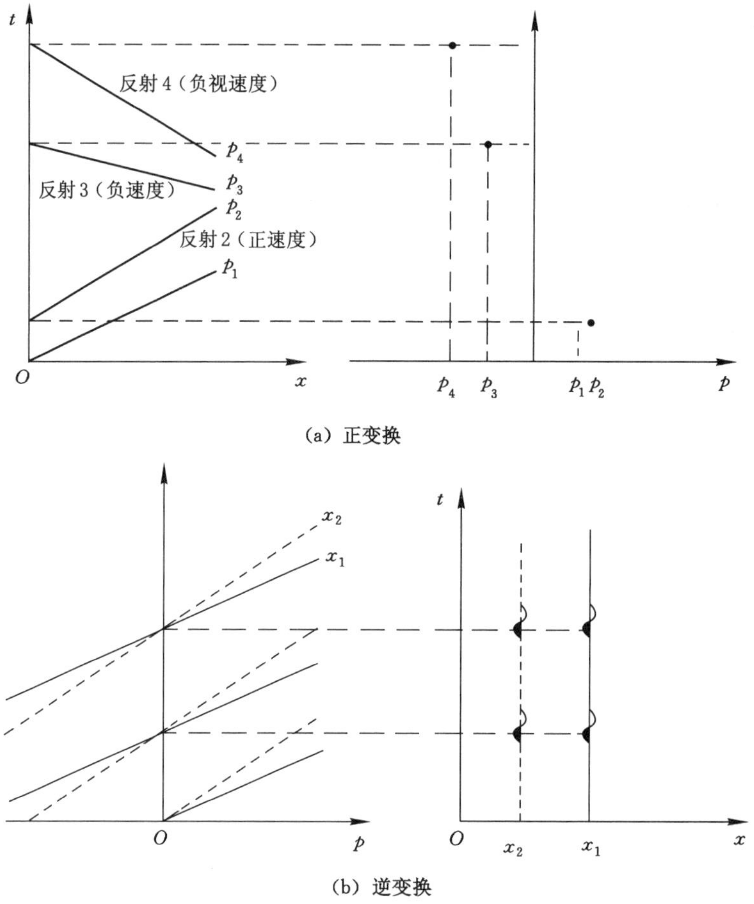


图 3-3-25　$\tau$-$p$ 变换过程示意图

的对原始记录处理时把反射波回投到反射界面上，在回投的过程中要去掉传播过程中的效应，如衰减和扩散等，最后能够得到正确归位反映地下实际反射界面的地震记录。射线偏移，以几何地震学和波的绕射理论为基础，可以在计算机上自动实现反射波和绕射波的空间归位处理。根据地震几何学规律，如果输入剖面为非零炮检距观测系统测得的(有炮检距剖面)，且速度 $v$ 不变时，其脉冲响应为椭圆，它以反射点 $S$ 和接收点 $R$ 为焦点，以 $v \cdot t$ 为定长，长半轴 $a=v \cdot t/2$，短半轴 $b=\sqrt{a^2-(l/2)^2}$，其中 $l$ 为炮检距，如图 3-3-26 所示。椭圆方程为：

$$\frac{(x-x_{\mathrm{d}})^2}{\left(\frac{1}{2}v \cdot t\right)^2}+\frac{Z^2}{\left(\frac{1}{2}v \cdot t\right)^2-\left(\frac{1}{2}l\right)^2}=1 \tag{3-3-15}$$

叠前射线偏移可在共炮检距道集、共中心点或共炮点道集内进行。现以共炮点道集为例说明椭圆法叠前射线偏移的实现过程。任取记录道上某道的一个样值 $a$，它是记录时间 $t$、炮检距 $x_i$ 的函数，记为 $a(x_i,t_j)$，由于 $a$ 可视为脉冲，它的偏移脉冲响应为一个

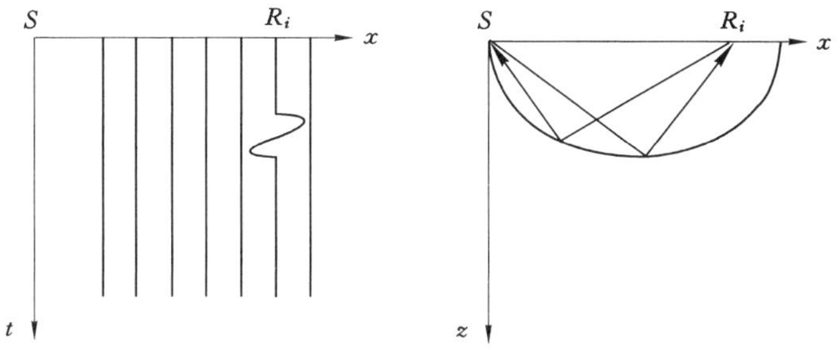

(a) 共炮点脉冲时间剖面 (b) 偏移脉冲响应剖面为椭圆

图 3-3-26 脉冲椭圆响应示意图(两个焦点为激发点 $S$ 和接收点 $R_i$)

椭圆。因此按公式在输出剖面上确定炮点 $S$ 和接收点位置 $R_i$，以 $S$ 和 $R_i$ 为焦点，以 $v \cdot t$ 为定长计算椭圆轨迹，将振幅 $a_{ij}$ 沿椭圆轨迹布放即完成了一个样值的偏移处理。对记录上所有的样值重复上述步骤，并将落在同一网点上振幅值叠加。图 3-3-27 表示了一个反射同相轴的偏移处理方法。椭圆簇的包络线 $AF$ 就是所求的反射界面段，波的旅行路径(射线)说明，包络线与真实反射界面是完全一致的。

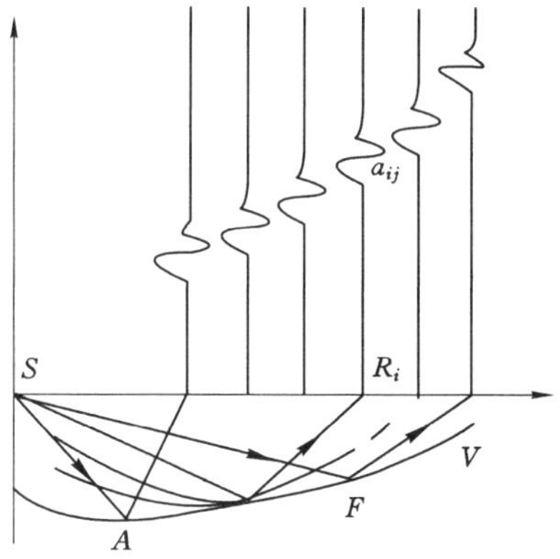

图 3-3-27 共接收点记录的射线偏移过程

3.3.2.3 瓦斯参数与地电场参数关系

煤体吸附瓦斯后，本身的导电性会发生变化，这在煤的电性参数研究领域已达成共识。对于不同煤矿的煤样而言，吸附瓦斯压力对煤体电阻率的影响也不同。文光才认为瓦斯对煤电阻率的影响是吸附瓦斯和游离瓦斯共同作用的结果，该说法得到了研究者的广泛认可。因此，根据吸附瓦斯和游离瓦斯对煤体的共同作用，分以下三个方面分析瓦斯对煤体电阻率的作用机制：

① 由于吸附作用是一个放热过程，煤体释放出的吸附热使其孔隙表面能下降，由此对表面杂离子和表面电子的束缚作用减弱，杂离子和电子在孔隙表面上的迁移变得容易，导电性增强，电阻率下降。

② 甲烷分子渗透到煤的大分子间隙，使骨架发生一定的膨胀，煤体中瓦斯压力越高，

膨胀效应越大，分子间的相互作用越弱，从而使导电能垒下降，电阻率下降。

③ 煤体吸附瓦斯过程中，始终被大量的游离瓦斯包裹，具有一定压力的游离瓦斯对煤体有挤压作用，使得煤骨架发生收缩变形，煤体内导电通道受到挤压作用变得更加致密；同时由于煤体的膨胀效应，煤体内壁将向煤体施加反作用力，也使得煤体处于挤压受力状态。瓦斯压力越大，两种挤压作用越强，这种作用类似于应力对煤体电阻率的影响，煤体电阻率会随着瓦斯压力的升高而降低（电子导电）或升高（离子导电）。

（1）瓦斯浓度与感应电位的关系

在新景矿 3# 煤层北九副巷、8# 煤层北三副巷及 3# 煤层南九副巷迎头处进行瞬变电磁超前探测。不同巷道感应电位如图 3-3-28 所示（1～120 测道）。

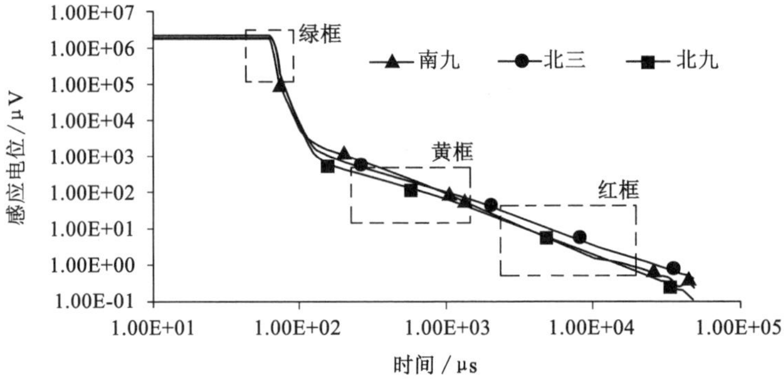


图 3-3-28　不同巷道感应电位衰减曲线（1～120 测道）

由于巷道内存在金属物干扰，对早期感应电磁场有一定影响，故对不同巷道二次场晚期信号（图 3-3-28 中红色虚线框处，对应时间 2 597.6～11 622.4 μs）进行分析，结果如图 3-3-29 所示。在该段时间内不同巷道间感应电位整体存在明显区别，其相应视电阻率如图 3-3-30 所示，相同巷道视电阻率变化较小，不同巷道视电阻存在区别。

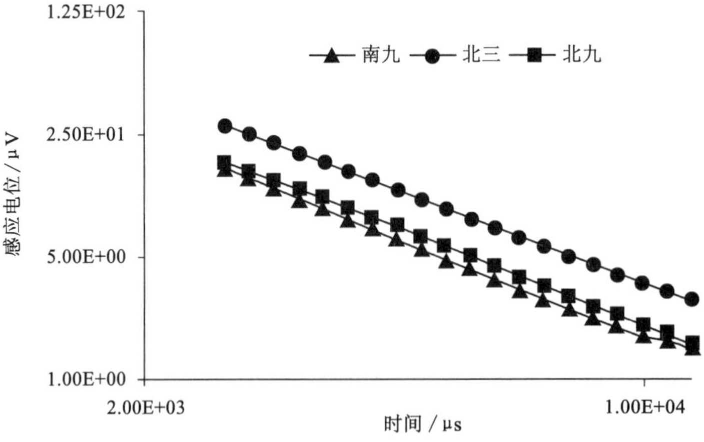


图 3-3-29　83～102 测道（2 597.6～11 622.4 μs）感应电位对比

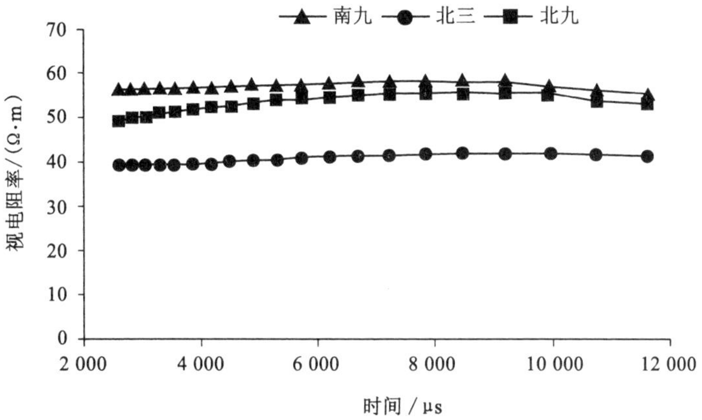


图 3-3-30　二次场晚期相应响应视电阻率对比

不同巷道内感应电位与相应视电阻率一致性较好，故以此处感应电位与视电阻率代表对应巷道的相应参数，对二者分别做均值处理，并与巷道内所测瓦斯浓度对比分析，对比关系如图 3-3-31 与图 3-3-32 所示，由图可见，瓦斯浓度-感应电位二者存在负相关性，瓦斯浓度-视电阻率二者存在正相关性。

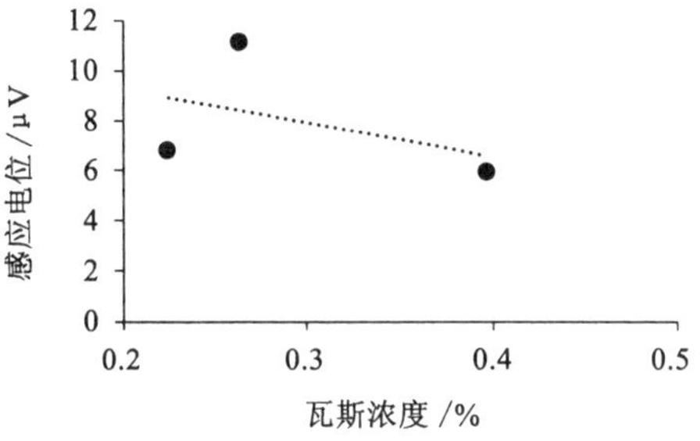


图 3-3-31　瓦斯浓度与感应电位对比

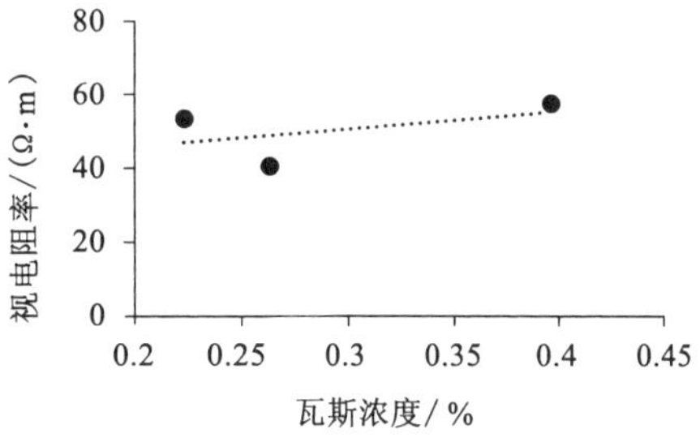


图 3-3-32　瓦斯浓度与视电阻率对比

感应电位早期信号受一次场与二次场共同影响，如图 3-3-33(图 3-3-28 中绿色虚线框处)所示，为一次场退出饱和通道阶段，与其所在巷道瓦斯含量的比较中发现南九副巷最快退出饱和阶段，其巷道内瓦斯含量最高，而在北三副巷与北九副巷特征不明显，退出饱和通道时间与煤层的瓦斯含量相关性有待进一步确定。

图 3-3-34 为二次场中期信号感应电位下降阶段，所用数据为 53～77 测道感应电位(图 3-3-28 中黄色虚线框处，对应时间 208.8～1 383.2 μs)，下降速率为南九 0.809 4 V/s，北三 0.545 4 V/s，北九 0.297 0 V/s，与巷道内所测瓦斯浓度关系如图 3-3-35 所示，在该时间内的二次场电位下降斜率与巷道内瓦斯浓度具有正相关性。

在新景矿 3# 煤层南九副巷进行两次孔内瞬变电磁探测，得到的不同深度的感应电位如图 3-3-36 所示。

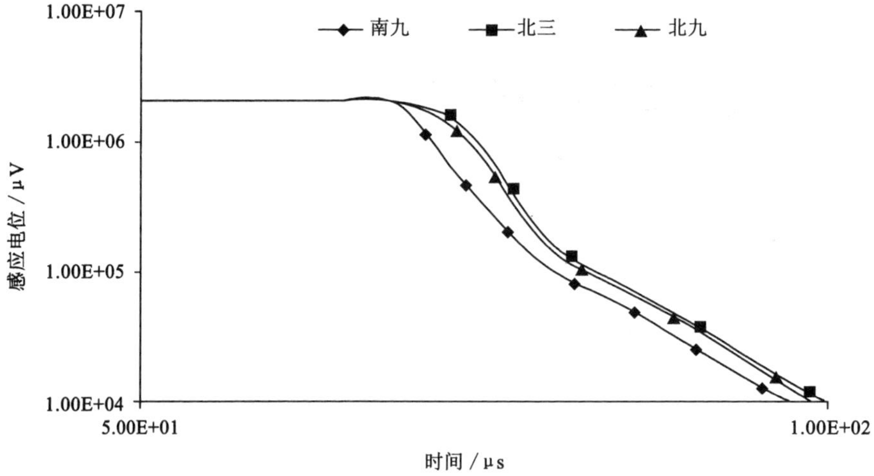


图 3-3-33 感应电位退出饱和阶段

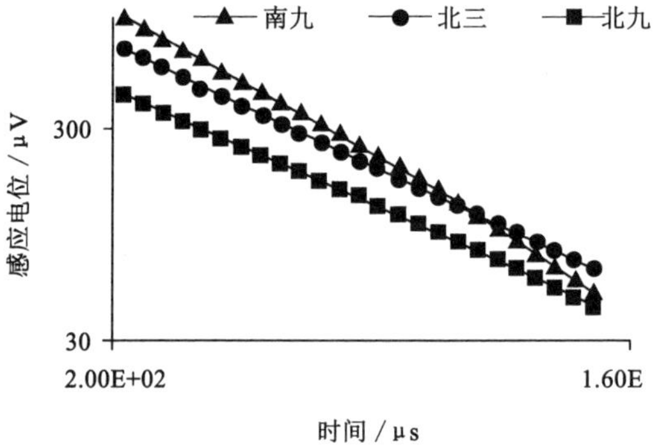


图 3-3-34 二次感应电位下降阶段

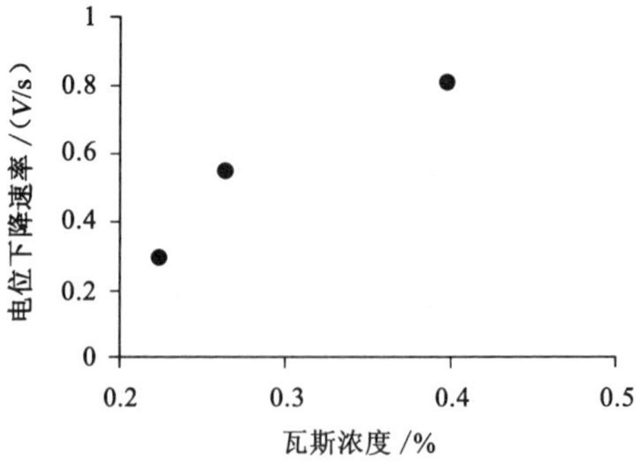


图 3-3-35 瓦斯浓度与感应电位下降速率

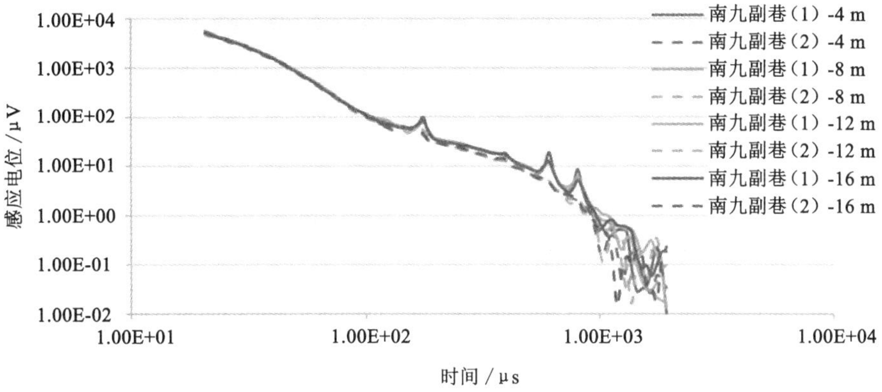


图 3-3-36　孔内不同深度感应电位

提取的 73～92 测道(193.6～478.4 μs)感应电位如图 3-3-37 所示。由于孔内环境受外界影响较小，且两次孔内探测所得感应电位存在明显区别，故对数据进行均值处理，并与相应位置瓦斯浓度进行对比，二者存在负相关性。

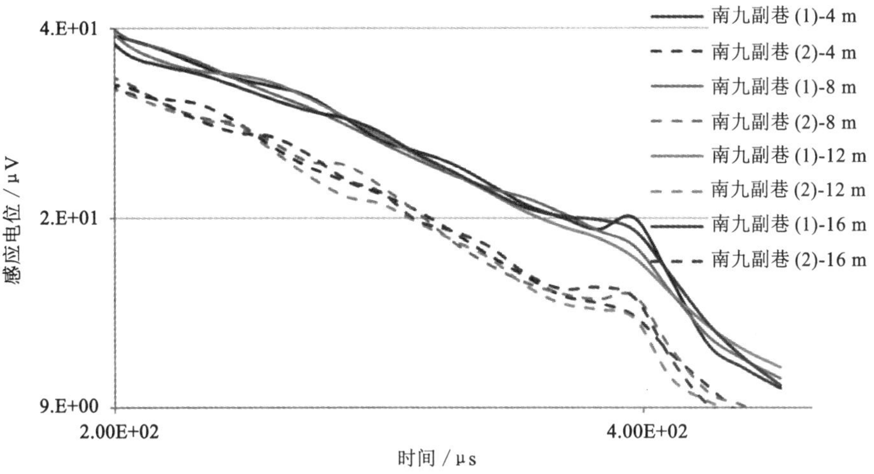


图 3-3-37　73～92 测道(193.6～478.4 μs)感应电位对比

(2) 瓦斯浓度与自然电位场的关系

在新景矿 3# 煤层南九副巷及南五副巷采用孔内电法，得到瓦斯浓度与自然电位以及与自然电位梯度的关系，它们之间有较好的对应关系，无论是在孔内还是在巷道中，在自然电位随距离变化曲线上自然电位极大值的位置处瓦斯浓度也随之增大，可以认为该处的瓦斯解吸活跃，且瓦斯浓度与自然电位梯度成线性关系。

(3) 瓦斯浓度与电法视电阻率的关系

对新景矿 3# 煤层北九副巷、3# 煤层南九副巷、3# 煤层南五副巷、8# 煤层北三副巷进行浅部 2 倍极距视电阻率提取，结果见表 3-3-3～表 3-3-7。

**表 3-3-3　3# 煤层北九副巷电法视电阻率统计**

| 序号 | 视电阻率/(Ω·m) | 序号 | 视电阻率/(Ω·m) | 序号 | 视电阻率/(Ω·m) |
|---|---|---|---|---|---|
| 1 | 141.825 851 | 11 | 119.340 797 | 21 | 130.061 066 |
| 2 | 121.471 039 | 12 | 136.855 621 | 22 | 122.486 763 |
| 3 | 132.767 761 | 13 | 117.526 611 | 23 | 110.028 969 |
| 4 | 126.141 548 | 14 | 134.885 193 | 24 | 119.899 902 |
| 5 | 120.164 032 | 15 | 103.606 064 | 25 | 114.505 318 |
| 6 | 123.275 314 | 16 | 113.623 314 | 26 | 116.036 705 |
| 7 | 118.452 148 | 17 | 131.288 788 | 27 | 142.117 294 |
| 8 | 116.491 913 | 18 | 128.725 601 | 28 | 117.923 012 |
| 9 | 148.750 153 | 19 | 121.440 46 | 29 | 120.900 749 |
| 10 | 120.070 007 | 20 | 121.931 229 | 30 | 138.483 307 |
| 均值 124.37 Ω·m | | | 瓦斯浓度平均值 0.422 60% | | |

**表 3-3-4　3# 煤层南九副巷电法视电阻率统计**

| 序号 | 视电阻率/(Ω·m) | 序号 | 视电阻率/(Ω·m) | 序号 | 视电阻率/(Ω·m) |
|---|---|---|---|---|---|
| 1 | 167.858 490 | 11 | 90.696 007 | 21 | 76.722 099 |
| 2 | 211.880 035 | 12 | 96.348 221 | 22 | 84.035 484 |
| 3 | 106.400 017 | 13 | 194.967 834 | 23 | 102.925 972 |
| 4 | 68.617 241 | 14 | 113.383 728 | 24 | 112.020 210 |
| 5 | 109.842 369 | 15 | 123.291 878 | 25 | 101.725 502 |
| 6 | 115.080 620 | 16 | 102.442 337 | 26 | 128.305 939 |
| 7 | 121.263 252 | 17 | 116.640 419 | 27 | 111.708 908 |
| 8 | 175.365 219 | 18 | 152.852 020 | 28 | 128.249 954 |
| 9 | 75.345 314 | 19 | 181.645 996 | 29 | 117.220 253 |
| 10 | 78.690 605 | 20 | 177.769 226 | 30 | 130.740 067 |
| 均值 122.47 Ω·m | | | 瓦斯浓度平均值 0.273 30% | | |

**表 3-3-5　3# 煤层南五副巷电法视电阻率统计**

| 序号 | 视电阻率/(Ω·m) | 序号 | 视电阻率/(Ω·m) | 序号 | 视电阻率/(Ω·m) |
|---|---|---|---|---|---|
| 1 | 159.413 1 | 11 | 231.934 3 | 21 | 122.454 8 |
| 2 | 356.337 0 | 12 | 149.709 4 | 22 | 104.423 2 |
| 3 | 336.596 5 | 13 | 237.136 0 | 23 | 133.710 1 |
| 4 | 356.337 0 | 14 | 163.252 9 | 24 | 95.486 5 |
| 5 | 326.137 8 | 15 | 140.382 5 | 25 | 111.333 6 |
| 6 | 153.806 7 | 16 | 124.646 4 | 26 | 128.105 9 |
| 7 | 356.337 0 | 17 | 147.617 4 | 27 | 90.505 3 |

表 3-3-5(续)

| 序号 | 视电阻率/(Ω·m) | 序号 | 视电阻率/(Ω·m) | 序号 | 视电阻率/(Ω·m) |
|---|---|---|---|---|---|
| 8 | 201.658 0 | 18 | 122.820 5 | 28 | 356.337 0 |
| 9 | 181.778 3 | 19 | 130.034 7 | 29 | 356.337 0 |
| 10 | 133.448 0 | 20 | 136.888 0 | 30 | 96.182 2 |
| 均值 191.37 Ω·m | | | 瓦斯浓度平均值 0.636 11% | | |

**表 3-3-6　8# 煤层北三副巷电法视电阻率统计**

| 序号 | 视电阻率/(Ω·m) | 序号 | 视电阻率/(Ω·m) | 序号 | 视电阻率/(Ω·m) |
|---|---|---|---|---|---|
| 1 | 84.012 108 | 11 | 76.453 972 | 21 | 83.403 870 |
| 2 | 97.333 878 | 12 | 70.209 457 | 22 | 70.934 410 |
| 3 | 79.649 460 | 13 | 70.552 666 | 23 | 96.387 360 |
| 4 | 119.181 206 | 14 | 68.006 516 | 24 | 79.103 462 |
| 5 | 79.568 062 | 15 | 68.124 069 | 25 | 89.408 676 |
| 6 | 79.441 048 | 16 | 80.640 701 | 26 | 69.435 074 |
| 7 | 71.304 520 | 17 | 70.070 068 | 27 | 74.730 507 |
| 8 | 78.173 386 | 18 | 67.035 500 | 28 | 101.182 22 |
| 9 | 79.804 756 | 19 | 68.066 154 | 29 | 85.655 121 |
| 10 | 70.034 157 | 20 | 74.914 810 | 30 | 83.708 305 |
| 均值 79.55 Ω·m | | | | | |

**表 3-3-7　不同煤层不同巷道电法视电阻率与瓦斯浓度对照表**

| 煤层 | 位置 | 视电阻率/(Ω·m) | 瓦斯浓度/% |
|---|---|---|---|
| 3# | 北九副巷 | 124.37 | 0.422 60 |
| 3# | 南九副巷 | 122.47 | 0.273 30 |
| 3# | 南五副巷 | 191.37 | 0.636 11 |
| 8# | 北三副巷 | 79.55 | — |

(4) 瓦斯浓度与视幅频率(极化率)的关系

对新景矿 3# 煤层北九副巷、3# 煤层南五副巷、8# 煤层北三副巷进行浅部 2 倍极距视幅频率(极化率)提取,结果见表 3-3-8～表 3-3-12。

**表 3-3-8　3# 煤层北九副巷视幅频率统计**

| 序号 | 视幅频率/% | 序号 | 视幅频率/% | 序号 | 视幅频率/% |
|---|---|---|---|---|---|
| 1 | 0.017 332 | 11 | 0.022 375 | 21 | 0.354 502 |
| 2 | 0.000 820 | 12 | 0.085 587 | 22 | 0.008 764 |
| 3 | 0.023 752 | 13 | 0.025 668 | 23 | 0.022 722 |

表 3-3-8(续)

| 序号 | 视幅频率/% | 序号 | 视幅频率/% | 序号 | 视幅频率/% |
|---|---|---|---|---|---|
| 4 | 0.000 727 | 14 | 0.167 600 | 24 | 0.051 255 |
| 5 | 0.002 759 | 15 | 0.038 285 | 25 | 0.104 092 |
| 6 | 0.046 177 | 16 | 0.027 468 | 26 | 0.016 393 |
| 7 | 0.066 665 | 17 | 0.091 859 | 27 | 0.049 785 |
| 8 | 0.045 039 | 18 | 0.027 770 | 28 | 0.028 726 |
| 9 | 0.051 968 | 19 | 0.023 773 | 29 | 0.009 137 |
| 10 | 0.070 183 | 20 | 0.020 438 | 30 | 0.037 126 |
| 均值 0.051 292% | | | 瓦斯浓度平均值 0.422 60% | | |

**表 3-3-9　3# 煤层南五副巷视幅频率统计**

| 序号 | 视幅频率/% | 序号 | 视幅频率/% | 序号 | 视幅频率/% |
|---|---|---|---|---|---|
| 1 | 0.037 488 | 11 | 0.011 120 | 21 | 0.013 492 |
| 2 | 0.057 368 | 12 | 0.004 267 | 22 | 0.007 983 |
| 3 | 0.027 485 | 13 | 0.016 522 | 23 | 0.011 123 |
| 4 | 0.006 577 | 14 | 0.014 445 | 24 | 0.011 269 |
| 5 | 0.011 316 | 15 | 0.008 527 | 25 | 0.004 764 |
| 6 | 0.016 787 | 16 | 0.007 662 | 26 | 0.010 189 |
| 7 | 0.001 745 | 17 | 0.009 907 | 27 | 0.005 671 |
| 8 | 0.004 817 | 18 | 0.001 992 | 28 | 0.007 806 |
| 9 | 0.006 041 | 19 | 0.004 570 | 29 | 0.016 321 |
| 10 | 0.014 873 | 20 | 0.007 762 | 30 | 0.000 741 |
| 均值 0.012 021% | | | 瓦斯浓度平均值 0.636 11% | | |

**表 3-3-10　3# 煤层南九副巷视幅频率统计**

| 序号 | 视幅频率/% | 序号 | 视幅频率/% | 序号 | 视幅频率/% |
|---|---|---|---|---|---|
| 1 | 0.112 756 393 | 11 | 0.082 142 000 | 21 | 0.090 193 203 |
| 2 | 0.073 219 281 | 12 | 1.533 323 683 | 22 | 0.005 534 686 |
| 3 | 0.053 244 223 | 13 | 0.094 583 248 | 23 | 0.108 888 400 |
| 4 | 0.081 640 635 | 14 | 0.926 313 373 | 24 | 0.100 873 080 |
| 5 | 0.015 102 721 | 15 | 0.067 833 354 | 25 | 0.072 073 037 |
| 6 | 0.434 100 435 | 16 | 0.084 931 484 | 26 | 0.069 093 774 |
| 7 | 0.106 186 763 | 17 | 0.993 016 952 | 27 | 0.873 398 752 |
| 8 | 0.045 666 864 | 18 | 0.023 042 263 | 28 | 0.110 560 084 |
| 9 | 0.080 086 | 19 | 0.068 018 651 | 29 | 0.324 266 344 |
| 10 | 0.179 308 | 20 | 0.194 593 730 | 30 | 0.262 650 388 |
| 均值 0.259 205% | | | 瓦斯浓度平均值 0.273 30% | | |

表 3-3-11　8# 煤层北三副巷视幅频率统计

| 序号 | 视幅频率/% | 序号 | 视幅频率/% | 序号 | 视幅频率/% |
|---|---|---|---|---|---|
| 1 | 1.006 766 | 11 | 0.990 017 | 21 | 0.969 618 |
| 2 | 0.986 902 | 12 | 0.978 550 | 22 | 0.990 689 |
| 3 | 1.003 197 | 13 | 0.881 578 | 23 | 0.997 085 |
| 4 | 0.877 539 | 14 | 0.990 788 | 24 | 0.986 495 |
| 5 | 0.950 762 | 15 | 0.985 804 | 25 | 0.995 334 |
| 6 | 1.073 566 | 16 | 0.992 040 | 26 | 0.995 634 |
| 7 | 0.990 727 | 17 | 0.991 709 | 27 | 0.993 125 |
| 8 | 0.984 889 | 18 | 0.992 175 | 28 | 0.985 647 |
| 9 | 0.994 194 | 19 | 0.979 704 | 29 | 0.986 531 |
| 10 | 0.994 524 | 20 | 0.991 941 | 30 | 0.986 948 |
| 均值 0.984 149% | | | | | |

表 3-3-12　各煤层不同巷道视幅频率与瓦斯浓度对照表

| 煤层 | 位置 | 视幅频率/% | 瓦斯浓度/% |
|---|---|---|---|
| 3# | 北九副巷 | 0.051 292 | 0.422 60 |
| 3# | 南九副巷 | 0.259 205 | 0.273 30 |
| 3# | 南五副巷 | 0.012 021 | 0.636 11 |
| 8# | 北三副巷 | 0.984 149 | — |

(5) 瓦斯浓度与电磁辐射的关系

在新景矿南九正巷及南五副巷迎头处进行电磁辐射(被动电磁方法)探测实验研究，采用 2 m×2 m TEM 接收线圈进行信号采集，采集频率范围为 0～625 kHz，对采集到的原始信号进行能量叠加，得到频谱如图 3-3-38 所示。

在其频谱中可获得南五副巷电磁辐射优势频率为 79 716～268 944 Hz，南九正巷为 79 092～273 780 Hz，两者优势频率范围近似，对优势范围内的电磁辐射值进行叠加处理，总能量与瓦斯浓度的关系见表 3-3-13。

表 3-3-13　不同巷道电磁辐射与瓦斯浓度关系

| 位置 | 电磁辐射值/μV | 瓦斯浓度/% |
|---|---|---|
| 南九正巷 | 98 840 788.61 | 0.257 9 |
| 南五副巷 | 127 770 687.64 | 1.473 3 |

通过在不同突出煤层以及钻孔内的探测发现，突出煤层的电性特征主要受煤岩组分、瓦斯解吸、气体渗流过程综合影响。不同煤层的视电阻率、视幅频率受煤岩组分控制为主，有明显差异，3# 煤和 8# 煤在平均视电阻率上分别为 122.47～191.37 Ω·m 和 79.55 Ω·m。在同一突出煤层中，视电阻率与瓦斯浓度成正相关关系，视电阻率越高，瓦斯浓度越大，其中 3# 煤层巷道数据显示，视电阻率升高 53.8%，其巷道瓦斯浓度升高 43.7%；在同一突出煤层中，视幅频率与瓦斯浓度成负相关关系，视幅频率越低，瓦斯浓度越大，其中 3# 煤层巷道数

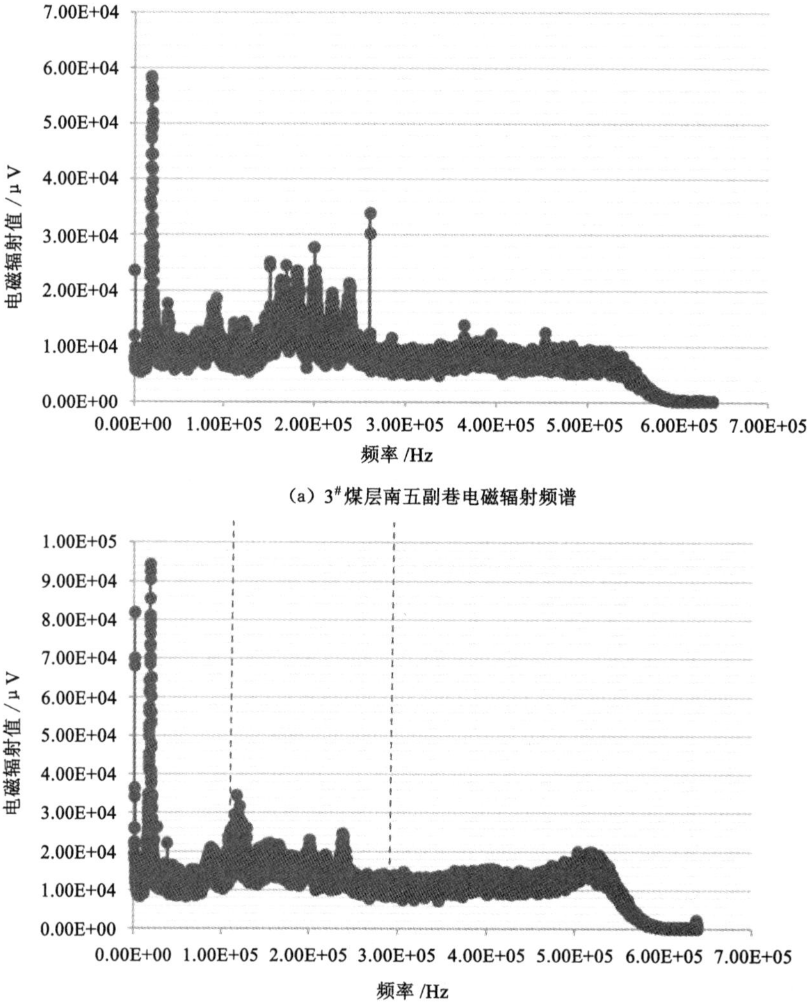


(a) 3#煤层南五副巷电磁辐射频谱

(b) 3#煤层南九正巷电磁辐射频谱

图 3-3-38　巷道迎头处电磁辐射频谱

据显示，极化率降低 87%，其巷道瓦斯浓度升高约 180%。感应电磁场方面，感应视电阻率与瓦斯浓度成正相关关系，二次场晚期感应电位下降斜率与瓦斯浓度成正相关关系。

3.3.2.4　瓦斯参数与震波场参数关系

由于性质的差异，煤岩介质对震波具有选频吸收作用，即对不同频率震波具有不同的吸收作用，其规律为低频震波能量变化小，高频震波能量因迅速衰减其振幅减小甚至缺失。因此，通过对震波记录进行时域和频域的综合分析，可以有效地判断煤岩体介质的结构和构造特征。本章节数据来自阳泉矿区主要矿井，图 3-3-39 为地震波的主频与 $K_1$ 值的关系，$K_1$ 值与地震波的主频成负相关关系，相关回归方程为 $y=-0.0133x+4.4579$ ($R^2=0.7532$)。图 3-3-40 所示为地震波主频与煤体坚固性系数的关系，由图可见地震波主频与煤体坚固性系数成正相关关系，煤体强度越大，地震波的主频越高，相关回归方程

为 $y=0.0038x-0.7095(R^2=0.3939)$。

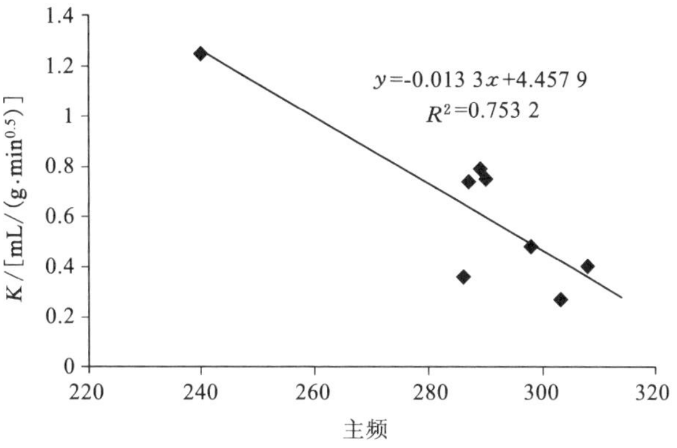


图 3-3-39　弹性波主频与 $K_1$ 值的关系

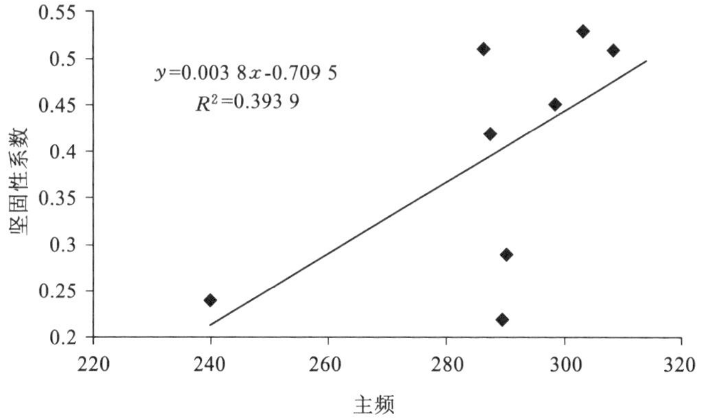


图 3-3-40　弹性波主频与煤体坚固性系数的关系

图 3-3-41～图 3-3-44 所示为地震波的速度、$K_1$ 值和煤体坚固性系数之间的关系，由图可以看出，弹性波的纵、横波速度与 $K_1$ 值呈负相关关系，随着 $K_1$ 值的降低，煤体的弹性波速度增加，纵、横波速度与 $K_1$ 值的相关关系分别为 $y=-1.1831x+2.9074(R^2=0.777)$ 和 $y=-1.3461x+1.9458(R^2=0.8226)$。弹性波的纵、横波速度与煤体的坚固性系数成正相关关系，随着煤体强度的增加，煤体的弹性波速度增加，纵、横波速度与坚固性系数的相关关系分别为 $y=0.4946x-0.5558(R^2=0.8511)$ 和 $y=0.5375x-0.1291(R^2=0.822)$。

不同煤体的纵、横波速度具有较大的重叠区间，仅仅基于纵、横波速度难以区分岩性，而泊松比是介质横向应变与纵向应变的比值，能够反映岩石的横向应变能力。图 3-3-45 和图 3-3-46 分别为视泊松比与 $K_1$ 值和煤体坚固性系数的关系，由图可见，煤体的视泊松比与 $K_1$ 值呈正相关关系，与煤体坚固性系数呈负相关关系，相关关系分别为 $y=5.0766x-1.0211(R^2=0.703)$ 和 $y=-1.9188x+1.0203(R^2=0.6295)$。

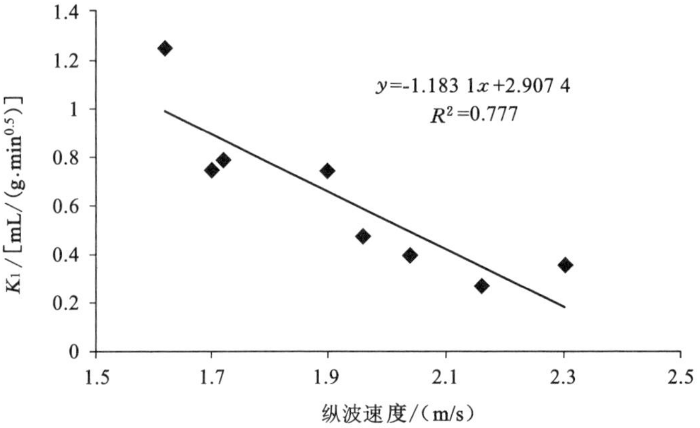


图 3-3-41 纵波速度与 $K_1$ 值的关系

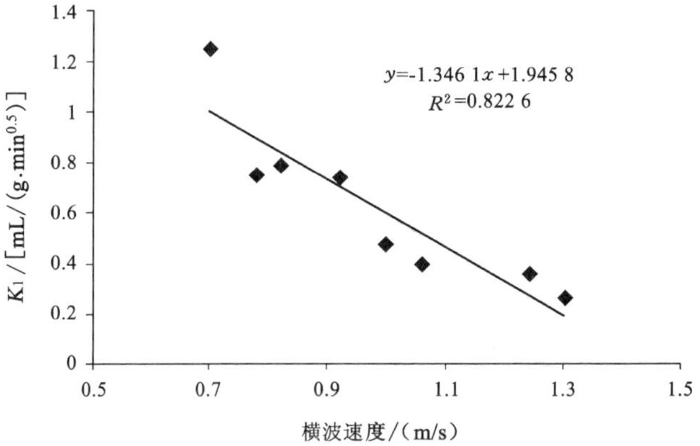


图 3-3-42 横波速度与 $K_1$ 值的关系

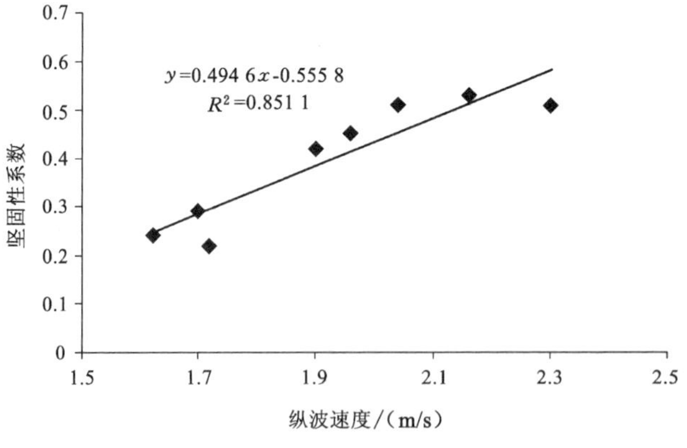


图 3-3-43 纵波速度与煤体坚固性系数的关系

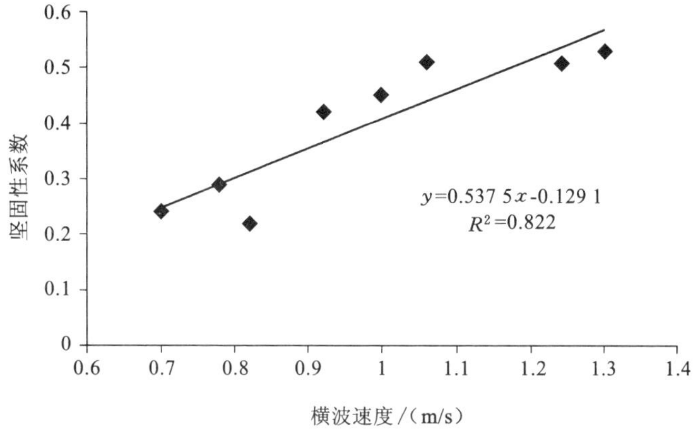


图 3-3-44　横波速度与煤体坚固性系数的关系

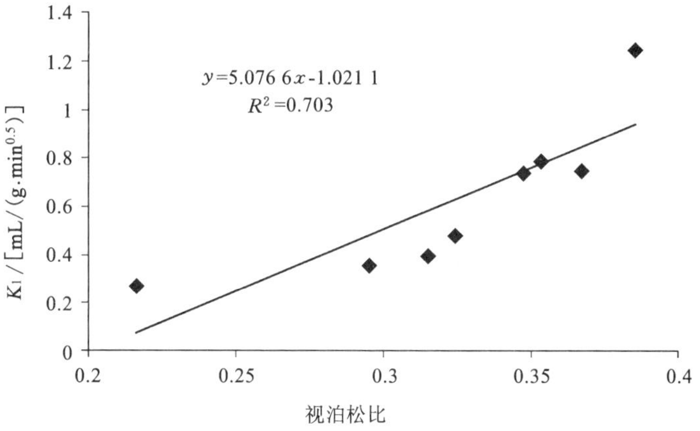


图 3-3-45　视泊松比与 $K_1$ 值的关系

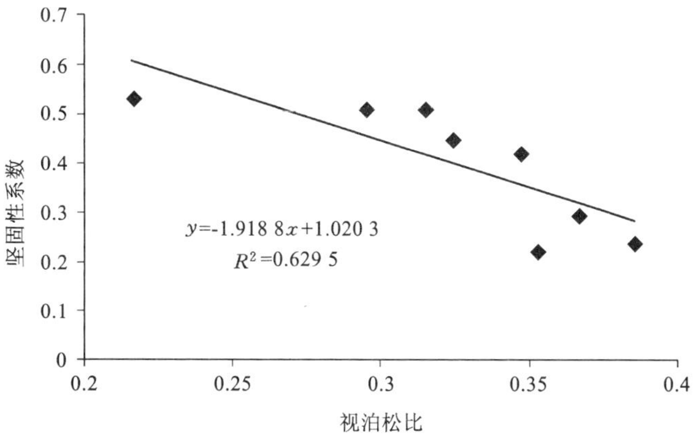


图 3-3-46　视泊松比与煤体坚固性系数的关系

3.3.2.5　多场参数关系综合分析与瓦斯突出地球物理场指标

（1）瓦斯综合超前探预测突出指标

煤层地震波中含有大量地质信息，无论是煤层构造、煤层结构（分叉、合并、夹矸）、顶底板岩性的变化都会引起煤层反射波的变化。这些变化主要反映在煤层的速度、密度、波阻抗和各种弹性参数（泊松比、拉梅系数）的差异上。这些差异导致了煤层反射波在振幅、频率、走时、相位等方面的变化。但是，对于煤层中小构造异常、结构和岩性变化，用常规的人工识别方法往往是无能为力的。地震属性技术是指提取、显示、分析、评价各种地震属性的技术。地震上构造煤通常为异常反射界面，可能造成瓦斯突出的地质构造表现异常反射界面。

国内外大量观测研究表明，绝大多数瓦斯突出区均含有结构严重破坏的软分层。瓦斯突出煤体在煤层中的存在是发生煤与瓦斯突出的必要的物质条件。根据等效电阻率的近似理论，不同结构的岩矿石电阻率表现为各向异性；而同一结构的岩矿石则表现为各向同性。瓦斯突出煤体的原生条带状结构遭到严重破坏，宏观上呈现出颗粒状、鳞片扰土状（块状）或透镜状结构，与非突出煤体相比结构上发生了明显的变化，煤体内部的应力状态、孔隙条件和强度条件均有利于瓦斯富集。具有不同结构和含气条件的瓦斯突出煤体和非突出煤体具有不同的电性特征，瓦斯突出煤层也就成了由两种不同电性介质构成的时空电性不均匀体，具有非均质、各向异性的特征，通常变质较高煤体中瓦斯突出煤体在电磁学性质上表现为高电阻率特征。瓦斯突出煤体的电性特征为电磁法地球物理方法进行瓦斯突出预测提供理论基础与实践基础。通过建立突出煤层掘进巷道瓦斯超前探测技术，可实现地震电磁综合主动地球物理场数据的采集（见图 3-3-47），形成瓦斯地球物理参数关系数据库。

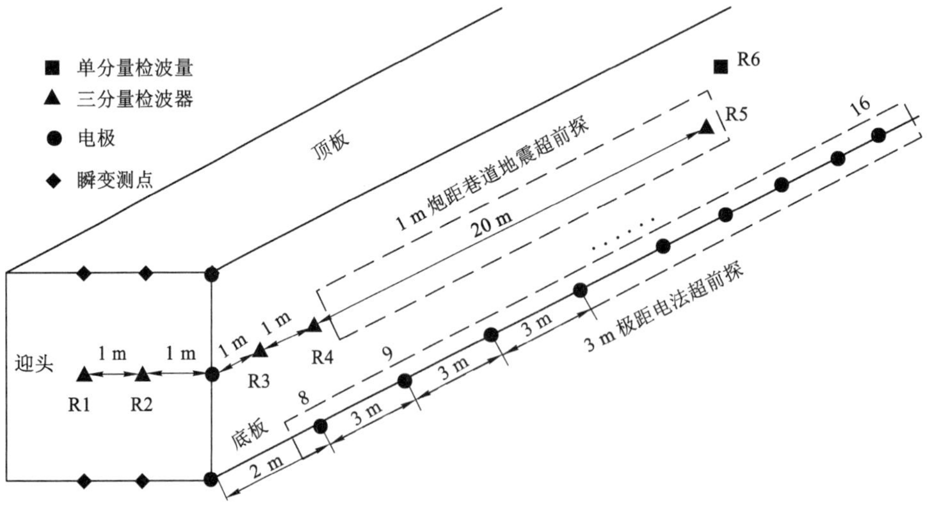


图 3-3-47　突出煤层掘进巷道瓦斯超前探测技术现场施工方案

通过上述地球物理各场异常位置对比分析得出的综合地球物理场异常位置信息，可形成一个有效的突出煤层掘进巷道瓦斯突出预测指标 $D_1$，其定义关系见表 3-3-14，其中各场异常位置由实际探测结果决定，综合异常位置的确定以地震波场界面信息为主，结合其余三场异常信息综合信息可得出。指标数值以综合异常位置数量显示，数值越大，突出危险性越高。

**表 3-3-14　瓦斯综合超前探突出指标计算表**

| 异常类型 | 异常位置 1 | 异常位置 $j$ |
|---|---|---|
| MSP 界面位置 | $m_{\mathrm{m1}}$ | $m_{\mathrm{m}j}$ |
| DC 高阻区域 | $m_{\mathrm{d1}}$ | $m_{\mathrm{d}j}$ |
| TEM 高阻区域 | $m_{\mathrm{t1}}$ | $m_{\mathrm{t}j}$ |
| 综合异常 | $m_1$ | $m_j$ |

（2）巷道地球物理场预测突出指标

瓦斯突出的前兆之一为巷道内瓦斯浓度发生变化，通过确立瓦斯浓度与地球物理场参数的关系，进而建立瓦斯突出数学模型，获得巷道内地球物理场下的瓦斯突出指标。目前，各因素对瓦斯突出的影响程度仍处于模糊状态。此外，瓦斯突出预测问题具有非线性特征，瓦斯突出是一个非线性系统，系统本身是一个不断与外部环境进行物质、能量和信息交换的开放系统，具有协同性、自组织性、信息性的特点。显然，单纯用线性理论或线性化理论来研究一个非线性系统，是与客观实际相悖的，煤与瓦斯突出预测的可靠性也必然会受到影响。

针对瓦斯突出这一非线性系统问题，采用最小二乘法这一数学工具加以解决。最小二乘法是一种数学优化方法，它通过最小化误差的平方和来寻找数据的最佳函数匹配。利用最小二乘法可以简便地求得未知的数据，并使得这些求得的数据与实际数据之间误差的平方和为最小。在利用最小二乘方法解决瓦斯突出的非线性问题的过程中，假设瓦斯浓度为 $Y_i$，$X_i$ 是与瓦斯浓度所对应的地球物理场参数，则地球物理场参数与瓦斯浓度所对应的样本回归模型是：

$$Y_i = \hat{\beta}_0 + \hat{\beta}_1 X_i + e_i \Rightarrow e_i = Y_i - \hat{\beta}_0 - \hat{\beta}_1 X_i \tag{3-3-16}$$

式中　$e_i$——样本的误差。

地球物理场参数与瓦斯浓度对应的平方损失函数为：

$$Q = \sum_{i=1}^{n} e_i^2 = \sum_{i=1}^{n} (Y_i - \hat{Y}_i)^2 = \sum_{i=1}^{n} (Y_i - \hat{\beta}_0 - \hat{\beta}_1 X_i)^2 \tag{3-3-17}$$

则通过使 $Q$ 最小来确定地球物理场参数与瓦斯浓度对应的曲线，即确定 $\hat{\beta}_0$，$\hat{\beta}_1$ 就可确定相应的函数。以 $\hat{\beta}_0$，$\hat{\beta}_1$ 为变量，把它们看作是 $Q$ 的函数，就变成了一个求极值的问题，可以通过求导数得到。求 $Q$ 对两个待估参数的偏导数：

$$\left.\begin{aligned} \frac{\partial Q}{\partial \hat{\beta}_0} &= 2\sum_{i=1}^{n} (Y_i - \hat{\beta}_0 - \hat{\beta}_1 X_i)(-1) = 0 \\ \frac{\partial Q}{\partial \hat{\beta}_1} &= 2\sum_{i=1}^{n} (Y_i - \hat{\beta}_0 - \hat{\beta}_1 X_i)(-X_i) = 0 \end{aligned}\right\} \tag{3-3-18}$$

根据数学知识得知，函数的极值点为偏导为 0 的点。解得：

$$\left.\begin{aligned}\hat{\beta}_0&=\frac{n\sum(X_iY_i)-\sum X_i\sum Y_i}{n\sum X_i^2-(\sum X_i)^2}\\\hat{\beta}_1&=\frac{\sum X_i^2\sum Y_i-\sum X_i\sum(X_iY_i)}{n\sum X_i^2-(\sum X_i)^2}\end{aligned}\right\}\tag{3-3-19}$$

这就得到地球物理场参数和瓦斯浓度所对应的函数。得出对应函数的具体表达形式，就可根据瓦斯突出的浓度临界值得到各地球物理场参数的安全阈值。对各地球物理场参数赋予各自的权重，进而制定出巷道地球物理场瓦斯突出指标。

该指标包含的参数有地震场中的横波速度、主频，电场中的自然电位梯度，感应电磁场中的感应电位(该参数所用的是 2 597～11 622 μs 内感应电位均值)和感应视电阻率。它们分别赋予的权重为：横波速度(15%)，主频(25%)，自然电位梯度(25%)，感应电位(10%)，感应视电阻率(15%)，视电阻率(10%)。给定瓦斯突出临界浓度为 0.8%。由此得到指标如表 3-3-15 所列。

**表 3-3-15　巷道地球物理场瓦斯预测突出临界指标**

| 横波速度 /(m/ms) | 主频 /Hz | 自然电位梯度 /(mV/m) | 感应电位 /μV | 感应视电阻率 /(Ω·m) | 视电阻率 /(Ω·m) | 危险性 |
|---|---|---|---|---|---|---|
| <425.752 2 | <197 | >133.2 | <1.102 | >74.698 | >266.7 | 危险 |
| >425.752 2 | <197 | >133.2 | <1.102 | >74.698 | >266.7 | 威胁 |
| >425.752 2 | >197 | <133.2 | >1.102 | <74.698 | <266.7 | 安全 |

该指标所用各参数权重是以各场参数采集数据的好坏和数据的可信程度为基础，同时考虑到不同地球物理场数据采集质量的情况下，增加几组不同权重分配方式，进行对比分析。

当以地震数据为主要判断依据时，将权重更改为：横波速度(20%)、主频(30%)、自然电位梯度(15%)、感应电位(10%)、感应视电阻率(15%)、视电阻率(10%)，得到的指标如表 3-3-16 所列。

**表 3-3-16　巷道地球物理场瓦斯预测突出临界指标**

| 横波速度 /(m/ms) | 主频 /Hz | 自然电位梯度 /(mV/m) | 感应电位 /μV | 感应视电阻率 /(Ω·m) | 视电阻率 /(Ω·m) | 危险性 |
|---|---|---|---|---|---|---|
| <425.752 2 | <197 | >133.2 | <1.102 | >74.698 | >266.7 | 危险 |
| <425.752 2 | <197 | <133.2 | <1.102 | <74.698 | <266.7 | 威胁 |
| >425.752 2 | >197 | <133.2 | >1.102 | <74.698 | <266.7 | 安全 |

当以瞬变电磁数据为主要判断依据时，将权重更改为：横波速度(5%)、主频(15%)、自然电位梯度(10%)、感应电位(25%)、感应视电阻率(30%)、视电阻率(15%)，得到的指

标如表 3-3-17 所列。

**表 3-3-17　巷道地球物理场瓦斯预测突出临界指标**

| 横波速度 /(m/ms) | 主频 /Hz | 自然电位梯度 /(mV/m) | 感应电位 /μV | 感应视电阻率 /(Ω·m) | 视电阻率 /(Ω·m) | 危险性 |
|---|---|---|---|---|---|---|
| <425.752 2 | <197 | >133.2 | <1.102 | >74.698 | >266.7 | 危险 |
| <425.752 2 | >197 | <133.2 | <1.102 | >74.698 | <266.7 | 威胁 |
| >425.752 2 | >197 | <133.2 | >1.102 | <74.698 | <266.7 | 安全 |

当以电法数据为主要判断依据时，将权重更改为：横波速度(15%)、主频(5%)、自然电位梯度(25%)、感应电位(10%)、感应视电阻率(15%)、视电阻率(30%)，得到的指标如表 3-3-18 所列。

**表 3-3-18　巷道地球物理场瓦斯预测突出临界指标**

| 横波速度 /(m/ms) | 主频 /Hz | 自然电位梯度 /(mV/m) | 感应电位 /μV | 感应视电阻率 /(Ω·m) | 视电阻率 /(Ω·m) | 危险性 |
|---|---|---|---|---|---|---|
| <425.752 2 | <197 | >133.2 | <1.102 | >74.698 | >266.7 | 危险 |
| >425.752 2 | <197 | >133.2 | >1.102 | <74.698 | >266.7 | 威胁 |
| >425.752 2 | >197 | <133.2 | >1.102 | <74.698 | <266.7 | 安全 |

通过以上对比分析可知：

① 某场数据质量较好，以某场数据为主要判断依据时，可适当增加该场参数所占权重，在这个过程中保持温差所占权重不变。

② 改变各场参数所占比重后，主要变动的是“威胁”这一级别的判断标准，即有较大可能发生安全事故的判断标准。

对该指标进行分析，该指标按照发生瓦斯突出的可能性大小将危险性分为三级：

① 危险(60%～100%概率发生瓦斯突出)：该级别意味着发生瓦斯突出的可能性极大，需尽快采取消突措施降低瓦斯浓度，如不及时采取安全措施继续进行开采，将有极大可能发生安全事故。

② 威胁(10%～60%概率发生瓦斯突出)：该级别意味着发生瓦斯突出的可能性较大，需及时采取消突措施降低瓦斯浓度，如不及时采取安全措施继续进行开采，将有较大可能发生安全事故。

③ 安全(<10%概率发生瓦斯突出)：该级别意味着正常掘进时发生瓦斯突出的可能性很小，基本不会发生瓦斯突出。

该指标选取了 6 个地球物理场参数，通过其与瓦斯浓度之间关系设立适当的权重建立起指标体系。通过增加参数或减少参数的方法可以对指标进行调整，调整时步骤不变，只改变各参数所占权重即可。

制订该指标所用数据均来自阳泉矿区，因此该指标在适用范围上具有一定的局限性；并且样本的数量和代表性也对预测结果具有影响，权重的分配亦会影响指标的准确性，可通过预测的验证对权重的分配进行指导。

（3）瓦斯突出地球物理场指标与可靠性分析

① 通过多场参数关系综合分析获得两项瓦斯突出地球物理场指标

a. 综合超前探瓦斯突出指标——$D_1$。

此指标由巷道综合超前探结果得出，在获得巷道前方震波场、地电场、电磁场和温度场异常位置信息的基础上，综合分析异常位置，并以其个数代表瓦斯综合超前探地球物理场指标的数值，用以标示突出危险性。

b. 巷道地球物理场瓦斯突出指标——$D_2$。

此指标以已掘巷道迎头区域的地球物理场参数得出，煤与瓦斯突出和地球物理场参数之间存在着复杂的非线性映射关系，利用最小二乘法这一数学工具，可以很好地表达它们之间的非线性关系，从而制订出巷道地球物理场瓦斯突出指标，通过不同场参数的权重分配，获得最终的指标值。该指标按照发生瓦斯突出的可能性大小将危险性分为三级：危险（60%～100%概率发生瓦斯突出）、威胁（10%～60%概率发生瓦斯突出）和安全（<10%概率发生瓦斯突出）。

上述指标由于仅在阳泉矿区突出煤层总结得出，故其不具有广泛的适用性；指标在权重分配、可信数据的选取等方面仍具有一定的难度，在后期可经过更多的现场预测与验证进行完善。

② 可靠性评价

根据现场工业性试验，进行突出危险性评价，为试验矿井安全掘进提供指导。其中新景矿进行10次瓦斯超前探测，在进行危险性评价时为矿方共划定19处瓦斯富集位置，矿方结合资料采取消突措施和加强安全措施，为巷道安全掘进提供指导作用，多条巷道在掘进过程中未发生任何瓦斯安全事故；寺家庄矿3次瓦斯超前探测，在进行危险性评价时为矿方共划定6处瓦斯富集位置，为巷道安全掘进提供指导作用，矿方结合资料采取消突措施和加强安全措施，目前巷道已掘进结束，未发生瓦斯安全事故。因此，突出煤层瓦斯超前探测技术可为巷道安全掘进提供较好的指导意义。

同时在针对煤与瓦斯突出治理技术的评价研究中，进行新景矿南九副巷造穴消突效果检验，发现在冲孔前后，巷道的突出危险性急剧降低，指标 $D_1$ 在消突前后分别为3和1，降低了66%，指标 $D_2$ 在消突前后分别为75%和0%。可见，造穴效果措施可有效降低瓦斯突出危险性，为突出煤层掘进巷道的安全施工提供一定的保障，利用地球物理场瓦斯突出指标在评价消突效果的同时也佐证了其预测预报的可靠性。将地球物理场瓦斯突出指标与消突技术结合起来，将大大降低突出煤层掘进安全瓦斯突出的危险性。

# 3.4 煤与瓦斯突出预警系统及保障机制

## 3.4.1 预警系统构建

### 3.4.1.1 预警系统建设原则

煤与瓦斯突出预警系统立足于预警的准确性与可靠性及防突管理的有效性，兼顾系统操作的便利性[15,44]，在系统建设过程中始终坚持以下原则：

（1）先进性原则

系统建设尽量采用最先进的技术、方法、软件、硬件和网络平台，确保系统的先进性，同时兼顾成熟性，使系统成熟而且可靠。系统在满足全局性与整体性要求的同时，能够适应未来技术发展和需求的变化，使系统能够可持续发展。

（2）标准性原则

系统应在统一规划下进行，在统一目标的指引下，采用统一的业务标准、统一的数据标准、统一的计算机技术标准、统一的网络互联技术标准。

（3）安全可靠性原则

系统必须采用全面的权限管理机制，确保资源数据库的安全管理。对于数据库的访问权限机制采用基于角色和基于数字证书的权限管理模式。为了提供 7 d×24 h 模式的系统服务和数据服务，建立有效的数据备份、恢复机制，系统必须采用高稳定性、高可用性的软硬件产品，保证系统稳定无误地正常运转，确保信息资源数据万无一失。

（4）实用性和方便性原则

为了方便用户使用，系统在设计时必须考虑实用性和方便性：在系统表现和数据组织方面，必须面向应用人员，通过简单易用的手段实现系统应用，采用一键到达的工作模式，使应用人员无须寻找，就可以快速使用各项功能。

（5）经济性原则

系统建设在达到总设计目标的前提下，争取高的性价比。系统建设尽可能利用现有的资源条件（软件、硬件、数据和人员），按“统筹规划、分步实施”的原则在规定的时间内高质量、高效率实现系统建设目标。对于已有相应业务处理软件系统并投入运行的情况，系统要尽量考虑对已有系统的整合，以保护已有投资，节省开发费用，避免浪费。

（6）可维护性和扩展性原则

系统应具有统一框架结构和数据关联特性，保证良好的可维护性。必须综合分析业务内涵和数据元素之间的关系和模型，合理设计，提高各组件模块的内聚性，降低各组件模块的耦合度，科学划分组件接口和方法，使系统强壮且容易维护。

系统必须具有较强的可扩展性和对管理变化的自适应能力，以适应管理过程变化造成的业务应用的变化，并充分考虑在信息化建设中与其他相关信息化应用的关系。

### 3.4.1.2 预警系统架构设计

（1）设计重点

根据预警系统设计原则，华阳集团突出预警系统体系结构设计重点如下：

① 使用分布式数据库存储技术设计各子系统数据库和综合预警数据库

各子系统数据库用于存储本系统所使用的必要数据，保证不使用综合预警数据库时仍然能够正常使用，可以减少数据访问时间，提高操作响应速度。综合预警数据库是各子系统数据库的交集，存储从各子系统采集的基础管理信息和预警所需地质测量、瓦斯地质、采掘作业、突出防治、通风瓦斯、瓦斯监测、矿压监测等专业信息。

② 通过同步机制实现各子系统数据库与综合预警数据库数据的交换与集成

子系统在运行期间可以不连接网络，仅使用本地数据库即可完成所有功能；一次修改或维护完成后，通过同步机制与预警数据库实现数据交换。

③ 使用基于版本/复本机制实现复杂空间对象的双向同步

由于地质测量、瓦斯地质、瓦斯涌出和综合预警服务器都可能修改空间数据，且一个子系统需要其他子系统采集、计算的空间数据，因此必须采用双向同步，当然部分空间数据可以采用单向同步。

④ 采用 C/S 和 B/S 混合的软件体系结构

根据用户对软件系统要求、软件系统对硬件系统要求，确定哪些子系统使用 C/S 结构，哪些使用 B/S 结构。地质测量、瓦斯地质、矿山压力及瓦斯涌出子系统对空间数据访问需求较高，要求效应速度快，因此应采用 C/S 结构，并采用本地数据库系统；而采掘进度、综合预警管理平台，预警结果综合查询系统要求访问到最新数据，且与综合预警数据库关联紧密，因此可以采用 B/S 结构，或直接连接到综合预警数据库的 C/S 结构。

⑤ 划分子系统边界充分考虑煤矿组织机构要求

在进行体系结构设计时，常见的子系统划分方案有：按业务流程阶段划分、按学科专业划分和按一般煤矿企业的组织机构设置划分。按一般煤矿企业的组织机构划分，既考虑了学科专业因素，又考虑了业务管理流程特点，有利于保证系统所需数据能够准确及时采集，也有利于建模设计人员、开发人员的组织，因此按一般煤矿企业的组织机构划分是一种最可行的划分方案。

（2）系统结构

① 物理结构

预警系统服务器放置在新景公司网络中心机房，通过局域网与通风调度机房 KJ90 瓦斯监控数据服务器相连接，直接采集瓦斯实时监控数据；客户端计算机分布在防突办、地测部等各个相关部门。系统的物理连接结构如图 3-4-1 所示。

② 逻辑结构

预警系统的逻辑结构是指在软件系统运行时所表现出来的逻辑操作结构，它是以预警系统空间数据库为中心，以预警处理模块为核心，在地质测量管理、采掘进度管理、防突信息动态、瓦斯地质分析、瓦斯涌出分析、矿压分析和预警信息平台的基础上共同构成的计算机软件系统，如图 3-4-2 所示。

各子系统除用于各职能部门的日常管理工作外，还为预警系统提供相应的基础数据：地质测量管理系统为预警分析提供防突工作面的位置和基本采掘参数、邻近空间的采掘部署情况、地质构造信息、地质钻孔信息、测量导线和测量收尺等基本数据，预警系统依据这些基础数据计算工作面空间位置关系和校核空间位置；瓦斯地质动态分析系统主要提

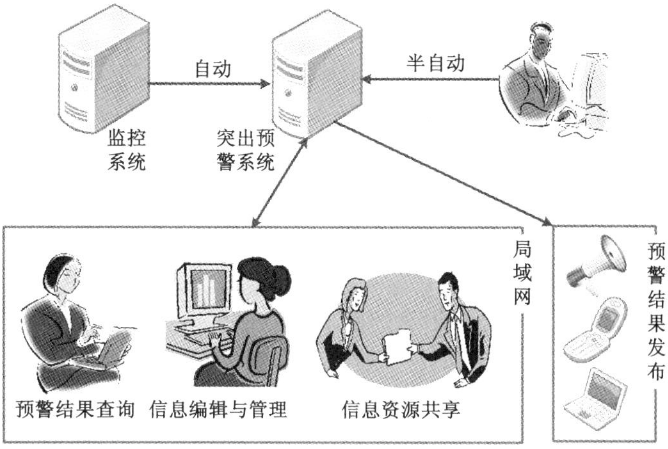


图 3-4-1　预警系统计算机结构

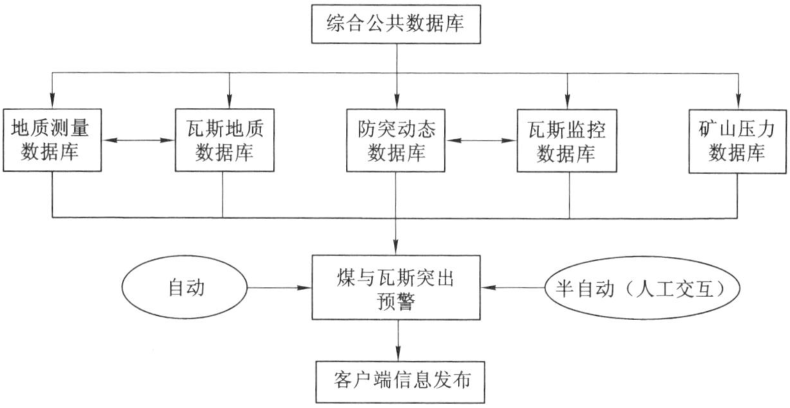


图 3-4-2　预警系统逻辑结构

供瓦斯赋存的主控因素数据（地质构造、煤层赋存参数、顶底板岩性等）和瓦斯赋存规律、突出危险区域预测结果和区域措施（保护层开采、瓦斯抽采）的施工效果，预警系统依据这些数据进行地质构造影响分析、突出危险区变化分析和保护层变化分析；防突动态管理与分析系统提供煤层赋存参数、日常预测（效检）指标及其他相关指标、防突措施施工信息，预警系统依据这些数据进行煤层赋存参数变化分析、日常预测分析和防突措施施工效果分析；通过瓦斯涌出动态分析系统提供的瓦斯监控数据和瓦斯涌出特征指标，预警系统实现瓦斯涌出指标的在线监测与分析；矿压监测预警系统提供矿压监测与预警指标数据及矿压显现特征观测数据，预警系统依据这些数据对工作面矿压特征进行分析，实时在线发布预警结果；突出综合预警平台主要进行工作面开始预警前的预警规则和指标参数的定制和预警中的预警信息的查询分析与发布。

通过各子系统的联动，综合预警系统实现瓦斯突出灾害的前兆信息在线监测、警情实时分析与及时发布。几个主要专业子系统的功能将在后面做详细介绍。

3.4.1.3 各预警子系统数据库设计

数据库建立是在需求分析基础上，对相关数据进行组织、分类，并分析、整理数据之间关联关系，结合相应的 DBMS(数据库管理系统)设计数据库逻辑数据结构，并转换成物理数据结构，最后使用相应 DBMS 所支持的 DDL(数据库定义语言)生成物理数据库。基于煤与瓦斯突出综合预警的需要，结合矿井生产过程中安全信息特点，严格按照“规划→需求分析→数据库设计→数据库实现”的流程，设计并建立新景公司动态安全信息数据库。

煤与瓦斯突出预警系统是由多个子系统有机组合、协调运作形成的复杂系统。在预警系统运行过程中，各子系统分布于不同职能部门，处于不同空间位置，同时各子系统接收、加工和输出的数据共享程度高，但又各有侧重，因此动态安全信息数据库设计采用分布式数据库(DDB)存储结构，从而使数据库既便于使用，又能尽量避免数据冗余和混乱。

动态安全信息数据库既需要存储煤层瓦斯赋存、井巷工程、地质构造等具有空间和属性双重特征的空间对象数据，又需要使用采掘进度、防突措施、日常预测、瓦斯监控数据等只有属性特征的非空间对象数据。因此，动态空间信息数据库设计采用关系数据模型。

依据前期初始化数据量大小，以及数据库运行期间数据增长速度，结合预警系统数据库需求，选择 Microsoft SQL Server 2008 和 Microsoft SQL Server Express 2008 作为动态安全信息数据库的管理系统。

基于各子系统数据流程分析，结合煤矿现场各部门职责，设计动态安全信息数据库结构如图 3-4-3 所示，将动态安全信息数据库划分为综合预警数据库、地质测量数据库、瓦斯地质数据库、动态防突数据库、矿山压力数据库和瓦斯涌出动态特征(简称“KJA”)数据库 6 个子系统数据库。各子系统数据库分别存储本子系统所使用的必要数据，从而减少各子系统数据访问时间，提高操作响应速度。综合预警数据库是其他几个子系统数据库的交集，存储从其他各子系统采集的基础管理信息和预警所需的相关专业信息。

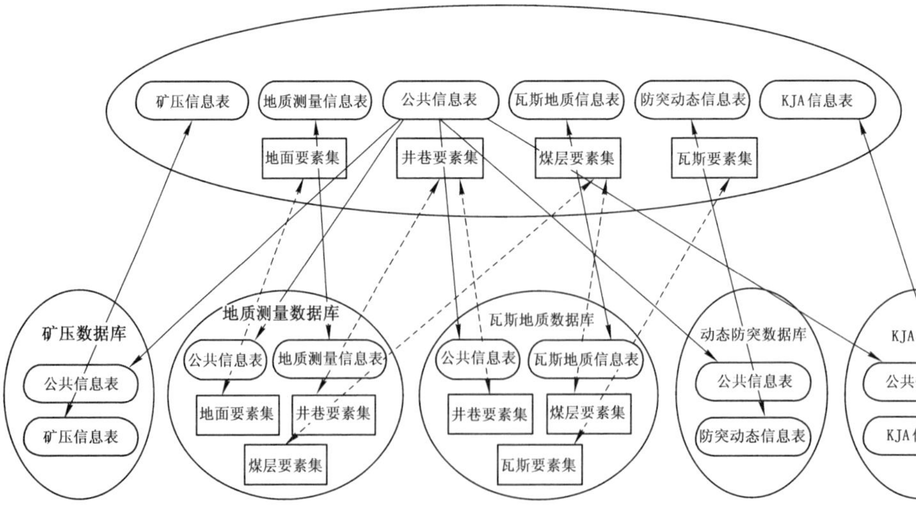


图 3-4-3 动态安全信息数据库结构设计

（1）综合预警数据库

综合预警数据库为其他几个子系统的交集，存储的信息包括公共关系表、基础空间数据、各子系统信息表等。根据基础空间数据的物理类型、用途差异，将其分为地面、井下非煤层、煤层三类，并据此建立基础空间要素集。

（2）地质测量数据库

地质测量数据库主要存储地质测量管理子系统所需要的地测数据，同时为综合预警系统提供基础空间坐标信息。它使用 SQL Server 2008 Express 作为数据库管理系统，并通过数据同步与综合预警数据库进行数据交换。

（3）瓦斯地质数据库

瓦斯地质数据库主要存储瓦斯地质分析子系统运行所需要的煤层赋存、地质勘探、瓦斯抽采、瓦斯基本参数（压力、含量、涌出量等）、突出危险区划分等信息，同时通过数据同步与综合预警数据库进行数据交换，为其提供瓦斯地质信息。

（4）防突动态数据库

防突动态数据库主要保存防突措施设计信息、日常预测（效检）钻孔施工及指标测定信息、防突措施施工信息、防突施工图件信息等，并通过接口与综合预警数据库进行实时数据同步。

（5）KJA 数据库

KJA 数据库用于保存从瓦斯监控数据库采样的传感器信息、瓦斯监控信息以及监控数据分析结果等，并通过接口与综合预警数据库保持实时同步。

（6）矿压数据库

矿压数据库用于存储矿压监控信息和矿压观测指标信息，以及工作面采掘时空信息等，并通过接口与综合预警数据库保持实时同步。

#### 3.4.1.4　*矿山数字化建设*

在建立起数据库之后，需要对数据库存储的信息进行数字化入库。对煤与瓦斯突出预警系统而言，矿井基础安全信息的数字化入库分两个阶段：第一阶段是基础信息的初始化，即系统正常运行之前对预警相关基础信息的初始状态进行数字化入库；第二阶段是安全信息的补充和更新，即预警系统正常运行过程中，随着矿井生产的进行，矿井相关部门通过预警系统配套软件，以自动采集或人工录入的方式，对预警系统数据库中的数据进行不断补充和更新。本项目研究过程中，主要进行了煤层赋存、地质构造、采掘空间、瓦斯赋存等信息的初始化。

（1）井巷工程初始化

井下巷道按其施工状态可分为设计巷道、正在施工巷道、已掘巷道和报废巷道。对井巷工程的初始化，主要针对已掘巷道进行，其初始化步骤为：根据测量部门提供的巷道空间三维坐标测点，采用专业矿图绘制工具在数据库中建立相应的基于 GIS 的图形对象，并对其断面、功能、类型等属性进行补充。

（2）瓦斯赋存信息初始化

瓦斯赋存信息在空间数据库中的记录分为瓦斯测点数据、瓦斯压力或含量等值线、瓦斯赋存区域分布三种。瓦斯测点数据是预警系统智能计算及生成瓦斯等值线的信息基础，也是煤与瓦斯突出危险区域预测的信息基础；等值线可分为原始等值线、动态生成的等值线和修正后的等值线；瓦斯赋存区域分布主要实现保护层开采或区域抽采后区域瓦斯分布特征预测。

（3）地质构造信息初始化

地质构造是进行煤与瓦斯突出预测的基础，也是瓦斯地质图研究的基础。地质构造在矿图上的表现为线性对象。褶曲用其轴线来表示，轴线可以定义其危险影响范围，可以将褶曲的详细信息记录在该轴线所表示的属性信息中；断层在图上用断层符号来表示，断层符号包含断层与煤层的交面线位置及走向、倾角等属性，断层的危险影响范围也记录在其属性信息中；冲刷带和陷落柱区域在矿图上表示为封闭的区域，其区域内的煤层基本为不可采。

3.4.1.5　突出预警子系统建设

根据新景公司突出防治工作的特点及相关要求，对重庆煤科院自主研发的煤与瓦斯突出预警系统软件进行适应性调整，最终形成了地质测量管理系统、瓦斯地质动态分析系统、防突动态管理与分析系统、瓦斯涌出动态分析系统、采掘进度管理系统、矿压监测预警系统及瓦斯突出综合预警平台等7个子系统和1个突出预警网站。

（1）地质测量管理系统

1）功能需求分析

地质测量管理系统主要实现地质及测量相关图文信息的数字化入库，建立地质测量资料与矿图资料数据库，为预警系统功能的实现提供矿井地质及测量基础信息数字化平台，同时为地测部地质及测量信息日常维护与管理提供了专业化操作平台。系统的具体功能需求如下：

① 实现地质勘探钻孔、井下探测钻孔信息管理；

② 实现煤柱信息及其台账管理；

③ 实现地质构造绘制和构造信息管理；

④ 实现井巷信息、采掘工作面信息管理；

⑤ 制定矿井专用图形符号及绘图方法，实现数字化矿图的绘制与管理；

⑥ 实现采掘收尺信息和巷道测量导线信息的管理，并能根据工作面采掘进尺数据和测量导线数据实现矿图的自动更新，包括工作面位置自动推进、采空区自动生成及巷道位置自动校正。

2）软件适应性调整

以重庆煤科院地质测量管理信息平台为基础，通过建立专用的地质测量信息数据库，实现巷道空间信息、采掘部署信息、地质构造信息、地质钻孔信息、导线测量信息、测量收尺信息、采掘工作面信息等的数字化，为新景公司突出预警和资料管理提供方便。

该系统专业功能主要包括地测资料管理和矿图管理两个方面，为方便使用，地质测量管理系统设置了引导窗体（见图3-4-4），用户可以在不进入主程序的情况下使用地质资料管理、测量资料管理、矿图输出等常用功能，当然也可以选择进入系统主程序（见图3-4-5）进行更多操作。该系统的主要功能如图3-4-6所示，由于功能较多，限于篇幅，在此仅对系统核心功能予以介绍。

图 3-4-4　地质测量管理系统引导窗体

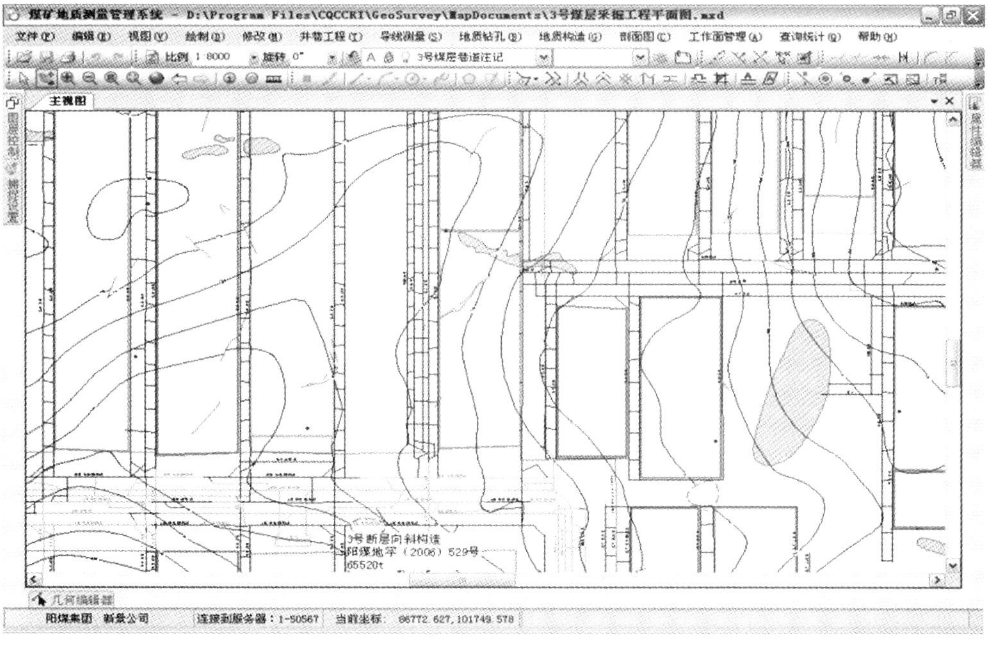


图 3-4-5　地质测量管理系统主程序窗体

① 地质钻孔资料管理

地质钻孔资料管理可以实现地质钻孔、井下探煤钻孔参数的方便录入以及探测信息

图 3-4-6　地质测量管理系统主要功能菜单

的统计管理，主要有地质勘探线管理、地面钻孔管理、井下钻孔管理、钻孔见煤点管理、钻孔钻探资料管理、地层资料管理、生成单个小柱状等功能，图 3-4-7 所示为生成小柱状图的生成窗体和生成效果。

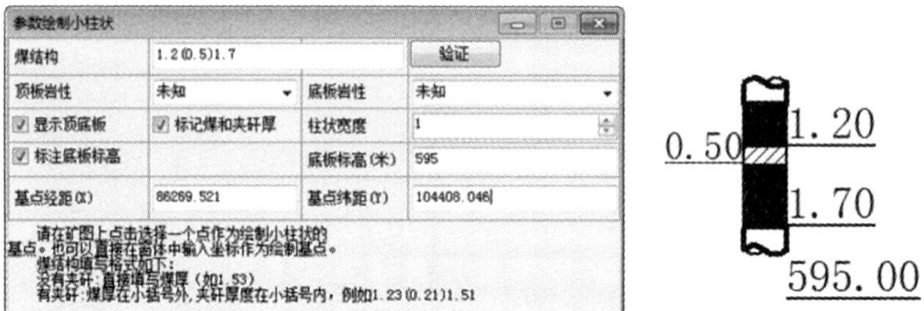


图 3-4-7　小柱状自动生成

② 测量导线信息管理

测量导线管理功能主要包括导线点台账管理和矿图填绘两方面功能。利用导线点台账管理功能，不仅可以根据导线点观测值自动计算导线点的坐标并生成草图，而且可以将导线点自动添绘到矿图上（如图 3-4-8 所示）。此外，系统还可以根据导线信息，在矿图上自动生成巷道，或对已绘制的巷道进行校正。对于测量导线数据获取，系统提供了人工录入和直接从龙软数据库导入两种方式，一般选择从龙软数据库导入的方式（如图 3-4-9 所示），既方便又快捷。

③ 井巷工程及地质构造填绘

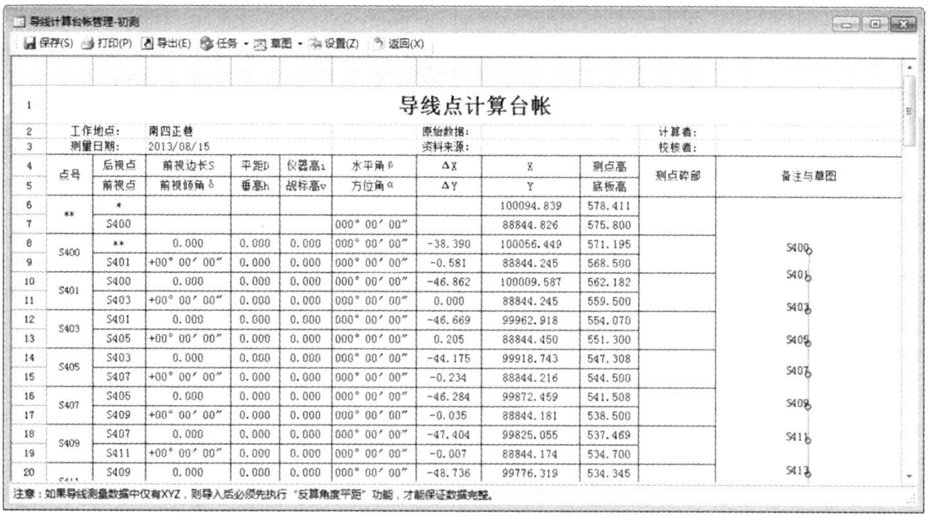


图 3-4-8　测量导线信息管理

图 3-4-9　从龙软数据库直接导入导线测量信息

系统提供了矿井专用图形符号及方便的绘图方法，可以实现方便地绘制和编辑煤巷、岩巷、设计巷道和地质构造，自动生成硐室、井筒，自动处理巷道交叉等，图 3-4-10 所示为根据井筒参数自动绘制的图元效果图。

④ 采掘收尺录入及进度统计

实现了采掘收尺的动态管理，根据录入的收尺数据可以按照不同的统计类型查询统计采面施工进度，并可以根据新景公司的管理实际，生成和查询采掘月报表以及生成工作面施工动态图（见图 3-4-11）。

⑤ 矿图管理

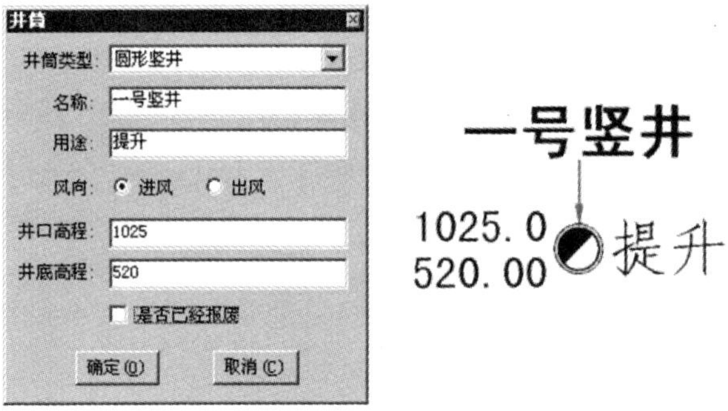


图 3-4-10　井筒绘制对话框及绘制效果图

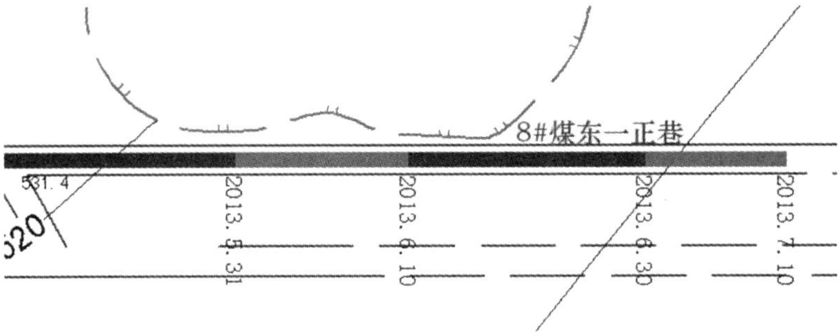


图 3-4-11　掘进面施工动态图

通过矿图浏览和编辑工具可以设置浏览环境，方便矿图浏览和编辑；使用系统的打印和输出功能，可以实现矿图打印，以及与 CAD 格式的无缝连接。

⑥ 数据同步共享数据

为了减少跨数据访问所带来的不便，开发了集成空间数据同步和非空间数据同步的、能够实现对关系表同步参数进行定制的数据库同步技术。将空间数据与非空间数据都存储在综合预警数据库，通过同步，可以将地测系统本地数据上传到综合预警数据库，也可以从服务器下载最新的数据到本地数据库中，实现了各系统间的数据共享。

⑦ 其他功能

本系统还具备工作面档案管理、相关资料的台账或图形自动生成以及查询统计、工作面注记，这里不再赘述。

(2) 瓦斯地质动态分析系统

1) 功能需求分析

瓦斯地质动态分析系统的主要目的是进行矿井瓦斯地质资料管理及瓦斯地质动态分析，为煤与瓦斯突出预警提供工作面的最新瓦斯地质信息，其核心功能是煤层瓦斯基本参数的管理、瓦斯赋存智能分析、煤层瓦斯地质图自动绘制及动态更新。该系统具体功能需求如下：

① 实现瓦斯含量测点、瓦斯放散初速度、煤体坚固性系数、工作面瓦斯涌出量等煤层

瓦斯基本参数的精细化、规范化管理；

② 实现煤与瓦斯突出动力现象资料的信息化管理；

③ 实现煤层厚度测点、地质构造等地质资料的信息化管理；

④ 实现区域瓦斯抽采区域、瓦斯抽采参数的信息化管理；

⑤ 能根据行业标准《矿井瓦斯涌出量预测方法》(AQ 1018—2018)要求，进行工作面瓦斯涌出量自动预测；

⑥ 能进行矿井煤层瓦斯地质图自动绘制，包括瓦斯含量、瓦斯压力、矿井瓦斯涌出量、煤层厚度、煤层埋深等值线的自动绘制，突出危险区域智能划分等；

⑦ 实现自动绘制煤层瓦斯地质图，以及执行区域防突措施(预抽煤层瓦斯)后瓦斯地质图的动态更新。

2) 软件适应性调整

重庆煤科院瓦斯地质信息平台是以瓦斯地质理论为指导，基于 GIS 平台开发的，在该平台的基础之上，实现新景公司瓦斯地质动态分析系统的适应性调整，系统集瓦斯地质数据智能分析、瓦斯地质图件自动生成与动态更新于一体，一方面满足了突出综合预警对于瓦斯地质信息的需要，另一方面大大方便了相关部门瓦斯地质资料的综合管理。

与地质测量管理系统类似，煤层瓦斯地质动态分析系统也设置有引导窗体(见图 3-4-12)，从而可以在不进入主程序的状态下，便捷地完成基础数据维护、图件输出、数据同步等常用操作，用户也可以进入主程序(见图 3-4-13)进行更多操作。该系统的主要功能如图 3-4-14 所示，专业功能主要包括瓦斯地质资料管理、瓦斯地质分析和矿图管理三个方面，下面对这三个方面内容予以简单介绍。

图 3-4-12　瓦斯地质动态分析系统引导窗体

① 瓦斯地质资料管理

瓦斯地质分析系统瓦斯地质基础数据管理功能主要分为两个方面，即瓦斯基本参数管理和地质数据管理。

用户通过瓦斯基本参数管理功能可以对瓦斯含量测点、瓦斯压力测点、煤样瓦斯参数

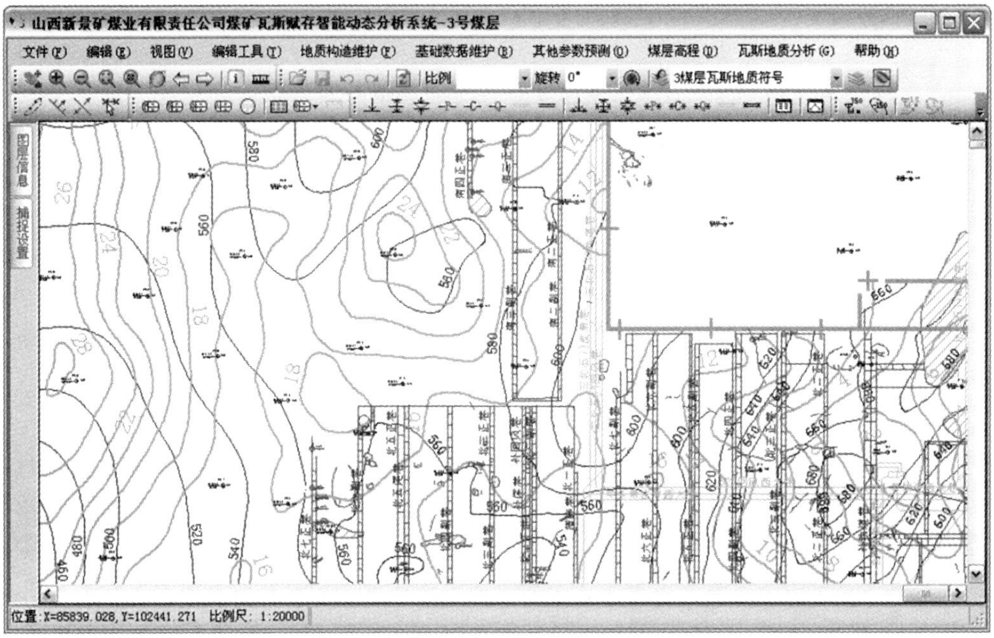


图 3-4-13　瓦斯地质动态分析系统主程序窗体

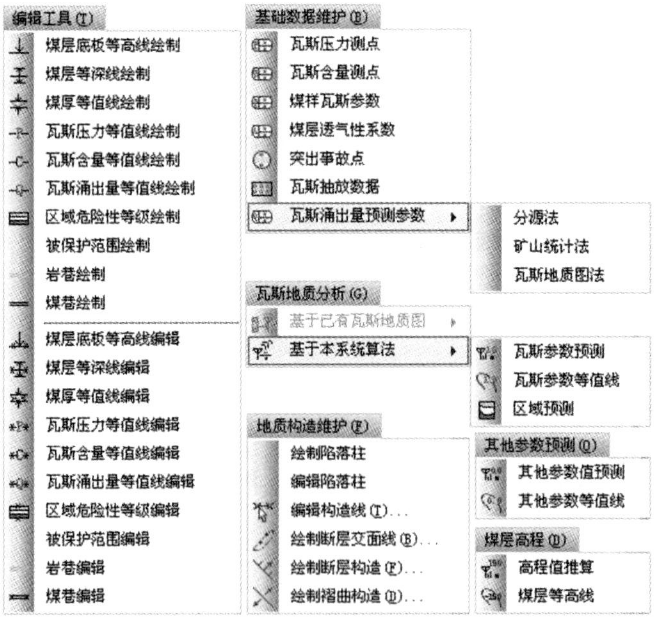


图 3-4-14　瓦斯地质动态分析系统主要功能菜单

($a$、$b$、$f$、$\Delta p$、工业分析参数等)、煤层透气性系数、瓦斯涌出量、瓦斯动力现象等矿井瓦斯基础资料进行管理(如图3-4-15所示);同样,通过地质数据管理功能不仅可以对断层、褶皱、冲刷带、陷落柱等各类地质构造进行添加、编辑、查询、删除等操作,而且可以对煤层厚度测点等信息进行管理。

图3-4-15　瓦斯基础数据维护功能

② 瓦斯地质分析

系统的瓦斯地质分析功能主要包括以下4个方面:

a. 瓦斯参数预测及等值线智能绘制。

系统可以根据矿井已有瓦斯地质资料进行矿井瓦斯地质规律分析,并对未知区域的矿井瓦斯压力、瓦斯含量等矿井瓦斯基本参数进行预测。同时,系统还提供了矿山统计法、分源预测法、瓦斯地质法(埋深)及瓦斯地质法(标高)4种瓦斯涌出量预测模型,用户可以根据实际情况选择相应的预测模型,进行瓦斯涌出量预测。在此基础上,系统实现了瓦斯压力、瓦斯含量及瓦斯涌出量等瓦斯参数等值线的智能化自动绘制,如图3-4-16所示。

b. 地质参数预测及等值线绘制。

瓦斯地质分析系统不仅可以根据已采区域煤层赋存情况、软煤分层分布情况,以及地勘钻孔资料,进行煤层及软分层赋存规律分析,对煤层厚度及软分层分布作出预测,而且还可自动地生成煤层等厚线、煤层埋深等值线等地质参数等值线。图3-4-17所示为煤厚智能预测结果。

c. 突出危险区域智能划分。

瓦斯地质分析系统还开发了区域突出危险性预测功能,其依据模型为《防治煤与瓦斯突出规定》中的"煤层瓦斯参数和瓦斯地质分析相结合的方法"。用户可以运用该功能,方便地进行区域瓦斯突出危险性预测。

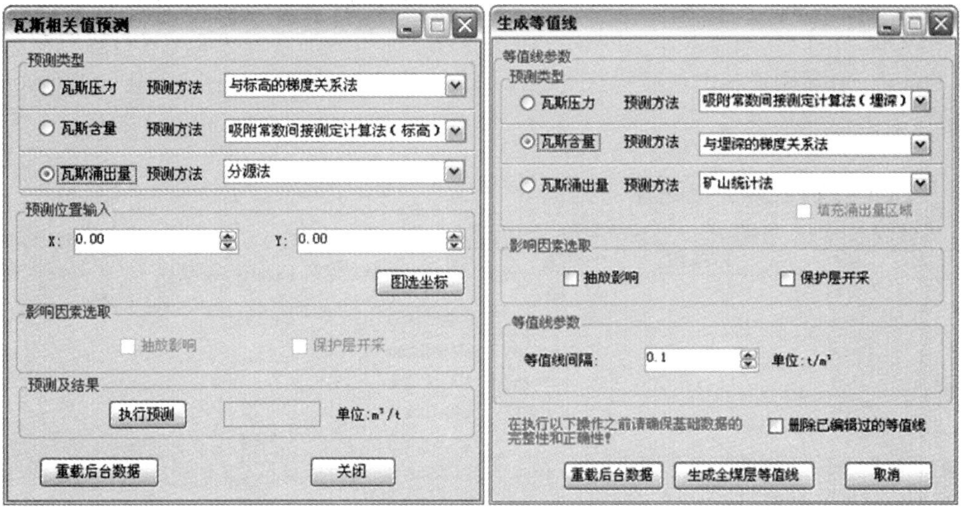


图 3-4-16　瓦斯参数预测与等值线绘制功能

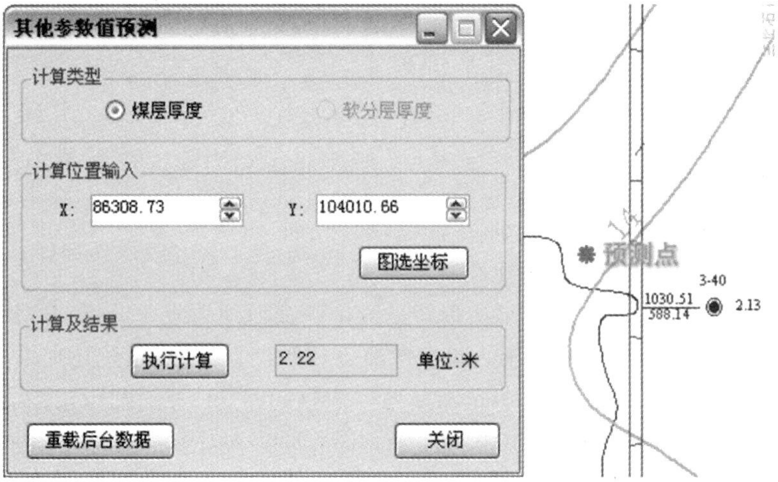


图 3-4-17　煤层厚度智能预测功能

d. 瓦斯地质图的动态更新。

系统不仅实现了瓦斯地质图的智能化自动生成，而且还可以根据瓦斯抽采、相关瓦斯参数测点的增删及保护层开采等情况，实现对瓦斯地质图的实时动态更新（如图 3-4-18 所示），该功能彻底改变了瓦斯地质图一旦生成就一成不变的传统方法，从而使瓦斯地质图能最大限度地反映矿井煤层当前瓦斯赋存和突出危险情况。

③ 瓦斯地质图管理

利用本系统的图形浏览工具，用户可以方便地对瓦斯地质图进行移动、放大、缩小等浏览操作；利用系统提供的图形绘制与编辑工作，用户还可以对瓦斯地质图进行局部调

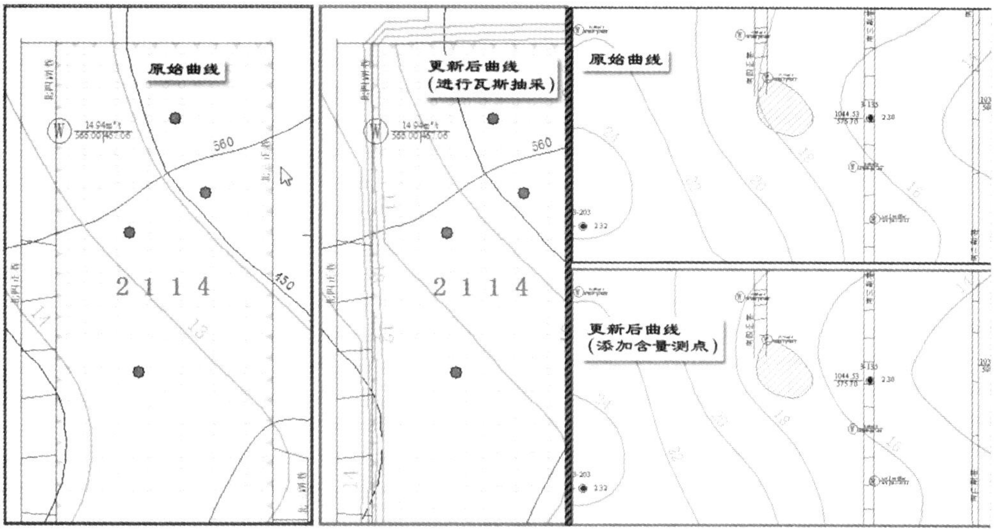


图 3-4-18　瓦斯含量等值线自动校正

整；同时，还可以运用系统的输出工具将图形打印或输出为 CAD 格式文档。

(3) 防突动态管理与分析系统

1）功能需求分析

防突动态管理与分析系统的主要目的是进行日常防突工作的精细化管理，其核心功能包括防突措施信息与预测（效检）指标值的管理，以及工作面防突措施的智能化设计等。同时系统也可以对措施执行情况进行实时分析，并将分析结果实时传输给综合预警数据库，用于突出预警。系统具体功能需求如下：

① 实现对各工作面区域验证及局部预测（效检）信息、局部防突措施信息、循环进尺信息等日常防突资料的精细化、规范化和信息化管理；

② 实现防突预测表单、防突措施施工表单的自动生成；

③ 能根据工作面防突钻孔参数，以三视图形式自动生成防突措施竣工图，并能对防突措施缺陷进行自动分析；

④ 实现工作面防突大样图的自动生成，并能进行日常预测指标与煤层厚度、地质构造、软分层厚度等影响因素的相关性分析；

⑤ 实现防突措施辅助设计，自动计算措施钻孔参数，自动绘制钻孔设计图。

2）软件适应性调整

该系统利用计算机技术对采掘工作面“四位一体”综合防突措施执行情况进行综合管理，并对指标值、钻孔间距、钻孔长度等参数进行智能分析，将分析结果用于突出预警。结合系统功能需求分析，在重庆煤科院防突动态管理信息平台基础之上完成对该系统功能的适应性调整，主要包括工作面管理、日常防突管理和防突措施设计与分析 3 个方面。

① 工作面管理

该功能主要实现对三类防突工作面(煤巷掘进工作面、采煤工作面和石门揭煤工作面)基本信息进行管理,主要内容包括工作面所在位置、施工队组、巷道参数、煤层厚度等。通过该功能,用户可以添加、修改工作面,工作面采掘完成时实现工作面停头管理,同时,用户还可以很方便地对任意工作面任意时间段内的日常预测信息进行查询与导出。

② 日常防突管理

日常防突管理功能主要用来对矿井工作面日常预测(效检)钻孔施工、指标测定、煤体观测、动力现象、防突措施钻孔施工参数等信息进行管理,并能自动生成日常预测(效检)表单和钻孔竣工表单。同时,系统也具备历史表单查询以及表单打印与导出等功能。针对新景公司防突工作习惯,系统开发了与公司当前使用表单一致的日常预测表单与钻孔施工表单,从而在不改变技术人员操作习惯的前提下实现对防突资料的精细化管理。

③ 防突措施设计与分析

a. 设计功能:系统可以根据防突措施钻孔布置参数,针对不同防突工作面,自动生成相应的施工钻孔布置三视图(如图 3-4-19 所示),直观且明确显示钻孔空间布置及相关位置参数,方便施工人员准确进行井下打钻作业。除此之外,系统还能根据预测(效检)钻孔施工情况、预测(效检)指标测值、措施钻孔施工情况、施工时间、巷道循环进尺等信息,自动生成工作面动态防突大样图(如图 3-4-20 所示)。

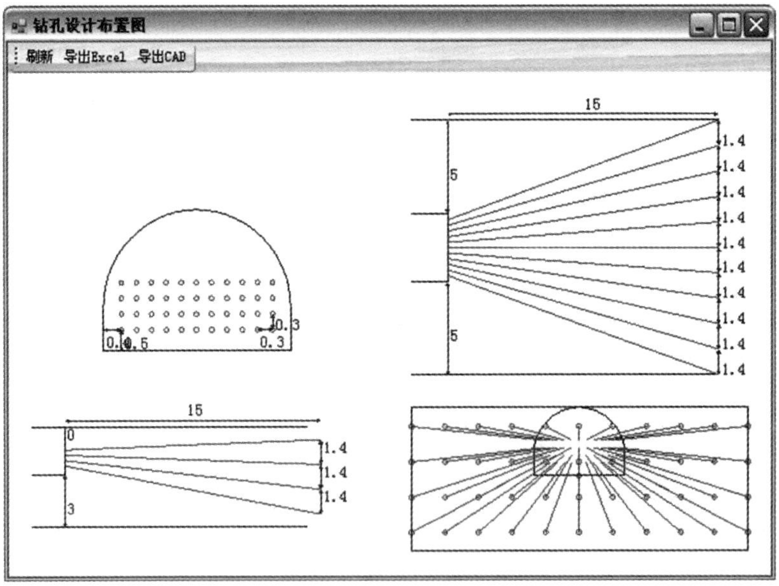


图 3-4-19　掘进工作面抽采钻孔设计布置图

b. 分析功能:系统的分析功能主要包括日常预测(效检)指标分析与防突措施分析两个方面。

日常预测(效检)表单在保存的同时,系统会自动提取其中的预测指标数据进行分析,检查指标值是否达到了预置的预警临界值,并将结果自动上传至预警综合数据库。

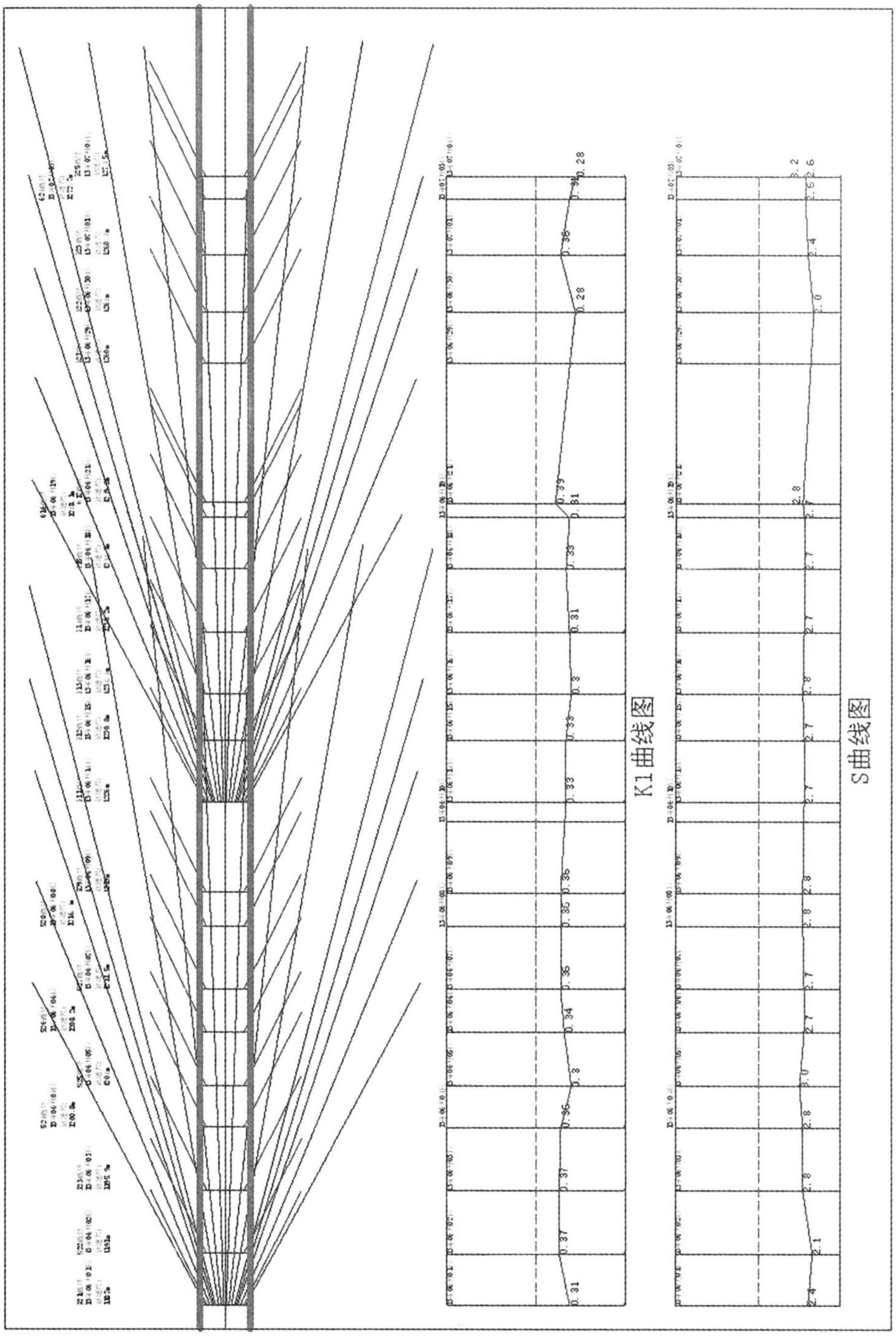


图 3-4-20　动态管理大样图

对于防突措施分析功能(如图 3-4-21 所示),主要是查看措施孔施工是否存在缺陷,系统可以通过钻孔施工参数,自动计算钻孔空间位置与控制范围,判断是否存在措施空白带或是控制范围不足等缺陷,并将结果自动上传至预警综合数据库。

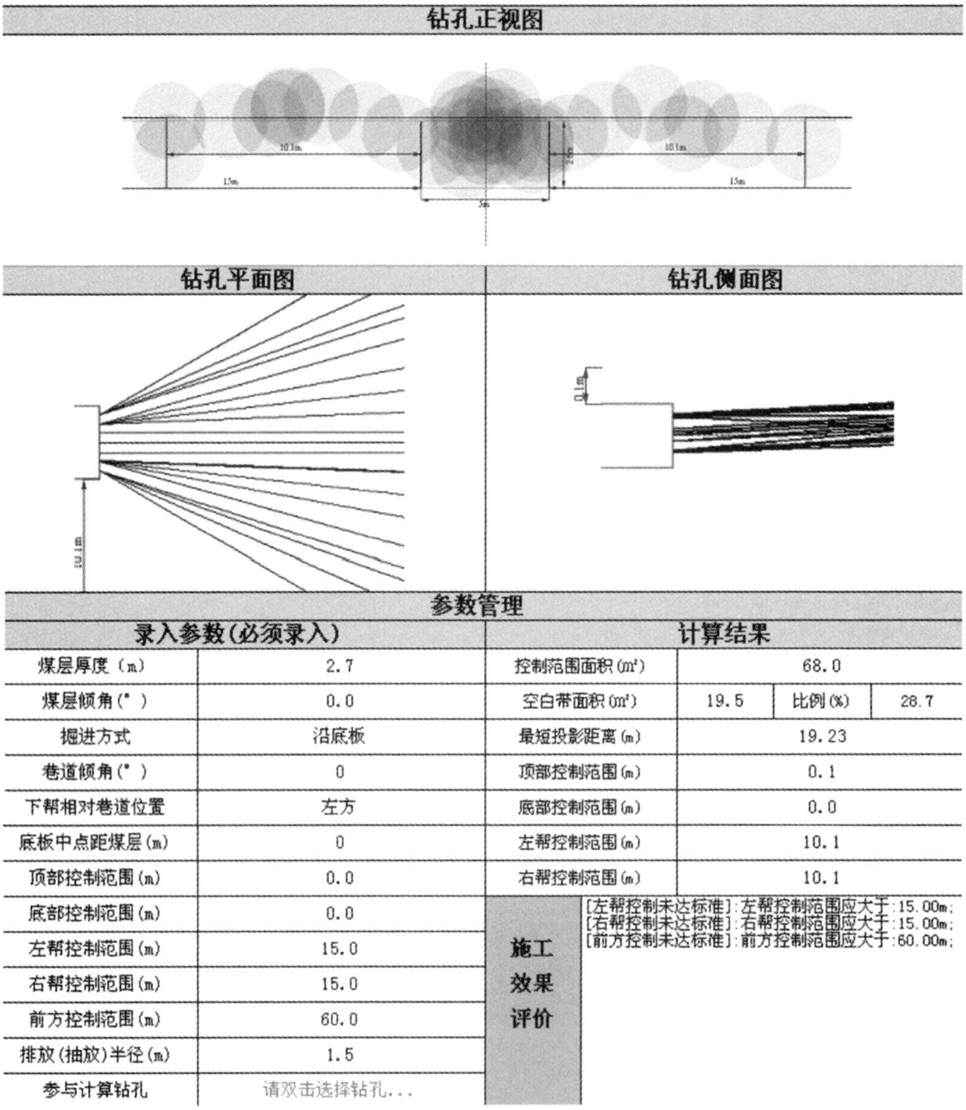


图 3-4-21 措施钻孔效果分析

(4) 瓦斯涌出动态分析系统

1) 功能需求分析

瓦斯涌出动态分析系统的主要目的是对矿井监控系统的瓦斯浓度监测数据进行综合分析,为突出预警提供瓦斯涌出动态指标信息,实现工作面突出危险性的实时、动态及智能预警。该系统的具体功能需求如下:

① 实现矿井瓦斯监测信息的实时获取，自动绘制瓦斯浓度实时监测数据曲线；

② 实现对历史预警结果的便捷查询及报表打印与输出；

③ 实现瓦斯涌出动态特征指标的自动分析、计算，并绘制指标变化曲线图；

④ 实现工作面基于瓦斯监测数据的突出危险状态及趋势的实时、自动分析和报警；

⑤ 实现瓦斯探头调校、更换探头时等获取的无效监测信息的自动及手动过滤。

2）软件的适应性调整

对瓦斯涌出动态分析系统的适应性调整是基于重庆煤科院瓦斯涌出动态分析信息平台，由于该系统需要从矿井监控系统实时获取矿井瓦斯监测信息，并进行实时、动态分析，因此该系统对数据的处理具有量大、速度快、持续性强的特点。

① KJA 服务

KJA 服务采用 Windows 服务模式，开机自动启动，无须人工干预，因此无操作界面。KJA 服务主要用于从监控系统服务器实时读取矿井监控数据，实时、自动计算瓦斯涌出特征预警指标，并实时将指标计算结果传输给综合预警数据库，为瓦斯突出综合预警提供瓦斯涌出特征基础信息。

② KJA 客户端

KJA 客户端登录后主界面如图 3-4-22 所示，其主要功能包括瓦斯涌出动态特征分析、无效监测信息判识、瓦斯涌出预警指标及规则设置、预警结果管理和系统管理等，其主要功能菜单如图 3-4-23 所示。

图 3-4-22　瓦斯涌出动态分析系统主界面

a. 瓦斯涌出动态特征分析。

瓦斯涌出动态特征分析功能主要用于对吨煤瓦斯涌出量、瓦斯涌出量、衰减指标等矿井瓦斯涌出动态特征指标的适用性辅助分析，确定适合于矿井瓦斯地质条件、采掘工艺等

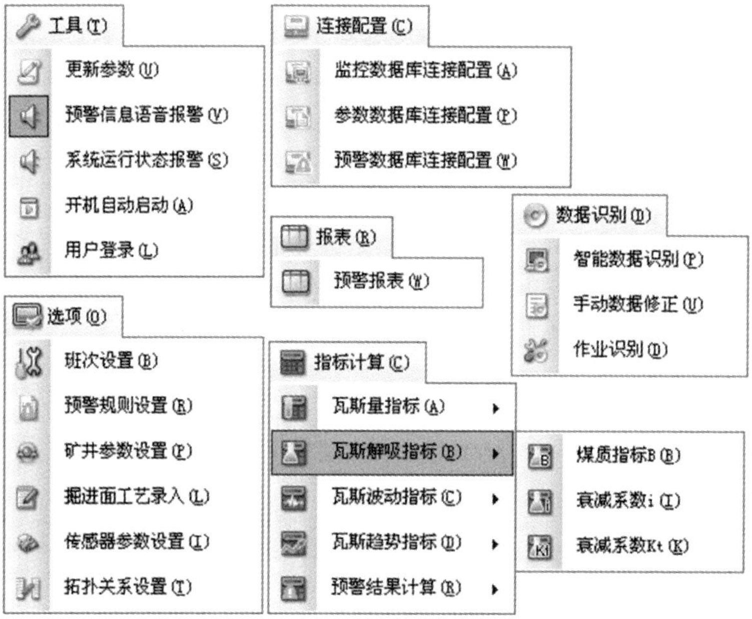


图 3-4-23　瓦斯涌出动态分析系统主要功能菜单

客观条件的指标。利用系统的这一功能,可以针对考察工作面某时间段的瓦斯涌出曲线,进行瓦斯涌出动态特征指标计算,并能对各指标计算结果曲线进行统一展示,便于用户分析(如图 3-4-24 所示)。

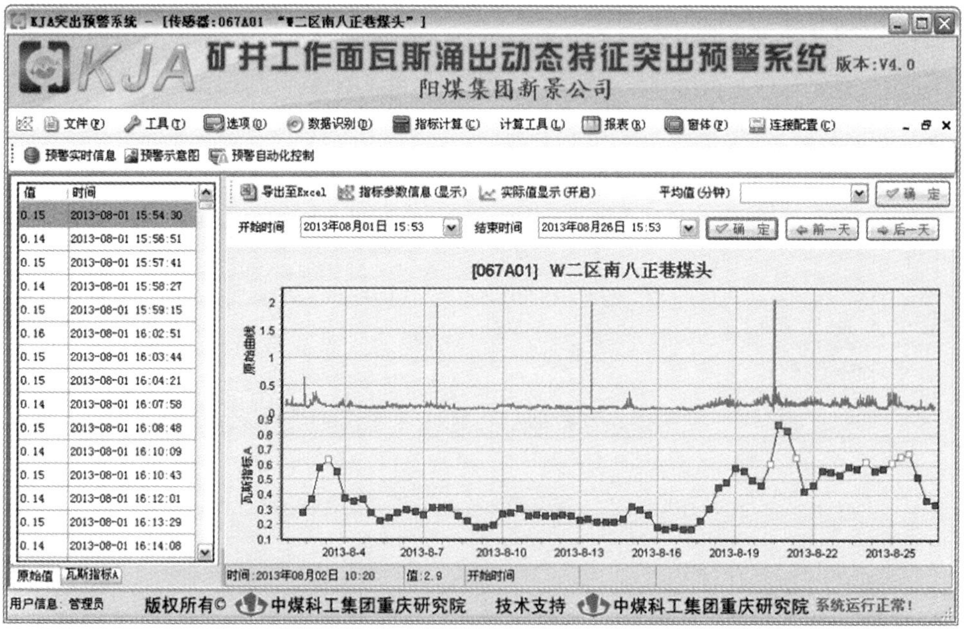


图 3-4-24　瓦斯涌出动态特征分析

b. 无效监测数据判识。

该功能主要用于对瓦斯探头调校、探头损害等人为因素造成的无效监测信息进行自动判识和过滤，从而最大限度地保证瓦斯涌出监测数据的可靠性，提高预警准确率。无效监控数据过滤结果如图3-4-25所示。

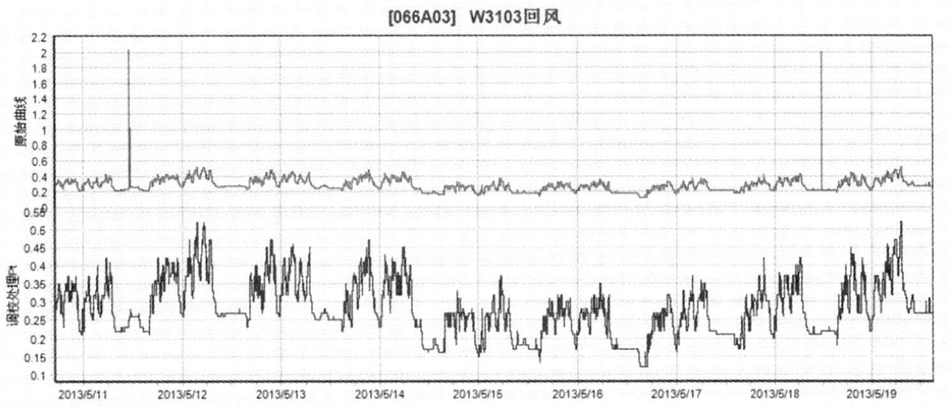


图3-4-25 无效监控数据过滤

c. 瓦斯涌出预警指标及规则管理。

用户通过系统的瓦斯涌出预警指标及规则管理功能，既可以基于系统提供的“或”、“与”和“非”等逻辑关系，灵活地设置矿井预警规则，也可以针对工作面进行瓦斯涌出预警指标定制和指标计算参数、指标临界值等的设置，用于煤与瓦斯突出实时预警(图3-4-26)。

d. 瓦斯涌出预警结果管理。

预警结果管理功能主要用于控制预警结果的实时发布、预警结果查询、预警结果报表生成，并能便捷地对预警报表进行输出或打印。

e. 系统管理。

KJA客户端的系统管理功能，主要用于数据库连接配置、语音报警控制、用户信息管理等。

(5) 采掘进度管理系统

1) 功能需求分析

相比其他子系统，采掘进度管理系统功能相对较为单一，它的主要功能是为突出预警提供采掘工作面进尺等基础信息，为相关部门采掘进尺管理提供便利。该系统的具体功能需求如下：

① 采煤、掘进工作面进尺信息管理；

② 采煤、掘进日报表查询、打印及导出；

③ 采煤、掘进队组信息管理；

④ 采煤、掘进队组与工作面的关联；

⑤ 横贯位置与进尺信息管理。

2) 软件适应性调整

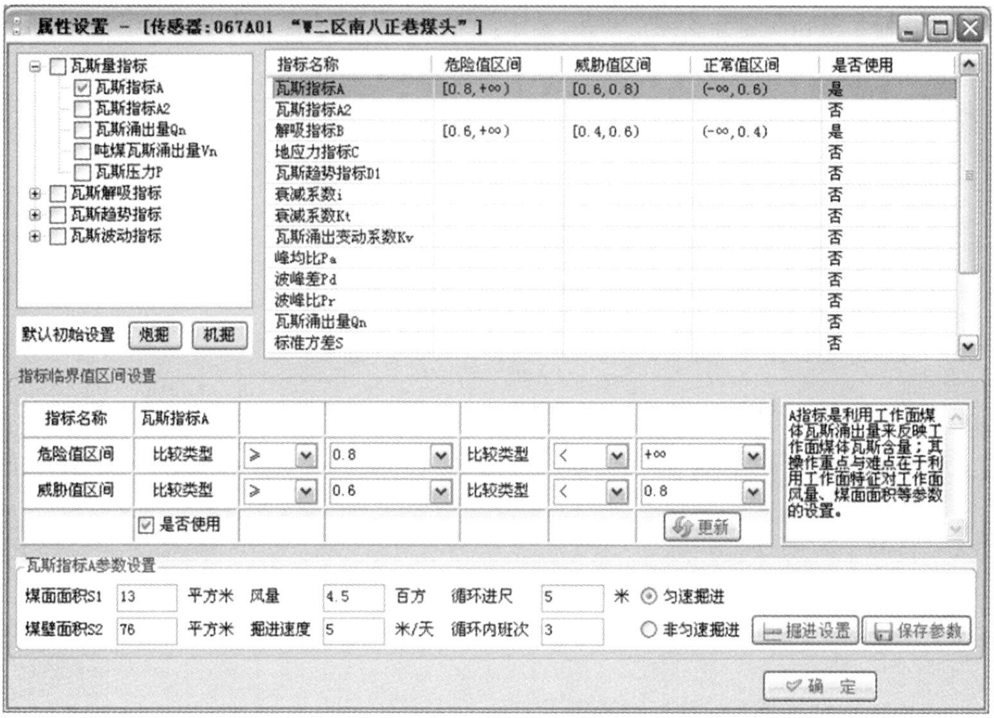


图 3-4-26 预警指标及预警规则设置

该系统的主要功能包括 3 个方面：一是作为预警系统获取采掘进尺数据的接口，二是进行日常采掘进尺数据的综合管理，三是进行采掘队组信息的集中管理。从该系统录入的数据直接上传到综合预警数据库，为突出预警提供了采掘进尺等基础数据，能够满足预警系统定位采掘工作面的需求；同时，该系统能够实现采掘进尺历史数据查询、采掘日报表的打印与导出以及采掘队组信息管理等功能，大大方便了采煤工区及掘开工区日常采掘生产信息的管理。系统的主要功能结构与主界面分别如图 3-4-27、图 3-4-28 所示。

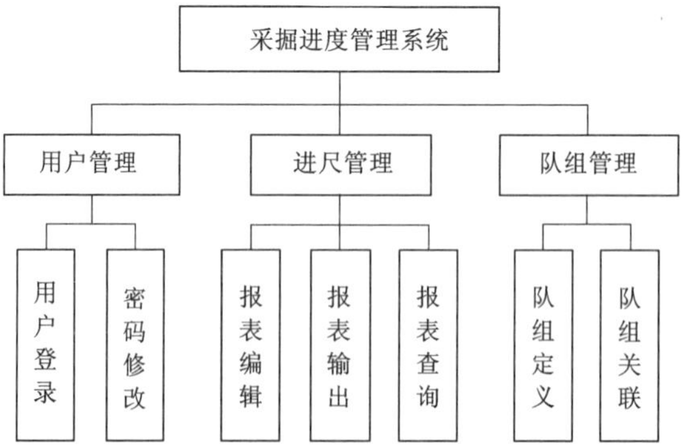


图 3-4-27 采掘进度管理系统主要功能结构图

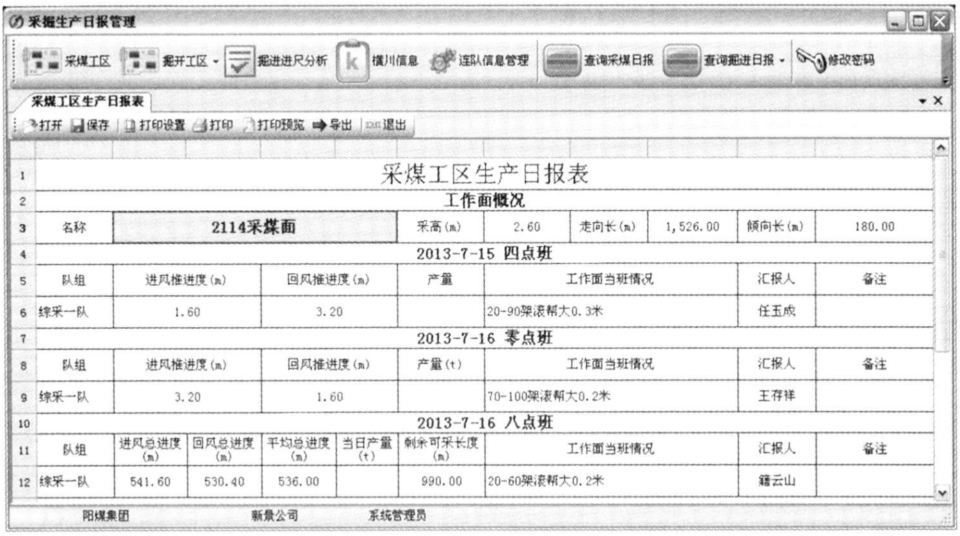


图 3-4-28　采掘进度管理系统主界面图

针对新景公司采掘生产特点，系统还设置了横贯信息管理功能，使用该功能可以实现横贯自动上图与综合管理；此外，根据掘开工区相关人员的工作需求，还对系统防突掘进工作面的进尺查询功能进行了扩展，用户可以很方便地查询任意巷道任意时间段内的累计进尺信息以及掘进关系。

（6）矿压监测预警系统

1）功能需求分析

矿压监测预警系统以矿压在线监测系统采集的数据为基础，综合考虑矿压显现特征指标（如片帮深度、顶板下沉量等），从瓦斯突出的重要动力因素角度对工作面突出危险性演化情况进行实时、动态预警。该系统的具体功能需求如下：

① 实现矿压监测信息的实时获取，自动绘制矿压实时监测数据曲线；

② 实现工作面基于矿压监测数据及矿压显现动态特征的突出危险性超前预警；

③ 实现矿压观测数据及矿压日报表等基础资料的综合管理；

④ 实现对历史矿压预警结果的便捷查询及矿压报表打印与输出。

2）软件适应性调整

与瓦斯涌出动态分析系统一样，矿压监测预警系统也需要实时获取矿压在线监测数据，由于系统处理数据量大且对实时性要求较高，因此，矿压监测预警系统也采用服务和客户端联合运行模式，其中矿压服务主要负责人机交互少、实时性强的功能，客户端主要负责人机交互较为频繁的功能。

① 矿压预警服务

矿压服务采用 Windows 服务模式，开机自动启动，无须人工干预。矿压服务主要用于从矿压监测系统服务器实时读取矿压监测数据，实时自动分析矿压数据并将计算结果传送至综合预警数据库。

② 矿压预警客户端

矿压预警客户端功能分为 4 个方面，即工作面基本信息维护、日常信息维护、预警分析和系统设置，下面对系统主要功能进行简单介绍。

a. 矿压监测实时曲线显示。

根据从矿压监测系统采集到的数据，矿压监测预警系统能够自动绘制矿压监测数据实时曲线(如图 3-4-29 所示)，而且，根据用户录入的工作面进风进尺和回风进尺，系统能够自动判断工作面当前位置，并与矿压实时曲线相对应，方便用户直观查看液压支架左、右柱矿压监测数据随时间及工作面位置的变化规律，实时掌握工作面矿压变化情况；此外，系统还提供了矿压曲线局部放大功能以及打印功能，使用户能够更加便捷地进行矿压实时曲线的查看与输出。

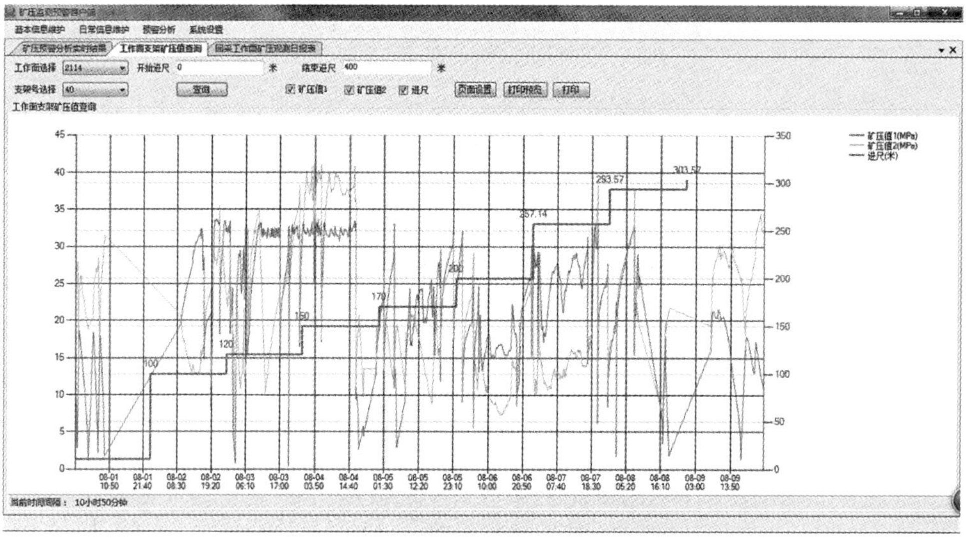


图 3-4-29　矿压监测实时数据曲线绘制

b. 矿压日报表的管理。

根据生产技术科矿压组的日常矿压管理习惯，系统开发了专用的矿压观测日报表(如图 3-4-30 所示)，不仅方便了矿压信息日常管理，同时，也为预警提供了片帮深度等矿压显现特征指标数据。此外，用户还可以更加便捷地查询历史矿压观测日报表，以及打印与导出表格等。

c. 系统管理。

预警结果管理功能主要用于控制预警结果的实时发布、历史预警结果查询，以及工作面矿压监测系统的关联、来压步距的定义与修正等。

(7) 瓦斯突出综合预警平台

1) 功能需求分析

瓦斯突出综合预警平台是一个综合性的功能模块，能够实现工作面突出危险性的实时、智能、超前性综合预警，进行预警信息的管理与发布，该平台的具体功能需求如下：

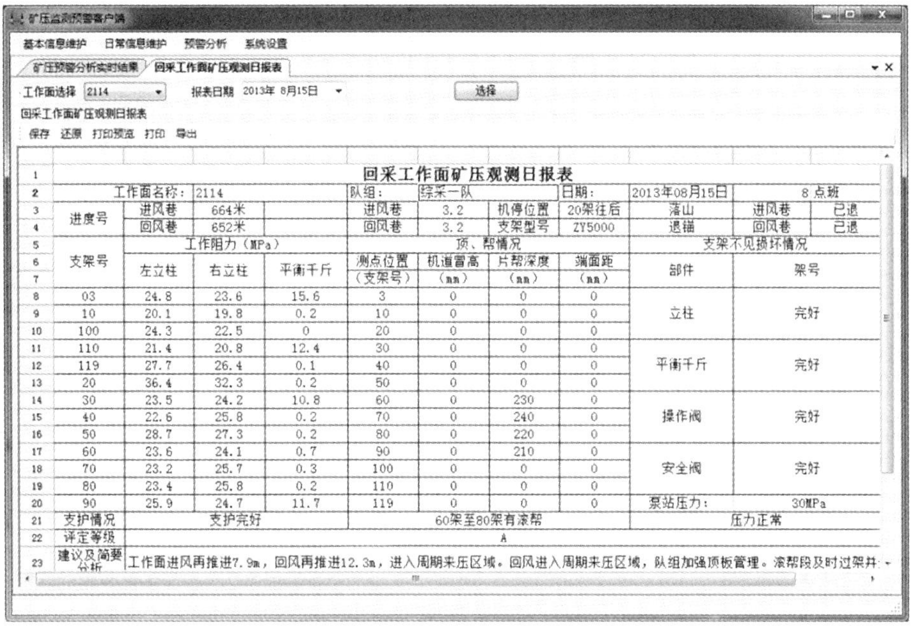


| | | | | | | | | | | | |
|---|---|---|---|---|---|---|---|---|---|---|---|
| 1 | 回采工作面矿压观测日报表 | | | | | | | | | | |
| 2 | 工作面名称: | | 2114 | | 队组: | 综采一队 | | 日期: | 2013年08月15日 | 8 点班 | |
| 3 | 进度号 | 进风巷 | 664米 | | 进风巷 | 3.2 | 机停位置 | 20架往后 | 落山 | 进风巷 | 已退 |
| 4 | | 回风巷 | 652米 | | 回风巷 | 3.2 | 支架型号 | ZY5000 | 退锚 | 回风巷 | 已退 |
| 5 | 支架号 | 工作阻力（MPa） | | | 顶、帮情况 | | | | 支架不见损坏情况 | | |
| 6 | | 左立柱 | 右立柱 | 平衡千斤 | 测点位置 | 机道冒高 | 片帮深度 | 端面距 | 部件 | 架号 | |
| 7 | | | | | （支架号） | （mm） | （mm） | （mm） | | | |
| 8 | 03 | 24.8 | 23.6 | 15.6 | 3 | 0 | 0 | 0 | | | |
| 9 | 10 | 20.1 | 19.8 | 0.2 | 10 | 0 | 0 | 0 | 立柱 | 完好 | |
| 10 | 100 | 24.3 | 22.5 | 0 | 20 | 0 | 0 | 0 | | | |
| 11 | 110 | 21.4 | 20.8 | 12.4 | 30 | 0 | 0 | 0 | | | |
| 12 | 119 | 27.7 | 26.4 | 0.1 | 40 | 0 | 0 | 0 | 平衡千斤 | 完好 | |
| 13 | 20 | 36.4 | 32.3 | 0.2 | 50 | 0 | 0 | 0 | | | |
| 14 | 30 | 23.5 | 24.2 | 10.8 | 60 | 0 | 230 | 0 | | | |
| 15 | 40 | 22.6 | 25.8 | 0.2 | 70 | 0 | 240 | 0 | 操作阀 | 完好 | |
| 16 | 50 | 28.7 | 27.3 | 0.2 | 80 | 0 | 220 | 0 | | | |
| 17 | 60 | 23.6 | 24.1 | 0.7 | 90 | 0 | 210 | 0 | | | |
| 18 | 70 | 23.2 | 25.7 | 0.3 | 100 | 0 | 0 | 0 | 安全阀 | 完好 | |
| 19 | 80 | 23.4 | 25.8 | 0.2 | 110 | 0 | 0 | 0 | | | |
| 20 | 90 | 25.9 | 24.7 | 11.7 | 119 | 0 | 0 | 0 | 泵站压力: | 30MPa | |
| 21 | 支护情况 | 支护完好 | | | 60架至80架有滚帮 | | | | 压力正常 | | |
| 22 | 评定等级 | A | | | | | | | | | |
| 23 | 建议及简要分析 | 工作面进风再推进7.9m，回风再推进12.3m，进入周期来压区域。回风进入周期来压区域，队组加强顶板管理。滚帮段及时过架并 | | | | | | | | | |

图 3-4-30　矿压观测日报表

① 实现对瓦斯突出预警指标及预警规则的管理；

② 实现基于瓦斯地质、采掘生产、日常预测、瓦斯涌出、防突措施、矿山压力等多方面安全信息的工作面突出危险状态预警(包括“正常”、“威胁”和“危险”三级预警)和趋势预警(包括“绿色”、“橙色”和“红色”三级预警)；

③ 实现预警结果的实时发布、集中显示与历史查询，并自动生成预警结果报表。

2) 软件适应性调整

该系统内部算法基于本项目研究建立的新景公司瓦斯突出预警指标体系和预警规则，数据来源于地质测量管理系统、瓦斯地质动态分析系统、防突动态管理与分析系统、瓦斯涌出动态分析系统、采掘进度管理系统等子系统提供的基础数据，系统适应性调整是基于重庆煤科院瓦斯突出综合预警信息平台。系统主界面如图 3-4-31 所示，系统主要功能菜单如图 3-4-32 所示。

瓦斯突出综合预警平台包括预警服务和预警管理平台。为了避免人为因素干扰，同时减少系统管理工作量，预警服务采用 Windows 服务模式，安装于预警服务器，开机自动运行，且不设操作窗体，其主要作用在于预警指标的实时计算，并根据预警规则对工作面突出危险状态和趋势作出判断。突出预警管理平台可以通过网络直接访问综合预警数据库，可以控制预警服务的预警过程，同时还可以对预警结果进行管理。突出预警管理平台主要功能包括以下几个方面：

① 预警定义

突出预警管理平台提供了预警规则维护和工作面预警定制功能。通过预警规则维护功能，用户可以对预警规则进行维护，包括对预警规则所用指标、预警参数、预警结果的设置。

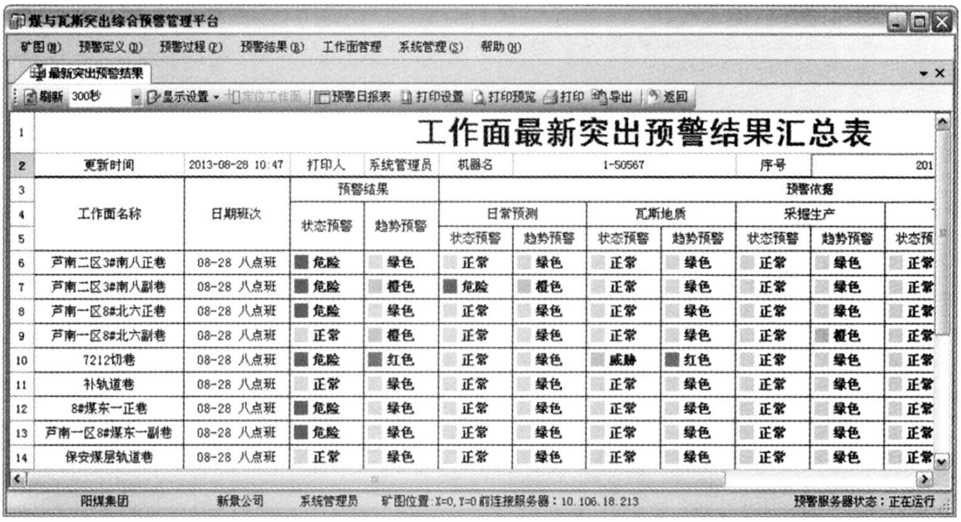

图 3-4-31　突出预警管理平台界面

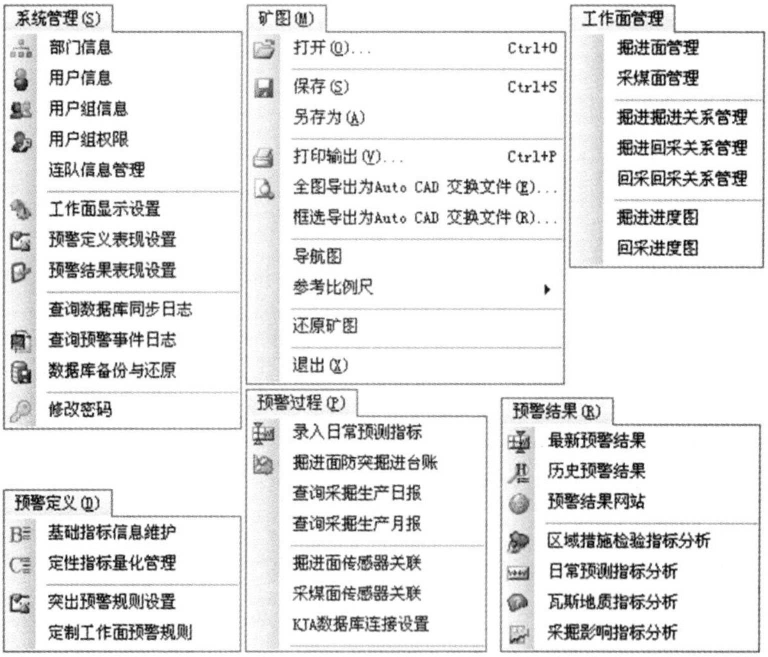

图 3-4-32　突出预警管理平台主要功能菜单

通过预警定义,可以选择定制工作面预警规则。对于不同类型的工作面,以及同一类型但处于不同赋存状况下的工作面,可能预警规则的参数、结论以及能够使用的指标的使用要求也不同。因此需要针对具体工作面,对某些规则进行进一步的调整、定制,如图 3-4-33 所示。

需要说明的是,新景公司的预警规则是在跟踪考察井下数千米采掘空间突出危险相

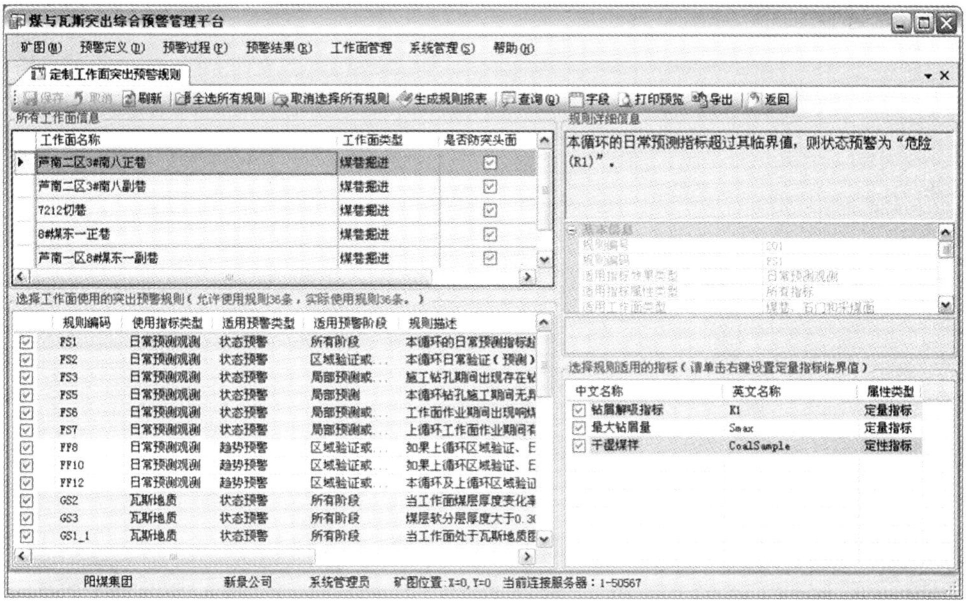

图 3-4-33　定制工作面突出预警规则

关数据的基础之上得到的，这些规则从不同角度反映了在新景公司现行的防突体系下突出危险的孕育和发展规律，具有较强的针对性，因此，系统正常运行以后，如果没有确实充分的依据，不建议对预警规则进行调整，以免误报或是漏报工作面实际突出危险性。

② 预警过程控制

预警服务进行预警分析的数据来自综合预警数据库，而综合预警数据库中的数据是由新景公司各部门技术人员通过不同的子系统写入的，在目前的条件下，尚无法实现数据库中数据与工作面的自动匹配，因此，对于诸如传感器与工作面关联、日常预测指标与工作面关联、工作面间采掘关系关联等方面数据维护仍需要人工参与，所以突出预警管理平台开发了相应的功能，用户可以手动对相关工作面与数据库进行关联。

此外，突出预警管理平台还提供了防突工作面防突掘进台账（如图 3-4-34 所示），把掘进工作面的日常预测、允许进尺、班进尺、循环累计进尺等信息以曲线图和柱状图的形式集中显示出来，用户可以直观地了解防突工作面的日常预测及掘进进尺等信息。

③ 预警分析

预警管理平台的预警分析功能主要用来实现瓦斯地质、采掘影响、日常预测等各种预警指标的自动计算。在瓦斯地质方面，能够根据采掘进尺数据，自动分析工作面与地质构造影响带之间的空间位置关系，并在矿图上进行标示；采掘影响方面，能够基于工作面不同时刻的空间位置，分析存在工作面之间的采掘影响关系，并在矿图上进行标示；日常预测方面，系统能根据工作面日常预测指标测值、允许进尺、采掘班进尺等信息，自动生成工作面防突掘进台账，并把各种信息以曲线图和柱状图的形式集中显示出来，以便于用户对工作面的防突情况作出直观了解。

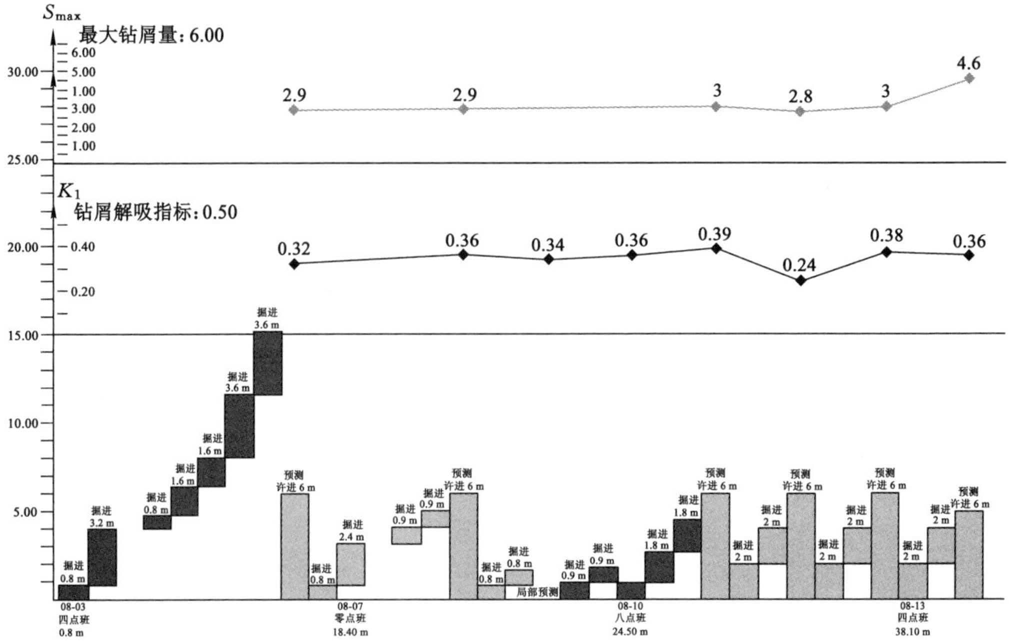


图 3-4-34　掘进面防突掘进台账

④ 预警结果管理

预警结果管理功能主要包括预警结果发布和预警结果查询两个方面。

预警结果发布方式分为局域网发布、语音报警和短信平台发布，采用这三种发布形式基本上能够保证将实时预警信息准确、及时通知相关责任人。用户可以根据自己的使用习惯，通过“系统管理→预警结果表现设置”命令来制定相应的预警结果发布方式。

另外，系统还提供了预警结果查询功能，用户可以以工作面、时间等作为查询条件，对采掘工作面详细的历史预警信息进行查询(如图 3-4-35 所示)。

⑤ 其他功能

数据库备份和还原功能：主要是为了避免因系统故障造成的数据丢失，保障系统的安全性。

用户管理功能：主要用于用户和用户组信息管理、用户权限分配等，限制非系统管理人员对系统进行操作，保障系统的安全性。

工作面管理功能：通过该功能，用户可以新建、删除、查询与定位采掘工作面，也可以对特殊采掘关系进行定义，还可以实现采掘进度图形直观显示等。

矿图管理功能：使用该功能可以方便地对矿图进行浏览、查询、打印和输出等；另外，系统还能够实现与地测系统数据同步的矿图更新。

(8) 突出预警网站

突出预警网站主要是为了方便用户对突出预警相关信息的查询，用户不需要安装专门的预警客户端软件，只需登录突出预警网站，就可以方便地查看最新突出预警信息、历史预警信息、日常预测指标信息等内容；另外，用户还可以点击“报表查询”按钮，对预警报表和防突报表

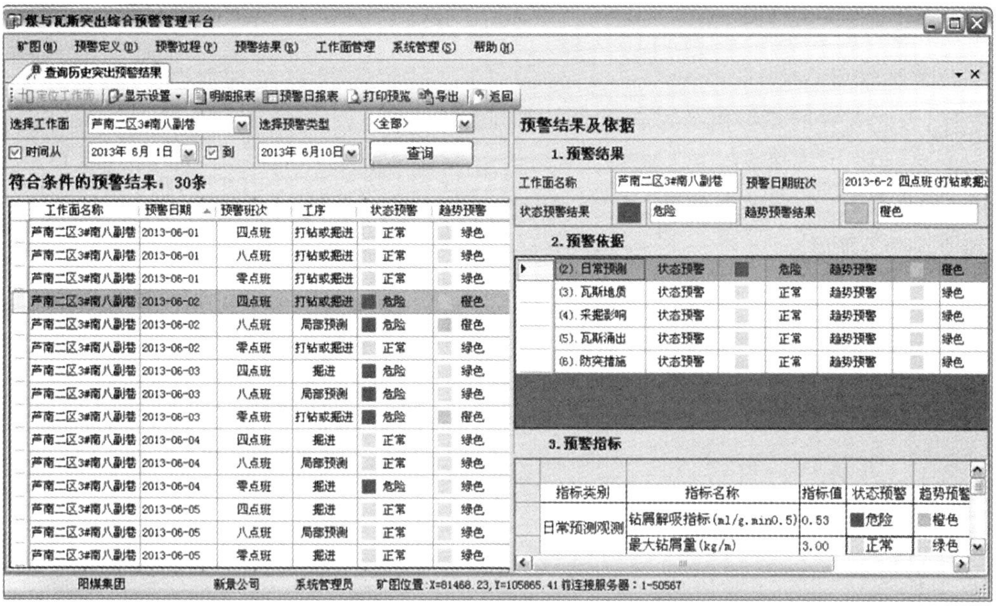

图 3-4-35　预警结果查询窗口

进行查看。该网站主要包括预警信息查询及报表查询两方面内容，其中，预警信息查询包括最新预警信息查询、历史预警信息查询及日常预测指标信息查询；报表查询包括预警日报表查询、防突台账查询、防突报表查询及预警信息表查询。网站主界面如图 3-4-36 所示。

图 3-4-36　突出预警网站主界面

3.4.1.6 预警系统硬件建设

(1) 预警服务器

预警服务器是整个预警硬件系统的核心，存储的数据量大，处理数据速度快，需要连续工作，因此选择的预警服务器必须具有高可靠性、高处理能力、高扩展性。新景公司预警服务器型号为 IBM System x3650 M3，使用 Microsoft Windows Server 2003 Professional 操作系统，数据库系统为 Microsoft SQL Server 2008，机器配置如表 3-4-1 所列，外观如图 3-4-37所示。

表 3-4-1 预警服务器主要参数

| 序号 | 部件名称 | 配置 |
|---|---|---|
| 1 | CPU | 四核 Xeon X5647 2.93 GHz |
| 2 | 内存 | DDR3 4 GB×2 条 |
| 3 | 硬盘 | IBM SAS 300 GB×4 块 |
| 4 | 光驱 | DVD-RW |
| 5 | 显示器 | 三星 19 寸 LED |

图 3-4-37 预警服务器外观图

(2) 客户端

相对于服务器，预警客户端并不需要大量的数据处理及储存，所以对机器配置要求相对较低，根据新景公司各部门需要，共配置 4 台预警系统客户端，均为联想商用办公电脑(型号为联想启天 M4380)，客户端操作系统为 Microsoft Windows 7 旗舰版，配置如表 3-4-2 所列。

表 3-4-2 预警客户端主要参数

| 序号 | 部件名称 | 配置 |
|---|---|---|
| 1 | CPU | Intel 酷睿 i5 3100 MHz |
| 2 | 内存 | 4 GB DDR3 1333 MHz |
| 3 | 硬盘 | 500 GB SATA |
| 4 | 光驱 | DVD-RW |
| 5 | 显示器 | 联想 21.5 寸 LED |

(3) 其他主要硬件设备

除了预警服务器与客户端等基础硬件设备之外，本项目还配置了激光打印机和 UPS

电源等硬件设备，为预警系统正常有序运行提供必要的硬件保障。设备外观如图 3-4-38 和图 3-4-39 所示，基本参数见表 3-4-3。

图 3-4-38　激光打印机外观图

图 3-4-39　UPS 电源外观图

**表 3-4-3　其他主要硬件设备基本参数**

| | | | |
|---|---|---|---|
| 激光打印机 | | | |
| 型号 | 佳能 3500(LBP-3500) | 最大打印幅面 | A3 |
| 最高分辨率 | 2 400×600 dpi | 耗材类型 | 鼓粉一体 |
| 内存 | 8 MB(Hi-SCoA,无须扩展) | 接口类型 | USB2.0 |
| UPS 电源 | | | |
| 型号 | 山特 C2K | 额定功率 | 2 kV·A |
| 电池类型 | 阀控式免维护铅酸蓄电池 | 输入电压 | 115～300 V |
| 输出电压 | 220(1±2%)V | 输入频率 | 40～60 Hz |
| 输出频率 | 电池模式:50(1±0.2%)Hz | | |

3.4.1.7 预警系统网络连接

新景公司突出预警服务器与监控系统服务器直接通过监控局域网连接，预警系统客户端与预警服务器之间交换数据所需的计算机宽带网直接采用新景公司现有的内部办公局域网，以实现预警子系统与预警服务器之间数据的安全、快速传输。

(1) 预警系统与监控系统之间连接方式

预警系统与监控系统之间要实现数据交换，有两种网络连接方案，即封闭传输和公开传输。依据以往在其他矿井的试验结果，预警系统与综合监控系统之间通过内封闭的网络直接通信效果较好(图 3-4-40)。这种方式的优点有：① 由于可实现点对点的信息传输，因此信息传输效率高，对监控数据实时共享的稳定性较好，不存在网络堵塞问题；② 具有较高的信息安全保障。

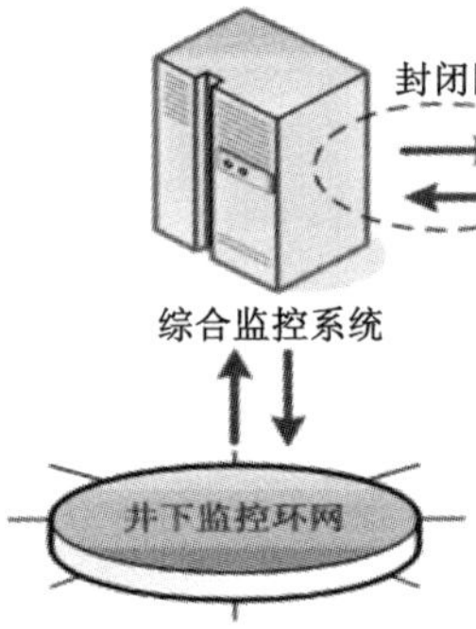

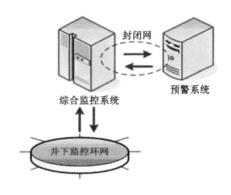


图 3-4-40 封闭传输示意图

(2) 预警系统内部网络构建

新景公司突出预警系统是由地质测量管理系统、瓦斯地质动态分析系统等多个子系统有机组合、协调运作形成的复杂系统。在系统运行过程中，各子系统被不同部门使用，分布于不同地理位置，各子系统之间需要及时、快速地交换、处理大量数据。这些数据既包括煤层瓦斯赋存、井巷工程、地质构造、通风系统等空间数据，也包括采掘进度、防突措施、日常预测、瓦斯监控及矿压监测数据等关系数据。因此需要选择合适的网络连接方式将预警系统内部各子系统及服务器进行连接。

通过研究，新景公司突出预警系统采用基于分布式数据库的“客户机-服务器”结构和“浏览器-服务器”结构混合的架构设计，在软件系统的运行模式上，预警系统采用了“客户端-服务器”(Client/Server)模式为主、“浏览器-服务器”(Browser/Server)模式为辅的方式。

3.4.1.8 软件安装情况

新景公司预警系统正常运行涉及部门包括通风工区、地质测量部、生产技术科、采煤工区、掘开工区及抽采工区等，根据各部门职责分工及各预警子系统功能，分别为各部门安装了相应的预警子系统，具体如图 3-4-41 所示。

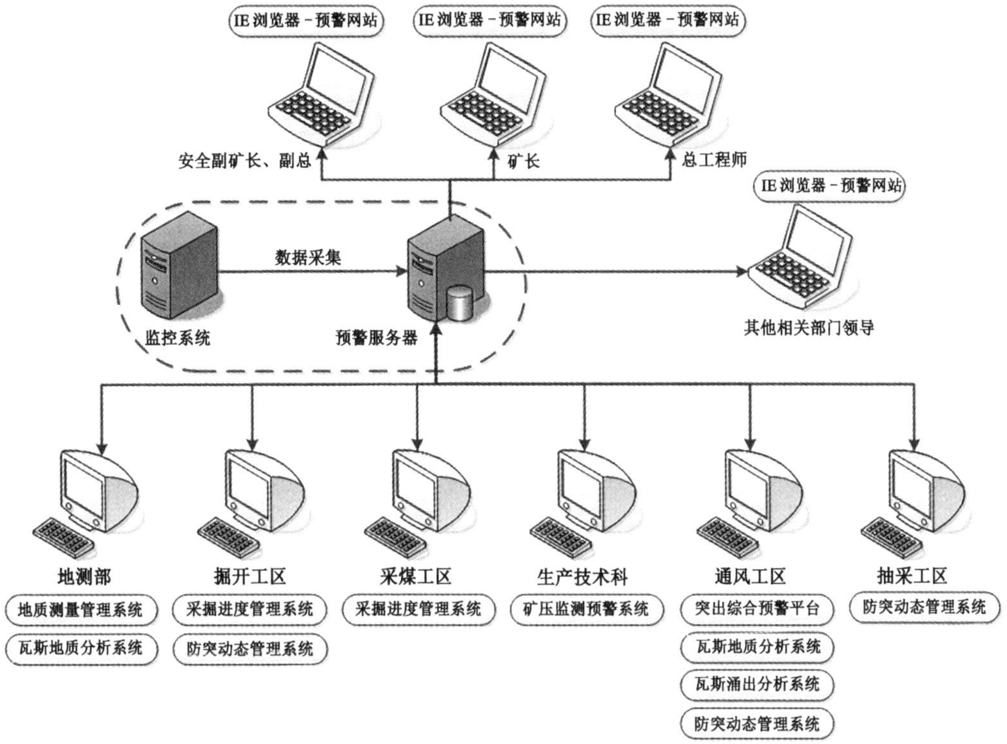


图 3-4-41　新景公司预警软件安装情况

## 3.4.2　预警保障机制建设

完善、健全的预警保障机制是保证系统正常、有序运行的基础，根据新景公司防突管理体系与流程，制定了具有针对性的新景公司预警系统保障机制，主要包括预警组织机构设置、配套管理制度及操作人员培训等内容。

新景公司瓦斯突出预警管理机构以总工程师为总负责人，通风工区、地质测量部、生产技术科、掘开工区、采煤工区及抽采工区等部门技术主管为该部门预警系统的负责人，主要负责预警系统管理工作和人员协调，监督、检查、考核预警系统操作、维护工作完成情况，保证预警系统的正常运行；操作人员主要负责录入相关数据和资料，确保录入数据和资料的及时性和有效性，并定期对预警系统进行维护，及时发布预警结果。预警系统管理机构设置如图 3-4-42 所示。

为了明确相关部门的责任人、操作人员及相应的工作内容和工作要求，规范不同人员的职责，保证预警系统的正常、稳定运行，特根据新景公司部门分工及预警系统运行的需要，制定新景公司煤与瓦斯突出预警系统配套管理制度，对预警系统的操作流程和内容进行了规范。系统数据维护基本流程及主要内容如表 3-4-4 所示，详细的岗位

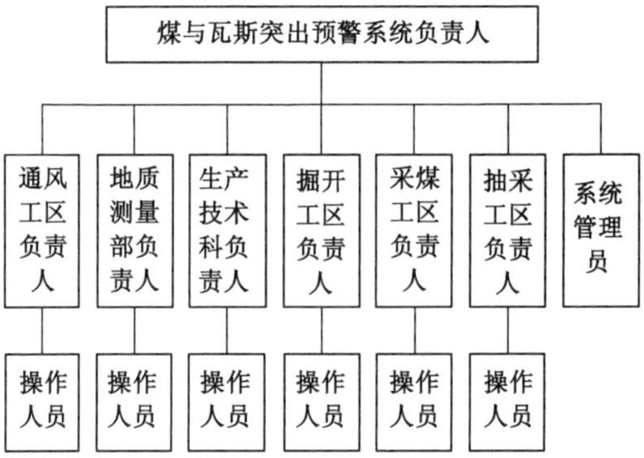


图 3-4-42　新景公司预警系统管理机构设置

责任见表 3-4-5。

**表 3-4-4　预警系统主要数据维护内容及流程**

| 部门 | 数据维护内容 | | | | 相关子系统 |
|---|---|---|---|---|---|
| | 工作面采掘前 | 工作面日常推进 | 旬末月末处理 | 工作面停头或停采 | |
| 地测部 | 绘制设计巷道<br>新建采掘工作面档案 | 录入巷道测量导线信息<br>（或从龙软数据库导入）<br>录入地质勘探及地质构造信息<br>（包括物探异常区） | 录入工作面测量收尺数据 | 工作面停头或停采 | 地质测量管理系统 |
| 地测部 | | | 录入原始瓦斯含量（压力）等瓦斯信息<br>执行瓦斯赋存预测和区域突出危险性预测(月) | | 瓦斯地质动态分析系统 |
| 掘开工区 | | 录入掘进工作面进尺<br>定义与维护横贯信息 | | | 采掘进度管理系统 |
| 掘开工区 | | 录入局部措施钻孔施工参数及施钻动力现象 | | | 防突动态管理及分析系统 |
| 采煤工区 | | 录入采煤工作面进尺 | | | 采掘进度管理系统 |
| 生产科 | 关联矿压监测系统<br>定义工作面矿压观测参数 | 录入工作面矿压观测信息 | | | 矿压监测预警系统 |
| 抽采工区 | | 录入区域措施钻孔施工参数及施钻动力现象 | | | 防突动态管理及分析系统 |
| 通风工区 | | 录入区域验证、日常预测(效检)值及施钻动力现象等突出征兆 | | | 防突动态管理及分析系统 |
| 通风工区 | | 录入瓦斯动力现象、煤样参数、瓦斯涌出量及瓦斯抽采等信息 | | | 瓦斯地质动态分析系统 |
| 通风工区 | 选择预警指标并设置临界值 | 审阅突出预警结果报表，如有异常及时向主管领导汇报 | | | 瓦斯突出综合预警平台 |
| 通风工区 | 关联瓦斯监控传感器 | 维护预警器，保证瓦斯监控系统与服务器正常连接 | | 解除传感器与工作面关联关系 | 瓦斯突出综合预警平台<br>瓦斯涌出动态分析系统 |

**表 3-4-5　各相关部门岗位责任要求**

<table>
<tr><td colspan="2">1. 地测部</td></tr>
<tr><td>第一责任人：</td><td>操作人员：</td></tr>
<tr><td colspan="2">工作内容</td></tr>
<tr><td>地质测量管理系统</td><td>※设计巷道及其变更信息维护；<br>※采掘工作面的档案信息维护；<br>※采掘工作面停头（采）、贯通信息维护；<br>※巷道导线测量数据维护；<br>※采掘工作面测量收尺数据维护；<br>※地质勘探及地质构造信息（包括物探异常区）维护；<br>※新探明的地质构造（直接同步，从地测系统中自动读取）。</td></tr>
<tr><td>瓦斯地质动态分析系统</td><td>※原始瓦斯含量（压力）数据录入。</td></tr>
<tr><td colspan="2">工作要求</td></tr>
<tr><td colspan="2">※录入设计巷道及其变更的时间为审批会议通过后的三天内；<br>※录入采掘工作面档案的时间为安全措施审批通过后的三天内；<br>※录入石门揭煤资料的时间为探测确认后的当天；<br>※录入巷道导线测量信息的时间为测量完成后的当天；<br>※当发现新构造（或物探异常区）以后一天内将其信息录入系统，如果是断层还应填写断层素描卡；<br>※每次操作结束退出前执行“保存”，将数据更新上传到预警综合数据库。</td></tr>
<tr><td colspan="2">2. 掘开工区</td></tr>
<tr><td>第一责任人：</td><td>操作人员：</td></tr>
<tr><td colspan="2">工作内容</td></tr>
<tr><td>采掘进度管理系统</td><td>※各掘进工作面每班次进尺录入；<br>※横贯定义与进尺录入。</td></tr>
<tr><td>防突动态管理与分析系统</td><td>※局部排放钻孔施工参数录入；<br>※施钻过程中的突出预兆信息录入。</td></tr>
<tr><td colspan="2">工作要求</td></tr>
<tr><td colspan="2">※掘进进尺的录入时间最迟不超过当日下班前；<br>※局部排放钻孔施工参数、打钻过程中的突出预兆信息的录入时间为施工后的当天；<br>※横贯信息的定义时间最迟应在首次录入横贯进尺之前，横贯进尺录入时间最迟不超过当日下班前；<br>※每次操作结束退出前执行“保存”，将数据更新上传到预警综合数据库。</td></tr>
<tr><td colspan="2">3. 采煤工区</td></tr>
<tr><td>第一责任人：</td><td>操作人员：</td></tr>
</table>

表 3-4-5(续)

| 工作内容 | |
|---|---|
| 采掘进度管理系统 | ※各回采工作面每班次进度录入。 |
| 工作要求 | |
| ※录入采煤进度的时间最迟不超过当日下班前；<br>※每次操作结束退出前执行“保存”，将数据更新上传到预警综合数据库。 | |
| 4. 生产技术科 | |
| 第一责任人： | 操作人员： |
| 工作内容 | |
| 矿压监测预警系统 | ※工作面矿压在线监测系统与矿压监测预警系统的关联；<br>※矿压显现特征(如片帮深度)信息录入。 |
| 工作要求 | |
| ※工作面回采前三天内，完成矿压在线监测系统与矿压监测预警系统的关联；<br>※矿压显现特征等信息的录入时间最迟不超过当日下班前；<br>※每次操作结束退出前执行“保存”，将数据更新上传到预警综合数据库。 | |
| 5. 抽采工区 | |
| 第一责任人： | 操作人员： |
| 工作内容 | |
| 防突动态管理与分析系统 | ※区域措施钻孔施工参数录入；<br>※施钻过程中的突出预兆信息录入。 |
| 工作要求 | |
| ※区域钻孔施工参数、打钻过程中的突出预兆信息的录入时间为施工后的当天；<br>※每次操作结束退出前执行“保存”，将数据更新上传到预警综合数据库。 | |
| 6. 通风工区 | |
| 第一责任人： | 操作人： |
| 工作内容 | |
| 突出综合预警平台 | ※采掘工作面预警指标及其临界值设置；<br>※预警日报打印报批。 |

表3-4-5(续)

| | |
|---|---|
| 瓦斯地质动态分析系统 | ※瓦斯含量(压力)测点、煤样参数、瓦斯涌出量、瓦斯抽采等数据录入；<br>※矿井发生瓦斯动力现象信息录入。 |
| 防突动态管理与分析系统 | ※防突工作面日常预测报表(包括区域防突与局部防突)录入；<br>※区域效检及验证、局部预测及效检结果及钻孔参数录入。 |
| 瓦斯涌出动态分析系统 | ※工作面采掘前，设置预警工作面相关传感器临界值等参数；<br>※井下工作面传感器探头的变更信息维护。 |
| 工作要求 | |
| ※工作面预警指标及其临界值设置时间为工作面安全措施审批通过后的三天内；<br>※日常预测(效果检验)钻孔施工信息、日常预测校检指标数据、打钻过程中的突出预兆信息、工作面瓦斯含量信息的录入时间为测定后的当天，但当日常预测超标或是出现明显动力现象时，指标录入时间为接到井下电话汇报后的第一时间；<br>※每天对预警结果信息进行审阅，如有异常及时向总工程师及通风副总工程师汇报；<br>※测得新的含量(压力)、采取区域措施后，及时进行区域预测与赋存预测；<br>※工作面开始采掘前三天内，完成传感器的绑定及瓦斯涌出分析系统中相关传感器临界值设置；<br>※井下传感器变更三天内，完成传感器的更新；<br>※每次操作结束退出前执行“保存”，将数据更新上传到预警综合数据库。 | |
| 7. 系统管理员 | |
| 第一责任人： | |
| 工作内容 | |
| ※根据需要新建部门信息和用户信息；<br>※检查各子系统数据上传情况，定期备份预警综合数据库，在预警系统出现异常时恢复数据库；<br>※及时解决其他部门在使用过程中发生的问题，或直接与中煤科工集团重庆研究院支持人员联系。 | |
| 工作要求 | |
| ※备份综合数据库时间间隔为一周；<br>※制作突出预警月报表的时间为每月上旬。 | |

目前由于技术水平等因素的限制，一些重要的警兆信息(如日常预测指标超标、防突措施缺陷等)尚无法实现自动采集与监测，预警系统对这类信息采取人工录入加系统自动辨识的半自动化处理方式，因此，预警系统稳定、可靠运行与相关责任人员的日常操作密切相关。此次培训的主要目的有两点：第一，加深新景公司相关人员对预警理念的理解，使其从思想上深刻认识到突出预警系统以及自身工作的重要性；第二，使各个部门的操作人员明确系统操作与维护的方法，减少人为操作失误。培训采用集中讲课和实际操作相

结合的形式，结合各部门数据管理方式，有针对性地对各部门操作人员逐一进行操作指导。各部门培训内容主要包括：

（1）通风工区

通风工区是预警系统的主要管理、应用及维护部门，是培训的重点对象。对通风区相关人员的培训内容包括预警理念、煤与瓦斯突出预警技术、突出预警系统结构及组成、相关子系统的操作和维护、预警结果的分析和响应、相关人员职责等，其中，培训的核心内容是相关子系统（包括突出综合预警平台、瓦斯涌出动态分析系统及防突动态管理与分析系统等）的操作和维护方法。

（2）地测部

地测部是预警所需地质构造、巷道设计和施工信息等基础数据的重要来源，是预警系统的重要操作、维护部门。对地测部的培训包括预警理念、预警系统结构及组成、地质测量管理系统的操作和维护要求、相关人员职责等，其中，培训的核心内容是相关子系统（包括地质测量管理系统、瓦斯地质动态分析系统等）的操作和维护方法。

（3）掘开工区、采煤工区和抽采工区等相关部门

掘开工区、采煤工区和抽采工区系统提供的采掘进尺、钻孔参数等数据都是预警系统的基础参数，对上述部门的培训内容包括预警理念、预警系统结构及组成、相关子系统的操作和维护、相关人员职责等。培训的核心内容是相关子系统的操作和维护方法，对于掘开工区主要涉及采掘进度管理系统和防突动态管理与分析系统，采煤工区主要涉及采掘进度管理系统，抽采工区主要涉及防突动态管理与分析系统。

### 3.4.3 预警应用效果考察

新景公司突出预警系统应用效果考察主要包括系统运行稳定性考察、预警效果跟踪考察及防突管理效果分析三个方面内容。

#### 3.4.3.1 系统运行稳定性考察

突出预警系统能够稳定运行是进行准确预警的前提，软件适应性调整与系统初步测试完成之后，系统功能逐渐完善，整体运行稳定。

第一，预警系统硬件运行可靠。考察期间，预警服务器及客户端计算机运行完全正常，没有出现死机或是异常关机等机器故障；经过现场测试，UPS 电源在异常断电的情况下能够保证预警服务器正常运行 20 min；短信发布平台可及时准确发布预警结果信息。

第二，预警系统软件响应速度较快。经过多次测试，预警系统各子系统打开本地矿图一般在 10 s 内；在办公网络正常的情况下，直接打开服务器矿图时间在 15 s 内；数据同步与预警分析在网络正常情况下，一般可在 5 min 内完成。

第三，整个预警系统出错率低。在用户按照《新景系统预警系统岗位责任书》及相关操作要求对预警系统进行操作和维护的情况下，预警系统能够及时准确进行预警指标计算并及时发布预警结果，系统连续、稳定运行时间超过 3 个月。

#### 3.4.3.2 预警效果跟踪考察

（1）工作面日常预警效果跟踪考察

① 考察工作面概况

芦南二区 3# 煤层南八正、副巷位于芦南二区南翼中部，该区域 3# 煤层赋存稳定（煤厚约 2.34～3.05 m，平均 2.56 m），结构简单，属中灰、低硫的优质无烟煤，煤层以镜煤、亮煤为主，内生裂隙发育。南八正、副巷南部为一倾向 SE 的单斜构造，煤层倾角 3°～6°；中部为一轴向 NW 的背斜构造，两翼倾角 2°～5°；北部为一倾向 SE 的单斜构造，煤层倾角 3°～10°。

7212 切巷位于芦南二区北翼中部，该区域 3# 煤层赋存稳定，结构简单，属中灰、低硫的优质无烟煤，煤层以镜煤、亮煤为主，内生裂隙发育。7212 切巷所在区域为一倾向 SE 的单斜构造，煤层倾角 3°～11°；北部与一冲刷带相邻，可能对整个掘进工作面的突出危险性造成影响。

芦南一区 8# 煤层北六副巷位于芦南一区北翼东部，该区域 8# 煤层赋存稳定，结构简单，属中灰、中硫、中磷的无烟煤，煤层以半亮煤为主，内生裂隙发育。北六副巷南部为一轴向 NE 的背斜构造，两翼倾角 2°～7°；中部为一轴向近 WE 的向斜构造，两翼倾角 2°～6°；北部为一倾向 W 的单斜构造，煤层倾角 3°～5°。

考察工作面区域突出危险性预测均采用瓦斯含量指标，指标临界值为 7 $m^3/t$；采用顺层钻孔预抽煤巷条带煤层瓦斯的区域防突措施，根据主孔实际施工深度确定推进度，超前预留距离不少于 20 m；区域措施效果检验使用瓦斯含量指标，指标临界值为 7 $m^3/t$；采用工作面预测的方法进行区域验证。工作面预测采用 $K_1$ 和 $S$ 指标，指标临界值分别为 0.4 mL/(g·$min^{0.5}$)和 6 kg/m；工作面防突措施采用局部排放孔，预留 7 m 措施超前距；工作面效果检验采用与工作面预测相同的指标和临界值。

对于考察工作面的选择，主要考虑现有资料的完备性、本次研究试验范围以及兼顾多种突出影响因素等条件，基于此，本次工作面日常预警效果跟踪考察时间段确定为 2013 年 1 月至 4 月，考察巷道总长超过 1 000 m；考察范围覆盖 3#、8# 煤层，并以突出危险性相对较大的 3# 煤层为主；考察涉及突出影响因素包括日常预测、构造煤、地质构造（断层和冲刷带）、保护层开采、防突措施缺陷等多个方面。

② 同一工作面预警效果跟踪考察

根据防突和地质部门提供的相关资料，考察期间南八正巷共出现两次较大突出危险，一次出现在 2 月 2 日，预测 $K_1$ 值达 1.28 mL/(g·$min^{0.5}$)，软分层厚度 0.8 m；另一次出现在 3 月 11 日，揭露一个落差为 0.8 m 的正断层。

1 月 30 日零点班趋势预警报“橙色”，到 2 月 1 日四点班趋势预警升级为“红色”，2 月 2 日八点班状态预警升级为“危险”，趋势预警为“橙色”，当班 $K_1$ 预测超标，此次预警过程触发因素均为瓦斯涌出（如图 3-4-43 所示），预警结果准确无误，且具有较好的预测超前性（超前 $K_1$ 值 2 d）。此外，在 2 月 2 日，软分层厚度超过了预警临界值 0.3 m，预警系统从瓦斯地质方面给出状态“威胁”预警，提醒相关部门加强防护。

3 月 7 日八点班趋势预警报“橙色”，触发因素为瓦斯地质，表明工作面距构造影响范围的距离在 10 m 以内，3 月 10 日八点班趋势预警升级为“红色”，状态预警为“威胁”，表明工作面已进入构造影响范围（如图 3-4-44 所示），即将揭露构造；到 3 月 9 日零点班开始，预警系统从瓦斯涌出角度给出了“橙色”预警，并在 3 月 11 日零点班升级为“红色”预警，表明在地质构造的作用下，瓦斯涌出出现异常。此次预警过程分别从瓦斯地质和瓦斯

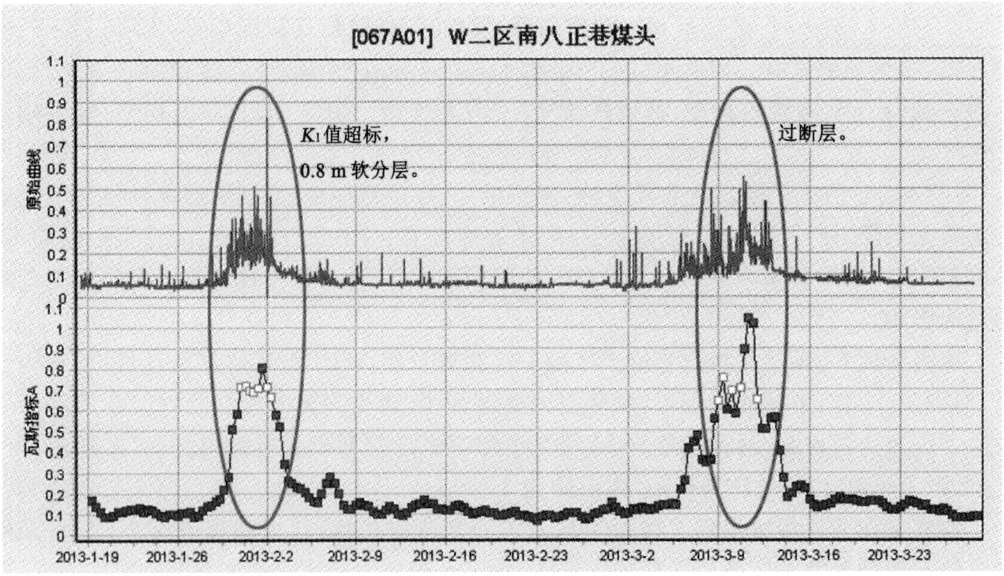


图 3-4-43　南八正巷瓦斯涌出预警结果

涌出两个方面对工作面前方突出危险性进行了预警，突出危险发生规律与理论研究及现场情况完全相符，进一步说明了预警系统具有较好的超前性与可靠性。

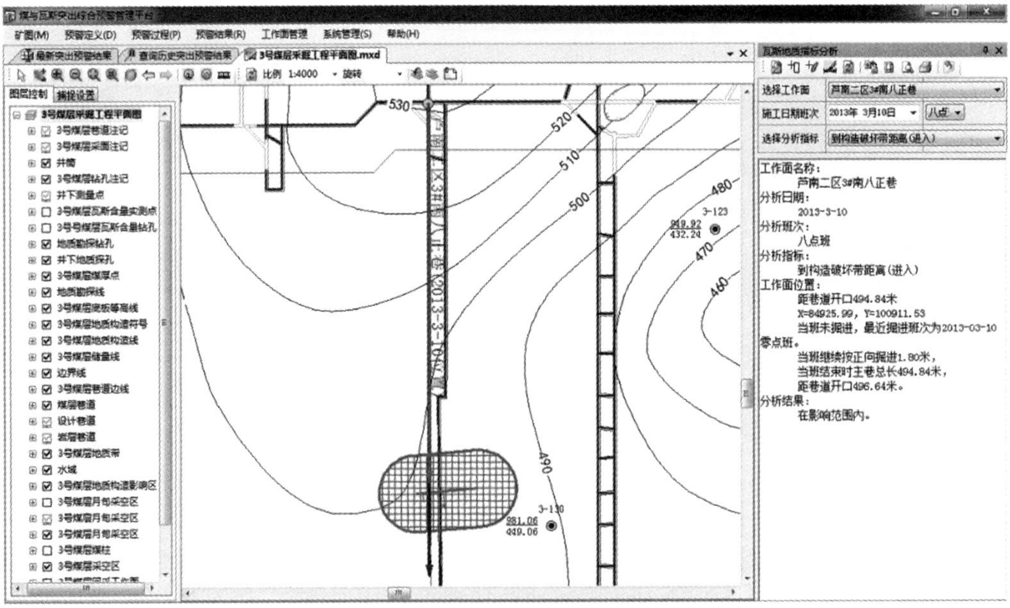


图 3-4-44　南八正巷瓦斯地质预警分析

③ 不同工作面预警效果对比跟踪考察

工作面突出危险性的大小与工作面所在区域瓦斯地质条件、防突措施和采掘部署等多种因素有关，综合预警结果从不同角度对工作面的突出危险性大小作出判断，通过统计各工作面掘进过程中不同等级预警结果所占比例的不同，可以反映工作面整体突出危险性的大小，同时，通过对比同一工作面各种预警指标的分布情况，可以反映该工作面突出危险敏感指标。

预警效果对比分析以3#煤层南八正巷、7212切巷和8#煤层北六副巷为例，通过对比各工作面不同级别的预警结果所占的比例，检验预警结果是否与工作面实际突出危险性大小相一致；通过对比同一工作面不同预警要素所占的比例，检验工作面突出危险的主要影响因素是否与实际情况相一致。

由图3-3-45可以看出：第一，8#煤层北六副巷预警结果等级明显低于3#煤层南八正巷与7212切巷，这与实际情况完全相符，因为8#煤总体变质程度低于3#煤，所以瓦斯含量小于3#煤，再加上北六副巷上部3#煤开采对下部煤层的卸压保护作用，使得北六副巷掘进工作面的突出危险性大大降低。第二，3#煤层南八正巷预警结果等级低于7212切巷，这也是与实际情况相符的，因为7212切巷整体位于冲刷构造带边缘，其工作面的突出危险性受冲刷带影响较大，虽然7212切巷工作面采取更加密集的防突措施，且保持较小的掘进速度，但是考察期间仍有两次较大幅度的$K_1$值超标，最大$K_1$值达到1.73 mL/(g·min$^{0.5}$)，说明7212切巷确实存在较大的突出危险性。可见，预警系统预警结果与工作面实际突出危险情况相符，从整体上反映了不同工作面突出危险性的大小。

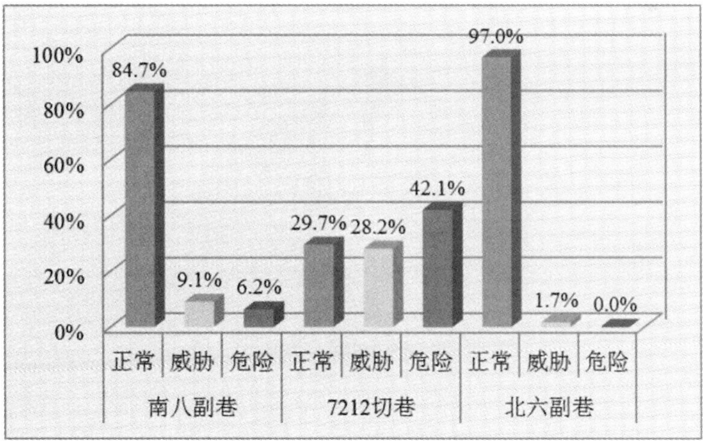


图3-4-45　不同工作面预警结果等级比例统计图

由图3-4-46可以看出，南八副巷掘进期间，异常预警结果（达到“威胁”或“橙色”以上）的触发因素依次为“瓦斯地质”、“瓦斯涌出”及“防突措施”，说明该工作面突出危险性的主要影响因素为瓦斯地质、瓦斯涌出与防突措施，这与该工作面实际情况相一致。考察期间该工作面无一次$K_1$值超标或是动力现象发生，说明在正常防突管理与生产体系之下，该工作面的突出危险性能得到有效控制，对突出危险性威胁较大的区域主要集中在地质构造附近。此外，瓦斯涌出和防突措施也是该工作面的重要突出危险征兆。如图3-4-47所示，导致7212切巷预警结果异常的预警要素中，"瓦斯地质"占绝对优势，其次为"日常预测"和"瓦斯涌出"，这是因为该工作面总体处于冲刷带边缘，受冲刷带的影响，该工作面突出危险性较大，日常预测指标容易超标，瓦斯涌出容易发生异常，因此在工作面掘进过程中应注意加强瓦斯地质观测、强化防突措施，并保证瓦斯监控系统正常运行。北六副巷掘进工作面由于突出危险性较小，极少出现异常预警结果，在此不作异常预警结果预警要素占比分析。

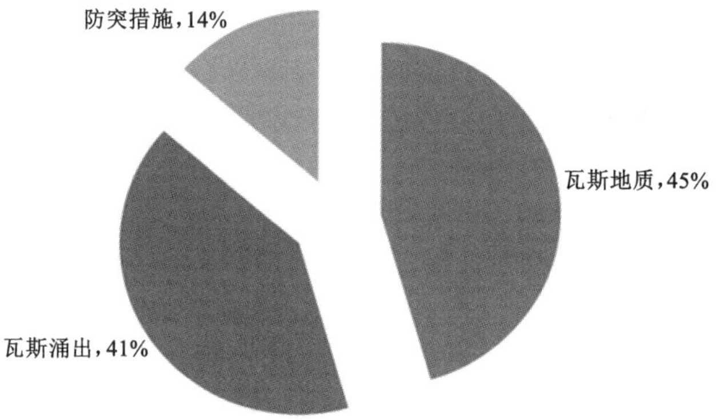


图 3-4-46　南八副巷异常预警影响因素分析

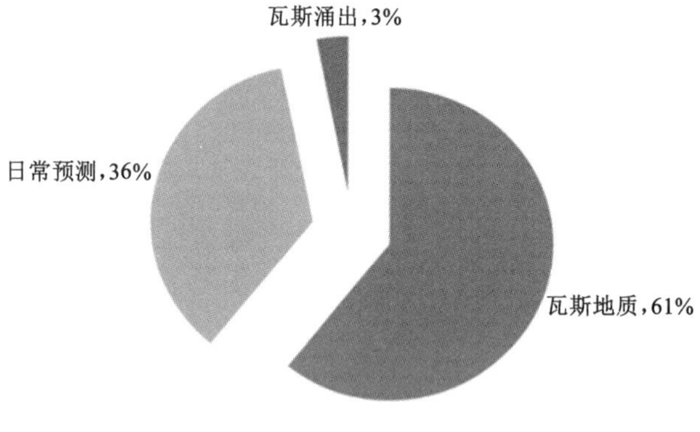


图 3-4-47　7212 切巷异常预警影响因素分析

（2）典型案例分析

1）典型事故预警结果分析

①"6·19"事故及工作面基本情况

2013年6月19日2时22分，新景公司保安采区北一出煤系统巷综掘工作面发生一起煤与瓦斯突出事故，突出煤量约为202.99 t，涌出瓦斯量为15 862 $m^3$，煤岩体被抛出

27.2 m，最外端呈 30°角堆积（如图 3-4-48 所示）。

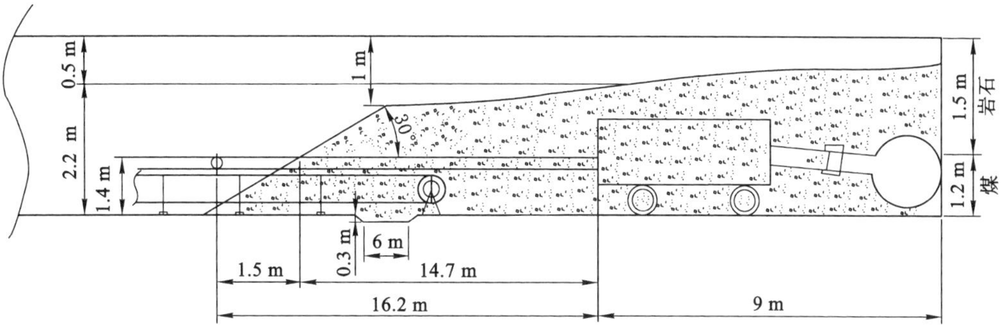


图 3-4-48　事故现场煤岩体堆积情况

北一出煤系统巷位于 3# 煤保安分区东部，东为北一正、副巷（未掘），南为 3# 煤轨道巷，西为北二正、副巷，北为保安分区回风巷。该巷道由西向东沿 3# 煤掘进，设计长度 88.58 m，截至 6 月 19 日共施工 60.2 m。巷道为矩形断面，净宽 4.1 m，净高 2.6 m，净断面 10.66 $m^2$，采用锚杆＋锚索＋金属菱形网＋钢筋钢带联合支护。根据三维地震资料及周边地质资料综合分析结果，北一出煤系统巷处于一轴向 NNW 向斜构造的西翼，煤层倾角 3°～6°。预计掘进过程中有可能会揭露冲刷区，受其影响 3# 煤层会略有变薄，届时冲刷区附近有可能伴生断裂构造及构造软煤，造成瓦斯含量增大。

北一出煤系统巷区域突出危险性预测采用瓦斯含量指标，指标临界值为 8 $m^3/t$。5 月 30 日使用 DGC 测定瓦斯含量为 8.5 $m^3/t$，具有突出危险性，随即采用顺层钻孔预抽煤巷条带煤层瓦斯的区域防突措施。5 月 31 日抽采工区使用 ZYJ-380/210 钻机施工。6 月 4 日钻孔施工完毕，共施工 35 个区域预抽钻孔，实行"打一、封一、连一、抽一"预抽措施，预抽共 13 d，实测瓦斯含量 7.48 $m^3/t$，瓦斯抽采总量为 4 492.8 $m^3$，经计算该面残余瓦斯含量 7.92 $m^3/t$，小于临界值 8 $m^3/t$，效果检验符合规定。

北一出煤系统巷工作面防突措施采用局部卸压孔，共施工 21 个钻孔，分 3 排布置，每排 7 个孔，中部 15 个正孔，15 m 深，左右两帮各 3 个偏孔。每次进行效果检验，指标合格，允许推进 8 m，预留 7 m 超前距离；检验不合格，补打卸压孔，再检验，直至合格。由于北一出煤系统巷处于瑞利波探测异常区，且 6 月 17 日局部卸压孔 8 m 遇矸，因此对局部防突措施进行变更，即在原来 21 个卸压孔的基础上再增加 9 个，要求队组施工 30 个卸压孔，同时降低掘进速度，允许推进两排（1.6 m）。

② "6·19"事故预警系统预警结果分析

为了考察突出预警系统的可靠性，本次研究将新景公司提供的"6·19"事故前的相关数据资料输入预警系统，经预警系统综合分析与处理得到如图 3-4-49 所示预警结果。

由图 3-4-49 可以看出，6 月 17 日八点班预测 $K_1$ 值超标，且局部卸压孔在 8 m 左右遇矸，再加上该区域处于瑞利波探测异常区，所以基本可以推断前方存在地质构造，将构造信息及时录入系统，系统根据掘进尺数据自动分析工作面与断层的位置关系，判定工作

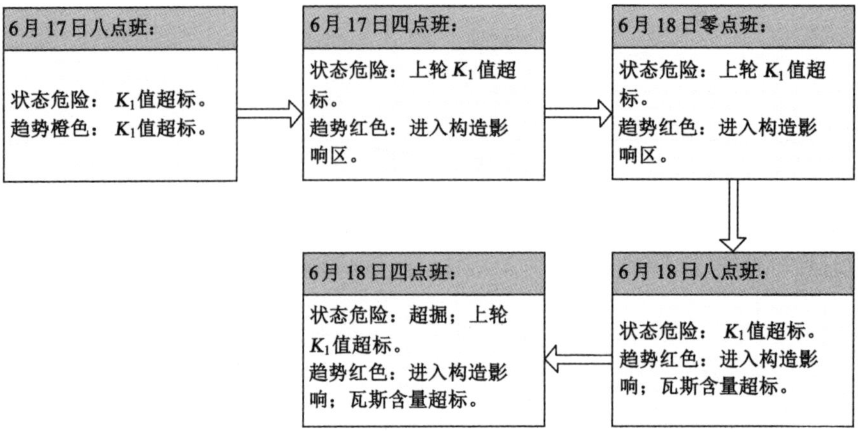


图 3-4-49 “6·19”事故前突出预警系统预警结果

面处于断层影响区内。6 月 17 日四点班预警系统从瓦斯地质方面发出状态“威胁”、趋势“红色”预警，同时，系统从日常预测方面给出状态“危险”预警，综合预警结果为状态“危险”、趋势“红色”，达到最高预警级别，说明工作面存在严重的突出危险性。6 月 18 日八点班 $K_1$ 值再次超标，且瓦斯含量达到 15.558 0 $m^3/t$，该班次综合预警结果依然保持最高级别(状态“危险”、趋势“红色”)。6 月 18 日四点班系统从防突措施角度给出状态“危险”预警(原因是当前进尺超过了工作面允许进尺)，综合预警结果依然是状态“危险”、趋势“红色”，提醒相关部门及时采取相应措施以消除突出危险性。由此可见，将“6·19”事故前采集数据录入预警系统能取得较好的预警效果，可从日常预测、瓦斯地质、防突措施三个方面超前两天对“6·19”事故进行预警，预警级别呈增大趋势且事故前四个班次均保持最高预警级别，与现场实际情况相吻合。

2）典型日常预警结果分析

芦南一区 8# 煤东一正巷在 7 月 4 日八点班出现日常预测超标现象，$K_1$ 达到 1.49 $mL/(g\cdot min^{0.5})$，值偏大，说明工作面前方突出危险性较大。在 7 月 2 日零点班趋势预警结果为“橙色”，状态预警结果为“正常”。7 月 2 日八点班趋势预警结果继续保持“橙色”，状态预警结果升级为“威胁”，但是因为该工作面当日预测 $K_1$ 值没有超标[指标值为 0.35 $mL/(g\cdot min^{0.5})$]，且没有明显的瓦斯动力现象，所以工作面继续向前推进。到 7 月 3 日零点班，趋势预警结果升级为“红色”，而当日 $K_1$ 值仍然没有超标[指标值为 0.35 $mL/(g\cdot min^{0.5})$]，也未发生动力现象，所以该工作面仍按正常程序进行掘进作业。直到 7 月 4 日八点班 $K_1$ 值超标工作面才停止作业并施工措施孔。随后，到 7 月 5 日八点班趋势预警和状态预警结果均变为“正常”。

此次报警的触发因素为瓦斯涌出异常，超前于新景公司日常预测 $K_1$ 值 2 天发布突出危险预警，说明预警超前性好，能为防突措施的执行留下足够的安全距离。同时，从 7 月 1 日到 7 月 3 日，瓦斯涌出指标呈现出逐渐增大的变化规律(图 3-4-50)，完全符合突出危险“分区分带”分布的一般规律。7 月 4 日以后，随着工作面突出危险性的逐渐解除，预警级别也随之降低。这些充分说明预警结果具有较高的可靠性。

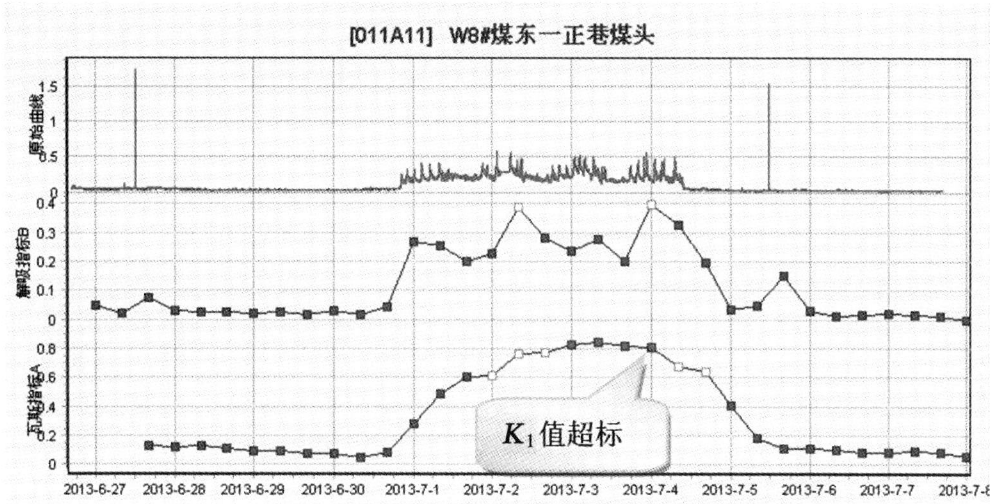


图 3-4-50　东一正巷预警结果

如图 3-4-51 所示，预警系统在 7 月 28 日八点班趋势预警结果为“橙色”，到 7 月 29 日零点班趋势预警结果升级为“红色”，7 月 30 日八点班预测 $K_1$ 值超标。本次预警系统从瓦斯涌出角度超前 $K_1$ 值 2 天对南八正巷掘进工作面前方突出危险性进行了预警。

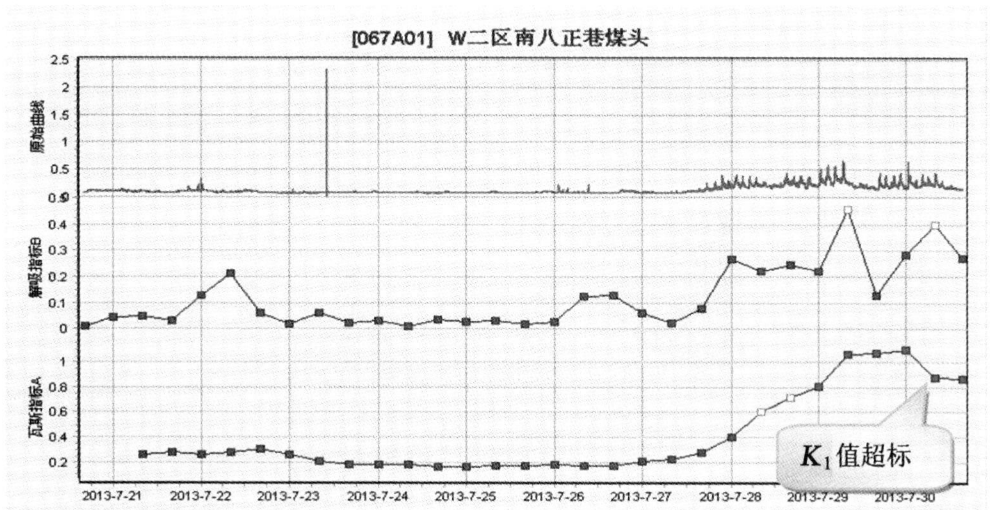


图 3-4-51　南八正巷预警结果

(3) 其他重要预警功能分析

1) 物探异常区预警功能实现

地质构造在很大程度上决定了采掘工作面前方的突出危险性大小，对于较大规模的构造，可以借助地面三维地震勘探和钻孔资料等予以定位，但是对于新景公司井田范围内占有很高比例且对突出具有控制作用的小型构造，这种探测方法略显不足，因此对工作面局部区域内小型地质构造进行有效探测就显得尤为重要。本项目选择重庆煤科院生产的KJH-D防爆探地雷达来对局部构造进行探测，因为这种雷达具有科技含量高、无需辅助工程、非接触无损探测、井下探测方便快捷、基本不影响生产等诸多优点，将其作为重要硬件支撑条件引入预警系统，探测结果以物探异常区的形式录入采掘工作各平面图进行预警，以提高预警的全面性与及时性。

突出预警系统对物探异常区的处理与对冲刷带的处理相类似，所不同的是系统只在当工作面处于物探异常区轮廓线外围 30 m 范围内时进行报警。这样处理的原因是：工作面处于物探异常区内时，通常已经揭露构造，或是能够通过措施钻孔探明构造，如果揭露构造，说明物探准确，则将物探异常区改为探明的地质构造类型，以实际构造进行突出预警；如果未揭露构造，且措施钻孔未见异常，也未出现其他异常现象，说明物探失误，则删除物探异常区，进行正常掘进。物探异常区分析效果如图 3-4-52 所示，系统能够根据采掘进度自动判断工作面与物探异常区的位置，当工作面距物探异常区的距离不足 30 m 时，系统自动报警，提示相关部门加强探测，强化措施。

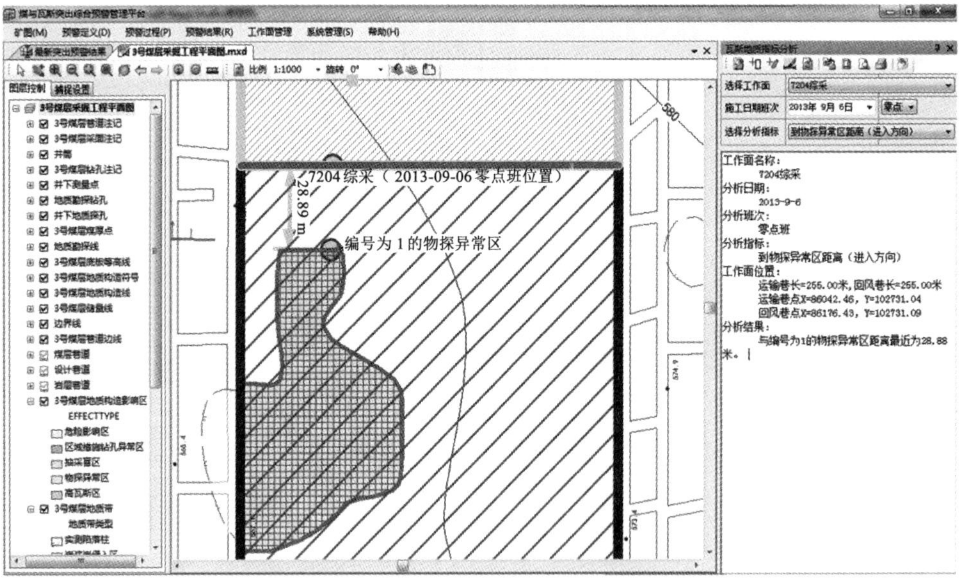


图 3-4-52　物探异常区分析效果

2）矿压预警功能实现

本次研究对矿压预警进行了试探性研究，研究结果表明，矿压显现与瓦斯异常涌出及 $K_1$ 值增大有直接关系，矿压增大是工作面突出危险性增大的前兆，可以通过捕捉矿压显现特征来预测工作面前方突出危险性。另外，本次研究还分析了新景公司目前使用的三套矿压监测系统各自的监测特征及数据库结构，使预警系统能够自动访问矿压监测系统数据库，实现了矿压在线分析与实时预警，取得了较好的应用效果。

如图 3-4-53 所示，通过对 2114 工作面为期一个月的跟踪考察，发现矿压预警结果与工作面实际情况基本吻合，考察期间“红色”预警结果基本上是由“周期来压”触发，该功能的实现主要是通过预设的来压步距来判断工作面是否处于周期来压范围，从预警结果可以看出，预警效果较好，能反映工作面周期来压情况，与实际相符；另外，8 月 22 日，矿压监测值达到 44.3 MPa，片帮深度达到 260 mm，且工作面施工卸压孔时钻屑量较大，说明工作面矿压显现明显，预警结果为“红色”，触发因素为矿压监测值、片帮深度和周期来压，此次预警系统从三个方面对工作面突出发展趋势作出判断，与来压期间矿压显现特征及施钻动力现象相一致，体现了矿压预警的可靠性。

| 序号 | 工作面名称 | 状态预警结果 | 趋势预警结果 | 预警时间 | 预警指标 |
|---|---|---|---|---|---|
| 1 | 2114 | 危险 | 红色 | 2013-09-10 17:45:47 | P最大值=34，片帮深度=260mm，周期来压=是 |
| 2 | 2114 | 危险 | 红色 | 2013-09-09 17:45:47 | P最大值=35.8，片帮深度=280mm，周期来压=是 |
| 3 | 2114 | 正常 | 绿色 | 2013-09-08 17:45:47 | P最大值=30.3，片帮深度=250mm，周期来压=否 |
| 4 | 2114 | 危险 | 红色 | 2013-09-07 17:45:47 | P最大值=31.2，片帮深度=280mm，周期来压=是 |
| 5 | 2114 | 危险 | 红色 | 2013-09-06 17:45:47 | P最大值=34.3，片帮深度=260mm，周期来压=是 |
| 6 | 2114 | 正常 | 绿色 | 2013-09-05 17:45:47 | P最大值=37.4，片帮深度=290mm，周期来压=否 |
| 7 | 2114 | 危险 | 红色 | 2013-09-04 17:45:47 | P最大值=35，片帮深度=260mm，周期来压=是 |
| 8 | 2114 | 危险 | 红色 | 2013-09-03 17:45:47 | P最大值=44.3，片帮深度=260mm，周期来压=否 |
| 9 | 2114 | 危险 | 红色 | 2013-09-02 17:45:47 | P最大值=28.9，片帮深度=280mm，周期来压=是 |
| 10 | 2114 | 危险 | 红色 | 2013-09-01 17:45:47 | P最大值=29.5，片帮深度=290mm，周期来压=是 |
| 11 | 2114 | 正常 | 绿色 | 2013-08-31 17:45:47 | P最大值=38.6，片帮深度=300mm，周期来压=否 |
| 12 | 2114 | 危险 | 红色 | 2013-08-30 17:45:47 | P最大值=34.2，片帮深度=320mm，周期来压=是 |
| 13 | 2114 | 正常 | 绿色 | 2013-08-29 17:45:47 | P最大值=31.2，片帮深度=320mm，周期来压=否 |
| 14 | 2114 | 正常 | 绿色 | 2013-08-28 17:45:47 | P最大值=39.3，片帮深度=310mm，周期来压=否 |
| 15 | 2114 | 危险 | 红色 | 2013-08-27 17:45:47 | P最大值=36.2，片帮深度=280mm，周期来压=是 |
| 16 | 2114 | 危险 | 红色 | 2013-08-26 17:45:47 | P最大值=35.8，片帮深度=280mm，周期来压=是 |
| 17 | 2114 | 正常 | 绿色 | 2013-08-25 17:45:47 | P最大值=30.7，片帮深度=270mm，周期来压=否 |
| 18 | 2114 | 正常 | 绿色 | 2013-08-24 17:45:47 | P最大值=33.2，片帮深度=260mm，周期来压=否 |
| 19 | 2114 | 危险 | 红色 | 2013-08-23 17:45:47 | P最大值=45，片帮深度=250mm，周期来压=是 |
| 20 | 2114 | 危险 | 红色 | 2013-08-22 17:45:47 | P最大值=44.3，片帮深度=260mm，周期来压=是 |
| 21 | 2114 | 正常 | 绿色 | 2013-08-21 17:45:47 | P最大值=38.2，片帮深度=250mm，周期来压=否 |
| 22 | 2114 | 正常 | 绿色 | 2013-08-20 17:45:47 | P最大值=35.4，片帮深度=270mm，周期来压=否 |
| 23 | 2114 | 危险 | 红色 | 2013-08-19 17:45:47 | P最大值=37.3，片帮深度=280mm，周期来压=是 |
| 24 | 2114 | 危险 | 红色 | 2013-08-18 17:45:47 | P最大值=41.1，片帮深度=220mm，周期来压=是 |
| 25 | 2114 | 正常 | 绿色 | 2013-08-17 17:45:47 | P最大值=30.3，片帮深度=250mm，周期来压=否 |
| 26 | 2114 | 正常 | 绿色 | 2013-08-16 17:45:47 | P最大值=29.5，片帮深度=260mm，周期来压=否 |
| 27 | 2114 | 正常 | 绿色 | 2013-08-15 17:45:47 | P最大值=34，片帮深度=240mm，周期来压=否 |
| 28 | 2114 | 危险 | 红色 | 2013-08-14 17:45:47 | P最大值=36.5，片帮深度=260mm，周期来压=是 |
| 29 | 2114 | 危险 | 红色 | 2013-08-13 17:45:47 | P最大值=33.4，片帮深度=230mm，周期来压=是 |
| 30 | 2114 | 正常 | 绿色 | 2013-08-12 17:45:47 | P最大值=33，片帮深度=260mm，周期来压=否 |
| 31 | 2114 | 正常 | 绿色 | 2013-08-11 17:45:47 | P最大值=29.5，片帮深度=240mm，周期来压=否 |
| 32 | 2114 | 正常 | 绿色 | 2013-08-10 17:45:47 | P最大值=32.2，片帮深度=280mm，周期来压=否 |

图 3-4-53　2114 工作面矿压预警效果

3）突出预警与瓦斯评级关系

根据相关文件规定，阳泉矿区瓦斯地质评级主要涉及三个部门，即地质部门、生产部门和通风部门，其中：地质部门主要负责提供地质构造位置、范围及延展方向等属性信息，构造煤发育情况，以及物探异常等信息；生产部门主要负责提供工作面矿压监测与矿压显现情况，以及是否处于周期来压区域等信息；通风部门主要提供区域预测及日常预测指标测定及动力现象等基本情况。瓦斯地质评级中各部门提供的资料信息对应预警指标体系中的瓦斯地质、矿山压力与日常预测三个方面，除此之外，预警指标体系还包括采掘影响（判断工作面是否处于采掘应力集中区内）、瓦斯涌出（根据瓦斯涌出信息实时判断工作面前方突出危险性大小）与防突措施（判断防突措施是否存在缺陷）三个方面。因此，单从指标体系来讲，预警系统完全涵盖了瓦斯地质评级工作，并且在预测的全面性、实时性与高效性方面具有绝对优势。

当然,瓦斯地质评级标准与突出预警规则也存在一些小差异,为了使预警系统能够融合瓦斯地质评级工作内容,参考阳泉矿区瓦斯地质评级标准,对突出预警规则进行了相应的扩展,扩展内容包括以下几个方面:

① 工作面处于物探异常区(卸压孔或地质孔未探明)范围外 30 m 时,状态预警级别为"威胁";

② 采煤工作面处于地质构造影响范围外延 10 m 范围内时遇顶板初次来压或周期来压,状态预警级别为"危险";

③ 当 $d \geqslant 500$ mm 时,趋势预警级别为"红色";

④ 采煤工作面周期来压时,趋势预警级别为"红色";

⑤ 采煤工作面 5 架以上范围出现冒顶时,趋势预警级别为"橙色";

⑥ 扩展后的预警规则基本上涵盖了瓦斯地质评级的所有标准,而且比评级标准更加全面,具备了实时、自动进行瓦斯地质评级的条件。

3.4.3.3 防突管理效果分析

新景公司煤与瓦斯突出综合预警系统的使用,在防突管理方面的作用主要表现为以下三个方面:

(1) 使防突工作的管理更加精细化、规范化

一方面,防突工作是个细活,容不得半点马虎,稍有差池,便可能留下安全隐患,引发事故;另一方面,防突工作又是一个复杂的系统工程,涉及工艺流程多,时间长,地点、环境复杂多变。因此,煤与瓦斯突出的防治需要精细化、规范化的管理。煤与瓦斯突出综合预警系统的各子系统针对新景公司具体情况定制,可作为各部门的专业分析工具,同时实现对各部门相关信息进行有效管理,及时发现防突工作中存在的问题、隐患,并提醒用户及时修正。预警系统的这一特点大大促进了防突管理工作的精细化和规范化。

(2) 使各部门之间掌握的安全信息更加透明化

煤与瓦斯突出防治涉及通风、地质、抽采、生产等多部门,需要各职能部门随时交流各自掌握的安全信息。防突过程中,任何一个部门掌握的信息不能及时、准确获取,都可能留下安全隐患。因此,各职能部门之间煤与瓦斯突出相关信息的及时共享和合理汇总,是科学地、有针对性地制订、实施防突措施的前提。预警系统的应用,实现了各部门之间瓦斯突出相关信息的局域网实时共享和在线分析,使各部门之间的信息更加透明,措施制订、实施人员掌握的资料更加全面,为科学地制订、严格地实施防突措施提供了保障。此外,预警结果的局域网实时发布,能够使新景公司各级、各部门人员方便地了解矿井存在的各类隐患,对隐患的消除情况进行监督。这大大降低了煤与瓦斯突出灾害发生的可能性,增强了矿井的抗灾能力。

(3) 实现了防突工作的全过程控制管理

新景公司煤与瓦斯突出综合预警系统采用的是综合预警模型,能全面地对煤与瓦斯突出相关因素和突出征兆进行实时监测、智能分析,使矿方相关人员能够及时发现并消除工作面突出危险性,实现了防突工作的全过程、全方位控制。

综上所述,新景公司煤与瓦斯突出综合预警系统的使用,实现了防突信息的透明化,

促进了防突管理的精细化和规范化，实现了防突工作的全过程控制，大大提升了公司防突管理水平。

# 参考文献：

[1] 曹家琳.煤矿瓦斯突出事故的行为原因研究[D].北京：中国矿业大学（北京），2017.

[2] 国家安全生产监督管理总局，国家煤矿安全监察局.国家安全监管总局办公厅关于加强煤与瓦斯突出矿井鉴定机构监管的通知[EB/OL]. [2017-07-02].http://www.nea.gov.cn/2012-07/02/c_131689359.htm.

[3] 国家煤炭安全监察局.煤与瓦斯突出矿井鉴定规范：AQ 1024—2006[S].北京：煤炭工业出版社，2006.

[4] 中国煤炭工业协会.煤与瓦斯突出危险性区域预域方法：GB/T 25216—2010[S].北京：中国标准出版社，2010.

[5] 中国煤炭工业协会科技发展部.预抽回采工作面煤层瓦斯区域防突措施效果检验方法：MT/T 1037—2019[S].北京：煤炭工业出版社，2007.

[6] 高明明.煤与瓦斯突出事故预警研究[D].阜新：辽宁工程技术大学，2015.

[7] 冀托.煤与瓦斯突出鉴定方法的理论研究[D].焦作：河南理工大学，2012.

[8] 周秀红，杨胜强，胡新成，等.煤与瓦斯突出鉴定的现状及建议[J].煤矿安全，2011，42(1)：116-118.

[9] 李双.煤与瓦斯突出煤层瓦斯地质单元划分研究[J].煤炭科技，2020(5)：43-46.

[10] 张豫生.基于地质构造的煤与瓦斯突出预测研究[D].阜新：辽宁工程技术大学，2006.

[11] 孙肖琦，郑欣.工作面煤与瓦斯突出预测方法综述[J].煤炭技术，2019，38(10)：111-114.

[12] 崔大尉.基于地震信息的煤与瓦斯突出预测与评价方法研究[D].徐州：中国矿业大学，2015.

[13] 梁跃强.基于地质数据挖掘和信息融合的煤与瓦斯突出预测方法[D]. 徐州：中国矿业大学(北京)，2018.

[14] 孙宁航.基于改进模糊支持向量机的煤与瓦斯突出预测[D].徐州：中国矿业大学，2019.

[15] 李绍泉.近距离煤层群煤与瓦斯突出机理及预警研究[D].北京：中国矿业大学(北京)，2013.

[16] 李春旭.煤层气富集区地震预测应用研究[D].成都：成都理工大学，2013.

[17] 郭杰，邓奇根.煤层突出区域预测指标瓦斯含量临界值确定方法研究[J].煤炭技术，2020，39(4)：102-106.

[18] 唐俊，蒋承林，李晓伟，等.煤与瓦斯突出机理与突出预测的关系及研究进展[J].煤矿安全，2016，47(4)：186-190.

[19] 邢云峰.煤与瓦斯突出前兆低频电磁信号接收技术研究[D].北京:中国矿业大学(北京),2014.

[20] 于旭.煤与瓦斯突出险兆事件致因分析及管控对策研究[D].西安:西安科技大学,2015.

[21] 欧建春.煤与瓦斯突出演化过程模拟实验研究[D].徐州:中国矿业大学,2012.

[22] 王晶,张立强,张嘉伟,等.煤与瓦斯突出预测地球物理方法研究综述[J].科技展望,2015,25(10):187.

[23] 陈同俊.P 波方位 AVO 理论及煤层裂隙探测技术[D].徐州:中国矿业大学,2009.

[24] 林建东,张兴平,孙宇菲,等.利用弹性多参量反演技术预测煤矿瓦斯富集区[J].中国煤炭地质,2015,27(11):57-61.

[25] 常锁亮,刘洋,赵长春,等.地震纵波技术预测煤层瓦斯富集区的探讨与实践[J].中国煤炭地质,2010,22(8):9-15.

[26] 彭刘亚,崔若飞,任川.多参数岩性地震反演在识别煤层顶板砂岩中的应用:以新景煤矿为例[J].地球物理学进展,2013,28(4):2033-2039.

[27] 曾葫,裴圣良,汤小明.AVO 反演预测煤层瓦斯富集区[J].中国煤炭地质,2017,29(7):70-74.

[28] 秦轲,崔若飞,张少青,等.利用地震 P 波方位属性评价瓦斯富集区[J].地球物理学进展,2012,27(4):1687-1692.

[29] 崔若飞,钱进,陈同俊,等.利用地震 P 波确定煤层瓦斯富集带的分布[J].煤田地质与勘探,2007,35(6):54-57.

[30] 李文利,申有义,杨晓东.利用地震波能量属性预测矿井瓦斯富集区[J].中国煤炭地质,2017,29(11):60-64.

[31] 彭刘亚,崔若飞,任川,等.利用岩性地震反演信息划分煤体结构[J].煤炭学报,2013,38(A02):410-415.

[32] 李娟娟.煤与瓦斯突出预测的岩性地震反演方法研究[D].徐州:中国矿业大学,2013.

[33] 邱爱红.三维地震反演技术在新景矿的应用研究[J].能源技术与管理,2017,42(3):166-168.

[34] 中国煤炭工业协会科技发展部.采空区瓦斯抽放监控技术规范:MT 1035—2007[S].北京:煤炭工业出版社,2007.

[35] 王庆利.微震监测在煤与瓦斯突出预测中的应用研究[D].沈阳:东北大学,2009.

[36] 王绪本,陈进超,郭全仕,等.沁水盆地北部煤层气富集区 CSAMT 勘探试验研究[J].地球物理学报,2013,56(12):4310-4323.

[37] 王楠,赵姗姗,惠健.沁水盆地南部煤层气藏三维音频大地电磁探测[J].地球物理学进展,2016,31(6): 2664-2676.

[38] 梁庆华,宋劲,孙兴平,等.地质雷达井下探测瓦斯富集区特征研究[J].地球物理学进展,2013,28(3):1570-1574.

[39] 冯磊，张玉贵，张豪，等.构造煤槽波地震探测可行性分析[J].采矿与安全工程学报，2017，34(5)：1027-1034.

[40] 刘路.矿井直流电阻率法三维超前探测技术研究[D].徐州：中国矿业大学，2014.

[41] 杨智华.浅谈瓦斯富集区对透射槽波的响应特征及反演参数的相关性[J].煤炭科技，2020(2)：11-16.

[42] 仇念广，屈旭辉，刘百祥.瓦斯富集区多频电磁波CT同步透视技术研究[J].煤炭科学技术，2019，47(8)：200-206.

[43] 梁庆华，吴燕清，李云波，等.无线电波探测瓦斯富集区理论与方法[J].煤炭学报，2017，42(S1)：148-153.

[44] 姜福兴，尹永明，朱权洁，等.基于掘进面应力和瓦斯浓度动态变化的煤与瓦斯突出预警试验研究[J].岩石力学与工程学报，2014，33(A02)：3581-3588.

# 第4章 阳泉矿区瓦斯抽采技术

阳泉矿区煤层呈现瓦斯含量大、瓦斯压力大、煤层渗透率低的特点，致使原始煤层预抽效果差，在采掘过程中瓦斯容易放散，导致瓦斯积聚。瓦斯积聚在一定条件下易导致突出事故发生，同时瓦斯积聚也是造成瓦斯爆炸的最根本原因。从安全科学角度来看，要控制瓦斯灾害事故，其根本任务和核心便是消除灾害源头，即抽采瓦斯[1-2]。通过不断加大瓦斯抽采力度，实现由风排为主向抽采为主转变，做到应抽尽抽，努力实现抽采最大化。

## 4.1 阳泉矿区瓦斯抽采技术与效果

### 4.1.1 瓦斯抽采目的与技术

#### 4.1.1.1 煤矿瓦斯抽采的目的

煤矿瓦斯又称煤层气，是赋存在煤层中的烃类气体，和天然气一样，主要成分是甲烷。瓦斯对煤矿安全生产是重大威胁，但加以利用又是优质清洁能源[3-4]。搞好煤矿瓦斯抽采利用，就可以化害为利、变废为宝，意义十分重大。

① 搞好煤矿瓦斯抽采利用是煤矿安全生产的治本之策。瓦斯易燃易爆，当空气中瓦斯浓度在5%～16%时，遇到火源就会爆炸，瞬间形成高温高压冲击波，并产生大量一氧化碳。煤矿一旦发生瓦斯爆炸或煤与瓦斯突出事故，就会造成人员大量伤亡。防治煤矿瓦斯事故始终是阳泉矿区安全生产的重中之重。搞好煤矿瓦斯抽采利用，可以实现煤炭在低瓦斯状态下开采，有效杜绝瓦斯事故发生，是保障煤矿安全生产的根本措施和关键环节。

② 搞好煤矿瓦斯抽采利用是增加能源供给的有效措施。煤矿瓦斯中甲烷含量大于90%，1 $m^3$ 瓦斯发热量大于8 000 kcal，是与天然气相当的优质清洁能源，可广泛用于发电、工业窑炉、民用汽车等方面燃料或生产化工产品。搞好煤矿瓦斯抽采利用，可以增加优质清洁能源供给，改善能源供给结构[5]。同时，可以逐步减少对进口天然气的依赖。

③ 搞好煤矿瓦斯抽采利用是减少环境污染的重要举措。煤矿瓦斯的温室效应是二氧化碳的21倍。据计算，每利用1亿 $m^3$ 甲烷，相当于减排150万 t 二氧化碳。搞好瓦斯综合利用，最大限度地控制瓦斯直接向大气中排放，有利于减少空气污染，保护生态环境。

④ 煤矿瓦斯抽采利用是一个新的经济增长点。实现煤矿瓦斯抽采规模化利用、产业化发展，需要大量投资建设抽采利用工程和配套管网、生产抽采利用设备，可以有效带动钢铁、建筑施工、装备制造运输及相关服务业发展，促进投资需求扩大和就业增加。

4.1.1.2　瓦斯抽采技术

（1）按抽采系统的布置方式，可以分为地面抽采[6]与井下抽采[7]

地面抽采是指直接在地表钻井，对井下煤层或采空区瓦斯进行抽采。地面钻井工程是煤矿瓦斯抽采工程领域中的有效方法之一，为了充分利用钻井的抽采功能，更多地抽采瓦斯、有效地减轻井下工作面的瓦斯超限的压力，很多时候地面钻井要“一井三用”，即采前预抽、采中抽采和采空区抽采，如图 4-1-1 所示。

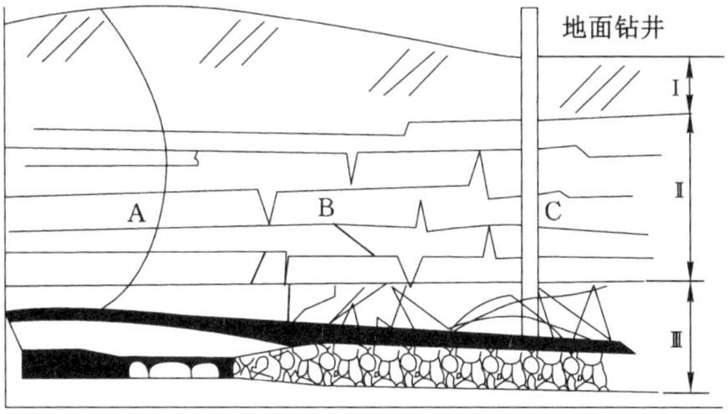


A—支撑影响区；B—离层区；C—重新压实区；

Ⅰ—冒落带；Ⅱ—裂隙带；Ⅲ—弯曲下沉带。

图 4-1-1　地面钻井抽采井下瓦斯示意图

与地面抽采相对的是井下抽采，井下抽采管路布置于井下，如顺层钻孔以及交叉钻孔抽采本煤层瓦斯等[8]。工作面顺层钻孔抽采是在工作面已有的煤层巷道内，如机巷、风巷、切眼等，向煤体施工顺层钻孔，抽采煤体的瓦斯，以区域性消除煤体的突出危险性。顺层钻孔的间距与钻孔的抽采半径和抽采时间有关，通常为 2～5 m，钻孔长度根据工作面倾向长度设计，且保证钻孔在工作面倾斜中部有不少于 10 m 的压茬长度，如图 4-1-2 所示。交叉钻孔抽采是在工作面的机巷、风巷首先施工一定数量的顺层钻孔，然后在钻孔间施工与顺层钻孔斜交的交叉钻孔，控制整个工作面，采前抽采工作面煤体瓦斯，如图 4-1-3 所示。

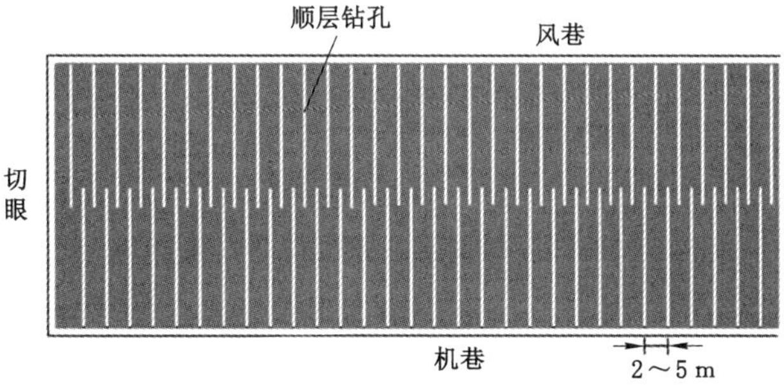


图 4-1-2　本煤层瓦斯抽采顺层钻孔布置示意图

（2）按抽采系统所针对的煤层，可分为本煤层瓦斯抽采与邻近层瓦斯抽采

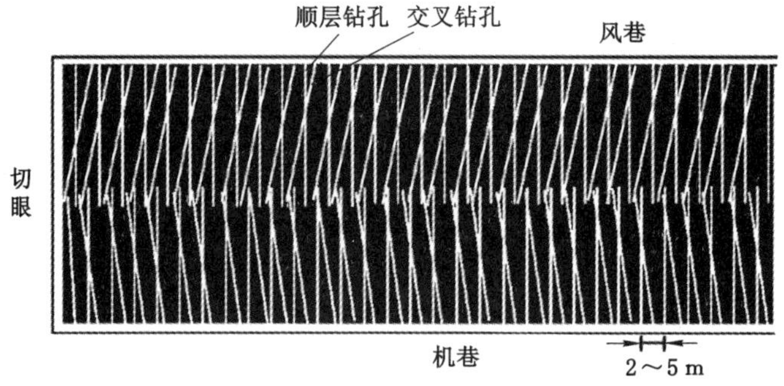


图 4-1-3　本煤层瓦斯抽采交叉钻孔布置示意图

本煤层瓦斯抽采，瓦斯抽采钻孔抽采对象为正在开采的煤层[9-10]。其中较为典型的本煤层瓦斯抽采是将抽采孔直接布置于正在开采的工作面[11]。

邻近层瓦斯抽采，瓦斯抽采钻孔抽采对象为正在开采煤层的邻近上下煤层[12]。其中较为典型的邻近层瓦斯抽采是将抽采孔始端布置于正在开采的工作面系统，终端落于邻近的煤层。根据终端的落点位置，可分为上向孔与下向孔，对应上邻近层与下邻近层抽采。如图 4-1-4 所示。

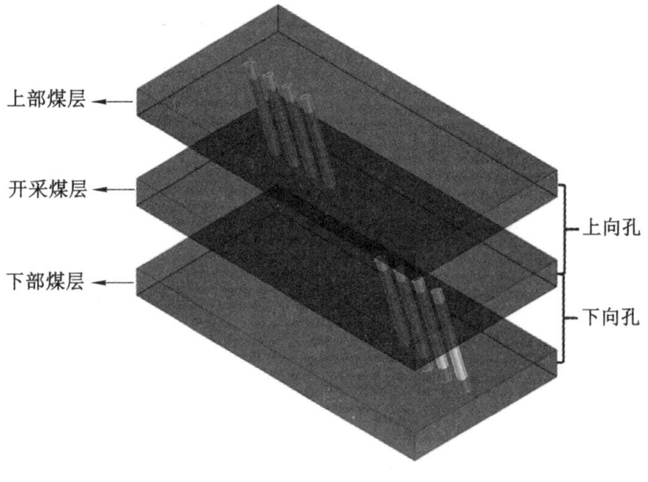


图 4-1-4　邻近层穿层钻孔瓦斯抽采示意图

(3) 根据抽采与开采时间先后顺序，可分为采前抽采、采中抽采（边抽边采）以及采空区抽采[9,13,14]

采前抽采是指在煤层开采前，预先布置抽采钻孔进行瓦斯抽采，之后进行煤炭开采，如顺层钻孔（图 4-1-2）、交叉钻孔抽采（图 4-1-3）；采中抽采主要是在工作面前方超前支承压力段，或者掘进工作面前方卸压段，布孔进行瓦斯抽采；采后抽采是指在工作面开采结束后，利用地面钻孔，或利用预先在采空区布置的管路进行采空区瓦斯抽采。

(4) 根据钻孔布置位置以及高度的不同，可以分为高抽巷抽采、底抽巷抽采等[15]

高抽巷抽采是指在采煤工作面上方一定高度，沿走向方向开掘一条巷道，专门用来抽采工作面裂隙带瓦斯，见图 4-1-5；底抽巷抽采是指在采煤工作面下方一定高度，沿走向方向开掘一条巷道，专门用来抽采工作面底板卸压瓦斯，见图 4-1-6。

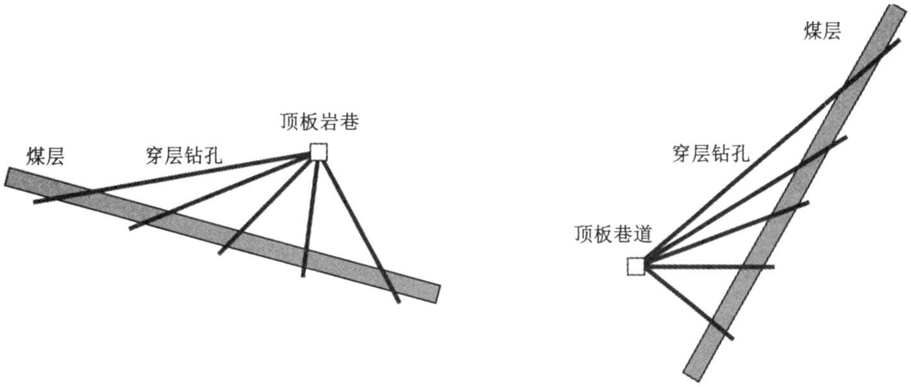


(a) 缓倾斜煤层　　(b) 倾斜、急倾斜煤层

图 4-1-5　高抽巷道布置示意图

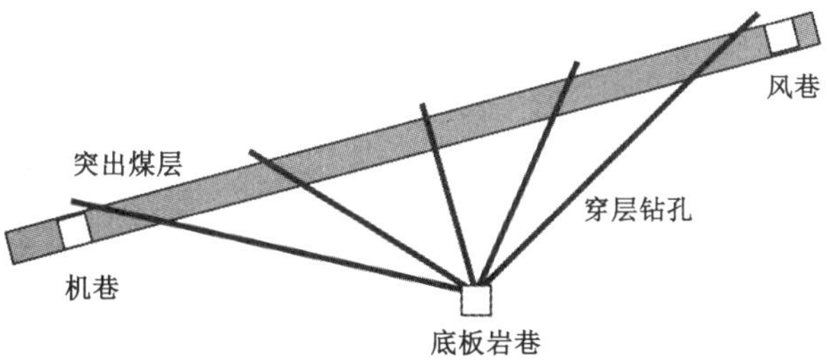


(a) 剖面图

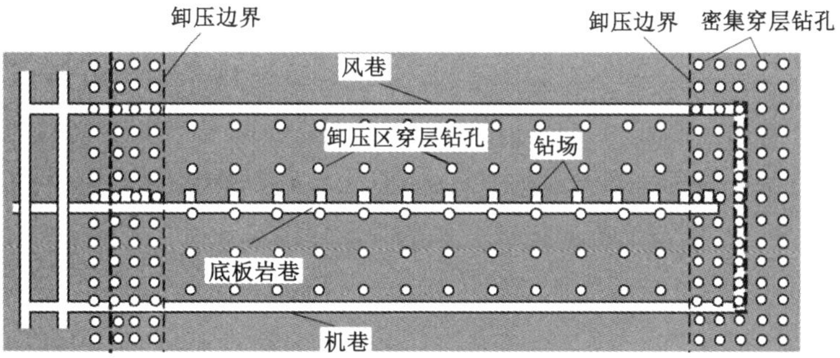


(b) 平面图

图 4-1-6　底抽巷道布置示意图

(5) 综合瓦斯抽采

综合瓦斯抽采就是利用上述两种及以上的抽采方法的方式进行瓦斯抽采。为了适应我国现行瓦斯抽采的规定与标准对煤矿瓦斯抽采达标的考核要求，我们对煤矿瓦斯抽采方法进行了重新分类。分类的指导思想为：第一层次以煤层开采时间为依据，第二层次以

开采煤层瓦斯源的空间条件为依据。新的煤矿瓦斯抽采分类方法如图 4-1-7 所示。

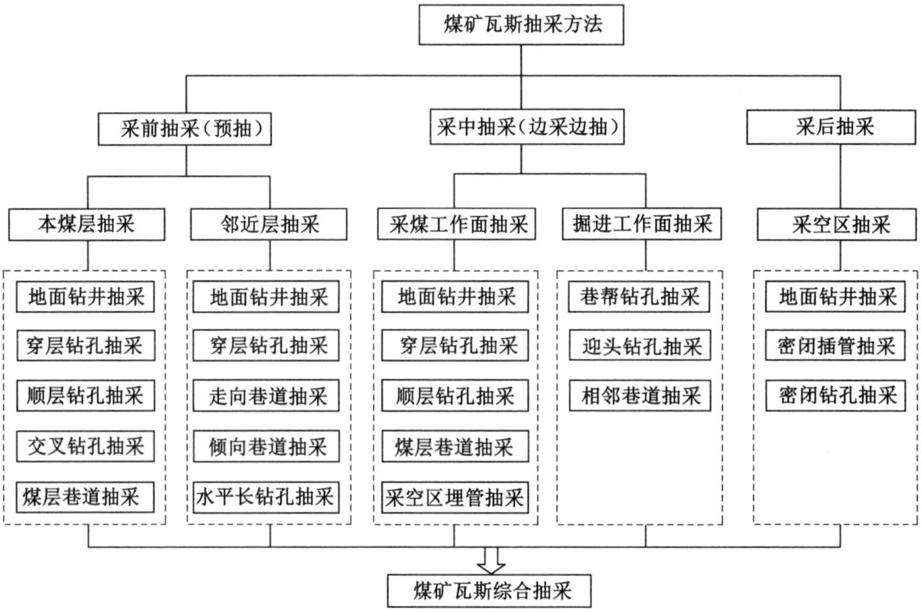


图 4-1-7　煤矿瓦斯抽采技术分类

## 4.1.2　阳泉矿区瓦斯抽采特点及技术体系

阳泉矿区瓦斯抽采模式为依照采前、采中及采后各阶段有效抽采方法的有机组合(见图 4-1-8)。通过采前区域性瓦斯抽采,可有效降低煤层瓦斯含量和压力,消除煤层的突出危险性[16]。采前抽采要求将煤层瓦斯压力或含量降至始突深度处瓦斯压力或含量,若没能考察出始突深度的煤层瓦斯压力或含量,则需要将煤层瓦斯压力降至 0.74 MPa 以下或将瓦斯含量降至 8 $m^3/t$ 以下[17]。

阳泉矿区采前瓦斯抽采技术包括地面瓦斯预抽技术与井下瓦斯预抽技术,其中地面瓦斯预抽技术包括地面垂直井瓦斯预抽技术、地面直井压裂瓦斯预抽技术以及水平井瓦斯预抽技术等;井下瓦斯预抽技术包括本煤层的穿层钻孔和顺层钻孔瓦斯预抽技术以及邻近层的保护层开采技术等[18]。

在工作面开采过程中,通过采中瓦斯抽采降低涌入采煤工作面的瓦斯量,控制工作面回风流及隅角瓦斯浓度,提高工作面瓦斯抽采率,确保工作面的开采安全。当工作面瓦斯涌出量主要来自邻近层时采用工作面瓦斯抽采率来衡量采中瓦斯抽采效果,当工作面瓦斯涌出量主要来自本煤层时采用开采煤层可解吸瓦斯含量来衡量采中瓦斯抽采效果[19]。阳泉矿区采中瓦斯抽采技术主要包括井下本煤层瓦斯抽采技术和邻近层瓦斯抽采技术,其中本煤层瓦斯抽采技术包括顺层钻孔瓦斯抽采技术以及超前卸压瓦斯抽采技术,邻近层瓦斯抽采技术则包括顺层钻孔瓦斯抽采技术、穿层钻孔瓦斯抽采技术[20]。

采空区瓦斯的涌出量,在矿井瓦斯来源中占有相当大的比例,这是由于在瓦斯矿井采

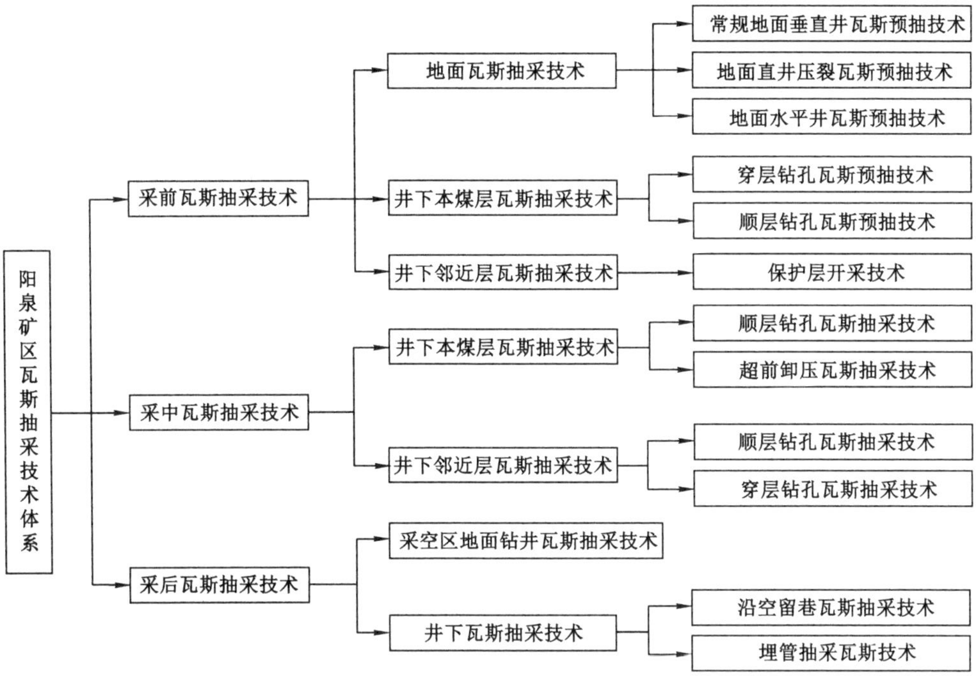


图 4-1-8 阳泉矿区瓦斯抽采技术体系

煤时，尤其是开采煤层群和厚煤层条件下，邻近煤层、未采分层、围岩、煤柱和工作面丢煤中都会向采空区涌出瓦斯。瓦斯不仅在工作面开采过程中涌出，并且工作面采完密闭后继续涌出。一般新建矿井投产初期采空区瓦斯在矿井瓦斯涌出总量中所占比例不大，随着开采范围的不断扩大，相应地采空区瓦斯的比例也逐渐增大，特别是一些开采年限久的老矿井，采空区瓦斯浓度多数可达25%～30%，少数矿井达40%～50%，甚至更大。阳泉矿区采后瓦斯抽采技术包括地面钻井瓦斯抽采技术以及井下瓦斯抽采技术，井下瓦斯抽采技术包括埋管抽采瓦斯技术以及沿空留巷瓦斯抽采技术。

4.1.2.1 采前瓦斯抽采技术

(1) 地面采前抽采

地面采前瓦斯抽采技术是在地面打钻井进入煤层，通过排水降压使煤层中的吸附气解吸出来，由井筒流到地面，或者利用自然压差或瓦斯泵通过井筒抽取聚积和残留在受采动影响区的岩石、未开采的煤层之中以及采空区内的瓦斯。根据煤储层是否受到开采活动的影响可分为常规垂直井开采和采动影响区地面井开采。前者要求有厚度较大的煤层或煤层群，煤储层的渗透性要较好，以及较有利的地形条件，由于阳泉煤储层普遍渗透性很低，因此在钻井中还需要对煤层采取压裂和造穴等激励措施以提高产气量。地面垂直井开采瓦斯，产气量大、资源回收率高、机动性强，可形成规模效益，主要增产措施有水力压裂改造技术、定向羽状水平钻井技术等。针对阳泉矿区实际，在寺家庄矿及五矿开展了地面瓦斯预抽研究；在新景矿开展了复杂构造带地面直井压裂抽采瓦斯研究。新景矿北九巷道位于向斜轴部附近，周边发育四条断层，该区域虽然进行了井下千米钻机打钻抽采，但抽采效果不理想，在掘进过程中时常发生瓦斯超限及突出事故，严重影响矿井安全及工程进度。因此，为了提高构造区煤层渗透率、改善突出煤层瓦斯预抽效果，需要实施复杂构造区地面直井压裂来预抽煤层瓦斯。为此，针对新景矿 3# 煤层施工了 8 个地面钻井，地面井单井注水量 530～870 $m^3$，注砂量为 40～62 $m^3$，水砂压裂压力为 15～28 MPa，其中 XJ-1 井累计抽采 8 个月，最大日产气量达到 4 712 $m^3$，平均日产气量1 526.7 $m^3$，平均抽采浓度 94.8%，累计产气量约 36.64 万 $m^3$。

(2) 保护层开采

保护层开采分下、上保护层开采两类。通过先采非突出煤层或弱突出煤层，达到使邻近煤岩体松动、卸压的目的，进而提高被保护层煤体透气性。

① 下保护层开采(见图 4-1-9)

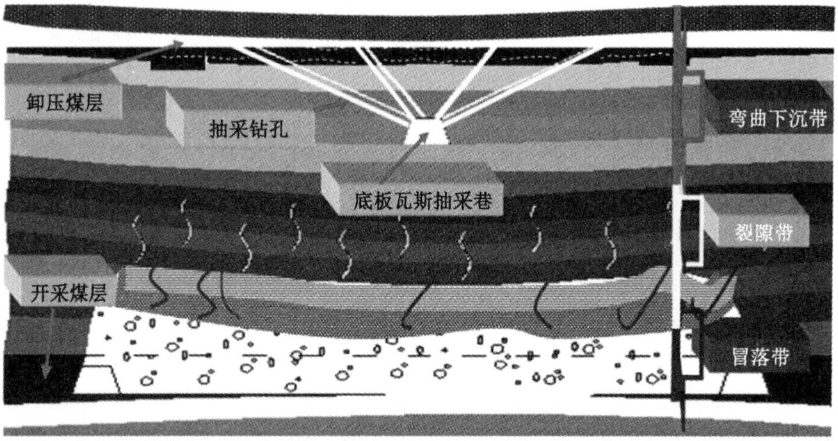


图 4-1-9　下保护层开采示意图

随着工作面的不断推进，在保护层开采层面上出现应力降低区，在该卸压区被保护层煤体地应力减小、煤层透气性增大，卸压煤层瓦斯沿该卸压区层内破断裂缝和层间离层裂隙释放，被保护层瓦斯压力和瓦斯含量下降，突出危险性降低。

② 上保护层开采(见图 4-1-10)

保护层开采期间，被保护层处于保护范围内，受采动影响，被保护层充分卸压，被保护层大部分卸压瓦斯通过底板裂隙带内的层间导通裂隙直接涌向上保护层工作面及采空区。因此，保护层开采期间必须结合被保护层卸压进行瓦斯抽采。

③ 应用实例及其效果

通过以前对三矿保护层开采效果考察，被保护层 3# 煤层(平均厚度 2.3 m)受 15# 煤(平均厚度 6.1 m)采动的影响(3# 煤层距离 15# 煤层平均层间距为 136.5 m 左右)，保护区域内发生了膨胀变形，膨胀变形 5～20 cm，相对变形 4.0‰～7.84‰。瓦斯含量由 18.17 $m^3/t$降为 5.76 $m^3/t$，综合瓦斯抽采率达 68.8%。被保护层采煤工作面瓦斯抽采量由卸压前的 2.5 $m^3/min$ 增加至 30 $m^3/min$，增大了 12 倍。

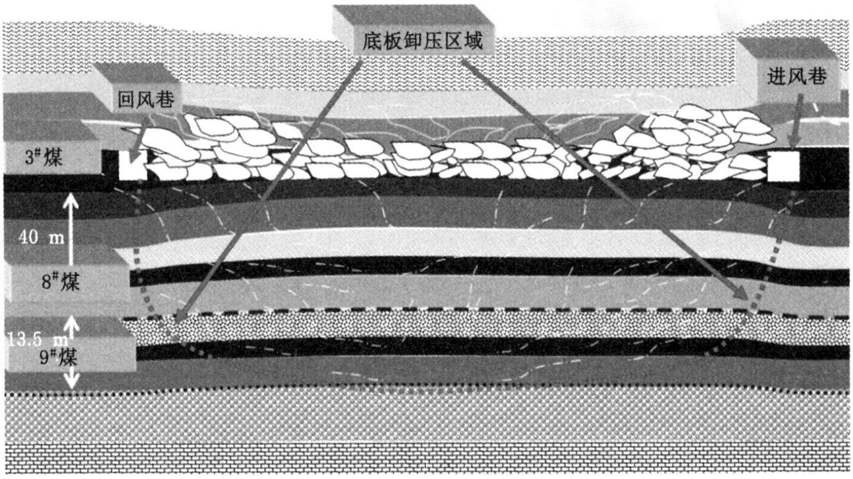


图 4-1-10　上保护层开采示意图

④ 保护层开采技术的优势

通过对相关矿井保护层开采的考察，进一步证明保护层开采结合卸压瓦斯抽采技术成功地消除了被保护煤层的煤与瓦斯突出危险性，降低了煤层瓦斯含量，使高瓦斯突出煤层转变为无突出危险煤层。

⑤ 下一步规划实施矿井

目前集团公司已经进入保护层开采的矿井有新景公司、平舒公司、新元公司，下一步规划的有：新景公司佛洼区、保安西区 15# 煤层；平舒公司翟下庄分区西翼开拓盘区开采 15# 煤层，卸压保护上覆 8# 煤层；新大地公司开采 15# 煤层保护上覆 8# 煤层。

(3) 井下本煤层采前抽采瓦斯

① 穿层钻孔抽采技术

单底板岩巷网格式穿层钻孔抽采煤巷条带瓦斯技术可保证突出煤层工作面进风巷及开切眼的安全掘进，还可从底板岩巷向工作面倾向中部施工穿层钻孔，用来抽采顺层钻孔长度不足在工作面倾向中部形成的空白条带煤层瓦斯。

对于松软特厚突出煤层，顺层钻孔施工长度有限，从进风巷、回风巷施工的顺层钻孔无法覆盖整个工作面，在这种情况下需采用双底板岩巷网格式穿层钻孔法抽采工作面开采区域瓦斯，工作面进风巷、回风巷形成后再施工部分顺层钻孔作为补充。

② 顺层钻孔抽采技术

顺层钻孔抽采技术主要包括两类技术，第一种为与穿层钻孔配合使用的顺层钻孔瓦斯抽采技术，其是工作面煤层巷道在穿层钻孔掩护下施工完成后，便可从进风巷、回风巷内施工顺层钻孔抽采工作面开采区域瓦斯；第二种为顺层长钻孔递进掩护区域性瓦斯抽采技术，其不需要底板岩巷，瓦斯抽采工程量小，适用于煤体硬度高、倾角小、赋存稳定、构造相对简单的煤层。

③ 交叉钻孔抽采技术

交叉钻孔抽采技术采用平行钻孔与倾向钻孔相间布置，形成交叉钻孔组，交叉钻孔在交叉区内的相互作用结果，使得钻孔的塑性应力圈半径加大，相当于加大了抽采钻孔直径。另外，由于倾向钻孔是斜向工作面伪倾斜布置，工作面推进过程中一定数量的倾向钻孔始终位于工作面前方的卸压带内进行卸压瓦斯抽采，并且作用时间比平行钻孔要长，进而提高煤层瓦斯抽采效果，因此交叉钻孔抽采方法比平行钻孔抽采方法效果要好。交叉钻孔布置还可以避免因钻孔坍塌及堵孔而影响钻孔瓦斯抽采效果。

④ 顺层钻孔预抽煤巷条带瓦斯抽采方法

预抽煤巷条带瓦斯抽采方法的顺层钻孔应区域性控制整条煤层巷道及其两侧一定范围内的煤层。巷道两侧控制范围：近水平、缓倾斜煤层巷道两侧轮廓线外至少各 15 m，倾斜、急倾斜煤层巷道上帮轮廓线外至少 20 m，下帮至少 10 m，均为沿层面距离，钻孔应控制的条带长度不小于 60 m，留有 10 m 超前距。该方法适用于突出危险性相对较小、硬度大、钻孔易施工的煤层。

#### 4.1.2.2 采中瓦斯抽采技术

(1) 顶板走向穿层钻孔抽采技术

阳泉矿区综采机械化开采中厚煤层(3#、8#、9#等)的采煤工作面，通常采用顶板穿层钻孔抽采邻近层瓦斯。其中，钻孔间距要根据瓦斯涌出量确定，钻孔间距一般在 15～30 m，距切巷 20 m 范围内至少布置 2 对高低孔，孔径不小于 200 mm。

(2) 顶板岩石走向高抽巷与初采倾斜高抽巷抽采技术

高瓦斯煤层综采工作面必须采用走向高抽巷与初采倾斜高抽巷进行抽采；其他煤层上邻近层瓦斯涌出量大于 15 $m^3/min$ 时，优先采用走向高抽巷与初采倾斜高抽巷进行抽采。高抽巷层位距 15# 煤的距离以不小于 8.5 倍的开采煤层高度为宜，走向高抽巷至工作面回风巷的水平距离要根据层间距而定，一般应掌握在 25 m 至 1/3 工作面长度范围之内，高抽巷距 15# 煤层越近，应越靠近工作面回风巷。走向高抽巷初次抽出瓦斯一般在工作面回采到距切巷 28 m 左右，大量抽出瓦斯在 38 m 左右，把顶板走向高抽巷与后高抽巷贯通，利用走向高抽巷进行抽采来解决工作面初采期间的瓦斯涌出，大大缩短了高抽巷初次抽出瓦斯的距离，降低了工作面初采期间瓦斯超限次数。

初采伪倾斜高抽巷的关键是要布置在顶板初始冒落的边缘带上，使之随顶板的冒落自下而上逐段报废，使抽采负压点随之上移，瓦斯抽采浓度逐渐升高，直至顶板冒落带与高抽巷连通，渡过初采期。

(3) 低位高抽巷瓦斯抽采技术

高瓦斯突出矿井在解决矿井瓦斯突出问题时常采用开掘回风巷底板岩石预抽巷来保护回风巷，或者利用已采过的工作面的底抽巷来保护回风巷。这种施工造成巷道工程量大、投资成本高、工作面衔接紧张等问题凸显。为解决此类问题，寺家庄矿在与 15118 工作面回风巷水平距离 3～5 m、巷道层间距 5～7 m 位置随层施工了低位高抽巷，巷内采用普通钻孔与造穴孔相结合的钻孔工艺，瓦斯抽采效果显著。单孔抽排量1 372.66 $m^3/d$，与同等条件下底抽巷相比，瓦斯抽采浓度由 58%提高至 67%；低位高抽巷瓦斯抽排设计与施工优化了瓦斯抽排巷布局，有效解决了工作面回采期间回风流及隅角瓦斯浓度超限问题。

4.1.2.3 采后瓦斯抽采技术

从防止采空区瓦斯涌出和提高瓦斯抽采利用率的角度，需要对采后的采空区进行瓦斯抽采。其抽采方式主要包括地面钻井抽采、井下巷道密闭抽采和穿层钻孔抽采等措施。井下巷道密闭抽采是将连同采空区的巷道密闭，在密闭墙内铺设管路对采空区进行抽采。穿层钻孔瓦斯抽采是在采空区附近的巷道中向采空区及顶板岩层施工穿层钻孔进行瓦斯抽采。

### 4.1.3 阳泉矿区瓦斯抽采指标及效果

4.1.3.1 瓦斯抽采指标

根据《防治煤与瓦斯突出细则》和《煤矿瓦斯抽采达标暂行规定》等标准和规定要求确定的瓦斯抽采指标是基本指标，是煤矿瓦斯抽采的最低要求，因为在很多情况下即使瓦斯抽采达到基本指标的要求，也并不能保证工作面可以达到安全生产条件[21]。例如，突出煤层工作面经采前抽采，煤层残余瓦斯含量降到消除危险建议指标8 $m^3/t$以下，但如果该工作面的产量较高，仍可能发生由于瓦斯涌出量大，回风流瓦斯超限而无法正常生产[22]。

瓦斯抽采指标分为突出煤层的瓦斯抽采指标、高瓦斯煤层的瓦斯抽采指标、工作面采中抽采的指标和矿井瓦斯抽采的指标 4 类。

(1) 突出煤层的抽采指标

突出煤层的抽采指标主要是残余瓦斯含量和残余瓦斯压力。突出煤层工作面采掘作业前必须将控制范围内煤层的瓦斯含量降到煤层始突深度的瓦斯含量以下或将瓦斯压力降到煤层始突深度的煤层瓦斯压力以下。若没能考察出煤层始突深度的煤层瓦斯含量或压力则必须将煤层瓦斯含量降到 8 $m^3/t$ 以下，或将煤层瓦斯压力降到 0.74 MPa(表压)以下，即突出煤层工作面必须在采前通过瓦斯抽采区域性消突措施消除突出危险性。

此外，对于突出煤层的抽采效果还可以参考吨煤钻孔长度和钻孔区域冲出煤量等辅助指标。

(2) 高瓦斯煤层的抽采指标

高瓦斯煤层在开采前的抽采指标主要依据可解吸瓦斯含量[23]。瓦斯涌出量主要来自开采煤层的，采煤工作面前方 20 m 以上范围内煤的可解吸瓦斯量应满足表 4-1-1 的规定。从表 4-1-1 中可以看出，此类高瓦斯工作面必须根据日产量，确定开采煤层的最高可解吸瓦斯含量，即在采前通过开采煤层采前瓦斯抽采方法使煤的可解吸瓦斯含量降到规定指标之下。

**表 4-1-1 采煤工作面回采前煤的可解吸瓦斯含量应达到的指标**

| 工作面日产量/t | 可解吸瓦斯量 $W_j/(m^3/t)$ |
|---|---|
| ≤1 000 | ≤8.0 |
| 1 001～2 500 | ≤7.0 |
| 2 501～4 000 | ≤6.0 |
| 4 001～6 000 | ≤5.5 |

表 4-1-1(续)

| 工作面日产量/t | 可解吸瓦斯量 $W_j$/($m^3$/t) |
|---|---|
| 6 001～8 000 | ≤5.0 |
| 8 001～10 000 | ≤4.5 |
| >10 000 | ≤4.0 |

(3) 工作面采中抽采的指标

突出煤层或高瓦斯煤层工作面必须通过采前抽采,并达到规定的抽采指标后,方可进行回采[24]。采煤工作面回采期间瓦斯涌出量主要来自邻近层或围岩时,应采用采中瓦斯抽采方法使采煤工作面瓦斯抽采率满足表 4-1-2 的规定。从表中可以看出,此类高瓦斯工作面必须根据工作面绝对瓦斯涌出量情况确定工作面的最低瓦斯抽采率。

**表 4-1-2　采煤工作面瓦斯抽采率应达到的指标**

| 工作面绝对瓦斯涌出量 $Q$/($m^3$/min) | 工作面瓦斯抽采率/% |
|---|---|
| 5≤$Q$<10 | ≥20 |
| 10≤$Q$<20 | ≥30 |
| 20≤$Q$<40 | ≥40 |
| 40≤$Q$<70 | ≥50 |
| 70≤$Q$<100 | ≥60 |
| $Q$≥100 | ≥70 |

(4) 矿井瓦斯抽采的指标

表 4-1-3 规定了不同绝对瓦斯涌出量的矿井应达到的最低瓦斯抽采率,即矿井通过各种瓦斯抽采方法(综合抽采)后应达到的最低瓦斯抽采率。

**表 4-1-3　矿井瓦斯抽采率应达到的指标**

| 矿井绝对瓦斯涌出量 $Q$/($m^3$/min) | 矿井瓦斯抽采率/% |
|---|---|
| $Q$<20 | ≥25 |
| 20≤$Q$<40 | ≥35 |
| 40≤$Q$<80 | ≥40 |
| 80≤$Q$<160 | ≥45 |
| 160≤$Q$<300 | ≥50 |
| 300≤$Q$<500 | ≥55 |
| $Q$≥500 | ≥60 |

#### 4.1.3.2　瓦斯抽采达标判定基础条件与内容

抽采瓦斯矿井应当对瓦斯抽采的基础条件和抽采效果进行评判。在基础条件满足瓦斯先抽后采要求的基础上,再对抽采效果是否达标进行评判。工作面采掘作业前,应当编制瓦斯抽采达标评判报告，并由矿井技术负责人和主要负责人批准。

（1）瓦斯抽采达标判定基础条件

有下列情况之一的，应当判定为抽采基础条件不达标：

① 未按规定要求建立瓦斯抽采系统，或者瓦斯抽采系统没有正常、连续运行的；

② 无瓦斯抽采规划和年度计划，或者不能达到相关规定要求的；

③ 无矿井瓦斯抽采达标工艺方案设计、无采掘工作面瓦斯抽采施工设计，或者不能达到相关规定要求的；

④ 无采掘工作面瓦斯抽采工程竣工验收资料、竣工验收资料不真实或者不符合相关规定要求的；

⑤ 没有建立矿井瓦斯抽采达标自评价体系和瓦斯抽采管理制度的；

⑥ 瓦斯抽采泵站能力和备用泵能力、抽采管网能力等达不到规定要求的；

⑦ 瓦斯抽采系统的抽采计量测点不足、计量器具不符合相关计量标准和规范要求或者计量器具使用超过检定有效期，不能进行准确计量的；

⑧ 缺乏符合标准要求的抽采效果评判需要的相关测试条件的。

（2）瓦斯抽采达标判定主要内容与步骤

预抽煤层瓦斯效果评判应当包括下列主要内容和步骤：

① 抽采钻孔有效控制范围界定。预抽煤层瓦斯的抽采钻孔施工完毕后，应当对预抽钻孔在有效控制范围内的均匀程度进行评价。将钻孔间距基本相同和预抽时间基本一致的区域划为一个评价单元。

② 抽采钻孔布孔均匀程度评价。预抽钻孔间距不得大于设计间距。

③ 抽采瓦斯效果评判指标测定。根据抽采指标、《防治煤与瓦斯突出细则》和《煤矿瓦斯抽采达标暂行规定》对抽采效果评价测定的布置要求进行合理布置，测算抽采后的残余瓦斯含量或残余瓦斯压力，计算可解吸瓦斯量。各测定点应布置在原始瓦斯含量较高、钻孔间距较大、预抽时间较短的位置，并尽可能远离预抽钻孔或与周围预抽钻孔保持等距离，且避开采掘巷道的排放范围和工作面的预抽超前距。在地质构造复杂区域适当增加测定点。测定点实际位置和实际测定参数应标注在瓦斯抽采钻孔竣工图上。

④ 抽采效果达标评判。根据瓦斯抽采指标的要求与测定（或计算）的指标进行对比分析，判定瓦斯抽采效果是否达标。

#### 4.1.3.3 瓦斯抽采指标的测定与计算

（1）瓦斯抽采指标的测定

① 煤层瓦斯压力的测定。煤层瓦斯压力可按《煤矿井下煤层瓦斯压力的直接测定方法》（AQ 1047—2007）规定测定瓦斯压力。

② 煤层瓦斯含量的测定。煤层瓦斯含量可按《煤层瓦斯含量井下直接测定方法》（GB/T 23250—2009）规定测定瓦斯含量。

（2）瓦斯抽采指标的计算

① 预抽时间差异系数计算。预抽时间差异系数为预抽时间最长的钻孔抽采天数减去预抽时间最短的钻孔抽采天数的差值与预抽时间最长的钻孔抽采天数之比，计算公式为：

$$\eta = \frac{T_{max} - T_{min}}{T_{max}} \times 100\% \tag{4-1-1}$$

式中 $\eta$——预抽时间差异系数，%；

$T_{max}$——预抽时间最长的钻孔抽采天数，d；

$T_{min}$——预抽时间最短的钻孔抽采天数，d。

② 瓦斯抽采后煤的残余瓦斯含量的计算

$$W_{CY} = \frac{W_0 G - Q}{G} \tag{4-1-2}$$

式中 $W_{CY}$——煤的残余瓦斯含量，$m^3/t$；

$W_0$——煤的原始瓦斯含量，$m^3/t$；

$Q$——评价单元钻孔抽排瓦斯总量，$m^3$；

$G$——评价单元参与计算煤炭储量，t。

评价单元参与计算煤炭储量 $G$ 按下式计算：

$$G = (L - H_1 - H_2 + 2R)(1 - h_1 - h_2 + R)m\gamma \tag{4-1-3}$$

式中 $L$——评价单元抽采钻孔控制范围内煤层平均倾向长度，m；

$H_1$，$H_2$——分别为评价单元走向方向两端巷道瓦斯预排等值宽度，m，如果无巷道则为 0；

$h_1$，$h_2$——分别为评价单元倾向方向两侧巷道瓦斯预排等值宽度，m，如果无巷道则为 0；

$R$——抽采钻孔的有效影响半径，m；

$m$——评价单元平均煤层厚度，m；

$\gamma$——评价单元煤的密度，$t/m^3$。

$H_1$、$H_2$、$h_1$、$h_2$ 应根据矿井实测资料确定，如果无实测数据，可参照表 4-1-4 中的数据或计算式确定。

**表 4-1-4 巷道瓦斯预排等值宽度**

| 巷道煤壁暴露时间 $t$/d | 不同煤种巷道瓦斯预排等值宽度/m | | |
|---|---|---|---|
| | 无烟煤 | 瘦煤及焦煤 | 肥煤、气煤及长焰煤 |
| 25 | 6.5 | 9.0 | 11.5 |
| 50 | 7.4 | 10.5 | 13.0 |
| 100 | 9.0 | 12.4 | 16.0 |
| 160 | 10.5 | 14.2 | 18.0 |
| 200 | 11.0 | 15.4 | 19.7 |
| 250 | 12.0 | 16.9 | 21.5 |
| ≥300 | 13.0 | 18.0 | 23.0 |

瓦斯预排等值宽度亦可采用下式进行计算：

低变质煤时为 $0.808 \times t^{0.55}$；

高变质煤时为(13.85×0.018 3$t$)/(1+0.018 3$t$)。

③ 抽采后煤的残余瓦斯压力(表压)的计算

$$W_{CY}=\frac{ab(P_{CY}+0.1)}{1+b(P_{CY}+0.1)}\times\frac{100-A_d-M_{ad}}{100}\times\frac{1}{1+0.31M_{ad}}+\frac{\pi(P_{CY}+0.1)}{\gamma P_a} \tag{4-1-4}$$

式中　$W_{CY}$——残余瓦斯含量,$m^3/t$;

$a$,$b$——吸附常数;

$P_{CY}$——煤层残余相对瓦斯压力,MPa;

$P_a$——标准大气压力,0.101 325 MPa;

$A_d$——煤的灰分,%;

$M_{ad}$——煤的水分,%;

$\pi$——煤的孔隙率,$m^3/m^3$;

$\gamma$——煤的容重(假密度),$t/m^3$。

④ 可解吸瓦斯量的计算

$$W_j=W_{CY}-W_{CC} \tag{4-1-5}$$

式中　$W_j$——煤的可解吸瓦斯量,$m^3/t$;

$W_{CY}$——抽采瓦斯后煤层的残余瓦斯含量,$m^3/t$;

$W_{CC}$——煤在标准大气压力下的残存瓦斯含量,$m^3/t$。

$W_{CC}$按下式计算:

$$W_{CC}=\frac{0.1ab}{1+0.1b}\times\frac{100-A_d-M_{ad}}{100}\times\frac{1}{1+0.3M_{ad}}+\frac{\pi}{\gamma} \tag{4-1-6}$$

⑤ 采煤工作面瓦斯抽采率的计算

工作面回采期间,在工作面瓦斯抽采主管上安装瓦斯计量装置,每周测定工作面的瓦斯抽采量(含移动抽采)。每月底按下式计算工作面月平均瓦斯抽采率:

$$\eta_m=\frac{100Q_{mc}}{Q_{mc}+Q_{mf}} \tag{4-1-7}$$

式中　$\eta_m$——工作面月平均瓦斯抽采率,%;

$Q_{mc}$——工作面月平均瓦斯抽采量,$m^3/min$;

$Q_{mf}$——工作面月平均风排瓦斯量,$m^3/min$。

⑥ 矿井瓦斯抽采率的计算

在瓦斯抽采站的抽采主管上安装瓦斯计量装置,测定矿井每天的瓦斯抽采量。矿井瓦斯抽采量包括井田范围内地面钻井抽采、井下抽采(含移动抽采)的瓦斯量。每月底按下式计算矿井平均瓦斯抽采率:

$$\eta_k=\frac{100Q_{kc}}{Q_{kc}+Q_{kf}} \tag{4-1-8}$$

式中　$n$——矿井月平均瓦斯抽采率,%;

$Q_{kc}$——矿井月平均瓦斯抽采量,$m^3/min$;

$Q_{kf}$——矿井月平均风排瓦斯量,$m^3/min$。

根据《防治煤与瓦斯突出细则》，突出矿井必须建立地面永久瓦斯抽采系统。《煤矿瓦斯抽采达标暂行规定》要求："煤与瓦斯突出矿井和高瓦斯矿井必须建立地面固定抽采瓦斯系统，其他应当抽采瓦斯的矿井可以建立井下临时抽采瓦斯系统；同时具有煤层瓦斯预抽和采空区瓦斯抽采方式的矿井，根据需要分别建立高、低负压抽采瓦斯系统"。因此，煤矿企业应加大瓦斯抽采利用力度，把瓦斯抽采利用作为消除瓦斯灾害威胁的治本措施，严格执行《煤矿瓦斯抽采达标暂行规定》《防治煤与瓦斯突出细则》，加强抽采效果评价，做到先抽后采、抽采达标；加快建设瓦斯利用设施，拓展瓦斯利用范围，推广低浓度瓦斯发电，有效提高瓦斯抽采利用率，实现以用促抽、以抽保安。

4.1.3.4　瓦斯抽采效果

如前所述，瓦斯抽采指标是基本指标，是煤矿瓦斯抽采的最低要求，因为在很多情况下即使瓦斯抽采达到基本指标的要求，也并不能保证工作面可以达到安全生产条件。如郑州煤炭工业集团崔庙煤矿二煤层瓦斯压力降到 0.74 MPa 时，煤层瓦斯含量仍为 13 $m^3/t$，虽然煤层瓦斯压力降低到突出临界值，煤层仍具有突出危险。一些高瓦斯工作面瓦斯抽采率即使达到规定指标，回采过程中瓦斯涌出量仍然很大。因此，各矿区不应该只根据最低要求进行瓦斯抽采，而应该尽可能地抽采使煤层瓦斯浓度降至最低，实现瓦斯抽采最大化，为工作面安全生产创造条件。

阳泉矿区矿井大部分为突出矿井，采用"地面与井下抽采相结合、采前、采中及采后相结合、本煤层与邻近层相结合"的瓦斯综合抽采模式，在确保抽采达标的前提下，对煤层瓦斯应抽尽抽，努力实现抽采最大化，降低回风流中的瓦斯浓度。表 4-1-5 是 2020 年阳泉矿区部分矿井瓦斯涌出和抽采情况汇总。

**表 4-1-5　2020 年阳泉矿区部分矿井瓦斯涌出和抽采情况汇总表**

| 矿井 | 瓦斯等级 | 绝对涌出量/($m^3$/min) | 相对涌出量/($m^3$/t) | 生产能力/(万 t/a) | 瓦斯抽采量/($m^3$/min) |
|---|---|---|---|---|---|
| 一矿 | 高瓦斯矿井 | 309.12 | 19.71 | 850 | 214.15 |
| 二矿 | 高瓦斯矿井 | 480.66 | 35.36 | 810 | 309.15 |
| 五矿 | 突出矿井 | 339.59 | 37.84 | 500 | 251.05 |
| 新景矿 | 突出矿井 | 287.09 | 32.99 | 450 | 171.50 |
| 新元矿 | 突出矿井 | 198.55 | 33.81 | 300 | 124.23 |
| 平舒矿 | 突出矿井 | 106.75 | 78.78 | 90 | 54.83 |
| 石港矿 | 突出矿井 | 23.79 | — | 90 | 14.33 |
| 寺家庄矿 | 突出矿井 | 644.13 | 45.87 | 500 | 566.00 |

## 4.2　采前瓦斯抽采技术

高瓦斯和突出矿井要加大瓦斯抽采力度，实现由风排为主向抽采为主转变，做到应抽尽抽，努力实现抽采最大化。应抽尽抽就是对应当进行瓦斯抽采的煤层，必须采用采前瓦斯抽采方法，降低煤层瓦斯含量，在达到抽采指标要求的同时，对煤层瓦斯尽最大能力进行抽采，使煤层瓦斯含量降到尽可能低的水平。

阳泉矿区是我国煤与瓦斯突出严重的矿区，主采煤层具有瓦斯含量高、压力大，瓦斯涌出量大，突出严重的特征，瓦斯压力最大达到 2.5 MPa，瓦斯含量多数在 10 $m^3/t$ 以上，局部达到 20 $m^3/t$。因此，需要在煤层开采前对瓦斯进行预抽，以保证工作面不会发生瓦斯安全事故，进而影响矿井安全生产。阳泉矿区采用"地面与井下相结合、本煤层与邻近层相结合"的瓦斯综合抽采模式，在确保抽采达标的前提下，对煤层瓦斯应抽尽抽，努力实现瓦斯抽采最大化，降低回风流瓦斯抽采浓度。

## 4.2.1　地面采前瓦斯抽采技术

地面采前瓦斯抽采方法即为常规意义上的煤层气开采，是在常规天然气开采技术基础上，根据煤层的岩石力学特性、煤层气的产生和存储特点及产出规律而发展起来的。

由于地面钻井预抽瓦斯的工程和工作均在地面进行，无须在井下打钻和掘进专用抽采瓦斯巷道，因此，生产与瓦斯抽采既不相互制约，又不互相干扰[25]。这样既有利于生产的发展，又有利于开、抽、掘、采的平衡；既改善了井下安全环境，又改善了职工的工作条件；既不向地面排放矸石污染环境，又能预抽煤层瓦斯。由此可见，地面钻井预抽瓦斯，是煤与瓦斯资源共采的绿色开采技术[17,26]。

### 4.2.1.1　地面采前瓦斯抽采的基本程序

地面采前抽采瓦斯的工作程序一般可分为 6 个部分，如图 4-2-1 所示。

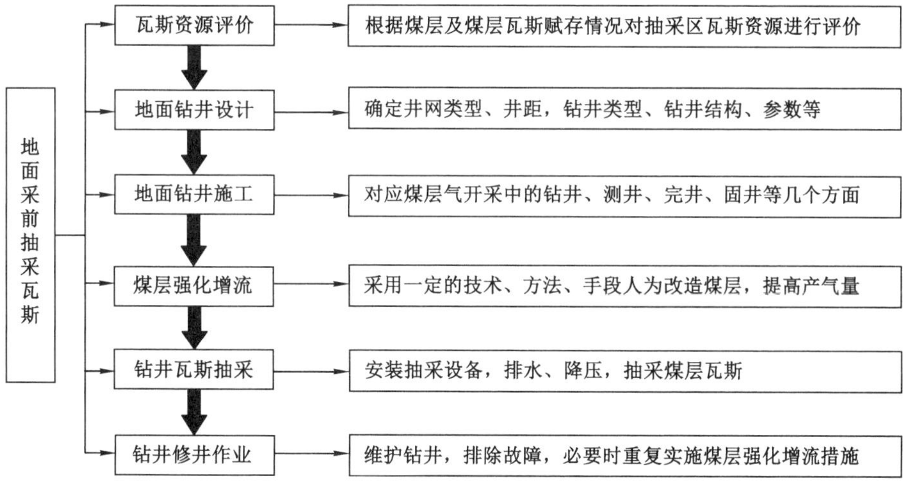


图 4-2-1　地面钻井采前抽采煤层瓦斯的工作程序

（1）瓦斯资源评价

地面采前预抽煤层瓦斯需要从地面施工钻井抽采煤层瓦斯，钻井深度大，施工、维护费用高，投资大，因此需要对预抽区域内煤层的地质、瓦斯资源进行准确的测算、评价，确保预抽区域有足够的可抽采瓦斯量。同时，还要从技术、经济、环保等方面对地面钻井采前预抽煤层瓦斯进行可行性论证。

1）瓦斯地质研究

瓦斯地质研究的内容主要包括瓦斯赋存的地质背景和煤层特征。其中，地质背景是指区域地质构造煤系沉积特征、煤层赋存及几何形态、煤岩、煤质、煤级与水文地质条件等；煤层特征主要是指煤层瓦斯含量和煤中裂隙系统的发育情况（渗透性）。

2）瓦斯资源量计算

瓦斯资源量计算是在煤层瓦斯地质研究的基础上，合理确定瓦斯资源量的计算范围和计算单元，划分地质块段然后选择适当的计算方法，确定对应参数，对瓦斯资源量进行计算。瓦斯资源量的计算流程如图 4-2-2 所示。

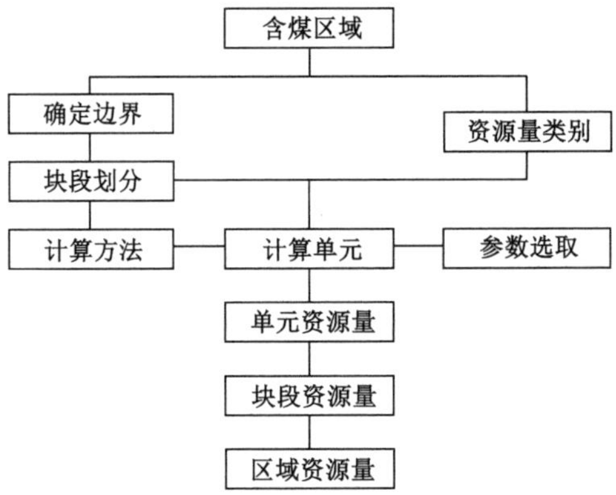


图 4-2-2　瓦斯资源量计算流程图

3）瓦斯资源开发前景评估

根据瓦斯赋存的地质条件和瓦斯资源状况，结合本区域能源供需状况、地区经济发展水平和瓦斯利用情况，并考虑已有的瓦斯资源开发活动，综合分析评价区域瓦斯资源的开发前景，并分析各种开发方式的适应性。

阳泉矿区含煤地层深度大、透气性低，必须进行煤层改造才可能获得工业性气流，因此抽采前期需要大量的资金投入。阳泉矿区具有大量的富含高瓦斯的突出煤层，突出煤层采掘前必须区域性消除煤层的突出危险性，抽采指标也要求煤炭生产要与瓦斯抽采相适应。可见，瓦斯抽采是高瓦斯煤层特别是突出煤层在煤炭开采过程中的重要组成部分，如果不进行地面钻井的采前预抽，就必须进行煤矿井下的采前预抽。因此，在进行瓦斯资源开发前景评估的时候，应考虑后期煤炭开采中瓦斯治理的因素，综合分析评估矿井瓦斯资源的开发前景。

4）瓦斯资源开发有利区块的选择

依据掌握的资料和信息，选择有利于瓦斯资源开发的可能位置。根据美国在煤层瓦斯开发方面的成功经验，在选择期勘探、开发煤层的有利区块进行地质综合评价时，应考虑的重要因素包括：可采瓦斯量、煤层渗透性、煤阶、煤层的物理性质、煤层厚度、埋深、地温梯度、地应力、顶底板岩层特征、沉积环境及构造条件等。其中，可采瓦斯量、煤层厚度、煤阶、煤层渗透性、埋深和构造条件是优先考虑的因素。

（2）地面钻井设计

确定采用地面钻井预抽煤层瓦斯后，需要对地面钻井进行设计，设计的内容主要包括地面钻井井网类型、间距，钻井类型、结构、参数，钻井施工的钻机、钻井液、井位等，另外还包括环境保护要求、钻井施工进度设计及全井成本预算等。

1）井径选择

在设计其他钻井程序前，必须首先确定井径。井径应根据下套管程序来确定，而不是根据已选定的井径选择套管。合理的井径和套管尺寸，可避免钻井在服务年限内的许多操作问题。

2）钻井井身结构

井身结构是指地面钻井下入套管的层次、尺寸和深度，各层套管相应的钻头尺寸以及各层套管的水泥返高。一般来说，钻井井孔内下入的套管可分为表层套管、技术套管和生产套管 3 种类型。

① 表层套管用以封隔地层上部的松软、易塌、易漏的第四系表土层，安装井口，控制井喷，支撑中层套管和产层套管。

② 技术套管用以封隔用钻井液难以控制的复杂地层，保证钻井工作的顺利进行。

③ 生产套管用以将煤层与其他地层以及不同压力的煤层分隔开，形成瓦斯向钻井流通的通道，保证长期生产，满足瓦斯抽采和煤层压裂的要求。

（3）地面钻井施工

地面钻井的施工包括钻井、测井、下技术套管、固井、测井等几个方面，其中：钻井是钻穿煤层，形成井孔；测井是测定所有煤层的深度、厚度及岩层资料，为选目的抽采层和煤层改造提供基础数据，同时测量井斜、井径，为下技术套管和固井提供依据；下技术套管后，用水泥浆固井，并检测固井质量及为选择射孔段提供基础数据。

地面钻井的钻进过程需要防止地层伤害、保障井孔安全，需要注意地层伤害、高渗透层段的钻井液漏失、高压气与水引起的井喷和井筒稳定性。

地面钻井的钻进方式一般有两种，即普通回转钻进和冲击回转钻进。选择钻进方式，主要考虑煤层的最大埋深、地层组合、地层压力和井壁稳定性等因素。对松软的冲积层和软岩层，可采用刮刀钻头钻进；中硬和硬岩层，可采用牙轮钻头钻进。浅煤层钻井地层压力较低（小于或等于正常压力），宜采用冲击回转钻进，用清水、空气或雾化空气作循环介质。

套管固井是在钻进施工完成后，向井内下入一定尺寸的套管串，并在套管串外壁注入水泥浆等进行固井。固井的目的是封隔易塌、易漏的地层和不同压力体系的煤层、含水层，防止岩层间相互窜漏，形成瓦斯排采的通道。套管固井的种类和方法很多，总的原则是要求能够保证隔离生产层，限制地层水涌入，封堵漏失层，并且尽可能降低水泥对煤层的伤害。水泥对煤层的伤害，主要是水泥浆液柱压力大于煤层压力所引起的高侵入速度和侵入半径，以及水泥浆中微颗粒对煤中裂隙系统的充填堵塞。由地面到井底的全井段固井时，水泥柱形成的井底压力还有可能超过煤层的破裂压力引起煤层破碎。因此，固井时必须选择合适的水泥或水泥添加剂以及注水泥技术，以防止因水泥浆液柱重量大于煤层破裂压力而引起煤层伤害。

(4) 煤层强化增流

原始煤层裂隙系统处于受压闭合状态，煤层渗透性低，为提高瓦斯抽采量，需要对煤层进行强化、改造。该阶段主要包括射孔、压裂两大工艺，即在原始煤层中对目的层段进行射孔、压裂，对低渗透性煤层进行改造，产生人工裂隙，增加煤层渗透性，提高钻井抽采瓦斯产量。

目前在煤层中得到成功运用的强化增流措施主要有两种，即裸眼洞穴法完井和水力压裂法。这两种方法有各自的适用对象和强化机制，如表 4-2-1 所列。

**表 4-2-1 煤层水力压裂与裸眼洞穴法完井比较**

| 强化增流措施 | 裸眼洞穴法 | 水力压裂法 |
|---|---|---|
| 适应范围 | 高渗、高压储层 | 普遍适用 |
| 裂隙系统 | 多方向 | 方向单一 |
| 裂隙支撑 | 自我支撑 | 支撑剂支撑 |
| 强化机制 | 多种 | 单一 |
| 储层伤害 | 对储层伤害小 | 易造成储层伤害 |
| 成本 | 较低 | 较高 |

(5) 钻井瓦斯抽采

压裂结束，安装产气设备，进行卸压、排水采气。对于刚采取煤层强化增流措施的钻井，除了泡沫压裂需要立刻返排外，水基压裂和凝胶压裂后不需要立即返排，而是要等候数小时到一天的时间，防止压裂进入煤层的砂粒排出，影响储层改造和后期瓦斯排采的效果。

(6) 钻井修业作业

地面钻井投资大，预抽范围大，服务时间长，在瓦斯抽采期间难免出现一些诸如井下泵装置的故障或磨损、煤层强化增流效果差、井内积砂或煤屑等方面的问题，因此在瓦斯排采过程中要进行钻井的维修，保持排采设备的正常运行，保障钻井持续高效地产气。

4.2.1.2 地面直井压裂抽采瓦斯技术

实现采前预抽有很多手段，地面钻孔预抽就是其中之一，也是当前研究的重点方向。国内外已经对地面钻井抽采煤层瓦斯技术有了较多的研究，主要是地质条件和煤层赋存条件较好的矿区，对于松软低透、地质条件复杂的地面抽采试验相对较少。而国内矿区煤层地质条件普遍较差，煤层渗透率平均在 0.002～16.17 mD，其中，渗透率小于 0.10 mD 的占 35%，0.1～1.0 mD 的占 37%，大于 1.0 mD 的占 28%，大于 10 mD 的较少。而美国的经验认为地面钻井预抽瓦斯要求的煤层渗透率需要大于 1 mD，这就限制了我国大部分高瓦斯矿区煤层采前抽采的发展。特别对于阳泉矿区，由于矿区内煤的结构致密，透气性很低，例如15[#]煤层透气性系数仅为0.000 375 mD，属低透气性煤层。水力压裂地面钻孔预抽不仅是提高抽采效率的有效途径，而且通过水力压裂地面钻孔预抽也是有效防治煤与瓦斯突出的重要措施。实践表明，对低透气性煤层进行水力压裂，产生的人工裂隙分布状况及范围能够直接影响地面气井的瓦斯抽采效果与服务年限；同时水力压裂所形成的诱导裂缝强化了煤层中的天然裂隙网络，扩大了有效影响半径和煤层瓦斯解吸渗流面积，有效地提高了煤层瓦斯的抽采产能，对煤层的降压消突也提供了帮助。

(1) 试验地点

试验地点为新景矿向斜轴部附近的北九巷道附近区域，详见图4-2-3。该区域的3[#]煤层情况如表4-2-2和表4-2-3所列。3[#]煤层破裂压力 $p_b=13.070$ MPa，闭合压力 $p_c=11.815$ MPa。

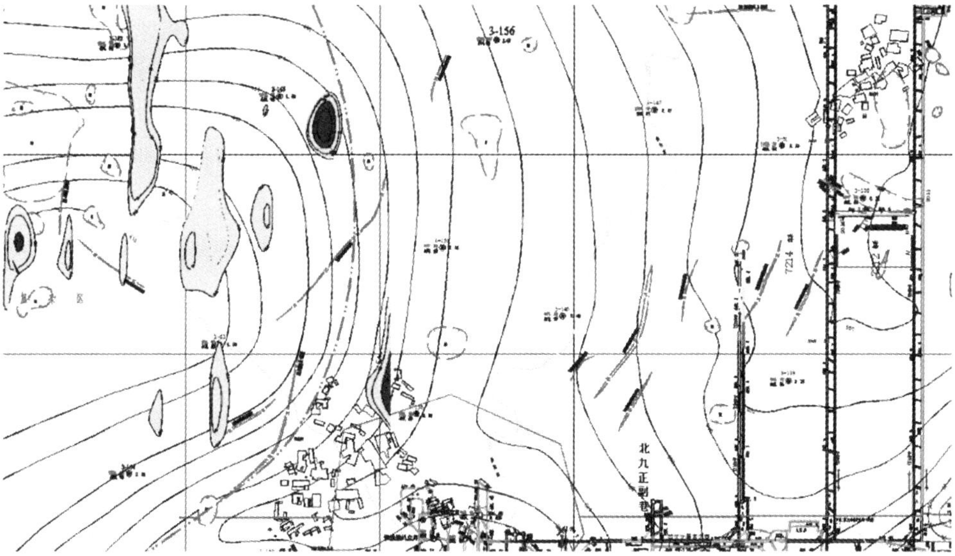

图4-2-3　试验区域巷道布置图

**表4-2-2　试验区域煤层情况表**

| 分层 | 井段/m | 厚度/m | 岩性 | 含水性 | 渗透性 |
|---|---|---|---|---|---|
| 煤层顶板 | 531.85 | | 泥岩 | 弱 | 差 |
| 3[#]煤 | 531.85～534.45 | 2.60 | 煤 | 强 | 好 |
| 煤层底板 | 534.45 | | 砂质泥岩 | 弱 | 差 |
| 煤层顶板 | 657.65 | | 泥岩 | 弱 | 差 |
| 15[#]煤 | 657.65～665.05 | 7.40 | 煤 | 强 | 好 |
| 煤层底板 | 665.05 | | 泥岩 | 弱 | 差 |

表 4-2-3　3# 煤层的含气量测试结果

| 样号 | 解吸气 | | | 损失气 | | | 残余气 | | | 气含量 | | $t$/d |
|---|---|---|---|---|---|---|---|---|---|---|---|---|
| | $V_D$/cm³ | $C_{ad}$/(cm³/g) | $C_{daf}$/(cm³/g) | $V_L$/cm³ | $C_{ad}$/(cm³/g) | $C_{daf}$/cm³ | $V_R$/cm³ | $C_{ad}$/(cm³/g) | $C_{daf}$/(cm³/g) | $C_{ad}$/(cm³/g) | $C_{daf}$/(cm³/g) | |
| 3-156-3#-1 | 17 285 | 10.94 | 13.13 | 521 | 0.33 | 0.40 | 183 | 0.46 | 0.55 | 11.73 | 14.08 | 4.99 |
| 3-156-3#-2 | 15 831 | 11.97 | 12.86 | 615 | 0.46 | 0.50 | 196 | 0.49 | 0.53 | 12.92 | 13.89 | 3.57 |
| 3-156-3#-3 | 16 498 | 11.33 | 12.21 | 474 | 0.33 | 0.35 | 220 | 0.55 | 0.59 | 12.21 | 13.15 | 4.77 |

参数含义：$V_D$—解吸量，$V_L$—损失量，$V_R$—残余量，$C_{ad}$—空气干燥基，$C_{daf}$—干燥无灰基，$t$—吸附时间。

(2) 地面压裂井抽采设备选型

采用传统游梁式曲柄平衡抽油机对 3# 煤层瓦斯进行抽采。有杆泵工作原理是泵柱塞在驴头的带动下，在泵筒内呈上下抽吸作用，利用泵筒上固定阀和柱塞上游动阀的开、关将井中液体吸入油管内，最终排出井口。工作特征：① 电动机带动减速装置；② 减速后由曲四连杆机构与减速器相连，将电动机的旋转运动转变为悬点的上下往复运动；③ 悬点通过光杆和抽油杆带动泵柱塞做上下往复运动；④ 泵柱塞与泵筒相互配合，将井内液体吸入泵筒并不断进入油管采出地面。抽油机型号选择主要考虑气井的下泵深度和最大产液量。

1) 抽油机选型

① 下泵深度分析

据新景矿 3-156 参数井资料，3# 煤埋深约为 465 m，下泵深度最大为 450 m，以此深度作为 XJ-1 气井下泵深度。

② 产液量分析

据水文地质资料，研究区断层发育，产液量主要受地层供液量和排采制度的影响。3-156参数井排采后期数据表明，排采中后期地层供液能力为 3～4 m³/d，由此可推断 XJ-1气井中后期地层产液量应小于 5 m³/d。3-156 参数井排采前期地层供液能力大约为 5 m³/d，由此可推断 XJ-1 气井前期地层产液量应小于 10 m³/d。排采强度越小，最大产水量越小，产气效果越好，在后期的煤层气开发中应采用较小的、较为合理的排采制度，因此可以将 10 m³/d 作为本地区煤层气井产液量的上限。

综上所述，为了使抽油机抽采能力有调整的余地，XJ-1 气井以最大产水量为 10 m³/d、井深 450 m 为依据所选择抽油机设备可基本满足需求。参照《采油机械的设计计算》中机泵图的绘制方法，绘制适合不同煤层气开采条件的机泵图。以 450 m 为下泵深度、10 m³/d为最大产水量从图中读取可满足生产需求的抽油机型号为 CYJT-4-1.8-13HF。抽油机安装现场见图 4-2-4。

2) 抽油泵选型

柱塞泵包括管式泵和杆式泵两大类，杆式泵又根据其结构划分为若干小类，具体选择哪一种泵型，应综合考虑气井的地质、生产条件。按研究区煤层气井的类型、生产能力、流体性质等特征，列出各个泵型的适应性，如表 4-2-4 所列。本次抽采试验重点考虑到抽油

图 4-2-4　抽油机现场安装图

泵的制造成本、动液面高低及深抽能力，结合 3-156 参数井实际生产动态，新景矿 XJ-1 压裂井选用管式泵。

**表 4-2-4　各种泵型适应能力**

| 序号 | 项目 | 杆式泵 | | | 管式泵 |
|---|---|---|---|---|---|
| | | 定筒泵 | | 动筒式 | |
| | | 顶部固定 | 底部固定 | | |
| 1 | 排量 | 较小 | 较小 | 较小 | 大 |
| 2 | 起下泵是否起油管 | 否 | 否 | 否 | 起 |
| 3 | 制造成本 | 较高 | 较高 | 较高 | 低 |
| 4 | 柱塞防漏能力 | 较差 | 较差 | 较好 | 好 |
| 5 | 斜井 | 好 | 好 | 较差 | 一般 |
| 6 | 深抽能力 | 较差 | 好 | 较差 | 较好 |
| 7 | 冲程长度 | 长 | 长 | 较短 | 长 |
| 8 | 检泵周期 | 较长 | 较短 | 较长 | 长 |
| 9 | 流动适应性 | 好 | 好 | 较差 | 较好 |
| 10 | 井液黏度/(mPa·s) | 400± | 400± | <400 | 400± |
| 11 | 气体压缩比 | 较大 | 较大 | 较小 | 较小 |
| 12 | 动液面高低 | 低 | 较低 | 较高 | 较高 |
| 13 | 抗含砂能力 | 较好 | 较差 | 好 | 较好 |
| 14 | 间歇抽水能力 | 较好 | 较差 | 较差 | 较好 |
| 15 | 抗腐蚀能力 | 一般 | 一般 | 一般 | 较好 |
| 16 | 光杆负荷 | 较小 | 较小 | 较小 | 较大 |
| 17 | 适应恶劣条件能力 | 一般 | 较差 | 一般 | 较好 |
| 18 | 大液量 | 较差 | 较差 | 较差 | 较好 |

3）泵径选择

所选择的泵径，应以煤层气井的预测产水能力为计算依据，并能在煤层气井排采过程中当实际产水量与预测值有一定出入时调整设备参数的余地。泵径选择过大则增加抽油机负荷以及抽油杆柱直径，过小则难以满足抽吸需求，可从表 4-2-5 直接选取。在满足最大产液量的前提下，应尽量采用小泵径，这是因为在同样的挂泵深度与产液量的情况下，泵径越小光杆负荷就越小，有利于设备的使用和减少电能的消耗，同时因为泵径越小，抽油杆下行时泵活塞撞击液面的面积就越小，下行阻力就越小，抽油杆弯曲幅度就越小，造成偏磨的可能性就越小或者偏磨程度越轻。故按以上原则，可选择 25-175TH(XJ)型泵，泵径为 44 mm。

**表 4-2-5　最佳泵径选择表**　　单位：mm

| 泵深/m | 抽油泵的理论排量/($m^3$/min) | | | | | | | | | | |
|---|---|---|---|---|---|---|---|---|---|---|---|
| | 3 | 6 | 9 | 12 | 24 | 36 | 48 | 60 | 72 | 84 | 96 |
| 300 | 28 | 32 | 38 | 38 | 38 | 56 | 56 | 56 | 56 | 70 | 28 |
| | 28 | 32 | 38 | 44 | 44 | 56 | 56 | 70 | 70 | 70 | 28 |
| 600 | 28 | 32 | 38 | 38 | 38 | 56 | 56 | 56 | 56 | 70 | 28 |
| | 28 | 32 | 38 | 44 | 44 | 56 | 56 | 70 | 70 | 70 | 28 |
| 900 | 28 | 32 | 38 | 38 | 38 | 56 | 56 | 56 | 56 | 70 | 28 |
| | 28 | 32 | 38 | 44 | 44 | 56 | 56 | 70 | 70 | 70 | 28 |
| 1 200 | 28 | 32 | 38 | 38 | 38 | 56 | 56 | 56 | 56 | 70 | 28 |
| | 28 | 32 | 38 | 44 | 44 | 56 | 56 | 70 | 70 | 70 | 28 |
| 1 500 | 28 | 32 | 38 | 38 | 38 | | | | | | 28 |
| | 28 | 32 | 38 | 38 | 38 | 44 | 44 | 56 | 56 | 70 | 28 |

4）地面瓦斯抽采泵选型

为考察管路抽采负压对压裂井瓦斯的抽采效果，将地面移动式水环真空泵接入抽采系统。根据新景矿 3-156 参数井的煤层气排采结果，参数井瓦斯抽采量为 0.4 $m^3$/min，2BE1-303 型移动泵站流量为 60 $m^3$/min，完全可以满足要求，抽采泵见图 4-2-5。

（3）试验方案设计

1）地面直井井位选择及井身结构设计

① 试验区域地面直井井位选择

阳泉矿区新景矿为突出矿井，在该矿 3[#] 煤层的北九正副巷道掘进过程中，井下千米钻机已在本区域施工瓦斯抽采孔，但抽采效果不明显，而且北九正副巷道在掘进过程中时常发生瓦斯超限及突出事故，严重影响矿井安全及工程进度。因此，针对这一实际情况，本次试验选定在北九正副巷所在的井田区域。

根据该试验区域的三维地震勘探资料，可知新景矿 3[#] 煤层的层间小断层比较发育，总的趋势是西部多于东部；另外，在褶曲翼部比较发育，轴部相对次之，同时端部偏多，其他部位较少。尽管 3[#] 煤层的断层构造较小，但这些中小断层的组合构造同样是瓦斯局部富集的重要条件，且对 3[#] 煤层的瓦斯赋存及煤与瓦斯突出具有控制作用。根据三维地震

图 4-2-5　地面移动水循环泵安装图

勘探资料，3# 煤层的北九正副巷道附近所在区域位于担山—佛洼北向斜轴部附近(如图 4-2-6所示)，周边发育 4 条逆断层。一方面，这些逆断层主要受担山—佛洼北向斜构造控制，使得煤层的煤化程度偏高，其形成过程中有大量瓦斯生成，造成该区域煤层含气量

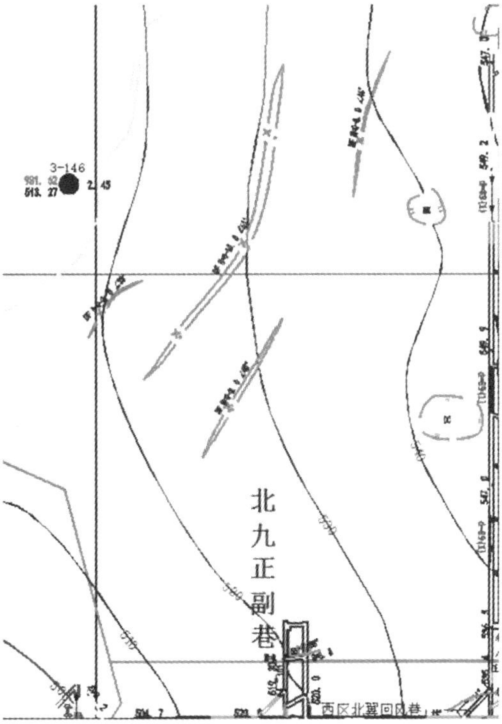


图 4-2-6　新景矿 3# 煤层北九正副巷所在区域的断层分布情况

高。另一方面,这些受担山—佛洼北向斜构造控制的逆断层属于压扭性断层,对煤层瓦斯有一定的封闭作用;这些断层的构造作用会使得该区域的煤层结构破碎,有利于煤层瓦斯的运移和聚积,且易于发生突出。由此可知,该区域煤层属于典型的构造煤且富含瓦斯,然而构造煤相对比较软、破碎,这使得井下千米长钻孔内部容易发生塌孔,从而造成瓦斯抽采效果不佳。这就是新景矿北九正副巷在巷道掘进过程中时常发生瓦斯超限与突出事故的根本原因。因此,采用地面直井压裂抽采复杂构造带突出煤层内瓦斯的方式就成为该区域瓦斯治理的最佳途径。

考虑这一区域的地应力、煤层瓦斯赋存规律、地质构造分布与地面地形情况,将新景矿 3# 煤层北九正副巷复杂构造带的地面压裂直井的井位布置在距离断层最近距离 70 m 的位置,采用地面直井压裂技术对地面直井附近煤层进行压裂、增透,使地面直井附近煤层区域形成一个高渗区,并充分利用断层构造对断层附近煤层的卸压增透效应,使地面直井附近煤层区域的高渗区与断层构造所产生的煤层瓦斯富集、高渗区相互沟通(如图 4-2-7 所示),从而增大地面压裂直井的有效瓦斯抽采范围、提高地面压裂直井的瓦斯抽采效果,以尽可能地实现更大范围的煤层消突。

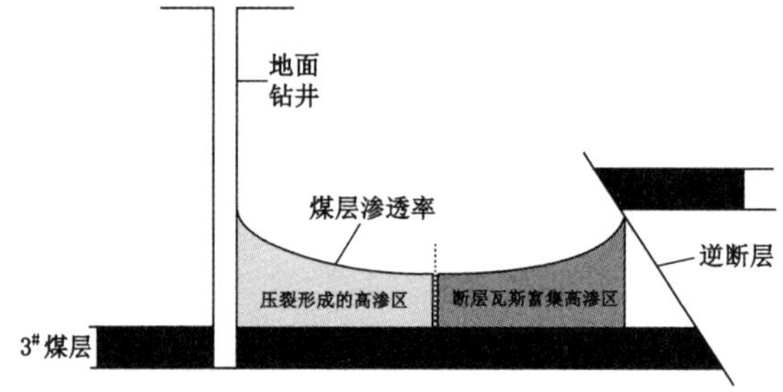


图 4-2-7　新景矿北九正副巷复杂构造带地面压裂直井井位选择的原理示意图

② 井身结构设计与施工

根据新景矿北九正副巷复杂构造带地面直井 XJ-1 气井的压裂技术要求,设计了 XJ-1 气井的井身结构,参数如表 4-2-6 所列。XJ-1 气井的井身结构采用两开结构,地面钻井施工的钻具组合情况如表 4-2-7 所列。

**表 4-2-6　XJ-1 气井的井身结构**

| 井身结构 | 一开 | 两开 |
|---|---|---|
| | $\phi$311.15 mm×21.83 m | $\phi$215.9 mm×532.11 m |
| 套管程序 | $\phi$244.5 mm×21.18 m | $\phi$139.7 mm×524.14 m |

**表 4-2-7　XJ-1 气井施工的钻具组合**

| 序号 | 钻井井段/m | 钻具组合 |
|---|---|---|
| 1 | 0～21.83 | $\phi$311.15 mm 镶齿钻头＋133 mm 钻杆＋钻铤 |
| 2 | 21.83～532.11 无芯段 | $\phi$215.9 mm 钻头＋$\phi$178 mm 钻铤＋$\phi$127 mm 钻杆＋133 mm 方钻杆 |

XJ-1气井的设计井深525.00 m，实际完钻井深532.11 m，完钻层位为石炭系中统太原组。钻井的施工情况如下：

a. 一开(用 $\phi$311.15 mm钻头钻进)时间为2015年3月29日，一开完钻时间为2015年3月30日。井深21.83 m下表层套管(钢级J55、壁厚8.94 mm、直径244.5 mm套管两根；计21.18 m，联入0.65 m，井深21.83 m)；注入水泥1.5 t，水泥浆返至地面。

b. 两开(用 $\phi$215.9 mm无芯钻头钻进)时间为2015年4月3日；4月5日钻进至467.45 m时见软，3#煤厚2.65 m，然后继续无芯钻至井深532.11 m完钻。完钻时间为2015年4月5日。

2015年4月6日完钻综合电测，测井项目有：自然伽马、自然电位、双井径、深浅侧向、补偿密度、补偿声波、井斜、井温。

2015年4月7～9日下套管并固井(下入生产套管52根，外径139.7 mm、壁厚7.72 mm、钢级J55、累长524.14 m、外漏0.40 m)。

2015年4月13日固井质量测井，人工井底494.10 m，水泥返高193.00 m。于4月17日对生产套管试压，给压20.00 MPa，稳压30 min，压降0.15 MPa，试压合格，XJ-1气井完井。

2）地面直井水力压裂技术研究

① 地面直井水力压裂设计研究

施工油压最高限压35 MPa；在整个施工的全过程中，严格执行相关规定，井场附近严禁排放残液、废液，做到工完料尽；压后停泵测压降30 min；循环地面压裂流程管线，循环路线从储液罐流出进入混砂车，经泵送进压裂车，再经压裂泵从高压管汇进入回收罐，循环时单车泵的排量不低于1.00 m³/min，时间不少于30 s，达到进出口水质一致和无段塞流为合格；井口及地面管线试压，35 MPa保持1～5 min不滋不漏为合格；打开井口阀门，关闭循环放空阀门，逐台启动压裂车，根据施工的压力，按照相应的压裂泵注程序进行施工。

新景矿XJ-1压裂井基本数据如表4-2-8所列。

**表4-2-8　新景矿XJ-1压裂井基本数据**

| 井别 | 直井 | 完钻方式 | 套管完井 |
|---|---|---|---|
| 完钻井深/m | 532.11 | 凡尔深度/m | 521.64 |
| 遇阻深度/m | 494.10 | 最大井斜/m | 1.160/250.00 |
| 固井质量合格率/% | 100 | | |

新景矿XJ-1压裂井生产套管参数如表4-2-9所列。

**表4-2-9　新景矿XJ-1压裂井生产套管参数表**

<table>
<tr><th rowspan="2">名称</th><th rowspan="2">规格/mm</th><th rowspan="2">钢级</th><th rowspan="2">壁厚/mm</th><th rowspan="2">内径/mm</th><th colspan="2">下入井段/m</th><th rowspan="2">抗内压/MPa</th><th rowspan="2">水泥返高/m</th></tr>
<tr><th>起</th><th>止</th></tr>
<tr><td>生产套管</td><td>139.7</td><td>J55</td><td>7.72</td><td>124.26</td><td>—</td><td>523.74</td><td>35.0</td><td>193.00</td></tr>
<tr><td colspan="9">短套管位置：3#煤层，447.50～450.00 m/2.50 m</td></tr>
</table>

新景矿 XJ-1 压裂井所在区域的煤层测井解释结果如表 4-2-10 所列。

**表 4-2-10　新景矿 XJ-1 压裂井煤层测井解释结果**

| 序号 | 解释层号 | 层位 | 解释井段/m | | | 解释结论 |
|---|---|---|---|---|---|---|
| | | | 起 | 止 | 厚度 | |
| 1 | 3 | P1s | 464.75 | 467.40 | 2.65 | 煤层 |

新景矿 XJ-1 压裂井 3# 煤射孔设计参数如表 4-2-11 所列。

**表 4-2-11　新景矿 XJ-1 压裂井 3# 煤射孔设计参数**

| 压裂次序 | 层号 | 射开井段/m | 射开层厚/m | 射孔枪弹 | 孔密/(孔/m) | 孔数 |
|---|---|---|---|---|---|---|
| 1 | 3 | 464.75～467.40 | 2.65 | 102 枪 127 弹 | 16 | 43 |

备注：以上所有井深数据都从地面算起。

压裂准备：

a. 压裂井段：3# 煤层射孔段 464.75～467.40 m，射孔厚度 2.65 m。

b. 注入方式：光套管注入。

c. 施工排量：8.0～8.5 $m^3$/min。

d. 液体类型：清水＋0.05％ALD-608＋0.05％XLD-108＋1％KCl。

e. 支撑剂：0.15～0.30 mm 石英砂 10.0 $m^3$，0.45～0.90 mm 石英砂 20.0 $m^3$，0.80～1.20 mm 石英砂 10.0 $m^3$。

f. 平均砂比：7.6％。

g. 压裂井口：350 型压裂井口。

h. 施工最高限压：35 MPa。

i. 预计施工井口最高压力：13～18 MPa。

通过难度系数计算并结合测井资料认为：该井目的层施工压力较高，预测加砂过程中压力不稳，属于较难加砂型地层，到后期压力可能会下降，总体属于较难压裂层，因此推荐泵注程序按高压方式来准备。

压裂方案：

a. 新景矿 XJ-1 压裂井应备液体数量及配方如表 4-2-12 所列。

**表 4-2-12　新景矿 XJ-1 压裂井应备液体数量及配方表**

| 分项 | 清水/$m^3$ | ALD-608/kg | XLD-108/kg | KCl/kg |
|---|---|---|---|---|
| 活性水 | 700.0 | 350.0 | 350.0 | 7 000.0 |
| 配方：清水＋0.05％ALD-608＋0.05％XLD-108＋1％KCl | | | | |

b. 新景矿 XJ-1 压裂井支撑剂类型及数量如表 4-2-13 所列。

**表 4-2-13　新景矿 XJ-1 压裂井支撑剂类型及数量表**

| 类型 | 粒径/mm | 准备量/$m^3$ |
|---|---|---|
| 石英砂 | 0.15～0.30 | 10.0 |
| 石英砂 | 0.45～0.90 | 20.0 |
| 石英砂 | 0.80～1.20 | 10.0 |

c. 新景矿 XJ-1 压裂井压裂及辅助设备车辆名称及数量如表 4-2-14 所列。

**表 4-2-14　新景矿 XJ-1 压裂井压裂及辅助设备车辆名称及数量**

| 设备 | 数量 | 型号 | 备注 |
|---|---|---|---|
| 主压泵车 | 6 台 | 2000 型 | |
| 仪表车 | 1 台 | 东风商务 | |
| 混砂车 | 1 台 | HSC240 型 | |
| 管汇车 | 1 台 | 北奔重卡(3×200 MPa) | |
| 管线车 | 1 台 | 北奔重卡(3×200 MPa) | |
| 砂罐车 | 5 台 | ND3253B38(17 $m^3$) | 容积 17 $m^3$ |
| 水罐车 | 8 台 | 奥龙 | 容积 20 $m^3$ |
| 大罐 | 13 个 | 50 $m^3$ | |

d. 新景矿 XJ-1 压裂井压裂泵注剂液用量如表 4-2-15 所列。

**表 4-2-15　新景矿 XJ-1 压裂井压裂泵注剂液用量表**

| 程序 | 排量/($m^3$/min) | 支撑剂 | | | 压裂液 | |
|---|---|---|---|---|---|---|
| | | 砂比/% | 用量/$m^3$ | 累积/$m^3$ | 用量/$m^3$ | 累积/$m^3$ |
| 前置液 | 8.0～8.5 | | | | 110 | 110 |
| 携砂液 | 8.0～8.5 | 3 | 2.8 | 2.8 | 93 | 203 |
| | | 6 | 7.8 | 10.6 | 130 | 333 |
| | | 9 | 21.6 | 32.2 | 240 | 573 |
| | | 12 | 7.8 | 40 | 65 | 638 |
| 顶替液 | | | | | 12 | 650 |

注：压裂过程中根据实际压力变化情况，灵活调整施工参数，停泵后测压降 60 min。

施工工序：

a. 通井、替喷、实探遇阻深度，洗井并试压合格。

b. 对 3# 煤层射孔，详见射孔审批表。

c. 按照设计要求上压裂液大罐，备水，配液。

e. 装井口。坐好 350 型压裂井口，四角用钢丝绳绷紧并用地锚锚定。

f. 连接地面管汇，地面管线与闸门试压 45 MPa，3 min 不滋不漏为合格。

g. 压裂 3# 煤层，执行施工工序表。

h. 停泵后安装指针式压力表观测井口压力，待井口压力扩散到 2.0 MPa 时，用 3 mm 油嘴控制放喷，排出液体排进污沟或排水沟。

i. 冲砂。下冲砂管柱，实探砂面深度，冲砂至原井遇阻深度。

j. 完井。按方案要求下泵投产。

3）地面直井压裂效果

煤层和普通油气藏的储层特点有较大的区别，砂岩主要具有空隙结构，孔隙率一般在 10%左右；煤岩具有天然的多裂缝体系，煤岩孔隙率只有 2%左右，孔隙连通性非常差，基本不具有气水渗流能力。煤层水力加砂压裂主要任务是压开和支撑更多的裂缝，使煤层中的裂缝达到有效的连通，为压力的传导和气水的流动提供通道，达到甲烷从煤岩体上顺利解吸和产出。

XJ-1 压裂井 3# 煤层 2015 年 5 月 12 日完成压裂前的相关准备工作，得出如下施工结论：

a. XJ-1 压裂井 3# 煤层设计注入液量 650.00 $m^3$，加入粒径 0.15～0.30 mm 的石英砂 10.00 $m^3$，粒径 0.45～0.90 mm 的石英砂 20.00 $m^3$，粒径 0.80～1.20 mm 的石英砂 10.00 $m^3$，实际注入液量 620.36 $m^3$，加砂率 100%，达到设计要求和储层改造的目的。

b. 本次压裂施工中由于地层应力大，煤层含水量多，煤层较硬，破裂压力不明显；加砂过程中由于裂缝延伸好，地层阻力小，施工压力平稳，按要求完成了设计加砂量。

① 井底压力曲线分析

新景矿 XJ-1 压裂井的压裂设计施工参照其西北部的 3-156 参数井进行，XJ-1 压裂井与3-156参数井压裂过程中的油压数据曲线如图 4-2-8 所示。从图 4-2-8 可以看出，与 3-156参数井相比，XJ-1 压裂井的起裂压力更大，起裂压力达到 26.22 MPa，而 3-156 参数井的起裂压力只有 16 MPa；与 3-156 参数井相比，XJ-1 压裂井的裂缝闭合时间更长，停泵 62 min后裂隙闭合，而 3-156 参数井的裂缝闭合时间仅为 30 min，这说明 XJ-1 压裂井的裂缝延伸长度更长；另外，从油压稳定后的最终值可以看出，XJ-1 压裂井油压终值为 10 MPa，3-156 参数井油压终值为 6.3 MPa（这是因为 XJ-1 压裂井位于逆冲断层附近，该构造的存在导致了应力集中，起裂压力更大；而 3-156 参数井所在区域为正断层附近，正断层一般为开放性断层，地应力较小，起裂压力较小）。

② 半翼缝长度分析

裂缝闭合过程中滤失系数可表示为：

$$C_0 = H^2 p^* (1-\upsilon^2)/(H_L E \sqrt{t_p}) \tag{4-2-1}$$

式中 $H$——裂缝高度，m；

$p^*$——拟合压力，MPa；

$\upsilon$——煤岩泊松比；

$H_L$——裂缝高度上发生滤失的高度，m；

$E$——煤岩弹性模量，MPa；

$t_p$——泵注时间，min。

以泵注过程中压力的平均值来计算的综合滤失系数为：

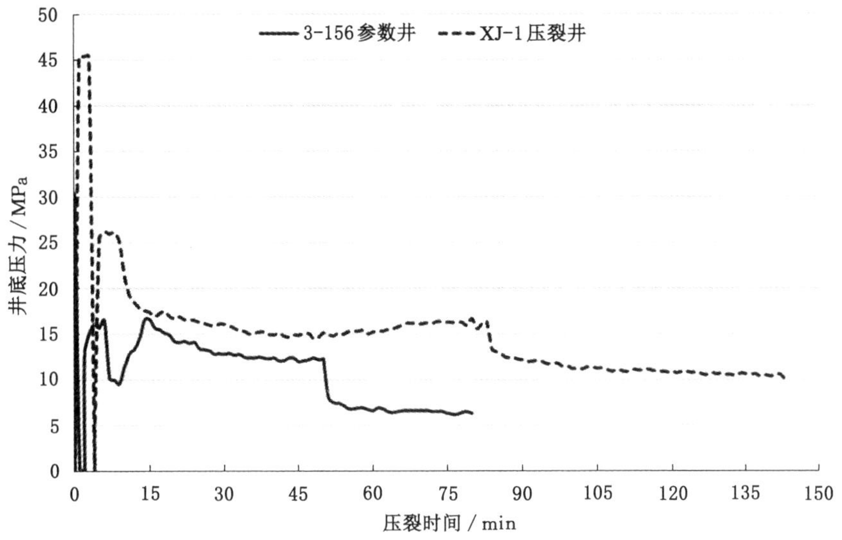


图 4-2-8　XJ-1 压裂井与 3-156 参数井压裂过程中的井底压力数据曲线

$$C = C_0 e^{2C_f \bar{p}} \tag{4-2-2}$$

式中　$C_f$——起裂压力，MPa；

$\bar{p}$——泵注压力平均值，MPa。

泵注流量与泵注时间的关系可表示为：

$$Q_{t_p} = \frac{\pi H^2 (1 - v^2)}{E}(\bar{p} - p_c)L_p + 2\pi C H_L L_p \sqrt{t_p} \tag{4-2-3}$$

式中　$Q_{t_p}$——泵注流量，$m^3/min$；

$p_c$——裂缝闭合压力，MPa；

$L_p$——半翼缝长度，m；

$C$——综合滤失系数。

结合式(4-2-1)和(4-2-3)可以求得半翼缝长度为：

$$L_p = \frac{Q_{t_p}}{\pi H^2 (1 - v^2)(\bar{p} - p_c)/E + 2\pi C H_L \sqrt{t_p}} \tag{4-2-4}$$

将表 4-2-16 中参数代入式(4-2-1)、式(4-2-2)和式(4-2-3)中可得到 XJ-1 压裂井裂缝闭合过程中滤失系数 $C_0 = 0.000\ 38\ m/min^{1/2}$，以泵注过程中压力的平均值来计算的综合滤失系数 $C = 0.026\ 3\ m/min^{1/2}$，半翼缝长度 $L_p = 126.8$ m。

**表 4-2-16　XJ-1 压裂井半翼缝长度计算参数表**

| 参数 | $Q_{t_p}/m^3$ | $H$/m | $p^*$/MPa | $\upsilon$ | $H_L$/m | $E$/GPa | $t_p$/min | $C_f$ | $\bar{p}$/MPa | $\bar{p}_c$/MPa |
|---|---|---|---|---|---|---|---|---|---|---|
| 取值 | 500 | 2.65 | 2.56 | 0.25 | 2.65 | 1.85 | 80 | 0.13 | 16.26 | 13.28 |

③ 压裂液排量分析

XJ-1 压裂井与 3-156 参数井压裂过程中的压裂液排量数据曲线如图 4-2-9 所示。从图 4-2-9 可以看出，3-156 参数井压裂液排量在泵送过程中波动较大，起裂初期排量为 7 $m^3$/min，油压下降后压裂液排量降到 0 $m^3$/min，油压上升后排量升到 10 $m^3$/min。XJ-1压裂井压裂液排量比较平稳，大约保持在 8 $m^3$/min 左右。

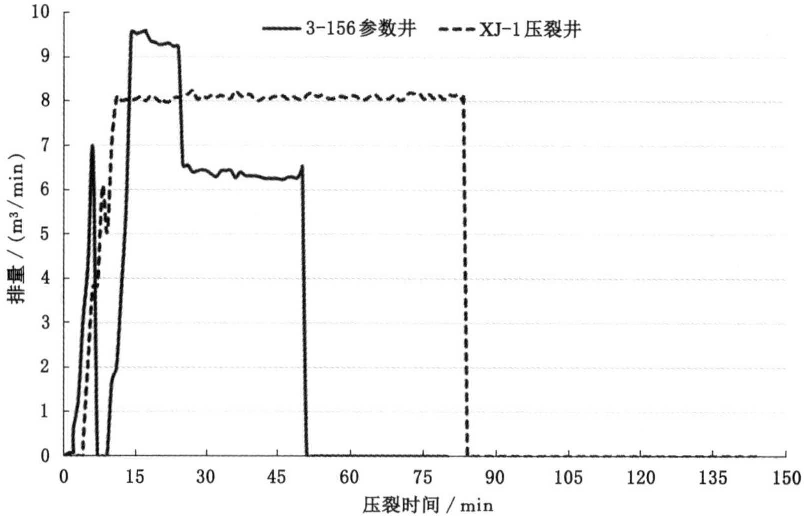


图 4-2-9　XJ-1 压裂井与 3-156 参数井压裂过程中的压裂液排量数据曲线

④ 总液量分析

XJ-1 压裂井与 3-156 参数井压裂过程中的总液量数据曲线如图 4-2-10 所示。从图 4-2-10 可以看出，3-156 参数井压裂总液量为 300 $m^3$，而 XJ-1 压裂井压裂总液量为 620.36 $m^3$，约为3-156参数井的 2 倍。因此，XJ-1 压裂井的裂缝延伸长度更长，压裂效果更好。

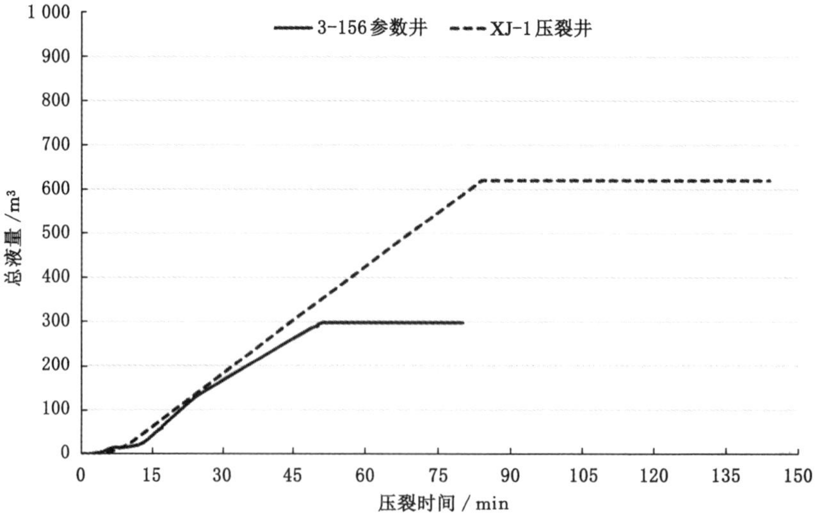


图 4-2-10　XJ-1 压裂井与 3-156 参数井压裂过程中的总液量数据曲线

⑤ 含砂百分比分析

XJ-1 压裂井与 3-156 参数井压裂过程中的含砂百分比如图 4-2-11 所示。从图 4-2-11 可以看出，3-156 参数井压裂液砂比最大达到 34%，而 XJ-1 压裂井压裂液砂比最大达到 15%，大约为 3-156 参数井的 50%。

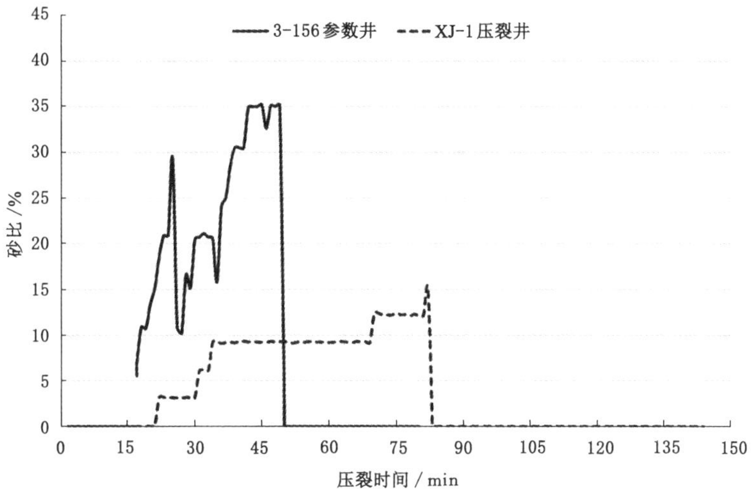


图 4-2-11　XJ-1 压裂井与 3-156 参数井压裂过程中的含砂百分比

(4) 地面压裂井的瓦斯抽采效果

新景矿 XJ-1 压裂井排采期间日产水量与套压力的变化曲线见图 4-2-12。通过图 4-2-12可以看出，XJ-1 压裂井排采期间日产水量随套压力的增大而下降，日产水量与套压力的变化趋势相反，即当套压力增大时日产水量下降，当套压力减小时日产水量上升。

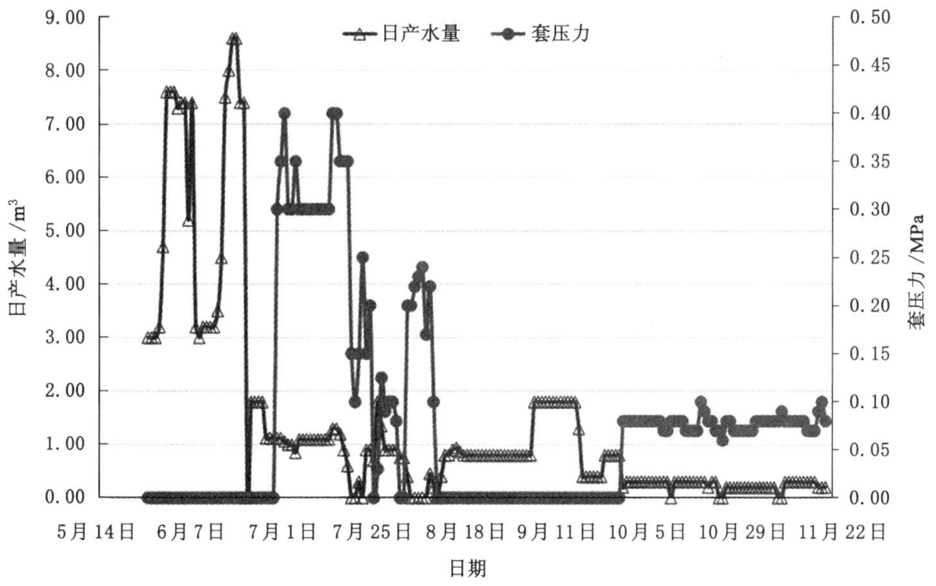


图 4-2-12　XJ-1 压裂井排采期间日产水量与套压力的变化曲线

新景矿 XJ-1 压裂井排采期间日产气量与套压力的变化曲线如图 4-2-13 所示。通过图 4-2-13可以看出，XJ-1 压裂井初始排采液面深度为 30 m，经过 22 d 的初期排水降液面阶段，即液面深度位于 385.00 m 时，进入临界产气期，开始有套压显示，随即进入控压产气期。另外，从产气量上来看，XJ-1 压裂井排采期间日产气量随套压的增大而增大，7 月 29 日至 8 月 3 日期间，XJ-1 压裂井动液面降至 3# 煤层以下，此时开启地面水循环泵，进行了地面泵站抽采地面压裂井的试验。结果表明，试验期间瓦斯抽采量最大达到 4 707 $m^3/d$，平均瓦斯抽采量达到 4 602 $m^3/d$，是抽油机抽采下平均日产瓦斯量的 3.5 倍。

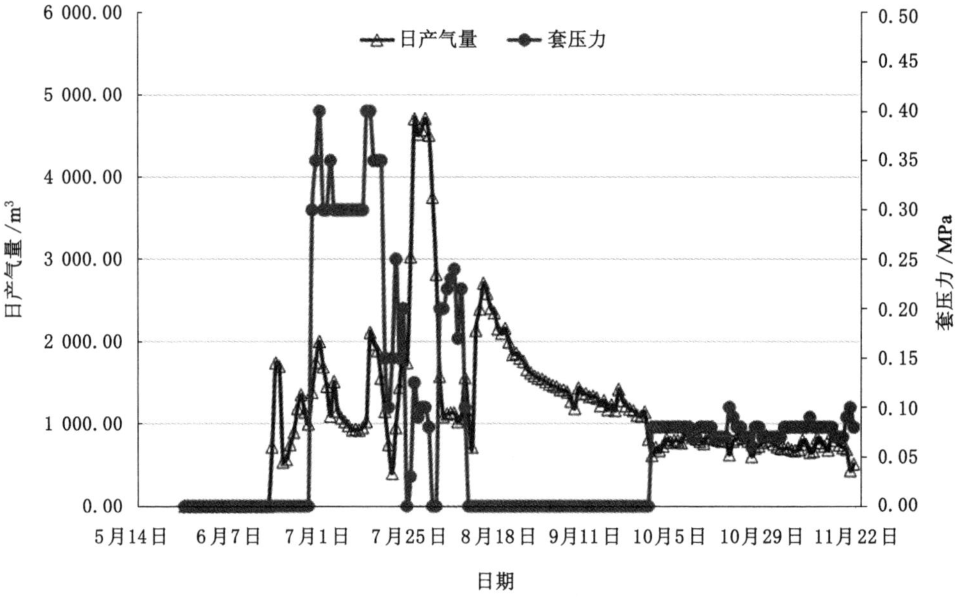


图 4-2-13　XJ-1 压裂井排采期间日产气量与套压力的变化曲线

新景矿 XJ-1 压裂井排采期间动液面深度与套压力的变化曲线见图 4-2-14。从图 4-2-14可以看出，随着排采时间的延长，动液面深度不断增大，最后逐渐稳定，结合图 4-2-13中瓦斯日产量曲线，新景矿 XJ-1 压裂井动液面应维持在 460 m。

新景矿 XJ-1 压裂井排采期间冲次与套压力的变化曲线如图 4-2-15 所示。由图 4-2-15可知，新景矿 XJ-1 压裂井冲次与套压力变化趋势相反。结合图 4-2-13 中瓦斯日产量曲线，XJ-1 压裂井合理冲次应维持在 0.5 n/min。

XJ-1 压裂井半翼长度为 126.8 m，裂缝范围内的煤炭储量约为 18.72 万 t。将 XJ-1 压裂井累计产气量与抽采时间进行指数拟合(图 4-2-16)，可得到 XJ-1 压裂井累计产气量与抽采时间的拟合函数为：

$$Q = 122\ 500\exp(0.002\ 965t) - 867\ 900\exp(-0.032\ 67t) \qquad (4\text{-}2\text{-}5)$$

式中　$Q$——XJ-1 压裂井的累计产气量，$m^3$；

$t$——抽采时间，d。

根据式(4-2-5)，XJ-1 压裂井抽采 686 d 后，其累计产气量达到 93.6 万 $m^3$，届时裂缝

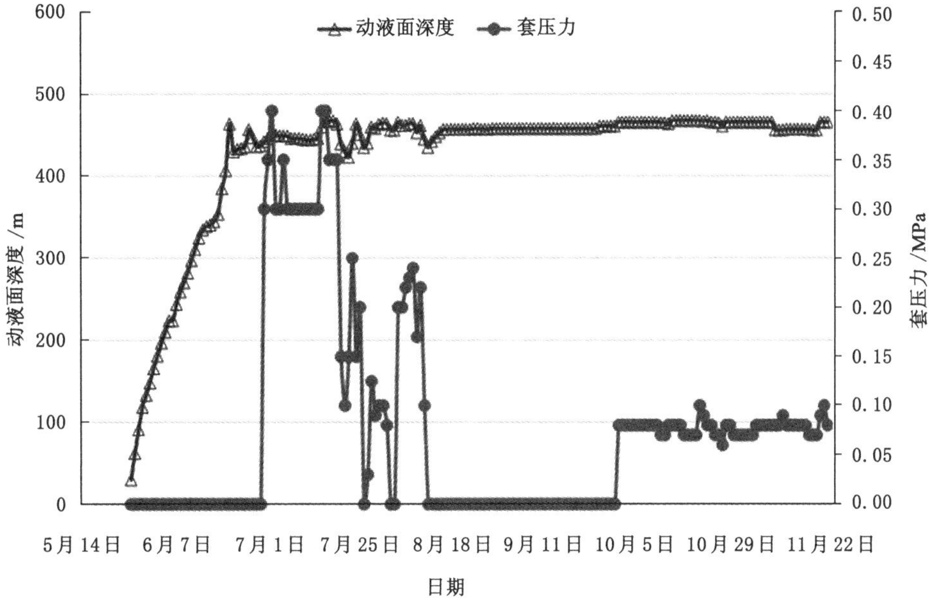


图 4-2-14　XJ-1 压裂井排采期间动液面深度与套压力的变化曲线

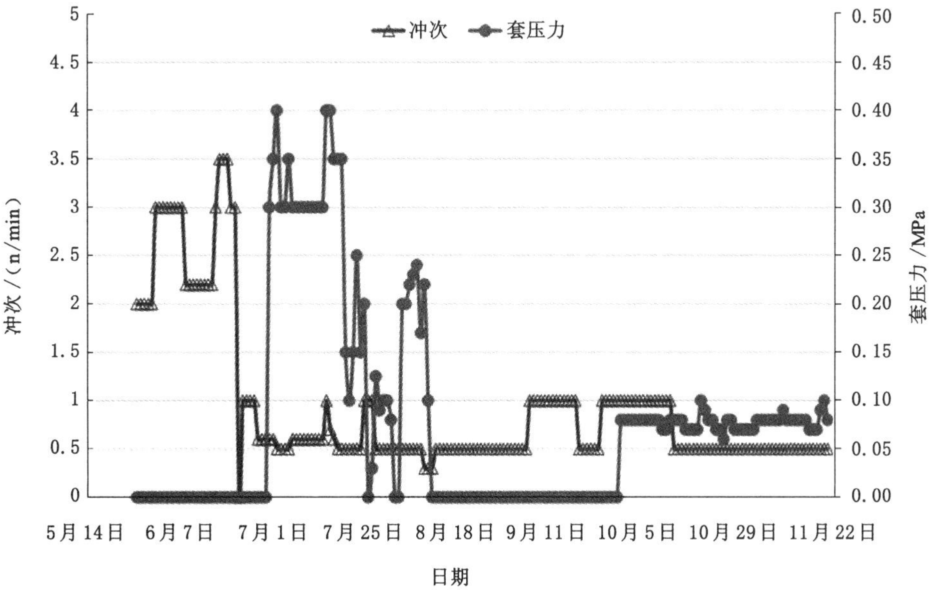


图 4-2-15　XJ-1 压裂井排采期间冲次与套压力的变化曲线

延伸范围内的吨煤瓦斯含量将从 13 $m^3/t$ 下降至 8 $m^3/t$ 以下，消除了钻井压裂范围内的煤层突出危险性。

(5) 地面压裂井瓦斯抽采效果的影响规律

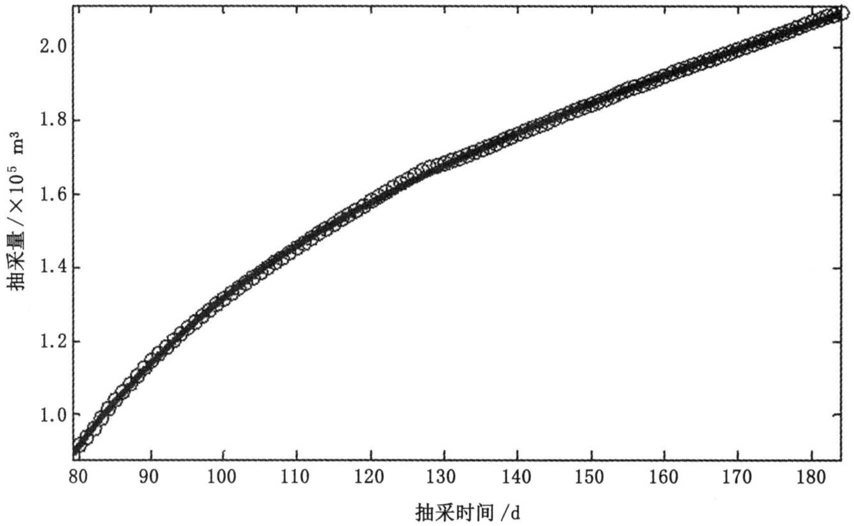


图 4-2-16　XJ-1 压裂井产能预测

XJ-1 压裂井位于受担山—佛洼北向斜构造控制的逆冲断层构造区，该复杂构造带为煤层瓦斯的储集创造了良好的条件。本次复杂构造带地面直井压裂井抽采瓦斯试验的主要目的是验证受担山—佛洼北向斜构造控制的逆冲断层复杂构造带对地面瓦斯抽采效果的影响，以下结合 3-156 参数井的瓦斯排采数据，分析复杂构造带对地面压裂井瓦斯抽采效果的影响规律。

3-156 参数井(3# 煤顶底板深度 531.85～534.45 m，15# 煤顶底板深度 657.65～665.05 m，泵底深 667.18 m)位于开放性正断层区域，该煤层气井于 2012 年 5 月 5 日开始产气，到 2013 年 5 月 1 日抽采试验结束为止，总计抽采 363 d，共产水 1 012.30 $m^3$，产气 59 042 $m^3$，平均日产水 2.79 $m^3$，平均日产气 163 $m^3$。其中，2012 年 6 月 27 日，日采气量达到最大值 368 $m^3$；2012 年 11 月产气量达到高峰，当月平均日产气量达到 323 $m^3$。该煤层气井抽采详细数据如表 4-2-17 所列。

**表 4-2-17　3-156 参数井抽采数据表**

| 日期 | 本月产水/$m^3$ | 本月产气/$m^3$ | 本月平均日产水/$m^3$ | 本月平均日产气/$m^3$ | 本月底动液面/m | 累计产水量/$m^3$ | 累计产气量/$m^3$ |
|---|---|---|---|---|---|---|---|
| 2012 年 5 月 | 15.84 | 67 | 0.59 | 2 | 477 | 15.84 | 67 |
| 2012 年 6 月 | 74.72 | 7 128 | 2.50 | 238 | 523 | 90.56 | 7 195 |
| 2012 年 7 月 | 80.91 | 8 922 | 2.70 | 297 | 537 | 171.47 | 16 117 |
| 2012 年 8 月 | 116.68 | 6 931 | 3.77 | 224 | 535 | 288.15 | 23 048 |
| 2012 年 9 月 | 145.50 | 5 109 | 4.85 | 170 | 534 | 433.65 | 28 157 |
| 2012 年 10 月 | 91.50 | 6 214 | 4.16 | 282 | 534 | 525.15 | 34 371 |
| 2012 年 11 月 | 38.38 | 4 198 | 2.95 | 323 | 594 | 563.53 | 38 569 |

表 4-2-17(续)

| 日期 | 本月产水/m³ | 本月产气/m³ | 本月平均日产水/m³ | 本月平均日产气/m³ | 本月底动液面/m | 累计产水量/m³ | 累计产气量/m³ |
|---|---|---|---|---|---|---|---|
| 2012 年 12 月 | 111.30 | 3 117 | 3.59 | 101 | 646 | 674.83 | 41 686 |
| 2013 年 1 月 | 95.16 | 3 713 | 3.07 | 120 | 658 | 769.99 | 45 399 |
| 2013 年 2 月 | 77.46 | 4 154 | 2.77 | 148 | 666 | 847.45 | 49 553 |
| 2013 年 3 月 | 85.53 | 4 828 | 2.76 | 156 | 666 | 932.98 | 54 381 |
| 2013 年 4 月 | 76.89 | 4 519 | 2.56 | 151 | 666 | 1 009.87 | 58 900 |
| 2013 年 5 月 | 2.43 | 142 | 2.43 | 141.7 | 666 | 1 012.30 | 59 042 |

3-156 参数井抽采期间日产水量、日产气量、动液面深度、冲次与套压力的变化曲线，分别见图 4-2-17～图 4-2-20。

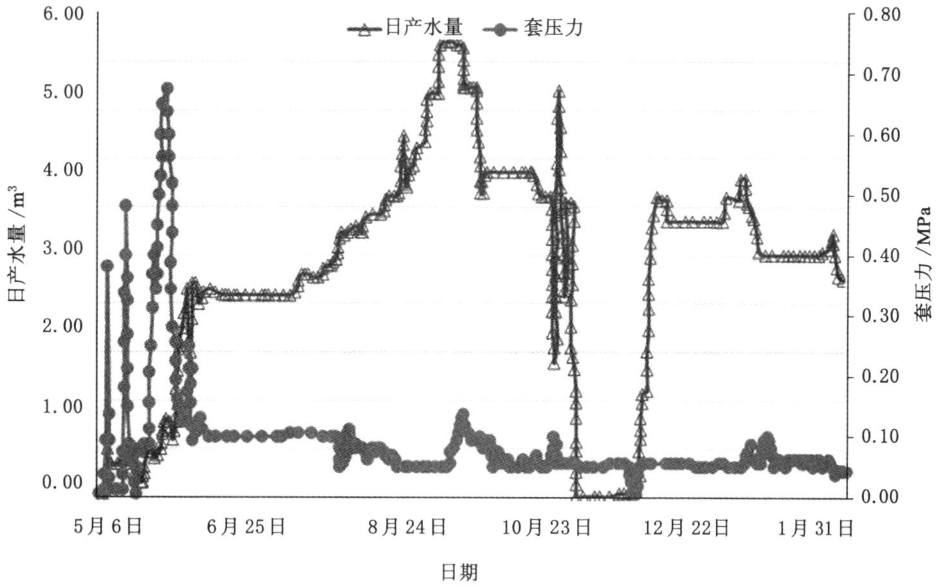


图 4-2-17　3-156 参数井抽采期间日产水量与套压力的变化曲线

对比分析 3-156 参数井与 XJ-1 压裂井瓦斯抽采效果可知，在 15# 煤未压裂的情况下，XJ-1 压裂井平均日产瓦斯量达 1 261 m³/d，为 3-156 参数井的 8 倍；XJ-1 压裂井最高瓦斯抽采量为 4 707 m³/d，为 3-156 参数井的 12.88 倍。由此可见，在受向斜构造控制的封闭性逆冲断层复杂构造带施工地面压裂井能够取得较好的煤层瓦斯抽采效果。

(6) 效益分析

通过应用该技术，有效地抽采了突出煤层复杂构造带区域的煤层瓦斯，将大大降低该区域发生煤与瓦斯突出的概率，使单口地面直井 6 个月内累计产气 21.9 万 m³。按照提供居民燃气费用算，每立方米瓦斯利润为 0.4 元，则单口地面直井一年的瓦斯抽采利润将达到 17.4 万元。由于本技术的应用，使单口地面直井抽采范围内的煤层顺利采出煤炭

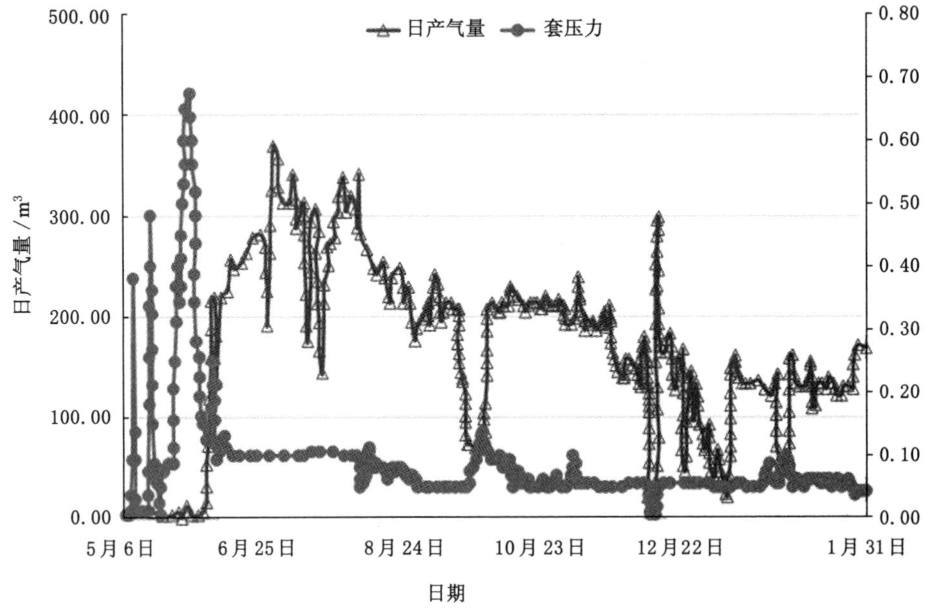


图 4-2-18　3-156 参数井抽采期间日产气量与套压力的变化曲线

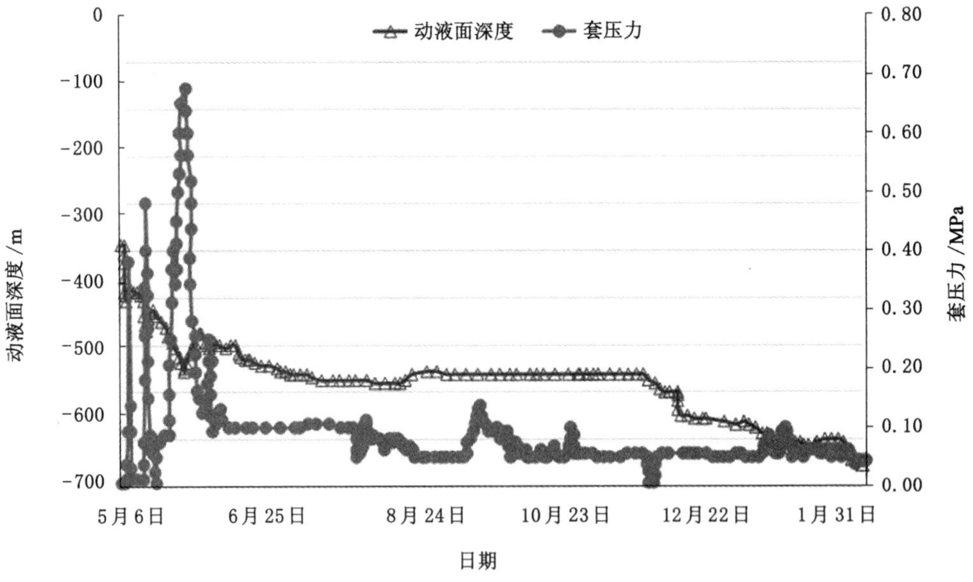


图 4-2-19　3-156 参数井抽采期间动液面深度与套压力的变化曲线

18.72 万 t，按吨煤利润 150 元/t 计算，单口地面直井增加的利润为 2 808 万元。

综上所述，本技术在阳泉矿区新景矿 3# 煤层北九正副巷附近区域实施后，瓦斯抽采效果显著，将大大降低 3# 煤层发生煤与瓦斯突出的概率，从而提高新景矿 3# 煤层北九正副巷掘进过程的煤巷掘进速度与安全生产水平，为突出煤层复杂构造带煤与瓦斯突出的

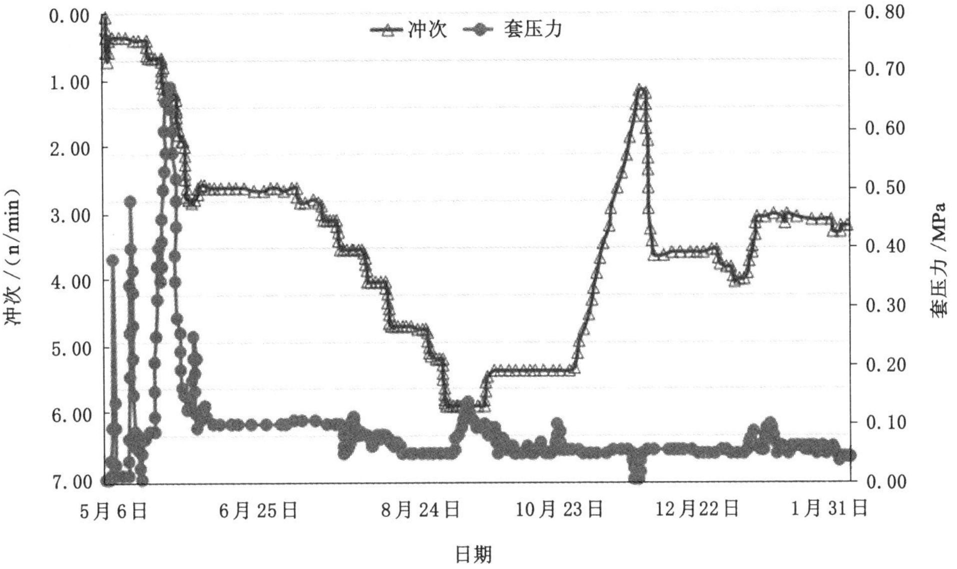


图 4-2-20　3-156 参数井抽采期间冲次与套压力的变化曲线

防治提供了科学依据，保障了突出矿井的安全生产，经济效益明显。

该项技术有效地提高了突出煤层复杂构造带煤层瓦斯抽采效果，对于提高瓦斯资源的抽采利用、控制突出煤层复杂构造带瓦斯灾害事故的发生、减少矿区温室气体的排放具有重要的社会效益。

#### 4.2.1.3　地面水平井抽采瓦斯技术

羽状水平井技术是 20 世纪后期由美国煤层气技术服务公司 CDX GAS 公司开发的煤层气专门钻井技术。该技术建立在水平井和分支井技术基础上，集钻井、完井和增产措施于一体，在开发中煤阶低渗透储层(渗透率≤1～5 mD)的煤层气中取得了非常好的效益。大面积长时间的羽状水平井抽采，使煤层瓦斯含量降到了可安全开采的水平，既保证了煤矿安全开采的要求，也通过瓦斯销售收回了瓦斯抽采成本，并获得了额外盈利。

事实证明，羽状水平井技术是低渗煤层瓦斯抽采的优势技术，是中国煤层气地面开发的最佳技术途径之一。2004—2007 年，煤层气开发商在中国境内共实施了 29 口羽状水平井，在山西境内共施工了 28 口，总进尺达 110 km。至 2008 年底，中国境内共完成煤层气羽状水平井 70 多口。鉴于在沁水南部地区羽状水平井的高产效果，这一技术已成为中国煤层气地面开发的优势技术，多数外国煤层气公司、中石油和中联公司在沁水盆地南部多将直井计划改为水平井作业模式。可以展望，羽状水平井在沁水盆地有着巨大的生命力和推广应用远景，特别是在高瓦斯煤矿区尤其值得试验推广。羽状水平井的明显优点可概括为：

① 抽排面积大，1 口水平井的面积约等于 5 口直井的面积。

② 单井产量高，1 口水平井(日产 2 万～5 万 $m^3$)的产量约等于 10～40 口直井(日产 1 000～2 000 $m^3$)的产量。

③ 抽采效率高，可达 70%，而直井为 50%～60%。

④ 抽采时间短，为 5～10 年，直井需 20～30 年。

⑤ 属煤层环境保护型技术，煤层顶板破坏少，不影响后期采煤的顶板稳定性；而直井压裂工程会严重破坏煤层顶板，给采煤支护带来困难。

⑥ 节约地面设施，综合开发成本低，经济效益好。

(1) 煤层气分支井的增产机理

多分支水平井钻井完井技术是一项高效煤层气开发技术，它是集钻井、完井与增产技术于一体的煤层气开发技术。与采用射孔完井和水力压裂增产的常规直井相比，多分支水平井具有得天独厚的优越性——能够最大限度地沟通煤层割理（微裂隙）和裂缝系统，增加井眼在煤层中的波及面积和泄气面积，降低煤层裂隙内气液两相流的流动阻力，大幅度提高单井产量，减少钻井数量。与常规直井相比，在开发低渗透储层煤层气资源时，多分支井具有单井产量高、采出程度高、经济效益的优势。

1) 增大解吸波及面积、沟通更多割理和裂隙

多分支水平井在钻井成孔的过程中从煤层中排出大量的煤屑，最后又采取完全裸眼的方式完井，相当于在煤层中营造了多条、多方向、长距离的水平钻井，增加了煤层的裸露面积，扩展了煤层流体的泄流面积，沟通了裂缝与割理系统，如图 4-2-21 所示，使煤层内气体的解吸波及范围大大提高。

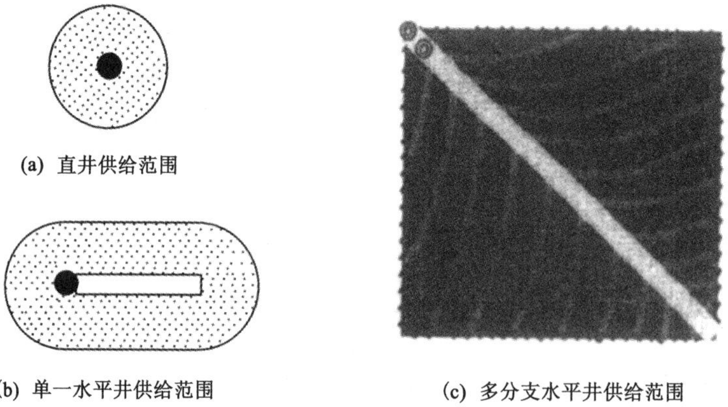

(a) 直井供给范围

(b) 单一水平井供给范围

(c) 多分支水平井供给范围

图 4-2-21　不同类型井煤层气的供给范围比较

2) 降低区域性气体的流动阻力

分支水平井的地层水渗流阻力可按公式(4-2-6)计算，这里仅比较单一水平井和单一割理的渗流阻力。

$$R=\frac{\mu}{2\pi kh}\left|\ln\frac{4^{1/n}r_e}{L}+\frac{h}{nL}\ln\frac{h}{2\pi r_w}\right| \tag{4-2-6}$$

式中 $R$——渗流阻力，MPa；

$L$——分支水平井长度，m；

$k$——地层渗透率，mD；

$h$——煤层厚度流体黏度，MPa·s；

$r_e$——供给半径，m；

$r_w$——井筒半径，m；

$n$——分支水平井井筒数。

计算割理阻力可将井筒半径换成割理半径，当水平井段长为 100 m，井眼直径取 152 mm，割理简化成 1.5 mm 的圆孔时，经计算比较，地层水在割理中的摩擦阻力比在分支水平井的摩擦阻力高出 3 倍以上。可见分支水平井能够明显地降低流体在煤层中的摩擦阻力，减小瓦斯气体流动的阻力。

3）原始裂纹的扩展

在水平井眼钻井过程中，钻井液的水动力作用和钻头的机械破碎作用对煤层的结构产生极大的破坏，煤层内的应力重新分布。采用完全裸眼的方式进行完井作业，又给煤层的原地应力重新分布创造了空间和条件。在煤层应力重新分布的过程中，煤层的原生结构和次生结构都将发生变化。由于煤层主要受剪应力作用，所以煤层中的裂隙以张开为主，因此多分支水平井钻井和完井的复合结果使煤层的原始渗透性得到一定程度的提高。前期的钻井完井作业结束后，煤层的地应力重新分布并没有结束，随后的排水、采气生产使煤层的地应力重新分布继续进行。

连续不断地排水降压是煤层气井生产的主要特征。在煤层连续不断地排水降压过程中，煤层裸眼段井眼内的流体被连续不断地排出，煤层裸眼段井眼压力不断下降，地层应力不断地朝同煤层裸眼段和井底释放。在地层地应力释放过程中，煤层内的地应力继续重新分布，使煤层内部结构发生变化，促进了煤层裂隙的相互连通，进一步改善和提高了煤层的渗透性。随着煤层压力的不断下降，煤层渗透性得到改善，在一定时期内，煤层气井的产量将逐步上升并达到稳定。

（2）试验地点

综合国内外羽状水平井成功钻井经验，这类井适宜于瓦斯含量大、煤层厚度比较稳定，煤体坚硬，构造煤不发育、地质构造较为简单、渗透率较低而不适宜于煤层气直井和压裂技术的煤田。经地质分析和实地地质调查，阳泉矿区南部的石港矿区基本具备实施羽状水平井的地质条件。

石港矿区具有煤层厚、含气量大、开发地质条件较好和煤层气资源总量大等优势。目前开采的 15# 煤层厚 7.4 m，含气量 16～19 $m^3/t$，平均 17 $m^3/t$，煤层气资源丰度高达 1.8 亿 $m^3/km^2$，和目前中国煤层气开发最好的晋城地区比较接近。同时，据瓦斯抽采部门的研究成果，该区井下抽采钻孔瓦斯流量接近 0.2 $m^3/(min \cdot 100\ m)$，和晋煤寺河煤矿的抽采参数比较接近，表明本区煤层渗透率较好。

（3）试验方案设计

石港煤矿的地面瓦斯抽采分两期进行，第一期羽状水平井组布置在井田的北翼，第二期井组布置在矿区的南西翼。第一期为实验期，布井 5 口，实施方法为 1＋4，即先施工 1 口科学试验井，待钻井和排采基本成功后，再施工其余 4 口井。实际布置方案根据煤矿生产规划而定。实施技术路线为：

① 先在井田范围内进行 4.4 $km^2$ 的三维地震勘探，查明 15# 煤层的基本构造形态，特别是要查明落差大于 5 m 的断层和直径大于 25 m 的陷落柱。

② 在三维地震基础上，选择构造简单区布置羽状水平井组。先钻一口深 660 m 左右

的煤层气参数井，井眼直径为 215.9 mm，至 15# 煤层之下 50～60 m 完钻。按照中联煤层气参数井的相应行业规范，完成钻井和所有必需的录井、煤层气参数测试及试井。

③ 钻一口水平井，与直井连通。完成段长为 5 000 m 的水平井，安装排采设备并进行 6 个月排采。

④ 在完成水平井钻井和获得良好的排采效果之后，总结经验和教训，修改技术方案，再进行其余 4 口水平井的钻井施工。

项目实施分 3 个阶段，即三维地震阶段、参数井钻探和试井阶段、水平井钻探阶段。

1）三维地震

本次三维地震勘探控制了勘探范围内 15# 煤层底板和奥陶系灰岩顶界面的基本构造形态，新发现落差小于 5 m 的断层 6 条，并在勘探区北部控制陷落柱 1 个。在解释基本构造的基础上，发现了 2 条挠曲带，预测构造煤发育带 11 处。

太原组 15# 煤层总体为走向北东东、倾向北西西的一大单斜构造，在单斜构造的基础上发育有次一级向斜，轴向也多为北东东向。区内地层倾角具有南陡北缓特征，一般为 6°～9°，在 401 孔东侧局部位置倾角较大，约 30°左右，在挠曲发育地段倾角也较大。区内最大向斜为简会向斜，位于勘探区西南部的简会村附近，轴长 800 m，褶曲最大幅宽 350 m，最大幅度 15 m。其他褶曲规模较小，褶幅一般不大于 10 m，对水平井钻井选区和钻井导向以及煤矿开采不构成大的影响。

15# 煤底板标高具有北高南低之势，底板标高最大值位于勘探区北部水平井附近，标高为 1 060 m，最低处位于勘探区西南部的简会村向斜轴部，标高为 785 m。区内 15# 煤底板高差 275 m，变化梯度约为 106 m/km。与底板标高变化相一致的是，15# 煤埋深也呈东浅西深之趋势。埋深最大部在莲花村一带，埋深 600 m 左右；最浅部在勘探区东北部红卫村、水平井钻井区和勘探区南部刘家庄一带，埋藏深度在 280 m 左右。

本次勘探查出落差小于 5 m 的断层 6 条，分别编号为 F01、F02、F03、F05、F06、F09，多数为走向断层，仅 F06 与地层走向呈小角度斜交。推测这些断层为挠曲伴生的小型错断，主要发育于 14# ～15# 煤层。

在勘探区北部控制陷落柱 1 个（X01）。该陷落柱位于勘探区北部外侧，其长轴为 174 m，短轴长度 111 m，长轴方向 N59°E，共有 27 个断点控制，控制程度可靠。

勘探区内挠曲较发育，本次勘探控制挠曲带 2 条。第一条带位于区西南部，走向近 SN，带长 1 950 m；第二条带位于中东部，走向 SN-N23°W，带长 1 500 m。挠曲带中部 900 m，位于勘探区外。挠曲带经常有小型断裂构造伴生，其中，第一挠曲带伴生有 F05 断层，第二挠曲带伴生有 F03、F06 和 F04（区外）断层。

除了挠曲带，预测了 15# 煤层构造煤条带 11 处。构造煤呈不规则条带状分布，条带总体走向多与地层走向相一致，其中 SC7、SC10 构造煤带与地层走向呈大角度斜交。构造煤带宽度较窄，难以准确解释，其长度多数为 200～500 m，两个较大的长为 1 500～2 000 m。小型构造煤带与断层关系密切，大型构造煤带与挠曲相关。构造煤带的探测与解释对于水平井布井、地质导向和煤矿瓦斯突出防治都十分重要。

利用三维地震资料对 15# 煤层厚度进行了评价和预测。15# 煤层在整个工区发育较稳定，最大厚度 7.7 m，位于勘探区东南角；最小厚度 5.8 m，位于区东北角。区中部及南部厚度变化很小，一般为 7.7 m，向北变化为 7.2 m。区内平均厚度在 7 m 左右。

奥陶系顶界面总体构造形态与 15# 煤层大致相同，与 15# 煤底板间距有自北（约 30 m）向南（约 60 m）逐渐变大的趋势。奥陶系顶界面深度的解释有助于认识和理解 15# 煤层的保护条件和钻井设计。

三维地震部分于 2008 年 1 月 18 日由阳煤集团组织验收，项目合格，资料交予集团地质处。

三维地震资料为石港矿下一步地面瓦斯抽采和水平井钻井设计与导向提供了可靠的地质依据，也为煤矿开采设计和生产提供了可靠的地质依据。

2）SG-01V 参数井钻探和试井

SG-01V 井进行了全井井径测井、标准测井（深度比例为1∶500，采样间隔为 0.10 m）和综合测井（深度比例为 1∶200，采样间隔为 0.10 m）。对煤层段进行了在目的煤层上下 20 m（含煤层）井段的放大综合测井，用以精细研究煤层结构，深度比例为 1∶50，采样间隔为 0.05 m。依据测井结果对煤系地层和煤层进行了详细划分。特别是 15# 煤层附近的测井结果（图 4-2-22）指示了煤层结构的分层特征，对于井眼设计和地质导向具有重要的指导意义。据此测井特征，建议把水平井眼布置在煤层的中分层，位于上下夹矸之间，易于导向判别。

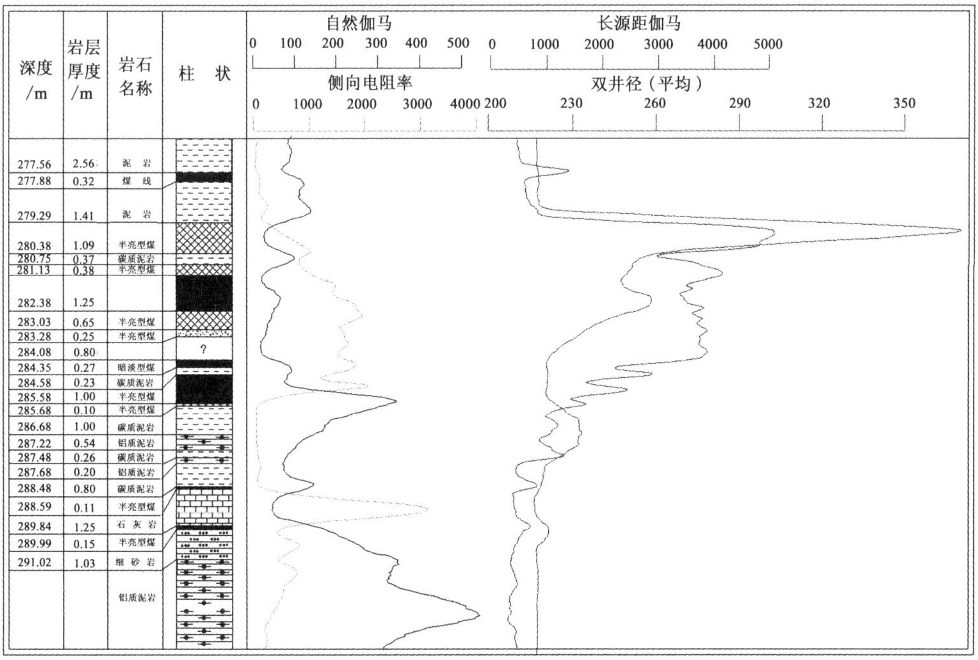


图 4-2-22　15# 煤层段及其顶、底板的测井响应

15# 煤层厚度较大，平均 6.39 m，适合于水平井钻井。其瓦斯含量较高，达 13 $m^3/t$ 以上，可以进行地面开发。储层压力较低，压力梯度仅 0.5 MPa/100 m，为低压储层，不利于开发。据此压力和含气量，15# 煤是饱和储层，有利于开发。储层渗透率较大，达 4.48 mD，为阳泉矿区较为理想的开发地区。可见，15# 煤层为欠压、饱和-高渗透率煤层，气含量较高，总

体上具有良好的地面煤层气开发远景。

SG-01V 井中煤层结构上分层结构破坏较为严重，这与井下大面积观察认识不尽相同，是煤层局部受构造影响的结果，在离直井一段距离后，预计煤层结构较好，井眼应布置在中分层中。

根据参数井储层测试结果，按 15# 煤实测参数模拟了 5 000 m 水平井的产能，结果显示，正常日产量为 10 000～30 000 $m^3$，与原设计中渗透率为 2.0 mD 产量较为接近。因此，可以继续实施羽状水平井钻井和地面煤层气开发。

3）SH-01H 水平井钻探

共完成两个水平井的工程井钻井工程量 834.40 m，其中原水平井工程井段 437.63 m，新开水平井工程井段 399.77 m；完成煤层段分支井眼 9 个，总进尺 3 069.80 m；SH-01H井总进尺为 3 907.20 m。

煤层钻遇率：煤层段总进尺为 3 069.80 m，其中煤层中进尺为 2 466.30 m，煤层钻遇率为 80.34%。

钻遇煤层的三个主要识别标志是煤屑、伽马值和全烃显示。煤屑和全烃值是两个直接标志，伽马值为间接标志。大量煤屑的返出井口是钻遇煤层的最重要标志。钻井过程中，一般每 10 m 采样观察，确保判别正确。同时，全烃值 5%以上，视为钻遇煤层。原实际井眼轨迹为多分支放射状分布，覆盖面积为 0.45 $km^2$，实钻井眼轨迹为束状分布，覆盖面积为 0.25 $km^2$。

（4）抽采效果分析

在和左区，太原组 15# 煤层有着瓦斯含量高，煤层厚度大，煤体结构较好，软煤分层不甚发育，渗透率较高等优点。可以预计阳泉南矿区在未来可能成为煤层气地面开发的重点区之一。

在阳泉矿区第一次实现了煤层气水平井排采产气的历史突破，最大日产气量为 450 $m^3$，一般保持在 350 $m^3$ 以上。尽管日产量距其目标 5 000 $m^3$ 还相差甚远，但毕竟实现了零的突破，是一个良好的开端，值得重视和延续。

## 4.2.2 本煤层采前瓦斯抽采技术

煤与瓦斯突出是地应力、瓦斯和煤的力学性质综合作用的结果，本煤层采前瓦斯抽采的防突机理体现在以下几个方面：

① 降低地应力，释放应变潜能。

② 释放瓦斯，降低瓦斯潜能。

③ 增大突出阻力，抽采瓦斯增加的突出阻力可分为两个方面：一是煤层的强度增加，提高了煤体抵抗外力破坏的能力；二是降低了采前抽采区内瓦斯压力梯度。抽采后，煤的坚固性系数 $f$ 提高 1.5 倍以上，透气性系数增加 9 倍，发动突出的阻力增加，抑制了突出的发生。

### 4.2.2.1 本煤层采前瓦斯抽采工作程序

井下本煤层采前瓦斯抽采的工作程序包括抽采方案设计、工程施工验收、抽采煤层瓦斯、抽采效果检验和区域效果验证等几个部分[27-28]，如图 4-2-23 所示。

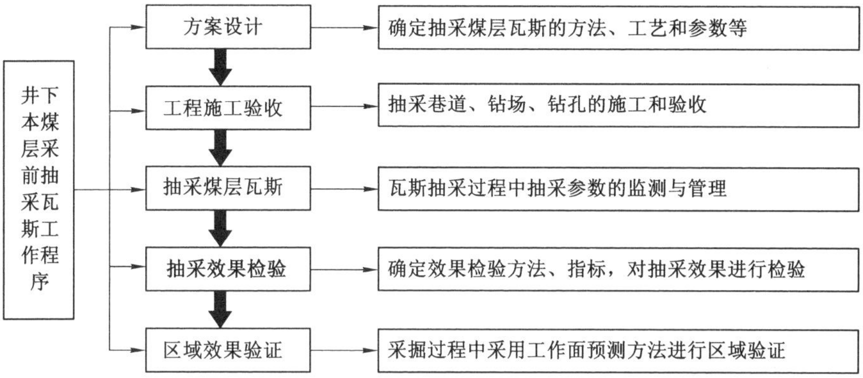


图 4-2-23　井下本煤层采前瓦斯抽采工作程序框图

① 方案设计。突出煤层需要提前 5～10 年制定矿井瓦斯综合治理规划，规划中应明确矿井各煤层、各采区甚至各工作面的区域性瓦斯治理方法、瓦斯抽采工程、瓦斯抽采参数（钻孔间距、钻孔直径、抽采负压）等。因此，在进行工作面采前瓦斯抽采设计时，通常只需要根据准备工作面的实际情况对相应参数做适当调整即可。

② 工程施工验收。瓦斯抽采工程的施工通常包括煤层底（顶）板抽采巷道（穿层钻孔抽采时需要）、抽采钻场和抽采钻孔的施工[29]。瓦斯抽采工程的施工要严格按照设计要求进行，尤其是抽采钻孔的施工，否则容易出现诸如钻孔布置不均匀等问题，并最终影响后续的抽采瓦斯效果检验；钻孔施工完成后，还应根据钻孔实际施工情况确定是否需要补充钻孔；此外，钻场的尺寸应能满足大功率钻机施工的需要。因此，在抽采工程施工的过程中要加强巷道、钻场和钻孔的施工监测与管理，严格按照相关要求进行验收。

③ 抽采煤层瓦斯。钻孔施工后及时封孔、合茬抽采瓦斯，在抽采煤层瓦斯的过程中要跟踪进行瓦斯抽采参数的测定，测定的参数包括流量、浓度、抽采负压等，为区域性效果检验提供依据[30]；抽采过程中还需要重视管理工作，及时发现、处理抽采系统中影响抽采效果的薄弱环节，优化抽采系统。

④ 抽采效果检验。经过一段时间抽采瓦斯后，进行区域性抽采瓦斯的效果检验。条带区域采前抽采必须对实测煤层残余瓦斯压力或残余瓦斯含量进行检验，如穿层钻孔、顺层钻孔采前抽采煤巷条带煤层瓦斯；大区域采前抽采可采用实测煤层残余瓦斯压力或残余瓦斯含量的方法进行检验，也可根据采前抽采的瓦斯含量推算煤层残余瓦斯含量来检验，如穿层钻孔、顺层钻孔采前抽采整个采煤工作面的瓦斯。如果效果检验指标满足要求，采前抽采瓦斯有效；否则，补充施工瓦斯抽采工程或延长瓦斯抽采时间，直至满足区域性消除突出危险性的要求。

⑤ 区域效果验证。区域效果验证是已经消除了突出危险性的煤层，由区域瓦斯治理转向局部瓦斯治理，为保障采掘过程的安全，需采用工作面预测方法对区域消突效果进行验证。预测不具备突出危险性的，在安全防护措施的保护下进行采掘工作；否则，需实施工作面防突措施，在防突措施有效后再在安全防护措施的保护下进行采掘作业。

以上是井下本煤层采前抽采瓦斯的一般程序,程序中的每个部分都要按相关的管理规定执行。

采前抽采煤层瓦斯有钻孔法和巷道法,其中巷道法采前抽采煤层瓦斯由于煤层巷道本身的施工难度非常大已遭淘汰,目前主要采用钻孔法。从空间位置来说,钻孔法抽采煤层瓦斯有穿层钻孔和顺层钻孔两种,其他方法是在这两种方法的基础上衍生出来的。穿层钻孔瓦斯抽采是从突出煤层工作面底(顶)部的岩石(或煤层)巷道向突出煤层施工穿透煤层的钻孔,采前抽采煤体瓦斯,区域性消除煤体突出危险性,变高瓦斯突出危险煤层为低瓦斯无突出危险煤层。顺层钻孔瓦斯抽采是从已有的煤层巷道向突出煤层施工顺煤层的钻孔,采前抽采煤体瓦斯,区域性消除煤体的突出危险性,变高瓦斯突出危险煤层为低瓦斯无突出危险煤层[31]。

钻孔抽采煤层瓦斯作为有效的区域性消突措施,其主要作用机理在于煤层抽采钻孔的施工,造成了钻孔周围煤层的局部卸压[32];通过抽采煤层中的瓦斯,可以使具有突出危险的煤层中的瓦斯压力和瓦斯含量大幅度降低,使煤体内的瓦斯潜能得到释放并降低;由于瓦斯的抽采可以引起煤层的收缩变形,使煤体的应力降低,煤体的透气性增大;煤体应力的下降也使煤层中的潜能得到释放。这些都在不同程度上降低了导致突出发生的主动力和能量。同时,煤体中的瓦斯释放后,煤层透气性增大,煤层应力减小,煤体的强度增大,这样就增强了煤体的机械强度和稳定性,使得发生煤与瓦斯突出的阻力增大。由此,钻孔预抽煤层瓦斯,可以从减弱煤层突出的主动力和增强抵抗突出的能力两个方面起到消除或减弱煤层突出危险性的效果。

#### 4.2.2.2 穿层钻孔瓦斯抽采技术

穿层钻孔采前抽采煤层瓦斯是在工作面煤层底板岩层中布置岩巷[33-34],在岩巷内每隔一定距离施工一个钻场,在钻场内向煤层施工网格式的上向穿层钻孔(如果底板岩巷断面较大,满足钻孔施工条件,可在底板岩巷内施工穿层钻孔)。根据穿层钻孔控制的方位和面积,穿层钻孔预抽煤层瓦斯可分为穿层钻孔预抽区段煤层瓦斯和穿层钻孔预抽煤巷条带煤层瓦斯2种,分别如图4-2-24和图4-2-25所示。

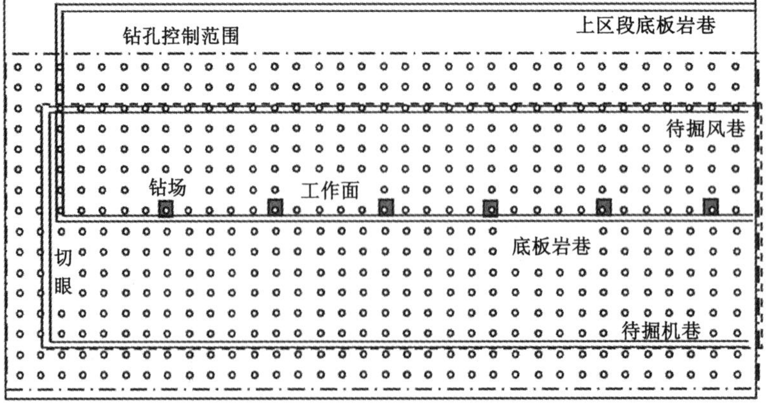


图4-2-24 穿层钻孔预抽区段煤层瓦斯钻孔布置示意图

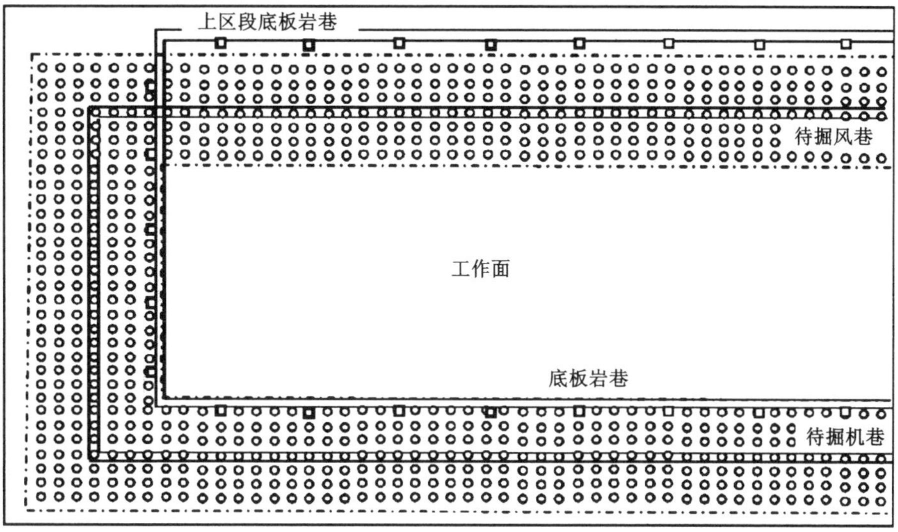


图 4-2-25　穿层钻孔预抽煤巷条带煤层瓦斯钻孔布置示意图

穿层钻孔预抽区段煤层瓦斯范围为工作面及外侧按防突规定要求需要控制的范围，区域性地消除预抽范围内的突出危险性后，进入煤层进行风巷、机巷和切眼的掘进，工作面巷道系统完成后可直接进行工作面煤炭的开采；为了减少穿层钻孔工程量，可适当减少工作面内部钻孔的数量，煤巷条带区域消除突出危险后，掘进煤层巷道形成工作面巷道系统，再施工顺层钻孔抽采工作面内部煤体的瓦斯。穿层钻孔预抽煤巷条带煤层瓦斯范围为待掘煤层巷道的位置及巷道两侧按防突规定要求需要控制的范围，区域性地消除预抽范围内的突出危险性后，进入煤层进行煤巷的掘进，但工作面巷道系统完成后需要采用顺层钻孔预抽工作面内部煤体的瓦斯，因此该方法通常和顺层钻孔预抽配合使用。

穿层钻孔预抽煤层瓦斯防突方法的安全性高、适应性强、封孔质量高，在我国得到了广泛的应用。穿层钻孔工程量大，准备时间长，但穿层钻孔预抽煤巷条带煤层瓦斯可在相对较短的时间内消除煤巷条带的突出危险性，为尽早进入突出煤层、继续采取顺层钻孔预抽消除工作面内部的突出危险赢得了时间。因此，穿层钻孔预抽煤巷条带瓦斯结合顺层钻孔预抽煤层瓦斯具有广泛的适应性，是目前不具备保护层开采条件突出煤层的主要区域性瓦斯治理方法。穿层钻孔预抽区段煤层瓦斯是最稳妥、最安全的区域性瓦斯治理方法，主要适合于以下三种情况：

① 突出危险特别严重的煤层。这类突出煤层突出危险性严重，直接在煤层内施工顺层钻孔存在安全隐患，且施工效率低下。穿层钻孔施工有岩柱的掩护，可保障钻孔施工的安全。

② 具有突出危险的特厚煤层。特厚煤层采用顺层钻孔预抽煤层瓦斯方法，钻孔需要控制到开采空间的上方、下方、左方、右方及前方这样一个庞大的立体范围，通过钻孔均匀消除这个立体范围内煤体的突出危险性是非常困难的，而且安全性难以保证。厚煤层采用穿层钻孔预抽区段煤层瓦斯，钻孔的煤层段相对较长，钻孔的利用率提高；分层开采时，

原穿层钻孔还可以继续抽采剩余分层的卸压瓦斯，减少首分层回采时的瓦斯涌出量，保障回采过程的安全。

③ 层间距近的突出危险煤层群(或突出煤层内部含有较厚的夹矸)。顺层钻孔预抽煤层瓦斯只能解决一个煤层(或分层)的瓦斯问题，将突出煤层群综合考虑，只能采取顶(底)板岩巷穿层钻孔预抽区段煤层瓦斯的区域性瓦斯治理方法。

(1) 试验地点

试验地点选择五矿 8406 工作面，该工作面位于尚怡水库的西北方，石佛山的狼窝沟正下方，整体地势北东高、南西低。工作面处于＋420 m 水平，工作面标高 380～450 m，地面标高 865～957 m，埋藏深度 485～510 m。8406 工作面采长为 194.56 m，走向长度为 935 m，工作面可采储量为 148.32 万 t。

工作面煤层总厚 6.25 m，煤层倾角 4°～10°，平均 8°；根据钻孔资料，该工作面 15# 煤层为复杂结构煤层，一般含矸 2～4 层，岩性为泥岩。该煤层煤岩类型为半亮型～光亮型。煤层基本顶为中砂岩，直接顶为砂质泥岩，直接底为灰黑色泥岩。

该工作面 15# 煤层整体形态为单斜构造，掘进期间缓慢上坡，后期坡度逐渐减小。煤层坡度一般在 4°～10°，平均 8°左右。工作面回风侧距联络巷 260 m 处存在一大小约 20 m×30 m的陷落柱。工作面预计最大涌水量 20 $m^3/h$，正常涌水量 0～0.5 $m^3/h$；相对瓦斯涌出量最大为 201.6 $m^3/t$，平均 66.56 $m^3/t$；绝对瓦斯涌出量最大为 12.6 $m^3/min$，平均 4.16 $m^3/min$。

煤层瓦斯基本参数汇总如表 4-2-18 所列。

**表 4-2-18　8406 工作面煤层瓦斯基本参数表**

| 序号 | 参数名称 | 数值 |
|---|---|---|
| 1 | 瓦斯放散初速度 $\Delta p$ | 27.8 |
| 2 | 比表面积 $S/(m^2/g)$ | 0.663～1.073 |
| 3 | 吸附常数 $a/(m^3/t)$ | 36.492 |
| 4 | 吸附常数 $b/MPa^{-1}$ | 1.48 |
| 5 | 平均孔径 $D/nm$ | 3.844～82.466 |
| 6 | 孔容 $V/(cm^3/g)$ | 0.001 |
| 7 | 煤真密度 $TRD/(g/cm^3)$ | 1.48 |
| 8 | 煤视密度 $ARD/(g/cm^3)$ | 1.41 |
| 9 | 孔隙率 $\phi/\%$ | 4.56 |
| 10 | 坚固性系数 $f$ | 0.28～0.31 |
| 11 | 水分 $M_{ad}/\%$ | 3.41 |
| 12 | 灰分 $A_{ad}/\%$ | 11.48 |
| 13 | 挥发分 $V_{daf}/\%$ | 6.6 |
| 14 | $F_{cd}/\%$ | 82.29 |

(2) 试验方案设计

1）底板岩巷布置情况

8406 工作面左侧为 8404 工作面、右侧为 8408 工作面，均未掘。该工作面按照进风巷、回风巷、内尾巷及高抽巷布置，现进风掘进 50 m（停掘），内尾巷掘进 358 m（停掘），回风巷及高抽巷未掘。

8406 工作面共布置两条底板岩石抽采巷，布置在 15# 煤层底板往下 6 m 处。一条布置在 8406 回风巷外侧，与回风巷的净煤柱为 2 m，一条布置在 8406 进风巷与 8408 回风巷之间，与 8408 回风巷的净煤距为 2 m。两条底板岩巷在施工过工作面切巷一定距离（与 8406 切巷的净煤距为 2 m）后通过联络巷连通，两条底抽巷通过连通巷与采区进、回风大巷连通，形成独立的系统。如图 4-2-26 所示。

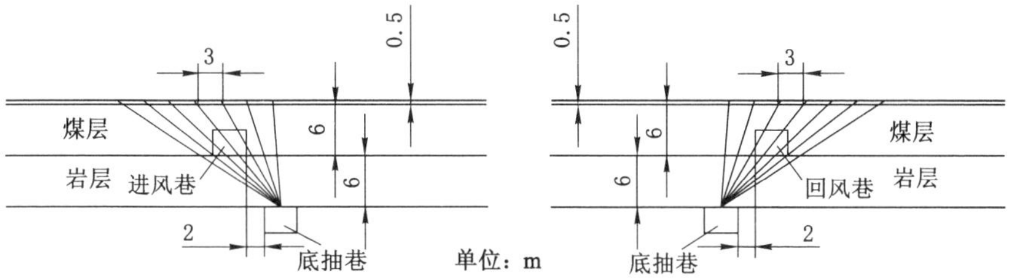


(a) 进风侧　　(b) 回风侧

图 4-2-26　8406 工作面底板岩巷布置图

至 2012 年 9 月 7 日，8406 工作面进风底抽巷、回风底抽巷及底抽切巷施工完毕，共施工岩巷 2 114 m。

2）钻孔布置情况

① 钻场布置：在 8406 工作面底板岩巷内布置钻场。

② 钻孔布置形式：在 8406 工作面底板岩巷内向工作面煤层范围施工穿层抽采钻孔，抽采钻孔直径 110 mm，抽采钻孔终孔在 15# 煤层顶板中形成 3 m 矩阵形，钻孔终孔进入 15# 煤层顶板 0.5 m，如图 4-2-27 所示。

靠近 8406 进风巷的底板岩巷需要布置钻孔的巷道距离为 904.71 m，共需 303 排眼，每排 21 个眼，每排眼深 572.36 m。靠近 8406 切巷的底板岩巷需要布置钻孔的巷道距离为 114.2 m，共需 39 排眼，每排 11 个眼，每排眼深 196.82 m。靠近 8406 回风巷的底板岩巷（解决回风巷和内尾巷两条巷道的）需要布置钻孔的巷道距离为 595.28 m，共需 199 排眼，每排 19 个眼，每排眼深 525.69 m。靠近 8406 回风巷的底板岩巷（解决回风巷）需要布置钻孔的巷道距离为 314.65 m，共需 105 排眼，每排 11 个眼，每排眼深 196.82 m。

③ 抽采管路的连接：8406 工作面底板岩巷移动泵位于四采区转向煤仓与回采区集中回风横贯、全风压新鲜风流处，8406 工作面底板岩巷钻孔采用 $\phi$50 mm PE 管进行封孔，其末端与 $\phi$50 mm 软管与集气装置连接，集气装置与 $\phi$380 mm 瓦斯工作面主管路相连接，$\phi$380 mm瓦斯主管路与一回风 $\phi$800 mm 采区主管路连接至移动泵抽采，要求每个钻孔必须单独设立调节阀门和负压流量观测口，超前预抽底板抽采巷内钻孔瓦斯。

（3）抽采效果分析

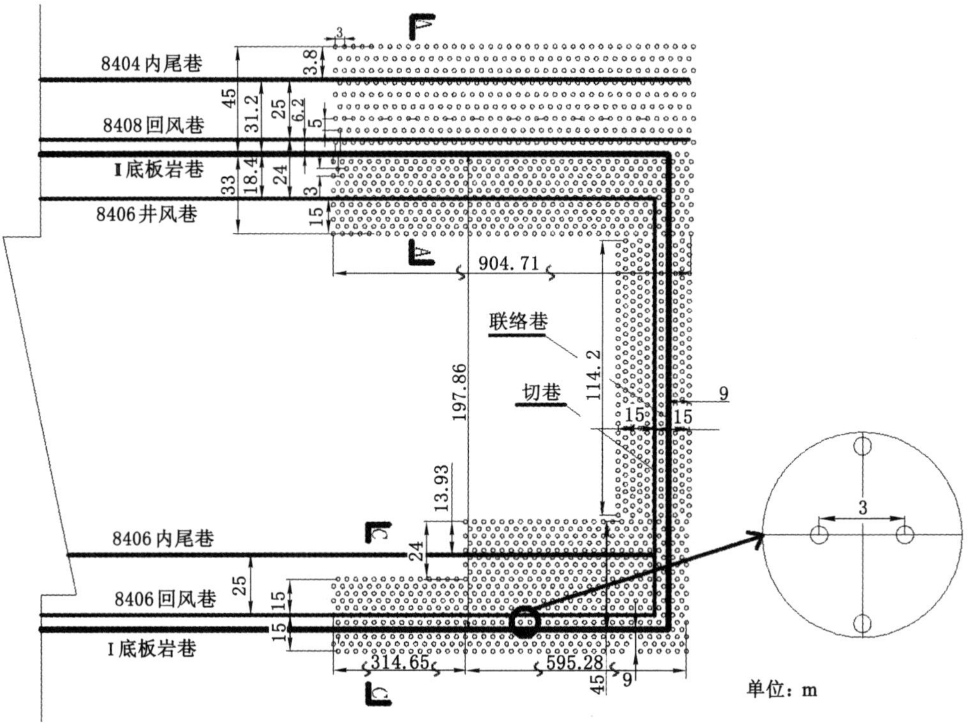


图 4-2-27　8406 工作面底板岩巷穿层钻孔布置图

通过在 8406 工作面底板岩巷穿层钻孔试验区域选择 2 组采用水泥砂浆封孔方法的瓦斯抽采钻孔，进行瓦斯抽采效果考察试验。在抽采过程中，通过观测不同钻场、钻孔的瓦斯抽采浓度、流量、负压，记录抽采时间，得到不同钻场、钻孔的瓦斯抽采浓度、流量、抽采率与抽采时间、抽采负压的关系，如图 4-2-28～图 4-2-51 所示。

1）抽采浓度与抽采时间的关系

从图 4-2-28～图 4-2-33 可以看出：由于受到接入抽采管路的钻孔数量增加和已抽采

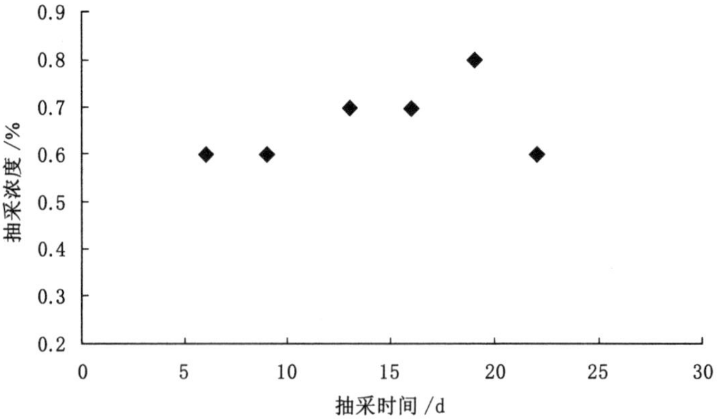


图 4-2-28　回风主管的平均瓦斯浓度衰减规律

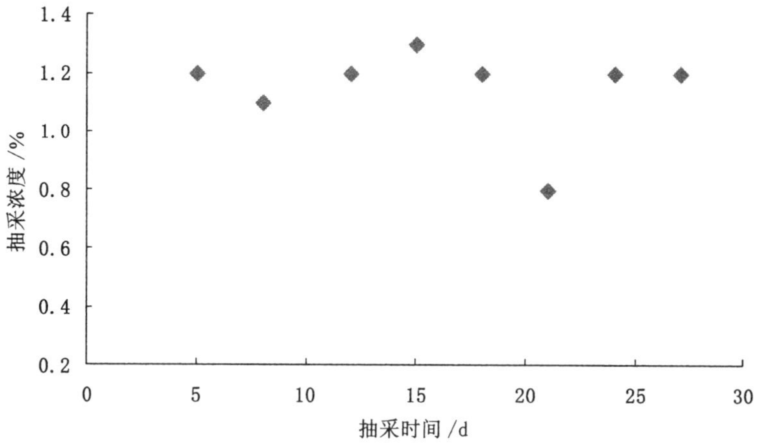


图 4-2-29　进风主管的平均瓦斯浓度衰减规律

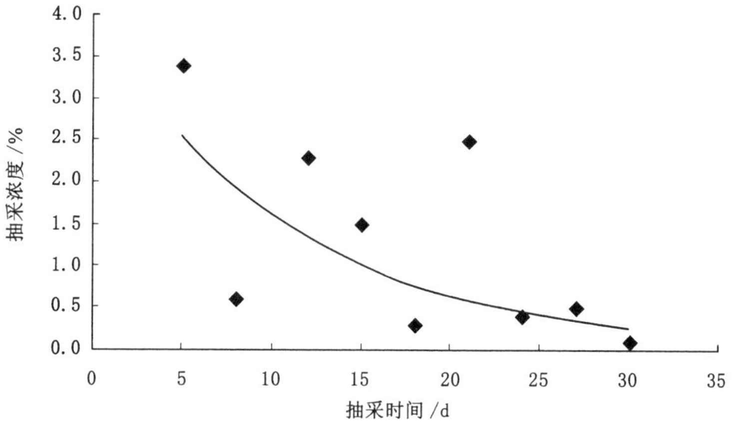


图 4-2-30　回风 10 排-6# 的平均瓦斯浓度衰减规律

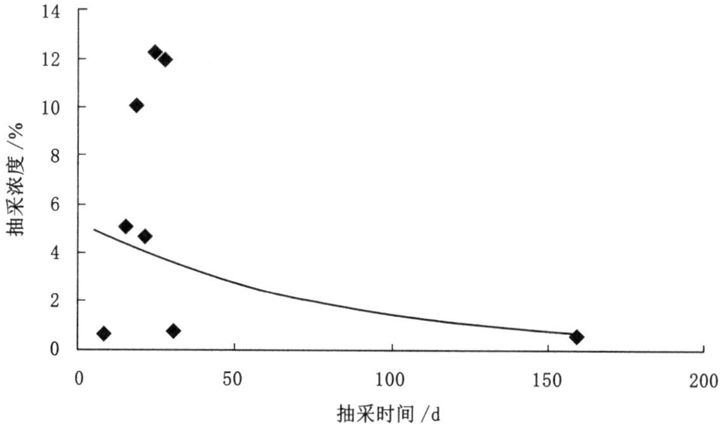


图 4-2-31　回风 14 排-5# 的平均瓦斯浓度衰减规律

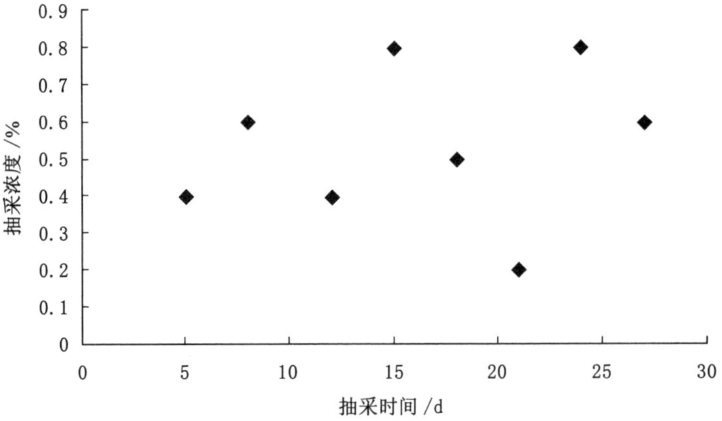


图 4-2-32　进风 8 排-5# 的平均瓦斯浓度衰减规律

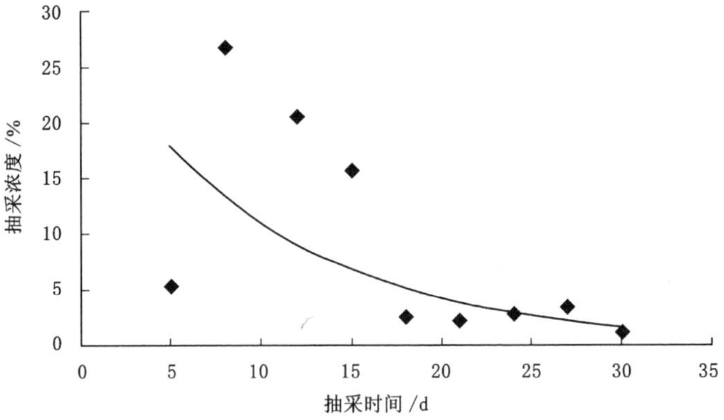


图 4-2-33　进风 12 排-5# 的平均瓦斯浓度衰减规律

钻孔的流量衰减的影响，进、回风主管路的瓦斯抽采浓度随抽采时间变化的波动幅度不大，没有明显的浓度衰减。但是，从进风侧和回风侧的其他单孔的瓦斯抽采浓度的变化情况来看，随着抽采时间的变化，各钻孔的抽采浓度趋势都表现为逐渐衰减，且各钻孔的抽采浓度普遍较小。

2）抽采量与抽采时间的关系

图 4-2-34～图 4-2-39 是进、回风主管路和各钻场的平均瓦斯抽采混合流量随时间的变化散点图，由图可以看出：回风主管路由于接抽钻孔较多，其瓦斯抽采混合流量较进风主管路大，两者总体上表现为随抽采时间的增加混合流量逐渐减小的趋势，抽采纯量基本维持在 0.74～1.01 $m^3$/min；从回风侧两个钻孔来看，由于观测时钻孔抽采时间较长，其抽采纯量基本维持在 0.000 072～0.003 978 $m^3$/min 左右；而对于进风侧两个钻孔，瓦斯抽采纯量基本维持在 0.000 616～0.010 362 $m^3$/min 左右，由于其抽采时间较回风侧钻孔要短，这两个钻孔的单孔流量较大，瓦斯流量衰减幅度不大。

3）抽采流量与抽采负压的关系

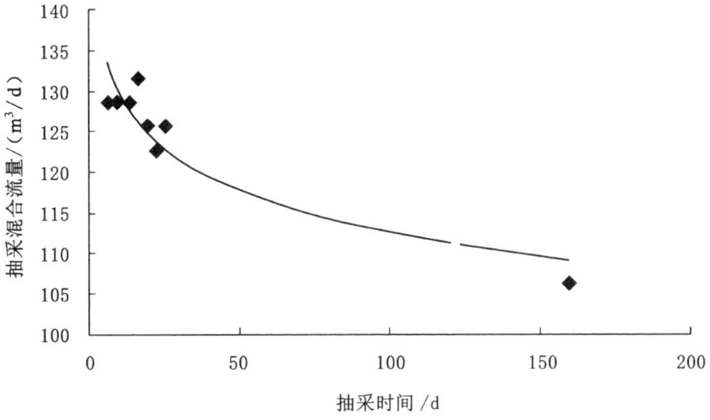


图 4-2-34　回风主管的瓦斯抽采混合流量衰减规律

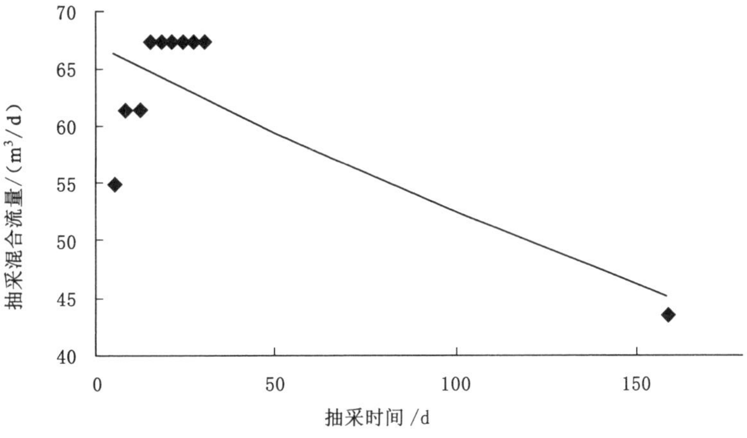


图 4-2-35　进风主管的瓦斯抽采混合流量衰减规律

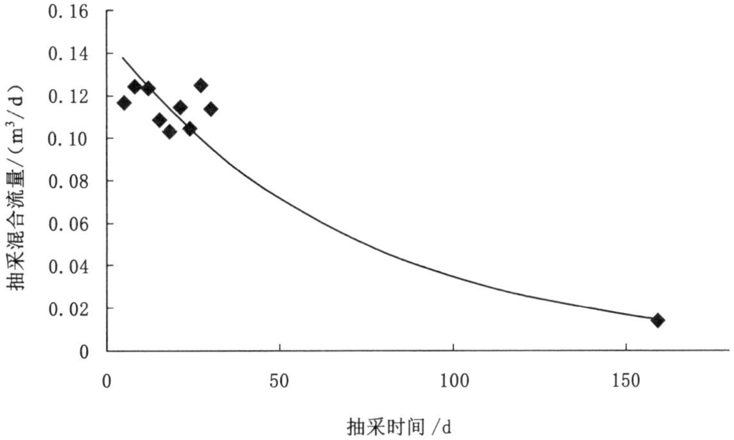


图 4-2-36　回风 10 排-6# 的瓦斯抽采混合流量衰减规律

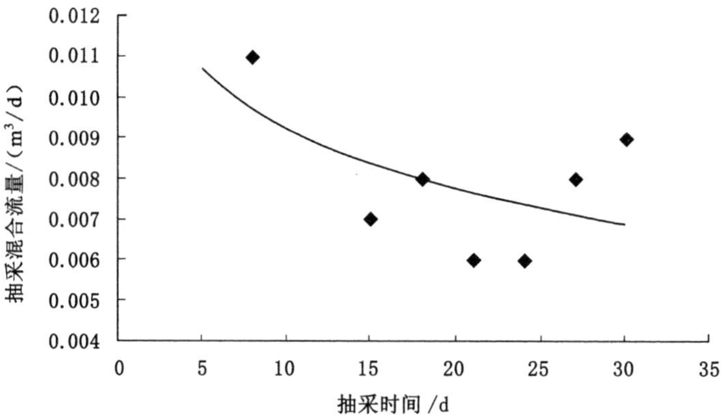


图 4-2-37　回风 14 排-5# 的瓦斯抽采混合流量衰减规律

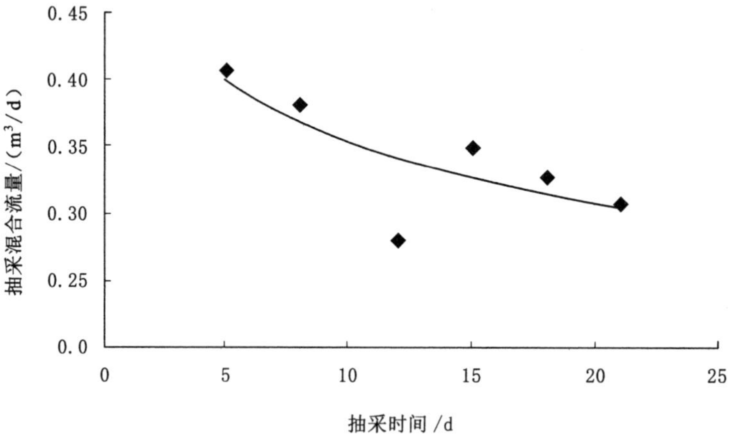


图 4-2-38　进风 8 排-5# 的瓦斯抽采混合流量衰减规律

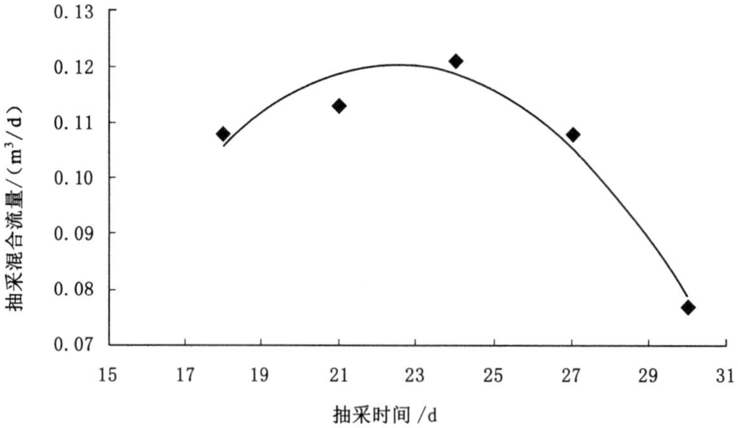


图 4-2-39　进风 12 排-5# 的瓦斯抽采混合流量衰减规律

图 4-2-40～图 4-2-45 反映的是抽采负压与抽采混合流量的变化关系，从图中可以看出：无论是进、回风主管路，还是各单孔，抽采负压变化与流量变化基本保持一致，但是，随着抽采负压的不断增加，抽采混合流量先呈现快速增加，而后增加幅度较小，这说明通过抽采负压的增加对抽采混合流量的提高比较有限。对于进风 8 排-5# 钻孔，随着抽采负压的增加，其混合流量甚至出现衰减的现象，这主要是随着抽采负压的提高，钻孔孔口发生漏气，实际作用在抽采钻孔上的有效抽采负压变小，造成瓦斯抽采混合流量反而减小的现象。因此，在实际抽采过程中，应合理控制抽采负压，在提高抽采流量的同时还应保持一定的抽采浓度。

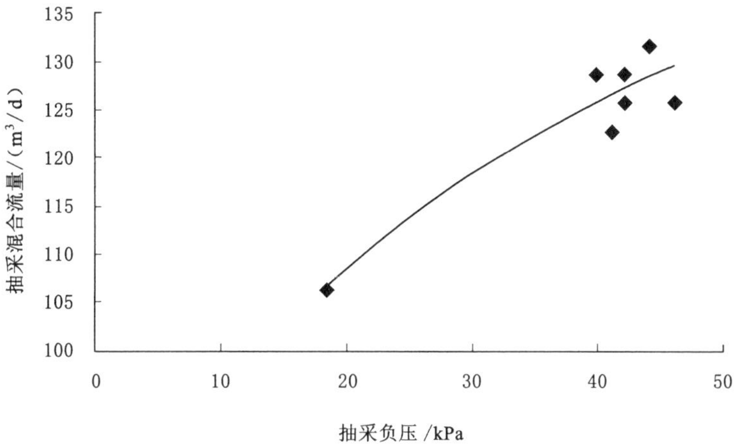


图 4-2-40　回风主管的瓦斯抽采混合流量随抽采负压的变化规律

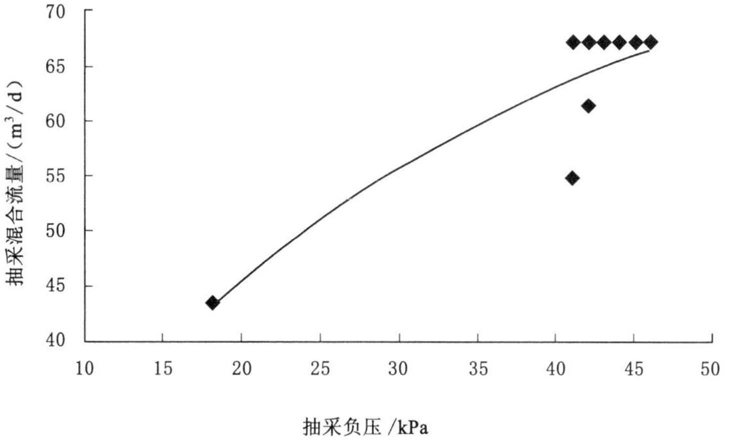


图 4-2-41　进风主管的瓦斯抽采混合流量随抽采负压的变化规律

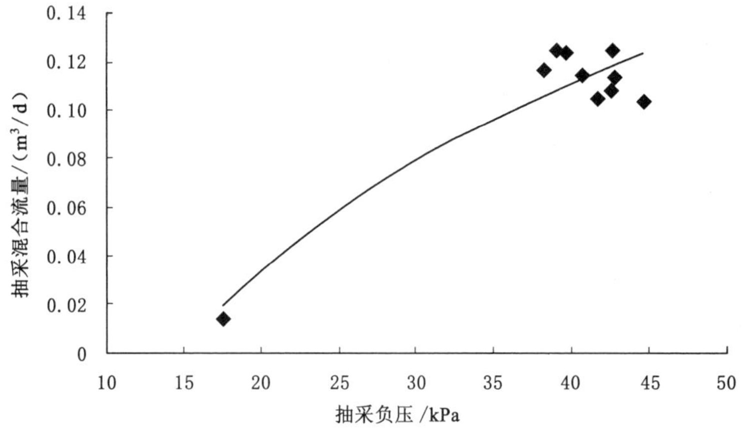


图 4-2-42　回风 10 排-6# 的瓦斯抽采混合流量随抽采负压的变化规律

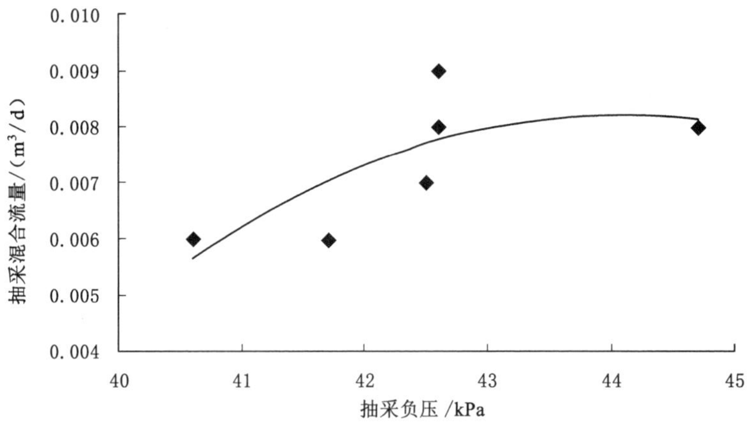


图 4-2-43　回风 14 排-5# 的瓦斯抽采混合流量随抽采负压的变化规律

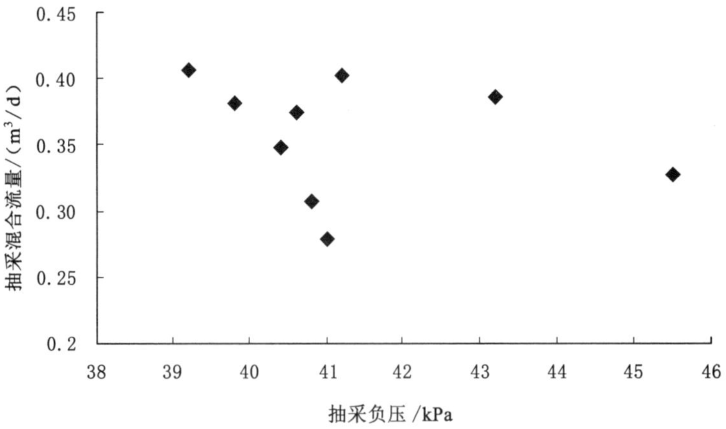


图 4-2-44　进风 8 排-5# 的瓦斯抽采混合流量随抽采负压的变化规律

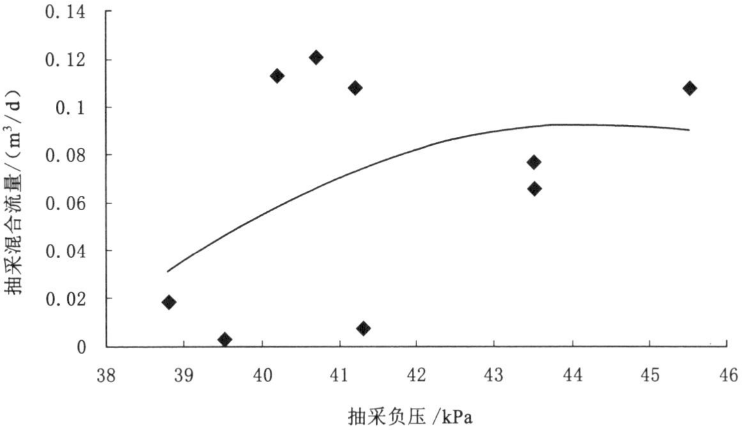


图 4-2-45　进风 12 排-5# 的瓦斯抽采混合流量随抽采负压的变化规律

4）抽采浓度与抽采负压的关系

图 4-2-46～图 4-2-51 反映的是进、回风主管路与各钻孔的瓦斯抽采浓度与抽采负压的变化关系。对于回风主管路，随着后续接抽钻孔数量的不断增加，主管路抽采浓度保持基本稳定，大概在 0.60%～0.85%，随着抽采负压的变化，其抽采浓度的变化幅度不明显；对于回风侧其他单孔和进风主管路、进风侧单孔，其抽采浓度随抽采负压的变化规律基本一致，抽采负压提高，抽采瓦斯浓度有所下降，这是因为负压的提高造成密封不严、孔口漏风，新鲜风流进入主管路。

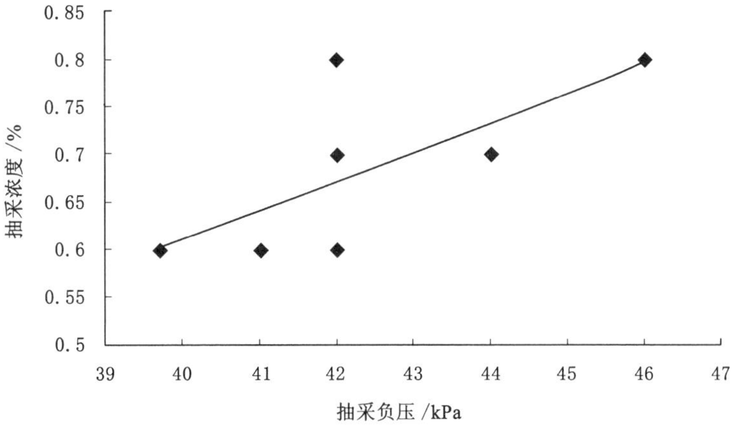


图 4-2-46　回风主管的瓦斯抽采浓度随抽采负压的变化规律

根据本次试验区域的瓦斯抽采情况，结合《煤矿瓦斯抽采达标暂行规定》的要求，将本次试验区域分为 3 个单元，分别是 8406 工作面底板岩巷回风侧 0～129 m($D_{h1}$ 单元)、8406 工作面底板岩巷回风侧 130～362 m($D_{h2}$ 单元)和 8406 工作面底板岩巷进风侧 0～195 m($D_{j1}$ 单元)。3 个单元的穿层钻孔抽采量如表 4-2-19 所列。

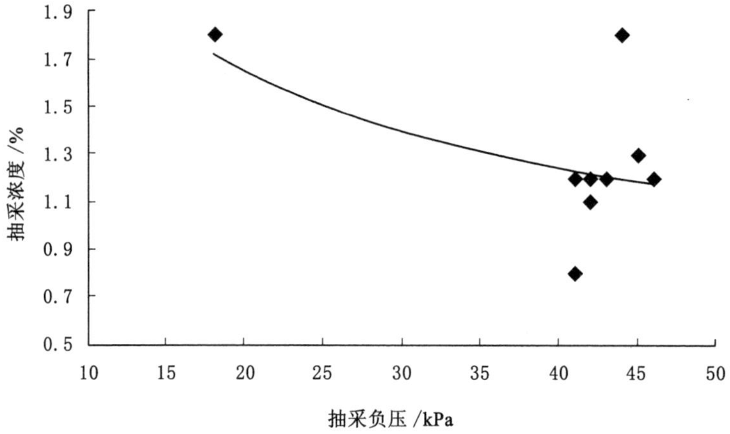


图 4-2-47　进风主管的瓦斯抽采浓度随抽采负压的变化规律

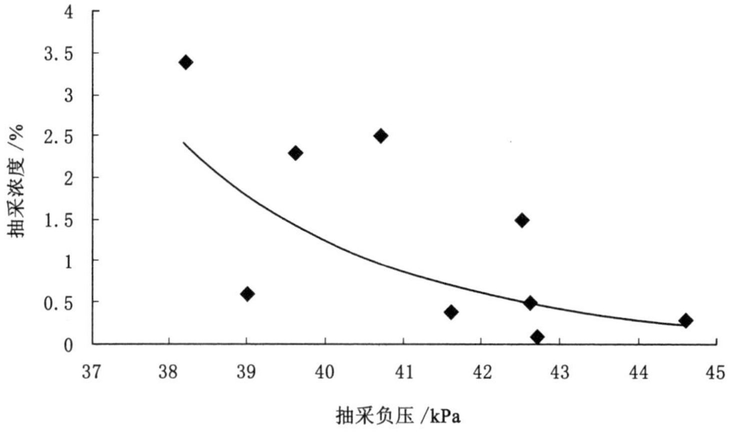


图 4-2-48　回风 10 排-6# 的瓦斯抽采浓度随抽采负压的变化规律

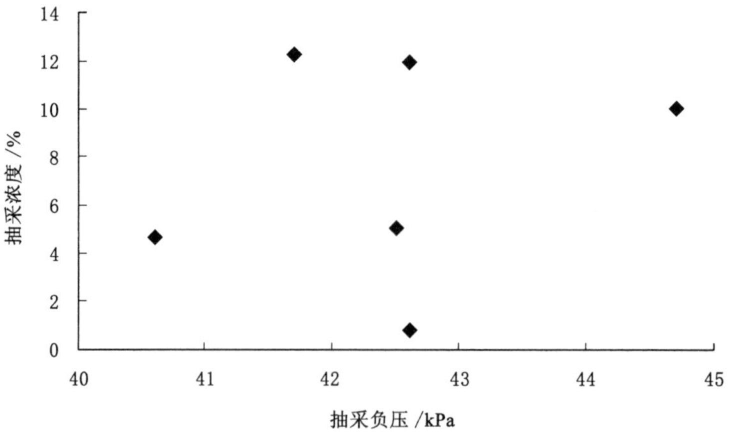


图 4-2-49　回风 14 排-5# 的瓦斯抽采浓度随抽采负压的变化规律

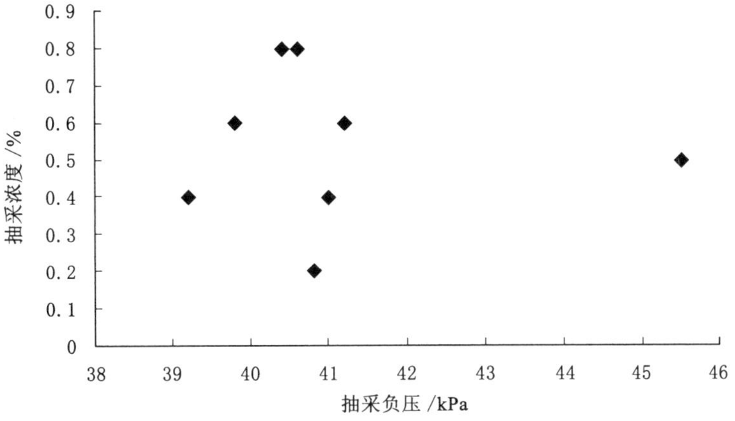


图 4-2-50　进风 8 排-5# 的瓦斯抽采浓度随抽采负压的变化规律

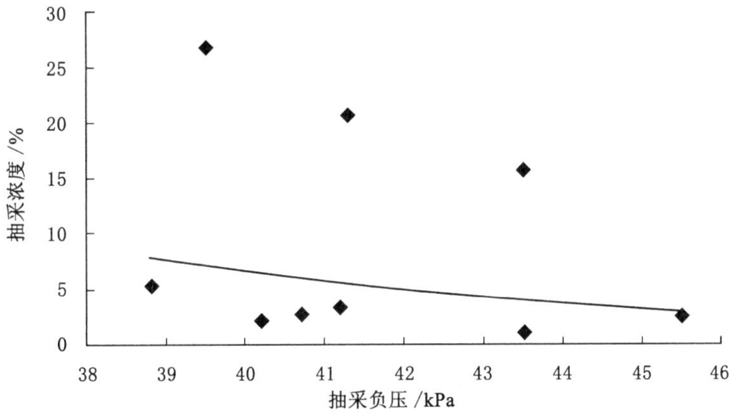


图 4-2-51　进风 12 排-5# 的瓦斯抽采浓度随抽采负压的变化规律

**表 4-2-19　8406 底板岩巷穿层钻孔的分单元抽采量**

| 单元编号 | 连接预测钻孔孔数/个 | 钻孔编号 | 预抽钻孔控制范围/m | 预抽时间/d | 累计预抽瓦斯量/$m^3$ |
|---|---|---|---|---|---|
| $D_{h1}$ | 80 | 1～80 | 22 | 721 | 38 467 |
| | 90 | 81～171 | 25 | 584 | 43 276 |
| | 91 | 172～262 | 25 | 558 | 43 757 |
| | 91 | 263～353 | 25 | 516 | 43 757 |
| | 119 | 354～472 | 32 | 494 | 57 220 |
| $D_{h2}$ | 93 | 473～565 | 25 | 470 | 34 339 |
| | 140 | 566～705 | 38 | 440 | 51 692 |
| | 751 | 705～1 455 | 170 | 383 | 277 293 |
| $D_{j1}$ | 495 | 1～495 | 71 | 236 | 154 923 |
| | 869 | 496～1 364 | 124 | 212 | 271 977 |

按照《煤矿瓦斯抽采达标暂行规定》附录中给出的计算公式，计算得到 8406 工作面底板岩巷回风侧试验区域 $D_{h1}$ 单元的残余瓦斯含量为 6.2 $m^3/t$、$D_{h2}$ 单元的残余瓦斯含量为 7.17 $m^3/t$；8406 工作面底板岩巷进风侧试验区域 $D_{j3}$ 单元的残余瓦斯含量为 9.38 $m^3/t$。由此可知，8406 工作面底板岩巷进风侧和回风侧的残余瓦斯含量均有明显降低；但相较于回风侧的试验区域而言，8406 工作面底板岩巷进风侧的试验区域由于抽采时间较短，煤层瓦斯含量下降较少。

本次项目试验实施效果分析以煤层残余瓦斯压力小于 0.74 MPa、残余瓦斯含量小于 8 $m^3/t$ 作为瓦斯抽采区域消突效果考察指标的临界值。由于 8406 工作面底板岩巷穿层钻孔进风侧试验区域的底板岩巷施工条件的限制，无法进行消突效果考察钻孔的施工，因此，根据消突效果考察指标，本次项目仅对 8406 工作面底板岩巷穿层钻孔回风侧试验区域残余瓦斯压力和残余瓦斯含量进行了测定，其结果见表 4-2-20。

**表 4-2-20　8406 工作面底板岩巷穿层钻孔预抽煤层瓦斯试验区域的消突效果考察指标结果**

| 试验区域 | 煤层残余瓦斯含量/($m^3/t$) | 煤层残余瓦斯压力/MPa |
|---|---|---|
| 临界值 | 8.0 | 0.74 |
| 测定结果 | 8.4 | 0.64(间接法) |

从以上结果可以看出，在 8406 工作面底板岩巷穿层钻孔回风侧试验区域内，大部分考察钻孔的预抽煤层瓦斯区域消突效果考察指标都低于原《防治煤与瓦斯突出规定》(2009)的突出指标临界值，但是底板岩巷回风左侧 4$^{\#}$、5$^{\#}$ 测点位置的残余瓦斯含量接近临界值，底板岩巷回风左侧 6$^{\#}$ 测点位置的残余瓦斯含量超过临界值。根据原《防治煤与瓦斯突出规定》，若任何一个检验测试点的指标测定值达到或超过了有突出危险的临界值而判定为预抽防突效果无效时，则此检验测试点周围半径 100 m 内的预抽区域均判定为预抽防突效果无效，即为突出危险区，如图 4-2-52 所示。

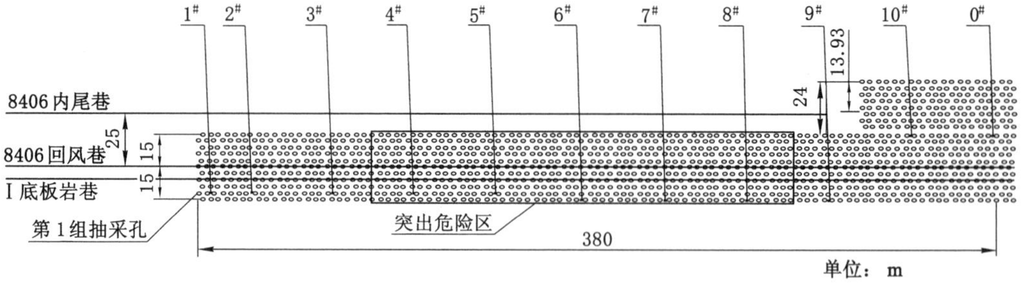


图 4-2-52　底板岩巷穿层钻孔区域消突措施的实施效果

8406 工作面底板岩巷回风侧煤层条带预抽试验区域煤层的最大残余瓦斯含量为 8.4 $m^3/t$。这表明在没有其他增透措施的前提下，部分区域由于受到煤层透气性、瓦斯含量赋存差异、封孔质量和穿层钻孔瓦斯抽采质量等因素的影响，该部分区域的煤层区域消突效果考察指标超过了原《防治煤与瓦斯突出规定》中要求的临界值；对于突出工作面这一部分区域，需要采取其他煤层增透措施或者保证足够的抽采时间，才能使底板岩巷穿层钻孔的区域消突效果考察指标下降到原《防治煤与瓦斯突出规定》中要求的突出指标临界值以下。

(4) 效益分析

研究形成的底板岩巷穿层钻孔区域防突技术体系，能够改善突出煤层瓦斯预抽效果，大幅提高突出煤层掘进速度，整体提升阳泉矿区瓦斯突出区域防治技术水平，实现"不掘突出头、不采突出面"，有效减少瓦斯突出的发生，具有重要的经济效益和社会效益。

4.2.2.3　顺层钻孔瓦斯抽采技术

工作面顺层钻孔预抽是在工作面已有的煤层巷道内，如机巷、风巷、切眼等，向煤体施工顺层钻孔，抽采煤体的瓦斯，以区域性消除煤体的突出危险性。顺层钻孔的间距与钻孔的抽采半径和抽采时间有关，通常为 2～5 m；钻孔长度根据工作面倾向长度设计，且保证钻孔在工作面倾斜中部有不少于 10 m 的压茬长度，如图 4-2-53 所示。

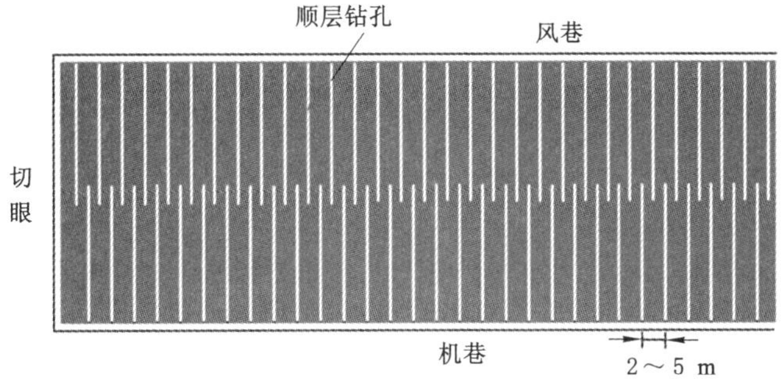


图 4-2-53　工作面倾向顺层钻孔布置示意图

图 4-2-53 中的倾向顺层钻孔开孔与工作面切眼平行，为扩大钻孔本煤层的接触面积，提高抽采效果，也可采用与煤巷斜交的顺层钻孔(图 4-2-54)或扇形顺层钻孔(图 4-2-55)进行采前抽采。

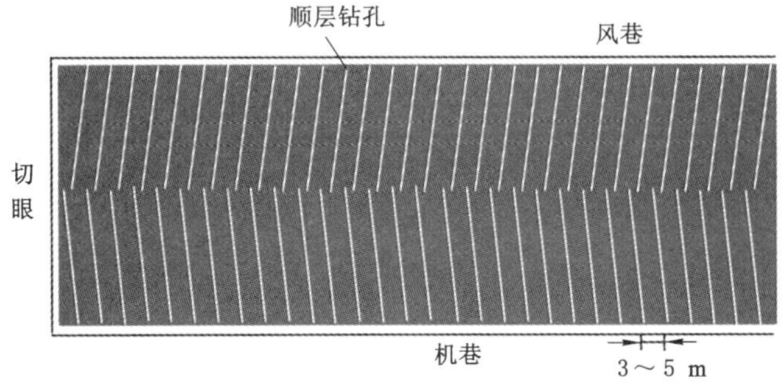


图 4-2-54　工作面倾向倾斜顺层钻孔布置示意图

如果煤层的厚度大，在厚度方向上布置一排顺层钻孔不足以充分抽采煤层瓦斯，则可在煤层厚度方向上布置 2～3 排钻孔。

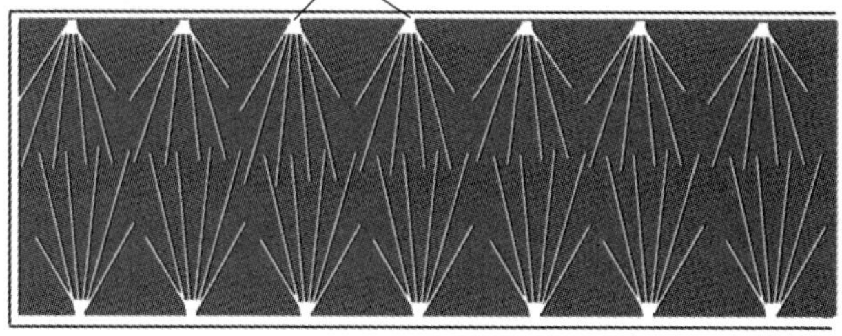


图 4-2-55　工作面扇形顺层钻孔布置示意图

顺层钻孔采前抽采方法，其顺层钻孔均为煤孔，钻孔利用率高。但顺层钻孔施工对煤层赋存条件要求较高，适用于顶底板起伏小、不含夹矸或夹矸厚度小的煤层。

顺层钻孔预抽工作面瓦斯具有广泛的适应性，与底板岩巷密集穿层钻孔预抽结合起来，能够有效地消除工作面的突出危险。顺层钻孔递进掩护预抽工作面瓦斯适用于赋存稳定、硬度大、倾角小、构造相对简单、突出危险性相对较弱且易于成孔的突出煤层和高瓦斯煤层。顺层钻孔预抽煤巷条带瓦斯是一种小区域瓦斯防治方法，操作难度大，掘进速度慢，可能存在安全隐患，不宜作为常规的区域性瓦斯治理方法，更不能用于突出危险严重的突出煤层，但在穿层钻孔、顺层钻孔预抽控制不到或预抽效果相对较差的小区域范围可采用该方法，高瓦斯煤层煤巷掘进也可采用该方法降低掘进过程中的瓦斯涌出量，保障掘进过程的安全。

阳泉矿区煤层赋存条件差、硬度低，瓦斯含量高和透气性低，采用常规的顺层钻孔抽采瓦斯在施工瓦斯抽采钻孔时易发生塌孔、喷孔、卡钻等问题，使瓦斯抽采钻孔难以成形，很难达到抽采钻孔的设计要求。因此，阳泉矿区采用顺层钻孔与水力压裂结合的瓦斯抽采模式，为开采的突出煤层瓦斯治理提供了一条新的途径。

(1) 试验地点

试验地点选择平舒矿 81113 工作面，其地表为臭炭沟，位于小南岔以南 320～550 m，东沟河由西向东流过；其东部为尚未掘进的 81115 工作面，西部为正在掘进的 81111 工作面，南部距矿界 20 m，北部为东回风、东胶带、东轨道大巷、东翼南回风巷、东翼北回风巷。

81113 工作面位于 81 煤一采区＋787 m 水平，地面标高＋1 151～＋1 289.4 m，底板标高＋680.0～＋780.3 m。工作面煤层总体形态简单，为北高南低的单斜构造，煤层不含夹石，煤呈块状、粉末状，以亮煤为主，属光亮型煤。工作面煤层平均厚度为 2.26 m，走向长 1 258 m，倾斜长 180 m，煤层倾角 2°～10°，平均 6°。

81113 工作面主采 8# 煤层，煤层平均厚 2.26 m，煤层层理发育完好。工作面内煤层的顶底板岩性及煤层结构情况如表 4-2-21 所列。

81113 工作面共有 3 条巷道，分别为进风巷(原 81111 工作面瓦斯尾巷)、回风巷和瓦斯尾巷。进风巷、回风巷和瓦斯尾巷均沿 $8_1$# 煤层掘进。

**表 4-2-21　81113 工作面内煤层顶底板情况表**

| 顶底板名称 | 岩石名称 | 厚度/m | 岩性特征 |
|---|---|---|---|
| 基本顶 | 细粒砂岩 | 2.31 | 成分以石英为主，顶部夹泥岩条带，含植物根茎化石，分选磨圆中等，钙质胶结 |
| 直接顶 | 砂质泥岩 | 5.25 | 性脆，断口参差状，含植物根茎化石，上部夹砂岩条带，下部含砂量较小，具节理 |
| 直接底 | 泥岩 | 1.47 | 性脆，断口参差状，含大量植物碎片化石，岩芯破碎 |
|  | $8_2$ 煤 | 1.91 | 煤呈粉末状，以暗煤为主，亮煤次之，属半光亮型煤 |
| 基本底 | 砂质泥岩 | 1.64 | 性脆，断口参差状，含煤屑和植物碎片化石 |

(2) 试验方案设计

试验施工地点选在平舒矿 8# 煤层及 15# 煤层的 5 个钻场内。在工作面顺槽千米钻场内使用 ZDY-6000LD 型定向钻机施工顺层定向长钻孔。

在 8# 煤层工作面顺槽设计施工千米钻机施工钻场，每个钻场设计施工定向长钻孔，钻孔深度在 200～500 m，钻孔终孔间距为 10 m。钻场为外宽 18 m、深 5 m、内宽 9 m、高 3.7 m 的梯形钻场。在钻场附近施工一个沉淀池，对面钻场内施工一个水池，以便排水。

在工作面钻场施工定向长钻孔之前采用直接测定法测定煤层的原始瓦斯含量，测定仪器为 DGC 型瓦斯含量直接装置。瓦斯含量钻孔布置在距 81115 工作面千米钻场50 m 位置，顺煤层钻进 100 m，每 20～30 m 取一次煤样，取所测最大值作为该区域原始瓦斯含量。

通过现场测定及实验室解吸，8# 煤层试验区域原始瓦斯含量为 13.61 $m^3/t$。

1) 千米钻机施工定向长钻孔设计

设计在工作面钻场内向采煤工作面施工定向长钻孔，设计施工长度分别为 800 m、600 m 和 400 m。

抽采钻孔应严格按照设计施工，采用水力排渣。在钻孔施工中，准确记录钻孔参数，包括钻孔深度，钻孔直径，钻孔开孔时间、终孔时间，施工过程中的各种异常现象，并及时上图。

抽采钻孔施工完毕后及时封孔，并同时接入抽采系统进行抽采。抽采钻孔封孔材料可采用聚氨酯药卷或水泥砂浆，封孔深度为 12 m，抽采负压不小于 13 kPa。

2) 定向长钻孔成孔情况

本煤层瓦斯抽采效果受多种因素影响，除了受抽采煤层透气性系数的影响外，钻孔抽采效果还受抽采工艺(抽采形式、钻孔布置方式、钻孔参数、封孔效果、抽采负压等)等因素的影响。

在实际施工作业中，每个钻场布孔数量和设计深度应根据生产衔接和工作面长度确定。在平舒矿 8# 煤层钻场范围内，通过现场试验考察抽采单元设计长度 250～400 m 最经济，每个钻孔设计 2～5 个分支，分支水平间距为 12～15 m。技术人员使用千米钻机定向钻进技术进行现场试验。

试验千米钻机所施工的定向长钻孔布置在平舒矿 8# 煤层各千米钻场，共使用长钻孔 16 个，其中 81115 工作面千米钻场钻孔实际轨迹见图 4-2-56 和图 4-2-57。为进行钻场内千米钻孔的抽采钻孔效果考察，选取各钻场孔数为 16 个，钻孔孔径为 113 mm，共观测 500 d；分支间距为 0～18 m，平均为 15 m 左右。各定向钻孔参数见表 4-2-22。

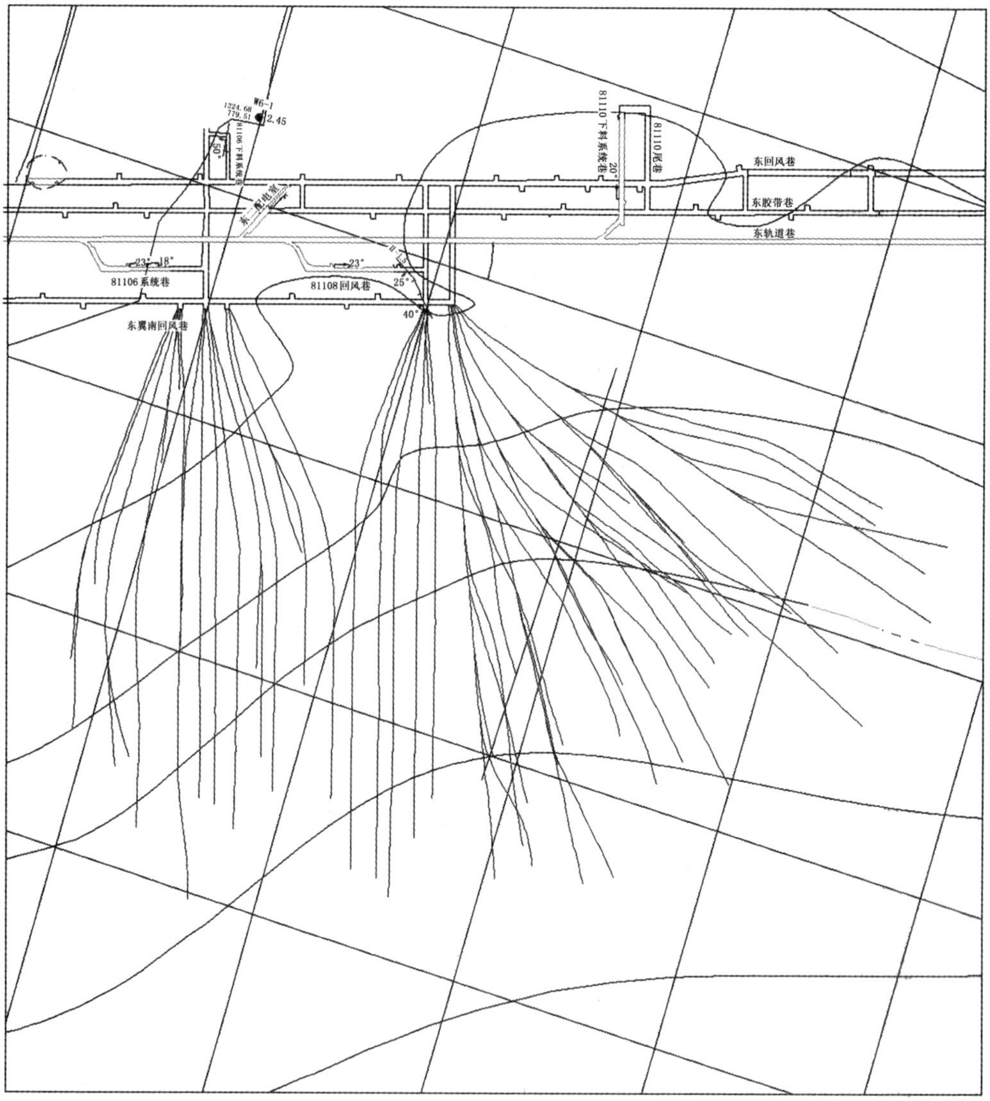


图 4-2-56　81115 工作面千米钻场定向钻孔成果图

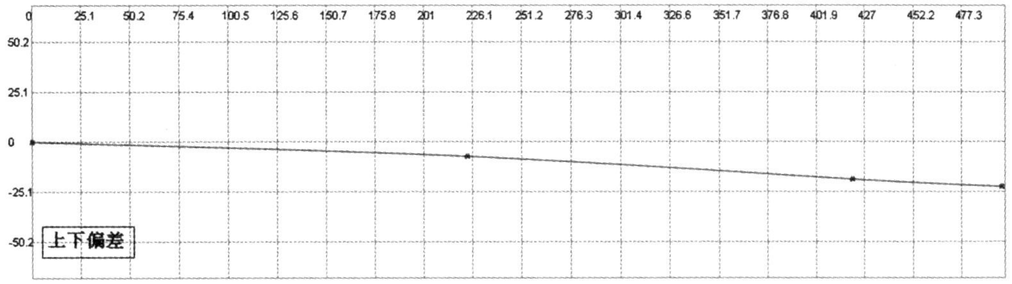


图 4-2-57　81115 工作面千米钻场定向钻孔轨迹示意图

**表 4-2-22　8# 煤层各千米钻场定向钻孔参数表**

| 地点 | 钻孔编号 | 分支孔数/个 | 主孔深度/m | 单孔进尺/m | 累计成孔时间/d |
|---|---|---|---|---|---|
| 81110 千米钻场 | 4# | 0 | 612 | 612 | 7 |
| | 29# | 5 | 468 | 1 680 | 20 |
| | 补 2# | 2 | 354 | 504 | 7 |
| 81113-1# 千米钻场 | 1-4# | 2 | 210 | 426 | 4 |
| 81115-1# 千米钻场 | 1-1# | 2 | 264 | 504 | 5 |
| 81115-2# 千米钻场 | 2-2# | 0 | 432 | 432 | 4 |
| 81115-2# 千米钻场 | 2-1# | 3 | 269 | 482 | 6 |
| 81115-3# 千米钻场 | 3-1# | 0 | 513 | 513 | 7 |
| 81113-2# 千米钻场 | 2-3# | 8 | 510 | 1 410 | 18 |
| 81113-3# 千米钻场 | 3-15# | 2 | 300 | 468 | 4 |
| 8117-1# 千米钻场 | 1-5# | 1 | 510 | 831 | 10 |
| 8117-2# 千米钻场 | 2-3# | 0 | 522 | 522 | 4 |
| 8112-1# 千米钻场 | 1-4# | 2 | 348 | 692 | 11 |
| 8112-2# 千米钻场 | 2-1# | 1 | 498 | 948 | 17 |
| 15209-1# 千米钻场 | 1-2# | 4 | 544 | 1 350 | 21 |
| 15209-2# 千米钻场 | 2-7# | 0 | 510 | 510 | 4 |

(3) 抽采效果分析

1) 钻孔负压对抽采量影响的考察

选择钻场内的不同定向长钻孔，改变其抽采负压，记录钻孔抽采负压变化时抽采量的变化情况。由于在实际的抽采钻孔测试中每天的抽采负压一直在变化及受到矿方生产接替的影响，定向长钻孔内的抽采负压不能长久保持在一定的值域范围，因此通过分析抽采时间为 500 d 的几个典型定向长钻孔的抽采负压，对沿时间分布的定向长钻孔的抽采负压按由小到大顺序排列(对相同负压下的不同抽采量取平均值)，通过由小到大的不同负压条件下监测的抽采瓦斯纯量值大小确定在此条件下最合理的瓦斯抽采负压值。

为确定合理负压值，选取各钻场内的 81110-补 2#、81115-1-1#、81117-2-3# 定向长钻孔，其孔深分别为 504 m、504 m 和 522 m，在孔深基本相同的条件下考察钻孔负压对抽采量的影响，如图 4-2-58～图 4-2-60 所示。

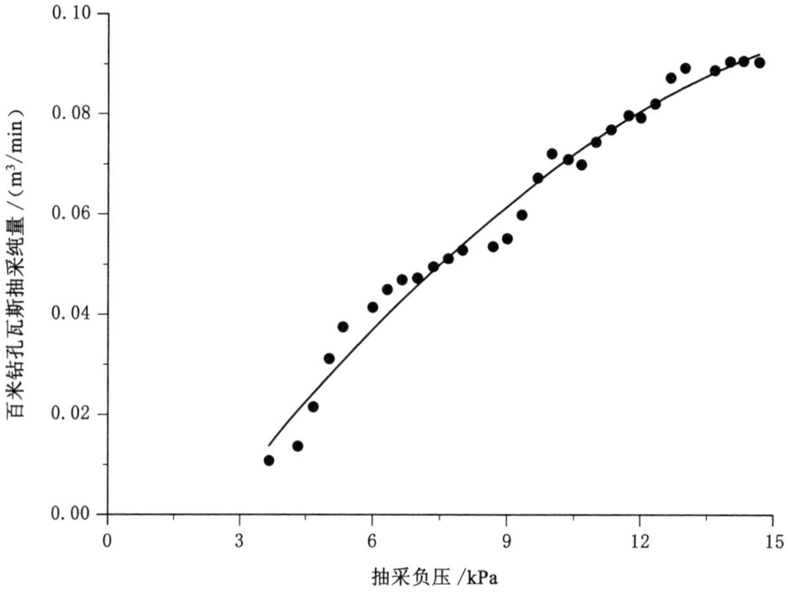


图 4-2-58　81110-补 2# 定向长钻孔瓦斯抽采纯量随抽采负压变化曲线图

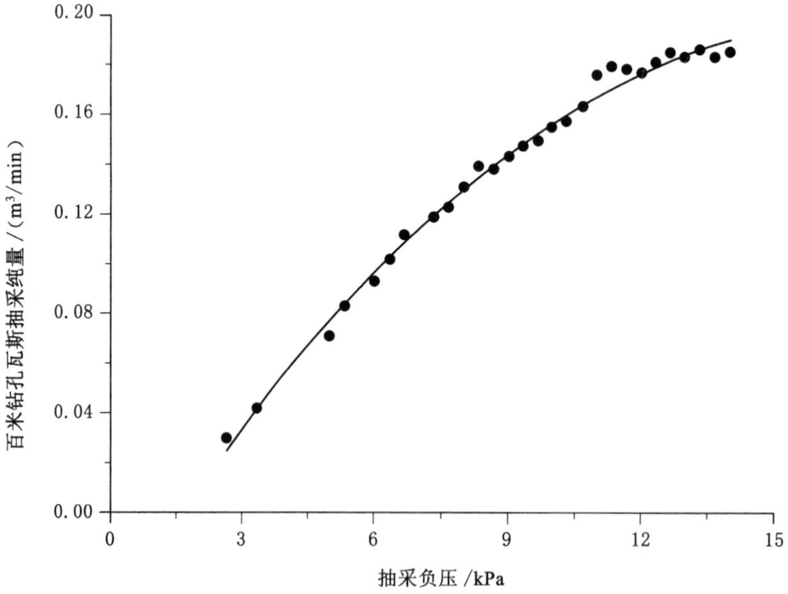


图 4-2-59　81115-1-1# 定向长钻孔瓦斯抽采纯量随抽采负压变化曲线图

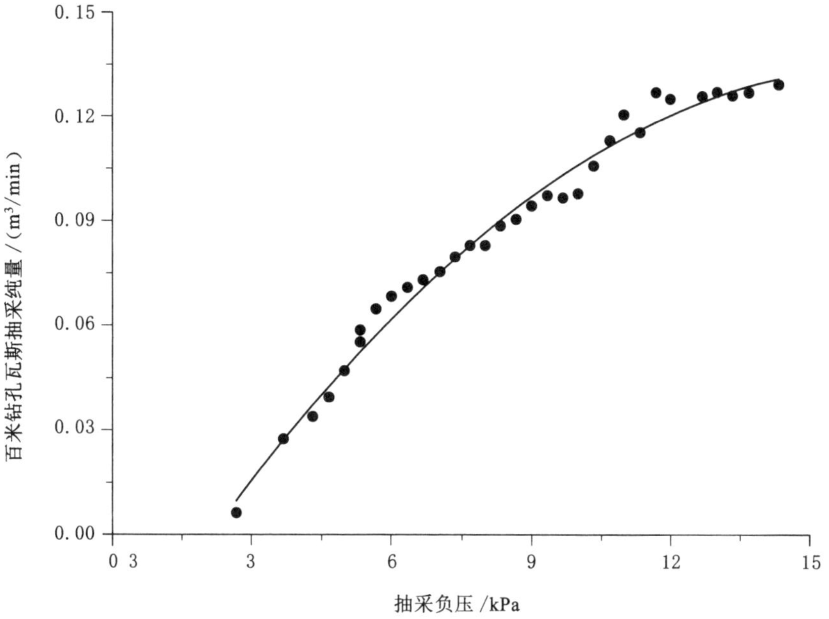


图 4-2-60　81117-2-3# 定向长钻孔瓦斯抽采纯量随抽采负压变化曲线图

通过对负压与瓦斯抽采纯量关系的考察可知：

① 随着负压的增大，钻孔瓦斯抽采纯量会随之增加，但是达到某一负压值时增加趋势变缓。其变化规律可用二次型数学模型表示为：

81110-补 2# 钻孔：$y=-3.32\times10^{-4}x^2+0.013\ 24x-0.030\ 52$　($R^2=0.977\ 52$)

81115-1-1# 钻孔：$y=-8.55\times10^{-4}x^2+0.028\ 77x-0.045\ 36$　($R^2=0.992\ 61$)

81117-2-3# 钻孔：$y=-6.42\times10^{-4}x^2+0.021\ 27x-0.042\ 11$　($R^2=0.983\ 86$)

② 通过对数学模型的分析可知，负压对孔内瓦斯的抽采影响存在一个极值点，对瓦斯纯流量与负压关系模型求导，可得数学模型的驻点所对应的钻孔瓦斯抽采纯量值为最大。当负压处于此值时，此时的钻孔瓦斯抽采效果最好。其中，81110-补 2# 孔的最佳合理负压值为 19.9 kPa，81115-1-1# 孔的最佳合理负压值为 16.8 kPa，81117-2-3# 孔的最佳合理负压值为 16.6 kPa。

通过考察其他相似长度定向长钻孔，合理负压值也在 16～20 kPa 范围内，即负压值在 16～20 kPa 范围为瓦斯抽采过程中的最理想负压。

2) 钻孔负压与钻孔瓦斯浓度及流量的关系

为了考察钻孔负压、瓦斯浓度和瓦斯流量三者关系，就要在钻孔负压基本保持稳定时，考察纯瓦斯流量与瓦斯浓度之间的变化关系，并得出钻孔的抽采状态达到最佳时负压的大小。选取 3 个典型定向钻孔进行分析，考察在这 3 个定向长钻孔抽采负压基本稳定的同一时间段内瓦斯抽采纯量及瓦斯浓度随时间的变化情况。选取的钻孔为 81113-3-15#、81113-1-4#、81115-2-2# 定向长钻孔，考虑了 3 个孔的负压不易稳定的情况，在总计 500 d 的抽采时间里，选取了 3 个钻孔在抽采时间为 140～190 d 内这 50 d 的抽采情况，当时 3 个孔的抽采负压分别为 10 kPa、12 kPa 和 14 kPa。通过对抽采纯量的统计分析，得到 3 个孔抽采纯量及瓦斯浓度随时间的分布规律，如图 4-2-61～图 4-2-63 所示。

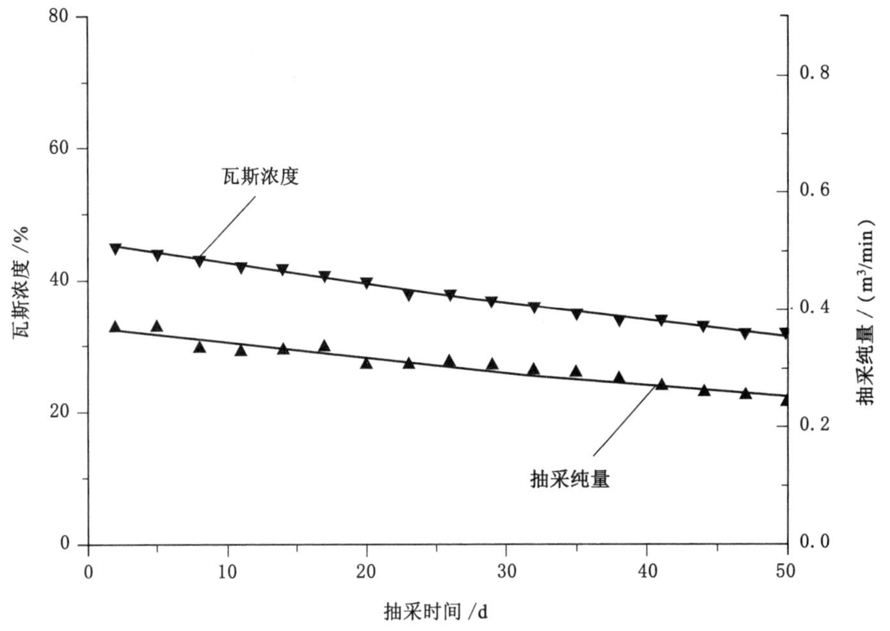


图 4-2-61　负压为 10 kPa 时，81113-3-15# 孔瓦斯浓度、抽采纯量随时间的变化关系图

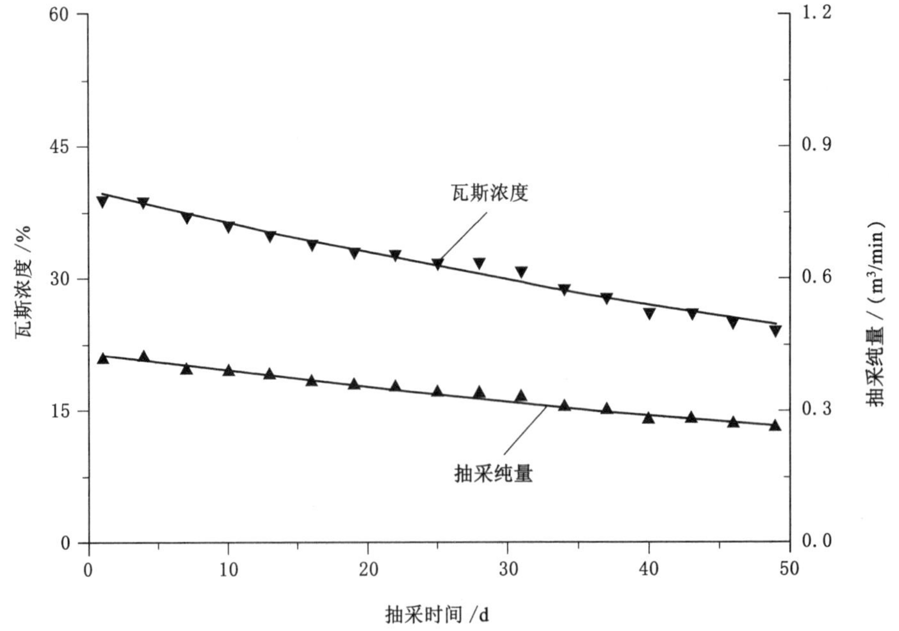


图 4-2-62　负压为 12 kPa 时，81113-1-4# 孔瓦斯浓度、抽采纯量随时间的变化关系图

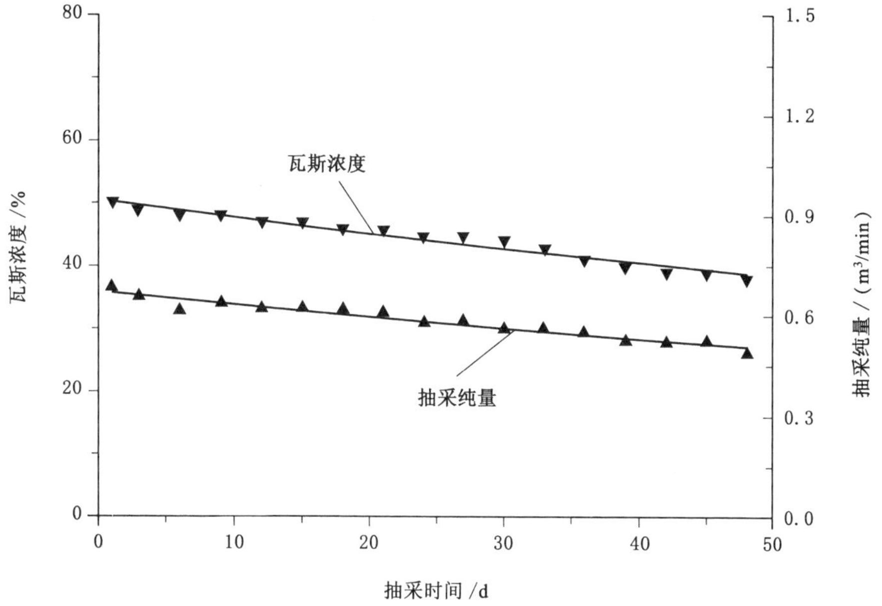


图 4-2-63　负压为 14 kPa 时,81115-2-2# 孔瓦斯浓度、抽采纯量随时间的变化关系图

通过对钻孔负压、抽采纯量及瓦斯浓度关系的考察可知:

① 当抽采负压稳定时,定向长钻孔内瓦斯抽采纯量随着时间增加呈现衰减的规律,同样,瓦斯浓度随着时间增加也呈现衰减规律,而瓦斯抽采纯量由测定混合流量与瓦斯浓度的乘积计算得出,则在抽采负压稳定的一段时间内时,瓦斯抽采的混合流量衰减幅度比抽采纯量小得多。钻孔内瓦斯抽采纯量随时间变化关系符合负指数规律,具体如下。

a. 81113-3-15# 定向钻孔在负压稳定在 10 kPa 时:

$$\text{瓦斯纯量 } y=0.371e^{-0.0078x}\text{,瓦斯浓度 } y=45.87e^{-0.0075x}$$

b. 81113-1-4# 定向钻孔在负压稳定在 12 kPa 时:

$$\text{瓦斯纯量 } y=0.430e^{-0.0098x}\text{,瓦斯浓度 } y=40.06e^{-0.0098x}$$

c. 81115-2-2# 定向钻孔在负压稳定在 14 kPa 时:

$$\text{瓦斯纯量 } y=0.6379e^{-0.0059x}\text{,瓦斯浓度 } y=50.56e^{-0.0055x}$$

② 由于 3 个定向长钻孔处于同一个采区内,并且 81113-3-15# 定向长钻孔孔深为 468 m,81113-1-4# 定向长钻孔孔深为 426 m,81115-2-2# 定向长钻孔孔深为 432 m,可认为孔深大体接近,3 个钻孔的抽采纯量的差异可认为是受到负压变化的影响。在抽采负压稳定的情况下,通过对单位抽采纯量在抽采时间上积分就可以得到一定时间内的钻孔瓦斯抽采总量。通过计算,81115-2-2# 钻孔在负压 14 kPa 时抽采总量最大,达到 42 973 $m^3$,表明此时的抽采负压较其他两孔合理,即在一定的抽采负压范围内,抽采负压越大,瓦斯抽采纯量越大,抽采总量越大。

3) 钻孔长度对瓦斯抽采量的影响

① 钻孔长度对抽采流量的影响

选择钻场内不同钻孔长度定向长钻孔，对其抽采瓦斯量大小进行比较，考察不同孔长情况下，钻孔瓦斯流量与时间的关系曲线，钻孔瓦斯流量均折算成百米钻孔瓦斯流量，以便于进行对比分析。

选取 81110-4#（钻孔长度为 612 m）、81113-1-4#（钻孔长度为 426 m）和 81117-1-5#（钻孔长度为 831 m）定向长钻孔作为考察对象，其百米钻孔瓦斯流量随时间的变化情况如图 4-2-64～图 4-2-66 所示。

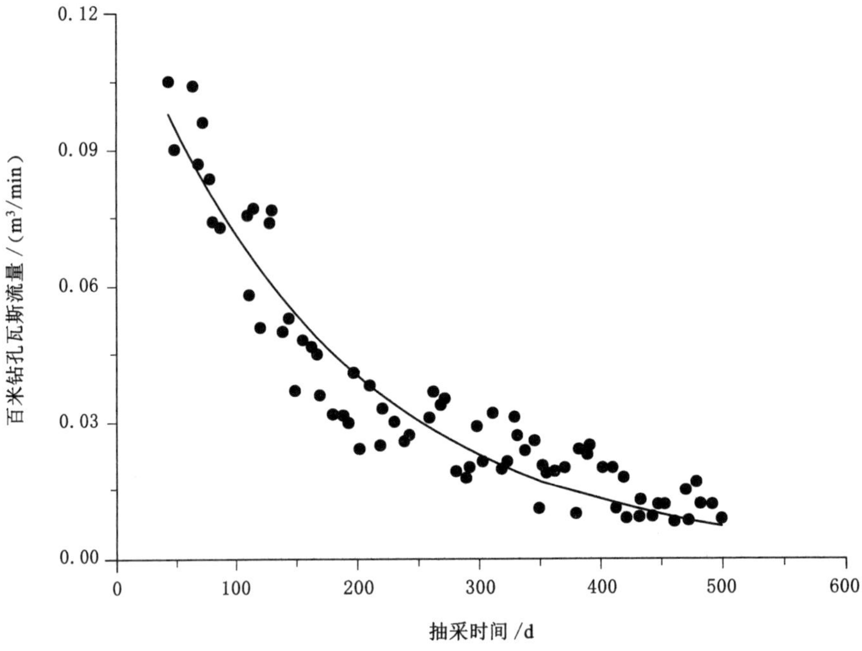


图 4-2-64　81110-4# 孔百米钻孔瓦斯流量随抽采时间的变化曲线

通过对以上百米钻孔瓦斯抽采量数据与时间的关系分析可知：

a. 不同长度的定向长钻孔瓦斯抽采量与时间成负指数关系。

81110-4#（612 m）：$y=0.125\ 71e^{-0.005\ 68x}$；

81113-1-4#（426 m）：$y=0.090\ 82e^{-0.006\ 65x}$；

81117-1-5#（831 m）：$y=0.115\ 76e^{-0.004\ 93x}$。

b. 定向长钻孔瓦斯抽采量衰减系数 $\beta$ 在 0.004 93～0.006 65 $d^{-1}$之间，钻孔长度越长的钻孔，瓦斯抽采量衰减系数 $\beta$ 越小，如 81113-1-4# 孔的衰减系数比 81117-1-5# 孔大 1.56倍。千米钻机施工的定向长钻孔长度越长，瓦斯抽采效果越显著，其主要原因在于定向长钻孔越长，其扰动范围较大，瓦斯源影响范围越大，受到影响的瓦斯越容易从煤层中解吸并抽出。

② 钻孔长度对抽采总量的影响

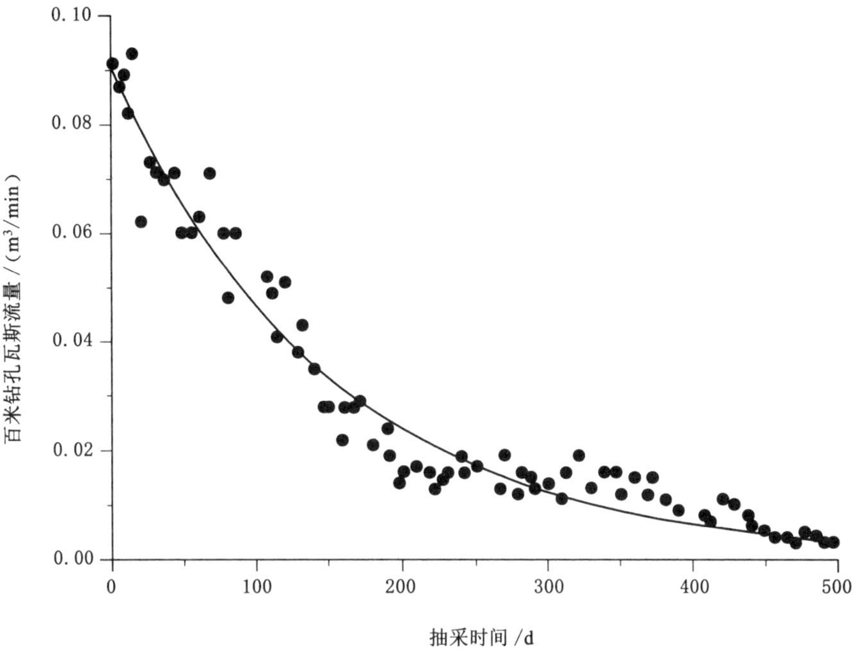


图 4-2-65　81113-1-4# 孔百米钻孔瓦斯流量随抽采时间的变化曲线

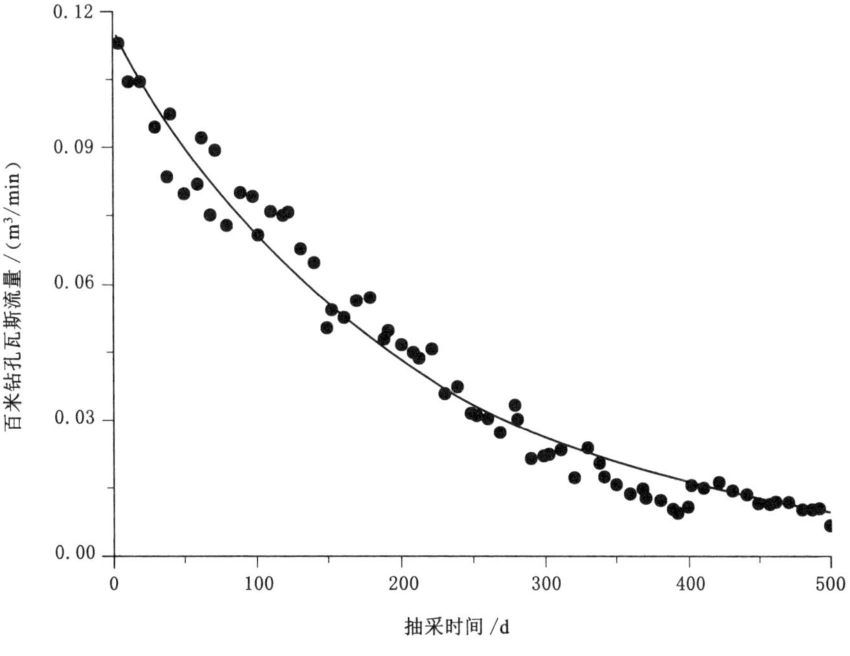


图 4-2-66　81117-1-5# 孔百米钻孔瓦斯流量随抽采时间的变化曲线

考察不同长度的定向长钻孔累积瓦斯抽采总量与时间的关系，结果如图 4-2-67 所示，由图可知：

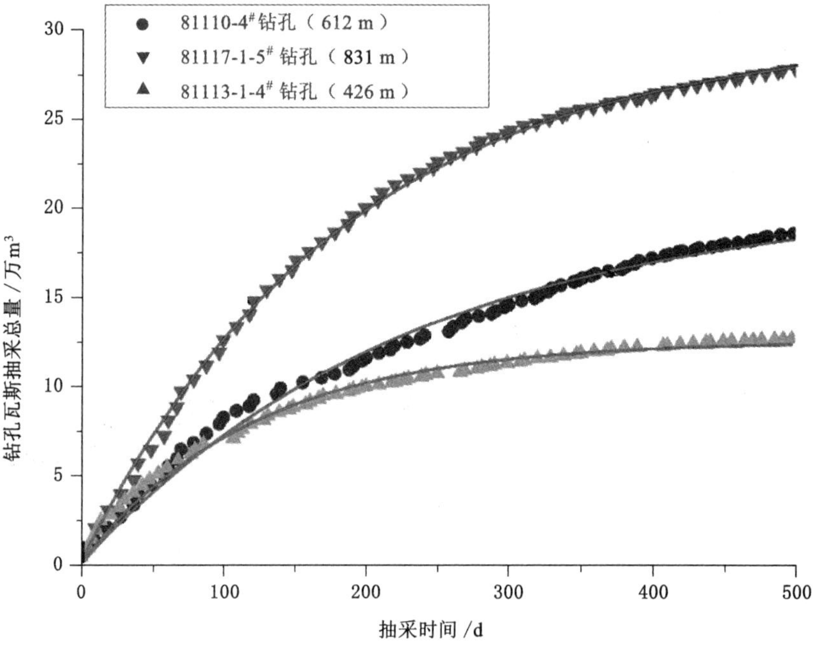


图 4-2-67　定向长钻孔瓦斯抽采总量随抽采时间的变化曲线

a. 不同长度定向长钻孔具有不同的瓦斯抽采量衰减系数和极限瓦斯抽采量，如 81113-1-4# 钻孔(钻孔长度为 426 m)的瓦斯极限抽采量为 12.57 万 $m^3$，81110-4# 钻孔(钻孔长度为 612 m)的瓦斯极限抽采量为 20.71 万 $m^3$，81117-1-5# 钻孔(钻孔长度为 831 m)的瓦斯极限抽采量为 29.9 万 $m^3$。

b. 在同样的抽采时间内，钻孔长度越长，其抽采总量越大，抽采效果越明显。

③ 不同长度的定向钻孔抽采率考察

考察不同长度定向长钻孔的瓦斯抽采情况，通过对平舒矿不同长度定向长钻孔抽采率的统计，得出在控制范围为 15 m 时抽采率与时间的变化关系，如图 4-2-68 所示。

a. 从图 4-2-68 可以看出，对各个时间点的瓦斯抽采率进行拟合，各定向长钻孔的瓦斯抽采率符合以下规律：

81113-1-4# ：$\eta = 80.69(1 - e^{-0.004\,93t})$；

81110-4# ：$\eta = 74.32(1 - e^{-0.005\,68t})$；

81117-1-5# ：$\eta = 64.83(1 - e^{-0.006\,65t})$；

b. 在钻孔有效抽采时间内，当抽采时间相同时，钻孔长度越长，预抽率越高。这就是说，对不同长度的钻孔而言，要达到相同的预抽率，较短的钻孔所需时间更长。

c. 预抽率随时间延长有整体增加的趋势，但增加的速度逐渐减小。对于一定长度的定向长钻孔而言，随抽采时间的延长，抽采率趋于一个稳定值。

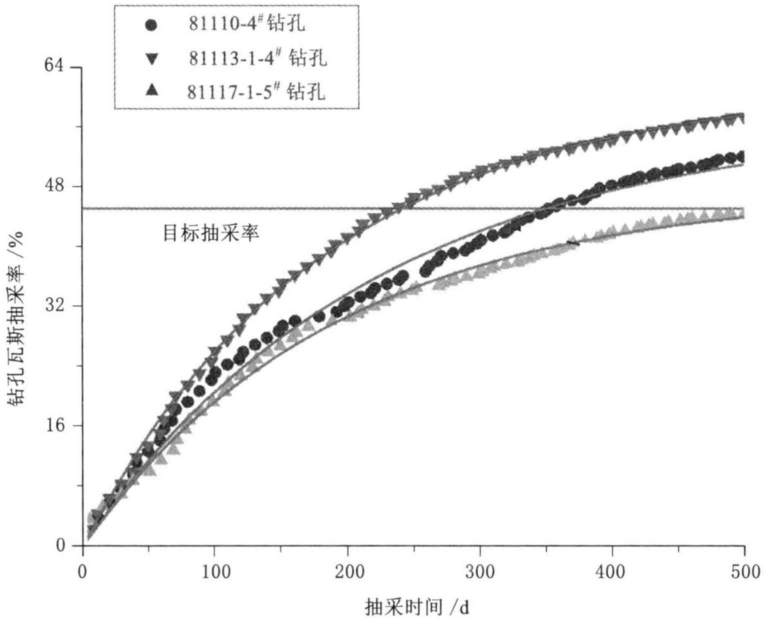


图 4-2-68　不同长度定向钻孔瓦斯抽采率与时间的关系曲线

④ 不同抽采钻孔极限预抽率、目标抽采率的确定

a. 极限预抽率的确定。

不同长度的定向长钻孔在不同控制范围(钻孔间距)内的极限预抽率如表 4-2-23 所列。

**表 4-2-23　不同长度定向长钻孔在不同间距范围的极限预抽率**　　单位:%

| 钻孔 | 钻孔间距 | | |
|---|---|---|---|
| | 10 m | 15 m | 20 m |
| 81117-1-5#(813 m) | 80.70 | 53.85 | 40.39 |
| 81110-4#(612 m) | 74.32 | 49.54 | 37.16 |
| 81113-1-4#(426 m) | 64.83 | 43.22 | 32.41 |

b. 目标预抽率的确定。

8# 煤层工作面试验区域实测瓦斯含量为 13.61 $m^3/t$,确定预抽目标为瓦斯含量降至 8 $m^3/t$ 以下,据此可确定平舒矿 8# 煤层工作面的目标预抽率为:

$$\frac{13.61-8}{13.61}\times 100\% = 41.22\%$$

c. 达到预抽目标时的时间。

不同长度定向长钻孔达到目标抽采率的时间见表 4-2-24。

表 4-2-24　不同长度定向长钻孔达到目标抽采率的时间　　单位:d

| 钻孔 | 钻孔间距/m | | |
|---|---|---|---|
| | 10 | 15 | 20 |
| 81117-1-5#(813 m) | 150 | 294 | — |
| 81110-4#(612 m) | 156 | 320 | — |
| 81113-1-4#(426 m) | 168 | 462 | — |

通过对 81113-1-4#、81110-4# 及 81117-1-5# 定向长钻孔抽采率的计算,要使 3 个定向长钻孔都达到目标预抽率的要求,当钻孔间距在 15 m 时,81113-1-4# 钻孔需要的抽采时间为 462 d,81110-4# 钻孔需要的抽采时间为 320 d,81117-1-5# 钻孔需要的抽采时间为 294 d。

从上述表中可以看出,不同长度定向钻孔具有不同的极限预抽率,在这个范围之内,不同的钻孔长度和钻孔间距组合具有相应的预抽率和抽采时间与之对应,即在一定预抽时间的前提下,有多种钻孔长度与钻孔间距组合可以达到要求的预抽率,或者在一定钻孔长度条件下,不同钻孔间距与不同抽采时间组合也能达到要求的预抽率。确定具体参数的原则:在抽采时间一定的条件下,选择能满足要求的最大预抽钻孔间距和相应的钻孔长度,以节省工程量。

4) 长钻孔与常规钻孔抽采效果对比分析

在相对近似的条件下,对千米钻机定向长钻孔与常规钻孔的抽采效果进行对比分析。负压一定的情况下常规钻孔和定向长钻孔抽采瓦斯流量与时间的关系曲线如图 4-2-69 所示。

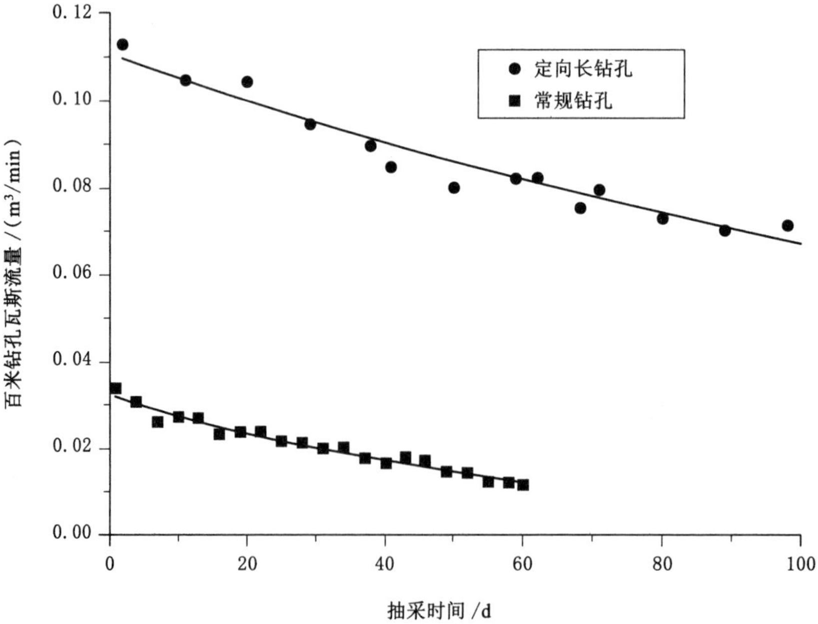


图 4-2-69　平舒矿长钻孔与常规钻孔抽采量比较图

从长钻孔与常规钻孔抽采量比较中可以看出，千米钻机长钻孔的百米钻孔瓦斯流量一般为 0.07～0.12 $m^3$/min，而常规钻孔一般小于 0.04 $m^3$/min。定向长钻孔的百米钻孔瓦斯流量要大于常规钻孔。定向长钻孔抽采时的瓦斯流量极限值为0.110 48 $m^3$/min，常规钻孔抽采时的流量极限值为 0.032 37 $m^3$/min，并且常规钻孔的衰减速度要比定向长钻孔大。

长钻孔与常规钻孔具有不同的施工工艺，这就造成了其各具有不同的优缺点及适用性，通过现场考察及经验分析，得到表 4-2-25 所示长钻孔与常规钻孔适用性分析表。

**表 4-2-25　长钻孔与常规钻孔适用性分析表**

| 钻孔工艺 | 优点 | 缺点 | 适用性 |
| --- | --- | --- | --- |
| 常规钻孔 | ① 钻孔较短，施工比较方便，局部可灵活布置；<br>② 钻孔偏移较小，可以在工作面双向布置，可以杜绝空白带的出现，可靠性高；<br>③ 钻机钻进过程中可以随时测试瓦斯含量，掌握煤层瓦斯赋存规律，进而调整布置方案 | ① 钻孔工程量大；<br>② 钻机在巷道内施工，行人及运送材料不便；<br>③ 对于地质条件较复杂区域，顺层钻孔不能施工至预期地点，出现预抽空白带；<br>④ 单孔钻进角度不可调，在煤层起伏变化较大区域钻进效率低下 | 工作面两条顺槽形成之后方可施工；顺槽断面较大；地质构造简单工作面 |
| 千米钻机长钻孔 | ① 钻场内施工，不干扰其他生产作业；<br>② 扰动范围大，可探煤层顶底板，掌握煤层赋存情况；<br>③ 长钻孔可以贯穿煤层层理，沟通裂隙，提高煤层透气性；<br>④ 可覆盖采煤工作面及接替工作面巷道，一孔多用，成本较低；<br>⑤ 可以为掘进工作面提前远距离、大范围预抽 | ① 单孔较长，施工难度较大；<br>② 单孔施工周期较长；<br>③ 对操作人员水平及经验要求较高，且钻孔施工轨迹难以精确控制，容易产生预抽空白区域；<br>④ 受施工工艺影响，钻场之间存在钻孔盲区；<br>⑤ 钻进松、散、软煤层时，极易发生塌孔，抽采效果差 | 只要有一条顺槽就可以施工；生产衔接不紧张工作面；掘进工作面远距离预抽 |

（4）效益分析

合理选择抽采钻孔工艺参数，可提高抽采量，缩短抽采达标时间，缩减相应的钻孔工程量，有效缓解矿井采掘接替紧张的局面；同时提高煤层气的利用率，对改善我国的能源结构起到重要作用。

煤与瓦斯突出严重影响了我国煤矿安全生产形势，其所造成的间接经济损失约为直接损失的 2～4 倍，通过价值分析，瓦斯抽采对煤矿安全的贡献值约为 1.37 元/$m^3$。通过选择合理抽采工艺，优化抽采布局，可快速实现抽采达标，减少煤矿安全事故的发生。

## 4.2.3 邻近层采前瓦斯抽采技术

我国多数矿区都具备煤层群的开采条件,在首采煤层的采动作用下,会造成邻近煤层的地应力下降、移动变形、裂隙发育和渗透率的显著增加,邻近煤层表现出明显的卸压特征[35]。在邻近煤层为矿井主采煤层,且煤层瓦斯赋存丰富、瓦斯灾害严重的情况下,需要在卸压状态下对邻近的主采煤层进行瓦斯抽采[36],即进行邻近层的采前抽采,降低邻近煤层的瓦斯压力和瓦斯含量[37]。这样一方面可以提高首采煤层工作面的安全开采程度,另一方面,若邻近煤层为突出煤层,可彻底消除邻近主采煤层的突出危险性,为主采煤层的安全开采创造条件[8,12],上述技术即为保护层开采技术。

为降低邻近高瓦斯煤层的瓦斯含量或消除邻近煤层的突出危险而先开采的煤层或岩层称为保护层;位于高瓦斯煤层或突出危险煤层上方的保护层称为上保护层,位于下方的称为下保护层。由于保护层开采的采动作用,同时邻近层抽采卸压瓦斯,可使邻近的高瓦斯或突出危险煤层的突出危险区域转变为低瓦斯煤层或是无突出危险区,该高瓦斯煤层或突出危险煤层称为被保护层。

长期的理论研究和突出危险煤层开采实践表明,保护层开采技术是最有效、最安全和最经济的防治突出的措施。

### 4.2.3.1 保护层开采的意义

自 1966 年 8 月 2 日一矿北头嘴井开采 3# 煤层发生煤与瓦斯突出事故以来,新景矿开采 3# 煤层时也发生了煤与瓦斯突出。煤与瓦斯突出的特点是突出次数频繁,且绝大部分发生在采煤工作面,部分掘进工作面的突出发生在地质构造带如断层、褶曲和煤层厚度变化地带,也有的发生在受煤柱重新开巷和巷道交叉处。

随着开采深度的增加,3# 煤层的瓦斯压力越来越高,瓦斯含量越来越大,即煤与瓦斯突出问题越来越严重。3# 煤层透气性系数仅为 0.016 $m^2/(MPa^2 \cdot d)$,长期开采实践证明,该煤层采用预抽方法效果较差。目前在 3# 煤层中的采掘活动必须采取“四位一体”的防突措施,掘进工作面的月进尺仅有 100 m 左右(综掘),致使矿井采掘接续紧张。此外,由于 3# 煤层瓦斯不能得到事先排放,工作面推进过程中存在严重的煤与瓦斯突出危险性。这些限制了工作面单产的提高,现代化的综合机械化采煤方法在这种煤层赋存条件下效率得不到充分发挥。

长期理论研究和突出危险煤层的开采实践证明,开采保护层和预抽煤层瓦斯是有效地防治煤与瓦斯突出的区域性措施,该方法可以避免长期与突出危险煤层处于短兵相接状态。

新景煤矿芦北区 15# 煤层厚度 3.94～8.21 m,平均 6.14 m,煤层瓦斯含量 5～7 $m^3/min$,无突出危险性。15# 煤层距 3# 煤层平均 125 m,相对层间距 20$B$($B$ 为层间距与保护层厚度之比)。根据阳泉矿区岩层移动观测结果,先采 15# 煤层,处在上部 20$B$ 采高的 3# 煤层应处在弯曲下沉带下部。

淮南矿业集团潘一矿 11# 煤层厚 1.5～2.4 m,平均 1.9 m,为稳定的中厚煤层,无煤与瓦斯突出危险性;13# 煤层厚 5.57～6.25 m,平均 6.0 m,煤层赋存稳定,是矿井主采煤层,为煤与瓦斯突出危险煤层。11# 煤层与13# 煤层之间法线距离 61.55～72.87 m，平均 66.70 m，相对层间距约为 35$B$。通过保护层(11# 煤层)的开采试验，13# 煤层底板瓦斯抽采巷道倾斜上向穿层网格式钻孔的远程卸压瓦斯抽采、远程卸压及瓦斯抽采参数考察，被保护层(13# 煤层)顺槽掘进和综采放顶煤开采实践，证明远距离保护层开采结合远程卸压瓦斯抽采技术成功地消除了13# 煤层的煤与瓦斯突出危险性，降低了煤层瓦斯含量，减少了工作面瓦斯涌出量，使13# 煤层达到了综采放顶煤开采的技术条件，实现了该主采煤层的安全快速掘进和高效回采。13# 煤层瓦斯压力由 4.4 MPa 降为 0.5 MPa，瓦斯含量由 13 $m^3/t$ 降为 5 $m^3/t$，煤层透气性系数由 0.011 35 $m^2/(MPa^2 \cdot d)$ 增加到 32.687 $m^2/(MPa^2 \cdot d)$，增加了 2 880 倍，煤层膨胀变形达到 26.33‰，综合瓦斯排放率达 60%以上。13# 煤层煤巷月掘进速度由原来的 40～60 m 提高到 200 m 以上；工作面平均产量由原来的 1 700 t/d 提高到 5 100 t/d，达到了原来的 3 倍；回风流平均瓦斯浓度由原来的 1.15%降低到 0.50%。

阳泉新景矿 15# 煤层保护 3# 煤层与淮南潘一矿 11# 煤层保护 13# 煤层相比，虽然层间距较大(达 125 m)，但由于 15# 煤层开采厚度大，相对层间距却小于潘一矿。按照矿山压力理论，15# 煤层首先开采后，3# 煤层产生的膨胀变形更大，既煤层透气性系数增大的幅度将大于淮南。15# 煤层开采的卸压作用导致 3# 煤层瓦斯更易于抽采。根据阳泉矿区 15# 煤层开采时上部各煤层瓦斯自然排放的残余瓦斯压力测定结果及新景矿 15# 煤层开采的数据，可知瓦斯自然排放的极限高度为 120 m。15# 煤层开采后，在 3# 煤层中形成的裂隙以顺层张裂隙为主，很难形成沿层间的张裂隙，3# 煤层中的瓦斯不能通过层间裂隙从 15# 煤层的高抽巷排出。要想全面消除 3# 煤层的突出危险性，必须利用 15# 煤层的采动影响，采用有效的瓦斯抽采方法，及时将 3# 煤层中的卸压瓦斯抽采出来，消除 3# 煤层突出危险性的同时，大幅度地降低 3# 煤层的瓦斯含量，实现 3# 突出煤层的安全高效开采。

由于 15# 煤层赋存条件好，瓦斯含量低，无煤与瓦斯突出危险性，适合于综采放顶煤开采方法，开采效益十分显著，且在阳泉矿区采用综放开采方法开采 15# 煤层并进行瓦斯的有效抽采已有成功的经验，瓦斯抽采量达 50～100 $m^3/min$，工作面单产达 10 000 t/d。

由以上分析可知，合理调整开采顺序，首先开采 15# 煤层作为上部 3# 煤层的保护层，一方面可以取得 15# 煤层开采的良好经济效益，另一方面运用合理的抽采方法可以有效地将 3# 煤层的卸压瓦斯抽采出来，不但可以全面消除 3# 煤层突出危险性，而且可以大幅度地降低 3# 煤层的瓦斯含量，实现 3# 突出煤层的安全高效开采。

阳泉矿区邻近层卸压瓦斯抽采技术体系主要由以下 7 种瓦斯抽采技术组成：工作面顶板岩石走向高抽巷抽采，初采期伪倾斜后高抽巷抽采，采煤工作面内错尾巷顺层钻孔抽采，外错尾巷密间距小直径穿层钻孔抽采，外错尾巷大间距大直径穿层钻孔抽采，外错尾巷拐弯穿层钻孔抽采，外错尾巷顶板倾斜高抽巷抽采，这些抽采技术的基本原理相同。

在煤层群中，由于开采层的采动影响，形成上下邻近岩层的裂隙卸压带，使其上部或下部的煤层卸压并引起这些煤岩层的膨胀变形和透气性的大幅度提高，引起邻近层的瓦斯向开采层采掘空间运移(涌出)[39-41]。为了防止和减少邻近层的瓦斯通过层间裂隙大量涌向开采层，必须进行邻近层卸压瓦斯抽采[42]。

4.2.3.2　保护层开采瓦斯抽采技术

（1）试验地点

新景矿位于阳泉市区西部，距阳泉市中心 11 km。根据新景矿工作面接续关系，矿方决定将 15# 煤层芦北区 80201 工作面作为下保护层首采工作面，工作面布置如图 4-2-70所示。该工作面位于芦北风井的北部，工作面四周均为实煤体，工作面北部为采区边界线、南部为 80202 工作面、西部为陷落柱保护煤柱、东部为二北石门回风巷。

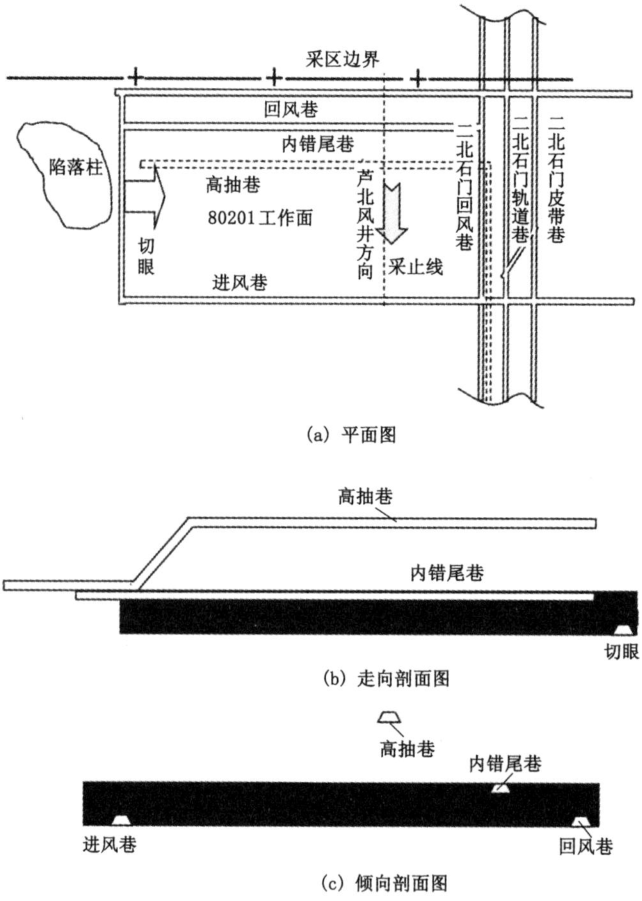


图 4-2-70　15# 煤层芦北区 80201 工作面布置图

80201 工作面参数为：

① 工作面走向长 230 m。

② 工作面倾斜长 200 m。

③ 平均开采深度 505 m。

④ 煤层厚度 3.94～8.21 m，平均 6.14 m。

⑤ 煤层倾角 2°～10°，平均 6°。

(2) 试验方案设计

在被保护层开采过程中采用"'U'形通风方式＋顶板走向长钻孔邻近层瓦斯抽采"的瓦斯综合治理方法，采用采空区埋管抽采的方法解决回风落山角瓦斯超限问题。

"U"形通风方式＋顶板走向长钻孔邻近层瓦斯抽采原理如图4-2-71所示。"U"形通风方式为一进一回通风方式，与"U＋L"形通风方式相比可有效地减少煤柱损失，提高了资源的回收率，同时减少了采空区漏风，对防治采空区煤炭自燃较为有利。但该通风方式瓦斯排放能力低，回风落山角易出现瓦斯超限现象。

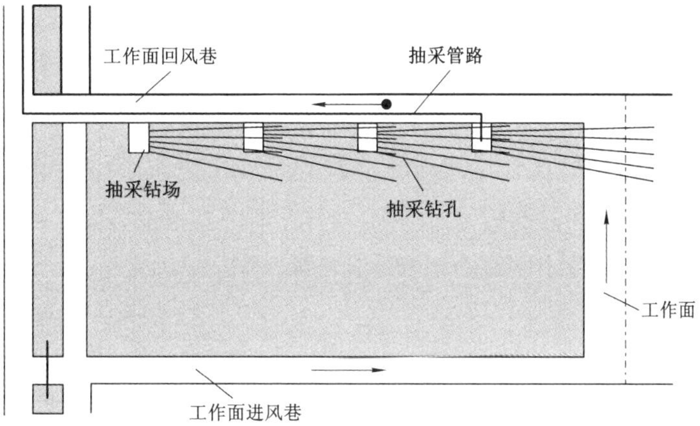


图4-2-71　"U"形通风方式＋顶板走向长钻孔瓦斯抽采方法示意图

顶板走向钻孔瓦斯抽采采空区高浓度瓦斯的具体做法是，沿工作面回风巷距工作面140 m左右，每隔100 m布置一个钻场。钻场在回风巷回采侧开口，按17°向上施工，到达煤层顶板后变平，再施工2 m长的钻机平台；钻场采用木支护，扩散式通风。钻孔开孔高度距煤层顶板1 m，钻孔上倾8°施工，每个钻场布置5个钻孔；钻孔直径91 mm，钻孔长度115 m；钻孔终孔控制在回风巷下帮向下3～23 m范围内，终孔距煤层顶板18 m左右。该邻近层瓦斯抽采方法在全国许多矿区得到了应用，取得了良好的瓦斯抽采效果，对邻近层瓦斯涌出量为3～10 $m^3$/min时控制效果较为明显。

对于回风落山角瓦斯超限可采用在回风侧采空区埋管的瓦斯抽采方式解决。瓦斯抽采泵可选用大流量、低负压抽采泵。

(3) 抽采效果分析

$3^{\#}$煤层与$15^{\#}$煤层之间赋存有$6^{\#}$、$8^{\#}_{上}$、$8^{\#}$、$9^{\#}$、$12^{\#}$和$13^{\#}$共6层煤，$15^{\#}$煤层下部还赋存有$15^{\#}_{下}$煤层，因此，在$15^{\#}$煤层80201保护层工作面开采过程中瓦斯涌出量很大，其中邻近层瓦斯占了很大比例。由于保护层80201工作面的开采，被保护层工作面发生膨胀变形，煤层卸压，吸附瓦斯解吸，形成瓦斯活化流动条件。卸压瓦斯一部分通过采动裂隙进入$15^{\#}$煤层工作面采空区，另一部分通过距$15^{\#}$煤层顶板60～70 m、距回风巷50～60 m的高抽巷抽出。保护层工作面开采过程中，采用回风巷、内错尾巷和高抽巷三条巷道抽采工作面瓦斯。

保护层工作面80201在平面上与被保护层工作面7315平行布置，保护层工作面面积为46 000 $m^2$，长为230 m，宽为200 m。2008年10月15日开始开采80201保护层工作面，10月21日80201保护层工作面推进14.9 m时，顶板初次来压，10月30日80201保护层工作面推进33.1 m时，上覆煤岩采动裂隙发育至12#煤层下$K_2$灰岩，其内瓦斯大量涌出，工作面绝对瓦斯量开始增加。11月5日保护层工作面推进至46.7 m时，位于11#煤层的高抽巷开始起作用，解决了15#邻近12#煤层及覆岩的瓦斯涌出，明显减轻了工作面瓦斯治理压力，内错尾巷风排量由17 $m^3$/min降至5 $m^3$/min左右。

截至2009年1月24日，80201工作面共推进230 m，完成回采。

1）保护层瓦斯抽采分析

80201工作面月平均进尺75～90 m，总进风量平均在2 000～2 500 $m^3$/min，回风巷平均风量为1 500～1 750 $m^3$/min，回风巷浓度控制在0.2%左右，尾巷风量平均在800～1 200 $m^3$/min，尾巷瓦斯浓度为0.2%～1.2%，瓦斯浓度情况见图4-2-72和图4-2-73，回风巷及尾巷风排瓦斯量见图4-2-74、图4-2-75和表4-2-26。

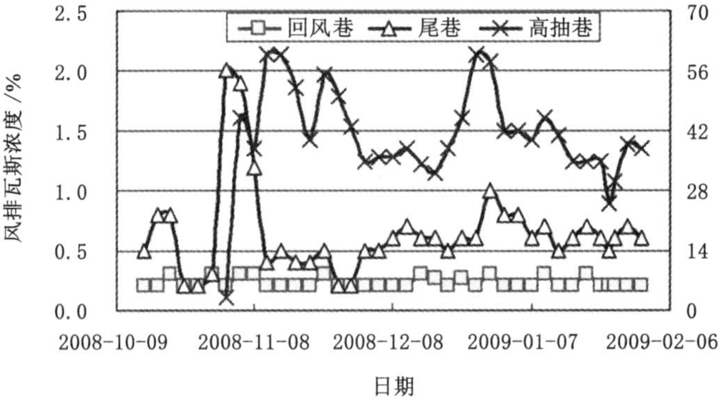


图4-2-72　保护层80201工作面瓦斯浓度与时间的对应关系

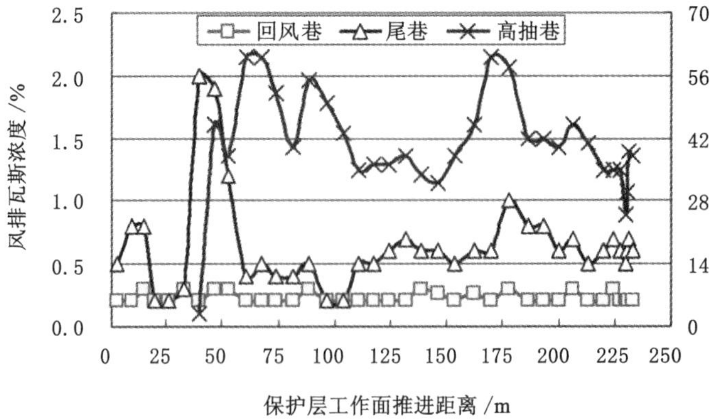


图4-2-73　保护层80201工作面瓦斯浓度与工作面推进距离的对应关系

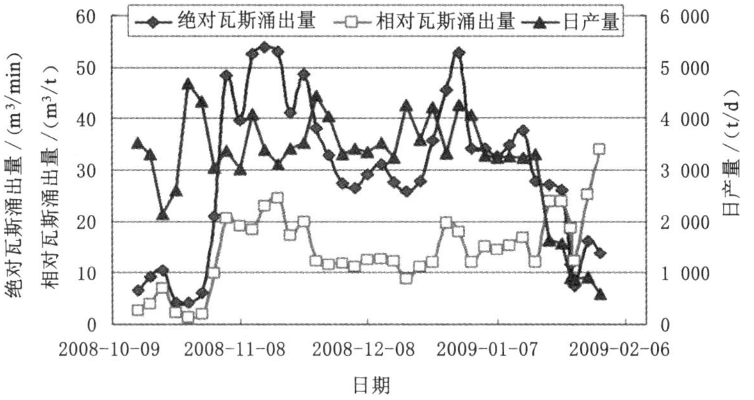


图 4-2-74　保护层 80201 工作面瓦斯涌出量及产量与时间的对应关系

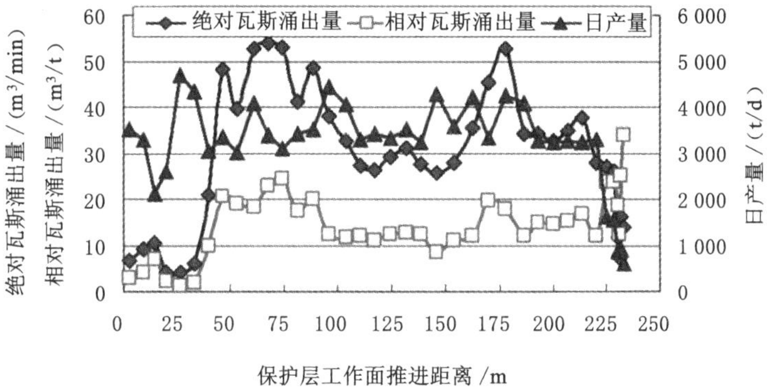


图 4-2-75　保护层 80201 工作面瓦斯涌出量及产量与工作面推进距离的对应关系

**表 4-2-26　80201 工作面瓦斯浓度和涌出量月报表**

| 时间 | 进尺/m | 回风巷瓦斯浓度/% | 回风巷风排瓦斯量/m³ | 尾巷瓦斯浓度/% | 尾巷风排瓦斯量/m³ | 风排瓦斯总量/m³ | 高抽巷瓦斯浓度/% | 高抽巷瓦斯抽采量/m³ | 瓦斯排放总量/m³ |
|---|---|---|---|---|---|---|---|---|---|
| 2008 年 10 月 | 35.70 | 0.2 | 62 784 | 0.5 | 94 752 | 157 536 | 0 | 0 | 157 536 |
| 2008 年 11 月 | 70.50 | 0.2 | 99 072 | 0.5 | 336 960 | 436 032 | 50 | 1 418 400 | 1 854 432 |
| 2008 年 12 月 | 77.50 | 0.2 | 116 352 | 0.6 | 256 320 | 372 672 | 42 | 1 097 280 | 1 469 952 |
| 2009 年 1 月 | 49.30 | 0.2 | 141 696 | 0.7 | 257 760 | 394 272 | 37 | 936 000 | 1 330 272 |
| 总计 | | | 414 720 | | 945 792 | 1 360 512 | | 3 451 680 | 4 812 192 |

由表 4-2-26 可知，80201 工作面每月的风排瓦斯量为 99 072～141 696 m³，每月平均 401 040 m³，风排总量为 1 360 512 m³，占瓦斯抽采量的 16.9%；高抽巷每月瓦斯抽采量为 936 000～1 418 400 m³，平均为 1 150 560 m³，瓦斯抽采 108 d，抽采总量

为4 812 192 $m^3$。

80201 工作面日产量平均为 3 000～4 000 t,工作面绝对瓦斯涌出量为 30～40 $m^3$/min,相对瓦斯涌出量为 10～20 $m^3$/min,其中:回风排放瓦斯量平均为 10 $m^3$/min,内错尾巷风排量平均为 7～8.9 $m^3$/min,高抽巷抽采量平均为 95～103 $m^3$/min,占总抽采量的 86%左右。保护层 80201 工作面瓦斯涌出量及产量随时间的变化曲线如图 4-2-74 所示,各瓦斯抽采量随时间和工作面推进距离的变化见图 4-2-76 和图 4-2-77。

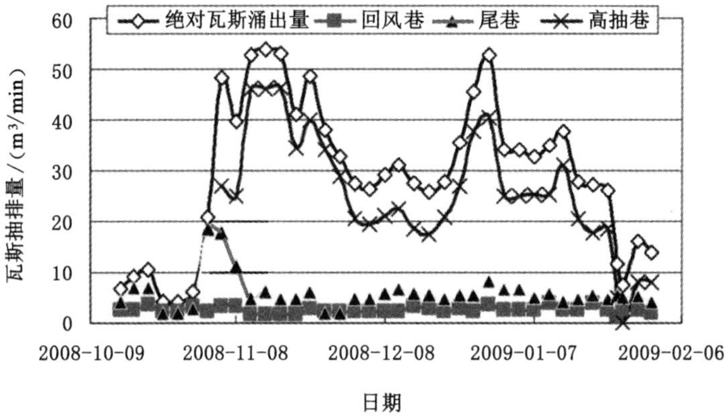


图 4-2-76　保护层 80201 工作面各瓦斯涌出量与时间的对应关系

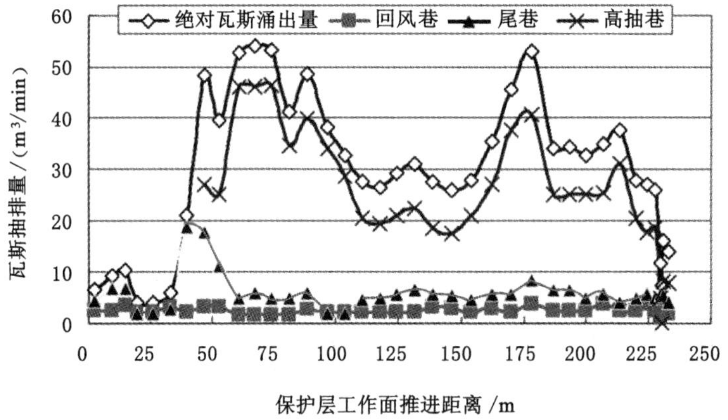


图 4-2-77　保护层 80201 工作面各瓦斯涌出量与工作面推进距离的对应关系

由图 4-2-75 所示工作面绝对瓦斯涌出量可以看出,瓦斯抽采量的变化可分为两个阶段,即初采期间瓦斯抽采阶段和卸压阶段瓦斯充分抽采阶段,划分情况见图 4-2-78。下面对各瓦斯抽采期进行详细的统计分析。

2）被保护层瓦斯抽采分析

被保护层 7315 工作面共抽采 82 d,对瓦斯浓度、瓦斯抽采量按时间和保护层工作面推进距离进行了统计,见图 4-2-79 和图 4-2-80。

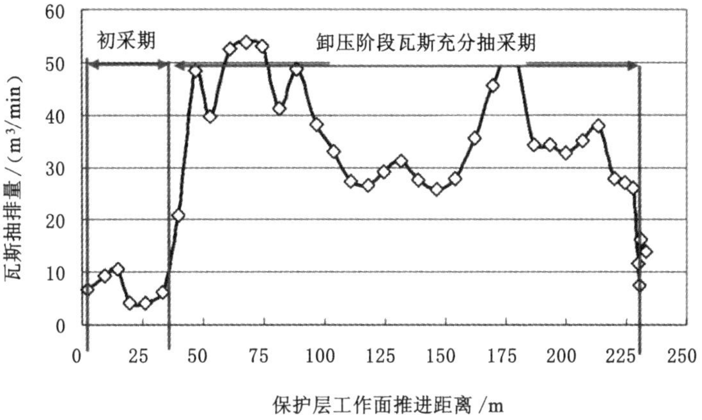


图 4-2-78　保护层开采过程中各不同瓦斯抽采期划分图

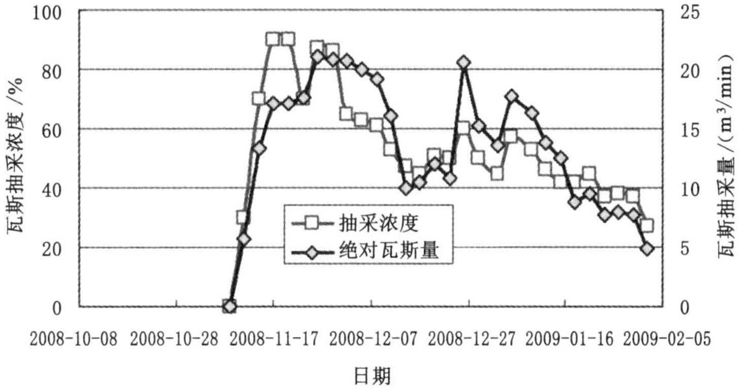


图 4-2-79　被保护层底板瓦斯抽采巷瓦斯抽采浓度和抽采量随时间的关系

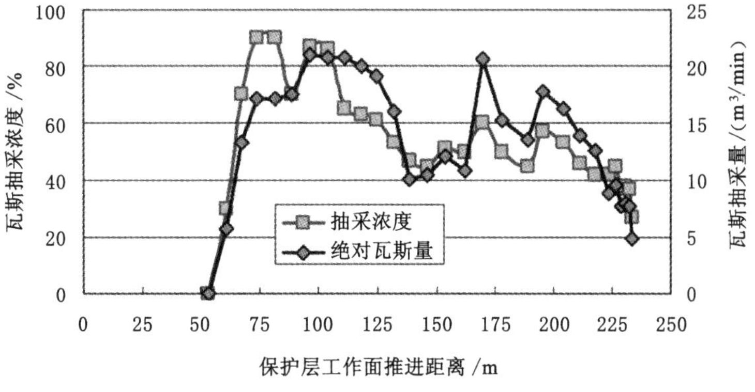


图 4-2-80　被保护层底板瓦斯抽采巷瓦斯浓度和抽采量随保护层工作面推进距离的关系

从图 4-2-79 和图 4-2-80 看出，2008 年 11 月 11 日，在保护层 80201 工作面越过推进 61 m 后，底板瓦斯抽采巷的瓦斯浓度骤增，由 0 增至 30%，抽采量由 0 增至 5.7 $m^3/min$。这说明被保护层受采动影响已经开始卸压，煤层透气性开始增大，瓦斯涌出加剧。

从 2008 年 11 月 12 日被保护层 7315 工作面底板瓦斯抽采巷开始抽采至 2009 年 2 月 2 日停止抽采，在整个瓦斯抽采期间，被保护层底板瓦斯抽采浓度始终在 40%以上，最高浓度可达 90%，瓦斯涌出量始终在 10 $m^3/min$ 以上，最大瓦斯抽采量达到 21 $m^3/min$，说明被保护层受保护层采动影响较大，裂隙发育较充分，3# 煤层及其邻近煤岩层透气性增加显著，卸压瓦斯沿采动裂隙进入被保护层底板瓦斯抽采巷，瓦斯抽采效果良好。

经计算得保护层的卸压角为 67°，因此，可以认为新景矿在采高为 6.5 m、平均层间距为 125 m（相对层间距为 20 倍）时，保护层的卸压角为 67°，小于保护层开采设计中根据《防治煤与瓦斯突出细则》选取的 80°。

(4) 效益分析

通过保护层（3# 煤层）的开采试验、工作面回风巷和尾巷风排瓦斯综合瓦斯治理实践和瓦斯抽采参数的考察研究，证明 3# 煤层保护层开采结合卸压瓦斯强化抽采技术成功地消除了 3# 煤层的煤与瓦斯突出危险性，降低了煤层瓦斯含量，高瓦斯突出煤层转变为低瓦斯无突出危险煤层，使 3# 煤层具备了安全高效开采的条件。

## 4.3 采中瓦斯抽采技术

矿井主采煤层在采用保护层开采和预抽煤层瓦斯等区域性防突措施并消除突出危险之后，便可掘进煤层巷道，进行工作面的准备工作。矿井主采煤层一般赋存较好，具备高产高效的条件。虽然煤层已消除突出危险性，但煤层中还残余部分可解吸瓦斯，特别是采用预抽煤层瓦斯技术时，煤层中残存的可解吸瓦斯含量比采用保护层开采技术后的含量要高，该部分瓦斯在开采过程中要解吸出来涌入采掘作业场所，工作面产量越大，从煤炭中解吸的瓦斯也就越多。此外，开采层顶底板内赋存有不可采煤层时，工作面开采过程中，大量邻近层瓦斯将涌入工作面，给工作面带来极大的安全隐患。而单凭工作面的正常通风是无法解决工作面大量瓦斯涌出问题的，因此在工作面开采过程中必须配合瓦斯抽采措施，进行随采随抽，即工作面采中瓦斯抽采，提高工作面开采期间的瓦斯抽采量，减小、控制煤层残余瓦斯和邻近层瓦斯向采掘工作面的涌入，进而降低工作面风排瓦斯量，保证工作面的安全高效开采。

### 4.3.1 采中瓦斯来源及分源治理

#### 4.3.1.1 工作面瓦斯来源

对于突出煤层或高瓦斯煤层，在经过采前区域性瓦斯抽采后，工作面煤层具备了安全采掘条件但煤层本身还残存有部分可解吸瓦斯，这是采煤工作面瓦斯涌出的主要来源[38]。本煤层瓦斯主要通过煤壁、工作面落煤和采空区瓦斯涌出三种形式涌入工作面，其中采空区瓦斯涌出又分为丢煤瓦斯涌出和分层开始时下分层瓦斯涌出。在开采煤层顶底板内赋存有含瓦斯煤岩层时，邻近层瓦斯涌出将成为工作面瓦斯涌出的主要来源，在一些矿区邻近层瓦斯涌出远远高于本煤层瓦斯涌出，可占到工作面瓦斯涌出量的 70% 以上。邻近层瓦斯涌出包括顶底板内煤层瓦斯涌出和含瓦斯岩层(围岩等)的瓦斯涌出。在工作面采动作用下，采空区顶底板煤岩层发生移动变形、煤岩层卸压，形成裂隙，位于顶底板内的含瓦斯煤岩层通过裂隙与工作面采空区导通，在瓦斯压力及工作面通风负压的双重作用下，大量邻近层卸压瓦斯涌入工作面采空区，再通过采空区涌入工作面，给工作面的安全生产带来隐患。由上述分析可知，采煤工作面瓦斯涌出包括本煤层瓦斯涌出和邻近层瓦斯涌出两部分，具体如图 4-3-1 所示。

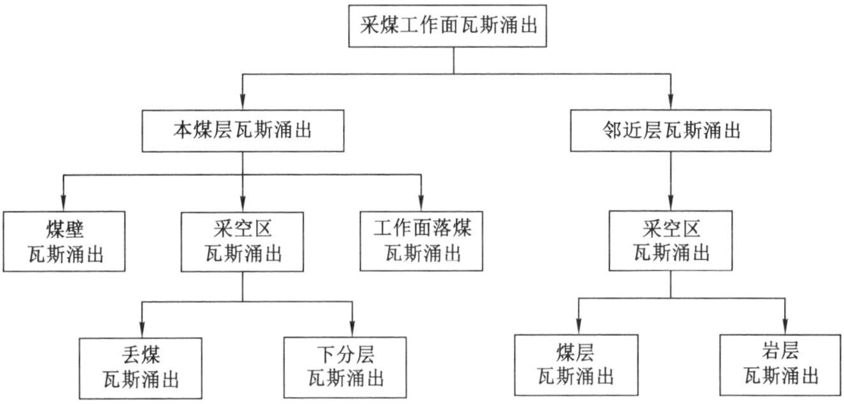


图 4-3-1　采煤工作面瓦斯涌出来源框图

工作面开采后，采空区顶底板内的裂隙发育及影响作用随着向顶底板内的延深逐渐减弱，则顶底板内邻近层瓦斯向采煤工作面的排放率与间距呈反比，间距越小，邻近层瓦斯涌出量越大，反之邻近层瓦斯涌出量越小。在相同层间距条件下，上邻近层向采煤工作面的涌出量要远远大于下邻近层的涌出量。在下邻近层中，倾斜、急倾斜邻近层瓦斯的涌出量要高于缓倾斜煤层的瓦斯涌出量。结合邻近层的瓦斯含量、煤层厚度和层间距等参数可预测出邻近层的瓦斯涌出量。

在开采煤层残存可解吸瓦斯量一定的情况下，工作面绝对瓦斯涌出量与工作面产量成正比，工作面产量越高，工作面落煤瓦斯越大，邻近层受采动影响涌出的瓦斯越多，造成工作面绝对瓦斯涌出量越大。在瓦斯涌出量较大的工作面，工作面瓦斯涌出量要通过工作面风排瓦斯和抽采瓦斯两种方式解决，在风排和抽采的共同作用下使工作面瓦斯浓度控制在规定值以下，确保工作面开采安全。

由于工作面巷道断面、风速、配风量、瓦斯浓度都有一定的限制，造成工作面最大风排瓦斯量为一固定值。由此可以看出，为实现工作面的安全高效生产，首先是需要尽可能地降低煤层的可解吸瓦斯量，其次是在煤层开采过程中根据分源治理的原则，对各瓦斯来源进行瓦斯采中抽采，即随采随抽，尽可能地加大采中抽采的瓦斯量，从而减小工作面风排瓦斯量，提高工作面的安全开采程度。

#### 4.3.1.2 工作面采场瓦斯浓度分布

在工作面的采动作用下，顶底板煤岩层发生移动变形，形成大量裂隙，邻近煤层卸压瓦斯涌出，在工作面采空区及顶板裂隙内富集大量瓦斯，工作面的通风方式影响着采空区的瓦斯浓度分布，而顶板的裂隙形态控制着顶板内瓦斯的流动及汇集，因此了解掌握工作面采场的瓦斯浓度分布对采中瓦斯治理具有重要的指导作用，也是实施瓦斯分源治理措施的基础。

高瓦斯矿区常见的通风方式包括“U”形通风和“Y”形通风。“U”形通风包括一条进风巷道和一条回风巷道，部分风量从工作面下部漏风进入采空区，然后从工作面上部携带瓦斯排出进入回风巷，易造成回风隅角附近瓦斯浓度较高；另外，由于采空区后部瓦斯没有排放通道，随着工作面的开采采空区后部积聚有大量高浓度瓦斯，如图 4-3-2 所示。为防止回风隅角瓦斯超限，常采用采空区埋管、回风隅角插管、顶板走向穿层钻孔等措施抽采瓦斯。

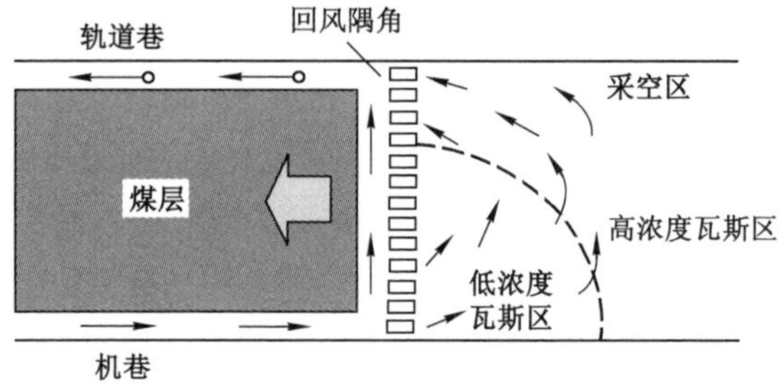


图 4-3-2 “U”形通风时采空区空气流动及浓度分布

“Y”形通风包括两条进风巷道和一条回风巷道，工作面侧机巷、轨道巷进风，采空区侧沿空留巷回风，沿空留巷尾部通风压力最低，则工作面漏风进入采空区后携带瓦斯向沿空留巷尾部方向运移，造成采空区沿空留巷侧及后部瓦斯浓度较高，而靠近工作面侧整体瓦斯浓度较低，不存在回风隅角瓦斯浓度超限问题，有助于工作面的安全开采，如图 4-3-3 所示。

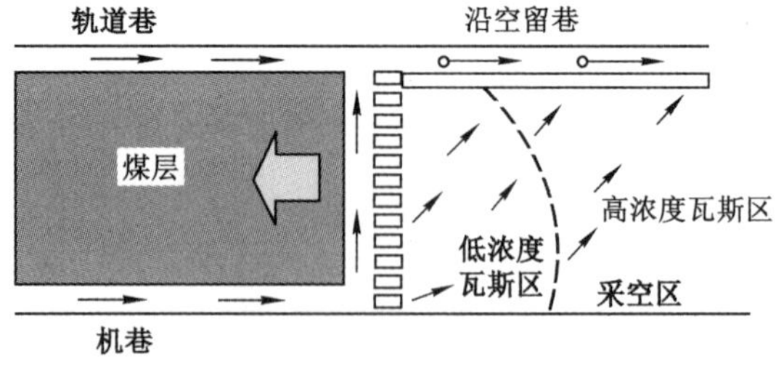


图 4-3-3 “Y”形通风时采空区空气流动及浓度分布

工作面开采后，采空区顶板形成垮落带、裂隙带和弯曲下沉带，随着时间的增加，采空区顶板岩层移动逐渐稳定，工作面采空区逐渐被压实，但在采空区的四周由于煤柱的支撑作用，顶板岩层内的压缩程度要小于采空区中部，就会在采空区顶板四周形成一个由裂隙组成的连续瓦斯储运通道，俗称“O”形圈，如图 4-3-4 所示。“O”形圈可长期存在，内部存储了大量的高浓度瓦斯，该区域为顶板瓦斯的富集区，这为抽采邻近层瓦斯提供了理论指导。

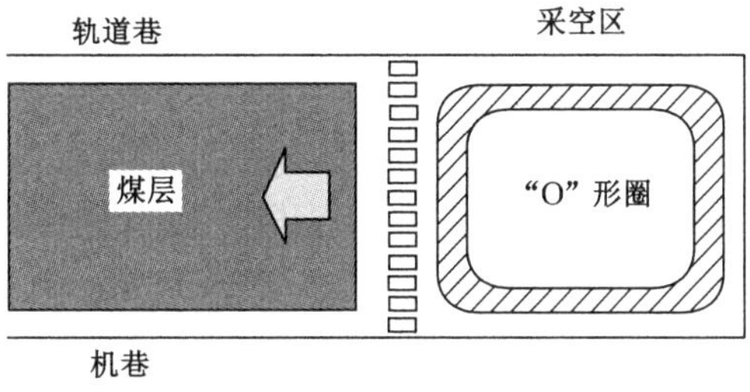


图 4-3-4 采空区顶板“O”形圈分布

在顶板内有坚硬岩层能够形成关键层的条件下，工作面采过之后在关键层与下部岩层之间出现离层，形成离层裂隙，由于上部有坚硬岩层的支撑，离层裂隙能够长时间存在。离层裂隙也是瓦斯的主要储存空间，可针对性地对较大的离层裂隙采取抽采措施。部分煤矿地层中有一层巨厚火成岩，火成岩及上部岩层不随工作面的开采而下沉，这样在火成岩与下部煤岩层之间形成了离层裂隙，下部煤岩层瓦斯含量较大，工作面开采后，大量瓦斯运移至离层裂隙内存储。为处理该部分瓦斯，从工作面向离层区施工了数个穿层钻孔用于抽采离层区瓦斯，有效抽采期可达 1 年以上。

4.3.1.3 分源治理采煤工作面瓦斯

通过前面的分析可知，工作面开采期间涌出的瓦斯有着不同的来源，从大的方面讲包括邻近层瓦斯涌出和本煤层瓦斯涌出，其中邻近层瓦斯涌出和本煤层瓦斯涌出的部分瓦斯进入采空区，通过采空区涌入工作面。根据煤层瓦斯分源治理思想，针对不同的瓦斯来源，采取不同的瓦斯治理措施，对各源头进行瓦斯抽采，控制涌入采掘空间的瓦斯量，在一定通风量的情况下保证采煤工作面瓦斯浓度处于较低水平。采煤工作面分源瓦斯治理体系如图 4-3-5 所示。

对于邻近层瓦斯涌出可采用地面钻井抽采、穿层钻孔抽采和高抽巷抽采等方法，其中穿层钻孔抽采又包括顶板走向穿层钻孔抽采、沿空留巷穿层钻孔抽采和倾斜大直径穿层钻孔抽采等，高抽巷抽采又包括走向高抽巷抽采和倾斜高抽巷抽采。

本煤层瓦斯涌出常采用顺层钻孔瓦斯抽采，其中又包括倾向顺层钻孔抽采和走向顺层短钻孔抽采。在工作面开采过程中，可充分利用工作面前方一定宽度的动压区进行顺层钻孔的动压抽采。

邻近层和本煤层部分瓦斯进入采空区后，可采取采空区瓦斯抽采技术进行瓦斯抽采。采空区瓦斯抽采主要为埋管瓦斯抽采技术，包括基本埋管抽采、长立管埋管抽采和沿空留巷埋管抽采等几种形式。

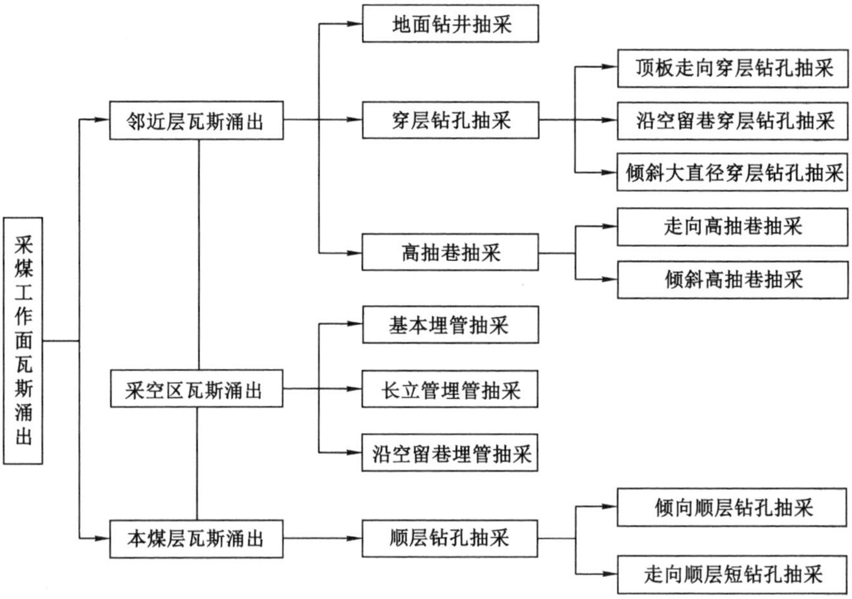


图 4-3-5　采煤工作面分源瓦斯治理框图

图 4-3-5 列出了常见的采中瓦斯抽采技术，对于一个工作面的瓦斯治理并不需要所有措施全部采用，而是要根据煤层瓦斯地质状况，并结合各方法的适用条件择优选取，最终实现采煤工作面的安全开采。

## 4.3.2　本煤层瓦斯抽采技术

4.3.2.1　*顺层钻孔瓦斯抽采技术*

(1) 采煤工作面前方动压区瓦斯抽采原理

在采动作用下，采场周围的地应力重新分布，在采煤工作面前方走向方向上，根据应力变化可划分为卸压区、应力集中区和原始应力区，如图 4-3-6 所示。应力集中区处于煤壁前方 6～20 m，应力峰值在煤壁前方 6～10 m 处，为原始应力的 1～2 倍。卸压区处于煤壁前方 2～6 m。卸压区和应力集中区统称为动压区。在集中应力作用下，工作面前方煤体破坏，发生膨胀扩容现象，产生大量裂隙并相互贯穿，导致煤层透气性显著提高，且在动压区煤层整体呈塑性状态，抽采钻孔周围的极限塑性区范围急剧扩大，这为该区域内瓦斯的流动及抽采提供了有利条件。在工作面开采过程中，采用钻孔对该区域煤层进行瓦斯抽采，可显著提高煤层瓦斯抽采效果，有效降低该区域煤层瓦斯含量，减少工作面煤壁瓦斯和开采落煤瓦斯向工作面的涌入，进而提高工作面的安全开采水平。对工作面前方动压区瓦斯抽采的钻孔布置有两种方式，其一是从采煤工作面内施工走向钻孔进行抽采，其二是从风巷、机巷内施工倾向钻孔进行抽采。

(2) 顺层钻孔瓦斯抽采方法

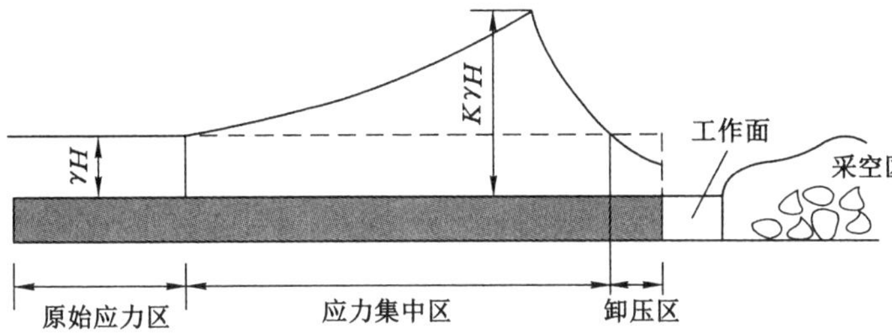


图 4-3-6　工作面前方应力分布图

1）采煤工作面走向顺层短钻孔瓦斯抽采

最常见的工作面前方动压区瓦斯抽采方式是从采煤工作面施工走向短钻孔进行瓦斯抽采，降低动压区内的瓦斯含量，减少采落煤炭的瓦斯涌出量。走同顺层短钻孔间距为 2～4 m，对于较厚的煤层在垂向上可施工 2～3 排钻孔，钻孔直径不小于 75 mm；钻孔深度由动压区宽度决定，钻孔穿透应力高峰区，但不超出应力集中区，根据具体情况决定，一般取 10～15 m。钻孔施工结束后立即封孔进行瓦斯抽采，抽采负压不得小于 13 kPa，钻孔的最短抽采时间不得小于 120 min，如图 4-3-7 所示。

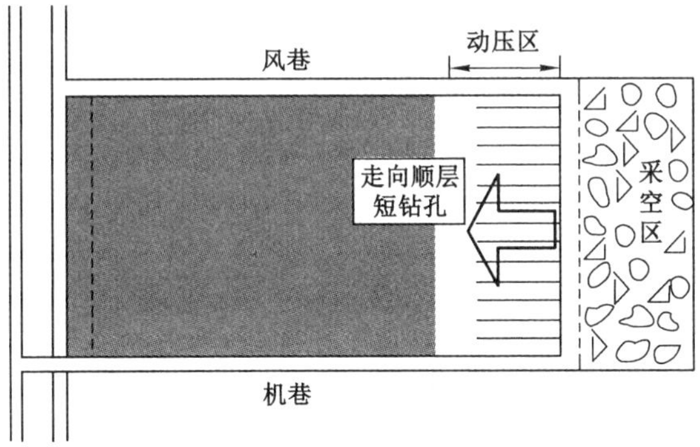


图 4-3-7　工作面短钻孔抽采瓦斯钻孔布置示意图

瓦斯抽采达标后便可进行回采作业，要求留有足够的钻孔超前距，钻孔施工与煤层开采交替进行。同时抽采结束后还可以对走向顺层短钻孔进行注水作业，软化煤体，增加煤层的含水量。这一方面可使应力分布均匀，消除工作面突出危险，另一方面降低开采作业时产生的煤尘量，净化作业环境。

2）倾向顺层长钻孔抽采瓦斯

除工作面走向短钻孔抽采动压区瓦斯外，还可充分利用工作面原有的采前瓦斯抽采顺层钻孔对工作面前方 15～20 m 范围内的动压区瓦斯进行抽采。在采动作用下，动压区内形成新的裂隙，煤层透气性显著增大，该区域内的顺层钻孔瓦斯抽采量可显著提高，从而进一步降低该区域煤层瓦斯含量，减小工作面瓦斯涌出量，如图 4-3-8 所示。

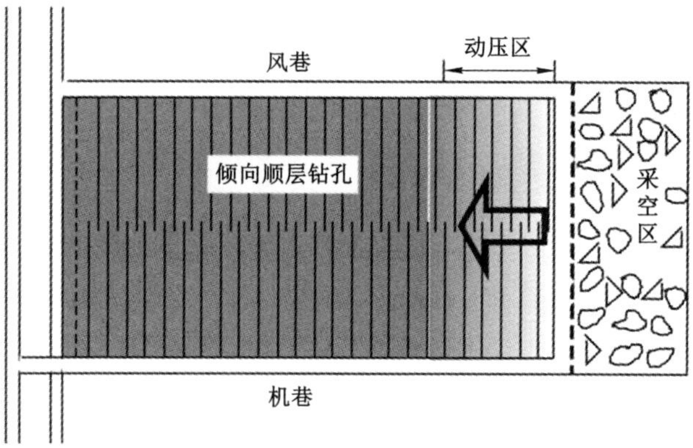


图 4-3-8　倾向顺层钻孔工作面前方的动压瓦斯抽采

（3）试验方案设计

本煤层顺层钻孔的钻孔施工方向与进风顺槽中心线垂直，由进风顺槽煤帮开口，钻孔分两排布置，上下两排钻孔的水平投影间距为 1.5 m，钻孔角度根据煤层倾角确定。进风顺槽的顺层钻孔布置示意图见图 4-3-9。

回风顺槽顺层钻孔布置示意图见图 4-3-10。回风顺槽顺层钻孔布置在相邻钻场之间，上下两排，钻孔的水平投影间距为 1.5 m。

回风顺槽的顺层扇形钻孔布置示意图见图 4-3-11。扇形瓦斯抽采钻场共布置 11 个，每个钻场设计钻孔 9 个。

（4）抽采效果分析

本矿区本煤层抽采瓦斯的方法可以说是预抽和边采边抽的结合。因为在抽采钻孔离工作面很远时，煤层为原始煤层，未受到采动的影响，为预抽阶段；随着工作面的推进，抽采钻孔由处于原始应力区逐渐变为应力集中区，最后到卸压区，这时的抽采就变为边采边抽了。边采边抽主要是利用采掘过程中造成的卸压作用抽采煤层中的瓦斯，以降低回采过程中涌入回风流中的瓦斯量，这时的抽采效果要比预抽的效果好得多。预抽和边采边抽相结合，可以最大限度地提高钻孔的利用率。如图 4-3-12 为 291# 钻孔单孔和所在组的经过预抽和边采边抽，整个过程的瓦斯抽采量变化曲线。

从图 4-3-12 可见，单孔最大值在 0.017 $m^3$/min，组孔最大值在 0.058 $m^3$/min。15# 煤属于难抽采煤层，工作面生产过程中的矿山压力对提高本煤层钻孔抽采效果起到很显著的作用，如图 4-3-13 所示。通过观测图 4-3-12 可以发现，瓦斯抽采量变化情况大致可以分为 4 个阶段：距工作面 45 m 以外为瓦斯抽采原始期；第二阶段为瓦斯抽采减弱期，该阶段从距工作面 45 m 处开始到距工作面平均 21.3 m 处结束；第三阶段为瓦斯抽采增长期，该阶段从距工作面 21.3 m 处开始到距工作面平均 10.3 m 处结束；第四阶段为瓦斯抽采衰减期，该阶段从距工作面平均 10.3 m 处至抽采钻孔拆除。

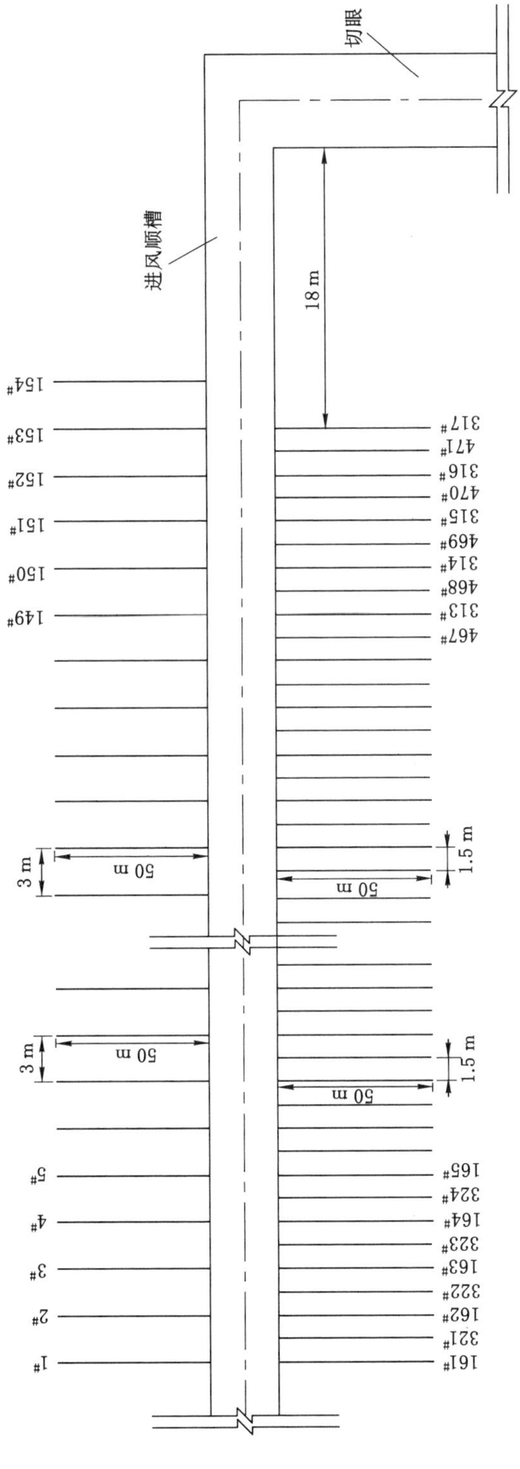


图 4-3-9　工作面进风顺槽顺层钻孔布置示意图

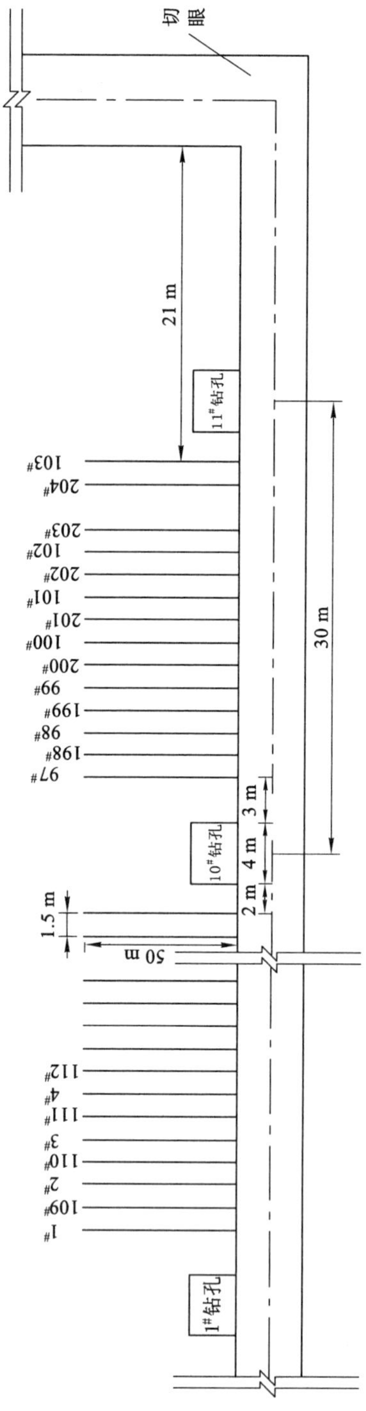


图 4-3-10　工作面回风顺槽顺层钻孔布置示意图

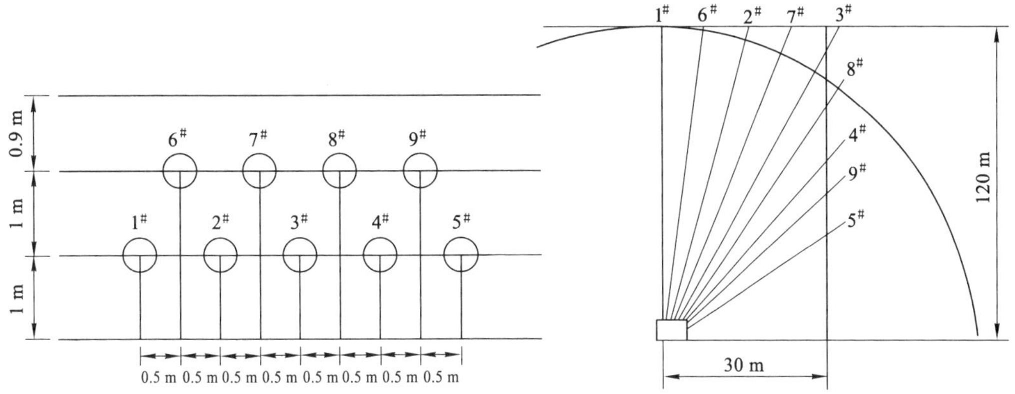


图 4-3-11　工作面回风顺槽钻场内扇形钻孔布置示意图

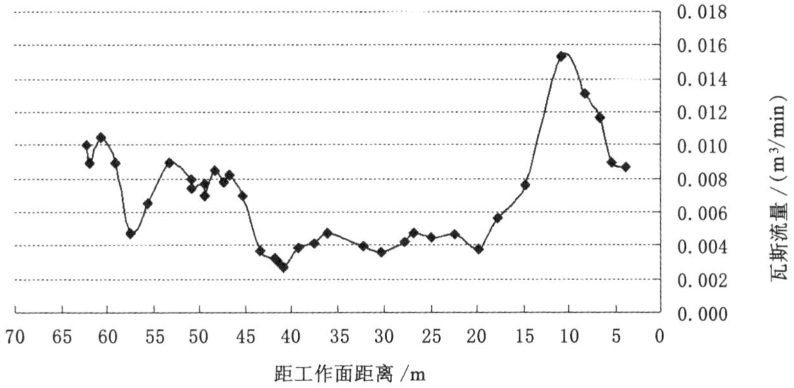


(a) 291#钻孔单孔瓦斯抽采情况

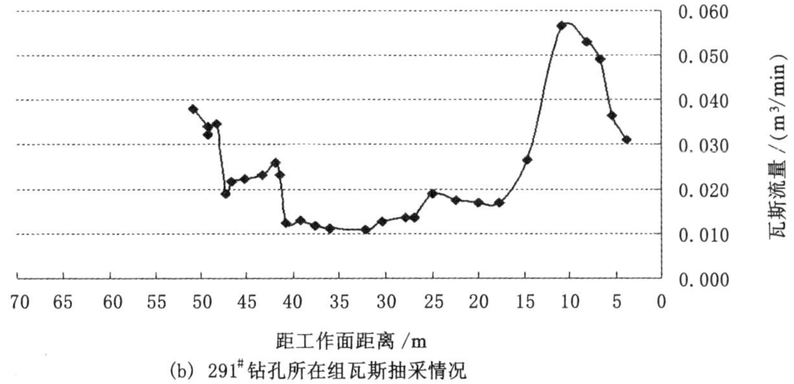


(b) 291#钻孔所在组瓦斯抽采情况

图 4-3-12　291# 钻孔单孔和所在组的瓦斯抽采变化曲线

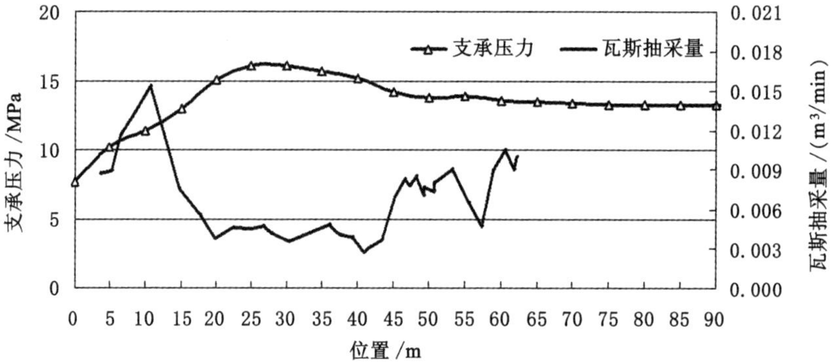


图 4-3-13　工作面前方支承压力变化对本煤层钻孔瓦斯抽采量的影响

① 瓦斯抽采原始期。该阶段内煤体未受到工作面生产的影响，煤体的应力场、孔隙率以及瓦斯的赋存状态都未发生变化，钻孔瓦斯抽采保持原始抽采状态。

② 瓦斯抽采减弱期。该阶段内煤体由于受到工作面开采的影响，处于超前支承压力的应力增高区，煤岩体孔隙受挤压而封闭、收缩，使煤体透气性降低，因而瓦斯流量和瓦斯抽采量相应减少。

③ 瓦斯抽采增长期。该阶段内煤体处于超前支承压力的应力降低区，煤岩层的应力场和裂隙场发生改变，在煤体中形成了煤层采动裂隙，而且瓦斯压力也有所减小，相应吸附态瓦斯转化为游离态瓦斯，从而使得钻孔瓦斯抽采量开始增长。本阶段内钻孔瓦斯抽采量保持上升趋势，并最终达到最大值，现场实测表明：单孔抽采量比抽采原始期增长1.88～5.84倍，平均为 4.7 倍；组孔瓦斯抽采量是其对应单孔瓦斯抽采量的 3.5～6.4 倍，平均 4.3 倍。

④ 瓦斯抽采衰减期。该阶段内煤体仍处于超前支承压力的应力降低区内，但由于煤层内的横向采动裂隙与工作面连通，钻孔抽采瓦斯的能力开始逐渐降低，瓦斯抽采量也开始下降。

整个工作面进回风顺槽的顺层钻孔和扇形钻孔的瓦斯抽采量变化规律如图 4-3-14 所示。根据试验综放面的实测数据，各种钻孔瓦斯抽采量变化规律为：在本煤层工作面钻孔中，瓦斯抽采原始期为距工作面＞45 m、瓦斯抽采平稳期为 45～21 m、瓦斯抽采增长期为 21～10.15 m 和瓦斯抽采衰减期为＜10.15 m。

#### 4.3.2.2　超前卸压瓦斯抽采技术

已有研究表明，不论原始渗透系数怎样低的煤层，在煤层受到采动影响而卸压后，其渗透系数都会急剧增加，煤层内瓦斯渗流速度迅速提高，瓦斯涌出量也随之剧增。因此，利用煤层采动影响而产生的卸压作用来提高煤层瓦斯抽采率的采掘松动卸压法越来越受到人们的关注。综上所述，这种方法相对于其他强化煤层瓦斯抽采技术而言，具有成本低、操作技术难度不大的特点，且能够有效地提高煤层的瓦斯抽采率，防止瓦斯灾害事故的发生。

因此，研究超前卸压瓦斯抽采技术对改善阳泉矿区的瓦斯抽采现状具有重要的影响意义。

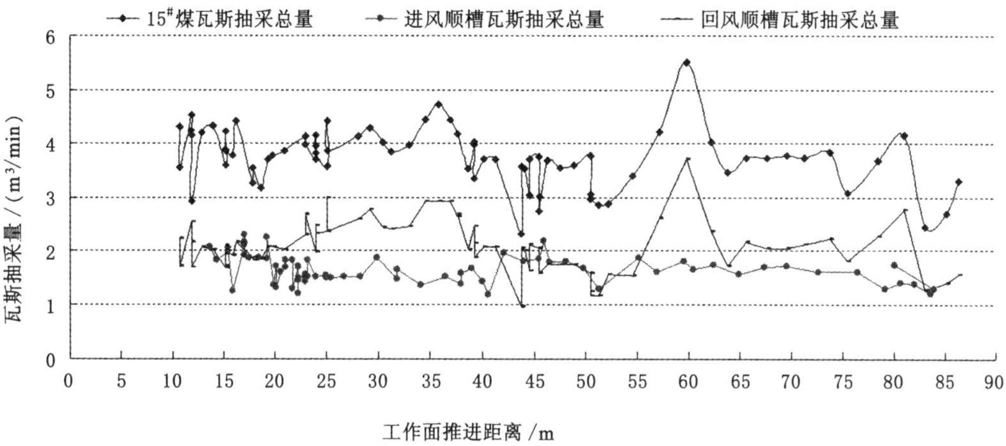


图 4-3-14　随工作面推进顺层钻孔和扇形钻孔本煤层瓦斯抽采量的变化曲线

(1) 工作面超前支承压力与瓦斯分区特征

在煤层开采过程中，本煤层瓦斯涌出量大小基本上受制于工作面前方的支承压力作用，支承压力使煤体中的孔隙率、渗透率、瓦斯压力等力学特征发生很大变化，使得其瓦斯抽采量呈不均衡性。煤壁前方应力降低区内，煤体破碎采落，裂隙发育，煤体强度降低，透气性急剧增高，瓦斯解吸过程加剧，呈现“卸压增流效应”，瓦斯运移通道畅通，本煤层钻孔大量抽采瓦斯；在工作面前方的应力增高区，煤岩体孔隙裂隙受挤压而封闭、收缩，使煤体透气性降低，瓦斯流量和瓦斯抽采量相应减少；在应力稳定区，煤岩体尚未受到采动影响，承受正常的应力，钻孔瓦斯流量按负指数规律自然衰减。工作面前方支承压力变化状态和瓦斯运移变化在空间上基本一致，大体遵循同一变化规律，如图 4-3-15 所示。

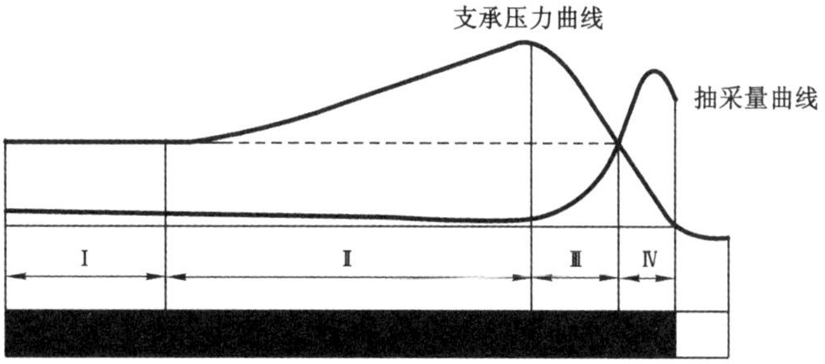


图 4-3-15　工作面前方支承压力与瓦斯运移分区

Ⅰ区——稳压瓦斯正常涌出区(瓦斯抽采原始期)：工作面前方 94 m 以远范围，该区内未受采动影响，承受正常的压力，当不考虑构造应力时，其压力值 $p=\gamma H$，瓦斯动力参数保持其原始数值，钻孔瓦斯涌出量按指数规律自然衰减。

Ⅱ区——升压瓦斯涌出变化区(瓦斯抽采减弱期)：工作面前方 20～80 m 范围，受采动影响，在支承压力作用下，煤体裂隙和孔隙封闭、收缩，渗透性更差，瓦斯流量趋于减小。

Ⅲ区——降压瓦斯涌出变化区（瓦斯抽采增长期）：工作面前方 12～20 m 范围。支承压力峰值跃过此区，随工作面推进，压力有所降低，支承压力梯度为负值；煤体中闭缩的孔裂隙逐渐扩张，瓦斯运移速度递增，瓦斯流量逐渐增大。虽然煤体应力大于原岩应力，但是该阶段是瓦斯抽采量增加的关键阶段，因此更应注重这个阶段的瓦斯抽采。

Ⅳ区——卸压瓦斯涌出活跃区（瓦斯抽采衰减期）：工作面前方 0～12 m 范围，该区内围岩应力降低，煤层承受的压力不断减小，即产生卸压作用，煤体产生膨胀变形，渗透性增加，同时瓦斯加剧解吸，流量不断增大，因而瓦斯压力下降。

（2）试验地点

山西新元煤炭有限责任公司（以下简称“新元公司”）位于沁水煤田西北部，行政区划隶属晋中地区寿阳县。井田位于寿阳-阳泉构造堆积盆地区，属黄土丘陵地貌，梁、峁发育，沟谷密集，多呈“U”形。地势西高东低、南高北低，最高点在西南部的燕子山，标高＋1 267 m，最低地点在吴家崖村旁黄门街河床内，标高＋1 050 m，一般标高在＋1 100 m 左右，最大高差 217 m，相对高差一般为 40～100 m。井田内大面积被新生界红、黄土覆盖，仅在南部沿冲沟有少量基岩出露。

（3）试验方案设计

根据新元公司 310205 工作面本煤层瓦斯抽采的煤体应力场与瓦斯渗流场的多物理场耦合数值模拟结果，提出了本煤层超前卸压抽采顺层钻孔的优化布置方案。根据数值计算，可以得知：随着钻孔间距的增大，钻孔之间的煤层瓦斯压力逐渐增大，甚至超过 0.74 MPa，煤层的渗透率则逐渐减低，钻孔之间的部分煤层的瓦斯渗流速度接近于零（简称“渗流零区”），说明这部分的煤层瓦斯没有被抽采。而且，随着钻孔间距的增大，钻孔之间的“渗流零区”越大，如图 4-3-16 所示。为了更直观地了解煤层顺层钻孔抽采瓦斯时钻孔周围煤层的各个参数的变化情况，提取了两个钻孔之间的中点处煤层瓦斯渗流参数的变化数据，如图 4-3-17 所示。

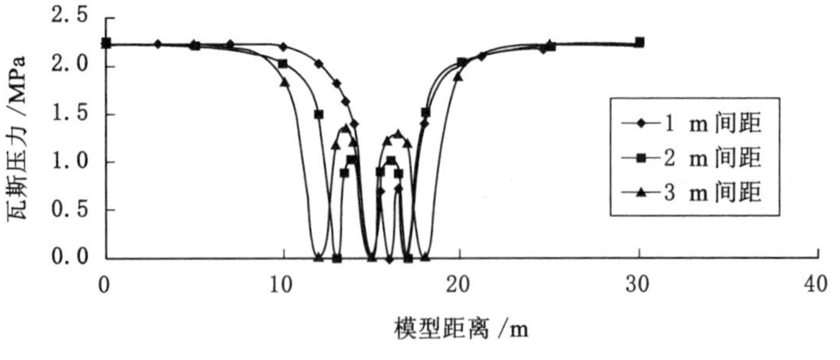


图 4-3-16　不同钻孔间距抽采瓦斯时钻孔周围煤层瓦斯压力的分布规律

由图 4-3-17 可以看出，钻孔周围煤层的瓦斯压力首先随着钻孔间距的增大而增大，之后当钻孔间距为 2 m 时，瓦斯压力大于 0.74 MPa，超过抽采要求。因此在保证 6 个月抽采时间的条件下，可确定试验矿井 310205 工作面瓦斯抽采顺层钻孔的合理间距为 1 m。

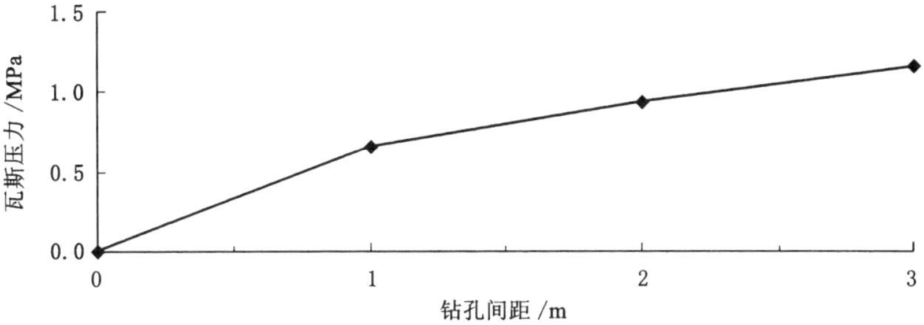


图 4-3-17　两个顺层钻孔连线中点处煤层瓦斯压力随钻孔间距的变化规律

同时，考虑到提高本煤层的超前卸压钻孔抽采时间，具体方法为降低采煤机割煤速度或者延长工作面长度，间接提高钻孔抽采时间，但是考虑到均衡生产问题，这里不适合降低采煤机割煤速度。因此，可以通过延长工作面长度间接提高钻孔抽采时间作为试验的补充方案。利用模拟软件模拟在相同推进距离（12 m）条件下，180 m、200 m、220 m、240 m工作面超前卸压钻孔抽采效果。通过模拟结果可以得知：

① 随着工作面距离的增长，在抽采半径范围内，超前卸压区的钻孔瓦斯压力有一定幅度的递减，但到了 240 m 时，逐渐趋于稳定。并且，工作面过长会导致设备管理及安全管理困难，推进度下降，不利于稳定高产。因此，通过数值模拟研究，将间接提高瓦斯抽采时间的优化方案定为工作面长度增大为 240 m。

② 随着钻孔间距的增大，钻孔之间煤层的瓦斯压力逐渐增大，煤层的渗透率则逐渐降低，钻孔之间的部分煤层的瓦斯渗流速度接近于零（即“渗流零区”），说明这部分的煤层瓦斯没有被抽采。而且，随着钻孔间距的增大，钻孔之间的“渗流零区”越大，如图 4-3-18～图 4-3-20所示。

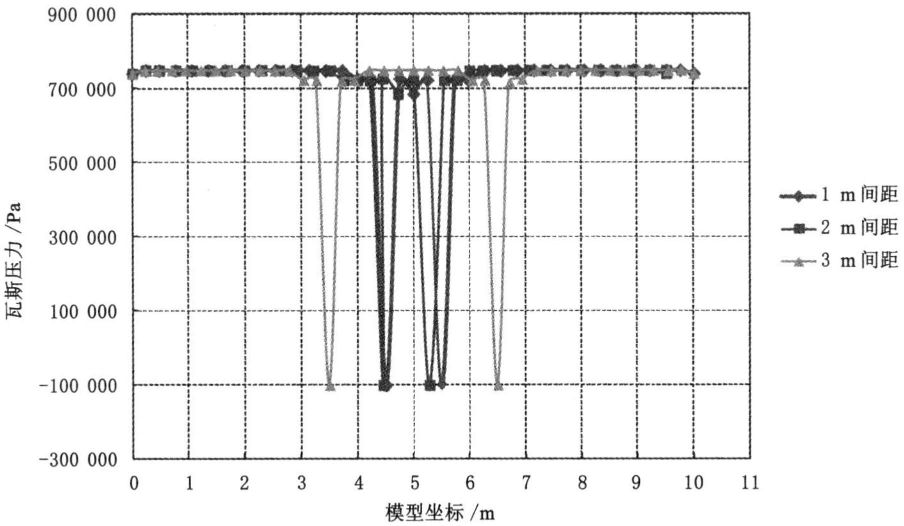


图 4-3-18　不同钻孔间距抽采瓦斯时钻孔周围煤层瓦斯压力的分布规律

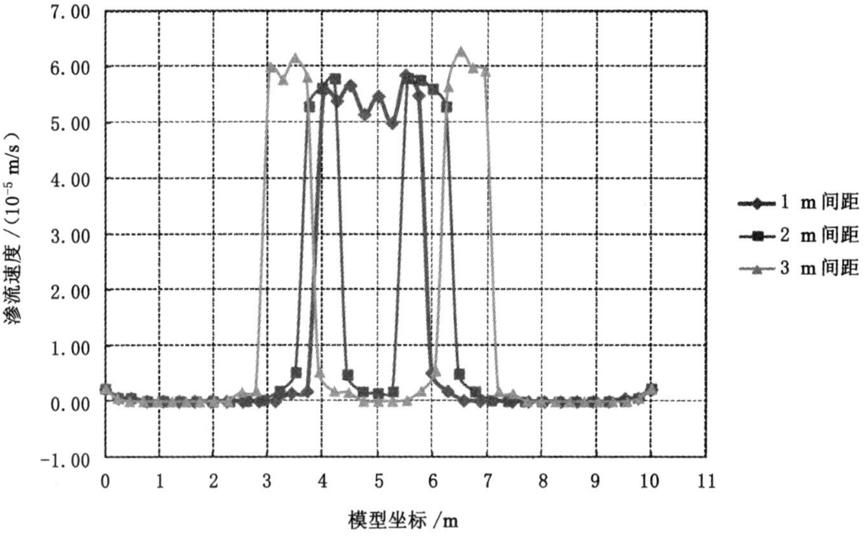


图 4-3-19　不同钻孔间距抽采瓦斯时钻孔周围煤层渗流速度的分布规律

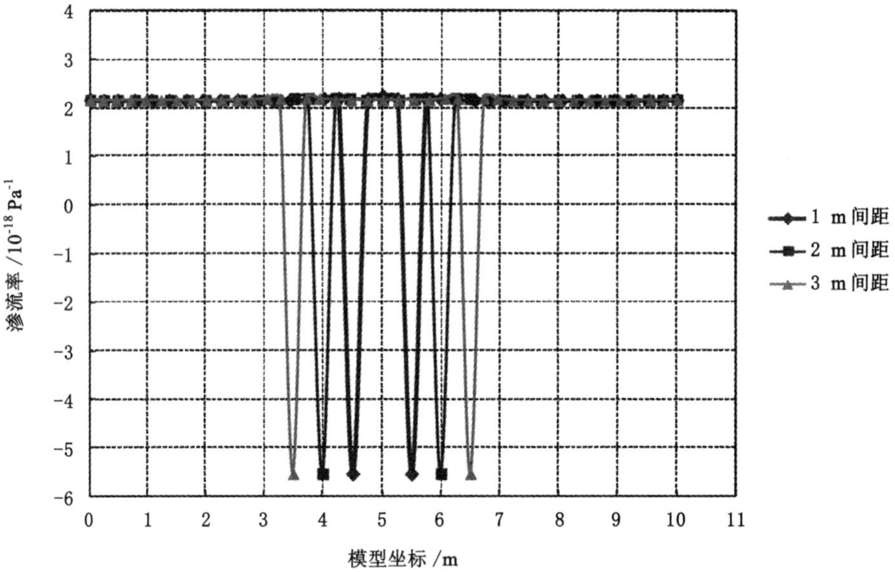


图 4-3-20　不同钻孔间距抽采瓦斯时钻孔周围煤层渗透率的分布规律

为了更直观地了解工作面煤壁钻孔抽采瓦斯时钻孔周围煤层的各个参数的变化情况，本项目提取了钻孔周围 0.5 m 处的煤层瓦斯渗流参数的变化数据，如图 4-3-21～图 4-3-23所示。

由图 4-3-21～图 4-3-23 可知：① 钻孔周围煤层的瓦斯压力首先随着钻孔间距的增大而增大，之后当钻孔间距大于 2 m 时，钻孔周围煤层的瓦斯压力小幅减小；② 对应的钻孔

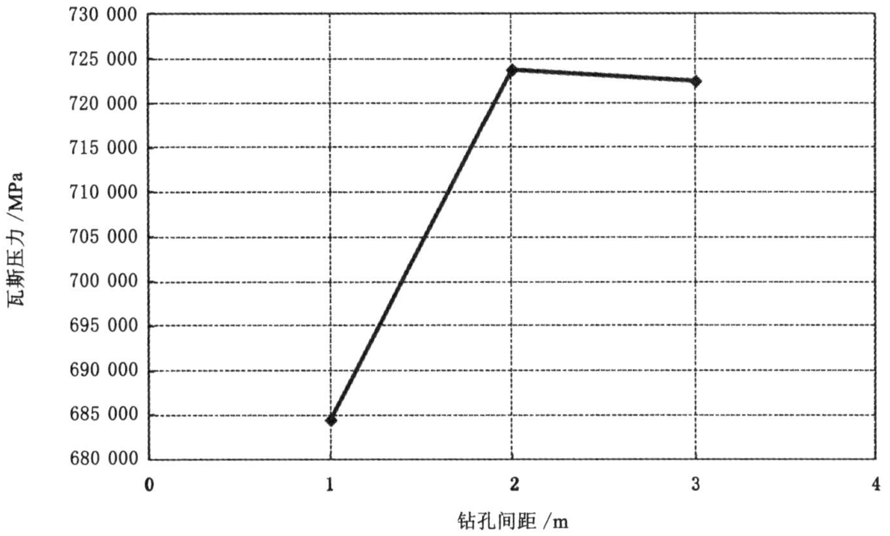


图 4-3-21　工作面煤壁钻孔抽采瓦斯时钻孔周围煤层瓦斯压力随钻孔间距的变化规律

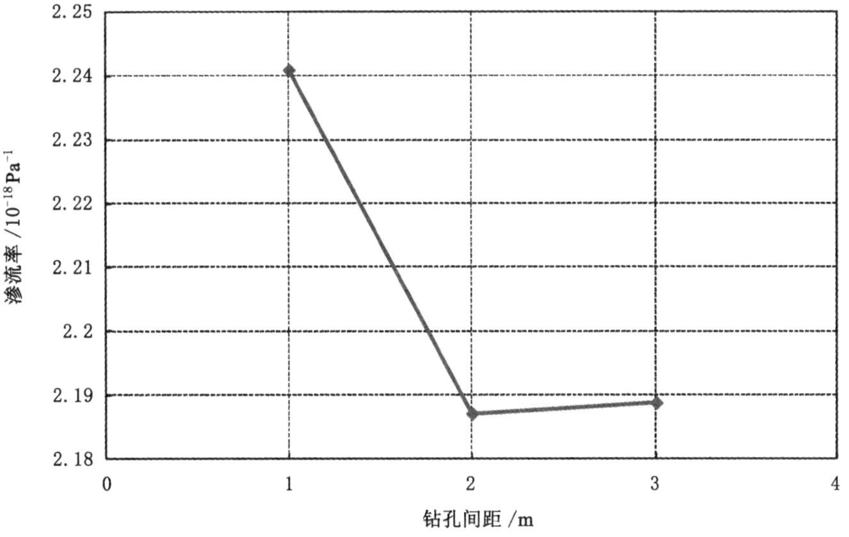


图 4-3-22　工作面煤壁钻孔抽采瓦斯时钻孔周围煤层渗透率随钻孔间距的变化规律

周围煤层的渗透率首先随着钻孔间距的增大而减小，而当钻孔间距大于 2 m 后，煤层的渗透率随着钻孔间距的变化趋于平缓；③ 钻孔周围煤层的瓦斯渗流速度首先是随着钻孔间距的增大而减小，说明此时煤层瓦斯的抽采效果越来越差，当钻孔间距大于 2 m 后，钻孔周围煤层瓦斯渗流速度变化比较平缓。

由此可见，当钻孔间距大于 2 m 时，各个钻孔的抽采效果各自相互影响较小。因此，结合图 4-3-18～图 4-3-20 的结果，可确定本项目试验矿井 310205 工作面煤壁瓦斯抽采钻

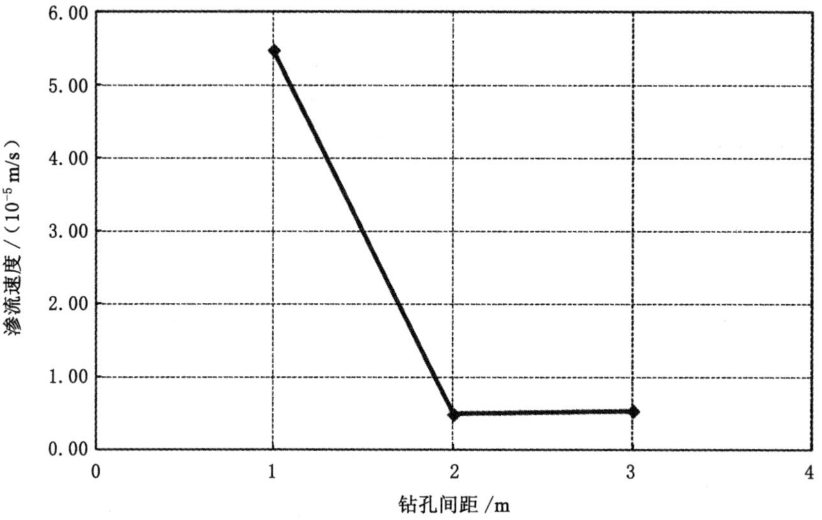


图 4-3-23　工作面煤壁钻孔抽采瓦斯时钻孔周围煤层瓦斯渗流速度随钻孔间距的变化规律

孔在负压抽采 6 h 条件下的抽采影响半径为 1 m。

由工作面前方支承压力与瓦斯抽采量的耦合规律可知，工作面煤壁前方的卸压区大致为 0～12 m，这一区域为瓦斯抽采的最活跃区间。同时，结合工作面煤壁前方煤层的瓦斯渗流速度分布规律可知，在工作面煤壁前方 10 m 范围内煤层瓦斯渗流速度明显增大。因此，考虑到现场钻孔施工条件和施工工艺，确定 310205 工作面煤壁前方瓦斯抽采钻孔的合理抽采长度为 10 m。

（4）抽采效果分析

1）工作面进风顺槽水泥砂浆封孔工艺试验研究

根据现场观测记录数据，可直接得出工作面进风顺槽试验段顺层钻孔瓦斯抽采浓度的变化规律，如图 4-3-24 所示。

通过图 4-3-24 可以看出，工作面进风顺槽主管路瓦斯抽采浓度都在 3%以上，最大抽采浓度达到 10%。从考察期间所测试的数据可知，平均瓦斯抽采浓度为 5%。

根据抽采期间所测试记录的瓦斯数据以及通过瓦斯混合流量的计算公式和纯瓦斯流量的计算公式计算得出瓦斯混合流量与瓦斯纯流量，绘出抽采钻孔纯瓦斯流量变化图，如图 4-3-25 所示。

由此可知：工作面进风顺槽主管路瓦斯抽采纯量最大可达到 1.98 $m^3$/min，最小值为 0.59 $m^3$/min，平均可达 0.95 $m^3$/min，可见取得了较好的抽采效果。

2）回风顺槽的顺层钻孔水泥砂浆封孔工艺试验研究

根据现场观测记录数据，可直接得出工作面回风顺槽顺层钻孔瓦斯浓度图，如图 4-3-26所示。

由图 4-3-26 可知，工作面回风顺槽主管路钻孔瓦斯抽采浓度都在 2%以上，最大抽采

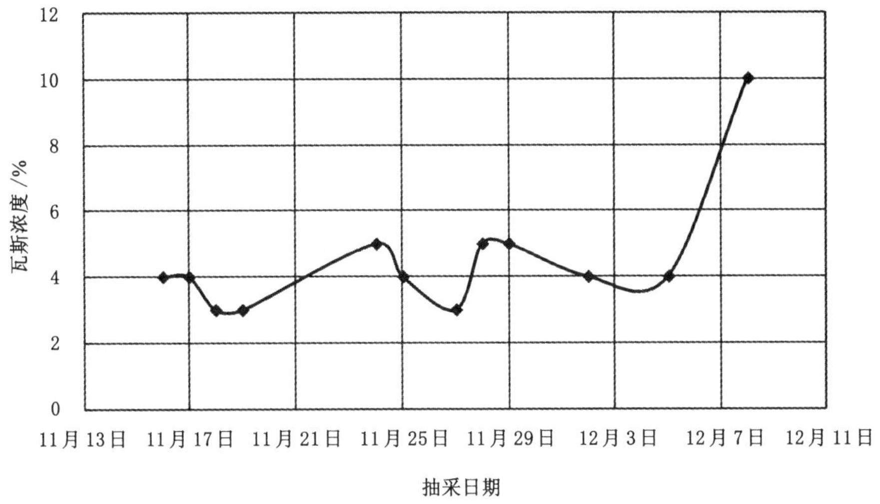


图 4-3-24　工作面进风顺槽主管路瓦斯浓度

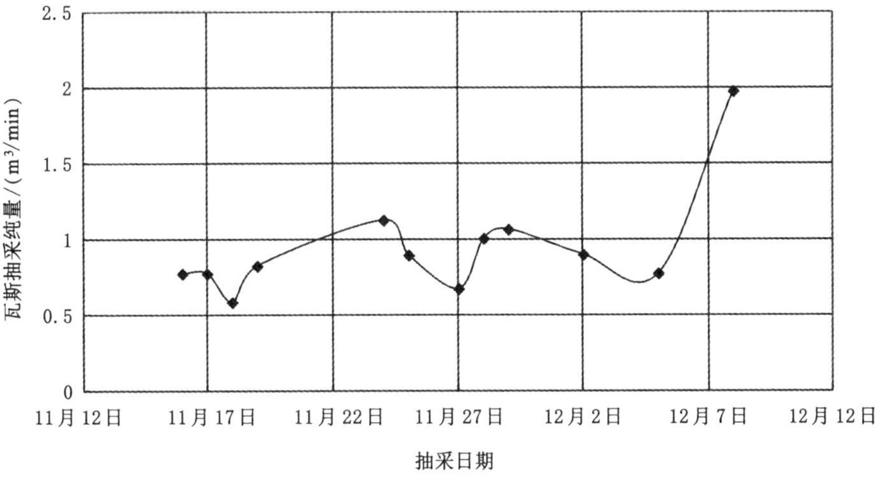


图 4-3-25　工作面进风顺槽主管路瓦斯抽采纯量

浓度达到 12%。从考察期间所测试的数据可知，平均瓦斯抽采浓度为 5%。

根据抽采期间所测试记录的瓦斯数据以及通过瓦斯混合流量的计算公式和纯瓦斯流量的计算公式计算得出瓦斯混合流量与瓦斯纯流量，绘出抽采钻孔纯瓦斯流量变化图，如图 4-3-27 所示。

由图 4-3-27 可知：工作面回风顺槽主管路瓦斯抽采纯量最大可达到 3.16 $m^3/min$，最小值为 0.39 $m^3/min$，平均可达 0.97 $m^3/min$，可见取得了较好的抽采效果。

(5) 效益分析

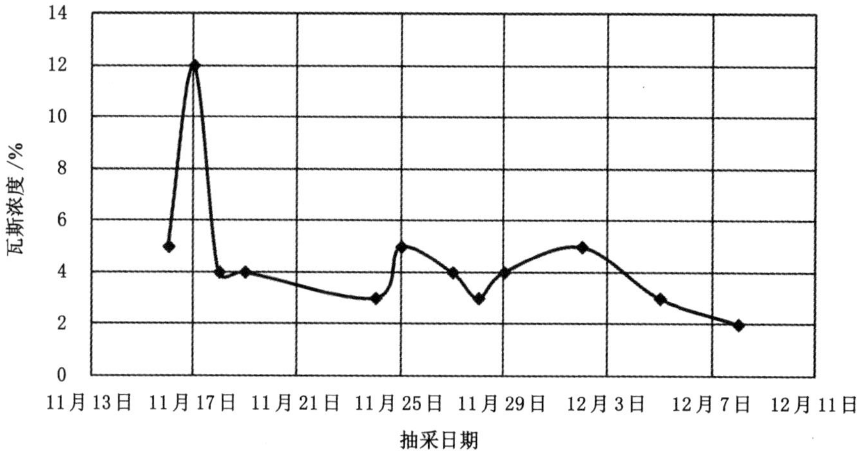


图 4-3-26　工作面回风顺槽主管路瓦斯浓度

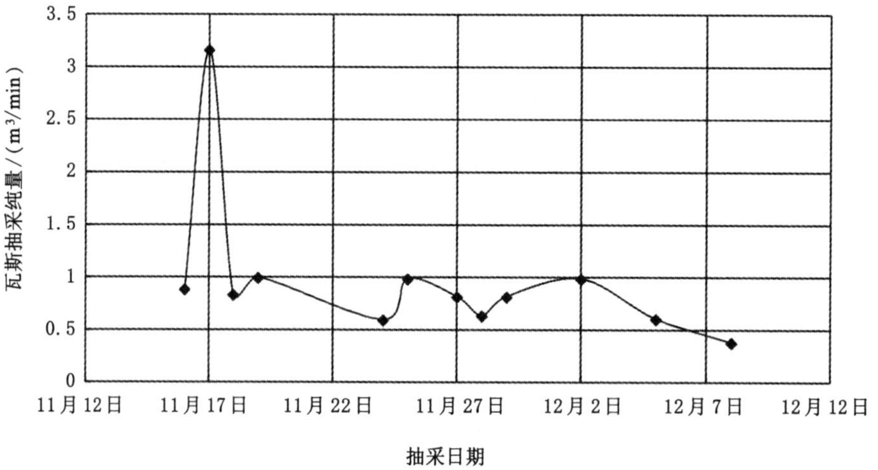


图 4-3-27　工作面回风顺槽主管路瓦斯抽采纯量

本煤层抽采钻孔二次封孔后，超前卸压区瓦斯钻孔抽采量提高了 0.475 $m^3$/min，按照超前卸压区 16 个顺层钻孔进行计算，3907 和 9711 工作面开采结束后，工作面瓦斯抽采量将增加 900 万 $m^3$，按照每立方米瓦斯利润 0.8 元进行计算，将产生经济效益约 720 万元；其次，二次封孔后钻孔瓦斯浓度提高至 30％以上，使得瓦斯利用效率显著提高；再次，进行钻孔布置参数优化设计以后，3908、3902、9814、9712 工作面顺层钻孔间距可由 1 m提高至 2 m，顺层钻孔数量可减少近 3 800 个，按照每个钻孔施工费用2 000元进行计算，节约费用达 760 万元；最后，该技术的应用保证了开元煤矿 3907、9711 工作面的安全生产，避免了瓦斯超限带来的经济损失，增加煤炭产量近 20 万 t，按照吨煤利润 150 元进行计算，创造经济效益近 3 000 万元。

## 4.3.3　邻近层瓦斯抽采技术

阳泉矿区15#煤层综放面瓦斯涌出量中，本煤层瓦斯涌出量占10%，上邻近层卸压瓦斯涌出量占90%以上，因此邻近层卸压瓦斯抽采特别重要。阳泉矿区上邻近层卸压瓦斯涌出量，比15#煤层瓦斯涌出量大数倍甚至数十倍，因此，对于阳泉煤层群开采来说，应大力开展邻近层卸压瓦斯抽采。

#### 4.3.3.1　走向高抽巷抽采

巷道布置在顶板裂隙带中，断面积大，利于收集瓦斯及减少抽采阻力。走向高抽巷抽采系统的原理图和布置方式可见图4-3-28。

如图4-3-29所示，顶板高抽巷和后高抽巷布置在顶板裂隙带内，当顶板初次垮落后，邻近层及围岩内的瓦斯平衡受到破坏，由邻近层及围岩解吸的瓦斯沿裂隙向采空区流动，瓦斯高抽巷和后高抽巷则可将邻近层卸压瓦斯抽出，邻近层的瓦斯抽采率可达90%。高抽巷的层位应选择在邻近层卸压瓦斯涌出密集区，且工作面采过后不会很快被破坏。

高抽巷能否起到较好的抽采效果，关键是抽采巷一定要处于顶板裂隙带内，此处透气性较好，又处于瓦斯富集区，能抽到高浓度瓦斯。其次是抽采巷的水平投影距回风巷的平行距离一定要控制在一定范围内，距离过近，巷道漏气现象严重；距离过远，抽采巷道端头不处在瓦斯富集区，抽采效果均不好。由于开采初期顶板垮落还没有使采动裂隙沟通高抽巷，高抽巷不能有效地抽采瓦斯，为了解决高抽巷起作用之前的瓦斯抽采问题，布置一条后高抽巷，随着工作面的推进，不同高度煤岩层产生裂隙，则不同高度的后高抽巷将卸压瓦斯抽采出来，保证工作面的安全生产。

#### 4.3.3.2　倾斜高抽巷

当工作面通风采用“U＋L”形方式时，布置倾斜式顶板高抽巷抽采邻近层卸压瓦斯，即：在外错尾巷中沿工作面倾斜方向向工作面上方爬坡至抽采目的层后，再打一段平巷抽采上邻近层卸压瓦斯，如图4-3-30和图4-3-31所示，高度要求避开冒落带位于裂隙带中。

#### 4.3.3.3　外错尾巷穿层钻孔抽采技术

阳泉矿区穿层钻孔抽采上邻近层卸压瓦斯，主要采用外错尾巷密间距小直径穿层钻孔、外错尾巷大间距大直径穿层钻孔和外错尾巷拐弯穿层钻孔抽采技术，如图4-3-32所示，即：在外错尾巷中打钻进入邻近层的裂隙带内，抽采邻近层的卸压瓦斯。

外错尾巷内施工穿层抽采钻孔受采动影响较小，钻孔能长时间保证完好，并且一直处在被保护层的有效卸压抽采范围内，可以长时间、稳定地抽采被保护层的卸压瓦斯，不仅抽采的浓度高，而且抽采的量也大。

为了防止穿层钻孔施工过程中受基本顶断裂影响成孔，钻孔一般滞后工作面基本顶垮落步距20 m左右开始施工，钻孔施工到上覆煤层中，此时卸压煤层瓦斯聚积量非常大，可充分抽采卸压煤层的瓦斯。钻孔方位垂直于外错尾巷，倾角大于顶板塌陷角，一般为60°～70°。同时，钻孔可以封到采动影响带以外，减少了采空区漏风的影响，提高了单孔抽采量。

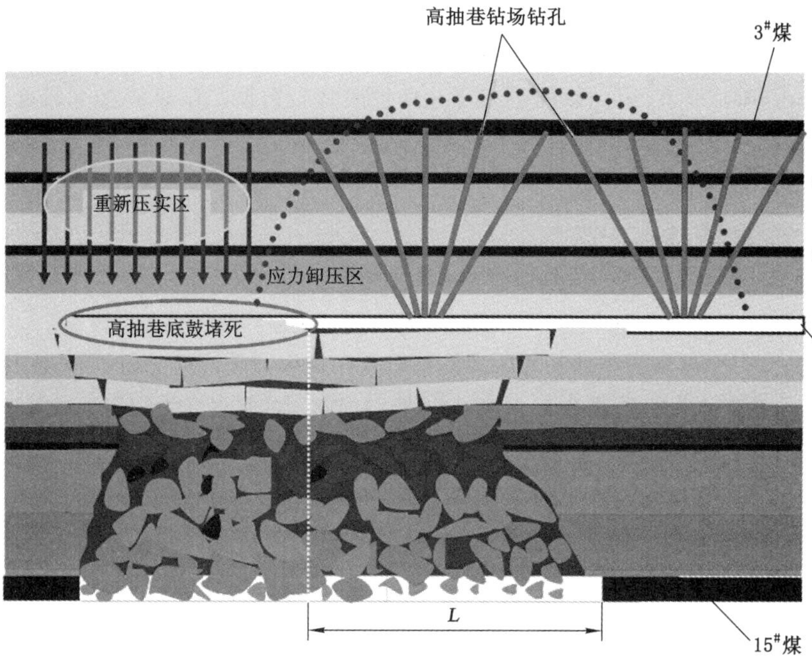


(a) 走向图

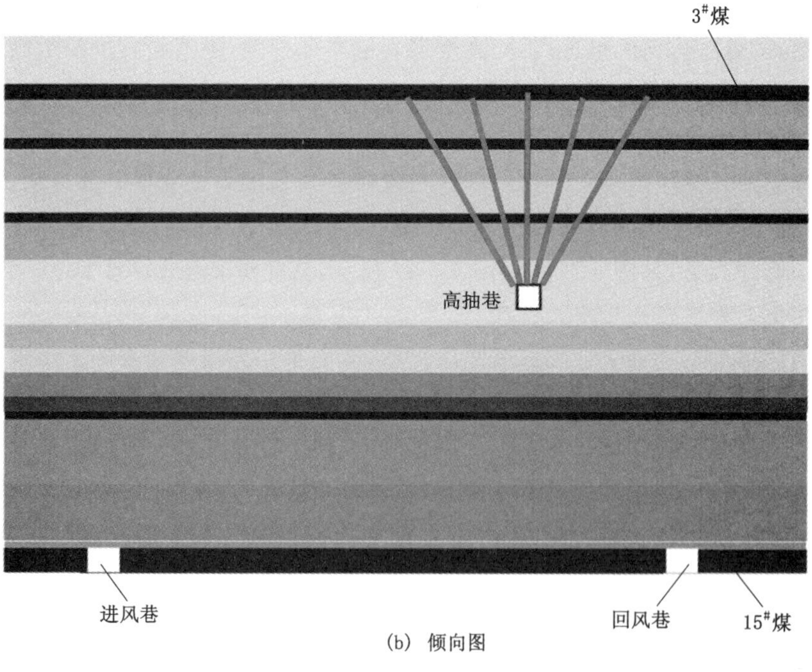


(b) 倾向图

图 4-3-28 走向高抽巷+抽采钻孔抽采邻近层卸压瓦斯示意图

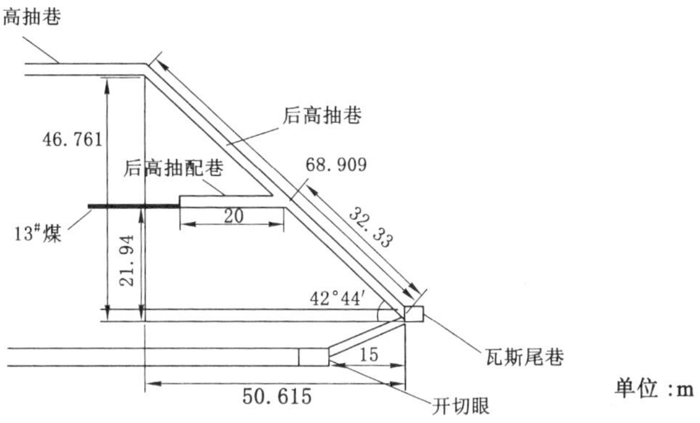


图 4-3-29　走向高抽巷和后高抽巷布置

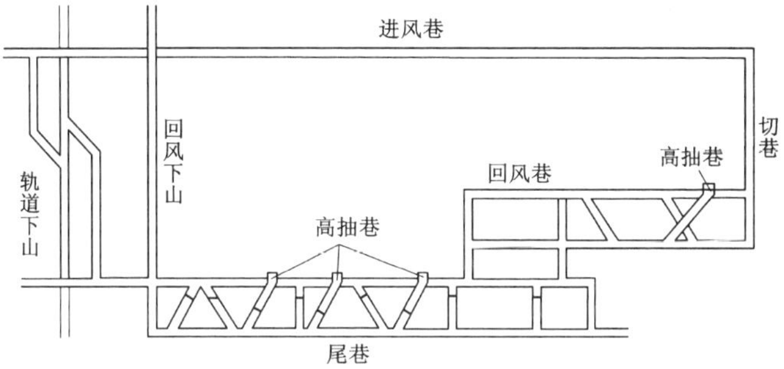


图 4-3-30　工作面倾斜高抽巷布置平面图

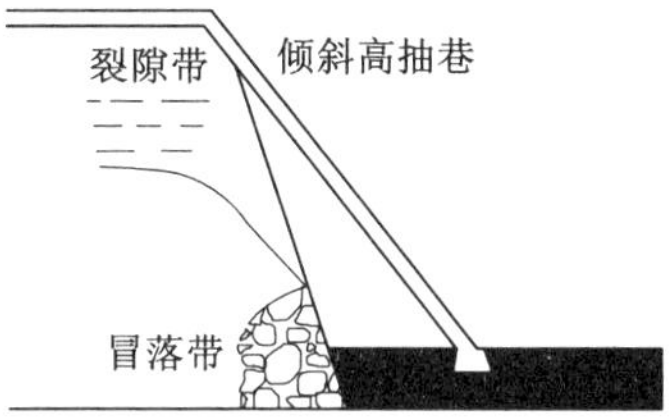


图 4-3-31　工作面倾斜高抽巷剖面图

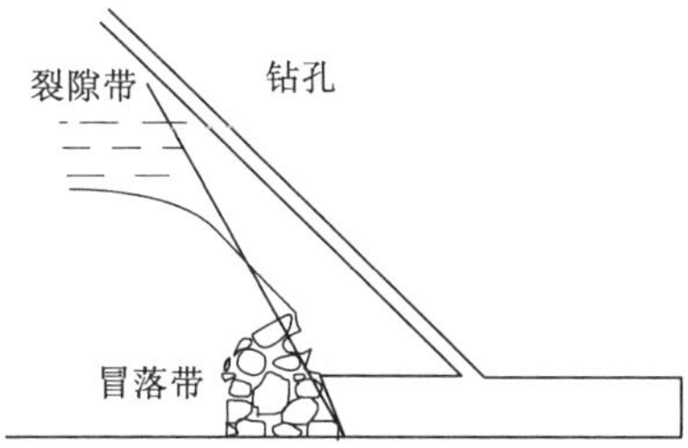


图 4-3-32　尾巷穿层钻孔剖面图

4.3.3.4　内错尾巷顺层钻孔抽采技术

当内错尾巷布置在邻近煤层中时，在内错尾巷两帮布置顺层钻孔抽采内错尾巷所在的邻近煤层瓦斯，如图 4-3-33 所示。

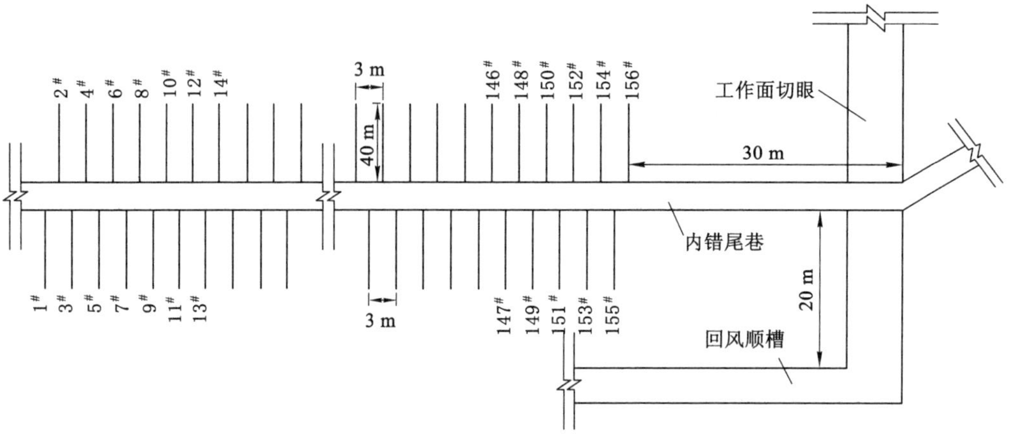


图 4-3-33　尾巷两帮布置顺层钻孔抽采尾巷所在煤层瓦斯

4.3.3.5　邻近层卸压瓦斯抽采技术的现场应用效果

(1) 阳泉矿区综放面瓦斯涌出及治理技术现状

阳泉矿区综放面的绝对瓦斯涌出量一般在 13.27～71.82 $m^3/min$，最大涌出量高达 108 $m^3/min$，工作面生产中常常造成回风落山角瓦斯超限，初采期间(工作面从开切巷开始推进到 15～38 m 范围)常常造成工作面靠近机尾的 10 m 范围及工作面回风风流瓦斯含量超限，最大时高达 8%～10%，给工作面的安全生产造成很大的威胁。

阳泉矿区综放面开采涌出的瓦斯主要来源有两部分：一部分来自开采层本身，另一部分来自受采动影响的邻近煤层和围岩。开采层瓦斯包括煤壁涌出的瓦斯和采(放)落煤涌出的瓦斯，它与落煤工艺和作业工序有很大关系。邻近煤层主要有下邻近层 16# 煤层和上邻近层 14#、13#、12#、11#、10#、9#、8#、6#、5#、4#、3# 煤层。赋存于围岩的瓦斯主要来源于 $K_3$、$K_4$ 灰岩。来源于邻近煤层和围岩的瓦斯量主要取决于原始煤层瓦斯含量、距开采层的距离、顶板管理方法和工作面的推进速度等。阳泉矿区在高抽巷抽采上邻近层瓦斯的情况下，综放工作面的瓦斯涌出量一般为 43.94～84.92 $m^3/min$，其中邻近层瓦斯涌出量占 90%以上，说明阳泉矿区综放工作面瓦斯涌出构成是以邻近层瓦斯为主，开采层瓦斯涌出所占比重较小。

阳泉矿区综放工作面配风一般在 650～1 300 $m^3/min$，最大时曾达到 2 400 $m^3/min$。此外各矿均建有完善的抽采系统，共建有瓦斯抽采泵站 8 座，抽采泵 27 台，最大单台抽采量达 209 $m^3/min$，功率 250 kW。抽采管路长达 120 km，主管路直径为 510 mm，支管路直径为 226～380 mm。另外各矿井共建有 8 套矿井环境安全监控系统。

多年来，阳泉矿区在通风方式上，根据各煤层的瓦斯涌出以及开采方法等影响条件，对综放工作面的通风方式有了较为统一的布置原则：低瓦斯采煤工作面均采用“U”形通风方式，高瓦斯采煤工作面采用“U＋L”形外错尾巷通风方式和“U＋I”形内错尾巷通风方式，其中“U”形通风方式是基本方式。

阳泉矿区现有各种瓦斯治理措施都是以“U”形通风方式为基础，其他治理措施主要是依据工作面及采空区瓦斯的大小，考虑抽采及处理采空区或落山角瓦斯效果而变革的。15# 煤综放开采初期，由于回风落山角瓦斯频繁超限，曾采取一些辅助措施治理回风落山角瓦斯，比如采用吊风障引风稀释、架下吊挂小局部通风机送风至回风落山角稀释瓦斯等。后因效果不很明显，又曾在上部 12# 煤层已采的工作面采取层间调压法分流上邻近层瓦斯，并由上部 12# 煤通风或抽采系统排出，控制上邻近层卸压瓦斯流向 15# 煤工作面和采空区，从而解决 15# 煤综采工作面回风落山角瓦斯频繁超限的问题。在上部 12# 煤层未采或已采的工作面，现主要布置尾巷和高抽巷来治理本煤层和上邻近层瓦斯。主要布置形式有：

① “U”形布置，瓦斯大时上部裂隙带布置岩石高抽巷。

② “U＋L”形布置，瓦斯大时布置倾斜高抽巷或大直径钻孔，尾巷沿煤层顶板布置。

③ “U＋I”形布置，瓦斯大时在上部裂隙带布置走向高抽巷，内错尾巷沿顶板布置。

“U”形通风方式＋尾巷＋高抽巷是现今阳泉矿区开采 15# 煤层主要的瓦斯治理措施。采用这种布置方式时，由于高抽巷很好地抽出了上邻近层瓦斯，有效控制了上邻近层瓦斯向 15# 煤工作面下行，同时内错尾巷或外错尾巷又分流一部分邻近层瓦斯和采空区遗煤及顶煤释放的瓦斯，有效解决了回风落山角瓦斯超限问题，使得工作面得以安全高效开采。因此这种方法也在阳泉矿区得以推广。

综放面初采期间，由于基本顶未垮落，裂隙不能通达高抽巷，高抽巷以下受到卸压的邻近层瓦斯大量涌向采场空间，一度对初采期的安全生产构成极大威胁，造成工作面推进速度缓慢，风量成倍增加。经过单纯的增加风量、吊风障、下向钻孔、中低位后高抽巷等技术，现已逐渐发展成为与高抽巷相连接的后部高抽巷处理初采瓦斯技术，有效减短了初采期推进距离和大大减少了初采期瓦斯超限次数。

(2) 走向高抽巷和后高抽巷抽采技术

三矿 K8206 综放面为走向长壁后退式开采，综采放顶煤工艺，全部垮落法管理顶板。该面采用 MGTY400/930-3.3D 型电牵引双滚筒采煤机割煤、装煤；ZF6200-1.7/3.2 型低位放顶煤液压支架和 ZFG6600-1.7/3.2 型过渡支架管理顶板，SGZ-1000/1400 型刮板输送机两部完成运煤工作，见图 4-3-34。工作面每割一刀煤，放一茬煤，采用一采一放追机放顶煤作业方式。

1) 后高抽巷抽采技术

表 4-3-1 和图 4-3-35 分别为 K8206 大采长综放面初采期后高抽巷瓦斯抽采数据和抽采效果图。

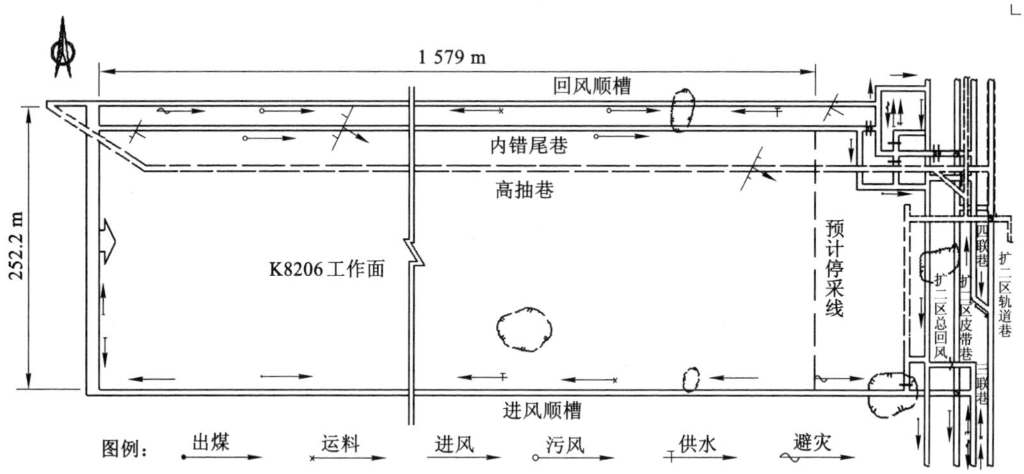


图 4-3-34　三矿 K8206 大采长综放面布置图

**表 4-3-1　K8206 初采期后高抽巷瓦斯抽采数据统计**

| 日期 | 产量/t | 推进距/m | 日推进距/m | 抽采量/($m^3$/min) | 负压/Pa | 浓度/% | 混合量/($m^3$/min) |
|---|---|---|---|---|---|---|---|
| 1月1日 | 0 | 0 | 0 | 0 | — | — | — |
| 1月2日 | 1 837 | 0.6 | 0.6 | 0 | — | — | — |
| 1月3日 | 1 315 | 1.7 | 1.1 | 0 | — | — | — |
| 1月4日 | 1 986 | 3.8 | 2.1 | 0 | — | — | — |
| 1月5日 | 2 631 | 6.2 | 2.4 | 0 | — | — | — |
| 1月6日 | 2 420 | 8.1 | 1.9 | 0 | — | — | — |
| 1月7日 | 2 302 | 10.5 | 2.4 | 0 | — | — | — |
| 1月8日 | 3 177 | 12.7 | 2.2 | 0 | — | — | — |
| 1月9日 | 3 527 | 14.3 | 1.6 | 0 | — | — | — |
| 1月10日 | 3 239 | 15.4 | 1.1 | 0 | — | — | — |
| 1月11日 | 2 822 | 17.3 | 1.9 | 0 | 980 | 0 | 0 |
| 1月12日 | 5 654 | 19.9 | 2.6 | 1.63 | 980 | 3 | 54.44 |
| 1月13日 | 7 007 | 23.4 | 3.5 | 1.63 | 980 | 3 | 54.44 |
| 1月14日 | 5 089 | 25.5 | 2.1 | 1.63 | 980 | 3 | 54.44 |
| 1月15日 | 4 758 | 27.6 | 2.1 | 1.63 | 980 | 3 | 54.44 |
| 1月16日 | 4 662 | 31.2 | 3.6 | 5.54 | 980 | 10 | 55.38 |
| 1月17日 | 4 964 | 32 | 0.8 | 15.40 | 784 | 25 | 61.58 |

由表 4-3-1 和图 4-3-35 可见，工作面后高抽巷在工作面推进 19.9 m 之前根本抽不到瓦斯，在推进 19.9 m 以后方能抽到 1.63 $m^3$/min 的瓦斯，在工作面推进 32 m 后开始大量

抽采出瓦斯。后高抽巷几乎没有达到提前抽采邻近层瓦斯的目的。

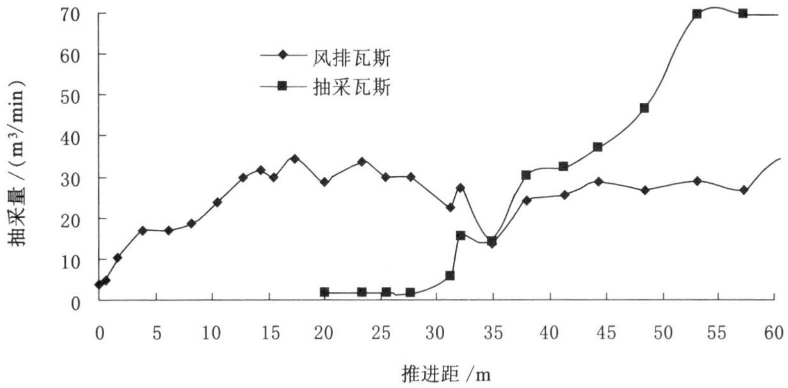


图 4-3-35　K8206 大采长综放面初采期后高抽巷抽采瓦斯走势图

图 4-3-36、图 4-3-37、图 4-3-38 分别为 K8206 大采长综放面初采期后高抽巷抽采负压与抽采量、抽采浓度、抽采混合量的关系图。

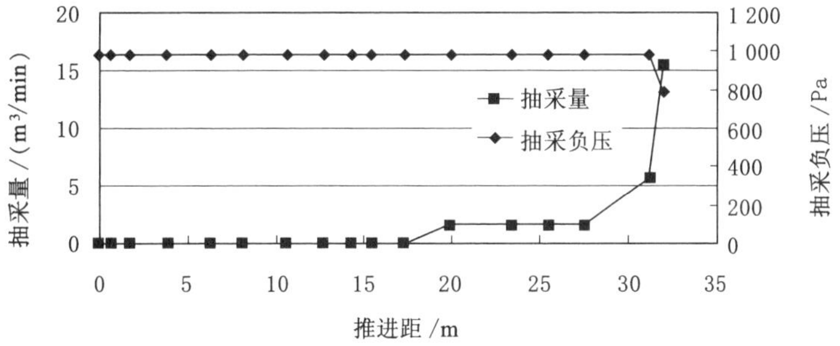


图 4-3-36　K8206 综放面初采期后高抽巷抽采量与抽采负压关系走势图

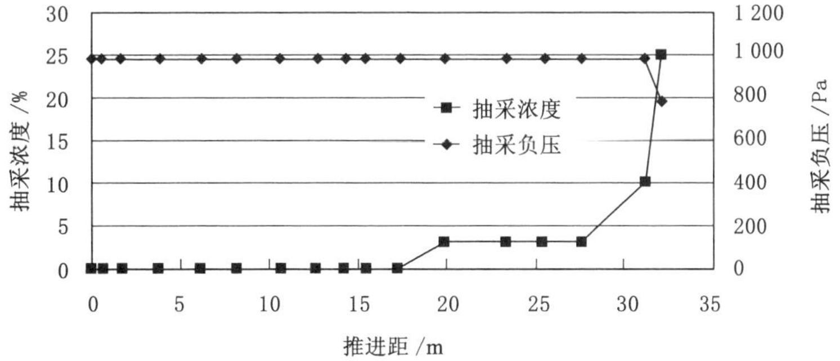


图 4-3-37　K8206 综放面初采期后高抽巷抽采浓度与抽采负压关系走势图

由图 4-3-36、图 4-3-38、图 4-3-39 可以看出，工作面推进 19.9 m 时，后高抽巷保持 980 Pa的负压，可以抽出 54.4 $m^3$/min 的气体，但抽出的瓦斯浓度却较低，这说明此时后

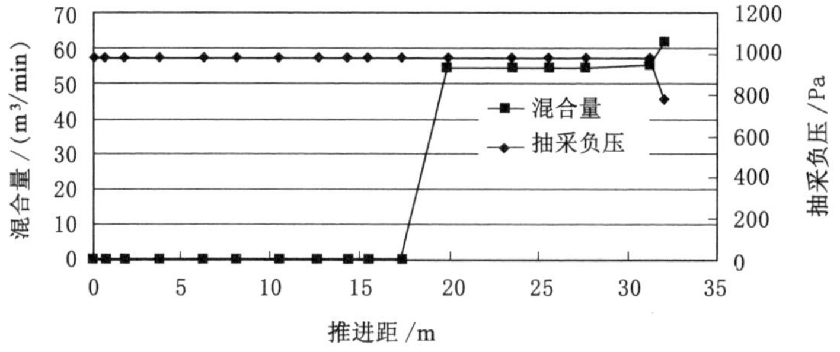


图 4-3-38　K8206 综放面初采期后高抽巷混合量与抽采负压关系走势图

高抽巷已与采空区的裂隙贯通，但却抽采不到邻近层瓦斯，也说明此时邻近层并没有太多瓦斯涌出。待工作面推进 32 m 时，高抽巷抽采瓦斯浓度及抽采瓦斯量开始大量增加，说明此时高抽巷开始大量抽采到邻近层瓦斯。

2）走向高抽巷抽采技术

图 4-3-39 和图 4-3-40 分别为 K8206 大采长综放面走向高抽巷抽采负压与抽采瓦斯量、风排瓦斯量以及走向高抽巷抽采负压与高抽巷抽采混合量、抽采浓度之间的变化图。由两图总体分析可见：

① 在 K7209 影响期之前，K8206 抽采负压整体呈上升趋势，抽采瓦斯浓度随抽采负压的增加而降低，但抽采瓦斯量基本随抽采负压的增加而增加，这说明高抽巷对邻近层瓦斯的抽采能力和控制能力在增加。

② 抽采不力期走向高抽巷的抽采负压和抽采量都很低，但抽采浓度相对于其他阶段最高，说明此时高抽巷的控制能力较低。

③ 抽采正常期为高抽巷抽采瓦斯量最高的时期，该阶段在高抽巷负压达到 2 300 Pa 时，抽采混合量随负压增加而增加，但抽采浓度随之降低，抽采瓦斯量已变化不大，说明走向高抽巷已达到较高的抽采和控制能力。

④ K7209 影响期由于 K7209 采掘巷道抽采系统的增加，高抽巷抽采混合量变化不是很大，但高抽巷抽采浓度进一步降低，高抽巷抽采量随之降低。工作面风排瓦斯量相对于抽采正常期几乎没有变化。此时说明了高抽巷抽采能力已基本达到最大。

⑤ 综放面推进到 3# 煤已采区域时，初始高抽巷抽采负压变化不大，但高抽巷抽采混合量和抽采浓度都有所降低，抽采量相对于前一阶段有了较大程度的降低，在高抽巷抽采负压降低时，抽采浓度依然没有上升，同时工作面风排瓦斯量也有了较大程度的降低，这说明此时邻近层和本煤层的瓦斯含量都在降低。

(3) 倾向高抽巷抽采技术

K8108 工作面位于 15# 煤层扩一区北翼中部，东侧为 K8106 工作面（已采），西侧与 K8110 工作面（未掘）相邻，北部为扩二区东翼，南部与 K8107 工作面（未掘）相望。该工作面上方对应的 3#、12# 煤层均未开采。该工作面地表位于李家山村西部的全长梁北

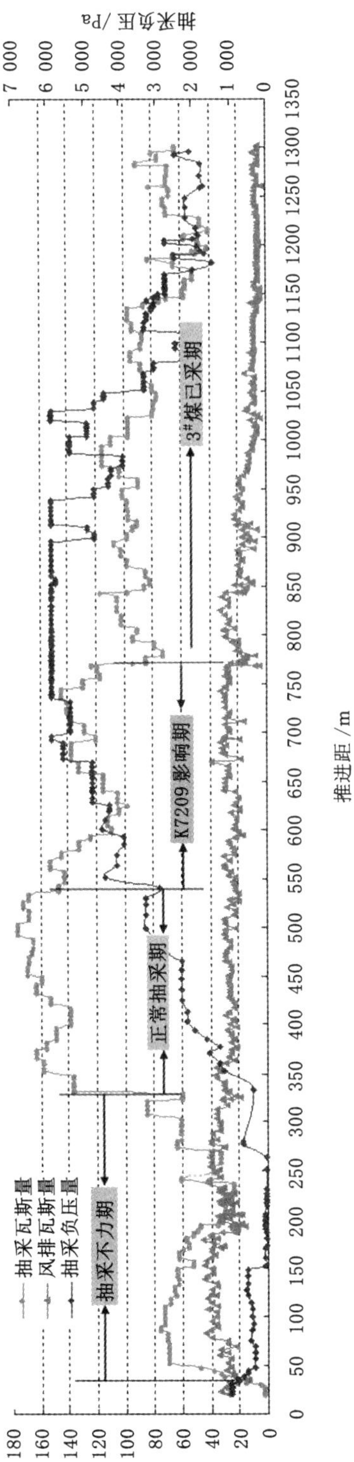


图 4-3-39　K8206 大采长综放面抽采负压与抽采瓦斯量、风排瓦斯量之间的关系

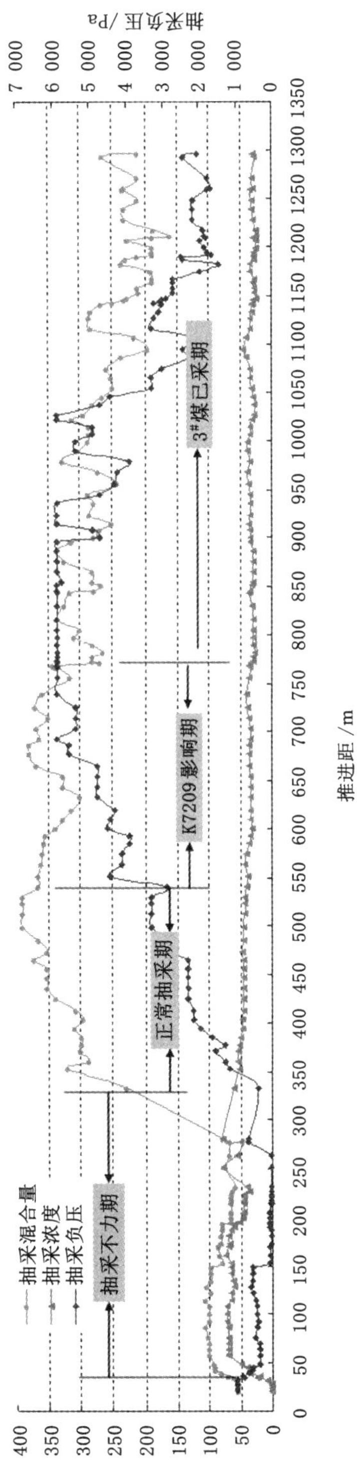


图 4-3-40　K8206 大采长综放面抽采负压与抽采混合量、抽采浓度之间的关系

部，黄瓜圪套的东南部的山梁、山麓地带。该工作面走向长 1 142 m，倾斜长 190.3 m，煤层倾角 2°～11°，地面标高 1 109～1 200 m，工作面标高 570～600.9 m，平均埋藏深度 580 m。

该工作面煤层总厚 6.65 m，净煤厚 6.35 m，煤层结构复杂，含两层主要夹石：上部距顶板 0.27 m 的八寸石，层位稳定，厚度约为 0.22 m；下部距底板 1.62 m 左右的连岩石，层位较稳定，平均厚度约为 0.08 m。工作面南部局部地段距底板 0.4 m 左右分布有一层夹石，俗称驴石，厚 0.22 m，极不稳定。

K8108 工作面采用"U＋I"形通风方式，布置有走向高抽巷，如图 4-3-41 所示。高抽巷距工作面回风巷水平距离为 50 m，垂直距离为 68～71 m，该面无后高抽巷。内错尾巷沿 15# 煤层顶板掘进，距回风巷的水平距离为 29 m。

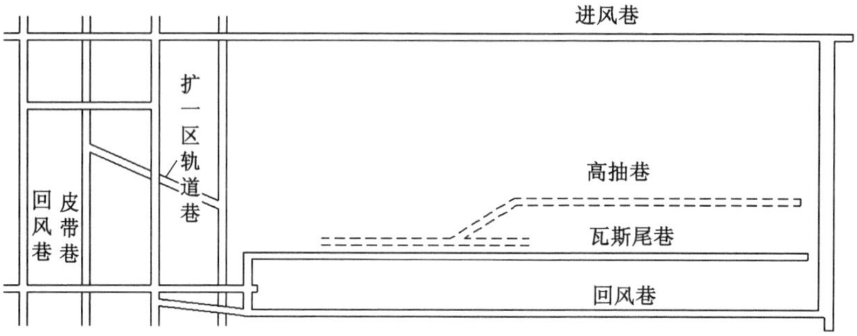


图 4-3-41　K8108 工作面布置图

1）倾向高抽巷的布置情况

阳泉五矿大井西北翼采区 8108 综放面初采时，配风量 1 740 $m^3/min$，当开采推进度为 10 m 以内时，工作面平均瓦斯涌出量仅为 2.64 $m^3/min$。随着工作面的继续推进，顶板冒落越来越严重，瓦斯涌出量也日益增加，在倾斜高抽巷未抽出瓦斯之前，工作面平均瓦斯涌出量为 19.95 $m^3/min$，日平均最大瓦斯涌出量 30.44 $m^3/min$，较短时间内的瓦斯涌出量曾高达 130 $m^3/min$，此时工作面采用尾巷的小直径钻孔（$\phi$73 mm）抽采瓦斯，平均抽采量 2.00 $m^3/min$，未能收到较好效果。在初采期间，即从工作面开采到倾斜高抽巷抽出瓦斯为止推进的 54 m 中，共发生回风风流、尾巷风流、回风落山角瓦斯超限 26 次，影响生产时间 4 980 min，最大瓦斯浓度 10%以上。8108 综放工作面倾斜高抽巷布置参数见表 4-3-2。

**表 4-3-2　倾斜高抽巷的布置参数**

| 编号 | 所在煤层 | 垂距/m | 深入工作面距离/m | 距切巷距离/m | 间距/m |
|---|---|---|---|---|---|
| 1 号 | 11# 煤层 | 60 | 40 | 14 | 38 |
| 3 号 | 12# 煤层 | 50 | 40 | 480 | 442 |
| 4 号 | 12# 煤层 | 50 | 38 | 710 | 230 |
| 5 号 | 12# 煤层 | 50 | 28 | 950 | 240 |

2）倾斜高抽巷的抽采情况

1# 高抽巷单独抽采瓦斯的抽采量、抽采浓度与工作面进度的关系如图 4-3-42 所示，瓦斯抽采率变化如图 4-3-43 所示。

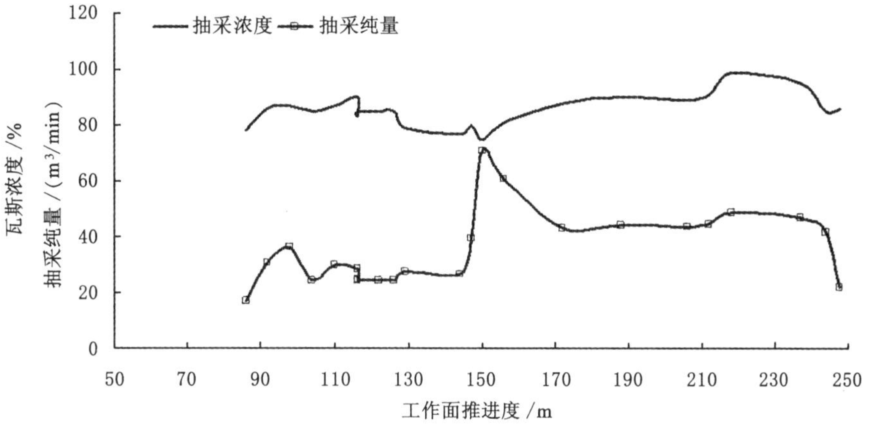


图 4-3-42　1# 高抽巷瓦斯抽采浓度、抽采纯量与工作面进度的关系

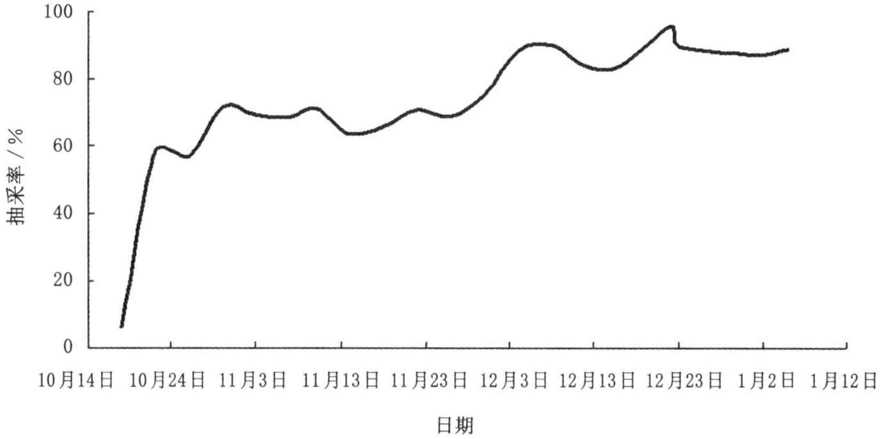


图 4-3-43　1# 高抽巷瓦斯抽采期间工作面瓦斯抽采率变化

由此可知，当 8108 工作面采过 1# 高抽巷 16 m（此时距开切巷 54 m）时，1# 高抽巷开始抽出瓦斯，瓦斯流量 1.19 $m^3$/min；采过高抽巷 26 m 时（此时距开切巷 64 m）时，1# 高抽巷大量抽出瓦斯，此时的抽采量为 30.7 $m^3$/min；至次年 1 月 3 日，工作面推进至距开切巷 244 m、工作面采过高抽巷 206 m 为止，在此期间 1# 高抽巷单独计量。在此之后，1# 大直径钻孔开始起作用，1# 高抽巷和 1# 大直径钻孔混合抽采约 160 m。1# 高抽巷单独抽采期间抽采效果分析如下：

a. 抽采浓度和抽采量分析。工作面采过 1# 高抽巷 16 m 到采过 244 m 期间，1# 高抽巷瓦斯抽采浓度为 75%～99%，平均为 85.77%；抽采量为 17.08～70.59 $m^3$/min，平均为

35.35 m³/min。工作面采过 244 m 之后，1# 高抽巷和 1# 大直径钻孔联合抽采。

b. 工作面瓦斯抽采率分析。工作面采过 1# 高抽巷 16 m 到采过 244 m 期间，1# 高抽巷瓦斯抽采率为 6.25%～95.75%，平均为 72.75%。工作面采过 244 m 之后，1# 高抽巷和 1# 大直径钻孔联合抽采率为 80%～90%，平均为 88.24%。

c. 工作面安全状况分析。1# 高抽巷抽采期间，工作面配风量一般回风为 665 m³/min 左右，尾巷风量平均为 795 m³/min，风排瓦斯量平均为 12.4 m³/min。回风瓦斯浓度一般在 0.2%～0.6%，平均为 0.37%，尾巷瓦斯浓度一般在 0.8%～2.9%，平均为 1.25%。

d. 有效距离分析。从数据分析结果可知，倾斜高抽巷的抽采距离可达 350 m，有效抽采距离在 200 m 左右。

同时，3# 高抽巷单独抽采瓦斯的抽采量、抽采浓度与工作面推进度的关系如图 4-3-44 所示，瓦斯抽采率变化如图 4-3-45 所示。

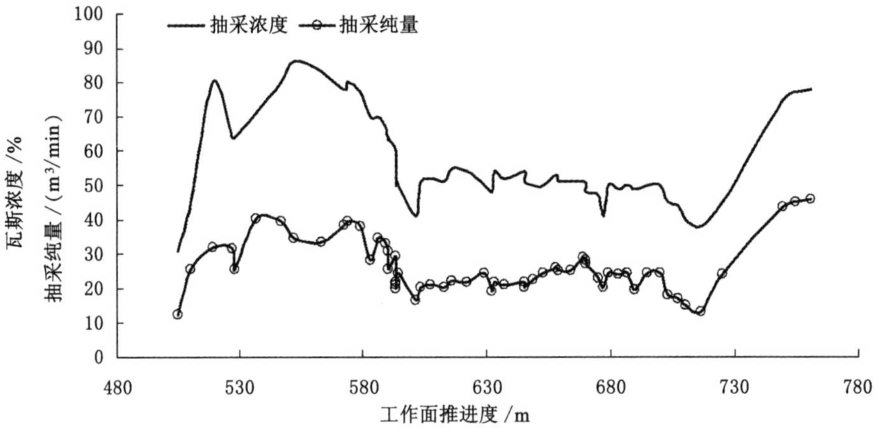


图 4-3-44　3# 高抽巷瓦斯抽采浓度、抽采纯量与工作面推进度的关系

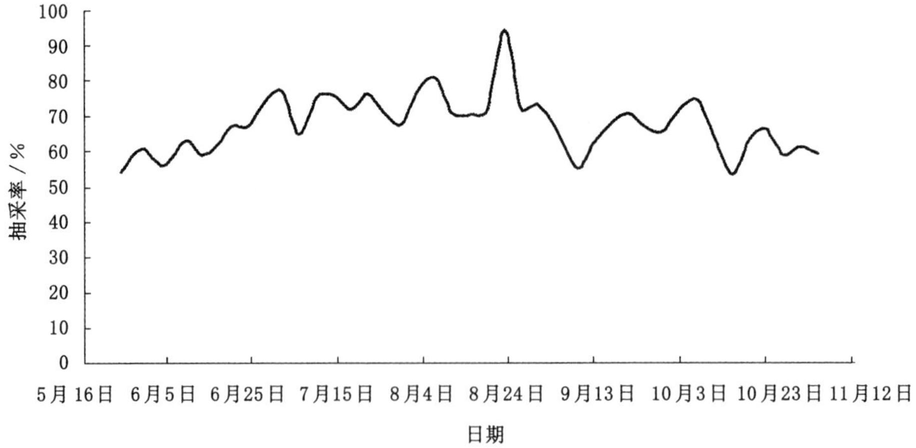


图 4-3-45　3# 高抽巷抽采期间工作面瓦斯抽采率变化

由此可知，3# 高抽巷在工作面推进到 505 m(高抽巷大量抽出瓦斯大约在工作面推过高抽巷 24 m 左右)时，开始抽采瓦斯；工作面推进到 519 m 时，瓦斯抽采量为 32.10 $m^3$/min，瓦斯浓度为 80%，抽采负压为 22.257 kPa；工作面推进到 707 m 时，瓦斯抽采量为 16.9 $m^3$/min，瓦斯浓度为 44%，抽采负压为 11.226 kPa。在此期间 3# 高抽巷抽采单独计量。此后，由于工作面 CO 浓度增高，不能进入尾巷进行观测，抽采量不能分别统计计算，3#、4# 和 5# 高抽巷共同计量。3# 高抽巷单独抽采期间抽采效果分析如下：

a. 抽采浓度和抽采量分析。3# 高抽巷抽采期间的瓦斯浓度为 31%～86%，平均为 56.62%；瓦斯抽采量为 12.44～45.77 $m^3$/min，平均为 26.28 $m^3$/min。

b. 工作面瓦斯抽采率分析。3# 高抽巷的工作面瓦斯抽采率为 41.24%～94.44%，平均为 66.72%。

c. 工作面安全状况分析。3# 高抽巷抽采期间工作面配风量一般为：回风 560 $m^3$/min 左右，尾巷风量平均为 711 $m^3$/min，风排瓦斯量平均为 13.75 $m^3$/min。回风巷瓦斯浓度一般在 0.2%～0.5%，平均 0.25%；尾巷瓦斯浓度一般在 0.8%～2.9%，平均为 1.74%。

以上这些指标表明：工作面瓦斯治理措施保证了工作面安全生产，为工作面实现高产创造了条件。3# 高抽巷的抽采距离达到了 350 m，有效抽采距离在 202 m 左右。

(4) 内错尾巷抽采技术

目前，阳泉矿区 15# 煤综放面内错尾巷基本上都是沿 15# 煤层顶部布置，布置图见图 4-3-46。

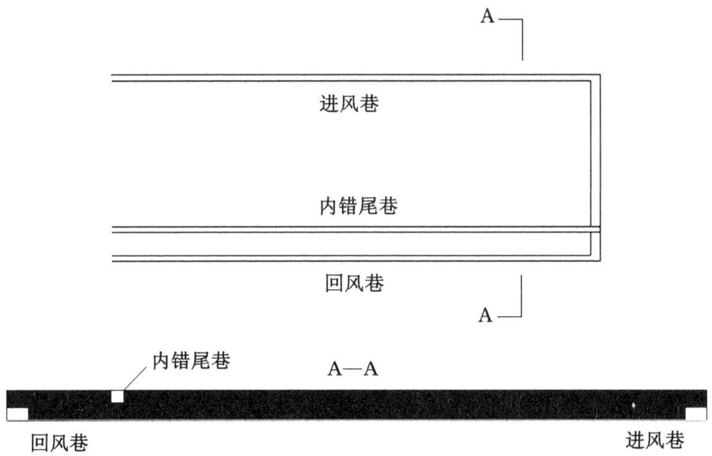


图 4-3-46　15# 煤综放面内错尾巷布置示意图

内错尾巷在 15# 煤顶部的布置方式在具有大量优点的同时也存在一定的缺陷：因为 15# 煤煤质松软，所以在回采过程中容易在工作面上方发生顶煤冒落；此外，由于顶煤距尾巷底板间距较小，如果在内错尾巷所在位置处发生顶煤冒落，就会导致内错尾巷提前塌透,直接与工作面沟通,发挥不了治理采煤工作面回风落山角瓦斯的作用。在总结内错尾巷现有布置方式优缺点的基础上,石港矿对首采面 15101 综放面内错尾巷的布置方式做了进一步改进,改进后的布置方式为将内错尾巷布置在 15# 煤层上方的 14# 煤层当中。14# 煤层平均厚度为 0.96 m,内错尾巷距离 15# 煤层顶板 6 m,距离 15101 综放面回风巷水平距离为 20 m。

内错尾巷实际进行抽采的钻孔有 93 个,从安装之日至观测结束,内错尾巷瓦斯抽采管路负压与瓦斯抽采总量及浓度之间的关系见图 4-3-47。

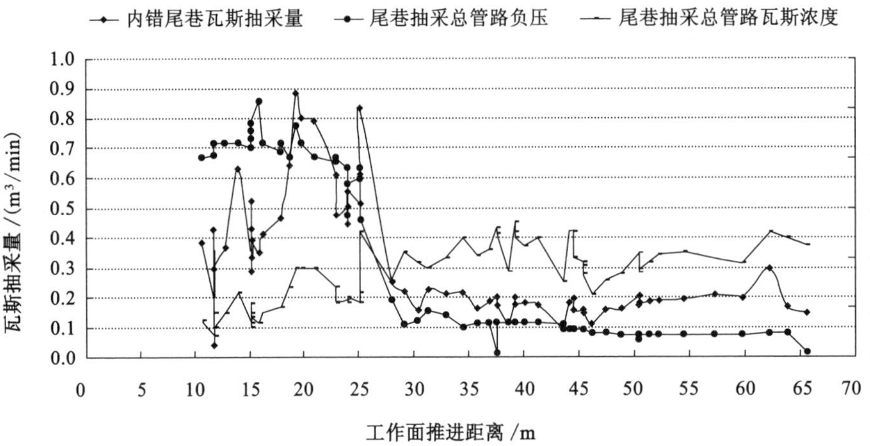


图 4-3-47　内错尾巷瓦斯抽采管路负压与瓦斯抽采总量及瓦斯浓度之间的关系

由图 4-3-47 可以看出:a. 随着工作面的推进,内错尾巷瓦斯抽采管路负压在 0.2～10.3 kPa,平均为 4.236 kPa;抽采总量在 0.043～0.886 $m^3/min$,平均为 0.313 $m^3/min$;管路瓦斯浓度为 0.87%～5.4%,平均为 3.28%。b. 内错尾巷瓦斯抽采总量的变化趋势与管路抽采负压的变化趋势基本保持一致;而瓦斯的浓度在初期管路负压较大时受其影响较大,二者变化趋势保持一致;后期管路负压大幅降低后,瓦斯浓度基本保持较为稳定的状态,受管路负压变化的影响很小。因此,合理增加管路抽采负压可以在一定程度上增加瓦斯抽采总量。

(5) 外错尾巷抽采技术

9404 综放面外错尾巷邻近层卸压瓦斯抽采钻孔的布置见图 4-3-48。

9404 综放面外错尾巷邻近层卸压瓦斯抽采钻孔单孔抽采情况见图 4-3-49。

尾巷各邻近层卸压瓦斯抽采钻孔距切巷位置、各钻孔瓦斯抽采量开始上升及达到峰值时工作面推进位置统计如表 4-3-3 所列。

由图 4-3-49、表 4-3-3 以及顶板来压规律分析可以看出,尾巷上向穿层钻孔抽采邻近层卸压瓦斯的效果受顶板来压影响十分明显,各个钻孔瓦斯抽采量变化情况可以分为以下 3 个阶段:

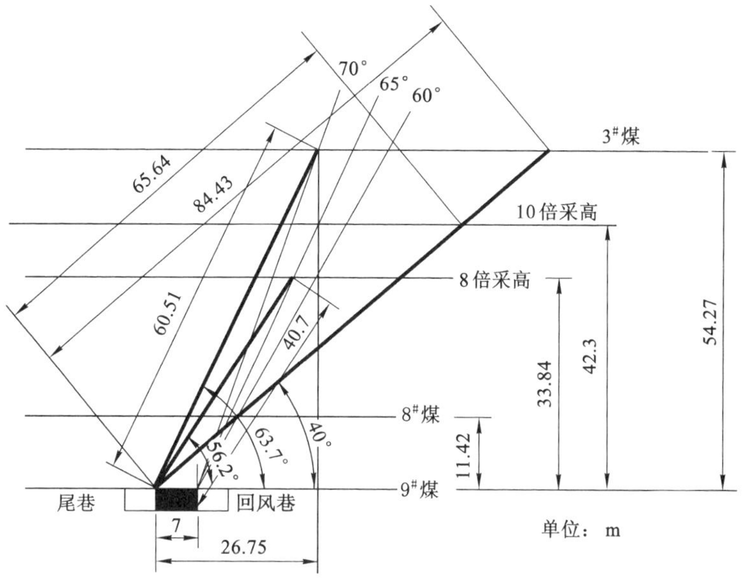


(a) 尾巷与回风巷之间留设 7 m煤柱

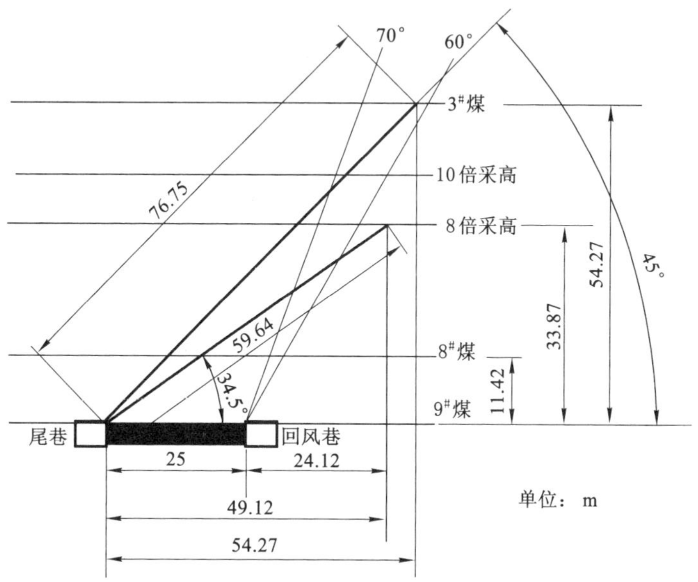


(b) 尾巷与回风巷之间留设 25 m煤柱

图 4-3-48　9404 综放面邻近层瓦斯抽采钻孔布置图

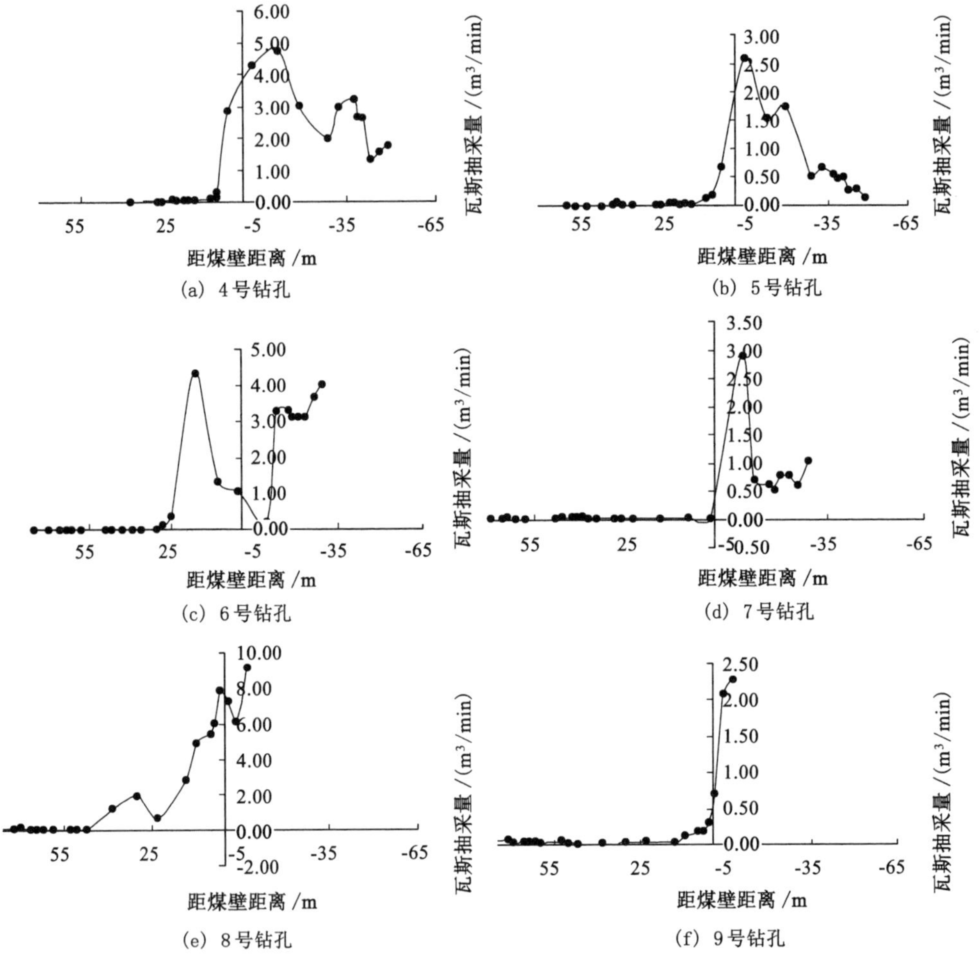


图 4-3-49　9404 综放面邻近层卸压瓦斯抽采情况

**表 4-3-3　尾巷各钻孔抽采位置统计**

| 孔号 | 孔口位置/m | 终孔位置/m | 孔口 | | 终孔 | |
|---|---|---|---|---|---|---|
| | | | 上升位置/m | 峰值位置/m | 上升位置/m | 峰值位置/m |
| 2# | 25 | 25.00 | 36.9 | 55.0 | 36.90 | 55.00 |
| 3# | 25 | 2.40 | 36.9 | 55.0 | 14.30 | 32.40 |
| 4# | 75 | 45.98 | 66.4 | 86.7 | 37.38 | 57.68 |
| 5# | 75 | 52.38 | 66.4 | 78.4 | 43.78 | 55.78 |
| 6# | 95 | 65.98 | 70.0 | 79.0 | 40.98 | 49.98 |
| 7# | 95 | 72.38 | 93.9 | 103.7 | 71.28 | 81.11 |
| 8# | 117 | 87.98 | 93.9 | 124.0 | 64.88 | 94.98 |
| 9# | 117 | 94.38 | 107.2 | 124.0 | 84.58 | 101.38 |
| 10# | 145 | 115.98 | 103.7 | 124.0 | 74.71 | 94.98 |

a. 原始抽采阶段(高孔孔口距工作面 25 m 以外,低孔孔口距工作面 8 m 以外)。钻孔抽采范围内的邻近层卸压瓦斯尚未受到工作面采动影响,邻近层卸压瓦斯没有得到卸压,仍处于原始应力状态,以吸附态为主,钻孔瓦斯抽采量很低,在 0.001～0.148 $m^3/min$ 之间,平均为 0.03 $m^3/min$。

b. 抽采增长阶段(高孔孔口距工作面 25～－11.7 m,低孔孔口距工作面 8～－8.73 m)。随着工作面不断推进,邻近层卸压瓦斯逐步得到卸压,顶板初次和周期性破断形成的竖向裂隙为卸压瓦斯运移提供了通道。因此,位于这一裂隙卸压范围内的钻孔瓦斯抽采量出现明显的上升趋势,并最终达到抽采峰值,瓦斯抽采峰值在 1.902～9.244 $m^3/min$,平均为 3.872 $m^3/min$,平均为原始抽采期的 129 倍。

c. 抽采衰减阶段(工作面推过高孔孔口 11.7 m 之后,工作面推过低孔孔口 8.73 m 之后)。顶板来压后,随着工作面的推进,大部分卸压瓦斯被钻孔抽出或涌向工作面,瓦斯解吸速度开始降低,而且随着钻孔逐渐被甩入采空区深部,采空区逐步被压实,加之岩层移动影响,钻孔本身可能被切孔甚至堵孔,瓦斯抽采量不断衰减。工作面推过高孔孔口平均 42.8 m 后,高孔瓦斯抽采量降至最低并基本保持稳定;工作面推过低孔孔口平均 33.76 m 后,低孔瓦斯抽采量降至最低并基本保持稳定。

同时,经统计,邻近层瓦斯抽采钻孔的总抽采量在 0.007～5.089 $m^3/min$,平均为 2.107 $m^3/min$。邻近层瓦斯抽采量见图 4-3-50。

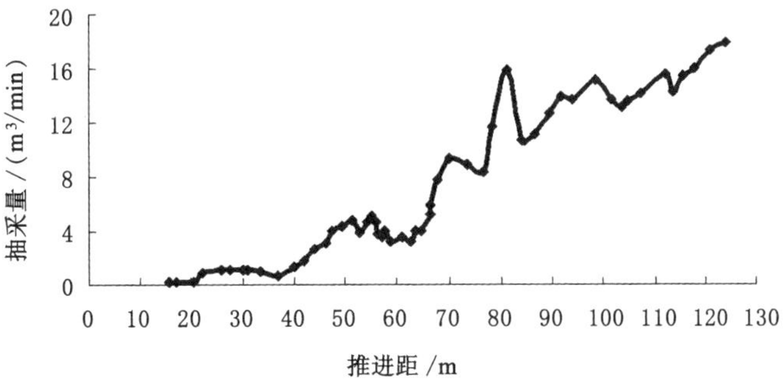


图 4-3-50　邻近层瓦斯抽采量

由图 4-3-50 可以看出,邻近层瓦斯抽采可分为以下 3 个阶段:

a. 初始影响期(工作面推进 0～40 m)。该过程中基本顶依次经历初次来压和第一个周期来压,由于采动影响的滞后性,岩层移动尚未波及邻近层顶板。邻近层瓦斯尚未充分卸压解吸,邻近层的抽采量较小,工作面的抽采总量为 1.388～3.661 $m^3/min$。

b. 抽采活跃期(40～80 m)。初始影响期之后,顶板冒落导致邻近层瓦斯充分卸压解吸,尾巷的大直径钻孔大量抽出瓦斯,邻近层抽采量明显增加,占抽采总量的绝大部分。这期间工作面的抽采总量为 2.9～17.2 $m^3/min$。

c. 正常抽采期(80 m 以后)。排采活跃期之后,邻近层瓦斯周期性地发生"卸压—解吸—排放"过程,邻近层钻孔的抽采量依次经历"抽采—活跃—衰减"过程,随着后面邻近层钻孔的服务周期结束，工作面前方的钻孔又陆续开始大量抽到瓦斯，因此抽采总量基本稳定。在通风条件和产量一定的条件下，工作面的抽采总量为 15.64 $m^3$/min 左右。

## 4.4 采后瓦斯抽采技术

阳泉矿区高瓦斯工作面封闭后，邻近煤(岩)层、煤柱及采空区遗煤中所含瓦斯仍不断解吸释放，使得瓦斯在封闭采空区中大量滞留，形成一个储集瓦斯的地下“瓦斯罐”。首先，由于受大气压力变化、老采空区密封性不佳等因素的影响，老采空区瓦斯有时会向其他采掘空间渗漏，导致其他工作面瓦斯涌出异常；其次，老采空区瓦斯可通过封闭性较差的井口甚至地表裂缝逸散到大气中，而甲烷是一种较强烈的温室气体，其百年全球增温潜势(GWP)为二氧化碳的 21 倍，如果任由煤层瓦斯排入大气，将会进一步加剧全球温室效应；再次，老采空区瓦斯也是一种清洁能源，对其进行开发可有效缓解阳泉矿区天然气供应量不足的局面。因此，无论从煤矿安全生产、环境保护还是从资源利用的角度来看，阳泉矿区都应该对老采空区瓦斯进行抽采利用。

### 4.4.1 采空区瓦斯赋存与运移特征

#### 4.4.1.1 老采空区瓦斯赋存状态

(1) 赋存状态

老采空区瓦斯与原始煤体中的瓦斯在赋存状态上是相同的，可以分为以下三种：吸附态(吸着状态、吸收状态)、游离态及溶解态，如图 4-4-1 所示。在原始煤体中，处于吸附状态的瓦斯通常占 70%～95%，是煤层瓦斯的主要储集方式。游离态瓦斯占 10%～20%，自由地存在于煤体微裂隙中。溶解在孔隙水中的瓦斯极少，称为溶解气。在原始煤体中，吸附态、游离态和溶解态瓦斯分子处于不断交换的动态平衡之中。

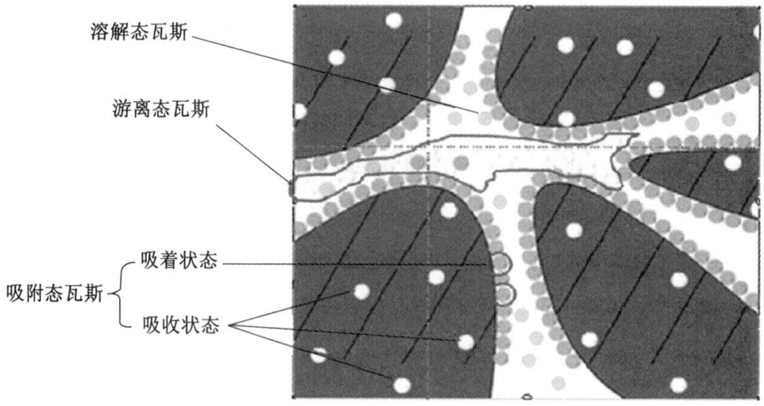


图 4-4-1 老采空区瓦斯的赋存状态

对老采空区瓦斯而言，虽然其赋存状态与原始煤体中的瓦斯相同，但是三种状态所占比例发生变化。工作面封闭后，伴随着煤层瓦斯压力下降，吸附瓦斯不断脱离煤体微裂隙表面，转化为游离态瓦斯，游离态瓦斯所占比例增高，吸附态瓦斯比例减小[43]；另外受采动影响，煤层孔隙水压降低，溶解态瓦斯比例下降。

(2) 状态方程

描述流体体积与压力(温度)之间的关系式称为流体的状态方程，以下分别讨论三种瓦斯赋存状态的状态方程。

1) 吸附状态方程

目前，描述单位体积煤体瓦斯吸附量与瓦斯压力之间关系的模型大致有三种，分别是势差理论模型、吉布斯模型和朗缪尔模型。其中，根据汽化和凝聚动力学平衡原理建立起来的朗缪尔模型应用最为广泛。朗缪尔等温吸附方程可表示为：

$$V_s = V_L \frac{b' p_g}{1 + b' p_g} \tag{4-4-1}$$

式中　$V_s$——煤层瓦斯吸附量，$cm^3/g$；

$V_L$——朗缪尔体积，$cm^3/g$；

$b'$——朗缪尔压力常数，1/MPa；

$p_g$——孔隙气体压力，MPa。

朗缪尔等温吸附方程一般也可写成：

$$V_s = V_L \frac{p_g}{p_L + p_g} \tag{4-4-2}$$

式中　$p_L$——吸附量达到最大吸附量一半时的压力，$p_L = 1/b'$，即当 $p_g = p_L$ 时，$V_s = 0.5V_L$。

干燥煤样的等温吸附实验通常在 30 ℃条件下进行，某干燥煤样实验测得的朗缪尔等温吸附曲线如图 4-4-2 所示。一般情况下，用参数 $a'$、$b'$ 来表征图 4-4-2 中等温吸附曲线的特征。其中，$a'$ 即为式(4-4-2)中的 $V_L$，指极限吸附量；$b'$ 即为式(4-4-1)中的朗缪尔压力常数。压力常数 $b'$ 表征这等温吸附曲线的斜率，其值大小与甲烷的解吸难易程度相关。一般来说，$b'$ 值越大，瓦斯的解吸效率越高，反之则低。

2) 溶解状态方程

由于孔隙水压的存在，必然有部分瓦斯溶解于孔隙水中。水中瓦斯溶解量的大小取决于瓦斯在水中的溶解度。瓦斯在水中的溶解度与温度、气体压力和矿化度有关，可由亨利定律表达：

$$p_b = k_c c_b \tag{4-4-3}$$

式中　$p_b$——瓦斯与水交界面的蒸汽平衡分压，Pa；

$c_b$——瓦斯在水中的溶解度，$mol/m^3$；

$k_c$——亨利常数。

该定律表明，在等温条件下，瓦斯在水中的溶解度与压力成正比。另外，亨利常数 $k_c$

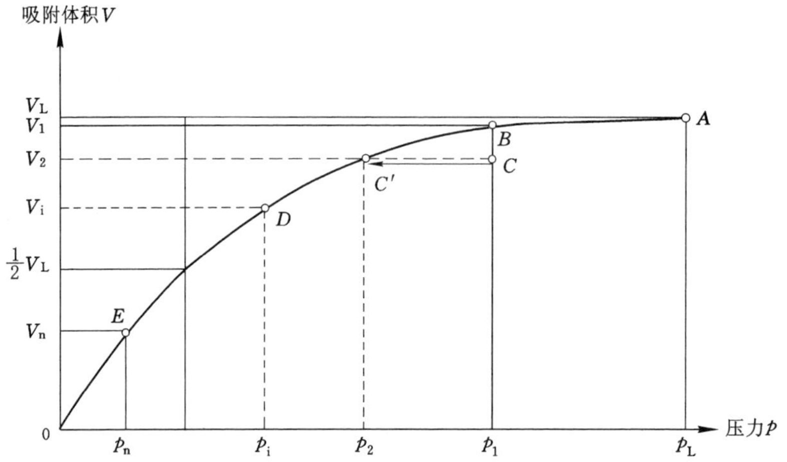


$A(p_L,V_L)$—最大吸附点；$B(p_1,V_1)$—理论吸附点；$C(p_1,V_2)$—实际吸附点；
$D(p_i,V_i)$—采收过程吸附点；$E(p_n,V_n)$—枯竭吸附点；$C'(p_2,V_2)$—临界解吸点。

图 4-4-2　煤岩体等温吸附-解吸曲线

还与温度有关。

3）游离状态方程

游离瓦斯气可由真实气体状态方程定量描述，气体体积与温度、压力、岩层孔隙度和封闭条件有关。可表示为：

$$\left(p_r+\frac{a_0}{V^2}\right)(V-b_0)=RT \tag{4-4-4}$$

式中　$p_r$——气体压力，Pa；

$V$——气体体积，$m^3$；

$T$——绝对温度，K；

$a_0$，$b_0$——范德瓦尔斯常量。

4.4.1.2　老采空区瓦斯来源

老采空区瓦斯主要来源于以下几部分：① 老采空区残留的煤柱和遗煤；② 老采空区邻近煤层；③ 老采空区邻近岩层[44]。如图 4-4-3 所示。

（1）采空区残留的煤柱和遗煤

我国煤炭采出率普遍较低，封闭矿井中残留有大量的煤炭资源。由于煤层瓦斯的解吸—扩散—渗流是一个时间过程，工作面或矿井封闭后，这些残留在采空区的煤炭依然在释放着瓦斯。煤柱的煤壁附近存在一个卸压带，由于煤柱内部到煤壁表面之间存在着一定的瓦斯压力梯度，从而使煤柱中的瓦斯沿着卸压带内的裂隙涌出，工作面封闭后煤柱中的瓦斯仍然不断涌出，聚积在老采空区内部。

（2）邻近煤层

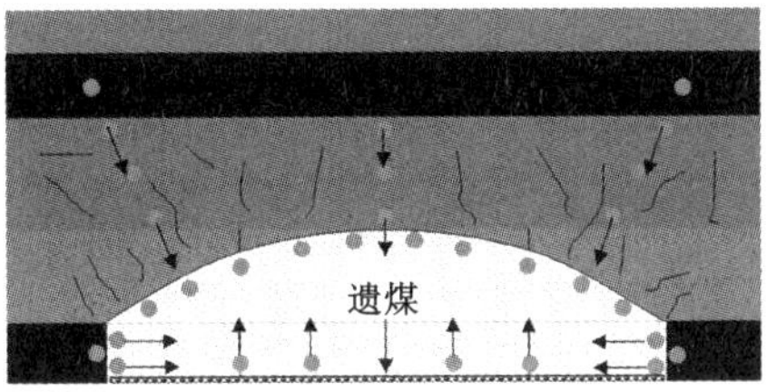


图 4-4-3　老采空区瓦斯来源示意图

煤层群开采条件下，受工作面采动影响，煤岩应力平衡状态被打破，采动影响范围内的煤岩体卸压，造成煤层瓦斯压力不断降低，若煤层瓦斯压力降低到临界解吸压力以下，煤层瓦斯会不断卸压解吸。另外，因采动而卸压的煤岩体孔隙结构改变，其中产生了大量新的裂隙，为煤层瓦斯运移提供了良好的通道。邻近未采煤层在采动卸压初期的瓦斯释放速度较快，但随着释放时间的增加，煤层瓦斯释放速度呈负指数函数关系下降，但是潜力较大，矿井封闭后邻近未采煤层中的瓦斯对老采空区瓦斯贡献量是最大的。

(3) 邻近岩层

若邻近岩层中含有瓦斯，则邻近岩层也是老采空区瓦斯的重要来源。瓦斯在煤层和岩层中的赋存状态基本相同，但是吸附态和游离态瓦斯所占比例差异较大。煤层中的瓦斯以吸附状态为主，可用朗缪尔方程来描述；岩层中的瓦斯以游离状态存在于岩层孔隙中，可由范德瓦尔斯方程描述。但是在富含有机质如黑色泥岩和页岩等的邻近岩层中，瓦斯的赋存则以吸附态为主。

#### 4.4.1.3　阳泉矿区老采空区瓦斯储量的主要影响因素

老采空区瓦斯为工作面封闭后其采动影响范围内赋存的能够卸压解吸的瓦斯。影响老采空区瓦斯储量的主要影响因素为：

① 工作面开采参数；

② 煤岩层原始瓦斯含量；

③ 煤岩层瓦斯排放率；

④ 采空区上覆岩层结构。

(1) 工作面开采参数

工作面开采参数决定了工作面采动影响范围的大小，煤层采高、工作面长度等开采参数对覆岩导气裂隙带及卸压解吸带发育影响较大。覆岩导气裂隙带和卸压解吸带范围内赋存的瓦斯即为老采空区瓦斯，因此工作面开采参数是决定老采空区瓦斯储量大小的直接影响因素。

(2) 煤岩层原始瓦斯含量及几何参数

较高的煤层瓦斯含量是老采空区瓦斯储量的物质基础。在开采条件相同的情况下，各煤岩层原始瓦斯含量越大、层厚度越大，工作面封闭后的老采空区瓦斯储量也就越大。

(3) 邻近煤岩层瓦斯排放率

随着煤层的开采,覆岩导气裂隙带内的邻近煤岩层中的瓦斯得到不同程度的排放,距离开采层越近,瓦斯排放率越高;距离开采层越远,瓦斯排放率越低。卸压解吸带内纵向裂隙不发育,可认为卸压解吸带内的含瓦斯煤岩层不排放。邻近煤岩层瓦斯排放率的补数为煤岩瓦斯残留率,煤岩瓦斯残留率可通过现场实测得到,但是一般成本较高,操作难度较大,因此可采用理论分析方法来推导邻近煤层瓦斯残留率。采空区遗煤卸压程度最大,排放率最高,而导气裂隙带顶截面的煤岩层瓦斯基本不排放。因此可假设开采层到导气裂隙带顶截面之间煤岩层瓦斯排放率为线性变化。

则邻近层瓦斯涌出量与层间距近于反比关系。因此,邻近层瓦斯的排放率可表示为:

$$p_i = (1 - \frac{H}{H_s}) \times 100\% \tag{4-4-5}$$

式中 $H_s$——导气裂隙带实际高度,m。

由式(4-4-5)可得到邻近层瓦斯残留率为:

$$\varepsilon = \frac{H}{H_s} \times 100\% \tag{4-4-6}$$

由于采煤行为造成上覆或下部煤(岩)层卸压,并且由于这些地层受到的应力破坏形成了大量的裂缝,使得这些地层的渗流能力大大增加,而且越靠近采煤活动的地方,这种影响的强度越大。这样,一方面由于瓦斯压力的降低,从解吸/吸附的角度,吸附态的气体大量解吸;另一方面由于这些地层的渗透能力急剧增加,对解吸出和原有游离气的渗流阻力大大降低,以至于限制气体产出的主要因素不是渗流阻力而是解吸速度。当然,随着距离开采煤层的距离越远,渗流阻力逐渐增加,造成越靠近采动煤层的地方煤层中的瓦斯压力越低,距离越远瓦斯压力将迅速增加。分析研究国内外相关研究资料及研究结果认为,当矿井废弃后,垂向上的瓦斯压力分布曲线应该满足如图 4-4-4 所示曲线的基本形态和变化趋势。从图 4-4-4 中可以看出,由于其形成的机理和主要影响因素与油气渗流理论的压降曲线不同,所以在曲线形态上不同于油气渗流理论的压降曲线。

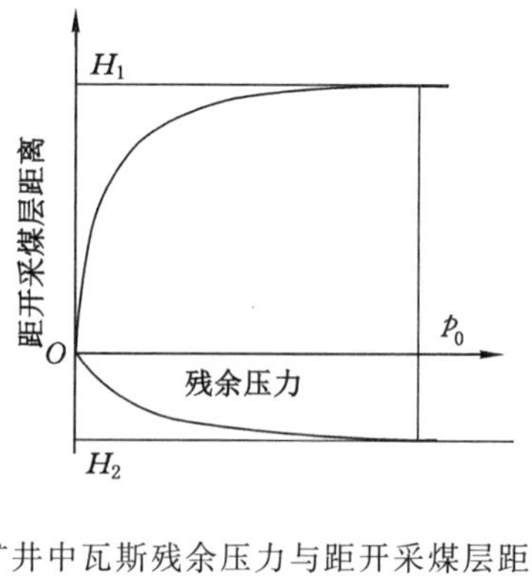


图 4-4-4 矿井中瓦斯残余压力与距开采煤层距离关系曲线

采空区上覆岩层结构对老采空区瓦斯储量的影响表现为关键层结构对岩层移动的控

制作用，覆岩关键层结构决定着覆岩导气裂隙带及卸压解吸带的几何边界，从而决定着老采空区瓦斯的赋存范围。

#### 4.4.1.4　老采空区瓦斯赋存范围

老采空区瓦斯是指采煤工作面封闭后，其采动影响范围内因采动影响而能够卸压解吸的瓦斯。而采动影响范围之外或者采动影响范围内不能卸压解吸的瓦斯，其赋存状态没有因煤层开采而改变，就不属于老采空区瓦斯的范畴。根据本书对老采空区瓦斯的定义，老采空区瓦斯的赋存边界是采动影响范围内煤层瓦斯卸压解吸的边界。在国内，韩保山等根据传统的采动覆岩"三带"理论，结合邻近层残余瓦斯压力理论，提出了老采空区瓦斯赋存范围的判别方法，指出老采空区瓦斯的赋存范围是：垂直方向上从主采煤层向上到瓦斯残余压力恢复至煤层原始瓦斯压力 $p_0$ 的层位，水平方向上以采动影响范围为边界，如图 4-4-5 所示。但是很多矿井封闭后，并没有对其开采范围内各邻近煤层的残余瓦斯压力进行测量，无法确定老采空区瓦斯赋存的边界。另外，我国煤层含气饱和度普遍偏低，煤层即使受到采动影响，若煤层瓦斯压力未下降到临界解吸压力之下，煤层瓦斯也不会卸压解吸，因此有必要利用新的理论来确定老采空区瓦斯的赋存范围。

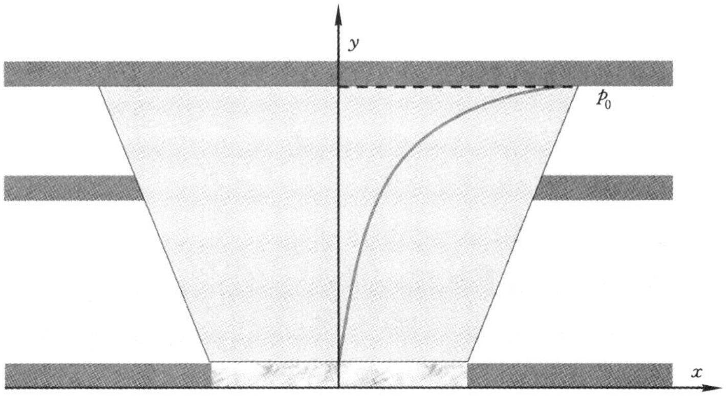


图 4-4-5　基于邻近层残余瓦斯压力理论的老采空区瓦斯赋存范围

导气裂隙带和卸压解吸带内赋存的瓦斯即为老采空区瓦斯，其赋存范围在垂直方向上以导气裂隙带高度和卸压解吸带高度为边界，水平方向上以采动影响角为边界。

煤层开采后，上覆煤岩层只有卸压到足够的程度，才能使瓦斯压力降低至临界解吸压力以下，同时保证卸压煤体具有较高的透气性系数。俞启香教授在开展保护层开采试验的过程中发现，煤层轴向膨胀率增大 2‰～3‰时，煤层将充分卸压，煤层瓦斯压力完全能够下降到临界解吸压力以下，煤体透气性系数将增大数百倍，认为可将膨胀率 3‰作为煤层充分卸压及透气性明显增大的临界值。吴仁伦博士将煤岩体看成含有椭圆裂纹、均匀、连续、各向同性介质，利用细观力学方法建立了煤层膨胀率与煤层垂直应力的卸压程度值 $r$（卸压后的铅直应力与原始铅直应力的比值）之间的换算关系。利用上述研究结果对阳泉矿区 3# 煤层进行了计算，结果表明，当 3# 煤层膨胀率达到 3‰时，煤层垂直应力卸压程

度值 $r$ 为 0.57。利用此判据，对不同工作面长度、采高及覆岩关键层结构条件下的卸压解吸带高度开展了数值模拟研究，结果表明，卸压解吸带止于覆岩中尚未发生破断且下方位于离层空间的关键层之下，其最大高度止于主关键层之下。

#### 4.4.1.5 基于采动上覆瓦斯卸压运移"三带"理论的老采空区瓦斯储量预测

目前已有的老采空区瓦斯储量预测方法有：无穷积分法和资源构成法。

利用无穷积分法预测老采空区瓦斯资源量的步骤包括：首先在有唯一的采空区与大气连通口的废弃矿井开口监测废弃矿井瓦斯的自然逸散数据；然后根据测量的数据代入下降方程中拟合出双曲系数和初始下降速度；对该式按时间积分到无穷大，此时的涌出量已趋近于零，即矿井不再涌出气体；积分后得到的总涌出量数据就是废弃矿井的全部瓦斯原地资源量。

我国平均瓦斯现场解吸速度可表示为：

$$Q/Q_0=(1+0.009\,5t)^{-1.052} \tag{4-4-7}$$

式中 $Q$——时间 $t$ 时的瓦斯涌出速度，$m^3/d$；

$Q_0$——时间 0 时（即井口封闭时）的瓦斯涌出速度，$m^3/d$；

$t$——时间，d。

根据废弃矿井中瓦斯的构成，废弃矿井瓦斯资源量是游离瓦斯资源量和吸附瓦斯资源量之和。其计算公式为：

$$Q=Q_{yl}+Q_{mt} \tag{4-4-8}$$

式中 $Q_{yl}$——采空区内的游离瓦斯资源量，$m^3$；

$Q_{mt}$——废弃煤炭中的吸附瓦斯资源量，$m^3$。

矿井采空区内的游离瓦斯资源量 $Q_{yl}$ 可通过如下公式计算：

$$Q_{yl}=Vg_{yl} \tag{4-4-9}$$

式中 $V$——采空区体积，$m^3$；

$g_{yl}$——采空区瓦斯浓度，%。

废弃煤炭中的吸附瓦斯资源量 $Q_{mt}$ 可采用体积法进行计算，其计算公式为：

$$Q_{mt}=Tg_{mt} \tag{4-4-10}$$

式中 $T$——废弃煤炭储量，t；

$g_{mt}$——废弃煤炭中的瓦斯含量，$m^3/t$。

但是很多矿井封闭后并没有对其开采范围内各邻近煤层的残余瓦斯压力进行测量，无法确定老采空区瓦斯赋存的边界。物质平衡法和资源构成法需要收集大量的资料和数据，且在计算过程中会形成庞大的中间数据，另外还存在有效资料和数据不完整的问题。因此，有必要利用新的理论来确定老采空区瓦斯的赋存范围，寻求新的老采空区瓦斯储量计算方法。

老采空区瓦斯储量由两大部分组成：① 导气裂隙带内赋存的老采空区瓦斯储量；② 卸压解吸带内赋存的老采空区瓦斯储量。导气裂隙带内的老采空区瓦斯储量包括：老采空区煤柱瓦斯储量、老采空区遗煤瓦斯储量及导气裂隙带内邻近层煤岩层瓦斯储量。

与导气裂隙带内的邻近煤岩层瓦斯不同，卸压解吸带内的邻近煤岩层瓦斯沿层间张性裂隙运移，而没有涌入采动空间，因此在储量计算过程中应独立进行计算。以下根据老采空区瓦斯来源及其赋存范围，利用分源法建立老采空区瓦斯储量预测模型。

1）导气裂隙带内瓦斯储量

① 遗煤瓦斯储量

假设采空区遗煤均匀地分布在老采空区中，则采空区遗煤的瓦斯涌出总量为：

$$q_{ym} = SM\rho_c(1-x)\int_0^{(l_1+l_2)/v_g} q_0 e^{-\beta t}\,dt \tag{4-4-11}$$

式中　$q_{ym}$——老采空区遗煤瓦斯涌出总量，$m^3$；

$S$——老采空区面积，$m^2$；

$M$——煤层厚度，m；

$\rho_c$——煤体密度，$t/m^3$；

$x$——采出率，%；

$l_1$——工作面煤壁到液压支架的距离，m；

$l_2$——采空区沿工作面推进方向上的瓦斯浓度非稳定区域的宽度，m；

$v_g$——工作面的推进速度，m/min；

$q_0$——采落煤炭初始瓦斯涌出强度，$m^3/(t\cdot min)$；

$\beta$——采空区遗煤瓦斯涌出衰减系数，$min^{-1}$；

$t$——时间，min。

老采空区遗煤瓦斯储量是遗煤瓦斯原始总量与遗煤瓦斯涌出总量之差，可表示为：

$$Q_{ym} = SM\rho_c(1-x)\left(c_b - \int_0^{(l_1+l_2)/v_g} q_0 e^{-\beta t}\,dt\right) \tag{4-4-12}$$

式中　$Q_{ym}$——老采空区遗煤瓦斯储量，$m^3$；

$c_b$——开采层煤层原始瓦斯含量，$m^3/t$。

② 煤柱瓦斯储量

巷道掘进及工作面开采过程中，由于应力向煤体深处转移，煤壁附近存在一个卸压带。由于煤柱内部到煤壁表面之间存在着一定的瓦斯压力梯度，从而使煤柱中的瓦斯沿着卸压带的裂隙涌出，工作面封闭后煤柱中的瓦斯仍然不断涌出，聚积在老采空区内部。瓦斯的涌出强度随着煤壁暴露时间的增加而降低，根据煤壁瓦斯涌出强度理论和现场测定结果，工作面煤壁的瓦斯涌出强度与时间呈负幂函数关系：

$$v_m = v_0(1+t)^{-\alpha} \tag{4-4-13}$$

式中　$v_m$——煤壁暴露 $t$ 时刻的瓦斯涌出强度，$m^3/(m^2\cdot min)$；

$v_0$——初始暴露时刻的煤壁瓦斯涌出强度，$m^3/(m^2\cdot min)$；

$\alpha$——煤壁瓦斯涌出衰减系数。

从老采空区瓦斯抽采的角度来看，煤柱瓦斯储量即为工作面封闭时到无穷大时刻煤柱煤壁的瓦斯涌出总量，即图 4-4-6 中煤壁瓦斯涌出速度衰减曲线阴影部分关于时间的积分。

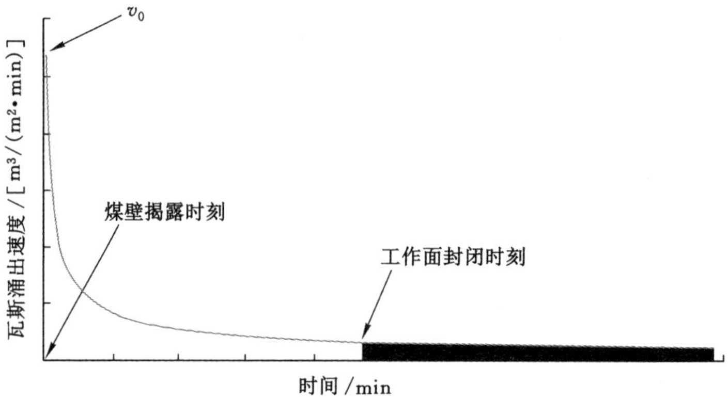


图 4-4-6　煤壁瓦斯涌出速度衰减曲线

假设回采巷道从掘进开始到工作面封闭所经历的时间为 $t_0$(min),则回采巷道煤壁 $t_0$ 时间内的瓦斯涌出量为:

$$q_{t0} = h_b \int_0^{l_h} v_0 \left[1 + \left(t_0 - \frac{l}{v_c}\right)\right]^{-\alpha} dl \tag{4-4-14}$$

式中　$q_{t0}$——回采巷道煤壁 $t_0$ 内的瓦斯涌出量,$m^3$;

$h_b$——回采巷道煤壁高度,m;

$l_h$——回采巷道长度,m;

$v_c$——回采巷道掘进速度,m/min。

煤壁从揭露时刻到无穷大时刻的瓦斯涌出总量减去巷道煤壁从揭露时刻到工作面封闭时刻的瓦斯涌出量即为老采空区煤柱瓦斯储量,即:

$$Q_{mz} = M l_h \int_0^{\infty} v_0 (1 + t)^{-\alpha} dt - q_{t_0} \tag{4-4-15}$$

③ 导气裂隙带邻近煤岩层瓦斯储量

煤层开采后,处于导气裂隙带范围内的邻近煤层是老采空区瓦斯的重要来源,导气裂隙带范围内的邻近煤层残余瓦斯储量可表示为:

$$Q_{dm} = \sum_{i=1}^{n_1} (\lambda_i c_i s_i M_i \rho_c) \tag{4-4-16}$$

式中　$Q_{dm}$——导气裂隙带内邻近煤层残余瓦斯储量,$m^3$;

$\lambda_i$——导气裂隙带范围内的第 $i$ 层上邻近煤层瓦斯残留率,%;

$c_i$——导气裂隙带范围内的第 $i$ 层上邻近煤层原始瓦斯含量,$m^3/t$;

$s_i$——导气裂隙带范围内的第 $i$ 层上邻近煤层的面积,$m^2$;

$M_i$——导气裂隙带范围内的第 $i$ 层上邻近煤层的厚度,m。

如果处于导气裂隙带内的邻近岩层含有瓦斯,则邻近岩层也是老采空区瓦斯的重要来源,邻近岩层中残存的瓦斯储量可表示为:

$$Q_{\mathrm{dy}} = \sum_{j=1}^{n_2} (\delta_j{}' \phi_j{}' s_j{}' M_j{}') \qquad (4\text{-}4\text{-}17)$$

式中　$Q_{\mathrm{dy}}$——导气裂隙带内邻近岩层的瓦斯储量，$\mathrm{m}^3$；

$\delta_j{}'$——导气裂隙带范围内的第 $j$ 层上邻近岩层的瓦斯残留率，%；

$\phi_j{}'$——导气裂隙带范围内的第 $j$ 层上邻近岩层孔隙率；

$s_j{}'$——导气裂隙带范围内的第 $j$ 层上邻近岩层的面积，$\mathrm{m}^2$；

$M_j{}'$——导气裂隙带范围内的第 $j$ 层上邻近岩层的厚度，m。

2）卸压解吸带内瓦斯储量

煤层开采后形成的卸压解吸带以内，煤层瓦斯能够卸压解吸，但由于采动裂隙以顺层张性裂隙为主，竖向破断裂隙不发育，卸压瓦斯难以或仅有很少量可涌入采煤空间，因此这部分卸压瓦斯仍是一部分可采资源。卸压解吸带内邻近煤层瓦斯储量计算公式为：

$$Q_{\mathrm{xm}} = \sum_{k=1}^{n_3} (c_k{}'' s_k{}'' M_k{}'' \rho_{\mathrm{c}}) \qquad (4\text{-}4\text{-}18)$$

式中　$Q_{\mathrm{xm}}$——卸压解吸带内邻近煤层瓦斯储量，$\mathrm{m}^3$；

$c_k{}''$——卸压解吸带范围内的第 $k$ 层上邻近煤层瓦斯含量，$\mathrm{m}^3/\mathrm{t}$；

$s_k{}''$——卸压解吸带范围内的第 $k$ 层上邻近煤层的面积，$\mathrm{m}^2$；

$M_k{}''$——卸压解吸带范围内的第 $k$ 层上邻近煤层的厚度，m。

如果处于卸压解吸带内的邻近岩层含有瓦斯，则邻近岩层中赋存的老采空区瓦斯储量可表示为：

$$Q_{\mathrm{xy}} = \sum_{l=1}^{n_4} (\phi_l{}'' s_l{}''' M_l{}''') \qquad (4\text{-}4\text{-}19)$$

式中　$Q_{\mathrm{xy}}$——卸压解吸带内邻近岩层瓦斯储量，$\mathrm{m}^3$；

$\phi_l{}''$——卸压解吸带范围内的第 $l$ 层上邻近岩层孔隙率；

$s_l{}'''$——卸压解吸带范围内的第 $l$ 层上邻近岩层的面积，$\mathrm{m}^2$；

$M_l{}'''$——卸压解吸带范围内的第 $l$ 层上邻近岩层的厚度，m。

综上所述，老采空区瓦斯资源总储量为：

$$\begin{aligned} Q_{\mathrm{z}} &= Q_{\mathrm{ym}} + Q_{\mathrm{mz}} + Q_{\mathrm{dm}} + Q_{\mathrm{dy}} + Q_{\mathrm{xm}} + Q_{\mathrm{xy}} \\ &= SM\rho_{\mathrm{c}}(1 \quad x)\left(c_{\mathrm{b}} - \int_0^{(l_1+l_2)/v_{\mathrm{g}}} q_0 \mathrm{e}^{-\beta t} \mathrm{d}t\right) + \\ &\quad Ml_{\mathrm{h}} \int_0^{\infty} v_0 (1+t)^{-\alpha} \mathrm{d}t - h_{\mathrm{b}} \int_0^{l_{\mathrm{h}}} v_0 \left[1 + \left(t_0 - \frac{l}{v_{\mathrm{c}}}\right)\right]^{-\alpha} \mathrm{d}l + \\ &\quad \sum_{i=1}^{n_1} (\lambda_i c_i s_i M_i \rho_{\mathrm{c}}) + \sum_{j=1}^{n_2} (\delta_j{}' \phi_j{}' s_j{}' M_j{}') + \\ &\quad \sum_{k=1}^{n_3} (c_k{}'' s_k{}'' M_k{}'' \rho_{\mathrm{c}}) + \sum_{l=1}^{n_4} (\phi_l{}'' s_l{}''' M_l{}''') \end{aligned} \qquad (4\text{-}4\text{-}20)$$

#### 4.4.1.6　老采空区导气裂隙带横向分区发育形态影响因素研究

随着煤炭的采出，工作面的不断推进，采空区上覆岩层将经历顶板的冒落、离层的产生、裂隙的扩展、岩层的弯曲下沉、破断等一系列过程。工作面推进一定距离后，采空区深部的岩层运动趋于静止，因煤层开采而形成的采动裂隙不再继续向外部扩展，采动裂隙的发育边界基本稳定。工作面在经历数个周期来压以后，采空区中部的采动裂隙因覆岩的下沉而逐渐被压实，而采空区四周的离层裂隙因煤壁的支撑作用仍能够继续保持，形成"O"形圈裂隙分布特征。采动裂隙一方面为煤岩层的膨胀变形提供了空间，使煤岩层内吸附瓦斯充分卸压解吸，另一方面采动裂隙也是瓦斯运移的主要通道，四周"O"形圈中的采空区瓦斯运移方式为较大裂隙间的自由流动，而压实区内的瓦斯运移方式为细小裂隙间的渗流。

虽然采空区压实区内的煤岩应力基本恢复到原岩应力状态，但是其内部的裂隙系统与原始煤岩相比较为发育，采空区压实区内遗留煤炭及煤柱释放的瓦斯通过裂隙系统进入采空区四周的"O"形圈，由于采空区四周的离层裂隙相互连通，其中的瓦斯能够自由流动，因此布置在采空区"O"形圈裂隙区内的抽采钻孔或巷道负压控制范围较大，可取得较好的瓦斯抽采效果[45]。但是，目前对采动裂隙"O"形圈发育形态的定量研究鲜见，而采动裂隙"O"形圈发育形态是老采空区地面钻井井位选择的重要理论依据。

采动采空区瓦斯的一个重要来源便是邻近已封闭的老采空区，老采空区内部的瓦斯有可能进入相邻的采动采空区，这是相邻采空区的采动裂隙侧向边界相互交汇所致。目前，国内外学者对采动裂隙发育高度的研究取得较多研究成果，但是对采动裂隙侧向边界发育规律的研究较少。在老采空区瓦斯抽采方面，相邻老采空区导气裂隙侧向边界是否交汇是决定老采空区之间连通性的重要判别依据，对老采空区井网布置有较大影响。

(1) 横向分区

传统"横三区"(煤壁支撑区、离层区、重新压实区)对不同区域的岩层移动破坏特征进行了描述。钱鸣高院士提出了采动裂隙的"O"形圈理论，进一步对采动覆岩移动和裂隙演化规律进行了研究，为采动卸压瓦斯抽采与治理提供了理论指导。但是，煤层开采后形成的导气裂隙侧向边界会超出开采边界一定距离，在开采边界外侧形成侧向裂隙区，而上述"横三区"和"O"形圈理论均未涉及侧向裂隙区。对于老采空区瓦斯抽采来说，导气裂隙侧向裂隙区的发育形态对老采空区连通性判别、区域划分及井网布置有很大影响，因此从老采空区瓦斯抽采的角度出发，对采空区导气裂隙带进行横向分区，如图 4-4-7 所示。

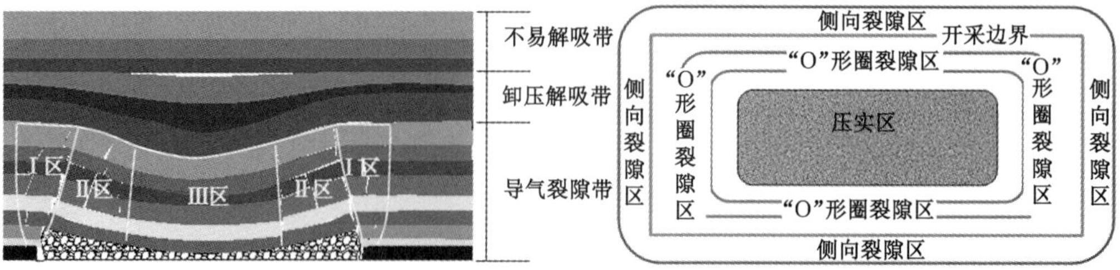


(a) 垂直剖面　　(b) 水平剖面

图 4-4-7　采空区导气裂隙带横向分区

Ⅰ区——侧向裂隙区：煤层开采后，上覆煤岩层沿断裂线破断，根据弹性基础梁理论，上覆岩层破断线位于开采边界之外一定距离。另外，断裂线外侧煤岩体因水平应力降低而破坏，在集中应力的作用下，煤岩体内产生大量次生裂隙，大幅提高了煤岩体透气性系数，因此在开采边界外侧一定范围内存在裂隙较为发育的侧向裂隙区。

Ⅱ区——“O”形圈裂隙区：此区域即为采动裂隙的“O”形圈范围，该区域内离层裂隙和竖向破断裂隙发育，煤岩体透气性较好。

Ⅲ区——重新压实区：随着开采工作面的不断推进，采空区中部覆岩下沉，破断、冒落的煤岩体被重新压实，压实区内部的采动裂隙重新闭合，因此，该区域的煤岩体透气性相对较差。

（2）分区判别指标

1）煤岩体应力变化对采动裂隙发育的影响

煤层开采后，采动影响范围内的原岩应力平衡状态被打破，煤层开采结束后，地应力达到新的平衡状态。煤层开采过程中，煤岩体内部应力的变化对其自身的变形破坏特征影响显著，煤层开采后应力场的变化对采动裂隙场分布规律的影响如图 4-4-8 所示。对于侧向裂隙区而言，采空区上覆煤岩破断后，断裂线外侧煤岩体水平应力显著降低，与此同时，在侧向支承压力的作用下，煤岩体发生塑性破坏，侧向支承压力峰值迁移至开采边界外侧，煤岩体内部微裂隙扩展并相互贯通，为卸压瓦斯的流动提供了通道。对于“O”形圈裂隙区来说，由于岩性的差异，造成上覆各煤岩层之间的不协调变形，从而产生离层裂隙，在煤壁的支撑影响作用下，煤壁附近的煤岩体垂直应力降低，离层裂隙仍能够继续保持，渗透率较高。受上覆煤岩下沉的影响，采空区中部垂直应力恢复至原岩应力状态，破断、冒落的煤岩被压实，采动裂隙闭合，透气性系数降低。

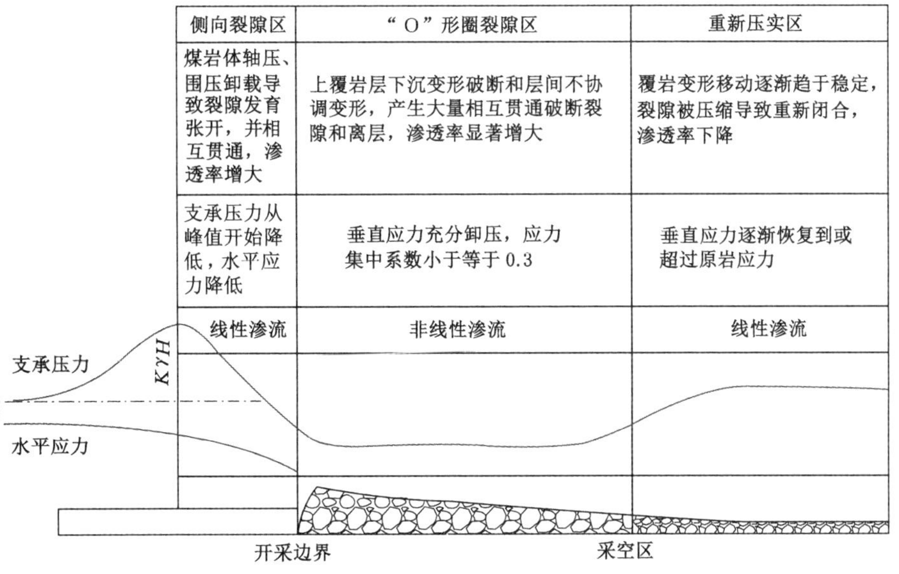


图 4-4-8　煤岩体应力变化对采动裂隙发育的影响

通过上述分析可知，煤岩体内部应力场的变化是其内部裂隙产生和发展的内在原因，因此以煤层开采后煤岩体的应力分布特征作为导气裂隙带横向分区的判别依据。

2）横向分区判别指标

煤层开采结束后，采场上覆岩层内的垂直应力和采动裂隙分布情况如图 4-4-9 所示。从图 4-4-9 可以看出，侧向支承压力峰值外侧基本没有采动裂隙生成，而侧向支承压力峰值内侧分布着大量的采动裂隙。这是因为在侧向支承压力峰值内侧，煤岩体发生塑性破坏，内部裂隙发育并贯通，因此可以利用侧向支承压力峰值点位置作为侧向裂隙区外边界的判别依据。另外，随着上覆煤岩体弯曲下沉，采空区中部垂直应力升高，采空区中部采动裂隙闭合。根据岩石三轴卸载过程中原生裂纹变形的岩石本构模型，将卸压程度值 $r=0.3$（煤岩卸载后与卸载前垂直应力的比值）作为“O”形圈边界的判别依据，从图 4-4-9 可以看出，在采空区中部，当垂直应力升高至原岩应力的 30%时，采动裂隙基本消失。

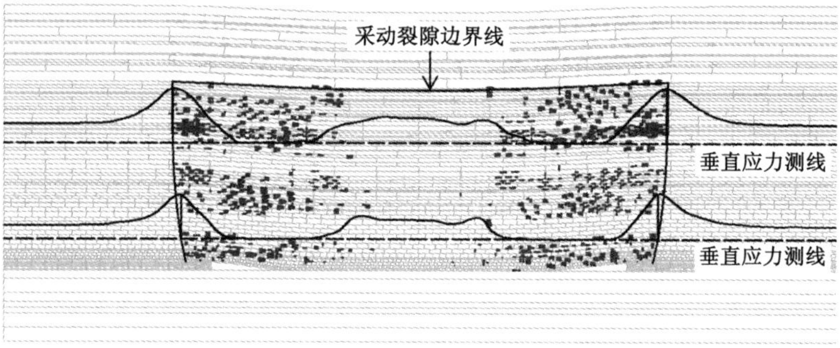


图 4-4-9　煤层开采后的垂直应力及采动裂隙分布情况

## 4.4.2　地面瓦斯抽采技术

老采空区瓦斯抽采与煤矿常规瓦斯抽采相比，在瓦斯来源、赋存运移规律、抽采方式等方面具有其特殊性，因此老采空区瓦斯抽采试验钻井选点应遵循的原则与煤矿常规瓦斯抽采钻井布置原则有着很大的差别。为了保证老采空区瓦斯抽采钻井布置的合理性，试验钻井选点应遵循以下基本原则：

a. 应选择老采空区形成之前各煤层储气性较好、老采空区范围较大的区域布置老采空区地面钻井。

煤层的储气性包括吸附能力、瓦斯含量、含气饱和度、气体成分和吸附时间，这是影响老采空区瓦斯产能的重要因素。老采空区范围的大小也是影响老采空区瓦斯抽采效果的重要因素。在相同的开采条件下，原始煤层的储气性越好，形成老采空区范围越大，老采空区瓦斯资源储量越高。

b. 应考虑到陷落柱、断层等地质构造对煤层瓦斯赋存的影响，避免将地面钻井布置在陷落柱、断层密集的区域。

陷落柱、断层等地质构造对瓦斯涌出的影响很大，仅次于煤层瓦斯含量。陷落柱发育的地点，瓦斯大量逸散。老采空区瓦斯的大量逸散导致老采空区瓦斯储量减少、浓度降低，降低了老采空区瓦斯开发利用的价值。因此，老采空区瓦斯抽采试验钻井选点应当避开断层、陷落柱等地质构造密集的区域。

c. 充分考虑到煤层群的开采情况，尽量选择多个煤层采空区重叠位置布置抽采钻井，增加单个钻井控制的老采空区有效体积。

煤层群开采条件下，老采空区瓦斯抽采试验钻井应当布置在多个煤层采空区重叠的区域，由于煤层的开采，裂隙的发育有效沟通了各煤层采空区，增大了老采空区的有效体积，增加了老采空区瓦斯的储量和开采利用价值。

d. 尽量选取最下部采空区形成较晚的位置，由于采空区冒落相对稳定，可以大大减少井下钻进的事故率，而且该区域裂隙比较发育。

煤层群开采条件下，应尽量选择下行开采区域布置老采空区瓦斯抽采试验钻井，在自上而下的煤层开采过程中，煤层之间的裂隙因重复采动的反复作用而不断发育沟通；由于下煤层的开采，使得上煤层采空区重新压实区再次经受采动影响，裂隙重新张开，为各煤层采空区之间瓦斯的流动提供了有利条件；同时，由于最下部采空区形成较晚，采空区冒落很快达到稳定状态，可以有效降低井下钻进的事故率，而上行开采却不具有上述优势。

e. 充分考虑煤层开采后地下滞留水和瓦斯升浮效应的影响，应将地面钻井打在煤层底板标高较高处。

矿井水滞留采空区减少了采空区瓦斯的有效保存空间。矿井废弃后，因不再进行生产，相应的辅助于生产的一切活动也就停止，通过断层、岩石冒落带裂隙以及巷道等进入采空区的地下水，在无地下水排泄通道的情况下，会汇集于采空区，降低采空区中瓦斯保存的有效空间。井下矿井水体的存在，不仅使位于地下水液面以下的废弃煤炭中的瓦斯资源失去开采价值，而且也会因地下水的径流使瓦斯资源进一步减少。另外井下积存的地下水有可能将采空区分为多个彼此不连通的空间，因此，位于地下水液面以上部分（包括采空区和废弃煤炭）的瓦斯也并不是完全可采的。当废弃矿井存在被地下水体充满的巷道，应考虑这部分地下水抽采的可行性以及抽采效果，如果不可以抽采或抽采效果达不到采空区的有效连通，则被地下水阻断一方的采空区会失去开采价值。同时考虑到高浓度瓦斯密度较小，在升浮效应的作用下高浓度瓦斯会积聚在底板较高处裂隙带上部顶界面。因此，老采空区瓦斯抽采试验钻井的选点应考虑井下巷道的连通状况、地下水条件以及巷道被水淹没的现状及瓦斯的升浮效应。

f. 老采空区应具有良好的连通性，避免将钻井布置在被过宽煤柱隔离的老采空区。

过宽的隔离煤柱，使得隔离煤柱的相邻老采空区两侧导水裂隙侧向边界不能交汇，阻断了各工作面老采空区的连通，降低了老采空区瓦斯的可开采储量。

g. 考虑到采空区封闭后瓦斯的逸散，应将地面钻井布置在封闭良好且封闭时间较短的老采空区。

老采空区在井口封闭后，由于外界大气压的变化，依然会持续不断地向外界释放瓦斯，如果老采空区井口封闭不好，且封闭时间较长，大量瓦斯的逸出会降低老采空区瓦斯的储量。

h. 老采空区瓦斯抽采试验钻井应布置在地面地势平坦、交通便利、水电等基础设施齐全且距离瓦斯电站或煤层气公司较近的地点，以便于地面钻井的施工、地面管路铺设及瓦斯的利用。

#### 4.4.2.1 试验地点

本次试验地点选择阳泉矿区的三矿，三矿建于 1950 年 5 月，先后有 5 对矿井投入生产，即：一号井、二号井、裕公井、竖井和新井，建井最早的是一号井，因资源枯竭，于 1994 年报废，二号井现处停产状态。三矿除西部少部分未开采外，其余均为采空区，采空区范围较大，3[#]煤层、12[#]煤层、15[#]煤层采空区面积分别为 21.4 $km^2$、8.4 $km^2$、7 $km^2$。

#### 4.4.2.2 试验方案设计

(1) 地面钻井施工及抽采设备安装

马家坡河谷老采空区瓦斯抽采钻孔的地面坐标为：($X$＝91 576，$Y$＝104 279，$H$＝864 m)，该地面钻井穿越 3[#]、15[#]煤层老采空区，穿过 12[#]煤层煤柱。该地面钻井采用三开井身结构，井身全长 213 m，钻井打至 15[#]煤顶板上方 10 m 处(见图 4-4-10)。地面抽采泵站位于钻孔以北(马家坡河上游)约 1 000 m 处，抽采负压由一台 2BE1-303 型水循环真空泵提供，抽采泵额定流量 62 $m^3$/min，地面泵站与钻孔之间连接管路长度1 100 m，管路直径 219 mm，现场施工及抽采设备安装情况如图 4-4-11 所示。

(2) 裸孔钻孔成像观测试验

1) 试验方案

阳泉三矿第一口老采空区瓦斯抽采地面钻井依次穿过 3[#]煤采空区的侧向裂隙区、12[#]煤采空区的“O”形圈裂隙区及 15[#]煤采空区的“O”形圈裂隙区。该地面钻井施工完毕之后，利用钻孔成像仪对钻井井壁进行了观测。阳泉三矿第一口老采空区瓦斯抽采地面钻井依次穿过 3[#]煤采空区的“O”形圈裂隙区、12[#]煤采空区的侧向裂隙区及 15[#]煤采空区的“O”形圈裂隙区。该地面钻井施工完毕之后，利用钻孔成像仪对钻井井壁进行了观测，钻孔成像仪如图 4-4-12 所示。

2) 实测结果

采空区不同层位上的导气裂隙发育情况如图 4-4-13 所示。

从图 4-4-13 可以看出，C12-D15-E15 连通区域范围内，主关键层层位以上的钻井井壁较为光滑，无采动裂隙生成，而主关键层之下有大量采动裂隙，此处采动裂隙为 3[#]煤层开采后形成的侧向裂隙，位于 3[#]煤层工作面开采边界之外。3[#]煤层与亚关键层 3 之间的钻井井壁光滑，无采动裂隙生成，而亚关键层之下采动裂隙重新出现，这说明 12[#]煤层采空区导气裂隙带发育至亚关键层 3 之下，12[#]、3[#]煤层采空区导气裂隙在纵向上没有相互连通。另外，在 12[#]煤层采空区下部导气裂隙发育，12[#]煤层采空区底板采动裂隙也较为发育，为 15[#]煤层开采所致。因此 15[#]、12[#]煤层开采后形成的导气裂隙几何边界相互交汇，两层位上的老采空区在纵向上相互连通，验证了本书老采空区区域划分的正确性。

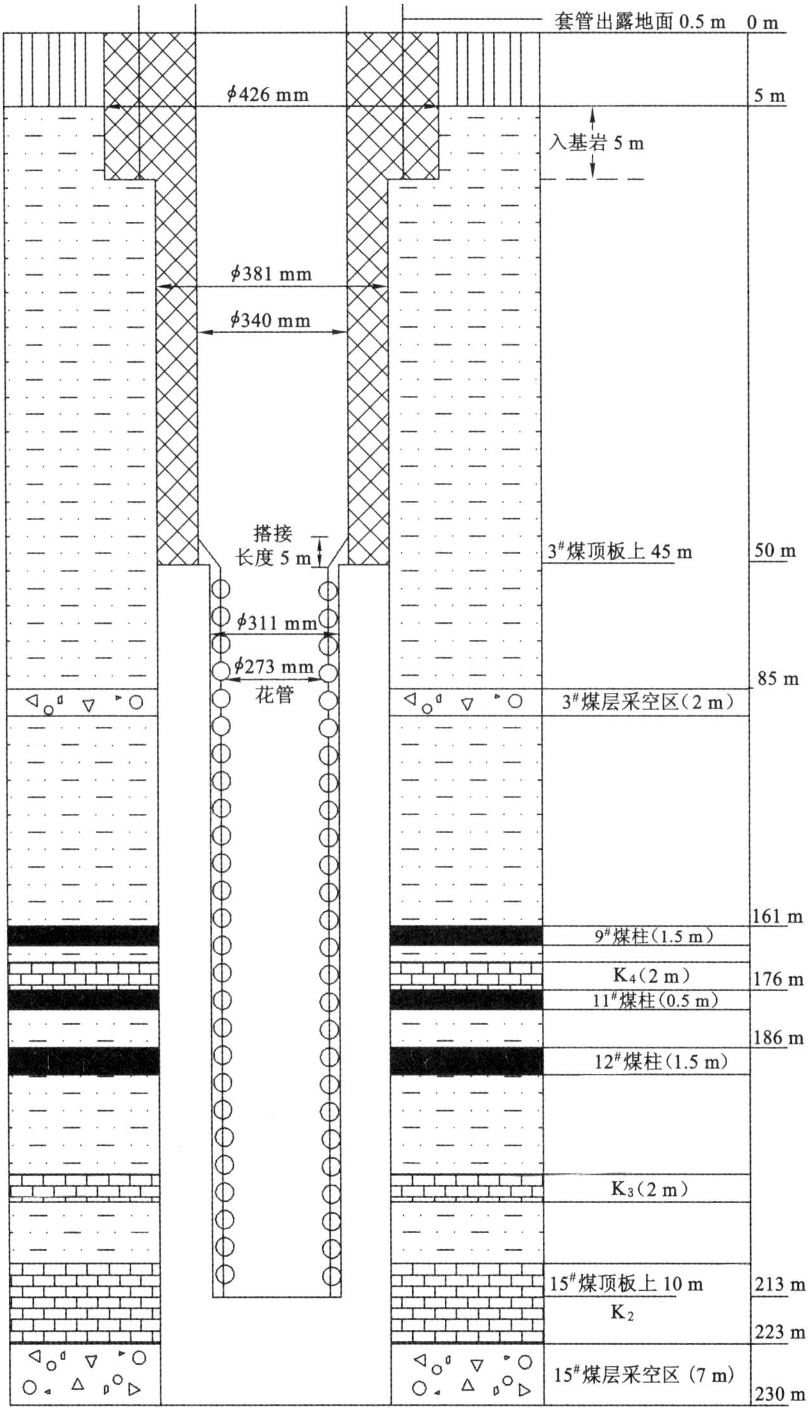
套管出露地面 0.5 m
0 m
ϕ426 mm
5 m
入基岩 5 m
ϕ381 mm
ϕ340 mm
搭接
长度 5 m
3#煤顶板上 45 m
50 m
ϕ311 mm
ϕ273 mm
花管
85 m
3#煤层采空区（2 m）
161 m
9#煤柱（1.5 m）
K4（2 m）
176 m
11#煤柱（0.5 m）
186 m
12#煤柱（1.5 m）
K3（2 m）
15#煤顶板上 10 m
213 m
K2
223 m
15#煤层采空区（7 m）
230 m

图 4-4-10　井身布置图

(a) 现场施工

(b) 抽采管路及抽采设备

图 4-4-11　现场施工及抽采设备安装情况

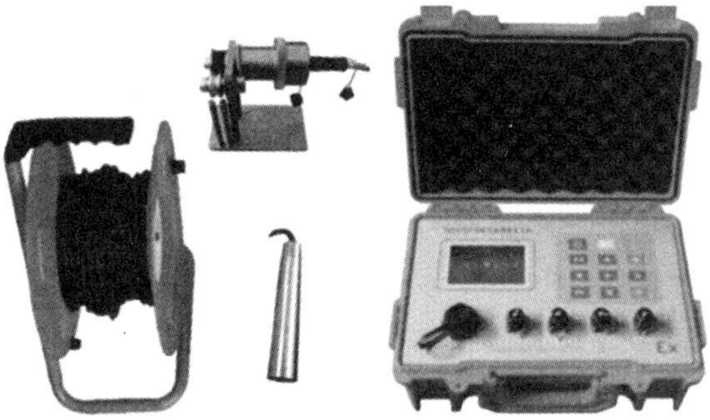

图 4-4-12　矿用钻孔成像装置

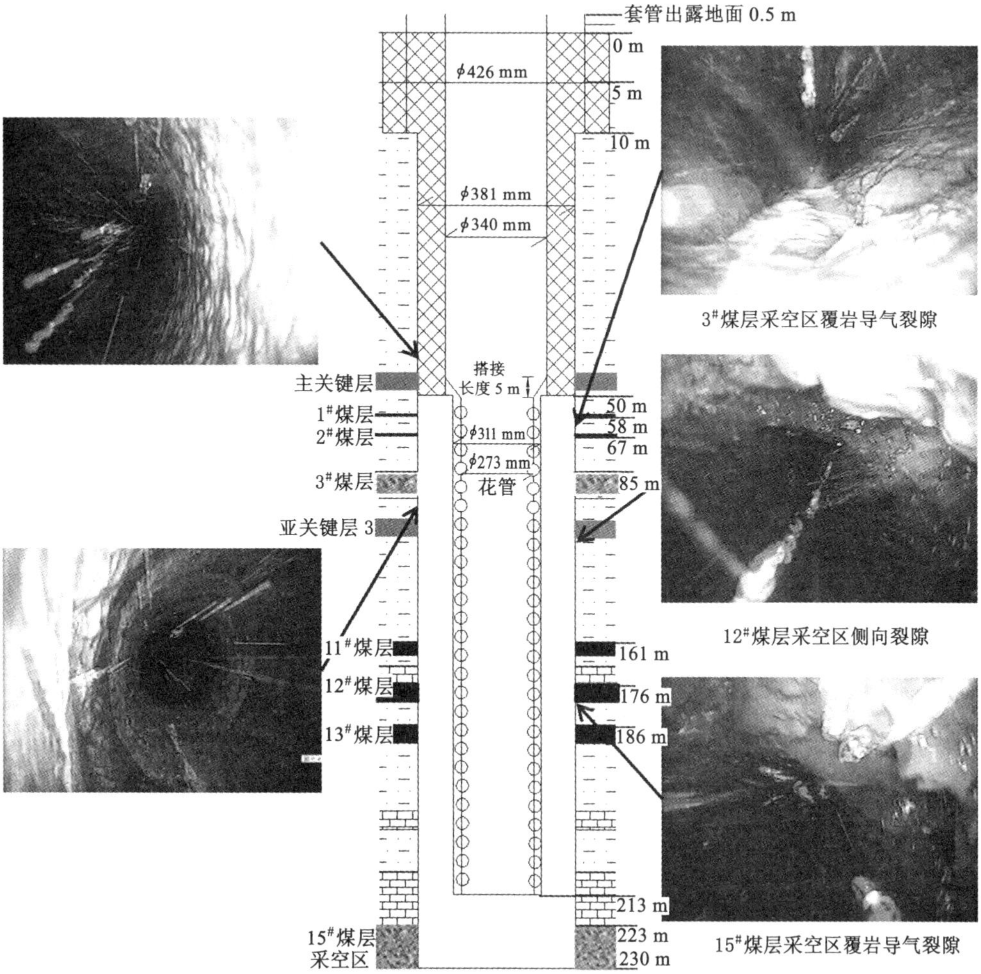


图 4-4-13　钻孔成像仪观测结果

4.4.2.3　瓦斯抽采效果分析

（1）不同抽采负压条件下老采空区瓦斯抽采量随抽采时间的变化规律

本次试验分别考察了负压 55 kPa、45 kPa 及 35 kPa 条件下老采空区瓦斯抽采参数随抽采时间的变化规律，实验结果如图 4-4-14 所示。通过图 4-4-14 可以看出，在地面钻井抽采条件下，老采空区气体抽采混合量经历了从抽采稳定期到抽采衰减期的变化过程，且抽采负压越高，稳定期越短、衰减期越长；另外，抽采负压越高，抽采稳定期混合量越大，其中抽采负压 55 kPa 时抽采稳定期混合量平均值为 32.45 $m^3/min$，负压 45 kPa 时的平均值为 30.14 $m^3/min$，负压 35 kPa 时的平均值为 26 $m^3/min$。这是因为老采空区已封闭多年，其内部压力环境基本稳定，在地面钻井抽采负压作用下，随着气体不断从封闭采空区内部抽出，内部环境压力不断下降，而在固定负压抽采条件下，封闭空间内外压力差不断减小，因此造成地面钻井的抽采混合量不断衰减。另外，由于抽采负压越大，封闭采空区内部气体压力下降越快，从而造成抽采稳定期越短，衰减期越长。

在瓦斯抽采浓度方面，老采空区瓦斯抽采浓度也经历了从稳定到衰减的过程，且瓦斯浓度衰减时间略滞后于抽采混合量衰减时间。随着封闭采空区内部气体压力的降低，由于采空区封闭状况不佳引起的外部新鲜风流涌入变成瓦斯抽采浓度下降的主要原因。

为获得地面钻井的最佳抽采负压，考察了抽采负压与抽采混合量之间的关系，如图 4-4-15所示。由图 4-4-15 可知，地面钻井的抽采混合量随抽采负压的增大而不断增大，当抽采负压增大到 40～45 kPa 时，地面钻井抽采混合量增大的幅度降低。结合不同负压条件下老采空区瓦斯抽采效果，确定老采空区地面钻井的合理抽采负压为 40～45 kPa。

（2）不同间断时间条件下老采空区瓦斯抽采量随抽采时间的变化规律

为了考察间断时间对地面钻井抽采混合量、抽采纯瓦斯量、瓦斯浓度的影响，根据实验结果，可绘制不同间断时间条件下上述抽采参数平均值的变化曲线，如图 4-4-16、图 4-4-17、图 4-4-18 所示。由图 4-4-16、图 4-4-17、图 4-4-18 中可知，当间断时间大于 3 d 后，对地面钻井的抽采效果影响不大。因此，在抽采负压 45 kPa 条件下，地面钻井连续 8 h抽采的最佳间断时间为 3 d。

## 4.4.3　井下瓦斯抽采技术

井下采空区瓦斯抽采是在采煤工作面回采结束后，封闭前在该工作面的高瓦斯赋存区域预埋管或打钻，然后再充填、构筑密闭封闭该工作面抽取瓦斯的一种方法，这是一种普遍使用的传统方法[46]。这种方法的优点是灵活、方便，不需要太多的井下工程就可以实现，见图 4-4-20 和图 4-4-21。

4.4.3.1　试验地点

新元公司位于山西省寿阳县境内，距寿阳县城的 5 km。矿井含煤 18 层，其中可采煤层 6 层，主采 3#、9#、15#煤。新元公司采用斜井、立井综合开拓方式。矿井沿煤层分别

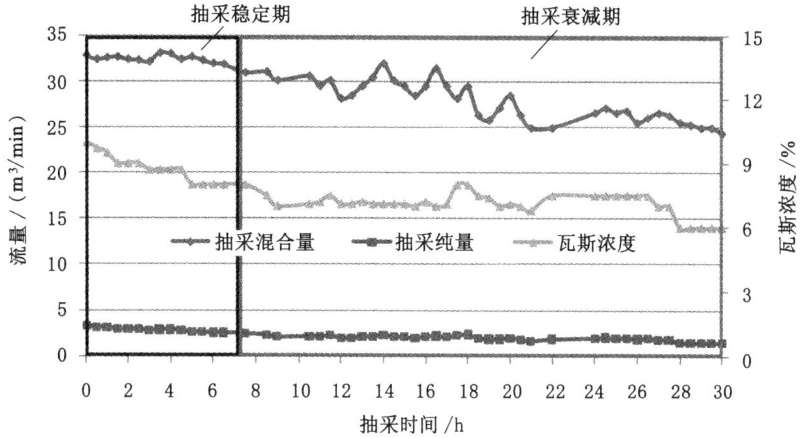


(a) 负压 55 kPa

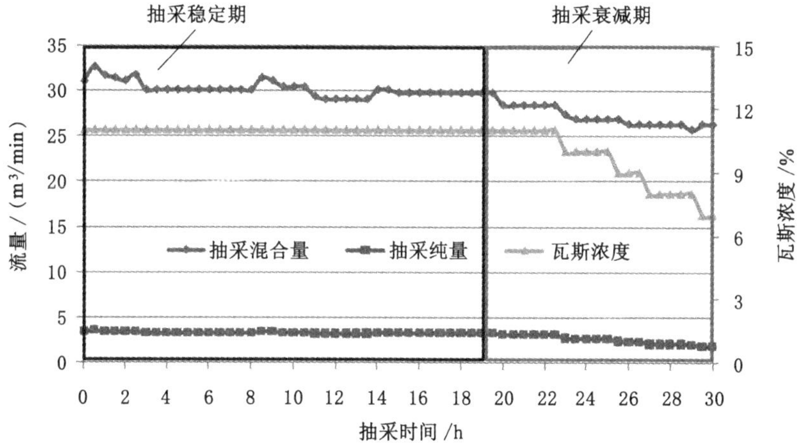


(b) 负压 45 kPa

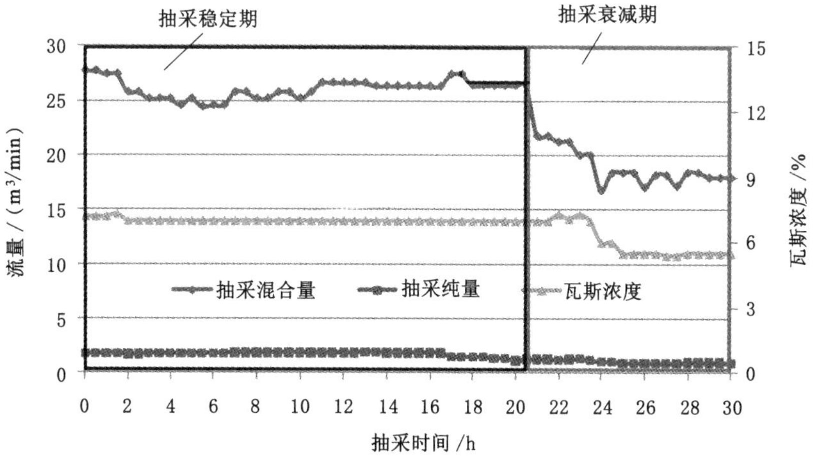


(c) 负压 35 kPa

图 4-4-14　不同负压条件下老采空区瓦斯抽采量随抽采时间的变化曲线

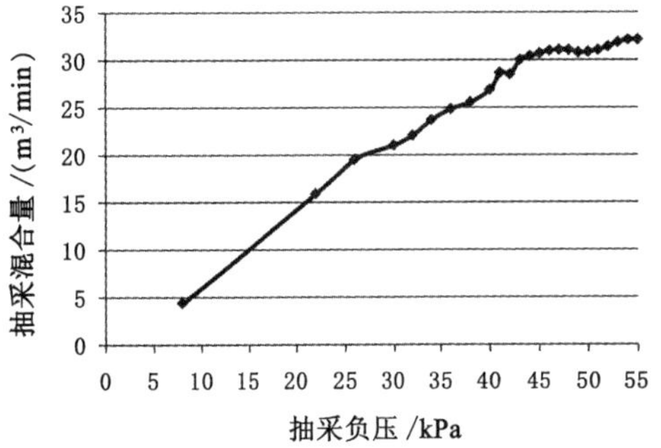


图 4-4-15 抽采负压与抽采混合量之间关系曲线

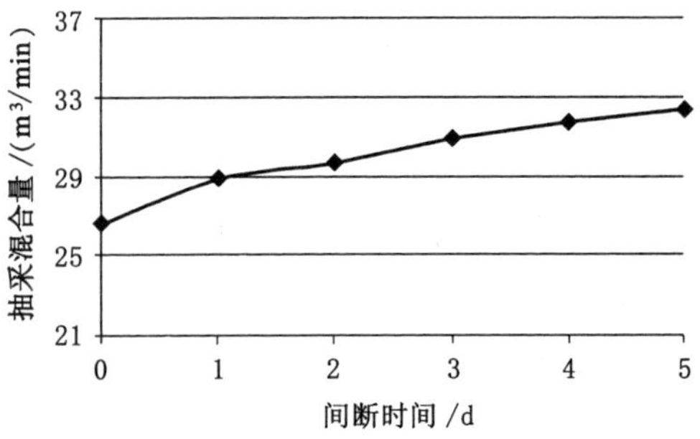


图 4-4-16 抽采混合量平均值随间断时间的变化曲线

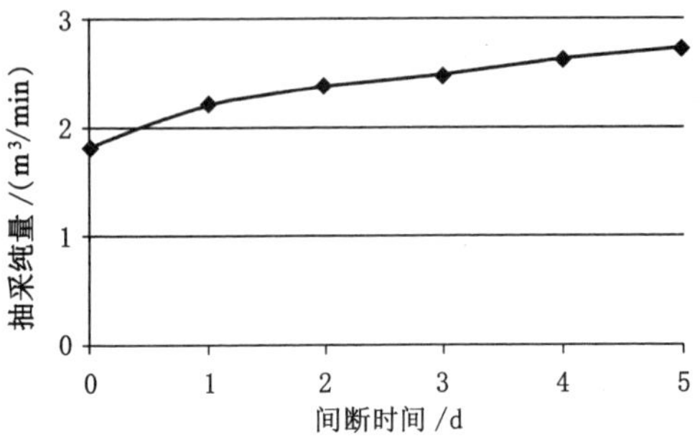


图 4-4-17 抽采纯量平均值随间断时间的变化曲线

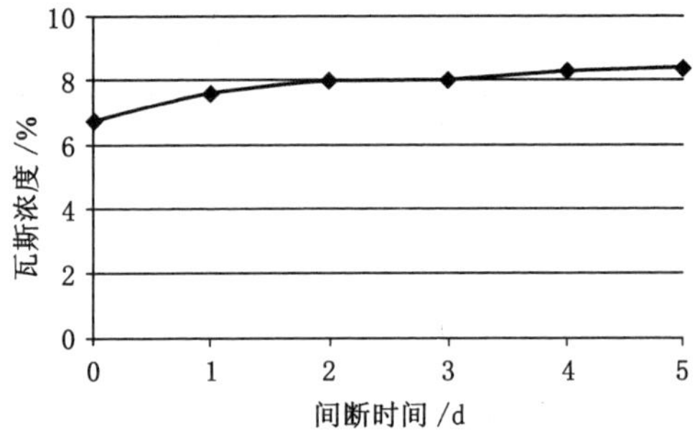


图 4-4-18 瓦斯浓度平均值随间断时间的变化曲线

布置胶带大巷、辅运大巷和回风大巷，大巷两翼布置采煤工作面。矿井目前主要开采煤层为山西组中部的 3# 煤层和太原组上部的 9# 煤层，其中 3# 煤层厚度 0.80 m～7.16 m，平均5.54 m；9# 煤层厚度 0.10 m～5.68 m，平均2.29 m。采煤工作面全部采用综合机械化采煤工艺，采煤方法为走向长壁一次采全高采煤法，采用全部垮落法管理顶板。

工作面走向长 1 200 m，工作面倾斜长 240 m，面积 288 000 $m^2$。煤层平均厚度为2.95 m，可采储量为 1 129 968 t。该工作面井下北邻 31007 工作面(已采完)，南邻 31011 工作面(正在掘进)，东邻南区集中回风大巷(西)、南区集中胶带大巷、南区集中辅运大巷、南区集中回风大巷(东)，西部未布置巷道。本工作面位于一水平，地面标高 1 060～1 081.2 m，工作面标高 514.7～465.1 m，埋藏深度 645.3～616.1 m。

4.4.3.2 沿空留巷工作面采空区巷旁埋管抽采参数优化

(1) 实施方案

在冒落带中，破断后的岩块呈不规则垮落，排列也极不整齐，松散系数比较大，瓦斯易被工作面风流和采空区的漏风流携带到工作面回风隅角，造成工作面瓦斯超限，因此，可在采空区冒落带进行埋管抽采瓦斯。冒落带高度为伪顶和直接顶垮落后的

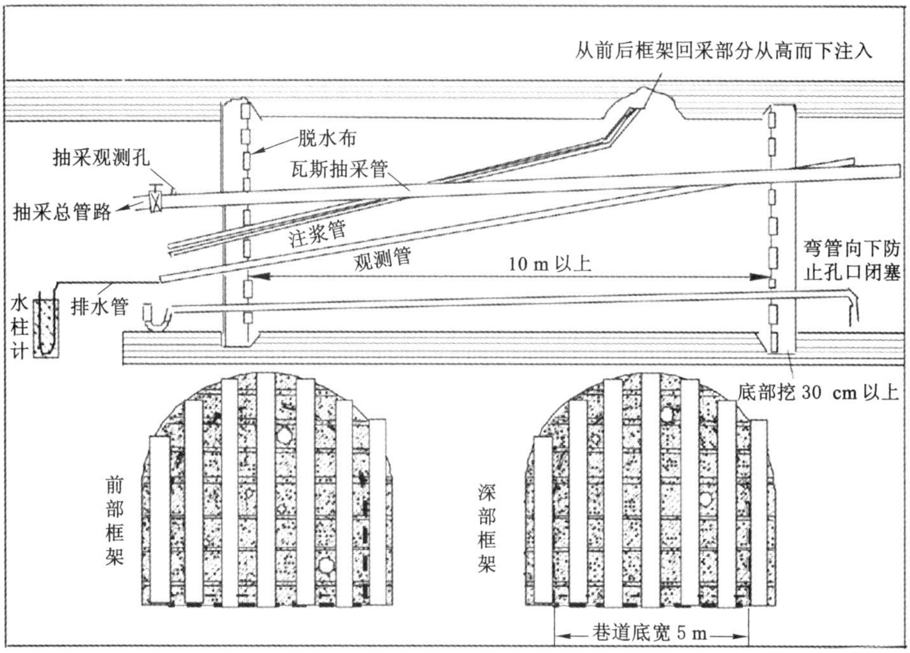


图 4-4-19　采场封闭工程剖面图

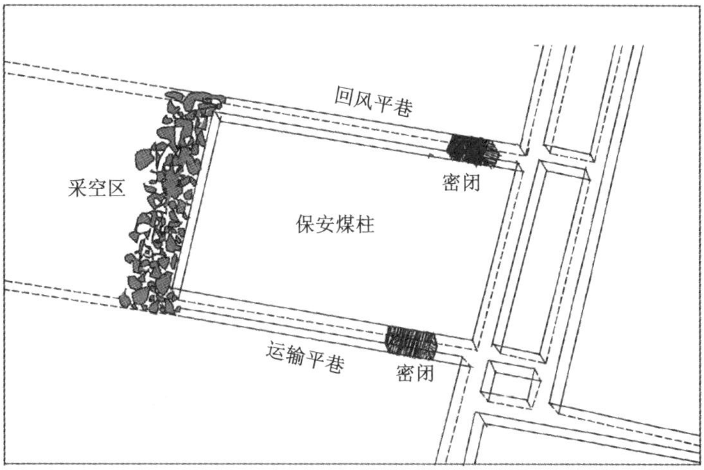


图 4-4-20　采场封闭工程俯视图

高度：

$$H_t = h_m K_p - M \tag{4-4-1}$$

式中　$H_t$——沿煤层法线方向上冒落带的高度，m；

$h_m$——直接顶和伪顶厚度，m；

$M$——煤层高度，m；

$K_p$——冒落带岩石碎胀系数。

31009 工作面采高 295 mm，直接顶和伪顶厚度为 4.84 m，碎胀系数取 1.3，冒落带高度为 3.4 m。再根据沿空留巷的高度，确定埋管终端高度为 1.7。

分析邻近工作面采空区瓦斯浓度分布可知：工作面采空区瓦斯浓度大体划分为涌出带（距工作面 0～20 m 范围内）、过渡带（距工作面 20～40 m 范围内）和滞留带（距工作面 4 m 以外）三带。各带中的瓦斯浓度以滞留带最高，过渡带次之，涌出带最低，因此为使涌出带内的瓦斯不被风流携带到工作面内和尽可能多地抽采瓦斯，其抽采长度为距工作面 0～80 m。

在留巷充填体内每间隔 15 m（5 垛充填体）预留长度 2.5、直径 190 mm 的瓦斯抽采管，位置位于充填体中上部，距顶板位置 500 mm，抽采管道穿过留巷充填体，伸入采空区即可，并在里端焊接滤网。通过截止阀、三通和连接管接入留巷内 $\phi$560 mm 的抽采管道上。由于采空区顶板会发生破断、冒落，会产生大量的煤岩粉，在主抽采管上每隔 40 m 增加一个排渣器。

由于埋管抽采瓦斯的混合量大，通过控制采空区抽采管道口数量和开启程度可控制采空区瓦斯抽采量和瓦斯抽采浓度，改变了采空区的流场结构，有效解决了工作面回风隅角瓦斯积聚问题和采空区瓦斯的涌出问题。

（2）参数优化

采空区埋管抽采瓦斯方法是保障工作面安全生产的一项必要措施，是一种有效的解决工作面瓦斯超限的方法，特别是对防治回风隅角瓦斯超限有较大的作用。该抽采瓦斯方式，在我国许多高瓦斯高产工作面广泛应用，一般抽采瓦斯纯量 2～3 $m^3$/min，浓度小于 5%。

采空区埋管抽采瓦斯是把大直径钢管敷设在工作面回风巷内，抽采采空区瓦斯的吸气口要选择管路每隔一定距离串接的具有组合阀门的三通管件。随着工作面的推进，通过管路上吸气口进入采空区内最佳抽采位置，吸气口的组合阀门打开抽采采空区瓦斯。当可打开下一个三通管件的组合阀门说明该吸气口进入采空区更深处，依次类推，使吸气口保持在最佳位置，防止采空区瓦斯向工作面涌出的同时，也可消除工作面回风隅角瓦斯超限和积聚。该法主要用于通风无法稀释瓦斯，而且采煤工作面回风隅角瓦斯长期超限（浓度＞1.5%）时。

为确定采空区埋管瓦斯抽采的合理参数，结合新元公司的实际现场情况，在距煤层底板 1 m、1.5 m、2.3 m 的高度，抽采深度取 10 m、15 m、20 m、25 m，埋管间距取 15 m、20 m、25 m 进行数值模拟，抽采管路负压为－100 kPa，取距煤层底板 1.8 m、距沿空留巷充填体 0.5 m、工作面后方 0.5 m 的位置作为回风隅角瓦斯浓度观测点，来分析在不同的埋管参数下回风隅角瓦斯浓度变化。在不同的抽采高度、不同的抽采深度和不同的埋管间距条件下，采空区瓦斯抽采效果如表 4-4-1、表4-4-2、表 4-4-3 所列。

**表 4-4-1 不同抽采高度的瓦斯抽采效果**

| 距煤层底板高度/m | 抽采瓦斯浓度/% | 回风隅角瓦斯浓度/% |
|---|---|---|
| 1.0 | 9.2 | 0.42 |
| 1.5 | 11.5 | 0.37 |
| 2.3 | 13.6 | 0.31 |

**表 4-4-2 不同抽采深度的瓦斯抽采效果**

| 抽采深度/m | 抽采瓦斯浓度/% | 回风隅角瓦斯浓度/% |
|---|---|---|
| 10 | 15.1 | 0.78 |
| 15 | 21.5 | 0.53 |
| 20 | 19.8 | 0.60 |
| 25 | 16.3 | 0.64 |

**表 4-4-3 不同埋管间距的瓦斯抽采效果**

| 埋管间距/m | 抽采瓦斯浓度/% | 回风隅角瓦斯浓度/% |
|---|---|---|
| 15 | 19.9 | 0.41 |
| 20 | 14.5 | 0.52 |
| 25 | 11.8 | 0.65 |

从表 4-4-1、表 4-4-2、表 4-4-3 可以看出，采空区瓦斯埋管抽采的瓦斯浓度随着抽采高度的增加不断增大，而回风隅角瓦斯的浓度却不断减小，所以在设定采空区瓦斯埋管高度的时候应尽可能设高，考虑到煤层厚度只有 2.64 m，而施工时瓦斯管上部留一定的安全距离便于工人施工，所以把瓦斯管的高度设为 2.3 m；随着抽采深度的增加，埋管内的瓦斯浓度先增大后减小，回风隅角的瓦斯浓度先减小后增大，当抽采深度为 15 m 时，埋管内的瓦斯浓度最大，回风隅角瓦斯浓度最高达到 0.53%，所以可以把抽采深度设定为 15 m；埋管间距从 15 m 到 25 m 时，采空区瓦斯埋管抽采的瓦斯浓度随着埋管间距的增加不断减小，而回风隅角瓦斯的浓度却不断增大，所以埋管的间距不能设得太大，否则达不到抽采的效果，故埋管间距设定为 15 m。

综上所述，采空区瓦斯埋管的最佳参数是距煤层底板 2.3 m、沿采空区抽采深度 15 m、埋管间距 15 m。

## 4.5 瓦斯抽采系统及装备

瓦斯抽采是瓦斯综合治理的核心，而各种瓦斯治理技术的实施需要相应的钻孔施工、瓦斯抽采等技术装备。煤层瓦斯抽采设备一般包括钻孔施工设备、抽采泵及管路连接装置以及抽采瓦斯管路中的安全装置等。由于阳泉矿区煤层产状、赋存条件的变化，地质构造复杂，瓦斯灾害严重，对打钻施工、封孔抽采的工艺和技术提出了更高的要求，这都为打钻抽采提出了新的课题。煤层瓦斯抽采工艺及设备一般包括钻孔工艺及设备、封孔工艺及设备、抽采泵及管路连接装置以及瓦斯抽采管路中的安全装置等。

## 4.5.1　抽采钻孔施工及封孔技术

### 4.5.1.1　钻机与钻具

(1) 钻机

煤矿井下用安全钻机是煤矿安全装备的一个重要分支，它主要用于煤矿井下瓦斯抽采钻孔、煤(岩)层注水钻孔、灭火灌浆钻孔、构造勘探钻孔及其他工程钻孔的施工。

液压钻机主要有分体式和履带式两种结构形式，如图 4-5-1 和图 4-5-2 所示。

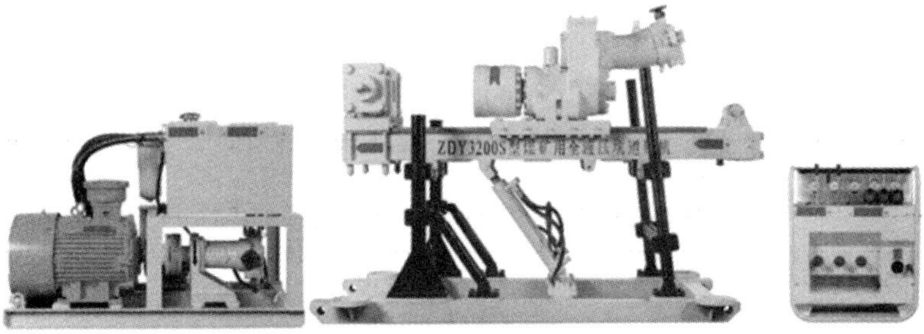

图 4-5-1　分体式钻机

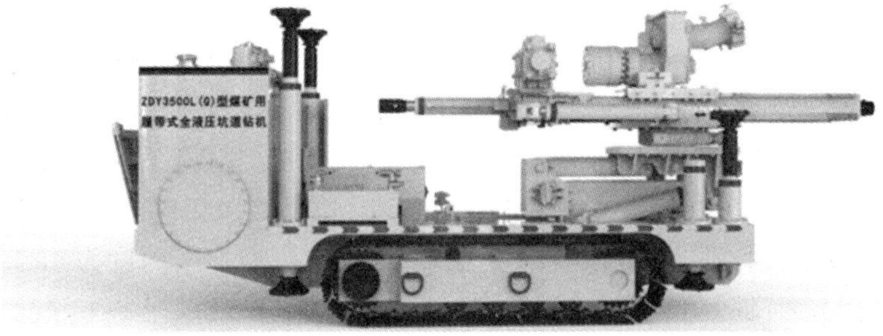

图 4-5-2　履带式钻机

分体式全液压钻机主要由主机、泵站和操纵台 3 部分组成，各部分之间通过高压软管连接。该类型钻机具有解体性好、搬迁运输方便、现场布置灵活和成本低等优点，广泛应用于坑道狭窄、运输困难的大直径深孔煤层钻孔施工。分体式液压钻机虽然适应了井下巷道的客观条件，但也存在主机质量过重，搬迁过程中工人劳动强度大，钻孔辅助时间长等缺点。

履带式全液压钻机通过对其进行履带化改造，把钻机固定在履带车上，可实现前进、后退和转弯等行走功能，主要用于煤矿井下近水平长距离瓦斯抽采的钻孔施工。履带式钻机提高了传统分体式钻机的机动性，减少了移动和固定等辅助时间，降低了工人的劳动强度且对巷道的宽度和高度要求不高，适用性强，具有很好的推广和应用前景。

(2) 钻具

钻进岩石孔的钻杆直径一般为 42～50 mm，钻进煤孔的钻杆直径稍大一些，为 60～89 mm，每节长度为 1～2 m。钻杆应选用弹性好、耐磨损的无缝钢管。钻杆车螺纹前，两端管壁要加厚。

钻杆应用梯形螺纹或圆锥管螺纹连接。钻杆弯曲度每 1 m 不得超过 1 mm，两端螺纹必须保证同轴性，任一端面之间偏差不得超过 0.5 mm。

目前煤矿现场煤层钻孔施工时多采用光钻杆施工，风力排渣。但风力排渣时，由于煤（岩）粉随风力冲出钻孔，造成施工现场空气质量差，影响视线，严重影响操作人员的身体健康及施工安全。当钻深达到一定程度后，风压必须加大，环境污染情况更为严重。风力排渣时受压风风压的限制，钻孔长度大、排渣量大时，风力可能不足以满足排渣的需要。另外，光杆型钻杆连接方式是螺纹形式，遇到夹钻时其不能反转松动，无法退出时，只能丢弃孔内钻杆，造成成本增加；井下施工环境恶劣，螺纹难免因磕碰导致碰伤及锈蚀，这样会造成钻杆装、拆困难或缩短使用寿命。在松软煤层及突出危险煤层钻进时，可采用螺旋钻杆干式钻进，螺旋钻杆转动时螺旋给煤渣以向孔外的推力，促使煤渣同钻孔运移，保持排渣通道的畅通，可有效避免卡钻、抱钻等情况的发生，有利于打深孔，提高钻进效率。反之，应使用插接式螺旋钻杆，在遇到卡钻、夹钻等情况时，由于钻杆采用插接连接，可以实现反转，钻杆不易被丢弃掩埋。螺旋钻杆结构如图 4-5-3 所示。

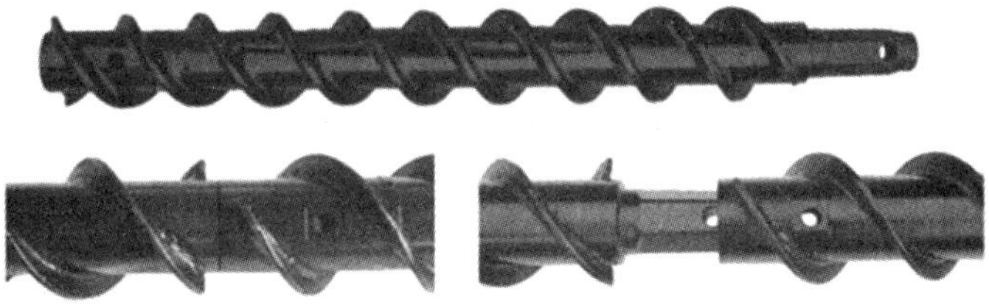

(a)　插接式螺旋钻杆

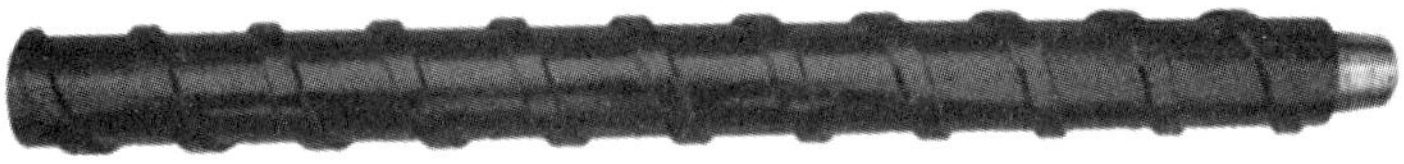

(b)　焊接式宽翼片螺旋钻杆

图 4-5-3　螺旋钻杆示意图

（3）钻头

煤矿井下钻孔多以近水平钻孔为主，且钻遇地层复杂、钻孔周期长，经常需要在软硬互层或夹层中钻进，需要配套孔底马达和轨迹测量仪器，并要能够满足在不建立人工孔底的前提下进行分支孔施工等特殊要求。由于所用钻具和工艺条件不同，常规钻头不能满足定向钻进的需求，必须采用特殊结构的导向钻头，才能实现钻孔轨迹的有效控制。

水平定向长钻孔钻进用钻头的一般要求如下：

a. 具有较长的寿命，避免中途提钻换钻头，影响施工效率；

b. 具有较强的冲击韧性，旨在防止软硬互层或夹层中钻进切削齿被破坏；

c. 具有较长且耐磨的保径结构，不致使钻进过程中因掉片而使钻孔孔径收缩；

d. 具有通畅合理的水路结构，满足高效钻进的排粉需求；

e. 具有较强的侧向切削功能，满足无孔底侧钻分支的需求。

1）导向钻头

导向钻头是指在主孔（先导孔）钻进时，能够配套孔底马达和随钻测量仪实现钻孔轨迹调节和控制的钻头，俗称定向钻头。导向钻头以全面钻头为主，根据钻头选用的切削齿不同，主要分为金刚石钻头、金刚石复合片（PDC）钻头和硬质合金钻头3大类。因煤系多以软-中硬地层为主，岩层硬度系数一般不超过8级，因此，金刚石复合片（PDC）成为该类地层最佳切削材料，其钻头为煤矿井下钻孔定向钻孔施工的常用钻头。

导向钻头在结构上分为切削、保径、连接等3部分（如图4-5-4所示）。切削和保径部分常称为钻头"冠部"，连接部分称为"接头"。切削齿一般采用金刚石复合片，保径材料一般选用金刚石聚晶或硬质合金。

2）扩孔钻头

在定向钻孔施工过程中，为满足封孔、提高瓦斯抽采效率、改善注浆效果等特殊设计要求，经常需要在先导孔的基础上进行全孔或局部孔段扩孔，使钻孔孔身结构达到设计要求，因此需要配备专用的扩孔钻头。扩孔钻头根据钻头体材质不同，分为钢体式和胎体式两种类型，可根据钻遇地层的不同进行选择。一般情况下，地层较软且比较完整时，可选择钢体式，其钻头成本低；地层较硬、地层复杂或钻孔较深时，应该选择胎体式，其钻头寿命长，综合效益好。

扩孔钻头在结构上一般由导向头、刀翼、钻头小端（连接端）3部分组成（见图4-5-5）。导向头直径一般和上一级钻孔直径匹配，比上一级钻孔直径小2～3 mm。刀翼数量根据钻孔直径、岩石情况等进行匹配，一般为奇数。

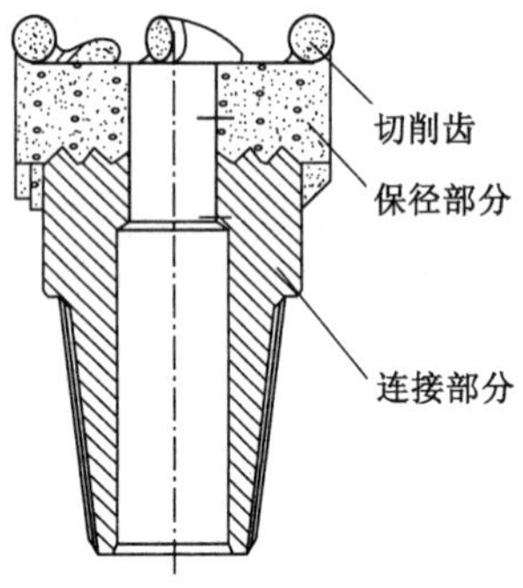


图4-5-4　导向钻头结构示意图

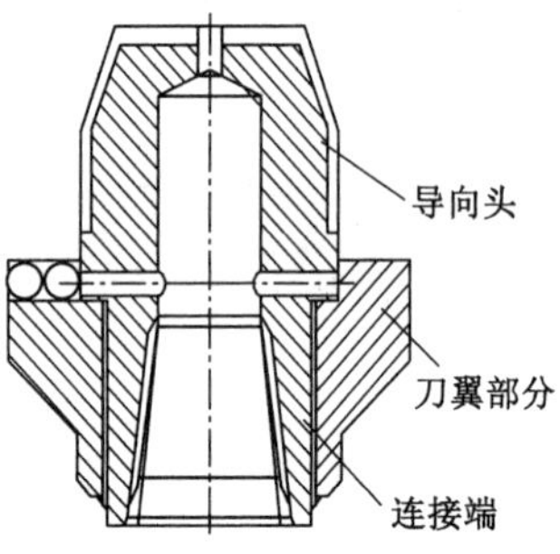


图4-5-5　扩孔钻头结构示意图

#### 4.5.1.2　封孔工艺及设备

由于煤层地质条件多变、煤层透气性差、封孔效果不良等原因，使得我国的瓦斯抽采利用存在诸多问题，主要表现在：钻孔漏气现象严重，瓦斯抽采浓度过低。由于钻孔漏气现象严重，使得很多矿区的瓦斯抽采浓度达不到可以利用浓度，使瓦斯利用变得困难，不得不将低浓度瓦斯排放到大气之中，这不仅造成瓦斯资源的巨大浪费，而且造成对大气的污染。

国内有些矿区，为了追求瓦斯利用，人为降低抽采负压、缩短钻孔抽采时间，甚至过早地关闭低浓度钻孔的抽采，这些被动的方法虽然能够提高瓦斯抽采浓度，但降低了抽采效果和抽采纯量，对煤矿安全生产是十分有害的[27,46]。众所周知，煤是一种多孔介质，煤中包含着从直径几埃的微孔到肉眼可见的孔隙和裂隙（$>10^{-2}$ cm），而瓦斯在煤中的赋存状态又包括游离和吸附两种状态，在一定的瓦斯压力，仅游离瓦斯可以流动，吸附瓦斯只是在瓦斯压力降低时解吸转为游离瓦斯后才参与流动，因而钻孔瓦斯流动时必须具有一定的能量（抽采负压），用以克服瓦斯气流所产生的阻力，预抽煤层瓦斯时只有经历较长的时间才能达到预期的目的。

理论上讲，如果钻孔不漏气，钻孔的瓦斯抽采浓度应当接近 100%，而实际情况是：平煤集团瓦斯抽采平均浓度低于 10%、郑煤集团瓦斯抽采平均浓度低于 5%、华阳集团主要矿井的瓦斯抽采平均浓度也低于 10%，透气性较好的晋煤集团个别矿在 3 个月以后浓度降为 20%左右（很多钻孔降为 10%以下）。这些情况说明，瓦斯抽采过程中大量的空气漏进了抽采管路。目前国内瓦斯抽采的封孔难题没有得到解决，是一个有待解决的重大难题[47]。瓦斯抽采的封孔问题事关瓦斯抽采效果、瓦斯资源利用和煤矿安全生产等多个方面。

（1）本煤层瓦斯抽采封孔技术现状

钻孔密封是瓦斯抽采中一项极其重要的技术工艺，封孔质量是影响瓦斯抽采量和瓦斯抽采率的关键。根据苏联资料，进入抽采系统的空气 80%以上是通过钻孔吸入的，提高预抽煤层瓦斯浓度的方法主要是封孔。国内外现有的瓦斯抽采钻孔封孔技术有水泥砂浆封孔、发泡聚合材料封孔、囊袋封孔和快速封孔器封孔等。

1）聚氨酯封孔法

随着国内煤炭产量的飙升，开采深度的加大，在高地应力情况下，钻孔变形严重，塌孔现象越来越多，聚氨酯封孔越来越不能适应国内封孔的需要。聚氨酯封孔效果差的原因主要表现在两个方面：

① 聚氨酯膨胀速度快，难以封孔到位

钻孔变形严重情况下，封孔器材的插入相对困难，尤其突出煤层，封孔深度需要避开防突钻孔的控制范围。合理封孔深度超过 20 m 时，因聚氨酯膨胀速度快，不能从容不迫地进行封孔施工，很难封孔到位，这样导致巷道壁漏气、防突钻孔短路漏气等，封孔效果难以保证。

② 聚氨酯抗压强度很低，不能抵抗钻孔的变形

高瓦斯矿井和突出矿井的开采深度普遍较大，地应力较高，钻孔蠕变和变形非常普遍。聚氨酯膨胀凝固后的抗压强度很低、可压缩变形量很大，聚氨酯不能抵抗抽采期间的钻孔收敛变形，导致钻孔周围的漏气裂隙进一步扩张，钻孔漏气情况进一步加剧，如图 4-5-6 所示。山西省很多新建矿井的开采深度较大，采用聚氨酯封孔法的瓦斯抽采浓度仅有 3%～10%，不仅难以实现瓦斯利用，而且管道瓦斯浓度处于爆炸极限范围。

2）两堵一注

“两堵一注”封孔法，即两端采用聚氨酯封孔，待聚氨酯凝固之后，在中间段实施注浆封孔，注浆材料一般为特种膨胀水泥。如图 4-5-7 所示。

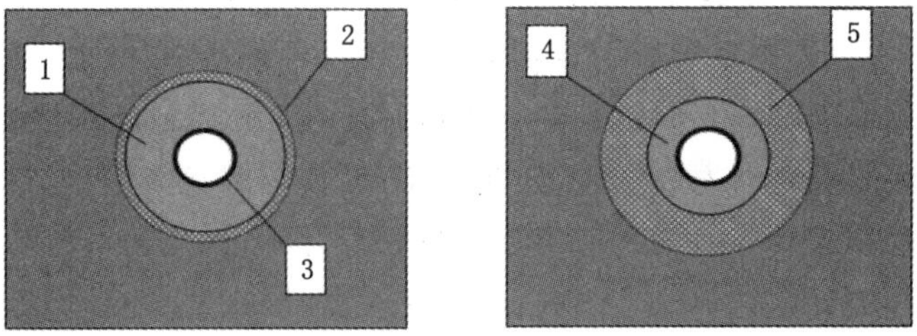


1—压缩前聚氨酯；2—初期钻孔漏气圈；3—封孔管；4—压缩后聚氨酯；5—后期钻孔漏气圈。

图 4-5-6　聚氨酯不能抵抗钻孔变形示意图

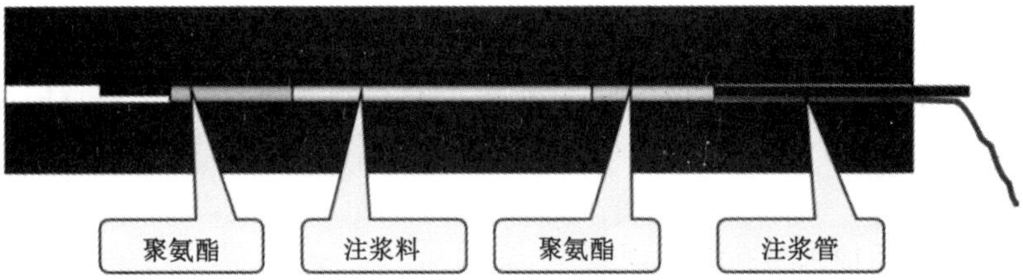


图 4-5-7　“两堵一注”封孔法示意图

“两堵一注”封孔法实际上是二次封孔法，封孔效果整体上优于聚氨酯封孔法，但效果仍不理想，存在以下缺陷：

a. 同聚氨酯封孔一样，存在封孔不到位困难。由于“两堵一注”封孔法的两端采用聚氨酯封孔，聚氨酯难以封孔到位，那么注浆段自然也难以封孔到位。

b. 封孔工艺复杂。“两堵一注”封孔法需要首先实施聚氨酯封孔，间隔一定时间后再实施水泥注浆封孔，即采用的是相隔一定时间的两种封孔方法，封孔工艺复杂。

c. 封孔效率低。聚氨酯膨胀速度快，但聚氨酯凝固时间与温度有关，使两次封孔需要间隔较长的时间。因需实施两种封孔方法，整体封孔耗时较长，特别是井下温度较低时，单孔封孔时间需要数小时以上。

d. 封孔质量难以掌控。由于聚氨酯膨胀速度快，在封孔深度较大的情况下，因插入过程中聚氨酯的掉落和浪费，使得很多情况下聚氨酯不能充满钻孔，注浆封孔时形不成注浆压力，导致封孔失败。

3）双囊袋式注浆封孔法

双囊袋式注浆封孔法是通过安置在封孔管上的两个囊带封堵两段钻孔，在两个囊带之间注入膨胀注浆水泥，两个囊带可以注浆封堵钻孔，也可以注气封钻孔，封孔之后在钻孔一定深度范围内形成一个水泥圆柱体，如图 4-5-8 所示。

现行双囊袋注浆封孔技术仍不能满足瓦斯抽采与利用的需要，存在以下难以克服的技术缺陷：

a. 煤层松软地段的封孔效果很差。在软硬复合煤层和断层带附近，抽采钻孔孔径变大，钻孔周围漏气裂隙多，注浆封孔很难保压，这些地段瓦斯抽采浓度低，抽采效果差。

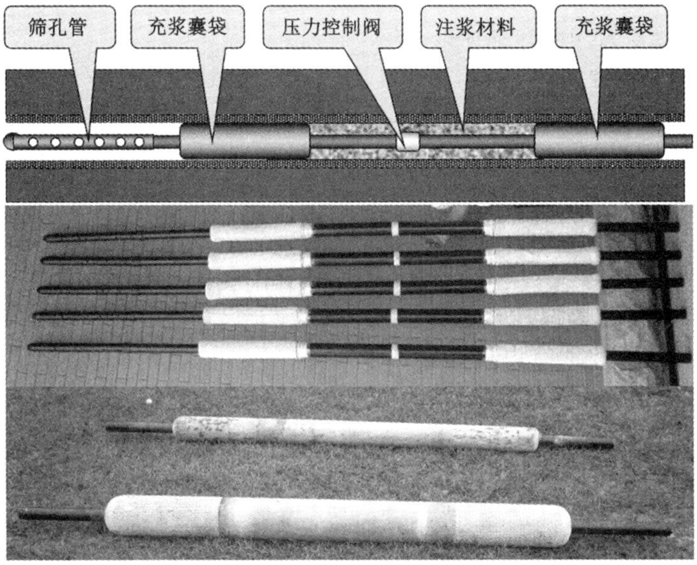


图 4-5-8　双囊袋式注浆封孔法示意图

b. 抽采钻孔的浓度离散性大。双囊袋注浆封孔不能保证每个钻孔都是高浓度，存在较多的低浓度钻孔，而低浓度钻孔的混合流量往往较大，这样造成管道内的浓度仍然较低。

c. 对于低浓度钻孔没有处理办法。现行双囊袋注浆封孔，一旦封孔漏气，没有可用的处理办法。对于低浓度钻孔没有处理办法，就不能保证管道浓度达到可以利用的浓度，这一缺陷使得双囊袋式注浆封孔技术仍然不能满足瓦斯抽采利用的需要。

(2) 采煤工作面浅孔(临时)抽采封孔法

有时采煤工作面存在瓦斯抽采盲区(有些矿区称之为空白带)，如图 4-5-9 所示。抽采盲区是由于钻孔深度受限引起的，高瓦斯突出煤层深孔钻进困难是目前尚未解决的技术难题。采煤工作面浅孔(临时)抽采封孔，是为了抽出采煤工作面前方可能影响采煤安全的部分瓦斯，钻孔在工作面内施工，钻孔的深度一般较浅(十几米)，主要抽采工作面前方卸压带的瓦斯，抽采的时间很短(仅仅数小时)。

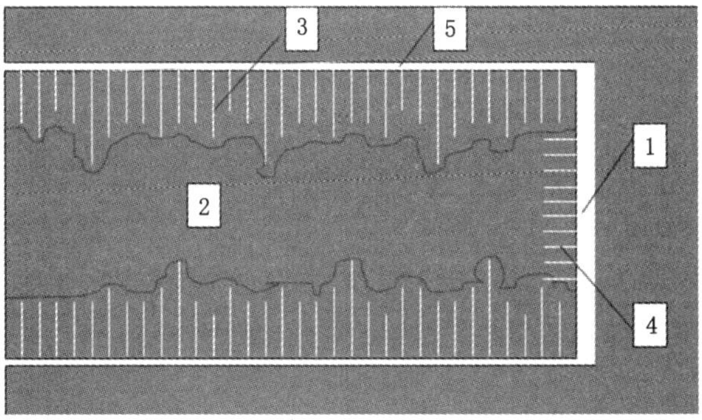


1—采煤工作面开切眼；2—抽采盲区；3—本煤层抽采钻孔；4—浅孔抽采钻孔；5—回采巷道。

图 4-5-9　采煤工作面常见的抽采钻孔布局图

采煤工作面浅孔(临时)抽采封孔的封孔一般采用可复用的封孔器材,其种类较多,效果基本一样。下面对常用的几种加以介绍。

① 机械弹性胀体式封孔器

常用的机械弹性胀体式封孔器有两种:螺旋弹性胀圈式封孔器、弹性串球式封孔器。这两种封孔器的结构分别如图 4-5-10 和图 4-5-11 所示。其工作原理都是在外加力的挤压作用下,迫使弹性胶桶或者弹性串球膨胀,贴紧钻孔内壁,达到封孔的目的;当外加力取消后,胶桶或串球在自身的弹性力作用下恢复原状,即可从钻孔中取出,重复使用。

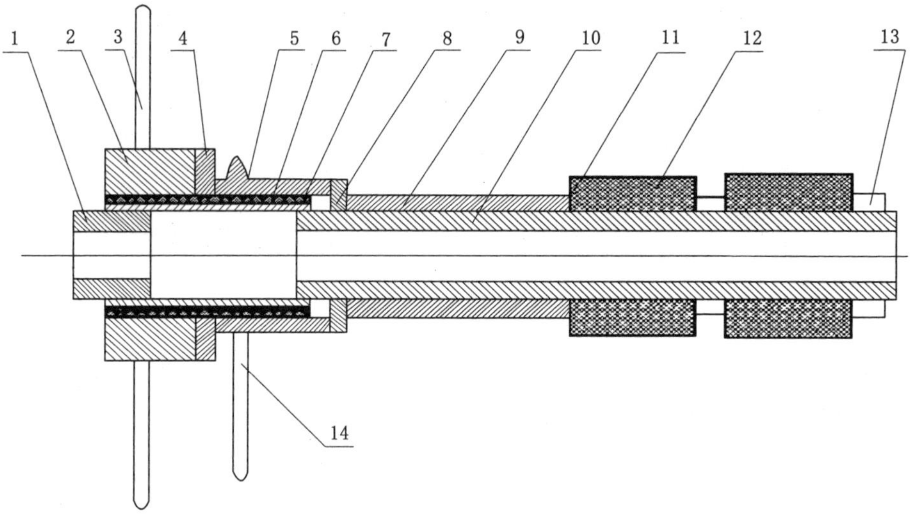


1—接头;2—螺母;3—手柄;4—垫板;5—定向销;6—套管;7—螺杆;8—传力垫;9—外套;10—内管;11—托盘;12—胶桶;13—螺帽;14—手柄。

图 4-5-10 螺旋式封孔器结构示意图

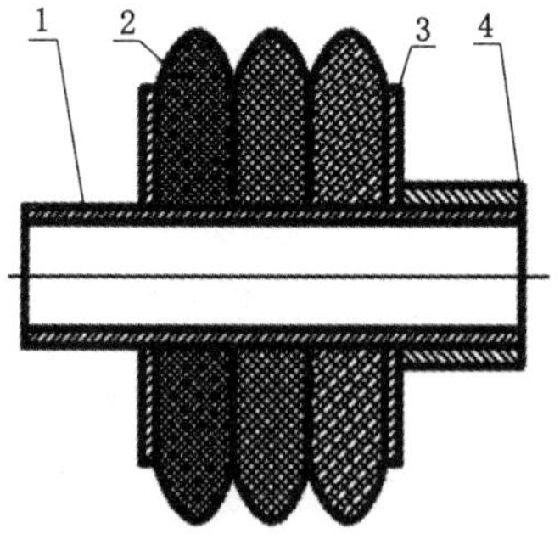


1—内套;2—橡胶球;3—挤压板;4—挤压外套。

图 4-5-11 串球式封孔器结构示意图

上述两种封孔器,用于采煤工作面临时性封孔(钻孔深度浅,一般 5～10 m,主要抽采工作面前方松动区内的瓦斯),在距离孔口 1～2 m 封孔,它们对钻孔的密封性能很差,漏气很严重，根本不能用于本煤层长效抽采钻孔的封孔。

② 充气式封孔器

充气式封孔器主要有两种，一种是免充气气囊式，另一种是充气气囊式。前者将气体封闭在一个橡胶囊里，气囊中部有一根抽采管，利用气体的可压缩性将气囊塞进钻孔里实现封孔，主要在孔口 1 m 范围内封孔；后者的气囊里没有封闭空气，气囊中部有一根抽采管，将囊带塞进钻孔之后，再向囊带充气。两者的效果几乎是一样的，都只能用于临时性封孔。

③ 水力膨胀式封孔器

水力膨胀式封孔器的原理是：压力水进入封孔器后，通过在膨胀器内部所形成的水压升高来促使封孔器胶管膨胀，从而达到封堵钻孔的目的。膨胀胶管可以是钢丝复合胶管，向胶管内的注水压力可以达到很高，对钻孔具有很好的封闭效果。这种封孔器在煤层注水方面用得较多，但对于本煤层长效抽采来讲是不可行的，原因有二：第一，成本较高；第二，封孔器的微泄漏不能保证长效封孔的效果。

(3) 倾斜钻孔水泥砂浆封孔方法

在仰斜穿层封孔技术中，目前最常用的封孔方式是人工装物捣实法、压气封孔方法、泥浆泵封孔方法和水泥砂浆封孔方法等。

① 人工装物捣实法

当封孔长度较短(不超过 5 m)时，若煤层倾角不太大，可用这种方法。其做法是用高水材料或水泥掺入一定量的沙子，加入少量水揉成炮泥状，装填入孔内，为增加填入后的密实性，每填一段距离(0.5～1 m)用木楔用力捣实，以保证封孔质量。该法较费工，劳动强度也较大。

② 压气封孔法

该方法主要适用于上向孔，它是利用压风罐或井下压风管网的压力气体，将水泥砂浆装入混浆罐内，当达到容积的 2/3 左右时，把上盖旋紧、打开压风管阀门，向孔内压入砂浆，直至注满钻孔为止。压气封孔法原理如图 4-5-12 所示。

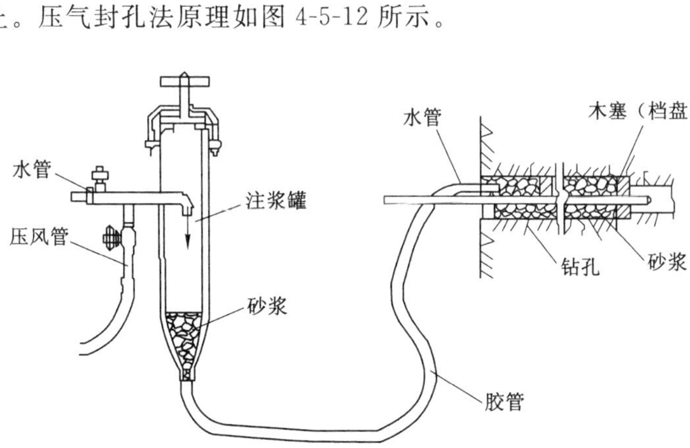


图 4-5-12　压气封孔法工作原理

③ 泥浆泵封堵法

该方法适用于上向封孔。向孔内注浆前1～2 d,先在孔口用水泥固定一个木塞,木塞上有一个孔,用于安装注浆接头,注浆时,用夹布胶管将注浆接头与专用封孔水泥砂浆泵连接起来。

④ 水泥砂浆封孔法

这种方法简单,主要用于钻孔倾角大、封孔深度浅的下向孔封孔。先在抽采管首端距管口100 mm处焊一比扩孔直径略小的圆盘,在管前端100 mm位置捆扎少量棉纱等物,并将抽采管插入孔内,以固定抽采管和防止漏浆。将1∶(2～3)的水泥砂浆倒入抽采管和钻孔之间的环形空间即可封孔,待砂浆凝固后即可进行抽采。在砂浆中加入少量速凝剂,可加速凝固。

(4) 阳泉矿区本煤层瓦斯封堵效果考察

新景公司3#煤层为突出煤层,瓦斯压力大、含量高,透气性差,抽采达标时间长。因此,在3216工作面辅助进风巷开展封堵技术现场试验,改变过去单纯封孔的理念,实施注浆封孔和漏气治理一体化,实现高浓度、高负压和高效率抽采。

试验在新景矿共对100个顺层钻孔进行了封孔实验,选取具有代表性的抽采孔密封及泄漏封堵技术("三堵两注")封孔20个和采用传统"两堵一注"封孔10个进行对比试验,测点布置情况如图4-5-13所示。封孔完毕后,开始进行观测。考察的指标主要是瓦斯浓度、抽采负压。

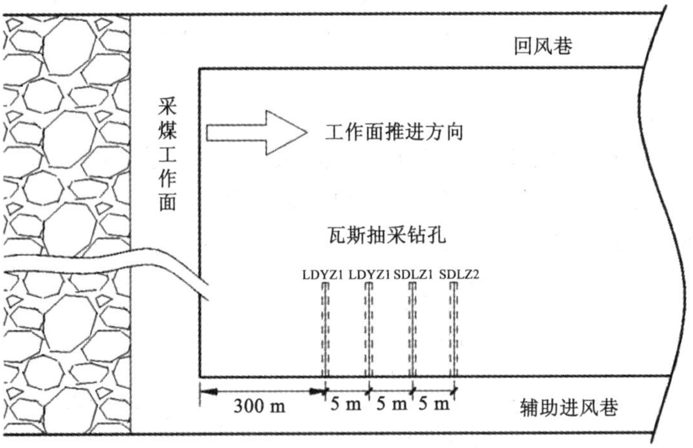


图4-5-13　3216工作面辅助进风巷封孔效果对比试验测点布置图

"三堵两注"封孔方法(图4-5-14)注浆时以瓦斯浓度作为参考标准,当瓦斯抽采浓度低于50%后进行注浆。瓦斯抽采过程中,出现瓦斯抽采浓度大幅下降情况时,需对其注液进行二次封堵。统计其余采用"三堵两注"封孔方法的钻孔可知,注液时间在6～8 min时,能够实现快速封堵的目的。

测孔封孔前后测试钻孔的瓦斯浓度变化情况如图4-5-15所示,其中图4-5-15(a)、(b)为"两堵一注"传统封孔,表4-5-1为其测试结果;图4-5-15(c)～(e)为"三堵两注"新型封

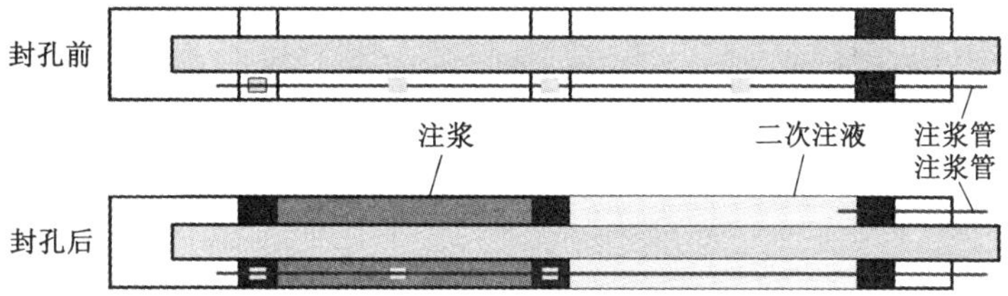


图 4-5-14　封孔技术方案

孔，表 4-5-2 为其测试结果。从图 4-5-15 可以看出，传统的“两堵一注”封孔方法封孔后抽采瓦斯浓度在 15%～35%，“三堵两注”新型封孔方法封孔后抽采瓦斯浓度为 70%～90%，说明封孔后初期抽采周期内，“三堵两注”封孔方法提高瓦斯浓度的效果明显。“三堵两注”封孔方法封孔长度与“两堵一注”封孔方法相同，区别在于在近采掘空间一侧增加一囊袋，即囊袋 3。囊袋 3 和囊袋 1 之间存在空腔，由于抽采负压作用，会在此空腔内形成一定的负压，使得钻孔内抽采负压与巷道大气压力之间增加了缓冲，有效降低了钻孔漏气的现象，从而使得封孔后瓦斯浓度保持在较高浓度。

图 4-5-15(c)～(e)中箭头位置表示向钻孔内注液。根据瓦斯浓度变化可知，注液完成后，钻孔抽采瓦斯浓度显著升高，并可保持在较高浓度，待瓦斯抽采进入稳定期后，浓度保持在 60%～80%，长期平均浓度为 70.2%；“两堵一注”封孔方法封孔钻孔抽采浓度始终在 10%～40%，长期平均浓度为 25.70%。由此可见“三堵两注”封孔方法大幅提高了抽采效果。这是因为随抽采进行，煤体内瓦斯解吸，煤体间缝隙张开，造成了钻孔密封效果变差，而密封浆液的注入有效地填充了煤体内裂隙，同时由于抽采负压的作用，密封浆液在煤体中流动，能够根据矿压显现规律和瓦斯煤体裂隙发育情况进行适应性封堵，进一步提高了钻孔密封效果，通过 523# 孔也可以看出此规律。密封浆液在钻孔内不会凝固，可多次进行注液，因此可根据实际抽采状况向钻孔内注液。对比两种封孔方法可以看出，“两堵一注”封孔方法抽采浓度始终较低，而“三堵两注”封孔方法可根据实际情况进行注液，保证抽采瓦斯浓度始终保持在高位，从而大大延长了单孔抽采有效时间。

通过表 4-5-2 数据分析可知，527# 孔于 9 月 29 日封孔后瓦斯浓度在 60%左右，随着抽采时间的增长，瓦斯抽采浓度持续下降，10 月 18 日抽采浓度降至 38%时进行了泄漏封堵工作，随后的跟踪测定中发现抽采浓度最高升至 80%左右，说明泄漏封堵效果明显。通过对瓦斯抽采浓度长期跟踪测定，其他抽采孔在瓦斯抽采浓度降低后进行泄漏封堵后，瓦斯抽采浓度得到了大幅提高。

对比可知，“三堵两注”封孔方法可以在延长钻孔有效使用期方面起到显著作用，在抽采时间达到 3 个月后，瓦斯浓度能够保持在 60%～70%，远大于传统“两堵一注”封孔方法。同时在提高串孔抽采浓度方面同样作用明显，527# 与 528# 钻孔出现串孔，采用“三堵两注”封孔工艺采取补救措施后，瓦斯浓度仍然保持在 60%以上，大大提高了钻孔利用率。

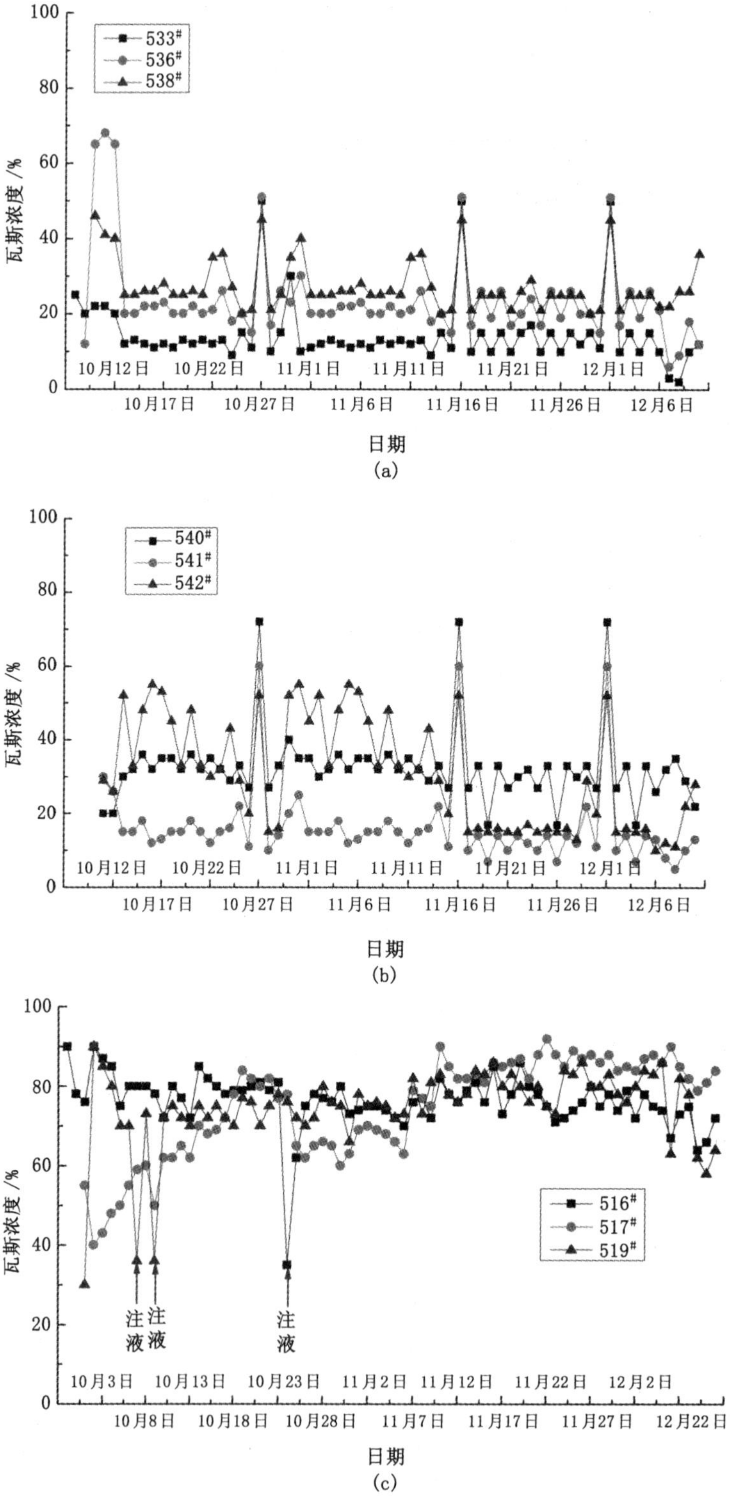


图 4-5-15　不同方法瓦斯浓度对比曲线

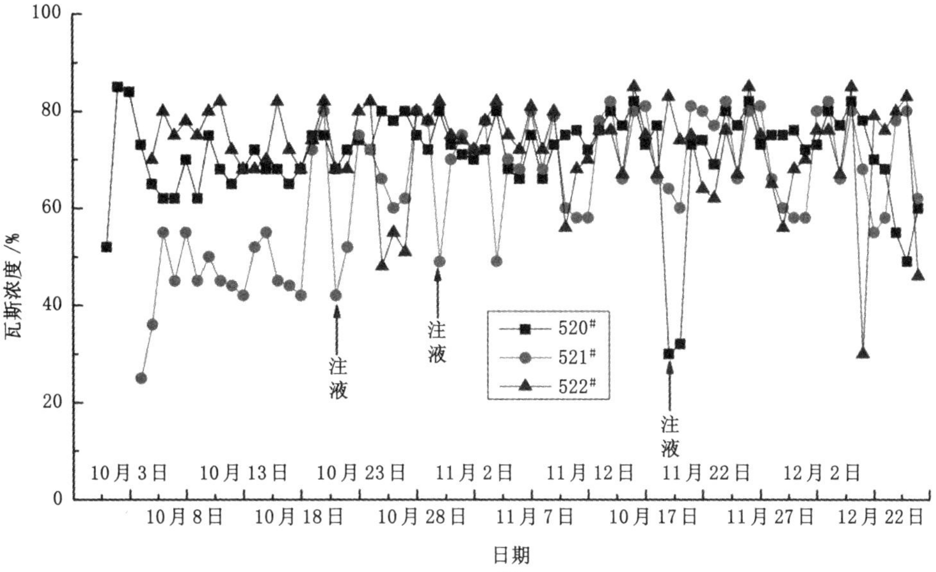

(d)

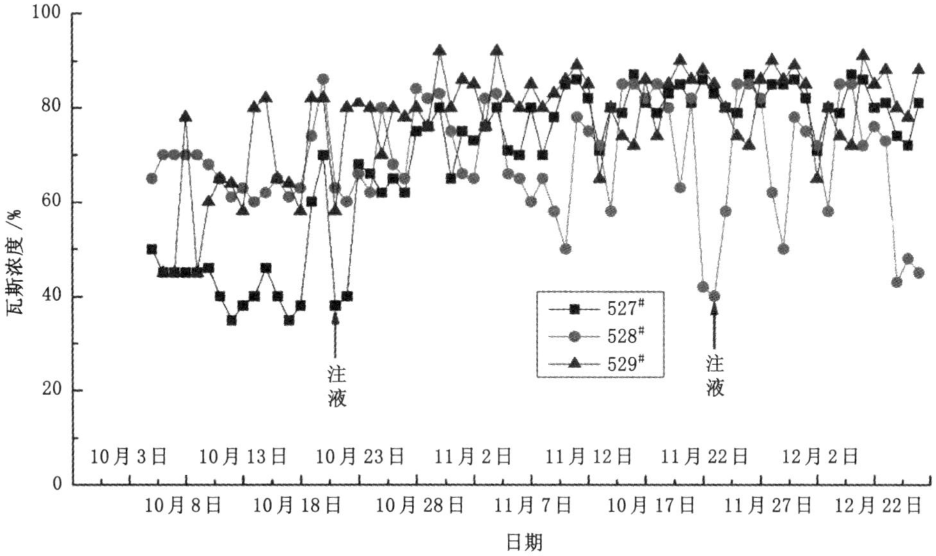

(e)

图 4-5-15(续)

**表 4-5-1　"两堵一注"封堵钻孔瓦斯浓度测试结果**　　单位:%

| 日期 | 钻孔 | | | | | |
|---|---|---|---|---|---|---|
| | 533# | 536# | 538# | 540# | 541# | 542# |
| 9 月 29 日 | 13 | 20 | 25 | 32 | 15 | 33 |
| 9 月 30 日 | 12 | 22 | 26 | 36 | 18 | 48 |

**表 4-5-1(续)**

| 日期 | 钻孔 | | | | | |
|---|---|---|---|---|---|---|
| | 533# | 536# | 538# | 540# | 541# | 542# |
| 10月1日 | 11 | 22 | 26 | 32 | 12 | 55 |
| 10月2日 | 12 | 23 | 28 | 35 | 13 | 53 |
| 10月3日 | 11 | 20 | 25 | 35 | 15 | 45 |
| 10月4日 | 13 | 20 | 25 | 32 | 15 | 33 |
| 10月5日 | 12 | 22 | 26 | 36 | 18 | 48 |
| 10月6日 | 13 | 20 | 25 | 32 | 15 | 33 |
| 10月7日 | 12 | 21 | 35 | 35 | 12 | 30 |
| 10月8日 | 25 | | | | | |
| 10月9日 | 20 | 12 | | | | |
| 10月10日 | 22 | 65 | 46 | | | |
| 10月11日 | 22 | 68 | 41 | 20 | 30 | 29 |
| 10月12日 | 20 | 65 | 40 | 20 | 26 | 26 |
| 10月13日 | 12 | 20 | 25 | 30 | 15 | 52 |
| 10月14日 | 13 | 20 | 25 | 32 | 15 | 33 |
| 10月15日 | 12 | 22 | 26 | 36 | 18 | 48 |
| 10月16日 | 11 | 22 | 26 | 32 | 12 | 55 |
| 10月17日 | 12 | 23 | 28 | 35 | 13 | 53 |
| 10月18日 | 11 | 20 | 25 | 35 | 15 | 45 |
| 10月19日 | 13 | 20 | 25 | 32 | 15 | 33 |
| 10月20日 | 12 | 22 | 26 | 36 | 18 | 48 |
| 10月21日 | 13 | 20 | 25 | 32 | 15 | 33 |
| 10月22日 | 12 | 21 | 35 | 35 | 12 | 30 |
| 10月23日 | 13 | 26 | 36 | 32 | 15 | 32 |
| 10月24日 | 9 | 18 | 27 | 29 | 16 | 43 |
| 10月25日 | 15 | 20 | 20 | 33 | 22 | 29 |
| 10月26日 | 11 | 15 | 21 | 27 | 11 | 20 |
| 10月27日 | 50 | 51 | 45 | 72 | 60 | 52 |
| 10月28日 | 10 | 17 | 21 | 27 | 10 | 15 |
| 10月29日 | 15 | 26 | 25 | 33 | 14 | 16 |
| 10月30日 | 30 | 23 | 35 | 40 | 20 | 52 |
| 10月31日 | 10 | 30 | 40 | 35 | 25 | 55 |
| 11月1日 | 11 | 20 | 25 | 35 | 15 | 45 |
| 11月2日 | 12 | 20 | 25 | 30 | 15 | 52 |
| 11月3日 | 13 | 20 | 25 | 32 | 15 | 33 |

**表 4-5-1(续)**

| 日期 | 钻孔 | | | | | |
|---|---|---|---|---|---|---|
| | 533# | 536# | 538# | 540# | 541# | 542# |
| 11 月 4 日 | 12 | 22 | 26 | 36 | 18 | 48 |
| 11 月 5 日 | 11 | 22 | 26 | 32 | 12 | 55 |
| 11 月 6 日 | 12 | 23 | 28 | 35 | 13 | 53 |
| 11 月 7 日 | 11 | 20 | 25 | 35 | 15 | 45 |
| 11 月 8 日 | 13 | 20 | 25 | 32 | 15 | 33 |
| 11 月 9 日 | 12 | 22 | 26 | 36 | 18 | 48 |
| 11 月 10 日 | 13 | 20 | 25 | 32 | 15 | 33 |
| 11 月 11 日 | 12 | 21 | 35 | 35 | 12 | 30 |
| 11 月 12 日 | 13 | 26 | 36 | 32 | 15 | 32 |
| 11 月 13 日 | 9 | 18 | 27 | 29 | 16 | 43 |
| 11 月 14 日 | 15 | 20 | 20 | 33 | 22 | 29 |
| 11 月 15 日 | 11 | 15 | 21 | 27 | 11 | 20 |
| 11 月 16 日 | 50 | 51 | 45 | 72 | 60 | 52 |
| 11 月 17 日 | 10 | 17 | 21 | 27 | 10 | 15 |
| 11 月 18 日 | 15 | 26 | 25 | 33 | 14 | 16 |
| 11 月 19 日 | 10 | 19 | 25 | 17 | 7 | 15 |
| 11 月 20 日 | 15 | 26 | 25 | 33 | 14 | 16 |
| 11 月 21 日 | 10 | 17 | 21 | 27 | 10 | 15 |
| 11 月 22 日 | 15 | 20 | 26 | 30 | 14 | 15 |
| 11 月 23 日 | 17 | 24 | 29 | 32 | 12 | 17 |
| 11 月 24 日 | 10 | 17 | 21 | 27 | 10 | 15 |
| 11 月 25 日 | 15 | 26 | 25 | 33 | 14 | 16 |
| 11 月 26 日 | 10 | 19 | 25 | 17 | 7 | 15 |
| 11 月 27 日 | 15 | 26 | 25 | 33 | 14 | 16 |
| 11 月 28 日 | 12 | 20 | 25 | 30 | 12 | 13 |
| 11 月 29 日 | 15 | 20 | 20 | 33 | 22 | 29 |
| 11 月 30 日 | 11 | 15 | 21 | 27 | 11 | 20 |
| 12 月 1 日 | 50 | 51 | 45 | 72 | 60 | 52 |
| 12 月 2 日 | 10 | 17 | 21 | 27 | 10 | 15 |
| 12 月 3 日 | 15 | 26 | 25 | 33 | 14 | 16 |
| 12 月 4 日 | 10 | 19 | 25 | 17 | 7 | 15 |
| 12 月 5 日 | 15 | 26 | 25 | 33 | 14 | 16 |
| 12 月 6 日 | 10 | 21 | 22 | 26 | 13 | 10 |
| 12 月 22 日 | 3 | 6 | 22 | 32 | 8 | 12 |

**表 4-5-1(续)**

| 日期 | 钻孔 | | | | | |
|---|---|---|---|---|---|---|
| | 533# | 536# | 538# | 540# | 541# | 542# |
| 12 月 30 日 | 2 | 9 | 26 | 35 | 5 | 11 |
| 1 月 1 日 | 10 | 18 | 26 | 29 | 10 | 22 |
| 1 月 2 日 | 12 | 12 | 36 | 22 | 13 | 28 |

**表 4-5-2 “三堵两注”封堵钻孔瓦斯浓度测试结果** 单位:%

| 日期 | 钻孔 | | | | | | | | |
|---|---|---|---|---|---|---|---|---|---|
| | 516# | 517# | 519# | 520# | 523# | 526# | 527# | 528# | 529# |
| 9 月 29 日 | 90 | | | | | | | | |
| 9 月 30 日 | 78 | | | | | | | | |
| 10 月 1 日 | 76 | 55 | 30 | 52 | | | | | |
| 10 月 2 日 | 90 | 40 | 90 | 85 | | | | | |
| 10 月 3 日 | 87 | 43 | 85 | 84 | | | | | |
| 10 月 4 日 | 85 | 48 | 80 | 73 | 25 | | | | |
| 10 月 5 日 | 75 | 50 | 70 | 65 | 36 | 70 | 50 | 65 | |
| 10 月 6 日 | 80 | 55 | 70 | 62 | 55 | 80 | 45 | 70 | 45 |
| 10 月 7 日 | 80 | 59 | 36 | 62 | 45 | 75 | 45 | 70 | 45 |
| 10 月 8 日 | 80 | 60 | 73 | 70 | 55 | 78 | 45 | 70 | 78 |
| 10 月 9 日 | 78 | 50 | 36 | 62 | 45 | 75 | 45 | 70 | 45 |
| 10 月 10 日 | 72 | 62 | 72 | 75 | 50 | 80 | 46 | 68 | 60 |
| 10 月 11 日 | 80 | 62 | 75 | 68 | 45 | 82 | 40 | 65 | 65 |
| 10 月 12 日 | 77 | 65 | 72 | 65 | 44 | 72 | 35 | 61 | 64 |
| 10 月 13 日 | 72 | 62 | 70 | 68 | 42 | 68 | 38 | 63 | 58 |
| 10 月 14 日 | 85 | 70 | 75 | 72 | 52 | 68 | 40 | 60 | 80 |
| 10 月 15 日 | 82 | 68 | 72 | 68 | 55 | 70 | 46 | 62 | 82 |
| 10 月 16 日 | 80 | 69 | 75 | 68 | 45 | 82 | 40 | 65 | 65 |
| 10 月 17 日 | 78 | 72 | 72 | 65 | 44 | 72 | 35 | 61 | 64 |
| 10 月 18 日 | 79 | 78 | 70 | 68 | 42 | 68 | 38 | 63 | 58 |
| 10 月 19 日 | 79 | 84 | 77 | 75 | 72 | 74 | 60 | 74 | 82 |
| 10 月 20 日 | 80 | 82 | 76 | 75 | 80 | 82 | 70 | 86 | 82 |
| 10 月 21 日 | 81 | 80 | 70 | 68 | 42 | 68 | 38 | 63 | 58 |
| 10 月 22 日 | 79 | 82 | 75 | 72 | 52 | 68 | 40 | 60 | 80 |
| 10 月 23 日 | 81 | 77 | 78 | 74 | 75 | 80 | 68 | 66 | 81 |
| 10 月 24 日 | 35 | 78 | 76 | 72 | 72 | 82 | 66 | 62 | 80 |
| 10 月 25 日 | 62 | 65 | 72 | 80 | 66 | 48 | 62 | 80 | 70 |

**表 4-5-2(续)**

| 日期 | 钻孔 | | | | | | | | |
|---|---|---|---|---|---|---|---|---|---|
| | 516# | 517# | 519# | 520# | 523# | 526# | 527# | 528# | 529# |
| 10 月 26 日 | 75 | 62 | 70 | 78 | 60 | 55 | 65 | 68 | 80 |
| 10 月 27 日 | 78 | 65 | 72 | 80 | 62 | 51 | 62 | 65 | 78 |
| 10 月 28 日 | 77 | 66 | 80 | 75 | 80 | 80 | 75 | 84 | 80 |
| 10 月 29 日 | 76 | 65 | 76 | 72 | 78 | 78 | 76 | 82 | 76 |
| 10 月 30 日 | 80 | 60 | 75 | 80 | 49 | 82 | 80 | 83 | 92 |
| 10 月 31 日 | 73 | 63 | 66 | 73 | 70 | 75 | 65 | 75 | 80 |
| 11 月 1 日 | 74 | 69 | 78 | 71 | 75 | 74 | 75 | 66 | 86 |
| 11 月 2 日 | 75 | 70 | 75 | 70 | 72 | 72 | 73 | 65 | 85 |
| 11 月 3 日 | 75 | 69 | 76 | 72 | 78 | 78 | 76 | 82 | 76 |
| 11 月 4 日 | 74 | 68 | 75 | 80 | 49 | 82 | 80 | 83 | 92 |
| 11 月 5 日 | 72 | 66 | 72 | 68 | 70 | 75 | 71 | 66 | 82 |
| 11 月 6 日 | 70 | 63 | 73 | 66 | 68 | 72 | 70 | 65 | 80 |
| 11 月 7 日 | 76 | 79 | 82 | 75 | 80 | 81 | 80 | 60 | 85 |
| 11 月 8 日 | 77 | 77 | 73 | 66 | 68 | 72 | 70 | 65 | 80 |
| 11 月 9 日 | 72 | 75 | 81 | 73 | 79 | 80 | 78 | 58 | 83 |
| 11 月 10 日 | 82 | 90 | 83 | 75 | 60 | 56 | 85 | 50 | 86 |
| 11 月 11 日 | 78 | 85 | 78 | 76 | 58 | 68 | 86 | 78 | 89 |
| 11 月 12 日 | 76 | 82 | 76 | 72 | 58 | 70 | 82 | 75 | 85 |
| 11 月 13 日 | 79 | 82 | 78 | 76 | 78 | 76 | 71 | 72 | 65 |
| 11 月 14 日 | 81 | 83 | 84 | 80 | 82 | 76 | 80 | 58 | 80 |
| 11 月 15 日 | 76 | 81 | 83 | 77 | 66 | 67 | 79 | 85 | 74 |
| 11 月 16 日 | 85 | 86 | 86 | 82 | 80 | 85 | 87 | 85 | 72 |
| 11 月 17 日 | 73 | 85 | 80 | 73 | 81 | 75 | 81 | 82 | 86 |
| 11 月 18 日 | 78 | 86 | 83 | 77 | 66 | 67 | 79 | 85 | 74 |
| 11 月 19 日 | 86 | 87 | 80 | 30 | 64 | 83 | 83 | 80 | 85 |
| 11 月 20 日 | 80 | 82 | 76 | 32 | 60 | 74 | 85 | 63 | 90 |
| 11 月 21 日 | 78 | 88 | 80 | 73 | 81 | 75 | 81 | 82 | 86 |
| 11 月 22 日 | 75 | 92 | 75 | 74 | 80 | 64 | 86 | 42 | 88 |
| 11 月 23 日 | 71 | 88 | 73 | 69 | 77 | 62 | 83 | 40 | 85 |
| 11 月 24 日 | 72 | 85 | 84 | 80 | 82 | 76 | 80 | 58 | 80 |
| 11 月 25 日 | 74 | 89 | 83 | 77 | 66 | 67 | 79 | 85 | 74 |
| 11 月 26 日 | 76 | 87 | 86 | 82 | 80 | 85 | 87 | 85 | 72 |
| 11 月 27 日 | 80 | 88 | 80 | 73 | 81 | 75 | 81 | 82 | 86 |
| 11 月 28 日 | 75 | 86 | 80 | 75 | 66 | 65 | 85 | 62 | 90 |

表 4-5-2(续)

| 日期 | 钻孔 | | | | | | | | |
|---|---|---|---|---|---|---|---|---|---|
| | 516# | 517# | 519# | 520# | 523# | 526# | 527# | 528# | 529# |
| 11 月 29 日 | 78 | 88 | 83 | 75 | 60 | 56 | 85 | 50 | 86 |
| 11 月 30 日 | 74 | 84 | 78 | 76 | 58 | 68 | 86 | 78 | 89 |
| 12 月 1 日 | 79 | 85 | 76 | 72 | 58 | 70 | 82 | 75 | 85 |
| 12 月 2 日 | 72 | 84 | 80 | 73 | 80 | 76 | 71 | 72 | 65 |
| 12 月 3 日 | 78 | 87 | 84 | 80 | 82 | 76 | 80 | 58 | 80 |
| 12 月 4 日 | 75 | 88 | 83 | 77 | 66 | 67 | 79 | 85 | 74 |
| 12 月 5 日 | 74 | 86 | 86 | 82 | 80 | 85 | 87 | 85 | 72 |
| 12 月 6 日 | 67 | 90 | 63 | 78 | 68 | 30 | 86 | 72 | 91 |
| 12 月 22 日 | 73 | 85 | 82 | 70 | 55 | 79 | 80 | 76 | 85 |
| 12 月 30 日 | 75 | 82 | 78 | 68 | 58 | 76 | 81 | 73 | 88 |
| 1 月 1 日 | 64 | 79 | 62 | 55 | 78 | 80 | 74 | 43 | 80 |
| 1 月 2 日 | 66 | 81 | 58 | 49 | 80 | 83 | 72 | 48 | 78 |
| 1 月 12 日 | 72 | 84 | 64 | 60 | 62 | 46 | 81 | 45 | 88 |
| 平均 | 77.2 | 70.7 | 73.7 | 70.6 | 72.9 | 63.9 | 67.71 | 73.3 | 61.9 |

与此同时,"两堵一注"抽采钻孔在封孔时,由于钻孔内煤渣会扎破封孔囊袋,从而导致钻孔无法密封,造成钻孔报废;而"三堵两注"封孔方法由于三个囊袋的存在,任意一个囊袋遭到破坏,另外两个囊袋都可构成封孔段,继续封孔从而实现钻孔的继续利用。"三堵两注"封孔方法的此项优点大大降低了钻孔报废率,有效地节省了钻孔施工支出。

综合而言,"三堵两注"封孔方法在封孔实用性、钻孔密封性和钻孔长期持续性上的表现显著优于"两堵一注"封孔方法。

## 4.5.2 瓦斯抽采管理系统与附属装置

### 4.5.2.1 瓦斯抽采管路

(1) 管路系统选择的注意事项

为了抽采矿井瓦斯,必须在井上、下敷设完整的管路系统网,以便将矿井瓦斯抽出并输送至地面利用。在选择管路系统时,应根据抽采钻场的分布、巷道布置、利用瓦斯的要求,以及发展规划等要求,综合规划和设计,避免和减少以后在主干系统上频繁改动。瓦斯管路系统的选择是矿井瓦斯抽采工作中的一项重要环节,选择是否合理,不仅直接影响着抽采费用和日常的检查、修理和维护等工作,而且影响着整个矿井的安全生产和职工的生命安全。为此,管网系统选择必须满足以下要求:

a. 瓦斯管路系统必须根据巷道布置图,选择巷道曲线段少和距离最短的线路。

b. 瓦斯管路应设在不经常通过矿车的回风巷道中,以防止管道被撞坏漏气。若设在运输巷道需架设在巷道的上方。

c. 敷设的瓦斯管路应有在抽采设备或管路系统一旦发生故障时,管内的瓦斯不至于进入采掘工作面、机房或硐室等的防范措施。

d. 敷设的瓦斯管路应便于运输、安装和检修维护。

(2) 管路系统的组成

瓦斯管路系统由主管、干管、支管和附属装置构成，其用途参数见表4-5-3。

表4-5-3　瓦斯管路系统分项用途表

| 项　目 | | 用　途 |
| --- | --- | --- |
| 主管 | | 输送整个矿井或几个采区的瓦斯 |
| 干管 | | 输送一个采区或一个工作面的瓦斯 |
| 支管 | | 输送一个钻场的瓦斯 |
| 附属装置 | 测压和测流量装置 | 用以调节、控制、测量管路中的瓦斯浓度、流量和压力 |
| | 安全装置 | 防爆炸、防回火、放空管和放水等装置 |

(3) 管路系统的布置

井下瓦斯抽采管路采用吊挂或打支撑墩沿巷道底板敷设。掘进工作面瓦斯抽采管路可采用巷道侧帮吊挂安全方式。地面瓦斯管路安装采用沿地表架空敷设方式，架空高度0.5 m。每隔5～6 m设置一个支撑架(支撑墩)，必要时在支撑墩上设半圆形管卡固定管路，以防滑落。

管道防腐防锈，在运送和安装过程中损坏的树脂防腐层处必须刷两层防锈漆和一层调和漆。

同时，井下瓦斯管网的布置形式具有较大的灵活性，可根据矿井开拓部署和生产巷道的变化而不同。这要视各抽采矿井的具体条件而定，但必须满足管路布置的要求。

(4) 瓦斯管路的敷设要求

由于井下的环境条件比较恶劣，巷道变形较大，高低不平，坡度大小不一，空气潮湿管路易生锈，为此对井下瓦斯抽采管路的敷设要求如下：

a. 瓦斯抽采管路应采取防腐、防锈蚀措施；

b. 在倾斜巷道中，应用卡子把瓦斯抽采管道固定在巷道支架上，以免下滑；

c. 瓦斯抽采管路敷设要求平直，尽量避免急弯；

d. 瓦斯抽采管路敷设时要考虑流水坡度，要求坡度尽量一致，避免由于高低起伏引起的局部积水，在低洼处需要安装放水器；

e. 敷设的管路要进行气密性试验。

对于地面敷设的管道除了满足井下管路的有关要求外，还需要符合以下要求：

a. 在冬季寒冷地区应采取防冻措施；

b. 瓦斯抽采管路不允许与自来水管、暖气管、下水道管、动力电缆、照明电缆和电话线缆等敷设于一个地沟内；

c. 瓦斯抽采主管路距建筑物应大于5 m，距动力电缆大于1 m，距水管和排水沟大于5 m，距木电线杆大于2 m；

d. 瓦斯抽采管路与其他建筑物相交时，其垂直距离大于0.15 m，与动力电缆、照明电缆和电话线大于 0.5 m，且距相交建筑物 2 m 范围内管路不准有接头。

4.5.2.2　瓦斯抽采附属装置

为了掌握各抽采地点瓦斯涌出量、瓦斯浓度的变化情况，便于调节管路系统内的负压和流量，在管路上应安装阀门、流量计和放水器等附件。除此之外，在瓦斯泵房和地面管路上还须安设有防爆、防回火装置及放空管等。

（1）阀门

瓦斯抽采管路主干管、钻场连接管上均应安装阀门，阀门主要用来调节和控制各抽采点的抽采量、抽采浓度和抽采负压等。常用的阀门为截止阀和闸阀。安设瓦斯管路阀门要求做到以下几点：

① 瓦斯管路上安设的阀门，一般以采用闸板式低压气门为宜；

② 管路阀门应达到操作方便、灵活、气密性严、耐腐蚀性强、不易生锈的要求；

③ 选择阀门的规格时，要与安装地点的管路直径相同或稍大于管路直径；

④ 安装大型管路阀门地点要有加固措施，如打垫墩、加支承架、拴吊绳等；

⑤ 对地面瓦斯阀门一律要用砖或水泥砌成暗井，并加上盖板保护，北方地区还要有保温措施并注意做好经常性的检修工作。

（2）放水器

在矿井抽采瓦斯系统中，放水器是不可缺少的装置之一，其作用是把从钻孔中抽出的瓦斯和水分离，将水放掉，只让瓦斯进入管路，可以解决瓦斯管路的积渣堵塞问题，保证瓦斯抽采浓度。目前，井下的放水器主要有人工放水器和 U 形管自动放水器、负压自动放水器、正压人工放水器和正压自动放水器。负压自动放水器结构如图 4-5-16 所示，该种放水器由外壳、浮漂、托盘、进水阀、放水阀、通大气阀、负压平衡管、导向杆和磁铁等组成，适用于管内负压在 0～0.9 MPa、最大放水量 10 L/min 的条件下。

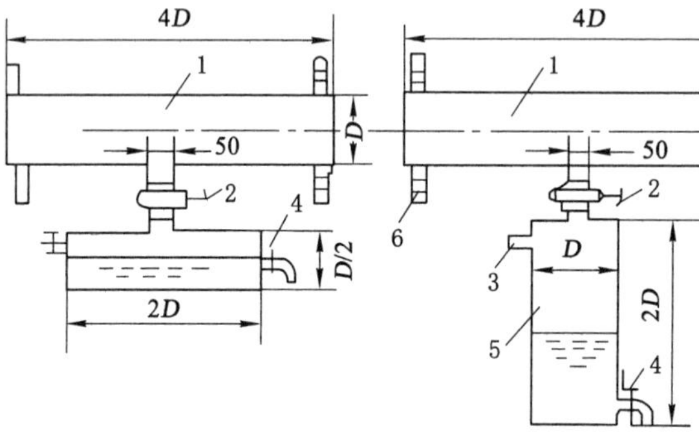


1—瓦斯管路；2—放水器阀门；3—空气入口阀门；4—放水阀门；5—放水器；6—法兰盘。

图 4-5-16　负压自动放水器结构图

（3）计量装置

在瓦斯抽采的同时，要安装必要的计量装置对抽采流量、抽采浓度、抽采负压、压差、温度等各种参数进行计量。

(4) 防爆、防回火装置

管道用抑爆技术是指在瓦斯爆炸的初始阶段，依靠对瓦斯管道爆炸信息的超强探测，强制性地将消焰剂抛洒到火焰阵面前方，从而将火焰扑灭达到阻止爆炸传播的技术和装备。

除了抑爆技术之外，在瓦斯管道输送中还经常采用阻隔爆技术。阻隔爆技术是指利用隔爆装置将燃烧或爆炸火焰实施阻隔，使之无法通过管道传播到其他设备中的技术。阻隔爆技术主要针对爆炸发生后的发展阶段，通过阻隔爆炸火焰传播的方式将爆炸控制在一定的范围内。阻隔爆装置通过传感器探测到的爆炸信号实施制动或通过阻火材料熄灭火焰，阻止爆炸火焰的传播。为了保护抽采设备，阻隔爆技术应不仅阻隔爆炸火焰的传播，还应能够释放爆炸产生的爆炸冲击波超压，故需同时采用泄压技术。

目前主要使用的管道用隔抑爆装置主要有水封阻火泄爆装置、自动阻爆装置、储压式喷粉抑爆装置、产气式喷粉抑爆装置、储压式喷气抑爆装置。

## 4.5.3　瓦斯抽采监测系统

目前，抽采达标是评价煤层瓦斯抽采有效性的重要指标[44]，然而在实际抽采中，有效评价煤层瓦斯抽采是否达标是较为困难的，最大的问题是数值统计，譬如某一区域煤层或一个工作面，到底抽采了多少，依靠当前人工方式进行统计，不仅效率低、实时性差，数据的真实性也难以保证[48]。同时，抽采监测模式也是一个较为重要的问题，由于抽采方式的不同与抽采地点的不同，要求评价抽采达标的监测与管理必须针对不同的地点与方式，采用不同的方法进行评价和分析。华阳集团瓦斯监测联网在原有的集中监测模式基础上增加了多线程处理技术，即同时多个程序线程并发运行。该技术的优势是能够提高整体系统效能，充分利用硬件资源。

### 4.5.3.1　系统结构设计

系统全部采用 B/S 网络应用架构，所有应用都是基于网站方式，这样可极大减少维护工作量，便于系统升级，为目前先进主流的应用方式。

系统功能总体结构如图 4-5-17 所示。

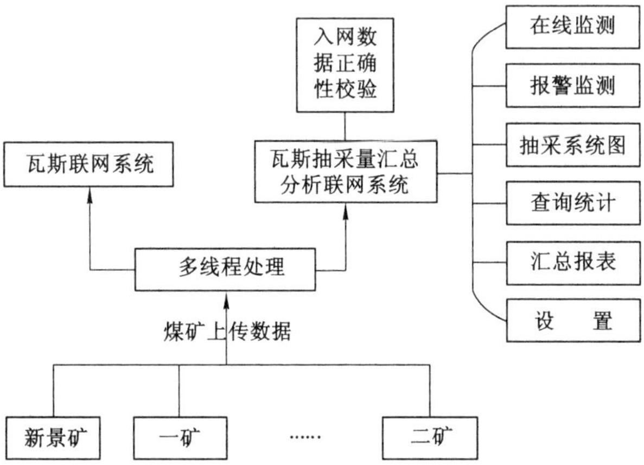


图 4-5-17　系统总体架构图

4.5.3.2 瓦斯抽采达标面域化监测体系

煤矿瓦斯防治基本方针“通风可靠、抽采达标、监控有效、管理到位”中抽采达标的评价是面向工作面与整个矿井的，而现有抽采监测系统监测传感器是基于分站，因而不能直接用来进行抽采达标监测与管理。另一方面，整个矿井瓦斯抽采管路系统基本属于树形结构，从地面到井下分为主管路、干管路、分支管路，而矿井、水平、一翼、采区、工作面的抽采效果与管路上监测点的布局密切相关。所以，必须解决按区域、按管道、按区域与管道关系关联设置与监测问题，这是整个抽采系统能否实现预期目标的基础。

(1) 基于工作面与矿井的面域化抽采监测模式

煤矿安全测控技术基础体系包括软件模式与硬件模式，其中软件模式指测控单元与测控功能的组织方式。现行测控模式基本上是以传感器分站等测控单元为对象的点的模式，譬如点的设置定义、点的通道编码、点的监测、点的控制、点的报警、点的查询、点的曲线、点的分析、点的报表等，而不是基于监测地点的监测模式，更不是基于工作面整个区域的监测模式，难以反映整个工作场所或某个地点的安全状态及对某个地点进行监测趋势分析。

在点模式的基础上又提出了以面域为对象的面域化测控新模式，它与点模式的区别是增加了以面为对象的表现形式，从而进行全面性与关联性监测。面域化测控模式由树状结构模型、数据链路关系模型、控制模型、系统设置模型、应用模型和专业化应用模型组成，可将现有各种测控单元包括异构系统测控单元进行无缝融合实现面域化全面测控与关联测控。

面域化测控的实质是针对目前监测监控领域存在的关键技术问题，提出建立一套新的面向应用的监测监控软硬件组织体系，将原来基于分散点的监测提升到按地点、按分组、按通风流程、按区域及其对象关联的网络化测控组织体系，从而解决许多原来不能或难以解决的关键技术，实现全面监测与关联监测，做到快速控制，实现超前预警、分级报警、分级响应和分级管理，为采用监测监控技术和有效避免安全事故奠定了基础并给出了示范应用。矿井面域树状结构如图 4-5-18 所示。

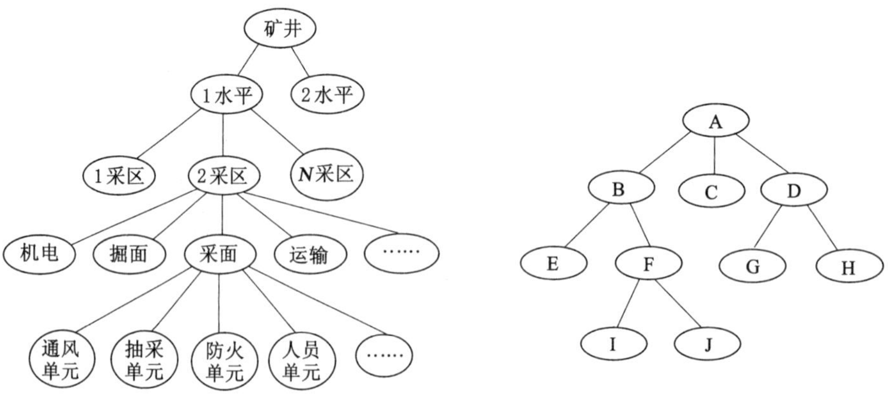


(a) 面域树层次结构　　(b) 树的层次结构

图 4-5-18　矿井面域树状结构

为解决上述问题，提出基于工作面与矿井的面域化抽采监测模式。其基本原理是将抽采钻场、工作面、采区、水平、矿井等作为区域基本单元，将管道作为管线基本单元，将监测基站作为监测基本单元，然后再建立三者所属与关联的关系，从而实现按区域、管道的监测与分析统计，即建立起瓦斯抽采面域化体系结构模型。譬如矿井抽采效果数据来自主管道、主管道又来自干管道、干管道来自分支管道、分支管道来自钻场；工作面效果来自分支管道、采区可能来自分支或干管道。通过在各管道上的监测基站采集的监测数据即可看到抽采效果。管网、抽采区域、监测基站关系参见图 4-5-19。

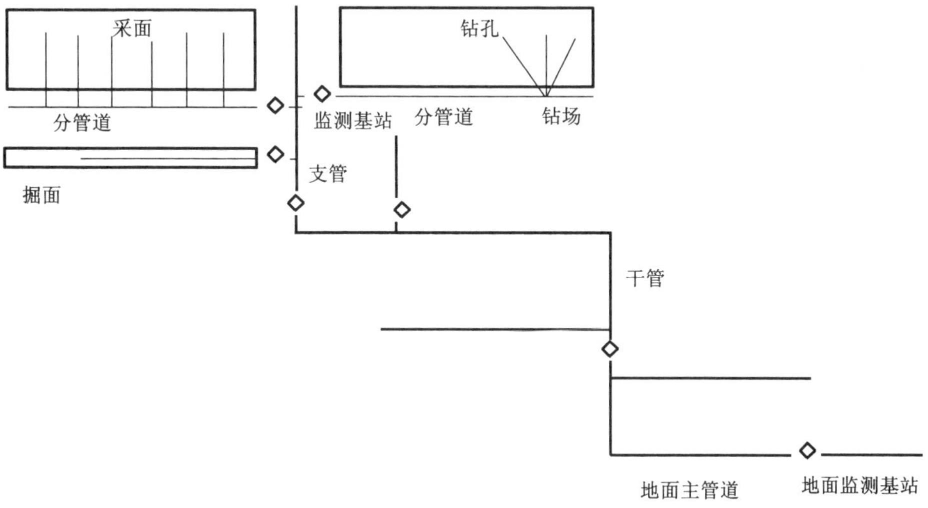


图 4-5-19　抽采管网、区域、监测基站关系图

（2）面域化抽采达标监测传感器设置规范

煤矿瓦斯抽采目前已经是煤矿瓦斯治理的重要技术途径，抽采监测传感器数量大幅度增加，用于监测效果评价的传感器不仅要有数量，而且还要标识出位置与类型，譬如浓度、负压、温度、混合量、标准状态、工况状态等大量的参数，又如一些传感器参数是计算参数，不是直接监测参数，所有这些特征要求进行监测传感器的面域位置与类似设置，且整个集团公司统一。为此建立了抽采监测传感器面域化设置标准体系，通过对传感器描述按标准化设置实现抽采传感器面域化设置。

（3）面域化抽采达标监测传感器设置自动识别

抽采传感器面域化设置是应用的第一步，设置后必须进行分组。采用人工方式难以适应煤矿监测地点与监测参数及分站监测通道的变化，为此开发出传感器面域化智能自动识别系统。自动识别软件平台自动实现面域分组、位置分组、参数分组，从而为抽采达标在线监测与效果考核提供了技术基础。

（4）工作面瓦斯抽采达标模型

通过工作面瓦斯来源分析、瓦斯抽采量的累计监测以及区域煤炭储量、原始瓦斯含量、瓦斯残存量等数据可得到可抽采瓦斯量或可解吸瓦斯量，来计算出实际抽采量所占的比例，从而定量进行抽采达标评价。

(5) 面域化抽采达标监测统计分类模型

统计分类模型依据关注点的不同，可分为瞬时抽采量、分钟抽采量、小时抽采量、日抽采量、旬抽采量、月抽采量、季抽采量、年抽采量和历史以来抽采量。抽采量又分为纯量与混合量，而纯量与混合量又分为标准状态与工况下。综合上述，构建起较复杂的监测统计分类指标体系，这些指标体系是考核煤矿是否按抽采计划完成任务的重要依据。

#### 4.5.3.3 监测联网入网数据正确性校验技术

瓦斯监测联网网络中断与数据包格式错误造成数据中断、煤矿因为技术或人为原因未能全部上传、面域化设置不正确未能有效识别、上传时间不同步等造成显示中断等，是监测联网中遇到的典型问题，这些问题的解决对于系统正常运行是十分必要的，为此进行了专项研究。其解决途径包括：

① 对于瓦斯监测联网网络中断与数据包格式错误造成数据中断问题，开发出大容量导入过程中记录入系统异常日志，通过调用系统日志可检查存在的主要问题，同时系统给出联网数据中断报警提示。

② 对于煤矿因为技术或人为原因未能全部上传问题，开发面域化传感器位置智能识别对比系统，有效解决了这一类问题。系统会及时给出未上传中断的传感器位置，并且自动下发通知到煤矿相关管理单位与个人，实现责任落实与跟踪。

③ 对于面域化设置不正确而造成的未能有效识别问题，及时提示缺少的传感器位置。

④ 对于上传时间不同步等造成显示中断问题，开发出时间自动同步软件系统。

#### 4.5.3.4 瓦斯监测误报警自动识别系统

瓦斯浓度的检测是煤矿安全生产的主要环节，瓦斯浓度的准确测量与预报直接关系到井下人员与设备的安全。目前，瓦斯浓度的检测主要是依靠瓦斯探测器将井下数据集中到一个点后再传送到地面的检测系统中。但在实际检测中部分“超限”地点的实际瓦斯涌出量并没有达到超限值，我们把这种实际瓦斯未达到报警(超限)值却发生了报警的现象，称为监控系统的瓦斯误报警。由于井下环境恶劣，存在着各种干扰源，瓦斯传感器输出的微弱信号很容易受到污染，引起一些脉冲干扰信号；以及传感器自身的故障等原因，常常造成误报警。一旦报警，井下的电源就自动切断，生产被迫停止。因此，正常生产因为频繁的误报警而受到很大影响，给企业造成了很大的损失。由于误报警的存在，不但影响了对实际瓦斯涌出情况的正常判断，还给煤矿作业人员的工作带来诸多问题，并增加了调度员的工作量。更为严重的是，如果长时间的误报警，会使“真”“假”瓦斯报警“鱼龙混珠”，麻痹工作人员的神经，影响瓦斯隐患的处理速度，从而诱发瓦斯超限事故。如郑煤集团大平煤矿，瓦斯超限报警 20 余分钟未予处理，认为是通常的误报警，最终酿成特大事故。

因此，煤矿监测监控系统在数据可靠性和剔除误报警中的问题，是亟待解决的问题。经过研究，在监测监控联网系统平台层面通过采用特殊的数据分析与专家识别技术，有效解决数据可靠性与剔除误报警数据。这些问题的解决对于加强安全管理，及时解决安全问题，防止安全事故和对于促进提高煤矿监测监控系统数据可靠性都具有重大意义。

(1) 传感器故障数据自动识别系统

传感器故障监测是保证系统可靠运行的必要措施，研究开发出基于传感器测点的传感器故障实时监测系统（见图 4-5-20）与基于面域的传感器故障实时监测系统（见图 4-5-21），可在发生故障时进入报警主窗口进行实时报警提示。上述关键新技术开发对于全面提升煤矿监测系统运行可靠性起到至关重要的作用，点击报警记录可显示故障曲线与详细的数据描述。

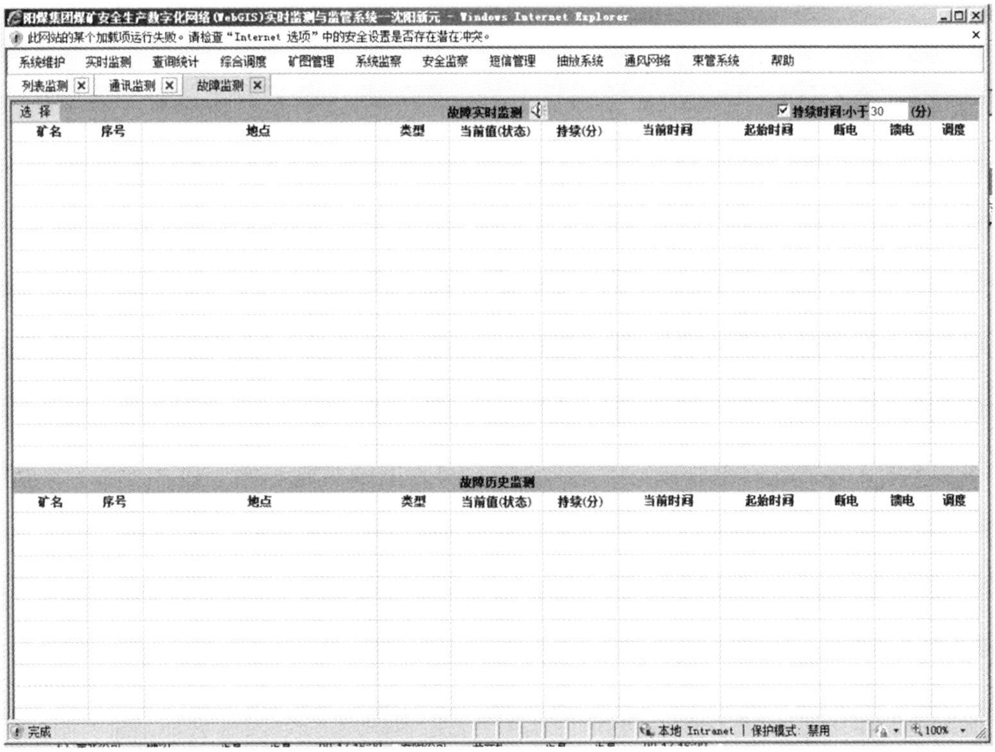


图 4-5-20　基于测点的传感器故障监测

(2) 传感器干扰数据自动识别新技术

通过实验室模拟，再对实际数据进行分析，得到了大量的监控系统干扰数据样本。结合干扰数学模型，得到干扰数据的自动识别系统。同时，鉴于干扰数据突变波型判断的非唯一性，譬如片帮瓦斯突然涌出、放顶煤瓦斯突然涌出、采空区瓦斯突然涌出、煤与瓦斯突

图 4-5-21　实时报警监测主界面(包含传感器故障实时监测报警部分)

出、爆破瓦斯突然涌出、生产过程瓦斯增量、报警线附近波动等诸多因素都可能具有类似的突变模型。对各种因素特征进行了深入研究,根据相关特征开发了量化判断标准模型,模型中典型参数包括基值、峰值、采样间隔时间、传感器地点,对于不同的参数分布采用加权方式,结果给出三级分级评价结论,即疑是干扰、可能是干扰、干扰可能性较大。同时,开发了相应的应用软件系统,并已在集团监测联网网站成功运行。

误报警实时监测示例见图 4-5-22、汇总统计分析示例见图 4-5-23,系统的自动判断可靠性在 70%以上,取得较为理想效果。

(3) 传感器监测数据真实性自动识别系统

监控有效是煤矿瓦斯防治“十六字工作体系”的组成部分之一,目前煤矿监控有效最大问题是数据可靠性问题,其中的原因一些是系统本身问题,譬如干扰数据;一些是人为造假,譬如封堵传感器、往传感器上浇水、移动传感器位置、用新风吹传感器等等;再有就是传感器校验的数据与报警数据混在一起难以识别,给安全监管带来较大困难。为此,集团进行了专项研究,开发了专项软件系统,针对共性问题,在面域设置的基础上研究开发出监测数据可靠性实时判别系统、误报警自动识别系统、数据通信中断自动监测系统、监测联网数据或网络中断自动监测系统等,这些新技术成为监测监管十分有效的手段。所开发的面域化监测模式是利用工作面传感器间数据关系进行分析判断,譬如回风与进风瓦斯关系、回风隅角瓦斯与回风瓦斯关系等,这些功能,传统的基于测点的方式几乎都不能实现。相应开发的应用软件系统,可在主报警窗口与动态安全评价窗口给予报警提示,如图 4-5-24 所示。

图 4-5-22　误报警实时监测窗口界面与实例

图 4-5-23　误报警汇总统计分析实例

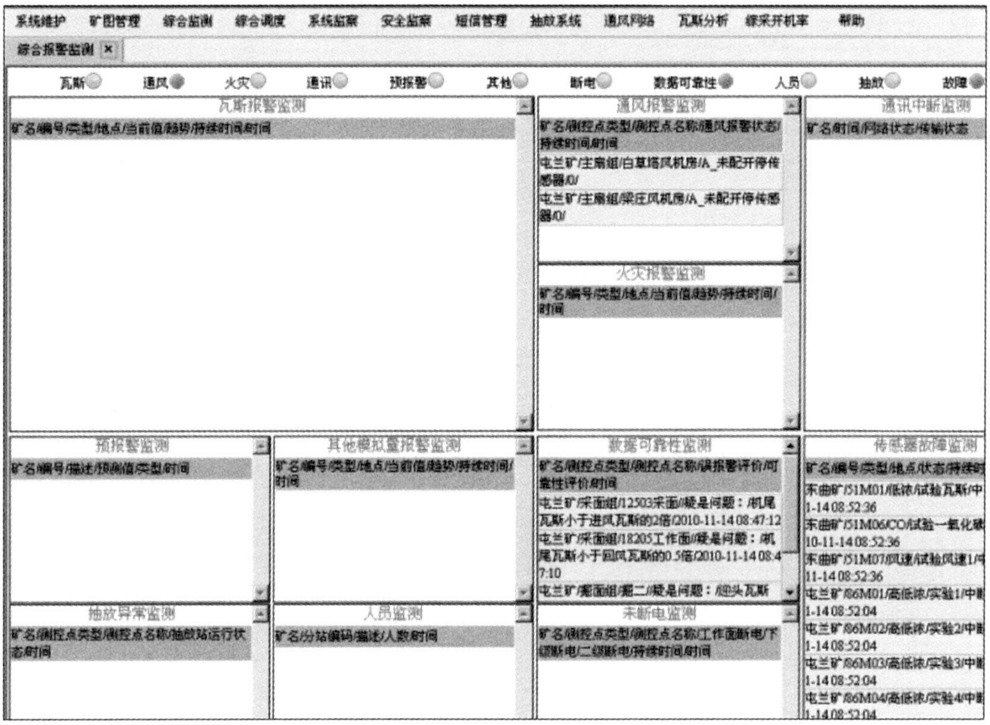


图 4-5-24　数据可靠性报警评价窗口

# 参考文献：

[1] 中煤国际工程集团重庆设计研究院.煤矿瓦斯抽采工程设计标准：GB 50471—2008[S].北京：中国计划出版社，2018.

[2] 国家安全生产监督管理总局.煤矿瓦斯抽放规范：AQ 1027—2006[S].北京：煤炭工业出版社，2006.

[3] 周福宝，王鑫鑫，夏同强.瓦斯安全抽采及其建模[J].煤炭学报，2014，39(8)：1659-1666.

[4] 周福宝，孙玉宁，李海鉴，等.煤层瓦斯抽采钻孔密封理论模型与工程技术研究[J].中国矿业大学学报，2016，45(3)：433-439.

[5] 肖福坤，段立群，葛志会.采煤工作面底板破裂规律及瓦斯抽放应用[J].煤炭学报，2010，35(3)：417-419.

[6] 袁亮，郭华，李平，等.大直径地面钻井采空区采动区瓦斯抽采理论与技术[J].煤炭学报，2013，38(1)：1-8.

[7] 袁亮.卸压开采抽采瓦斯理论及煤与瓦斯共采技术体系[J].煤炭学报，2009，34(1)：1-8.

[8] 吴有增.低渗松软煤层采动下瓦斯运移规律及立体化抽采技术研究[D].北京：中

国矿业大学(北京),2015.

[9] 尹光志,何兵,李铭辉,等.采动过程中瓦斯抽采流量与煤层支承应力的相关性[J].煤炭学报,2015,40(4):736-741.

[10] 谢建林,孙晓元.高瓦斯厚煤层采动裂隙发育区瓦斯抽采技术[J].煤炭科学技术,2013,41(5):68-71.

[11] 张超,林柏泉,周延,等.本煤层深孔定向静态破碎卸压增透技术研究与应用[J].采矿与安全工程学报,2013,30(4):600-604.

[12] 吴刚.近距离煤层群上保护层开采卸压机理及瓦斯抽采技术研究[D].徐州:中国矿业大学,2015.

[13] 刘彦伟.突出危险煤层群卸压瓦斯抽采技术优化及防突可靠性研究[D].徐州:中国矿业大学,2013.

[14] 彭守建,张超林,梁永庆,等.抽采瓦斯过程中煤层瓦斯压力演化规律的物理模拟试验研究[J].煤炭学报,2015,40(3):571-578.

[15] 申宝宏,刘见中,张泓.我国煤矿瓦斯治理的技术对策[J].煤炭学报,2007,32(7):673-679.

[16] 董洪凯.高突矿井瓦斯抽采防突评价体系的构建及应用[J].煤炭科学技术,2016,44(2): 84-88.

[17] 涂敏.低渗透性煤层群卸压开采地面钻井抽采瓦斯技术[J].采矿与安全工程学报,2013,30(5):766-772.

[18] 梁冰,袁欣鹏,孙维吉.本煤层顺层瓦斯抽采渗流耦合模型及应用[J].中国矿业大学学报,2014,43(2):208-213.

[19] 赵勇明,蒋曙光,邵昊,等.采空区瓦斯抽放钻孔终孔范围确定方法研究[J].煤炭科学技术,2011,39(5):51-53.

[20] 王玉武,富向,杨宏伟,等.采空区瓦斯抽放技术优选及适用性分析[J].煤矿安全,2008,39(5):77-79.

[21] 宋爽,张天军,李树刚,等.采空区卸压瓦斯抽采评判系统设计与实现[J].矿业安全与环保,2019,46(5):85-89.

[22] 国家煤矿安全监察局.煤矿瓦斯抽采基本指标:AQ 1026—2006[S].北京:煤炭工业出版社,2006.

[23] 毕慧杰,邓志刚,赵善坤,等.高瓦斯综采工作面定向高位钻孔瓦斯抽采技术研究[J].煤炭科学技术,2019,47(4): 134-140.

[24] 刘毅,张禹.我国煤矿瓦斯防治与抽采利用技术进展[J].煤炭科学技术,2013,41(增刊):185-184,188.

[25] 葛春贵,王海锋,程远平,等.地面钻井抽采卸压瓦斯的试验研究[J].矿业安全与环保,2010,37(2):4-6,10,91.

[26] 申宝宏,刘见中,雷毅.我国煤矿区煤层气开发利用技术现状及展望[J].煤炭科学技术,2015,43(2):1-4.

[27] 王振锋,周英,孙玉宁,等.新型瓦斯抽采钻孔注浆封孔方法及封堵机理[J].煤炭

学报，2015，40(3)：588-595.

[28] 王耀锋，何学秋，王恩元，等.水力化煤层增透技术研究进展及发展趋势[J].煤炭学报，2014，39(10)：1945-1955.

[29] 韩金鑫，李定启.煤与瓦斯突出矿井煤巷掘进工作面瓦斯抽采技术研究[J].能源与环保，2019，41(9)：5-9.

[30] 秦伟，许家林，彭小亚.本煤层超前卸压瓦斯抽采的固-气耦合试验[J].中国矿业大学学报，2012，41(6)：900-905.

[31] 郭培红，李海霞，朱建安.煤层钻孔瓦斯抽放数值模拟[J].辽宁工程技术大学学报(自然科学版)，2009，28(增刊1)：260-2.

[32] 孙文忠.低渗煤层 $CO_2$ 预裂增透高效瓦斯抽采原理及应用[J].煤炭科学技术，2017，45(1)：100-105.

[33] 刘清泉，童碧，方有向，等.松软煤层快速全孔筛管护孔高效瓦斯抽采技术[J].煤炭科学技术，2014，42(12)：58-61.

[34] 黄敬恩，程志恒，齐庆新，等.近距离高瓦斯煤层群采动裂隙带瓦斯抽采技术[J].煤炭科学技术，2014，42(8)：38-41.

[35] 王伟，程远平，袁亮，等.深部近距离上保护层底板裂隙演化及卸压瓦斯抽采时效性[J].煤炭学报，2016，41(1)：138-48.

[36] 刘彦伟，李国富.保护层开采及卸压瓦斯抽采技术的可靠性研究[J].采矿与安全工程学报，2013，30(3)：426-431，436.

[37] 苏恒，曹运兴，陈莲芳.气相压裂增透技术在煤巷掘进工作面中的应用[J].煤田地质与勘探，2016，44(5)：49-52.

[38] 卢平，袁亮，程桦，等.低透气性煤层群高瓦斯采煤工作面强化抽采卸压瓦斯机理及试验[J].煤炭学报，2010，35(4)：580-585.

[39] 刘珂铭，张勇，许力峰，等.近距离煤层群瓦斯立体抽采技术研究[J].煤炭科学技术，2012，40(6)： 46-50.

[40] 李海涛，闫大鹤，浦仕江，等.近距离煤层群保护层开采底板卸压瓦斯抽采技术研究[J].煤炭工程，2020，52(7)： 78-82.

[41] 程远平，周德永，俞启香，等.保护层卸压瓦斯抽采及涌出规律研究[J].采矿与安全工程学报，2006(1)： 12-18.

[42] 汪有刚，李宏艳，齐庆新，等.采动煤层渗透率演化与卸压瓦斯抽放技术[J].煤炭学报，2010，35(3)： 406-410.

[43] 秦伟.地面钻井抽采老采空区瓦斯的理论与应用研究[D].北京：中国矿业大学，2013.

[44] 中国煤炭工业协会科技发展部.采空区瓦斯抽放监控技术规范：MT 1035—2007[S].北京：煤炭工业出版社，2007.

[45] 丁厚成，马超.走向高抽巷抽放采空区瓦斯数值模拟与试验分析[J].中国安全生产科学技术，2012，8(5)： 5-10.

[46] 王兆丰，武炜.煤矿瓦斯抽采钻孔主要封孔方式剖析[J].煤炭科学技术，2014，42

(6)：31-34,103.

[47] 周福宝,李金海,昃玺,等.煤层瓦斯抽放钻孔的二次封孔方法研究[J].中国矿业大学学报,2009,38(6)：764-768.

[48] 王军号,孟祥瑞.物联网感知技术在煤矿瓦斯监测系统中的应用[J].煤炭科学技术,2011,39(7)：64-69.

# 第5章 阳泉矿区瓦斯增透技术

随着煤矿开采深度的增加，矿井灾害日益复杂多样，煤矿安全生产的压力也与日俱增。阳泉矿区大多数高瓦斯矿井煤层都存在透气性较低的问题，通常采用的瓦斯抽采技术有效性较差，由于抽采钻孔对煤层的有效作用范围较小，而在工作面进行钻孔施工难度较大，煤层抽采效率低下，是造成矿井很难根治瓦斯灾害的主要原因。因此，对煤层进行卸压增透的研究已经成为国内学者的重点研究对象，研究内容主要是增加钻孔的有效作用范围，结合瓦斯运移规律与卸压增透的特性，促进卸压后裂隙区的高浓度瓦斯快速释放，达到有效抽采的目的，以期在突出煤层的"卸压、增透、消突"方面有所突破[1-3]。

煤层增透技术主要有两种[4-5]，一种是层外卸压增透，另一种是层内卸压增透。矿井开采煤层群时，一般采用层外卸压增透，即保护层开采先开采非突出或突出危险程度低的煤层，对突出煤层进行层外卸压增透。开采保护层具有方法简单、经济性好和卸压范围大等特点，已为国内外普遍应用。当开采单一煤层时，则主要采取层内卸压增透，根据作用机理分类，常见的方法可分为卸压类、增透类以及其他类，其中卸压类主要包括水力冲孔和水力割缝，增透类主要包括水力压裂、$CO_2$ 气相压裂以及深孔爆破，其他类主要包括注气置换以及等离子脉冲等。

## 5.1 阳泉矿区煤层增透技术与效果

### 5.1.1 煤层增透技术分类及特点

瓦斯作为一种与煤共生的物质，在煤层中以吸附态大量存在，而随着煤炭开采向深部发展，地应力的增大使得煤层的透气性降低，会严重影响瓦斯抽采的效果。针对这一问题，专家学者们提出了许多煤层增透方法，这些方法根据其作用机理，大致可分为以下三类：

① 卸压类：此类方法主要是通过技术手段在煤中形成空腔或缝槽，使得周围煤体得到卸压，煤层透气性大大增加，进而有效缩短抽采时间，提高抽采效率。

② 增透类：此类方法主要通过技术手段使煤体破裂，改变煤层的渗透率，进而缩短抽采时间，提高抽采效率。

③ 其他类：此类方法主要是通过技术手段降低煤层的瓦斯分压、提高煤层瓦斯的扩散和渗流速度等。

5.1.1.1 卸压类瓦斯增透技术

(1) 水力冲孔

水力冲孔主要是依靠高压水的冲击能力，对煤体造成破坏，最终产生一个较大的水力掏槽孔[6-8]。其周边煤体向孔内发生较大位移，造成煤体发生膨胀变形，使孔道作用范围内的地应力降低，从而煤层充分卸压，裂隙增多，煤层透气性大幅度提高，促进瓦斯渗流。在采用水力冲孔时，水的作用体现在高压水作用煤壁，产生了一个较大的掏槽孔，导致周边煤体充分卸压，瓦斯大量排放；对煤体的湿润，减小了煤体的脆性，降低了煤体内部的应力集中，从一定程度上抑制了煤和瓦斯突出，达到了综合防突的效果。其原理如图 5-1-1 所示。

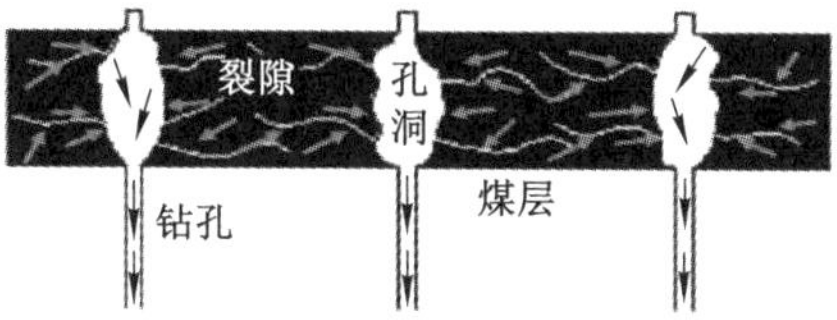


图 5-1-1　水力造穴增透瓦斯流动概念模型

该方法适用于软煤层以及地应力大、瓦斯含量高、瓦斯压力大的煤层。但由于该方法主要是通过扩大钻孔直径使煤体在地应力作用下发生膨胀变形，增透范围有限，在突出煤层易引发大的突出，推广应用受到一定限制。同时，水力冲孔增透技术对煤体强度适中的上向穿层钻孔增透效果较好，但是对于下向穿层钻孔煤层增透效果一般。

(2) 水力割缝

水力割缝是在煤层中先打一个钻孔，然后在钻孔内利用高压水射流对钻孔两侧的煤体进行切割，在钻孔两侧形成具有一定深度的扁平缝槽，利用水流将切割下来的煤体带出孔外[9-10]。为了提高水力割缝效果，后来又发展了高压磨料射流割缝技术，即通过一定的技术手段，将具有一定粒度的磨料粒子加入高压水管路系统，使磨料粒子与高压水进行充分混合后再经喷嘴喷出，从而形成具有极高速度的磨料粒子流-磨料射流。磨料粒子本身有一定的质量和硬度，因此高压磨料水射流具有良好的磨削、穿透、冲蚀的能力，提高割缝的效果。其原理如图 5-1-2 所示。

采取水力割缝措施，首先增加了煤体的暴露面积，且扁平缝槽相当于局部范围内开采了一层极薄的保护层，达到了层内自我保护作用，为煤层内部卸压、瓦斯解吸流动创造了良好的条件，其结果是造成了缝槽上下煤体在一定范围内充分卸压，增大了煤层的透气性能；其次，在地压作用下，缝槽周围的煤体向缝槽空间膨胀、移动，扩大了缝槽卸压、排瓦斯范围。因此，水力割缝的切割、冲击作用，使钻孔周围一部分煤体被高压水击落冲走，形成扁平缝槽空间，这一缝槽可以使周围煤体发生激烈的位移和膨胀，增加煤体中的裂隙，大大改善煤层中的瓦斯流动状态，为瓦斯排放提供有利条件，改变煤体的原始应力和裂隙状况，提高煤体的透气性。

煤层高压水力割缝增透技术在煤层较厚、瓦斯含量大、煤体碎软及低渗的煤层中应用效果更为显著。但该技术需要专用设备，且设备操作复杂，实施程序较为烦琐，因此应用范围受到限制[11]。

#### 5.1.1.2　增透类瓦斯增透技术

(1) 水力压裂

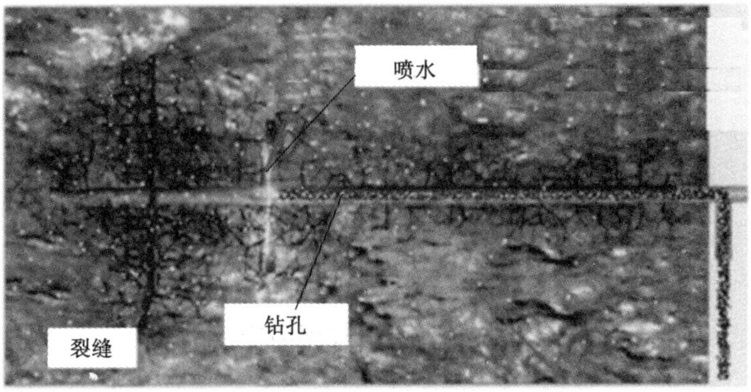


(a) 高压水力割缝

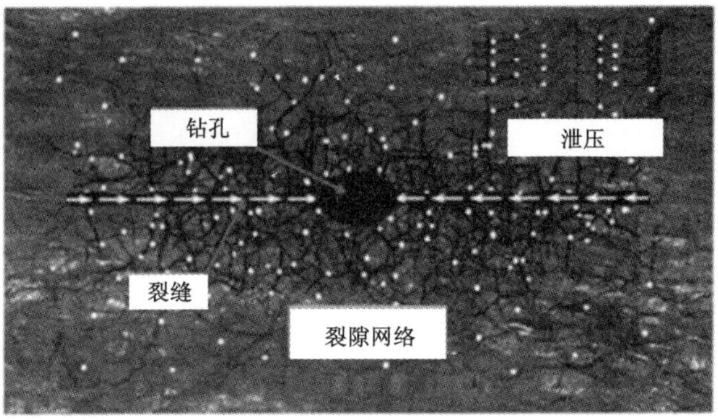


(b) 负压瓦斯抽采

图 5-1-2 煤矿井下水力割缝原理图

水力压裂是将大量水迅速通过钻孔(井)压入煤层内,利用注水压裂破坏煤层,借助的是水在煤层各种软弱结构面内的支撑作用[12-14]。由于水的存在,造成弱面的张开和扩展,从而增加了裂隙的空间体积,裂隙的扩展会使多个裂隙之间连通,从而形成一个横纵交错的裂隙网络。形成的这种网络化裂隙,会大幅度提高煤层的透气性。当采用有较高压力的脉冲水对煤层进行压裂时,具有高压脉动特点的压力水对煤层不断作用,导致煤层中的原生裂隙不断扩展、贯通,同时产生新的裂隙,大大提高煤层渗透率。通过水的机械作用使煤层的孔隙破裂,形成大量的裂隙,使煤层新生裂隙和原始裂隙贯通形成裂缝,还可以通过添加支撑剂充满裂缝以阻止裂缝再次闭合,其原理如图 5-1-3 所示。

该法主要分为地面钻井水力压裂和井下钻孔水力压裂。地面钻井水力压裂用于地面瓦斯开采、采空区抽采等,适用于厚度大、倾角小、瓦斯抽采容易的煤层,工程量大、成功率相对较低;井下钻孔水力压裂是对低透气性煤层进行小范围压裂,具有适用范围广、施工周期短、成功率高、效果明显等优点。该法已经在许多矿井进行试验,取得了很好的效果。在此基础上,还出现了一些改进方法,如可有效增大压裂范围的脉动水力压裂法,该法通过脉动水作用使煤体产生疲劳损伤,实验和现场应用都证实它能显著提高压裂范围;可实现压裂设备小型化的点式水力压裂法,用低流量的水进行压裂,降低了对泵的要求,从而

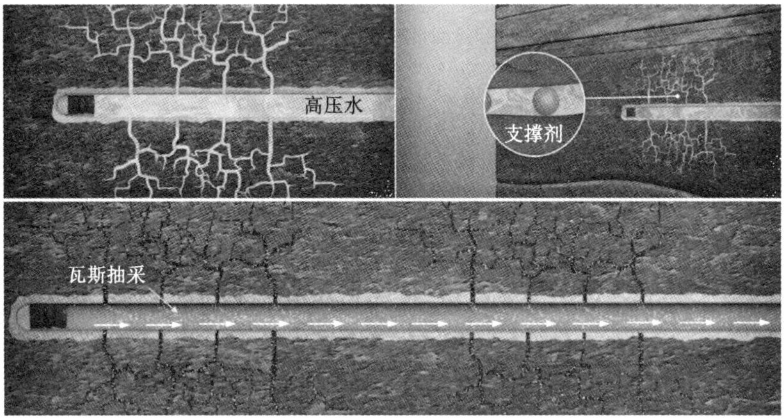


图 5-1-3　煤矿井下水力压裂示意图

可更好地适应井下受限空间，但是存在设备庞大、设备价格高、施工困难、管路铺设和操作复杂等问题，施工周期较长、安全条件要求较高。

(2) $CO_2$ 气相压裂

温度低于 31 ℃、压力为 7.2 MPa 的 $CO_2$ 是液态的，而当温度高于 31 ℃时液态的 $CO_2$ 瞬间转变为气态，在这个过程中，$CO_2$ 的体积发生快速膨胀，可以对周围事物造成巨大破坏。将液态 $CO_2$ 装在特制的容器(爆破器)内，在工作面完成钻孔工作后，依次放入炮管，将爆破管的起爆头连通引爆电流后，活化器内的低压保险丝发生快速反应，较高的温度使容器内的 $CO_2$ 在 40 ms 内由液体迅速转变为气体，体积瞬间膨胀高达 600 多倍，容器内压力可增大到 270 MPa。当压力超过设定值，释放头内的爆裂盘被打开，高压 $CO_2$ 气体瞬间从爆破器内发生爆炸，对钻孔附近的煤体作用，起到物理爆破的效果。

在渗透性较低且瓦斯压力较高的煤层中实施 $CO_2$ 预裂爆破，可以充分合理利用气体爆炸产生的应力波。高压气体的瞬间膨胀和巨大的体积变化使煤层中形成了粉碎区、裂隙发育区、裂隙区，给增加煤层渗透性提供了基础条件[15-16]。

$CO_2$ 气相压裂技术与水力卸压增透方法相比，不需要大型的设备，操作简单方便；与爆破致裂增透方法相比，具有安全性高、节省时间等特点。首先，相变压裂过程中由于是液相 $CO_2$ 体积膨胀产生高压气体，因此不会产生高温及火花，不会引起瓦斯爆炸或煤尘爆炸，在高瓦斯矿井和易燃矿井中均可使用；其次，相变压裂与爆破致裂相比，相变压裂设备不是爆炸器材，在购买与储存过程中无需审批，流程简单，在施工过程中也无需“一炮三检”，不需要专门的爆破工，现场施工简单，工人工作安全性高；最后，相变压裂与水力卸压增透相比，液相 $CO_2$ 产生的高压气体并不是使煤体过度粉碎，而是让煤体产生裂隙，不破坏煤体骨架的完整性，从而在突出矿井中降低了在施工过程中诱导煤层突出的概率。

#### 5.1.1.3　其他类瓦斯增透技术

(1) 注气置换瓦斯

利用气态物质置换解吸煤层瓦斯或利用液态物质抑制煤层瓦斯解吸来防治煤与瓦斯突出是一种探索性的瓦斯突出防治新思维[17-18]，目前正处于探索研究阶段，尚没有大规模的工程实际应用。从 $CH_4$、$CO_2$、$N_2$ 等多组分气体在煤体内的吸附-解吸规律出发，研究 $CO_2$、$N_2$ 等对瓦斯高压吸附平衡煤体中甲烷的置换、驱替作用特征，探索和揭示气体物质置换、驱替作用机制；以水对煤中瓦斯解吸的抑制作用为基础，研究注水湿润煤体延缓瓦斯涌出的技术，解决高瓦斯煤层掘进和生产中瓦斯涌出大，通风难以解决的难题。这两项技术的研究，为煤矿瓦斯突出多元化综合防治提出一条新的思路。

虽然前期的煤层注气置换瓦斯技术取得了一定的成就，能够有效促进瓦斯的排放和抽采，但在区域防突工艺技术和装备及相关基础实验方面研究仍有不足，存在以下问题：

① 低压注气区域消突效果考察。以往的井下试验主要采用压风系统进行注气，来考察局部消突效果，其注气压力、注气流量与注气影响半径（平行层理和垂直层理方向）的定量关系没有研究透彻，而且区域预抽煤层瓦斯的顺层钻孔长度较长，低压注气是否能起到很好的效果尚未研究，限制了低压注气技术在区域消突领域的应用。

② 长钻孔、高压注气封孔技术与装备。采用高压注气时，必须使用封孔强度高的封孔器，而且需要研制高压管路连接设备和大流量的煤矿许用型空气压缩机，以免在高压注气过程中，出现漏气、封孔器崩出等现象。

③ 注气效果沿孔深变化规律。先前的试验都是在排放孔和长度小于 20 m 的抽采钻孔中进行的，可以近似认为孔内注气压力均衡。但随着钻孔长度的增加，注入相同压力的气体，注气效果会如何变化尚不知晓。因此，研究注气钻孔不同孔深处，周边煤体的注气置换煤层瓦斯效果和注气效果沿孔长变化规律，可以为钻孔注氮合理孔深、注氮方式、注氮时间及封孔方式设计提供依据。

④ 注气置换煤层瓦斯的时效特征。不同的注气压力、注气流量和注气时间会对预抽效果产生不同的影响，其时效特征的研究为选择注气压力、注气流量和注气时间提供合理的参数，为井下注气工艺措施的制定奠定基础，在达到快速消突的同时，减少人力、物力和财力的消耗。

⑤ 注气过程中，诱导煤与瓦斯突出的危险性定量评价。对于具有突出危险性煤层来说，向煤层注入一定压力的气体后，虽然起到促排、促抽效果，但带有一定压力的气体（特别是高压注气）诱导煤与瓦斯突出的危险性定量评价尚未研究，从而严重限制了其在突出煤层中的应用。

(2) 等离子体脉冲

等离子脉冲技术[19]以非线性物理原理为技术基础，涉及地质学、地层物理学、爆炸理论、声学、波动理论和共振理论等学科理论。

其工艺原理是根据不同地质条件下煤层所特有的固有频率，通过专有设备上的导爆索在接通高压电源后使得两极之间的金属校准线瞬间气化，在储层液体中能量释放成低温致密等离子体并产生冲击波，该冲击波通过射孔通道传播到煤层基质引起挤压应力和拉伸应力（图 5-1-4），周期性的弹性挤压和拉伸作用与煤储层固有频率产生水平方向上的共振，产生的脉冲压力超过了堵塞系数，脉冲波的传播速度促使压力引导系数提高，能使堵塞产气通道的煤粉脱离并流入井底，达到疏通产气通道的目的[20]。此外等离子脉冲技术选取基本的碳氢化合物分子，打破分子链，使等离子体变得更小，人工引发定期的高压等离子脉冲作用，是为了在煤层和渗透的围岩内通过原生裂隙不断扩张形成新的微裂隙网络(图 5-1-5),从而沟通煤储层中的裂缝,增大煤层的渗透率;周期性的脉冲作用还能促进瓦斯的解吸与扩散,进而增加瓦斯的抽采量。

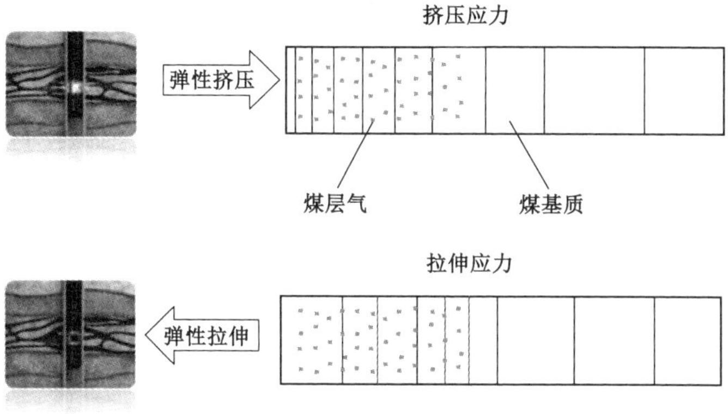


图 5-1-4　等离子脉冲技术作用于煤体原理图

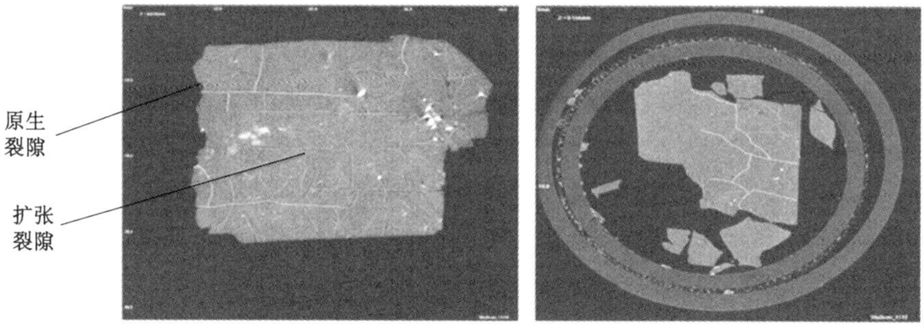


图 5-1-5　新形成的微裂隙网络模拟示意图

这种微裂隙网络基本不需要任何支撑剂,而且随着时间推移也基本不会闭合。相比较水力压裂或者水力割裂,该技术的应用特点就是对煤层的应变状态没有人为的干涉,周期性宽频带等离子体脉冲作用形成挤压和拉伸应力,不改变煤炭的物理力学特性和质量特性就可以提高煤层的渗透率。

## 5.1.2　阳泉矿区煤层增透技术体系与效果

### 5.1.2.1　阳泉矿区煤层增透技术体系

阳泉矿区属于高瓦斯和突出矿区,瓦斯抽采是瓦斯和突出灾害防治的主要手段。但是由于阳泉矿区煤层透气性差、瓦斯含量高、地应力大,甚至有动力现象或突出危险,使煤层预抽钻孔钻进难度极大。因此,必须采用局部强化措施增加瓦斯抽采效率。

阳煤集团立足于自身条件,引进吸收先进的瓦斯防治新技术、新工艺、新装备,经过不断试验摸索,形成适应不同煤层赋存条件的“8＋3”瓦斯治理模式,并在此基础上理顺了抽、掘、采平衡,制定下发了《阳煤集团气相压裂执行标准(试行)》(阳煤通字〔2017〕764

号)和《阳煤集团瓦斯抽采钻孔水力造穴增透标准(试行)》(阳煤通字〔2017〕765 号)等企业技术标准,由试验阶段进入成熟固化阶段,真正做到了“一矿一策、一面一策”。

目前,集团瓦斯抽采的主要增透措施为:① 水力造穴措施;② 气相压裂措施;③ 水力压裂措施;④ 其他经试验验证有效的煤体增透措施。现阶段集团 15# 煤原始突出煤层掘进区域的防突措施现场固化为“以岩保煤+水力造穴”。即在待掘煤巷下方布置一条岩石底抽巷,在该巷内施工超前穿层钻孔进行预抽,穿层钻孔要控制待掘煤巷及巷道轮廓线外各 15 m 范围内的煤层,并每隔 5 m 施工 2~3 个水力造穴孔,进行强化抽采,提高了煤层透气性,缩短了抽采达标时间,达到消突效果。采取此项措施的突出煤层煤巷月单进可达到 200 m 以上。

对于 15# 煤突出煤层采空侧,采用小煤柱掘进。即在靠近采空区侧布置煤巷时,利用其卸压消突的效果,煤柱缩小至 7~10 m,降低了突出危险,减少了消突措施工程量。

3# 煤突出煤层煤巷掘进区域防突措施固化为“3+2”水力造穴+$CO_2$ 气相压裂或“9+2”双孔 $CO_2$ 气相压裂。“3+2”水力冲孔造穴+气相压裂方案:3 个水力冲孔造穴孔+2个气相压裂孔,造穴孔深度 120 m,孔口往里 30 m 每隔 10 m 造穴 1 个;压裂孔深度 100 m,压裂段 22~92 m,释放压力为 120 MPa,月单进水平 150 m。“9+2”80 m 双孔 $CO_2$ 气相压裂方案:9 个辅助抽采孔+2个气相压裂孔,压裂孔深度 80 m,辅助预抽孔深度 70~101 m,压裂段 23~72 m,释放压力为 120 MPa,月单进水平 120 m。通过不断改进三棱高压密封钻杆、大功率清水泵站、移动式水仓等工艺,水力造穴效率得到显著提高。

#### 5.1.2.2 阳泉矿区瓦斯增透效果与评价

集团创新瓦斯增透技术取得了显著的安全成效,彻底改变了煤与瓦斯事故(特别是煤巷掘进工作面突出事故)频发的状况,近 5 年来基本杜绝了瓦斯突出事故,瓦斯安全形势得到了根本性好转,其中典型增透技术效果表现如下。

(1) 水力冲孔造穴增透技术

水力冲孔造穴增透技术是采用钻压冲一体化装备在松软高突煤层通过施工层顺层长钻孔或穿层钻孔,利用专用钻头产生的高压水切割冲刷煤体,使煤体破碎、垮塌,形成较大空间的洞穴,应力集中向冲孔周围移动,洞穴周围煤体孔裂隙扩展延伸,使冲孔附近煤体卸压增透,可以有效地提高抽采效果。

2016 年在新景公司利用水力冲孔造穴技术累计掘进巷道 1 780 m。单循环区域范围为(60~80 m)×35 m,平均冲出煤量为 44.9 t,瓦斯平均抽采纯量为 825.4 $m^3/d$、累计抽采 12 501.7 $m^3$。预抽钻孔瓦斯平均抽采浓度 35%,抽采纯量 0.393 $m^3/min$,较原预抽钻孔分别提高了 7 倍和 66.2 倍。巷道单进由 45 m/月提高到 60 m/月,提高了 33%。

2017 年在新景公司、新元公司、寺家庄矿进行了推广应用,造穴钻孔进尺近 10 万 m。

(2) 水力压裂

水力压裂分为地面水力压裂和井下水力压裂,井下水力压裂又分为长钻孔水力压裂和穿层钻孔水力压裂,目前阳泉矿区井下水力压裂以长钻孔水力压裂为主。井下长钻孔水力压裂技术分为顺煤层长钻孔水力压裂和沿煤层顶板水力压裂,该技术是在底抽巷向上覆煤层(或煤层顶板)沿掘进工作面前方施工定向长钻孔,成孔后进行快速封堵,并利用专用压裂设备向煤层高压注水,改变钻孔周围煤岩体的应力状态,在钻孔周围形成大面积卸压区域，增大附近煤体透气性，以提高瓦斯抽采效果。

2015—2016 年在新景公司 3# 煤层地质构造带地面钻井施工 8 个地面井，单井注水量 530～870 $m^3$，注砂量为 40～62 $m^3$，水砂压裂压力为 15～28 MPa。其中 XJ-1 井累计抽采 8 个月，最大日产气量达到 4 712 $m^3$，平均日产气量 1 526.7 $m^3$，平均抽采浓度 94.8%，累计产气约 36.64 万 $m^3$。

2016 年在新景公司实施的顺煤层大直径长钻孔水力压裂增透技术试验中，钻孔长度 495 m，其中煤孔长 307 m、直径 120 mm，压入水量 1 510 $m^3$，最大压力达到 26.09 MPa；抽采时间自 2016 年 6 月 11 日至 2017 年 10 月，瓦斯抽采浓度 60%～90%，日均抽采瓦斯纯量 2 520 $m^3$，累计抽采 121 万 $m^3$。

在新元公司实施的沿顶板长钻孔水力压裂增透技术试验中，成孔长度 174 m，封孔长度 62 m（对穿越煤层及底板岩石段封闭），顶板压裂段长度 112 m，压入水量 780 $m^3$，最大压力 25.2 MPa。抽采期间，瓦斯平均抽采浓度 88%，抽采纯量稳定在 700 $m^3/d$ 以上。压裂区域掘进期间，掘进头瓦斯浓度和 $K_1$ 值[最大为 0.39 $mL/(g \cdot min^{0.5})$]均未出现超限现象。

根据效果考察，压裂影响半径达到 30 m 以上，增透抽采及消突效果显著。

（3）$CO_2$ 气相压裂增透技术

气相压裂增透技术是利用液态 $CO_2$ 在加热条件下瞬间膨胀为高压气体的特性，对煤层做功，使煤层致裂并产生裂隙，实现煤层增透，提高煤层瓦斯抽采效率；同时可消除巷道前方瓦斯应力集中带，降低突出危险性。

2016 年在新元公司累计试验巷道 2 000 m，试验采用“1＋10”单孔压裂方案和“2＋9”双孔压裂方案，压裂钻孔长度达到 80 m 以上，取得显著的增透消突效果，巷道的单进水平大幅提高。其中煤层透气性系数由 0.008～0.014 $m^2/(MPa^2 \cdot d)$ 提高到 0.763 $m^2/(MPa^2 \cdot d)$，提高 50～90 倍；煤层钻孔衰减系数由 0.119～0.014 3 $d^{-1}$ 降至 0.023 $d^{-1}$，降低了 80%；掘进速度由原来的 30～40 m/月提高到 70～120 m/月，提高了 2～3 倍。

2017 年新元、新景、寺家庄、五矿、平舒、二矿等矿井进行了 $CO_2$ 气相压裂增透技术推广，完成压裂进尺 3 万多米。

## 5.2　水力冲孔增透技术

松软低透气性煤层在阳泉矿区可采煤层中占很大比例，这种煤体煤质松软破碎，在应力条件下具有蠕变流变特性，透气性差，瓦斯含量高、压力大，突出危险性大[21]。此外，松软煤体成孔难度大，打钻施工过程中易发生喷孔、顶钻、抱钻等事故，甚至在钻杆连接性差时会出现钻杆掉落现象，钻孔成形后稳定性差，易发生孔壁坍塌堵孔现象，瓦斯抽采效率低，抽采效果差。若采用大面积密集钻孔（钻孔间距 1～2 m），施工过程中排出大量煤粉可起到煤体卸荷的作用，可以降低地应力和瓦斯压力，但是施工工程量大、工期长，采掘接替紧张。若采用地面或井下水力压裂、水力割缝、深孔爆破等措施，受煤体松软破碎影响所形成裂隙较难维持，而且难以从根本上降低煤体地应力，甚至存在造成煤体内局部应力集中可能。长期以来，受松软煤层渗透率低和钻孔稳定性差因素的影响，松软高瓦斯煤层瓦斯治理难度大，煤矿瓦斯事故的致死率居高不下，因此松软高瓦斯煤层是煤矿重大灾害的高发区域。

深孔预裂增透是指借助顺层钻孔或穿层钻孔深入煤体内部，采用高压水射流冲出大量煤体及瓦斯，形成若干直径较大的洞室，在煤体中形成一定卸压排放瓦斯区域，配合瓦斯抽采措施降低煤体地应力及瓦斯压力，从而消除煤体突出危险性。水力冲孔造穴措施是以高压水射流为工作介质，通过增压设备和特定形状的喷嘴产生高速射流束，破碎煤体、释放大量瓦斯、改变煤体应力状态，应力集中向洞室周围移动，洞室周围煤体孔裂隙扩展延伸，使冲孔附近煤体卸压增透，可以有效地提高瓦斯抽采效果。该措施一方面在水力造穴过程中将大量松软煤体破碎并冲出，起到了降低煤体地应力的作用；另一方面在煤层中形成的洞穴增大煤层裸露面积并且在洞室周围形成巨大的裂隙网络，为瓦斯运移及抽采提供了广阔的空间，改善了煤层渗透性，可以有效提高瓦斯抽采效率和瓦斯抽采量，消除矿井瓦斯灾害隐患，为松软高突煤层瓦斯治理提供了新途径[22-23]。

## 5.2.1 增透机理及装备

在我国，掘进工作面的瓦斯抽采技术主要有顺层钻孔预抽煤巷条带瓦斯技术和穿层钻孔预抽煤巷条带瓦斯技术。顺层钻孔预抽煤巷条带瓦斯技术如图 5-2-1 所示。

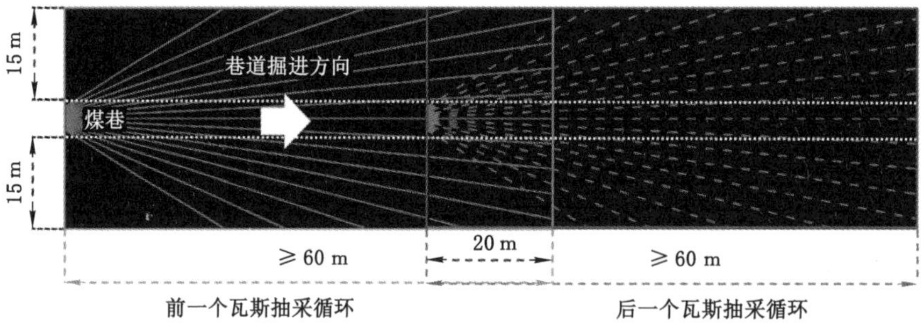


图 5-2-1　掘进工作面顺层钻孔预抽煤巷条带瓦斯技术

从图 5-2-1 可知：在掘进工作面顺层钻孔预抽煤巷条带瓦斯技术中，沿着巷道掘进的方向，将瓦斯抽采范围划分为不同的循环。每个循环前方的控制范围不小于 60 m，两侧控制范围不小于 15 m。同时，为了保证施工安全，两个相邻循环的压茬长度不小于20 m。该种瓦斯抽采技术的主要优点有：① 钻孔在巷道内施工，钻孔施工成本低；② 钻孔都在煤层内，钻孔的利用效率高。其主要缺点有：① 钻孔的施工相对比较危险；② 钻孔呈发散状态，距离掘进工作面越远，钻孔的间距越大，瓦斯抽采越困难。

穿层钻孔预抽煤巷条带瓦斯技术如图 5-2-2(a)(b)所示，该技术中瓦斯抽采钻孔在底抽巷内施工，钻孔的施工比较安全，但是该技术施工成本较高，需要多掘一条瓦斯抽采巷道，且钻孔的有效利用效率较低。

为了提高穿层钻孔的瓦斯抽采效率，前人提出了水力冲孔造穴的瓦斯抽采技术。鉴于之前冲孔设备和相关技术研究上存在的薄弱环节，水力冲孔造穴瓦斯抽采技术主要采用穿层钻孔进行施工。假设水力冲孔造穴结束后，钻孔为与煤层垂直的圆柱，则穿层钻孔水力冲孔造穴瓦斯抽采技术如图 5-2-2(c)所示。该技术在底抽巷内进行施工，在中间岩层的保护下，钻孔的施工过程较为安全。同时，冲孔过后，钻孔的瓦斯抽采效率大幅提升。因此，该技术目前已经在全国各地很多矿区进行了应用。该技术的主要缺点仍然在于底抽巷的施工成本较高，且钻孔的利用效率较低。

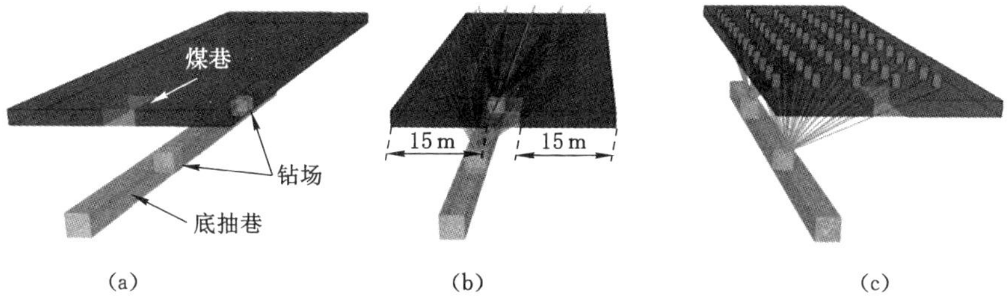


图 5-2-2　掘进工作面穿层钻孔预抽煤巷条带瓦斯技术

5.2.1.1　卸压增透机理

水力造穴技术是通过高压水旋转射流冲刷煤体，逐渐深入煤岩体裂隙系统中，并沿煤体原有裂隙向深处传播，同时在各裂隙尖端产生应力集中，使其张开、扩展，形成更为庞大和复杂的裂隙网络系统，系统内的煤体在高应力作用下破碎甚至粉化，又结合水分对煤体的浸湿作用，以及深部煤体内部瓦斯的间歇性释放，导致煤体形成含水煤粒脱落，并从造穴形成的孔洞排出。

(1) 造穴钻孔周围煤体应力分布理论分析

钻孔周围煤体的应力和变形分析为钻孔失效特性以及钻孔的卸压增透机制方面的研究奠定了理论基础[24]。鉴于此，国内外许多专家学者围绕着钻孔或圆形开挖洞室周围煤岩体的应力和变形特性进行了广泛的研究。其中，被广泛采用的是 Brady 和 Brown 基于平面应变理论和塑性区极限平衡状态假设，采用极坐标系所进行的理论推导。根据 Brady 和 Brown 理论推导，钻孔周围煤体的应力变化规律如图 5-2-3 所示。

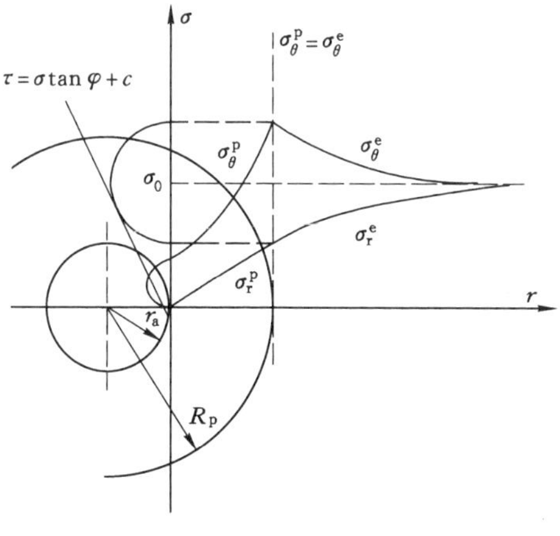


图 5-2-3　钻孔周围煤体应力分布

根据上述推导，钻孔周围煤体内塑性区和弹性区内的径向应力和切向应力的计算公式分别如式(5-2-1)和式(5-2-2)所示。

$$\sigma_r=\begin{cases}C\cot\phi\left[\left(\dfrac{2x}{R_0}+1\right)^{\frac{2\sin\phi}{1-\sin\phi}}-1\right],x\leqslant H\\ \sigma_0\left[1-\dfrac{4H^2}{(2x+R_0)^2}\right]+\dfrac{4H^2}{(2x+R_0)^2}C\cot\phi\left[\left(\dfrac{2x}{R_0}+1\right)^{\frac{2\sin\phi}{1-\sin\phi}}-1\right],x>H\end{cases}\tag{5-2-1}$$

$$\sigma_1=\begin{cases}C\cot\phi\left[\left(\dfrac{1+\sin\phi}{1-\sin\phi}\right)\left(\dfrac{2x}{R_0}+1\right)^{\frac{2\sin\phi}{1-\sin\phi}}-1\right],x\leqslant H\\ \sigma_0\left[1+\dfrac{4H^2}{(2x+R_0)^2}\right]-\dfrac{4H^2}{(2x+R_0)^2}C\cot\phi\left[\left(\dfrac{2H}{R_0}\right)^{\frac{2\sin\phi}{1-\sin\phi}}-1\right],x>H\end{cases}\tag{5-2-2}$$

其中塑性区的半径为：

$$H=\frac{R_0}{2}\left\{\left[\frac{(1-\sin\phi)\sigma_0}{C\cot\phi}+1\right]^{\frac{1-\sin\phi}{2\sin\phi}}-1\right\}\tag{5-2-3}$$

(2) 钻孔周围煤体卸压增透及瓦斯流动控制方程

1) 力学过程

Hoek-Brown 等对煤岩体的峰后力学特性研究发现，在峰后阶段煤岩体表现出脆性、应变软化和理想塑性三种力学特性。因此，Gonzalez-Cao 等将煤岩体的力学模型划分为弹脆性模型、应变软化模型和理想弹塑性模型，如图 5-2-4 所示。事实上，应变软化模型是煤岩体力学特性的通用形式，而弹脆性模型和理想弹塑性模型只是两种特殊形式。

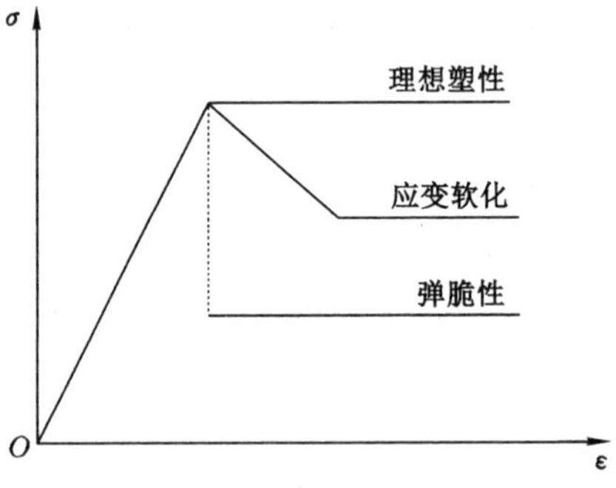


图 5-2-4　煤岩体力学模型

在应变软化模型中，煤体的全应力-应变曲线可以分为：弹性阶段、软化阶段和残余应力阶段。相应地，钻孔周围煤体可划分为弹性区、塑性区和破碎区，如图 5-2-5 所示。

假设煤体为均质各向同性的弹性介质，且产生的变形为小变形，则根据弹性力学可知煤体的应变-位移关系可表示为：

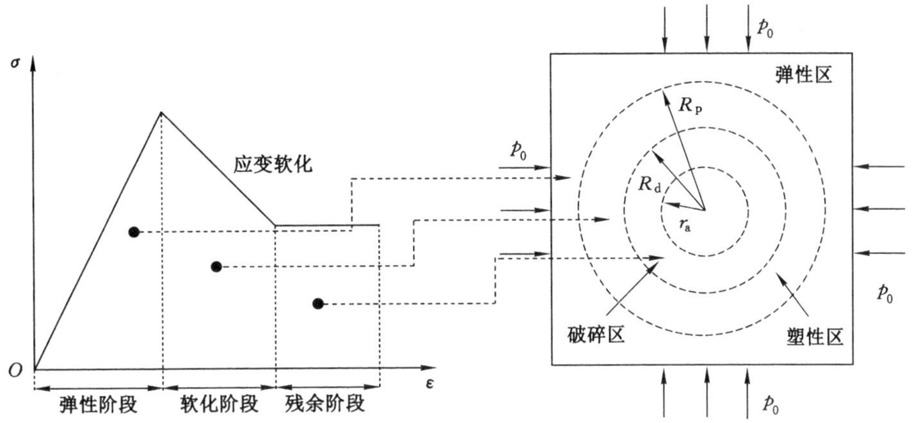


图 5-2-5　煤体的应变软化特性及钻孔周围的应力分区特征

$$\varepsilon_{ij}=\frac{1}{2}(u_{i,j}+u_{j,i}) \tag{5-2-4}$$

式中　$\varepsilon_{ij}$——应变张量的分量；

$u$——位移分量。

煤体的应力平衡方程可以表示为：

$$\sigma_{ij}+f_i=0 \tag{5-2-5}$$

式中　$\sigma_{ij}$——应力张量分量；

$f_i$——体应力分量。

由广义胡可定律可得，煤体的应力-应变关系如式(5-2-6)所示：

$$\varepsilon_{ij}=\frac{1}{2G}\sigma_{ij}-\left(\frac{1}{6G}-\frac{1}{9K}\right)\sigma_{kk}\delta_{ij}+\frac{\alpha}{3K}p\delta_{ij}+\frac{\varepsilon_s}{3}\delta_{ij} \tag{5-2-6}$$

式中　$G$——剪切模量，$G=E/2(1-v)$；

$K$——体积模量，$K=E/3(1-2v)$；

$E$——弹性模量；

$v$——泊松比；

$\sigma_{kk}$——体应力，$\sigma_{kk}=\sigma_{11}+\sigma_{22}+\sigma_{33}$；

$p$——瓦斯压力；

$\delta_{ij}$——Kronecker 变量；

$\alpha$——Biot 系数；

$\varepsilon_s$——瓦斯吸附引起的变形，$\varepsilon_s=\dfrac{\varepsilon_{smax}p}{p+p_\varepsilon}$。

由式(5-2-6)可得：

$$\varepsilon_v=-\frac{1}{K}(\bar{\sigma}-\alpha p)+\varepsilon_s \tag{5-2-7}$$

式中　$\varepsilon_v$——体应变，$\varepsilon_v=\varepsilon_{11}+\varepsilon_{22}+\varepsilon_{33}$；

$\bar{\sigma}$——平均压应力，$\bar{\sigma}=-\sigma_{kk}/3$。

有效应力可以表示为：

$$\sigma_{ij}^{e}=\sigma_{ij}+\alpha p\delta_{ij} \tag{5-2-8}$$

由方程(5-2-5)～(5-2-8)可得 Navier 形式的煤体变形方程：

$$Gu_{i,kk}+\frac{G}{1-2v}u_{k,ki}-\alpha p_{,i}-K\varepsilon_{s,i}+f_{i}=0 \tag{5-2-9}$$

选用莫尔-库仑准则匹配的 DP 屈服准则，来作为煤体的失效判据：

$$F=\sqrt{I_2}+\alpha_{DP}I_1-k_{DP} \tag{5-2-10}$$

式中 $I_1$——第一应力不变量；

$I_2$——第二应力不变量。

$\alpha_{DP}$和 $k_{DP}$与黏聚力 $c$ 和内摩擦角 $\varphi$ 有关

$$\alpha_{DP}=\frac{2\sin\varphi}{\sqrt{3}(3\pm\sin\varphi)},k_{DP}=\frac{6c\cos\varphi}{\sqrt{3}(3\pm\sin\varphi)}$$

鉴于煤岩体应力达到峰值后，内摩擦角保持不变，而黏聚力将出现丧失，呈现出应变软化现象，因此，本文采用岩石力学中广泛采用的线性应变软化模型。黏聚力的软化参数选用常用的等效塑性应变，如下式所示：

$$c=\begin{cases}c_0-(c_0-c_r)\gamma^{p}/\gamma^{p*},0<\gamma^{p}<\gamma^{p*}\\c_r,\gamma^{p}>\gamma^{p*}\end{cases} \tag{5-2-11}$$

式中 $c_0$——弹性阶段的黏聚力，也即起塑点处的黏聚力；

$c_r$——残余强度阶段的黏聚力；

$\gamma^{p}$——等效塑性应变，$\gamma^{p}=\sqrt{2/3(\varepsilon_1^{p}\varepsilon_1^{p}+\varepsilon_2^{p}\varepsilon_2^{p}+\varepsilon_3^{p}\varepsilon_3^{p})}$；

$\gamma^{p*}$——残余强度起始点处的等效塑性应变。

2）瓦斯流动方程

煤中的游离瓦斯以气相形式存在于煤中孔隙空间中，单位体积煤体中赋存的游离瓦斯质量为：

$$m_1=\phi\rho_g \tag{5-2-12}$$

式中 $m_1$——单位体积煤体中赋存的游离瓦斯质量，$g/cm^3$；

$\phi$——煤体的孔隙率，%；

$\rho_g$——孔隙系统中的游离瓦斯密度，$g/cm^3$。

由气体状态方程可得，游离瓦斯的密度为：

$$\rho_g=\frac{M_c}{RT}p \tag{5-2-13}$$

式中 $M_c$——甲烷物质的量；

$R$——气体常数；

$T$——绝对温度。

将方程(5-2-12)代入方程(5-2-13)，可得单位体积煤体中游离瓦斯的质量为：

$$m_1=\phi\frac{M_c}{RT}p \tag{5-2-14}$$

吸附瓦斯是煤体中瓦斯的主要赋存形式，单位体积煤体中吸附瓦斯量可以用朗缪尔方程表示为：

$$m_2=\frac{V_L p}{p+p_L}\rho_c\rho_s \tag{5-2-15}$$

式中　$m_2$——单位体积煤体中赋存的吸附瓦斯量，$g/cm^3$；

$V_L$——朗缪尔体积，$cm^3/g$；

$p_L$——朗缪尔压力，Pa；

$\rho_c$——煤体的假密度，$g/cm^3$；

$\rho_s$——瓦斯在标况下的密度，$g/cm^3$。

瓦斯在标况下的密度可以通过下式获得：

$$\rho_s=\frac{M_c}{V_M} \tag{5-2-16}$$

将式(5-2-16)代入式(5-2-15)得：

$$m_2=\frac{V_L p}{p+p_L}\rho_c\frac{M_c}{V_M} \tag{5-2-17}$$

综上，单位体积煤体中的瓦斯含量可表示为：

$$m=m_1+m_2+\phi\frac{M_c}{RT}p+\frac{V_L p}{p+p_L}\rho_c\frac{M_c}{V_M} \tag{5-2-18}$$

瓦斯流动过程中，满足质量守恒定律，如下式所示：

$$\frac{\partial m}{\partial t}+\nabla(\rho_g u)=Q_m \tag{5-2-19}$$

式中　$\mu$——渗流速度，$g/cm^3$；

$Q_m$——瓦斯气体源项。

煤体中瓦斯的流动遵循达西定律，可得：

$$u=-\frac{k}{\mu}\nabla p \tag{5-2-20}$$

式中　$\mu$——气体动力黏度，Pa；

$k$——渗透率。

将式(5-2-18)和式(5-2-20)代入式(5-2-19)化简可得：

$$\frac{M_c p}{RT}\frac{\partial\phi}{\partial t}+\left[\frac{M_c\phi_c}{RT}+\frac{M_c\rho_c}{V_M}\frac{V_L p_L}{(p+p_L)^2}\right]\frac{\partial p}{\partial t}-\frac{k}{\mu}\frac{M_c}{RT}\nabla(p\nabla p)=0 \tag{5-2-21}$$

3) 冲孔造穴及瓦斯抽采过程中的渗透率演化

煤层中瓦斯抽采效果的好坏主要是由渗透率决定的。在造穴过程中，造穴周围煤体受到强烈的应力扰动作用，渗透率大幅提高。造穴结束后，煤体中的渗透率演化主要是由瓦斯抽采过程中的有效应力改变和基质收缩效应来控制的。这两个过程对渗透性的影响在时间和影响程度上具有明显的区别。前者对渗透率的影响大，可能造成渗透率成百上千倍的增长，但是作用时间短，每次造穴所需时间仅约 30 min；而后者对渗透性的影响程度较小，但是作用时间很长，伴随整个瓦斯流动过程。因此，为了简化起见，做以下假设：

① 将冲孔造穴过程中的应力扰动对煤层渗透率的改变等效为对初始渗透率的改变，

即在这个过程中仅考虑地应力的改变，且改变是瞬间完成的，忽略在此期间的瓦斯流动；

② 瓦斯抽采过程中因瓦斯流动所引起的有效应力增加和基质收缩效应是在造穴过程中初始渗透率改变的基础上渗透率产生的进一步影响。

煤岩全应力-应变曲线中的渗透率演化规律如图 5-2-6 所示。

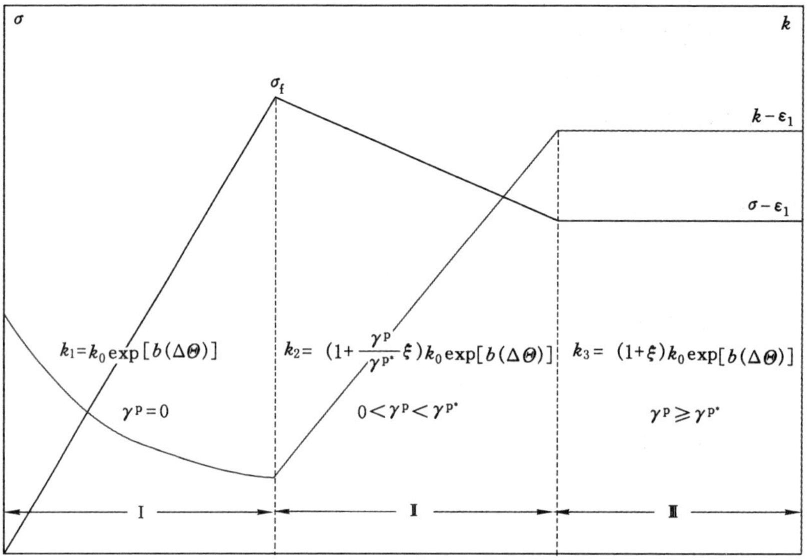


图 5-2-6　煤岩全应力-应变过程中的渗透性变化

由图 5-2-6 可知，当渗透率演化处于阶段Ⅰ，也就是弹性阶段时，渗透率与体积应力之间呈现负指数关系：

$$k_1=k_0\exp[b(\Delta\Theta)] \tag{5-2-22}$$

式中　$k_1$——弹性阶段煤体渗透率；

$k_0$——煤体的初始渗透率；

$b$——体积应力对渗透率的影响系数；

$\Theta$——体积应力，$\Theta=\sigma_1+\sigma_2+\sigma_3$。

当煤体所处的应力状态达到屈服点之后，煤体将出现塑性变形，进入塑性变形阶段（图 5-2-6 中阶段Ⅱ）。在此阶段，煤体将产生损伤扩容，产生新的裂隙，从而使渗透率呈线性急剧上升，直至达到煤体的残余强度。根据前人的研究成果，在煤体产生损伤扩容之后，渗透率的增长与等效塑性应变近似为线性关系。因此塑性变形阶段煤体渗透率可表示为：

$$k_2=(1+\frac{\gamma^p}{\gamma^{p*}}\xi)k_0\exp[b(\Delta\Theta)] \tag{5-2-23}$$

式中　$k_2$——塑性变形阶段煤体渗透率；

$\xi$——渗透率骤增系数。

当煤体进入残余强度阶段（图 5-2-6 中阶段Ⅲ）时，渗透率将趋于稳定：

$$k_3=(1+\xi)k_0\exp[b(\Delta\Theta)] \tag{5-2-24}$$

由式(5-2-22)、式(5-2-23)和式(5-2-24)可得，冲孔造穴产生的应力扰动对煤体渗透率的演化可使用分段函数表示，如下式所示：

$$k_0^e=\begin{cases}(1+\dfrac{\gamma^p}{\gamma^{p*}}\xi)k_0\exp[b(\Delta\Theta)],0\leqslant\gamma^p\leqslant\gamma^{p*}\\(1+\xi)k_0\exp[b(\Delta\Theta)],\gamma^p>\gamma^{p*}\end{cases}\tag{5-2-25}$$

式中　$k_0^e$——造穴刚结束时的煤体渗透率。

由渗透率和孔隙率的立方定律可得：

$$\phi_0^e=\begin{cases}\phi_0(1+\dfrac{\gamma^p}{\gamma^{p*}}\xi)^{1/3}\exp[b(\Delta\Theta)/3],0\leqslant\gamma^p\leqslant\gamma^{p*}\\\phi_0(1+\xi)^{1/3}\exp[b(\Delta\Theta)/3],\gamma^p>\gamma^{p*}\end{cases}\tag{5-2-26}$$

式中　$\phi_0^e$——造穴刚结束时的煤体孔隙率；

$\phi_0$——煤体中的初始孔隙率。

在瓦斯抽采实践过程中，常用的渗透率演化模型为PM模型，因此，本文中造穴结束后瓦斯抽采过程中的渗透率演化采用经典的PM模型来描述，并引入Biot系数。

#### 5.2.1.2　水力冲孔造穴装置

目前，煤矿井下冲孔造穴施工钻机与水力冲孔设备大多为两套不同设备。钻机多采用分体式结构，设备数量多、体积庞大、移动不便，施工周期长，人力物力消耗量大。钻杆密封性能差且在松软煤体中钻进易抱钻，漏水严重难以满足水力冲孔高强度水压要求，使得冲孔钻头无法形成压力不小于25 MPa的水射流，冲孔效果差。普通旋转接头难以满足如此高压力高旋转强度下的动密封，影响冲孔效果及冲孔效率，冲孔过程钻杆无法旋转易造成冲孔过程出现夹钻抱钻等现象。如果钻进和冲孔采用不同的钻头，钻孔施工完毕后需要更换冲孔专用钻头才能形成高压水射流，更换过程中需要经过退钻、更换钻头、重新将钻头送到冲孔位置，在松软煤体换钻过程中，易出现塌孔堵孔等现象。现有冲孔造穴施工装备缺少有效的孔口防喷装置，在松软低透煤层施工过程中，易引发喷孔事故，造成设备损坏甚至人员伤亡。此外，缺乏高效煤水气分离装置，施工过程中孔口涌出及冲出的大量高浓度瓦斯直接排放到巷道中，仅仅通过巷道回风进行稀释排出，极易造成巷道瓦斯浓度超限；现有装备煤水分离难度大，冲出的大量煤体和水混合排放到巷道内，大量煤水呈泥状影响巷道施工环境，堆积的煤体造成巷道拥挤，影响施工及设备材料运输。

煤矿用高压水力射流造穴成套装备适用于煤与瓦斯突出煤层快速钻进、高压旋转射流造穴，达到卸荷增透、增透增流的目的，广泛应用于煤矿井下底(高)抽巷、本煤层掘进工作面施工瓦斯抽采孔、造穴孔，是含瓦斯低渗煤层高效瓦斯治理的一体化成套装备。

煤矿井下履带式钻进冲孔一体化设备原理如图5-2-7所示，包括履带式高速旋转液压钻机、履带式高压水泵站、耐高压密封螺旋钻杆、耐高压旋转密封接头、高低压自动转换冲孔钻头、液压助力孔口安全防护及煤水分离装置等。

(1) 液压助力孔口安全防护及煤水气分离装置

松软高瓦斯煤体突出危险性大，煤矿井下水力冲孔作业高压水射流冲孔破煤强度高，冲孔作业具有诱喷危险性，而且冲出大量煤体及瓦斯易造成巷道瓦斯超限，必须采取孔口防喷及瓦斯收集措施，将瓦斯引入瓦斯抽采管路系统，防止工作面瓦斯浓度超限和人员伤

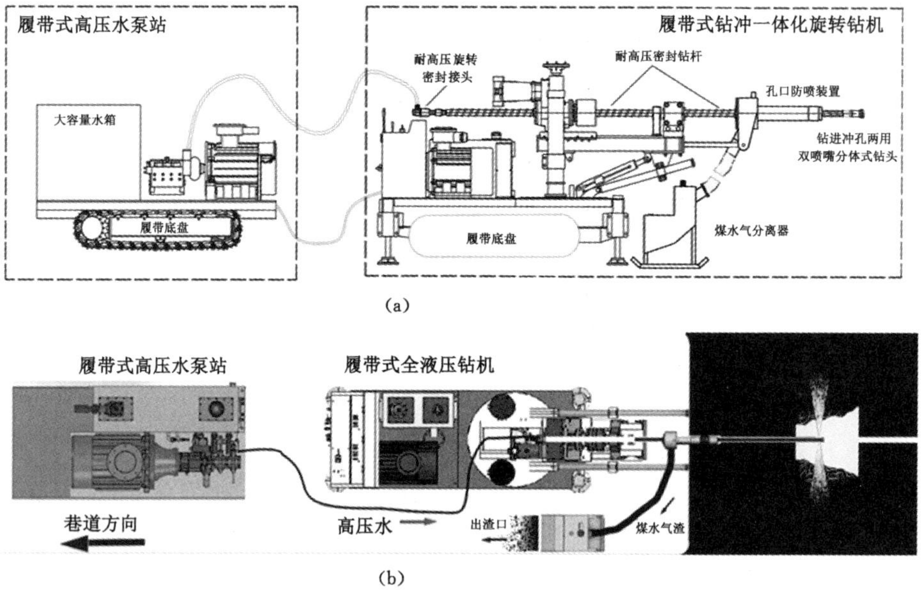


图 5-2-7　煤矿井下钻进冲孔一体化装备

害。若采用孔口填补剂对孔口进行处理，等待凝固后重新支钻进行冲孔，施工效率低、工期长，且安全性不高。所研发液压助力孔口安全防护装置如图 5-2-8 所示，在芯管的外部套设有柔性材料制成的橡胶层，橡胶层与芯管之间形成一个密闭空间，橡胶层在水压作用下发生膨胀并卡紧在煤层钻孔的孔壁上，实现防喷装置与钻孔壁面之间的密封性。其固定作用还要钻机的液压配合，在钻进冲孔过程中钻机液压能够将防喷装置紧紧卡持在钻孔内，同时保证防喷收集装置与钻孔孔口之间的良好密封。该装置还设有气渣收集箱，用于收集冲孔过程中产生的瓦斯和水、煤渣，收集箱通过管路与煤水分离器相连。

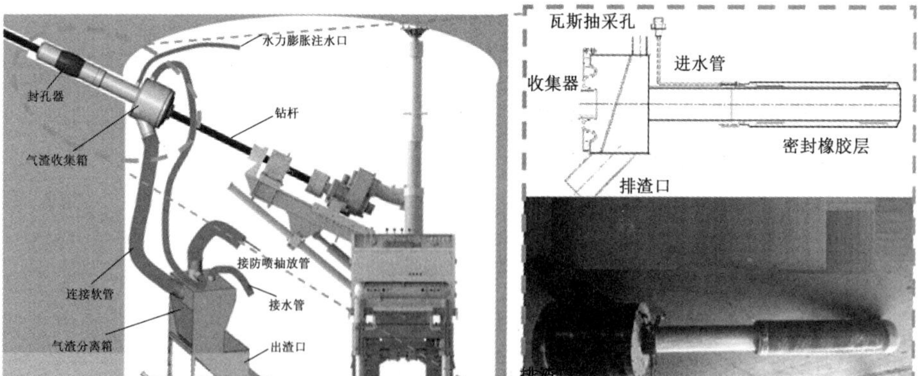


(a) 煤水气分离器　　(b) 孔口防喷装置

图 5-2-8　孔口防喷装置及煤水分离器

(2) 耐高压旋转密封接头及密封钻杆

在煤体内部冲出大的洞室，提高水力冲孔造穴效率，要求钻孔所用的钻杆可直接用于冲孔，冲孔时钻杆内部流通的是高压水，压力可超过 25 MPa。所研制的耐高压旋转密封接头如图 5-2-9 所示，主体包括旋转轴和壳体。高压射流造穴耐高压旋转密封接头，克服了现有旋转接头耐压低，无法满足高压射流造穴要求的缺陷。高压射流造穴时，可以在钻杆内通入高压水的同时，又使钻杆旋转，高压水从钻杆前端的射流喷嘴射出后，形成一个圆面，所冲出的孔洞更大、更规则，增透效果更理想。

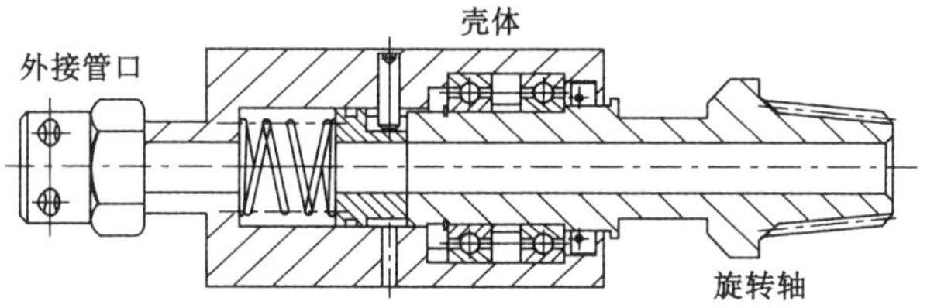


(a) 结构图

(b) 实物图

图 5-2-9　耐高压旋转密封接头

松软煤体煤质松软破碎，具有蠕变流变特性，打钻过程中易出现抱钻或者掉钻杆现象，对钻杆之间的连接密封性要求较高，高压射流造穴作业所需的高水压对钻杆的密封性提出了新的要求。耐高压密封螺旋钻杆的高密封性可以有效减小钻杆内水头压力损失，并提高钻杆之间的连接密封性。动力排渣密封钻杆如图 5-2-10 所示，钻杆由多个杆体通过密封圈与锥螺纹密封连接组成，杆体的一端设有外锥螺纹，另一端设有与外锥螺纹的外周面相旋合的内锥螺纹，外锥螺纹的小直径端为一光滑外锥面，大直径端上套设有外密封圈；内锥螺纹的大直径端为一光滑内锥面，小直径端设有内密封圈。

(3) 高低压自动转换冲孔钻头

现有的高压射流造穴技术钻进和造穴采用不同的钻头，钻进用的钻头难以用于射流造穴，需要在钻孔施工完毕后更换为造穴专用钻头才能形成高压水射流，钻头更换过程中需要经过退钻、更换钻头、重新将钻头送到冲孔位置，而在松软煤体换钻过程中，易出现塌孔堵孔等现象，退钻后重新进钻难度大，严重影响施工效率。为此研制了一种新的钻进造穴两用分体式高效双喷嘴钻头（见图 5-2-11），可以快速有效地进行钻孔作业和造穴作业。与现有技术相比，该钻头结构简单，钻头耐磨性好，经济性高，通过使用钻进造穴两用分体

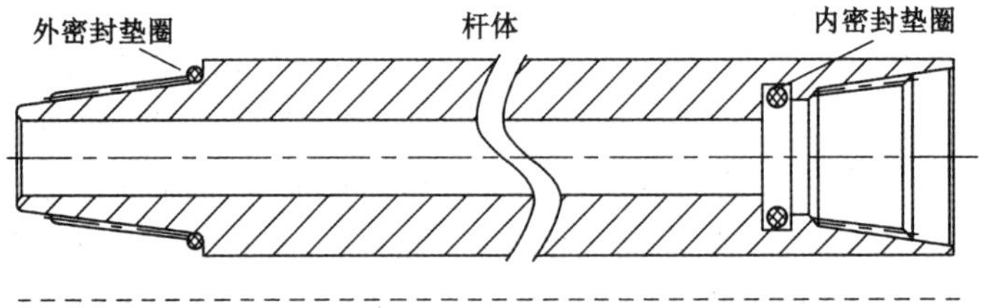


(a) 结构图

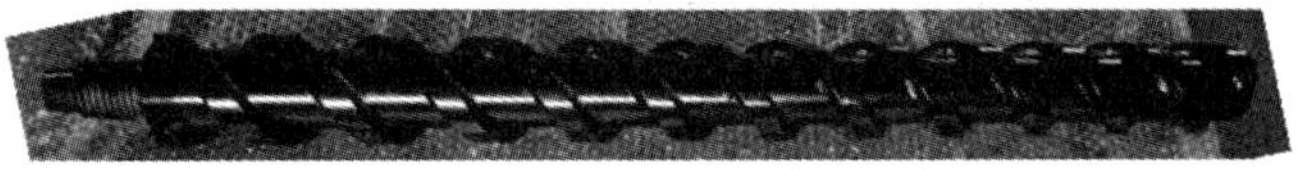

(b) 实物图

图 5-2-10 锥面密封耐高压钻杆

式双喷嘴钻头可以使钻孔作业与造穴作业连续进行，钻孔完毕后，只需向钻杆内通入高压水，就可进行冲孔作业，提高施工作业效率；该钻头能够重复利用，钻进冲孔两用高效双喷嘴钻头采用分体式设计，当切削部磨损后，只需更换切削部，水流转换阀可重复利用，这样可大大降低煤矿钻孔造穴的生产成本。

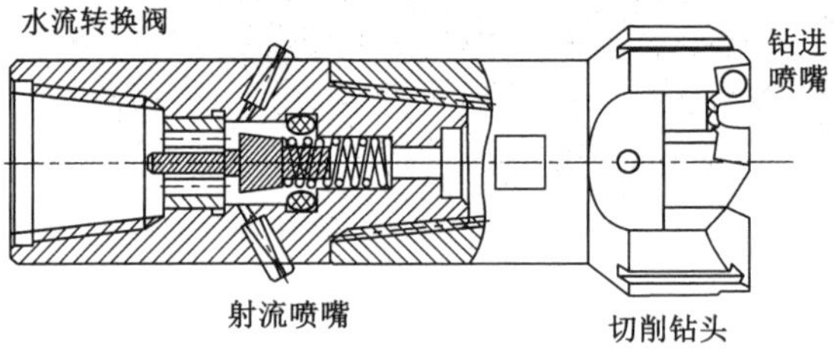


(a) 结构图

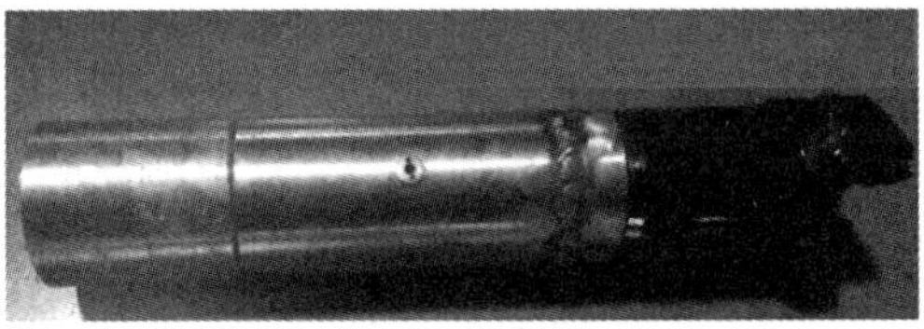

(b) 实物图

图 5-2-11 钻进冲孔两用分体式双喷嘴钻头

装备研发完成后，各部件组装调试开展厂区试验情形如图 5-2-12 所示。试验采用直径 0.5 m 铁筒来盛装试验煤样，铁筒长度为 2.0 m，分多次装入煤体并使用夯实机将煤体夯实。

煤样铁筒和钻机位置固定后，将密封钻杆穿过履带式液压钻机的动力头内孔，高低压自动转换冲孔钻头与密封钻杆前端连接，通过调节转动盘以及调角油缸调整钻杆位置与角度，采用耐高压动密封旋转水动力接头连接钻杆及水泵站的高压管路，将液压助力孔口安全防护装置安装在钻机前端并推入铁筒下端预留孔口，通过高压旋转接头

图 5-2-12　钻进冲孔一体化装备厂区试验

向锥面密封钻杆内通入低压水，然后启动钻机进行打钻。钻进过程中低压水流从钻头前端流出，如图 5-2-13(a)所示。打钻完成后，调整履带式高压水泵站的高压柱塞泵水压，水压超过 10 MPa 后钻头前端喷嘴逐渐关闭，水射流开始由钻头两侧射流喷嘴喷出，如图 5-2-13(b)所示，开始退钻冲孔，冲孔过程中产生的水和煤渣进入下方的煤水分离箱中顺利实现煤水分离。

(a) 低压水流辅助打钻

(b) 高压水流冲孔造穴

图 5-2-13　厂区试验高低压水转换效果

待冲孔钻头接近铁筒底端时停止冲孔，需要先关闭履带式高压水泵站，再拆除履带式高压水泵站与履带式液压钻机之间的管路，然后卸掉高压旋转接头，再将锥面密封钻杆从动力头内孔中退出，最后拆下气渣收集分离装置。

试验过程中，各部件运转正常可靠，高水压下钻杆和旋转接头耐密封性好未出现漏水，可通过调节高压水射流顺利实现高低喷嘴的转换，射流具有较强冲击力，所冲出大量煤体和水经过煤水分离器后快速高效分离，孔口防喷装置可靠性高。冲孔造穴完成后所形成洞室如图 5-2-14 所示，洞室半径为 0.32 m。

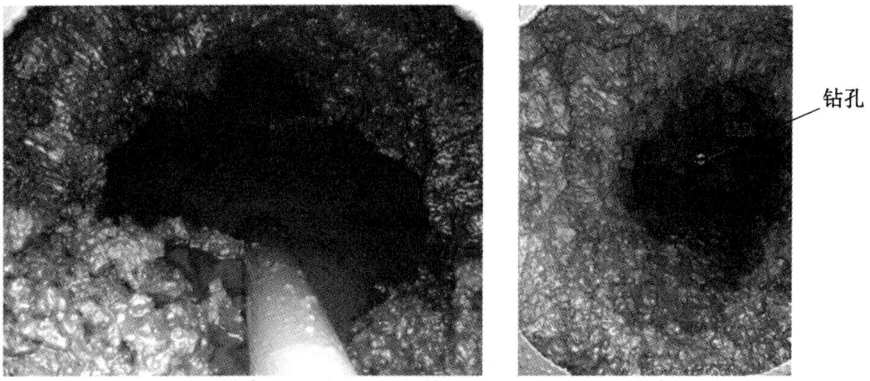


图 5-2-14 冲孔完成后造穴洞室

## 5.2.2 现场应用及效果考察

5.2.2.1 新景矿水力冲孔造穴技术及应用

(1) 试验地点

新景矿 3# 煤层掘进工作面顺层水力冲孔造穴瓦斯抽采技术在 3215 工作面的北九正巷、3216 工作面的南九正巷和副巷、3107 工作面的南五正巷和副巷进行试验，试验地点如图 5-2-15 所示。这 3 个采煤工作面的煤层坚固性系数 $f$ 在 0.38～0.52 范围，煤层平均瓦斯含量约为 18.17 $m^3/t$，瓦斯压力为 1.3～2.26 MPa，具有较大的煤与瓦斯突出危险性；同时，煤层透气性系数为 0.018 8～0.137 7 $m^2/(MPa^2 \cdot d)$，钻孔百米流量衰减系数为 0.068 7～1.594 2 $d^{-1}$，为较难抽采煤层，瓦斯抽采十分困难，严重制约了巷道的掘进和矿井的安全回采。

(2) 出煤率对相关瓦斯参数的影响

新景矿 3# 煤层掘进工作面顺层钻孔钻冲一体化水力冲孔造穴瓦斯抽采技术采用时，首先在考察地点采样进行原始瓦斯含量的测定；然后进行钻孔的布置，钻孔布置期间需要测定造穴出煤量的数据以及巷道风排瓦斯浓度数据；之后进行封孔抽采，瓦斯抽采期间需要测定瓦斯抽采数据，抽采结束之后需要进行残余瓦斯含量的测定；然后进行瓦斯突出危险性的评价，判定有突出危险性则继续采用局部措施进行消突，无突出危险性则进行巷道的正式掘进；最后在巷道掘进期间进行钻屑瓦斯指标的测定以及风排瓦斯浓度的监测。

1) 出煤率对瓦斯抽采数据的影响

a. 瓦斯抽采浓度和瓦斯抽采纯量

新景矿 3# 煤层掘进工作面钻冲一体化水力冲孔造穴瓦斯抽采过程中的平均瓦斯抽采浓度和瓦斯抽采纯量数据如表 5-2-1 所列。

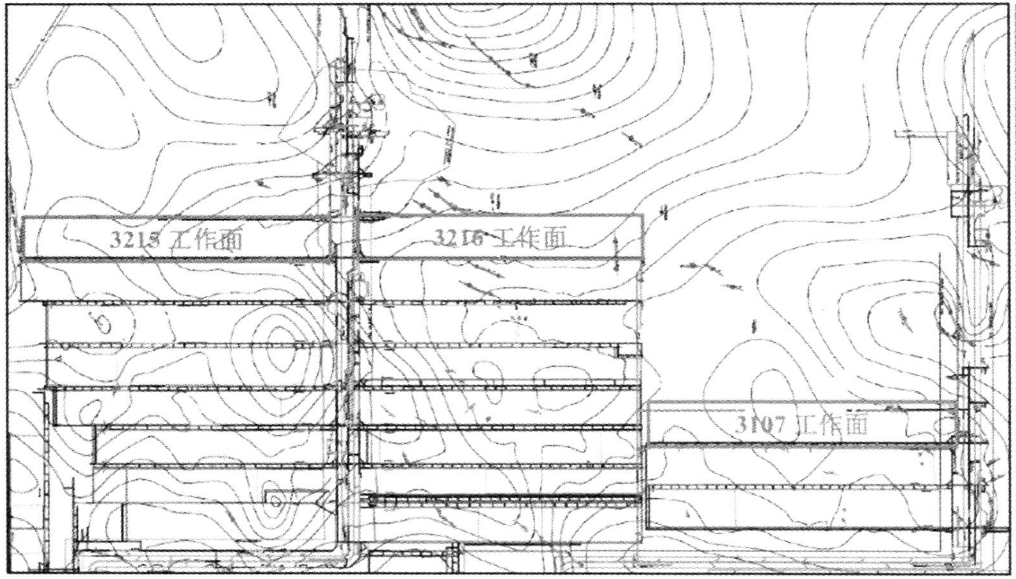

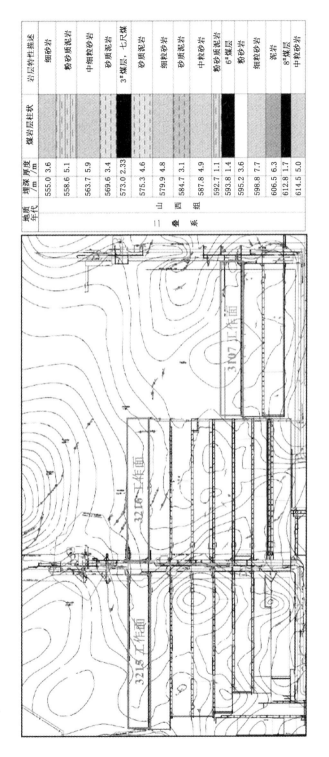

| 地质年代 | | 埋深/m | 厚度/m | 煤岩层柱状 | 岩层特性描述 |
|---|---|---|---|---|---|
| 二叠系 | 山西组 | 555.0 | 3.6 | | 细砂岩 |
| | | 558.6 | 5.1 | | 粉砂质泥岩 |
| | | 563.7 | 5.9 | | 中细粒砂岩 |
| | | 569.6 | 3.4 | | 砂质泥岩 |
| | | 573.0 | 2.33 | | 3#煤层，七尺煤 |
| | | 575.3 | 4.6 | | 砂质泥岩 |
| | | 579.9 | 4.8 | | 细粒砂岩 |
| | | 584.7 | 3.1 | | 砂质泥岩 |
| | | 587.8 | 4.9 | | 中粒砂岩 |
| | | 592.7 | 1.1 | | 粉砂质泥岩 |
| | | 593.8 | 1.4 | | 6#煤层 |
| | | 595.2 | 3.6 | | 粉砂岩 |
| | | 598.8 | 7.7 | | 细粒砂岩 |
| | | 606.5 | 6.3 | | 泥岩 |
| | | 612.8 | 1.7 | | 8#煤层 |
| | | 614.5 | 5.0 | | 中粒砂岩 |

图 5-2-15　3#煤层掘进工作面顺层钻孔水力冲孔造穴瓦斯抽采技术试验地点

**表 5-2-1 新景矿 3# 煤层钻冲一体化水力冲孔造穴过程瓦斯抽采数据**

| 循环 | 控制范围/m | 出煤量/t | 出煤率/‰ | 瓦斯抽采浓度/% | 瓦斯抽采纯量/(m³/min) | 备注 |
|---|---|---|---|---|---|---|
| 南五正巷循环 1 | 80×35 | 9.48 | 1.36 | 7 | 0.28 | |
| 南五正巷循环 2 | 80×35 | 49.38 | 6.71 | 10 | 0.28 | |
| 南五正巷循环 3 | 60×35 | 29.35 | 5.99 | 6 | 0.15 | |
| 南五正巷循环 4 | 80×35 | 17.33 | 2.36 | 6 | 0.15 | |
| 南五正巷循环 5 | 80×35 | 70.61 | 9.61 | 16 | 0.72 | |
| 南五副巷循环 1 | 80×25 | 58.04 | 11.06 | 18 | 0.70 | |
| 南五副巷循环 2 | 60×35 | 35.55 | 7.26 | 12 | 0.67 | |
| 南五副巷循环 3 | 60×35 | 38.18 | 7.79 | 9 | 0.39 | |
| 北九正巷循环 1 | 80×35 | 170.5 | 17.40 | 20 | 0.66 | |
| 北九正巷循环 2 | 100×35 | 41.30 | 4.21 | 35 | 1.24 | 辅以气相压裂 |
| 北九正巷循环 3 | 80×35 | 55.00 | 7.48 | 15 | 0.65 | |
| 南九副巷循环 1 | 80×35 | 20.65 | 2.81 | 10 | 0.48 | |
| 南九副巷循环 2 | 80×35 | 21.00 | 2.86 | 8 | 0.21 | |
| 南九副巷循环 3 | 80×35 | 71.89 | 9.78 | 20 | 0.72 | |
| 南九副巷循环 4 | 80×35 | 58.50 | 7.96 | 13 | 0.45 | |
| 南九副巷循环 5 | 80×35 | 46.02 | 6.26 | 8 | 0.25 | |
| 南九正巷循环 1 | 80×35 | 42.34 | 5.76 | 10 | 0.45 | |
| 南九正巷循环 2 | 80×35 | 58.02 | 7.89 | 20 | 1.02 | |
| 南九正巷循环 3 | 60×35 | 35.62 | 7.26 | 25 | 0.85 | |

表 5-2-1 中北九正巷造穴循环 2 由于涉及气相压裂，瓦斯抽采数据较高。同时，这也说明在松软低透煤层中采用气相压裂和水力冲孔造穴相结合的瓦斯抽采技术能取得更好的瓦斯抽采效果。排除这个奇异点，根据表 5-2-1 中所列数据，作出造穴过程中循环出煤率与瓦斯抽采数据之间的关系曲线，如图 5-2-16 所示。

从图 5-2-16 可知：在新景矿 3# 煤层的瓦斯抽采过程中，掘进工作面的瓦斯抽采浓度和瓦斯抽采纯量均随出煤率的增加而增加，这说明增加出煤率可以有效地改善煤层的瓦斯抽采浓度。但是当出煤率大于 10‰之后，瓦斯抽采数据增加不再明显，说明当出煤量增加到一定程度后，煤层的瓦斯抽采效果改善程度将降低。

b. 瓦斯抽采率

在上述 19 个循环的瓦斯抽采过程中，每个循环的出煤率数据与瓦斯抽采率数据如表 5-2-2 所列。

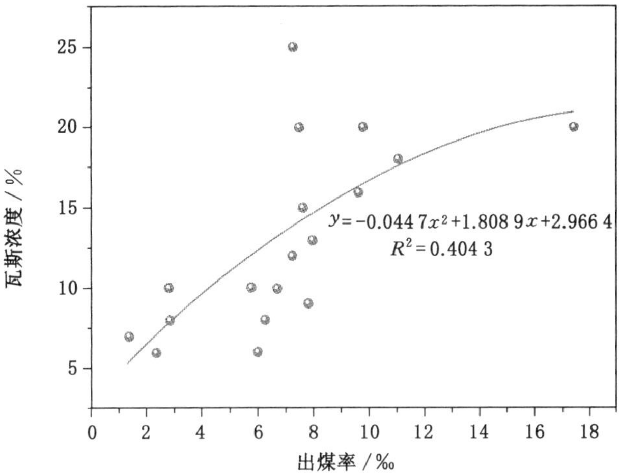


(a) 出煤率与瓦斯抽采浓度

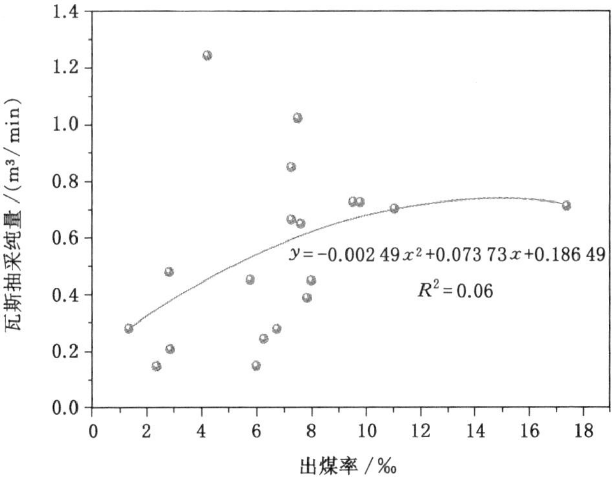


(b) 出煤率与瓦斯抽采纯量

图 5-2-16　循环出煤率与瓦斯抽采数据的关系

**表 5-2-2　新景矿 3# 煤层瓦斯抽采率数据**

| 循环 | 控制范围/m | 出煤量/t | 出煤率/‰ | 瓦斯抽采率/% | 备注 |
|---|---|---|---|---|---|
| 南五正巷循环 1 | 80×35 | 9.48 | 1.36 | 25.44 | |
| 南五正巷循环 2 | 80×35 | 49.38 | 6.71 | 19.70 | |
| 南五正巷循环 3 | 60×35 | 29.35 | 5.99 | 13.63 | |
| 南五正巷循环 4 | 80×35 | 17.33 | 2.36 | 11.40 | |
| 南五正巷循环 5 | 80×35 | 70.61 | 9.61 | 37.50 | |
| 南五副巷循环 1 | 80×25 | 58.04 | 11.06 | 38.70 | |
| 南五副巷循环 2 | 60×35 | 35.55 | 7.26 | 13.18 | |
| 南五副巷循环 3 | 60×35 | 38.18 | 7.79 | 8.03 | |

表 5-2-2(续)

| 循环 | 控制范围/m | 出煤量/t | 出煤率/‰ | 瓦斯抽采率/% | 备注 |
|---|---|---|---|---|---|
| 北九正巷循环 1 | 80×35 | 170.50 | 17.40 | 36.30 | |
| 北九正巷循环 2 | 100×35 | 41.30 | 4.21 | 40.47 | 辅以气相压裂 |
| 北九正巷循环 3 | 80×35 | 55.00 | 7.48 | 33.90 | |
| 南九副巷循环 1 | 80×35 | 20.65 | 2.81 | 19.70 | |
| 南九副巷循环 2 | 80×35 | 21.00 | 2.86 | 16.00 | |
| 南九副巷循环 3 | 80×35 | 71.89 | 9.78 | 41.90 | |
| 南九副巷循环 4 | 80×35 | 58.50 | 7.96 | 29.49 | |
| 南九副巷循环 5 | 80×35 | 46.02 | 6.26 | 22.91 | |
| 南九正巷循环 1 | 80×35 | 42.34 | 5.76 | 15.40 | |
| 南九正巷循环 2 | 80×35 | 58.02 | 7.89 | 26.08 | |
| 南九正巷循环 3 | 60×35 | 35.62 | 7.26 | 48.30 | |

根据掘进工作面施工过程中实测的原始瓦斯含量数据，新景矿 3# 煤层原始瓦斯含量平均为 17 $m^3/t$。根据残余瓦斯含量临界值 11.0 $m^3/t$ 的标准，新景矿 3# 煤层所需要达到的瓦斯抽采率为 35.3%。

作出瓦斯抽采率与循环出煤率的关系曲线，如图 5-2-17 所示。从图 5-2-17 可以看出，瓦斯抽采率随出煤率的增加而增大。根据瓦斯抽采达标指标所定的瓦斯抽采率，新景矿 3# 煤层的出煤率应不低于 9.2%。

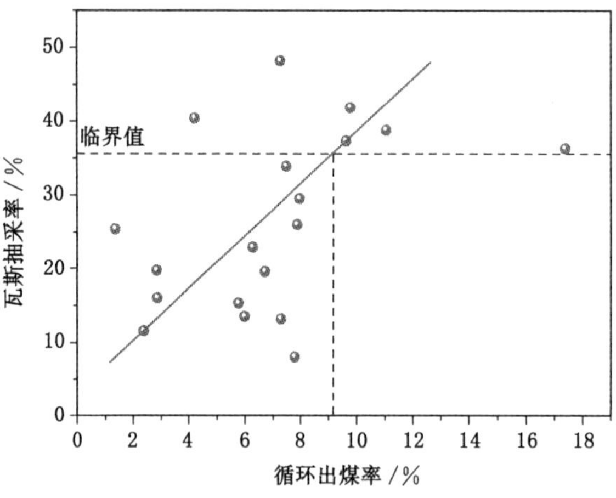


图 5-2-17　循环出煤率与瓦斯抽采率关系曲线

2）出煤率对残余瓦斯含量的影响

在瓦斯抽采结束后采用井下直接测定法对煤层的残余瓦斯含量进行测定。上述 19 个循环瓦斯抽采结束后，每个区域实测的最大残余瓦斯含量测定结果如表 5-2-3 所列。

**表 5-2-3　新景矿 3# 煤层残余瓦斯含量测定结果**

| 循环 | 区域 | 出煤量/t | 出煤率/‰ | 最大残余瓦斯含量/($m^3$/t) | 备注 |
|---|---|---|---|---|---|
| 北九正巷循环 1 | Ⅰ | 38.36 | 15.6 | 8.78 | |
| | Ⅱ | 41.04 | 16.75 | 9.24 | |
| | Ⅲ | 42.68 | 17.40 | 7.73 | |
| 北九正巷循环 2 | Ⅰ | 7.03 | 2.87 | 12.50 | |
| | Ⅱ | 12.65 | 5.16 | 12.17 | |
| | Ⅲ | 41.04 | 5.92 | 10.54 | |
| 北九正巷循环 3 | Ⅰ | 13.78 | 5.62 | 11.02 | |
| | Ⅱ | 12.65 | 8.11 | 8.68 | |
| | Ⅲ | 22.25 | 9.08 | 11.81 | |
| 南九正巷循环 1 | Ⅰ | 14.45 | 5.89 | 14.36 | |
| | Ⅱ | 12.24 | 5.00 | 14.80 | |
| | Ⅲ | 16.65 | 6.38 | 14.40 | |
| 南九正巷循环 2 | Ⅰ | 18 | 7.36 | 13.70 | |
| | Ⅱ | 19.6 | 7.35 | 12.74 | |
| | Ⅲ | 17.4 | 8.00 | 13.15 | |
| 南九正巷循环 3 | Ⅰ | 29.76 | 12.15 | 10.47 | |
| | Ⅱ | 17.42 | 7.77 | 12.75 | |
| | Ⅲ | 6.15 | 2.50 | 11.47 | |
| 南九副巷循环 1 | Ⅰ | 6.15 | 2.50 | 11.47 | |
| | Ⅱ | 6.35 | 2.59 | 10.75 | |
| | Ⅲ | 8.15 | 3.32 | 9.02 | |
| 南九副巷循环 2 | Ⅰ | 8.16 | 3.33 | 11.19 | |
| | Ⅱ | 6.52 | 2.66 | 10.83 | |
| | Ⅲ | 6.32 | 2.58 | 10.13 | |
| 南九副巷循环 3 | Ⅰ | 21.59 | 8.81 | 12.15 | |
| | Ⅱ | 24.75 | 10.10 | 10.85 | |
| | Ⅲ | 25.50 | 10.4 | 9.82 | |
| 南九副巷循环 4 | Ⅱ | 26.04 | 10.60 | 10.47 | |
| | Ⅲ | 24.29 | 9.91 | 10.32 | |
| 南九副巷循环 5 | Ⅰ | 13.07 | 5.33 | 12.31 | |
| | Ⅱ | 19.59 | 8.00 | 12.26 | |
| | Ⅲ | 13.35 | 5.45 | 11.69 | |

表 5-2-3(续)

| 循环 | 区域 | 出煤量/t | 出煤率/‰ | 最大残余瓦斯含量/(m³/t) | 备注 |
|---|---|---|---|---|---|
| 南五正巷循环 1 | Ⅰ | 3.22 | 1.31 | 14.28 | |
| | Ⅱ | 4.06 | 1.66 | 13.48 | |
| | Ⅲ | 2.71 | 1.11 | 11.79 | |
| 南五正巷循环 2 | Ⅰ | 18.14 | 7.40 | 12.88 | |
| | Ⅱ | 13.42 | 5.48 | 11.53 | |
| | Ⅲ | 17.82 | 7.30 | 14.69 | |
| 南五正巷循环 3 | Ⅱ | 7.39 | 3.02 | 13.22 | |
| | Ⅲ | 21.96 | 8.96 | 13.00 | |
| 南五正巷循环 4 | Ⅱ | 8.50 | 3.47 | 10.82 | |
| | Ⅲ | 8.83 | 3.60 | 9.76 | |
| 南五副巷循环 1 | Ⅰ | 18.4 | 7.50 | 10.46 | |
| | Ⅱ | 19.18 | 7.80 | 9.47 | |
| | Ⅲ | 8.83 | 8.36 | 9.53 | |
| 南五副巷循环 2 | Ⅱ | 17.96 | 7.30 | 14.47 | |
| | Ⅲ | 17.60 | 7.20 | 13.41 | |
| 南五副巷循环 3 | Ⅰ | 10.31 | 4.20 | 12.30 | |
| | Ⅱ | 16.94 | 6.90 | 12.87 | |
| | Ⅲ | 10.93 | 4.50 | 12.22 | |

根据表 5-2-3 数据，作出区域出煤率与残余瓦斯含量的关系曲线，如图 5-2-18 所示。

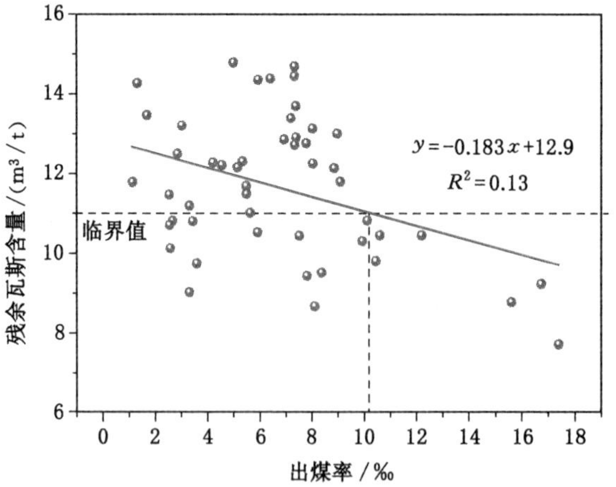


图 5-2-18　新景矿 3# 煤层出煤率与残余瓦斯含量的关系曲线

从图 5-2-18 中可以看出，残余瓦斯含量与出煤率呈负相关的关系：出煤率越大，残余瓦斯含量越低；出煤率越小，残余瓦斯含量越大。根据瓦斯含量临界指标 11.0 $m^3/t$ 的标准，新景矿 3# 煤层的出煤率应达到 10‰。

3）出煤率对钻屑瓦斯解吸指标的影响

上述 19 个循环瓦斯抽采结束后，每个区域实测的最大钻屑瓦斯解吸指标测定结果如表 5-2-4 所列。

**表 5-2-4 新景矿 3# 煤层最大钻屑瓦斯解吸指标测定结果**

| 循环 | 区域 | 出煤量/t | 出煤率/‰ | 最大钻屑瓦斯解吸指标 $K_1/[mL/(g \cdot min^{0.5})]$ | 备注 |
|---|---|---|---|---|---|
| 北九正巷循环 1 | Ⅰ | 38.36 | 15.6 | 0.37 | |
| | Ⅱ | 41.04 | 16.75 | 0.38 | |
| | Ⅲ | 42.68 | 17.40 | 0.40 | |
| 北九正巷循环 2 | Ⅱ | 12.65 | 5.16 | 0.48 | |
| | Ⅲ | 41.04 | 5.92 | 1.24 | |
| 北九正巷循环 3 | Ⅱ | 12.65 | 8.11 | 0.38 | |
| | Ⅲ | 22.25 | 9.08 | 1.24 | |
| 南九正巷循环 1 | Ⅱ | 12.24 | 5.00 | 0.72 | |
| | Ⅲ | 16.65 | 6.38 | 0.48 | |
| 南九正巷循环 2 | Ⅱ | 19.60 | 7.35 | 0.43 | |
| | Ⅲ | 17.40 | 8.00 | 0.36 | |
| 南九正巷循环 3 | Ⅲ | 17.40 | 8.00 | 0.36 | |
| 南九副巷循环 1 | Ⅱ | 6.35 | 2.59 | 0.44 | |
| | Ⅲ | 8.15 | 3.32 | 0.48 | |
| 南九副巷循环 2 | Ⅱ | 6.52 | 2.66 | 0.42 | |
| | Ⅲ | 6.32 | 2.58 | 0.38 | |
| 南九副巷循环 3 | Ⅱ | 24.75 | 10.1 | 0.44 | |
| | Ⅲ | 25.50 | 10.4 | 0.38 | |
| 南九副巷循环 4 | Ⅲ | 24.29 | 9.91 | 0.42 | |
| 南九副巷循环 5 | Ⅱ | 19.59 | 8.00 | 0.49 | |
| | Ⅲ | 13.35 | 5.45 | 0.47 | |
| 南五正巷循环 1 | Ⅱ | 4.06 | 1.66 | 1.75 | |
| | Ⅲ | 2.71 | 1.11 | 0.45 | |
| 南五正巷循环 2 | Ⅱ | 13.42 | 5.48 | 0.55 | |
| | Ⅲ | 17.82 | 7.30 | 0.44 | |
| 南五正巷循环 3 | Ⅲ | 21.96 | 8.96 | 0.53 | |
| 南五正巷循环 4 | Ⅲ | 8.83 | 3.60 | 0.36 | |
| 南五副巷循环 1 | Ⅲ | 8.83 | 8.36 | 0.68 | |

表 5-2-4(续)

| 循环 | 区域 | 出煤量/t | 出煤率/‰ | 最大钻屑瓦斯解吸指标 $K_1$/[mL/(g·$min^{0.5}$)] | 备注 |
|---|---|---|---|---|---|
| 南五副巷循环 2 | Ⅲ | 17.60 | 7.2 | 0.56 | |
| 南五副巷循环 3 | Ⅱ | 16.94 | 6.9 | 0.74 | |
| | Ⅲ | 10.93 | 4.5 | 1.12 | |

根据表 5-2-4,作出区域出煤率与残余瓦斯含量的关系曲线,如图 5-2-19 所示。

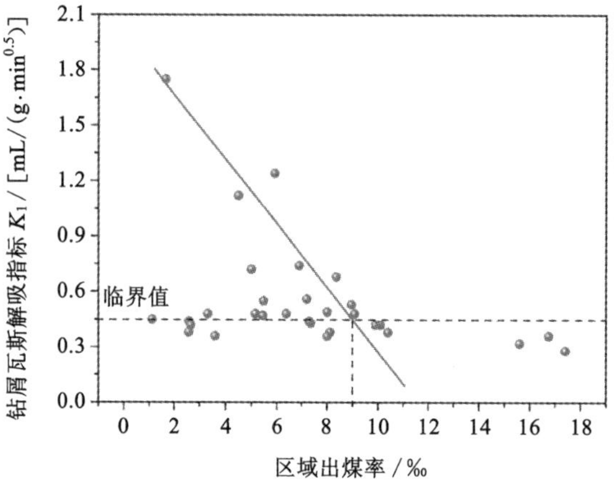


图 5-2-19　新景矿 3# 煤层区域出煤率与钻屑瓦斯解吸指标的关系曲线

从图 5-2-19 可知:巷道掘进的过程中,钻屑瓦斯解吸指标随出煤率的增加呈降低的趋势。出煤率越大,巷道掘进过程中实测的钻屑瓦斯解吸指标数值越大。根据报告所定的钻屑瓦斯解吸指标临界值为 0.45 mL/(g·$min^{0.5}$)的标准,新景矿 3# 煤层巷道掘进过程中的出煤率应不小于 9‰。

另外,在 3# 煤层的掘进过程中,巷道内的风排瓦斯浓度随出煤率的增加而不断减小。根据目前新景矿断电瓦斯浓度 0.8%的标准,要保证 3# 煤层巷道掘进过程中瓦斯浓度不超限,其出煤率应不低于 8.5‰。

(3) 现场试验方案

根据新景矿前 19 个循环的造穴实践,当造穴时间增加到 45 min 之后,单穴的设计出煤量平均值达到了 1.1 t,单穴平均造穴半径为 0.50 m。因此在新景矿瓦斯抽采方案的最终设计过程中,按照单穴出煤量 1.1 t、单穴造穴半径 0.50 m 的标准进行设计,每个造穴区域(20 m)需要的出煤量为 24.5 t,所需造穴数目为 22 个。考虑到单穴出煤的差异性,在方案设计中留有 1.1 的富裕系数,即保证每个区域设计造穴数目不小于 24 个。此外,考虑到造穴过程中出煤的不均衡性对瓦斯抽采的影响,在每两个造穴钻孔之间补充 1 组顺层钻孔,进行卸压瓦斯的强化抽采,如图 5-2-20 所示。

该方案制订结束后,在北九正巷进行造穴循环 4 作现场考察。

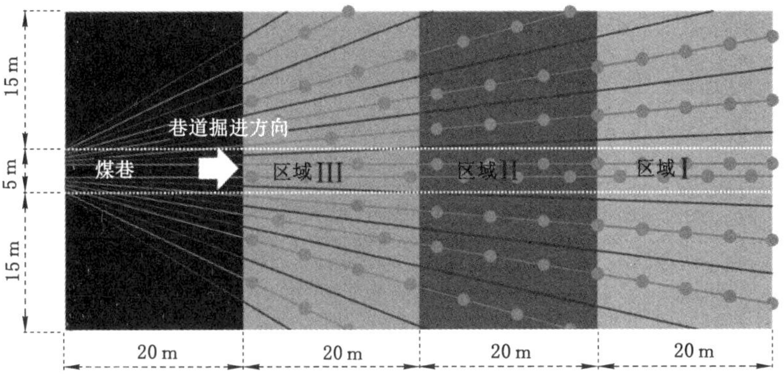


图 5-2-20　新景矿 3# 煤层钻冲一体化水力冲孔造穴瓦斯抽采最终方案

1）造穴顺层钻孔的设计

在北九正巷造穴循环 4 的瓦斯抽采过程中，共布置 10 组造穴钻孔，造穴钻孔的布置平面图和剖面图如图 5-2-21 所示，施工参数如表 5-2-5 所列。

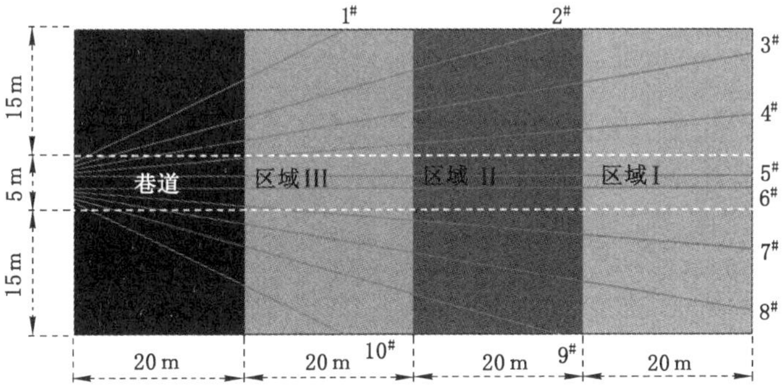


(a)　掘进工作面造穴顺层钻孔布置示意图

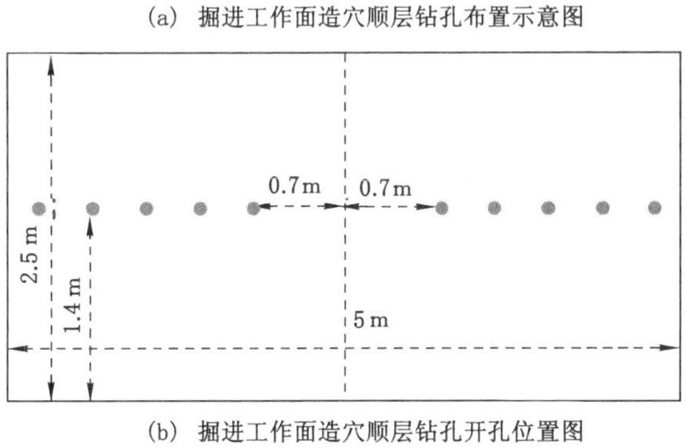


(b)　掘进工作面造穴顺层钻孔开孔位置图

图 5-2-21　北九正巷造穴循环 4 钻孔布置图

**表 5-2-5　北九正巷造穴循环 4 顺层钻孔施工参数**

| 孔号 | 钻孔长度/m | 偏角/(°) | 开孔位置 | 开孔高度/m | 倾角 |
|---|---|---|---|---|---|
| 1# | 36 | −25 | 中央偏左 2.3 m | 1.4 | 煤层倾角 |
| 2# | 60 | −15 | 中央偏左 1.9 m | 1.4 | 煤层倾角 |
| 3# | 81 | −9.5 | 中央偏左 1.5 m | 1.4 | 煤层倾角 |
| 4# | 81 | −4.5 | 中央偏左 1.1 m | 1.4 | 煤层倾角 |
| 5# | 80 | 0 | 中央偏左 0.7 m | 1.4 | 煤层倾角 |
| 6# | 80 | 0 | 中央偏右 0.7 m | 1.4 | 煤层倾角 |
| 7# | 81 | 4.5 | 中央偏右 1.1 m | 1.4 | 煤层倾角 |
| 8# | 81 | 9.5 | 中央偏右 1.5 m | 1.4 | 煤层倾角 |
| 9# | 60 | 15 | 中央偏右 1.9 m | 1.4 | 煤层倾角 |
| 10# | 36 | 25 | 中央偏右 2.3 m | 1.4 | 煤层倾角 |

2）造穴位置设计

当造穴钻孔施工完成之后，采用一体化水力冲孔造穴。设计过程中，区域Ⅰ（60～80 m区域）造穴间距为 5 m，造穴 26 个；区域Ⅱ（40～60 m 区域）造穴间距为 6 m，造穴 26 个；区域Ⅲ造穴间距为 6～12 m，造穴个数为 24 个。造穴位置设计平面图如图 5-2-22 所示，造穴参数如表 5-2-6 所列。

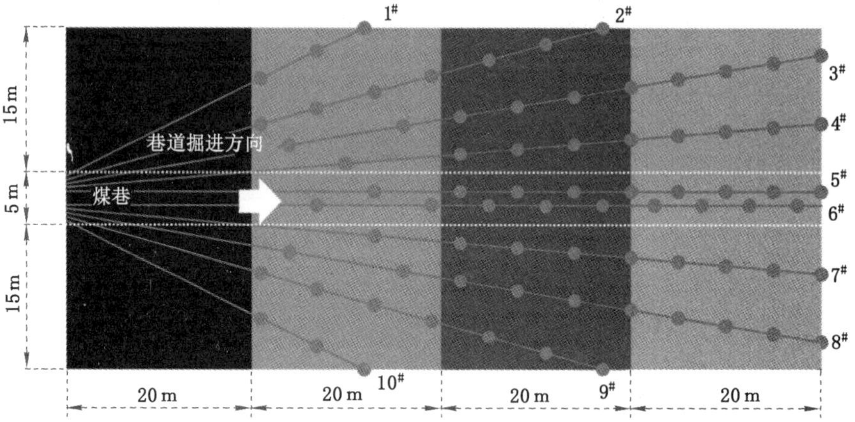


图 5-2-22　造穴钻孔及造穴位置设计平面图

**表 5-2-6　造穴参数表**

| 孔号 | 造穴位置/m | 造穴编号 |
|---|---|---|
| 1# | 23、29、35 | 1#～3# |
| 2# | 21、27、33、39、46、52、59 | 4#～10# |
| 3# | 23、35、42、48、54、60、65、70、75、80 | 11#～20# |
| 4# | 29、41、47、53、59、64、69、74、80 | 21#～29# |

表 5-2-6(续)

| 孔号 | 造穴位置/m | 造穴编号 |
|---|---|---|
| 5# | 32、41、47、53、59、64、69、74、80 | 30#～38# |
| 6# | 20、26、38、44、50、56、62、67、72、77 | 39#～48# |
| 7# | 32、41、47、53、59、64、69、74、80 | 49#～57# |
| 8# | 23、35、42、48、54、60、65、70、75、80 | 58#～67# |
| 9# | 21、27、33、39、46、52、59 | 68#～74# |
| 10# | 23、29、35 | 75#～77# |

区域造穴出煤量及出煤率设计参数见表 5-2-7。

**表 5-2-7 造穴区域参数对比**

| 区域 | 造穴个数 | 设计出煤量/t | 设计出煤率/‰ |
|---|---|---|---|
| Ⅰ | 26 | 28.6 | 11.67 |
| Ⅱ | 26 | 28.6 | 11.67 |
| Ⅲ | 24 | 26.4 | 10.78 |

3）补充顺层钻孔的设计

为了强化卸压瓦斯的抽采，在北九正巷造穴循环 4 瓦斯抽采过程中补充了一排顺层钻孔。补充顺层钻孔的设计如图 5-2-23 所示，施工参数如表 5-2-8 所列。

**表 5-2-8 补充顺层钻孔施工参数**

| 孔号 | 钻孔总长/m | 偏角/(°) | 开孔位置 | 开孔高度/m | 倾角 |
|---|---|---|---|---|---|
| 补 1# | 29 | −31 | 中央偏左 2.5 m | 1.8 | 煤层倾角 |
| 补 2# | 44 | −21 | 中央偏左 2.1 m | 1.8 | 煤层倾角 |
| 补 3# | 74 | −12.5 | 中央偏左 1.7 m | 1.8 | 煤层倾角 |
| 补 4# | 81 | −7 | 中央偏左 1.3 m | 1.8 | 煤层倾角 |
| 补 5# | 80 | −2.5 | 中央偏左 0.9 m | 1.8 | 煤层倾角 |
| 补 6# | 80 | 2.5 | 中央偏右 0.9 m | 1.8 | 煤层倾角 |
| 补 7# | 81 | 7 | 中央偏右 1.3 m | 1.8 | 煤层倾角 |
| 补 8# | 74 | 12.5 | 中央偏右 1.7 m | 1.8 | 煤层倾角 |
| 补 9# | 44 | 21 | 中央偏右 2.1 m | 1.8 | 煤层倾角 |
| 补 10# | 29 | 31 | 中央偏右 2.5 m | 1.8 | 煤层倾角 |

(4) 造穴过程中出煤率指标的建立

根据上文所述新景矿 3# 煤层出煤率与瓦斯抽采率、残余瓦斯含量、钻屑瓦斯解吸指标及巷道掘进过程中的风排瓦斯浓度之间的关系，确定了新景矿 3# 煤层的出煤率指标。

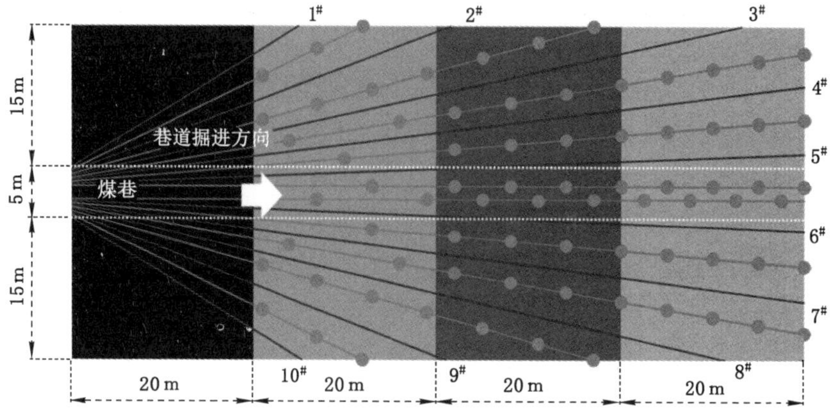


(a) 剖面图

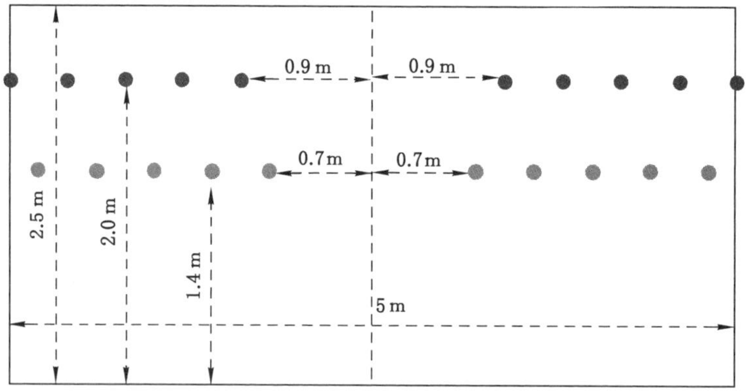


(b) 平面图

图 5-2-23　补充顺层钻孔设计图

根据瓦斯抽采率指标 35.3%，新景矿 3# 煤层造穴期间的出煤率应不低于 9.2‰；根据残余瓦斯含量指标 11.0 $m^3/t$，新景矿 3# 煤层造穴期间的出煤率应不低于 10‰；根据巷道掘进过程中的钻屑瓦斯解吸指标临界值 0.45 $mL/(g \cdot min^{0.5})$，新景矿 3# 煤层造穴期间的出煤率应不低于 9‰；根据巷道掘进过程中的风排瓦斯浓度指标 0.8%，新景矿 3# 煤层造穴期间的出煤率应不低于 8.5‰。综合上述指标值，同时考虑开采安全，新景矿 3# 煤层宜选用 10‰的出煤率指标。

(5) 卸压增透强化抽采效果考察

在新景矿以往的瓦斯抽采过程中，掘进工作面采用预抽煤巷条带瓦斯的抽采方法。鉴于瓦斯抽采过程中卡钻现象频发，每个循环的设计长度仅为 60 m，如图 5-2-24(a)所示。同时，由于煤层渗透率极低，瓦斯抽采十分困难，最大钻孔间距为 2.5 m，每个瓦斯抽采循环布置 36～49 个钻孔，瓦斯抽采周期大于 45 d，巷道月进度仅约 20 m。

考虑到新景矿在瓦斯抽采和巷道掘进方面存在的困难，提出了掘进工作面顺层钻孔水力冲孔造穴瓦斯抽采技术，并在北九正巷造穴循环 4 定型，如图 5-2-24(b)所示。在该技术的施工过程中，由于采用了递进掩护和前进式造穴的钻孔施工工艺，每个循环的长度由原来的 60 m 提高到 80 m，同时钻孔的数目由原来的最大 49 个减少为 20 个，钻孔施工工程量由约 2 900 m 下降到 1 292 m。

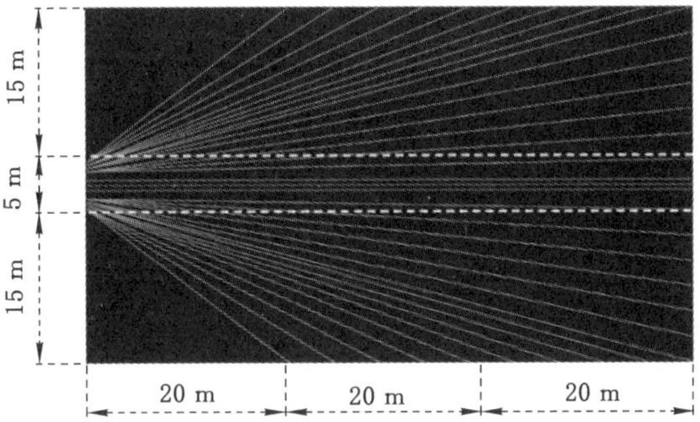


(a) 顺层钻孔预抽煤巷条带瓦斯

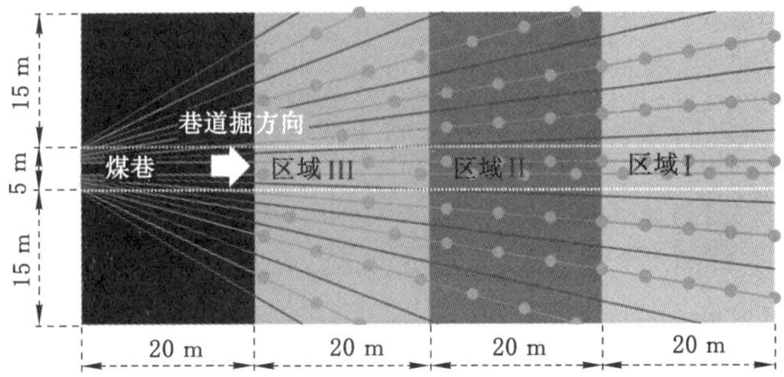


(b) 顺层钻孔水力冲孔造穴瓦斯抽采

图 5-2-24　两种瓦斯抽采技术的抽采钻孔布置

1）瓦斯抽采数据对比

a. 瓦斯抽采率和瓦斯抽采纯量对比

在南五掘进工作面顺层钻孔预抽煤巷条带瓦斯和北九正巷造穴循环 4 顺层钻孔水力冲孔造穴瓦斯抽采技术的施工过程中，对两个掘进工作面的瓦斯抽采数据均进行了监测，结果如图 5-2-25 所示。

由图 5-2-25 可知，在南五掘进工作面预抽煤巷条带瓦斯的过程中，虽然其钻孔数目大于北九水力冲孔造穴瓦斯抽采工作面，但瓦斯抽采数据远远低于后者。在南五掘进工作面预抽煤巷条带瓦斯的过程中，该工作面的平均瓦斯抽采浓度约为 3%，但水力冲孔造穴工作面的瓦斯抽采浓度可达 30%以上，提高 9 倍；在瓦斯抽采纯量方面，预抽条带瓦斯掘进工作面的瓦斯抽采纯量约为 0.15 $m^3/min$，而水力冲孔造穴掘进工作面的瓦斯抽采纯量可达 1.0 $m^3/min$，提高 5 倍多。通过这些瓦斯抽采数据可以看出：采用新技术以后，虽然掘进工作面的瓦斯抽采钻孔数目大幅减少，但是瓦斯抽采能力却大幅提升，证明该技

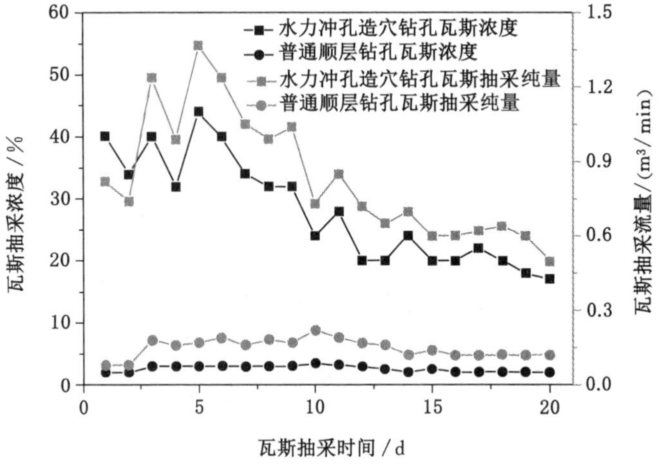


图 5-2-25　两种抽采技术瓦斯抽采数据对比

术在松软低透煤层的瓦斯抽采过程中具有明显优势。

b. 瓦斯抽采总量及瓦斯抽采率

两种瓦斯抽采技术下的瓦斯抽采量和瓦斯抽采效率对比如图 5-2-26 所示。

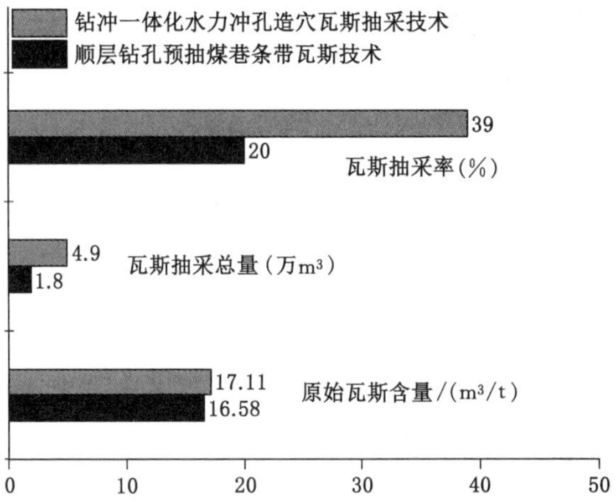


图 5-2-26　两种抽采技术的瓦斯抽采总量和瓦斯抽采率对比

由图 5-2-26 可知，北九掘进工作面和南五掘进工作面的原始瓦斯含量均约为 17 $m^3/t$，但是南五掘进工作面经过 45 d 的瓦斯抽采，一共抽出约 1.8 万 $m^3$ 的瓦斯，瓦斯抽采率约 20%；北九掘进工作面经过 20 d(打钻过程 10 d，单孔打钻完成后即对该孔进行抽采)的瓦斯抽采之后，一共抽出约 4.9 万 $m^3$ 的瓦斯(含造穴过程中风排 1.1 万 $m^3$ 瓦斯)，瓦斯抽采率达到 39%。

2) 残余瓦斯含量及钻屑瓦斯解吸指标对比

a. 残余瓦斯含量

预抽区域的煤层残余瓦斯含量或者残余瓦斯压力是检验瓦斯治理效果的主要指标。但是考虑到顺层钻孔在瓦斯压力测定方面存在的困难，新景矿在区域瓦斯抽采效果检验的过程中均采用瓦斯含量指标。南五正巷采用普通顺层钻孔预抽煤巷条带瓦斯技术进行 45 d 的瓦斯抽采之后，布置 3 组钻孔在 9 个地点进行残余瓦斯含量的测定，如图 5-2-27(a)所示；北九正巷造穴循环 4 在经历了为期 20 d 的瓦斯抽采之后，也在该掘进工作面布置了 3 组瓦斯抽采钻孔，在 12 个地点进行残余瓦斯含量的测定，如图 5-2-27(b)所示。

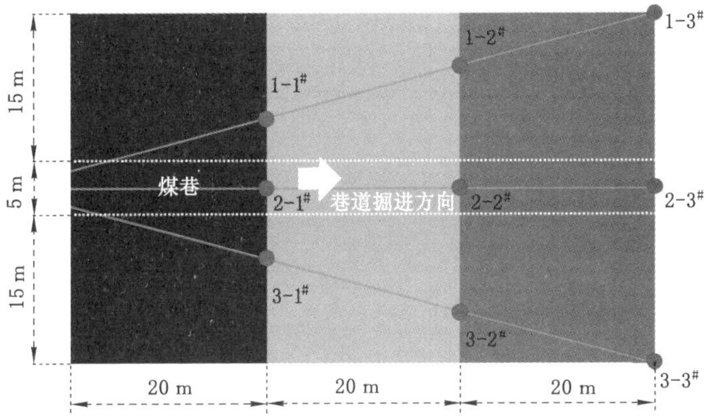


(a) 南五正巷顺层钻孔预抽煤巷条带瓦斯抽采

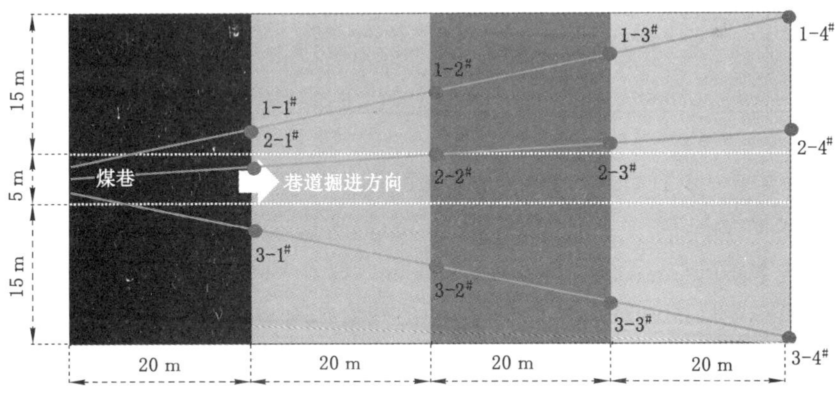


(b) 北九正巷水力冲孔造穴瓦斯抽采

图 5-2-27　两种抽采技术残余瓦斯含量测试钻孔布置示意图

所有残余瓦斯含量均采用井下直接法进行测定，测定结果如表 5-2-9 所列。

**表 5-2-9　两种抽采技术残余瓦斯含量测定结果对比**

| 瓦斯抽采技术 | 孔号 | 测点 | 瓦斯含量/($m^3$/t) |
|---|---|---|---|
| 顺层钻孔预抽煤巷条带瓦斯 | 1# | 1-1 | 9.48 |
| | | 1-2 | 10.41 |
| | | 1-3 | 12.53 |
| | 2# | 2-1 | 9.85 |
| | | 2-2 | 12.46 |
| | | 2-3 | 10.25 |
| | 3# | 3-1 | 9.34 |
| | | 3-2 | 11.85 |
| | | 3-3 | 13.04 |
| 顺层钻孔钻冲一体化水力冲孔造穴 | 1# | 1-1 | 10.14 |
| | | 1-2 | 10.72 |
| | | 1-3 | 10.78 |
| | | 1-4 | 9.35 |
| | 2# | 2-1 | 7.25 |
| | | 2-2 | 8.37 |
| | | 2-3 | 8.66 |
| | | 2-4 | 10.46 |
| | 3# | 3-1 | 6.85 |
| | | 3-2 | 8.58 |
| | | 3-3 | 9.35 |
| | | 3-4 | 10.25 |

从表 5-2-9 中可以看出：实施顺层钻孔预抽煤巷条带瓦斯技术后，南五正巷实测残余瓦斯含量最大值为 13.04 $m^3$/t，证明该循环瓦斯抽采效果较差；相反，北九正巷实施水力冲孔造穴瓦斯抽采之后，实测的残余瓦斯含量最大值为 10.78 $m^3$/t，均小于 11.0 $m^3$/t，证明该循环瓦斯抽采已经达标。上述两个循环的残余瓦斯含量测定结果表明，采用顺层钻孔钻冲一体化水力冲孔造穴瓦斯抽采技术，可明显改善新景矿 3# 煤层的瓦斯抽采效果。

b. 钻屑瓦斯解吸指标和钻屑量指标

在掘进工作面巷道掘进过程中，需要进行突出危险性的局部预测以及局部校检。目前，新景矿 3# 煤层主要采用钻屑瓦斯解吸指标 $K_1$ 对瓦斯抽采效果进行评价。南五正巷顺层钻孔预抽煤巷条带瓦斯抽采结束后和北九正巷循环 4 顺层钻冲一体化水力冲孔造穴瓦斯抽采后，各自巷道掘进过程中实测的钻屑瓦斯解吸指标数据如图 5-2-28 所示。

从图 5-2-28 可以看出：在南五掘进工作面顺层钻孔预抽煤巷条带瓦斯的抽采过程中，随着巷道的掘进，实测的 $K_1$ 值逐渐增大，这是由于沿巷道的掘进方向往前，钻孔的间距逐渐增大，瓦斯抽采越来越困难。在巷道掘进 30 m 之后，$K_1$ 开始超标，此时需要补充

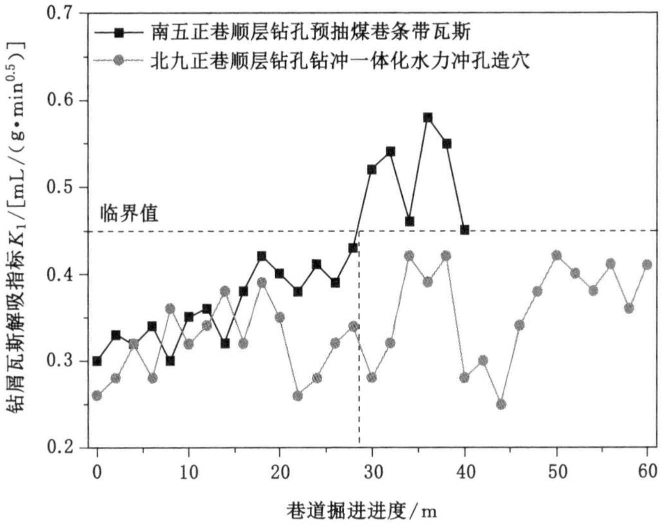


图 5-2-28　两种抽采技术下巷道掘进过程中的钻屑瓦斯解吸指标对比分析

局部防突措施。

在北九正巷掘进工作面采用顺层钻孔钻冲一体化水力冲孔造穴瓦斯抽采后，由于每个区域的出煤量均是相同的，因此巷道每个区域掘进过程中的 $K_1$ 值均降到临界值以下，从而可以保证整个巷道的施工安全。

(6) 效益分析

1) 技术指标对比分析

南五掘进工作面顺层钻孔预抽煤巷条带瓦斯和北九掘进工作面顺层钻孔水力冲孔造穴瓦斯抽采技术的技术指标对比如图 5-2-29 所示。

从图 5-2-29 可以看出：采用新技术之后，掘进工作面的瓦斯抽采循环长度由 60 m 提高到 80 m，瓦斯抽采钻孔个数由 49 个减少为 20 个，钻孔施工工程量由 2 900 m 减少为 1 300 m，钻孔施工周期由 15 d 减少为 10 d，瓦斯抽采周期由 45 d 减少为 20 d(含打钻过程中的瓦斯抽采 10 d)，瓦斯抽采浓度由 3%提高到 30%，瓦斯抽采纯量由 0.15 $m^3$/min 提高到 1.0 $m^3$/min，瓦斯抽采率由 20%提高到 39%，巷道的月进度由 20 m 提高到 60 m，各项参数均明显改善。

2) 经济效益对比分析

以下将掘进工作面顺层钻孔钻冲一体化水力冲孔造穴瓦斯抽采技术成本，与传统的掘进工作面顺层钻孔预抽煤巷条带瓦斯技术和穿层钻孔预抽煤巷条带瓦斯技术的施工成本和瓦斯抽采成本进行系统对比分析。

a. 与顺层钻孔瓦斯抽采经济效益对比分析

新景矿 3# 煤层掘进工作面顺层钻孔预抽煤巷条带瓦斯技术和掘进工作面顺层钻孔钻冲一体化水力冲孔造穴瓦斯抽采技术的瓦斯抽采成本分析分别如表 5-2-10 和表 5-2-11 所列。

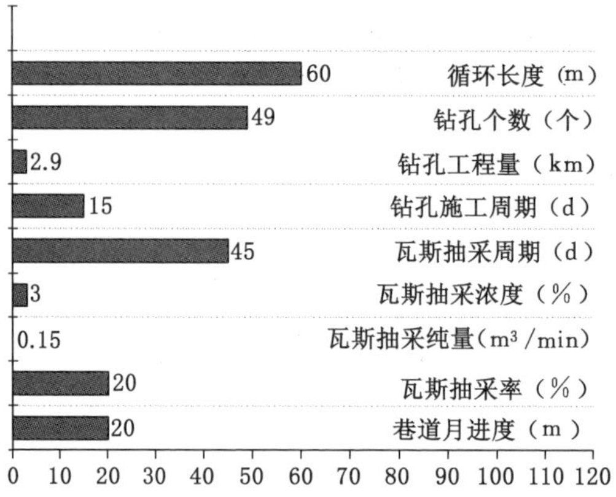


(a) 南五顺层钻孔预抽煤巷条带瓦斯技术

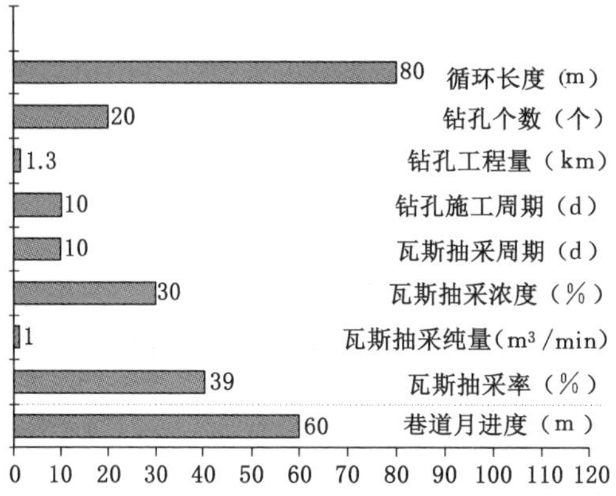


(b) 北九顺层钻孔水力冲孔造穴瓦斯抽采技术

图 5-2-29　两种瓦斯抽采技术的技术指标对比分析

**表 5-2-10　顺层钻孔预抽煤巷条带瓦斯技术成本分析**

<table>
<tr><td rowspan="3">工程施工成本</td><td colspan="2" rowspan="3">钻孔施工成本</td><td colspan="2">钻孔工程量/m</td><td>2 900</td></tr>
<tr><td colspan="2">单价/(元/m)</td><td>160</td></tr>
<tr><td colspan="2">总额/元</td><td>464 000</td></tr>
<tr><td rowspan="7">瓦斯抽采成本</td><td colspan="2" rowspan="4">人员薪资成本</td><td colspan="2">瓦斯抽采时间/d</td><td>45</td></tr>
<tr><td colspan="2">人数/个</td><td>3</td></tr>
<tr><td colspan="2">薪资/(元/d)</td><td>150</td></tr>
<tr><td colspan="2">总额/元</td><td>20 250</td></tr>
<tr><td colspan="2" rowspan="3">燃料动力成本</td><td colspan="2">日耗电量/(kW・h)</td><td>1 600</td></tr>
<tr><td colspan="2">电费/[元/(kW・h)]</td><td>0.75</td></tr>
<tr><td colspan="2">总额/元</td><td>54 000</td></tr>
<tr><td>总额/元</td><td>538 250</td><td>巷道掘进长度/m</td><td>40</td><td>巷道瓦斯治理成本/(元/m)</td><td>13 456.3</td></tr>
</table>

表 5-2-11　顺层钻孔钻冲一体化水力冲孔造穴瓦斯治理成本分析

<table>
<tr><td rowspan="7">工程施工成本</td><td rowspan="3" colspan="2">钻孔施工成本</td><td colspan="2">钻孔工程量/m</td><td>1 300</td></tr>
<tr><td colspan="2">单价/(元/m)</td><td>160</td></tr>
<tr><td colspan="2">总额/元</td><td>208 000</td></tr>
<tr><td rowspan="4" colspan="2">造穴施工成本</td><td colspan="2">施工人数/个</td><td>12</td></tr>
<tr><td colspan="2">薪资/(元/d)</td><td>150</td></tr>
<tr><td colspan="2">施工时间/d</td><td>7</td></tr>
<tr><td colspan="2">总额/元</td><td>12 600</td></tr>
<tr><td rowspan="7">瓦斯抽采成本</td><td rowspan="4" colspan="2">人员薪资成本</td><td colspan="2">瓦斯抽采时间/d</td><td>10</td></tr>
<tr><td colspan="2">人数/个</td><td>3</td></tr>
<tr><td colspan="2">薪资/(元/d)</td><td>150</td></tr>
<tr><td colspan="2">总额/元</td><td>4 500</td></tr>
<tr><td rowspan="3" colspan="2">燃料动力成本</td><td colspan="2">日耗电量/(kW・h)</td><td>1 600</td></tr>
<tr><td colspan="2">电费/[元/(kW・h)]</td><td>0.75</td></tr>
<tr><td colspan="2">总额/元</td><td>12 000</td></tr>
<tr><td>总额/元</td><td>237 100</td><td>巷道掘进长度/m</td><td>60</td><td>巷道瓦斯治理成本<br>/(元/m)</td><td>3 951.7</td></tr>
</table>

对比表 5-2-10 和表 5-2-11 中的瓦斯抽采成本，可知：采用顺层钻孔钻冲一体化水力冲孔造穴技术瓦斯治理成本与顺层钻孔预抽煤巷条带瓦斯技术相比有明显改善，其中钻孔施工成本减少 25.6 万元，单个循环工程施工成本减少 24.3 万元，瓦斯抽采成本减少 5.8 万元；吨煤瓦斯治理成本由 13 456.3 元/m 降为 3 951.7 元/m，降幅达 70%。这表明顺层钻孔采用钻冲一体化水力冲孔造穴技术瓦斯治理经济效益显著提高。

b. 与穿层钻孔瓦斯抽采经济效益对比分析

在采用顺层钻孔钻冲一体化水力冲孔造穴瓦斯抽采技术之前，在新景矿的北九正巷同样采用了底板岩巷穿层钻孔预抽煤巷条带瓦斯的技术。该技术的钻孔布置如图 5-2-30 所示，其成本分析如表 5-2-12 所列。

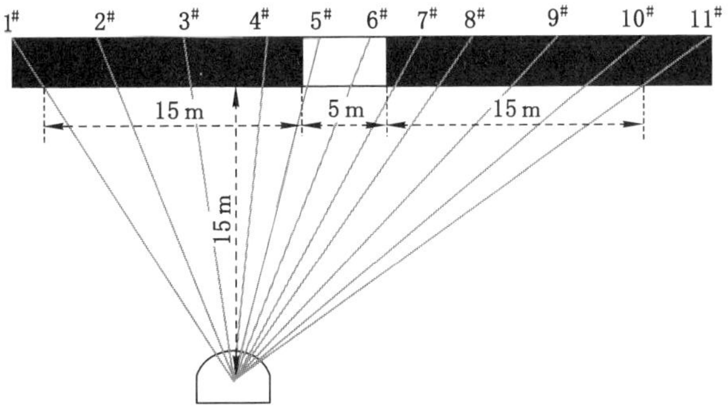


图 5-2-30　新景矿 3# 煤层穿层钻孔预抽煤巷条带瓦斯技术钻孔布置

**表 5-2-12　穿层钻孔钻冲一体化水力冲孔造穴瓦斯治理成本分析**

<table>
<tr><td rowspan="6">工程施工成本</td><td rowspan="3" colspan="2">底抽巷施工成本</td><td colspan="2">循环施工长度/m</td><td>80</td></tr>
<tr><td colspan="2">每米造价/(元/m)</td><td>20 000</td></tr>
<tr><td colspan="2">总额/元</td><td>1 600 000</td></tr>
<tr><td rowspan="3" colspan="2">钻孔施工成本</td><td colspan="2">钻孔工程量/m</td><td>4 260</td></tr>
<tr><td colspan="2">单价/(元/m)</td><td>250</td></tr>
<tr><td colspan="2">总额/元</td><td>1 065 000</td></tr>
<tr><td rowspan="7">瓦斯抽采成本</td><td rowspan="4" colspan="2">人员薪资成本</td><td colspan="2">瓦斯抽采时间/d</td><td>60</td></tr>
<tr><td colspan="2">人数/个</td><td>3</td></tr>
<tr><td colspan="2">薪资/(元/d)</td><td>150</td></tr>
<tr><td colspan="2">总额/元</td><td>27 000</td></tr>
<tr><td rowspan="3" colspan="2">燃料动力成本</td><td colspan="2">日耗电量/(kW·h)</td><td>1 600</td></tr>
<tr><td colspan="2">电费/[元/(kW·h)]</td><td>0.75</td></tr>
<tr><td colspan="2">总额/元</td><td>72 000</td></tr>
<tr><td>总额/元</td><td>2 764 000</td><td>巷道掘进长度/m</td><td>80</td><td>巷道瓦斯治理成本/(元/m)</td><td>34 550</td></tr>
</table>

上述三种瓦斯治理方法的成本分项对比见表 5-2-13 和图 5-2-31。

**表 5-2-13　瓦斯治理成本分项对比**

| 项目 | 工程施工成本/元 | 瓦斯抽采成本/元 | 总额/元 | 吨煤瓦斯治理成本/元 |
|---|---|---|---|---|
| 钻冲一体化顺层钻孔 | 220 600 | 16 500 | 237 100 | 24.2 |
| 钻冲一体化穿层钻孔 | 2 665 000 | 99 000 | 2 764 000 | 282.1 |
| 普通顺层钻孔 | 464 000 | 74 250 | 538 250 | 73.3 |

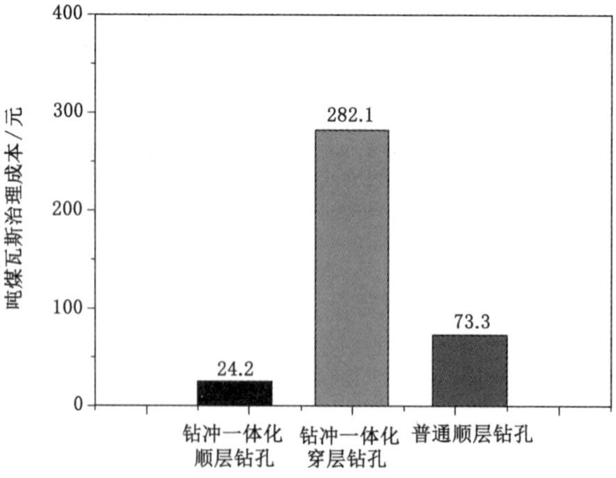


图 5-2-31　瓦斯治理成本对比

从表 5-2-13 及图 5-2-31 中可以看出，由于穿层钻孔需施工通过底（顶）板岩巷，巷道施工成本高，其吨煤瓦斯治理成本明显高于顺层钻孔；另外，穿层钻孔瓦斯抽采时间达 60 d，也大幅增加了瓦斯抽采成本。

5.2.2.2　寺家庄水力冲孔造穴技术及应用

（1）试验地点

寺家庄矿北翼辅助运输大巷平均标高为＋520 m 左右，平均埋深为 480 m 左右。在巷道的施工过程中，由于煤层的起伏，需要进行石门揭煤。揭煤区域全长 220 m，如图 5-2-32所示。该区域煤层瓦斯含量较高，具有较大的煤与瓦斯突出危险性，因此在巷道的施工过程中需采取措施对该区段煤层进行消突，以掩护巷道的掘进。

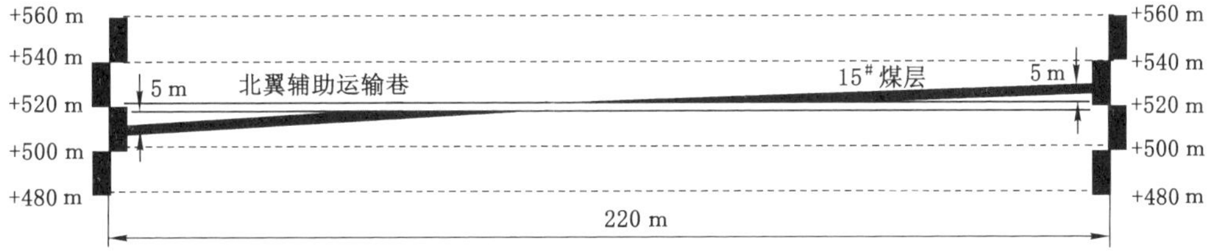


图 5-2-32　寺家庄矿北翼辅助运输巷剖面图

（2）现场试验方案

在北翼辅助运输巷的施工过程中，沿着巷道的施工方向共布置普钻区、造穴Ⅰ区、造穴Ⅱ区、造穴Ⅲ区和造穴Ⅳ区。在每个瓦斯抽采区域，瓦斯抽采钻孔布置参数和布置方式不同，用于考察不同钻孔布置方式下瓦斯抽采的效果。

1）普钻区钻孔设计

在揭煤前 50 m 区域采用钻孔间距为 5 m 的普通穿层钻孔进行瓦斯抽采，该区域长度为 65 m，共布置 14 排瓦斯抽采钻孔，每排钻孔含 9 组瓦斯抽采钻孔。巷道两侧控制范围分别为 20 m 和 15 m。普钻区钻孔布置图如图 5-2-33 所示。

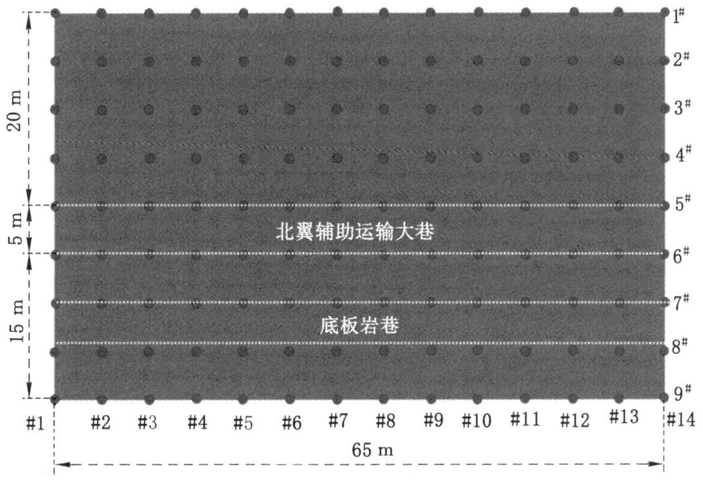


(a) 平面图

图 5-2-33　普钻区钻孔布置图

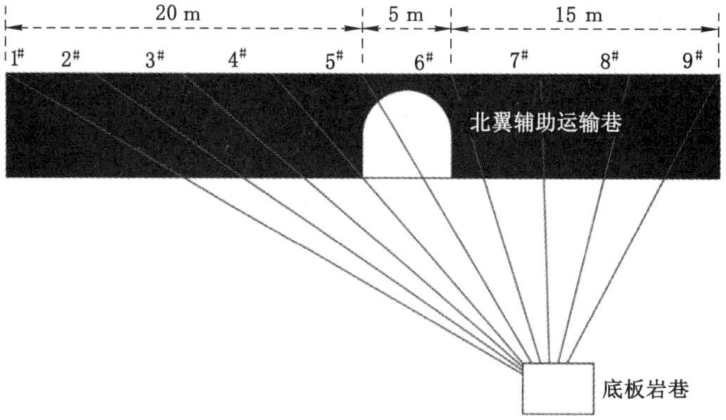


(b) 剖面图

图 5-2-33(续)

2）造穴Ⅰ区钻孔设计

在普钻区之后，布置造穴Ⅰ区。造穴Ⅰ区长度为 50 m，巷道两侧控制范围分别为 20 m和 15 m。该区域布置＃15～＃25 共 11 排钻孔，钻孔排间距为 5 m。在奇数排中，施工 1#、3#、5#、7#、9# 钻孔进行水力冲孔造穴，在偶数排中施工 2#、4#、6#、8# 钻孔进行水力冲孔造穴。造穴Ⅰ区钻孔布置如图 5-2-34 所示。

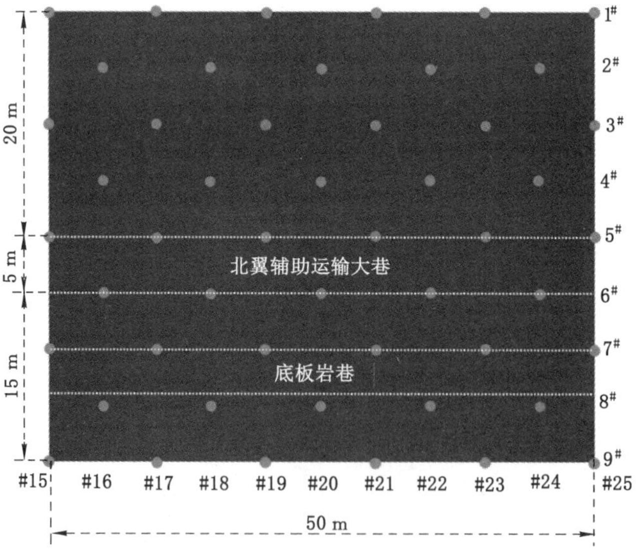


(a) 平面图

图 5-2-34 造穴Ⅰ区钻孔布置图

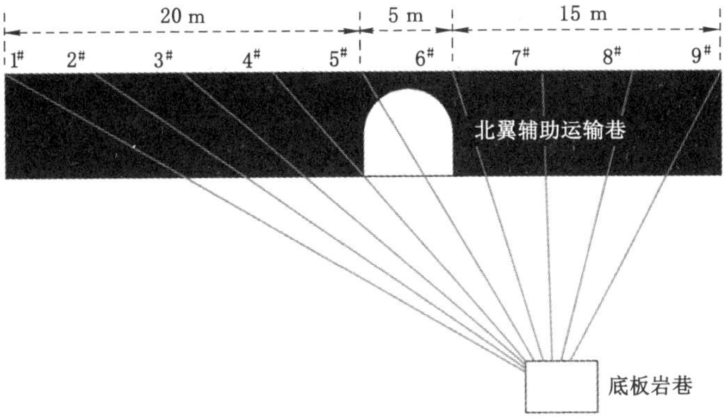


(b) 剖面图

图 5-2-34(续)

3) 造穴Ⅱ区钻孔设计

在造穴Ⅰ区之后,布置造穴Ⅱ区。造穴Ⅱ区长度为 30 m,巷道左帮控制范围为16 m,巷道右帮控制范围为 15 m。该区域布置＃26～＃30 共 5 排钻孔,钻孔排间距为 7 m。在每排钻孔中 1#、3# 和 5# 钻孔进行钻冲一体化水力冲孔造穴,6#、7#、8#、9# 钻孔为普通穿层钻孔。造穴Ⅱ区钻孔布置如图 5-2-35 所示。

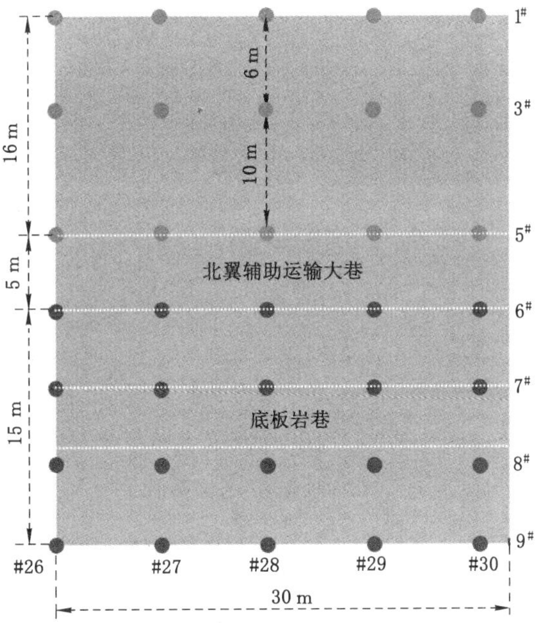


(a) 平面图

图 5-2-35　造穴Ⅱ区钻孔布置图

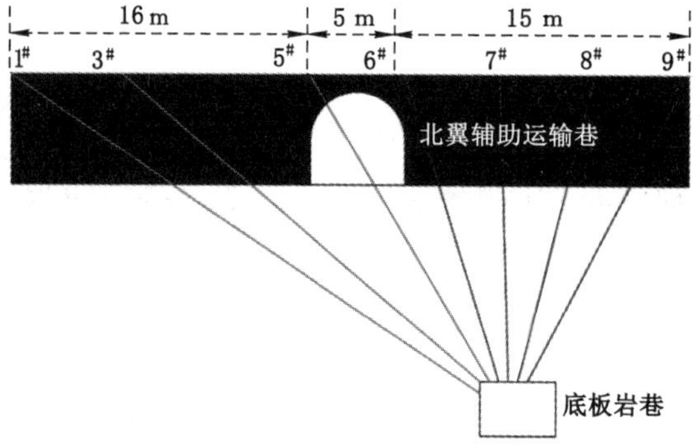


(b) 剖面图

图 5-2-35(续)

4) 造穴Ⅲ区钻孔设计

在造穴Ⅱ区之后,布置了造穴Ⅲ区。该区域长度为 30 m,巷道两侧控制范围分别为 16 m 和 15 m。沿着巷道的掘进方向布置 #31～#36 共 6 排钻孔,其中 #31、#33 和 #35排钻孔中 1#、3# 和 5# 钻孔进行钻冲一体化水力冲孔造穴,6#、7#、8# 和 9# 钻孔施工普通穿层钻孔进行瓦斯抽采;在 #32、#34 和 #36 排钻孔中施工普通穿层钻孔进行卸压瓦斯抽采。该区域瓦斯抽采钻孔布置如图 5-2-36 所示。

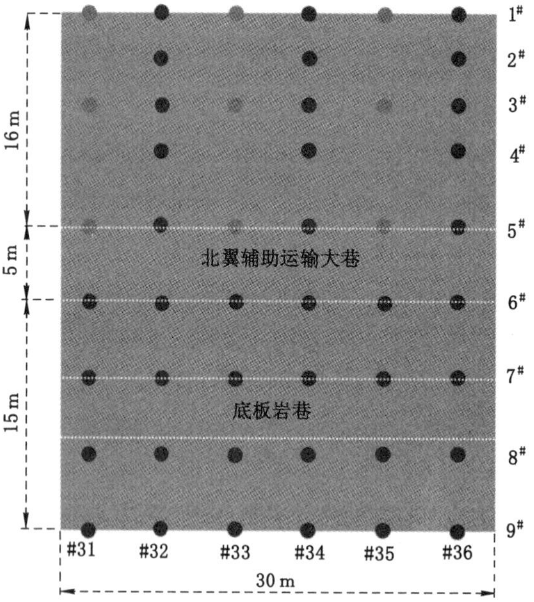


(a) 平面图

图 5-2-36 造穴Ⅲ区钻孔布置图

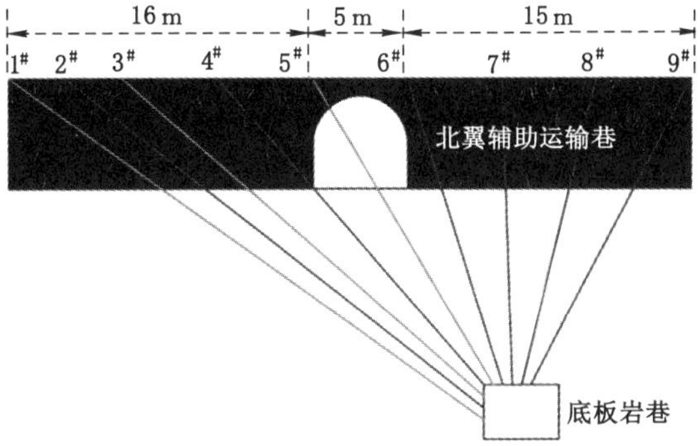


(b) 剖面图

图 5-2-36(续)

5) 造穴Ⅳ区钻孔设计

在造穴Ⅲ区之后布置了造穴Ⅳ区。该区域长度为 30 m,巷道两侧控制范围分别为 16 m 和 15 m。该区域布置＃37～＃42 共计 6 排钻孔,钻孔排间距为 6 m,其中＃37、＃39 和＃41 排钻孔中 1#、3# 和 5# 钻孔进行钻冲一体化水力冲孔造穴,6#～9# 钻孔施工普通穿层钻孔进行煤层瓦斯抽采;在＃38、＃40 和＃42 排钻孔中施工普通穿层钻孔进行瓦斯抽采。造穴Ⅳ区瓦斯抽采钻孔布置如图 5-2-37 所示。

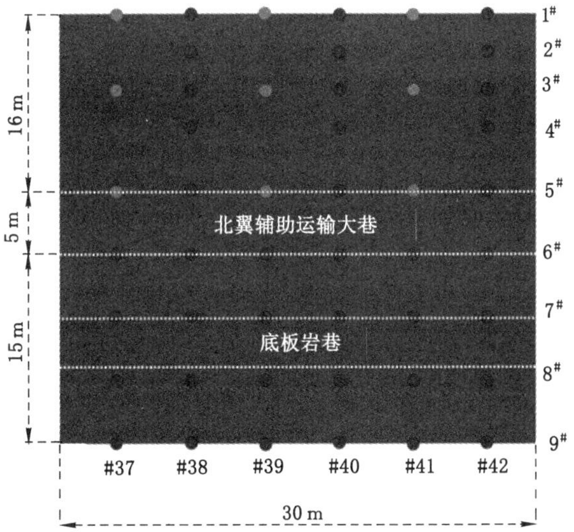


(a) 平面图

图 5-2-37　造穴Ⅳ区钻孔布置图

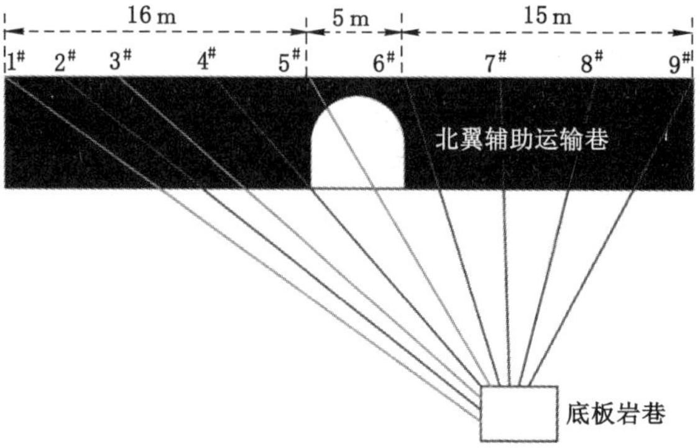


(b) 剖面图

图 5-2-37(续)

(3) 煤层原始瓦斯参数的测定

1) 原始瓦斯含量的测定

在北翼辅助运输巷施工之前，在普钻区和造穴Ⅰ区进行了 15# 煤层原始瓦斯含量的现场测定，测定采用井下直接测定法；测定结果如表 5-2-14 所列，测定钻孔布置如图5-2-38所示。

**表 5-2-14　15# 煤层原始瓦斯含量测定结果**

| 测点 | 原始瓦斯含量/($m^3$/t) | 测点 | 原始瓦斯含量/($m^3$/t) |
|---|---|---|---|
| 1-1# | 10.25 | 3-1# | 8.25 |
| 1-2# | 10.38 | 3-2# | 9.06 |
| 1-3# | 9.10 | 3-3# | 9.09 |
| 2-1# | 9.06 | 4-1# | 8.28 |
| 2-2# | 9.14 | 4-2# | 9.17 |
| 2-3# | 9.15 | 4-3# | 8.21 |

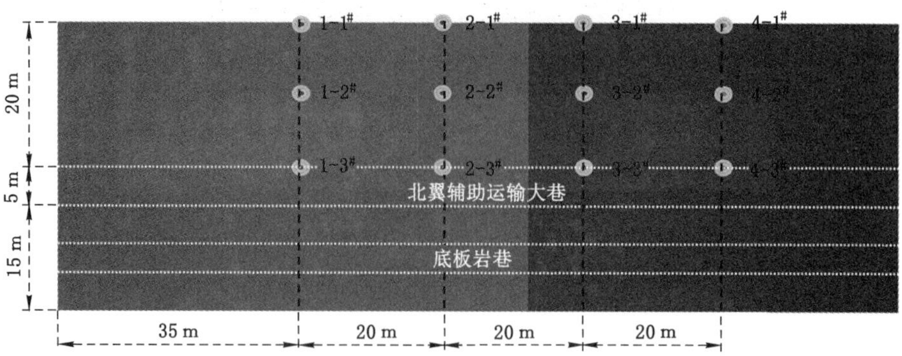


(a) 平面图

图 5-2-38　原始瓦斯含量测定钻孔布置图

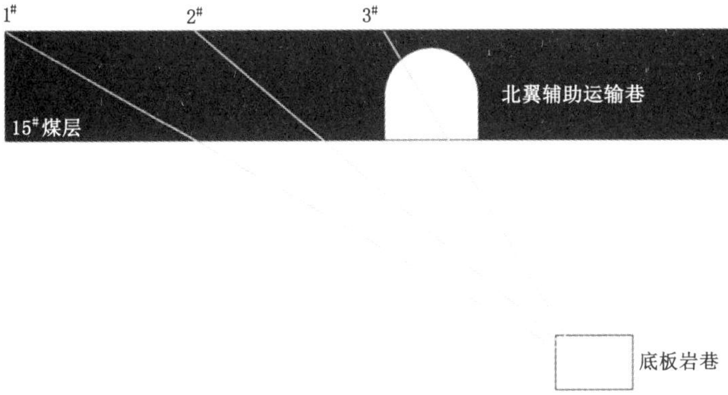


(b) 剖面图

图 5-2-38(续)

从表 5-2-14 可以看出：寺家庄矿北翼辅助运输巷瓦斯预抽区域煤层的原始瓦斯含量最大值可达 10.38 $m^3/t$，大于煤与瓦斯突出危险性指标（8.00 $m^3/t$），因此该区域具有较大的煤与瓦斯突出危险性。

2）原始瓦斯压力的测定

a. 瓦斯压力现场实测

在北翼辅助运输巷施工之前，在普钻区和造穴Ⅰ区各进行了两次煤层原始瓦斯压力的测定，测定钻孔布置如图 5-2-39 所示，测定结果如表 5-2-15 所列。

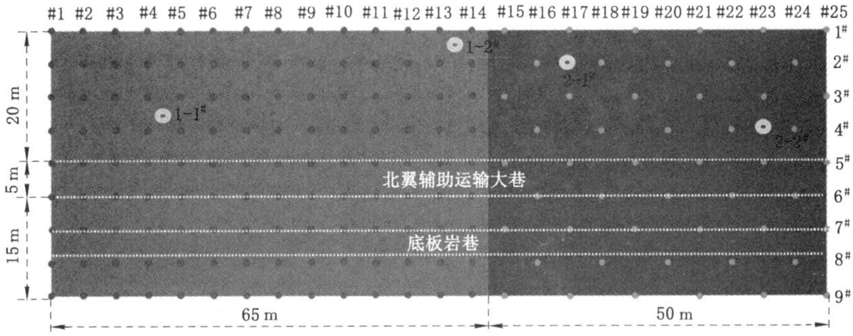


(a) 平面图

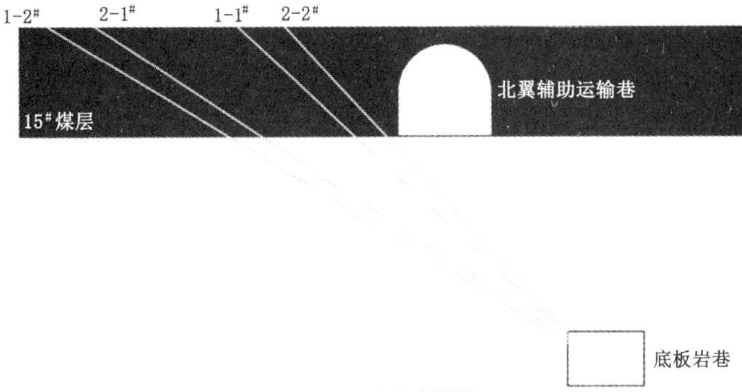


(b) 剖面图

图 5-2-39　原始瓦斯含量测定钻孔布置图

表 5-2-15　15# 煤层原始瓦斯压力测定结果

| 孔号 | 瓦斯压力测定结果/MPa | 备注 |
| --- | --- | --- |
| 1-1# | 0.28 | |
| 1-2# | 0.20 | |
| 2-1# | 0 | 钻孔封孔质量不好 |
| 2-2# | 0.10 | |

从表 5-2-15 可以看出：在寺家庄矿北翼辅助运输巷掘进之前，现场实测的煤层瓦斯压力约为 0.28 MPa。但是考虑到底板岩巷的顶板比较破碎，钻孔的封孔质量较差，测得的煤层瓦斯压力数据可能小于实际值。

b. 瓦斯含量数据反推瓦斯压力

寺家庄矿 15# 煤层瓦斯含量与瓦斯压力的变化关系如图 5-2-40 所示。

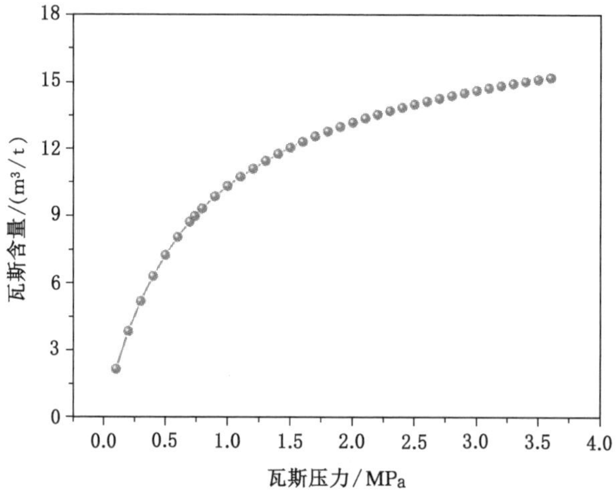


图 5-2-40　寺家庄矿 15# 煤层瓦斯含量与瓦斯压力对应关系图

根据图 5-2-40 中的瓦斯压力与瓦斯含量的对应关系，现场实测的原始瓦斯含量对应的瓦斯压力结果如表 5-2-16 所列。

表 5-2-16　实测瓦斯含量反推瓦斯压力结果

| 测点 | 实测瓦斯含量/($m^3$/t) | 反推瓦斯压力/MPa |
| --- | --- | --- |
| 1-1# | 10.25 | 0.99 |
| 1-2# | 10.38 | 1.02 |
| 1-3# | 9.10 | 0.76 |
| 2-1# | 9.06 | 0.75 |
| 2-2# | 9.14 | 0.77 |
| 2-3# | 9.15 | 0.77 |

表 5-2-16(续)

| 测点 | 实测瓦斯含量/($m^3$/t) | 反推瓦斯压力/MPa |
|---|---|---|
| 3-1# | 8.25 | 0.62 |
| 3-2# | 9.06 | 0.74 |
| 3-3# | 9.09 | 0.75 |
| 4-1# | 8.28 | 0.62 |
| 4-2# | 9.17 | 0.77 |
| 4-3# | 8.21 | 0.62 |

从表 5-2-16 中可以看出：在寺家庄矿北翼辅助运输大巷附近区域 15# 煤层中根据瓦斯含量反推的原始瓦斯压力最大值约为 1.0 MPa，证明该区域 15# 煤层具有较大的煤与瓦斯突出危险性。

3）煤层原始透气性系数的测定

煤层的透气性是指瓦斯沿煤体流动的难易程度。在实际条件下，由于煤对瓦斯有吸附能力，瓦斯在煤中的流动与黏性流动有一定差别，在透气性计算中要考虑吸附瓦斯的影响，视为不稳定径向流动。在煤层的瓦斯压力测定完毕后，卸掉压力表，测定钻孔瓦斯自然涌出量。根据煤层径向流动理论，结合瓦斯的原始瓦斯压力、瓦斯含量计算其透气性系数。

在寺家庄矿北翼辅助运输巷，普通穿层钻孔、瓦斯含量测试钻孔、瓦斯压力测试钻孔所采用的钻孔直径均为 113 mm，因此在煤层透气性系数测定的过程中所采用钻孔半径为 56.5 mm。在煤层的原始瓦斯压力钻孔测定结束后，选取其中的 1-1# 和 1-2# 钻孔进行了煤层原始透气性系数的现场测定。在钻孔瓦斯压力测定结束且风排瓦斯 48 h 后，测得的钻孔瓦斯流量数据如表 5-2-17 所列。

表 5-2-17　钻孔瓦斯流量测定结果

| 孔号 | 原始瓦斯压力/MPa | 钻孔半径/m | 见煤长度/m | 瓦斯涌出速度/(L/min) |
|---|---|---|---|---|
| 1-1# | 0.28 | 0.056 5 | 11 | 1.66 |
| 1-2# | 0.20 | 0.056 5 | 13 | 0.91 |

通过 1-1# 钻孔测得的 15# 煤层的透气性系数为 3.25 $m^2$/($MPa^2$ · d)，通过 1-2# 钻孔测得的 15# 煤层的透气性系数为 0.973 $m^2$/($MPa^2$ · d)。综上所述，现场实测的寺家庄矿 15# 煤层的透气性系数为 0.973～3.25 $m^2$/($MPa^2$ · d)。

(4) 造穴数据记录

1）造穴Ⅰ区

北翼辅助运输大巷造穴Ⅰ区自 2016 年 6 月份进行现场施工，该区域的造穴钻孔布置平面图如图 5-2-41 所示。

在造穴Ⅰ区的施工过程中，造穴用时、造穴水压和出煤量数据如表 5-2-18 所列。

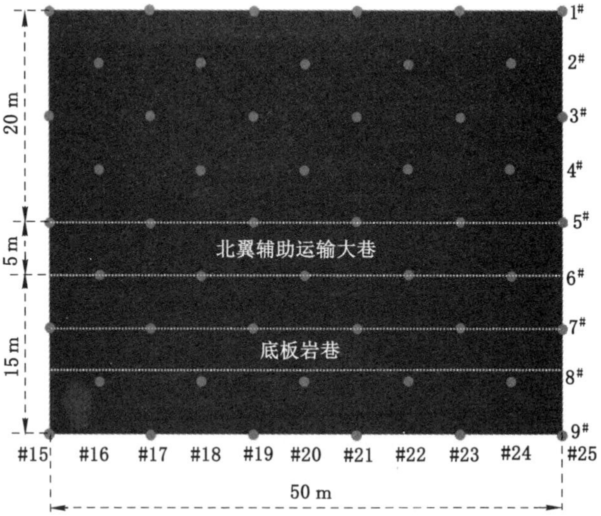


图 5-2-41　北翼辅助运输大巷造穴Ⅰ区造穴钻孔布置平面图

**表 5-2-18　造穴Ⅰ区造穴参数记录表**

| 钻孔排号 | 孔号 | 造穴深度/m | 造穴用时/min | 造穴水压/MPa | 出煤量/t | 造穴半径/m |
|---|---|---|---|---|---|---|
| #15 | 1# | 16 | 210 | 20 | 19 | 0.62 |
| | 3# | 12 | 170 | 18 | 14 | 0.61 |
| | 5# | 10 | 130 | 18 | 13 | 0.64 |
| | 7# | 6 | 80 | 16 | 9 | 0.69 |
| | 9# | 6 | 100 | 18 | 8 | 0.65 |
| #16 | 2# | 15 | 180 | 20 | 19 | 0.64 |
| | 4# | 13 | 180 | 20 | 16 | 0.63 |
| | 6# | 8 | 110 | 18 | 10 | 0.63 |
| | 8# | 6 | 70 | 18 | 9 | 0.69 |
| #17 | 1# | 16 | 200 | 18 | 17 | 0.58 |
| | 3# | 14 | 190 | 18 | 18 | 0.64 |
| | 5# | 6 | 90 | 18 | 10 | 0.73 |
| | 7# | 6 | 100 | 18 | 9 | 0.69 |
| | 9# | 7 | 130 | 18 | 10 | 0.68 |
| #18 | 2# | 19 | 240 | 18 | 18 | 0.55 |
| | 4# | 11 | 190 | 18 | 16 | 0.68 |
| | 6# | 6 | 80 | 18 | 9 | 0.69 |
| | 8# | 6 | 90 | 18 | 8 | 0.65 |

表 5-2-18(续)

| 钻孔排号 | 孔号 | 造穴深度/m | 造穴用时/min | 造穴水压/MPa | 出煤量/t | 造穴半径/m |
|---|---|---|---|---|---|---|
| #19 | 1# | 14 | 190 | 18 | 17 | 0.62 |
| | 3# | 11 | 130 | 18 | 15 | 0.66 |
| | 5# | 6 | 110 | 18 | 9 | 0.69 |
| | 7# | 6 | 100 | 18 | 9 | 0.69 |
| | 9# | 9 | 150 | 18 | 10 | 0.60 |
| #20 | 2# | 11 | 180 | 18 | 13 | 0.61 |
| | 4# | 7 | 140 | 18 | 9 | 0.64 |
| | 6# | 7 | 130 | 18 | 11 | 0.71 |
| | 8# | 6 | 90 | 18 | 5 | 0.52 |
| #21 | 1# | 11 | 180 | 18 | 13 | 0.61 |
| | 3# | 10 | 160 | 18 | 9 | 0.54 |
| | 5# | 6 | 90 | 18 | 7 | 0.61 |
| | 7# | 6 | 110 | 18 | 8 | 0.65 |
| | 9# | 5 | 100 | 18 | 6 | 0.62 |
| #22 | 2# | 22 | 290 | 18 | 18 | 0.51 |
| | 6# | 8 | 140 | 18 | 9 | 0.60 |
| #23 | 1# | 15 | 260 | 18 | 18 | 0.62 |
| | 3# | 13 | 220 | 18 | 11 | 0.52 |
| | 5# | 8 | 140 | 18 | 9 | 0.60 |
| | 7# | 6 | 110 | 18 | 6 | 0.56 |
| | 9# | 7 | 130 | 18 | 8 | 0.60 |
| #24 | 2# | 13 | 190 | 18 | 17 | 0.65 |
| | 4# | 11 | 140 | 18 | 14 | 0.64 |
| | 6# | 6 | 90 | 18 | 8 | 0.65 |
| | 8# | 6 | 90 | 18 | 7 | 0.61 |
| #25 | 1# | 18 | 230 | 18 | 19 | 0.58 |
| | 3# | 13 | 190 | 18 | 17 | 0.65 |
| | 5# | 6 | 90 | 18 | 7 | 0.61 |
| | 7# | 7 | 130 | 18 | 9 | 0.64 |
| | 9# | 6 | 100 | 18 | 8 | 0.65 |

从表 5-2-18 中可以看出：北翼辅助运输巷造穴Ⅰ区在水力冲孔造穴的施工过程中所用的造穴水压为 18 MPa 左右，单穴的造穴时间为 70～290 min，单穴出煤量为 6～19 t，平均造穴半径为 0.65 m。

2）造穴Ⅱ区

造穴Ⅱ区的瓦斯抽采钻孔布置平面图如图 5-2-42 所示。

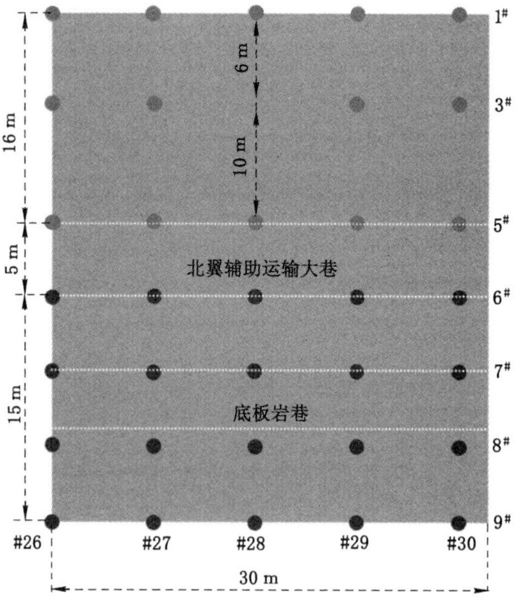


图 5-2-42 造穴Ⅱ区瓦斯抽采钻孔布置平面图

寺家庄矿造穴Ⅱ区位于造穴Ⅰ区之后,在该区域的造穴参数如表 5-2-19 所列。

**表 5-2-19 造穴Ⅱ区造穴参数记录表**

| 钻孔排号 | 孔号 | 造穴深度/m | 造穴用时/min | 造穴水压/MPa | 出煤量/t | 造穴半径/m |
|---|---|---|---|---|---|---|
| #26 | 1# | 15 | 230 | 20 | 23 | 0.59 |
| | 3# | 10 | 180 | 18 | 16 | 0.60 |
| | 5# | 8 | 120 | 18 | 12 | 0.58 |
| #27 | 1# | 15 | 180 | 18 | 22 | 0.58 |
| | 3# | 12 | 150 | 20 | 18 | 0.58 |
| | 5# | 8 | 100 | 18 | 15 | 0.65 |
| #28 | 1# | 14 | 180 | 20 | 23 | 0.61 |
| | 3# | 10 | 160 | 20 | 15 | 0.58 |
| | 5# | 6 | 100 | 18 | 12 | 0.67 |
| #29 | 1# | 16 | 240 | 18 | 22 | 0.56 |
| | 3# | 10 | 185 | 18 | 15 | 0.58 |
| | 5# | 7 | 70 | 20 | 10 | 0.57 |
| #30 | 1# | 15 | 230 | 20 | 17 | 0.51 |
| | 3# | 11 | 120 | 18 | 14 | 0.54 |
| | 5# | 7 | 60 | 18 | 9 | 0.54 |

从表 5-2-19 可知：北翼辅助运输巷造穴Ⅱ区所用的造穴水压为 18 MPa，单穴造穴时间为 60～240 min，单穴出煤量为 9～23 t。根据出煤量计算结果可知，该区域平均造穴半径为 0.60 m。

3）造穴Ⅲ区

北翼辅助运输巷造穴Ⅲ区的瓦斯抽采钻孔布置平面图如图 5-2-43 所示，施工过程中的造穴参数见表 5-2-20。

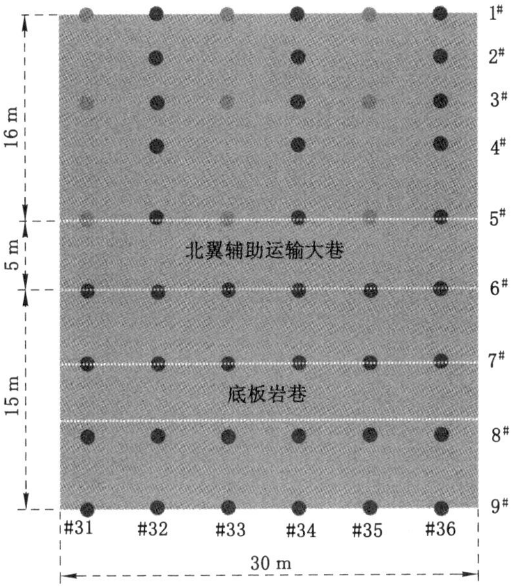


图 5-2-43　造穴Ⅲ区造穴钻孔布置平面图

**表 5-2-20　造穴Ⅲ区造穴参数记录表**

| 钻孔排号 | 孔号 | 造穴深度/m | 造穴用时/min | 造穴水压/MPa | 出煤量/t | 造穴半径/m |
|---|---|---|---|---|---|---|
| #31 | 1# | 14 | 215 | 20 | 22 | 0.60 |
| | 3# | 12 | 170 | 18 | 18 | 0.58 |
| | 5# | 7 | 130 | 20 | 12 | 0.62 |
| #33 | 1# | 15 | 180 | 18 | 23 | 0.59 |
| | 3# | 12 | 130 | 20 | 20 | 0.62 |
| | 5# | 8 | 90 | 18 | 12 | 0.58 |
| #35 | 1# | 14 | 170 | 20 | 23 | 0.61 |
| | 3# | 10 | 150 | 18 | 16 | 0.60 |
| | 5# | 6 | 80 | 18 | 10 | 0.62 |

从表 5-2-20 可知：北翼辅助运输巷造穴Ⅲ区所用的造穴水压为 18～20 MPa，单穴造

穴时间为 80～215 min,单穴出煤量为 10～23 t,平均造穴半径为 0.60 m。

4) 造穴Ⅳ区

造穴Ⅳ区瓦斯抽采钻孔布置平面图如图 5-2-44 所示,施工过程中的造穴参数如表 5-2-21所列。

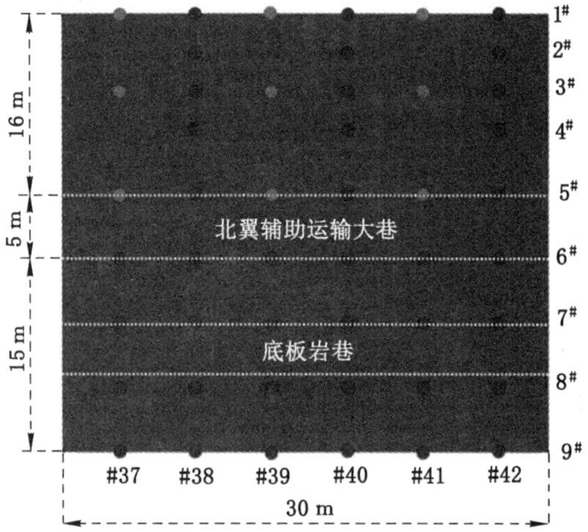


图 5-2-44　造穴Ⅳ区瓦斯抽采钻孔布置平面图

**表 5-2-21　造穴Ⅳ区造穴参数记录表**

| 钻孔排号 | 孔号 | 造穴深度/m | 造穴用时/min | 造穴水压/MPa | 出煤量/t | 造穴半径/m |
|---|---|---|---|---|---|---|
| #37 | 1# | 15 | 220 | 18 | 26 | 0.63 |
| | 3# | 12 | 160 | 18 | 20 | 0.62 |
| | 5# | 6 | 110 | 18 | 13 | 0.70 |
| #39 | 1# | 16 | 210 | 18 | 24 | 0.58 |
| | 3# | 12 | 150 | 18 | 21 | 0.63 |
| | 5# | 7 | 90 | 18 | 11 | 0.60 |
| #41 | 1# | 14 | 200 | 18 | 22 | 0.60 |
| | 3# | 11 | 130 | 18 | 16 | 0.58 |
| | 5# | 6 | 70 | 18 | 10 | 0.62 |

从表 5-2-21 可知:在造穴Ⅳ区施工过程中,所用的造穴水压为 18 MPa,单穴造穴时间为 70～220 min,单穴出煤量为 10～26 t,平均造穴半径为 0.60 m。

(5) 瓦斯抽采数据对比分析

在寺家庄矿 15# 煤层不同区域的瓦斯抽采过程,受限于矿上的计量装置,重点对普钻区和造穴Ⅰ区的瓦斯抽采数据进行了计量。在普钻区和造穴Ⅰ区 120 d 的瓦斯抽采过程中计量所得的瓦斯抽采数据如图 5-2-45 所示。

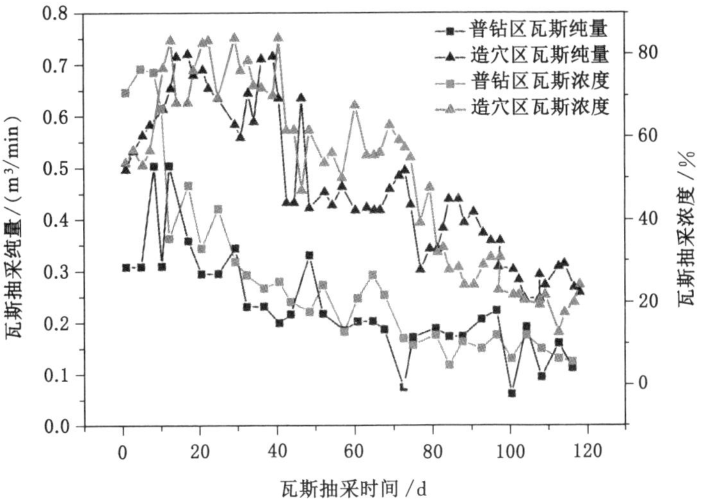


图 5-2-45　寺家庄矿 15# 煤层普钻区和造穴区瓦斯抽采数据对比

从图 5-2-45 中可以看出：在寺家庄矿 15# 煤层的瓦斯抽采过程，造穴区的瓦斯抽采浓度平均可达 50%左右，普钻区瓦斯抽采浓度平均 25%左右，瓦斯抽采浓度提高 2 倍左右；修正后造穴区的瓦斯抽采纯量平均可达 0.52 $m^3$/min，普钻区瓦斯抽采纯量平均值为 0.23 $m^3$/min，造穴区的瓦斯抽采纯量约为普钻区的 2.3 倍。普钻区经过 5 个月的瓦斯抽采，共抽采瓦斯 44 800 $m^3$ 瓦斯；造穴Ⅰ区经过为期 4 个月的瓦斯抽采，共抽采瓦斯 83 600 $m^3$ 瓦斯，约为普钻区瓦斯抽采量的 2.2 倍。

根据实测的煤层原始瓦斯含量 10.38 $m^3$/t，普钻区的瓦斯抽采率为：

$$\eta_1 = \frac{44\ 800}{65 \times 40 \times 5.67 \times 1.4 \times 10.38} = 20.9\%$$

造穴Ⅰ区瓦斯抽采率为：

$$\eta_2 = \frac{83\ 600}{50 \times 36 \times 5.67 \times 1.4 \times 10.38} = 56.4\%$$

综上所述，采取底板岩巷水力冲孔造穴瓦斯抽采技术之后，寺家庄矿钻孔的瓦斯抽采浓度由 25%左右提高到 50%，提高约 2 倍；瓦斯抽采纯量由 0.23 $m^3$/min 提高到 0.52 $m^3$/min，提高约 2.3 倍；瓦斯抽采率由 20.9%提高到 56.4%，提高约 2.7 倍。

（6）效益分析

1）技术指标对比分析

北翼辅运底抽巷普通穿层钻孔和水力冲孔造穴钻孔瓦斯抽采技术的技术指标对比如图 5-2-46 所示。

从图 5-2-46 可以看出：采用新技术之后，50 m 长度区域的钻孔个数由 99 个减少为 55 个，钻孔施工工程量由 3 112 m（煤中进尺 1 539 m）减少为约 1 230 m（煤中进尺

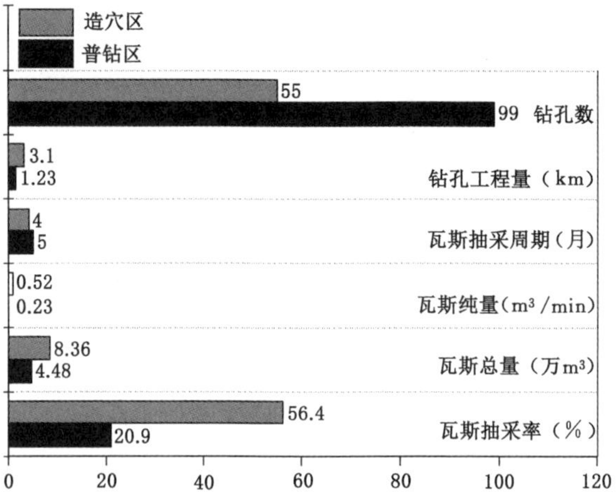


图 5-2-46　两种瓦斯抽采技术的技术指标对比分析

477 m)，瓦斯抽采周期由 150 d 减少为 120 d(含钻孔施工过程中的瓦斯抽采)，瓦斯抽采纯量由 0.23 $m^3$/min 提高到 0.52 $m^3$/min，瓦斯抽采率由 20.9%提高到 56.4%。

2) 经济效益对比分析

寺家庄矿 15# 煤层底板穿层钻孔预抽煤巷条带瓦斯和钻冲一体化水力冲孔造穴Ⅰ区瓦斯抽采钻孔布置如图 5-2-47 所示，两种技术的瓦斯抽采成本分析分别如表 5-2-22 和表 5-2-23 所列。

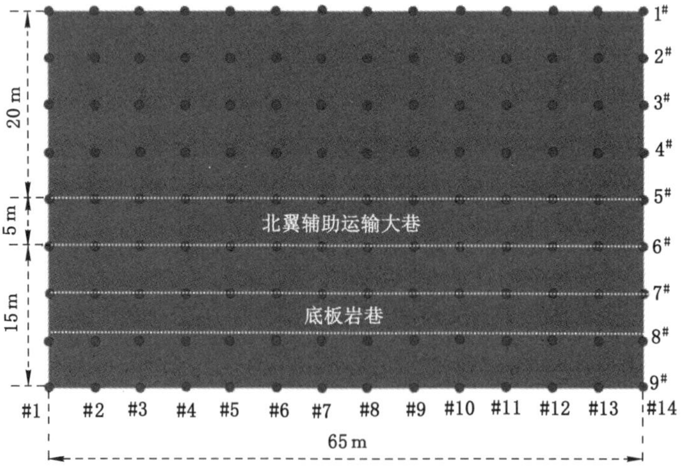


(a) 普钻区

图 5-2-47　北翼辅助运输大巷瓦斯抽采钻孔布置图

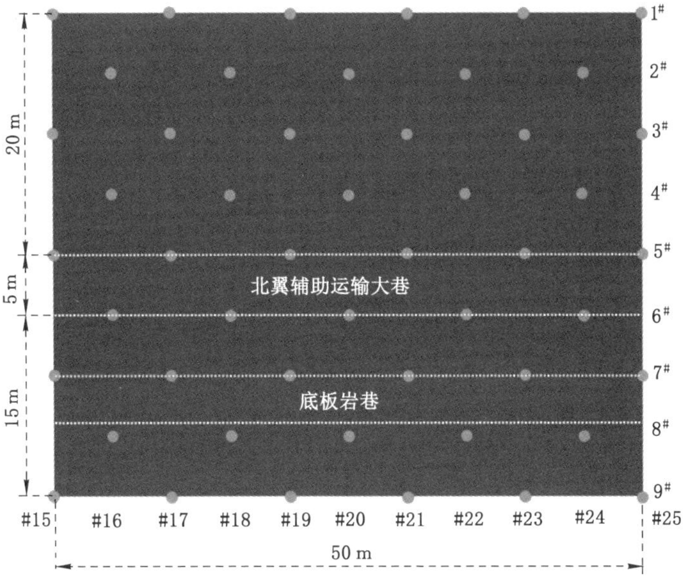


(b) 造穴Ⅰ区

图 5-2-47(续)

**表 5-2-22　普通穿层钻孔预抽煤巷条带瓦斯技术成本计算**

<table>
<tr><td colspan="2" rowspan="4">工程施工成本</td><td>底抽巷施工成本</td><td colspan="2">总额/元</td><td>1 300 000</td></tr>
<tr><td rowspan="3">钻孔施工成本</td><td colspan="2">钻孔工程量/m</td><td>3 112</td></tr>
<tr><td colspan="2">单价/(元/m)</td><td>250</td></tr>
<tr><td colspan="2">总额/元</td><td>778 000</td></tr>
<tr><td colspan="2" rowspan="7">瓦斯抽采成本</td><td rowspan="4">人员薪资成本</td><td colspan="2">瓦斯抽采时间/d</td><td>150</td></tr>
<tr><td colspan="2">人数/个</td><td>2</td></tr>
<tr><td colspan="2">薪资/(元/d)</td><td>15</td></tr>
<tr><td colspan="2">总额/元</td><td>45 000</td></tr>
<tr><td rowspan="3">燃料动力成本</td><td colspan="2">日耗电量/(kW·h)</td><td>1 100</td></tr>
<tr><td colspan="2">电费/[元/(kW·h)]</td><td>0.75</td></tr>
<tr><td colspan="2">总额/元</td><td>23 100</td></tr>
<tr><td>总额/元</td><td>2 146 100</td><td>巷道掘进长度/m</td><td>65</td><td>巷道瓦斯治理成本/(元/m)</td><td>33 017</td></tr>
</table>

**表 5-2-23　穿层钻孔钻冲一体化水力冲孔造穴瓦斯治理成本计算**

<table>
<tr><td colspan="2" rowspan="8">工程施工成本</td><td>底抽巷施工成本</td><td colspan="2">总额/元</td><td>1 000 000</td></tr>
<tr><td rowspan="3">钻孔施工成本</td><td colspan="2">钻孔工程量/m</td><td>1 230</td></tr>
<tr><td colspan="2">单价/(元/m)</td><td>250</td></tr>
<tr><td colspan="2">总额/元</td><td>307 500</td></tr>
<tr><td rowspan="4">造穴施工成本</td><td colspan="2">施工人数/个</td><td>16</td></tr>
<tr><td colspan="2">薪资/(元/d)</td><td>150</td></tr>
<tr><td colspan="2">施工时间/d</td><td>10</td></tr>
<tr><td colspan="2">总额/元</td><td>24 000</td></tr>
<tr><td colspan="2" rowspan="7">瓦斯抽采成本</td><td rowspan="4">人员薪资成本</td><td colspan="2">瓦斯抽采时间/d</td><td>120</td></tr>
<tr><td colspan="2">人数/个</td><td>2</td></tr>
<tr><td colspan="2">薪资/(元/d)</td><td>150</td></tr>
<tr><td colspan="2">总额/元</td><td>36 000</td></tr>
<tr><td rowspan="3">燃料动力成本</td><td colspan="2">日耗电量/(kW・h)</td><td>1 600</td></tr>
<tr><td colspan="2">电费/[元/(kW・h)]</td><td>0.75</td></tr>
<tr><td colspan="2">总额/元</td><td>26 400</td></tr>
<tr><td>总额/元</td><td>1 393 900</td><td>巷道掘进距离/m</td><td>50</td><td>巷道瓦斯治理成本<br>/(元/m)</td><td>27 878</td></tr>
</table>

对比表 5-2-22 和表 5-2-23 中的瓦斯抽采成本，可知：除却造穴工程中出煤量收益不计，其中钻孔施工成本减少 44.65 万元，瓦斯抽采成本减少 6.87 万元；巷道瓦斯治理成本由 33 017 元/t 降为 27 878 元/t，降幅 15.6%，这表明穿层钻孔钻冲一体化水力冲孔造穴技术瓦斯治理经济效益较普通穿层钻孔工艺更显著。

## 5.3　水力割缝增透技术

阳泉矿区煤层透气性普遍偏低，地应力情况复杂，采前瓦斯抽采困难，而且随着煤矿开采深度的逐步增加，地应力增大，瓦斯含量和瓦斯压力增加。开采进入地层深部后，岩体的组织结构、基本行为等特征较浅岩体均发生了较大的变化。具体变化表现为：浅部原岩大多处于弹性状态，而深部原岩处于潜塑性甚至塑性状态，更深部则可能表现出易变性。且具有一定延性的软岩特性煤体的孔隙裂隙是煤层瓦斯赋存运移的主要通道，其分布形状、大小、连通性等不同直接影响着煤体力学性质和渗流特性。地应力的增加，必然导致部分裂隙压缩闭合，进一步降低了煤层的透气性系数，从而煤层抽采瓦斯流动困难，瓦斯流动阻力更大，此时若仍采用常规的瓦斯抽采方法难以奏效。因此，要高效地抽采瓦斯，消除煤层瓦斯危险性，为煤炭开采提供安全保障，必须采用一定的技术手段，对低透气性煤层进行卸压增透。

水力割缝是在煤层瓦斯钻孔中利用高压水射流在钻孔两侧进行割缝，从而有效增加煤体暴露面和卸压范围，改变煤体特性，以期增加煤层透气性和提高瓦斯抽采效率，进一步达到消除煤与瓦斯突出的能力。

## 5.3.1　增透机理及装备

### 5.3.1.1　水力割缝抽采瓦斯理论

(1) 水力割缝抽采瓦斯的技术原理

水力割缝强化本煤层瓦斯抽采技术是利用高压水射流在煤层钻孔中切割一定宽度(决定于煤层的厚度)、一定深度(决定于水力压力)的水平裂缝。一方面,水平裂缝上下两侧的煤体向裂缝中心移动,形成一定区域的卸压区。卸压区内煤体变形,使闭合的孔隙和微裂纹张开,提高其渗透性。另一方面,切割裂缝后,煤层由原始的三维应力状态转变为二维应力状态,在地应力作用下,煤体发生破裂,增加煤体中的裂隙数量,从而大幅度提高煤层的渗透性(图 5-3-1)。

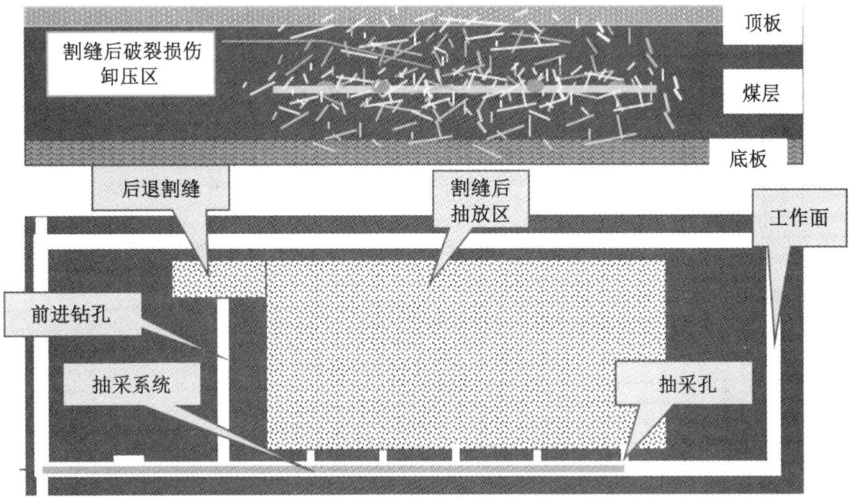


图 5-3-1　煤层高压水力割缝实施技术方案原理图

图 5-3-2 是采用数值方法模拟的水力割缝过程中煤层裂隙扩展图[25]。煤体被切割后,切割缝上下煤层的原始应力被释放,同时,切割缝时产生的煤屑被水带走,为煤层变形提供空间。切割缝上下两侧的煤体相向移动,并出现裂隙。在割缝的工业性试验过程中,经常伴随煤壁的巨响就是煤壁破裂所发出的。

煤壁破裂后,煤壁中的裂隙数量增加,煤体的透气性提高,使煤体排放瓦斯的速度提高。因此,在割缝的过程中,有瓦斯大量涌出的现象。图 5-3-3 是水力割缝与钻孔抽采的瓦斯速度流量对比图。从图中可以看出两点:第一,钻孔抽采的瓦斯流动速度是逐渐增长的并趋于平衡;第二,水力割缝的瓦斯流动速度首先是由大到小地衰减变化,然后逐渐平衡。这说明在水力割缝初期,由于煤层卸压和煤体破裂,煤层的透气性在短时间内得到提高,使瓦斯大量涌出,大大提高了抽采速度[26-27]。

(2) 割缝改造低渗透煤层的机理分析

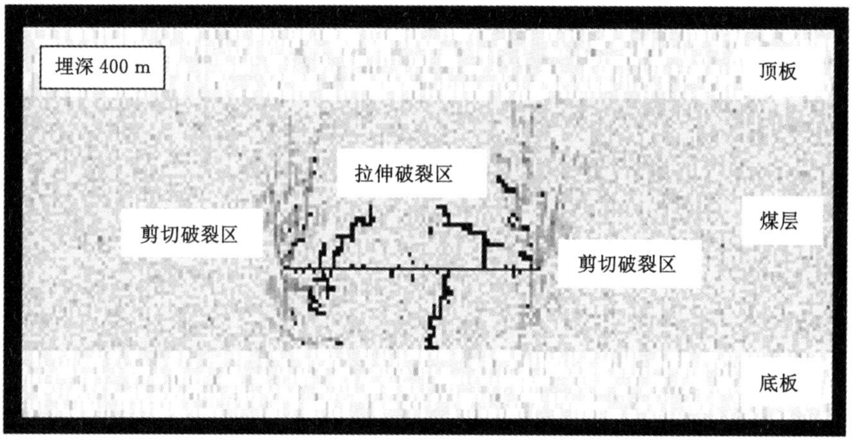


图 5-3-2　水力割缝在不同埋深条件下引起煤体的破裂区分布图

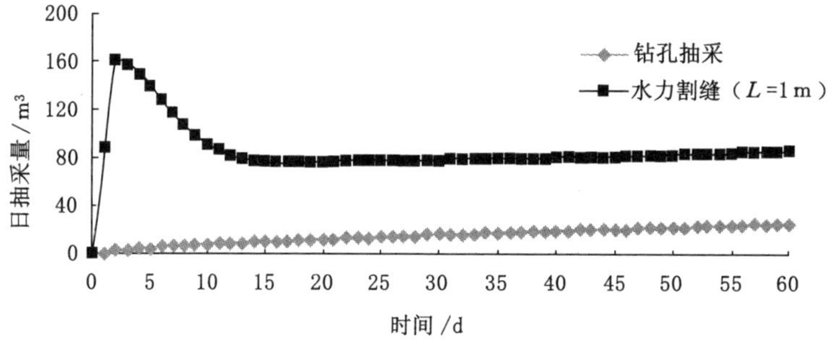


图 5-3-3　水力割缝与钻孔抽采速度的对比曲线

矿井瓦斯生成于煤的变质阶段，以游离与吸附两种方式赋存于煤层的孔隙与裂隙中。在煤层无扰动的状态下，煤体-围岩体系在瓦斯压力与岩体应力共同作用下处于相对静止的均衡状态。由于煤田开采与其他生产活动的扰动，破坏了这种均衡状态，使煤岩体应力场重新分布与瓦斯压力变化，导致煤层中瓦斯的重新迁移[28]。人们所研究的正是由于煤田开采而造成的瓦斯突出、涌出，以及为了防止以上事件而进行的瓦斯抽采、开采解放层等问题。大量的事实表明：煤层中瓦斯运移是由于煤层变形与瓦斯压力共同构成的平衡体系的破坏及其发展过程的结果。

在瓦斯运移方面，国内外学者从两个学术角度进行研究，即瓦斯渗流与瓦斯扩散。周世宁院士从渗流力学角度，提出了煤层瓦斯的流动理论。他把煤层视为多孔介质，假定煤层中的瓦斯的流动基本符合达西渗流定律，根据气体在多孔介质中的渗流理论，提出了煤层中瓦斯流动方程。

以王佑安教授为代表，形成的我国煤矿瓦斯研究的另一个学派，他们则认为煤层中的瓦斯运移服从扩散理论，提出了“煤屑瓦斯扩散理论”，以菲克定律为基础，研究煤屑中瓦斯扩散的规律。

众所周知，煤体是孔隙、裂隙双重介质，其裂隙包括宏观裂纹与微观裂纹，内生裂纹和外生裂纹。孔隙也包括大孔、中孔和微孔，瓦斯在煤层中以游离与吸附方式两种附存。游离瓦斯主要附存于裂隙、大孔、中孔之中，而吸附瓦斯主要附存于微孔隙与微裂隙的表面。因此，瓦斯在煤层中的迁移包括两种方式，即在毫米、微米级的孔隙裂隙中瓦斯的渗流，在微米级以下的孔隙裂隙中吸附瓦斯的解吸与扩散。前者由渗流方程来支配，而后者则遵循扩散力学理论。抛开二者理论的差异性，会发现不论渗流还是扩散，煤层中具有一定数量的裂隙是瓦斯迁移的首要条件。因此，煤体渗透性的大小决定于煤层中裂隙与孔隙的数量。

煤体是一种多孔介质，为了描述煤体中孔隙(含裂隙所占的空间)的多少，将体积为 $V$ 的煤体中孔隙体积 $V_v$ 所占的百分比称为煤体的孔隙率，一般用 $\eta$ 表示，即：

$$\eta = \frac{V_v}{V} \tag{5-3-1}$$

当研究煤体的变形与煤层中瓦斯的迁移时，除了研究煤体的孔隙率外，孔隙的形状也是主要的研究内容。煤层中的孔隙按照纵横比 $\alpha$ 可以分为两类：一类孔隙的纵横比 $\alpha$ 接近于 1，称这类孔隙为孔洞；另一类孔隙的纵横比 $\alpha$ 远远小于 1，称这类孔隙为裂纹。基于以上两类孔隙，可以定义孔洞孔隙率 $\eta_p$，裂纹孔隙率 $\eta_c$ 如下：

$$\eta_p = \frac{V_p}{V} \tag{5-3-2}$$

$$\eta_c = \frac{V_c}{V} \tag{5-3-3}$$

式中，$V_p$ 和 $V_c$ 分别代表体积为 $V$ 的煤体中孔洞和裂纹所占的体积。显然，煤体的孔隙率 $\eta$ 应为 $\eta_p$ 和 $\eta_c$ 两者之和：

$$\eta = \eta_p + \eta_c \tag{5-3-4}$$

对于多孔介质(如沙土或散粒状岩石)，可以假定整个孔隙空间是相互连通的，但这对于煤体或岩石类材料不可能是真实的，而对于瓦斯的迁移来说，一个相互连接的孔隙系统是必需的。

采用逾渗模型可以描述煤体渗透率随孔隙率的变化。模型假定煤体(岩体)由固体颗粒与孔隙组成。当煤体的孔隙率较小时，尽管煤体中存在着一些连通的孔隙，但由于连通的孔隙数量太少，不能形成连通的网络，因此，总体上煤体的渗透率很低。随着孔隙率的增加，连通的孔隙数量增加，煤体的整体连通网络形成，煤体的渗透率会发生明显的提高。研究结果表明，使渗透率发生跳跃的临界孔隙率为 59.9%(二维结果，三维结果为 31%)。

大量的研究表明，煤体中的裂隙数量与长度遵循分形规律，即：

$$N = N_0 \delta^{-D} \tag{5-3-5}$$

式中　$N_0$——裂隙数量的系数；

$\delta$——裂隙的长度；

$D$——裂隙的分形盒计维数。

其中，$N_0$ 和 $D$ 随煤种的变化而异。根据逾渗模型机理，在模型中按照以上规律添加裂隙。

5.3.1.2　水力割缝装置

水力割缝强化本煤层瓦斯抽采的基本思想是利用高压水射流在煤层中切割一条一定宽度(一般 30～50 mm)和横向深度的水平缝,使煤层能够卸压、变形,原始裂隙张开,达到增透的目的。因此,水力割缝钻机的设计思路是,以连续钢管为高压水的传输管路,将高压水送入钻孔中,然后一边后退缠绕连续管,一边进行割缝,其原理如图 5-3-4 所示。

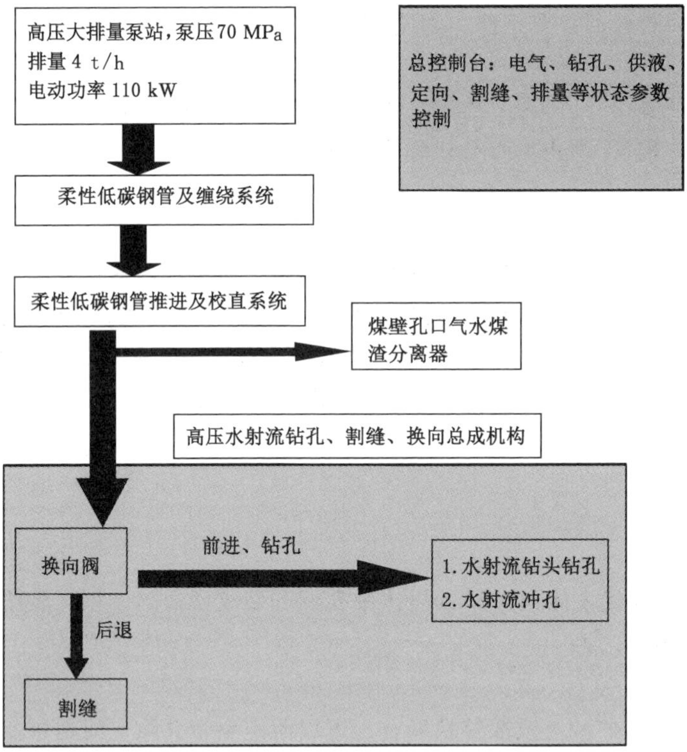


图 5-3-4　高压水射流割缝钻机的结构原理图

水力割缝钻机应包括以下几个主要部分:

① 连续钢管缠绕滚筒,滚筒的半径为连续钢管的最小缠绕半径,经过大量试验,确定滚筒的半径为 700 mm;

② 连续钢管的校正装置,将连续钢管伸入钻孔之前,应进行连续钢管的校直,才能推进到钻孔中;

③ 连续钢管的夹紧推进机构,功能是夹住连续钢管送入钻孔中;

④ 连续钢管缠绕滚筒的驱动装置,为连续管后退提供动力;

⑤ 连续管的卡管装置,连续钢管缠绕在滚筒上,为了防止连续管松动,从滚筒上脱开,卡管装置应将连续管压紧在滚筒上;

⑥ 支撑装置,包括垂直支撑和水平支撑的油缸组及其阀体;

⑦ 行走机构,为方便钻机移动,根据煤矿轨道宽度设计两轴的行走机构;

⑧ 操纵装置,控制钻机各部分动作的控制台及其操作手柄等。

水力割缝钻机(图 5-3-5)使用的水压为 60 MPa,流量为 8 $m^3/h$,为了增强钻机的安全性和缩短工作的辅助工序时间,钻机采用先进的连续钢管输送高压流体。连续钢管的材质为低碳钢,具有一定的柔韧度,可以进行小曲率缠绕。

图 5-3-5 水力割缝钻机

为了和煤壁上已有钻孔进行对正,钻机的上下分别有 4 个和 1 个支撑油缸,可以控制钻机高度和水平。另外,在钻机的前后也有支撑油缸,以便钻机在巷道中定位。

钻机定位后,采用迈步式油缸推进,可以将连续钢管沿钻孔送至钻孔底部,然后开始割缝工序。割缝时,由液压马达驱动钻机滚筒旋转,一边收回连续钢管,一边进行割缝工作。在推进油缸两侧有两个辅助拉拔的油缸,如果煤层疏松,有塌孔可能,可以利用油缸辅助拔出连续钢管,以增加钻机的动力。

钻机采用全液压控制,控制操作阀分为两个部分,两部分之间通过一个二向换位阀进行切换。其中一部分为支撑油缸的控制阀,控制钻机前后、上下的支撑油缸;另外一部分为割缝作业的控制阀,控制推进油缸、液压马达以及拉拔油缸等。控制操作台上有相应的压力控制阀、调速阀和压力表等,用于调节油缸的力量和液压马达的转速。

为了降低滚筒的高度,连续管缠绕采用双层缠绕,一个完整割缝作业,滚筒需要上下移动一个来回。在滚筒转动方向不变的情况下,滚筒上下运动方向要求变换,因此钻机中设计有滚筒运动换向装置(图 5-3-6)。

水力割缝钻头具有冲孔与割缝两种状态,两种状态的切换在主操作台上完成。主操作台上有一个两位切换阀,按照铭牌标识,将操作阀切换到相应位置,即可完成其功能切换。为了减小操作台的外形尺寸,该钻机设计将支撑油缸操作台与钻机工作操作台分离。支撑操作台仅控制支撑油缸动作;主操作台除了控制功能切换外,还控制连续管夹紧-推进、滚筒旋转等动作(图 5-3-7)。

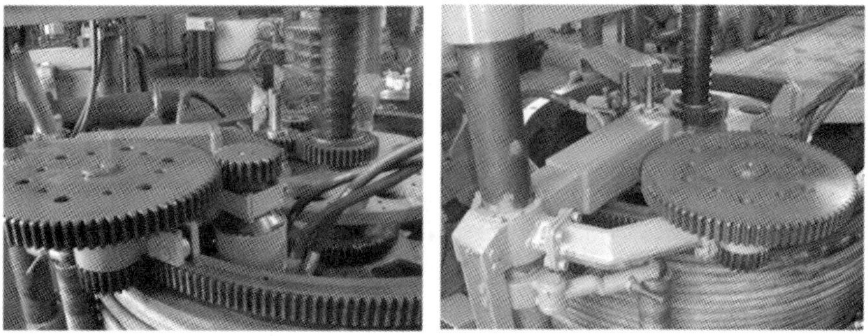

图 5-3-6　钻机换向装置

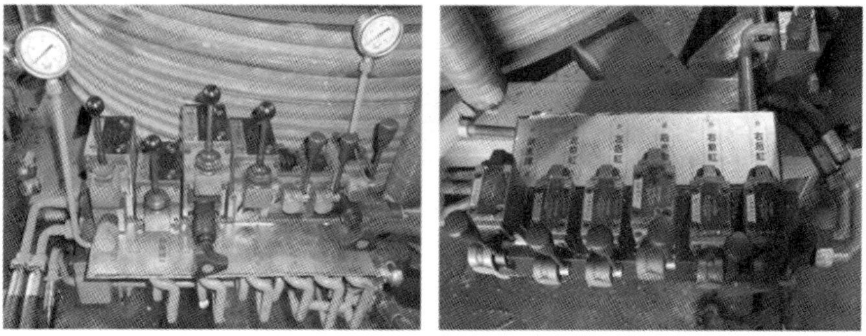

图 5-3-7　操作控制台

钻机冲孔时使用连续钢管的夹紧推进机构夹住连续钢管送入钻孔中。连续管的夹紧推进装置包括连续管夹紧机构和推进油缸机构，分别由一个液压阀控制。割缝时，连续管由滚筒驱动。滚筒依靠液压马达经过减速-换向齿轮组驱动。马达的速度可以通过液压调速阀控制。

水力割缝钻机采用的高压水力割缝钻头是由不锈钢材料制成，钻头的外径与连续钢管直径相同。钻头(图 5-3-8)前部安装 6 个冲孔喷嘴，两侧安装 4 个割缝喷嘴。钻头内部具有可以活动的阀芯，阀芯处于不同位置可以使钻头处于冲孔或割缝状态。阀芯的移动依靠高压水的压力实现。

水力割缝钻机配套的高压水泵选用四川杰特机器制造有限公司生产的 3GQ3B 系列高压水泵。该产品优势在于：① 主机液力端采用先进的“一”字形结构，成功解决了 50 MPa以上高压水泵“裂缸”的技术难题；② 高压水泵调压装置采用独特的节流调压阀结构，是国内同行业中使用寿命最长的高压水泵调压装置。3GQ-4/70 型高压水泵(图 5-3-9)配用 110 kW 电机，每小时流量 4 $m^3$，排出压力 70 MPa，设备的外形尺寸(长×宽×高)为 2 650 mm×1 150 mm×1 000 mm，质量为 2 000 kg。

水力割缝钻机配套的液压泵站为钻机提供动力，液压泵站的功率为 25 kW，额定压力为 31.5 MPa，外形尺寸(长×宽×高)为 1 000 mm×1 000 mm×1 200 mm，使用抗磨液压油。

图 5-3-8 水力割缝钻头

图 5-3-9 3GQ-4/70 型高压水泵

## 5.3.2 现场应用及效果考察

5.3.2.1 新元煤矿 3# 煤层水力割缝增透技术及应用

(1) 试验地点

试验地点位于新元煤矿 3# 煤层 31011 回风巷掘进工作面。该矿 3# 煤层为突出煤层,煤层赋存稳定,结构较简单,产中灰、低硫的优质贫瘦煤,以亮煤为主,内生裂隙发育;煤层中一般含 1～2 层泥质夹矸,厚度一般为 0.02～0.05 m,平均 0.03 m;煤层倾角一般为 1°～4°,平均 2°;煤层厚度 2.70～3.50 m,平均 2.90 m。31011 回风巷掘进工作面沿 3# 煤层布置,矩形断面,巷道净宽 5.2 m,净高 3.7 m。

(2) 现场施工过程中的相关措施

1）割缝过程中瓦斯喷出防止措施

水力割缝过程中伴随瓦斯喷出。为防止巷道瓦斯短时超限，割缝前需要对钻孔临时封孔（图 5-3-10），封孔深度 4 m。割缝时在割缝的钻孔孔口安装气-水-煤渣分离器，并与巷帮的金属网进行固定。连续钢管穿过分离器进入钻孔。割缝时，气、水、煤渣通过分离器排放。分离器的排气孔与负压管连接排放瓦斯气。水和煤渣从分离器的下部排放口排出。同时，也可以通过调整割缝速度控制瓦斯喷出。

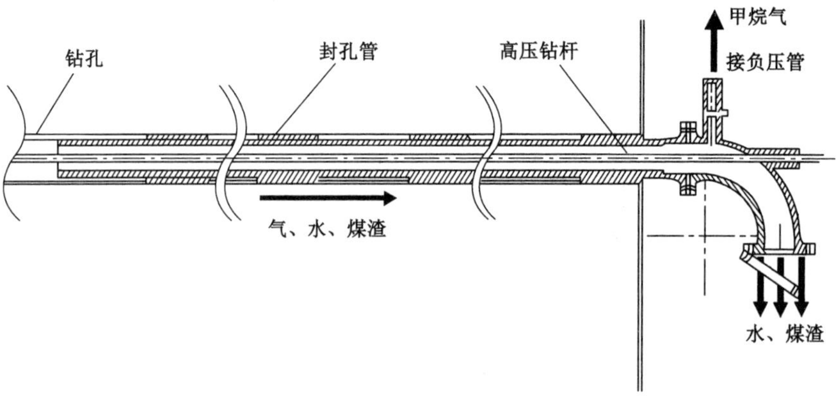


图 5-3-10　临时封孔装置

2）割缝过程中瓦斯排放测量措施

为了掌握割缝过程中的瓦斯排放量，在钻孔口部安装气-水-煤渣分离器，并在分离器与抽采负压管之间连接放水器和管道流量计。放水器有效地堵截瓦斯气携带的少量煤渣和水（图 5-3-11）。流量计可以测量瓦斯混合气体的流量与瓦斯浓度。根据割缝时间，可以估算出割缝过程中的瓦斯涌出量。

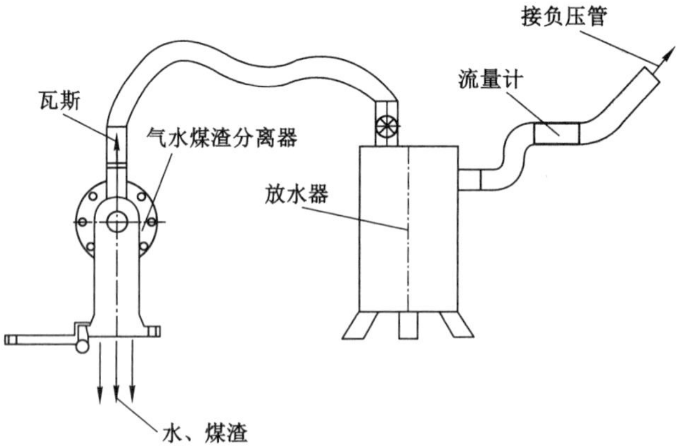


图 5-3-11　气-水-煤渣分离器与流量计及负压管连接图

3）割缝过程排水、排渣措施

割缝过程中的排水量约 7～8 $m^3/h$，排放的煤渣 4～6 $m^3$。为防止污水淹没巷道，巷道中应有污水排放泵。同时在巷道或钻场中挖 1 个沉淀池，深约 1 m，长度与宽度约 2 m，设置防护栏。水力割缝排放的煤渣量大，短时期可以考虑在巷道边堆放。在割缝后期，应考虑及时将煤渣清出巷道，以保证巷道的正常施工。

（3）水力割缝效果评价

1）水力割缝效果观测

新元煤矿 31011 回风巷掘进工作面水力割缝效果实拍图见图 5-3-12。在水力割缝装备额定工况下，31011 回风巷掘进工作面钻孔割缝宽度达到 850 mm，割缝高度达到 43 mm，达到了良好的割缝效果。

图 5-3-12　水力割缝效果实拍图

2）防突效果观测

掘进头水力割缝的实施，可以达到很好地预防与控制瓦斯突出的效果，其机理为：① 由于掘进煤体提前完全卸压，从根本上消除了应力集中引起的煤体失稳突出；② 割缝的过程相当于煤体注水，使煤体冲击倾向降低，失稳度降低；③ 由于瓦斯超前大量预抽采，使煤体瓦斯含量和压力大幅度降低，瓦斯内能降低，根本上消除了瓦斯突出的动力。因此，水力割缝具有很好的防突效果。

巷道掘进过程中防突指标的测定：

① 钻屑瓦斯解吸指标（$K_1$、$\Delta h_2$）及钻屑量 $S$

$K_1$ 值是煤体暴露后第 1 min 内的瓦斯解吸量，$\Delta h_2$ 是暴露后第 4～5 min 的瓦斯累计解吸量。钻孔每钻进 1 m 测定该 1 m 段的全部钻屑量 $S$，每钻进 2 m 至少测定一次钻屑瓦斯解吸指标 $\Delta h_2$ 或 $K_1$ 值。钻屑瓦斯解吸指标 $K_1$ 和 $\Delta h_2$ 值分别采用 WTC 瓦斯突出参数仪和 MD-2 型煤钻屑瓦斯解吸仪进行测定。

② 瓦斯含量 $Q$ 值

该指标是指单位质量煤体中所含瓦斯的体积($m^3/t$),采用钻屑解吸法,并由矿方与太原理工大学配合进行现场测定(割缝与非割缝掘进)。测定原理为:首先井下实测煤样的瓦斯解吸量;然后根据煤样井下解吸规律,推算煤样采集过程中的损失瓦斯量;残存量在地面进行测定。煤层瓦斯含量为以上损失量、解吸量和残存量三部分之和。

③ 煤的坚固性系数($f$ 值)和瓦斯放散初速度($\Delta p$)

煤的坚固性系数($f$ 值)表示煤体抵抗外力破坏的能力,它主要由煤的物理力学性质决定,瓦斯放散初速度($\Delta p$)反映含瓦斯煤体放散瓦斯快慢的程度,二者均是反映煤层突出危险性大小的指标。煤的坚固性系数越小,瓦斯放散初速度越大,煤层突出危险性越大。现场取样(割缝与非割缝掘进),测定方法分别按《煤和岩石物理力学性质测定方法 第12部分:煤的坚固性系数测定方法》(GB/T 23561.12—2010)和《煤的瓦斯放散初速度指标($\Delta p$)测定方法》(AQ 1080—2009)。

在新元煤矿 31011 回风巷掘进面应向前方煤体施工 3 个直径 42 mm、孔深 8～10 m 的钻孔,测定钻屑瓦斯解吸指标($K_1$)和钻屑量。其中一个钻孔布置在掘进巷道断面中部,并平行于掘进方向,其他两个钻孔布置在第一个钻孔两侧 1.5 m 处。钻孔每钻进 1 m 测定该 1 m 段的全部钻屑量 $S$,每钻进 2 m 至少测定一次钻屑瓦斯解吸指标 $K_1$ 值。各煤层采用钻屑指标法预测煤巷掘进工作面突出危险性的指标临界值暂按表5-3-1的临界值确定工作面的突出危险性。

**表 5-3-1　割缝记录煤巷掘进工作面突出危险性的指标临界值参考**

| $S_{max}$ | | $K_1$ 指标临界值/ | 突出危险性 |
| --- | --- | --- | --- |
| kg/m | L/m | $[mL/(g \cdot min^{0.5})]$ | |
| ≥6 | ≥5.4 | ≥0.5 | 有突出危险 |
| <6 | <5.4 | <0.5 | 无突出危险 |

钻孔的钻屑量 $S$(L/m)计算如下:

$$S = S_1 + S_2 + S_3$$

式中　$S_1$——根据钻孔直径计算的钻屑量;

$S_2$——由于瓦斯能量释放造成的钻屑量;

$S_3$——由于地压能量释放造成的钻屑量。

为了对掘进工作面水力割缝消突效果进行有效评价,本项目第一循环施工分别对原始掘进工作面、普通钻孔抽采掘进工作面以及水力割缝消突掘进工作面进行测定并对比分析。

掘进工作面钻孔施工前(2017 年 2 月 14 日至 2017 年 2 月 20 日),对 31011 回风巷道原始掘进头煤层突出危险性指标进行测定,结果如表 5-3-2 所列。

**表 5-3-2　原始掘进头煤层突出危险性指标测定结果**

| 日期 | 深度/m | $K_1$ 值/[mL/(g·min$^{0.5}$)] | 钻屑量 $S$/(L/m) |
| --- | --- | --- | --- |
| 2017-2-14 | 7 | 0.47 | 5.8 |
| 2017-2-15 | 7 | 0.54 | 6.0 |
| 2017-2-16 | 7 | 0.60 | 5.5 |
| 2017-2-17 | 7 | 0.49 | 5.3 |
| 2017-2-18 | 7 | 0.40 | 5.4 |
| 2017-2-19 | 7 | 0.55 | 6.2 |
| 2017-2-20 | 7 | 0.53 | 6.1 |

普通钻孔施工完成后(2017 年 2 月 25 日至 2017 年 3 月 3 日),对 31011 回风巷道掘进头煤层突出危险性指标进行测定,结果如表 5-3-3 所列。

**表 5-3-3　普通钻孔施工后煤层突出危险性指标测定结果**

| 日期 | 深度/m | $K_1$ 值/[mL/(g·min$^{0.5}$)] | 钻屑量 $S$/(L/m) |
| --- | --- | --- | --- |
| 2017-2-25 | 7 | 0.37 | 3.8 |
| 2017-2-26 | 7 | 0.35 | 4.0 |
| 2017-2-27 | 7 | 0.30 | 3.8 |
| 2017-2-28 | 7 | 0.30 | 3.2 |
| 2017-3-1 | 7 | 0.36 | 3.2 |
| 2017-3-2 | 7 | 0.37 | 4.2 |
| 2017-3-3 | 7 | 0.31 | 4.1 |

进行水力割缝消突施工后(2017 年 3 月 23 日至 2017 年 3 月 29 日),对 31011 回风巷道掘进头煤层突出危险性指标进行测定,结果如表 5-3-4 所列。

**表 5-3-4　水力割缝施工后煤层突出危险性指标测定结果**

| 日期 | 深度/m | $K_1$ 值[mL/(g·min$^{0.5}$)] | 钻屑量 $S$/(L/m) |
| --- | --- | --- | --- |
| 2017-3-23 | 7 | 0.23 | 2.8 |
| 2017-3-24 | 7 | 0.27 | 2.7 |
| 2017-3-25 | 7 | 0.29 | 2.8 |
| 2017-3-26 | 7 | 0.21 | 2.4 |
| 2017-3-27 | 7 | 0.20 | 2.5 |
| 2017-3-28 | 7 | 0.23 | 3.0 |
| 2017-3-29 | 7 | 0.26 | 3.3 |

通过对比可以看出,新元煤矿 31011 回风巷道掘进头 $K_1$ 值在 0.4～0.6 mL/(g·min$^{0.5}$),平均值高达 0.51 mL/(g·min$^{0.5}$),钻屑量 $S$ 在 5.2～6.2 L/m,平均值高达 5.75 L/m,具

有显著的突出危险性。在普通钻孔施工完成后新元煤矿 31011 回风巷道掘进头 $K_1$ 值在 0.3～0.37 mL/(g・$min^{0.5}$)，平均值为 0.34 mL/(g・$min^{0.5}$)，钻屑量 $S$ 在 3.2～4.2 L/m，平均值为 3.76 L/m，突出危险性有所降低。经过水力割缝试验后，31011 回风巷道掘进头 $K_1$ 值降至 0.2～0.29 mL/(g・$min^{0.5}$)，平均值仅 0.24 mL/(g・$min^{0.5}$)，钻屑量 $S$ 降至 2.4～3.3 L/m，平均值仅 2.79 L/m，突出危险性大幅降低。这表明，掘进头水力割缝的实施，可以有效降低煤层掘进头的突出危险性，达到很好的煤层瓦斯突出与巷道快速掘进的目的。

3）抽采效果观测措施

水力割缝的瓦斯抽采效果可以通过抽采管路的瓦斯流量与浓度进行计算，与普通钻孔进行比较，测量结果列于分别于表 5-3-5 与表 5-3-6 中。

**表 5-3-5　瓦斯抽采总流量测定表**　　单位：$m^3$/min

| 日期 | 割缝孔编号 | | | 对照孔编号 | |
|---|---|---|---|---|---|
| | 1 | 2 | 4 | 3 | 5 |
| 10 月 23 日 | 2.232 | 0.526 | 0.271 | 0.338 | 0.206 |
| 10 月 24 日 | 2.233 | 0.591 | 0.175 | 0.295 | 0.204 |
| 10 月 25 日 | 2.158 | 0.584 | 0.024 | 0.269 | 0.217 |
| 10 月 26 日 | 2.133 | 0.557 | 0.348 | 0.260 | 0.216 |
| 10 月 27 日 | 2.016 | 0.188 | 0.831 | 0.108 | 0.188 |
| 10 月 28 日 | 2.107 | 0.154 | 0.746 | 0.142 | 0.202 |
| 10 月 29 日 | 2.148 | 0.175 | 0.715 | 0.158 | 0.196 |
| 10 月 30 日 | 2.149 | 0.164 | 0.904 | 0.164 | 0.199 |
| 11 月 1 日 | 2.129 | 0.159 | 0.864 | 0.152 | 0.163 |
| 11 月 2 日 | 2.001 | 0.197 | 0.844 | 0.135 | 0.171 |
| 11 月 3 日 | 2.193 | 0.187 | 0.838 | 0.126 | 0.133 |
| 11 月 4 日 | 2.168 | 0.176 | 0.818 | 0.125 | 0.133 |
| 11 月 5 日 | 2.046 | 0.139 | 0.770 | 0.114 | 0.031 |
| 11 月 6 日 | 1.863 | 0.115 | 0.774 | 0.117 | 0.161 |
| 11 月 7 日 | 1.868 | 0.169 | 0.775 | 0.118 | 0.161 |
| 11 月 8 日 | 1.990 | 0.553 | 1.101 | 0.130 | 0.102 |
| 11 月 9 日 | 2.087 | 0.525 | 0.997 | 0.037 | 0.112 |
| 11 月 10 日 | 1.995 | 0.507 | 1.010 | 0.041 | 0.102 |
| 11 月 11 日 | 0.000 | 0.273 | 0.164 | 0.000 | 0.156 |
| 11 月 12 日 | 2.175 | 0.510 | 0.599 | 0.027 | 0.159 |
| 11 月 13 日 | 2.153 | 0.510 | 0.554 | 0.026 | 0.160 |

表 5-3-6 瓦斯抽采浓度测定表 单位:%

| 日期 | 割缝孔编号 | | | 对照孔编号 | |
| --- | --- | --- | --- | --- | --- |
| | 1 | 2 | 4 | 3 | 5 |
| 10月23日 | 47.3 | 48.9 | 38.9 | 1.9 | 12.4 |
| 10月24日 | 45.4 | 54.8 | 34.6 | 3.9 | 12.3 |
| 10月25日 | 1.5 | 51.0 | 30.8 | 16.4 | 12.5 |
| 10月26日 | 66.2 | 61.1 | 31.1 | 16.1 | 12.4 |
| 10月27日 | 49.6 | 70.9 | 30.1 | 15.2 | 10.7 |
| 10月28日 | 46.5 | 67.0 | 16.2 | 12.3 | 9.5 |
| 10月29日 | 40.7 | 67.3 | 26.3 | 13.1 | 8.9 |
| 10月30日 | 43.0 | 66.8 | 31.3 | 10.8 | 8.3 |
| 11月1日 | 42.2 | 70.1 | 27.5 | 11.6 | 9.5 |
| 11月2日 | 42.8 | 66.0 | 30.8 | 10.1 | 1.9 |
| 11月3日 | 43.0 | 67.2 | 25.6 | 16.6 | 2.0 |
| 11月4日 | 42.9 | 65.9 | 32.0 | 13.6 | 1.8 |
| 11月5日 | 39.8 | 54.5 | 31.9 | 11.7 | 1.3 |
| 11月6日 | 41.5 | 39.8 | 31.8 | 10.5 | 1.4 |
| 11月7日 | 44.3 | 29.0 | 30.5 | 11.5 | 2.0 |
| 11月8日 | 2.5 | 63.1 | 31.3 | 12.2 | 6.3 |
| 11月9日 | 2.5 | 41.7 | 31.9 | 15.3 | 3.5 |
| 11月10日 | 2.2 | 55.5 | 32.3 | 13.8 | 5.7 |
| 11月11日 | 21.1 | 67.1 | 33.3 | 14.0 | 5.6 |
| 11月12日 | 3.2 | 44.0 | 33.5 | 25.2 | 6.7 |
| 11月13日 | 2.8 | 62.5 | 34.4 | 16.8 | 6.4 |

通过对比可以看出,新元煤矿 31011 回风巷道掘进头水力割缝抽采孔在 20 d 抽采期内总流量平均值为 0.998 $m^3/min$,其中靠近左侧煤帮的 1 号孔最大,达到了 1.99 $m^3/min$,2 号孔最小,达到 0.33 $m^3/min$;普通抽采孔在 20 d 抽采期内总流量平均值仅为 0.148 9 $m^3/min$。水力割缝抽采孔在 20 d 抽采期内瓦斯抽采浓度平均值为 40.18%,其中靠近左侧煤帮的 2 号孔最大,达到了 57.82%,3 号孔最小,达到 30.77%;普通抽采孔在 20 d 抽采期内瓦斯抽采浓度平均值仅为 9.85%。水力割缝抽采孔的总流量平均值与瓦斯抽采浓度平均值均显著高于普通抽采孔。这表明,掘进头水力割缝的实施,可以有效提高掘进头瓦斯抽采量,从而有效达到很好的煤层瓦斯突出与巷道快速掘进的目的。

(4) 经济效益与社会效益

水力割缝项目在新元煤矿 31011 回风巷道实施,取得了良好的煤层消突效果,有效保障了该巷道的快速掘进。在项目执行区域的 3# 煤层中,31011 回风巷道所服务的 S2201 工作面走向全长 1 100 m,宽度 200 m,煤层平均厚度 5.86 m。根据重庆煤科院预测:新元煤矿 S2201 工作面瓦斯含量为 7.8 $m^3/t$,残存瓦斯量为 2.37 $m^3/t$。综放开采工作面的日产量在 10 000 t 时,工作面瓦斯涌出相对量最大为 5.58 $m^3/t$,对应绝对瓦斯涌出量为37.37 $m^3/min$。

工作面可采的煤炭总量为:

$$1\ 100\times200\times5.86\times1.4=1\ 804\ 880\ (t)$$

经过煤层实施水力割缝后,在 3 个月内可以采出 40%以上的瓦斯,按此计算,所采瓦斯量为:

$$1\ 804\ 880\times7.8\times40\%=5\ 631\ 225.6\ (m^3)$$

采煤过程中总的瓦斯涌出量为:

$$1\ 804\ 880\times(7.8-2.37)=9\ 800\ 498\ (m^3)$$

常规钻孔抽采量为 20%,通过预抽后,采煤过程中需要风排的瓦斯量为:

$$9\ 800\ 498\times80\%=7\ 840\ 398\ (m^3)$$

采用水力割缝,采煤过程中需要风排的瓦斯量为:

$$9\ 800\ 498\times47.7\%=4\ 674\ 837\ (m^3)$$

由水力割缝抽采后,降低的瓦斯总量为:

$$7\ 840\ 398-4\ 674\ 837=3\ 165\ 561\ (m^3)$$

按照《煤矿安全规程》的规定,巷道风流排放的瓦斯浓度不超过 0.7%,一般均低于 0.5%,水力割缝抽采后,S2201 的总通风量削减了:

$$3\ 165\ 561/0.5\%=63\ 311(\text{万}\ m^3)$$

#### 5.3.2.2 振荡脉冲射流增透技术及应用

振荡脉冲射流是利用瞬态流和水声学原理调制而成的,兼有脉冲射流和空化射流的特点,是一种结构简单、无附加外驱动结构、无动密封、具有较大的变压特性和很强的空化作用的新型脉冲射流,其冲击效果明显优于连续射流,尤其在淹没状态下,振荡脉冲射流比普通射流具有更强的破坏力,是一种很有发展前景的射流,在采矿破岩、石油钻采、船舶清洗等领域具有广阔的应用前景。

其工作原理如图 5-3-13 所示,上游喷嘴中的高速射流束中的不稳定扰动波如涡量脉动在穿过腔内剪切层时,通过不稳定剪切层的选择放大作用,形成大尺度涡环结构,剪切流动中的涡环与下游碰撞壁撞击产生压力扰动波并向上游反射,在上游剪切层分离处诱发新的扰动,当新扰动与原扰动频率匹配并具有合适的相位关系,发生谐振,导致腔内流体阻抗发生周期性变化,完成对射流的“完全阻断”、“部分阻断”及“不阻断”的调制过程,形成脉冲射流。

当稳定液体流过谐振腔的出口收缩断面时,产生自激压力激动,这种压力激动反馈回谐振腔形成反馈压力振荡。图 5-3-14 是振荡脉冲水射流的两种典型结构喷嘴:风琴管喷嘴和亥姆霍兹(Helmholtz)喷嘴。适当控制谐振腔尺寸和流体的斯特劳哈尔(Strouhal)数,使反馈压力振荡的频率与谐振腔的固有频率相等,从而在谐振腔内形成声谐共振,使喷嘴出口射流变成断续涡环流,这种断续涡环流的结构使得其射流效果远远好于普通射流。

(1) 试验地点

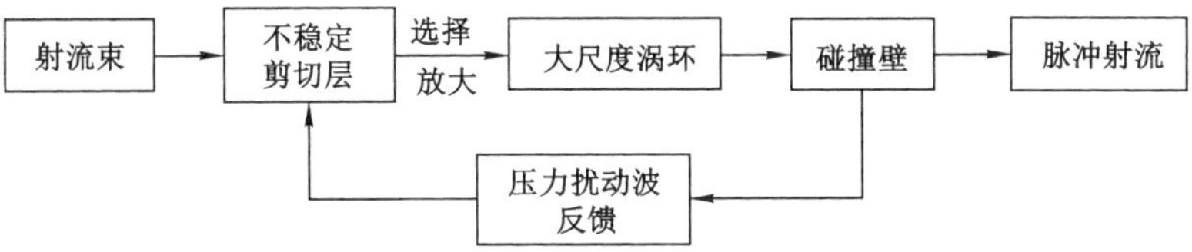


图 5-3-13　振荡脉冲射流发生原理简图

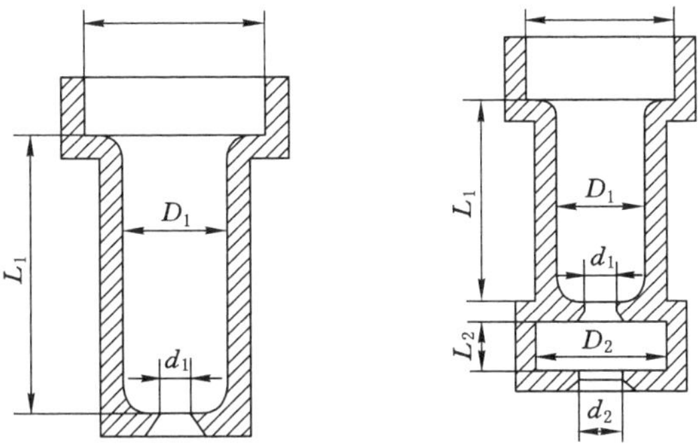


(a) 风琴管模型　　(b) Helmholtz模型

图 5-3-14　振荡脉冲射流典型发生结构装置

本项目试验地点为平舒煤矿的 81115 工作面的底抽巷(81115 底抽巷)。

81115 工作面位于矿井东区南翼,埋深约为 400～600 m。81115 底抽巷为平舒煤矿 8# 煤层($8_1^\#$、$8_2^\#$ 煤合称)81115 工作面底板岩石巷道,位于 81115 回风巷和 81115 尾巷之间,主要用于 8# 煤层煤巷条带瓦斯预抽及区域瓦斯防治。81115 工作面东部为尚未掘进的 81117 工作面,西部为尚未回采的 81113 工作面,南部距矿界 20 m,北部为东回风、东胶带、东轨道大巷、东翼南回风巷。

截至 2016 年 4 月底,81115 底抽巷已全部掘进完成,总长度为 750 m 左右。截至 2016 年 8 月底,该底抽巷所有瓦斯穿层抽采钻孔均已施工完毕。

81115 底抽巷从 81115 回风、尾巷第八横贯中部开口向南平局 30 m 后,以 12°下坡掘进 124.2 m 至 9# 煤层位的砂质泥岩,沿此层位掘进 700 m 至 81115 工作面最后一个横贯。81115 底抽巷距离 81115 回风巷垂距约 16 m,剖面图如图 5-3-15 所示。

(2) 现场试验方案

1) 水射流切槽与压裂钻孔设计

a. 底抽巷穿层钻孔设计

81115 工作面底抽巷“以岩保煤”穿层钻孔在 81115 工作面底抽巷巷道内施工,用于掩护 81115 回风巷和 81115 尾巷煤巷掘进。81115 底抽巷抽采钻孔设计平面图及井下现场图如图 5-3-16 所示。

81115 底抽巷设计施工 150 组钻孔,每组 13 个钻孔,单组之间间距 5～6 m(依井下实

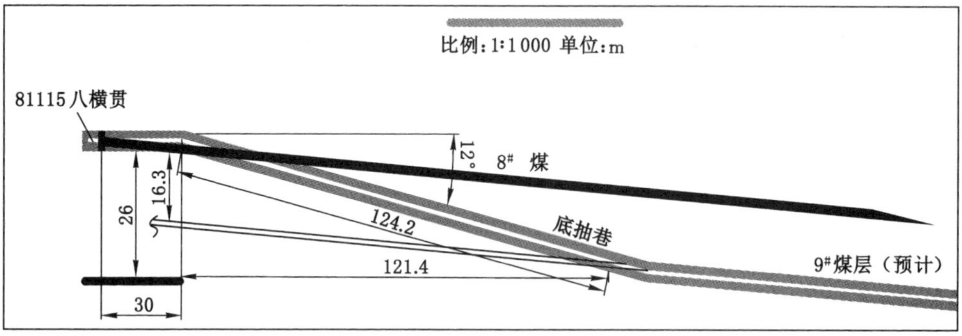


图 5-3-15　81115 底抽巷剖面布置图

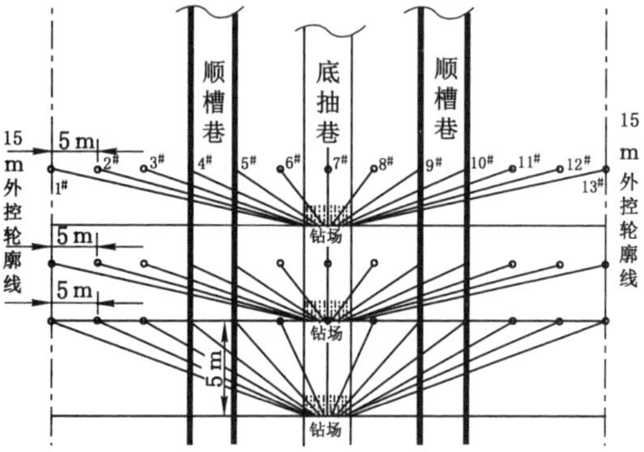


(a) 抽采设计平面图

(b) 底抽巷抽采钻孔布置现场图

图 5-3-16　81115 底抽巷抽采钻孔设计平面图

际情况而定)，每组相邻钻孔见煤点间距 5 m。底板穿层钻孔分别控制两条煤巷及其两帮轮廓线外 15 m 范围内煤层，实现控制范围内煤层瓦斯的预抽。每组钻孔各个钻孔的设计参数如表 5-3-7 所列。

表 5-3-7　81115 底抽巷抽采钻孔设计参数表

| 孔号 | 倾角/(°) | 方向 | 钻孔长度/m | 钻孔直径/mm |
|---|---|---|---|---|
| 1# | 30 | 垂直于巷道面 | 31.6 | 113 |
| 2# | 35 | 垂直于巷道面 | 27.8 | 113 |
| 3# | 41 | 垂直于巷道面 | 24.2 | 113 |
| 4# | 50 | 垂直于巷道面 | 20.9 | 113 |
| 5# | 61 | 垂直于巷道面 | 18.4 | 113 |
| 6# | 75 | 垂直于巷道面 | 17.2 | 113 |
| 7# | 90 | 垂直于巷道面 | 16.0 | 113 |

表 5-3-7(续)

| 孔号 | 倾角/(°) | 方向 | 钻孔长度/m | 钻孔直径/mm |
|---|---|---|---|---|
| 8# | 71 | 垂直于巷道面 | 16.9 | 113 |
| 9# | 58 | 垂直于巷道面 | 18.9 | 113 |
| 10# | 47 | 垂直于巷道面 | 21.8 | 113 |
| 11# | 39 | 垂直于巷道面 | 25.3 | 113 |
| 12# | 33 | 垂直于巷道面 | 29.0 | 113 |
| 13# | 29 | 垂直于巷道面 | 33.7 | 113 |

81115 底抽巷穿层抽采钻孔施工作业采用西安煤科院 ZDY-3200 型履带式钻机完成(钻机实物如图 5-3-17 所示),其扭矩不小于 3 200 N·m,且能够施工钻孔的倾角范围为 0°～±90°。与钻机配套的钻杆为外径 $\phi$73 mm 的圆钻杆,长度为 1 000 mm;配套的钻头为外径 $\phi$94 mm 的复合摩擦片钻头。履带式钻机的压车柱为单体液压支柱 4 根。

图 5-3-17　ZDY-3200 型履带式钻机

b. 水射流切槽与压裂钻孔设计

基于煤层 81115 底抽巷抽采钻孔的设计,设计脉冲水射流切槽增透钻孔。为了有效控制 81115 尾巷和 81115 回风巷的瓦斯抽采影响范围,消除煤巷条带突出危险性,根据各钻孔的空间位置,设计每组钻孔中的 4# 钻孔为 81115 尾巷的水射流切槽钻孔,每组钻孔中 10# 钻孔为 81115 回风巷的水射流切槽钻孔。各钻孔分布的剖面图见图 5-3-18(a)。切槽钻孔空间上位于煤巷外边界线,形成沿巷道掘进方向的预制宏观裂隙,卸载煤体原始应力。

为了实现掩护区域瓦斯的高效抽采,在水射流切槽钻孔卸压影响的基础上,设计每组抽采钻孔中的 7# 钻孔为水力压裂钻孔,各钻孔分布的平面图见图 5-3-18(b)。钻孔扩展了煤体裂隙通道和裂隙分布范围,可提高瓦斯抽采效率。

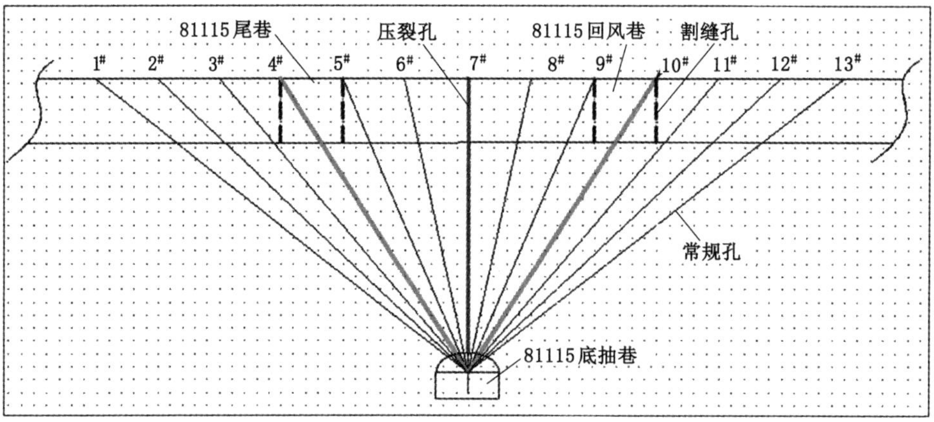


(a) 切槽与压裂钻孔分布的剖面图

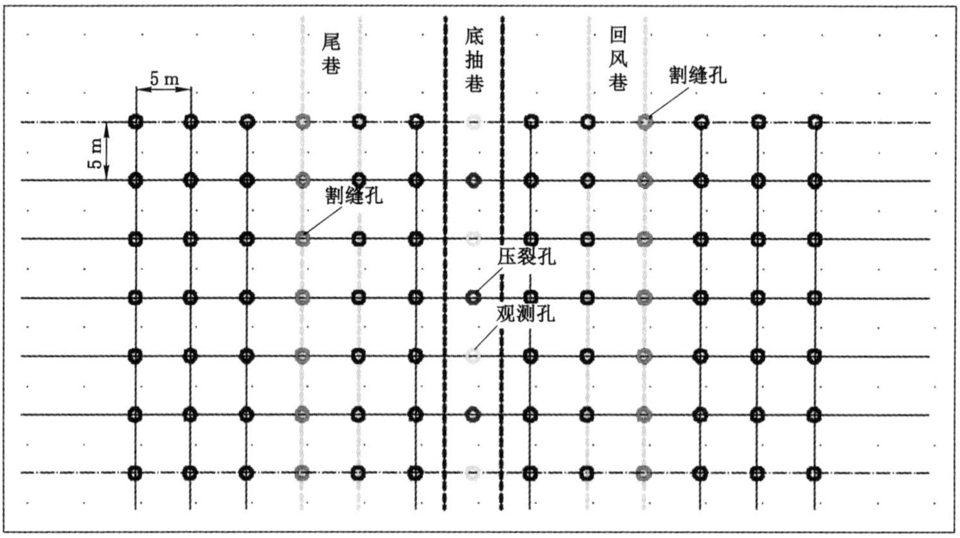


(b) 切槽与压裂钻孔分布的平面图

图 5-3-18　切槽压裂钻孔设计布置图

2）脉冲水射流切槽致裂增透工艺与参数

a. 脉冲水射流切槽致裂工艺

根据切槽与压裂钻孔的布置设计，首先施工水射流切槽钻孔 4#、10# 钻孔，水射流切槽施工完成后封堵钻孔并联管抽采；然后，施工水力压裂钻孔，成孔后封堵压裂孔，压裂钻孔封堵至 $8_2^{\#}$ 煤层顶板岩层内；待切槽增透钻孔抽采浓度降低约 20%时，连接压裂钻孔并进行水力压裂。

现场试验时根据试验方案的设计，进行脉冲水压致裂时，首先施工完成观测钻孔和压裂钻孔，向观测钻孔内送入瓦斯抽采筛管后进行封孔，向压裂孔内送入自主研发的主动式封隔装置后进行封堵，封孔材料为膨胀水泥浆。封孔完成后约 20 d，可以进行孔内压裂作业。本次采用的水力压裂方法为低压脉冲水力压裂工艺，水压从低压逐级调增，水力压裂过程中当观测到钻孔内有大量的水渗流出，同时压裂钻孔的水压快速降低时，可认为水力压裂影响到观测钻孔位置，此时可以停止注水压裂作业，进行瓦斯抽采效果考察。

b. 井下水射流切槽施工流程

① 现场施工时，先利用岩石钻头进行岩石段的打孔，钻至煤层顶板，退出钻杆换上水力切槽钻头继续钻进到煤层中部位置后旋转进行水力切槽；

② 当执行水力切槽措施时，采用定点和退钻切槽方案，根据 $8_2^{\#}$ 煤层 2.5 m 厚度的情况，施工中退钻切割长度为 1 m，即切割退钻长度为 1 根钻杆，先将水压调至 15 MPa 进行预切割，退出 1 根钻杆长度后，将水压调增至 20 MPa 继续切割；

③ 在升高压力对煤体切槽之前，应保证钻机旋转，以防止切槽产生的大量煤粉堵塞钻孔而造成抱钻；

④ 每切槽完成一根钻杆后，应先调节溢流阀将管路压力降到 0 MPa，才能进行拆卸钻杆作业，严禁管路中有高压水时进行钻杆拆卸作业，严禁管路没有连接好之前给管路升压；

⑤ 每次水力切槽时，在钻进钻杆时，要保证钻杆清洗一遍，以保证钻杆内部没有颗粒状的煤体，切槽后的钻杆堆放整齐。

c. 脉冲水力压裂钻孔施工

由于压裂钻孔位于 81115 底抽巷的正上方，受底抽巷开发卸压影响，底抽巷上方区域煤岩裂隙较发育，根据巷道松动圈理论及压裂钻孔实际长度，本次试验地点水力压力钻孔封孔长度为 18～19 m。为了考察水力压裂的影响半径和瓦斯抽采效果，在压裂孔周围设计观测钻孔；为了提高观测钻孔的利用率，每个观测钻孔两侧设计水力压裂孔，钻孔平面分布如图 5-3-18(b)所示。压裂孔与观测孔的钻孔参数如表 5-3-8 所列。

**表 5-3-8　水力压裂钻孔与观测孔的参数表**

| 钻孔 | 倾角/(°) | 方向 | 钻孔长度/m | 封孔长度/m | 封孔工艺 |
|---|---|---|---|---|---|
| 压裂孔(7[#]) | 90 | 垂直于工作面煤壁 | 20 | 18～19 | 水泥浆封孔 |
| 观测孔 | 90 | 垂直于工作面煤壁 | 20 | 9 | 水泥浆封孔 |

d. 井下脉冲水压致裂实施操作流程

水力压裂工艺原理如图 5-3-19 所示，高压水经水压调节器输送至脉冲振荡器，形成脉冲水流，经单向阀注入煤层中。设备管路连接完毕后要进行确认检查，确保注水过程的安全，即设备配件是否齐全、管路的连接是否正确、U 型卡是否缺少、阀门的开闭情况、瓦斯传感器是否效检、警戒线内是否无人、在注水的过程中操作人员的安全防护以及现场安全联络等问题要落实到位。准备工作完毕后开始注水压裂。注水过程中，记录相关数据和现场情况。现场施工中，首先检查设备的各个连接处，确保系统完闭性；然后开启高压泵站，并调节水压控制阀，向煤层内注水压裂；根据实验室研究情况，初始水压控制在 6.0 MPa，以每 5 min 提高 2 MPa 进行压力调整，当测试孔有大量水涌出时，关闭高压泵站停止注水压裂，拆卸压裂管路，排放压裂孔中的水。

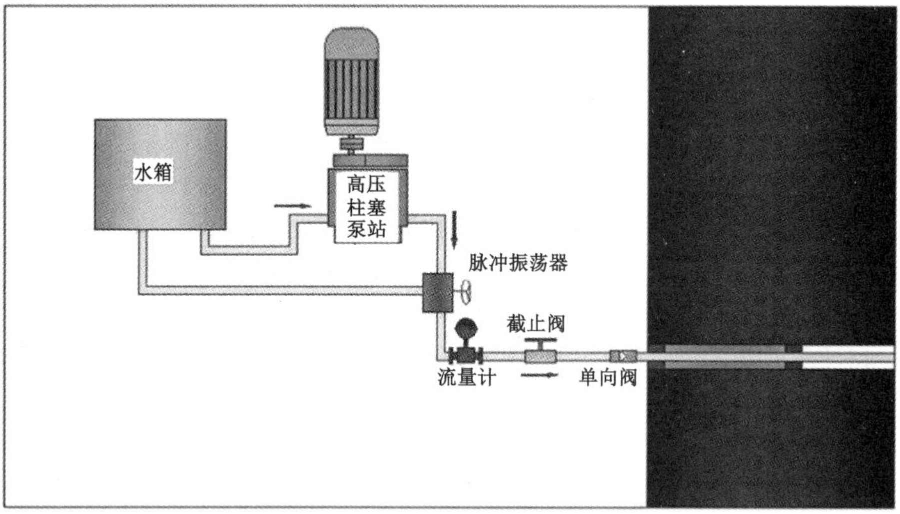


图 5-3-19　水力压裂工艺系统示意图

(3) 现场试验情况

1) 脉冲水射流切槽增透试验情况

根据现场试验方案设计，在 81115 底抽巷 550～700 m 区域实施穿层水力切槽作业，累计施工钻孔 25 组。试验中水射流出口水压设置为 15～24 MPa，采用旋转退钻工艺切割煤层厚度约 2 m，单孔平均切割时间约 40 min，单孔平均排出煤渣量约 1.2 t。现场水射流切割施工过程中，部分钻孔出现孔口喷孔、响煤炮现象，喷孔伴有较大量的水、煤渣和瓦斯涌出。现场施工作业如图 5-3-20 所示。

(a) 水射流切槽作业现场

(b) 现场水压控制调整

图 5-3-20　水射流切槽施工作业现场图

为提高底抽巷施工效率，试验中将原每组 13 个孔的钻孔施工设计调整为 11 个，即孔间距由最初的 5 m 扩大至 6～8 m。本次试验中累计施工切槽钻孔 50 个，基本按照设计方案孔位进行施工，个别钻孔受成孔段偏孔、送钻无法到位等因素影响，进行了邻近孔施工的调整；受煤层层位变化及成孔位置偏差等影响，现场试验中有 2 个孔出现切割过程中未见煤层的现象。

2）脉冲水压导向致裂试验情况

根据现场试验方案设计，在 81115 底抽巷切槽钻孔区域施工脉冲水力压裂钻孔 10 组，每组压裂孔均为各组的 7# 钻孔。封孔是实现成功水力压裂的关键，本次现场封孔采用水泥浆与聚氨酯联合封堵方法，以质量比为 2 ∶ 3 的水灰比搅拌形成水泥浆液，当压裂管内有成股浆液快速流出时，继续注浆 3 min，完成注浆作业。压裂孔封孔现场作业如图 5-3-21 所示。孔内压裂管由 2 m 一根的内径为 4 分的铁管连接而成，孔口段压裂管为内径 1 寸的镀锌铁管，这种方式既满足现场高压作业的需求，同时又降低了材料成本与孔内送管难度。

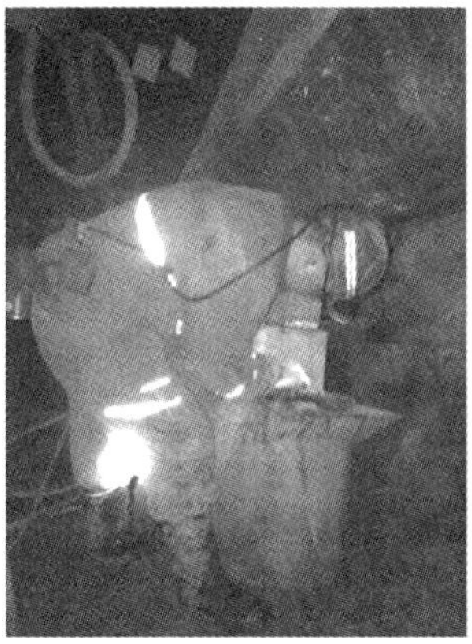

(a) 现场搅拌注浆

(b) 钻孔封孔固化

图 5-3-21　压裂孔封孔现场作业图

现场压裂作业中为了实现脉冲水压的作用，在注水管路上安设脉冲振荡器。为了监控压裂过程中的管路及孔内水压特征，在振荡器出流端安设 CY301 高精度数字压力传感器，该传感器采样率 1 000 次/s，精度为 0.1%FS，量程 0～60 MPa，传感器探头区域采用防水结构。通过 Smartsensor 压力监测软件实时采集数据并监测孔内水压的变化。振荡器、传感器及压裂管路监测现场如图 5-3-22 所示。

当水压致裂影响扩展与观测控制孔连通时，观测孔内会有较大量的黑灰色的水成股流出，如图 5-3-23 所示。现场水力压裂过程中，与压裂孔相邻的 2 组控制孔内均出现渗水或渗水加快的现象，裂隙导通后大量出水钻孔大部分为与压裂孔相邻组的 7# 钻孔，主要位于沿着煤层走向的下倾斜方向。

现场共计施工压裂钻孔 10 个，各个压裂孔参数及现场封孔与压裂情况如表 5-3-9 所示。为了保证水泥浆充分固化提高钻孔密封的强度，试验中的压裂作业在注浆至少 10 d 后进行。

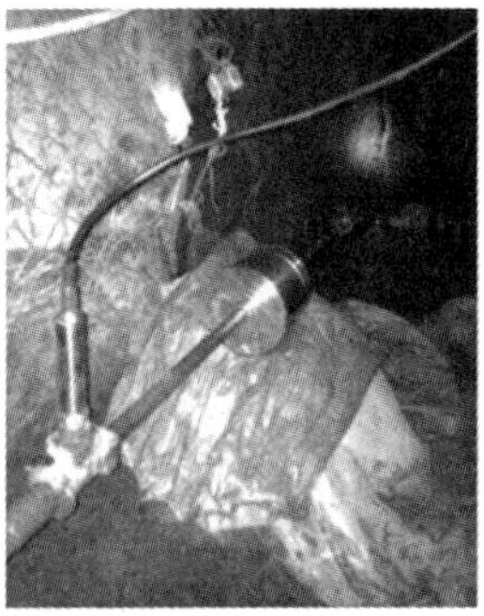

(a) 振荡器与传感器安设

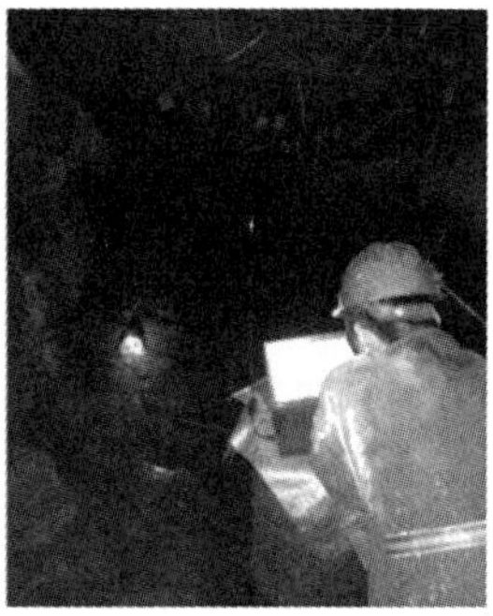

(b) 水压监测与数据采集

图 5-3-22　水力压裂管路现场监测图

(a) 观测孔有水渗出

(b) 观测孔有水成股流出

图 5-3-23　观测孔出水情况现场图

**表 5-3-9　压裂孔参数及现场封孔压裂情况表**

| 序号 | 钻孔号 | 倾角/(°) | 钻孔深/m | 孔内压裂管长/m | 聚氨酯段/m | 注浆段长/m | 水泥量/袋 | 注浆时间 | 压裂最高水压/MPa |
|---|---|---|---|---|---|---|---|---|---|
| 1 | 123-6# | 78 | 22 | 20.5 | 3.5 | 17 | 8.5 | 2016-7-28 | 16 |
| 2 | 125-6# | 80 | 22 | 21 | 3 | 18 | 9 | 2016-7-28 | 15.5 |
| 3 | 127-6# | 78 | 23 | 21.5 | 2.5 | 19.5 | 10 | 2016-7-28 | 15 |
| 4 | 129-6# | 80 | 24 | 23 | 3.5 | 19.5 | 9 | 2016-8-3 | 14.5 |
| 5 | 131-6# | 80 | 24 | 22 | 3.5 | 18.5 | 8.5 | 2016-8-3 | 15 |
| 6 | 133-6# | 78 | 25 | 24 | 3 | 21 | 11 | 2016-8-3 | 15.5 |
| 7 | 135-6# | 78 | 25 | 24 | 3.5 | 20.5 | 10 | 2016-8-6 | 14 |
| 8 | 137-6# | 78 | 25 | 23.5 | 3.5 | 20 | 10 | 2016-8-6 | 14 |
| 9 | 101-6# | 80 | 19 | 18 | 3 | 15 | 7 | 2016-8-7 | 12.5 |
| 10 | 103-6# | 80 | 22 | 20 | 2.5 | 17.5 | 8.5 | 2016-8-7 | 14.5 |

3）试验效果参数考察情况

本次试验采用重庆瑞利比燃气设备有限公司生产的 J4 型煤气表，监测的最大瞬时流量为 6 $m^3/h$，最小瞬时流量为 0.04 $m^3/h$，最大工作压力 30 kPa，误差范围小于1.5%，量程为 0～100 000 $m^3$，使用寿命达到 2 000 h 以上。为了保证了井下使用的安全与密闭要求，煤气表的出气、进气口均采用铜接头。为了使煤气表的接口与瓦斯抽采管相连接，现场制备了变径接头。煤气表实物如图 5-3-24 所示。

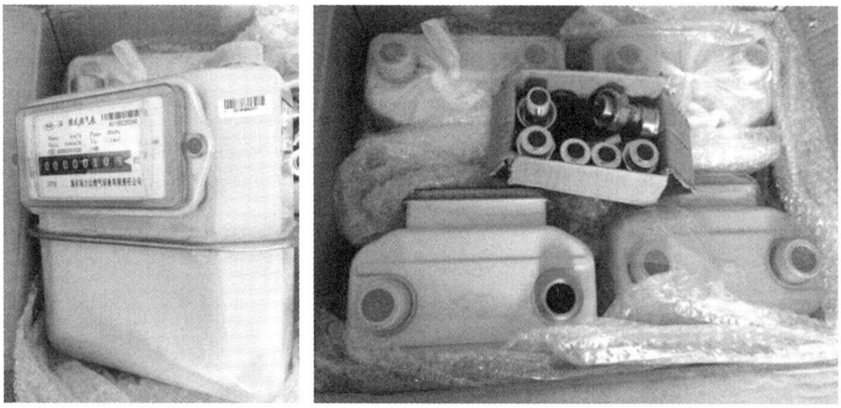

图 5-3-24　井下瓦斯流量监测煤气表实物图

钻孔瓦斯排放与抽采数据每天观测 1 次，钻孔打钻成孔与增透后的前 3 d 可增加数据的采集频率，当施工完成 20 d 后可适当降低采集频率，图 5-3-25 为工作人员现场安装和观测数据图。由于现场钻孔施工后存在渗流水现象，部分钻孔成孔后孔内排水量较大，为了解决钻孔内排水对瓦斯流量测试的影响，现场设计了 U 形管＋三通的组合测试方法，既实现了有水钻孔的自动排水，又实现了用水自封堵效果，保证了现场瓦斯流量观测的准确性。抽采钻孔瓦斯流量监测现场如图 5-3-26 所示。

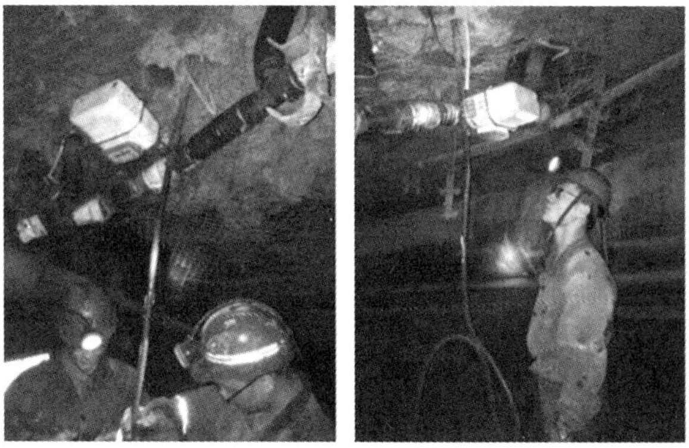

(a)　安装煤气表　　　　(b)　读取数据

图 5-3-25　煤气表井下安装与数据读取现场图

(4) 现场效果考察

1) 切槽孔与常规孔瓦斯排放量对比

a. 切槽孔瓦斯排放量

图 5-3-26　采用煤气表监测抽采孔瓦斯流量现场图

由于常规钻孔单孔瓦斯排放量较低，为了提高数据采集准确度，现场对常规单孔的排放量采集通过整组监测取平均值的方法。本次分析以切槽孔 129-10#、136-4#、138-10#孔以及常规钻孔 140 组、142 组、144 组为例。

129-10#钻孔瓦斯排放量及排放速度如图 5-3-27 所示。在近 120 d 的考察时间内该钻孔瓦斯排放量持续增大，截至 2016 年 11 月 3 日，该孔累计瓦斯排放量达 2 352 $m^3$。该钻孔在瓦斯排放初期排放量有一段缓慢增长期，后快速增加，如图 5-3-27(a)所示；当水射流切槽完成后 129-10#钻孔瓦斯大量涌出，瓦斯排放速度较大，最大值达到 44 L/min，如图

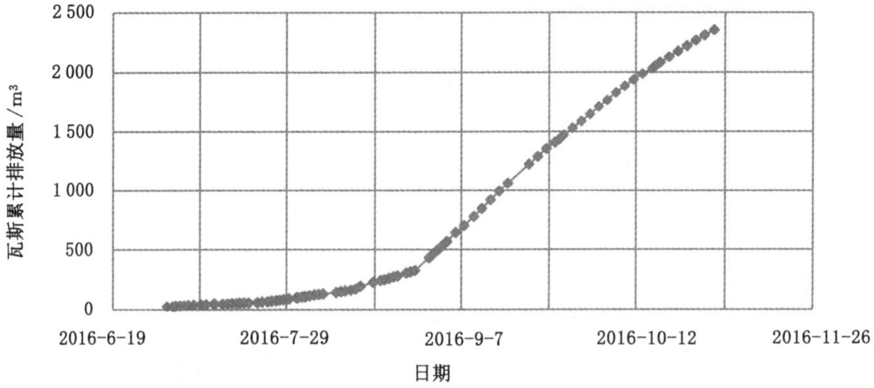


(a)　钻孔瓦斯累计排放量

(b)　钻孔瓦斯瞬时排放量

图 5-3-27　129-10#钻孔瓦斯自然排放特征

5-3-27(b)所示，但 3 d 后衰减至 10 L/min 以下，最低值甚至降低至 1 L/min；排放约 30 d 左后，钻孔瓦斯排放速度又提高至 2～6 L/min；排放约 60 d 后，钻孔瓦斯排放速度增长至 25 L/min。这种现象主要是由于水射流从煤层内切割出较大量的煤体，在煤层内形成了卸压空间，在围岩应力二次作用下，切槽周围煤体发生损伤破坏，卸压增透影响范围不断扩大，导致煤体瓦斯解吸释放量增大，从而排放一段时间后钻孔瓦斯排放量增大。

136-4# 钻孔瓦斯排放量及排放速度如图 5-3-28 所示。在近 120 d 的考察时间内该钻孔瓦斯排放量先快速增加再缓慢增加，截至 2016 年 11 月 1 日，该孔累计瓦斯排放量达 505 $m^3$。该孔的瓦斯排放量变化曲线与 129-10# 钻孔有所不同，如图 5-3-28(a)所示，该钻孔在瓦斯排放约 10 d 后排放量进入缓慢增长期，约 40 d 后又快速增加，增长的变化周期与 129-10# 孔类似。该钻孔瓦斯排放速度如图 5-3-28(b)所示，切槽施工完成 10 d 后钻孔瓦斯排放速度衰减至 5 L/min 以下，最低值降至 1 L/min 以下，但排放约 50 d 后又提高至 2～4 L/min，且持续约 50 d 基本不变。

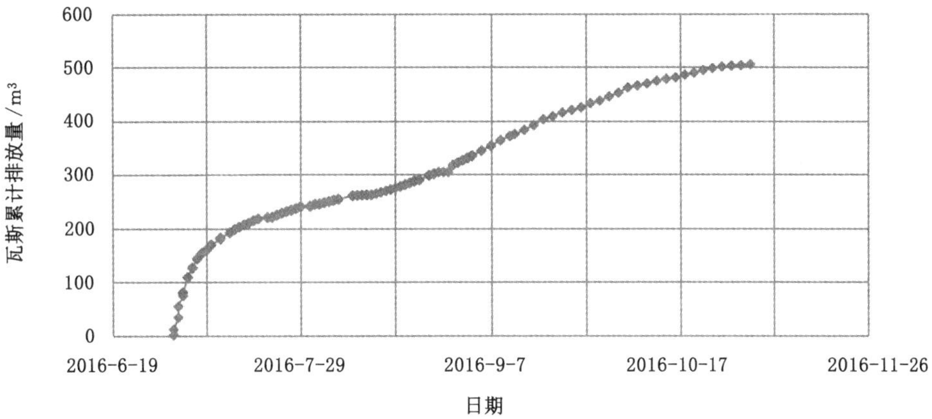


(a) 钻孔瓦斯累计排放量

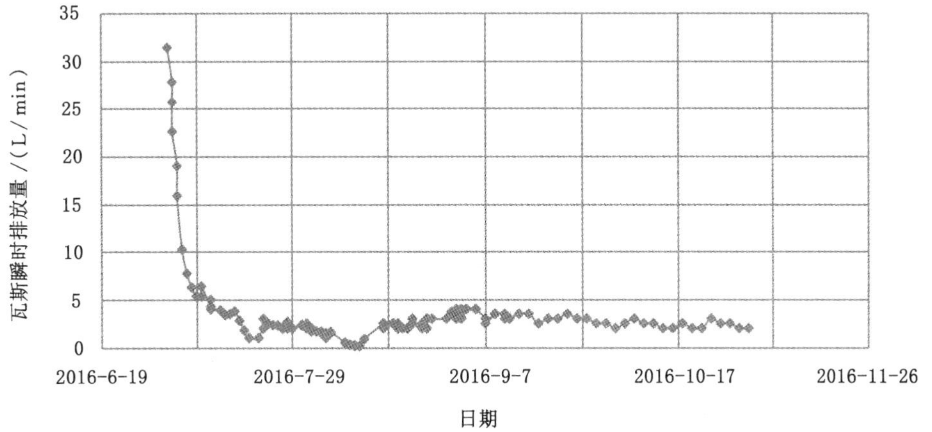


(b) 钻孔瓦斯瞬时排放量

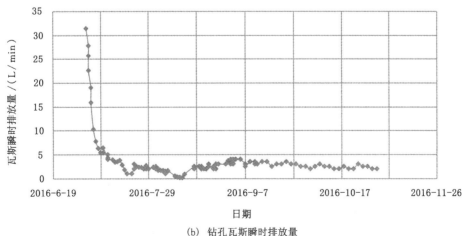

图 5-3-28　136-4# 钻孔瓦斯自然排放特征

138-10# 钻孔瓦斯排放量及排放速度如图 5-3-29 所示。在 110 d 的考察时间内该钻孔瓦斯排放量同样先快速增加再缓慢增加，截至 2016 年 11 月 1 日，该孔累计瓦斯排放量达 375 $m^3$。该孔的瓦斯排放量变化曲线与 136-4# 孔类似，如图 5-3-29(a)所示，该钻孔在瓦斯排放量约 15 d 后进入缓慢增长期，约 45 d 后排放量曲线斜率增大。该钻孔瓦斯排放速度如图 5-3-29(b)所示，切槽施工完成 6 d 后钻孔瓦斯排放速度衰减至 5 L/min 以下，最低值降至 1 L/min 以下，但排放约 40 d 后又提高至 2～4 L/min，且持续约 20 d 基本不变，以后排放速度缓慢降低。

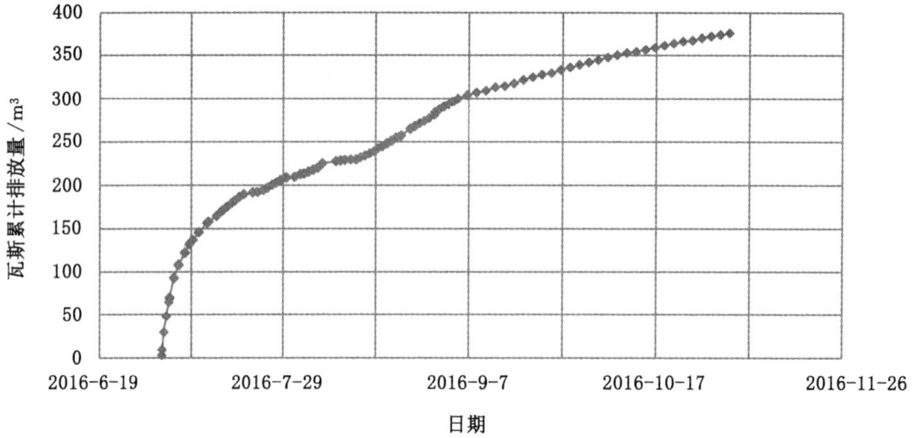


(a) 钻孔瓦斯累计排放量

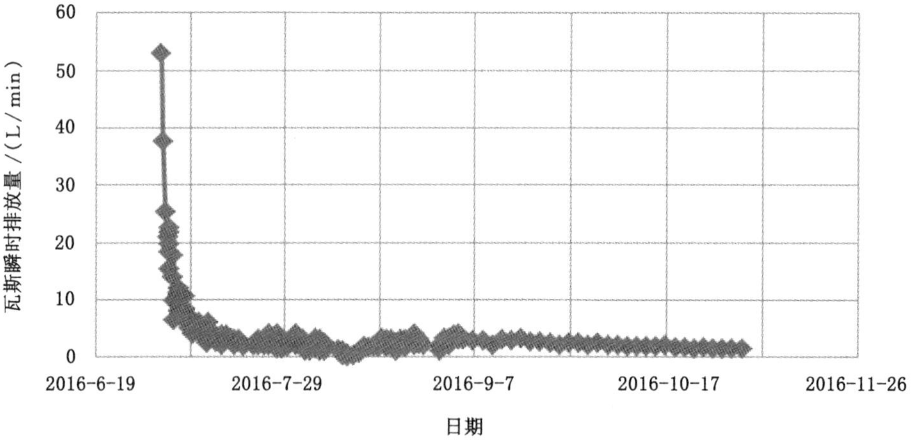


(b) 钻孔瓦斯瞬时排放量

图 5-3-29 138-10# 钻孔瓦斯自然排放特征

b. 常规孔瓦斯排放量

140 组常规钻孔瓦斯排放量特征曲线如图 5-3-30 所示，由图可见：钻孔累计瓦斯排放量呈缓慢增长趋势，在 125 d 考察期内累计瓦斯排放量达 199 $m^3$；瓦斯排放速度呈逐渐降低至稳定变化，考察期内从 4 L/min 降低至 0.3 L/min。由于 140 组钻孔共有 10 个钻孔，假设每个钻孔排放特性相同，则考察期内常规钻孔单孔累计瓦斯排放量为 19.9 $m^3$，稳定瓦斯排放速度约为 0.03 L/min。

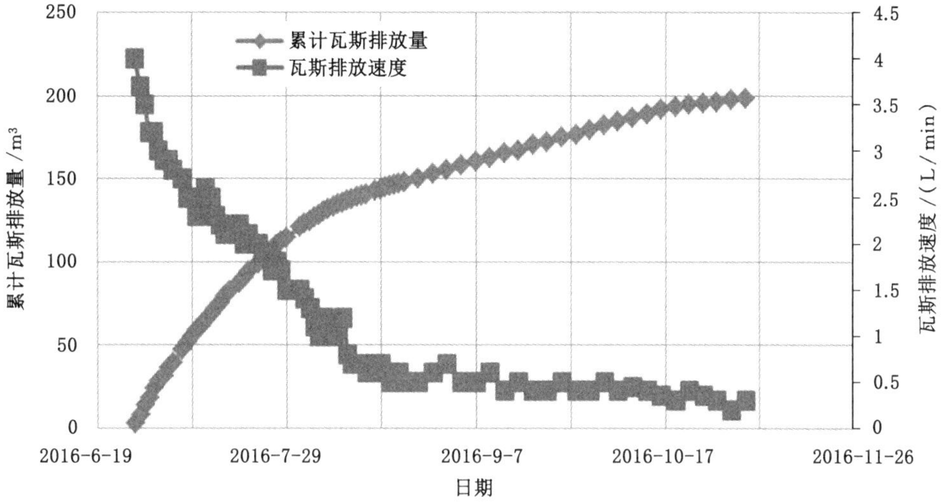


图 5-3-30 140 组常规孔瓦斯排放特征曲线

142 组常规钻孔瓦斯排放特征曲线如图 5-3-31 所示，由图可见：钻孔累计瓦斯排放量呈缓慢增长趋势，在 125 d 考察期内累计瓦斯排放量达 252 $m^3$；瓦斯排放速度呈逐渐降低至稳定变化，考察期内从 5.1 L/min 降至 0.5 L/min。同理，则考察期内常规钻孔单孔累计瓦斯排放量为 25.2 $m^3$，稳定瓦斯排放速度约为 0.05 L/min。

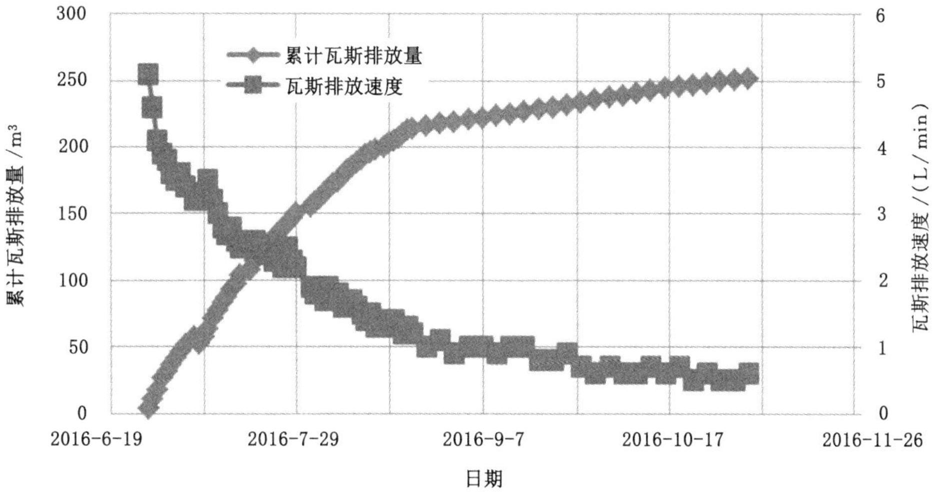


图 5-3-31 142 组常规孔瓦斯排放特征曲线

144 组常规钻孔瓦斯排放特征曲线如图 5-3-32 所示，由图可见：钻孔累计瓦斯排放量呈缓慢增长趋势，在 125 d 考察期内累计瓦斯排放量达 304 $m^3$；瓦斯排放速度呈逐渐降低至稳定变化，考察期内从 4.9 L/min 降至 0.4 L/min。同理，则考察期内常规钻孔单孔累计瓦斯排放量为 30.4 $m^3$，稳定瓦斯排放速度约为 0.04 L/min。

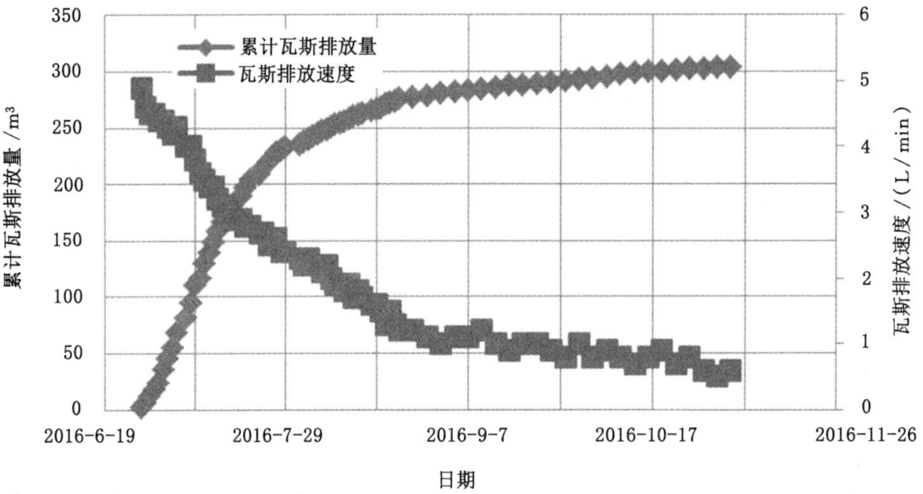


图 5-3-32　144 组常规孔瓦斯排放特征曲线

基于切槽孔 136-4#、129-10#、138-10#、127-4# 孔与 140 组、142 组、144 组常规孔的数据对比可知，在 120 d 左右的考察期内，水射流切槽后单个钻孔累计瓦斯排放量是常规钻孔的 35 倍以上，排放稳定时的钻孔瓦斯排放速度是常规钻孔的 40 倍以上。

2）切槽孔与常规孔瓦斯抽采量对比

a. 切槽孔瓦斯抽采量

以切槽影响半径考察孔 118-4# 的情况为例分析瓦斯抽采量变化规律。切槽钻孔 118-4# 的瓦斯抽采量变化曲线如图 5-3-33 所示。由图 5-3-33(a)可见：在 50 d 左右的考察期内，切槽钻孔累计抽采瓦斯混合量不断增加，截至 2016 年 11 月 3 日达 1 235 $m^3$；钻孔瓦斯抽采瞬时混合量则波动变化，总体上呈先较快降低后稳定缓慢降低的趋势，最大值达约 30 L/min，抽采约 40 d 后维持在 8 L/min。

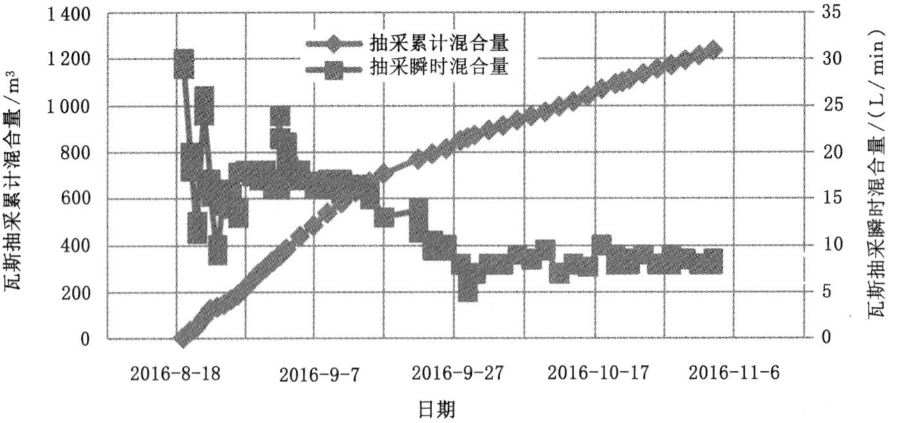


(a) 瓦斯抽采混合量变化

图 5-3-33　118-4# 切槽孔瓦斯抽采量变化曲线

(b) 瓦斯抽采浓度与瞬时纯量

图 5-3-33(续)

由图 5-3-34(b)可见：瓦斯抽采浓度总体上呈先降低后升高的变化趋势，抽采浓度总体上维持在 20%～50%；瓦斯抽采瞬时纯量总体上也呈先降低后升高的变化，总体保持在 4～8 L/min，其中最大为 7.6 L/min。

b. 常规孔抽采量

常规钻孔 141 组孔瓦斯抽采量变化曲线如图 5-3-34 所示。由图 5-3-34(a)可见：在 50 d 左右的考察期内，141 组钻孔累计抽采瓦斯混合量不断增加，截至 2016 年 11 月 3 日达 971 $m^3$；而钻孔瓦斯抽采瞬时混合量总体上呈不断降低的趋势，最大值约 14 L/min，抽采约 50 d 后降为约 5 L/min。由图 5-3-34(b)可见：瓦斯抽采浓度总体上呈降低趋势，总体维持在 15%～50%；钻孔抽采瓦斯瞬时纯量则呈波动式降低，总体保持在 0.7～5.0 L/min，最大值为 4.9 L/min。由于 140 组钻孔共有 10 个孔，则平均每个孔的瓦斯抽采瞬时纯量约为0.07～0.5 L/min，瓦斯抽采瞬时混合量为 0.5～1.4 L/min。

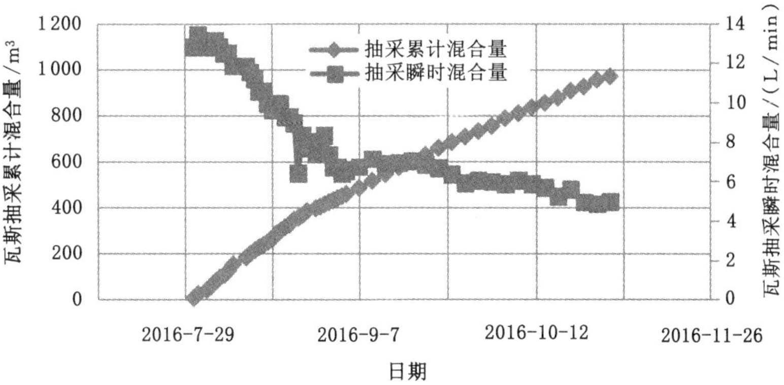


(a) 瓦斯抽采混合量变化

图 5-3-34　常规钻孔 141 组孔瓦斯抽采量变化曲线

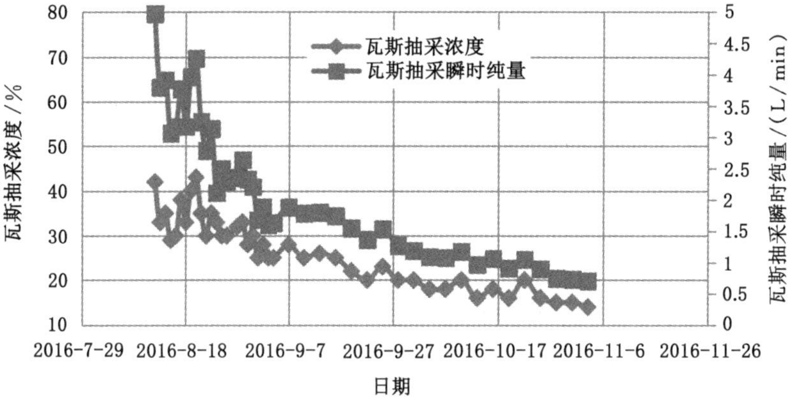


(b) 瓦斯抽采浓度与瞬时纯量变化

图 5-3-34(续)

综上，对比切槽钻孔与常规钻孔的单孔瓦斯抽采数据可知，在 50 d 考察期内，切槽钻孔单孔瓦斯抽采累计混合量约是常规孔的 10 倍，最大瞬时混合量约是常规钻孔的 21 倍，最大瞬时纯量是常规钻孔的 15 倍。

3）增透后抽采瓦斯效果分析

水力压裂增透实验共施工 10 组共计 10 孔，为考察压裂增透效果，选取重点观测区域为 99～103 组钻孔，其中 99 组钻孔为常规抽采钻孔，100 组、102 组为压裂导向孔，101 组、103 组为压裂孔，观测时间均选取相同时间段和时间节点。选取重点观测区域的目的是为了比较不同类型钻孔瓦斯抽采效果，从而分析增透对瓦斯抽采的影响。图 5-3-35 所示为 99 组常规钻孔瓦斯抽采情况，在约 50 d 考察时间内，常规抽采组钻孔抽采浓度在 20%～30%，抽采浓度较低；随着抽采时间增加，瓦斯抽采纯量呈缓慢增长，瓦斯抽采累计混合量约为 3 600 $m^3$，抽采纯瓦斯量约为 900 $m^3$。

图 5-3-36 和图 5-3-37 所示分别为 100 组和 102 组压裂导向孔瓦斯抽采情况，压裂导向组钻孔浓度在 40%～70%，抽采瓦斯混合量在观测时间内约为 6 000 $m^3$，抽采纯瓦斯量约在 3 000～4 000 $m^3$。

图 5-3-38 和图 5-3-39 所示分别为 101 组和 103 组压裂孔瓦斯抽采情况，综合分析重点观测区域内钻孔瓦斯流量情况可知：压裂组钻孔瓦斯浓度在 45%～65%，在观测时间内抽采瓦斯混合量约为 7 000～8 000 $m^3$，抽采纯瓦斯量约为 4 500 $m^3$。

综上分析可知，水力压裂后压裂组钻孔瓦斯抽采浓度显著增大，试验考察期内，压裂组钻孔瓦斯抽采最高浓度是常规组钻孔的 2～3 倍，瓦斯抽采混合量是常规钻孔的 2～3 倍，抽采纯瓦斯量是常规钻孔的 4～5 倍。

4）切槽钻孔煤体透气性系数对比

目前，井下现场直接测定煤体的渗透率难度较大，通常采用中国矿业大学的井下实测煤层透气性测定方法：以煤层厚度 2.5 m、煤层原始瓦斯压力 1.5 MPa、煤层原始瓦斯含量 17.5 $m^3/t$ 为基本参数，按切槽钻孔直径 0.1 m、常规钻孔直径 0.05 m 参数和现场实测钻

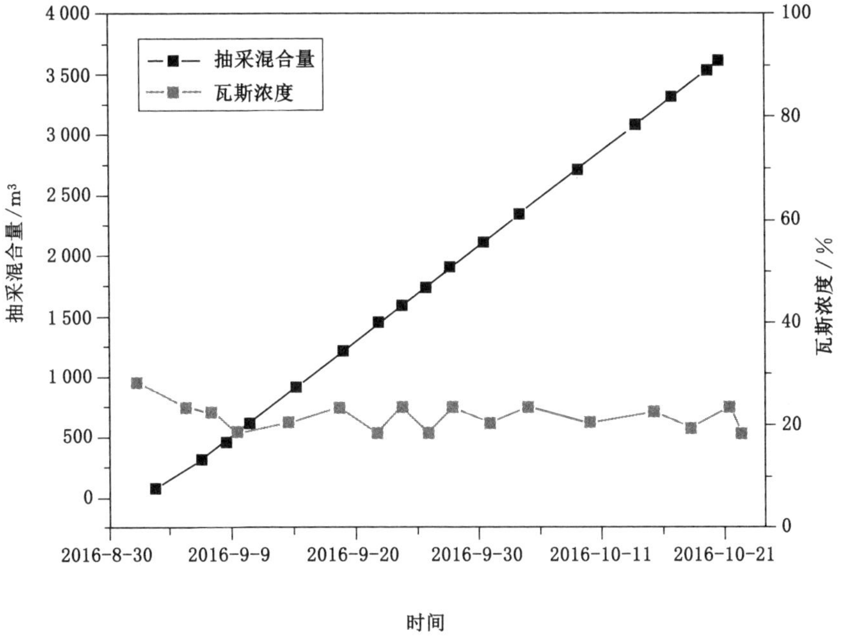


(a) 抽采混合量变化曲线

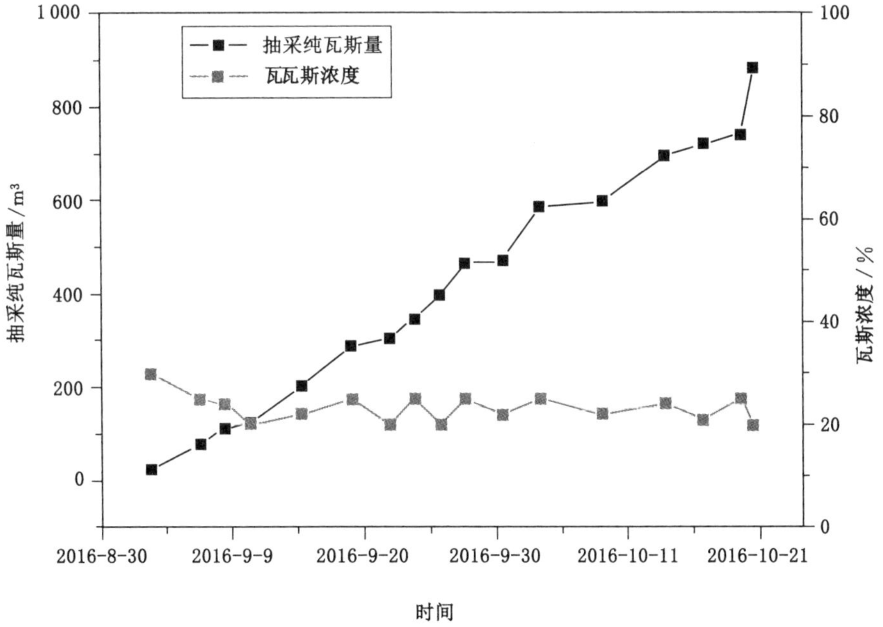


(b) 抽采纯瓦斯量变化曲线

图 5-3-35　99 组常规钻孔抽采瓦斯量与瓦斯浓度关系图

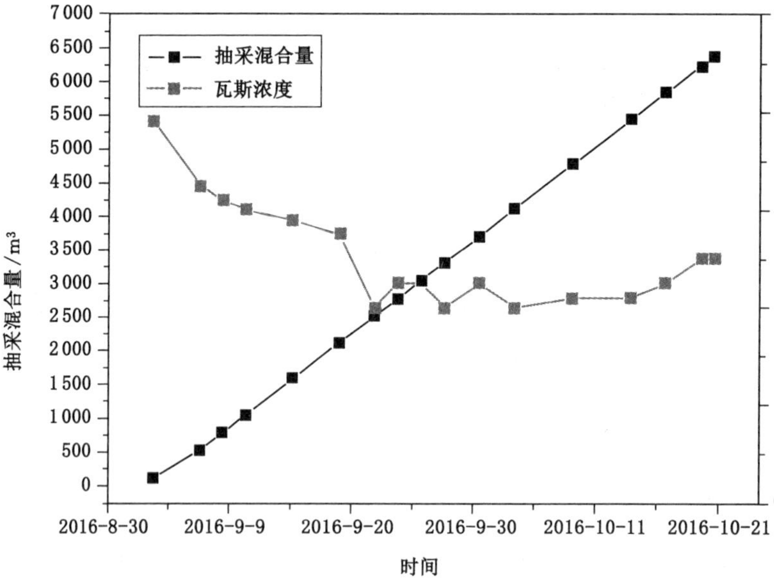


(a) 瓦斯抽采混合量变化曲线

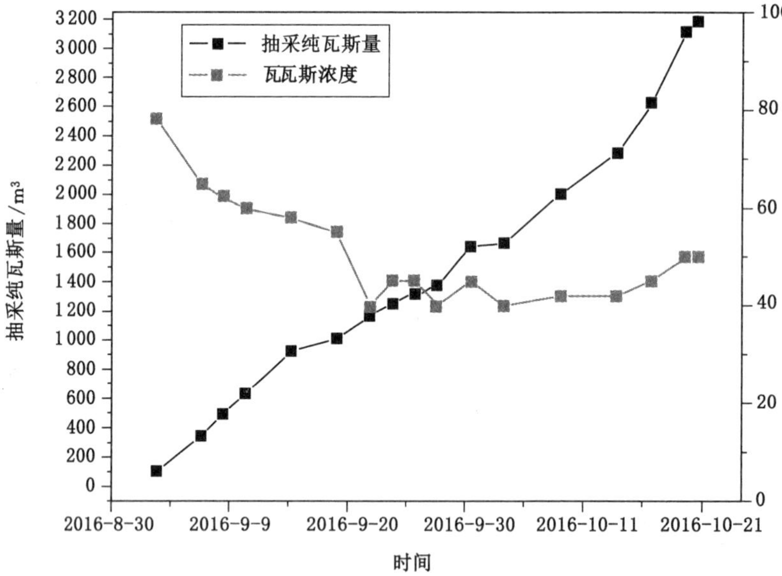


(b) 抽采纯瓦斯量变化曲线

图 5-3-36　100 组压裂导向孔抽采瓦斯量与瓦斯浓度关系图

孔数据进行煤体透气性系数换算，计算孔内切槽 60 d 后的煤体透气性进行系数。由于常规钻孔的单孔瞬时流量监测难度大，为了提高测试的准确性，通过取每组常规钻孔自然排放流量的平均值，计算煤体透气性系数。对切槽钻孔 124-10# 孔、127-4# 孔、136-4# 孔、

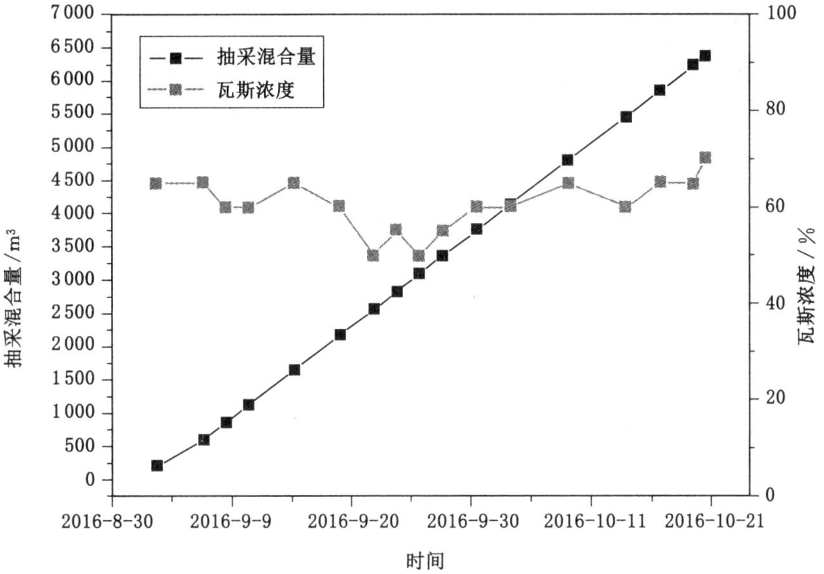


(a) 瓦斯抽采混合量变化曲线

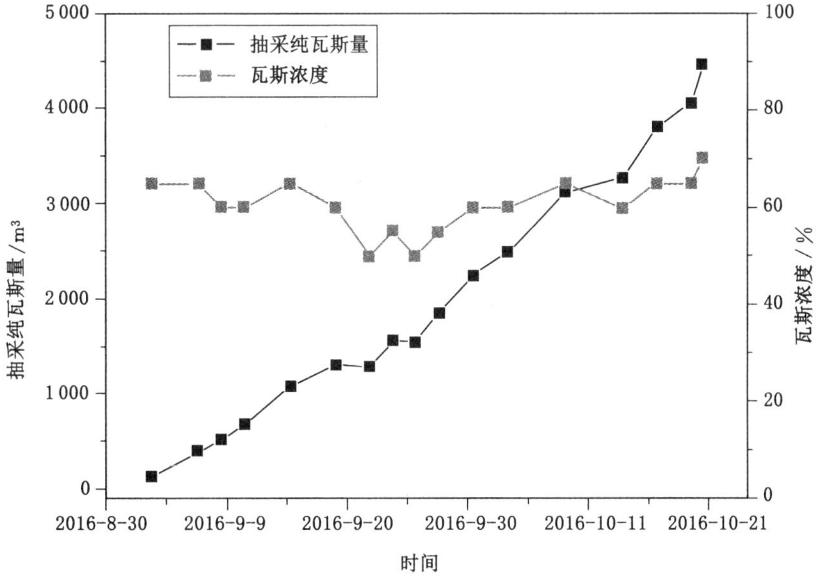


(b) 抽采纯瓦斯量变化曲线

图 5-3-37　102 组压裂导向孔抽采瓦斯量与瓦斯浓度关系图

138-10# 孔和 133-4# 孔周围煤体透气性进行计算，同时对比常规钻孔 140 组、143 组、146 组的平均透气性系数，结果如图 5-3-40 所示。由图 5-3-40 可见，切槽孔周围的透气性系

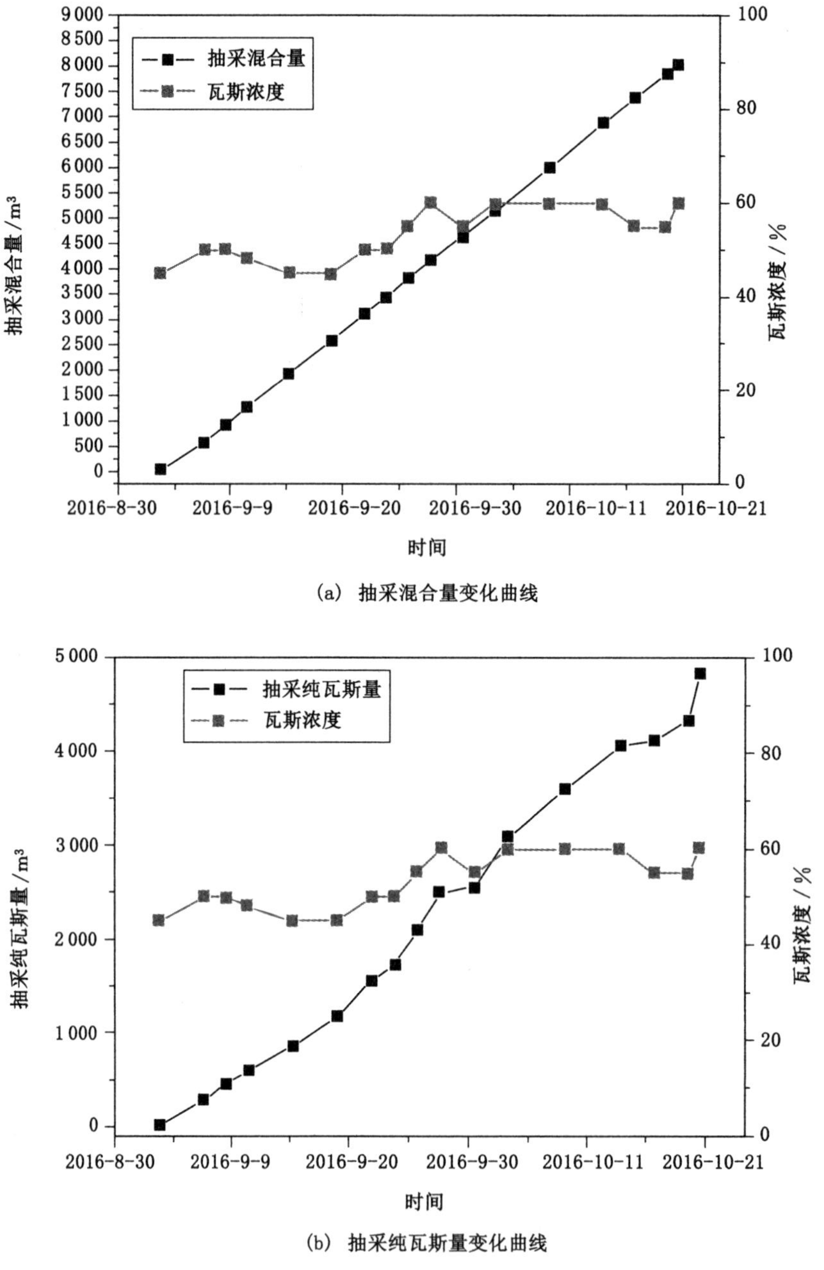


图 5-3-38　101 组压裂孔抽采瓦斯量与瓦斯浓度关系图

数显著大于未切槽钻孔，切槽钻孔实测的煤体透气性系数均值为 0.399 $m^2/(MPa^2 \cdot d)$，常规打钻施工钻孔煤体透气性系数仅为 0.005 2 $m^2/(MPa^2 \cdot d)$，说明在 60 d 的考察期内，切槽后煤体的透气性系数平均增大了 76 倍，钻孔周围煤体渗透率显著增大。

5）脉冲水压致裂钻孔煤体透气性系数对比

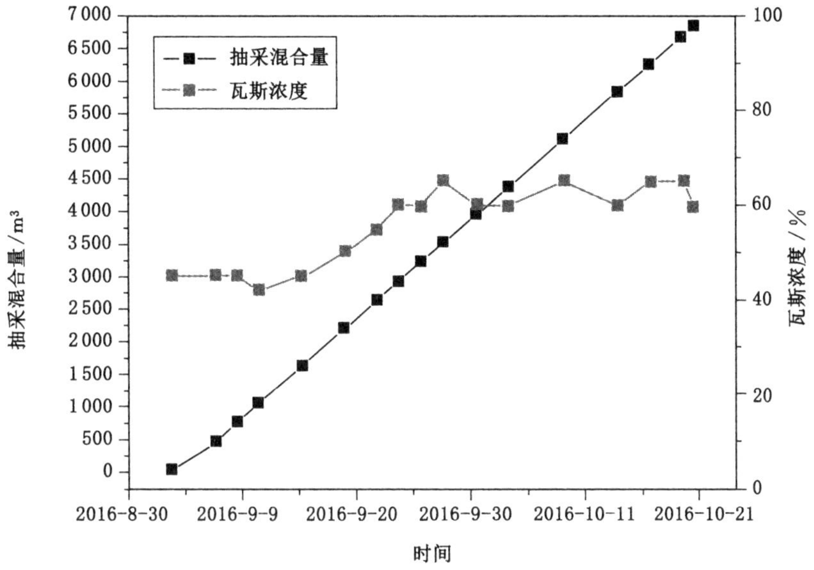


(a) 瓦斯抽采混合量变化曲线

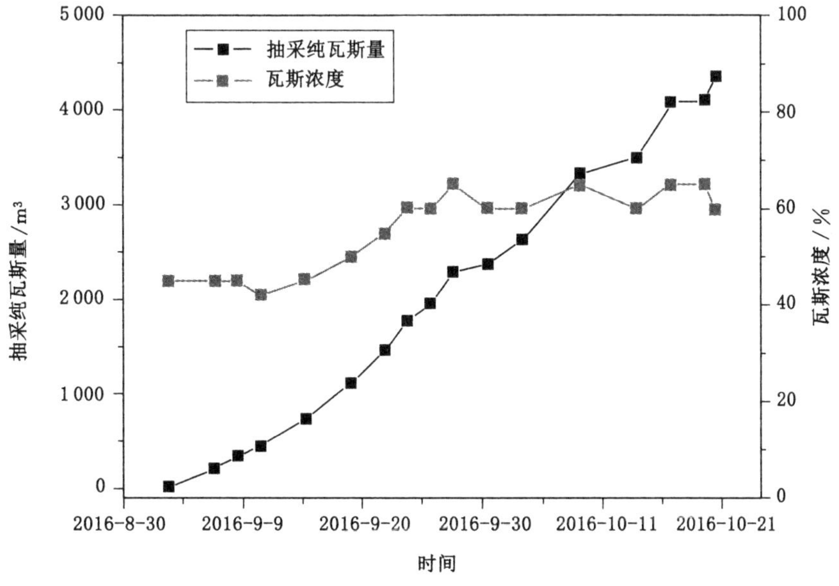


(b) 抽采纯瓦斯量变化曲线

图 5-3-39　103 组压裂孔抽采瓦斯量与瓦斯浓度关系图

采用同样的方法考察脉冲水压致裂钻孔周围煤体透气性系数变化。本次试验中计算脉冲水力压裂 40 d 后煤体透气性系数。对压裂组钻孔 101-7# 孔、103-7# 孔，控制组钻孔 100-7# 孔、102-7# 孔，以及 99 组常规钻孔周围煤体透气性进行计算，结果如图 5-3-41 所示。由图 5-3-41 可见：压裂组钻孔周围煤体的透气性系数大于控制组周围的钻孔，并明显大于常

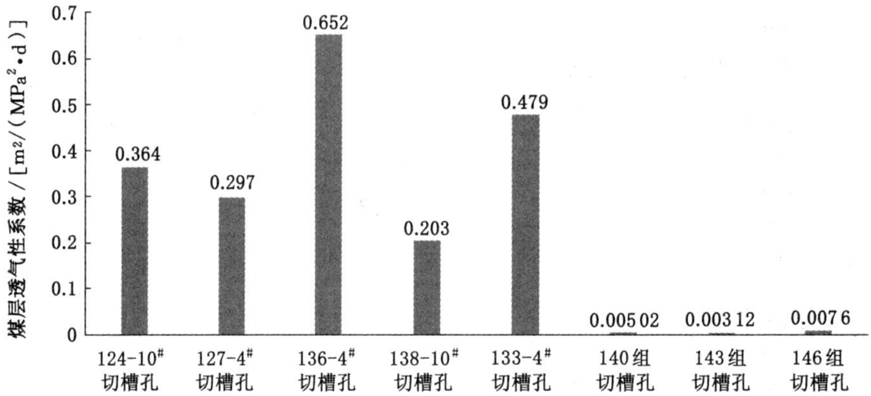


图 5-3-40　切槽后煤层透气性系数对比图

规组钻孔周围的煤体，压裂组钻孔周围煤体的透气性系数均值为 0.081 $m^2/(MPa^2 \cdot d)$，控制组钻孔周围煤体的透气性系数均值为 0.058 $m^2/(MPa^2 \cdot d)$，99 组常规钻孔周围煤体的透气性系数为 0.006 4 $m^2/(MPa^2 \cdot d)$，说明在 40 d 的考察期内，压裂后煤体的透气性系数平均增大了 9～13 倍，煤体渗透率得到较好的改善。

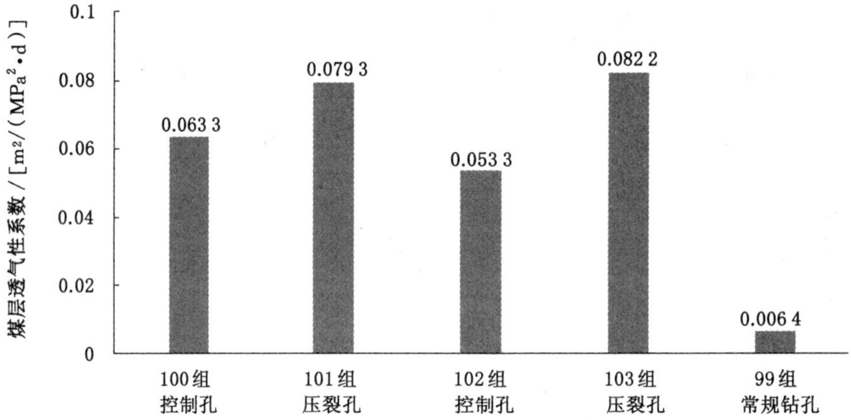


图 5-3-41　脉冲压裂后钻孔周围煤层透气性系数对比图

6）瓦斯抽采工程量与达标时间分析

① 瓦斯抽采工程量分析

根据切槽钻孔抽采半径考察以及压裂导向孔布置间距可知，在约 3 个月的抽排时间内，切槽钻孔影响半径可达 5～6 m；压裂直接影响范围达 7 m 以上，有效影响距离是常规钻孔的 2～2.8 倍。因此，在保证煤巷工作面正常控制范围的基础上，考虑 0.8 的安全系数，可将穿层钻孔的空间距调增至 8～10 m，在此条件下，原抽采设计每组 13 个钻孔的标准，可减少至 6～8 个，缩减工程量达 38%～53%。

根据煤层瓦斯流动理论，缩减瓦斯抽采钻孔的工程量势必会增加瓦斯抽采达标时间，因此,合理的抽采工程量仍需根据现场实际需求进行调配。

② 瓦斯抽采达标时间分析

对切槽钻孔与压裂组钻孔瓦斯抽采流量分析可知,在原抽采设计的情况下,切槽抽采钻孔抽采瞬时纯量是常规钻孔的5～10倍,而压裂组钻孔抽采纯量是常规钻孔的2～4倍。对切槽致裂联合增透组钻孔瓦斯抽采流量分析可知,平均单组钻孔抽采纯量提高1.4～3.1倍,基于此现场实测结果,在不考虑缩减钻孔施工工程量的情况下,抽采达标时间可缩短28%以上。

瓦斯抽采达标时间受抽采钻孔施工量影响,因此,在考虑缩短抽采达标时间时需考虑钻孔的施工工程量要求。

(5) 效益分析

1) 经济效益分析

为解决平舒煤矿81115工作面掘进工作面瓦斯浓度频频超限,影响安全掘进的问题,从位于81115工作面回风巷以及尾巷之间的底抽巷向两条掘进巷道预施工方向实施煤层切槽致裂增透措施钻孔,从而消除控制区域的瓦斯隐患。该项高效抽采技术的应用,使瓦斯抽采效率提高3～4倍,且提高煤巷掘进速度,缓解了采掘接替压力,提高了煤炭生产量。两条掘进工作面总长度为1 600 m,按平均断面13 $m^2$ 计算,共计需要掘进煤量3万t左右。依据现场对已采取切槽致裂增透措施掘进工作面的掘进速度可知,采取措施后掘进速度至少提升1倍,采掘交替时间成本至少缩减一半,其中包括瓦斯异常区的瓦斯抽采、人工检测等时间成本。随着掘进巷道的形成,为81115工作面的本煤层瓦斯治理工作提供富裕的时间,间接提高了81115工作面煤的回采效率。81115工作面倾向长度为280 m,走向长度为1 200 m,煤层平均厚度为2.45 m,采收率为90%,回采的煤炭资源为74.1万t。

81115工作面从回风巷和尾巷从采取切槽致裂增透瓦斯高效抽采到工作面开始回采,瓦斯抽采混合量是常规钻孔方式的2～3倍,抽采纯量至少提高3～5倍。按目前平舒煤矿抽采数据显示,该工作面可回采的煤炭资源为74.1万t,吨煤平均含有瓦斯16 $m^3/t$,则总含气量为11.85 $Mm^3$,采用低渗煤层切槽致裂增透瓦斯高效抽采技术抽采瓦斯量是常规抽采的2倍左右,该工作面平均瓦斯抽采量4.5 $m^3/min$左右,年可抽出纯瓦斯2.36 $Mm^3$,因而采用低渗煤层切槽致裂增透瓦斯高效抽采技术预计年可抽出纯瓦斯4.72 $Mm^3$。平舒煤矿所抽出的瓦斯主要用于当地电厂发电,根据1 $m^3$ 纯瓦斯能够发电8～10 kW·h的标准,采用低渗煤层切槽致裂增透瓦斯高效抽采技术多抽采的2.36 $Mm^3$ 瓦斯可增加$1.89\times10^7$～$2.36\times10^7$ kW·h的电能。

低渗煤层切槽致裂增透瓦斯高效抽采技术能有效缩减煤巷条带瓦斯预抽达标时间,提高煤巷掘进速度,因此也间接提高了煤炭产量。对比目前平舒煤矿煤巷掘进速度,采用该项目技术后可缩减瓦斯预抽与煤巷掘进时间累计约110 d,以平舒煤矿单个工作面正常煤炭平均日产量880 t计算,当节约时间用于工作煤炭生产,则累计可以增加原煤产量96 800 t。

2) 社会效益分析

随着各矿井开采深度的不断增加,传统的煤层钻孔瓦斯抽采技术已无法满足阳泉矿区安全生产的需要,瓦斯灾害事故时有发生,亟须探寻新型、科学及合理有效的煤层增透消突技术，提高井下煤层瓦斯的抽采效率和煤巷掘进速度，实现矿井安全集约化生产。在研究国内外高瓦斯矿井低渗煤层瓦斯综合治理以及高效抽采瓦斯技术的基础上，集团与煤炭科学技术研究院有限公司合作，开展低渗煤层切槽致裂增透瓦斯高效抽采技术研究，并在平舒煤矿进行工业性试验，该技术的成功实施将为集团带来以下社会效益：

① 提高煤炭与瓦斯（煤层气）资源的采出率

采用低渗煤层切槽致裂增透瓦斯高效抽采技术，提高了煤炭资源的回采效率，从根本上治理制约煤炭开采的瓦斯灾害隐患，实现矿井的可持续发展。

② 实现煤炭资源安全高效开采及科学治理瓦斯的理念

低渗煤层切槽致裂增透瓦斯高效抽采技术是我国安全高效治理煤矿瓦斯，防治煤矿瓦斯安全隐患的一个重要发展方向，与常规低渗煤层瓦斯抽采技术相比，具有安全、高效、清洁、简便的优点，缩减采掘交替时间，减少工作面瓦斯涌出量，减轻通风负担，而且充分抽采煤层瓦斯资源，获得了更大的经济效益。

③ 为解决集团高瓦斯煤层安全高效开采问题提供瓦斯治理技术经验

在平舒煤矿进行的低渗煤层切槽致裂增透瓦斯高效抽采技术研究，包括煤层导向脉冲水力压裂增透技术及装备，脉冲水力压裂技术参数设计及封孔工艺，水力切槽、致裂增透现场实施工艺的研究，不仅对平舒煤矿具有极大的现实意义，而且为整个阳泉矿区甚至是全国具有相似条件矿区煤炭资源开采时的瓦斯治理及高效抽采提供了一条新途径。

## 5.4 水力压裂增透技术

阳泉矿区的 3# 煤层，原始瓦斯含量在 15～20 $m^3/t$，煤体坚固性系数 $f$ 值在 1.0 以下，煤体破坏类型属Ⅲ、Ⅳ类，煤层透气性系数为 0.001 16 $m^2/(MPa^2 \cdot d)$。本煤层瓦斯抽采单孔平均纯量为 0.001 6 $m^3/min$，属于典型的碎软、低渗、高瓦斯突出煤层，采用常规的方法对瓦斯进行抽采十分困难，主要体现在两个方面：一是碎软煤层抽采钻孔施工过程中极易出现塌孔现象，成孔困难，顺层钻孔钻进深度一般不超过 150 m，缺乏相应的钻探设备和钻探技术；二是碎软煤层由于透气性较低，瓦斯抽采十分困难，缺乏相应有效的增透技术。因此，想要实现瓦斯抽采达标和快速消突，必须采取行之有效的人为增透手段对煤层裂缝进行改造。

### 5.4.1 增透机理及装备

#### 5.4.1.1 *水力压裂增透机理*

水力压裂是将大量水通过钻孔（井）迅速压入煤层内，利用注水压裂破坏煤层。它是借助水在煤层各种软弱结构面内起到的支撑作用，由于水的存在，造成弱面的张开和扩展，从而增加了裂隙的空间体积，裂隙的扩展会使多个裂隙之间连通，从而形成一个横纵交错的裂隙网络[29]。形成的这种网络化裂隙，会大幅度提高煤层的透气性。当采用有较高压力的脉冲水对煤层进行压裂时，具有高压脉动特点的压力水对煤层不断地作用，导致煤层中的原生裂隙不断扩展、贯通，同时产生新的裂隙，大大提高了煤层渗透率。通过水的机械作用使煤层的孔隙破裂形成大量的裂隙，使煤层新生裂隙和原始裂隙形成裂缝，还可以通过添加支撑剂充满裂缝以阻止裂缝再次闭合。

典型的水力压裂施工曲线如图 5-4-1 所示，在压裂施工初期，随着注水量增大，孔内流体压力急剧增加；当压力达到煤体破裂压力后，煤体产生裂缝，施工压力下降，瞬时注水流量显著上升，此时进入裂缝扩展阶段；继续高压注水，使得裂缝充分延伸和扩展并产生新的裂缝；当水量达到设计注水量后，煤体裂隙中水充分饱和，此时关闭压裂泵，孔口控制阀门组关闭，注水结束，压力迅速下降，地层流体压力缓慢恢复平衡[30]。值得注意的是，当煤体破裂后处于裂缝扩展阶段时，需不断注入高压水体，使得裂缝充分得到扩展和延伸，若此时压裂中断，增透效果将不会明显。

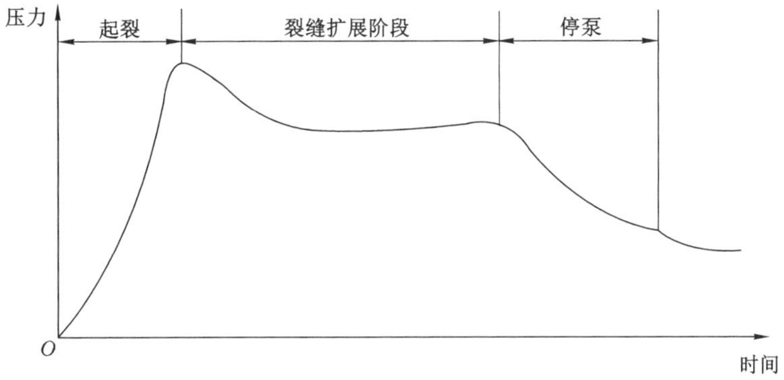


图 5-4-1　典型水力压裂施工曲线示意图

根据水力压裂的施工工艺，以往基于弹性理论进行水力压裂机理的研究对于中硬煤层及坚硬的顶底板是有效的，但松软煤层与中硬煤层在物理性质上有较大区别，特别是具有的低强度、高泊松比、易碎性及富含微裂隙等特点，使其呈现出不同于常规压裂的特性。一般认为，硬煤是以弹性变形为主，而软煤以塑性变形为主。

基于弹塑性力学和断裂力学理论，从变形机理、发生机理与扩展机理角度可以将松软煤层水力压裂全过程分为三个阶段[31]，分别是煤体压密阶段、裂缝产生阶段和裂隙扩展阶段（图 5-4-2）。

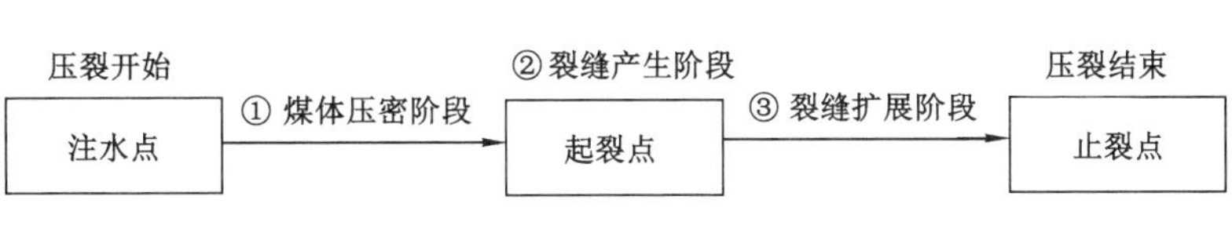


图 5-4-2　松软煤层水力压裂基本过程描述

① 煤体压密阶段。在水力压裂过程中，当钻孔内流体压力达到煤层破裂压力前，松软煤层因强度较低、泊松比大，煤层容易发生屈服，且具有应变软化现象。当屈服发生后，煤岩仍具有一定的承载能力，使得煤体可继续发生形变。由于其残余强度较小，随着高压水的继续泵入，微小的压力增加量即可产生较大的变形，松软煤体在高压水作用下被进一

步压密，钻孔有孔径扩大现象发生，因此，此阶段称为煤体压密阶段或者钻孔扩孔阶段。

② 裂缝产生阶段。当煤体被压实，随着压裂注水的继续进行，钻孔内压力不断增大，当达到煤体破坏强度时，钻孔壁将产生失稳破坏，产生裂缝。已有理论研究表明，钻孔壁的开裂是由孔壁的拉伸破坏和剪切破坏所引起的。严格来分析，裂缝产生阶段可以看作是水力压裂过程中的一个突变点。

③ 裂缝扩展阶段。当钻孔壁处产生裂缝后，由于渗透表面积的增加，须加大注水流量，使裂缝得以不断延伸和扩展。裂缝扩展形式或裂缝扩展半径直接影响压裂效果，对松软煤层而言，煤层裂缝在扩展前发生了大范围的塑性变形，且在裂缝扩展过程中，由于其强度较低，在裂缝尖端所产生的塑性范围较中硬煤层要大得多。裂缝延伸及扩展阶段是水力压裂最重要的阶段，必须保证裂缝充分得以扩展。

水力压裂是以水压为动力引起煤岩体损伤破裂的，压裂过程中煤层裂隙扩展过程中渗流场、应力场、裂隙场发生连续动态变化，水压力是裂隙扩展的动力，裂隙的扩展引起裂隙损伤增加，渗流场以裂隙为中心逐渐扩大，应力场逐渐分化出高应力区域和低应力区域，最终在主裂隙的垂直方向上形成低应力-高渗透性区域，达到卸压增透的效果。注水水压越高，主裂隙宽度越宽且扩展越迅速，卸压增透效果也越好。

综上所述，煤矿井下长钻孔水力压裂的主要目的是实现煤储层增透，增加抽采半径，缩短抽采时间，提高瓦斯抽采浓度和抽采纯量，最终实现区域瓦斯抽采达标。除此之外，煤体在压裂过程中泵入的大量清水，除了少部分返排孔口外，大部分都随煤裂隙滤失而被煤基质浸润用掉，而煤基质块的含水量提高具有抑制瓦斯涌出、改变煤体强度等作用。总体分析，煤层水力压裂具有增透、改变煤体强度、均一化地应力场、抑制瓦斯涌出、平衡瓦斯压力场等多重功能，是低透气性高瓦斯突出煤层瓦斯治理的一种有效技术措施。

#### 5.4.1.2 水力压裂装置

水力压裂设备及配套设备清单如表 5-4-1 所列。

**表 5-4-1 水力压裂设备一览表**

| 设备名称 | 型号 | 数量 | 单位 | 备注 |
|---|---|---|---|---|
| 压裂泵组 | MJL-500 | 1 | 台 | |
| 高压管汇 | GH-35 | 1 | 套 | |
| 封隔器 | S-K344 | 10 | 套 | |
| 裸眼瞄定器 | SLM-85/130 | | 套 | |
| 孔内连接管 | | | 个 | |
| 节流水力喷射器 | PSQ-60/5 | | m | |
| 瓦斯流量计 | | | 个 | |
| 钻杆 | $\phi$89 mm | 200 | m | 螺纹连接 |
| 钻机 | | 1 | 个 | |
| 4 分钢管 | | 3 m/根 | 台 | 带螺纹 |
| 4 分管箍 | | 4 | 根 | 与 4 分钢管配套 |

表 5-4-1(续)

| 设备名称 | 型号 | 数量 | 单位 | 备注 |
|---|---|---|---|---|
| 抽采封孔管 | | | | 根据孔数确定 |
| 聚氨酯 | | | | 根据孔数确定 |
| 水泥 | | 1 | t | |
| 生料带 | | | 卷 | |
| 秒表 | 上海星钻 504 | | 台 | 防爆 |
| 瓦斯探头 | | 2 | 台 | 与地面监控设备连接 |

(1) 压裂泵组

高压泵是水力压裂的关键设备，用以提供高压水对煤储层实施压裂改造。与地面煤层气井水力压裂车相比，煤矿井下空间有限，供电条件苛刻，且要求严格防爆。综合考虑设备的尺寸、输出的压力与排量几个因素，与某厂联合研制了 HTB500 型压裂泵，外形见图 5-4-3。其主要技术指标为：① 三缸；② 电力驱动；③ 高压；④ 柱塞直径 115 mm；⑤ 柱塞行程 125 m；⑥ 最大排量 87 $m^3/h$；⑦ 最高压力 40 MPa；⑧ 外形尺寸 6 000 m(长)×2 300 mm(宽)×2 100 mm(高)；⑨ 六挡，可调排量和压力；⑩ 煤矿防爆、660 V 交流电、功率 400 kW。

图 5-4-3　高压注水压裂泵实物图

在井下钻孔水力压裂过程中，需要了解施工是否顺利，煤储层破裂和裂缝延伸是否正常。排量和压力两个数据是关键参数，压裂泵的出口处安装有流量计和压力表，方便操作者观察，也是调节压裂泵的依据。

(2) 电控柜

为保证压裂设备的正常启动和运行，特别使用和配置了 AJB 隔爆电器控制柜(图 5-4-4)，内置全数字交流电动机软启动器，除具备防爆、防潮等特点外，还具有限压功能，当施工压力达到设定值 45 MPa 时系统自动关闭，使高压下泵的操作更安全。

(3) 封隔器

图 5-4-4　压裂泵配套的 AJB 隔爆电器控制柜

水力压裂就是利用高压水在钻孔内“憋压”，促使煤储层破裂和裂缝延伸实现增透，虽然高压水是动力源，但是封隔器的“憋压”是提升水压的关键。煤层气地面压裂，主要依靠井口实施封闭“憋压”，井下钻孔水力压裂不可能安装井口，只有研制专门的封隔器来实施封闭，见图 5-4-5。其主要技术参数为：① 钢体最大外径 85 mm；② 胶筒最大外径 80 mm；③ 胶桶长度 0.8 m；④ 抗压能力 50 MPa；⑤ 启动压力 15 MPa；⑥ 20 MPa 时流量1 $m^3/min$；⑦ 额定工作压差 35 MPa；⑧ 最佳扩张率 150%；⑨ 扩张外径 120 mm；⑩ 偏心距 8 mm。

图 5-4-5　封隔器实物图

该封隔器的主要特点是依靠高压水在 1.5 MPa 时就开始膨胀封闭，外径从 80 mm 扩张至 120 mm，当水力压裂结束，高压水卸压后，封隔器又可自动回弹，多次重复使用。

(4) 高压管路(含孔内部分)

煤矿井下的空间有限，压裂泵不宜频繁搬运，一般是固定在一个位置，对附近的工作面或掘进迎头等全部实施压裂后再考虑移泵。同时，为了水力压裂的施工安全，压裂泵距离施工钻孔必须有一定的安全距离，危险区内要撤人并设警戒，防止出现伤害事故。因此，随着不同钻孔与压裂泵距离的变化，高压管路是连接高压泵和压裂钻孔的必备设施。其主要技术指标有：① 抗压能力，35 MPa；② 接扣，快速接头；③ 线重，2.5 kg/m。

水力压裂装备的连接顺序为：输水管→压裂泵→高压水管→钻孔内部管路，附属设备包括水阀、压力表、流量表、电控柜等，见图 5-4-6。

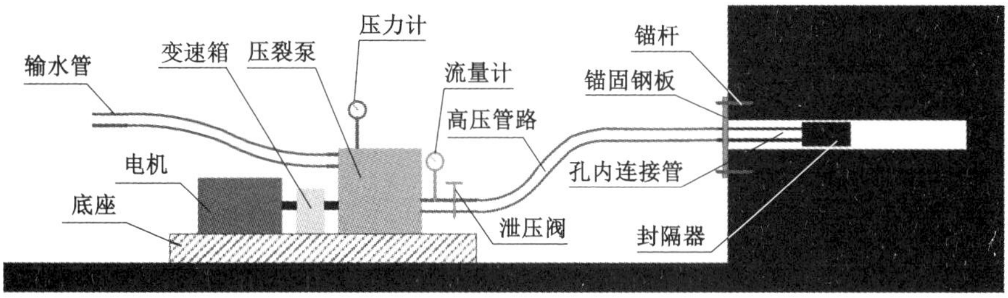


图 5-4-6　井下水力压裂系统示意图

水从输水管进入储水箱内，做高压注水的准备，水箱的大小由泵的泵入量决定。高压注水泵负责提供高压动力，是整个工作过程中最核心的部分，其参数决定了压裂的效果。压力表与流量表是压裂过程中阶段判断与情况变化的“显示器”。高压水管最重要的作用是延长压裂地点与控制地点的距离，起到安全作用，其次的作用就是将高压水导入封孔器内。封孔器在高压水进入的瞬间膨胀，与煤壁结合紧密，同时前端喷出高压水，注入钻孔内，使封孔器与后段的钻孔形成密闭空间，从而达到压裂煤体的目的。

## 5.4.2　现场应用及效果考察

### 5.4.2.1　井下顺层长钻孔水力压裂增透技术

（1）试验地点

新景矿共划分为南北两个条带共 8 个生产采区，即：佛洼 3# 煤采区、芦南一区 8# 煤采区、芦南 8# 煤北翼采区、芦北 3# 煤采区、15# 煤西采区、15# 煤二采区、保安 3# 煤采区、+420 m 水平芦南区，其中 3# 煤层为突出煤层。采区工作面采用双翼布置，采区准备巷道共布置 4 条，即轨道巷、胶带巷各一条，回风巷两条。各采区的轨道运输巷、皮带巷作为采区的主要进风巷，各采区在南北（东西）两翼分别布置两条主要回风巷。

井下水力压裂试验选择在 8100m 保安区集中配风巷南六底抽巷南段，该段属于 3109 工作面下部岩巷。

（2）水力压裂增透工艺

1）封孔工艺

井下水力压裂钻孔封孔质量是水力压裂成败的关键。目前井下水力压裂的封孔方式一般有水泥砂浆封孔、封孔器等无机材料封孔。采用水泥砂浆封孔后容易产生收缩，密封效果差，在压裂过程中容易出现因孔口漏水导致压裂失效。河南理工大学和河南煤层气公司等相继研发了水力压裂钻孔专用封孔材料，但封孔工艺烦琐、封孔成本较高，推广难度较大。采用封孔器封孔时胶囊容易受高压破裂，封孔成功率低，回收率低，材料价格高，造成密封成本高。

由于井下水力压裂过程中煤体破裂压力较高（一般在 20 MPa 以上），为了保证水力压裂封孔效果，在综合考察目前井下水力压裂封孔技术工艺的基础上，通过对现有石油、煤炭行业领域压裂封孔工具及工艺技术的调研，结合项目井下施工工艺情况，中煤科工集团西安研究院自主研发了由封隔器、引鞋、滑套、高压管柱及井口安全孔口管柱组成的压裂封孔工具串(图 5-4-7)，该工具串能够实现快速稳定的封孔效果，提高施工效率。通过现场使用情况证明，该工具串送入孔内指定位置后，能够在 20 min 内完成封孔。其工作原理是根据压裂施工点顺层长钻孔施工岩孔段实际轨迹，结合施工点地质相关资料，确定封隔器坐封位置，利用钻机将带有封隔器的工具串和高压管路送至设计位置后，通过孔口压裂泵高压注水促使封隔器自膨胀来完成坐封，并通过井口安全孔口管柱检测注水压裂保持效果，来确定封孔是否完全。井口安全孔口见图 5-4-8。

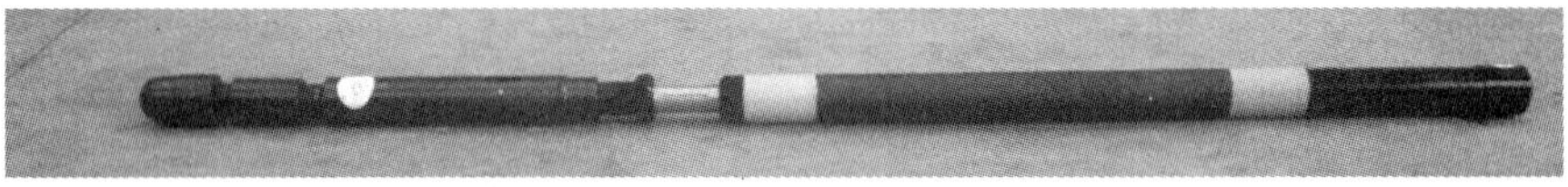

图 5-4-7　整体封孔工具连接示意图

图 5-4-8　井口安全孔口

2）压裂施工准备

水力压裂施工整个流程为：压裂前准备，包括压裂场地布置，压裂用电器设备配备，井下供水、供电、通风，压裂设备进场组装，压裂设备试车等；编制水力压裂安全技术措施；水力压裂工程施工，包括送封隔器，装滑套工具，孔口设备安装，压裂钻孔封孔，压裂设备操作流程，压力、流量监测，视频监控，巷道瓦斯浓度监测，压裂结束判识等。水力压裂施工流程见图 5-4-9。

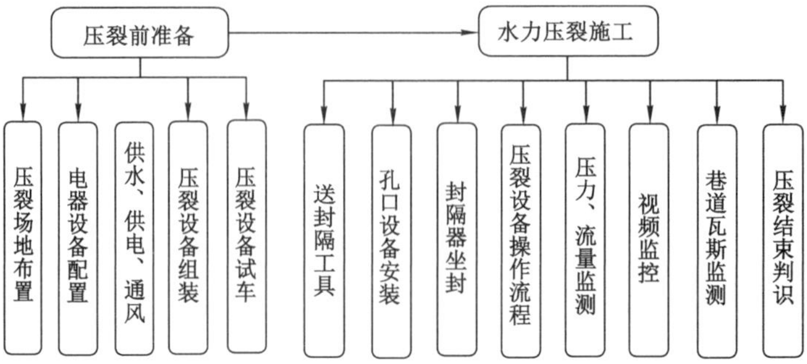


图 5-4-9　水力压裂施工流程图

在使用整体封孔工具完成封孔后，安装井口安全装置，同时安装、连接好水力压裂泵组，对压裂设备系统进行全面检查，确保系统正常后再进行水力压裂注水试验。井下安装如图 5-4-10 和图 5-4-11 所示。

图 5-4-10　井下水力压裂泵组组装图

图 5-4-11　井下井口安全孔口组装图

3）孔口保压

压裂结束后若直接排水，水压高、瓦斯大，容易发生事故，同时孔内处于高压状态排水容易产生塌孔、堵孔等问题，影响瓦斯抽采效果，因此，压裂结束后应采取保压措施，利用井口保压装置，保证孔内压力缓慢降低，直至降至煤层瓦斯压力后，再开始排水作业。

4）排水及洗孔作业

孔口压力保持工作完成后，通过井口安全孔口阀门组进行压裂钻孔排水施工，阀门组可以根据现场排水及排水口瓦斯浓度等变化情况进行排水量调整；另排水时压裂钻孔通过井口安全孔口与气水分离器（见图 5-4-12）连接，气水分离器与井下瓦斯抽采管路连接，从而实现排水量的控制及排水施工的安全性。

图 5-4-12　井下气水分离器安装图

（3）现场试验方案

在压裂钻孔附近共布置 4 个钻场，施工瓦斯参数测试钻孔 12 个，孔径 75 mm，设计钻探总进尺 2 153 m。其中 1#、2# 钻孔为压裂前煤层原始瓦斯参数测试钻孔和压裂前抽采钻孔，3#、4#、5#、6#、7#、8#、9#、10#、11#、12# 钻孔为压裂后考察压裂影响范围、瓦斯基础参数钻孔。

具体布置位置如下：1#、2# 钻孔距离压裂钻孔水平投影距离为 95 m，1# 钻孔与采空区水平投影距离为 100 m，2# 钻孔与采空区水平投影距离为 80 m；3# 钻孔与压裂钻孔水平投影距离为 20 m，4# 钻孔与压裂钻孔水平投影距离为 30 m，5# 钻孔与压裂钻孔水平投影距离为 40 m。钻场 2 距离集中配风巷 200 m，钻场 3 距离集中配风巷 320 m，钻场 4 距离集中配风巷 450 m。钻孔布置见图 5-4-13，钻孔施工参数见表 5-4-2。

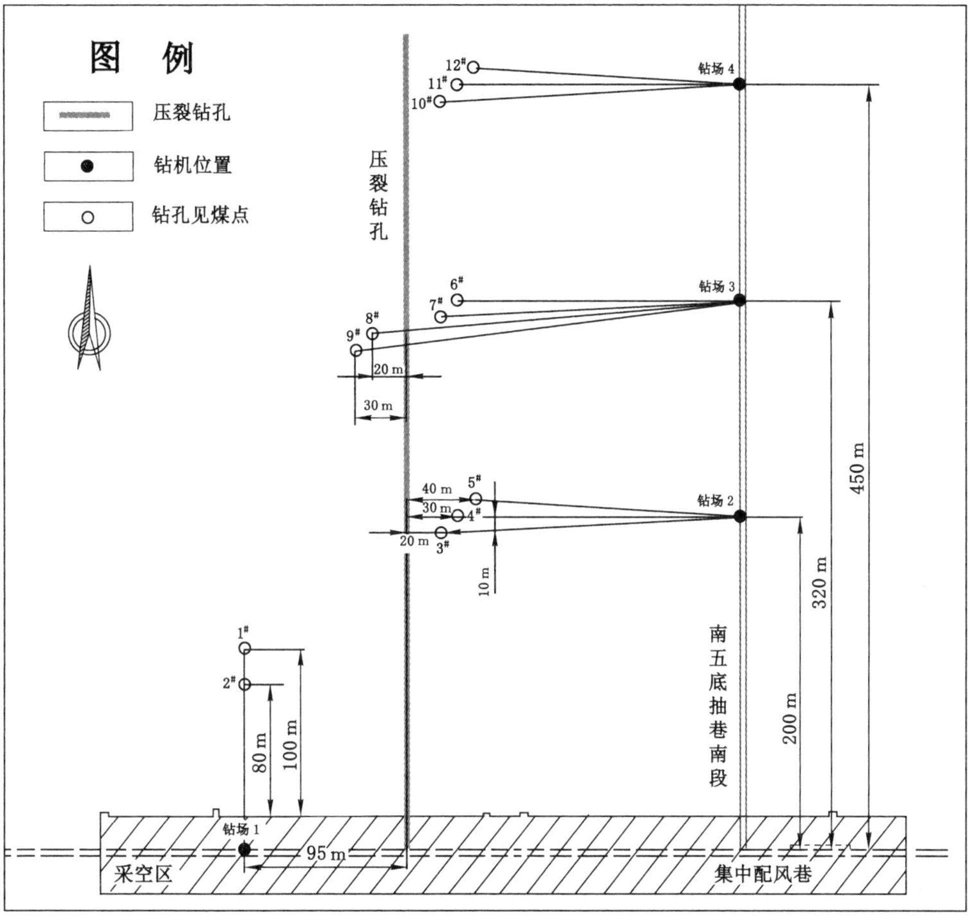


图 5-4-13　钻孔布置设计图

**表 5-4-2　钻孔施工设计参数表**

| 孔号 | 方位角 /(°) | 倾角 /(°) | 孔径 /mm | 孔长 /m | 测试项目 |
|---|---|---|---|---|---|
| 1# | 0 | 12 | 75 | 122 | 瓦斯含量、工业分析、等温吸附常数、瓦斯放散初速度、煤层透气性系数、钻孔瓦斯流量衰减系数、真密度、视密度 |
| 2# | 0 | 14 | 75 | 103 | 工业分析 |
| 3# | 267 | 8 | 75 | 190 | 瓦斯含量、工业分析 |
| 4# | 270 | 8.5 | 75 | 182 | 工业分析、等温吸附常数、瓦斯放散初速度、煤层透气性系数、钻孔瓦斯流量衰减系数、真密度、视密度 |
| 5# | 274 | 9 | 75 | 171 | 工业分析 |
| 6# | 270 | 8.5 | 75 | 182 | 工业分析 |
| 7# | 267 | 8 | 75 | 190 | 瓦斯含量、工业分析、瓦斯放散初速度 |

表 5-4-2(续)

| 孔号 | 方位角/(°) | 倾角/(°) | 孔径/mm | 孔长/m | 测试项目 |
|---|---|---|---|---|---|
| 8# | 265 | 6.5 | 75 | 230 | 工业分析 |
| 9# | 263 | 6 | 75 | 240 | 工业分析 |
| 10# | 267 | 8 | 75 | 190 | 工业分析 |
| 11# | 270 | 8.5 | 75 | 182 | 瓦斯含量、工业分析、瓦斯放散初速度 |
| 12# | 274 | 9 | 75 | 171 | 工业分析 |

钻孔施工采用中煤科工集团西安研究院生产的ZDY3200(S)型坑道钻机，通过穿层钻孔钻进煤层后，利用取芯管采集煤层样品进行煤层瓦斯基础参数测试。煤层瓦斯基础参数测试严格按照相关规范执行，测试的内容主要包括煤层瓦斯含量、工业分析、等温吸附常数、瓦斯放散初速度、煤层透气性系数、钻孔瓦斯流量衰减系数、真密度、视密度等，设计测试的具体数量见表5-4-3。

表 5-4-3　瓦斯基础参数测试工程任务表

| 测试名称 | 数量 | 测试名称 | 数量 |
|---|---|---|---|
| 煤层瓦斯含量 | 4个 | 等温吸附常数 | 2组 |
| 工业分析 | 48组 | 瓦斯放散初速度 | 4个 |
| 煤层透气性系数 | 2个 | 钻孔瓦斯流量衰减系数 | 2个 |
| 真密度 | 2个 | 视密度 | 2个 |

(4) 增透效果考察

1) 压裂过程中压力变化分析

在井下水力压裂过程中，通过远程操控计算机压裂数据的自动监测和记录功能，获得了整个注水压裂施工过程中，每个时间节点下的注水压力和注水流量值，并通过对数据的整理获得了注水压裂施工过程中的压力和注水流量变化曲线，见图5-4-14～图5-4-19。

通过对水力压裂过程综合分析，认为水力压裂注水开始后，随着注入水量的不断增加，水在钻孔中不断累积，压力逐渐升高；当压力达到15.99 MPa时，煤岩体产生初始破裂，注入的水部分填充到形成的裂缝中，压力有所降低，压力基本稳定或呈现轻微的锯齿状变动，裂缝整体暂停扩展；随水不断地注入，压力又开始升高，当压力达到17.4 MPa时，煤层首次出现了裂缝二次扩展，压力再次降低；当注水压力达到一定程度后，水压力呈周期性“锯齿状”波动，且注水压力波峰值整体呈上升趋势，并在继续注水过程中多次发生煤层破裂情况，最大注水压力达到26.09 MPa，直至周期性“锯齿状”波动达到稳定。通过分析可知水力压裂裂缝的扩展经历了“闭合—张开—产生新裂缝”的过程，注水压力每一次的上升与下降对应水压裂缝的一次缓慢微破裂。水力压裂过程中注水压力参数的阶段性变化可视为水压裂缝呈阶段性扩展的间接反应。

煤体的物理力学特性是煤体的基本属性，反映煤体的物理状态和承受外界作用的能

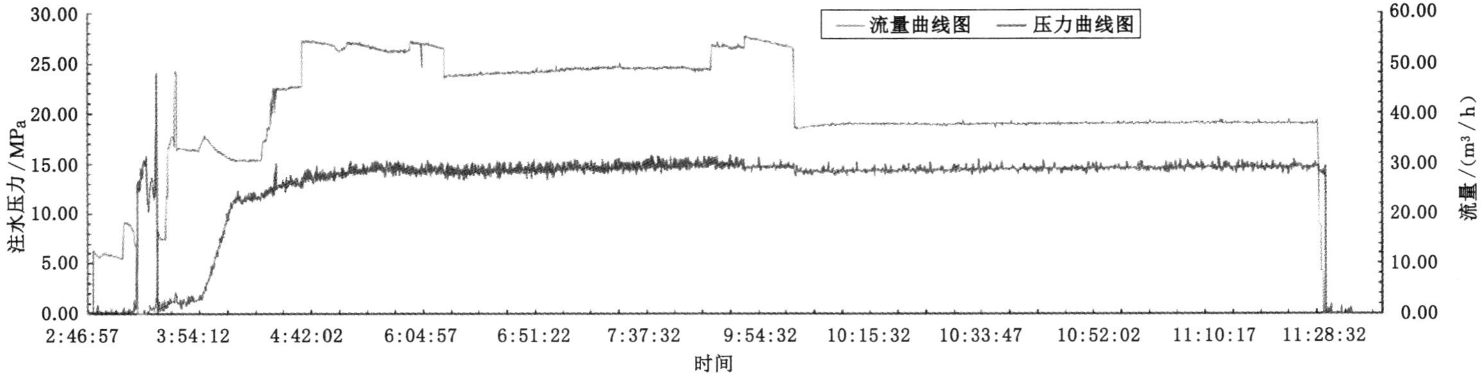


图 5-4-14 注水压裂第 1 天注水压力和流量变化曲线

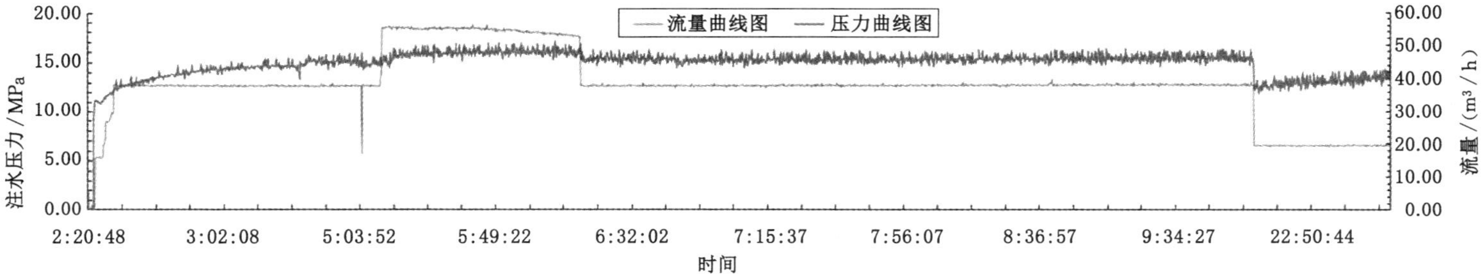


图 5-4-15 注水压裂第 2 天注水压力和流量变化曲线

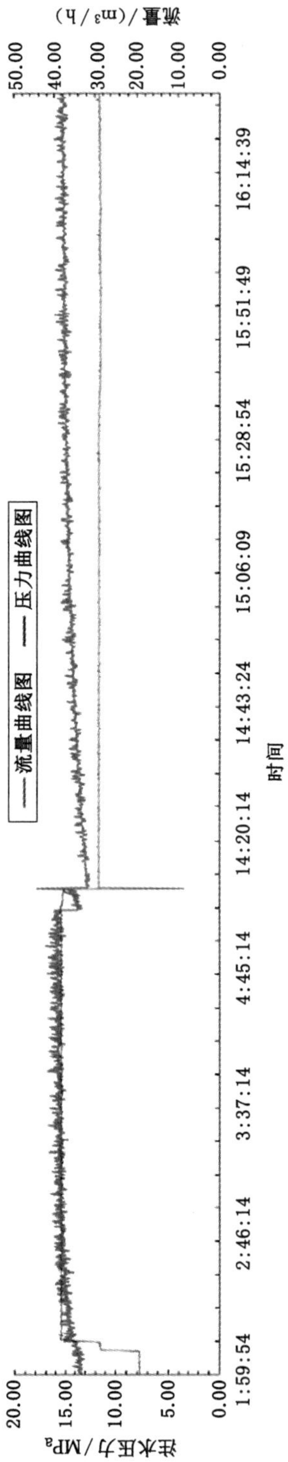


图 5-4-16 注水压裂第 3 天注水压力和流量变化曲线

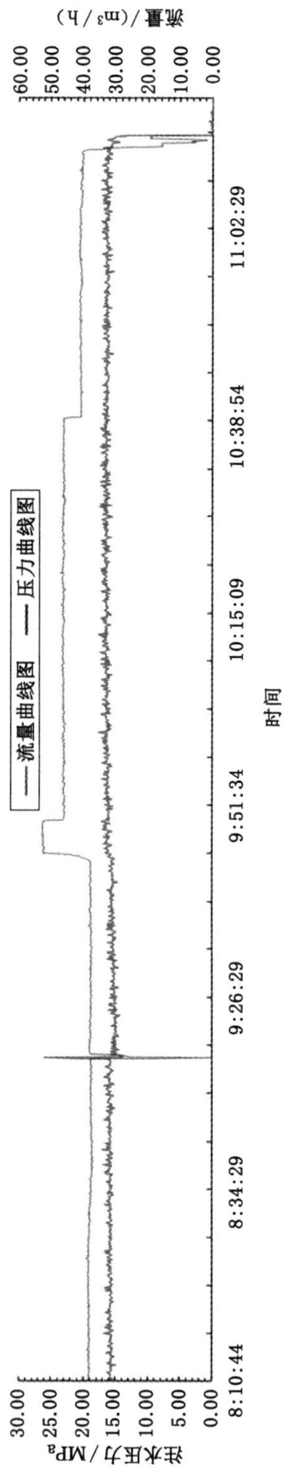


图 5-4-17 注水压裂第 4 天注水压力和流量变化曲线

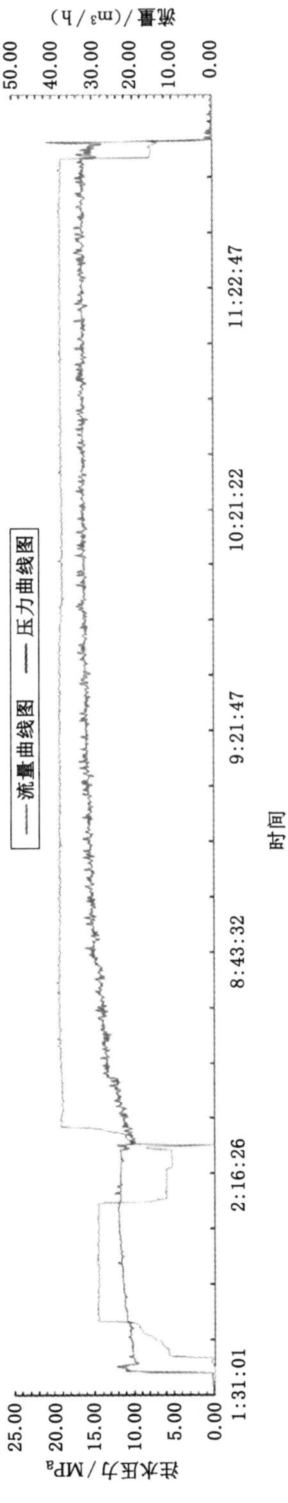


图 5-4-18　注水压裂第 5 天注水压力和流量变化曲线

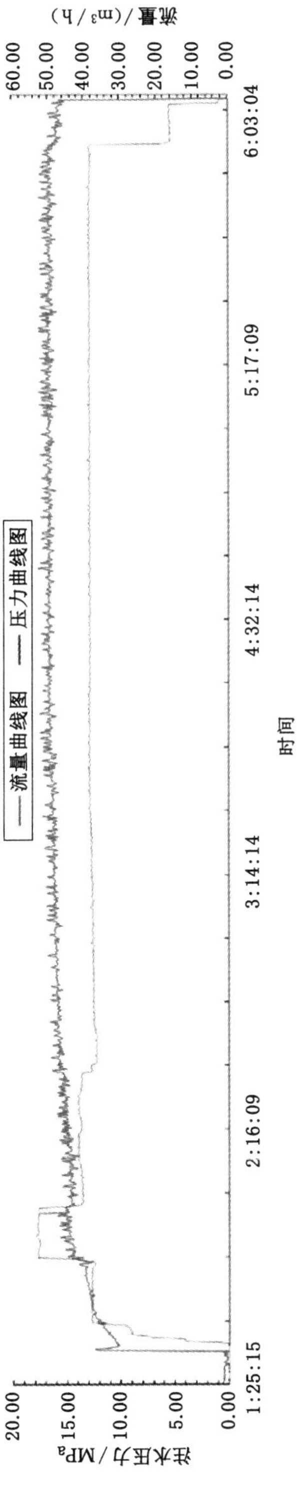


图 5-4-19　注水压裂第 6 天注水压力和流量变化曲线

力。与硬煤层及中硬煤层相比，松软低透气性煤层裂隙较为发育，弹性模量、抗压强度和抗拉强度较低，泊松比、孔隙压缩系数较高，“压敏性”特征明显，使松软煤层的变形特征与破裂机制异于中硬及硬煤层。松软煤层在水力压裂过程中存在压裂滤失现象，这是由于它是一种各向异性的多孔介质，存在一定的孔裂隙，待孔隙压力大于破裂压力后，才有压裂裂缝的出现，因此裂缝的起裂与扩展是在其含水率增加的条件下进行的，煤层水分增加后物理力学参数势必发生变化。

2）压裂钻孔瓦斯抽采效果分析

为了综合对比分析本次水力压裂试验后钻孔瓦斯抽采效果，收集整理了试验区附近常规钻孔瓦斯抽采数据和部分采取增透措施后瓦斯抽采数据，具体情况如下：

a. 普通穿层钻孔瓦斯抽采效果

整理分析了南五底抽巷施工的3107工作面回风巷穿层钻孔和倒反回风巷穿层钻孔瓦斯抽采参数，分别见图5-4-20～图5-4-23。

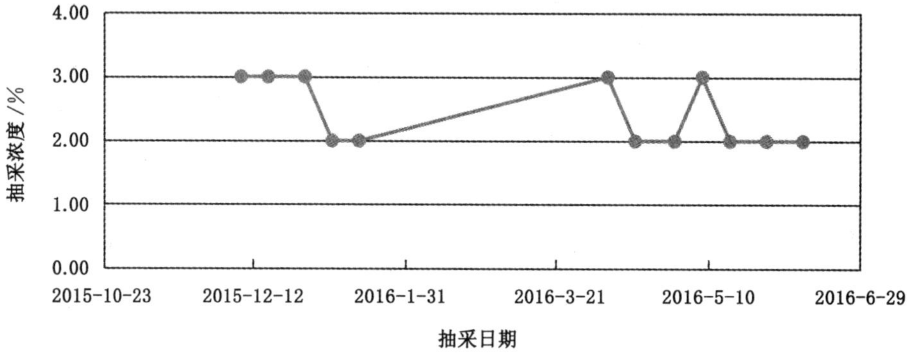


图5-4-20　3107工作面回风巷穿层钻孔瓦斯抽采浓度变化曲线图

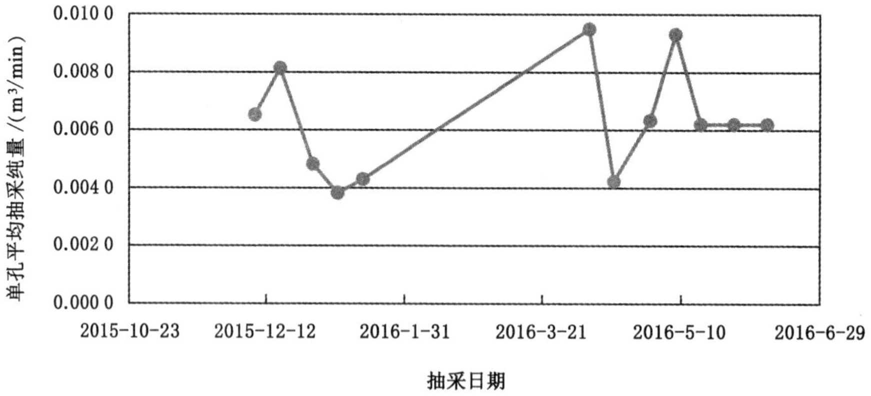


图5-4-21　3107工作面回风巷穿层钻孔平均抽采纯量变化曲线图

根据收集的数据分析，南五底抽巷施工的3107工作面回风巷穿层钻孔瓦斯抽采浓度在2.00%～3.00%，平均2.42%；抽采负压在4.90～31.30 kPa，平均21.39 kPa；单孔抽采

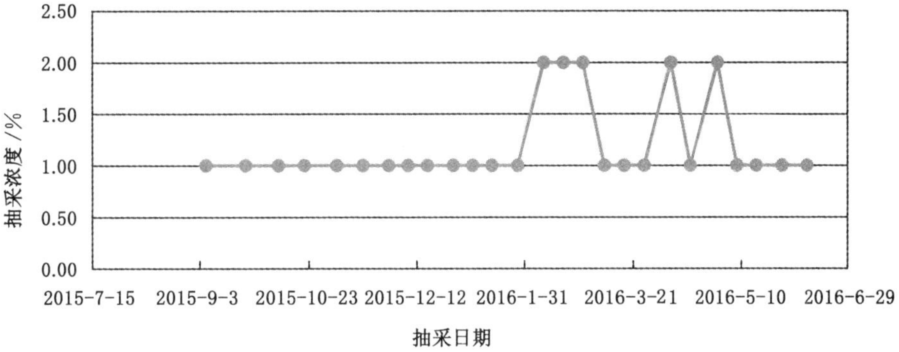


图 5-4-22　3107 工作面倒反回风巷穿层钻孔瓦斯抽采浓度变化曲线图

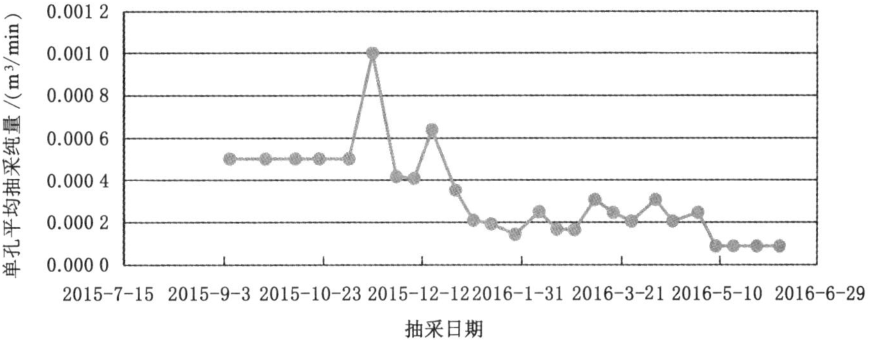


图 5-4-23　3107 工作面倒反回风巷穿层平均抽采纯量变化曲线图

纯瓦斯流量(简称抽采纯量)在 0.003 8～0.009 3 $m^3$/min,平均 0.006 3 $m^3$/min。经核算,单孔平均抽采纯量为 5.49～13.64 $m^3$/d,平均 9.05 $m^3$/d。

南五底抽巷北段施工的 3107 工作面倒反回风巷穿层钻孔瓦斯抽采浓度在 1.00%～2.00%,平均 1.19%;抽采负压在 0.15～21.06 kPa,平均 9.54 kPa;单孔抽采纯量在 0.000 1～0.001 0 $m^3$/min,平均 0.000 3 $m^3$/min。经核算,单孔平均抽采纯量为 0.144 0～0.864 0 $m^3$/d,平均 0.432 $m^3$/d。

b. 千米钻机施工长钻孔瓦斯抽采情况

收集了北十千米钻场、北三千米钻场、北二千米钻场、北二正千米钻场、北四千米钻场、保安北五千米钻场瓦斯抽采数据,见表 5-4-4。

**表 5-4-4　千米钻机施工长钻孔瓦斯抽采效果**

| 抽采钻场 | 抽采浓度/% | 抽采负压/kPa | 抽采混合量/($m^3$/min) | 抽采纯量/($m^3$/min) | 单孔抽采纯量/($m^3$/min) |
|---|---|---|---|---|---|
| 北十千米 | 1.00 | 2.00 | 4.21 | 0.04 | 0.020 |
| 北三千米 | 2.20 | 5.77 | 2.58 | 0.05 | 0.042 |

表 5-4-4(续)

| 抽采钻场 | 抽采浓度/% | 抽采负压/kPa | 抽采混合量/(m³/min) | 抽采纯量/(m³/min) | 单孔抽采纯量/(m³/min) |
|---|---|---|---|---|---|
| 北二千米 | 1.00 | 9.00 | 5.95 | 0.06 | 0.060 |
| 北二正千米 | 3.60 | 5.63 | 5.63 | 0.20 | 0.099 |
| 北四千米 | 3.40 | 3.90 | 4.93 | 0.17 | 0.078 |
| 保安北五 | 2.00 | 20.04 | 5.61 | 0.10 | 0.038 |

抽采数据显示：北十千米钻场、北三千米钻场、北二千米钻场、北二正千米钻场、北四千米钻场、保安北五千米钻场瓦斯抽采浓度在 1.00%～3.60%，平均 2.20%；抽采负压在 2.00～20.04 kPa，平均 7.72 kPa；单孔平均抽采纯量在 0.020～0.099 $m^3/min$，平均 0.056 $m^3/min$。相对而言北二正千米、北四千米钻场单孔平均抽采纯量较大，但值也在 0.10 $m^3/min$ 以下。

c. 顺煤层钻孔瓦斯抽采情况

对试验点附近 3# 煤层顺煤层普通钻孔瓦斯抽采情况进行了统计分析，主要集中在毗邻的 3107 进风巷、3105 进风巷、3105 回风巷等地点。从统计分析结果(图 5-4-24～图 5-4-29)来看，试验点附近工作面顺煤层钻孔瓦斯抽采浓度都较低，一般在 30%以下；单孔抽采纯量较小，大部分在 0.01 $m^3/min$ 以下。这反映出普通顺煤层钻孔瓦斯抽采效果较差。其中，3107 进风巷顺层钻孔瓦斯抽采浓度在 2.00%～5.00%，平均 2.42%；抽采负压 0.98～9.33 kPa，平均 2.50 kPa；单孔抽采纯量为 0.001 4～0.007 2 $m^3/min$，平均 0.002 4 $m^3/min$。3105 进风巷顺层钻孔瓦斯抽采浓度在 2.00%～19.00%，平均 7.15%；抽采负压 0.39～34.92 kPa，平均 9.12 kPa；单孔抽采纯量为 0.000 6～0.051 4 $m^3/min$，平均 0.005 4 $m^3/min$。3105 回风巷顺层钻孔瓦斯抽采浓度在 3.00%～24.00%，平均 11.17%；抽采负压 4.66～37.32 kPa，平均 18.69 kPa；单孔抽采纯量为 0.000 7～0.027 5 $m^3/min$，平均 0.007 6 $m^3/min$。

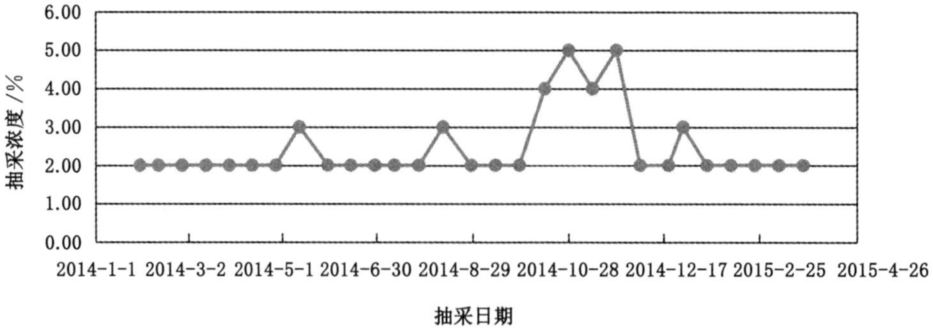


图 5-4-24　3107 进风巷顺层钻孔瓦斯抽采浓度变化曲线图

d. 水力压裂试验瓦斯抽采情况

在南五底抽巷不同地点采取了水力压裂、气相爆破等一系列增透试验，研究期间对这

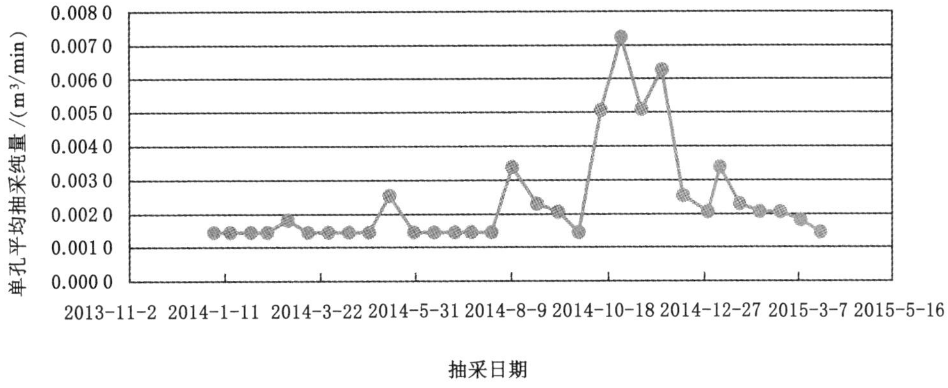


图 5-4-25　3107 进风巷顺层钻孔平均抽采纯量变化曲线图

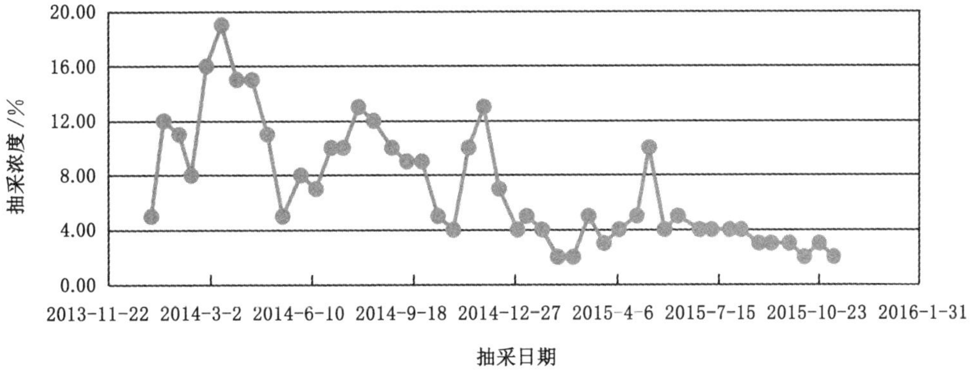


图 5-4-26　3105 进风巷顺层钻孔瓦斯抽采浓度变化曲线图

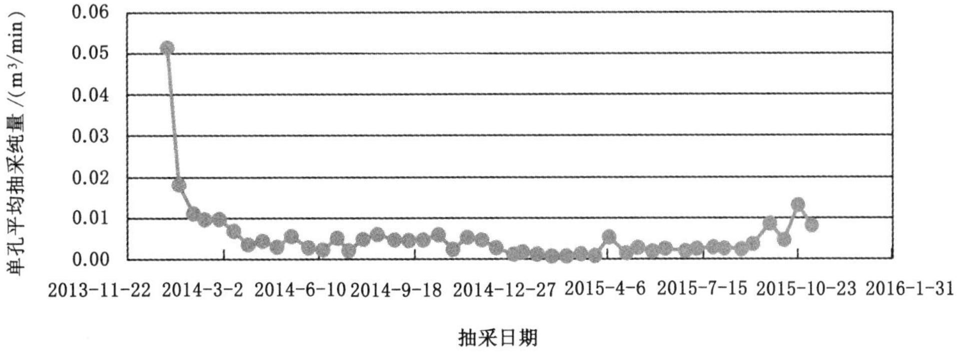


图 5-4-27　3105 进风巷顺层钻孔平均抽采纯量变化曲线图

些地点的瓦斯抽采情况进行了统计分析，具体情况如下：

① 在南五底抽巷南段口 100 m 向里共施工了 8 个穿层水力压裂钻孔，钻孔深度 30～

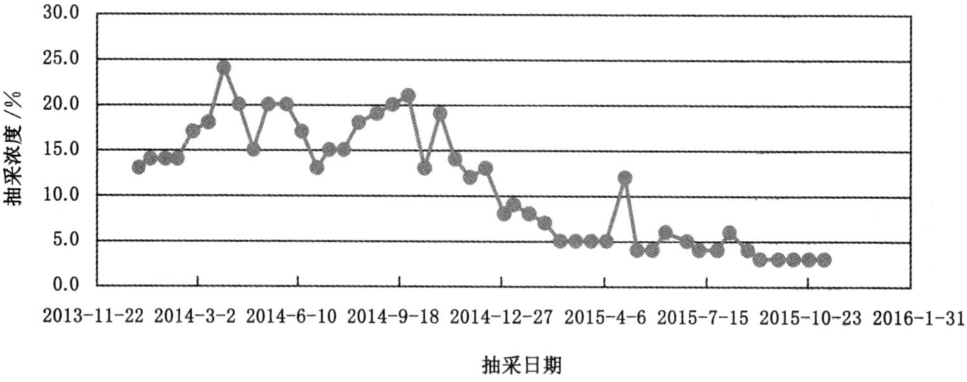


图 5-4-28　3105 回风巷顺层钻孔瓦斯抽采浓度变化曲线图

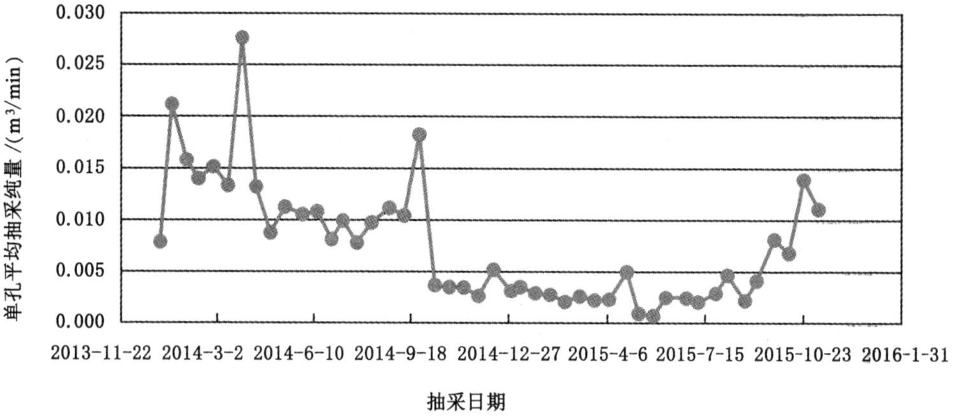


图 5-4-29　3105 回风巷顺层钻孔平均抽采纯量变化曲线图

40 m，采用水泥封孔。根据抽采统计的数据，单孔瓦斯抽采浓度在 1.2%～12.2%，单孔平均抽采纯量为 0.000 25～0.086 $m^3$/min。

② 新景公司在南五底抽巷北段设计压裂钻孔 20 个，实际进行水力压裂的钻孔为 10 个。其中，8# 压裂孔压裂时间最短，为 8 min，压力 19 MPa，注水量 3.5 $m^3$，由于顶板出水、卸压，停止压裂；13# 孔压裂时间最长，为 120 min，压力 21 MPa，注水量 35 $m^3$。封孔管采用直径 50 mm 无缝钢管，每根长 2 m；煤体压裂段为花管，花管采用金属网全程包裹。采用"两堵一注"带压封孔，前后堵头用封孔袋包裹下至 3# 煤见煤点及孔口以里 1 m 处，使用封孔泵将水泥砂浆通过软管带压吹至封孔袋内；封孔袋注浆膨胀后，封堵两头，达到一定压力时，浆液冲注浆管阀片，开始注浆封孔。压裂后，单孔瓦斯抽采量为 0.02～0.155 $m^3$/min，单孔平均瓦斯抽采量为 0.062 $m^3$/min。

此外，据本次施工的考察钻孔测试数据分析，试验点附近未受压裂影响区域（1#、2# 孔）测定的煤层瓦斯含量在 12.87～15.95 $m^3$/t，平均为 14.41 $m^3$/t；南五底抽巷测定的受水力压裂影响区域（3#、5#、11#、12# 孔）煤层瓦斯含量在 8.40～11.82 $m^3$/t，平均为

9.47 $m^3/t$。经水力压裂增透后进行瓦斯抽采，煤层瓦斯含量降低了 4.94 $m^3/t$，降幅达到 34.28%，表明水力压裂技术对低透气性煤层的增透效果较好。

3）压裂前后煤层透气性变化分析

水力压裂技术本质就是通过高压注水手段改造煤储层特征，人为提高煤体中裂隙的连通性，增大煤体透气性，为瓦斯流通提供优质通道。研究期间施工效果考察孔对水力压裂试验区域原始煤体透气性系数和压裂影响范围内透气性系数进行测定，测定结果综合反映了压裂前后煤层透气性变化情况。从测定结果来分析，压裂前本区域 3# 煤层透气性系数为 0.009 7 $m^2/(MPa^2 \cdot d)$，原始煤层属于较难抽采类型，而压裂后测定的煤层透气性系数为 0.025 9 $m^2/(MPa^2 \cdot d)$，比压裂前提高了 1.67 倍，充分反映了水力压裂工艺对煤体的增透作用。

4）压裂影响范围分析

水力压裂裂隙一般可分为水平裂隙、垂直裂隙和复合裂隙（T 形裂隙、工字形裂隙）等。据目前研究成果，一般在浅部煤层（＜300 m），煤层上覆岩层压力小于水平主应力，水力压裂裂隙以水平裂隙类型为主；在深部煤层（＞800 m），上覆岩层垂向应力大于两个水平主应力，水力压裂裂隙以垂直裂隙类型为主；在中深部煤层，多以复合裂隙类型为主。

水力压裂试验点附近煤层埋深在 500～550 m，属于典型的中深部煤层。根据目前对浅部矿井地应力分布特征的研究，其地应力分布呈现典型的"最大水平主应力＞垂直主应力＞最小水平主应力"的特征，水平应力占绝对优势，按照上述理论，水力压裂产生的裂隙类型多为复合型裂隙，延展方向主要为水平方向。但现有研究表明，煤层不同于常规砂岩气藏储层，煤层的天然裂隙发育，基质中存在大量割离，加之煤层弹性模量小、泊松比大，所以煤层的裂缝扩张极为复杂，呈现出大量的不规则裂缝，具有阶梯性、拐角性和不对称性，在裂缝的类型中没有类似于常规油藏浅层形成的水平缝以及深层形成的垂直缝，裂缝形态的随机性很大。单从煤体全水分测试结果来判断，本次水力压裂试验其影响范围已达到半径 58 m 的区域。

根据测定的煤体含水情况可以对水力压裂影响范围进行分析，如图 5-4-30 所示。从图中可以看出，受水力压裂影响区域在平面上呈似椭圆状分布，具体特点是以钻孔轨迹为中心，沿煤层走向影响范围半径逐渐缩小，即图中圈定的区域。

（5）效益分析

井下顺层长钻孔水力压裂增透技术借助中煤科工集团西安研究院自主研发的定向钻进设备及技术，结合目前国内大功率、大排量水力压裂设备及西安研究院自主研发的压裂钻孔快速封孔技术工艺和安全孔口装置，在顺煤层完成 300 m 以上定向长钻孔施工的基础上，对煤层实施水力压裂扰动增透工艺，达到强化煤层瓦斯抽采效果的目的。该技术可以对区域煤层瓦斯进行增透，大范围增加煤层的透气性，增加瓦斯抽采量，减少煤层瓦斯抽采达标时间，降低瓦斯治理成本，充分利用瓦斯资源，提升经济效益。

井下顺层长钻孔水力压裂后，对钻孔 4 个多月的瓦斯抽采数据进行分析，发现压裂后钻孔瓦斯抽采浓度较高，日平均瓦斯抽采浓度保持在 70% 以上，日平均抽采纯瓦斯量为 2 415 $m^3$，且抽采浓度和抽采纯量衰减比较缓慢。在瓦斯抽采浓度和抽采纯量上与同区域同煤层其他钻孔相比有了大幅提高：在总抽采任务不变的情况下，在压裂影响范围内

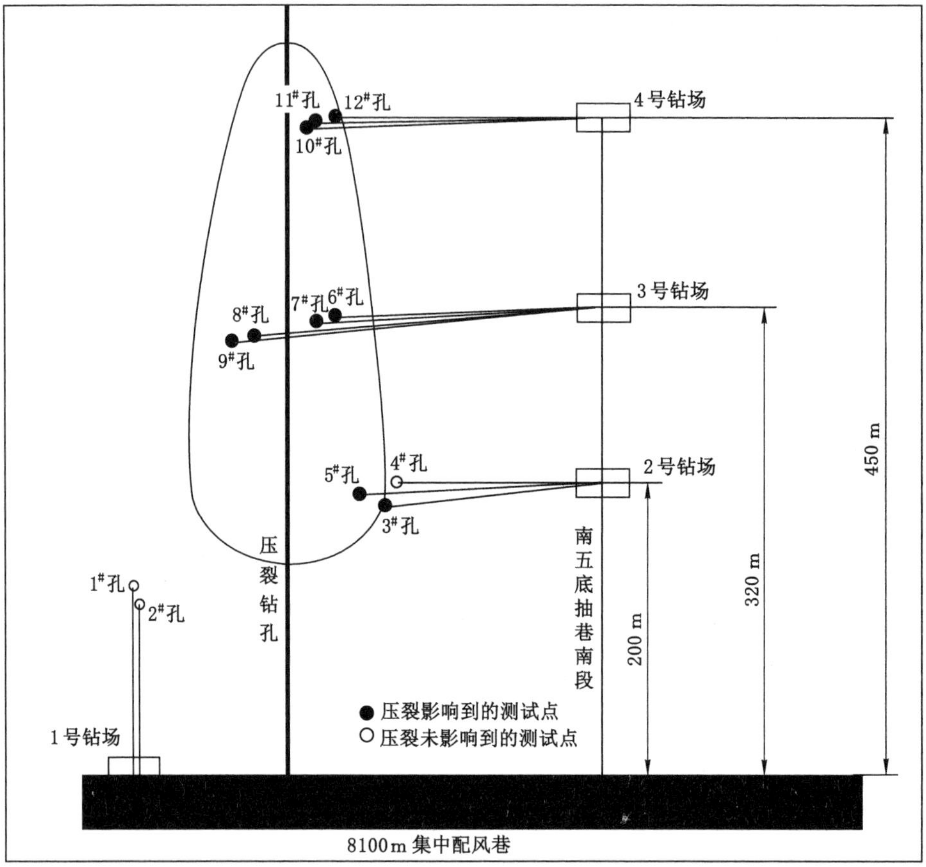


图 5-4-30　水力压裂影响范围考察示意图

(压裂影响半径按 50 m 计算,则压裂影响范围为 30 000 $m^2$)顺煤层长钻孔水力压裂后日平均抽采纯瓦斯量为 2 415 $m^3$,而长度为 150 m 的顺层钻孔单孔日抽采纯瓦斯量约为 7.2 $m^3$,即需要 335 个这样的钻孔才能达到顺煤层长钻孔水力压裂后的瓦斯抽采效果。顺层钻孔按 80 元/m 计算,则需投入的钻孔施工费用约 400 万元,而顺层长钻孔包含水力压裂的工程费用仅为 70 万元左右,能节省开支 330 万元。从施工工期和人工投入来看,335 个顺层钻孔的施工工期约为 160 d,投入人力为 9 人次/d,工资按每人 200 元/d 算,则用人成本为 28.8 万元;而顺层长钻孔水力压裂施工工期 56 d,投入人力为 8 人次/d,工资按每人 200 元/d 算,用人成本仅为 8.96 万元,能节省开支 20 万元左右。按一年的施工期计算,采用顺层长钻孔水力压裂技术能节省瓦斯治理的开支约为 2 100 万元。总体来讲,采用顺煤层长钻孔水力压裂技术可以大幅提高瓦斯抽出率,减少瓦斯抽采达标时间,从而可以减少瓦斯治理的人工和资金投入。

采用井下顺层长钻孔水力压裂增透技术措施后,不仅可有效地减少工作面瓦斯涌出量,减轻通风负担,提高矿井安全生产程度,也可充分抽采煤层瓦斯资源获得经济效益。

若抽出的平均瓦斯量按 2 000 $m^3$/d 计算，每年可抽出纯瓦斯 730 000 $m^3$。矿井抽出的瓦斯可作为煤的伴生能源加以利用，若将抽出的瓦斯全部利用，按 1 $m^3$ 纯瓦斯相当于 1.5 kg 煤计算，730 000 $m^3$ 的瓦斯折合原煤 1 095 t，原煤价格按普通煤炭价格 500 元/t 计算，可直接获利 54.75 万元。

此外，根据煤体全水分测试结果，采用顺煤层长钻孔水力压裂技术措施后，煤体的全水分含量明显高于未受水力压裂影响区域。这意味着压裂注入的大部分清水留存于煤体内，使煤体湿润，采煤时工作面粉尘将有所减少。这在一定程度上可以间接减少煤矿用来除尘的资金投入。

5.4.2.2　底抽巷水力压裂增透技术

(1) 试验地点

寺家庄煤矿 15# 煤层属于瓦斯突出煤层，煤层瓦斯含量高，根据前期测试数据，该煤层透气性系数低，属于可以抽采煤层，但已接近于较难抽采煤层，不利于抽采瓦斯。通过对寺家庄煤矿基础资料分析，鉴于 15# 煤层透气性差，瓦斯抽采效果差的现状，设计在 15117 工作面回风底板岩石预抽巷开展水力压裂，提高煤层透气性，提高低透煤层瓦斯抽采效果，缩短抽采达标时间，保障采掘安全。

15117 工作面回风底板岩石预抽巷和进风底板岩石预抽巷为回采巷道，分别主要担任 15117 工作面回风巷和进风巷掘进期间的瓦斯抽采及回采期间采空区瓦斯排放。

15# 煤层平均煤厚为 5.2 m，结构较简单，一般含矸 2～3 层，块状及粉状，以镜煤为主，其次为暗煤，属光亮型煤，性质较松软。直接顶为黑灰色砂质泥岩，节理发育，具有滑面；基本顶为灰色，近似水平层理；直接底为深灰色泥岩，层理不明显具节理，含植物根茎化石；基本底为深灰色，顶部有粉砂岩与砂质泥岩互层，具层理。

根据钻孔、三维地震勘探资料及井巷实见资料分析，15117 工作面总体西北高东南低，局部煤层有波状起伏，倾角一般 4°～13°。该区域内开口以里 446～828 m 处于向斜构造带，1 074～1 190 m 处于断层构造带，1 362～1 867 m 处于断层构造带。15117 工作面进风(回风)底板岩石预抽巷顶底板岩性情况见表 5-4-5。

**表 5-4-5　底板岩石预抽巷顶底板情况表**

| 顶底板名称 | | 岩石类别 | 厚度/m | 岩　性 |
|---|---|---|---|---|
| 顶板 | 基本顶 | 细粒砂岩 | 4.95 | 深灰色泥岩，层理不明显，具节理 |
| | 直接顶 | 砂质泥岩 | 8.19 | 深灰色砂质泥岩，顶部粉砂岩与砂质泥岩互层状层面 |
| | 伪顶 | 无 | | |
| 底板 | 伪底 | 无 | | |
| | 直接底 | 黑灰色泥岩 | 5.95 | 黑灰色，层理不明显，具节理，含植物根茎化石 |
| | 基本底 | 深灰色细砂岩 | 7.72 | 深灰色，具裂隙及节理，局部夹有粉砂岩、砂质泥岩 |

(2) 压裂钻孔布置

结合该区域的地质资料及巷道布置情况，根据寺家庄煤矿水力压裂方案设计依据，以 30～35 m 压裂半径布置水力压裂钻孔。由于该巷道存在大量地勘钻孔，第一阶段考虑使用地勘钻孔作为水力压裂钻孔进行水力压裂增透试验，即 1# 压裂孔和 2# 压裂孔，第二阶段压裂重新布置 4 个压裂钻孔，分别为补 1# 压裂孔、补 2# 压裂孔、补 3# 压裂孔和补 4# 压裂孔。施工钻头采用直径 95 mm 钻头。整体压裂钻孔布置如图 5-4-31 所示，底抽巷压裂钻孔布置如图 5-4-32 所示，钻孔布置参数见表 5-4-6。

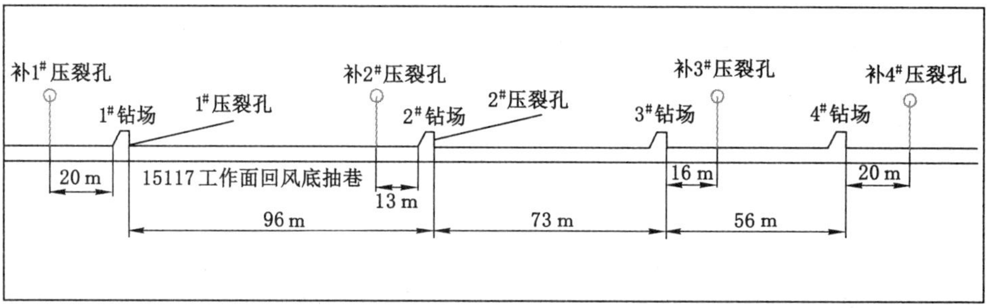


图 5-4-31　压裂钻孔布置平面图

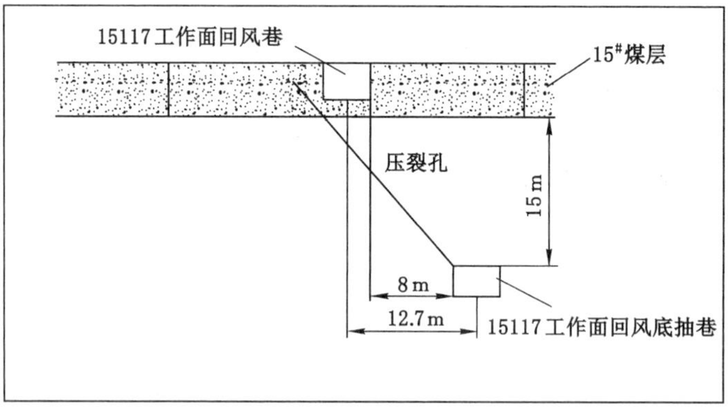


图 5-4-32　底抽巷水力压裂钻孔布置剖面图

**表 5-4-6　压裂钻孔施工参数**

| 孔号 | 开孔位置 | 方位 | 倾角 /(°) | 预计见煤 /m | 终孔深度 /m | 备注 |
|---|---|---|---|---|---|---|
| 1# 压裂孔 | 1# 钻场内 | 正北 | 30 | 31 | 42 | 1. 压裂孔施工时穿煤 2.5 m 即可停钻，无需穿透煤层。<br>2. 原有地质探孔全部用水泥封堵，封孔长度需大于 20 m |
| 2# 压裂孔 | 2# 钻场内 | N12°W | 30 | 39 | 62 | |
| 补 1# 压裂孔 | 1# 钻场以南 20 m 处 | 正西 | 49 | 20 | 22 | |
| 补 2# 压裂孔 | 2# 钻孔以南 13 m 处 | 正西 | 49 | 20 | 22 | |
| 补 3# 压裂孔 | 3# 钻孔以北 16 m 处 | 正西 | 49 | 20 | 22 | |
| 补 4# 压裂孔 | 4# 钻场以北 20 m 处 | 正西 | 49 | 20 | 22 | |

(3) 水力压裂工艺参数设计

压裂参数设计需要考虑压裂设备选型、压裂施工参数及压裂效果，其主要涉及泵注压力及注入液量的设计。水力压裂参数设计体系主要包括煤层起裂压力、摩阻损失、最小流量、压裂液效率、预计压裂半径、总用液量及设备选型等多个参数计算。

1）起裂压力

当一定排量的高压水通过压裂钻孔注入煤体内，注入高压水压力大于煤层起裂压力时，煤体内将会产生裂隙。煤体内起裂压力按照下面的经验公式进行计算：

$$p_k = 3\sigma_h - \sigma_H + \sigma_t - p_0 \tag{5-4-1}$$

式中　$p_k$——煤层破裂压力，MPa；

$\sigma_h$——最小主应力，MPa；

$\sigma_H$——最大主应力，MPa；

$\sigma_t$——抗拉强度，MPa；

$p_0$——孔隙压力，MPa。

经过计算，阳泉矿区 15[#] 煤层破裂压力为 10～20 MPa。由于煤层赋存的复杂性，各个地点的地应力、基本参数、煤层赋存存在差异，加之各类地质构造的影响，煤层起裂压力差异性较大。

2）流量需求

在实际压裂过程中，由于煤层的漏失效应，压裂液仅有一部分对裂缝扩展做功，很大一部分压裂液漏失在煤层中，压裂液的漏失速度 $v$ 可用下式表示：

$$v = 0.054\Delta p\left(\frac{k\varphi}{\eta t}\right)^{1/2} \tag{5-4-2}$$

式中　$\Delta p$——裂缝孔压；

$k$——煤层渗透率；

$\varphi$——煤层孔隙率；

$\eta$——压裂液黏度；

$t$——过水时间。

相对中硬煤层而言，松软煤层泊松比大、弹性模量低，具有“压敏性”特点，因此可将式(5-4-2)修正为：

$$v = 0.054\Delta p\left(\frac{kC_d\varphi}{\eta t}\right)^{1/2} \tag{5-4-3}$$

式中　$C_d$——煤层压缩参数。

煤矿井下压裂过程中，煤层漏失率随压裂影响范围的变化而变化，不同压裂时段的漏失量不同，试验过程中注水流量应大于压裂过程中单位时间内的煤层漏失量。

3）压裂液效率分析

由于压裂过程中，煤层、顶底板岩层会有一定的压裂液漏失，压裂过程中起压裂作用的高压水部分占注水量的比例即为压裂液效率，可表示为：

$$\zeta = \frac{Q - Q_{漏}}{Q} \tag{5-4-4}$$

压裂液的总体漏失量可表示为：

$$Q_{漏} = \iint v\,\mathrm{d}t\,\mathrm{d}A \tag{5-4-5}$$

由于压裂过程中高压水漏失量所占比例较大，应采取措施，增加注水流量，减少单位时间内的压裂液漏失，缩短压裂时间。

4）总用液量计算

对于一定煤层，为了增强压裂效果，可设计添加适当比例表面活性剂、阻燃剂，随同压裂液压入压裂孔。本次试验要求不添加活性剂与阻燃剂。用液量按下式计算：

$$V_1 = \pi(R - r)^2 H\varphi \tag{5-4-6}$$

式中 $V_1$——用液量，$m^3$；

$R$——预计压裂半径，m；

$r$——孔眼半径，m；

$\pi$——圆周率；

$H$——地层厚度，m；

$\varphi$——孔隙率%。

5）压裂管路参数优化

由于水力压裂过程中新景矿 BYW450-70 型高压泵组最高压力达到 70 MPa。压裂过程中，高压管路沿程损失与管路半径平方呈反比例关系，管径越小，管内压裂液流速越高，高压管路沿程压力损失越大，同时考虑井下巷道布置的复杂性，为了便于运输、安装，高压管路选用 6 层钢丝缠绕高压软管，高压管路选用内径 51 mm 的高压胶管。压裂过程中，管路压力损失保持在 5 MPa 内，完全能够满足煤矿井下压裂需求，因此压裂管路选用 6 层钢丝缠绕、内径 51 mm、耐压能力 70 MPa 以上的高压胶管。

为了提高压裂过程中的安全系数，管路接头选用石油行业采用的内径 51 mm、耐压能力 120 MPa 以上的高压油管接头。高压管路及接头实物见图 5-4-33。

图 5-4-33　高压管路及接头

6）摩擦阻力损失计算与优化

在试验过程中，由于压裂设备大且重，井下安装后搬家困难。高压管路选定后，压裂过程中沿程压力损失与高压管路长度呈正比例关系，压裂液沿程阻力按下式进行计算：

$$p_r = L\lambda \tag{5-4-7}$$

式中 $p_r$——压裂液沿程摩擦阻力，MPa；

$L$——管路长度，m；

$\lambda$——摩阻系数，MPa/m。

故试验整体规划、选择设备安装地点在保证足够安全距离的同时，尽量缩短高压管路长度。

7) 封孔参数优化

参考煤矿井下水力压裂安全性，分析压裂过程中钻孔的安全性时，压裂钻孔封孔长度应满足：

$$L_e \geqslant \max\left(\frac{T_g}{2\pi R_w f_g}, \frac{T_g}{\int_0^{2\pi} R_w \theta f(\sigma_r, \theta)\mathrm{d}\theta}\right) \tag{5-4-8}$$

若顶板厚度 $h \geqslant L_e$，钻孔方位无要求；若 $h < L_e$，钻孔方位不能垂直于煤层，需设计一定角度，使得钻孔长度 $\geqslant L_e$，以满足最小封孔长度的需要。通过计算得出，封孔长度不低于 17.8 m。

压裂过程中，为了保证压裂液注入目标煤层，封孔时需保证压裂孔封孔长度大于 17.8 m，同时穿层钻孔封孔深度需要达到煤层底板以上，因此阳泉矿区煤矿井下底抽巷穿层压裂钻孔封孔长度需要达到煤层底板以上。

8) 泵注压力计算

在压裂过程中，压裂泵的泵注压力 $p_w$ 可表示为：

$$p_w = p_k - p_H + p_r \tag{5-4-9}$$

式中　$p_H$——压裂管路液柱压力，MPa，$p_H = H\rho g$；

$H$——压裂管路高程落差，m；

$\rho$——压裂液密度，$kg/m^3$；

$g$——重力加速度，$m/s^2$；

9) 注水量计算

当用液量达到设计数量时，开始计量顶替液。应准确计算顶替时间及液量，不得减少或增加顶替液量。顶替液用量计算公式如下：

$$V_{替} = V_{外} + KV_{管} \tag{5-4-10}$$

式中　$V_{替}$——顶替液用量，$m^3$；

$V_{外}$——孔外管道的容积，$m^3$；

$K$——附加量系数，一般值为 1.0～1.5；

$V_{管}$——孔内管柱容积，$m^3$。

压裂过程中注水量为压裂用液量与顶替液用量之和，即注水量 $V$ 按下式进行计算：

$$V = V_1 + V_{替} \tag{5-4-11}$$

经计算，寺家庄煤矿煤层起裂压力在 10～15 MPa 左右，泵注压力 15～20 MPa；压裂孔煤层注水量约为 100～120 $m^3$，现场压裂时根据现场实际情况随时调整注水量。

(4) 现场试验情况

1) 1# 水力压裂试验

1# 水力压裂试验选择 1# 钻场 3# 地探孔作为压裂孔进行水力压裂，其封孔方式和 2# 钻场封孔方式相同，均采用多次注浆封孔工艺。

进行 1# 压裂孔的压裂：水力压裂泵组、管路、阀门、传感器等连接完成后，派专人进行检查，发现漏水、连接不牢时，立即改正，保证管路、接头等连接可靠。在压裂钻孔回风侧安装甲烷探头，实现与设备的甲烷电闭锁，实时监测回风侧瓦斯变化情况，如出现瓦斯超限等情况时可立即停泵。准备工作完成后，在高压泵组向外 100 m 处设置警戒线，并派专人进行把守，试验过程中任何人不得进入。压裂期间压力值在 14～17 MPa 波动。注水 40 min 后，停机泄压，进入压裂地点观察压裂情况，发现压裂钻孔见煤点周围顶板均有不同程度出水现象，其中距离压裂地点前方约 36 m 顶板锚索处(126 架皮带处)漏水严重，说明压裂时高压水进入煤层底板，故压裂停止，注水量为 24 $m^3$。压裂过程中泵注压力曲线见图 5-4-34。

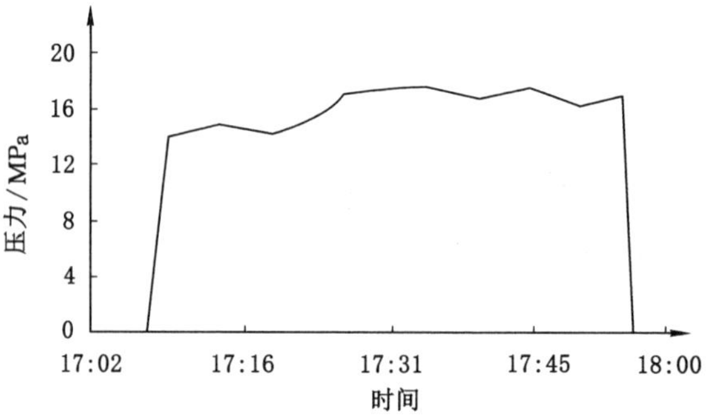


图 5-4-34　1# 压裂试验压力曲线

2) 2# 水力压裂试验

本次压裂采用 2# 钻场内 3# 地探孔进行压裂，压裂前两天用水泥将 1# 地探孔和 2# 地探孔全岩段封堵。为了保证强度，3# 地探孔采用二次封孔方法进行封孔：首先将压裂管放至煤层中上部(距离孔口 38 m)，返浆管超过煤层底板 1 m(距离孔口约 32 m)，管路下放到位后，使用泥浆泵通过注浆管一次连续将水泥浆(水∶普通水泥∶膨胀水泥＝1∶2∶0.4)注入钻孔内，返浆管孔口阀门打开。当估计注入的水泥浆快达到筛孔管位置时，由技术人员或资深熟练工人观察测压管口是否有水泥浆回流现象，如果回浆成功则立即关闭封孔泵的电源，本孔注浆完毕。之后，立即关闭注浆管球阀，拆卸高压注浆管，然后将注浆使用的高压胶管连接到返浆管，打开返浆管孔口阀门，使用清水冲洗返浆管与压裂铁管内的水泥浆，清洗 5～10 min 后，停泵，拆卸注浆用的胶管，保持返浆管孔口阀门打开。水泥浆凝固 16 h 后，通过返浆管向压裂孔内注入水泥浆(水∶普通水泥∶膨胀水泥＝1∶2∶0.4)，待压裂管返浆后，停止注入水泥浆，关闭返浆管孔口阀门，完成压裂钻孔封孔，注浆完成后 48 h 即可进行高压水力压裂工作。泵组出口压力曲线见图 5-4-35。

(5) 增透效果分析

水力压裂孔保压工作结束后，开始对压裂区域进行压裂效果考察。首先测定未压裂区域的煤层瓦斯相关参数；通过对压裂过程分析及压裂区域煤层瓦斯含量测定，确定水力压裂影响半径；然后在压裂区域布置瓦斯预抽钻孔，对压裂后煤层瓦斯相关参数进行考察。通过对未压裂区域和压裂区域的煤层瓦斯压力(或瓦斯含量)、煤层含水率、煤层透气

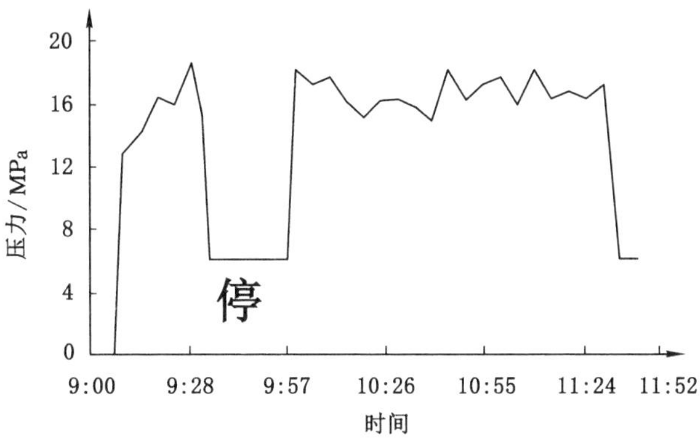


图 5-4-35　2# 压裂试验压力曲线

性系数及瓦斯抽采效果等各参数的变化综合对比分析，完成寺家庄矿 15117 回风底抽巷及新景矿南五底抽巷水力压裂效果考察工作。

1）抽采效果考察

根据所要考察的煤层瓦斯赋存特征，在 2# 压裂孔终端（2# 钻场以北 34 m 处）及补 3# 压裂孔两侧布置 4 组不同间距 5 m×5 m、6 m×6 m、7 m×7 m、8 m×8 m 的瓦斯预抽钻孔（钻孔布置平面图见图 5-4-36，钻孔参数如表 5-4-7 所列），考察不同钻孔布置方式下的瓦斯抽采效果，并与未进行水力压裂区域的原始煤层瓦斯预抽孔的抽采效果进行对比分析。

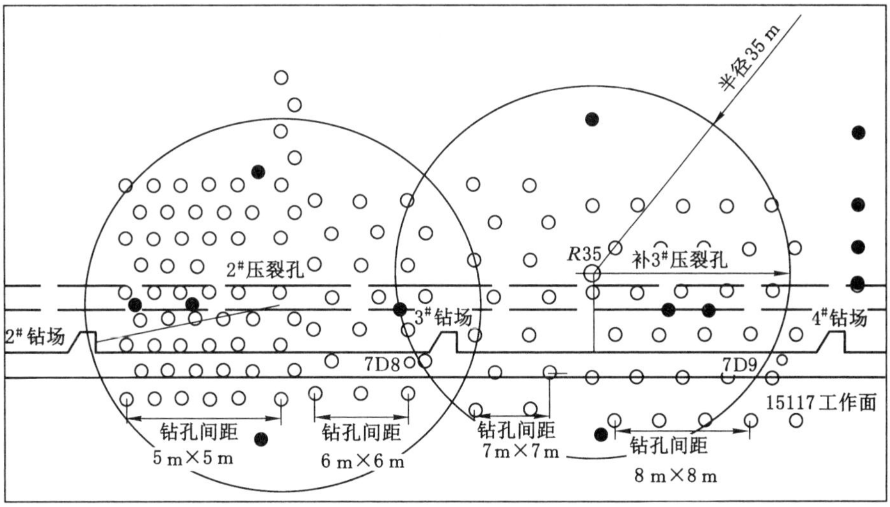


图 5-4-36　水力压裂区域抽采钻孔布置平面图

**表 5-4-7　抽采孔设计参数**

| 钻孔位置 | 钻孔标号 | 倾角/(°) | 方位 | 终孔长度/m |
|---|---|---|---|---|
| 2# 压裂孔以南 | 1 | 34 | 正西 | 38 |
| | 2 | 39 | 正西 | 34 |
| | 3 | 44 | 正西 | 30 |
| | 4 | 51 | 正西 | 26 |
| | 5 | 60 | 正西 | 24 |
| | 6 | 70 | 正西 | 22 |
| | 7 | 82 | 正西 | 21 |
| | 8 | 85 | 正东 | 21 |
| | 9 | 73 | 正东 | 22 |
| 2# 压裂孔处 | 1 | 20 | 正西 | 63 |
| | 2 | 21 | 正西 | 60 |
| | 3 | 23 | 正西 | 56 |
| | 4 | 25 | 正西 | 51 |
| | 5 | 27 | 正西 | 47 |
| | 6 | 30 | 正西 | 42 |
| | 7 | 34 | 正西 | 38 |
| | 8 | 39 | 正西 | 34 |
| | 9 | 44 | 正西 | 30 |
| | 10 | 51 | 正西 | 26 |
| | 11 | 60 | 正西 | 24 |
| | 12 | 70 | 正西 | 22 |
| | 13 | 82 | 正西 | 21 |
| | 14 | 85 | 正东 | 21 |
| | 15 | 73 | 正东 | 22 |
| 2# 压裂孔以北 | 8-1 | 37 | 正西 | 36 |
| | 8-2 | 43 | 正西 | 31 |
| | 8-3 | 51 | 正西 | 26 |
| | 8-4 | 62 | 正西 | 23 |
| | 8-5 | 75 | 正西 | 21 |
| | 8-6 | 90 | | 20 |
| | 8-7 | 75 | 正东 | 21 |
| 补 3# 压裂孔以南 | 1 | 34 | 正西 | 38 |
| | 2 | 41 | 正西 | 32 |
| | 3 | 50 | 正西 | 27 |
| | 4 | 62 | 正西 | 23 |
| | 5 | 78 | 正西 | 21 |
| | 6 | 84 | 正东 | 21 |
| | 7 | 67 | 正东 | 22 |

表 5-4-7(续)

| 钻孔位置 | 钻孔标号 | 倾角/(°) | 方位 | 终孔长度/m |
|---|---|---|---|---|
| 补 3# 压裂孔以北 | 1 | 37 | 正西 | 36 |
| | 2 | 45 | 正西 | 29 |
| | 3 | 57 | 正西 | 24 |
| | 4 | 75 | 正西 | 21 |
| | 5 | 86 | 正东 | 20 |
| | 6 | 66 | 正东 | 22 |

钻孔在施工完后及时封孔，接入抽采管道，并记录开始抽采时间。通过安装在抽采管路上的孔板流量计，定时测定抽采参数，包括抽采负压、压差、浓度、温度等，以便对该区域的瓦斯抽采量进行考察，从而对抽采效果进行评价。对 15117 工作面回风底抽巷水力压裂区抽采钻孔与压裂区钻孔进行对比分析，对比指标为瓦斯抽采浓度和抽采纯量。

压裂后与未压裂区域瓦斯抽采钻孔施工完成后，使用"两堵一注"封孔工艺进行封孔，封孔长度 15 m。接入矿井瓦斯抽采系统进行瓦斯抽采。瓦斯抽采过程中，压裂区域抽采集气装置内的水量显著高于未压裂区域，约是未压裂区域水量的 2～3 倍。未压裂区域钻孔考察第 123～140 组钻孔，共 162 个钻孔，巷道长度约 90 m；压裂区域钻孔考察 97～122 组钻孔共 212 个抽采钻孔，巷道长度 150 m。

水力压裂区域钻孔瓦斯抽采浓度最高达 23.8%，而未进行压裂区域钻孔瓦斯抽采平均浓度仅为 2.71%，压裂后的瓦斯抽采浓度最高提高 7 倍以上；未压裂区域单孔平均抽采纯量为 0.319 L/min，压裂区域单孔抽采纯量最高 4.2 L/min，最高提高 12 倍以上。可见压裂后瓦斯抽采效果提升明显。

2）抽采半径考察

水力压裂影响范围内抽采半径考察钻孔使用不同间距布置，钻孔间距为 5 m×5 m、6 m×6 m、7 m×7 m、8 m×8 m。15# 煤层原始煤体瓦斯含量平均为 8.9 $m^3/t$，煤层平均厚度 5.2 m，煤层瓦斯含量下降到 8 $m^3/t$ 以下，视为抽采达标，待抽采达标后，施工煤层瓦斯含量测试孔，判断瓦斯抽采是否达标。根据抽采 34 d 内的抽采数据，判断水力压裂后穿层预抽钻孔的抽采半径。压裂后煤层瓦斯抽采半径数据见表 5-4-8。

**表 5-4-8　15117 试验区域抽采半径数据**

| 单元编号 | 预计达标时间/d | 备　注 |
|---|---|---|
| 第一单元 | 152.30 | 压裂区 25 m 巷道范围内(钻孔间距 5 m×5 m) |
| 第二单元 | 185.66 | 压裂区 18 m 巷道范围内(钻孔间距 6 m×6 m) |
| 第三单元 | 232.09 | 压裂区 21 m 巷道范围内(钻孔间距 7 m×7 m) |
| 第四单元 | 256.38 | 压裂区 25 m 巷道范围内(钻孔间距 8 m×8 m) |
| 第五单元 | 254.44 | 未压裂区 75 m 巷道范围内(钻孔间距 5 m×5 m) |

经计算，未压裂区域煤层使用穿层瓦斯抽采，当抽采达标时间 255 d 时，穿层钻孔抽

采半径 2.5 m；压裂区域煤层使用穿层瓦斯抽采，当抽采达标时间 153 d 时，穿层钻孔抽采半径 2.5 m；压裂区域煤层使用穿层瓦斯抽采，当抽采达标时间 186 d 时，穿层钻孔抽采半径 3 m；压裂区域煤层使用穿层瓦斯抽采，当抽采达标时间 232 d 时，穿层钻孔抽采半径 3.5 m；压裂区域煤层使用穿层瓦斯抽采，当抽采达标时间 257 d 时，穿层钻孔抽采半径 4 m。

3）水力压裂效果考察结论

经过考察，寺家庄公司 15117 回风底抽巷 15# 煤层原始区域瓦斯压力为 0.34 MPa，煤层透气性系数为 0.022 6 $m^2/(MPa^2 \cdot d)$，衰减系数为 0.0474 $d^{-1}$，原始瓦斯含量为8.9 $m^3/t$。

① 压裂影响半径

a. 煤层经过水力压裂后，越靠近水力压裂钻孔，煤层瓦斯含量越小，这是由于高压水对煤层瓦斯有驱替作用，煤层瓦斯向压裂延伸方向运移。

b. 沿压裂钻孔终孔点径向，煤层瓦斯含量逐渐增加。

c. 2# 压裂孔最高泵注压力 26 MPa，注水 118 $m^3$，压裂影响范围为 35 m；补 3# 压裂钻孔泵注压力最大为 17 MPa，注水 100 $m^3$，压裂影响范围约为 30 m。

由此得出 15117 回风底抽巷水力压裂泵注压力 17～26 MPa、注水量 100 $m^3$ 左右时，压裂影响半径在 30～35 m。

② 透气性系数

通过测定及计算可知，压裂后煤层瓦斯衰减系数为 0.023 1 $d^{-1}$，透气性系数为 0.734 $m^2/(MPa^2 \cdot d)$，透气性系数提高 31.5 倍以上。

③ 抽采效果

压裂后的瓦斯抽采浓度最高提高 7 倍以上，压裂后单孔瓦斯抽采纯量最高提高 12 倍以上。

④ 抽采半径

通过不同区域、不同间距布置钻孔的抽采数据分析得出：

a. 未压裂区域穿层钻孔抽采半径 2.5 m 时，煤层抽采达标时间为 254 d。

b. 压裂区域穿层钻孔抽采半径 2.5 m 时，抽采达标时间 152 d；钻孔抽采半径 3 m 时，抽采达标时间 186 d；钻孔抽采半径 3.5 m 时，抽采达标时间 232 d；钻孔抽采半径 4 m 时，抽采达标时间 256 d。

相同抽采半径下，压裂后抽采达标时间较未压裂缩短接近一半时间。

⑤ 掘进期间参数

经过水力压裂区域的煤巷掘进过程中，$K_1$ 值未出现过超标现象，$K_1$ 值接近 0.5 $mL/(g \cdot min^{0.5})$的次数显著降低；经过水力压裂区域煤巷掘进过程中瓦斯涌出量大幅度降低；未压裂区域掘进速度 80 m/月，进入压裂区域后掘进速度 216 m/月，掘进速度提高了近 2 倍。

（6）效益分析

1）直接经济效益

使用水力压裂增透消突技术后，低透煤层瓦斯治理成本降低，主要体现在钻孔工程量减少、钻孔数量减少、封孔成本降低等方面。压裂前后百米巷道瓦斯治理成本见表 5-4-9。

**表 5-4-9　寺家庄煤矿百米巷道瓦斯治理成本**

| 类别 | 单价/元 | 单位 | 数量 | 成本/万元 | 合计/万元 | 成本百分比/% | 备注 |
|---|---|---|---|---|---|---|---|
| 压裂成本 | 70 000 | 个 | 2 | 14.00 | 122.16 | 112.94 | 压裂后钻孔间距为 5 m×5 m |
| 钻孔施工成本 | 160 | m | 4 760 | 76.16 | | | |
| 封孔及接抽成本 | 2 000 | 个 | 160 | 32.00 | | | |
| 压裂成本 | 70 000 | 个 | 2 | 14.00 | 84.87 | 78.47 | 压裂后钻孔间距为 6 m×6 m |
| 钻孔施工成本 | 160 | m | 2 967 | 47.47 | | | |
| 封孔及接抽成本 | 2 000 | 个 | 117 | 23.40 | | | |
| 压裂成本 | 70 000 | 个 | 2 | 14.00 | 71.02 | 65.67 | 压裂后钻孔间距为 7 m×7 m |
| 钻孔施工成本 | 160 | m | 2 314 | 37.02 | | | |
| 封孔及接抽成本 | 2 000 | 个 | 100 | 20.00 | | | |
| 压裂成本 | 70 000 | 个 | 2 | 14.00 | 59.40 | 54.92 | 压裂后钻孔间距为 8 m×8 m |
| 钻孔施工成本 | 160 | m | 1 900 | 30.40 | | | |
| 封孔及接抽成本 | 2 000 | 个 | 75 | 15.00 | | | |
| 钻孔施工成本 | 160 | m | 4 760 | 7 616 | 108.16 | | 未压裂钻孔间距为 5 m×5 m |
| 封孔及接抽成本 | 2 000 | 个 | 160 | 32.00 | | | |

由表 5-4-9 中数据得出，虽然使用水力压裂增透技术进行煤层增透消突增加了成本，但是经过水力压裂后由于抽采效果的提升，可以减少钻孔工程量，降低抽采钻孔的封孔及接抽成本，瓦斯治理总投资降低，同时还可以降低低透煤层瓦斯治理的人工成本，提高工作面效率。

2）间接效益分析

阳泉矿区突出煤层底抽巷水力压裂关键技术研究项目取得了良好的经济社会效益，除了提高瓦斯抽采量、缩短抽采达标时间，还体现为单位长度巷道内穿层预抽钻孔工程量的减少。水力压裂增透消突试验相关试验数据见表 5-4-10，成本对比可见图 5-4-37。

**表 5-4-10　寺家庄煤矿水力压裂间接效益分析表**

| 单元编号 | 钻孔数量/个 | 钻孔工程量/m | 试验巷道长度/m | 工程量对比/% | 达标时间对比/% | 备注 |
|---|---|---|---|---|---|---|
| 第一单元 | 45 | 1 190 | 25 | 100 | 59.86 | 压裂区孔间距 5 m×5 m |
| 第二单元 | 21 | 534 | 18 | 62.33 | 73.21 | 压裂区孔间距 6 m×6 m |
| 第三单元 | 18 | 486 | 21 | 48.62 | 91.22 | 压裂区孔间距 7 m×7 m |
| 第四单元 | 18 | 456 | 24 | 39.92 | 100.76 | 压裂区孔间距 8 m×8 m |
| 第六单元 | 135 | 3 570 | 75 | | | 未压区孔间距 5 m×5 m |

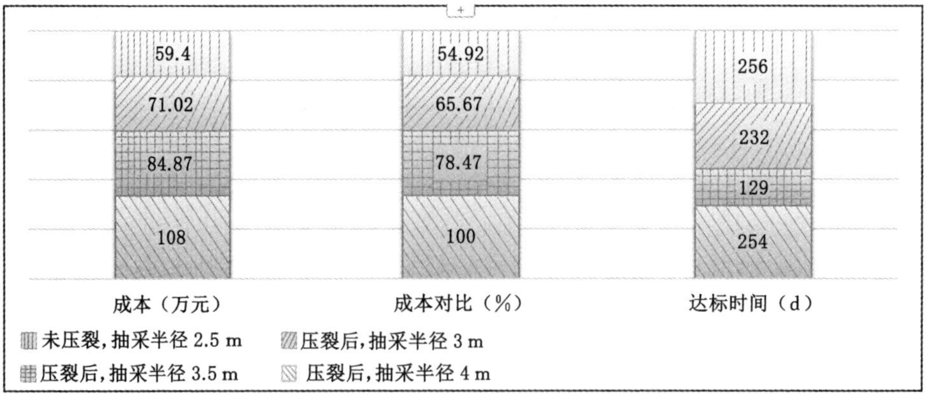


图 5-4-37　寺家庄矿压裂百米巷道瓦斯治理成本分析

由于水力压裂后，煤体内含水率明显增加，煤巷掘进过程中空气中煤粉含量会得到降低，掘进工作面的工作环境能够得到明显改善；瓦斯含量降低，煤层突出危险降低；瓦斯涌出量降低，减少煤矿向大气排放的瓦斯量。可见，水力压裂增透技术的社会效益、环境效益、经济效益显著。

## 5.5　$CO_2$ 气相压裂增透技术

由于阳泉矿区大部分矿井都是高瓦斯突出矿井，随着开采技术的提高和开采深度的增加，煤层的瓦斯含量也逐渐增大，煤层的透气性降低，突出危险性也大大增加，再加上我国的瓦斯灾害预测与防治技术还在发展中，缺乏可靠的技术手段和方法，安全方面科技投入较低，很多安全技术难题还没有从根源上得到解决。煤岩中的绝大部分瓦斯以吸附状态附着在煤岩分子表面。原始煤岩中的瓦斯在高压状态下相对静止地存在，当采动煤体时或卸压工程作用于煤体时，相对封闭稳定的煤岩层松动变形，原始煤岩体中的高压瓦斯受卸压影响进行解吸，游离和解吸瓦斯沿孔隙或裂隙通道运移到低压区域，形成一定的卸压圈，有利于瓦斯逸散。因此，卸压增透的范围对瓦斯的抽采效果有着很重要的影响，要想提高瓦斯的抽采效果，就要增加煤体裂隙发育，扩大卸压增透范围。

对于单一煤层现，在国内外试验与应用的增透措施主要有水力割缝、水力压裂、煤物化处理、煤层注水、控制预裂爆破[32]等方法，这些技术方法都具有很好的致裂原理，但在实际施工时还存在一定的局限性，限制了它们在煤矿的应用。如水力压裂、水力割缝操作工序复杂，对设备的精度要求较高，工作环境恶劣，有排水问题进而引起底板破坏，容易引起小型突出，给矿井造成一定的安全隐患。水力冲孔增透技术对煤体强度适中的上向穿层钻孔增透效果较好，但是对于下向穿层钻孔煤层增透效果一般，同时人们对煤层厚度以及硬度对增透效果影响的研究较少，对水力冲孔的破煤机理、增透卸压机理认识尚不够成熟，该技术合理的工艺及技术参数有待进一步研究。现今的冲孔工艺有时候会造成憋孔、堵孔、卡钻、跑水等问题，特别是上向孔冲出的煤水混合物往往容易积聚在套管的上口，直接影响钻冲过程的进行。煤物化(煤的物理化学处理)的适用范围较窄，只对特殊地质条件的煤层有效，处理程序复杂，见效慢且效果一般，投入较大。煤层注水必须是在煤层有一定透气性的前提下[33]，水通过渗流作用和毛细管力的作用渗入煤体，在水、瓦斯气体和煤体三相作用中，水占领了原瓦斯的位置，瓦斯变成游离状态，沿水渗入的裂隙逸出，因此对于透气性较差的高瓦斯煤层，很难通过煤层注水提高瓦斯抽采率。传统预裂爆破虽然在部分矿区的防突实践中取得了不错的效果，但也存在着一些技术上难以解决的问题：传统预裂爆破容易诱发煤与瓦斯突出，具有很大的安全隐患，特别是在高瓦斯矿井。在联邦德国，安全开采的基本观点是宁愿避免突出而不去诱发突出。虽然有些矿井进行了起爆少量炸药的试验，但终究还只是停留在试验阶段，并没有对爆破参数的选取和爆破裂隙圈的瓦斯排放影响范围作出理论上的分析，况且还有煤矿炸药控制严格、装药工艺复杂、合理装药量难以确定、易于出现哑炮及哑炮处理困难等问题。

液态二氧化碳相变致裂技术最早由英国的 CARDOX 公司提出，称为 Cardox Tube System。S.P.Singh 介绍了这种装置的主要结构和使用方法，指出 Cardox 装置可以用于采石场的大规模采挖，而且由于该装置安全性高，可以进行水下作业，能用于水库、大坝附近的快速安全爆破。在 Bulawayo 金矿的试验，证明了两套 Cardox 致裂设备联合致裂取得的效果与 5 个装有普通炸药的钻孔的爆破效果相同。在土耳其，煤矿通过在采煤工作面使用 Cardox 装置，使煤体被瞬间产生的高压二氧化碳气体撑开，破碎煤体，从而提高块煤率。T.Caldwell 在对几种防爆型岩石破裂技术的对比中指出，Cardox 装置并不属于爆炸范畴，而只是高压气体发生器，因此，它不会受限于炸药的管制而导致使用范围受到限制。液态二氧化碳相变致裂凭借其安全性和稳定性，可以应用于大型储罐罐壁的清理，操作方法为：将 Cardox 装置插入配置的清理孔，固定好装置后，利用装置释放出的高能二氧化碳气体产生的巨大剪切力，使固体物质被有效地破碎成小块，从储罐罐壁上脱落到罐底便于清除，这解决了密闭罐体清理困难这一难题。同时，由于二氧化碳气体为惰性气体，因此 Cardox 装置还可以应用于易燃、可燃材料的处理。

液态二氧化碳相变致裂技术对于煤炭工业来说是一项新技术，利用液态二氧化碳在密闭空间液-气两相转变过程中释放出的巨大能量作用于原有的裂隙，高能气体的劈裂作用使原有裂隙扩大发展。与此同时，致裂时产生的冲击力破碎孔壁，产生新的裂隙，以此增加物料的裂隙发育，提高物料的透气性，甚至破碎物料。近年来国内外的一些学者逐渐认识到了这种技术的优越性，提出通过技术改进和装备升级，将这项技术引入煤炭工业，主要用来安全、高效地提高煤体的透气性，进而提高瓦斯抽采效率。

## 5.5.1　增透机理及装备

### 5.5.1.1　液态 $CO_2$ 爆破（增透）技术原理

首先将液态二氧化碳用专用的高压泵注入爆破管内，工作面钻取爆破孔后，逐一插入爆破管，并连接爆破管与低压起爆器间的接线。爆破管一端的起爆头接通引爆电流后，活化器内的低压保险丝引发快速反应，使管内的二氧化碳迅速从液态转化为气态，在 40 ms 内，体积瞬间膨胀达 700 多倍，当压力达到爆破片极限强度时，定压剪切片破断，高压气体从放气头释放，利用瞬间产生的强大推力，二氧化碳气体沿自然或被引发的裂面松开物料，并把它推离主体，从而达到爆破效果，全过程于 1 s 内完成。其原理如图 5-5-1 所示。

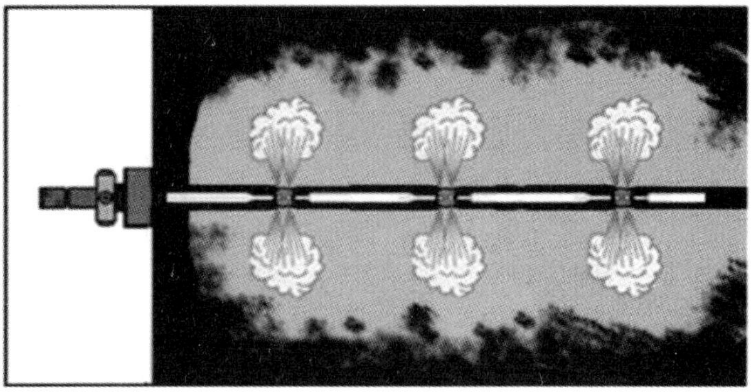

图 5-5-1 $CO_2$ 致裂器工作原理示意图

在无限介质中，二氧化碳爆破在钻孔内爆炸后，产生强烈的应力波和高压气体[34]。爆炸应力波以及高压气体作用下的煤岩破坏是一个相当复杂的动力学过程，首先是液态二氧化碳受热急剧膨胀变成高压气体作用在钻孔壁上，进而对钻孔周围煤体产生压缩变形，使钻孔周围形成一定区域的压缩粉碎区，此区域称为爆破近区；随着时间的进行，压力气体进一步作用，其压力随着时间延长而衰减。当压力降到一定程度时，煤体中的微小裂纹开始发育，形成支段裂隙，在钻孔周围支段裂隙在一定区域内贯通，与爆破初期形成的主裂隙相互沟通，形成环状裂纹，二氧化碳爆破产生的压缩粉碎区的主裂隙以及后期造成的环状裂纹贯通称为裂隙区；在应力波作用后期，其冲击强度变小，影响有限，无法促使煤层裂隙再次发育，只能产生一定范围的震动，故把裂隙区以外的区域称为震动区或爆破远区，见图 5-5-2。

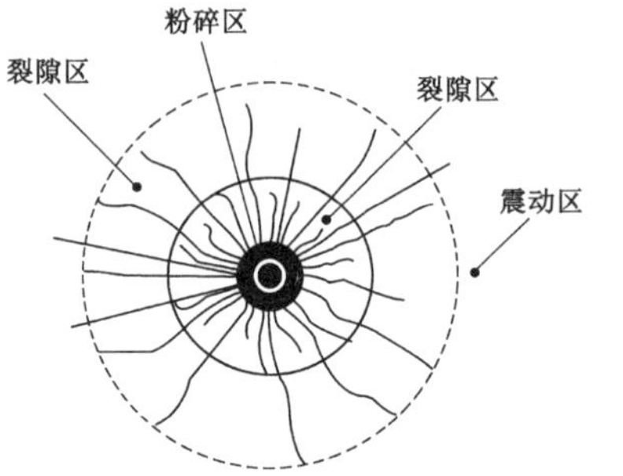


图 5-5-2 钻孔周围粉碎区、裂隙区、震动区分布示意图

5.5.1.2 液态 $CO_2$ 预裂爆破装备

爆破管为重复使用设备，每套爆破管长度为 1.5 m，配套附属装置为总线爆破控制器、空压机装置和操作工作台；爆破过程中，泄爆阀片、加热体及密封配件为损耗品，每爆破一次使用一套；液态 $CO_2$ 为消耗品，由专车运抵使用现场。

爆破管及配套设备和材料、操作工作台由矿方外购，液态 $CO_2$、总线爆破控制器、起爆线、空压机及其他辅助材料和设备由矿方提供。

实施过程中，需提供装配室一间，爆破筒的运输及井下装卸由矿方负责。矿方需准备一台 1900S 钻机进行钻孔施工并配备相应操作人员。

本次二氧化碳爆破致裂器选择直径 61 mm 的，孔口封孔器选择直径 75 mm 的。二氧化碳爆破设备见图 5-5-3～图 5-5-10。

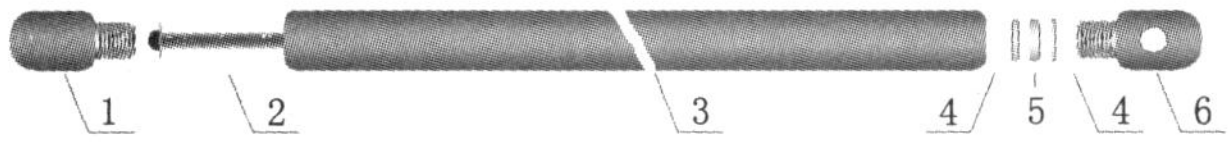


1—起爆头；2—发热管；3—主管；4—密封垫；5—泄能片；6—泄能头。

图 5-5-3　二氧化碳爆破筒结构

图 5-5-4　主管及泄爆装置

图 5-5-5　加热材料

图 5-5-6 阀体

图 5-5-7 泄爆片

图 5-5-8　液态 $CO_2$ 钢瓶

图 5-5-9　操作台

## 5.5.2　现场应用及效果考察

阳泉煤业(集团)有限责任公司三矿位于阳泉市西部，行政区划属阳泉市管辖。井田位于太行山北段西侧的刘备山南麓低中山区。井田地形复杂，沟谷纵横。矿区内地势为西北高、东部及南部低，最高点为井田西北部山顶，海拔 1 238.2 m，最低点为井田东南部桃河河床，海拔 751.0 m，相对高差 487.2 m。

1）地质构造

扩五区整体上呈向南倾斜的单斜构造，煤层赋存呈东西走向，南北倾向，北部高而南部低的态势，倾角一般 2°～6°，平均 4°左右，地质构造属简单类型。

2）煤层及煤质

15# 煤层：距 12# 煤层 17.27～91.47 m，平均 34.76 m；厚度 5.04～7.13 m，平均 5.91 m。直接顶板：黑色泥岩，基本顶为灰黑色石灰岩（$K_2$ 灰岩）。底板：灰黑色砂质泥岩，东部地区较薄，平均厚度 1.92 m，最厚可达 5.22 m。基本底：灰白色中粒砂岩（$K_1$ 砂岩），在东部地区较厚，西部地区变薄，平均厚度为 8.45 m，最厚可达 22 m。

3）水文地质

井田内奥灰水推测水位标高为＋389～＋522 m，扩五区 15# 煤层南部最低底板标高 435 m。根据现有新景矿水文资料，只有扩五区南部 K8504 工作面存在带压开采的问题。

4）瓦斯条件

因目前暂无扩五区 15# 煤瓦斯涌出量预测报告，扩五区采煤工作面瓦斯涌出量暂按扩二、扩三区瓦斯涌出量最大值的 1.2 倍考虑，掘进工作面暂按扩二、扩三区瓦斯涌出量最大值的 1.8 倍考虑。则扩五区绝对瓦斯涌出量为 194.16 $m^3$/min。

根据三条采区大巷掘进进度及掘进计划，试验地点拟选择在扩五区 15# 煤胶带巷。

5.5.2.1 现场试验方案

在扩五区 15# 煤胶带巷布置爆破孔和观测孔，进行爆破试验。在 15# 煤胶带巷正前方（掘进头方向）布置 1 个爆破孔、4 个观测孔，钻孔布置如图 5-5-10 和图 5-5-11 所示，钻孔参数见表 5-5-1。

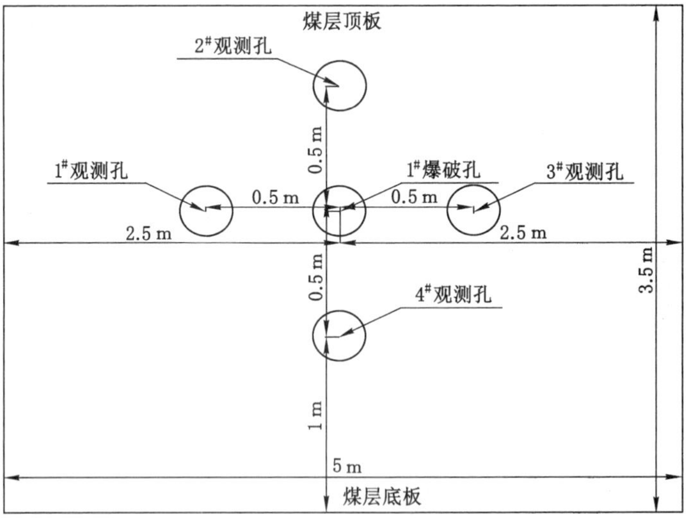


图 5-5-10 扩五区胶带巷正前方钻孔布置示意图

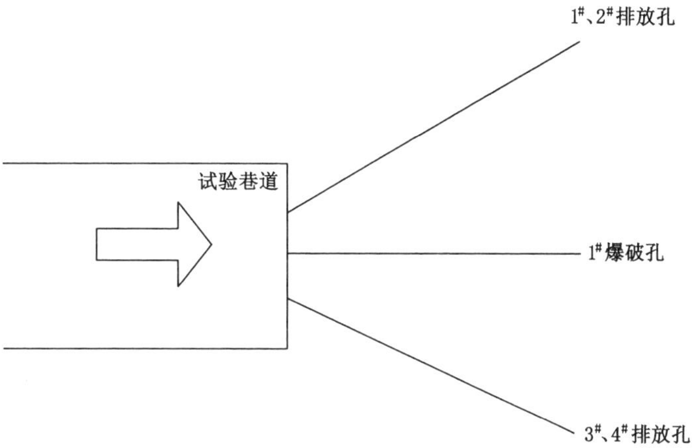


图 5-5-11　二氧化碳致裂爆破增透试验钻孔布置俯视图

**表 5-5-1　钻孔参数表**

| 钻孔名称 | 倾角/(°) | 方位角/(°) | 孔深/(°) | 钻孔直径/mm | 开孔高度/m | 爆破孔距/m | 备注 |
|---|---|---|---|---|---|---|---|
| 1# 观测孔 | | | | | 1.5 | 0.5 | |
| 2# 观测孔 | | | | | 2 | 0.5 | |
| 3# 观测孔 | 90 | 0 | 70/80 | 89 | 1.5 | 0.5 | 干式打钻 |
| 4# 观测孔 | | | | | 1 | 0.5 | |
| 1# 爆破孔 | | | | | 1.5 | — | |

为了试验不同二氧化碳爆破方式对煤层增透的作用，本试验采取 3 种不同的爆破方案。

① 方案一：常规钻孔抽采

在扩五区胶带巷迎头正常打 5 个深度 70 m 的钻孔，退钻后进行封孔联网抽采，记录相关数据，与后续试验效果进行对比分析。其中中心孔编号为 1 号，其余 4 孔按顺时针编号为 1～4 号。

② 方案二：第一次常规爆破后抽采（连续进行 3 次）

第二次循环时，在迎头断面中心垂直煤壁施工一个爆破孔，四周为瓦斯排放钻孔，退钻安装若干根爆破管正常爆破，考察相关数据，与后续试验效果进行对比分析。爆破孔的编号为 1 号，其余 4 孔按顺时针编号为 1～4 号。

5.5.2.2　现场试验情况

(1) 煤层瓦斯含量测定

煤层瓦斯含量是单位质量煤中所含的瓦斯体积量（换算为标准状态），单位为 $m^3/t$ 或 mL/g。煤层瓦斯含量也可用单位质量纯煤（除去煤中水分和灰分）的瓦斯体积表示，单位为 $m^3/t$。

煤层未受采动影响时的瓦斯含量称为原始(或天然)瓦斯含量,如煤层受采动影响,已部分排放瓦斯,则剩余在煤层中的瓦斯量称为残存瓦斯含量。

煤层瓦斯含量是计算矿井瓦斯储量与瓦斯涌出量的基础,也是预测煤与瓦斯突出危险性的重要参数之一,准确测定煤层瓦斯含量非常重要。

本次15#煤层扩五区瓦斯含量测试工作在15#煤层扩五区胶带巷掘进工作面进行。方案一进行时,经过抽采后,采集5个瓦斯含量煤样;方案二进行时,经过爆破且抽采后,采集5个煤样,经过3轮爆破,采集15个爆破抽采后瓦斯含量煤样。本项目一共采集20个瓦斯含量样本。巷道每掘进10 m,在新鲜迎头上施工钻孔取样,取样深度为10 m。整个项目的瓦斯含量测定结果见表5-5-2,各方案瓦斯含量测量结果对比分析见图5-5-12。

**表5-5-2　瓦斯含量测定记录表**

单位:$m^3/t$

| 煤样 | 编号 | 解吸量 | 损失量 | 残存量 | 瓦斯含量 | 备注 |
|---|---|---|---|---|---|---|
| 原始煤体 | 1-1 | 4.66 | 0.21 | 4.05 | 8.92 | |
| | 1-2 | 4.52 | 0.24 | 4.05 | 8.81 | |
| | 1-3 | 5.28 | 0.30 | 3.98 | 9.56 | |
| | 1-4 | 4.94 | 0.25 | 3.98 | 9.17 | |
| 常规抽采煤样 | 2-1 | 4.16 | 0.22 | 3.78 | 8.16 | |
| | 2-2 | 3.82 | 0.12 | 3.95 | 7.89 | |
| | 2-3 | 3.24 | 0.32 | 3.95 | 7.51 | |
| | 2-4 | 4.16 | 0.36 | 3.86 | 8.38 | |
| 第一次爆破煤样 | 3-1 | 2.48 | 0.22 | 3.02 | 5.72 | |
| | 3-2 | 2.56 | 0.21 | 2.97 | 5.74 | |
| | 3-3 | 3.56 | 0.21 | 3.05 | 6.82 | |
| | 3-4 | 3.42 | 0.24 | 3.05 | 6.71 | |
| 第二次爆破煤样 | 4-1 | 2.04 | 0.34 | 2.78 | 5.16 | |
| | 4-2 | 2.49 | 0.27 | 2.99 | 5.75 | |
| | 4-3 | 2.84 | 0.25 | 2.98 | 6.07 | |
| | 4-4 | 3.18 | 0.30 | 2.88 | 6.36 | |
| 第三次爆破煤样 | 5-1 | 2.43 | 0.29 | 2.15 | 4.87 | |
| | 5-2 | 2.66 | 0.29 | 3.01 | 5.96 | |
| | 5-3 | 2.76 | 0.28 | 3.45 | 6.49 | |
| | 5-4 | 2.85 | 0.33 | 3.66 | 6.84 | |

由图5-5-12可见,经过气爆作用后的煤层瓦斯含量整体低于原始煤层瓦斯含量,也低于常规抽采后煤体的残余瓦斯含量。三次液态$CO_2$气爆试验后,测定的瓦斯含量相差不大。

(2) 瓦斯放散初速度指标的测定

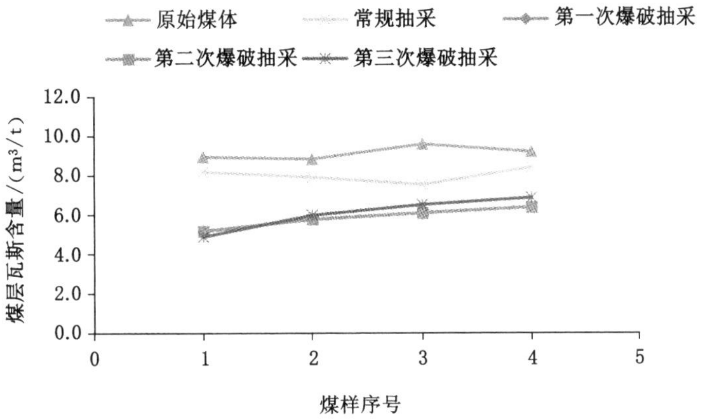


图 5-5-12 煤层瓦斯含量对比分析图

瓦斯放散初速度指标 $\Delta p$ 表示煤放散瓦斯的能力。$\Delta p$ 是反映煤层突出危险性的一种单项指标。

在整个项目试验过程中，一共取 5 次煤样：首先在原始暴露煤体上取 6 个煤样，然后在经过常规抽采后的煤体上取 6 个煤样，再分别在经过气爆作用后的煤体上取 6 个煤样。一共采集 30 个瓦斯放散初速度样本。采集的煤样送实验室进行瓦斯放散初速度指标（$\Delta p$）的测定，测定结果详见表 5-5-3，各方案下的测定结果对比见图 5-5-13。

表 5-5-3 瓦斯放散初速度和钻屑量测定结果表

| 煤样 | 编号 | 瓦斯放散初速度 | 钻屑量/(kg/m) | 备注 |
|---|---|---|---|---|
| 原始煤体 | 1-1 | 13.9 | 3.5 | |
| | 1-2 | 16.8 | 3.9 | |
| | 1-3 | 15.6 | 3.6 | |
| | 1-4 | 14.5 | 3.8 | |
| | 1-5 | 15.4 | 3.6 | |
| | 1-6 | 16.6 | 3.5 | |
| 常规抽采煤样 | 2-1 | 12.1 | 4.3 | |
| | 2-2 | 13.6 | 3.0 | |
| | 2-3 | 12.8 | 4.5 | |
| | 2-4 | 12.9 | 4.7 | |
| | 2-5 | 12.0 | 4.5 | |
| | 2-6 | 14.1 | 4.4 | |

**表 5-5-3(续)**

| 煤样 | 编号 | 瓦斯放散初速度 | 钻屑量/(kg/m) | 备注 |
| --- | --- | --- | --- | --- |
| 第一次爆破煤样 | 3-1 | 11.3 | 5.1 | |
| | 3-2 | 11.4 | 4.8 | |
| | 3-3 | 11.7 | 4.7 | |
| | 3-4 | 11.6 | 4.6 | |
| | 3-5 | 10.9 | 4.3 | |
| | 3-6 | 10.7 | 4.3 | |
| 第二次爆破煤样 | 4-1 | 11.9 | 5.3 | |
| | 4-2 | 10.8 | 5.2 | |
| | 4-3 | 11.2 | 4.9 | |
| | 4-4 | 11.8 | 4.7 | |
| | 4-5 | 9.9 | 4.5 | |
| | 4-6 | 10.7 | 4.1 | |
| 第三次爆破煤样 | 5-1 | 9.9 | 4.5 | |
| | 5-2 | 8.9 | 4.6 | |
| | 5-3 | 10.4 | 4.2 | |
| | 5-4 | 10.1 | 4.6 | |
| | 5-5 | 11.6 | 3.9 | |
| | 5-6 | 11.4 | 3.9 | |

对图 5-5-13 分析可以发现,经过抽采后的煤体,其瓦斯放散初速度整体低于原始煤体;相较于常规抽采煤体,经气爆试验后煤体的瓦斯放散初速度有一定降低,但是幅度不大。

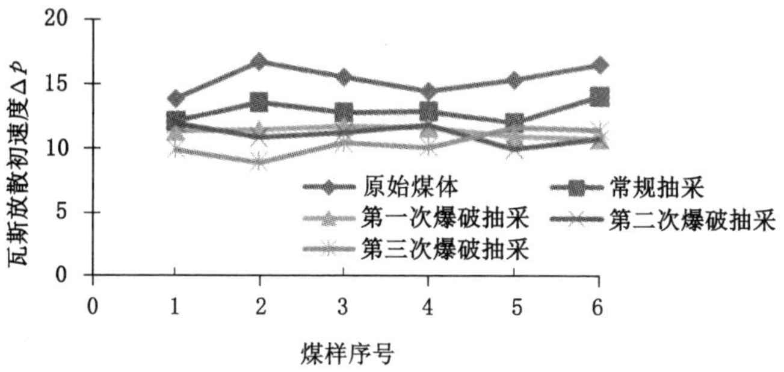


图 5-5-13　瓦斯放散初速度测定结果对比分析图

(3) 钻屑量的测定

钻屑量 $S$ 是一种综合反映煤体应力、瓦斯压力和煤的物理力学性质的指标。钻孔排出的钻屑一般分为两部分:一部分为钻孔直径相同的圆柱煤体形成的钻屑量;另一部分为成孔后,孔周围应力重新分布,孔内壁发生位移而产生的动态钻屑量。对于一定强度的煤体，随着瓦斯压力的增大，钻屑量将出现突变。即在一定的应力和单轴抗压强度条件下，煤层存在一个发生突出的最小瓦斯压力值，超过该值就会发生突出。煤体所受的应力越大钻屑量越高。在采深增大时，当有较小的应力波动时，可造成较大钻屑量的变化。该参数测定方法简单易行，在我国得到了普遍应用。理想条件下，钻屑量也可以反映煤体内瓦斯压力赋存情况。钻屑量测定情况见表5-5-3。

钻屑量 $S$ 是一种综合反映煤体应力、瓦斯压力和煤的物理力学性质的指标。通过图5-5-12可以发现，爆破后的煤体内瓦斯含量降低，煤体内的瓦斯应力是降低的。而通过图5-5-14可以发现，钻孔钻屑量整体出现了增加的现象。这就说明液态 $CO_2$ 气爆使煤体强度降低，爆破中心区甚至出现破碎区。煤体应力发生重新分布，煤体内发育大量裂隙，取样钻孔煤壁易发生破坏、塌落，从而导致钻孔钻屑量增加。

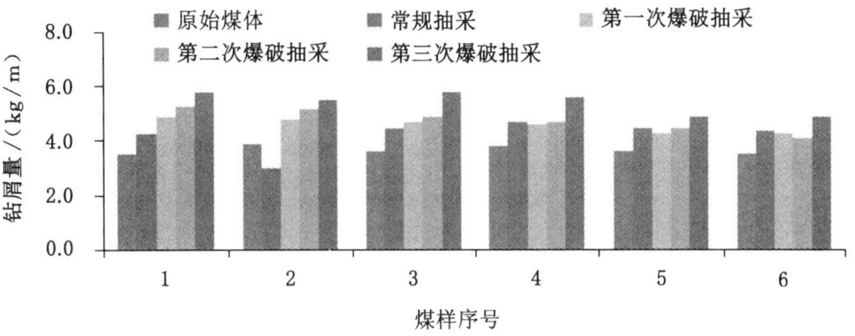


图5-5-14 钻屑量测定结果对比分析图

5.5.2.3 *液态二氧化碳相变致裂增透效果考察*

在试验区共进行3次单孔爆破试验，每次爆破深度为70 m，爆破后掘进50 m，爆破共影响掘进距离为150 m。

3次爆破前后钻孔瓦斯浓度变化曲线见图5-5-15～图5-5-17。

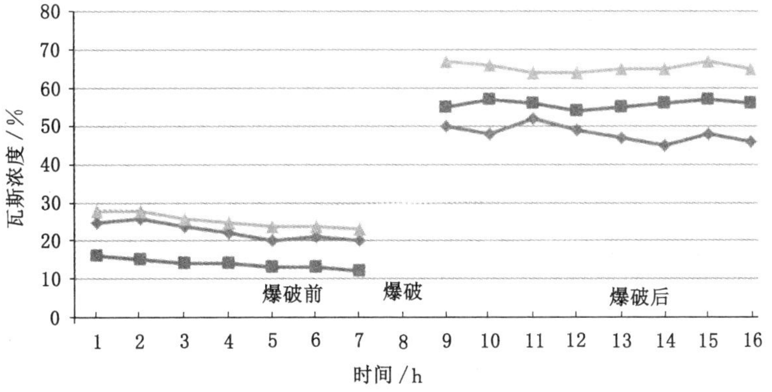


图5-5-15 1[#]观测孔3次爆破试验前后瓦斯浓度变化曲线

从图5-5-15～图5-5-17可以看出：

① 1[#]观测孔3次爆破前后瓦斯浓度变化规律为：爆破后平均瓦斯浓度是爆破前的

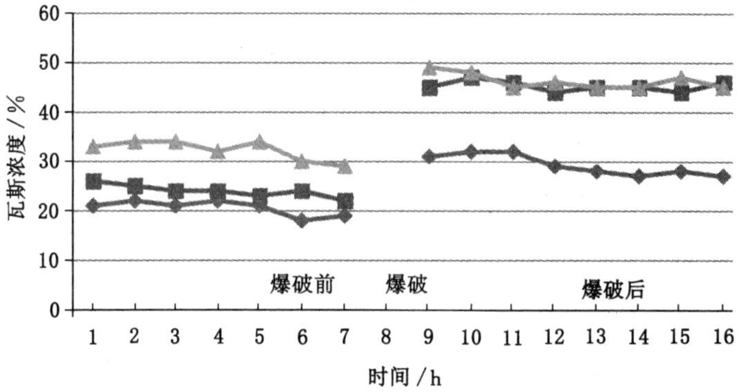


图 5-5-16　2# 观测孔 3 次爆破试验前后瓦斯浓度变化曲线

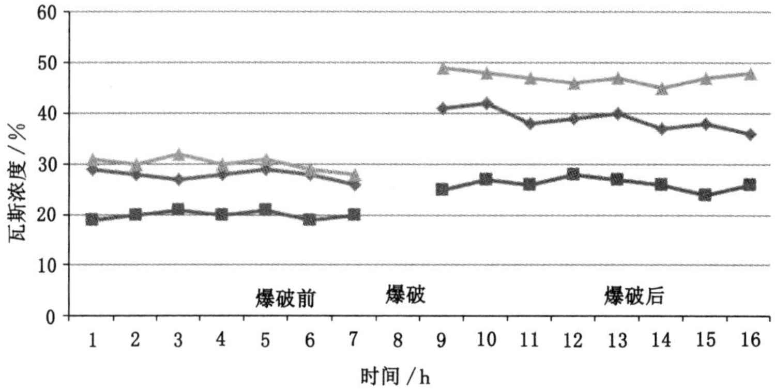


图 5-5-17　3# 观测孔 3 次爆破试验前后瓦斯浓度变化曲线

2.08～3.73 倍，平均提高 1.72 倍。

② 2# 观测孔 3 次爆破前后瓦斯浓度变化规律为：爆破后平均瓦斯浓度是爆破前的 1.39～1.91 倍，平均提高 60%。

③ 3# 观测孔 3 次爆破前后瓦斯浓度变化规律为：爆破后平均瓦斯浓度是爆破前的 1.34～1.60 倍，平均提高 45%。

通过 3 次试验可以看出，采用液态二氧化碳气爆能有效增加煤体渗透性，提高瓦斯排放效果；提高的效果与距爆破孔的距离有关，距离爆破孔 2 m 以内，提高瓦斯浓度较为明显。

#### 5.5.2.4　单孔瓦斯抽采纯量效果对比分析

图 5-5-18～图 5-5-22 所示为 4 次试验中单孔瓦斯抽采纯量随着抽采天数的变化曲线。由图 5-5-18～图 5-5-22 可以看出：

① 相变致裂试验方案中的单孔平均抽采纯量为 0.021～0.096 $m^3/min$，第一次常规爆破措施的 1# ～4# 孔平均抽采纯量为 0.036 $m^3/min$，第二次常规爆破增透措施的 1# ～4# 孔平均抽采纯量为 0.048 $m^3/min$，第三次常规爆破的 1# ～4# 孔平均抽采纯量为 0.052 $m^3/min$，未采取爆破增透措施的 1# ～4# 孔平均抽采纯量为 0.026 $m^3/min$。试验

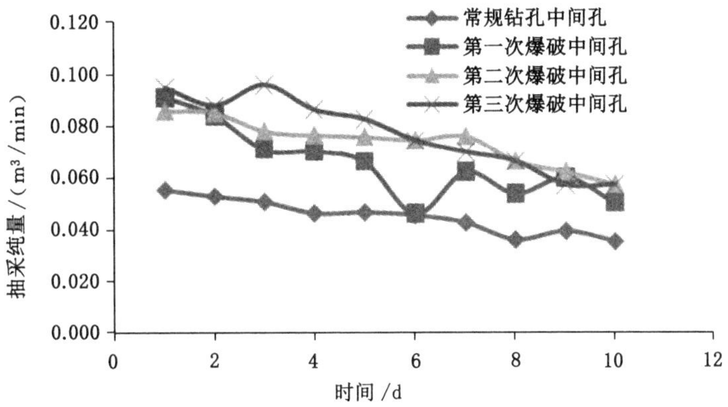


图 5-5-18 单孔中间孔抽采纯量变化曲线

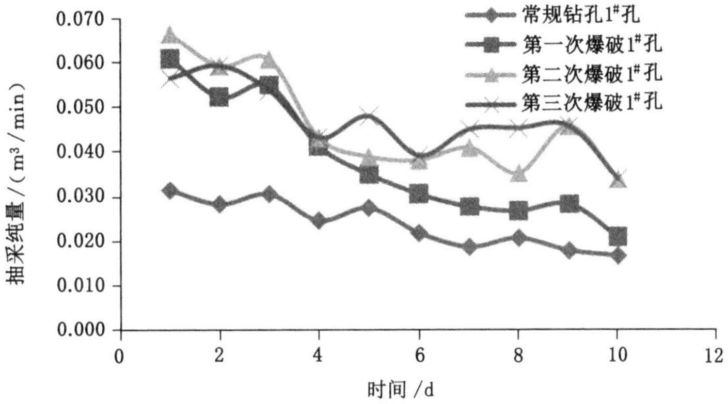


图 5-5-19 单孔 1# 孔抽采纯量变化曲线

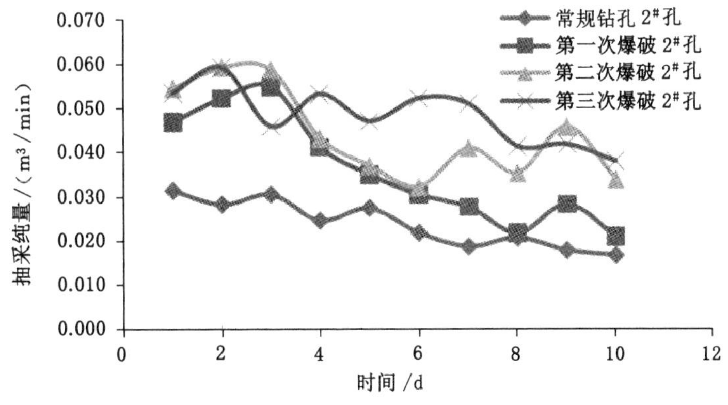


图 5-5-20 单孔 2# 孔抽采纯量变化曲线

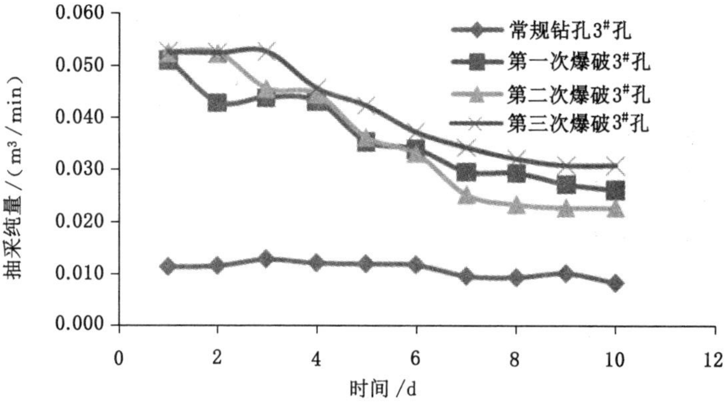


图 5-5-21 单孔 3# 孔抽采纯量变化曲线

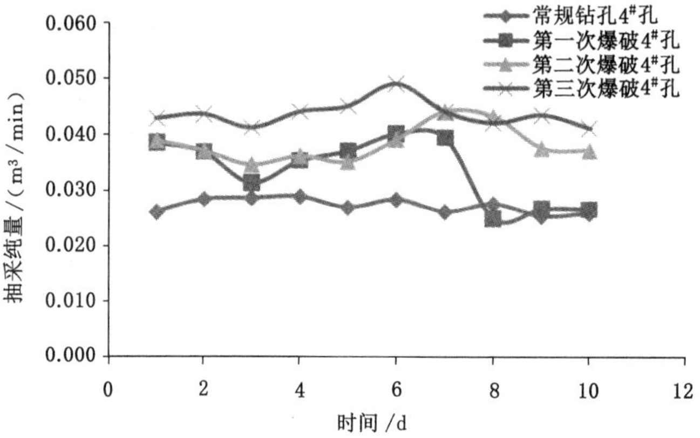


图 5-5-22 单孔 4# 孔抽采纯量变化曲线

方案中，3 次常规爆破的抽采孔抽采纯量均高于未采取爆破措施的钻孔，分别是其 1.38 倍、1.85 倍、2.00 倍，表明相变致裂试验对于增加煤层透气性、提高瓦斯抽采强度具有很好的效果。

② 相变致裂试验方案的 20 个抽采孔中，第二次深度爆破增透抽采孔的抽采纯量高于第一次常规爆破抽采孔，第三次深度爆破增透抽采孔的抽采纯量高于第二次常规爆破抽采孔。由数值模拟分析结果知，爆破管起爆后高压气体沿形成的裂隙向前传播，扩展裂隙的长度，在更大范围内形成裂隙网络，有利于提高煤层增透的范围，破坏煤层强度，增加钻孔的抽采半径，提高抽采效果。从而次一轮常规爆破钻孔周围煤体受到致裂效应的作用更强，抽采纯量高于前一轮常规爆破钻孔。所以，如能保证深孔爆破的连续性，相变致裂的效果将会有更进一步提高。

③ 在第一次和第二次爆破试验的基础上，第三次爆破选择干打眼，先打抽采孔，后打爆破孔。爆破孔施工完成后，立刻进行装药、致裂。从图 5-5-18～图 5-5-22 中可以发现，第三次爆破单孔抽采纯量数值整体高于前两次。

# 5.6 注气置换煤层瓦斯技术

利用气态物质置换解吸煤层瓦斯或利用液态物质抑制煤层瓦斯解吸来防治煤与瓦斯突出是一种探索性的瓦斯突出防治新思维，目前正处于探索研究阶段，尚没有大规模的工程实际应用。从目前国内外一些单位的初步研究结果来看，这些技术具有非常良好的市场应用前景，例如：美国煤层气开发公司向煤层中注入二氧化碳或氮气，通过置换解吸，提高了煤层甲烷采收率；中国科学院武汉岩土力学研究所在平顶山八矿通过向掘进工作面前方施工钻孔并注入空气（$N_2$ 成分 80%左右），提高了工作面前方煤体的瓦斯排放速度[35]。

从 $CH_4$、$CO_2$、$N_2$ 等多组分气体在煤体内的吸附-解吸规律出发，研究 $CO_2$、$N_2$ 等对瓦斯高压吸附平衡煤体中甲烷的置换、驱替作用特征，探索和揭示气体物质置换、驱替作用机制；以水对煤中瓦斯解吸的抑制作用为基础，研究注水湿润煤体延缓瓦斯涌出的技术，解决高瓦斯煤层掘进和生产中瓦斯涌出大，通风难以解决的难题。这两项技术的研究，将为煤矿瓦斯突出多元化综合防治提出一条新的思路[36-37]。

近年来，随着煤矿采掘深度的不断加深，采掘强度的不断加大，对瓦斯控制技术的要求也在不断提高，主要包括两方面的内容，一是为最大限度地减少矿井瓦斯涌出量而进行的多元化煤层瓦斯抽采，二是为防止煤与瓦斯突出而进行的瓦斯抽采/排放，其宗旨都是安全、快捷、高效地将煤层中的瓦斯排出来。随着瓦斯抽采和排放技术的日趋成熟，已形成了多元化、综合化的技术格局，但对于低透高突煤层，瓦斯抽采和排放仍是一个较大的技术难题。20 世纪末，随着美国圣胡安盆地将 $CO_2$ 注入煤层以提高煤层气采收率实验的成功，人们逐渐开始关注煤对包括 $CH_4$ 在内的多元气体吸附-解吸的理论和实验研究，并有望将其应用、推广到煤与瓦斯突出防治的煤层甲烷促抽、促排技术中。

## 5.6.1 增透机理及装备

### 5.6.1.1 注气置换瓦斯技术原理

煤是一种由碳原子构成的有机固体，煤体相内的每一个碳原子都被其四周的碳原子所吸引，处于受力平衡的状态[38-39]。孔隙表面的碳原子在煤孔隙表面形成时，则至少有一侧是空的，即出现了碳原子受力不平衡的状态，煤便具有了表面自由能，因此，根据能量最低原理，当煤体孔隙中有气体分子存在时，就会被煤的表面所吸附，以尽快地达到一种平衡状态。由于气体分子的吸附过程是放热的，脱附过程是吸热的，如果处于吸附状态的气体分子要离开煤的表面成为自由气体，就必须至少获得其吸附时损失的那一部分能量（称之为吸附势阱深度或吸附势垒）。吸附势阱深度与气体分子的极化率和电离势有关，当气体分子的极化率和电离势越大时，其诱导力和色散力越大，则吸附势阱越深。

（1）注入气体降低 $CH_4$ 分压的作用机理

当向煤体内注入某种气体时，会产生两种气体的吸附或解吸，根据吸附平衡理论，这种情况下煤对 $CH_4$ 组分吸附平衡的计算可用扩展的朗缪尔方程进行描述

$$V_1 = \frac{a_1 b_1 p_1}{1 + b_1 p_1 + b_2 p_2} \tag{5-6-1}$$

式中 $V_1$——$CH_4$ 在 $p_1$ 下的吸附量，$m^3/t$；

$a_1$——$CH_4$ 的吸附常数，$m^3/t$；

$b_1$，$b_2$——分别为 $CH_4$ 和注入气体的吸附常数，$MPa^{-1}$；

$p_1$，$p_2$——分别为 $CH_4$ 和注入气体的分压，MPa。

由于 $CH_4$ 在煤中的解吸主要受 $CH_4$ 分压 $p_1$ 控制，而不是受储层系统总压力（$p_1+p_2$）所控制，在煤层中 $CH_4$ 总量不增加的情况下，注入气体后，在煤层总压力保持不变的情况下，$CH_4$ 的分压 $p_1$ 降低，即式(5-6-1)中的分子 $a_1b_1p_1$ 变小，此时 $CH_4$ 的吸附量 $V_1$ 减小，以达到其分压下的平衡。

$CH_4$ 吸附不饱和，说明 $CH_4$ 分子并没有占据所有的吸附位，尚有富余的空吸附位，$CH_4$ 分子可以随时进入游离相中，同时游离相中的 $CH_4$ 分子也会重新吸附到空吸附位上，从煤的表面吸附位来看，表现为 $CH_4$ 在空吸附位间的移动，如图 5-6-1 所示。当 $N_2$ 进入煤体表面附近的游离相中时，一些空的吸附位被 $N_2$ 分子占据，使 $CH_4$ 在空吸附位之间的这种移动受到阻碍，虽然 $CH_4$ 的吸附能力强，可以将 $N_2$ 置换出来，但是 $N_2$ 的介入起到了一定的阻碍作用，从而降低了 $CH_4$ 分子重新回到吸附位的机会。从这个角度来说，也可以理解为 $N_2$ 对 $CH_4$ 的置换作用，只是这个置换作用比较弱而已。

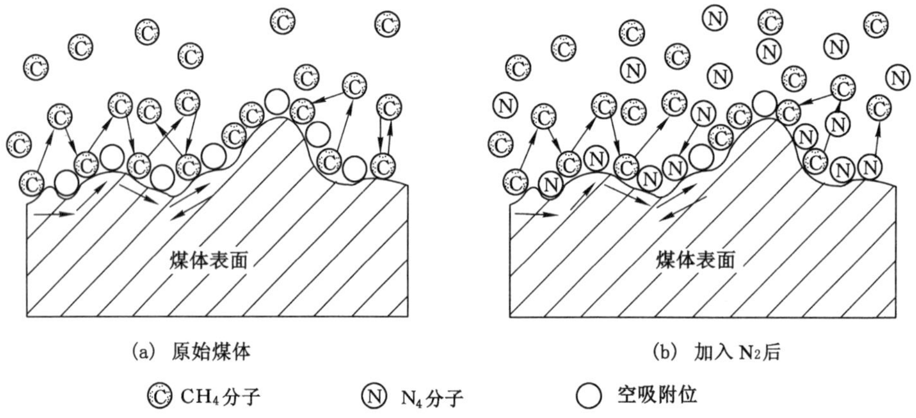


图 5-6-1 煤体表面吸附动态平衡，$N_2$ 占据吸附位示意图

(2) 注入气体的筛滤吸附置换作用机理

由于煤层中存在着丰富的大小不等的孔隙和裂隙结构，直径不同的气体分子能够进入的孔隙大小不同，故直径相对较大的气体分子就不能够进入煤的超细微孔隙之中。而当注入的气体分子直径较小时，便可进入相对更小的微孔隙中，从而将大直径分子挡在孔隙之外。煤层基质就好比一个筛子，可以过滤不同大小的气体分子，这种作用被称为煤体对气体分子的筛滤吸附作用。

当较小直径分子进入煤体超细微孔隙后，煤体表面自由能或表面张力降低，此时的煤体对较大直径分子的吸引力便会降低，甚至会引起对已吸附的较大直径分子的解吸，这种作用被称为注入气体的筛滤吸附置换作用。

(3) 注气提高 $CH_4$ 扩散-渗流速度的作用机理

煤体被看作孔隙-裂隙双重介质，在孔隙系统中吸附状态的 $CH_4$ 扩散，裂隙系统中游离状态的 $CH_4$ 渗流。一般情况下，扩散和渗流是一个同步并有质量交换的并联质量传递过程。孔隙裂隙煤层没有受到采掘影响时，吸附和游离状态的 $CH_4$ 处于一种动态平衡状态，宏观上没有物质传递。一旦煤炭被采出或钻孔使煤壁暴露在低压自由气体环境中，在浓度差和压力差作用下，孔隙裂隙煤层中的 $CH_4$ 就会产生迁移运动，其运动模式如图 5-6-2所示。其中，吸附态 $CH_4$ 在孔隙中的扩散过程满足菲克定律，游离态 $CH_4$ 在裂隙中的渗流过程满足达西定律。

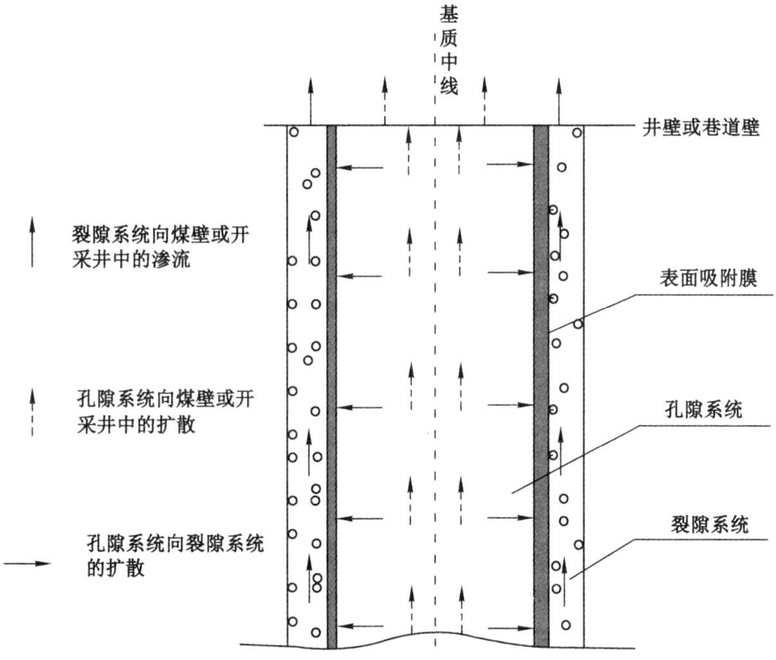


图 5-6-2　煤层中 $CH_4$ 的运动模式

① 根据菲克定律，在扩散体系中流体分子由高浓度向低浓度运动，流体的扩散速度与流体的浓度梯度呈线性正比关系。

在煤层孔隙系统中，当 $CH_4$ 的浓度差不足以发生扩散运动时，扩散运动就会处于一种平衡状态。而向煤层中注入气体时，打破了这种平衡，煤层中发生了两种气体的扩散运动：一方面裂隙中 $CH_4$ 被注入的气流稀释，$CH_4$ 浓度随之降低，孔隙内的吸附 $CH_4$ 能迅速扩散到裂隙系统中，并陆续被注入气流带走；另一方面，在注气前，孔隙内的注入气体的浓度为零，注气过程中，随着裂隙中注入气体浓度的增大，使得裂隙系统和孔隙系统之间存在较大的浓度差，从而使注入气体向孔隙内部扩散，并部分吸附于煤层表面，从而降低了煤层中 $CH_4$ 含量。

② 根据达西定律，在煤层裂隙中气体的流动以渗流为主，其渗流速度与压力梯度成

正比。

游离 $CH_4$ 在煤体中流动时，在 $CH_4$ 压力梯度的驱动下，煤层 $CH_4$ 从高压力区向压力较低的暴露面（煤壁或钻孔壁）自然流动，随着 $CH_4$ 的排出，压力梯度逐渐下降。当 $CH_4$ 压力梯度所提供动力不足以克服 $CH_4$ 流动阻力时，煤层裂隙中的游离 $CH_4$ 就处于“停滞”状态。气体注入煤体后，其压力高于煤层 $CH_4$ 压力，提供了渗流所需的能量，使滞留在裂隙中的 $CH_4$ 重新获得了流动动力，开始进行渗流运动，大量的 $CH_4$ 流出煤层。

（4）注气压裂增透煤体作用机理

构成煤的裂隙-孔隙二重介质实际上是一个具有一定压缩性的系统，水力压裂技术就是在注水压力较大（一般超过上覆地层应力）的情况下，将煤体的闭合裂隙压开，从而产生新的裂隙，并加入一些河砂、核桃壳等支撑剂，以防止注水后这些新的裂隙重新闭合。与此相似，当较大压力的气体注入煤层后，煤层被压裂也会形成新的裂隙，从而增大了煤层的透气性，在边注气边抽采（排放）的情况下，源源不断的气体又很好地维持着新形成的裂隙，使其不至于重新闭合，$CH_4$ 更容易流出煤层。当向深部岩体注入气体的压力大于 80 MPa 以后，注气压裂深部岩体是可行的，注气产生的拉应力的作用会导致裂纹生产张性破坏。但当煤层注气压力较低（如井下压风系统注气）时，其压裂增透的作用比较小。

此外，$CH_4$ 从煤层中解吸出来，被抽走或者排放以后，煤层会出现收缩变形的现象，此时煤层的渗流通道就会缩小甚至闭合，当有一定压力的气流进入煤层后，可以降低渗流通道的闭合程度，注气压力过大时，就会出现前述的压裂现象。

#### 5.6.1.2 注气置换装备

井下注气如果采用低压注气，可以有效地利用井下压风系统，但是如果采用高压注气，就应该建立井下移动式空气压缩系统，如图 5-6-3 所示。

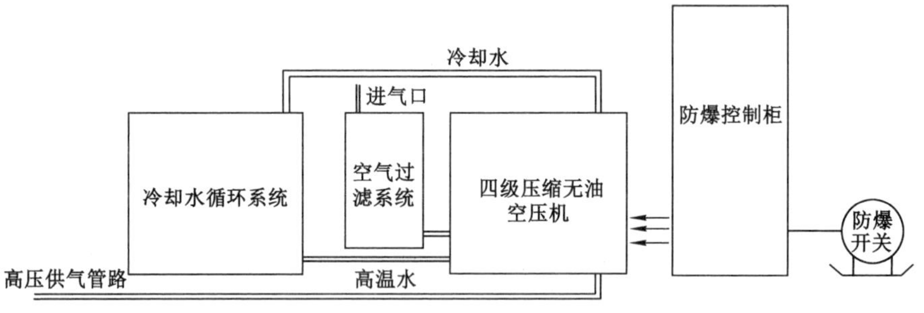


图 5-6-3　井下高压注气系统构成

空压机选用“V”型四级压缩无油型空气压缩机，它的电气控制柜为防爆型，可用于井下易燃、易爆危险场所。空压机实物如图 5-6-4 所示。

VW-3/170 型空气压缩机的技术参数如下：

出口额定压力：17.0 MPa。

进口吸气流量：3.0 $m^3$/min(0.1 MPa)。

高压供气管路耐压：40.0 MPa。

图 5-6-4　VW-3/170 型井下防爆型移动式空气压缩机

尺寸：2 700 mm×1 700 mm×1 650 mm。

功率：375 kW。

电压等级：AC 660 V。

## 5.6.2　现场应用及效果考察

5.6.2.1　*石港公司注气置换瓦斯技术及应用*

（1）试验地点

石港公司位于左权县城北 13 km 处，原为左权县县营煤矿，行政区划属左权县寒王乡管辖。该矿井始建于 1958 年，1972 年经过技术改造，采用一对斜井开拓，开采 15# 煤层，现生产能力为 150 kt/a。

井田内为单斜构造，地层倾角较小，仅发育一条断层、三个陷落柱，构造简单属一类。断层由井田外延伸而来，落差小，近于尖灭，区外有四条断层，落差也较小，从区域和井田来看，岩层完整，预计构造对煤层、煤质、水文地质及其他开采技术条件不产生较大影响。本井田及周围无岩浆岩活动。

井田内主采 15# 煤层，该煤层厚度 6.75～8.22 m，平均 7.40 m，厚度变异系数 4.9%，结构简单，含夹矸 1~4 层，夹矸岩性为碳质泥岩。顶板岩性为泥岩、砂质泥岩、石灰岩，底板为泥岩、铝质泥岩。

矿井开拓方式采用混合斜井、主斜井、瓦斯管路斜井、回风立井的混合开拓方式。井底车场位于＋913 m 标高，并在＋913 m 开采水平布置运输大巷、回风大巷和轨道大巷。整个井田分为两个采区，采用放顶煤开采。

石港公司属突出矿井，工作面突出危险性预测采用钻屑解吸指标 $K_1$ 值和 $S$ 值，其临界值为 $K_1=0.5$ mL/(g·min$^{0.5}$)，$S=6$ kg/m，同时观测软分层厚度和煤的破坏类型。

（2）注气有效影响半径的测试结果

针对石港公司 15# 煤层，利用钻孔流量法，测试注空气有效影响半径。测试原则为：

注气后，如果某一个钻孔连续3次测定的混合流量都比注气前测定的流量增加30%，则认为该测试孔处于注气孔的有效影响半径之内。符合该条件的测量孔距注气孔的最远距离即为注气孔的有效影响半径。测试结果如表5-6-1所列。

**表5-6-1　注气半径测试结果**

| 矿井 | 地点 | 煤层 | 透气性系数/[$m^2/(MPa^2 \cdot d)$] | 注气压力/MPa | 注气流量/(L/min) | 注气时间/h | 注气半径/m |
|---|---|---|---|---|---|---|---|
| 石港 | 15105工作面切巷 | 15# | 0.104 5 | 0.6 | 57.37 | 8.82 | 2 |
| | 15107进风顺槽 | 15# | | 0.6 | 10.42 | 4 | 1.7 |
| | 南翼回风巷帮钻场 | 15# | | 1～3 | 0.24～9.87 | 4.5 | 1.9 |

(3) 掘进工作面迎头注空气＋抽采工艺试验效果

2009-1-16～2009-2-4期间，在15107进风顺槽掘进工作面迎头进行了19 d的单一抽采试验；2009-2-10～2009-3-2，在同一地点进行了19 d的注空气＋抽采现场试验，两组试验的观测数据见表5-6-2。

1) 不注气条件

不注气的条件下，经19 d抽采后，抽采量由0.216 $m^3/min$降到0.122 $m^3/min$，衰减到初始的57%，此间共抽采瓦斯5 407.718 $m^3$，平均抽采量为284.617 $m^3/d$。

2) 边注边抽

与上述单一抽采19 d的效果相比，同一地点进行边注边抽19 d后，与注气前单抽工艺相比，瓦斯抽采量不但没有减小反而有所增加，由单抽的0.226 $m^3/min$增加到0.315 $m^3/min$，增加了39.1%；抽采钻孔平均混合流量由1.589 $m^3/min$增加到11.977 $m^3/min$，增加了6.536倍；平均每天瓦斯抽采量由284.617 $m^3$增加到586.832 $m^3$，增加了1.062倍。19 d内共抽采瓦斯11 149.813 $m^3$。照此计算，单一抽采条件下19 d的抽采量，采用边注边抽方法只需要9 d左右的时间，效率提高1倍以上。详细对比可见表5-6-3和图5-6-5。

**表5-6-2　单一抽采和边注边抽工艺瓦斯抽采量观测结果对比**

| 单一抽采 | | | | 边注边抽 | | | |
|---|---|---|---|---|---|---|---|
| 日期 | 混合流量/($m^3/min$) | 浓度/% | 纯量/($m^3/min$) | 日期 | 混合流量/($m^3/min$) | 浓度/% | 纯量/($m^3/min$) |
| 1-16 | 1.268 | 17 | 0.216 | 2-10 | 2.263 | 10 | 0.226 |
| 1-17 | 1.453 | 16 | 0.232 | 2-11 | 2.204 | 16 | 0.353 |
| 1-18 | 1.125 | 20 | 0.225 | 2-12 | 2.135 | 15.6 | 0.333 |
| 1-19 | 1.254 | 16 | 0.201 | 2-13 | 2.703 | 13.5 | 0.365 |
| 1-20 | 1.463 | 16 | 0.234 | 2-14 | 3.615 | 11.333 | 0.410 |
| 1-21 | 1.563 | 17 | 0.266 | 2-15 | 6.642 | 8.361 | 0.555 |

表 5-6-2(续)

| 单一抽采 | | | | 边注边抽 | | | |
|---|---|---|---|---|---|---|---|
| 日期 | 混合流量/($m^3$/min) | 浓度/% | 纯量/($m^3$/min) | 日期 | 混合流量/($m^3$/min) | 浓度/% | 纯量/($m^3$/min) |
| 1-22 | 1.632 | 13 | 0.212 | 2-16 | 14.333 | 3.493 | 0.501 |
| 1-23 | 1.125 | 20 | 0.225 | 2-17 | 15.667 | 3.068 | 0.481 |
| 1-24 | 1.254 | 16 | 0.201 | 2-18 | 16 | 3.586 | 0.574 |
| 1-25 | 1.463 | 16 | 0.234 | 2-21 | 18 | 1.515 | 0.273 |
| 1-26 | 1.698 | 11 | 0.187 | 2-22 | 20 | 2.825 | 0.565 |
| 1-27 | 1.895 | 7 | 0.133 | 2-23 | 13 | 2.036 | 0.265 |
| 1-28 | 1.679 | 10 | 0.168 | 2-24 | 20 | 2.765 | 0.553 |
| 1-29 | 1.957 | 10 | 0.196 | 2-25 | 18 | 2.854 | 0.514 |
| 1-30 | 1.354 | 16 | 0.217 | 2-26 | 16 | 2.362 | 0.378 |
| 2-1 | 1.634 | 10 | 0.163 | 2-27 | 15 | 2.635 | 0.395 |
| 2-2 | 2.214 | 6 | 0.133 | 2-28 | 14 | 2.725 | 0.382 |
| 2-3 | 2.136 | 9 | 0.192 | 3-1 | 13 | 2.365 | 0.307 |
| 2-4 | 2.031 | 6 | 0.122 | 3-2 | 15 | 2.098 | 0.315 |
| 平均 | 1.589 | 13.263 | 0.198 | 平均 | 11.977 | 5.743 | 0.408 |

表 5-6-3　边注边抽促排瓦斯效果对比

| 抽采统计参数 | 单一抽采 | 边注边抽 | 比率(边注边抽/单抽) |
|---|---|---|---|
| 流量衰减范围/($m^3$/min) | 0.216～0.122 | 0.266～0.315 | 衰减率:43.5%～18.42% |
| 平均混合流量/($m^3$/min) | 1.589 | 11.977 | 7.536 倍 |
| 平均每天抽采量/$m^3$ | 284.617 | 586.832 | 2.062 倍 |
| 19 d 总抽采量/$m^3$ | 5 407.718 | 11 149.813 | 2.062 倍 |

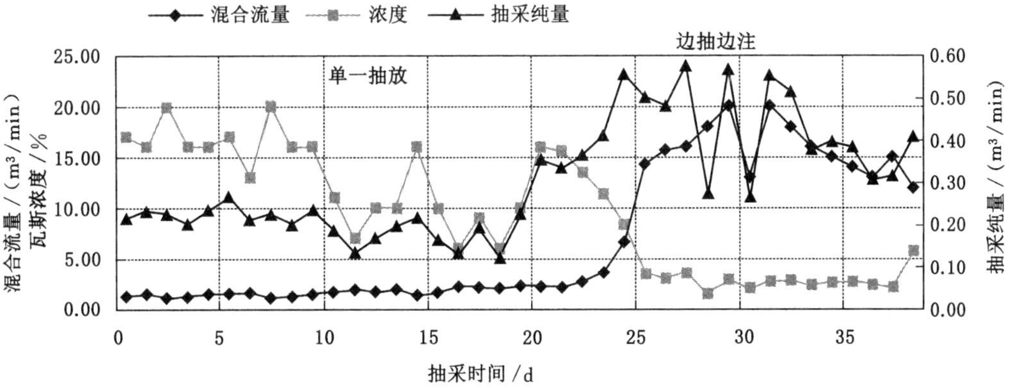


图 5-6-5　单一抽采和边注边抽效果对比

由此可见，注气加快了瓦斯抽采的速率，使煤体的瓦斯含量和压力大幅度降低，从而起到了很好的防突作用。

(4) 巷帮耳状钻场注空气＋抽采工艺试验效果

2009-4-9～2009-4-27，在巷帮钻场进行了 19 d 的注气＋抽采试验，其测试数据如表 5-6-4 所列。

**表 5-6-4　耳状钻场单一抽采和边注边抽工艺瓦斯抽采量观测结果**

| 单一抽采 | | | | 边注边抽 | | | |
|---|---|---|---|---|---|---|---|
| 日期 | 混合流量/($m^3$/min) | 浓度/% | 抽采纯量/($m^3$/min) | 日期 | 混合流量/($m^3$/min) | 浓度/% | 抽采纯量/($m^3$/min) |
| 1-16 | 1.268 | 17 | 0.216 | 4-9 | 3.369 | 7.833 | 0.264 |
| 1-17 | 1.453 | 16 | 0.232 | 4-10 | 3.135 | 9.834 | 0.308 |
| 1-18 | 1.125 | 20 | 0.225 | 4-11 | 3.222 | 8.667 | 0.279 |
| 1-19 | 1.254 | 16 | 0.201 | 4-12 | 3.207 | 8.000 | 0.257 |
| 1-20 | 1.463 | 16 | 0.234 | 4-13 | 3.097 | 8.000 | 0.248 |
| 1-21 | 1.563 | 17 | 0.266 | 4-14 | 3.230 | 7.667 | 0.248 |
| 1-22 | 1.632 | 13 | 0.212 | 4-15 | 3.470 | 13.000 | 0.451 |
| 1-23 | 1.125 | 20 | 0.225 | 4-16 | 3.551 | 6.667 | 0.237 |
| 1-24 | 1.254 | 16 | 0.201 | 4-17 | 3.771 | 12.000 | 0.453 |
| 1-25 | 1.463 | 16 | 0.234 | 4-18 | 3.735 | 11.000 | 0.411 |
| 1-26 | 1.698 | 11 | 0.187 | 4-19 | 2.699 | 11.000 | 0.297 |
| 1-27 | 1.895 | 7 | 0.133 | 4-20 | 0.961 | 18.000 | 0.173 |
| 1-28 | 1.679 | 10 | 0.168 | 4-21 | 1.119 | 22.250 | 0.249 |
| 1-29 | 1.957 | 10 | 0.196 | 4-22 | 1.123 | 23.500 | 0.264 |
| 1-30 | 1.354 | 16 | 0.217 | 4-23 | 3.477 | 12.000 | 0.417 |
| 2-1 | 1.634 | 10 | 0.163 | 4-24 | 3.879 | 13.250 | 0.514 |
| 2-2 | 2.214 | 6 | 0.133 | 4-25 | 3.771 | 11.000 | 0.415 |
| 2-3 | 2.136 | 9 | 0.192 | 4-26 | 3.494 | 11.500 | 0.402 |
| 2-4 | 2.031 | 6 | 0.122 | 4-27 | 2.672 | 9.500 | 0.254 |
| 平均 | 1.589 | 13.263 | 0.198 | 平均 | 2.999 | 11.825 | 0.323 |

① 边注边抽效果

a. 经 19 d 边注边抽后，钻孔的瓦斯抽采纯量由 0.264 $m^3$/min 减小到0.254 $m^3$/min，仅减小了 3%。

b. 由于注气孔太深，注气后抽采钻孔混合流量增加幅度比较小，平均 2.999 $m^3$/min。

c. 单轴 19 d 内，平均瓦斯抽采量为 465.275 $m^3$/d。

d. 19 d 内，共抽采瓦斯8 840.217 $m^3$。

e. 若抽采与单抽试验相同的瓦斯量，边注边抽只需要 12 d 左右。

② 边注边抽和单抽措施效果对比

边注边抽和单抽措施效果综合统计分析对比如表 5-6-5 和图 5-6-6 所示。

**表 5-6-5　耳状钻场边注边抽测试效果对比汇总表**

| 抽采统计参数 | 单一抽采 | 边注边抽 | 比率(边注边抽/单抽) |
|---|---|---|---|
| 流量衰减范围/($m^3$/min) | 0.216～0.122 | 0.264～0.254 | 衰减率:43.5%,3.78% |
| 平均混合流量/($m^3$/min) | 1.589 | 2.999 | 1.89 倍 |
| 平均瓦斯浓度/% | 13.263 | 11.825 | 89% |
| 平均抽采纯量/($m^3$/min) | 0.198 | 0.323 | 1.63 倍 |

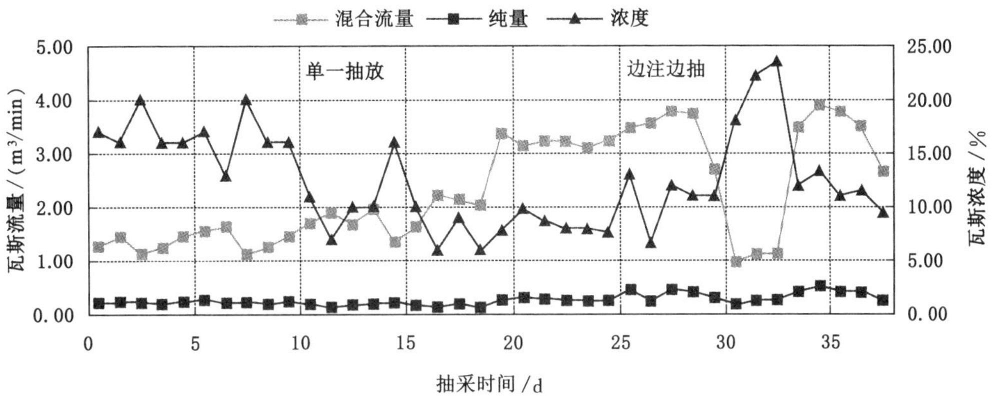


图 5-6-6　耳状钻场边注边抽措施效果对比

(5) 巷帮顺层钻孔高压(1～3 MPa)注空气＋抽采试验效果

巷帮顺层钻孔注气时，利用井下移动式空气压缩机供给高压空气，供气压力可达 20 MPa，考虑到管路和煤层能够承受的压力有限，为安全起见，注气压力控制在 4.0 MPa 以下。

试验巷帮顺层钻孔注气＋抽采试验时间及地点如表 5-6-6 所列。

**表 5-6-6　巷帮顺层钻孔注气＋抽采试验时间及地点**

| 试验序号 | 试验时间 | 试验地点 |
|---|---|---|
| 第一组 | 2009-9-26～2009-9-30 | 石港公司南翼回风巷巷帮钻场 1 |
| 第二组 | 2009-10-8～2009-10-10 | 石港公司南翼回风巷巷帮钻场 2 |
| 第三组 | 2009-10-13～2009-10-15 | 石港公司南翼回风巷巷帮钻场 3 |
| 第四组 | 2009-10-16～ 2009-10-18 | 石港公司南翼回风巷巷帮钻场 3 |

以上 4 组试验获得的抽排效果有：

① 注气后预抽纯瓦斯流量增加 4.54～24.57 倍。

② 注气后抽排纯瓦斯量增加 1.95～25.33 倍。

③ 注气后钻场抽采总管瓦斯浓度下降 80%～90%。

④ 随着注气压力的增加，总管路中的混合瓦斯流量依次增加，近似符合以下线性关系：$Y=0.178X+0.04$，$R^2=0.834$。

⑤ 措施后校检指标 $K_1$ 都降到 0.5 mL/(g · $min^{0.5}$)以下。

⑥ 注气压力越大,注气影响范围和注气促抽瓦斯量越大。

(6) 纯 $N_2/CO_2$ 气置换试验效果

2009-10-21～2009-10-26 期间,在南翼回风巷与一区轨道巷横贯内及一区轨道巷钻场内进行纯 $N_2/CO_2$ 注气试验。

利用钢瓶向煤层注入纯 $N_2$ 或纯 $CO_2$ 时,从煤层瓦斯含量的变化和煤层气成分的变化上来看,该措施有明显的置换效果,比空气置换效果好;但是从煤层宏观上看,由于其注气量和注气时间有限,整体置换效果不如空气。

(7) 试验结论

① 石港公司 15# 煤层压风注气的有效半径为 1.7～2.0 m。对于迎头注气+抽采措施,注气后抽采钻孔混合流量与单抽相比增加了 1.887～8.527倍,瓦斯纯量增加了 1.635～2.062倍;单抽 19 d 的抽采效果,边注边抽只要 10 d 左右就可以达到,抽排瓦斯效率大约提高了 100%。

② 对于巷帮耳状钻场边注边抽工艺措施,瓦斯混合流量提高了 89%,瓦斯纯流量提高了 63%;19 d 的单抽采量,该措施只需 12 d 左右就可以达到。

③ 巷帮顺层钻孔高压注气的试验结果表明,注气后瓦斯纯流量增加 4.54～24.57 倍,累计抽排纯瓦斯量增加 1.95～25.33 倍。

④ 利用钢瓶向煤层注入纯 $N_2$ 或纯 $CO_2$ 时,从煤层瓦斯含量和成分的变化上来看,该措施有明显的置换效果,比空气置换效果好;但是从煤层宏观上看,由于其注气量和注气时间有限,整体置换效果不如空气。

(8) 经济社会效益

对于石港公司,注气促排瓦斯的经济效益主要体现在以下 3 个方面:

① 节省施工钻孔工程量;

② 有效降低了防突费用;

③ 缩短消突周期,增加掘进进尺。

注气+辅助防突措施,这种注气配合预抽、自然排放的"促抽促排"瓦斯防突技术,可以节省大量的人力、财力、物力,提高工作效率,对矿井瓦斯实现安全治理及高效生产具有重要的意义。

#### 5.6.2.2 寺家庄公司注气置换瓦斯技术及应用

(1) 试验地点

寺家庄公司位于昔阳县境内,矿井工业场地在县城西南约 7 km 处,昔阳县城距阳泉市约 30 km。井田含煤地层包括石炭系中统本溪组、石炭系上统太原组、二迭系下统山西组,其中主要含煤地层为石炭系上统太原组及二迭系下统山西组(平均厚约 60 m),含煤地层总厚 168.24 m,共含煤 18 层,煤层总厚 13.46 m,含煤系数约 8%。井田内可采煤层共 4 层,分别为 6#、8#、9#、15# 煤层,其中 15# 煤层全井田可采。

本井田基本呈一单斜构造,构造复杂程度中等。井田走向为西北,向西南倾斜,地层比较平缓,倾角一般为 5°～10°,局部褶曲地段倾角 12°～20°,区内以背、向斜交替出现的褶曲构造为主;断层较少,一般落差多在 20 m 以内;井田北部陷落柱较发育,对煤层破坏较为严重。从整个井田来看，构造复杂程度中等。

矿井开拓方式采用主斜井、副立井、立风井的混合开拓方式。井底车场标高＋505 m。沿主斜井井底南北向布置 3 条大巷，分别为胶带机大巷、辅助运输大巷及回风大巷，其中胶带机大巷及回风大巷沿煤层布置，辅助运输大巷沿煤层底板（局部穿层）布置。整个井田共划分为 9 个盘区，首采盘区选择在中央盘区及南一盘区。初期沿大巷两侧分别在中央盘区和南一盘区各布置一个工作面，中央盘区为双翼开采，南一盘区以单翼开采为主，局部为双翼开采。

寺家庄公司为突出矿井，其掘进工作面和采煤工作面突出危险性预测采用钻屑解吸指标 $K_1$ 值和 $S$ 值，其临界值为 $K_1=0.5$ mL/(g · min$^{0.5}$)，$S=6$ kg/m；同时观测软分层厚度和煤的破坏类型。

由于现场试验条件的限制，在寺家庄公司只进行了注气影响半径和注气＋自然排放的试验。

（2）注气影响半径测定

① 所有孔（注气孔和测试孔）自然瓦斯流量衰减到规定的稳定值后，注气封孔，封孔长度 4 m，确保封孔质量。

② 封孔 0.5 h 后开始注气，压力由小到大逐渐缓慢增加，直到目标注气压力。当压力增加过程中发现异常现象（如煤炮声、喷孔等）立刻停止升压，并减小注气压力，必要时终止试验。

③ 每隔 10 min 测定各测试孔的瓦斯流量，随后立即测试钻孔瓦斯浓度，并详细记录测定时间。

④ 当测定的钻孔瓦斯自然流量值变化率连续 5 次都小于 5%时，停止测定。

⑤ 目标注气压力分别为：0.2 MPa，0.4 MPa，0.5 MPa。

（3）试验结果及分析

1）注气前后瓦斯流量变化规律

注气前后各测试孔注气效果汇总如表 5-6-7 所列。

**表 5-6-7　注气效果测试结果汇总表**

| 测试孔号 | 距注气孔距离/m | 注气压力/MPa | 混合流量/(mL/min) | 瓦斯浓度/% | 纯瓦斯流量/(mL/min) |
|---|---|---|---|---|---|
| 1# | 0.7 | 注气前 | 0.00 | 100 | 0.00 |
| | | 0.17 | 9.340 | 25 | 2.335 |
| | | 0.38 | 26.170 | 17 | 4.449 |
| | | 0.52 | 超过量程 | 9 | |
| 2# | 1.2 | 注气前 | 0.00 | 100 | 0.00 |
| | | 0.17 | 0.042 | 45 | 0.019 |
| | | 0.38 | 0.066 | 30 | 0.020 |
| | | 0.52 | 0.091 | 21 | 0.019 |

表 5-6-7(续)

| 测试孔号 | 距注气孔距离/m | 注气压力/MPa | 混合流量/(mL/min) | 瓦斯浓度/% | 纯瓦斯流量/(mL/min) |
|---|---|---|---|---|---|
| 3# | 2.0 | 注气前 | 0.048 | 100 | 0.048 |
| | | 0.17 | 0.048 | 100 | 0.048 |
| | | 0.38 | 0.056 | 98 | 0.055 |
| | | 0.52 | 0.063 | 90 | 0.056 |
| 4# | 2.3 | 注气前 | 0.044 | 100 | 0.044 |
| | | 0.17 | 0.039 | 100 | 0.039 |
| | | 0.38 | 0.044 | 95 | 0.042 |
| | | 0.52 | 0.054 | 85 | 0.046 |

① 距注气孔 0.7 m 处测试孔流量变化规律

1# 测试孔距注气孔 0.7 m，它注气前后流量的变化如图 5-6-7 所示。

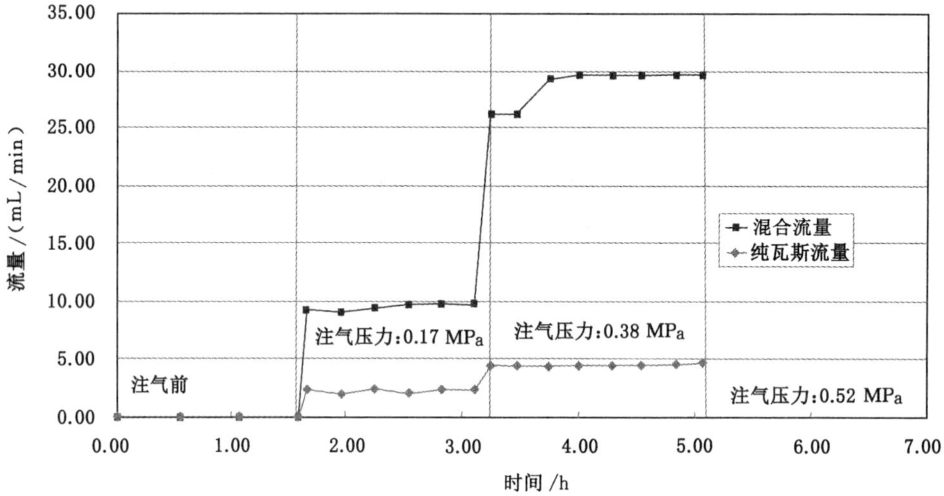


图 5-6-7　1# 测试孔(距注气孔 0.7 m)注气前后流量变化情况

测试结果表明：

a. 注气前，1# 测试孔自然流量为零。

b. 注气后，注气压力为 0.17 MPa 时，1# 测试钻孔混合流量急剧增加到 9.340 mL/min，最后稳定在 9.800 mL/min 左右；注气压力为 0.38 MPa 时，1# 测试钻孔混合流量增加到 26.157 mL/min，最后稳定在 29.700 mL/min 左右；注气压力为 0.52 MPa 时，1# 测试钻孔混合流量已超过孔板流量计的量程，无法测量。

c. 注气前，1# 测试钻孔纯瓦斯流量为零。注气后，当注气压力为 0.17 MPa 时，1# 测试钻孔纯瓦斯流量急剧增加到 2.335 mL/min，最后稳定在 2.600 mL/min 左右；注气压力为 0.38 MPa 时，1[#] 测试钻孔纯瓦斯流量增加到 4.449 mL/min，最后稳定在 4.500 mL/min左右；注气压力为 0.52 MPa 时，无法测量。

d. 采用注气措施后，在注气压力为 0.17 MPa 的 1.5 h 内，累计排放纯瓦斯 0.18 $m^3$；注气压力为 0.38 MPa 的 1.6 h 内，累计排放纯瓦斯 0.43 $m^3$。注气排放瓦斯的效果显著。

e. 1[#] 测试钻孔纯瓦斯流量随着注气压力的增加而增大。

② 距注气孔 1.0 m 处测试孔流量变化规律

2[#] 测试孔距注气孔 1.2 m，其注气前后流量的变化如图 5-6-8 所示。

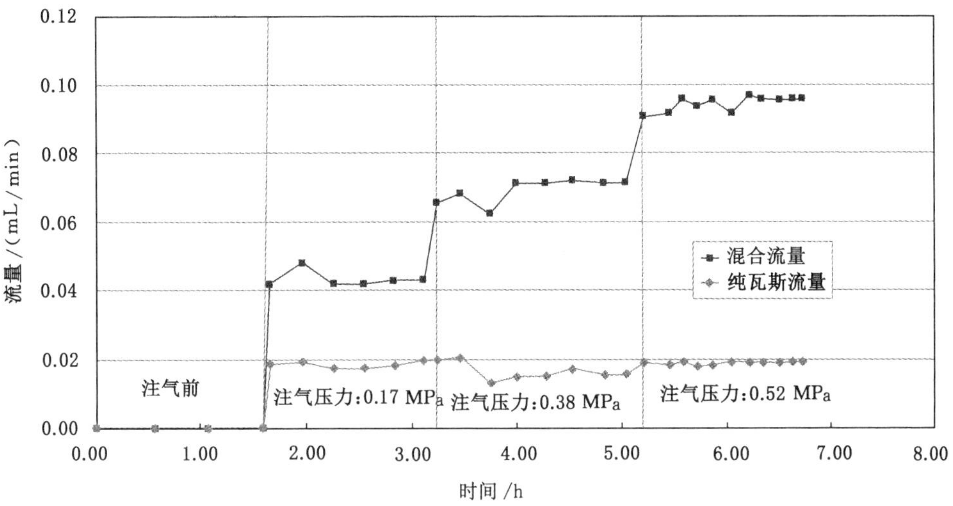


图 5-6-8　2[#] 测试孔(距注气孔 1.2 m)注气前后流量变化情况

测试结果表明：

a. 注气前，2[#] 测试孔自然流量为零。

b. 注气后，注气压力为 0.17 MPa 时，2[#] 测试孔混合流量增加到 0.042 mL/min，最后稳定在 0.043 mL/min 左右；注气压力为 0.38 MPa 时，2[#] 测试孔混合流量增加到 0.066 mL/min，最后稳定在 0.071 mL/min 左右；注气压力为 0.52 MPa 时，2[#] 测试孔混合流量增加到 0.091 mL/min，最后稳定在 0.096 mL/min 左右。

c. 注气前，2[#] 测试钻孔纯瓦斯流量为零。注气后，注气压力为 0.17 MPa 时，2[#] 测试孔纯瓦斯流量增加到平均 0.020 mL/min；注气压力为 0.38 MPa 时，2[#] 测试孔纯瓦斯流量平均为 0.019 mL/min；注气压力为 0.52 MPa 时，2[#] 测试钻孔纯瓦斯流量增加到平均 0.020 mL/min。

d. 采用注气措施后，在注气压力为 0.17 MPa 的 1.5 h 内，累计排放纯瓦斯 0.001 6 $m^3$；注气压力为 0.38 MPa 的 1.6 h 内，累计排放纯瓦斯 0.001 7 $m^3$；注气压力为 0.52 MPa 的 1.5 h内，累计排放纯瓦斯 0.001 8 $m^3$。注气排放瓦斯的效果比较显著。

e. 2[#] 测试孔纯瓦斯流量随着注气压力的增加变化不大。

③ 距注气孔 2.0 m 和 2.3 m 处测试孔流量变化规律

3[#] 测试孔距注气孔 2.0 m，4[#] 测试孔距注气孔 2.3 m，它们注气前后流量变化不大，分别如图 5-6-9、图 5-6-10 所示。

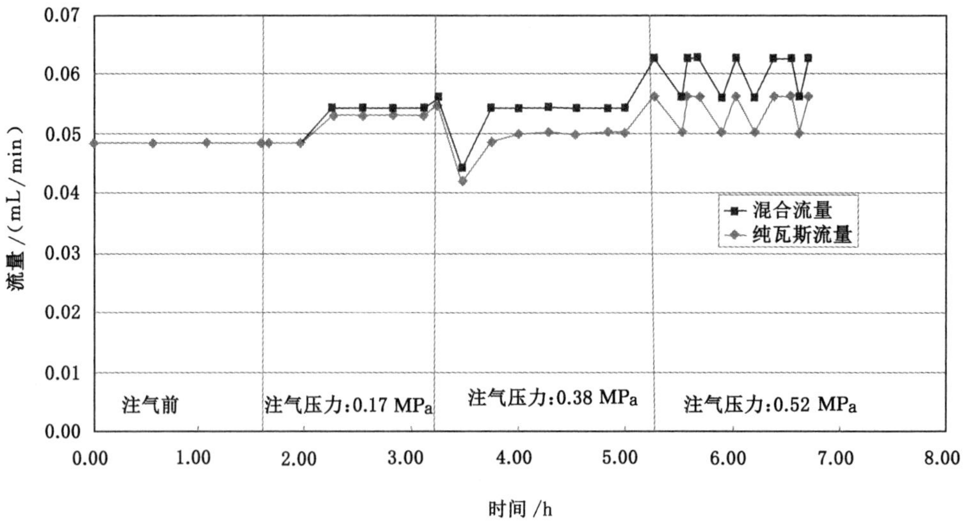


图 5-6-9　3[#] 测试孔(距注气孔 2.0 m)注气前后流量变化情况

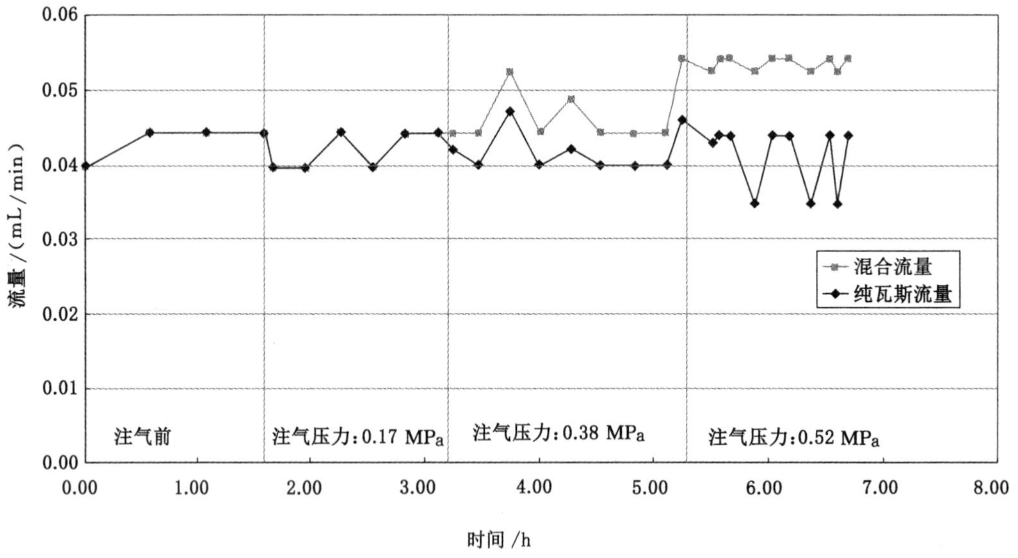


图 5-6-10　4[#] 测试孔(距注气孔 2.3 m)注气前后流量变化情况

2）注气前后校检指标变化规律

注气前后校检指标 $K_1$ 值测试结果如表 5-6-8 所列。

表 5-6-8 注气前后校检指标统计表

| 孔深/m | 预测 $K_1$ 值/[mL/(g·min$^{0.5}$)] | 校检 $K_1$ 值/[mL/(g·min$^{0.5}$)] |
|---|---|---|
| 2 | 0.9 | 0.26 |
| 4 | 0.78 | 0.28 |
| 6 | 0.83 | 0.39 |
| 8 | 1.07 | 0.46 |

由表 5-6-8 可知:实施注气后校检指标 $K_1$ 值均降到 0.5 mL/(g·min$^{0.5}$)以下。

3) 注气前后煤层瓦斯含量变化规律

注气前后煤层的瓦斯含量测定结果如表 5-6-9 所示。

表 5-6-9 注气前后煤样瓦斯含量测定特征参数

| 取样位置 | 瓦斯含量/($m^3$/t) | 自然瓦斯成分/% |
|---|---|---|
| 注气前 12 m | 6.62 | $CH_4$,90.31%;$N_2$,9.69% |
| 注气后 12 m | 4.58 | $CH_4$,60.89%;$N_2$,39.11% |

由表 5-6-9 可知:注气前后解吸的瓦斯含量和瓦斯浓度发生了十分明显的变化,注气前煤层平均瓦斯含量为 6.62 $m^3$/t,注气后煤层瓦斯含量为 4.58 $m^3$/t,降低了 30.82%;注气前自然瓦斯 $CH_4$ 含量 90.31%、$N_2$ 含量 9.69%,注气后自然瓦斯成分变为 $CH_4$ 含量 60.89%、$N_2$ 含量 39.11%,$CH_4$ 浓度降低了 32.58%。由此可知,注气措施表现出明显的气体置换效应。

(4) 结论

① 注气压力≤0.6 MPa 时,注气影响半径为 1.2 m(不大于 2.0 m);

② 在注气影响范围内,注气后测试钻孔纯瓦斯流量明显增加,最大增加幅度由注气前的 0.00 mL/min 增加到 4.756 2 mL/min;

③ 注气后 1.5 h,校检指标 $K_1$ 值就降到 0.5 mL/(g·min$^{0.5}$)以下;

④ 注气后,煤体瓦斯残存含量降低 30.82%,$CH_4$ 成分降低 32.58%;

⑤ 以上指标的考察说明注气+自然排放有良好的防突效果。

#### 5.6.2.3 新景矿工业性试验

(1) 试验地点

新景矿井田位于阳泉市区西部,距阳泉市中心 11 km,东南部为辛兴煤矿和神堂嘴煤矿,东部及东北部为三矿井田,北部为一矿井田,西部为七里河井田,西南部为保安煤矿,南部为二矿井田。井田东西走向长 10.5 km,南北宽 8.5 km,井田面积 59.3 $km^2$。井田煤层贮藏稳定,均为优质无烟煤。地质储量 12.08 亿 t,可采储量 7.90 亿 t。

区内主要含煤地层为上石炭系太原组和下二叠系山西组,煤系地层总厚度平均为 181.0 m,煤层总厚度平均 18.63 m,含煤系数为 10.3%。其中:山西组含煤 6 层,地层总厚 56 m,煤层总厚 5.64 m,含煤系数为 10.1%;太原组含煤 13 层,地层总厚度为 125 m,煤层总厚 12.99 m，含煤系数 10.4%。在众多煤层中，其中稳定的具全区可采的有 2 层（3[#]、15[#]），较稳定局部可采的 4 层（6[#]、8[#]、9[#]、12[#]），不稳定的局部可采煤层 3 层（$8^{\#}_{上}$、13[#]、$15^{\#}_{下}$）。

本井田位于阳泉矿区的大单斜构造体西部，在此单斜面上次一级的褶皱构造比较发育。本区断层不太发育，大中型断层极少，只是在芦湖村西的 3-56 号钻孔中发现一条落差为 22 m 的逆断层，开采过程中揭露断层多数属落差小于 5.0 m 的层间小断层，这些小断层一般成群出现，均系褶皱过程中产生层间滑动时生成，主要受褶皱构造的控制。

矿井开拓方式采用主斜井、副立井、分煤组、分区通风的开拓方式。设计两个水平，一水平高程＋525 m，二水平高程＋420 m。现开采水平为＋525 m 水平。整个井田经线 86600 以东划分两个条带两个分区，即南条带的芦湖南分区和中条带的芦湖北分区。

新景矿属突出矿井，工作面突出危险性预测采用钻屑解吸指标 $K_1$ 值和 $S$ 值，其临界值为 $K_1=0.5$ mL/(g·min$^{0.5}$)，$S=6$ kg/m；同时测定煤的坚固性系数 $f$ 值和观测软分层厚度及煤的破坏类型。

（2）注气有效影响半径的测试

针对新景矿 3[#] 煤层，利用钻孔流量法，测试注空气有效影响半径。测试原则为：注气后，如果某一个钻孔连续 3 次测定的混合流量都比注气前测定的流量增加 30%以上，则认为该测试孔处于注气孔的有效影响半径之内。符合该条件的测量孔距注气孔的最远距离即为注气孔的有效影响半径。测试结果如表 5-6-10 所列。

**表 5-6-10 注气半径测试结果**

| 矿井 | 地点 | 煤层 | 透气性系数/[m$^2$/(MPa$^2$·d)] | 注气压力/MPa | 注气流量/(L/min) | 注气时间/h | 注气半径/m |
|---|---|---|---|---|---|---|---|
| 新景 | 芦南二区北六正巷 | 3[#] | 0.018 8～0.137 7 | 0.5 | 81.72 | 7.7 | 1.2 |
| | | | | 0.3 | 24.56 | 2.16 | 0.9 |

（3）掘进工作面迎头注空气＋排放工艺试验效果

掘进工作面迎头注气＋排放试验时间及地点如表 5-6-11 所列。

**表 5-6-11 注气＋排放试验时间及地点**

| 试验序号 | 试验时间 | 试验地点 |
|---|---|---|
| 第一组 | 2009-9-21～2009-9-26 | 新景矿芦南二区北六正巷迎头 |
| 第二组 | 2009-10-25～2009-10-30 | 新景矿芦南二区北六副巷迎头 |

1）钻孔自然排放瓦斯流量及衰减特性

① 各钻孔自然排放瓦斯流量衰减系数变化范围为 0.009～0.06 $h^{-1}$，衰减速度较快。

② 各钻孔初始瓦斯流量变化范围为 0.023～0.710 L/min。

③ 测试地点的掘进工作面中部钻孔瓦斯流量衰减速度较慢，越靠近底板衰减速度越快。

2）注气前后排放瓦斯流量变化规律

① 混合流量变化规律：注气前，各观测孔混合瓦斯流量平均值为 0～0.06 L/min，注气后，除第一组的 13#、14#、15#、22# 孔流量超出流量计量程，各观测孔瓦斯流量平均值为 2.5～11.0 L/min。

② 纯瓦斯流量变化规律：注气后较注气前，纯甲烷流量增加 5.59～705.08 倍，累计抽排纯甲烷量增加 5.40～705.83 倍。

③ 促排瓦斯量变化规律：第一组注气期间（3 h），14 个有效观测孔累计排放甲烷数量 ＞12 146 L，同比不采用注气，3 h 只能排放甲烷 91 L，注气措施使甲烷排放效率提高了 132.47 倍；第二组注气期间（5.25 h），10 个有效观测孔累计排放甲烷 3 189 L，同比不采用注气，5.25 h 只能排放甲烷 41 L，注气使排放甲烷效率提高了 76.78 倍。

由此可见，注气促排瓦斯效果明显。数据对比详见表 5-6-12。

**表 5-6-12　注气前后钻孔流量特征对比**

| 组别 | 观测孔号 | 平均混合瓦斯流量 /(L/min) | | 平均纯瓦斯流量 /(L/min) | | 平均瓦斯浓度 /% | | 累计排放甲烷量 /L | |
|---|---|---|---|---|---|---|---|---|---|
| | | 不注气 | 注气 | 不注气 | 注气 | 不注气 | 注气 | 不注气 | 注气 |
| 第一组 | 2 | 0.035 4 | 9.117 7 | 0.034 7 | 5.791 2 | 98.0 | 63.428 6 | 6.246 3 | 1 040.98 |
| | 18 | 0.146 7 | 10.835 4 | 0.144 5 | 10.665 6 | 98.5 | 98.428 6 | 26.003 0 | 1 919.72 |
| | 21 | 0.035 6 | 10.445 4 | 0.035 3 | 10.280 2 | 99.0 | 98.428 6 | 6.348 4 | 1 850.62 |
| | 20 | 0.035 4 | 9.889 3 | 0.035 1 | 5.091 2 | 99.0 | 51.285 7 | 6.310 0 | 912.92 |
| | 19 | 0.059 9 | 8.475 2 | 0.059 1 | 7.754 1 | 98.5 | 91.857 1 | 10.612 1 | 1 401.31 |
| | 7 | 0.034 2 | 7.567 7 | 0.032 8 | 5.772 6 | 96.5 | 75.142 9 | 5.944 0 | 1 023.58 |
| | 8 | 0.014 0 | 9.789 5 | 0.013 4 | 9.415 8 | 95.5 | 96.285 7 | 2.403 8 | 1 696.66 |
| | 10 | 0.038 3 | 10.192 1 | 0.037 7 | 5.680 0 | 98.5 | 56.142 9 | 6.786 0 | 1 029.99 |
| | 11 | 0.019 8 | 8.927 7 | 0.018 9 | 0.105 6 | 95.5 | 1.142 9 | 3.399 5 | 18.37 |
| | 12 | 0.014 0 | 8.454 2 | 0.013 6 | 0.100 9 | 97.0 | 1.142 9 | 2.441 5 | 17.39 |
| | 13 | 0.031 3 | ＞38 | 0.030 5 | ＞1.145 2 | 97.5 | 3.000 0 | 5.487 6 | ＞206.14 |
| | 14 | 0.019 8 | ＞38 | 0.017 1 | 0.000 0 | 86.5 | 0.000 0 | 3.079 1 | 0.00 |
| | 15 | 0.014 0 | ＞38 | 0.013 8 | ＞2.890 3 | 98.5 | 7.571 4 | 2.479 3 | ＞520.25 |
| | 22 | 0.022 0 | ＞38 | 0.021 8 | ＞2.824 8 | 99.0 | 7.400 0 | 3.920 1 | ＞508.47 |
| | 总计 | 0.520 2 | 246.387 1 | 0.508 0 | 67.517 7 | 97.0 | 46.518 4 | 91.460 7 | 12 146.38 |

**表 5-6-12(续)**

| 组别 | 观测孔号 | 平均混合瓦斯流量/(L/min) | | 平均纯瓦斯流量/(L/min) | | 平均瓦斯浓度/% | | 累计排放甲烷量/L | |
|---|---|---|---|---|---|---|---|---|---|
| | | 不注气 | 注气 | 不注气 | 注气 | 不注气 | 注气 | 不注气 | 注气 |
| 第二组 | 5 | 0.054 1 | 4.378 8 | 10 | 10 | 0.005 4 | 0.437 9 | 1.705 4 | 137.933 4 |
| | 6 | 0.047 0 | 3.483 2 | 25 | 6 | 0.011 8 | 0.209 0 | 3.703 9 | 65.831 7 |
| | 7 | 0.022 5 | 3.129 9 | 40 | 16 | 0.009 0 | 0.500 8 | 2.835 8 | 157.747 4 |
| | 8 | 0.033 2 | 7.970 9 | 22 | 19 | 0.007 3 | 1.503 1 | 2.299 2 | 473.472 4 |
| | 10 | 0.025 1 | 2.794 5 | 10 | 9 | 0.002 5 | 0.255 5 | 0.790 3 | 80.482 0 |
| | 11 | 0.035 7 | 7.655 6 | 10 | 7 | 0.003 6 | 0.557 8 | 1.124 2 | 175.696 3 |
| | 13 | 0.030 1 | 3.055 4 | 85 | 77 | 0.025 6 | 2.357 0 | 8.049 2 | 742.451 6 |
| | 16 | 0.031 8 | 3.990 1 | 80 | 16 | 0.025 5 | 0.649 8 | 8.020 8 | 204.689 7 |
| | 17 | 0.000 0 | 2.543 5 | 95 | 56 | 0.000 0 | 1.428 0 | 0.000 0 | 449.814 4 |
| | 18 | 0.041 2 | 10.458 7 | 95 | 21 | 0.039 1 | 2.226 2 | 12.314 5 | 701.257 2 |
| | 5 | 0.054 1 | 4.378 8 | 10 | 10 | 0.005 4 | 0.437 9 | 1.705 4 | 137.933 4 |
| | 总计 | 0.320 7 | 49.460 6 | 472 | 237 | 0.129 8 | 10.125 1 | 40.843 3 | 3 189.376 1 |

3）注气前后校检指标的变化规律

注气前后 $K_1$ 值的情况见表 5-6-13，由表可见，注气后 $K_1$ 指标均降到临界值以下。

**表 5-6-13　预测、校检指标 $K_1$ 值**　　单位：mL/(g·min$^{0.5}$)

| 组别 | | 2 m | | 4 m | | 6 m | | 8 m | | 10 m | | 12 m | |
|---|---|---|---|---|---|---|---|---|---|---|---|---|---|
| | | 预测 | 校检 | 预测 | 校检 | 预测 | 校检 | 预测 | 校检 | 预测 | 校检 | 预测 | 校检 |
| 第一组 | 左 | 0.86 | 0.19 | 0.92 | 0.18 | 0.81 | 0.24 | 0.14 | 0.27 | 0.65 | 0.36 | 0.65 | 056 |
| | 中 | 0.42 | 0.14 | 0.69 | 0.20 | 0.58 | 0.17 | 0.41 | 0.16 | 0.62 | 0.18 | | 0.36 |
| | 右 | 0.37 | 0.28 | 0.17 | 0.33 | 0.33 | 0.32 | 0.38 | 0.31 | 0.42 | 0.32 | 0.49 | 0.17 |
| 第二组 | 左 | 0.23 | 0.04 | | | 0.55 | 0 | 1.26 | | 0.53 | 0 | | |
| | 右 | | | | 0.08 | | | | | | 0 | | |

4）注气前后煤体残存瓦斯含量变化规律

注气前后煤体瓦斯含量情况如表 5-6-14 所列，由表可以看出，注气后残存瓦斯含量降低，降低幅度为 14.5%～69.4%。自然瓦斯成分中，$CH_4$ 含量降低，第一组平均为 67.50%～53.19%，第二组为 97.58%～84.15%；$N_2$ 含量升高，第一组平均为 32.50%～46.81%，第二组为 2.42%～15.85%。由此表明，有明显的气体置换效应。

**表 5-6-14　注气前后煤样瓦斯含量测定特征参数**

| 组别 | 取样位置 | 瓦斯含量/($cm^3/g$) | 自然瓦斯成分/% | | 煤质分析/% | | |
|---|---|---|---|---|---|---|---|
| | | | $CH_4$ | $N_2$ | $A_{ad}$ | $W_{ad}$ | $V_{daf}$ |
| 第一组 | 注气前左帮 12 m | 2.28 | 50.31 | 49.69 | 10.22 | 0.78 | 8.17 |
| | 注气后左帮 12 m | 1.89 | 17.89 | 52.11 | 3.54 | 1.11 | 7.75 |
| | 注气前中部 12 m | 1.68 | 54.95 | 45.05 | 7.38 | 1.00 | 8.75 |
| | 注气后中部 12 m | 0.42 | 50.31 | 49.69 | 4.76 | 1.11 | 7.59 |
| | 注气前右部 12 m | 6.84 | 97.25 | 2.75 | 22.36 | 1.16 | 13.60 |
| | 注气后右部 12 m | 6.92 | 91.36 | 8.64 | 6.01 | 1.20 | 8.57 |
| | 注气前平均 | 3.60 | 67.50 | 32.50 | | | |
| | 注气后平均 | 3.08 | 53.19 | 46.81 | | | |
| 第二组 | 注气前 10 m | 6.76 | 97.58 | 2.42 | 29.44 | 1.05 | |
| | 注气后左部 10 m | 3.57 | 91.94 | 8.06 | 24.11 | 1.15 | 11.50 |
| | 注气后右部 10 m | 2.01 | 76.36 | 23.64 | 8.32 | 0.93 | 8.32 |
| | 注气前 6 m | 6.68 | | | 14.55 | 1.00 | 10.08 |
| | 注气后左部 6 m | 1.45 | 46.31 | 53.09 | 5.29 | 1.45 | 8.54 |
| | 注气后右部 6 m | 1.19 | 41.29 | 58.71 | 4.26 | 1.00 | 8.01 |
| | 注气前平均 | 6.72 | 97.58 | 2.42 | | | |
| | 注气后平均 | 2.06 | 84.15 | 15.85 | | | |

(4) 效益分析

对于新景矿，注气促排瓦斯的经济效益主要体现在以下三个方面：

① 节省施工钻孔工程量；

② 有效降低了防突费用；

③ 缩短消突周期，增加掘进进尺。

可见，使用注气置换解吸和抑制解吸技术，对于降低防突工程量、减少防突费用、缓解采掘紧张都非常有利。

## 5.7　等离子体脉冲谐振增透技术

阳泉矿区位于沁水煤田东北部，是瓦斯灾害严重矿区之一，瓦斯大、易自燃、难抽采，瓦斯突出问题较为严重。区域内大中型断裂构造稀少，小型断裂构造较多，地质条件复杂。矿区内高瓦斯区域面积较大，富含高含量、高压力瓦斯，且地质条件复杂，煤与瓦斯突出灾害多，对矿井的安全生产构成了严重的威胁。随着工作面的回采，地质条件日益复杂，煤层瓦斯含量和压力大幅上升，且很多增透技术效果不佳，迫切需要利用新方法和手段，提高增透效果并对增透效果进行评价，指导瓦斯进行合理抽采或利用，从而提高矿山安全水平、减少经济投入。

针对瓦斯相关灾害，保护层开采、本层抽采、地面抽采、煤炭地下气化等技术是应用比较广泛的治理措施，但是由于阳泉矿区绝大部分煤层为低透气性煤层，造成了抽采成本高居不下，抽采效果大多不佳。

等离子体脉冲增透技术，获得了2016年世界石油大奖的最佳提高采收率技术奖，可以用于石油、煤层气、页岩气的增产。其原理是根据不同地质条件下岩石所特有的固有频率，采用等离子源激发高压冲击波，产生周期性的作用力在地层流体中传播，与岩石的固有频率产生沿水平方面的谐振，从而产生大量的微裂隙网络，提高储层的渗流能力。这种微裂隙网络基本不需要任何支撑剂，而且随着时间推移也基本不会闭合。相比较水力压裂或者水力割裂，该技术的应用特点就是对煤层的应变状态没有人为干涉，周期性宽频带等离子体脉冲作用形成挤压和拉伸应力，不改变煤炭的物理力学特性和质量特性就可以提高煤层的渗透率。

针对阳泉矿区面临的瓦斯问题，选择等离子体脉冲增透技术并布设微震系统来研究等离子体脉冲增透的过程和结果，通过等离子体脉冲增透对煤层进行改造，以达到较好的增透效果，提高抽采量。利用微震监测技术进行监测，研究等离子体脉冲作用下煤层裂缝空间分布变化情况，包括天然裂缝与改造裂缝的方位、长度等，为钻孔增透效果提供技术支撑，从而有助于缩短采煤工作面瓦斯抽排时间，减少回采过程中瓦斯解吸量，降低通风强度，减少矿井通风费用，并且可以提高生产效率，为矿山人员和财产的安全提供基础保障作用。

## 5.7.1 增透机理及装备

### 5.7.1.1 等离子体脉冲谐振增透(煤层)技术原理

目前，水力压裂已发展成为一项成熟而完善的技术，在煤层气开发中起着重要作用，但其产生的裂缝参数受地层应力影响，对一些特殊储层的改造效果不甚理想，亟需进行其他增透技术研究，补充水力压力技术缺陷。等离子脉冲设备在射孔段周期性发射等离子脉冲，通过液体介质，在井筒和储层间建立非线性联系，借助地层自身的能量，实现对储层大面积的激发和改造。等离子脉冲时，将形成对储层介质的挤压和拉伸应力，这一过程本身也可以形成微裂隙网络系统，从而提高储层的渗透率。

煤层的渗透率随着埋藏深度的增加而显著降低，其上覆岩层压力增大，有效应力随之增大，引起渗透率降低。通过利用等离子脉冲技术，可达到改造储层，疏通产液通道，在储层基质中发展新生的微裂缝网络系统，提高储层渗透率的目的。

等离子体脉冲技术对煤层的改造，与水力压裂或者水射流等技术不同。脉冲周期作用，在煤层内形成挤压和拉伸应力，基本不改变煤体的物理力学特性就可以提高煤层的渗透率。在等离子体脉冲作用下，由于空隙、裂缝和毛细管表面应力解除，轻分量被挤压变重，导致孔隙率缩小，渗透率提高。通过等离子发射控制器，在密闭条件下产生高能量等离子束，通过射孔孔眼周期性地作用于地层岩石和流体(瓦斯)，能够在近井地带形成多条不受地应力影响的径向裂缝，使得人工裂缝和天然裂缝沟通；同时在周期性力作用下，地层流体产生谐振，对储层天然流通通道进行疏通、清洗，从而大幅度提高储层渗流能力。

等离子脉冲压裂主要增产原理包括[40-41]：① 机械作用，即高能等离子束在近井地带产生微裂缝，有效沟通天然裂缝，提高油层渗流能力，增加试验井产能。② 脉冲冲击波作用，即高能等离子束产生强水力冲击波，引起地层流体谐振，对储气煤层的机械杂质堵塞起到解堵作用。③ 热效应，即等离子束的高温可溶解近井地带的蜡质和沥青质，解除煤层孔道堵塞，改善地层流体的物性和流态，加快瓦斯向井底的流动速度，提高储层的驱气效率，有效降低表皮系数，从而达到增产的目的。等离子体脉冲谐振增透增产机理如图 5-7-1 所示。

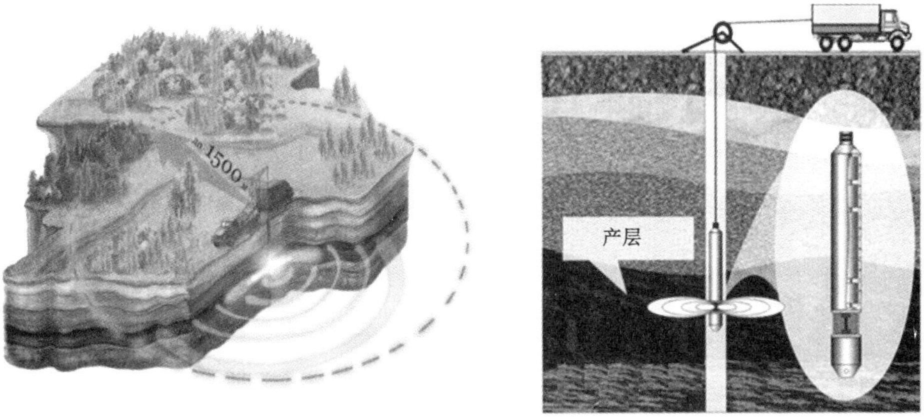


图 5-7-1　等离子体脉冲谐振增透增产机理示意图

等离子体脉冲谐振增透技术是一种新型的储层改造技术，能较大幅度地提高注水井的增注能力，提高生产井的生产能力，表现出了较强的技术优势：① 清洁环保，无需使用其他化工产品，不会污染储层；② 在煤层气开发中后期，对高含水储层，增产效果同样显著；③ 对于前期使用过其他增产措施的注水井，同样能提高增注量；④ 对施工井周围 1.5 km 范围内的井，同样具有增产增注作用；⑤ 对于任何复杂储层都具有增产作用；⑥ 设备轻便，能耗小，效率高，操作安全性高；⑦ 作业周期短，不超过 24 h；⑧ 作业投资回收期短，不超过 2～3 个月。

5.7.1.2　微震事件定位方法

等离子体脉冲谐振增透作业生产施工过程中，瓦斯储层总是伴随着微震现象[42]。在较高的应力或应力变化水平较高的煤岩体内，特别是在等离子体脉冲谐振增透作业生产的影响下，储层煤岩体发生破坏或原有的地质构造被活化产生错动，能量以弹性波的形式释放并传播出去，如图 5-7-2 所示。

微震监测是指将微震技术用于探测由于岩体内应力发生变化而引起的微震事件[43-44]，即将高灵敏度地震传感器布设于岩体可能破裂区域处四周，连续记录因岩体变化而产生的微震活动。通过对弹性波信息进行采集处理，获取微震事件发生的位置、大小、能量、地震矩、震源机制等信息，并由此反演出岩体中原岩应力场、应力降等参数，进而结合岩石力学知识，对岩体变形全过程和岩石微破裂情况进行全面、实时、三维监测。

利用微震监测技术描述煤岩体裂缝位置，可评价等离子体脉冲谐振增透效果。

(1) 坍塌网格搜索定位

网格搜索法首先要求给定解的存在空间，然后按一定的尺度将解空间进行网格划分，最后通过遍历所有网格点来寻找整个解空间中的全局最优解，通常以传感器的实际拾取

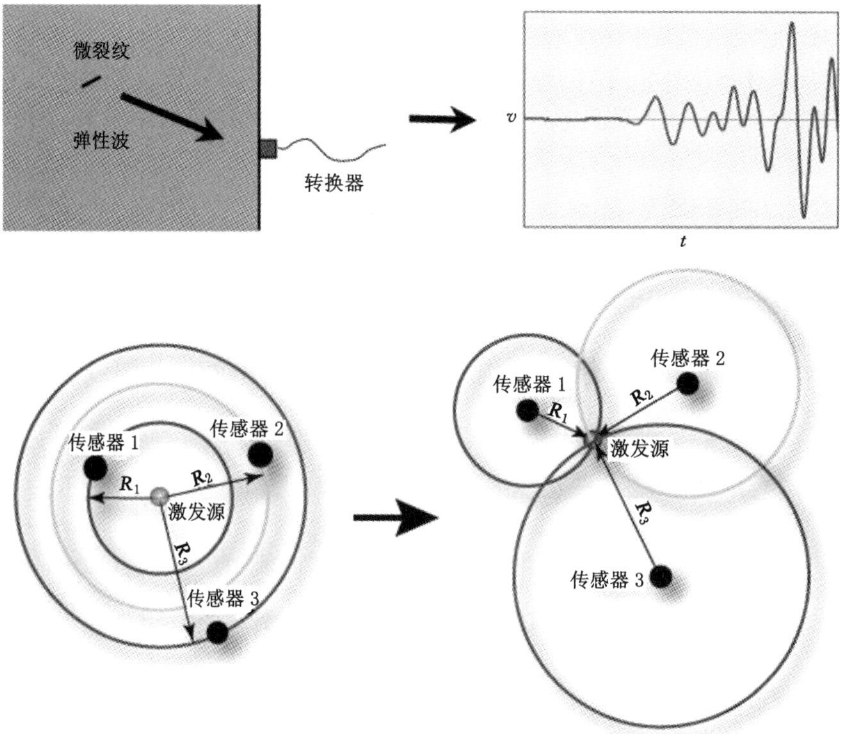


图 5-7-2 微震事件及定位原理示意图

走时与通过射线追踪方法计算出的走时的差最小为目标函数。网格搜索法的反演精度和可靠性严重地依赖于划分网格时所用尺度的大小：尺度越小，反演精度和可靠性就越高，然而计算量就越大，反之亦然。

基于对网格搜索法的改进而提出的坍塌网格搜索算法，是首先在一个较大尺度网格基础上找出使传感器走时差最小的空间位置，假定全局走时差最小值在此附近，并在此位置附近自动生成一个更精细、尺度更小的网格（坍塌网格），接着寻找此尺度网格下的最小走时差位置，进而再次生成一个更精细、尺度更小的网格，直到定位精度达到要求为止。该方法假定基于特定网格寻找到的最小走时差位置是全局最小走时差的位置，当传感器台站阵列较差时（可能会出现局部最小走时差位置），可以通过定义坍塌范围的方法来减轻目标函数陷入局部最优解的情况。该方法比网格搜索法计算效率更高。

（2）双差定位

针对识别出的事件信号，当使用 P 波到时信息进行定位效果不太理想时，可使用双差定位成像方法对原始定位结果进行重定位与成像。双差定位算法是一种有效的能够确定出高精度的微震事件位置的方法，它不仅使用传统的震源到传感器的绝对走时，还利用了一对事件到同一个传感器的相对到时，通过使用迭代反演的方法不断降低观测和模拟出的走时差得到定位的结果。它通过引入一对事件到同一个台站的相对到时，可以消除事件对的共同路径上速度模型的误差，从而提高地震定位的精度。使用双差定位算法可以快速高效地得到更精确的震源位置，因此，能够更好地刻画震源的分布，确定裂纹展布的几何形态等。

5.7.1.3　等离子体脉冲谐振增透装置

等离子体脉冲谐振增透设备系统主要包括：

① 等离子体脉冲谐振增透设备一套：由地面仪器和井下仪器构成，相关参数见表 5-7-1，现场使用设备如图 5-7-3 所示。

**表 5-7-1　等离子体脉冲谐振增透设备参数表**

| 编号 | 指标 | 参数 |
| --- | --- | --- |
| 1 | 作业深度/m | 5 000 |
| 2 | 流体温度/℃ | <100 |
| 3 | 发生器直径/mm | 102 |
| 4 | 一次放电能量/kJ | 1.5 |
| 5 | 脉冲发生器长度/mm | 2 700 |
| 6 | 电源电压/V | 220 |
| 7 | 输入功率/W | 500 |
| 8 | 输出功率/MW | 102 |
| 9 | 一次放电时间/ms | 55 |
| 10 | 气泡外缘压力/($t/cm^2$) | 10 |
| 11 | 发生器质量/kg | ≤72 |
| 12 | 控制监视仪质量/kg | ≤11 |
| 13 | 工作压力/ MPa | ≤40 |
| 14 | 发射频率频谱/Hz | $10^{-2}\times10^{3}$ |

(a)　地面控制器　　　(b)　井下等离子发射器

图 5-7-3　等离子体脉冲谐振增透设备

② 测井车一台：测井车为油田通用测井车，有自然伽马测井和磁定位功能，带测井绞

车,相关参数见表 5-7-2,现场使用设备如图 5-7-4 所示。

**表 5-7-2 测井车参数表**

| 指标内容 | 参数要求 |
|---|---|
| 绞车类型 | 超低速液压滚筒绞车 |
| 滚筒速度/(m/h) | 60～7 200 |
| 电缆长度/m | <5 000 |
| 缆芯 | 7 芯 |
| 电缆外径/mm | 11.8 |
| 电缆额定拉断力 | 不小于 59 kN(6 t) |
| 电缆阻值 | 不超过 25 Ω/km,单芯总电阻小于 120 Ω |
| 电缆耐温/℃ | －30～150 |
| 电缆套材质 | 普通铁皮(非耐酸铁皮) |
| 电缆套电阻/(Ω/km) | 3～5 |
| 电源提供 | 有自主电源(220 V,频率 50 Hz,功率 500 W),也可使用现场电源 |
| 测井滑轮 | 2 个 |

③ 通用汽车吊或测井车:汽车吊或测井车起重能力大于 8 t,举升高度大于 10 m,工作幅度不小于 5 m,现场使用设备如图 5-7-5 所示。

图 5-7-4 测井车现场图

图 5-7-5 汽车吊现场图

5.7.1.4 微震监测施工

(1) 设备系统

微震监测系统的硬件部分由微震传感器、微震数据采集仪、设备供电系统、数据传输系统等组成，并在安徽万泰地球物理技术有限公司研发中心完成了微震信号识别模块的安装、测试，包括：工程配置软件、实时监控软件、数据处理软件、三维可视化软件安装于刀片机上进行测试，以及微震传感器、微震数据采集仪的采集调试工作。

完成了微震服务器的组装、调试，包括：机柜、GPS时间服务器、UPS、刀片机、AC/DC转换器、光电转换器、时间信号分离器的组装、调试。

① 微震传感器

微震传感器用于采集微震信号，作用非常关键，是整个系统的基础部件。微震信号的特点是震级小，一般均低于0级，信号频率范围大，范围从数十赫兹到数百赫兹，因此对采集信号的传感器性能要求非常高。

传感器设备参数：三通道（WTgeo-3PHONE-200），200 $V/(m \cdot s^{-1})$灵敏度，4.5～500 Hz自然频率，钻孔安装。

② 微震数据采集仪

数据采集仪处理后的波形信号的质量直接影响后期的数据处理结果。通过比较多种采集仪的性能，并结合本项目的要求，现场使用的微震采集仪为WTgeo-32ADC-3。该采集仪具有高分辨率的信号采集能力，主要特性如下：

高分辨率：32位A/D。

高采样率：4 000 Hz(本项目拟定2 000 Hz)。

高触发精度：±1 μs。

低本底噪音：0.09 μV RMS@2 ms。

适用温度环境：−40～85 ℃。

适用湿度环境：0～100%。

时钟同步：GPS时间同步，保证了时间精度。

③ 供电系统

现场数据采集端采用蓄电池进行供电，且数据采集端一般布置在人为活动少的地方，以确保数据采集端连接稳定的工作，各采集分站采用GPS时间同步。

④ 数据传输

现场采用离线数据采集方式。

(2) 台站布设

合理的监测台网可以提高震源定位精度，且尽可能多地获取有用信息，减少干扰，以及方便台网随监测目标区域变化转移。新景矿3#煤层等离子体脉冲谐振增透微震监测台网布设需参考以下因素：

① 微震事件是试验井地下周围岩体受到等离子体脉冲谐振增透作用，导致煤岩体产生裂缝（流体通道），以弹性变形能的方式释放，所以其发生根源可能位于围岩近场，也可能是远场，也有可能是二者结合。

② 微震监测系统主要用于监测整个研究区范围内的微震事件，并对其进行定位处理和能量计算，进而分析整个增透影响区的微震事件分布规律，实现对增透效果的评价。

③ 震源定位误差的形成主要是由于解定位方程时，对震源参数确定的不准确性，如

震动波初始进入时间，波在岩体中的传播速度等不准确性等引起的。对于某一固定监测台网，当初始参数的误差很小，其方程组解的误差可能很大，这与台网布设关系密切，监测台网的优化布置就是形成优化的方程组解的条件，能够更加准确详细地确定震源位置及相关震源参数。

④ 对于地面微地震监测台网设计，首先需要确定的是微地震监测台网布设的总体范围：即超出这个范围，由于背景噪音（泵车噪音等）的影响或地层本身（扩散与衰减）等因素，系统就不能有效地监测到达地面后低于某个能量的微地震事件。而且微地震事件多为剪切破裂源而非爆炸源，其能量辐射花样在空间上分布并不均匀，也影响接收到有效信号的范围，所以布网前需理论计算微震能量与背景噪音能量进行对比，计算理论布置范围；然后根据灵敏度矩阵计算出最佳布设位置和遇障碍物调整方案。

⑤ 进行台站布设的时候，需要根据走时对发震时刻和震源位置的敏感度矩阵 $\boldsymbol{A}$ 进行优化计算。

布设台站的目标是使得台站对地震的位置变化最敏感，因此在台站数目一定的情况下，可以选取台站分布使得 $\det(\boldsymbol{A}^{T}\boldsymbol{A})$ 值最大来作为选择标准，这样台站位置的选择问题就简化为组合优化问题。

基于以上因素，在确保微震传感器耦合效果的前提下，其监测台布设原则如下：

① 监测台网应在空间上在待监测重点区域形成包络状，避免形成一条直线或者一个平面，并且有足够、适当的密度；

② 监测台网覆盖在突出重点、兼顾局部的原则下尽量远离大型机械和电气干扰；

③ 传感器按监测环境与要求选择监测方向；

④ 在综合分析监测目标、监测范围的基础上，在满足整体监测效果的前提条件下，需充分利用现有工程，节约成本和系统投资。

## 5.7.2 现场应用及效果考察

新景矿为高瓦斯突出矿井，3# 煤层为突出煤层。矿井瓦斯不仅来自本煤层，还来自开采层的邻近层（煤层和含有机质的围岩）。据有关单位统计测定，邻近层涌入开采层的瓦斯占矿井瓦斯涌出总量的 50%～70%，开采强度较大的综采工作面此现象更为明显。

阳泉矿区开采的太原组和山西组煤层均属高变质的无烟煤，透气性较差，煤层瓦斯含量普遍较高。矿井瓦斯主要来源于采煤工作面、掘进工作面和已采区瓦斯涌出，其中本煤层约占 45%，邻近层约占 55%。矿井瓦斯治理普遍采取了邻近层钻孔、高抽巷和本煤层钻孔等分阶段立体抽采措施，总抽采率达 50%左右。抽出的瓦斯经过净化、加压、配风等处理，供阳泉市民用和相关企业综合利用。

根据试验井资料分析、现场模拟试验结果：

① 新景矿 XJ-3 井射孔层段为 659.30～662.30 m，射厚 3.0 m，总厚度 3 m，且其地质数据、现场等离子体脉冲谐振增透试验效果均符合等离子脉冲应用要求。

② 新景矿 XJ-7 井射孔层段为 553.35～556.35 m，射厚 3.0 m，总厚度 3 m，且其地质数据、现场等离子体脉冲谐振增透试验效果均符合等离子脉冲应用要求。

因此，现选取 XJ-3、XJ-7 试验井进行等离子体脉冲谐振增透增产作业。

5.7.2.1　产气量对比分析

2017 年 10 月 13 日至 2017 年 10 月 20 日，分别对新景矿 XJ-7、XJ-3 井进行了等离子体脉冲谐振增透现场施工。

（1）XJ-7 井

XJ-7 井于 2017 年 10 月 15 日至 2017 年 10 月 17 日进行了等离子体脉冲谐振增透作业，作业层段 553.35～556.35 m，作业厚度 3 m，作业脉冲数 1 560 次，输入电压 220 V/1.5 A，每次脉冲作业能量 1 500 J、频率 0.1～400 Hz。

XJ-7 井经过等离子体脉冲谐振增透作业后，日均产气量约降低 189 $m^3$、日均产水量约降低 0.86 $m^3$，详见表 5-7-3。

**表 5-7-3　XJ-7 井等离子体脉冲谐振增透作业前后产气、产水量对比**

| 等离子脉冲处理前一个月日均产气量/$m^3$ | 等离子脉冲处理后日均产气量/$m^3$ | 等离子脉冲处理前一个月日均产水量/$m^3$ | 等离子脉冲处理后日均产水量/$m^3$ |
|---|---|---|---|
| 389 | 200 | 1.16 | 0.30 |

（2）XJ-3 井

XJ-3 井于 2017 年 10 月 18 日至 2017 年 10 月 19 日进行了等离子体脉冲谐振增透作业，作业层段 659.30～662.30 m，作业厚度 3 m，作业脉冲数 1 320 次，输入电压 220 V/1.5 A，每次脉冲作业能量 1 500 J、频率 0.1～400 Hz。

XJ-3 井经过等离子体脉冲谐振增透作业后，日均产气量约降低 109 $m^3$、日均产水量约降低 0.56 $m^3$，详见表 5-7-4。

**表 5-7-4　XJ-3 井等离子体脉冲谐振增透作业前后产气、产水量对比**

| 等离子脉冲处理前一个月日均产气量/$m^3$ | 等离子脉冲处理后日均产气量/$m^3$ | 等离子脉冲处理前一个月日均产水量/$m^3$ | 等离子脉冲处理后日均产水量/$m^3$ |
|---|---|---|---|
| 109 | 0 | 1.90 | 1.34 |

5.7.2.2　微震监测分析

（1）信号分析

1）等离子体脉冲谐振增透煤岩体破裂信号分析

通过地表打孔布设微震传感器，对等离子体脉冲谐振增透作业进行实时监测，以获取作业期间压裂段煤岩体的破裂信号。图 5-7-6 所示为等离子体脉冲谐振增透煤岩体破裂信号，图 5-7-7 所示为等离子体脉冲谐振增透煤岩体破裂信号频谱分析图。

等离子体脉冲谐振增透作业是根据新景矿 3# 煤层的固有频率，采用等离子源激发高压冲击波，周期性的作用力在地层流体中传播，与岩石的固有频率产生沿水平方面的谐振，继而产生大量的微裂缝网络，经过地层传播被微震监测台网接收。从图 5-7-6 和图 5-7-7可以看出，等离子体脉冲谐振增透作业激发 3# 煤层产生的微破裂信号有以下特征：持续时间较长，横波不发育，且频率较低，频率范围 8～30 Hz。3# 煤层为软岩，且作业

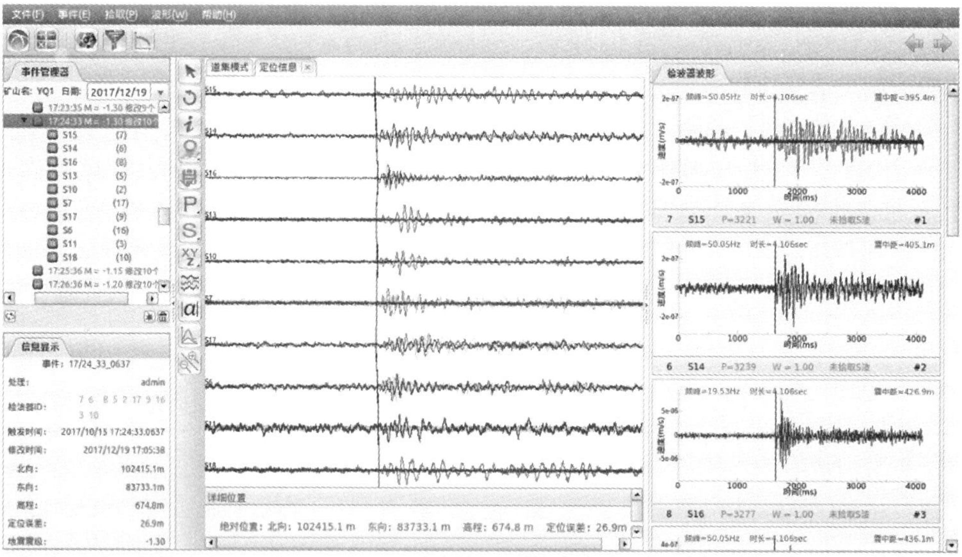


图 5-7-6 等离子体脉冲谐振增透煤岩体破裂信号图

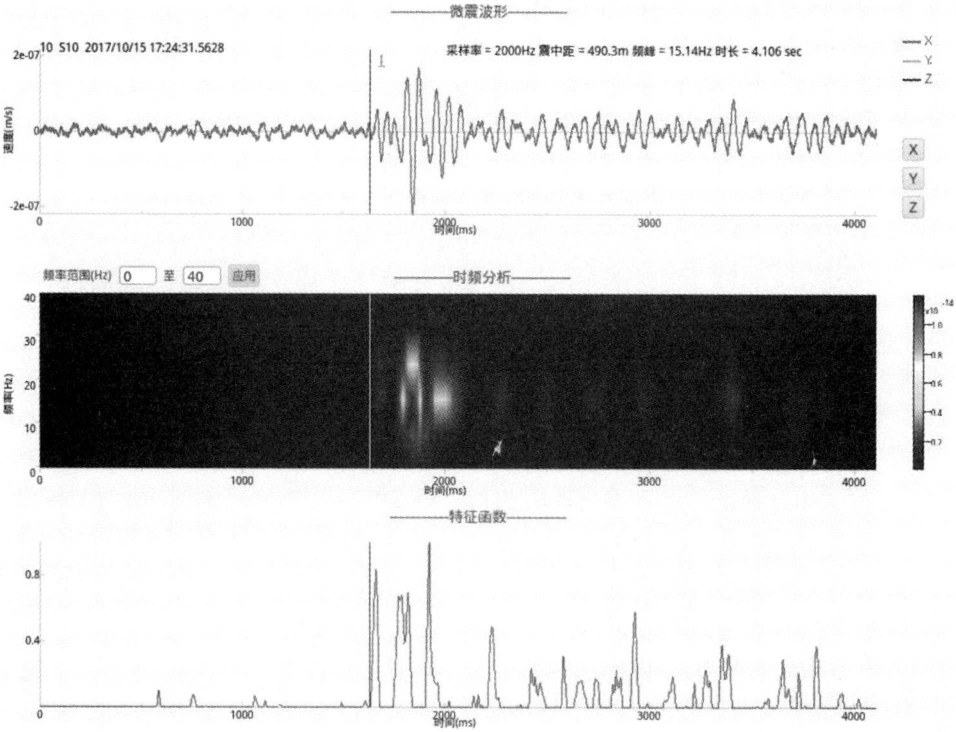


图 5-7-7 等离子体脉冲谐振增透煤岩体破裂信号频谱分析图

期间煤层含水，地震波在富含流体的软岩传播过程中，地震横波会被吸收，地震纵波较发育，高频信号衰减大，低频信号丰富，因此，此地表台网接收的地震波信号为等离子体脉冲谐振增透作业过程中及之后 3# 煤层产生的微破裂信号。

2）其他信号分析

在进行等离子体脉冲谐振增透作业过程中，监测台网还接收到新景矿井下爆破信号。图 5-7-8 所示为新景矿井下爆破信号，图 5-7-9 所示为新景矿井下爆破信号频谱分析图。

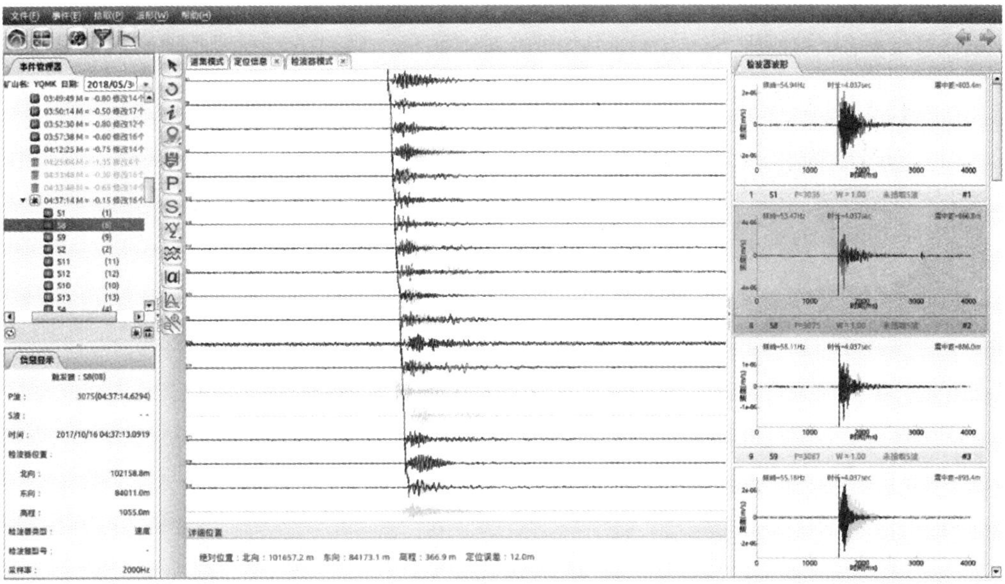

图 5-7-8　新景矿井下爆破信号图

从图 5-7-8、图 5-7-9 看出，相比较于等离子体脉冲谐振增透作业激发 3# 煤层产生的微破裂信号，新景矿井下爆破信号具有不同信号特征：能量较大（振幅），频率较高，频率 23～70 Hz。

因此，基于地震波信号振幅、频率等特征属性，可以清晰地识别出等离子体脉冲谐振增透作业过程中 3# 煤层煤岩体的微破裂信号，通过对其进行识别、分析，再做进一步的处理、成像分析。

（2）定位结果分析

根据新景矿 XJ-7、XJ-3 井等离子体脉冲谐振增透作业时间段，对微震监测数据进行处理、分析，图 5-7-10 为增透 24 小时事件走势图，图 5-7-11为事件定位结果（空间分布特征）图，色标表征事件震级大小。

从图 5-7-10 和图 5-7-11 可以看出，在进行等离子体脉冲谐振增透作业过程中及之后，微破裂信号主要集中在每天的 15 时～18 时，分布于新景矿 XJ-3 井、XJ-7 井附近，且事件有向 XJ-8 井及新景矿井田西北部方向延伸趋势。结合实际地质资料，根据微破裂事件分布特征，初步判断：XJ-7 井、XJ-3 井等离子体脉冲谐振增透影响的有效半径约 700 m，最大影响半径约 1 100 m，如图 5-7-12 所示。

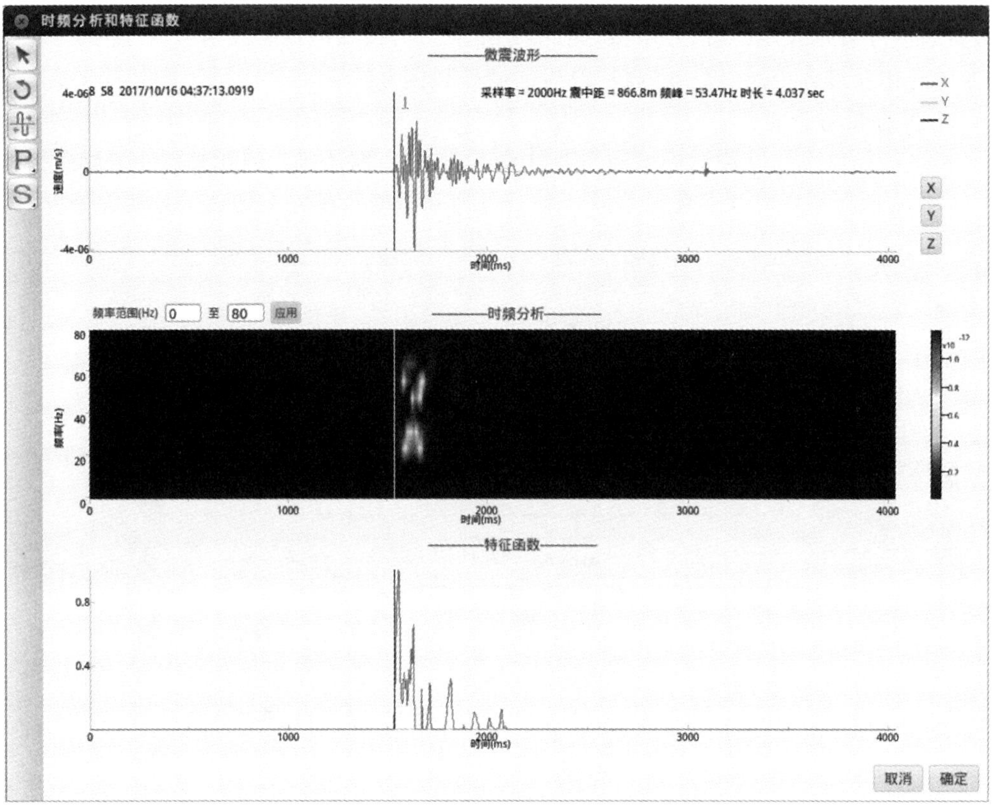


图 5-7-9　新景矿井下爆破信号频谱分析图

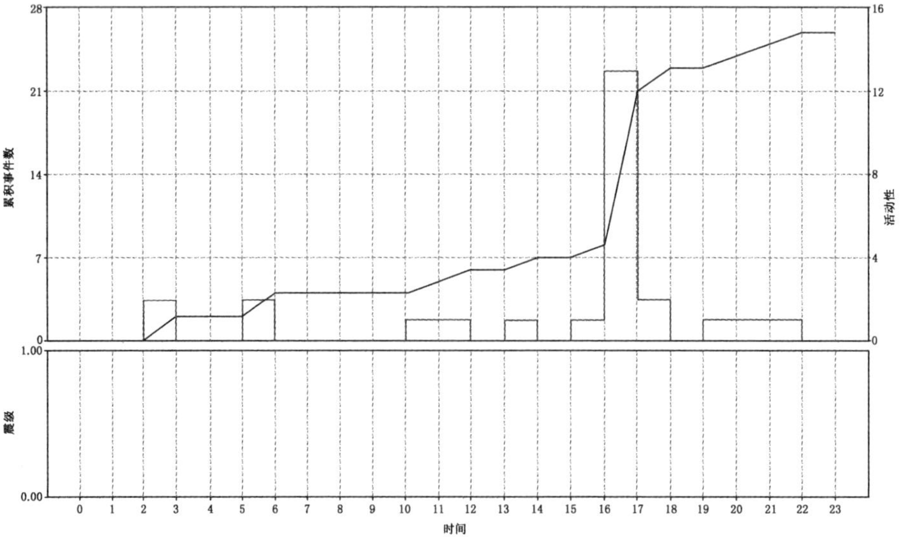


图 5-7-10　增透 24 小时事件走势图

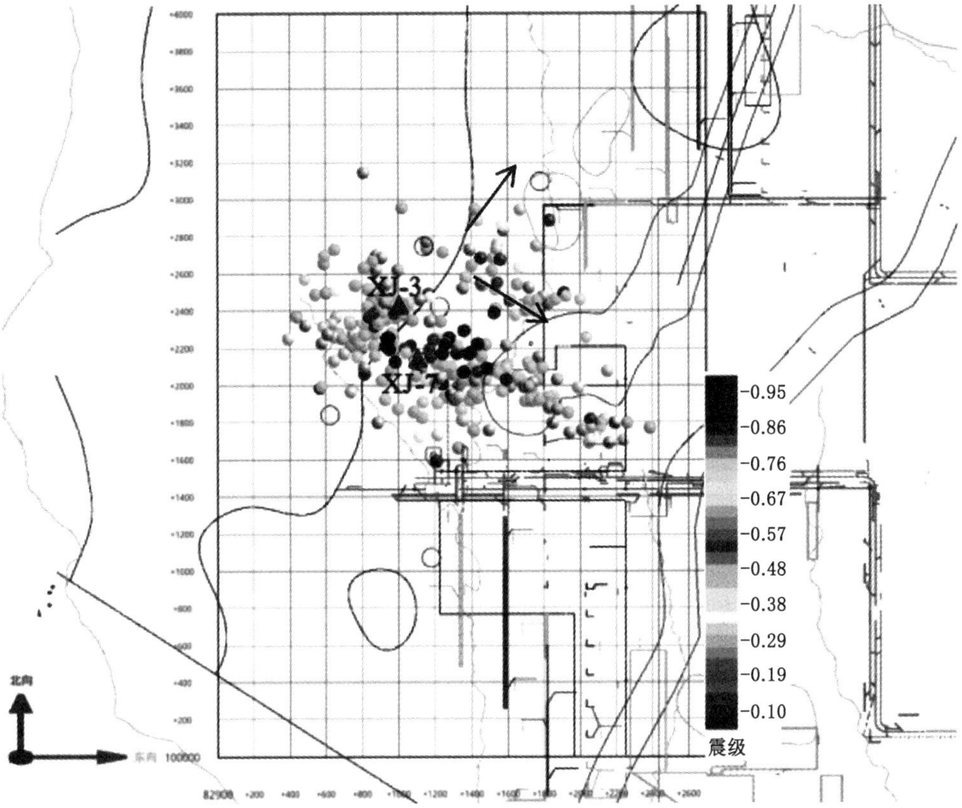


图 5-7-11　事件定位结果(空间分布特征)图

(3) 双差成像分析

根据等离子体脉冲谐振增透作业区域的事件分布及定位信息,利用双差成像技术获取监测区域的速度场分布,刻画增透作业影响区域。根据监测区域速度模型(初步定义为均质速度模型),地震横波速度 3 200 m/s,地震纵波速度 1 800 m/s,进行地震走时差反演,获得新景矿 XJ-7 井、XJ-3 井等离子体脉冲谐振增透作业后水平层位的速度变化。

新景矿 XJ-7 井等离子体脉冲谐振增透作业目的层段高程范围为 474～477 m,基于地震走时反演,获得 XJ-7 井目的层段等离子体脉冲谐振增透前、后微震监测反演的速度场水平切片,如图 5-7-13 和图 5-7-14 所示,其中色标表征地层速度值,暖色调表征地层纵波速度低值,冷色调表征地层纵波速度高值。对比分析图 5-7-13 和图 5-7-14 可以看出,XJ-7 井在经过等离子体脉冲谐振增透作业后,目的层煤岩体的完整性受到了一定程度的破坏,形成了空间裂缝,微破裂形成的地层低速区(煤岩体裂缝发育区域)主要有区域一、区域二两个,其中区域一覆盖 XJ-7 井、XJ-6 井目的层。

2) XJ-3 井等离子体脉冲谐振增透作业后水平层位速度场

新景矿 XJ-3 井等离子体脉冲谐振增透作业目的层段高程范围为 421～423 m,基于地震走时反演,获得 XJ-3 井目的层段等离子体脉冲谐振增透前、后微震监测反演的速度

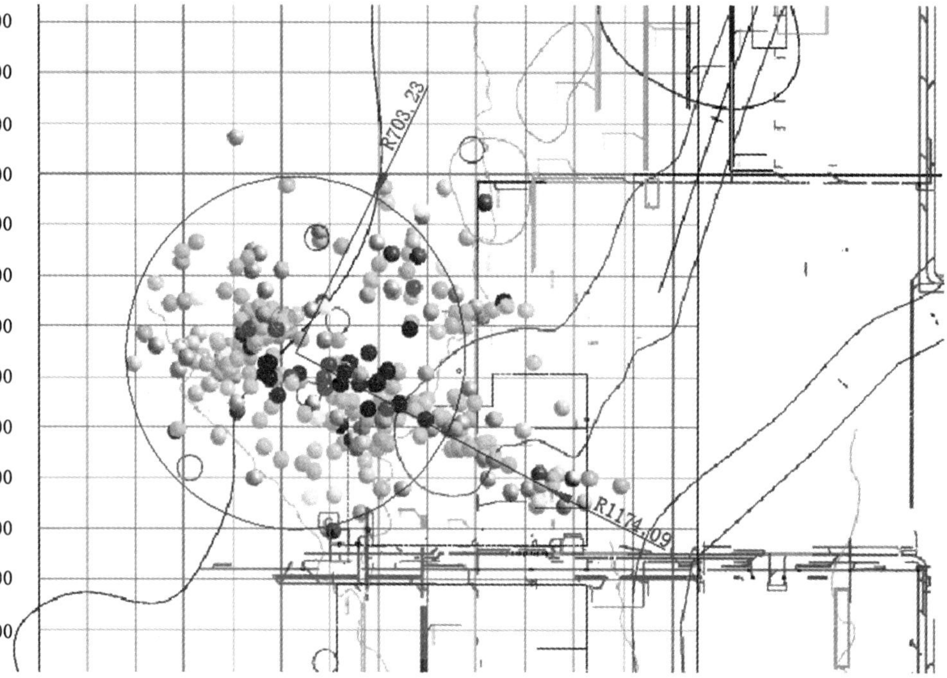


图 5-7-12　等离子体脉冲谐振增透影响半径图

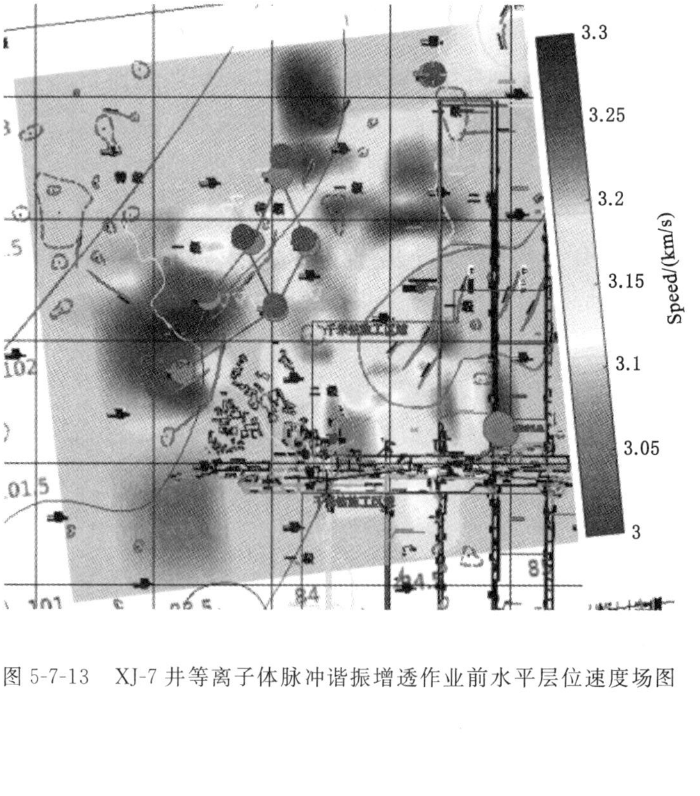


图 5-7-13　XJ-7 井等离子体脉冲谐振增透作业前水平层位速度场图

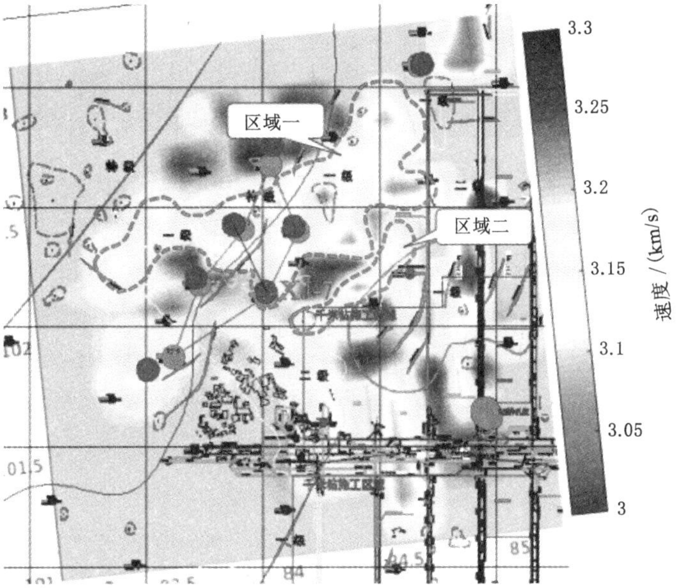


图 5-7-14　XJ-7 井等离子体脉冲谐振增透作业后水平层位速度场图

场水平切片，如图 5-7-15 和图 5-7-16 所示，其中色标表征地层速度值，暖色调表征地层纵波速度低值，冷色调表征地层纵波速度高值。对比分析图 5-7-15 和图 5-7-16 可以看出，XJ-3 井在经过等离子体脉冲谐振增透作业后，目的层段煤岩体的完整性受到了破坏但程度较小，形成了一定的空间裂缝，微破裂形成的地层低速区（煤岩体裂缝发育区域）只有一个，即区域一，影响范围较小。

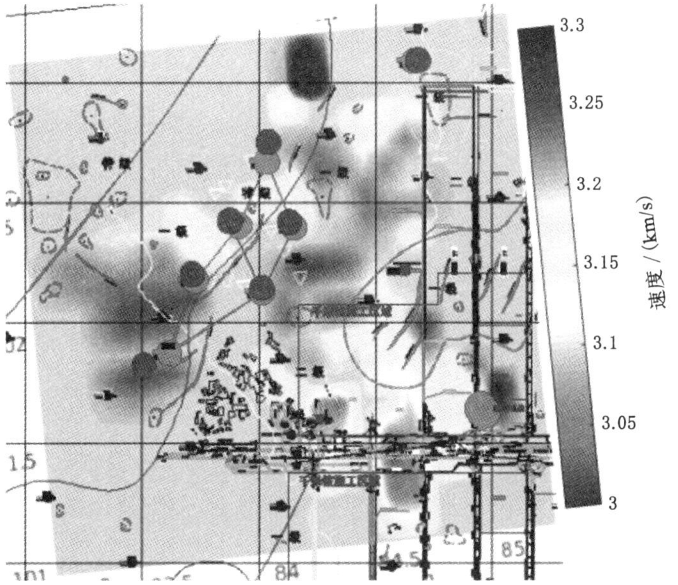


图 5-7-15　XJ-3 井等离子体脉冲谐振增透作业前水平层位速度场图

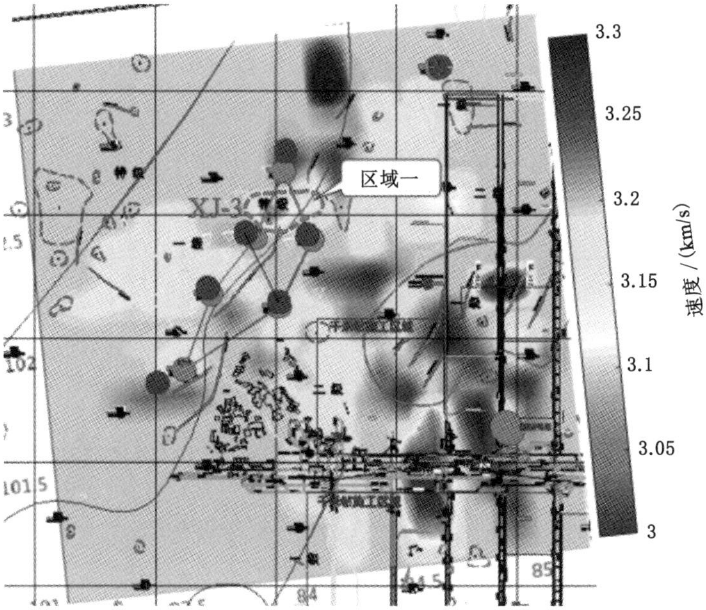


图 5-7-16　XJ-3 井等离子体脉冲谐振增透作业后水平层位速度场图

5.7.2.3　微震监测增透效果评价

基于新景矿 XJ-7 井、XJ-3 井地质资料及产气量数据，并结合微震监测结果进行等离子体脉冲谐振增透作业效果评价。

① 等离子体脉冲谐振增透过程中，目的层 3# 煤层受到了一定程度的微破裂。

② 根据等离子体脉冲谐振增透作业后双差成像的地下速度场反演结果，XJ-7 井增透作业后煤岩体受破坏程度相对较大，分布范围较广，微裂缝发育；XJ-3 井增透作业后煤岩体受破坏程度小，分布范围窄。

③ 结合增透作业后井口产气量分析，XJ-7 井、XJ-3 井作业后，煤岩体受到了不同程度的破坏，产生了裂缝通道，有利于瓦斯排出，但由于排采过程中液面降速较快或回升，导致煤体中的微裂缝受煤粉和污染物堵塞，继而出现排采瓦斯产量下降。

## 参考文献：

[1] 国家安全生产监督管理总局，国家煤矿安全监察局.防治煤与瓦斯突出规定[M].北京：煤炭工业出版社，2009.

[2] 林柏泉.矿井瓦斯防治理论与技术[M].2 版.徐州：中国矿业大学出版社，2010.

[3] 周世宁，林柏泉.煤矿瓦斯动力灾害防治理论及控制技术[M].北京：科学出版社，2007.

[4] 申宝宏，刘见中，张泓.我国煤矿瓦斯治理的技术对策[J].煤炭学报，2007，32(7)：673-679.

[5] 王兆丰，刘军.我国煤矿瓦斯抽放存在的问题及对策探讨[J].煤矿安全，2005，36(3)：241-246.

[6] 刘明举，孔留安，郝富昌，等.水力冲孔技术在严重突出煤层中的应用[J].煤炭学报，2005，30(4)：451-454.

[7] 王兆丰，范迎春，李世生.水力冲孔技术在松软低透突出煤层中的应用[J].煤炭科学技术，2012，40(2)：52-55.

[8] 晋康华，刘明举，毛振彬，等.水力冲孔卸压增透区域消突技术应用[J].煤炭工程，2010，42(3)：50-52.

[9] 陈喜恩，崔新益，涂冬平，等.水力割缝技术在提高瓦斯抽采效果中的应用[J].煤炭工程，2011，43(8)：34-36.

[10] 苏现波，马耕.煤矿井下水力强化理论与技术[M].北京：科学出版社，2014.

[11] 龙威成，孙四清，郑凯歌，等.煤层高压水力割缝增透技术地质条件适用性探讨[J].中国煤炭地质，2017，29(3)：37-40.

[12] 王鸿勋.水力压裂原理[M].北京：石油工业出版社，1987.

[13] 翟成，李贤忠，李全贵.煤层脉动水力压裂卸压增透技术研究与应用[J].煤炭学报，2011，36(12)：1996-2001.

[14] 张吉春.煤矿开采技术[M].徐州：中国矿业大学出版社，2007.

[15] 王兆丰，孙小明，陆庭侃，等.液态 $CO_2$ 相变致裂强化瓦斯预抽试验研究[J].河南理工大学学报(自然科学版)，2015，34(1)：1-5.

[16] 才博，王欣，蒋廷学，等.液态 $CO_2$ 压裂技术在煤层气压裂中的应用[J].天然气技术，2007(5)：40-42.

[17] 夏会辉，杨宏民，陈立伟.注气置换煤层瓦斯技术研究现状及应用前景[J].煤，2012，21(5)：15-18.

[18] 邓好.我国注气驱替煤层瓦斯技术应用现状与展望[J].石化技术，2018，25(2)：120-120.

[19] 李军军，郝春生，王维，等.等离子脉冲技术提高煤层气田采收率的理论与实践[J].煤田地质与勘探，2018，46(5)：193-198.

[20] 阿格耶夫.非常规等离子脉冲技术增加煤层气产量并保证矿工安全[C]//2015第十五届国际煤层气暨页岩气研讨会论文集.[S.l：s.n]，2015.

[21] 翟红，令狐建设.阳泉矿区瓦斯治理创新模式与实践[J].煤炭科学技术，2018，46(2)：168-175.

[22] 石建文，韩柯，范毅伟，等.水力冲孔造穴瓦斯抽采强化机制及其在寺家庄矿的应用[J].煤矿安全，2017，48(8)：109-112.

[23] 王恩元，汪皓，刘晓斐，等.水力冲孔孔洞周围煤体地应力和瓦斯时空演化规律[J].煤炭科学技术，2020，48(1)：39-45.

[24] 李桂波.钻孔抽采瓦斯的机理研究[D].太原：太原理工大学，2014.

[25] 饶培军，李宝玉，毛凯昭.基于 ABAQUS 的水力割缝数值模拟研究[J].煤炭工程，2012，44(11)：109-111.

[26] 李桂波，冯增朝，王彦琪，等.高瓦斯低透气性煤层不同瓦斯抽采方式的研究[J].地下空间与工程学报，2015，11(5)：1362-1366.

[27] 李志刚.低渗透性高瓦斯煤层水力强化抽采技术研究[J].山西焦煤科技，2012，36(4)：8-9，16.

[28] 周世宁，林柏泉.煤层瓦斯赋存与流动理论[M].北京：煤炭工业出版社，1999.

[29] 乌效鸣，屠厚泽.煤层水力压裂典型裂缝形态分析与基本尺寸确定[J].地球科学：中国地质大学学报，1995，20(1)：112-116.

[30] 乌效鸣.煤层气井水力压裂计算原理及应用[M].武汉：中国地质大学出版社，1997.

[31] 俞绍诚.水力压裂技术手册[M].北京：石油工业出版社，2010.

[32] 徐景德，杨鑫，赖芳芳，等.国内煤矿瓦斯强化抽采增透技术的现状及发展[J].矿业安全与环保，2014，41(4)：100-103.

[33] 赵立朋.煤层液态 $CO_2$ 深孔爆破增透技术[J].煤矿安全，2013，44(12)：76-78，81.

[34] 郭爱军，令狐建设，孟秀峰，等.$CO_2$ 预裂增透技术在区域消突的应用[J].煤矿开采，2018，23(2)：86-88，67.

[35] 杨宏民.井下注气驱替煤层甲烷机理及规律研究[D].焦作：河南理工大学，2010.

[36] 于宝种.阳泉无烟煤对 $N_2$-$CH_4$ 二元气体的吸附-解吸特性研究[D].焦作：河南理工大学，2010.

[37] 王兆丰，陈进朝，杨宏民.驱替置换煤层甲烷的注气影响半径及其在不同方向上的差异性[J].煤矿安全，2012，43(12)：1-4.

[38] 贺天才，秦勇.煤层气勘探与开发利用技术[M].徐州：中国矿业大学出版社，2007.

[39] 梁冰，孙可明.低渗透煤层气开采理论及其应用[M].北京：科学出版社，2006.

[40] 唐建平，胡良平.煤矿井下低透气性煤层增透技术研究现状与发展趋势[J].中国煤炭，2018，44(3)：122-126.

[41] 张永民，邱爱慈，秦勇.电脉冲可控冲击波煤储层增透原理与工程实践[J].煤炭科学技术，2017，45(9)：79-85.

[42] 史红.煤矿岩层破裂的微震监测与力学机理[M].青岛：中国海洋大学出版社，2009.

[43] 刘超.煤矿微震三维定位事件属性的识别与标定[C]//中国煤炭工业协会.2010中国煤矿瓦斯治理国际研讨会论文集.[S.l：s.n]，2010.

[44] 孙珍玉.煤体微震信号分析及到时自动拾取方法研究[D].焦作：河南理工大学，2014.

# 第6章　阳泉矿区瓦斯防治智能管控技术

由于矿井瓦斯本身的复杂性，其研究工作也是比较困难的，瓦斯涌出源和瓦斯涌出方式等瓦斯信息会随着矿井开采活动的进行不断改变，瓦斯信息具有数据量大和数据更新频繁的特点，这也使得矿井瓦斯信息管理的难度进一步增大[1-3]。

随着煤炭开采的推进以及矿井安全监测监控系统的普及，采矿工程信息和矿井瓦斯地质信息不但在数量上急剧增加，更体现很强的时效性；影响瓦斯赋存、运移及煤与瓦斯突出的数据源呈现错综复杂、相互影响的特点。对于阳泉矿区来说，现有的瓦斯治理工作积累了大量宝贵的数据，但如何利用这些数据是需要重点研究的工作。

在煤炭企业大量生产的过程中，由于复杂的环境、人员等因素而产生海量数据，这使数据挖掘很自然地加入煤炭生产的监控系统当中，其信息化平台也得到了充分的利用。现阶段这方面主要的应用在于：煤矿安全信息化管理，煤矿安全专家系统，安全生产的虚拟化现实[4-6]。其中，瓦斯是影响阳泉矿区安全生产的最主要且难以控制的因素，井下通风瓦斯数据的管理和分析直接影响整个瓦斯安全监测预警系统的性能，而数据挖掘可起到关键作用，使“防患于未然”变成可能。同时，瓦斯抽采标准化也是阳泉矿区管控的一项新举措，实施后阳泉矿区瓦斯抽采效果得到了根本性好转。

## 6.1　阳泉矿区安全生产运营管理

目前，建设智能或智慧矿山已经在我国煤炭工业得到高度共识。实现对煤矿空间数据的信息化管理是智能或智慧矿山建设的基础。煤矿是一个典型的多部门、多专业管理的行业，涉及“采、掘、机、运、通”和“水、火、瓦斯、顶板”等研究方向，如何将分散、孤立的业务系统和数据资源整合到一个集成和统一的管理平台，是科学采矿或高科技矿山建设的关键问题。我国煤炭工业经过多年的发展，其信息化建设已经从数字矿山向智能矿山方向迈进，包括空间数据管理等若干方面已经取得了丰硕的成果。

华阳集团从自身信息化存在问题和实际需求出发，基于 Internet、最新的空间信息技术、大数据技术，开发煤矿专用空间信息服务平台，建立了华阳集团安全生产运营管理平台（YM-OMS）。

### 6.1.1　统一 GIS“一张图”协同管理

统一 GIS“一张图”协同管理系统是 CS、BS 混合模式的分布式体系架构系统，由协同管理 GIS 服务子系统、协同管理 Web 在线应用子系统、GIS 图形平台子系统、地测图形协同管理子系统、通防图形协同管理子系统、采矿辅助设计协同管理子系统、供电设计图形协同管理子系统等一系列子系统有机构成。其中协同管理 GIS 服务是整个“一张图”协同的核心，作为服务端支撑着数据的协同及各种应用；协同管理 Web 在线应用是基于“一张图”的 web 版访问入口，可以基于网络通过 PC、移动设备等终端随时随地访问“一张图”的资源；地测、通防、生产辅助设计、供电设计图形协同管理是面向煤矿“采、掘、机、运、通”等各类日常具体业务的专业 GIS 系统，具有类似传统图形软件的大量图形编辑操作，以及地质、测量、防治水、通防、机电、生产设计等各类专业辅助功能应用，可以通过丰富、便捷、易用的煤矿专业应用功能达成“一张图”协同的目的。

基于“一张图”协同管理 GIS 平台，建设全集团“一张图”的技术路线包括：① 建立“一张图”数据管理标准规范；② 将现有地测图形，按照“一张图”要求，分别归类、导入“一张图”数据库；③ 按照业务管理需要，为各专业人员分配“一张图”协同账户和权限；④ 各业务人员完成“一张图”更新工作；⑤ 协同管理 GIS 服务端自动完成“一张图”数据的冲突检查、数据一致性更新及历史版本化管理。

总的来说，针对煤矿日常实际业务，一个基于“一张图”协同模式的典型业务流程如图 6-1-1 所示。

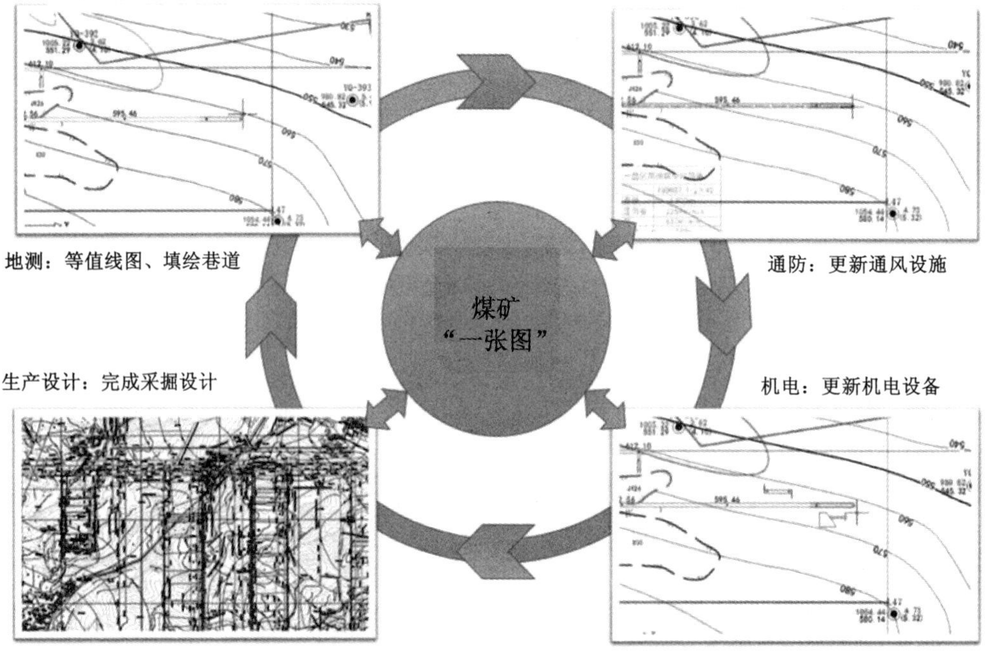


图 6-1-1 “一张图”在线协同更新流程

基于“一张图”协同平台的支持，地测、通防、机电、生产设计等各业务方向工作人员可以在线协同完成本职工作，实时自动汇总为最新的“一张图”，大大提高工作效率及煤矿图形业务管理的准确性和完整性，为整个矿井的安全生产提供支撑。

6.1.1.1 协同管理 GIS 服务子系统

协同管理 GIS 服务系统子系统是一个无界面的分布式服务端系统，是“一张图”系统的核心，该系统通过“统一平台”“统一数据库”“一张图管理”的方式实现对整个“一张图”业务的后台管理。协同管理服务端是“一张图”系统的“总管家”，承担识别服务请求类型、基本请求的处理，以及将复杂请求分发给目录服务器或应用服务器的任务。在数据源比较多时，数据引擎服务器的压力较大。管理服务器负责将数据操作请求分发给相应数据源的引擎服务器，起到数据层负载均衡的作用。

协同管理服务子系统的主要功能是实现基于“一张图”的多用户在线编辑、数据获取和数据保存，主要包括数据的请求（最新版本或特定版本）、数据的获取（最新数据或特定版本数据）、数据的提交、数据的签出、数据的锁定与取消锁定、图层管理、用户数据冲突处理、用户信息管理、用户与图层关联管理、权限管理、用户与权限关联管理、资源状态管理、历史版本管理、数据审核等，概括起来可以分为三大块：数据管理模块、权限管理模块和用户管理模块，具体如表 6-1-1 所列。

**表 6-1-1　协同管理 GIS 服务功能接口**

| 序号 | 业务分类 | 功能 | 功能简述 |
|---|---|---|---|
| 1 | 数据管理 | 数据请求 | 用户根据需要请求相应的数据（最新数据或者历史版本数据） |
| 2 | | 数据获取 | 服务端根据用户的请求和权限的验证，返回用户权限内的有效数据（有三种获取方式：增量获取、完全覆盖获取和打开本地文件）。用户可以根据历史版本信息获取过去某个历史版本的数据，也可以获取服务器上最新的数据 |
| 3 | | 数据提交 | 用户提交本地修改的数据（有自动提交和手动提交两种方式） |
| 4 | | 数据签出 | 表示用户将来签出并编辑该数据 |
| 5 | | 数据锁定及取消锁定 | 锁定表示用户要锁定该数据，其他用户将无法签出和编辑该数据；取消锁定表示用户不再锁定该数据，其他用户可以签出和编辑该数据 |
| 6 | | 数据审核 | 可以通过数据审核功能控制用户提交数据的有效性，只有通过审核的数据才能被开放出来，提供给用户来获取，而未通过审核的数据将会被屏蔽掉，用户也就无法获取这部分的数据 |
| 7 | | 版本管理 | 每个用户每次的提交都会产生一个新的版本，这个版本号是用户获取最新版本和特定版本的主要依据。版本也是数据历史回溯的重要依据。版本控制在整个协同系统中起着重要的控制作用，大部分的操作都与版本相关，如数据请求，数据获取，数据提交，冲突处理等，可以说与数据相关的操作都有版本的参与 |
| 8 | | 图层管理 | 由于图层数量比较大，目前采用的是底图＋图层分组的管理模式，用户可以自由地控制图层分组的规模和数量，管理方便，操作简单 |
| 9 | | 数据冲突处理 | 数据的冲突主要体现在两个方面：一方面是在用户提交数据编辑的时候可能存在冲突，以及处理方式（覆盖，合并，取消）；另一方面是用户获取数据时与本地的冲突处理 |

**表 6-1-1(续)**

| 序号 | 业务分类 | 功能 | 功能简述 |
|---|---|---|---|
| 10 | | 用户信息管理 | 用户的添加、修改、删除，身份的认证，用户操作权限的控制 |
| 11 | 用户管理 | 用户与图层关联管理 | 用户可以与图层进行关联，并进行管理控制 |
| 12 | | 用户与权限关联管理 | 用户与权限信息进行关联和管理 |
| 13 | | 专业权限 | 不同科室的用户的编辑权限是不同的，需要加以管控 |
| 14 | 权限管理 | 区域权限 | 不同矿区的用户对区域有不同的编辑权限 |
| 15 | | 状态管理 | 主要针对的是图层数据，例如，数据的锁定、签出编辑、签入等，让所有用户都能直观地看到图层的当前状态 |

#### 6.1.1.2 协同管理在线应用子系统

在“一张图”综合信息服务平台中，不但可以查询属性信息，还可以直接调取并在线打开各业务系统中相关目录下的图件、文档、报表。如图 6-1-2 所示，选取某工作面后，可查询相关的工作面瓦斯地质图等信息。如图 6-1-3 所示，选取某钻孔后，可在线查询该钻孔的柱状图。

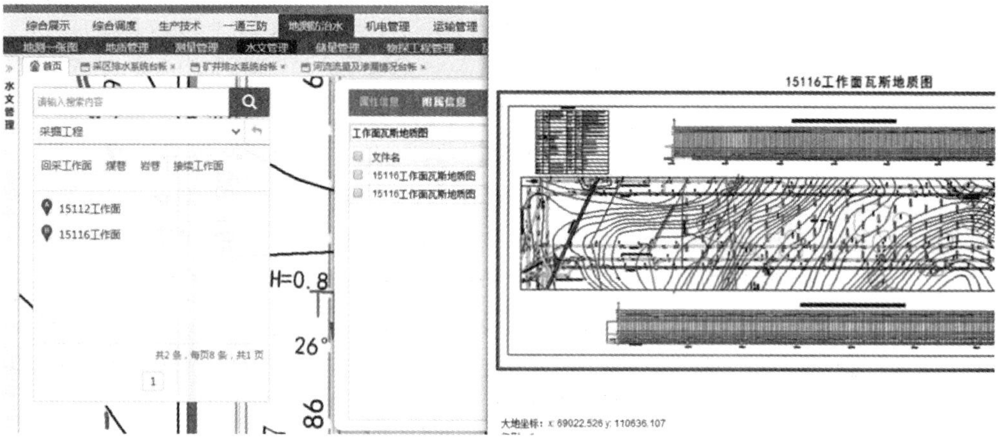


图 6-1-2 采煤工作面关联信息在线查询图

监测数据在线查询功能：在“一张图”综合信息服务平台中，可查询“安全监测”“人员定位”“工业视频”“束管监测”“抽采监测”“水文监测”的实时数据。

#### 6.1.1.3 GIS 图形平台子系统

基于“一张图”协同的 GIS 图形平台子系统，一方面提供基础的“一张图”协同数据获取、数据提交、版本查询及回溯、协同数据管理等功能；另一方面，GIS 图形子系统也是各个应用系统的支撑平台，提供所有图形、属性数据的统一存储，以及专业应用的图形交互及操作环境。“一张图”协同模式下的数据操作主要通过“图层分组管理器”来完成，如图层的分组管理和配置，图层最新版本的获取，特定版本的获取，签入、签出，锁定、取消锁定，撤销，历史记录查看等操作。

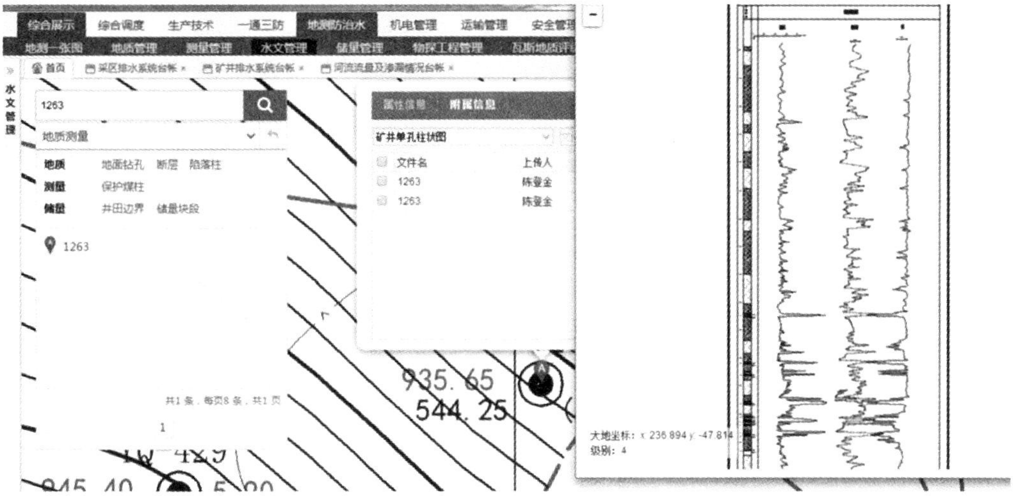


图 6-1-3　地面钻孔关联信息在线查询图

在 GIS 图形平台下，支持“一张图”数据的多种获取方式，如“获取最新数据”“获取特定时间数据”（过去某个时间的历史版本的数据）等，如图 6-1-4 和图 6-1-5 所示。

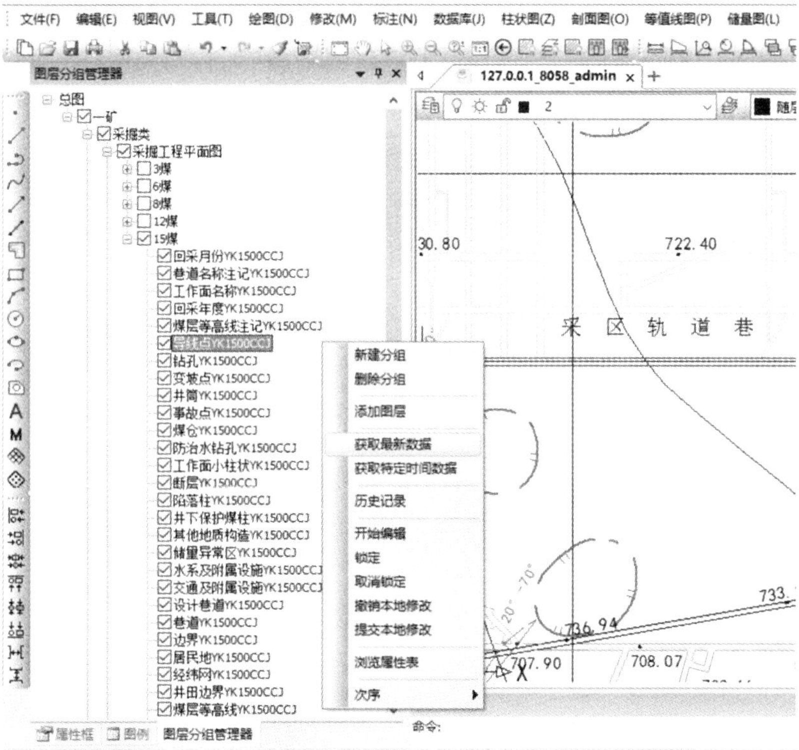


图 6-1-4　获取最新数据菜单图

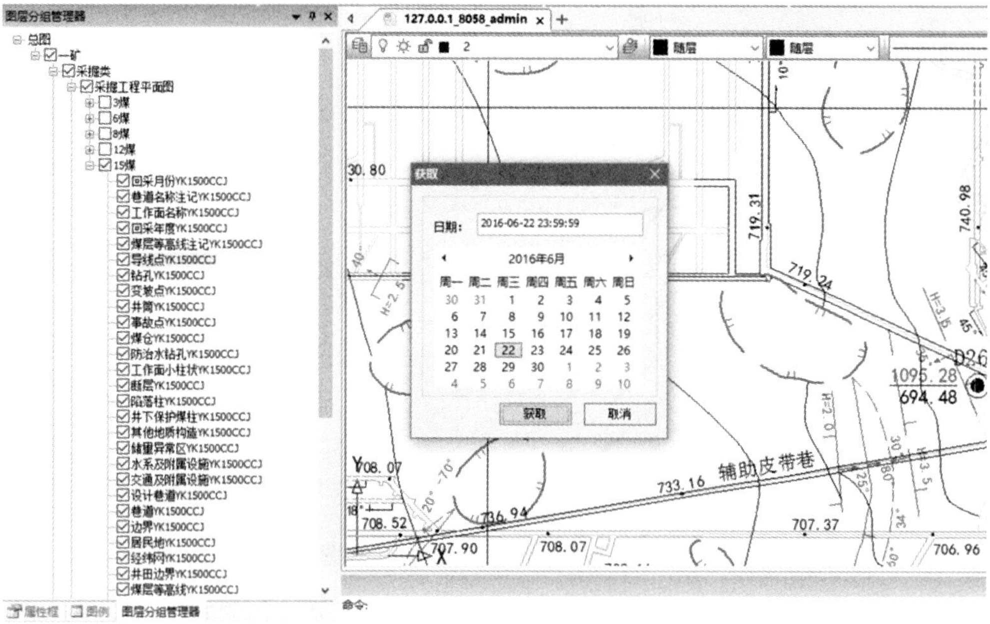


图 6-1-5　获取特定历史版本数据图

完成数据编辑后，系统支持“自动提交”的方式，也支持“手动提交”的方式，如图 6-1-6 所示。

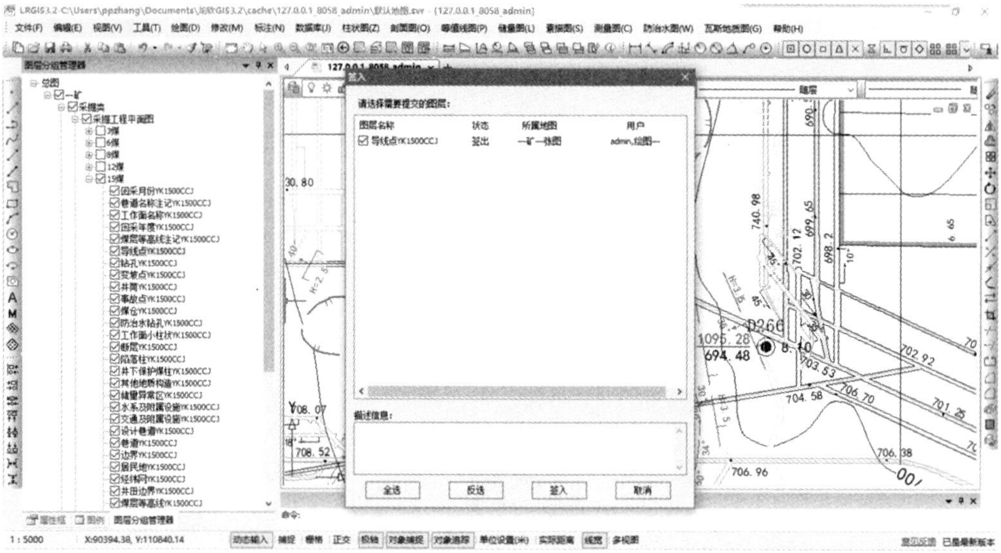


图 6-1-6　图层当前处于编辑状态的用户图

通过“一张图”GIS 图形平台，用户可以浏览查询“一张图”相关的任何内容，并为地测、通防、机电、生产设计等专业应用提供平台和交互环境支持。

#### 6.1.1.4　地测图形协同管理子系统

地测图形协同管理子系统实现各生产矿井地测专业图形的绘制，为其他专业制图提供真实的基础数据，完成对原有地测空间管理信息系统的升级，通过应用图形系统最新版本实现地测图形的网络服务功能。地测图形协同管理子系统是基于 GIS、计算几何、矿山信息化等领域各专题研究的理论和技术进行设计与开发，以完善的协同基础绘图平台为支撑解决煤层地质模型的建立、空间拓扑关系处理、图库动态交互等方面的难题，把业务流程充分分解处理，采用自动成图与人工交互制图的方式把用户所需的数据准确、真实、图文并茂地表达出来，完成地质、测量等专业图件的绘制、处理和输出，以提高绘图质量与效率，减少制图人员的工作量，实现矿区高效的生产与管理。

(1) 地测数据管理信息系统

地测数据管理信息系统是根据矿山地质数据的基本特点及矿井生产特点，采用模块化层次型结构设计，集数据信息一体化存储、管理的信息系统。该系统包括文件操作、数据管理、数据查询、工具、数据初始化和系统管理等 6 大部分。所有数据后台基于表的管理，实现矿井钻孔柱状图、煤层底板等高线及储量计算图、矿井地质剖面图、煤岩层对比图、地层综合柱状图、井巷地质素描图、回采工作面巷道预想剖面图、任意等值线图等图件的绘制、管理，矿井三维地质模型的构建等。

① 数据初始化：依据集团与矿井的特点，将其分为地层磁偏角初始化、地层初始化、岩石名称初始化和矿井名称初始化。

② 数据管理：包括地质勘探线数据管理、地面钻孔数据管理、井下钻孔数据管理、石门素描管理、煤层数据管理、综合柱状数据管理、断层数据管理、三维数据提取。其中基础数据管理均包括数据录入、定位查询、追加、插入、删除等命令。

(2) 测量数据库管理信息系统

测量数据管理信息系统负责对测量数据进行采集、计算、处理、存储、检索和格式输出，是绘制各种矿山测量基本图件的基础。其具体功能有："实现测量数据集中存储、统一管理、分布式处理和有限共享"，对煤矿常用等级、常用类型导线资料、水准资料的计算、存储、管理和打印输出；能够提供便捷的辅助计算工具，如方向交会、后方交会、高斯正反算、坐标正反算、坐标换带、坐标放样、巷道立交、曲线巷道标定、皮带中线偏离等常用计算，并提供数据的导入、导出和打印输出功能；能够完成巷道贯通误差预计，为用户提供合适的备选方案，在"既保证精度，又不浪费精度"的前提下保证巷道顺利贯通；提供各种便捷工具，方便用户使用、管理数据库，如成果台账整理、导线合并、贯通导线整理、数据库的备份与还原、数据复制、数据校对、台账浏览、台账管理、数据库无效记录清理、日志追加和查看、在线帮助等；提供数据的导入、导出工具，能够实现外部数据与数据库据之间的通信交流；拥有严格的权限控制，非资料录入用户仅能使用资料数据，而不能对其进行修改、删除等操作，确保数据的安全性；实现巷道剖面、综采剖面等功能的完善，根据华阳集团新要求，进行功能开发，实现剖面点准确坐标计算。其主要子模块包括：

① 数据管理模块：数据管理功能模块是测量数据管理信息系统的核心模块，用于导线、水准资料的计算、整理、存储和打印输出等。

② 辅助计算模块：测量数据管理系统提供方向交会、后方交会、高斯正反算、坐标换带、皮带中线偏离计算等煤矿测量常用的辅助计算工具。用户可以根据需要选择不同的功能模块，实现所需功能。所有的辅助计算工具均提供批量数据处理功能及数据存储等功能。此外，设有原始数据导入和计算成果数据导出工具，方便用户使用。

③ 管理工具模块：系统提供多种便捷的管理工具，方便用户对后台数据库中数据的操作。

④ 安全管理模块：贯通管理功能模块包括两部分内容：巷道贯通误差预计、巷道贯通工程管理和巷道中线偏离管理。

⑤ 数据初始化模块：该模块包括矿井名称初始化、用户管理、巷道贯通限差初始化和巷道层位初始化等。

⑥ 数据查询模块：该功能模块包括数据查询、点名与坐标联合查询、数据库整理、数据库备份与还原等。

（3）地质图形子系统

① 储量图：储量数据是煤矿企业生产和管理的基础数据，是矿井设计、生产、改扩建、开拓延深和安排长远规划的主要依据。储量模块以储量图例的自由绘制及指定区域的储量计算为核心。该模块主要为完成储量计算图的绘制提供快捷、高效的图形绘制与编辑功能。

② 柱状图：该模块建立了小柱状地质模型，提取地质数据库内容后可根据自定义模板快速生成任意比例尺的钻孔柱状图、单孔柱状图、综合柱状图、煤岩层对比图、测井综合成果图等图件。

③ 等值线图：钻孔数据是绘制各种地质图件的基础数据，该模块建立了钻孔地质模型，并通过读入各种离散点数据结合钻孔数据生成如煤层底板等高线图、煤厚等值线图等各种等值线图，同时提供对等值线属性的各种编辑功能。

④ 剖面图：剖面图是地质矿井日常生产的常用图件，包括预想剖面图、勘探线剖面图等。该模块建立了地层地质模型，并提供地层的各种编辑功能。该模块实现了根据三角网模型或等值线图切任意地形剖面图，依据数据库自动绘制勘探线剖面图，并通过数据库钻孔岩性自动填充钻孔岩性的功能，同时为修正平面图形提供了平剖对应功能。

⑤ 素描图：素描图是固体矿产在实际开采中经常使用的一种图件，是生产中最基础的图种，以巷道剖面图、回采面实测剖面图为主。该模块为实现巷道素描图和回采面实测剖面图的快速绘制设计了方便快捷的操作流程与功能。

⑥ 防治水图：包括综合水文地质图、水文曲线图、三线图、稳定补给水量计算及抽水试验综合成果图。

⑦ 瓦斯地质图：通过调用瓦斯地质数据库的空间信息及属性信息，自动绘制突出点、掘进工作面绝对瓦斯涌出量点、回采工作面瓦斯涌出量点、瓦斯含量点、瓦斯压力点及瓦斯资源量等，并能够生成瓦斯含量、瓦斯压力曲线，完成点、线、面瓦斯地质图例各类比例尺标准符号库的制作与管理。

（4）测量图形子系统

该模块为实现任意比例尺的采掘工程平面图、井田区域地形图、井上下对照图、工业广场平面图、井底车场平面图等图件的绘制提供具有空间信息巷道地质模型、变宽线地质模型、小断层地质模型，以及方便快捷的自动成图与交互式绘制流程。该模块功能主要包括：

① 巷道设置：该功能用于设置导线点名称注记、导线点高程注记、导线点煤层结构注记的内容、字体、大小、颜色、与巷道位置关系，以及巷道实体的颜色、线型、线宽、导线点符号等巷道地质模型的参数配置，以辅助巷道实体的绘制。

② 延深巷道：该功能提供全自动与交互式两种巷道绘制方式。其中，全自动绘制方式可提取测量数据库的导线点空间信息，按照巷道设置所显示的巷道地质模型一次性生成整个水平、整个采区、整个工作面或整条巷道的图形；交互式绘制巷道提供新巷道与老巷道延深两种绘制模式，在交互式绘制过程中可通过高斯坐标与极坐标方式自动延深巷道，并提供圆弧巷道的绘制功能。

③ 绘制巷道：该功能可实现根据巷道实际宽度、打印宽度以及方位角和角度绘制方式自由绘制巷道。

④ 巷道空间关系处理：该功能依据生成的众多巷道空间拓扑关系自动处理巷道的交叉与叠加显示效果。

⑤ 碎部巷道：该功能用于绘制巷道上的躲避硐，依据硐室高度、深度、宽度及与巷道的夹角完成硐室的绘制，并自动处理与巷道的拓扑显示关系。

⑥ 绘制断层：该功能提供两种断层绘制方式，一种是在图上根据断层参数设置直接绘制断层，并可保存到数据库；一种是从数据库分水平、采区、工作面提取断层信息绘制在图上。

⑦ 采空区边界颜色：该功能用于采掘图中用颜色圈定采空范围。若采空区用区域填充，可以使用【填充】命令直接填充区域颜色；若以色带形式绘制采空区，该功能在变宽线地质模型的支持下提供了手动绘制采空区边界与选择采空区边界两种方式绘制采空区边界，并可配置采空区颜色及标注年代或月份注记，同时提供了色带宽度修改与色带延伸功能方便用户编辑采空区边界。

⑧ 绘制月进尺：该功能实现按与月初、月末参考点的距离绘制月进尺，并能自由配置月进尺延深及注记年度或月份标注。

⑨ 保护煤柱计算和绘制：该功能提供了垂面法和垂线法两种保护煤柱计算方法，用以计算建筑物、水体、道路、村庄等各种需要保护的地物保护煤柱范围，同时生成保安煤柱计算报告。

⑩ 沉陷预计：该功能根据观测值计算的结果，参考概率积分法规定的坐标系或直角坐标系或任意坐标系来计算沉陷范围的沉陷预计等值线。

系统实现效果如图 6-1-7～图 6-1-9 所示。

#### 6.1.1.5　通防图形协同管理子系统

通防图形协同管理子系统基于网络服务，实现了通风专业图形生成处理、网络解算及通风设施查询。

通防图形协同管理子系统主要包括通风制图和通风系统仿真两大模块。通风制图包括绘制通风系统图、避灾路线图、注浆系统图、瓦斯抽采系统图、瓦斯抽采曲线图、防尘系统图、防火系统图、监测监控系统图，自动生成通风系统立体图、通风网络图、通风系统压

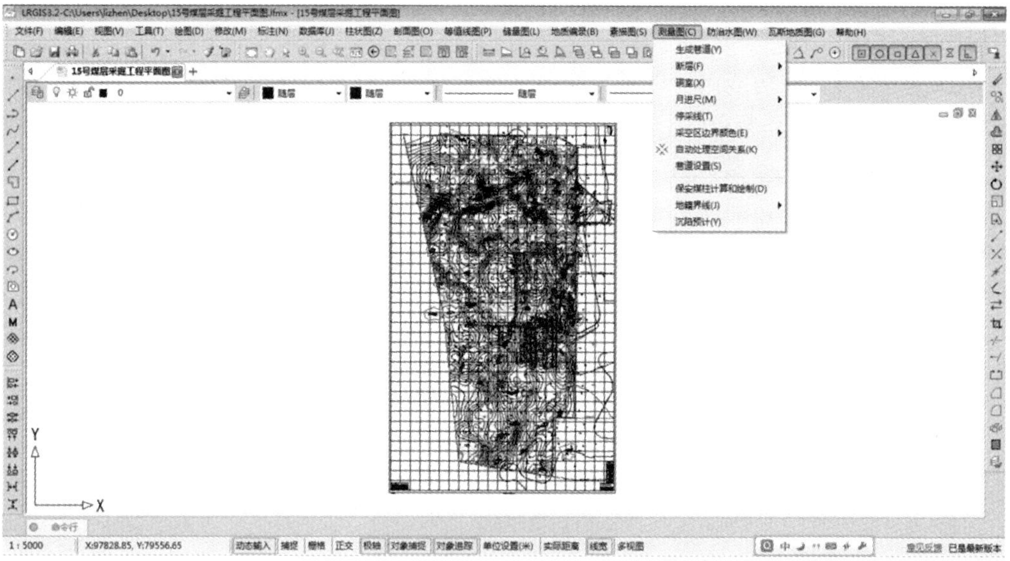

图 6-1-7 采掘工程平面图

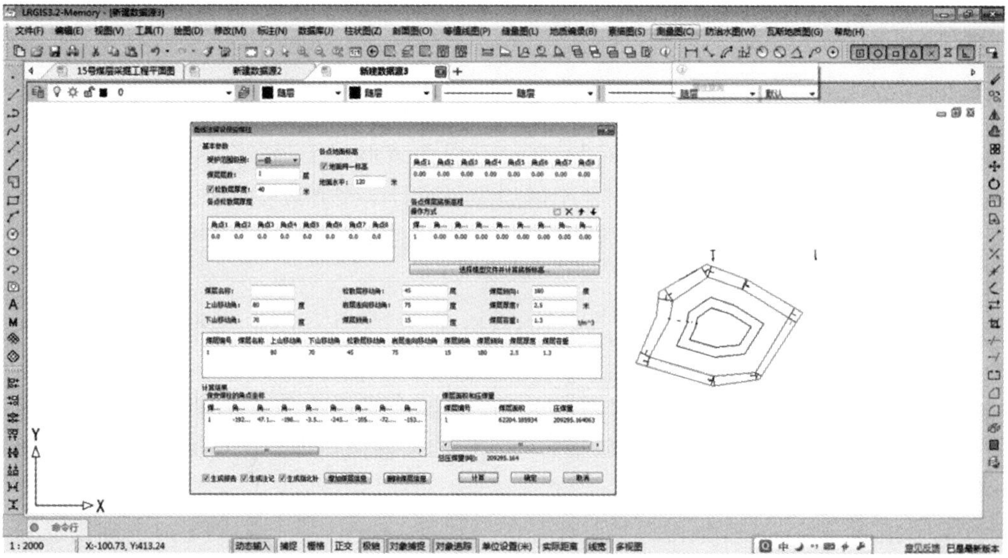

图 6-1-8 保护煤柱计算图

能图;通风系统仿真主要包括通风阻力测定数据的录入和处理,通风网络模拟解算,通风系统风量调节,风机优化选型等功能。

本系统主要实现以下功能:

① 针对煤炭专业业务处理的具体特点,将强大、方便、实用的图形编辑功能与 GIS 软件直观、高效、灵活的数据管理、查询和空间分析功能有机完美地结合。

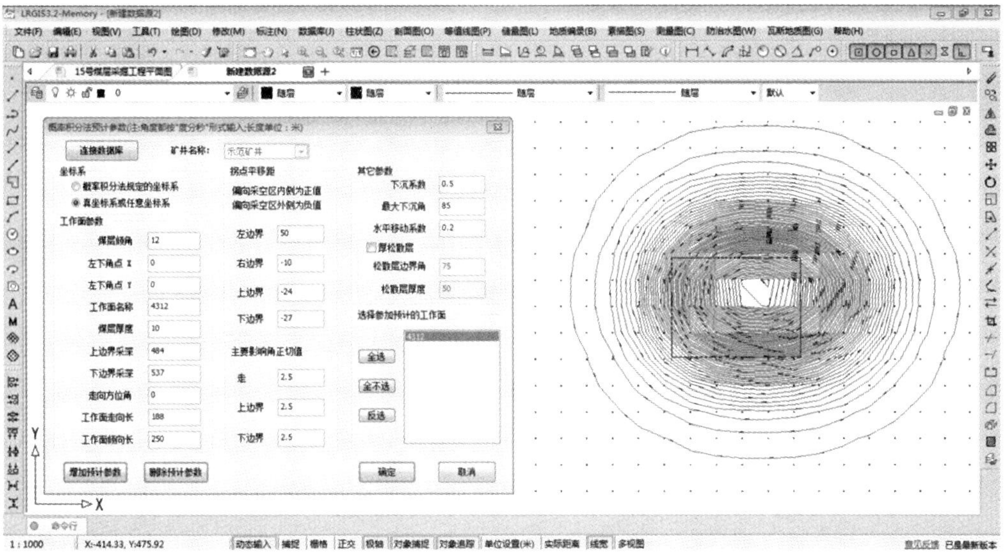

图 6-1-9　沉陷预计图

② 系统采用了先进的组件式开发技术，减轻了系统维护的工作量、增强了系统的稳定性与可扩展性；实现了通风安全专业功能的组件化，用户可依功能需求实现灵活定制。

③ 系统提供了灵活的数据存储方式，完全支持空间数据库，实现了真正意义上的煤炭各专业数据共享与多源数据无缝集成。

④ 具有强大的二次开发能力，二次开发接口丰富：不但具有底层 API 开发接口，还支持控件开发，可以为不同层次的用户提供二次开发支持。

⑤ 系统建立了完善的、符合煤炭行业规范的通风安全专业符号库，同时为用户提供了方便的图例制作和管理工具。

⑥ 系统具有精美的地图显示效果，提供了强大的地图排版布局环境，支持打印预览和裁剪打印输出，并支持各种型号的打印机和绘图仪。

⑦ 提供了全自动、交互式的通风网络图生成功能，方便地进行通风网络图的编辑和网络模拟解算。

⑧ 在采掘工程平面图基础上绘制通风系统图、防尘系统图、避灾路线图、瓦斯防治系统图等。

⑨ 基于采掘工程平面图或通风系统图自动生成通风网络图。

⑩ 实现风机数据的统一管理。

（1）通风符号库

基于华阳集团在用的符号样式建立了统一的符号库，并可对符号库中符号增加、删除、修改，图例符号符合煤炭行业规范。符号库包括通风系统图图例符号库、避灾路线图图例符号库、监测监控图图例符号库、防尘防灭火图图例符号库，分别如图 6-1-10 至图 6-1-13 所示。

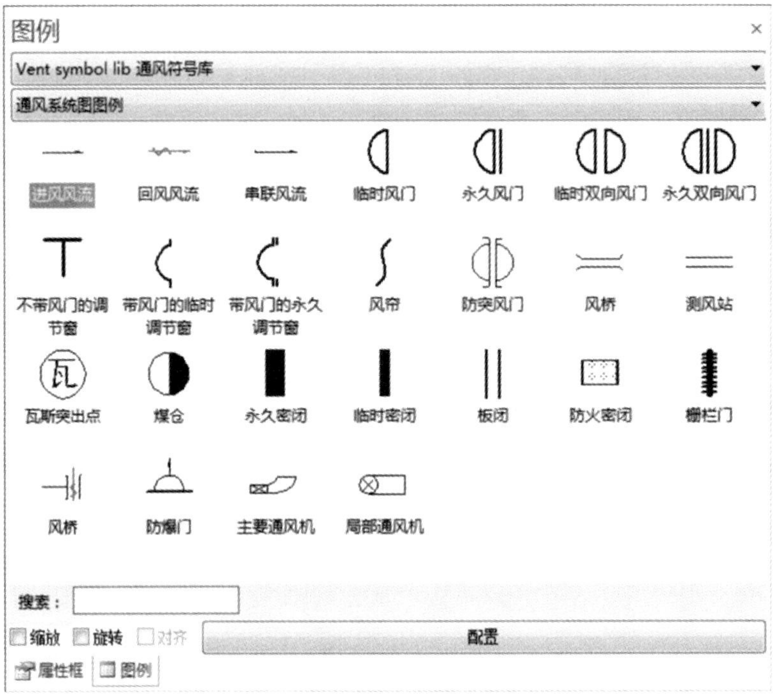


图 6-1-10　通风系统图图例符号库

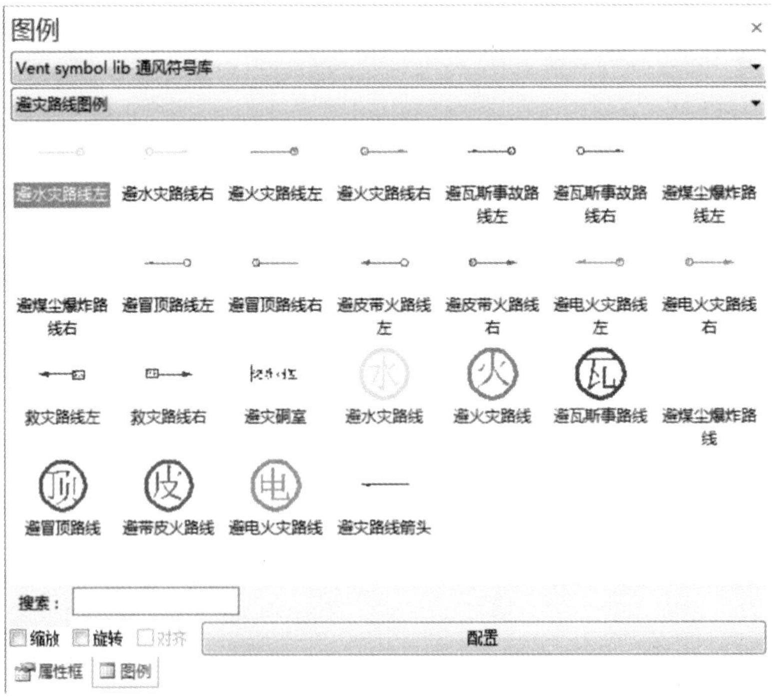


图 6-1-11　避灾路线图图例符号库

图 6-1-12　监测监控图图例符号库

图 6-1-13　防尘防灭火图图例符号库

通防图形协同系统还提供了诸如操作图例、生成图例统计表、图例分层、图例互换等方便用户自动绘制图例的功能。操作图例功能可以实现图例自动填充巷道、自动跨越巷道等操作，生成图例统计表可以自动统计并绘制图形中的通风符号图例，图例分层功能可自动将不同图例分层放置；图例互换可根据用户选择批量互换图形中的两种图例，方便用户在通风系统图基础上快速绘制反风系统图。

(2) 通风专题图绘制

① 通风系统图

使用通防图形协同管理系统,基于采掘工程平面图可以快速方便地绘制出符合标准规范的通风系统图。通防图形协同管理系统除了可以方便地绘制通风图例符号,系统还提供了点标注与更新功能,方便用户根据风量瓦斯台账等自动更新图形上时常变动的数据,实现效果如图 6-1-14 所示。

| | A | B | C | D | E | F | G |
|---|---|---|---|---|---|---|---|
| 1 | 地点: | S=(m\+2{ | V=(m/s) | Q=(m\+2{3}/min) | T=(℃) | CH\-2{4}=(%) | CO\-2{2}=(%) |
| 2 | 15203高抽下料 | 11 | 1.74 | 1150 | 12 | 0.02 | 0.04 |
| 3 | 15201进风下料 | 17 | 0.17 | 171 | 12 | 0.02 | 0.04 |
| 4 | 15201高抽下料 | 14 | 0.67 | 560 | 12 | 0.02 | 0.04 |

图 6-1-14　风量瓦斯台账图

② 通风网络图

通防图形协同管理系统可以方便地手动绘制通风网络图,也可以根据通风系统图的拓扑结构自动生成通风网络图。根据一矿通风系统拓扑结构自动生成的通风网络图,实现效果如图 6-1-15 所示。网络图分支的外观可以根据需要修改,包括显示信息等。

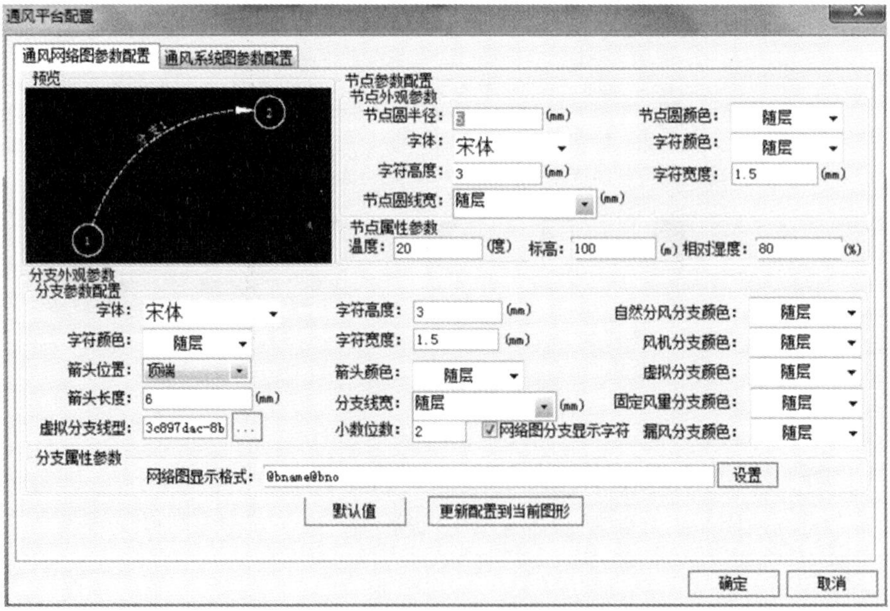


图 6-1-15　配置网络图分支外观图

通防图形协同管理系统允许用户手动绘制、修改通风网络图,亦可以按照通风系统的拓扑关系或者坐标生成通风网络图,提供对网络结构数据的列表浏览和修改,可以导入导出网络结构数据到特定格式的文本文件,实现效果如图 6-1-16 所示。

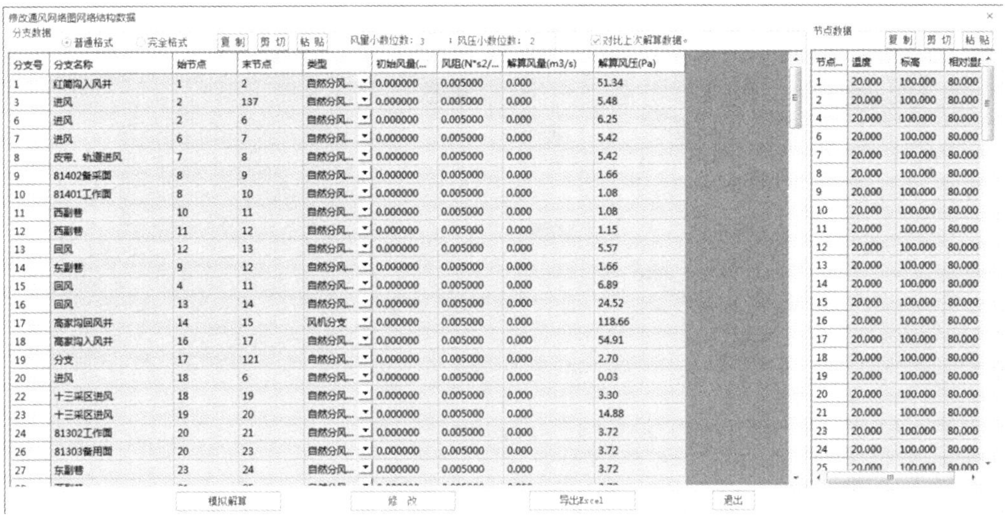

修改通风网络图网络结构数据

分支数据　普通格式　完全格式　复制　剪切　粘贴　风量小数位数：3　风压小数位数：2　☑对比上次解算数据。

| 分支号 | 分支名称 | 始节点 | 末节点 | 类型 | 初始风量 | 风阻(N*s2/...) | 解算风量(m3/s) | 解算风压(Pa) |
|---|---|---|---|---|---|---|---|---|
| 1 | 红嘴沟入风井 | 1 | 2 | 自然分风 | 0.000000 | 0.005000 | 0.000 | 51.34 |
| 3 | 进风 | 2 | 137 | 自然分风 | 0.000000 | 0.005000 | 0.000 | 5.48 |
| 6 | 进风 | 2 | 6 | 自然分风 | 0.000000 | 0.005000 | 0.000 | 6.25 |
| 7 | 进风 | 6 | 7 | 自然分风 | 0.000000 | 0.005000 | 0.000 | 5.42 |
| 8 | 皮带、轨道进风 | 7 | 8 | 自然分风 | 0.000000 | 0.005000 | 0.000 | 5.42 |
| 9 | 81402备采面 | 8 | 9 | 自然分风 | 0.000000 | 0.005000 | 0.000 | 1.66 |
| 10 | 81401工作面 | 8 | 10 | 自然分风 | 0.000000 | 0.005000 | 0.000 | 1.08 |
| 11 | 西副巷 | 10 | 11 | 自然分风 | 0.000000 | 0.005000 | 0.000 | 1.08 |
| 12 | 西副巷 | 11 | 12 | 自然分风 | 0.000000 | 0.005000 | 0.000 | 1.15 |
| 13 | 回风 | 12 | 13 | 自然分风 | 0.000000 | 0.005000 | 0.000 | 5.57 |
| 14 | 东副巷 | 9 | 12 | 自然分风 | 0.000000 | 0.005000 | 0.000 | 1.66 |
| 15 | 回风 | 4 | 11 | 自然分风 | 0.000000 | 0.005000 | 0.000 | 6.89 |
| 16 | 回风 | 13 | 14 | 自然分风 | 0.000000 | 0.005000 | 0.000 | 24.52 |
| 17 | 高家沟回风井 | 14 | 15 | 风机分支 | 0.000000 | 0.005000 | 0.000 | 118.66 |
| 18 | 高家沟入风井 | 16 | 17 | 自然分风 | 0.000000 | 0.005000 | 0.000 | 54.91 |
| 19 | 分支 | 17 | 121 | 自然分风 | 0.000000 | 0.005000 | 0.000 | 2.70 |
| 20 | 进风 | 18 | 6 | 自然分风 | 0.000000 | 0.005000 | 0.000 | 0.03 |
| 22 | 十三采区进风 | 18 | 19 | 自然分风 | 0.000000 | 0.005000 | 0.000 | 3.30 |
| 23 | 十三采区进风 | 19 | 20 | 自然分风 | 0.000000 | 0.005000 | 0.000 | 14.88 |
| 24 | 81303工作面 | 20 | 21 | 自然分风 | 0.000000 | 0.005000 | 0.000 | 3.72 |
| 26 | 81303备用面 | 20 | 23 | 自然分风 | 0.000000 | 0.005000 | 0.000 | 3.72 |
| 27 | 东副巷 | 23 | 24 | 自然分风 | 0.000000 | 0.005000 | 0.000 | 3.72 |

节点数据　复制　剪切　粘贴

| 节点号 | 温度 | 标高 | 相对湿度 |
|---|---|---|---|
| 1 | 20.000 | 100.000 | 80.000 |
| 2 | 20.000 | 100.000 | 80.000 |
| 6 | 20.000 | 100.000 | 80.000 |
| 7 | 20.000 | 100.000 | 80.000 |
| 9 | 20.000 | 100.000 | 80.000 |
| 10 | 20.000 | 100.000 | 80.000 |
| 11 | 20.000 | 100.000 | 80.000 |
| 12 | 20.000 | 100.000 | 80.000 |
| 13 | 20.000 | 100.000 | 80.000 |
| 14 | 20.000 | 100.000 | 80.000 |
| 16 | 20.000 | 100.000 | 80.000 |
| 17 | 20.000 | 100.000 | 80.000 |
| 18 | 20.000 | 100.000 | 80.000 |
| 19 | 20.000 | 100.000 | 80.000 |
| 20 | 20.000 | 100.000 | 80.000 |
| 23 | 20.000 | 100.000 | 80.000 |
| 24 | 20.000 | 100.000 | 80.000 |
| 25 | 20.000 | 100.000 | 80.000 |

模拟解算　修改　导出Excel　退出

图 6-1-16　通风网络结构数据图

③ 通风压能图

在通风网络解算模型的基础上，利用通风系统压能图生成功能可自动生成通风系统压能图。通过压能图能够直观地反映矿井通风的能量消耗，为通风系统优化、分析提供依据，实现效果如图 6-1-17 和图 6-1-18 所示。

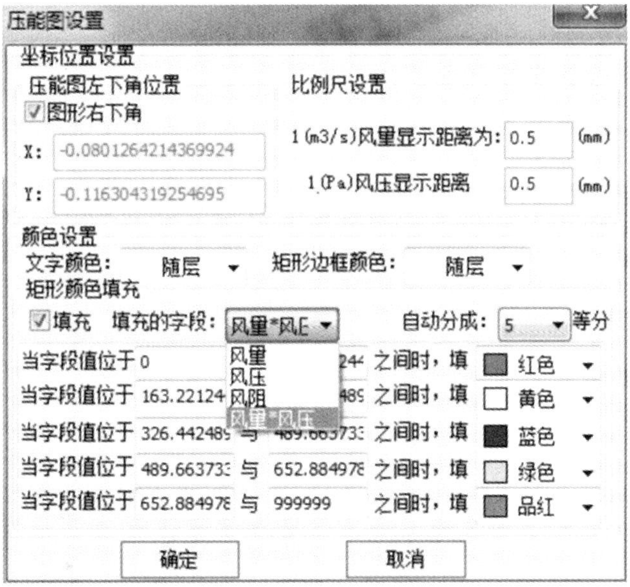

图 6-1-17　自动生成压能图相关设置图

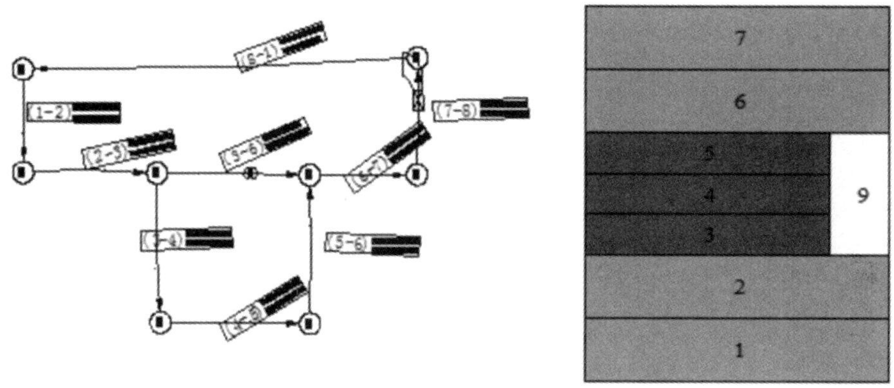


图 6-1-18　压能图自动生成图

④ 通风立体图

在通风系统图基础上，通过提取巷道中心线，程序可自动生成通风系统立体图。

通防图形协同管理系统提供了在采掘工程平面图上提取巷道中心线的相关功能。提取巷道中心线功能可自动搜索用户指定范围内图上的标高，自动填写 z 值；提取联络巷功能可以方便提取联络巷的中心线；利用添加符号点功能可以在中心线上添加通风构筑物标识，在生成的巷道立体图上可自动添加密闭风门等构筑物；可以实现对巷道中心线数据的统一查看和修改；可以导出巷道中心线数据到.ane 文件；利用巷道中心线不仅可生成巷道立体示意图，还可生成用于通风网络解算的解算分支。

(3) 风机库维护及风机性能曲线绘制

系统提供风机数据库的维护管理功能，其中包括风机特性曲线的绘制，根据主通风机的特征点绘制风机性能曲线，效果如图 6-1-19 和图 6-1-20 所示。

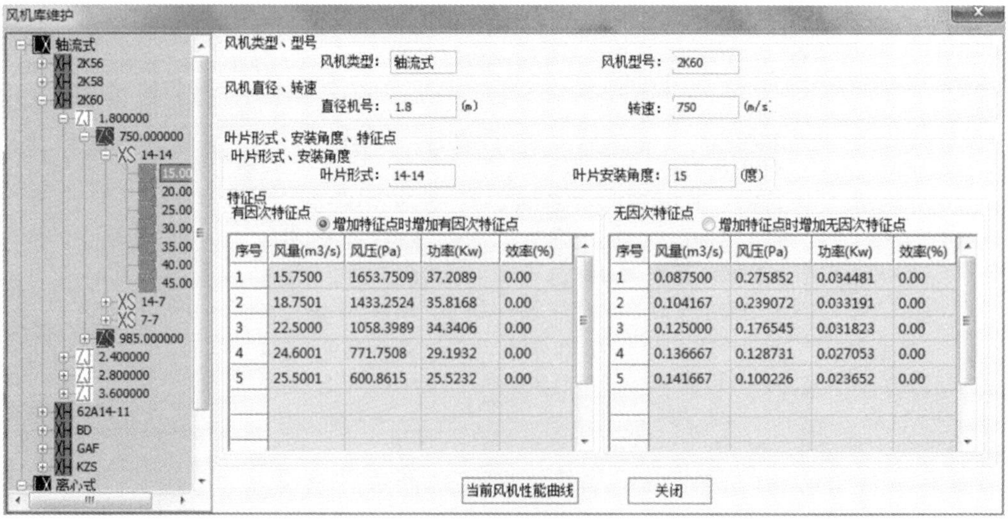


图 6-1-19　风机库维护图

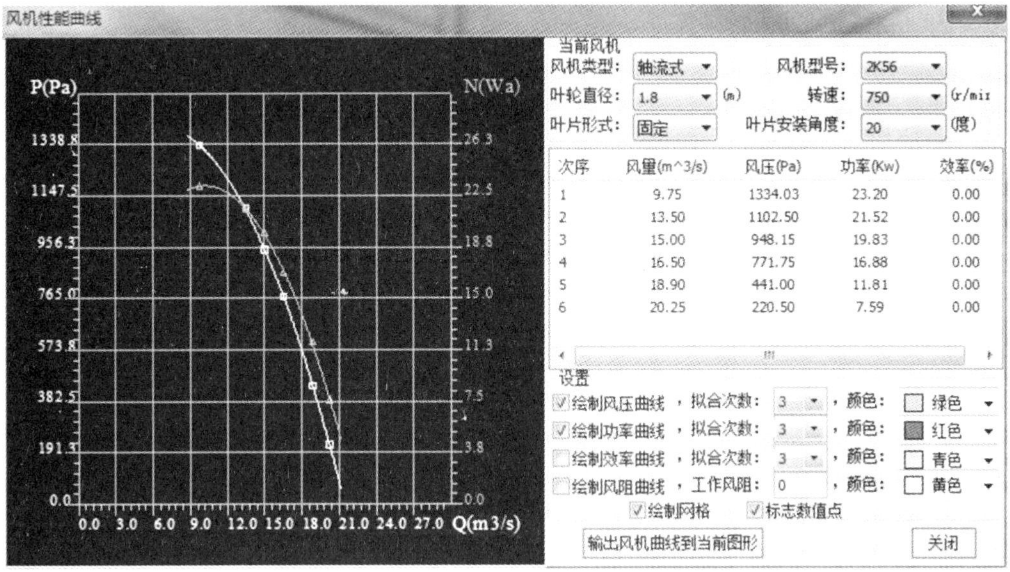


图 6-1-20　风机特性曲线绘制图

（4）风机优选

根据用户设置的风量风阻，从风机数据库中自动优选出满足要求的效率较高的风机，可用于通风系统设计风机优选及通风系统改造风机优选。风机选型一般情况下分为通风系统改造选型和通风系统设计选型，区别在于通风系统设计时需要同时考虑困难时期和容易时期的需风量和风压进行风机选型；程序允许只从轴流式、离心式中选型；风机选型结果以列表形式按照效率从高到低显示，选中可查看风机数据，双击可查看实际工况点；选型结果可以直接复制到解算分支上用于通风网络解算。风机优选实现效果如图 6-1-21 所示。

（5）通风阻力测定数据管理

系统提供对现场三种阻力测试方法的基础数据录入、管理和处理，分别是压差计法、气压计基点测定法和气压计同步测定法，处理结果可直接作为网络解算的基础数据。

（6）通风网络解算与优化

利用本系统可方便地进行通风网络解算，网络解算结果可以以列表的形式返回，方便统一浏览，亦可以标注在解算分支上，能够标注的信息包括巷道的风流方向、风量、风阻和风压等，如图 6-1-22 所示。解算分支外观用户也可自由配置，如图 6-1-23 所示。

可以利用通防图形协同管理系统的网络解算功能实现对新建矿山通风网络系统设计、解算和风流分风模拟；生产矿山风流自然分配模拟；任意风路固定风量、固定风压、网络风流按需分配仿真；模拟新掘或废弃井巷后风网系统的变化；模拟风门、风窗、密闭等通风构筑物设置和风量调节效果；辅助进行短期和长期通风系统规划；在风网优化设计的基础上进行风机选型，风机运行工况点分析；反风模拟等。

（7）钻孔竣工图

高瓦斯矿井、突出矿井往往需要在井下打大量钻孔，对煤层的瓦斯进行预抽，以保证

图 6-1-21　风机选型界面图

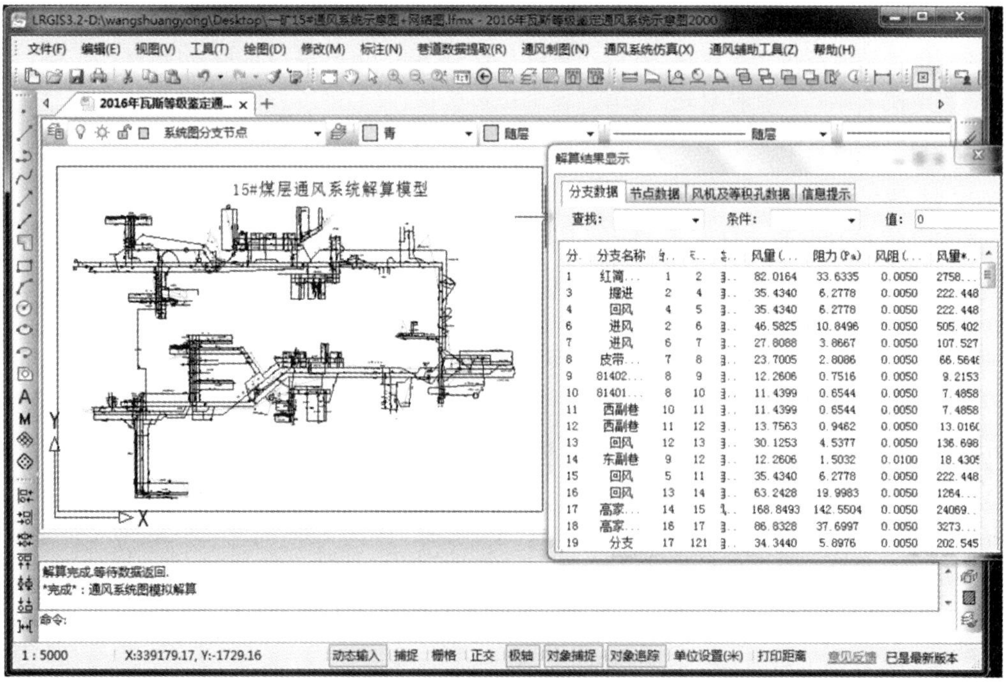

图 6-1-22　通风系统解算结果图

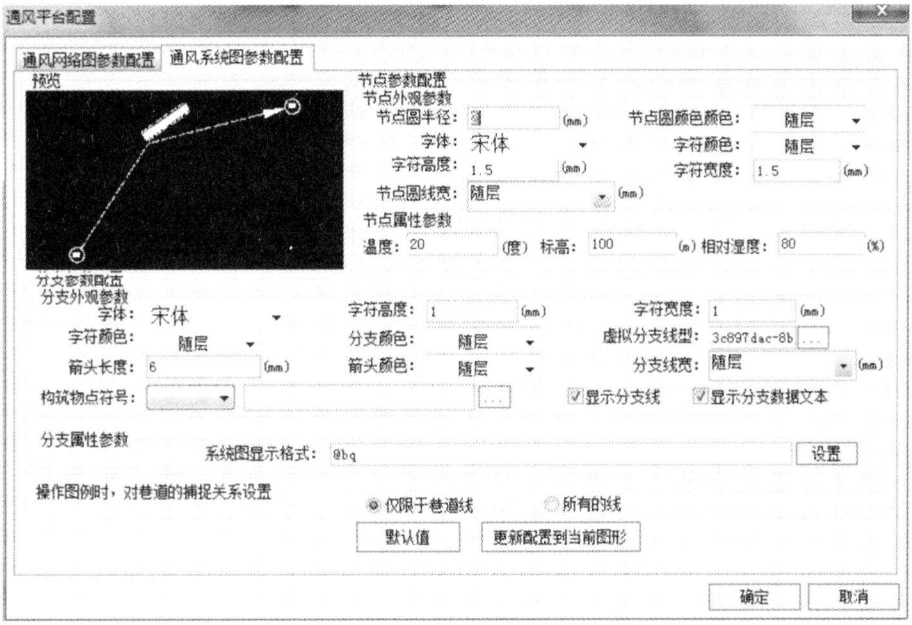


图 6-1-23　解算分支外观配置图

生产安全，同时还能提高矿井效益。寺家庄矿为高瓦斯矿井，绘制钻孔竣工图有十分巨大的工作量，为提高绘制竣工图的效率，通防图形协同管理系统提供了钻孔竣工图绘制功能，可以方便地导入钻孔台账自动成图，绘制顺层钻孔竣工图、穿层钻孔竣工图等。

钻孔台账需要包括的主要信息有倾角、方位角、总进尺、距离测定点位置、煤岩标识距离等；功能可根据用户选择，绘制出孔迹线、孔尾标识、钻孔标号备注信息，甚至还可以根据煤岩距离的具体描述，用不同颜色绘制出煤段、岩石段、孔尾掉杆段等。其实现效果如图 6-1-24、图 6-1-25 所示。

| | A | B | C | D | E | F | G |
|---|---|---|---|---|---|---|---|
| 1 | 孔号 | 仰角/° | 方位角/° | 总进尺/m | 距测点位置/m | 煤岩距离 | 备注 |
| 2 | 1# | 0 | 0 | 110 | 0 | 91米见岩，100米见煤 | |
| 3 | 2# | 1 | 0 | 100 | 0 | 47米见岩，58米见煤，97米见岩 | |
| 4 | 3# | 2 | 0 | 120 | 0 | 42米见岩，52米见煤，105米见岩 | |
| 5 | 4# | 3 | 0 | 140 | 0 | 19.5米见煤，30米见岩 | |
| 6 | 5# | 4 | 0 | 129 | 0 | 80米见煤，111米见岩 | |
| 7 | 6# | 5 | 0 | 134 | 0 | 80米见岩，100米见煤，112米见岩 | |
| 8 | 7# | 6 | 0 | 123 | 0 | 30米见岩，40米见煤113米见岩 | |
| 9 | 8# | 7 | 0 | 120 | 0 | 60米见岩，90米见煤，114米见岩 | |
| 10 | 9# | 0 | 0 | 110 | 0 | 91米见岩，100米见煤 | |
| 11 | 10# | 1 | 0 | 100 | 0 | 47米见岩，58米见煤，97米见岩 | |
| 12 | 11# | 2 | 0 | 120 | 0 | 42米见岩，52米见煤，105米见岩 | |
| 13 | 12# | 3 | 0 | 140 | 0 | 19.5米见煤，30米见岩 | |
| 14 | 13# | 4 | 0 | 129 | 0 | 80米见煤，111米见岩 | |
| 15 | 14# | 5 | 0 | 134 | 0 | 80米见岩，100米见煤，112米见岩 | |
| 16 | 15# | 6 | 0 | 123 | 0 | 30米见岩，40米见煤113米见岩 | |
| 17 | 16# | 7 | 0 | 120 | 0 | 60米见岩，90米见煤，114米见岩 | |

图 6-1-24　钻孔台账图

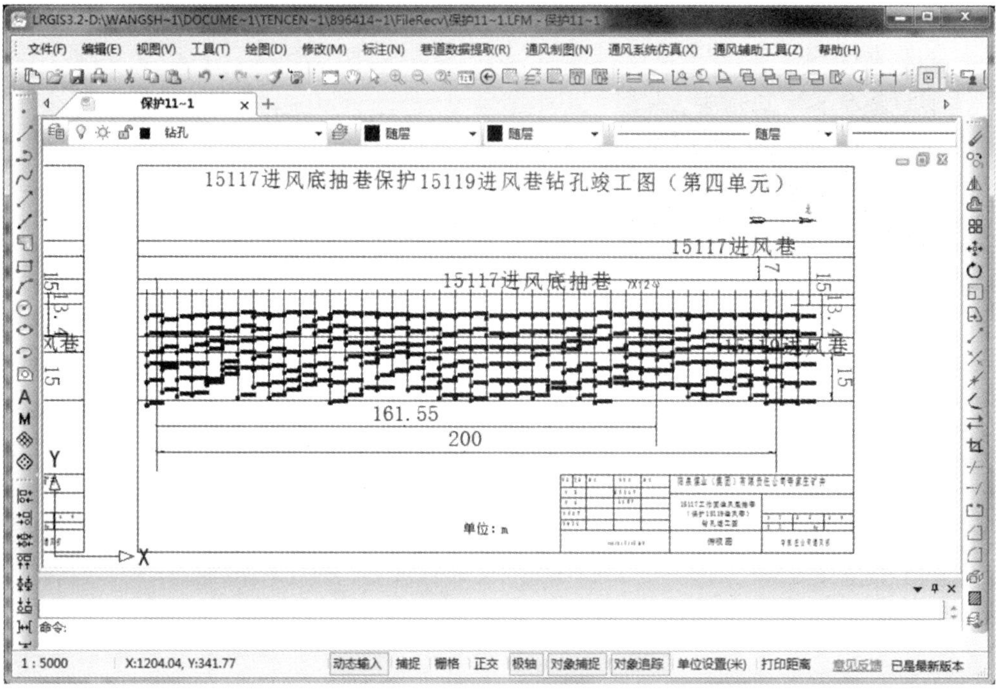


图 6-1-25　寺家庄矿 15117 工作面底抽巷钻孔竣工图

6.1.1.6　*采矿辅助设计协同管理子系统*

采矿辅助设计系统是专为煤矿生产设计人员量身打造，依据《采矿工程设计手册》(2003 年版)，参照煤矿实际生产情况，遵循《煤矿安全规程》的一套快速设计制图系统。该系统在参考了各煤矿实际生产过程和作业流程后，完全依据煤矿日常生产的流程，遵循当前煤矿工作的业务流程，可极大地提高设计、制图等工作的精度和准确度。系统参照大量煤矿的实际情况进行修改，功能更符合矿井的实际情况，实现矿井绘图的定制化。

(1) 断面图设计

断面图设计模块实现多种巷道断面图设计，包括圆拱断面、三心拱断面、梯形刚性断面、梯形可伸缩断面、异形断面、矩形断面、消防材料硐室断面及 U 型钢和矿工钢支护的拱形断面等。

(2) 交岔点及车场设计模块

交岔点及车场设计模块依据采矿设计手册要求，通过复杂的计算，完成单开道岔，单道起坡一次、二次回转甩车场及双道起坡一次、二次回转甩车场设计。命令采用参数化的输入模式，当用户录入合理的参数后，程序将自动成图，绘制出平面图、工程量及主要材料消耗表、断面图等内容。

(3) 采区设计

采区设计模块涉及采区工程中的采区煤仓、采区变电所、采区风桥、水仓设计、异形炮眼、半圆拱及三心圆拱炮眼布置图等内容。

(4) 辅助图设计模块

辅助图设计模块为一些“小”的命令集合，提供给设计人员经常用到的一些“小”但是实用的命令。本模块主要实现的功能包括添加单折断线、添加中间折断线、添加标题、弧段注记、引线注记、标高注记、添加填充墙、添加标桩符号、生成循环作业图表、进行水沟及人行梯步设计等内容。例如，该模块下“循环作业图表”命令可生成如图6-1-26所示循环作业图表图。

| 班次 / 工序 | 时间 | | 甲 | | | | | | | | 乙 | | | | | | | | 丙 | | | | | | | |
|---|---|---|---|---|---|---|---|---|---|---|---|---|---|---|---|---|---|---|---|---|---|---|---|---|---|---|
| | 时 | 分 | 8 | 9 | 10 | 11 | 12 | 13 | 14 | 15 | 16 | 17 | 18 | 19 | 20 | 21 | 22 | 23 | 0 | 1 | 2 | 3 | 4 | 5 | 6 | 7 |
| 交接班 | | 20 | | | | | | | | | | | | | | | | | | | | | | | | |
| 打下部眼 | 1 | 40 | | | | | | | | | | | | | | | | | | | | | | | | |
| 装药连线 | | 30 | | | | | | | | | | | | | | | | | | | | | | | | |
| 爆破通风 | | 20 | | | | | | | | | | | | | | | | | | | | | | | | |
| 打注锚杆 | 1 | 40 | | | | | | | | | | | | | | | | | | | | | | | | |
| 打上部眼 | 1 | 40 | | | | | | | | | | | | | | | | | | | | | | | | |
| 耙迎头渣 | 3 | 10 | | | | | | | | | | | | | | | | | | | | | | | | |
| 出渣 | 3 | 30 | | | | | | | | | | | | | | | | | | | | | | | | |

图6-1-26 循环作业图表图

(5) 设计参数管理

设计参数管理模块主要是对生产设计部门经常用到的一些参数进行配置和管理，配置的参数将存入后台数据库中，供其他程序调用。该模块主要实现功能包括矿车参数、皮带参数、道岔参数以及水沟参数等内容。例如，该模块下“水沟参数”命令输入对话框如图6-1-27所示。

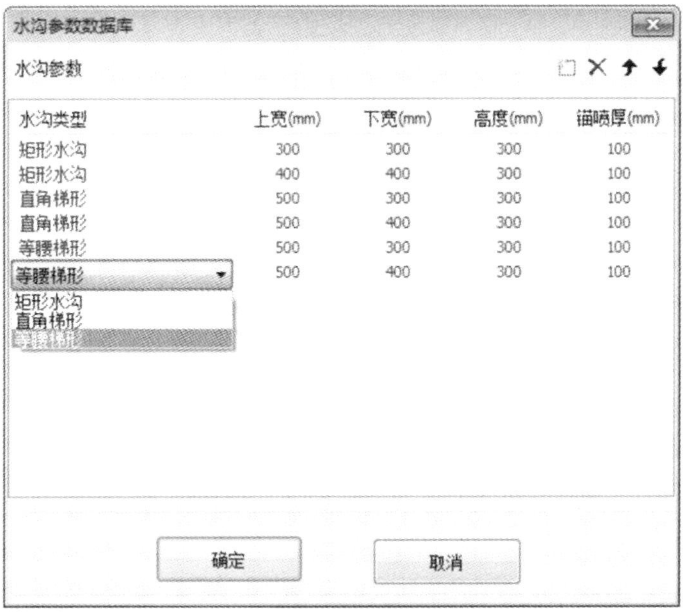


图6-1-27 水沟参数输入界面图

6.1.1.7　供电设计图形协同管理子系统

供电设计图形管理系统分为三个模块：机电图形协同管理、供电设备选型计算和固定设备选型计算。机电图形协同管理是基于“一张图”管理模式，以在线协同的办公方式管理设备布置图、运输系统图、供排水系统图、通讯联络系统图、人员定位系统图、供电系统图等所有机电图形。供电设备选型计算是基于标准的供电设备图例库绘制供电系统图，对电动机、变压器、电缆、各类开关进行相应的供电计算与校验，从设备参数数据库选出合适的供电设备，并自动生成供电设计报告。固定设备选型计算是对辅助运输巷绞车、运输机、排水设备进行选型计算，选出合适的绞车、皮带和水泵，生成相应的设备选型设计报告。

(1) 机电图形协同管理

机电图形是基于采掘工程平面图形成的机电专业图形，是基于“一张图”的管理模式、在线协同办公方式管理的图形。

机电图形包括：

① 机电设备布置图。包括综采工作面设备布置图、采掘工作面设备布置图、采区配电点设备布置图、变电所设备布置图等，例如采掘工作面设备布置图功能效果如图 6-1-28 所示。

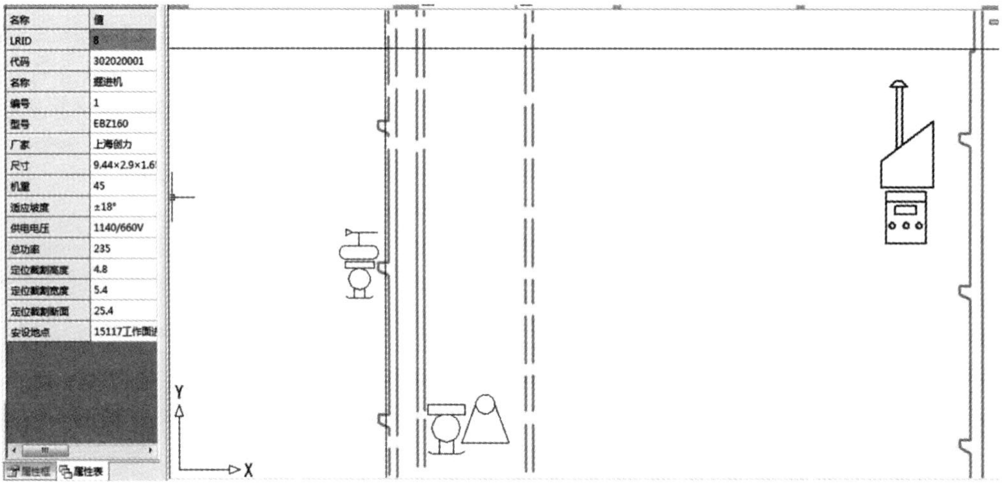


图 6-1-28　寺家庄矿 15117 掘进工作面设备布置图

② 供排水系统图。包括供水线路、供水设施、排水线路、水泵等设备的布置，功能效果如图 6-1-29 所示。

③ 运输系统图。包括输送机、运输线路、运输设施、道岔、绞车等设备的布置，功能效果如图 6-1-30 所示。

④ 地面杆塔图。包括 35 kV 降压站、电力线、电力线塔等设备的布置，功能效果如图 6-1-31 所示。

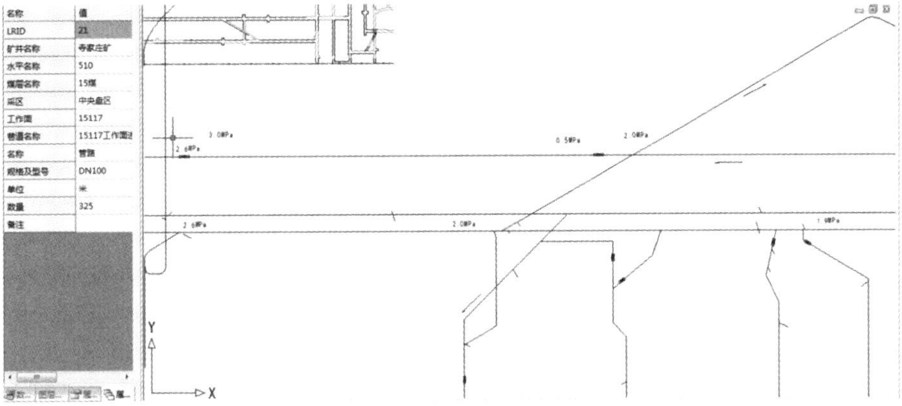


图 6-1-29　寺家庄矿全矿井供水系统局部图

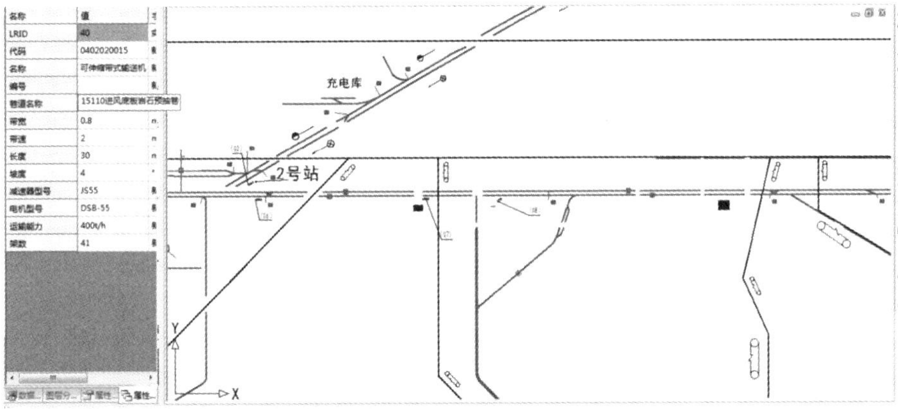


图 6-1-30　寺家庄矿井下运输系统局部图

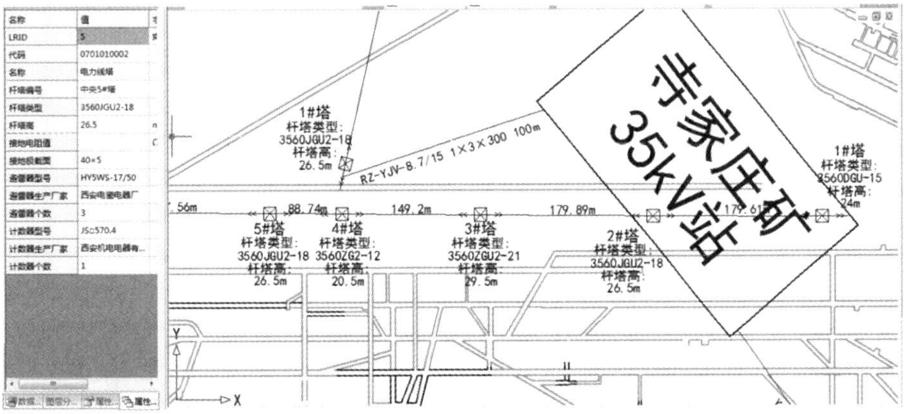


图 6-1-31　地面杆塔图

⑤ 通讯联络系统图。包括通讯基站、通讯线路等设备的布置，功能效果如图 6-1-32 所示。

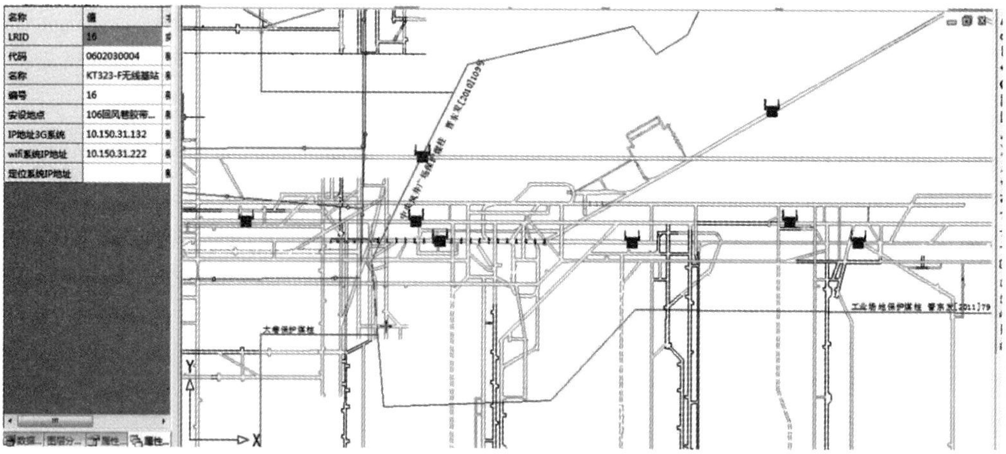


图 6-1-32　寺家庄矿通讯基站布置图

⑥ 人员定位系统图。包括定位基站、定位缆线等设备的布置，功能效果如图 6-1-33 所示。

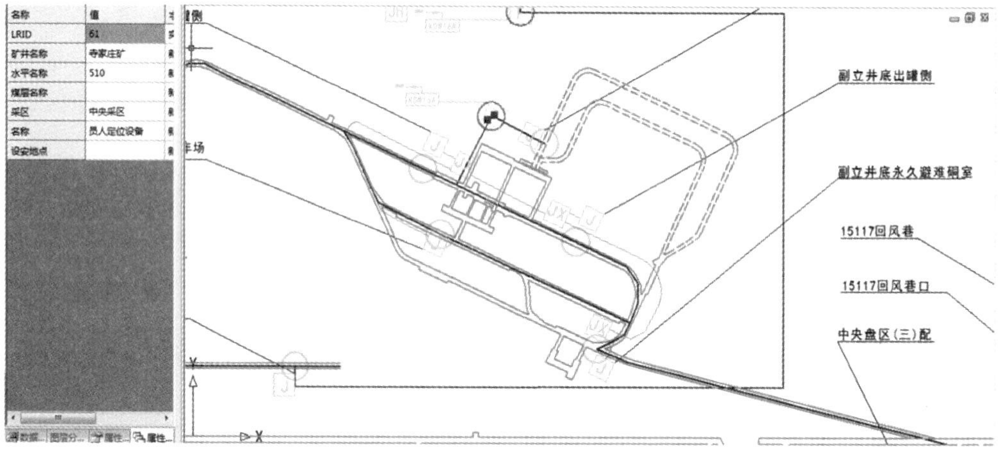


图 6-1-33　寺家庄矿人员定位系统局部图

⑦ 供电系统图。包括地面高压供电系统图、中央变电所供电系统图、综采工作面供电系统图、掘进工作面供电系统图等，它们是以附图的形式保存到“一张图”。

(2) 供电设备选型计算

机电图形是基于采掘工程平面图形成的机电专业图形，是基于“一张图”的管理模式，在线协同办公方式管理的图形。

机电图形功能包括以下 5 个子功能：

① 标准的供电设备图例库。系统建立了完善的供电设备图例库，同时图例库又具有开放性（如图 6-1-34 和图 6-1-35 所示）。

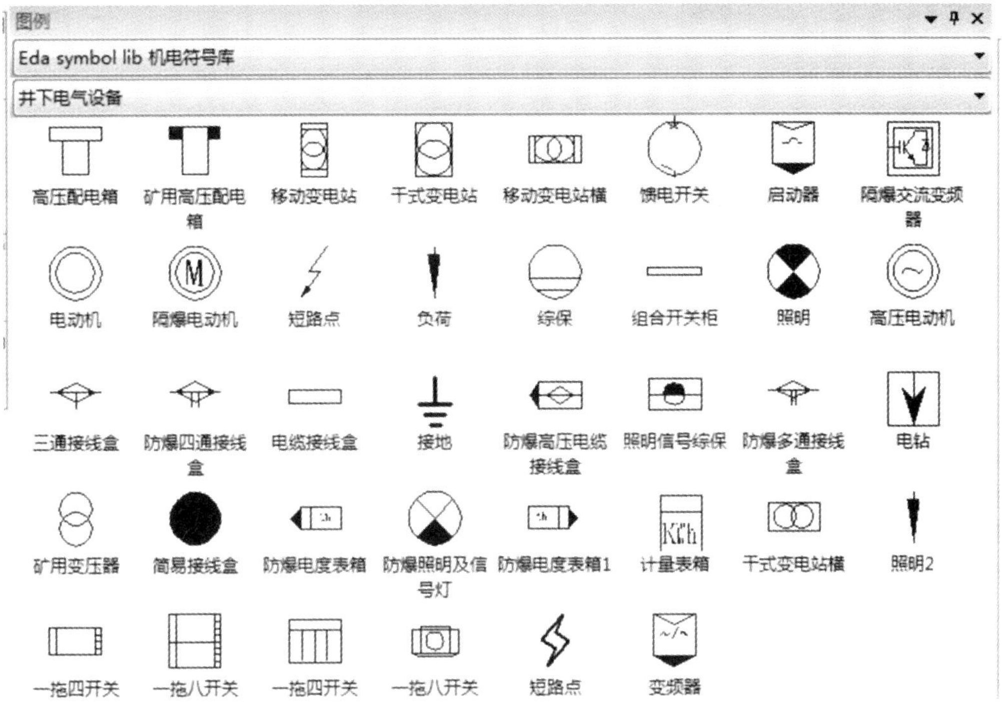


图 6-1-34　井下电气设备图例

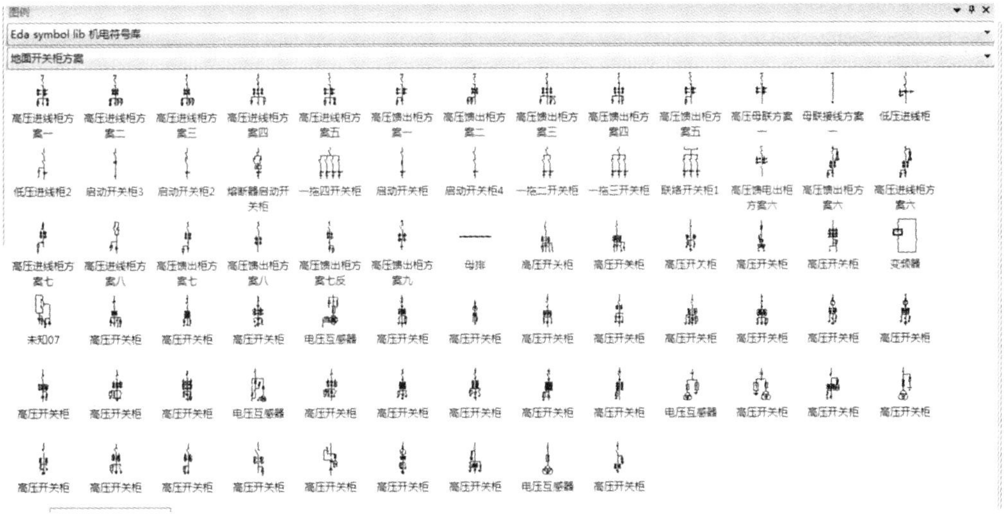


图 6-1-35　地面高压开关柜图例

② 完备开放的供电设备参数数据库。系统搜集了权威书籍中大量电动机、变压器、电缆、高低压开关的基础参数，以数据库方式进行管理，为设备选型提供数据。

③ 绘制供电系统图。利用供电设备图例绘制供电系统图，绘制的电缆自动正交，建立电缆与图例之间的拓扑关系，图例拖动电缆自动跟着调整，能够自动处理电缆之间的交叉关系。

④ 在图形上进行供电计算和设备选型。供电计算及设备选型包括：负荷统计计算、电缆长时载流计算、电压损失和起动电压损失计算、短路电流计算及整定电流计算。

⑤ 自动生成供电设计报告。把供电计算结果和选型过程自动填充到供电设计报告模板中，形成标准的供电设计报告，效果如图 6-1-36 所示。

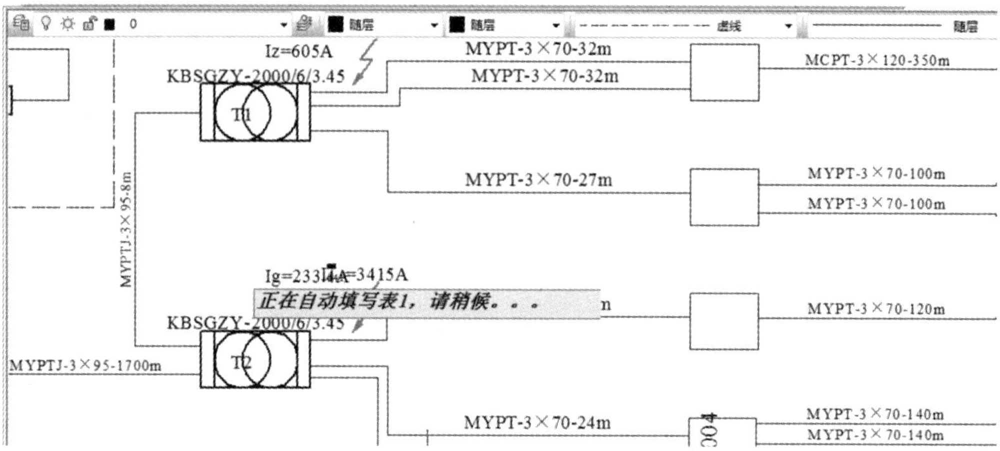


图 6-1-36　正在自动生成供电设计报告图

## 6.1.2　管理系统概述

### 6.1.2.1　矿井生产调度管理系统

矿井生产调度管理系统通过表格、图形、视频等多种数据形式，展示煤矿生产调度、安全监测、生产运行监控等信息，全面反映矿井生产、安全、经营状况，协同调度指挥。

① 统计分析：实现对矿井生产、运输、销售、库存、煤质、基建工程各方面数据的统计、对比分析、图表综合展示，实际效果如图 6-1-37 所示。

② 调度指令：实现对矿井日常值班信息、调度汇报、调度信息、调度台账等调度文档信息的管理，实际效果如图 6-1-38 所示。

③ 安全监控：基于 web 形式实现对井下环境监测、人员定位、视频监控等数据的集成与应用，实际效果如图 6-1-39 所示。

④ 生产运行：基于 web 形式实现对矿井采掘、供电、运输、排水、分选等生产工况运行实时监控展示，效果如图 6-1-40 所示。

### 6.1.2.2　地测管理系统

(1) 地测防治水远程管理系统

2017年产量计划列表

| 单位 | 年度计划 | 月度计划 | 月度天数 | 月度日均计划 |
|---|---|---|---|---|
| 全矿产量 | 7100000 | 550000 | 26 | 21153.8 |
| 回采产量 | 6800000 | 525000 | 26 | 20192.3 |
| 掘进产量 | 300000 | 25000 | 26 | 961.5 |
| 其他产量 |  | 0 | 26 | 0.0 |
| 综采三队 | 2325000 | 185000 | 26 | 7115.4 |
| 综采四队 | 2320000 | 180000 | 26 | 6923.1 |
| 综采五队 | 2155000 | 160000 | 26 | 6153.8 |

图 6-1-37　产量计划表

| 项目 | 外运 |  | 品种煤 |  | 进尺 |  |
|---|---|---|---|---|---|---|
|  | 铁路 | 公路 | 块炭 | 粒级煤 | 计划 | 实际 |
| 当日 | 13243 | 8496 | 4593 | 0 | 73.7 | 75.1 |
| 累计 | 13265 | 8516 | 4614 | 63 | 85.7 | 187.1 |

| 队组 | 四点班 | 米刀 | 皮带秤 | 零点班 | 米刀 | 皮带称 |
|---|---|---|---|---|---|---|
| 综采三队 | 65-0-139-0 | 2刀65架 | 4649 | 0-139-100 | 1刀39架 | 2605 |
| 综采四队 | 60-0-110 | 1刀21架 | 2034 | 110-149-120 | 68架 | 1487 |
| 综采五队 | 40-0-133-60 | 1刀113架 | 3826 | 60-0-80 | 1刀7架 | 2395 |
| 8206 |  |  |  |  |  |  |

图 6-1-38　一矿早调会调度表

地测防治水远程管理系统可以随时查询分析地测防治水的动态信息，一般包括地质数据、测量数据、地质图形及相关的台账和报表等。其中，地质数据功能主要是查询分析钻孔、煤层、水文等地质勘探数据及见煤点、构造等矿井地质数据，测量数据功能是查询井下导线观测计算和成果数据，地质图形功能是地测防治水各类专业图形的在线浏览及查询分析。

(2) 矿井原始地质智能编录系统

井下素描图是煤矿日常生产不可或缺的重要图件，能够客观、真实、详细地描述采掘工程中不断揭露的地质现象，为保证矿井日常安全生产提供重要的地质信息。传统的地质编录工作操作工序复杂、耗时，同时，高质量的信息获取对地质编录者的技术、经验等素

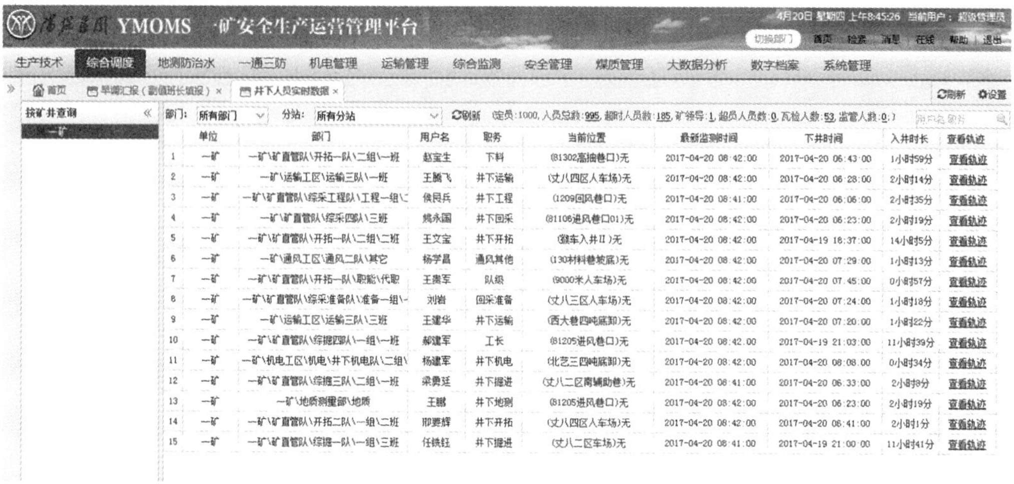


图 6-1-39　人员定位数据集成与展示图

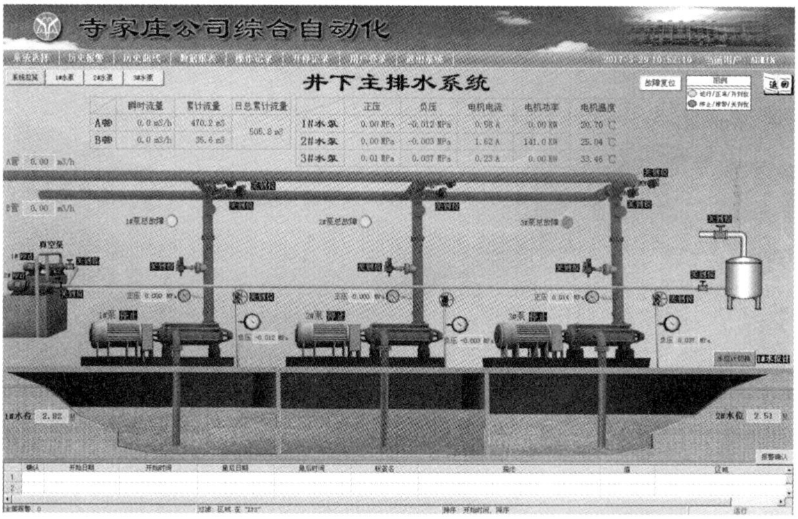


图 6-1-40　寺家庄井下主排水系统监测界面图

质要求较高。通过矿井原始地质智能编录系统，可快速、准确生成相关图件，极大提高工作效率。

（3）资源储量管理信息系统

资源储量管理信息系统是专门针对当前矿井资源储量管理而开发的一套专业应用系统，满足资源储量日常月度、季度、年度数据的采集、存储、计算打印、输出等管理，可以从相关图件读取资源储量和采区回采率数据。

（4）瓦斯地质预测预报系统

瓦斯地质信息属于空间信息范畴，瓦斯地质数据同时具有空间数据特征和属性数据特征。影响瓦斯含量的数据源比较复杂，数据量大，并且时效性强，随着煤矿开采的推进，采矿工程信息和矿井瓦斯地质信息不断增加，特别是煤矿安全监测监控系统的普及，瓦斯信息量在飞速膨胀，为了有效及时地利用这些瓦斯地质信息，建立了瓦斯地质预测预报系统。其主要功能如下：

① 瓦斯地质数据管理；

② 瓦斯地质数据计算与分析；

③ 瓦斯地质图形处理。

其中，瓦斯地质数据管理主要是实现地质勘探及对矿井生产中的地质数据、瓦斯数据进行处理建库；瓦斯地质图形处理是实现在地质图形基础上，提取瓦斯数据，生成瓦斯地质图件；瓦斯地质数据计算与分析主要是对瓦斯地质空间数据、属性数据及监测数据等实时和历史数据进行计算；煤与瓦斯突出分析预报主要是在瓦斯地质数据分析基础上，研究煤与瓦斯突出的规律，进行预测预报。

#### 6.1.2.3 “一通三防”远程管理系统

“一通三防”远程管理子系统包括通风管理、防瓦斯管理、防尘管理、防灭火管理、瓦斯抽采钻孔数据管理、“一通三防”专题图形远程管理等。系统主要功能如下：

① 实现测风记录、通风日报、通风调度台账、通风值班记录、气体分析记录、矿井通风质量达标汇总表、通风设施检查记录、局部通风标准化、测风手册、矿井通风月报、风门台账、计划风量分配台账、通风安全监测装置使用情况表的管理；

② 实现排放瓦斯检查记录、瓦斯排放记录、瓦斯手册、瓦斯监测日报、甲烷测定报警器管理记录、矿井瓦斯等级鉴定报告表、瓦斯鉴定实测记录表的管理；

③ 实现测尘记录、粉尘浓度测定原始记录、测尘点分布表、防尘管路台账、矿井防尘情况表的管理；

④ 实现防火密闭台账、爆破器材管理检查记录、电雷管电阻检查记录、防爆门检查记录、火工品管理员交班记录、火药及雷管出入库管理台账、防灭火检测记录表、雷管火药消耗表、自然发火预测周报表等的管理；

⑤ 实现“一通三防”相关图形的远程管理，包括图形的上传、下载、浏览、审批等；

⑥ 基于网络远程查询“一通三防”数据、图形及台账、报表，及时掌握安全生产信息。

#### 6.1.2.4 生产技术、设备及机电管理系统

生产技术远程管理系统主要包括工作面信息、巷道信息、生产信息、采掘衔接计划以及生产技术报表等管理。系统主要功能如下：

① 采煤、掘进开拓方案远程管理，实现资料的上传、下载、浏览、审批等功能。

② 采煤综合报表、生产计划的上传、下载、浏览、审批等功能。

③ 实现巷道信息、生产信息的查询、分析。

④ 实现采掘衔接计划的远程管理。

⑤ 实现生产技术各种专题图形、报表的远程管理，提供上传、下载、浏览等功能。

设备管理系统主要实现设备采购计划管理，设备台账管理，设备的调拨、转移、报废、变动、统计报表等一系列管理事务；提供设备台账查询、设备卡片查询，设备管理员可以随时了解各种设备的调拨、转移、报废、变动、事故、维修、检验、技术资料、现在所处地点等所

有信息。

机电远程管理系统实现对煤矿机电各种特性、报表、文件的远程管理，机电部门通过该系统方便上传、下载、浏览、查看机电运输信息，方便各个部门之间的数据交流，基于网络对机电部门现场检查、设备、用电、供电设计等相关的数据、图形、台账、报表进行管理、查询与统计分析。

#### 6.1.2.5 基于GIS的安全管理系统

基于GIS平台实现安全综合管理、隐患闭环管理、质量标准化、动态评估诊断、应急救援的业务数据管理、浏览查询和统计分析。

煤矿安全生产动态诊断系统是建立安全综合库和专家知识库，对安全状况进行评估诊断，发现问题，分析问题，提出处理措施。根据综合数据库中在线收集的状态数据，应用安全评估专家知识库，对矿井或特定煤矿安全生产活动进行安全状况打分评估，实现效果如图6-1-41所示。针对安全状况评估打分的结果，基于专家知识库对发现的问题进行分析和解释，给出原因及处理措施，实现效果如图6-1-42所示。

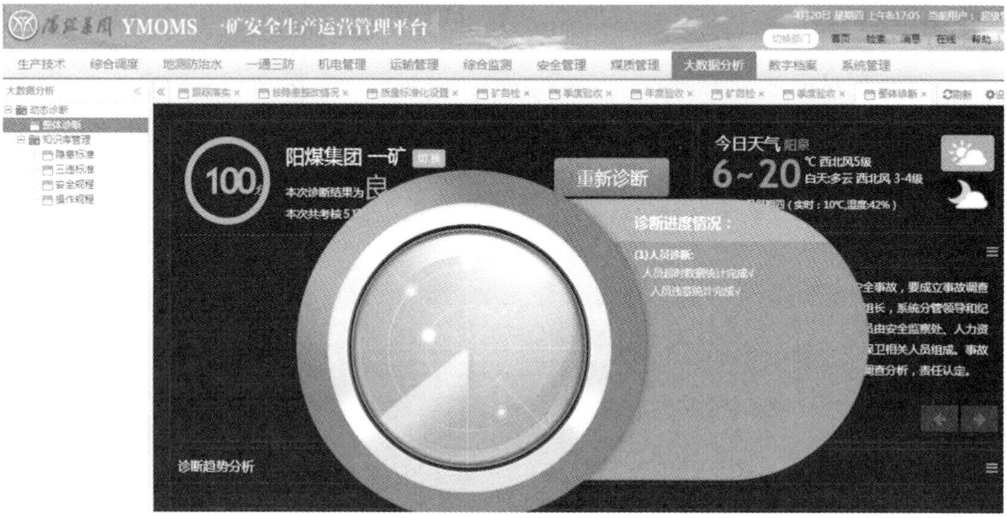


图6-1-41　安全动态诊断图

#### 6.1.2.6 其他相关管理系统

其他的管理系统还包括运输管理系统、煤质管理系统、生产技术数字档案管理系统等。

运输管理系统的功能主要包括：

① 文档管理：对运输专业的各种文档、规程、措施等进行无纸化管理。

② 报表管理：对运输专业的各种运输设备进行管理。

③ 办公管理：对运输专业人员的通讯录和日常工作等进行快速便捷化管理。

煤质运销管理是基于BS开发，针对某一煤矿的煤质管理业务流程研制开发，包括煤质基础数据管理、煤质信息远程管理、煤质预测与监控系统、运销信息远程管理，煤质化验数据采集、管理、查询、分析、预测预报。

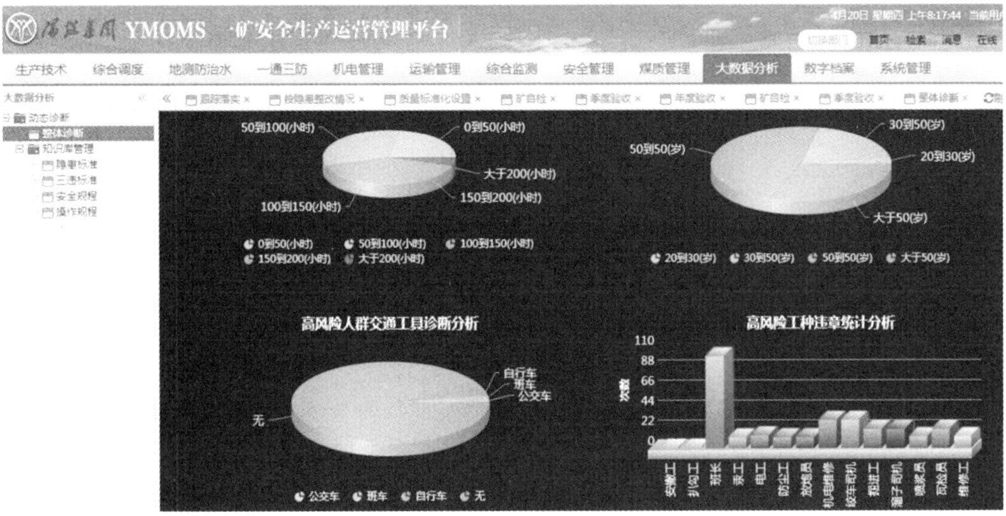


图 6-1-42　诊断分析图

技术资料数字档案馆管理系统是建立在专业应用系统的基础上，基于空间数据存储平台与 Web 服务决策平台，运用现代信息技术和数字化手段，以结合档案信息资源为处理核心，对煤矿生产信息资源进行收集、分类整理、筛选、分析和管理，通过高速宽带通信网络设施，实现档案资源共享的数字信息系统。数字档案系统的核心是建立档案数据库，档案库内容主要包括地质、测量、水文、资源、一通三防、设计等方面的图表文字材料、专题图形、测量成果以及多媒体地理信息等内容，功能上涵盖了资料的数字化处理、档案分类体系的建立、档案的整理归类、档案的录入、档案的分类归档和修改，档案的安全权限管理等档案管理的全过程，提供强大的系统管理功能，实现档案的自动化管理，全面反映矿区技术资料的现实状态。

最后，利用工业数据集成平台整合采煤、掘进、机电、运输、通风、排水等生产相关子系统的数据，在可视化应用门户中进行实时显示与报警，对安全生产工况实时监控，及时处理生产中的问题，并能对安全生产历史状况进行查询与分析。

# 6.2　瓦斯参数体系

## 6.2.1　煤层瓦斯基础参数

煤层瓦斯基础参数包括地质条件、煤层瓦斯赋存条件、煤体结构参数[7-8]，如图 6-2-1 所示。

6.2.1.1　地质条件

（1）水文地质条件

通常把与地下水有关的问题称为水文地质问题，把与地下水有关的地质条件称为水文地质条件。水文地质指自然界中地下水的各种变化和运动的现象。瓦斯主要以吸附状

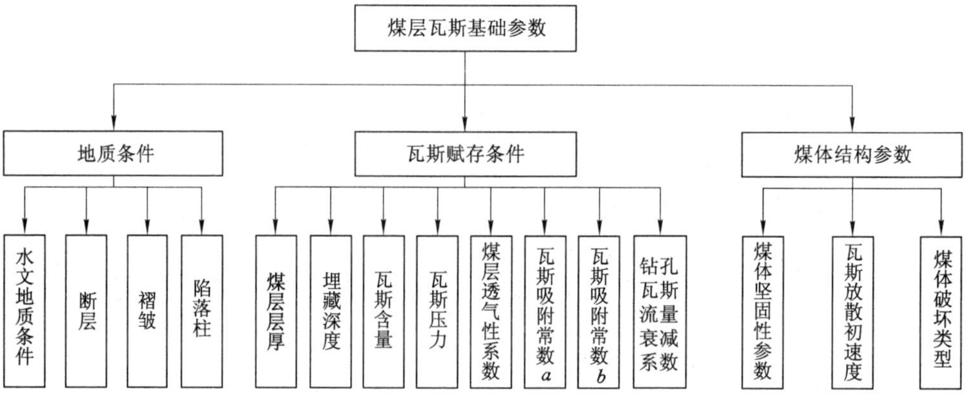


图 6-2-1　煤层瓦斯基础参数体系

态赋存在煤的孔隙中,水文地质条件对煤层瓦斯的保存、运移影响很大,不同水文地质条件下,煤层瓦斯的富存条件不同,含气饱和度不同,造成煤层瓦斯含量的差别很大。某些水文地质条件对煤层瓦斯保存有利,而有些水文地质条件对煤层瓦斯保存却十分不利。关于水文地质条件对煤层瓦斯的控制作用,前人做了大量的研究工作,提出了水文地质对煤层瓦斯控制的三种作用:水力运移逸散作用、水力封闭作用和水力封堵作用。

(2) 断层

断层是地壳受力发生断裂,沿破裂面两侧岩块发生显著相对位移的构造。研究表明:断层的开放性与封闭性对煤与瓦斯突出具有控制作用,封闭性断层带附近瓦斯涌出异常增大,构造应力集中,常常封闭有高能瓦斯以及构造煤,为煤与瓦斯突出创造条件;开放性断层带附近具有煤层瓦斯压力相对较低、煤层瓦斯含量较正常下降的特征,而在远离断层面的一侧,伴随有平行断层的条带状煤层应力集中区,该区域具有煤层瓦斯压力大、煤层瓦斯含量高的特征。

(3) 褶皱

岩层在构造运动作用下,因受力而发生弯曲,一个弯曲称褶曲,如果发生的是一系列波状的弯曲变形,就叫褶皱。煤层瓦斯的赋存与褶皱构造有着极其重要的关系。由于煤岩层经过褶皱构造作用之后,会使其在褶皱各个部位产生差异化较大的瓦斯赋存能力,而瓦斯是否能够聚积与煤岩层处于褶皱构造的哪个部位具有极大的关系。

(4) 陷落柱

陷落柱是在一定的地质条件下,在漫长的地质构造演化的过程中形成的一种特殊地质构造。陷落柱的存在,不仅造成井下涌水或突水,而且一些隐伏于地表下的陷落柱成为瓦斯富集带,对煤矿安全生产威胁较大。

#### 6.2.1.2　煤层瓦斯赋存条件

(1) 煤层厚度

煤层厚度越大,工作面应力峰值、应力梯度越小,出现应力峰值位置越远离工作面,瓦斯卸压带和瓦斯排放带、塑性变形区越大,从而降低了发生突出的危险性。

(2) 埋藏深度

随埋藏深度的增加,工作面发生突出的危险性越来越大,工作面应力峰值及其与采掘空间的距离越来越大,瓦斯排放带宽度逐渐减小,工作面前方瓦斯压力梯度越来越大,塑性变形区和塑性应变量越来越大。

(3) 瓦斯压力

煤层瓦斯压力是煤层孔隙内气体分子自由热运动撞击所产生的作用力,它在某一点上各向大小相等,方向与孔隙壁垂直。煤体内的原始瓦斯压力是煤体内含瓦斯压缩能高低的重要标志,即决定煤层瓦斯流动能量高低及发生动力现象潜能大小,也是计算其他相关瓦斯指标的基础数据。通常采用直接测压法在现场打测压钻孔测定瓦斯压力的大小。突出实验研究表明,在 0.50～0.75 MPa 存在一个煤与瓦斯突出现象发生与否的瓦斯压力阈值,若高于此阈值,瓦斯压力愈大突出强度亦相应增大,瓦斯压力作为突出发生动力的同时亦起着粉碎和抛出煤粉的作用。

(4) 瓦斯含量

瓦斯含量是指煤层内单位质量或单位体积的煤在自然条件下所含的瓦斯量,单位是 $m^3/t$。瓦斯含量在煤与瓦斯突出中发挥着极其重要的作用,没有足够的瓦斯含量,就没有足够的瓦斯内能,突出就很难发生。瓦斯含量是指常压可解吸瓦斯含量,不包括瓦斯残存量。

(5) 煤层透气性系数

煤层透气性系数是衡量瓦斯等气体在煤层内流动难易程度的物理量,用 $\lambda$ 表示。它反映了瓦斯沿煤层流动的难易程度,而且煤层透气性系数是评价煤层瓦斯抽采难易程度的标志性参数之一。因此,能否准确测量煤层透气性系数对一个矿井来说具有十分重要的意义。

(6) 钻孔瓦斯流量衰减系数

不受采动影响下,煤层内钻孔的瓦斯流量随时间呈衰减变化的特性系数称为钻孔瓦斯流量衰减系数,是煤层瓦斯抽采难易程度评价指标之一。国家安全生产行业标准《煤矿瓦斯抽放规范》(AQ 1027—2006)以钻孔瓦斯流量衰减系数为指标将未卸压煤层的瓦斯抽采难易程度划分为三类:容易抽采、可以抽采、较难抽采。针对不同抽采难易程度的煤层可采取不同的抽采措施,利于煤矿更加高效合理地管理与利用煤层瓦斯。

(7) 瓦斯吸附常数

煤层瓦斯吸附常数主要包括 $a$ 和 $b$,吸附常数 $a$ 表征极限吸附量,吸附常数 $b$ 是表征煤吸附瓦斯快慢的指标。煤中的瓦斯是以游离和吸附两种状态存在的,煤的瓦斯吸附常数是衡量煤吸附瓦斯能力大小的标志,也是计算煤层瓦斯含量的重要指标之一。目前,煤的瓦斯吸附常数只能在实验室利用特殊的实验设备进行测定。

#### 6.2.1.3　煤体结构参数

(1) 煤体坚固性系数

煤的坚固性系数又称为普罗托季亚科诺夫系数,数值是煤的单轴抗压强度极限的1/100,记作 $f$,无量纲。煤与瓦斯突出危险性与煤的坚固程度存在很大的关系,煤的坚固性系数表征煤的坚固程度,因而是突出预测工作中的一项关键指标。

(2) 瓦斯放散初速度

煤的瓦斯放散初速度表示在一个大气压下吸附瓦斯后用水银柱高度表示的45～60 s的瓦斯放散量与0～10 s内的瓦斯放散量的差值，是预测煤与瓦斯突出危险性的指标之一，它反映了煤体解吸释放瓦斯速度的快慢程度。当煤的瓦斯放散初速度大于10时，煤层有突出危险。煤的瓦斯放散初速度指标反映出煤体放散瓦斯能力大小，同时还反映出瓦斯渗透和流动的规律，在突出预测中起着重要的作用。

（3）煤体破坏类型

煤体破坏类型是指按照煤被破碎的程度划分的类型。在构造应力作用下，煤层发生碎裂和揉皱。中国采煤界为预测和预防煤与瓦斯突出，将煤被破碎的程度分成五种类型：Ⅰ类，煤未遭受破坏，原生沉积结构、构造清晰；Ⅱ类，煤遭受轻微破坏，呈碎块状，但条带结构和层理仍然可以识别；Ⅲ类，煤遭受破坏，呈碎块状，原生结构、构造和裂隙系统已改变；Ⅳ类，煤遭受强破坏，呈粒状；Ⅴ类，煤被破碎成粉状。Ⅲ、Ⅳ、Ⅴ类型的煤具有煤与瓦斯突出的危险性。

（4）煤的工业分析

煤的工业分析是指包括煤的水分、灰分、挥发分和固定碳四个分析项目指标测定的总称。煤的工业分析是了解煤质特性的主要指标，也是评价煤质的基本依据。通常煤的水分、灰分、挥发分是直接测出的，而固定碳是用差减法计算出来的。

## 6.2.2 瓦斯防治技术参数库

所谓煤与瓦斯突出是指在压力作用下，破碎的煤与瓦斯由煤体内突然向采掘空间大量喷出，是一种瓦斯特殊涌出[9]。

一般情况下，成煤过程中形成了大量的瓦斯气体（主要成分是甲烷）与煤伴生，由于受上部岩体压力及周边约束，这些气体以较大的密度甚至以固态存在。一旦受到采动影响，这些气体会迅速释放，形成瓦斯气体涌出。所以加强采场通风就是带走这些气体（有的又称为煤层气），让在井下工作的人员获得正常空气。当采掘过程中因为工作场所压力变化及技术措施与管理措施处置不当时，就可能形成煤与瓦斯突出，这时大量的瓦斯气体连带着破碎的煤炭一起往外冲出来，造成大量人员伤亡和设备设施的损坏，有时甚至出现爆炸。现在煤与瓦斯突出实际上很多情况下都能得到有效控制，但常有因管理水平及技术水平甚至责任心不够等原因造成事故的情况发生[10]。

### 6.2.2.1 煤与瓦斯突出预测

（1）区域预测

根据最新的《防治煤与瓦斯突出细则》（2019）规定，区域预测一般根据煤层瓦斯参数结合瓦斯地质分析的方法进行，也可以采用其他经试验证实有效的方法。根据煤层瓦斯参数结合瓦斯地质分析的区域预测方法应当按照下列要求进行：

① 煤层瓦斯风化带为无突出危险区。

② 根据已开采区域确切掌握的煤层赋存特征、地质构造条件、突出分布的规律和对预测区域煤层地质构造的探测、预测结果，采用瓦斯地质分析的方法划分出突出危险区。当突出点或者具有明显突出预兆的位置分布与构造带有直接关系时，则该构造的延伸位置及其两侧一定范围的煤层为突出危险区；否则，在同一地质单元内，突出点和具有明显

突出预兆的位置以上 20 m(垂深)及以下的范围为突出危险区(如图 6-2-2 所示)。

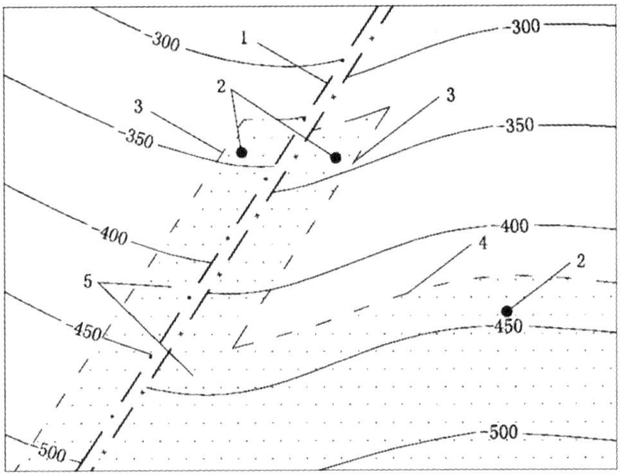


1—断层;2—突出点或者突出预兆位置;
3—根据突出点或者突出预兆点推测的断层两侧突出危险区边界线;
4—推测的下部区域突出危险区上边界线;5—突出危险区(阴影部分)。

图 6-2-2　根据瓦斯地质分析划分突出危险区示意图

③ 在①划分出的无突出危险区和②划分的突出危险区以外的范围,应当根据煤层瓦斯压力 $P$ 和煤层瓦斯含量 $W$ 进行预测。预测所依据的临界值应当根据试验考察确定,在确定前可暂按表 6-2-1 预测。

**表 6-2-1　根据煤层瓦斯压力和瓦斯含量进行区域预测的临界值**

| 瓦斯压力 $P$/MPa | 瓦斯含量 $W$/($m^3$/t) | 区域类别 |
|---|---|---|
| $P<0.74$ | $W<8$(构造带 $W<6$) | 无突出危险区 |
| 除上述情况以外的其他情况 | | 突出危险区 |

对于区域预测所依据的主要瓦斯参数测定,应当要满足的要求有两点:

① 煤层瓦斯压力、瓦斯含量等参数应当为井下实测数据,用直接法测定瓦斯含量时应当定点取样。

② 测定煤层瓦斯压力、瓦斯含量等参数的测试点在不同地质单元内根据其范围、地质复杂程度等实际情况和条件分别布置;同一地质单元内沿煤层走向布置测试点不少于 2 个,沿倾向不少于 3 个,并确保在预测范围内埋深最大及标高最低的部位有测试点。

(2) 局部预测

局部预测主要是对石门揭煤工作面、煤巷掘进工作面和采煤工作面这 3 个地方进行危险性预测,预测方法主要有钻屑指标法、复合指标法以及 $R$ 值指标法。

1) 钻屑指标法

钻屑指标法一般可以对揭煤、掘进以及采煤工作面进行局部预测,预测井巷揭煤工作面突出危险性时，由工作面向煤层的适当位置至少施工 3 个钻孔，在钻孔钻进到煤层时每钻进 1 m 采集一次孔口排出的粒径 1～3 mm 的煤钻屑，测定其瓦斯解吸指标 $K_1$ 或者 $\Delta h_2$ 值。测定时，应当考虑不同钻进工艺条件下的排渣速度。

各煤层井巷揭煤工作面钻屑瓦斯解吸指标的临界值应当根据试验考察确定，在确定前可暂按表 6-2-2 中所列的指标临界值预测突出危险性。如果所有实测的指标值均小于临界值，并且未发现其他异常情况，则该工作面为无突出危险工作面；否则，为突出危险工作面。

**表 6-2-2　钻屑瓦斯解吸指标法预测井巷揭煤工作面突出危险性的参考临界值**

| 煤样 | $\Delta h_2$ 指标临界值/Pa | $K_1$ 指标临界值/[mL/(g·min$^{0.5}$)] |
|---|---|---|
| 干煤样 | 200 | 0.5 |
| 湿煤样 | 160 | 0.4 |

预测煤巷掘进工作面突出危险性时，预测钻孔从第 2 m 深度开始，每钻进 1 m 测定该 1 m 段的全部钻屑量 $S$，每钻进 2 m 至少测定 1 次钻屑瓦斯解吸指标 $K_1$ 或者 $\Delta h_2$ 值。各煤层采用钻屑指标法预测煤巷掘进工作面突出危险性的指标临界值应当根据试验考察确定，在确定前可暂按表 6-2-3 的临界值确定工作面的突出危险性。

**表 6-2-3　钻屑指标法预测煤巷掘进工作面突出危险性的参考临界值**

| $\Delta h_2$ 指标临界值/Pa | $K_1$ 指标临界值/[mL/(g·min$^{0.5}$)] | 钻屑量 $S$ | |
|---|---|---|---|
| | | kg/m | L/m |
| 200 | 0.6 | 6 | 5.4 |

如果实测得到的 $S$、$K_1$ 或者 $\Delta h_2$ 的所有测定值均小于临界值并且未发现其他异常情况，则该工作面预测为无突出危险工作面，否则为突出危险工作面。

2）复合指标法

复合指标法一般用于预测煤巷掘进工作面突出危险性，预测钻孔从第 2 m 深度开始，每钻进 1 m 测定该 1 m 段的全部钻屑量 $S$，并在暂停钻进后 2 min 内测定钻孔瓦斯涌出初速度 $q$。测定钻孔瓦斯涌出初速度时，测量室的长度为 10 m。

各煤层采用复合指标法预测煤巷掘进工作面突出危险性的指标临界值应当根据试验考察确定，在确定前可暂按表 6-2-4 的临界值进行预测。

**表 6-2-4　复合指标法预测煤巷掘进工作面突出危险性的参考临界值**

| 钻孔瓦斯涌出初速度 $q$/(L/min) | 钻屑量/S | |
|---|---|---|
| | kg/m | L/m |
| 5 | 6 | 5.4 |

如果实测得到的指标 $q$、$S$ 的所有测定值均小于临界值，并且未发现其他异常情况，则该工作面预测为无突出危险工作面；否则，为突出危险工作面。

3）$R$ 值指标法

$R$ 值指标法一般用于预测煤巷掘进工作面突出危险性，预测钻孔从第 2 m 深度开始，每钻进 1 m 收集并测定该 1 m 段的全部钻屑量 $S$，并在暂停钻进后 2 min 内测定钻孔瓦斯涌出初速度 $q$。测定钻孔瓦斯涌出初速度时，测量室的长度为 10 m。按下式计算各孔的 $R$ 值：

$$R=(S_{\max}-1.8)(q_{m}-4) \tag{6-2-3}$$

式中　$S_{\max}$——每个钻孔沿孔长的最大钻屑量，L/m；

$q_{\max}$——每个钻孔的最大钻孔瓦斯涌出初速度，L/min。

判定各煤层煤巷掘进工作面突出危险性的临界值应当根据试验考察确定，在确定前可暂按以下指标进行预测：当所有钻孔的 $R$ 值小于 6 且未发现其他异常情况时，该工作面可预测为无突出危险工作面；否则，判定为突出危险工作面。

对于采煤工作面而言，可参照煤巷掘进工作面预测方法进行。但应当沿采煤工作面每隔 10～15 m 布置 1 个预测钻孔，深度 5～10 m，除此之外的各项操作等均与煤巷掘进工作面突出危险性预测相同。判定采煤工作面突出危险性的各项指标临界值应当根据试验考察确定，在确定前可参照煤巷掘进工作面突出危险性预测的临界值。

6.2.2.2　煤与瓦斯突出防治措施

煤矿防突措施一般分为两类：区域防突措施和局部防突措施。根据《煤与瓦斯突出防治细则》，防突工作必须坚持"区域综合防突措施先行、局部综合防突措施补充"的原则，按照"一矿一策、一面一策"的要求，实现"先抽后建、先抽后掘、先抽后采、预抽达标"。突出煤层必须采取两个"四位一体"综合防突措施，做到多措并举、可保必保、应抽尽抽、效果达标，否则严禁采掘活动。

（1）区域防突

区域防突措施是指在突出煤层进行采掘前，对突出危险区煤层较大范围采取的防突措施。区域防突措施包括开采保护层和预抽煤层瓦斯 2 类。开采保护层分为上保护层和下保护层两种方式。预抽煤层瓦斯区域防突措施可采用的方式包括：地面井预抽煤层瓦斯、井下穿层钻孔或者顺层钻孔预抽区段煤层瓦斯、顺层钻孔或者穿层钻孔预抽回采区煤层瓦斯、穿层钻孔预抽井巷（含立、斜井，石门等）揭煤区域煤层瓦斯、穿层钻孔预抽煤巷条带煤层瓦斯、顺层钻孔预抽煤巷条带煤层瓦斯、定向长钻孔预抽煤巷条带煤层瓦斯等。

1）开采保护层

具备开采保护层条件的突出危险区，必须开采保护层。选择保护层应当遵循下列原则：

① 优先选择无突出危险的煤层作为保护层。矿井中所有煤层都有突出危险时，应当选择突出危险程度较小的煤层作为保护层；

② 当煤层群中有几个煤层都可作为保护层时，优先开采保护效果最好的煤层；

③ 优先选择上保护层，选择下保护层开采时，不得破坏被保护层的开采条件；

④ 开采煤层群时，在有效保护垂距内存在厚度 0.5 m 及以上的无突出危险煤层的，除因与突出煤层距离太近威胁保护层工作面安全或者可能破坏突出煤层开采条件的情况外，应当作为保护层首先开采。

对于开采保护层区域防突措施应当符合下列要求：

① 开采保护层时，应当做到连续和规模开采，同时抽采被保护层和邻近层的瓦斯。

② 开采近距离保护层时，必须采取防止误穿突出煤层和被保护层卸压瓦斯突然涌入保护层工作面的措施。

③ 正在开采的保护层采煤工作面必须超前于被保护层的掘进工作面，超前距离不得小于保护层与被保护层之间法向距离的 3 倍，并不得小于 100 m。应当将保护层工作面推进情况在瓦斯地质图上标注，并及时更新。

④ 开采保护层时，采空区内不得留设煤（岩）柱。特殊情况需留煤（岩）柱时，必须将煤（岩）柱的位置和尺寸准确标注在采掘工程平面图和瓦斯地质图上，在瓦斯地质图上还应当标出煤（岩）柱的影响范围，在煤（岩）柱及其影响范围内的突出煤层采掘作业前，必须采取预抽煤层瓦斯区域防突措施。

当保护层留有不规则煤柱时，按照其最外缘的轮廓划出平直轮廓线，并根据保护层与被保护层之间的层间距变化，确定煤柱影响范围；在被保护层进行采掘作业期间，还应当根据采掘工作面瓦斯涌出情况及时修改煤柱影响范围。

2）预抽煤层瓦斯

采取井下预抽煤层瓦斯区域防突措施时，应当遵守下列规定：

① 穿层钻孔或者顺层钻孔预抽区段煤层瓦斯区域防突措施的钻孔应当控制区段内整个回采区域、两侧回采巷道及其外侧如下范围内的煤层：倾斜、急倾斜煤层巷道上帮轮廓线外至少 20 m（均为沿煤层层面方向的距离，下同），下帮至少 10 m；其他煤层为巷道两侧轮廓线外至少各 15 m。

② 顺层钻孔或者穿层钻孔预抽回采区域煤层瓦斯区域防突措施的钻孔应当控制整个回采区域的煤层。具备条件的，井下预抽煤层瓦斯钻孔应当优先采用定向钻机施工。

③ 穿层钻孔预抽井巷揭煤区域煤层瓦斯区域防突措施的钻孔应当在揭煤工作面距煤层最小法向距离 7 m 以前实施，并用穿层钻孔至少控制以下范围的煤层：石门和立井、斜井揭煤处巷道轮廓线外 12 m（急倾斜煤层底部或者下帮 6 m），同时还应当保证控制范围的外边缘到巷道轮廓线（包括预计前方揭煤段巷道的轮廓线）的最小距离不小于 5 m。

当区域防突措施难以一次施工完成时，可分段实施，但每段都应当能保证揭煤工作面到巷道前方至少 20 m 之间的煤层内，区域防突措施控制范围符合上述要求。

④ 穿层钻孔预抽煤巷条带煤层瓦斯区域防突措施的钻孔应当控制整条煤层巷道及其两侧一定范围内的煤层。该范围与本条第一项中巷道外侧的要求相同。

⑤ 顺层钻孔预抽煤巷条带煤层瓦斯区域防突措施的钻孔应当控制煤巷条带前方长度不小于 60 m，煤巷两侧控制范围与本条第一项中巷道外侧的要求相同。

⑥ 定向长钻孔预抽煤巷条带煤层瓦斯区域防突措施的钻孔应当采用定向钻进工艺施工预抽钻孔，且钻孔应当控制煤巷条带煤层前方长度不小于 300 m 和煤巷两侧轮廓线外一定范围，该范围与本条第一项中巷道外侧的要求相同。

⑦ 当煤巷掘进和采煤工作面在预抽煤层瓦斯防突效果有效的区域内作业时，工作面距未预抽或者预抽防突效果无效区域边界的最小距离不得小于 20 m。

⑧ 厚煤层分层开采时，预抽钻孔应当一次性穿透全煤层，不能穿透的，应当控制开采

分层及其上部法向距离至少 20 m、下部 10 m 范围内的煤层，当遇有局部煤层增厚时，应当对钻孔布置做相应的调整或者增加钻孔。

⑨ 对距本煤层法向距离小于 5 m 的平均厚度大于 0.3 m 的邻近突出煤层，预抽钻孔控制范围与本煤层相同。

⑩ 煤层瓦斯压力达到 3 MPa 的区域应当采用地面井预抽煤层瓦斯，或者开采保护层，或者采用远程操控钻机施工钻孔预抽煤层瓦斯。

不具备按要求实施区域防突措施条件，或者实施区域防突措施时不能满足安全生产要求的突出煤层或者突出危险区，不得进行开采活动，并划定禁采区和限采区。

进行地面瓦斯预抽时，按照要求：

① 地面井的井型和位置应当根据开拓部署及井下采掘布置进行选择和设计，不应影响后期井下采掘作业；

② 钻井时应当对预抽煤层瓦斯含量进行测定；

③ 每口地面井预抽煤层瓦斯量应当准确计量；

④ 地面井预抽煤层瓦斯区域开拓准备工程施工前应当测定预抽区域煤层残余瓦斯含量。

采用顺层钻孔预抽煤巷条带煤层瓦斯作为区域防突措施时，钻孔预抽煤层瓦斯的有效抽采时间不得少于 20 天；如果在钻孔施工过程中发现有喷孔、顶钻等动力现象的，有效抽采时间不得少于 60 天。

有下列条件之一的突出煤层，不得将顺层钻孔预抽煤巷条带煤层瓦斯作为区域防突措施：

① 新建矿井经建井前评估有突出危险的煤层，首采区未按要求测定瓦斯参数并掌握瓦斯赋存规律的。

② 历史上发生过突出强度大于 500 次的。

③ 开采范围内 $f<0.3$ 的；$f$ 为 0.3～0.5，且埋深大于 500 m 的；$f$ 为 0.5～0.8，且埋深大于 600 m 的；煤层埋深大于 700 m 的；煤巷条带位于开采应力集中区的。

④ 煤层瓦斯压力 $P\geqslant1.5$ MPa 或者瓦斯含量 $W\geqslant15\ m^3/t$ 的区域。

（2）局部防突

1）揭煤工作面

局部防突措施一般包括揭煤、掘进和采煤工作面，井巷揭煤工作面的防突措施包括超前钻孔预抽瓦斯、超前钻孔排放瓦斯、金属骨架、煤体固化、水力冲孔或者其他经试验证明有效的措施。立井揭煤工作面可以选用前款规定中除水力冲孔以外的各项措施。金属骨架、煤体固化措施，应当在采用了其他防突措施并检验有效后方可在揭开煤层前实施。对所实施的防突措施都必须进行实际考察，得出符合本矿井实际条件的有关参数。

根据工作面岩层情况，实施工作面防突措施时，揭煤工作面与突出煤层间的最小法向距离：采取超前钻孔预抽瓦斯、超前钻孔排放瓦斯以及水力冲孔措施均为 5 m；采取金属骨架、煤体固化措施均为 2 m。当井巷断面较大、岩石破碎程度较高时，还应当适当加大距离。

在井巷揭煤工作面采用超前钻孔预抽瓦斯、超前钻孔排放瓦斯防突措施时，钻孔直径一般为 75～120 mm。石门揭煤工作面钻孔的控制范围是：石门揭煤工作面的两侧和上部轮廓线外至少 5 m、下部至少 3 m。立井揭煤工作面钻孔控制范围是近水平、缓倾斜、倾斜煤层为井筒四周轮廓线外至少 5 m；急倾斜煤层沿走向两侧及沿倾斜上部轮廓线外至少 5 m，下部轮廓线外至少 3 m。钻孔的孔底间距应根据实际考察确定。

揭煤工作面施工的钻孔应当尽可能穿透煤层全厚。当不能一次揭穿（透）煤层全厚时，可分段施工，但第一次实施的钻孔穿煤长度不得小于 15 m，且进入煤层掘进时，必须至少留有 5 m 的超前距离（掘进到煤层顶或者底板时不在此限）。

超前预抽钻孔和超前排放钻孔在揭穿煤层之前应当保持抽采或者自然排放状态。采取排放钻孔措施的，应当明确排放的时间。

石门揭煤工作面采用水力冲孔防突措施时，钻孔应当至少控制自揭煤巷道至轮廓线外 3～5 m 的煤层，冲孔顺序为先冲对角孔后冲边上孔，最后冲中间孔。水压视煤层的软硬程度而定。石门全断面冲出的总煤量（t）数值不得小于煤层厚度（m）的 20 倍。若有钻孔冲出的煤量较少时，应当在该孔周围补孔。

井巷揭煤工作面金属骨架措施一般在石门和斜井上部和两侧或者立井周边外 0.5～1.0 m 范围内布置骨架孔。骨架钻孔应当穿过煤层并进入煤层顶（底）板至少 0.5 m，当钻孔不能一次施工至煤层顶（底）板时，则进入煤层的深度不应小于 15 m。钻孔间距一般不大于 0.3 m，对于松软煤层应当安设两排金属骨架，钻孔间距应当小于 0.2 m。骨架材料可选用质量 8 kg/m 及以上的钢轨、型钢或者直径不小于 50 mmn 的钢管，其伸出孔外端用金属框架支撑或者砌入碹内等方法加固。插入骨架材料后，应当向孔内灌注水泥砂浆等不延燃性固化材料。

井巷揭煤工作面煤体固化措施适用于松软煤层，用以增加工作面周围煤体的强度。向煤体注入固化材料的钻孔应当进入煤层顶（底）板 0.5 m 及以上，一般钻孔间距不大于 0.5 m，钻孔位于巷道轮廓线外 0.5～20 m 的范围内，根据需要也可在巷道轮廓线外布置多排环状钻孔。当钻孔不能一次施工至煤层顶板时，则进入煤层的深度不应小于 10 m。

各钻孔应当在孔口封堵牢固后方可向孔内注入固化材料。可以根据注入压力升高的情况或者注入量决定是否停止注入。

在巷道四周环状固化钻孔外侧的煤体中，预抽或者排放瓦斯钻孔自固化作业到完成揭煤前应当保持抽采或者自然排放状态，否则，应当施工一定数量的排放瓦斯钻孔。从固化作业完成到揭煤结束的时间超过 5 天时，必须重新进行工作面突出危险性预测或者措施效果检验。

2）掘进工作面

有突出危险的煤巷掘进工作面防突措施选择应当符合下列要求：

① 优先选用超前钻孔（包括超前钻孔预抽瓦斯、超前钻孔排放瓦斯），采取超前钻孔排放措施的，应当明确排放的时间。

② 不得选用水力挤出（挤压）、水力冲孔措施；倾角在 8°以上的上山掘进工作面不得选用松动爆破、水力疏松措施。

③ 采用松动爆破或者其他工作面防突措施时，必须经试验考察确认防突效果有效后方可使用。

④ 前探支架措施应当配合其他措施一起使用。

煤巷掘进工作面在地质构造破坏带或者煤层赋存条件急剧变化处不能按原措施设计要求实施时，必须施工钻孔查明煤层赋存条件，然后采用直径为 42～75 mn 的钻孔排放瓦斯。若突出煤层煤巷掘进工作面前方遇到落差超过煤层厚度的断层，应当参照石门揭煤的措施执行。

在煤巷掘进工作面第一次执行工作面防突措施或者措施超前距不足时，必须采取小直径超前排放钻孔防突措施，只有在工作面前方形成 5 m 及以上的安全屏障后，方可进入正常防突措施循环。

煤巷掘进工作面采用超前钻孔作为工作面防突措施时，应当满足：① 巷道两侧轮廓线外钻孔的最小控制范围，近水平、缓倾斜煤层两侧各 5 m，倾斜、急倾斜煤层上帮 7 m、下帮 3 m。当煤层厚度较大时，钻孔应当控制煤层全厚或者在巷道顶部煤层控制范围不小于 7 m，巷道底部煤层控制范围不小于 3 m。② 钻孔在控制范围内应当均匀布置，在煤层的软分层中可适当增加钻孔数。钻孔数量、孔底间距等应当根据钻孔的有效抽采或者排放半径确定。③ 钻孔直径应当根据煤层赋存条件、地质构造和瓦斯情况确定，一般为 75～120 mm，地质条件变化剧烈地带应当采用直径 42～75 m 的钻孔。④ 煤层赋存状态发生变化时，及时探明情况，重新确定超前钻孔的参数。⑤ 钻孔施工前，加强工作面支护，打好迎面支架，背好工作面煤壁。

煤巷掘进工作面采用松动爆破防突措施时应当满足：① 松动爆破钻孔的孔径一般为 42 mm，孔深不得小于 8 m。松动爆破应当至少控制到巷道轮廓线外 3 m 的范围。孔数根据松动爆破的有效影响半径确定。松动爆破的有效影响半径通过实测确定。② 松动爆破孔的装药长度为孔长减去 5.5～6 m。③ 松动爆破按远距离爆破的要求执行。④ 松动爆破应当配合瓦斯抽采钻孔一起使用。

煤巷掘进工作面水力疏松措施应当满足：① 向工作面前方按一定间距布置注水钻孔，然后利用封孔器封孔，向钻孔内注入高压水。注水参数应当根据煤层性质合理选择，如未实测确定，可参考如下参数：钻孔间距 40 m、孔径 42～50 mm、孔长 6.0～10 m、封孔 2～4 m，注水压力不超过 10 MPa，注水时以煤壁出水或者注水压力下降 30%后方可停止注水。② 水力疏松后的允许推进度，一般不宜超过封孔深度，其孔间距不超过注水有效半径的 2 倍。③ 单孔注水时间不低于 9 min。若提前漏水，则在邻近钻孔 20 m 左右处补充施工注水钻孔。

前探支架可用于松软煤层的平巷掘进工作面。一般是向工作面前方施工钻孔，孔内插入钢管或者钢轨，其长度可按两次掘进循环的长度再加 0.5 m，每掘进一次施工一排钻孔，形成两排钻孔交替前进，钻孔间距为 0.2～0.3 m。

3）采煤工作面

采煤工作面可以选用超前钻孔（包括超前钻孔预抽瓦斯和超前钻孔排放瓦斯）、注水湿润煤体、松动爆破或者其他经试验证实有效的防突措施。采取排放钻孔措施的，应当明确排放的时间。

采煤工作面采用超前钻孔作为工作面防突措施时，钻孔直径一般为 75～120 mm，钻孔在控制范围内应当均匀布置，在煤层的软分层中可适当增加钻孔数；超前钻孔的孔数、孔底间距等应当根据钻孔的有效排放或者抽采半径确定。

采煤工作面的松动爆破防突措施适用于煤质较硬、围岩稳定性较好的煤层。松动爆破孔间距根据实际情况确定，一般 2～3 m，孔深不小于 5 m，炮泥封孔长度不得小于 1 m。应当适当控制装药量，以免孔口煤壁垮塌。

松动爆破时，应当按远距离爆破的要求执行。

采煤工作面浅孔注水湿润煤体措施可用于煤质较硬的突出煤层。注水孔间距和注水压力等根据实际情况考察确定，但孔深不小于 4 m，注水压力不得高于 10 MPa。当发现水由煤壁或者相邻注水钻孔中流出时，即可停止注水。

## 6.2.3 瓦斯参数应用库

6.2.2.1 *矿井瓦斯涌出量预测算法*

(1) 预测方法

矿井瓦斯涌出量采用分源预测法预测[11]（AQ 1018—2006）。分源预测法的原理是：根据煤层瓦斯含量和矿井瓦斯涌出的源汇关系（图 6-2-3），利用瓦斯涌出源的瓦斯涌出规律并结合煤层的赋存条件和开采技术条件，通过对采煤工作面和掘进工作面瓦斯涌出量的计算，达到预测采区和矿井瓦斯涌出量的目的。

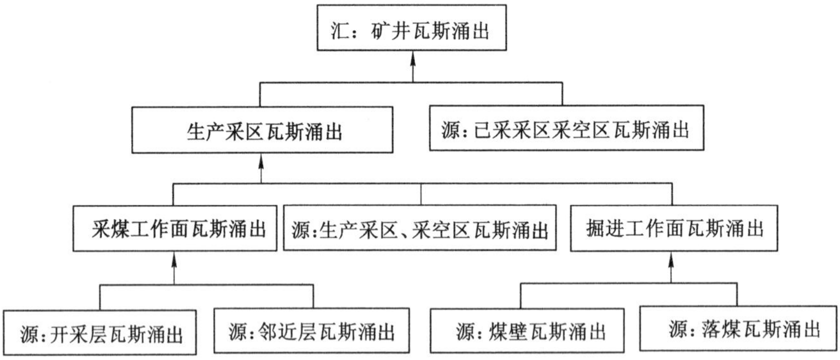


图 6-2-3 矿井瓦斯涌出源汇关系示意图

1) 开采煤层（包括围岩）瓦斯涌出量

$$q_1 = K_1 \cdot K_2 \cdot K_3 \cdot \frac{m}{M} \cdot (W_0 - W_c) \tag{6-2-1}$$

式中 $q_1$——开采煤层（包括围岩）相对瓦斯涌出量，$m^3/t$；

$K_1$——围岩瓦斯涌出系数；

$K_2$——工作面丢煤瓦斯涌出系数，其值为工作面回采率的倒数；

$K_3$——准备巷道预排瓦斯对工作面煤体瓦斯涌出影响系数。

2) 邻近层瓦斯涌出量

$$q_2 = \sum_{i=1}^{n} \left[ \frac{m_i}{m_1} k_i \cdot (W_{0i} - W_{1i}) \right] \tag{6-2-2}$$

式中 $q_2$——邻近层瓦斯涌出量，$m^3/t$；

$m_i$——第 $i$ 个邻近层厚度，m；

$m_1$——开采层的开采厚度，m；

$W_{0i}$——第 $i$ 邻近层原始瓦斯含量，$m^3/t$；

$W_{1i}$——第 $i$ 邻近层残存瓦斯含量，$m^3/t$；

$k_i$——取决于层间距离的第 $i$ 邻近层瓦斯排放率，可根据层间距离查取。

3）掘进巷道煤壁瓦斯涌出量

$$q_3 = D \cdot v \cdot q_0 (2\sqrt{L/v} - 1) \tag{6-2-3}$$

式中 $q_3$——掘进巷道煤壁瓦斯涌出量，$m^3/min$；

$D$——巷道断面内暴露煤壁的周长，m；对于薄及中厚煤层，$D=2m_0$，$m_0$ 为开采煤层厚度；对于厚煤层，$D=2h+b$，$h$ 和 $b$ 分别为巷道的高度及宽度；

$v$——巷道平均掘进速度，m/min；

$L$——巷道长度，m；

$q_0$——煤壁瓦斯涌出初速度，$m^3/(m^2 \cdot min)$，按下式计算：

$$q_0 = 0.026[0.000\,4V_{daf}^2 + 0.16]W_0$$

$V_{daf}$——煤中挥发分含量，%；

$W_0$——煤层原始瓦斯含量，$m^3/t$，据工作面位置在瓦斯含量分布预测图上查取。

4）掘进落煤的瓦斯涌出量

$$q_4 = S \cdot v \cdot \gamma \cdot (W_0 - W_c) \tag{6-2-4}$$

式中 $q_4$——掘进巷道落煤瓦斯涌出量，$m^3/min$；

$S$——掘进巷道断面积，$m^2$；

$v$——巷道平均掘进速度，m/min；

$\gamma$——煤的容重；

$W_0$——煤层原始瓦斯含量，$m^3/t$，根据工作面位置在瓦斯含量分布预测图上查取；

$W_c$——残存瓦斯含量。

5）采煤工作面瓦斯涌出量

采煤工作面瓦斯涌出量由开采层、邻近层瓦斯涌出两部分组成：

$$q_{采} = q_1 + q_2 \tag{6-2-5}$$

式中 $q_{采}$——采煤工作面相对瓦斯涌出量，$m^3/t$。

6）掘进工作面瓦斯涌出量

掘进工作面瓦斯涌出量包括煤壁瓦斯涌出和落煤瓦斯涌出两部分，由下式计算：

$$q_{掘} = q_3 + q_4 \tag{6-2-6}$$

式中 $q_{掘}$——掘进工作面瓦斯涌出量，$m^3/min$。

7）生产采区瓦斯涌出量

生产采区瓦斯涌出量是采区内所有采煤工作面、掘进工作面及采空区瓦斯涌出量之和，其计算公式为：

$$q_{区} = K' \cdot \left[\sum_{i=1}^{n}(q_{采i} \cdot A_i) + 1\,440\sum_{i=1}^{n} q_{掘i}\right]/A_0 \tag{6-2-7}$$

式中 $q_{区}$——生产采区瓦斯涌出量，$m^3/t$；

$K'$——生产采区内采空区瓦斯涌出系数；

$q_{采i}$——第 $i$ 采煤工作面瓦斯涌出量，$m^3/t$；

$A_i$——第 $i$ 采煤工作面平均日产量，t；

$q_{掘i}$——第 $i$ 掘进工作面瓦斯涌出量，$m^3/min$；

$A_0$——生产采区平均日产量，t。

8）矿井瓦斯涌出量

矿井瓦斯涌出量为矿井内全部生产采区和已采采区（包括其他辅助巷道）瓦斯涌出量之和，其计算公式为：

$$q_{井}=\frac{k''\sum_{i=1}^{n}(q_{区i}\cdot A_{0i})}{\sum_{i=1}^{n}A_{0i}} \tag{6-2-8}$$

式中 $q_{井}$——矿井相对瓦斯涌出量，$m^3/t$；

$k''$——已采采区采空区瓦斯涌出量系数；

$q_{区i}$——第 $i$ 生产采区瓦斯涌出量，$m^3/t$；

$A_{0i}$——第 $i$ 生产采区日平均产量，t。

#### 6.2.2.2 工作面及煤层瓦斯抽采达标评价

（1）评价单元划分

根据《煤矿瓦斯抽采达标暂行规定》第二十六条规定：将钻孔间距基本相同和预抽时间基本一致（预抽时间差异系数小于30%）的区域划为一个评价单元。

1）预抽时间差异系数的计算

预抽时间差异系数为预抽时间最长的钻孔抽采天数减去预抽时间最短的钻孔抽采天数的差值与预抽时间最长的钻孔抽采天数之比。预抽时间差异系数按下式计算：

$$\eta=\frac{T_{max}-T_{min}}{T_{max}}\times 100\% \tag{6-2-9}$$

式中 $\eta$——预抽时间差异系数，%；

$T_{max}$——预抽时间最长的钻孔抽采天数，d；

$T_{min}$——预抽时间最短的钻孔抽采天数，d。

2）评价单元划分

根据评价单元划分的依据，可将工作面划分为 $N$ 个评价单元，如表6-2-5所示。

**表6-2-5 工作面评价单元划分的依据表**

| 评价单元 | 钻孔个数 | 钻孔间距/m | 施工和接抽时间 | 差异系数截止/% |
|---|---|---|---|---|
| 1 | | | | |
| 2 | | | | |
| … | | | | |
| $N$ | | | | |

（2）瓦斯抽采基础条件达标评判

按照《煤矿瓦斯抽采达标暂行规定》第五章的规定，必须对瓦斯抽采矿井的基础条件进行达标评判，在基础条件满足瓦斯先抽后采要求的基础上，再对抽采效果是否达标进行评判。

(3) 抽采钻孔有效控制范围界定

预抽煤层瓦斯的抽采钻孔施工完毕后，应对预抽钻孔的有效控制范围进行界定，界定方法如下：

① 对顺层钻孔，钻孔有效控制范围按钻孔长度方向的控制边缘线、最边缘 2 个钻孔及钻孔开孔位置连线确定。钻孔长度方向的控制边缘线为钻孔有效孔深点连线，相邻有效钻孔中较短孔的终孔点作为相邻钻孔有效孔深点。

② 对穿层钻孔，钻孔有效控制范围取相邻有效边缘孔的见煤点之间的连线所圈定的范围。

(4) 各评价单元瓦斯抽采量统计

瓦斯抽采钻孔施工完毕后立即进行封孔接抽，在抽采过程中每周对钻孔浓度、流量、负压三种参数进行测定，利用安装在管路上的流量计对工作面区域抽采情况连续监测，根据评价单元的划分和监测得到的各组钻孔的浓度、流量、负压参数，可计算得出每个评价单元的瓦斯抽采量，并按照《煤矿瓦斯抽采达标暂行规定》附录中给出的计算公式，计算得到工作面每个评价单元最大残余瓦斯含量、最大可解吸瓦斯含量，工作面相应煤层每个评价单元最大残余瓦斯含量、最大可解吸瓦斯含量，记录入表 6-2-6。

**表 6-2-6　工作面各评价单元瓦斯抽采量统计表**

| 评价单元 | 最短抽采时间/月 | 地质储量/万 t | 煤层原始瓦斯含量/($m^3/t$) | 最大残余瓦斯含量/($m^3/t$) | 最大可解吸瓦斯含量/($m^3/t$) |
|---|---|---|---|---|---|
| 1 | | | | | |
| 2 | | | | | |
| … | | | | | |
| $N$ | | | | | |

测算抽采后的煤层瓦斯含量，按下式计算煤的可解吸瓦斯量。

$$W_j = W - W_c \tag{6-2-10}$$

式中　$W_j$——煤的可解吸瓦斯量，$m^3/t$；

$W_c$——煤在标准大气压力下的残存瓦斯含量，按下式计算

$$W_c = \frac{0.1ab}{1+0.1b} \times \frac{100 - A_d - M_{ad}}{100} \times \frac{1}{1+0.31M_{ad}} + \frac{\pi}{\gamma} \tag{6-2-11}$$

(5) 各评价单元抽采达标指标测定

① 抽采达标指标的选取及测定方法

根据《防治煤与瓦斯突出细则》及《煤矿瓦斯抽采达标暂行规定》的要求，采用预抽煤层瓦斯区域防突措施时，应当以预抽区域的煤层残余瓦斯压力或者残余瓦斯含量为主要指标或其他经试验证实有效的指标和方法进行达标评判。其中，在采用残余瓦斯压力或

者残余瓦斯含量指标进行评判时，必须依据实际的直接测定值。

因此，此次煤层瓦斯抽采达标评价采用残余瓦斯含量作为指标，指标的临界值为 8 $m^3/t$，即若测得煤层残余瓦斯含量小于 8 $m^3/t$、可解吸瓦斯含量小于 6 $m^3/t$ 可判定抽采达标，反之不达标，必须继续执行区域防突措施。

② 抽采达标指标测定钻孔布置

用穿层钻孔或顺层钻孔预抽区段或回采区域煤层瓦斯时，沿采煤工作面推进方向每间隔 30～50 m 至少布置 1 组测定点。当预抽区段宽度(两侧回采巷道间距加回采巷道外侧控制范围)或预抽回采区域采煤工作面长度未超过 120 m 时，每组测点沿工作面方向至少布置 1 个测定点，否则至少布置 2 个测点。

6.2.2.3　*瓦斯含量及压力预测算法*

(1) 煤层瓦斯压力理论计算方法

根据国内外对煤层瓦斯大量的观测结果，赋存在煤层中的瓦斯表现垂向分带特征，瓦斯带一般可以分为瓦斯风化带与甲烷带。其中风化带内瓦斯含量与瓦斯压力较小，其下部边界条件中瓦斯压力为 $P=0.15\sim0.2$ MPa；在甲烷带内，煤层的瓦斯压力随深度增加而增加，瓦斯压力梯度随地质条件而异，在地质条件相近的地质块段，相同深度的同一煤层具有大体相同的瓦斯压力，多数煤层瓦斯由于瓦斯压力随埋深呈线性变化关系，一般情况下，深部瓦斯压力的推测可用下式描述

$$P=\omega H+C=P_c+\omega(H-H_c) \tag{6-2-12}$$

式中　$P$、$P_c$——埋深 $H$、$H_c$ 处的煤层瓦斯压力，MPa；

$\omega$——瓦斯增长率，即每米瓦斯压力增加数，一般为(0.01±0.005)MPa/m；

$H$、$H_c$——煤层埋藏深度，m；

$C$——常数。

因此可以计算出瓦斯风化带的极限标高 $H_0$ 为：

$$H_0=(0.2-C)/\omega \tag{6-2-13}$$

通过对重庆、北票、湖南等矿区的突出实测数据统计分析，发现瓦斯压力随埋深变化线一般靠近静水压力线分布(图 6-2-4 中直线 $OC$)，因而认为煤层瓦斯压力存在着一个极限值，即静水压力值，并将煤层瓦斯压力随深度的变化归结为以下两种类型。

① 瓦斯增长率 $\omega<0.01$ MPa/m(图 6-2-4 中直线 $AD$)，此时随着深度增加煤层瓦斯压力与极限瓦斯压力相差越来越远；

② 瓦斯压力增长率 $\omega>0.01$ MPa/m(图 6-2-4 中直线 $AB$)，这时随着深度增大，煤层瓦斯压力将越来越接近煤层极限瓦斯压力。交点 $B$ 的深度 $H_f$ 为瓦斯压力的极限深度。超过这个深度后，瓦斯压力将按煤层极限瓦斯压力分布线($BC$ 线)而变化。根据上述规律，在实际计算时，可近似地认为甲烷带一定深度内瓦斯压力增长线是一条直线。当煤层瓦斯压力增长率超过 0.01 MPa/m 时，超过极限深度的煤层瓦斯压力将按静水压力分布。应当指出在某些地质条件局部变化区域，如覆盖岩层性质改变、岩浆岩侵蚀、开放式的大断层附近等，煤层瓦斯压力将会较大地偏离直线规律。

(2) 煤层瓦斯含量赋存规律研究

煤层瓦斯含量是指单位质量原始煤体所含有的瓦斯量，常用 $m^3/t$ 或 mL/g 作为计量

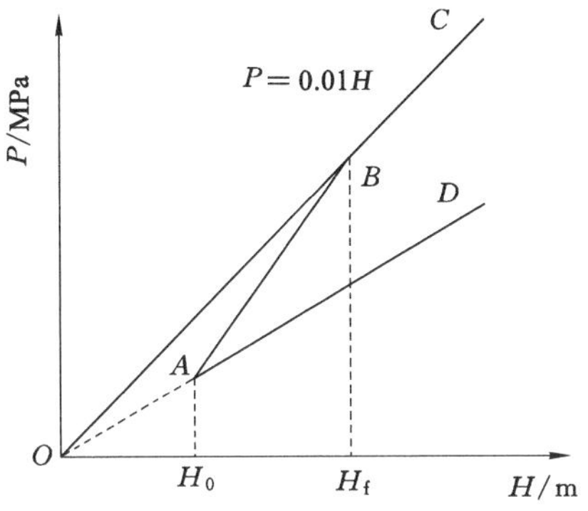


图 6-2-4　煤层瓦斯压力随深度分布的两种类型

单位。生产矿井和基建矿井一般采用井下钻屑解吸法测定煤层瓦斯含量。

1）煤层瓦斯含量井下测定

为了提高煤层瓦斯含量的控制程度和瓦斯涌出量预测准确性，项目实施期间，项目组人员在开元煤矿具备测试条件的地点，采用井下钻屑解吸法对 $3^{\#}$、$9^{\#}$ 煤层瓦斯含量进行了测定。

① 测定方法

钻屑解吸法测定煤层瓦斯含量的原理是：井下采集新鲜原始煤样，实测煤样瓦斯解吸量，根据煤样瓦斯解吸规律推算取样过程煤样的损失瓦斯量，然后在实验室测定煤样的残存瓦斯量，最后根据煤样的取样损失瓦斯量、井下瓦斯解吸量、残存瓦斯量和煤样质量计算煤层瓦斯含量。钻屑解吸法井下测定煤层瓦斯含量的步骤如下：

a. 在新暴露的采掘工作面煤壁上，用风钻垂直煤壁施工钻孔，当钻孔钻进预定位置时开始取样，并记录采样开始时间 $t_1$。

b. 将采集的新鲜煤样装罐并记录煤样装罐后开始解吸测定的时间 $t_2$，用瓦斯解吸速度测定仪（图 6-2-5）测定不同时间 $t$ 下的煤样累计瓦斯解吸量 $V$，一般测定 2 h，解吸测定停止后拧紧煤样罐以保证不漏气，送实验室测定煤样残存瓦斯量。

c. 损失量计算。损失瓦斯量选取$\sqrt{t}$法，根据煤样开始暴露一段时间内 $V$ 与$\sqrt{t_0+t}$呈直线关系确定，即：

$$V=K\cdot\sqrt{t_0+t}-V_{损}' \tag{6-2-14}$$

式中　$V$——$t$ 时间内的累积瓦斯解吸量，$cm^3$；

$V_{损}'$——暴露时间 $t_0$ 内的瓦斯损失量，$cm^3$；

$K$——待定常数。

设煤样解吸测定前的暴露时间为 $t_0$（$t_0=t_2-t_1$），不同时间 $t$ 下测得的 $V$ 值所对应的解吸时间为 $t_0+t$；以$\sqrt{t_0+t}$为横坐标，$V$ 为纵坐标绘图，由图判定呈线性关系的各测点，然后根据各测点的坐标值，按最小二乘法或作图法求出损失量，如图 6-2-6 所示。

d. 将解吸测定后的煤样连同煤样罐送实验室测定其残存瓦斯量、水分、灰分等。

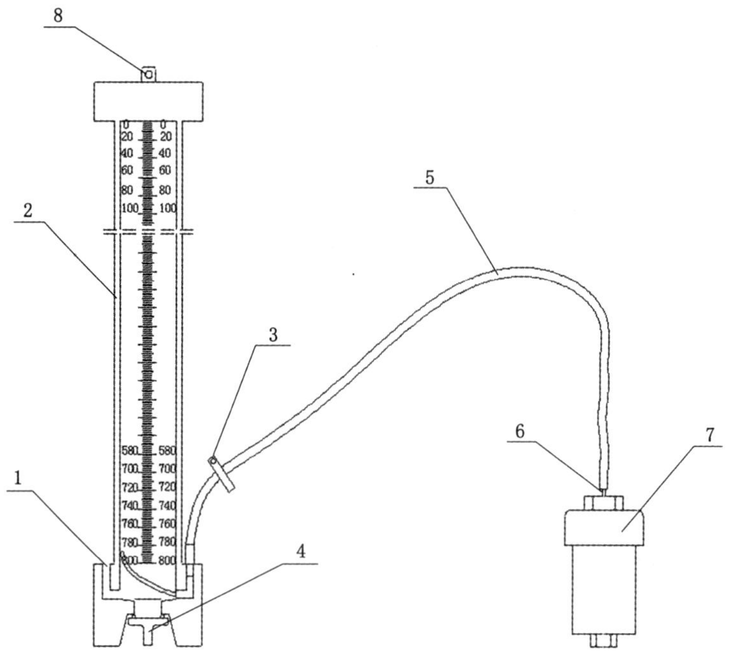


1—排水口；2—量管；3—弹簧夹；4—底塞；5—排气管；6—穿刺针头或阀门；7—煤样罐；8—吊环。

图 6-2-5　瓦斯解吸速度测定仪示意图

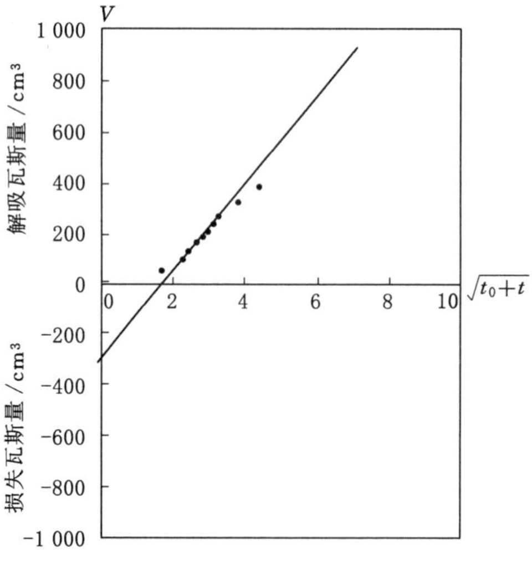


图 6-2-6　煤屑解吸瓦斯速率 $V$ 与解吸时间 $t$ 的回归曲线图

将井下自然解吸瓦斯量和两次脱气气体体积分别换算成标准状态下体积：

$$V_1'=\frac{273.2}{101.3\times(273.2+T_w)}\times(p_1-0.009\ 81h_w-p_2)\times V_t \qquad (6\text{-}2\text{-}15)$$

式中　$V_1'$——换算为标准状态下的气体体积，$cm^3$；

$V_t$——$t$ 时刻量管内气体体积读数，$cm^3$；

$p_1$——大气压力，kPa；

$T_w$——量管内水温，℃；

$h_w$——量管内水柱高度，mm；

$p_2$——$T_w$ 时水的饱和蒸汽压，kPa。

$$V_{Tn}' = \frac{273.2}{101.3 \times (273.2 + T_n)} \times (p_1 - 0.016\,7C_0 - p_2) \times V_{Tn} \tag{6-2-16}$$

式中　$V_{Tn}'$——换算为标准状态下的气体体积，$cm^3$；

$T_n$——实验室温度，℃；

$p_1$——大气压力，kPa；

$C_0$——气压计温度，℃。

$p_2$——在室温 $T_n$ 下饱和食盐水的饱和蒸汽压，kPa；

$V_{Tn}$——在实验室 $T_n$、大气压力 $p_1$ 条件下量管内气体体积，$cm^3$。

将各阶段含空气瓦斯体积按下式换算成无空气瓦斯体积：

$$V_i'' = \frac{V_i'(100 - 4.57c_{O_2})}{100} \tag{6-2-17}$$

式中　$V_i''$——扣除空气后标准状态下的各阶段瓦斯体积($i=1,2,3,4$)，$cm^3$；

$V_i'$——扣除空气前标准状态下的各阶段瓦斯体积($i=1,2,3,4$)，$cm^3$；

$C_{O_2}$——氧气浓度，%。

将各阶段瓦斯体积按下式计算：

$$V_i = \frac{V_i'' \times A_{CH_4}}{100} \tag{6-2-18}$$

式中　$V_i$——标准状态下的各阶段瓦斯体积($i=1,2,3,4$)，$cm^3$；

$A_{CH_4}$——瓦斯成分中 $CH_4$ 的浓度，%。

e. 根据换算成标准状态下的煤样井下解吸瓦斯量、损失瓦斯量、残存瓦斯量(粉碎前瓦斯量和粉碎后瓦斯量)和煤的质量，可求出煤样的瓦斯含量。

$$X = (V_1 + V_2 + V_3 + V_4)/m \tag{6-2-19}$$

式中　$V_1$——井下解吸瓦斯量，$cm^3$；

$V_2$——损失瓦斯量，$cm^3$；

$V_3$——粉碎前瓦斯量，$cm^3$；

$V_4$——粉碎后瓦斯量，$cm^3$；

$m$——煤样质量，g；

$X$——煤样瓦斯含量，$cm^3/g$。

② 测定结果

利用上述方法对煤层原始瓦斯含量进行了实测，测试结果记录入表6-2-7。

表 6-2-7 煤层瓦斯含量测定结果表

| 煤层 | 采样地点 | 埋深/m | 气体组分/% | | | 瓦斯含量/($m^3/t$) | 残存瓦斯含量/($m^3/t$) |
|---|---|---|---|---|---|---|---|
| | | | $CH_4$ | $CO_2$ | $N_2$ | | |
| | | | | | | | |
| | | | | | | | |
| | | | | | | | |

# 6.3 瓦斯防治管控软件系统及工程实践

## 6.3.1 管控系统平台架构设计

### 6.3.1.1 设计目标

建立地理信息协同平台，实现地测、瓦斯治理、生产掘进等系统和专业协同工作、瓦斯地质图、瓦斯数据库等信息实时更新，指导矿井灾害防治、消突、瓦斯抽采等方面的工作；赋予图纸空间信息和属性信息，设计基于图纸的瓦斯参数存储方法，基于图纸导航的瓦斯参数查询方法[12-13]。

### 6.3.1.2 架构设计

瓦斯治理综合管控信息平台是指应用 CSCW 理论，将瓦斯管理工作所需的各种数据、软件等均存储于云端，各协同工作人员通过客户端接入云端，在同一云端平台下协同工作，在云端软件的支持下进行交互和协同工作等活动。所有的数据都将安全地存储于云端，任何拥有权限的用户接入云端都能使用。云端为客户端提供了所需的软件、计算能力和存储能力，降低了客户端对硬件的要求。云端可连接空间数据库、表单数据库、文件数据库、关联数据数据库、监测数据数据库，分别为协同云平台的空间数据可视化、数据查询、数据监测、权限要求等活动提供了相应支持。瓦斯治理综合管控信息平台的主要功能包括：空间数据可视化、数据分层、用户权限、表单和文件数据协同。平台的总架构见图 6-3-1。

## 6.3.2 瓦斯参数管理与交互式可视化

本平台自主研发专业针对瓦斯信息管理应用的基于云的采矿空间数据可视化程序，简称 Cloud-MSD。

Cloud-MSD 是指基于 windows 系统的图形设备接口 GDI＋从底层研发实现数据可视化和基于 MySQL 数据库云端存储，针对矿业工程协同工作、数据高效传输、数据协同监测、数据关联和矿业工程扩展需求，实现空间数据可视化，高可控性空间数据、计算机可“理解”的矿业工程空间元数据、可高效传输的矿业工程空间数据结构、静态数据关联和动态数据关联等。

从底层自主研发 Cloud-MSD 的优势：

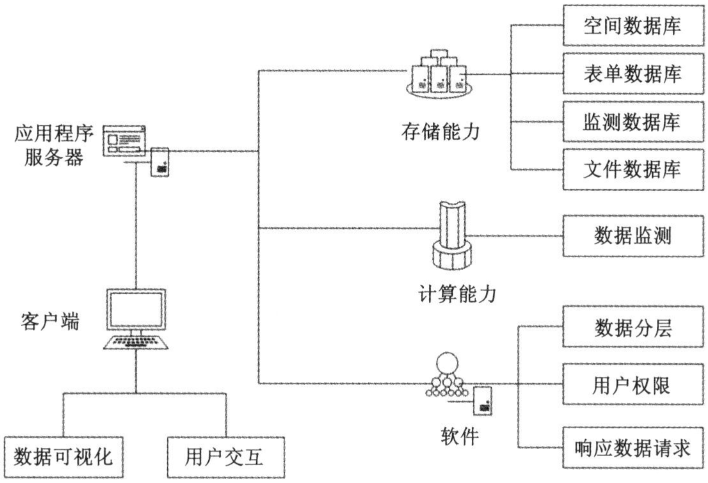


图 6-3-1　瓦斯治理综合管控信息平台总架构图

① 专业针对矿业工程协同工作，设计用户交互和权限机制。

② 针对矿业工程数据协同监测和数据传输，设计 Cloud-MSD 的空间数据结构，为数据协同监测提供计算机可“理解”的矿业工程空间元数据，且空间数据易传输。

③ 拥有独特的数据格式且多层加密，传输安全。

④ 针对矿业工程中实际面临的各种需求，具有无限的扩展性。

相对于 AutoCAD，Cloud-MSD 不再将数据以文件存储在本地电脑，而是让数据高效传输存储于云数据库，用户不仅可以通过数据库共享数据实现协同工作，而且可以得到以前的数据，拥有更好的数据共享和管理模式。Cloud-MSD 主要由三大部分组成：可视化客户端、应用程序服务器和数据库服务器，如图 6-3-2 所示。可视化客户端基于 GDI＋技术实现空间数据可视化，基于 NET4.5 框架实现用户交互和数据传输；应用程序服务器基于 Django 框架响应 web 请求；数据库服务器基于 MySQL 数据库支持数据高效存储、读取和修改。

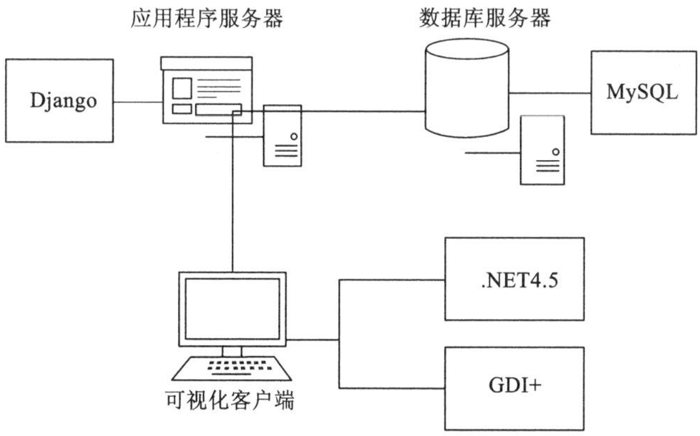


图 6-3-2　Cloud-MSD 结构图

6.3.2.1 空间数据可视化

Cloud-MSD 客户端的空间数据可视化媲美 AutoCAD 可视化效果和大量数据绘制效率，它能充分利用 CPU 高效计算，呈现出完美的显示效果。

它实现了各种矢量图元数据可视化，如点、直线、多段线、圆弧、圆、椭圆、矩形、多边形、样条曲线、文字、图片和标注等，如图 6-3-3 所示。

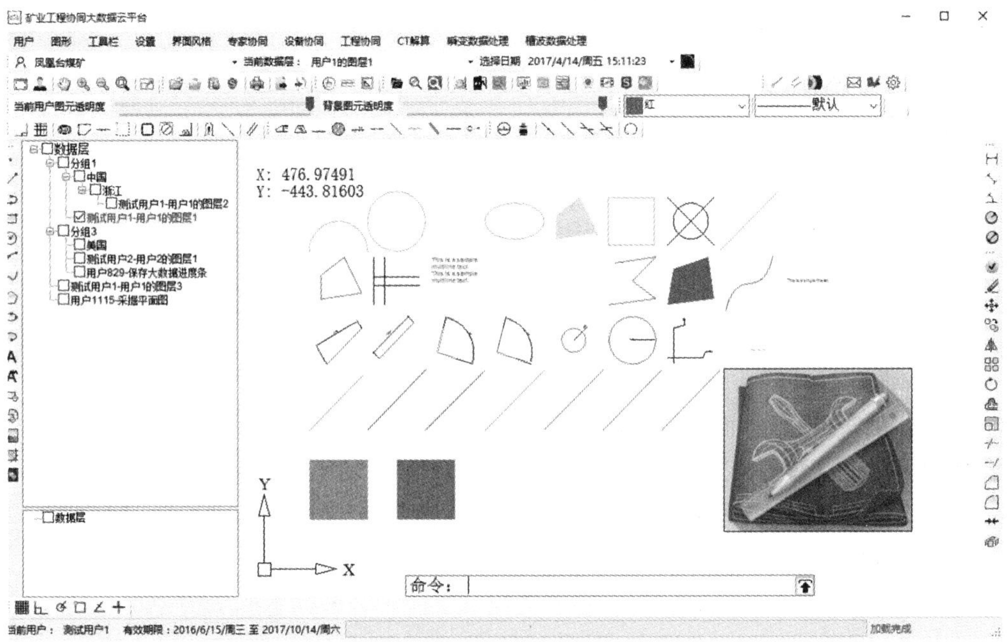


图 6-3-3 Cloud-MSD 可视化效果图

Cloud-MSD 除了拥有基础空间数据(直线、矩形、曲线、圆、弧等)的数据结构并实现可视化，还拥有矿业工程空间元数据结构，是一个工程数据集成体，拥有几何信息和工程意义数据。根据采矿制图标准实现矿业工程空间元数据可视化，不仅减轻了矿山工作人员的工作量，提高工作效率，而且统一了制图标准，工作人员在制图时不会作出不符合标准的工程图形数据。

Cloud-MSD 的颜色显示基于 ARGB，即 Alpha、Red、Green 和 Blue，它支持图元透明度。在矿业工程协同工作中，经常需要将图层重叠参照，但是重叠后数据量太多，有些数据难以突出显示。Cloud-MSD 支持修改用户图元透明度和其他用户图元透明度，用户在重叠数据层参照时，不同透明度突出显示用户关注数据，可以简化用户工作。如图 6-3-4 中经纬网为当前用户的图元，其余均为其他用户图元，明显其他用户图元的对比度高很多。

Cloud-MSD 的可视化交互原理(见图 6-3-5)和 AutoCAD 类似，鼠标滚动即可缩放显示，鼠标中键按下即可拖动图纸。程序运行时，Cloud-MSD 的客户端将空间数据暂存于内存中，实现 50 万空间数据的高效计算，用户每次可视化操作的数据计算时间在 150 ms

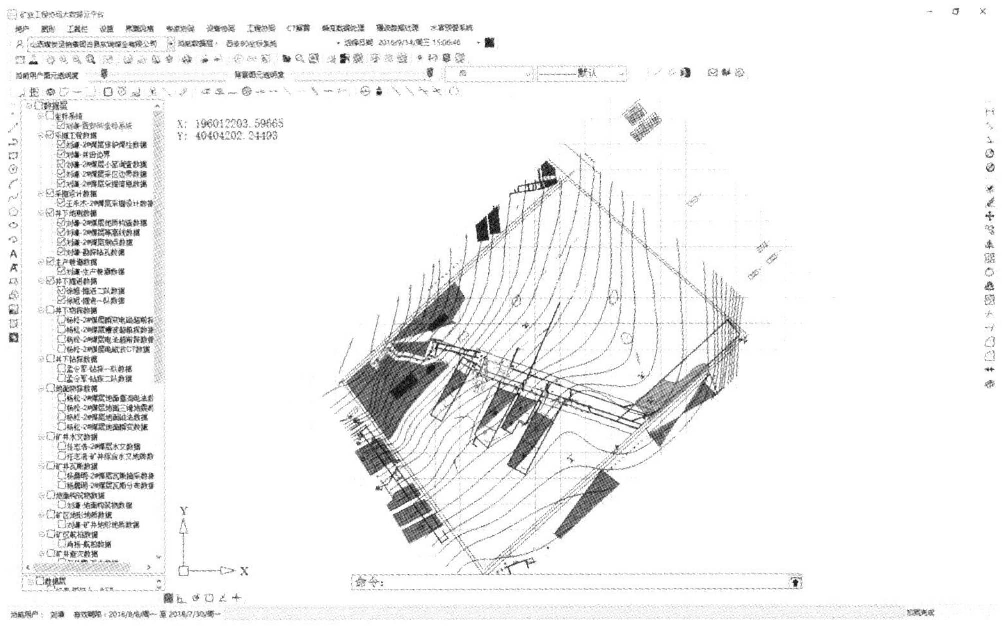

图 6-3-4　透明度效果图

内,可视化交互操作高效。

6.3.2.2　*用户交互*

Cloud-MSD 的用户交互专业针对多用户协同工作,用户可以任意操作自己的空间数据,可以查询参照其他用户的空间数据,但不能操作其他用户的空间数据。Cloud-MSD 中每个空间数据都拥有用户 ID,Cloud-MSD 根据当前用户 ID 将空间数据分为当前用户数据和其他用户数据。对于当前用户数据,用户可以进行任意操作(移动、复制、镜像、阵列、旋转、缩放、修剪、延伸、删除等)。对于其他用户数据,用户只能查询参照和调整显示透明度,无法修改和删除。

利用设计模式中的命令模式设计软件,Cloud-MSD 实现了友好方便的用户交互。按照面向对象编程的思想,将用户的每个操作封装到对象中。分析用户操作,包括用户数据输入、绘制请求、绘制取消或绘制完成。用户数据输入包括鼠标数据输入和字符数据输入。Cloud-MSD 的操作类会提供以上接口,每次操作过程实例化一个对象,各种请求调用对象接口即可实现。

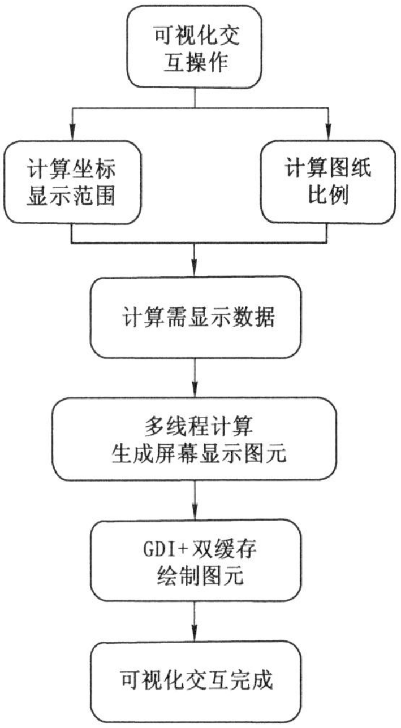


图 6-3-5　可视化交互原理图

用户交互主要类为 IneractDraw，拥有交互接口；LineDraw 继承于 InteractDraw，是直线交互绘制的实现类；InteractParameter 类记录交互过程的数据；Invoker 调用 InteractDraw 类的接口实现绘制，提供接口供外部交互事件调用，见图 6-3-6。

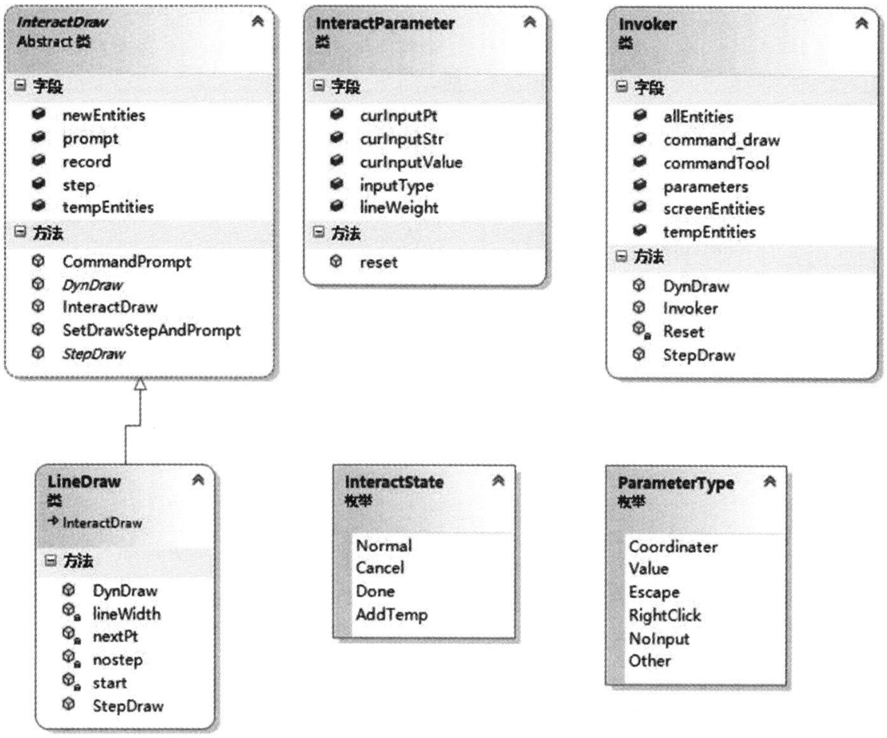


图 6-3-6　Clond-MSD 用户交互类

6.3.2.3　数据关联

瓦斯参数包括各类数据，这些数据分散于各数据集中，需要某个工程的全部信息时，根据工程相关信息查询各数据集获取数据。例如一个掘进巷道施工信息，包括掘进巷道的几何信息、施工文档和巷道断面图等信息，需要一个掘进巷道的全部施工数据时，需查询各数据集。

云平台提供可视化的以图为导向的数据查询机制，该机制基于 Cloud-MSD 的数据关联功能，将相关数据和图元关联。例如在工程图形数据中找到掘进巷道，查询该巷道关联数据，即可得到该掘进巷道的断面图和施工文档等。

根据图元 ID 将数据和图元关联，有静态数据关联和动态数据关联两种方式。静态数据分为文档数据和图形数据（如图 6-3-7 所示）；动态数据是数据库中的实时数据（如图 6-3-8所示），如瓦斯数据和摄像头数据等。

图形数据关联图元对象，这样的可视化表达方式既全面地体现矿山的工程信息，也具体地展现工程信息，可以将矿山机械图元对象和机械图形数据关联，将巷道对象和巷道断

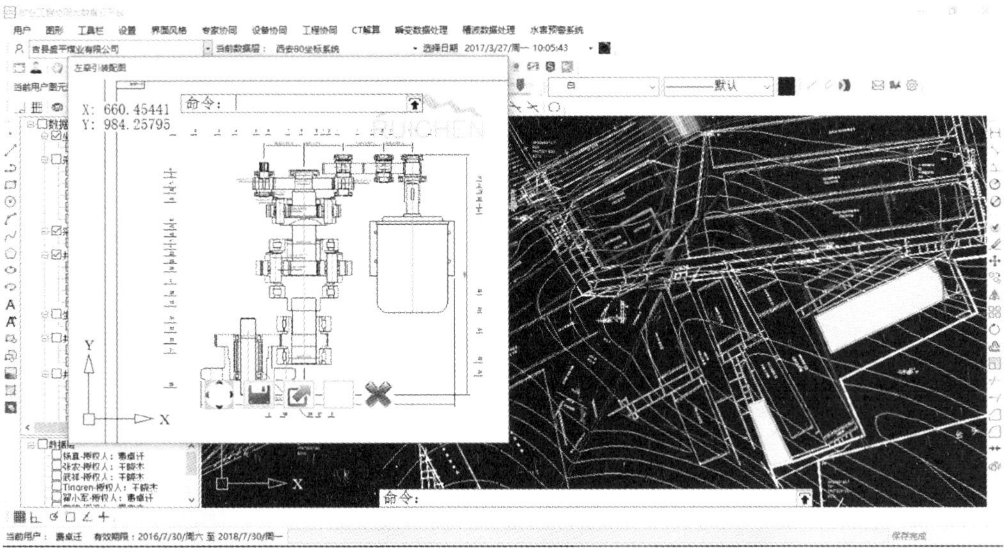


图 6-3-7　图形数据关联图

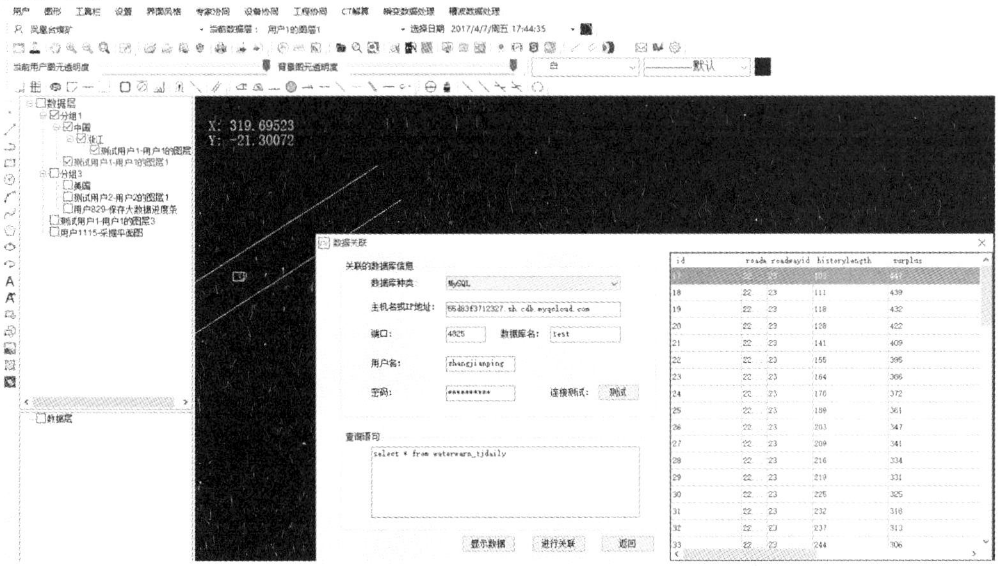


图 6-3-8　动态数据关联图

面图关联等。查询图元即可查看相关联的图形数据，有权限的用户可以修改该图形数据。

图元对象可以关联各种文件，如 Word 文件、图片和其他文件等。关联时将文件上传至服务器，用户查询图元即可得到文件，下载文件后客户端可以自动加载已安装默认的软件打开该文件，如图 6-3-9 所示。

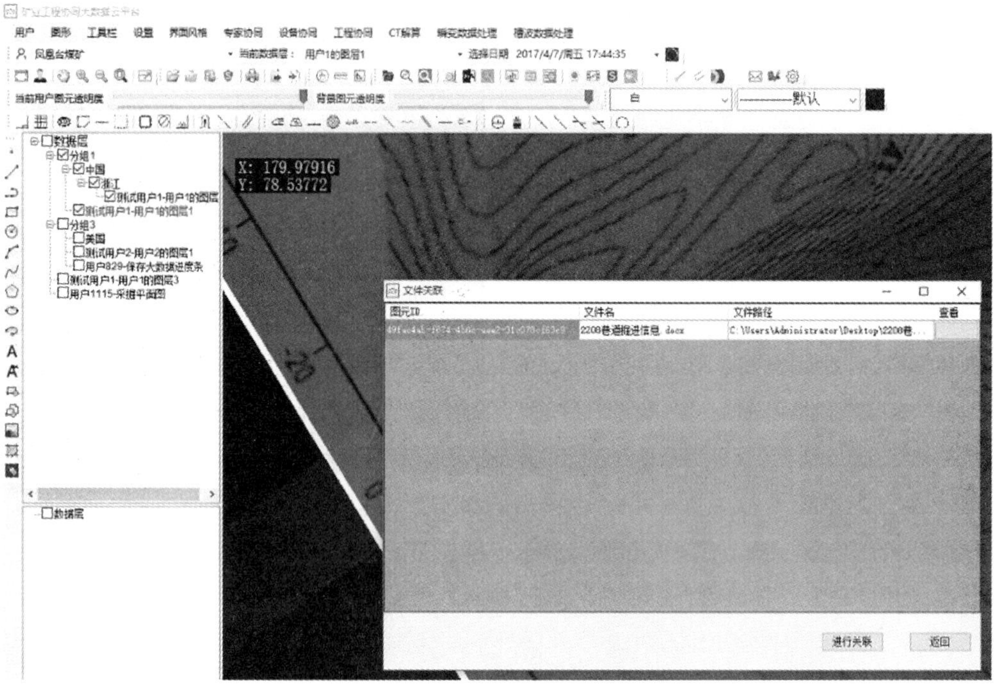


图 6-3-9　文件关联图

### 6.3.2.4　空间数据结构

针对瓦斯参数图形数据应用，Cloud-MSD 设计了独有的空间数据结构，分为瓦斯空间元数据结构和基础图元数据结构。瓦斯空间元数据结构包含几何信息和相关工程数据，基础图元数据精简易传输。

如表 6-3-1 所列直线数据结构，相对于通用的直线矢量数据结构，Cloud-MSD 针对矿业工程应用，简化了部分数据，增加了用户 ID 和图元 ID，以便于协同工作区分图元归属和数据关联。

**表 6-3-1　直线空间数据结构表**

| 名称 | 类型 | 说　明 |
| --- | --- | --- |
| layerid | int | 图元所属数据层 id |
| startptx | double | 起点 $x$ 值 |
| startpty | double | 起点 $y$ 值 |
| endptx | double | 终点 $x$ 值 |
| endpty | double | 终点 $y$ 值 |
| lineweight | double | 线宽 |
| linecolor | int | 颜色 |

表 6-3-1(续)

| 名称 | 类型 | 说　明 |
|---|---|---|
| linetype | varchar | 线型 |
| linetypescale | double | 线型比例 |
| id | varchar | 图元 guid |

如表 6-3-2 所列掘进巷道空间元数据数据结构，包含了空间几何信息和其他相关数据，最重要的是计算机“知道”这个图元对象是掘进巷道，而不单单是两条直线。

表 6-3-2　掘进巷道数据结构表

| 名称 | 类型 | 说　明 |
|---|---|---|
| id | varchar | 图元 guid |
| startptx | double | 掘进巷道起始点 $x$ 坐标 |
| startpty | double | 掘进巷道起始点 $y$ 坐标 |
| startptz | double | 掘进巷道起始点 $y$ 坐标 |
| length | double | 掘进巷道长度 |
| direction | double | 掘进巷道方位 |
| entryid | int | 所属巷道 id |
| starttime | DateTime | 开始掘进时间 |
| endtime | DateTime | 掘进完成时间 |
| people | varchar | 填图人 |
| team | varchar | 施工队伍 |
| layerid | int | 所属数据层 id |

Cloud-MSD 的数据在传输过程中采用独有的数据结构且经过多层加密，其他程序无法读取这些数据，很好地保障了用户的数据安全。数据传输到 Cloud-MSD 不会产生本地文件，访问过该数据的电脑上不会留下任何数据。通过云端对 Cloud-MSD 设置，可以设置数据是否允许导出为本地数据。

Cloud-MSD 虽然有采用自己独立的格式，基于开源项目.netdxf，Cloud-MSD 也可以读写通用的 DXF 矢量图形数据交流文件。DXF 是 Autodesk 公司开发的用于 AutoCAD 与其他软件之间进行 CAD 数据交换的 CAD 数据文件格式。Cloud-MSD 支持 DXF 文件的读写，DXF 文件支持以文本方式打开，通过读取该文本文件，可以获取矢量图形数据的空间描述。

#### 6.3.2.5　空间数据传输

客户端通过 http 协议连接应用服务器，应用服务器连接云数据库，实现数据的传输。

(1) 数据上传

数据上传分为基础图元数据上传和矿业工程空间元数据上传。矿业工程空间元数据直接将字段数据上传至服务器，服务器将数据存储于空间数据库中。

对于基础图元数据，将图元数据序列化后加密，然后通过 WebApi 将数据上传到服务器，服务器将数据存储到文件数据库中。

用户对当前数据层的矢量图形进行保存时，首先，Cloud-MSD 根据当前用户 ID，获取属于当前用户的图元数据，将得到的数据按照图元类型进行分类。将图元分类序列化，使用 ProtoBuf.Serializer.Serialize 将一类图元序列化，得到序列化后的图元数据，将图元类型的枚举值、序列化后的图元数据的长度和序列化后的图元数据拼接在一起，形成一类图元的序列化数据。重复上述序列化过程，得到所有待序列化的类型图元的数据。将这些数据写入 System.IO.MemoryStream 中，再转化为二进制数据，从而得到当用户图元数据的序列化数据。其过程如图 6-3-10 所示。

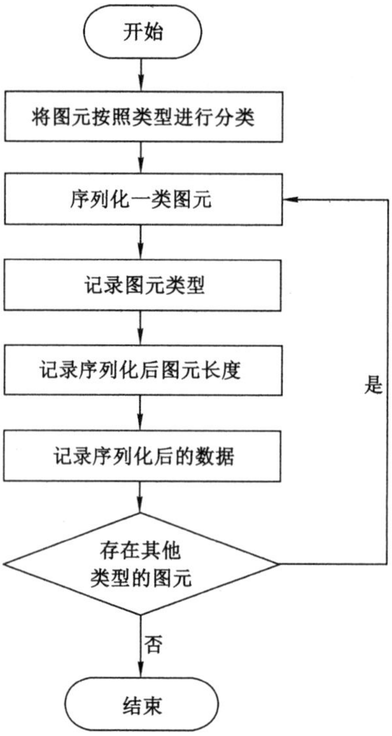


图 6-3-10　数据上传原理

在对当前数据层的矢量图形化数据进行序列化后，加密序列化数据，然后通过 Web API 服务器将加密后的数据保存到服务器的文件系统中。

（2）数据加载

数据加载是通过 Web API 服务器从云数据库中加载用户自己的数据层和需要参考的最新数据层，加载数据过程中存在的对数据解密的过程和反序列化方法。

用户通过 Web API 服务器从文件系统中获取的数据是加密过后的数据，在反序列化之前，对加密过的数据使用与加密方法相匹配的解密方法，对数据进行解密。

用户解密获取序列化的二进制数据后，如果数据不为空，则对其进行反序列化，取出当前二进制数据的前四个字节，解析成图元类型的枚举值，再取出四个字节，转化为整型得到当前图元类型的序列化数据长度，根据这个长度，从二进制数据中取出序列化后的图元数据。根据图元类型的枚举值和从二进制数据中取出序列化后的图元数据，通过 ProtoBuf.Serializer.Deserialize 反序列化得到一类的图元数据。重复以上过程，直到序列化的二进制数据读取完毕。其过程如图 6-3-11 所示。

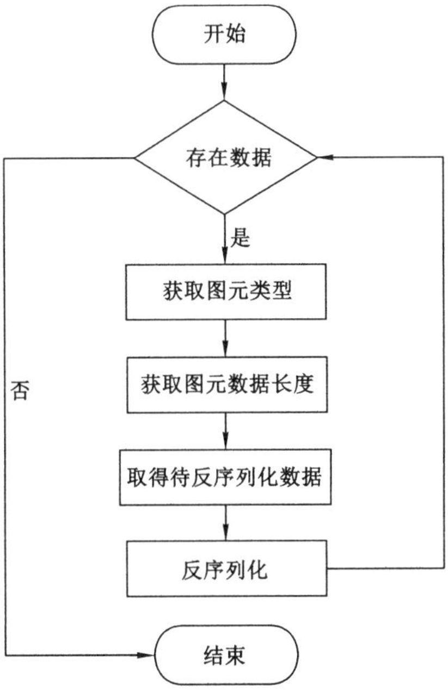


图 6-3-11　数据加载原理

二进制数据全部转换为图元数据结构存在于内存中后，Cloud-MSD 根据图元的用户 ID 将图元分为当前用户数据和其他用户数据，之后实现数据可视化。

## 6.3.3　瓦斯参数存储与数据库开发

数据库是信息系统的核心和基础[14-15]。它将系统中的大量数据按照一定的模型组织起来，并提供存储、查询和维护等功能，使信息可以及时、方便、准确地从数据库中提取出来。一个系统的各个功能是否能够准确、紧密地结合实现，关键在于数据库。所以，必须对数据库进行合理的设计，见图 6-3-12。

### 6.3.3.1　关系表数据架构

在云平台中协同工作的群体内各成员间有大量的实时信息交流需求，实时信息交流需要高效的数据操作支持。为了满足协同云平台高效的数据操作，根据系统需求设计关系表是至关重要的，以下列出了部分重要的关系表的设计。

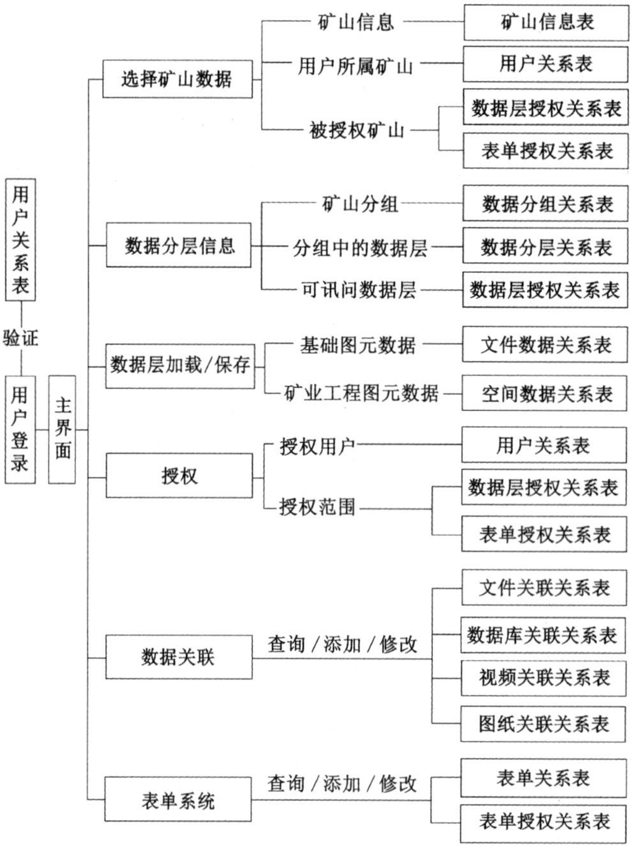


图 6-3-12　数据库系统架构图

(1) 用户关系表主要被用于验证登录，查询用户所属矿山和授权，见表 6-3-3。

**表 6-3-3　用户关系表**

| 名称 | 类型 | 说　明 |
|---|---|---|
| userid | int | 用户唯一标识 |
| accountName | varchar | 账户名 |
| password | varchar | 密码 |
| authorizable | bit | 是否可以将数据层授权于他人 |
| exportable | bit | 是否可以导出自己数据层为本地数据 |
| mineid | int | 用户所属矿山 id |
| type | int | 用户类别 |

(2) 矿山信息关系表主要用于唯一标识各矿山，关系表中的 mineid 在各数据中被用于确定数据所属矿山，见表 6-3-4。

**表 6-3-4　矿山信息关系表**

| 名称 | 类型 | 说　明 |
| --- | --- | --- |
| mineName | varchar | 矿山名字 |
| mineid | int | 矿山 id |

(3) 分组数据关系表主要用于分组显示数据层,以便用户查找数据层,见表 6-3-5。

**表 6-3-5　分组数据关系表**

| 名称 | 类型 | 说　明 |
| --- | --- | --- |
| groupid | int | 分组 id |
| groupname | varchar | 分组名称 |
| fatherid | int | 父节点 id |
| mineid | int | 所属矿 id |
| order | int | 序列 |

(4) 数据层关系表主要用于唯一标识数据层和数据层信息查询,数据层 id 被各类图元数据用于区分图元所属数据层,见表 6-3-6。

**表 6-3-6　数据层关系表**

| 名称 | 类型 | 说　明 |
| --- | --- | --- |
| layerid | int | 数据层 id |
| layername | varchar | 数据层名称 |
| date | DateTime | 数据层创建日期 |
| layergroup | int | 数据层所属分组 id |

(5) 数据层授权关系表被用于确定用户被授权的数据层和授权范围,见表 6-3-7。

**表 6-3-7　数据层授权关系表**

| 名称 | 类型 | 说　明 |
| --- | --- | --- |
| id | int | 主键 |
| mineid | int | 数据所属矿 id |
| userid | int | 用户 id |
| startdate | DateTime | 授权起始时间 |
| enddate | DateTime | 授权终止时间 |
| layerid | int | 数据层 id |
| area | varchar | 授权范围 |

(6) 表单授权关系表被用于确定用户被授权的表单,见表 6-3-8。

**表 6-3-8　表单授权关系表**

| 名称 | 类型 | 说　明 |
|---|---|---|
| id | int | 主键 |
| mineid | int | 表单所属矿 id |
| userid | int | 用户 id |
| startdate | DateTime | 授权起始时间 |
| enddate | DateTime | 授权终止时间 |
| tableid | int | 表单 id |

(7) 关联文件关系表用于查询关联文件、关联文件和图元，见表 6-3-9。

**表 6-3-9　关联文件关系表**

| 名称 | 类型 | 说　明 |
|---|---|---|
| entityid | varchar | 图元 guid |
| fileid | int | 文件 id |
| userid | int | 填写此关联信息的用户 id |
| id | int | 数据 id |

(8) 关联数据库关系表用于查询图元关联的数据库相应表单的内容、关联数据库和图元，见表 6-3-10。

**表 6-3-10　关联数据库关系表**

| 名称 | 类型 | 说　明 |
|---|---|---|
| entityid | varchar | 图元 guid |
| ip | varchar | 数据库 ip |
| port | int | 数据库端口 |
| type | int | 数据库类型 |
| DB | varchar | 数据库名称 |
| user | varchar | 数据库用户名 |
| password | varchar | 数据库密码 |
| sql | varchar | sql 语句 |

(9) 图形数据关联关系表用于查看图元关联的图形数据、关联图元和图形数据，见表 6-3-11。

**表 6-3-11　图形数据关联关系表**

| 名称 | 类型 | 说　明 |
|---|---|---|
| entityid | varchar | 图元 guid |
| filename | varchar | 文件名称 |
| fileid | int | 图形数据文件 id |

#### 6.3.3.2　表单系统

协同工作与管理需要各类数据，部分数据可以和图元关联；还有其他数据不易和图元关联，对于这类静态文件数据，平台的表单系统可以将它们统一存储管理，实现数据共享。

矿山有着大量不同类型的表单数据，这些数据多以 Excel 文件方式管理，以此方式管理表单数据操作简单、执行便捷，但也存在很多问题：

① 表单数据存储于各个电脑，没有统一按期备份，一旦电脑系统崩溃等事件发生，该数据可能永久丢失。

② 一个 Excel 文件可能管理着数据量很大的数据，填表数据人员操作比较复杂，而且可能错误地修改了历史数据。

③ 需要数据的人员不易获取实时数据。

④ 数据分散于各电脑，存在数据安全隐患。

基于以上原因，开发了表单系统，将表单数据和文档数据统一协同管理，避免数据分散混乱，降低工作人员填报管理数据的难度，实现各相关人员获得实时数据，保障数据安全。例如图 6-3-13 所示钻孔 $K$ 值记录表单。

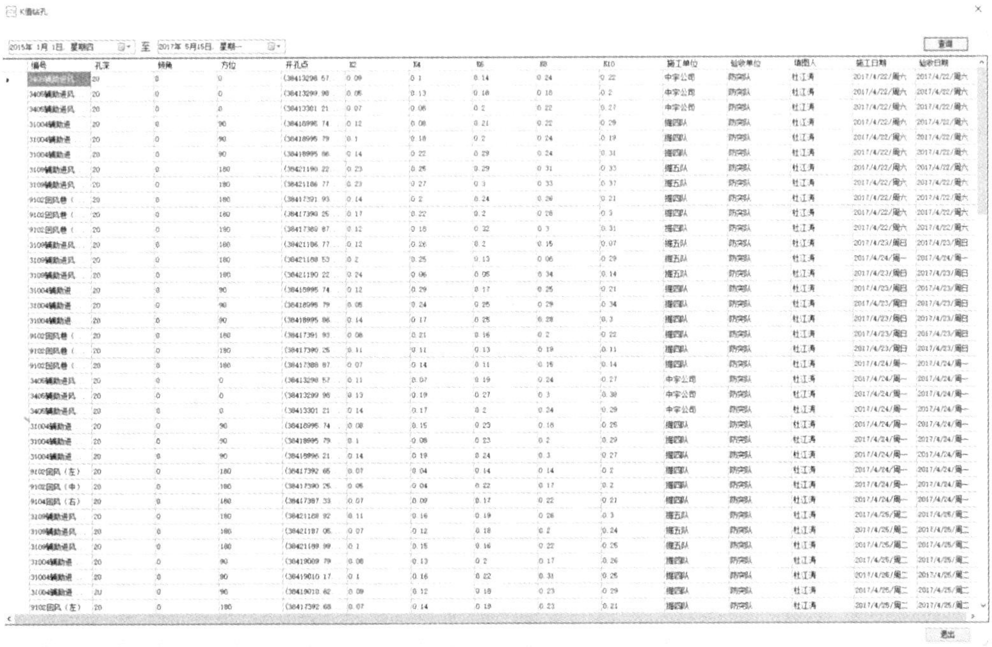


图 6-3-13　钻孔 $K$ 值记录表单

平台的表单系统根据矿山常用表单数据，设计了部分通用表单模板，根据各矿山需求，开发人员只需简单开发即可完成表单的创建，能为开发人员节省大量时间，减少大量代码，易维护。

表单功能模块基于 Winform 的 DataGridView 控件，采用数据绑定的方式创建了表单框架，修改数据的 Web 接口和需展现的数据字段和界面 Button 等即可完成一个表单的创建，便捷易维护，后续开发人员只需很简单的开发即可实现表单创建，见图 6-3-14。

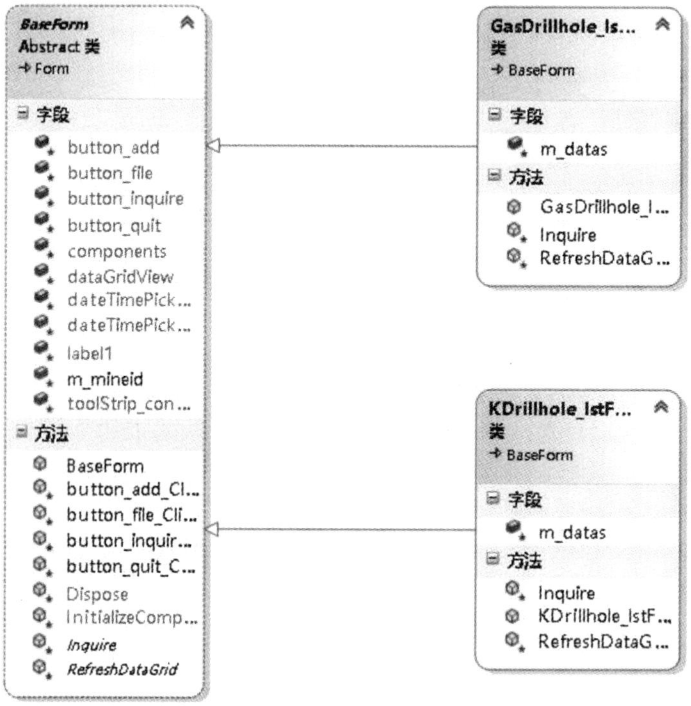


图 6-3-14　表单结构图

## 6.3.4　瓦斯预警及数据专家模块

### 6.3.4.1　瓦斯预警模块

（1）瓦斯含量预测模块

瓦斯含量预测利用回归分析方法，通过对已有埋深与瓦斯含量关系进行回归分析，从而当输入新的埋深数据时，根据回归分析所获得的关系进行瓦斯含量的预测，如图 6-3-15 所示。

（2）瓦斯涌出量预测模块

1）回采工作面瓦斯涌出量预测

软件模块功能实现如图 6-3-16 所示，通过输入围岩瓦斯涌出系数、原始瓦斯含量、工作面回采率、采落煤残存瓦斯含量、采高、煤层总厚度、回采工作面长度、巷道瓦斯预排等值宽度，计算出开采煤层相对瓦斯涌出量；通过输入本煤层瓦斯涌出量、邻近层绝对瓦斯涌出量，计算出邻近层相对瓦斯涌出量，进而计算出回采工作面相对瓦斯涌出量。

2）掘进工作面瓦斯涌出量计算

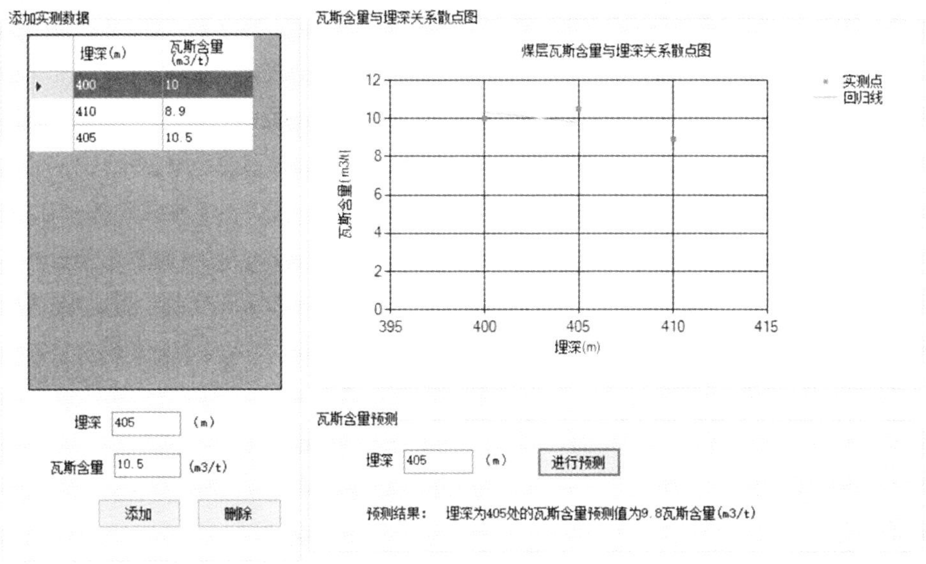


图 6-3-15　瓦斯含量预测图

图 6-3-16　回采工作面相对瓦斯涌出量计算图

通过输入巷道平均掘进速度、巷道长度、煤中挥发分含量、煤层原始瓦斯含量、巷道高度及宽度(厚煤层)、开采层厚度(中厚煤层),计算出掘进巷道煤壁瓦斯涌出量;通过输入掘进巷道面积、煤的视密度、采落煤残存瓦斯含量,计算出掘进落煤的瓦斯涌出量,进而计算出掘进工作面的瓦斯涌出量,如图 6-3-17 所示。

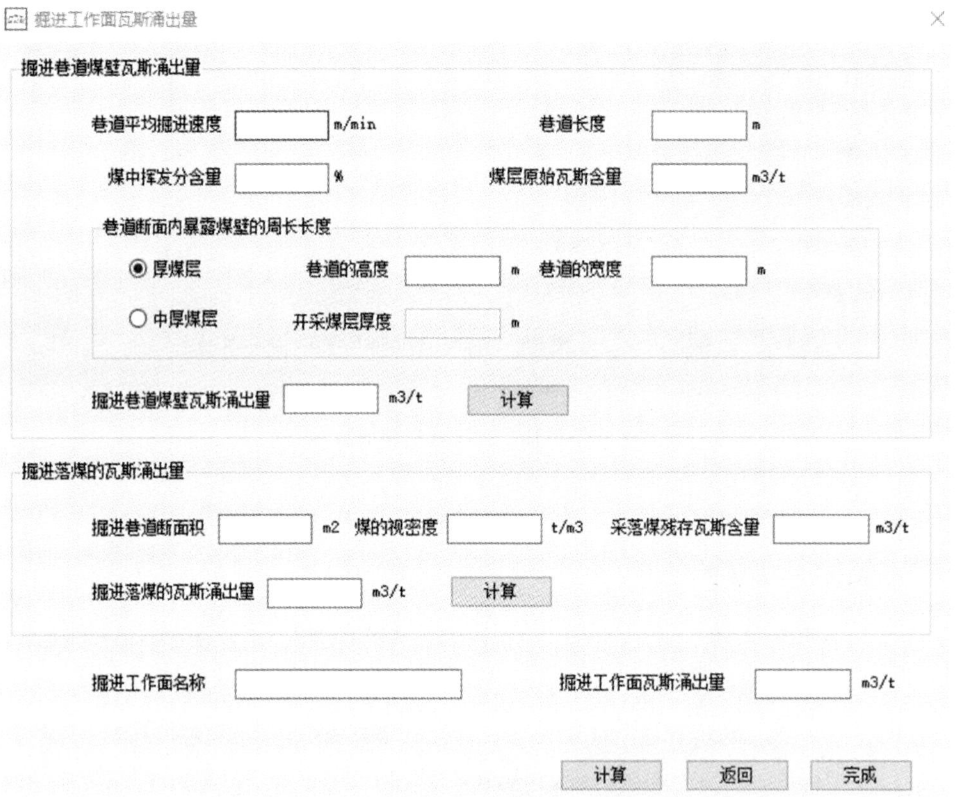


图 6-3-17　掘进工作面瓦斯涌出量计算图

3）生产采区瓦斯涌出量

根据计算的回采工作面瓦斯涌出量和掘进工作面瓦斯涌出量,输入生产采区平均日产量、采空区瓦斯涌出系数,计算出生产采区瓦斯涌出量,如图 6-3-18 所示。

4）矿井瓦斯涌出量

根据生产采区瓦斯涌出量,输入已采采区采空区瓦斯涌出量系数,计算矿井相对瓦斯涌出量,如图 6-3-19 所示。

5）瓦斯含量预测

瓦斯含量预测利用回归分析方法,通过对已有埋深与瓦斯含量关系进行回归分析,从而当输入新的埋深数据时,根据回归分析所获得的关系进行瓦斯含量的预测,如图 6-3-20 所示。

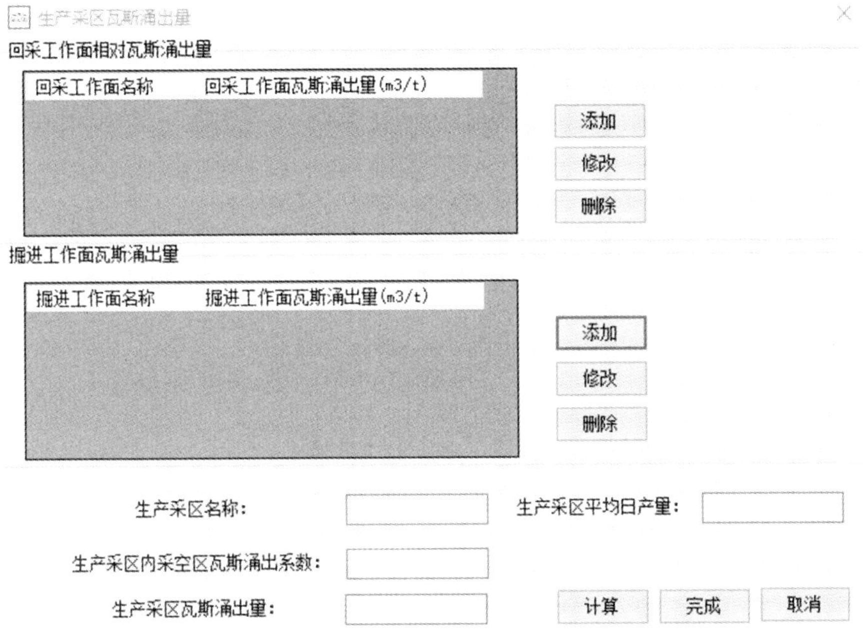


图 6-3-18　生产采区瓦斯涌出量计算图

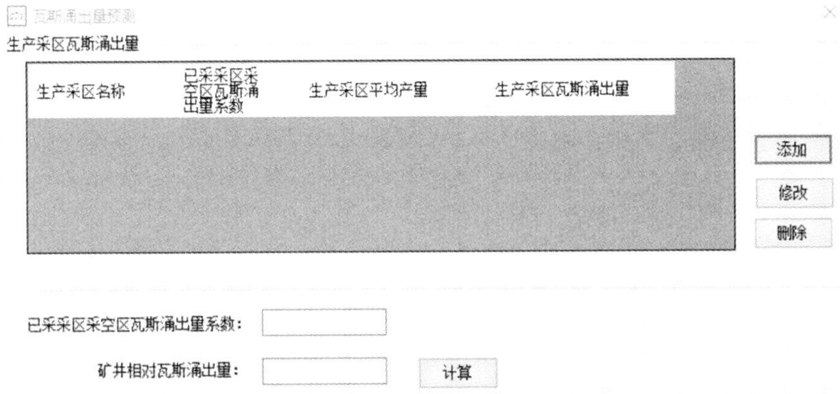


图 6-3-19　矿井相对瓦斯涌出量计算图

(3) 敏感指标计算模块

输入预测校验总次数、预测校验有突出危险次数、预测有危险次数中真正有危险次数、预测无突出危险次数、预测无突出危险次数中果真无突出危险次数，点击“结果分析”分析出相应突出预测准确率，如图 6-3-21 所示。

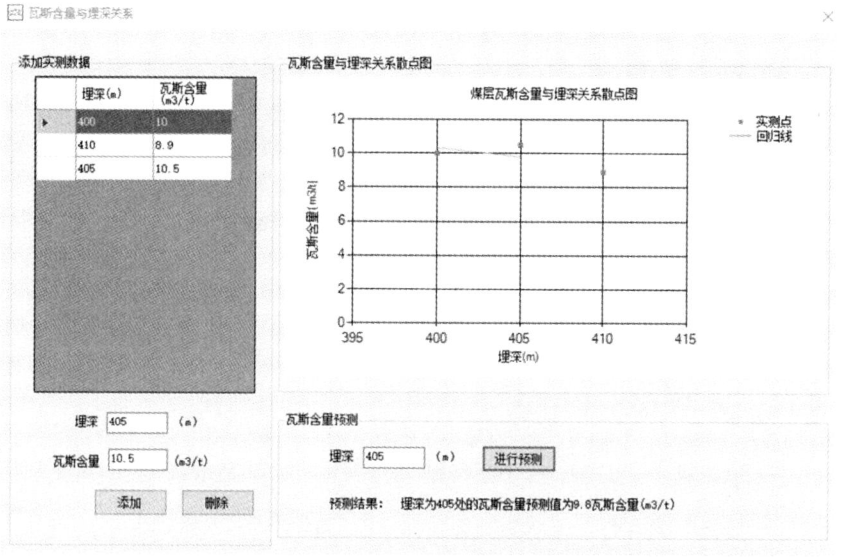


图 6-3-20　瓦斯含量预测图

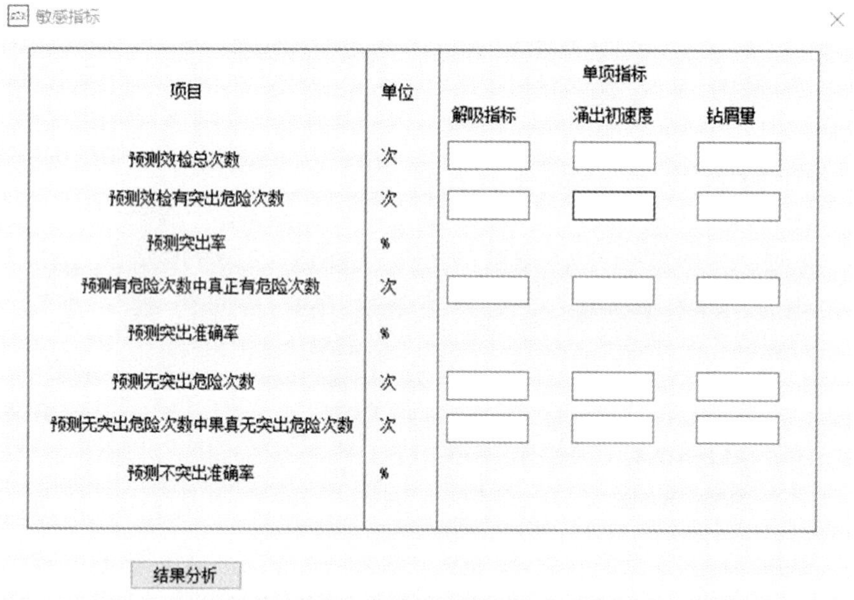


图 6-3-21　敏感指标计算图

6.3.4.2　瓦斯数据专家模块

开发完成了瓦斯数据专家授权模块，如图 6-3-22 所示。矿级用户通过点击授权，可进入系统后台专家库查看相关专家信息，选定相关专家并进行授权，授权后专家即可通过账号密码远程登录系统并查看授权的数据，进行技术指导。

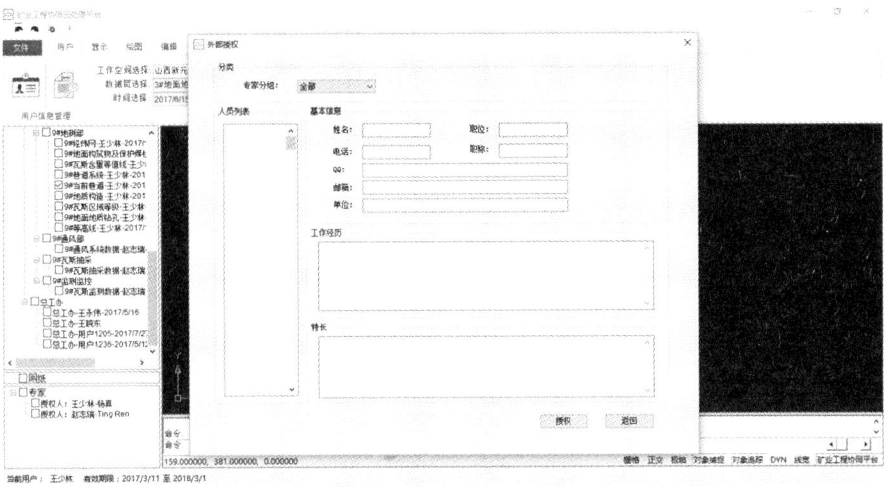


图 6-3-22　瓦斯数据专家授权模块图

## 6.3.5　瓦斯涌出量预测工程实践

### 6.3.5.1　回采工作面瓦斯涌出量预测

（1）2 采区 3207 工作面

计算得出 2 采区 3207 工作面瓦斯涌出量为 21.6 $m^3/t$，见图 6-3-23。

图 6-3-23　2 采区 3207 工作面瓦斯涌出量计算图

(2) 4 采区 3413 工作面

计算得出 4 采区 3413 采煤工作面瓦斯涌出量为 20.22 $m^3/t$,见图 6-3-24。

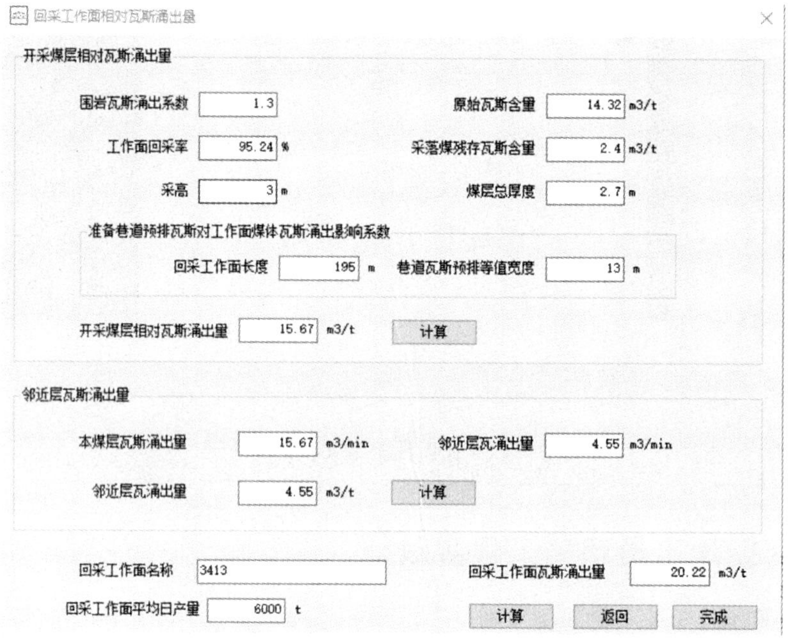


图 6-3-24　4 采区 3413 工作面瓦斯涌出量计算图

(3) 10 采区 31009 工作面

计算得出 10 采区 31009 采煤工作面瓦斯涌出量为 21.35 $m^3/t$,见图 6-3-25。

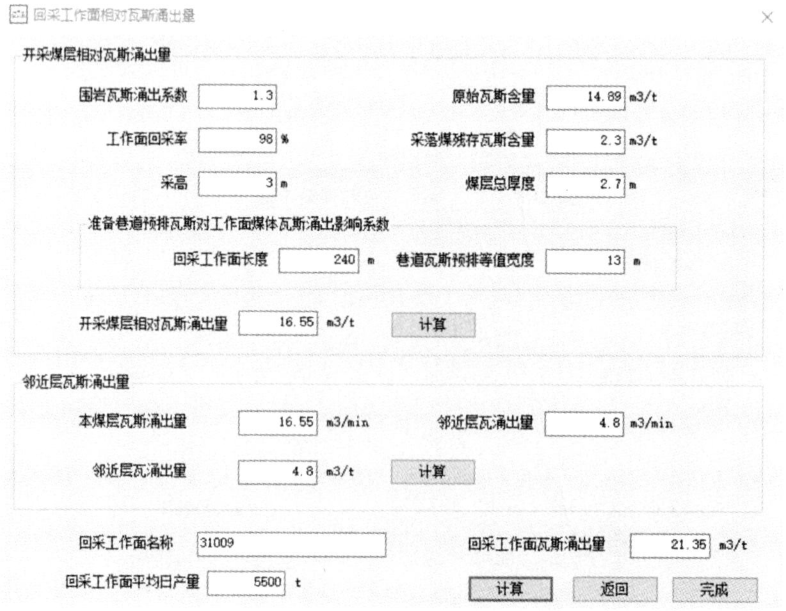


图 6-3-25　10 采区 31009 工作面瓦斯涌出量计算图

### 6.3.5.2　掘进工作面瓦斯涌出量预测

(1) 4采区3417回风巷掘进工作面

计算得出4采区3417回风巷掘进工作面瓦斯涌出量为3.74 $m^3/t$，见图6-3-26。

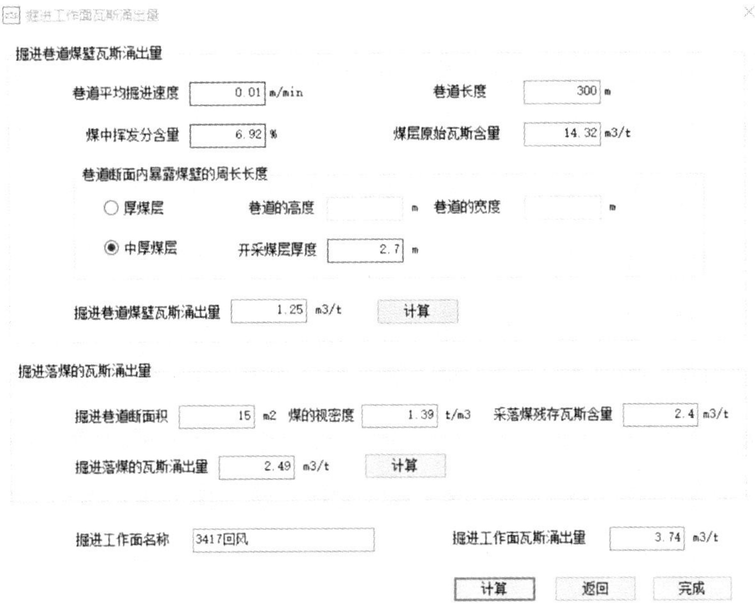


图6-3-26　4采区3417回风巷掘进工作面瓦斯涌出量计算图

(2) 4采区3417辅助进风巷

计算得出4采区3417辅助进风巷掘进工作面瓦斯涌出量为4.4 $m^3/t$，见图6-3-27。

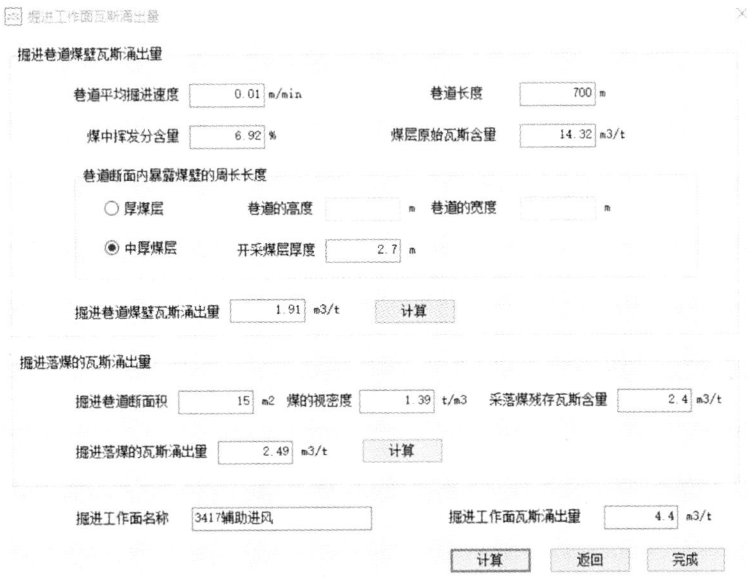


图6-3-27　4采区3417辅助进风巷瓦斯涌出量计算图

(3) 4 采区 3417 进风巷掘进面

计算得出 4 采区 3417 进风巷掘进工作面瓦斯涌出量为 4.53 $m^3/t$，见图 6-3-28。

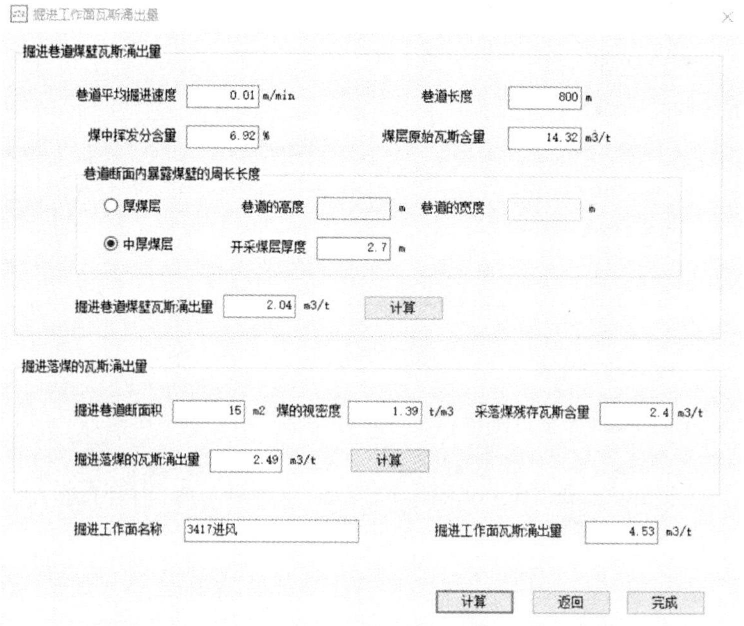


图 6-3-28　4 采区 3417 进风巷掘进工作面瓦斯涌出量计算图

(4) 4 采区 3411 回风巷掘进工作面

计算得出 4 采区 3411 回风巷掘进工作面瓦斯涌出量为 5.1 $m^3/t$，见图 6-3-29。

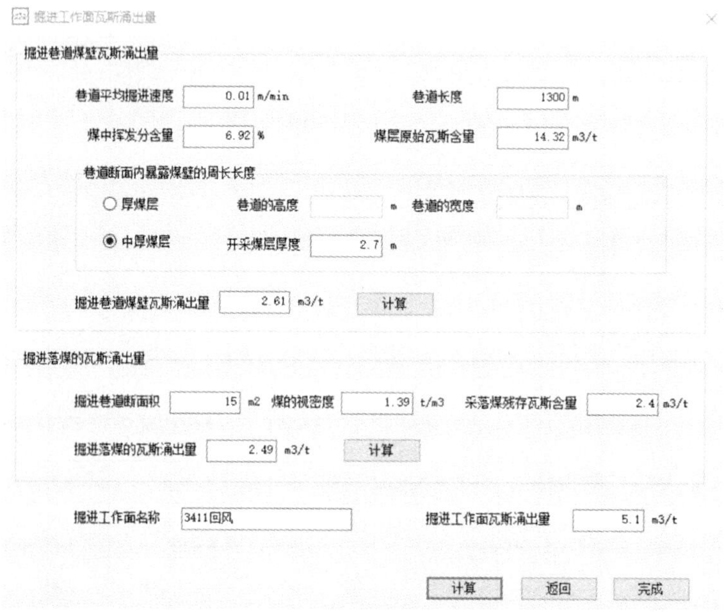


图 6-3-29　4 采区 3411 回风巷掘进工作面瓦斯涌出量计算图

(5) 10 采区 34004 回风巷掘进工作面

计算得出 10 采区 34004 回风巷掘进工作面瓦斯涌出量为 6.48 $m^3/t$,见图 6-3-30。

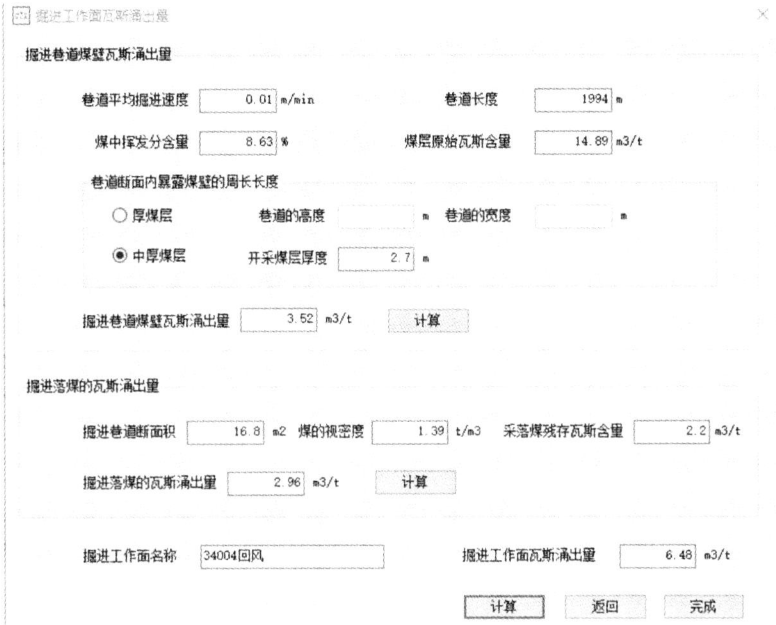


图 6-3-30　10 采区 34004 回风巷掘进工作面瓦斯涌出量计算图

(6) 10 采区 34004 辅助进风掘进工作面

计算得出 10 采区 34004 辅助进风巷掘进工作面瓦斯涌出量为 6.11 $m^3/t$,见图 6-3-31。

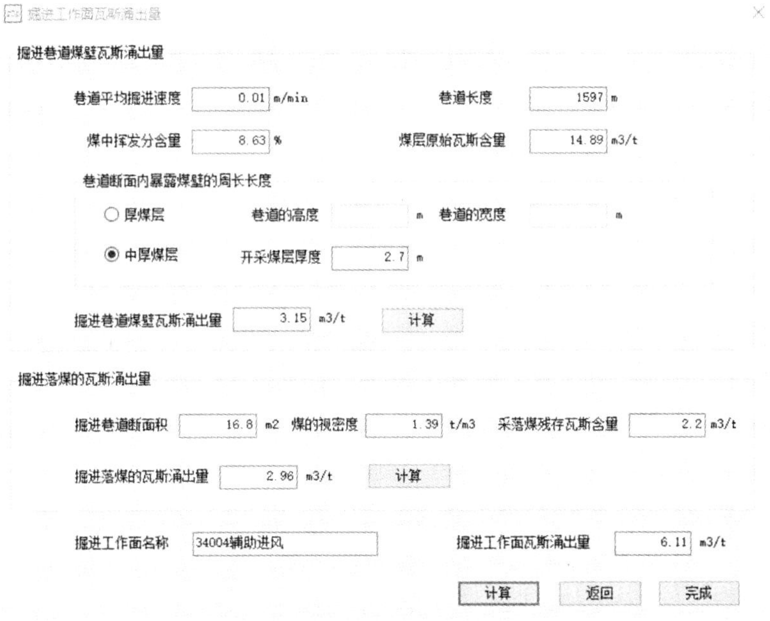


图 6-3-31　10 采区 34004 辅助进风巷掘进工作面瓦斯涌出量计算图

(7) 10 采区 34004 进风巷掘进工作面

计算得出 10 采区 34004 进风巷掘进工作面瓦斯涌出量为 7.35 $m^3/t$，见图 6-3-32。

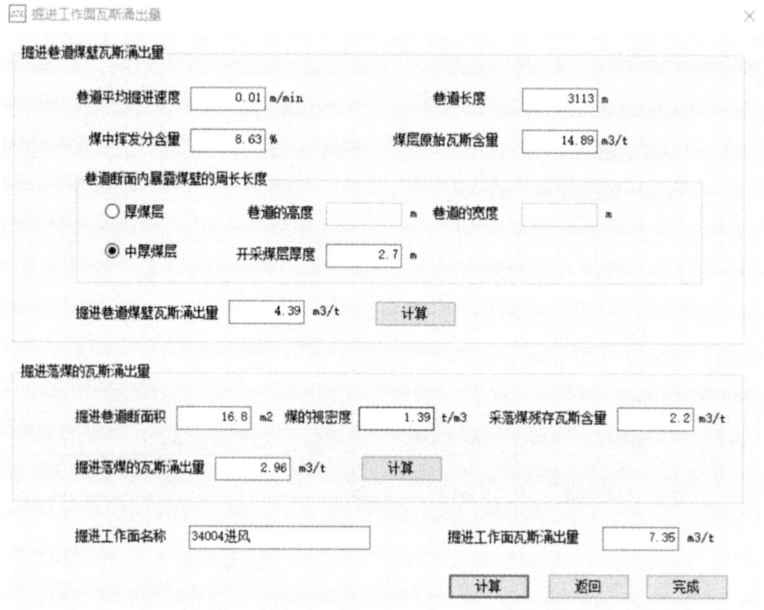


图 6-3-32　10 采区 34004 进风巷掘进工作面瓦斯涌出量计算图

(8) 10 采区 34004 配风巷掘进工作面

计算得出 10 采区 34004 配风巷掘进工作面瓦斯涌出量为 7.35 $m^3/t$，见图 6-3-33。

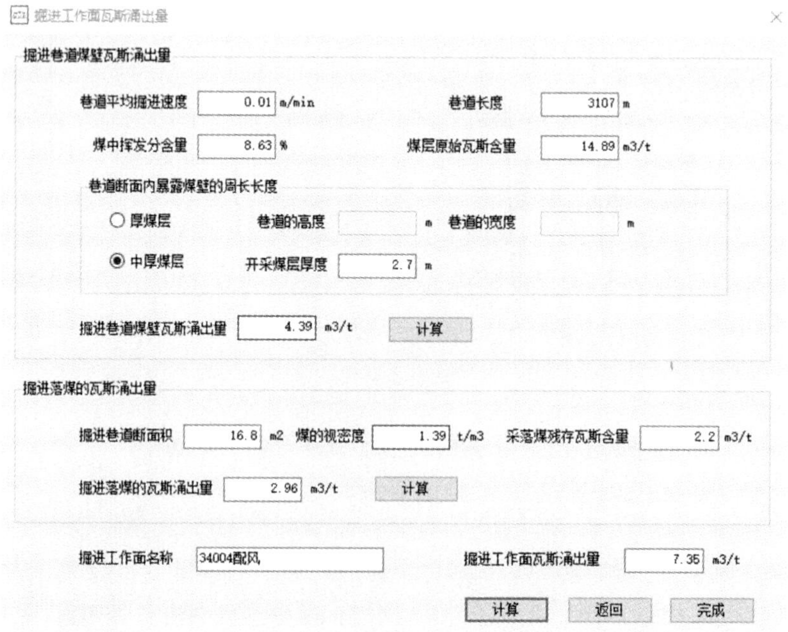


图 6-3-33　10 采区 34004 配风巷掘进工作面瓦斯涌出量计算图

#### 6.3.5.3　生产采区瓦斯涌出量预测

（1）4 采区

计算得出 4 采区瓦斯涌出量为 29.38 $m^3/t$，见图 6-3-34。

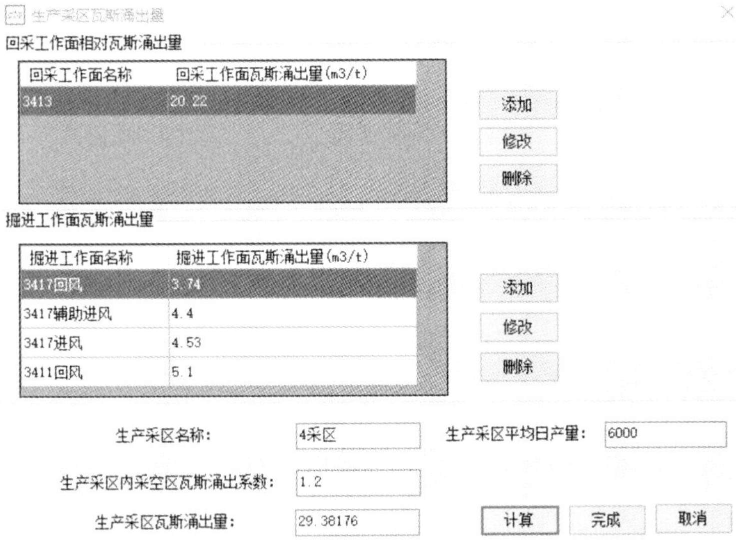


图 6-3-34　4 采区瓦斯涌出量计算图

（2）10 采区

计算得出 10 采区瓦斯涌出量为 29.66 $m^3/t$，见图 6-3-35。

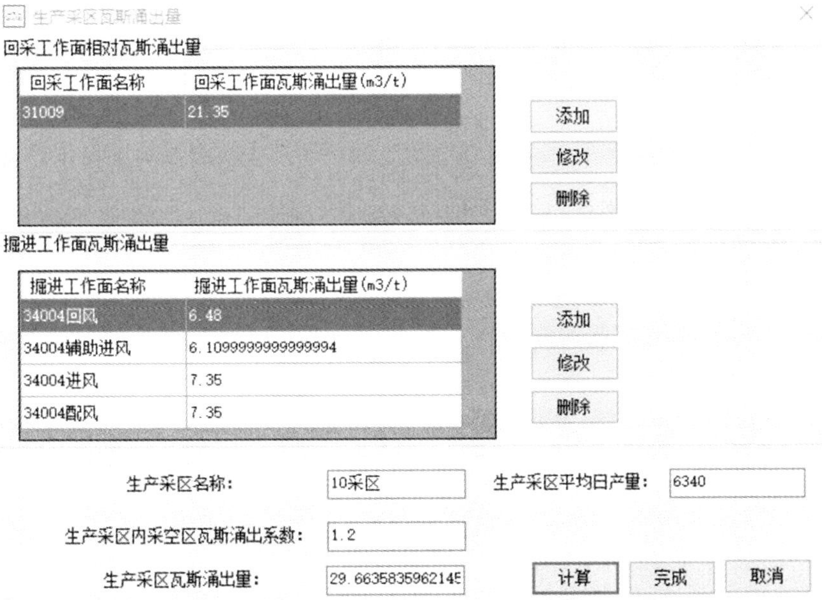


图 6-3-35　10 采区瓦斯涌出量计算图

6.3.5.4 瓦斯灾害预测的数据挖掘

通过分析31004巷道测试数据，得出解析指标为敏感指标，见图6-3-36。

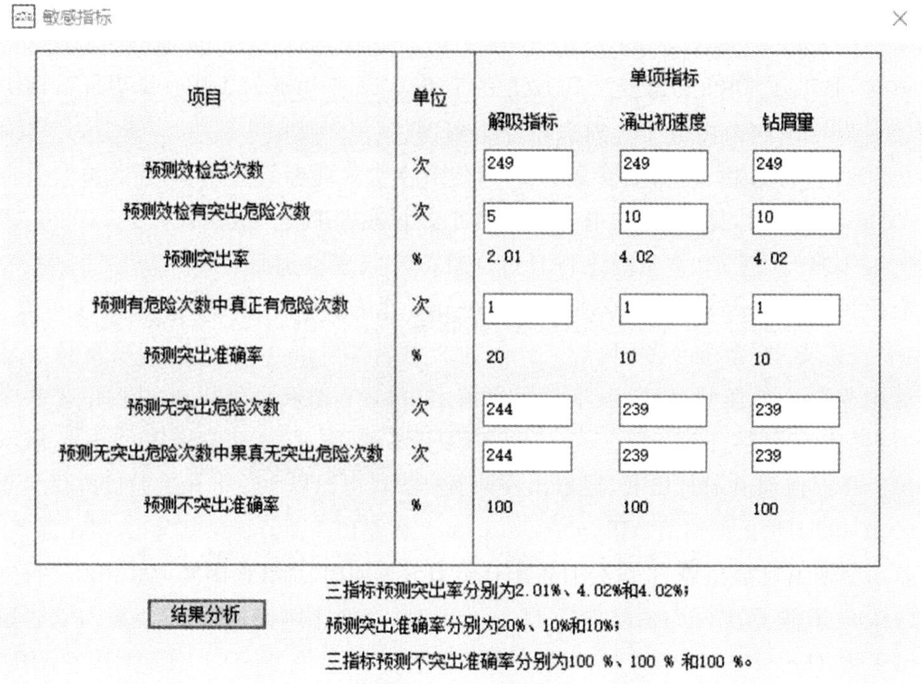
敏感指标

| 项目 | 单位 | 单项指标 | | |
| --- | --- | --- | --- | --- |
| | | 解吸指标 | 涌出初速度 | 钻屑量 |
| 预测效检总次数 | 次 | 249 | 249 | 249 |
| 预测效检有突出危险次数 | 次 | 5 | 10 | 10 |
| 预测突出率 | % | 2.01 | 4.02 | 4.02 |
| 预测有危险次数中真正有危险次数 | 次 | 1 | 1 | 1 |
| 预测突出准确率 | % | 20 | 10 | 10 |
| 预测无突出危险次数 | 次 | 244 | 239 | 239 |
| 预测无突出危险次数中果真无突出危险次数 | 次 | 244 | 239 | 239 |
| 预测不突出准确率 | % | 100 | 100 | 100 |

结果分析

三指标预测突出率分别为2.01%、4.02%和4.02%；
预测突出准确率分别为20%、10%和10%；
三指标预测不突出准确率分别为100 %、100 % 和100 %。

图6-3-36 31004回风巷敏感指标计算图

## 6.3.6 掘进工作面突出预警工程实践

(1) 影响突出预警因素

采用支持向量机的人工智能数据处理方法进行掘进工作面瓦斯突出预警的分析。首先进行影响突出预警的因素分析。

① $K_1$ 值

$K_1$ 值反映煤层瓦斯含量及卸压初期瓦斯解吸速度的大小[16]，用钻屑试样在卸压初期一段时间(5 min)瓦斯解吸曲线的斜率表示。$K_1$ 值越大表明瓦斯解吸速度越大，煤层中积聚的瓦斯就越多，积聚瓦斯产生的压力就增加得越快，煤层突出危险性就越大。

② 钻屑量 $S$

在煤层中打直径42 mm的钻孔，每米钻孔深度排出的煤粉量叫钻屑量[17]。钻屑量综合反映煤层的强度和地压的大小，当地应力一定时，在煤层软分层中打42 mm的钻孔时，在钻孔周围就会形成卸压圈，煤层强度低，卸压范围就越大，卸压圈内由于煤体的膨胀变形发生松动，钻孔发生收缩，当钻头不断地切屑时，就会产生多于钻头直径切削范围内的钻屑量。超出数量越大，表明煤层强度越低，突出危险性越高。

③ 煤层坚固性系数

煤的坚固性系数已经成为突出煤层鉴定的最重要指标之一，其对于煤与瓦斯突出预测同样适用。它实质上所反映的是单位质量的煤被破坏所消耗能量的大小。《防治煤与瓦斯突出细则》中将煤的坚固性系数的临界值设置为0.5。煤的坚固性系数越低，煤体可承受的地应力、瓦斯压力便越小，越容易被瓦斯膨胀能冲破，造成突出。

煤的坚固性系数采用现场取样、矿井实验室落锤实验测定的方式确定。

④ 煤的破坏类型

煤的破坏类型是鉴定突出煤层的又一项指标，煤的破坏程度越大，煤体越容易破碎，越易发生突出[18-19]。一方面，破坏较为严重的煤更容易被冲破；另一方面，破坏程度较大的煤可以贮存更多的瓦斯，作为突出的后续动力，更加加剧了突出的严重性。另外煤的破坏类型还间接表明了该片煤体可能遭受过应力破坏或者附近存在地质构造带等有助于瓦斯突出的条件。

煤的破坏类型的判断方式采用现场直观判断的方式。

煤的突出危险性由Ⅰ类向Ⅴ类依次增加，在Ⅲ类及其以上具有突出危险性。Ⅲ类煤属于突出威胁型，Ⅳ类、Ⅴ类煤属于突出危险型。不同破坏类型的煤的瓦斯放散初速度和坚固性系数也不同，但有时在相同破坏类型下，不同地区的煤的坚固性系数和放散初速度也会有较大的差异，因此，煤的破坏类型不能作为预测煤与瓦斯突出的唯一标准，但可作为一项重要的参考因素。

煤中的孔隙体积也会随着煤结构的破坏程度增大而增大。虽然煤的吸附瓦斯量并不会受煤的破坏程度影响，但是煤体强度降级，中孔的大量增加，为游离瓦斯提供积蓄场所，进而会提高煤的解吸能力，因此破碎的煤易导致煤与瓦斯突出的发生。

⑤ 与地质构造带的距离

地质构造带（断层、褶皱、向斜、背斜、无炭柱）多为应力集中带，很多地质构造是受到强烈地应力的影响造成的，比如断层的形成就是地壳运动的结果[20-22]。在这些地质构造带中往往存在能量的积聚，当开采工作面距地质构造带较近时，地质构造带中积聚的能量有可能冲破岩层和煤层作用于工作面，具有很大的危险性。地质构造带主要分为大型、中型、小型三种，值得庆幸的是，现在我国的技术已经能探测到相对较大的地质构造带了。我们往往将探测到的大型构造带作为决定井田的总体形态和边界的依据；中型构造主要用作布置采区的标志；在开采过程中最值得我们注意的当属小型构造带了，小型构造带会影响煤巷的掘进方向以及工作面的长度，除此之外还会引起煤厚、瓦斯压力、瓦斯含量等一系列的变化，不仅造成开采困难，还会影响到煤与瓦斯突出危险性。

统计数据表明，南桐矿区发生的464次突出中，约有94%均发生在构造带；英国的南威尔士矿区几乎所有的突出都集中在地质构造带。

断层是地质构造的一种表现形态，断层使地层的连续性和完整性受到破坏，进而造成地应力的改变，在煤层中还会影响瓦斯的赋存情况，对煤炭的开采造成较大的影响，断层很多时候也是煤与瓦斯突出的主要地点。在断层揭露前，煤层和顶底板岩石中的裂缝显著增多，煤层厚度、结构发生变化，瓦斯涌出量也有明显变化。

现场作业地点与构造带距离的远近与动力现象的大小成正比的关系，也就是说，距离地质构造带越近，突出发生的可能性就越大，故将作业地点与地质构造带距离作为一个煤与瓦斯突出危险性判断指标。

作业地点与地质构造带的距离采用地质预测预报与钻探验证相结合的方式确定。

⑥ 煤的埋深

瓦斯在地层中的垂直分布带可分为瓦斯风化带和甲烷带，其中瓦斯风化带又可分为 $CO_2$-$N_2$ 带、$N_2$ 带以及 $CO_2$-$CH_4$ 带。在甲烷带内，煤层瓦斯压力、瓦斯含量、地应力都随埋深的增加而有规律地增长[23]。而煤与瓦斯突出既与瓦斯有关，也与地应力相关，自然会受到埋深的影响。始突深度的提出也同样说明了埋深对于瓦斯突出预测的重要性。

⑦ 煤厚

煤层厚度被认为是煤与瓦斯突出的主控因素之一[24]。煤层厚度增大，瓦斯含量一般也增大，二者成正比例关系。煤层厚度增大，煤层中部可以形成瓦斯分层，因此煤层中部瓦斯含量较高；对于薄煤层，煤层瓦斯直接向围岩逸散，全层瓦斯含量降低，瓦斯突出概率小。

（2）危险等级划分

由于现场真实发生突出样本难以获取，采用现场打钻时是否发生喷孔、顶钻及代表突出的动力现象作为是否具有突出危险性的依据。根据现场实际情况将突出危险程度分为3个等级：未采取措施认为没有突出危险性，用0表示；打12～15组泄压钻孔代表突出危险性一般，用0.6表示；打20组泄压钻孔代表突出危险性严重，用1表示。

#### 6.3.6.1 3405辅助进风巷数据分析

项目组收集了试验矿井3405辅助进风巷2018年4月11日至2018年8月13日的测量数据，见表6-3-12。

**表6-3-12 3405辅助进风巷测试数据表**

| 序号 | $K_{11}$ | 钻屑量1/L | $K_{12}$ | 钻屑量2/L | $K_{13}$ | 钻屑量3/L | 埋深/m | 煤厚/m | 煤体坚固性系数 | 与地质构造距离/m | 煤体破坏类型 | 突出危险 |
|---|---|---|---|---|---|---|---|---|---|---|---|---|
| 1 | 0.29 | 3.2 | 0.27 | 3.0 | 0.30 | 3.4 | 351 | 2.4 | 0.36 | 36.0 | Ⅱ | 0 |
| 2 | 0.16 | 3.4 | 0.20 | 3.2 | 0.20 | 3.6 | 366 | 2.4 | 0.36 | 62.0 | Ⅱ | 0 |
| 3 | 0.19 | 3.2 | 0.37 | 3.2 | 0.21 | 3.2 | 366 | 2.4 | 0.36 | 78.0 | Ⅱ | 0 |
| 4 | 0.38 | 3.8 | 0.35 | 3.8 | 0.30 | 3.8 | 367 | 2.4 | 0.36 | 47.0 | Ⅱ | 0 |
| 5 | 0.24 | 3.0 | 0.19 | 3.2 | 0.27 | 3.2 | 364 | 2.4 | 0.36 | 21.0 | Ⅱ | 0 |
| 6 | 0.23 | 3.2 | 0.21 | 3.4 | 0.26 | 3.2 | 364 | 2.4 | 0.36 | 3.0 | Ⅱ | 0 |
| 7 | 0.28 | 3.4 | 0.24 | 3.4 | 0.26 | 3.2 | 365 | 0.0 | 0.36 | 0.0 | Ⅱ | 0 |
| 8 | 0.23 | 3.2 | 0.25 | 3.4 | 0.29 | 3.4 | 365 | 0.0 | 0.36 | 0.0 | Ⅱ | 0 |
| 9 | 0.24 | 3.4 | 0.23 | 3.2 | 0.31 | 3.4 | 365 | 2.4 | 0.36 | 35.0 | Ⅱ | 0 |

表 6-3-12(续)

| 序号 | $K_{11}$ | 钻屑量 1/L | $K_{12}$ | 钻屑量 2/L | $K_{13}$ | 钻屑量 3/L | 埋深 /m | 煤厚 /m | 煤体坚固性系数 | 与地质构造距离/m | 煤体破坏类型 | 突出危险 |
|---|---|---|---|---|---|---|---|---|---|---|---|---|
| 10 | 0.29 | 3.2 | 0.28 | 3.0 | 0.22 | 3.2 | 365 | 2.4 | 0.36 | 35.0 | Ⅱ | 0 |
| 11 | 0.23 | 3.2 | 0.21 | 3.4 | 0.23 | 3.2 | 365 | 2.4 | 0.36 | 38.0 | Ⅱ | 0.6 |
| 12 | 0.21 | 3.2 | 0.24 | 3.4 | 0.29 | 3.4 | 365 | 2.4 | 0.36 | 47.0 | Ⅱ | 0.6 |
| 13 | 0.19 | 3.4 | 0.19 | 3.2 | 0.21 | 3.2 | 368 | 2.1 | 0.36 | 43.0 | Ⅱ | 0.6 |
| 14 | 0.28 | 3.2 | 0.24 | 3.2 | 0.21 | 3.4 | 366 | 2.1 | 0.36 | 26.0 | Ⅱ | 0.6 |
| 15 | 0.22 | 3.2 | 0.23 | 3.2 | 0.27 | 3.4 | 366 | 2.1 | 0.36 | 15.0 | Ⅱ | 0.6 |
| 16 | 0.17 | 3.0 | 0.36 | 3.4 | 0.21 | 3.2 | 367 | 2.1 | 0.36 | 5.0 | Ⅱ | 0.6 |
| 17 | 0.32 | 3.4 | 0.28 | 3.4 | 0.21 | 3.2 | 367 | 2.1 | 0.36 | 5.0 | Ⅱ | 0.6 |
| 18 | 0.19 | 3.0 | 0.23 | 3.0 | 0.23 | 3.2 | 368 | 2.1 | 0.36 | 11.0 | Ⅱ | 0 |
| 19 | 0.20 | 3.2 | 0.19 | 3.2 | 0.24 | 3.4 | 368 | 2.1 | 0.36 | 24.0 | Ⅱ | 0.6 |
| 20 | 0.25 | 3.2 | 0.28 | 3.2 | 0.28 | 3.4 | 368 | 2.1 | 0.36 | 9.0 | Ⅱ | 1.0 |
| 21 | 0.11 | 3.0 | 0.17 | 3.0 | 0.17 | 3.2 | 368 | 2.1 | 0.36 | 9.0 | Ⅱ | 0.6 |
| 22 | 0.29 | 3.4 | 0.22 | 3.4 | 0.27 | 3.4 | 370 | 2.1 | 0.36 | 8.0 | Ⅱ | 0.6 |
| 23 | 0.26 | 3.2 | 0.28 | 3.4 | 0.28 | 3.4 | 370 | 0 | 0.36 | 0 | Ⅱ | 1.0 |
| 24 | 0.19 | 3.4 | 0.25 | 3.2 | 0.12 | 3.4 | 368 | 0 | 0.36 | 0 | Ⅱ | 0.6 |
| 25 | 0.20 | 3.2 | 0.2 | 3.4 | 0.28 | 3.2 | 369 | 2.0 | 0.36 | 11.6 | Ⅱ | 0.6 |
| 26 | 0.26 | 3.4 | 0.23 | 3.2 | 0.30 | 3.4 | 370 | 2.0 | 0.36 | 6.8 | Ⅱ | 0.6 |
| 27 | 0.18 | 3.2 | 0.31 | 3.4 | 0.18 | 3.2 | 367 | 2.0 | 0.36 | 28.0 | Ⅱ | 0.6 |

在 27 组样本中，随机选取 20 组样本作为训练数据，另 7 组样本作为测试数据，测试训练算法的有效性，结果见图 6-3-37 和图 6-3-38。

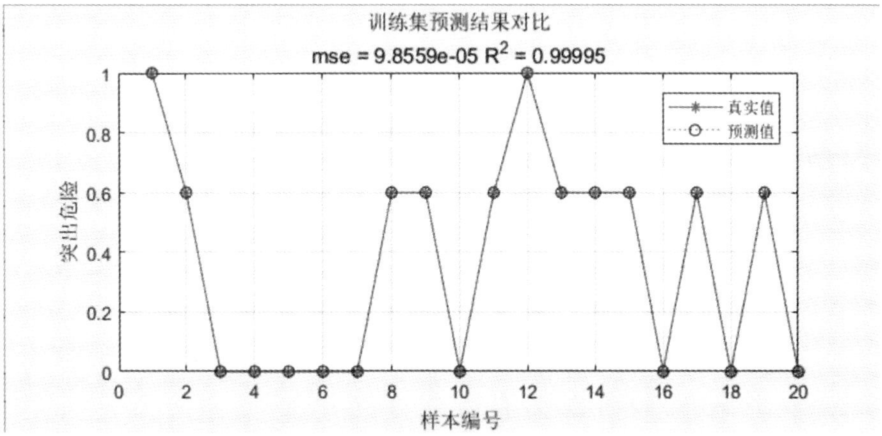


图 6-3-37　3405 辅助进风巷训练集数据预测结果图

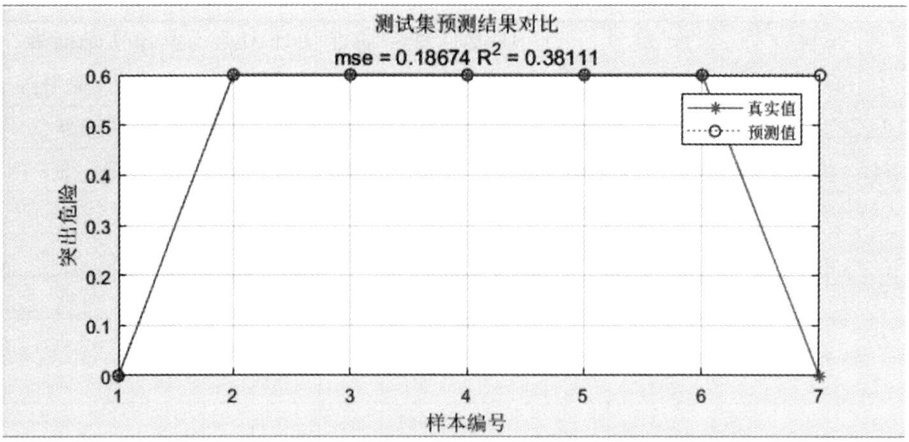


图 6-3-38 3405 辅助进风巷测试集数据预测结果图

从图 6-3-37 可以看出，训练集数据 mse 为 0.000 09，$R^2$ 为 0.999 95，预测结果与真实情况完全吻合；从图 6-3-38 可以看出，测试集 mse 为 0.186 74，$R^2$ 为 0.381 11，预测结果 7 组中有 1 组出现偏差。综合来看，模型具有较好的泛化能力。

6.3.6.2 34001 辅助进风巷数据分析

项目组收集了试验矿井 34001 辅助进风巷 2018 年 4 月 11 日至 2018 年 8 月 16 日的测量数据，见表 6-3-13。

表 6-3-13 34001 辅助进风巷测试数据表

| 序号 | $K_{11}$ | 钻屑量 1/L | $K_{12}$ | 钻屑量 2/L | $K_{13}$ | 钻屑量 3/L | 埋深/m | 煤厚/m | 煤体坚固性系数 | 与构造带距离/m | 煤体破坏类型 | 突出危险 |
|---|---|---|---|---|---|---|---|---|---|---|---|---|
| 1 | 0.27 | 3.4 | 0.26 | 3.4 | 0.23 | 3.2 | 611.5 | 2 | 0.29 | 95 | Ⅱ | 0.6 |
| 2 | 0.25 | 3.2 | 0.30 | 3.4 | 0.28 | 3.4 | 611.6 | 2 | 0.29 | 99 | Ⅱ | 0.6 |
| 3 | 0.28 | 3.2 | 0.36 | 3.4 | 0.39 | 3.4 | 611.8 | 3.4 | 0.29 | 108 | Ⅱ | 0.6 |
| 4 | 0.11 | 3.6 | 0.23 | 3.4 | 0.18 | 3.4 | 611.9 | 3.4 | 0.29 | 127 | Ⅱ | 0.6 |
| 5 | 0.20 | 3.4 | 0.29 | 3.6 | 0.25 | 3.6 | 611.9 | 3.4 | 0.29 | 145 | Ⅱ | 0.6 |
| 6 | 0.31 | 3.6 | 0.27 | 3.6 | 0.21 | 3.6 | 610.0 | 3.4 | 0.29 | 175 | Ⅱ | 0.6 |
| 7 | 0.32 | 3.6 | 0.29 | 3.4 | 0.35 | 3.6 | 609.2 | 3.4 | 0.29 | 185.8 | Ⅱ | 0.6 |
| 8 | 0.22 | 3.0 | 0.15 | 3.4 | 0.25 | 3.4 | 609.0 | 3.4 | 0.29 | 192 | Ⅱ | 0.6 |
| 9 | 0.23 | 3.4 | 0.25 | 3.6 | 0.28 | 3.6 | 608.8 | 3.4 | 0.29 | 200 | Ⅱ | 0.6 |
| 10 | 0.21 | 3.4 | 0.31 | 3.6 | 0.28 | 3.6 | 608.0 | 3.4 | 0.29 | 172 | Ⅱ | 0.6 |
| 11 | 0.19 | 3.4 | 0.26 | 3.6 | 0.29 | 3.6 | 608.0 | 3.4 | 0.29 | 164 | Ⅱ | 0.6 |
| 12 | 0.13 | 3.2 | 0.22 | 3.4 | 0.25 | 3.4 | 608.3 | 3.4 | 0.29 | 153 | Ⅱ | 0.6 |
| 13 | 0.07 | 3.0 | 0.16 | 3.2 | 0.28 | 3.2 | 607.0 | 3.4 | 0.29 | 138 | Ⅱ | 0.6 |

**表 6-3-13(续)**

| 序号 | $K_{11}$ | 钻屑量 1/L | $K_{12}$ | 钻屑量 2/L | $K_{13}$ | 钻屑量 3/L | 埋深/m | 煤厚/m | 煤体坚固性系数 | 与构造带距离/m | 煤体破坏类型 | 突出危险 |
|---|---|---|---|---|---|---|---|---|---|---|---|---|
| 14 | 0.20 | 3.4 | 0.18 | 3.4 | 0.26 | 3.6 | 606.8 | 3.4 | 0.29 | 130 | Ⅱ | 0.6 |
| 15 | 0.16 | 3.2 | 0.25 | 3.4 | 0.18 | 3.4 | 606.6 | 3.4 | 0.29 | 106 | Ⅱ | 0.6 |
| 16 | 0.3 | 3.6 | 0.28 | 3.4 | 0.28 | 3.4 | 606.5 | 3.4 | 0.29 | 98 | Ⅱ | 0.6 |
| 17 | 0.24 | 3.6 | 0.22 | 3.4 | 0.22 | 3.4 | 606.3 | 3.4 | 0.29 | 88 | Ⅱ | 0.6 |
| 18 | 0.10 | 3.2 | 0.26 | 3.6 | 0.17 | 3.6 | 606.3 | 3.4 | 0.29 | 78 | Ⅱ | 0.6 |
| 19 | 0.13 | 3.4 | 0.21 | 3.6 | 0.25 | 3.6 | 606.0 | 3.4 | 0.29 | 77 | Ⅱ | 0.6 |
| 20 | 0.27 | 3.6 | 0.27 | 3.4 | 0.30 | 3.6 | 606.0 | 3.4 | 0.29 | 59 | Ⅱ | 0.6 |
| 21 | 0.17 | 3.6 | 0.27 | 3.8 | 0.34 | 4.0 | 605.8 | 3.4 | 0.29 | 43 | Ⅱ | 0.6 |
| 22 | 0.13 | 3.4 | 0.17 | 3.6 | 0.23 | 3.0 | 605.0 | 3.4 | 0.29 | 37 | Ⅱ | 0.6 |
| 23 | 0.3 | 3.4 | 0.24 | 3.2 | 0.35 | 3.4 | 604.0 | 3.4 | 0.29 | 28 | Ⅱ | 0.6 |
| 24 | 0.23 | 3.4 | 0.27 | 3.6 | 0.26 | 3.6 | 603.8 | 3.4 | 0.29 | 15 | Ⅱ | 0.6 |
| 25 | 0.25 | 3.6 | 0.25 | 3.7 | 0.09 | 3.9 | 603.5 | 3.4 | 0.29 | 8 | Ⅱ | 0.6 |
| 26 | 0.20 | 3.2 | 0.23 | 3.4 | 0.27 | 3.4 | 603.0 | 3.4 | 0.29 | 0 | Ⅱ | 0.6 |
| 27 | 0.13 | 3.4 | 0.25 | 3.8 | 0.33 | 3.8 | 603.0 | 3.4 | 0.29 | 0 | Ⅱ | 0.6 |
| 28 | 0.27 | 3.4 | 0.3 | 3.6 | 0.38 | 3.6 | 602.6 | 3.4 | 0.29 | 9 | Ⅱ | 0.6 |
| 29 | 0.32 | 3.6 | 0.28 | 3.6 | 0.28 | 3.4 | 602.2 | 3.4 | 0.29 | 20 | Ⅱ | 0.6 |
| 30 | 0.25 | 4.0 | 0.29 | 4.2 | 0.34 | 4.2 | 602.1 | 3.4 | 0.29 | 31 | Ⅱ | 0.6 |
| 31 | 0.22 | 3.2 | 0.24 | 3.2 | 0.21 | 3.0 | 601.8 | 3.4 | 0.29 | 42 | Ⅱ | 0.6 |
| 32 | 0.24 | 3.6 | 0.22 | 3.6 | 0.31 | 4.0 | 601.2 | 3.4 | 0.29 | 51 | Ⅱ | 0.6 |
| 33 | 0.26 | 3.4 | 0.26 | 3.4 | 0.29 | 3.6 | 601.0 | 3.4 | 0.29 | 69 | Ⅱ | 0.6 |
| 34 | 0.28 | 3.0 | 0.21 | 3.2 | 0.18 | 3.2 | 599.6 | 3.5 | 0.29 | 78 | Ⅱ | 0.6 |
| 35 | 0.32 | 3.6 | 0.27 | 3.4 | 0.29 | 3.6 | 558.0 | 3.5 | 0.29 | 56 | Ⅱ | 0.6 |
| 36 | 0.27 | 3.4 | 0.32 | 3.6 | 0.28 | 3.4 | 557.0 | 3.5 | 0.29 | 47 | Ⅱ | 0.6 |
| 37 | 0.32 | 3.4 | 0.29 | 3.4 | 0.37 | 3.6 | 556.0 | 3.5 | 0.29 | 38 | Ⅱ | 0.6 |
| 38 | 0.25 | 3.4 | 0.21 | 3.5 | 0.19 | 3.6 | 555.0 | 3.5 | 0.29 | 29 | Ⅱ | 0.6 |
| 39 | 0.34 | 3.6 | 0.25 | 3.4 | 0.27 | 3.6 | 554.4 | 3.5 | 0.29 | 20 | Ⅱ | 0.6 |
| 40 | 0.22 | 3.4 | 0.25 | 3.4 | 0.21 | 3.2 | 554.0 | 3.5 | 0.29 | 11 | Ⅱ | 0.6 |
| 41 | 0.22 | 3.4 | 0.24 | 3.4 | 0.18 | 3.4 | 553.0 | 3.5 | 0.29 | 3 | Ⅱ | 0.6 |
| 42 | 0.24 | 3.4 | 0.29 | 3.6 | 0.28 | 3.6 | 551.0 | 3.5 | 0.29 | 10 | Ⅱ | 0.6 |
| 43 | 0.34 | 3.8 | 0.23 | 3.6 | 0.23 | 3.6 | 550.0 | 3.5 | 0.29 | 22 | Ⅱ | 0.6 |
| 44 | 0.35 | 3.4 | 0.17 | 3.6 | 0.29 | 3.6 | 549.0 | 2.7 | 0.29 | 38 | Ⅱ | 0 |
| 45 | 0.22 | 3.0 | 0.27 | 3.3 | 0.30 | 3.5 | 548.8 | 2.7 | 0.29 | 42 | Ⅱ | 0 |
| 46 | 0.31 | 3.6 | 0.30 | 3.6 | 0.34 | 3.4 | 548.0 | 2.7 | 0.29 | 49 | Ⅱ | 0.6 |
| 47 | 0.32 | 3.6 | 0.22 | 3.6 | 0.33 | 3.8 | 547.6 | 2.7 | 0.29 | 58 | Ⅱ | 0.6 |

表 6-3-13(续)

| 序号 | $K_{11}$ | 钻屑量 1/L | $K_{12}$ | 钻屑量 2/L | $K_{13}$ | 钻屑量 3/L | 埋深/m | 煤厚/m | 煤体坚固性系数 | 与构造带距离/m | 煤体破坏类型 | 突出危险 |
|---|---|---|---|---|---|---|---|---|---|---|---|---|
| 48 | 0.3 | 3.4 | 0.22 | 3.3 | 0.18 | 3.4 | 547.2 | 2.7 | 0.29 | 67 | Ⅱ | 0.6 |
| 49 | 0.26 | 3.4 | 0.28 | 3.4 | 0.25 | 3.2 | 546.8 | 3.1 | 0.29 | 99 | Ⅱ | 0.6 |
| 50 | 0.20 | 3.4 | 0.21 | 3.6 | 0.24 | 3.6 | 546.4 | 3.1 | 0.29 | 82 | Ⅱ | 0.6 |
| 51 | 0.23 | 3.4 | 0.21 | 3.5 | 0.19 | 3.4 | 546.0 | 3.1 | 0.29 | 77 | Ⅱ | 0.6 |
| 52 | 0.26 | 3.2 | 0.23 | 3.4 | 0.24 | 3.4 | 545.4 | 3.1 | 0.29 | 68 | Ⅱ | 0.6 |
| 53 | 0.29 | 3.4 | 0.26 | 3.4 | 0.20 | 3.4 | 545.0 | 3.1 | 0.29 | 59 | Ⅱ | 0.6 |
| 54 | 0.33 | 3.8 | 0.22 | 3.6 | 0.32 | 3.6 | 544.6 | 3.1 | 0.29 | 50 | Ⅱ | 0.6 |
| 55 | 0.27 | 3.2 | 0.27 | 3.4 | 0.28 | 3.4 | 544.0 | 3.1 | 0.29 | 45 | Ⅱ | 0.6 |
| 56 | 0.21 | 3.3 | 0.27 | 3.2 | 0.21 | 3.3 | 541.6 | 3.1 | 0.29 | 22 | Ⅱ | 0.6 |
| 57 | 0.16 | 3.2 | 0.22 | 3.4 | 0.24 | 3.4 | 541.2 | 3.1 | 0.29 | 13 | Ⅱ | 0.6 |
| 58 | 0.27 | 3.4 | 0.34 | 3.6 | 0.25 | 3.4 | 540.6 | 3.1 | 0.29 | 4 | Ⅱ | 0.6 |
| 59 | 0.17 | 3.4 | 0.19 | 3.6 | 0.15 | 3.2 | 540.0 | 3.1 | 0.29 | 0 | Ⅱ | 0.6 |
| 60 | 0.18 | 3.2 | 0.22 | 3.2 | 0.26 | 3.4 | 539.2 | 3.1 | 0.29 | 16 | Ⅱ | 0 |

在 60 组样本中，随机选取 40 组样本作为训练数据，另 20 组样本作为测试数据测试训练算法的有效性，结果见图 6-3-39 和图 6-3-40。

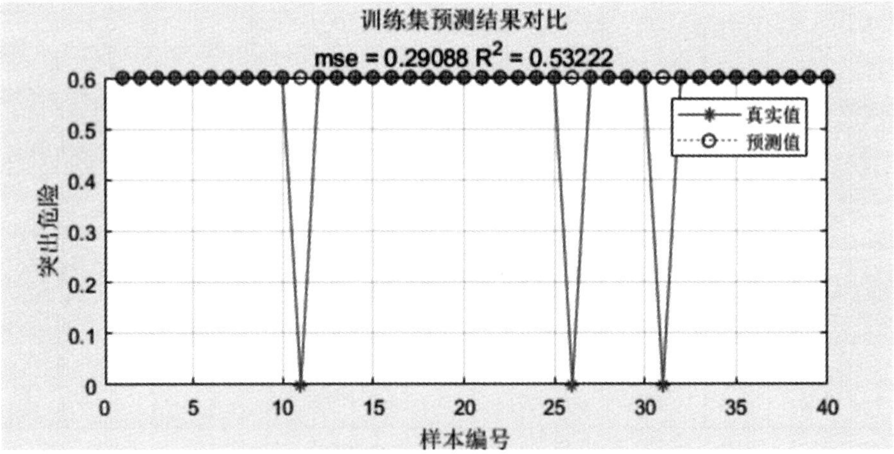


图 6-3-39　34001 辅助进风巷训练集数据预测结果图

从图 6-3-39 可以看出，训练集 mse 为 0.29，$R^2$ 为 0.532 22，预测结果 40 组中有 3 组出现偏差；从图 6-3-40 可以看出，测试集 mse 为 0.000 08，预测结果与真实情况完全吻合。综合来看，模型具有较好的泛化能力。

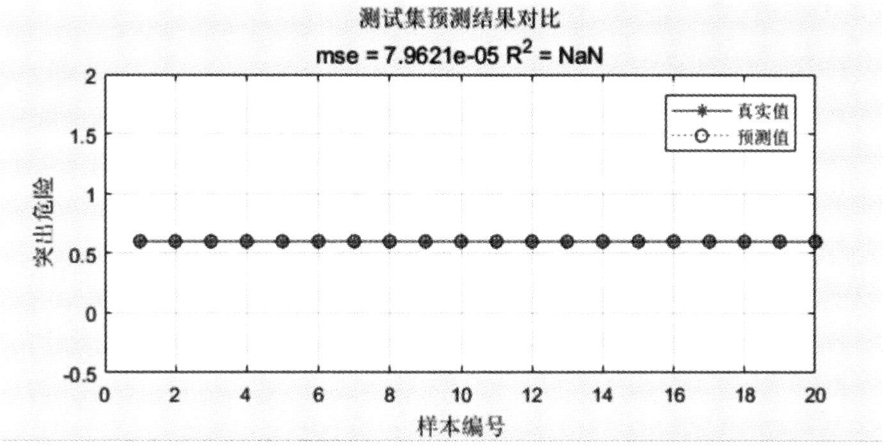


图 6-3-40　34001 辅助进风巷测试集数据预测结果图

## 6.4　瓦斯抽采标准化效果及评价

阳泉矿区瓦斯治理从以邻近层瓦斯抽采为主逐渐向邻近层瓦斯抽采、本煤层抽采、井下千米钻机及长钻孔瓦斯抽采、保护层卸压瓦斯抽采、低透气性煤层增透抽采、顶底板岩石抽采巷穿层预抽、地面瓦斯抽采等全方位、立体化的煤与瓦斯共采格局转变。本煤层瓦斯抽采是区域瓦斯治理技术的关键，有效地抽出开采区域内的瓦斯，对于降低瓦斯压力、消除煤与瓦斯突出有着重要的作用。《防治煤与瓦斯突出细则》明确提出：防灾工作必须坚持“区域综合防突措施先行、局部综合防突措施补充”的原则。按照“一矿一策、一面一策”的要求，实现“先抽后建、先抽后掘、先抽后采、预抽达标”。突出煤层必须采取两个“四位一体”综合防灾措施，做到多措并举、可保必保、应抽尽抽、效果达标，否则严禁采掘活动。目前本煤层顺层钻孔预抽作为一种普遍有效的区域瓦斯治理措施已经在阳泉矿区各突出矿井全面铺展开来[25-28]。

阳泉矿区为了加快推进各突出矿井瓦斯治理示范建设，把瓦斯治理能力、瓦斯治理水平、瓦斯治理速度和瓦斯治理标准打造成为第一能力、第一水平、第一速度、第一标准；为了提高抽采浓度，全面解决系统跑、冒、滴、漏和封孔不严问题，提高钻机钻进效率，保证预抽时间，强化钻孔施工和验收措施，提高抽采率，转变抽采管理模式，抽采达标实现“精计量、重评估、严考核”；为了提高对瓦斯抽采实效性的认识，抽瓦斯的根本目的是为了保障安全、提高经济效益，充分认识一个钻孔就是一项工程，抽采系统是个整体，狠抓基础管理，提高抽采系统标准化水平，保证抽采负压，做好监督管理，从根本上杜绝假孔，打钻、封孔、接管推行专业化管理，保证钻孔封孔质量。

### 6.4.1 本煤层顺层瓦斯抽采钻孔设计标准化

6.4.1.1 新元公司钻孔设计

(1) 新元公司简介

山西新元煤炭有限责任公司于 2003 年 7 月正式开工建设。2007 年 3 月，公司首采工作面形成，选煤厂、铁路专用线投运，一期建设基本完成。公司由山西阳泉煤业(集团)有限责任公司控股、广东蓝粤能源发展有限公司参股投资建设，矿井设计生产能力每年 500 万 t。2011 年 9 月矿井一期工程通过竣工验收。矿井含煤 18 层，其中可采煤层 6 层，主采 3^#^、9^#^、15^#^煤。矿井地质储量 14.381 亿 t，设计可采储量 6.051 亿 t。现采 3^#^煤、9^#^煤，3^#^煤可采储量为 1.81 亿 t，埋藏深度 340～690 m，平均厚度 2.77 m；9^#^煤可采储量为 1.02 亿 t，埋藏深度 453～704 m，平均厚度 2.65 m 矿井煤层赋存稳定，主要为贫煤、无烟煤。矿井采用斜井、立井综合开拓方式，主运输采用胶带运输，辅助运输全部采用无轨胶轮车运输。

新元公司目前主采 3^#^、9^#^煤层均为煤与瓦斯突出煤层，井田总体瓦斯地质类型较为复杂，瓦斯涌出量大，矿井绝对瓦斯涌出量为 230.45 $m^3/min$，相对瓦斯涌出量 19.05 $m^3/t$。根据煤炭科学研究总院沈阳研究院《山西新元煤炭有限责任公司 3^#^煤层煤与瓦斯突出危险性鉴定报告》，3^#^煤煤质松软，裂隙不发育，瓦斯含量 11.77～14.89 $m^3/t$，瓦斯压力为 1.24～2.44 MPa，坚固性系数 0.21～0.36，破坏类型为Ⅲ，煤层透气性系数 $4\times10^{-4}$ mD，属于瓦斯较难抽采煤层。根据煤炭科学研究总院沈阳研究院《山西新元煤炭有限责任公司 9^#^煤层煤与瓦斯突出危险性鉴定报告》，9^#^煤煤质坚硬，裂隙发育情况较好，原始瓦斯含量 6.96～14.32 $m^3/t$，瓦斯压力为 0.36～1.64 MPa，坚固性系数为 0.41～0.93，破坏类型为Ⅲ，煤层透气性系数 $35\times10^{-4}$～$2\,208\times10^{-4}$ mD，属于可抽采煤层。新元公司现有冀家垴地面永久瓦斯抽采泵站 1 座，配备 8 台水循环式真空瓦斯抽采泵，其中：额定抽采量 1 200 $m^3/min$ 的瓦斯泵 2 台，负担 9^#^煤本煤层瓦斯抽采(一用一备)；额定抽采量 1 000 $m^3/min$ 的瓦斯泵 2 台，负担 3^#^煤一、二、四采区本煤层瓦斯抽采(一用一备)；额定抽采量 600 $m^3/min$ 的瓦斯泵 4 台，2 台负担 3^#^煤十采区本煤层瓦斯抽采(一用一备)，2 台负担 3^#^煤邻近层瓦斯抽采(一用一备)。地面瓦斯抽采泵通过井下各采区主、干管路及顺槽支管路，实现工作面本煤层、邻近层瓦斯分源抽采。目前，矿井瓦斯抽采量82 $m^3/min$，其中，本煤层瓦斯抽采量 48 $m^3/min$，邻近层瓦斯抽采量 34 $m^3/min$。

(2) 应用工作面概况

① 9105 进风掘进工作面概况

本次抽采标准化研究与应用巷道为 9105 进风巷，巷道设计长度 1 882 m，设计断面 5.2 m×3.5 m。9105 工作面地表位于韩庄村以北、清平镇以东、南燕竹村以南、冀家垴村以西的黄土塬、黄土峁及沟谷地带，井下北邻 9^#^南回风大巷、9^#^辅运大巷，东邻 9104 回风巷，上部为 3^#^煤 3205 综采工作面(已采完)、3206 综采工作面(正在回采)，其他方向均未布置巷道。9105 进风巷和 9104 回风巷双巷掘进，沿 9^#^煤层由北向南下坡掘进施工，煤层倾角为 2°～4°，平均为 3°，局部达 6°，煤层厚度 3.0～5.3 m，平均厚度 3.4 m，每隔 50 m施工联络横贯，两巷中心距 25.2 m，两巷煤柱宽度为 20 m。见图 6-4-1。

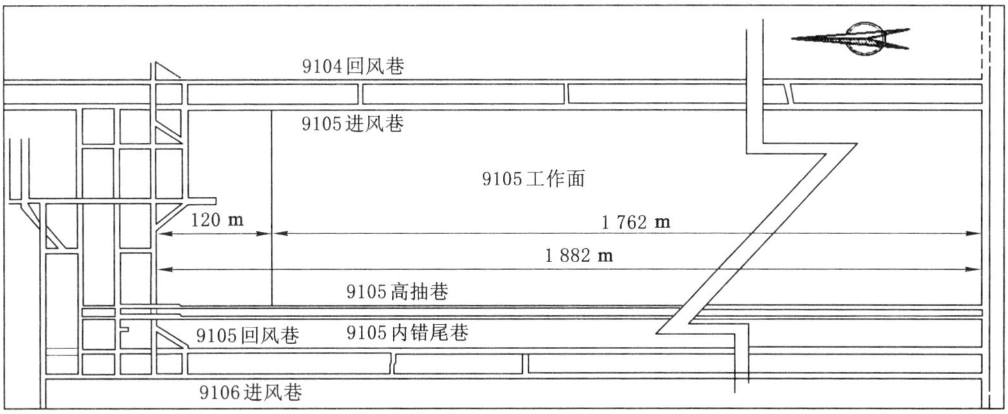


图 6-4-1　9105 工作面概况

本工作面所采 9# 煤层赋存稳定，呈由东向西、由北向南逐渐增厚的趋势，属中灰分～中高灰、特低硫、低磷分、极难选的贫煤、贫瘦煤、无烟煤，煤层以亮煤为主，内生裂隙发育，煤层中含 2～3 层泥质夹矸，厚度一般为 0.20～1.00 m。该施工巷道沿 9# 煤层向南下坡掘进，煤层倾角一般为 2°～4°，平均 3°，目前开采 9# 煤及 8#下 煤层厚度为 3.0～5.3 m，平均厚度 3.4 m。煤层上部存在一厚度为 0.70 m 的灰黑色泥岩伪顶；直接顶为 2.31 m 的灰色砂质泥岩，垂直节理发育；基本顶为深灰色砂质泥岩，厚度为 9.20 m；伪底为 0.60 m 的黑色碳质泥岩；直接底板为 2.30 m 的灰黑色粉砂质泥岩以及泥岩；基本底为 5.70 m 的灰白色细粒砂岩。

② 3412 辅助进风掘进工作面概况

本次抽采标准化研究与应用巷道为 3412 辅助进风巷，巷道设计长度 1 947 m，设计断面 5.2 m×3.5 m。3412 工作面地表位于杜家沟村、宋家湾村以西，北燕竹村以东的黄土塬、黄土峁及沟谷地带，井下南邻西辅运巷、西胶带巷，东邻 3413 工作面（尚未形成回采系统），西部、北部未布置巷道。3412 辅助进风巷和 3412 回风巷双巷掘进，沿 3# 煤层由南向北上坡掘进施工，煤层倾角为 2°～8°，平均 5°，煤层厚度 2.00～3.30 m，平均厚度 2.60 m，每隔 200 m 施工联络横贯，两巷中心距 45.2 m，两巷煤柱宽度为 40 m。见图 6-4-2。

本工作面所采 3# 煤层赋存稳定，结构较简单，所采煤属中灰、低硫的优质贫瘦煤。煤层以亮煤为主，内生裂隙发育。煤层中一般含 1～2 层泥质夹矸，厚度一般为 0.02～0.05 m。煤层顶板受古河床冲蚀及沉积环境影响，存在煤层变薄现象。该施工巷道沿 3# 煤层向北上坡掘进，煤层倾角一般为 2°～8°，平均 5°，煤层厚度为 2.00～3.30 m，平均厚度 2.60 m。煤层上部存在一层高岭石泥岩伪顶，厚度约为 0.25 m；直接顶为黑色砂质泥岩，厚度为 6.60 m；基本顶为中粒砂岩，厚度为 4.50 m，局部含粉砂岩条带；直接底为3.70 m

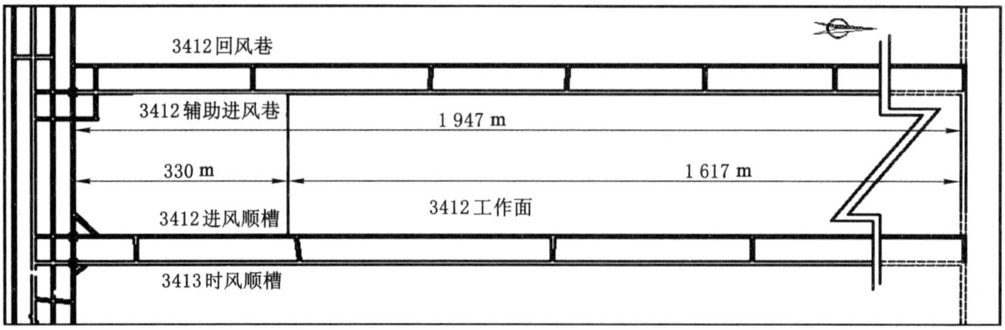


图 6-4-2　3412 工作面概况

的黑色砂质泥岩，含植物化石；基本底为 18.95 m 中粒砂岩，局部含粉碳质条带。

(3) 钻孔设计

① 9105 进风本煤层钻孔单排平行布置，孔向水平垂直于顺槽。钻孔距离工作面底板 1.5 m 左右，设计 874 个，深度均为 130 m，孔径为 120 mm，钻孔设计角度平行于工作面，施工角度在±2°～±4°。见图 6-4-3。

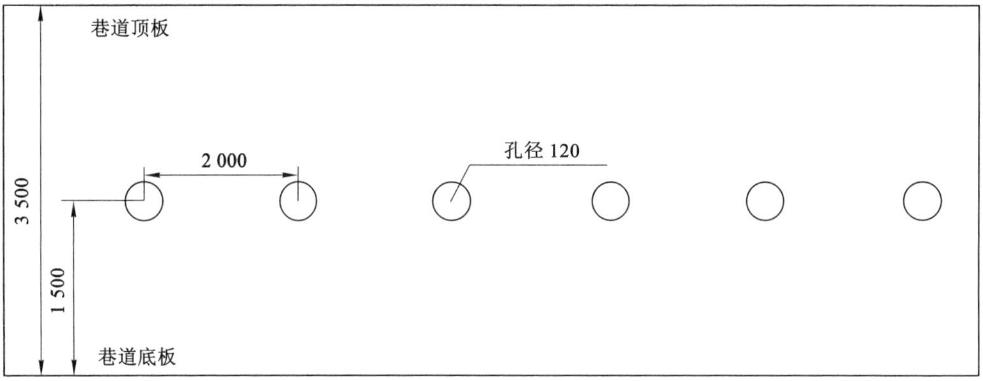


图 6-4-3　9105 工作面钻孔布置图

② 3412 辅助进风巷本煤层钻孔单排平行布置，孔向水平垂直于顺槽。钻孔距离工作面底板 1.5 m 左右，设计 548 个，孔间距 3 m，深度均为 130 m，孔径为 120 mm，钻孔设计角度平行于工作面，施工角度在 0°～±5°。见图 6-4-4。

6.4.1.2　寺家庄公司钻孔设计

(1) 寺家庄公司简介

寺家庄公司 2005 年 8 月 1 日开工奠基，2005 年 11 月 17 日公司正式挂牌成立，2009 年 10 月 29 日试运转，截至 2013 年 11 月 15 日取得安全生产许可证，矿井“五证”齐全。矿井井田面积 120.252 5 $km^2$，地质储量 10.87 亿 t，可采储量 6.17 亿 t，矿井生产能力为每年 500 万 t，开采深度为 320～1 000 m，采煤方法为走向长壁采煤法，采煤方式采用综采

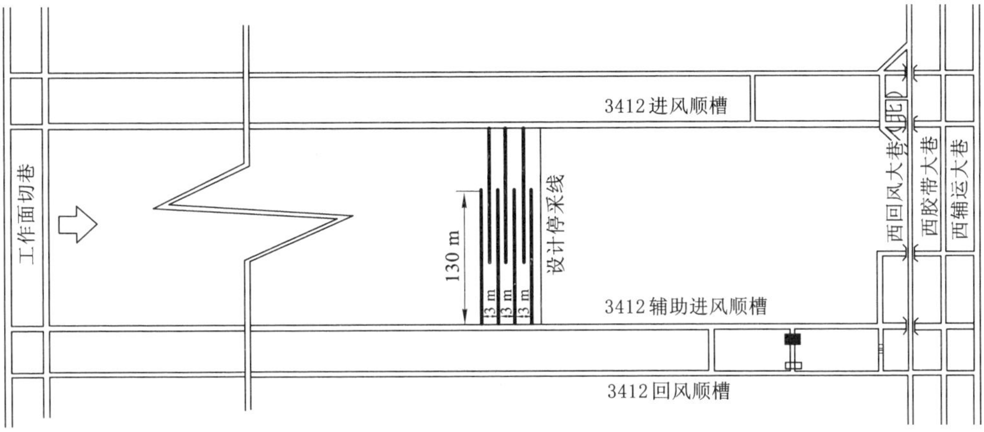


图 6-4-4 3412 工作面钻孔设计示意图

一次采全高。矿井主采 15# 煤层，8#、9# 煤层局部可采，开采的 15# 煤层平均厚度为 5.48 m，为突出煤层，透气性系数为 0.175 $m^2/(MPa^2 \cdot d)$(0.004 17 mD)，钻孔百米流量衰减系数为 0.041 7 $d^{-1}$，属可以抽采煤层，瓦斯含量最大 24.62 $m^3/t$，瓦斯含量平均 11.22 $m^3/t$；属Ⅱ～Ⅲ类强烈破坏煤，瓦斯压力最大 0.40 MPa，煤层软分层坚固性系数 0.21，瓦斯放散初速度 9.10，突出危险性综合指标 43.34，孔隙率为 3.01。矿井采用主斜井-副立井混合开拓方式，有 1 个斜井、5 个立井。矿井布置一个＋510 m 生产水平，南北布置开拓大巷，即北翼开拓大巷、南翼开拓大巷。矿井内有 3 个盘区，即中央盘区、南一盘区和北一盘区，盘区均为双翼盘区，每个盘区在东西方向布置 4 条准备巷道，由南向北依次为南回风巷、辅助运输巷、胶带机巷和北回风巷，辅助运输巷、胶带机巷作为采区的主要进风巷，南、北回风巷为主要回风巷。矿井采用机械抽出式通风方法，中央并列分区通风方式，矿井通风由中央 AGF606-3.8-1.8-2 和北翼 AGF606-4.0-2.0-2 两台主要通风机联合运行负担。矿井有 4 个进风井，分别为中央进风立井、中央主斜井、中央副立井和北翼进风立井；有 2 个回风井，分别为中央回风立井和北翼回风立井。矿井总进风量 38 778 $m^3/min$，总回风量 39 310 $m^3/min$，有效风量率为 95.1%，井下各采区均布置有专用回风巷，井下各采掘工作面及采区配电室均为独立通风系统。采煤工作面采用“二进二回”通风系统，并布置有一条走向高抽巷。掘进工作面采用 2×45 kW 或 2×55 kW 对旋局部通风机，采用变频风机智能排放装置，直径 800～1 000 mm 风筒压入式供风。煤巷、半煤岩巷、高抽巷风筒出口风量不小于 400 $m^3/min$。矿井绝对瓦斯涌出量为 203.67 $m^3/min$，相对瓦斯涌出量为 50.93 $m^3/t$，瓦斯抽采纯量 178.86 $m^3/min$，矿井抽采率 87.81%。采煤工作面绝对瓦斯涌出量为 184.92 $m^3/min$，相对瓦斯涌出量为 47.6 $m^3/min$，瓦斯抽采纯量 168.35 $m^3/min$，抽采率 91.04%。15# 煤层具有爆炸危险性，属不易自燃煤层。

(2) 应用工作面概况

抽采标准化研究应用的是15106工作面，该工作面位于中央盘区，东部为15108工作面（采完），西部为15104工作面（采完）。

15106工作面主采的15#煤层，平均煤厚为5.5 m，煤层结构较复杂，一般含矸2～3层，块状及粉状，以镜煤为主，其次为暗煤，属光亮型煤。煤层直接顶为灰黑色砂质泥岩，团块状，含植物碎片化石；基本顶为灰色细粒砂岩，泥质胶结，显示波状层理；基本底为深灰色砂质泥岩，团块状，含铝质，具鲕状结构。煤层总体为东高西低的单斜构造，倾角一般1°～10°。

15106工作面采用走向长壁方式布置，共设计5条巷道（分别为进风巷、回风巷、低位高抽巷、底板岩石预抽巷及高抽巷），工作面设计长度1 820 m，可采走向长1 543 m，倾向长286 m，面积为44 129 $m^2$，回采率为93%，可采储量为3 117 863 t。采用一次采全高综采方法开采。

（3）钻孔设计

坚持“一钻一设计”的原则，以2 m等高线、15106低位抽采巷、15106回风顺槽、进风顺槽测点等确定顺层瓦斯抽采钻孔施工角度，钻孔采用“三花”布置，见图6-4-5。钻孔孔间距3 m，下排孔开孔位置在巷道底板以上1.1 m，上排钻孔距离底排孔1.2 m；抽采钻孔孔径不得小于110 mm，预抽时间在抽采达标基础上不得少于6个月。预抽时间是指工作面全部钻孔的最后一个钻孔或分区段（不少于200 m）最后一个钻孔完成后开始抽采之日算起。设计包括钻孔布置图、钻孔参数表、施工要求、钻孔（钻场）工程量、施工设备与进度计划、瓦斯抽采时间、预期效果以及组织管理、安全技术措施等。

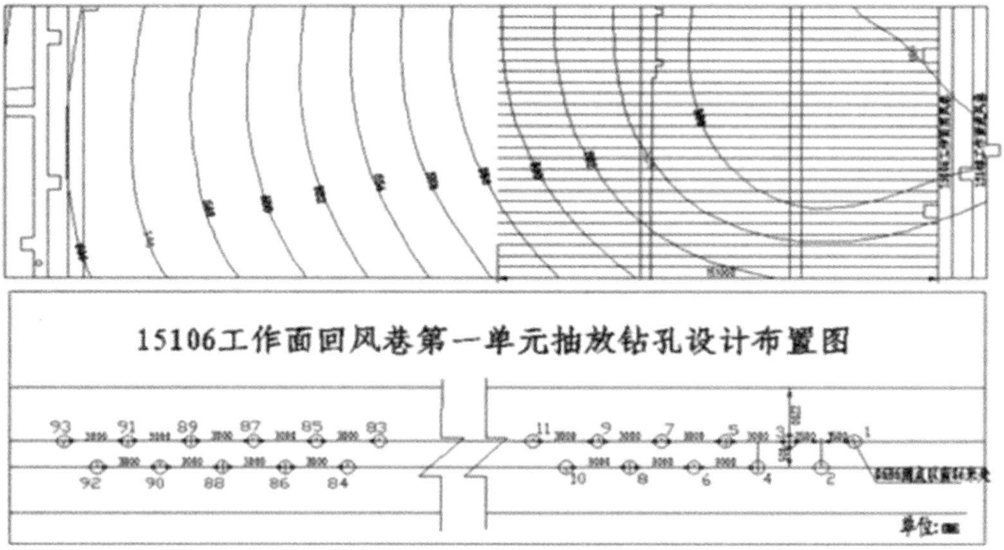


图6-4-5　15106工作面回风巷第一单元抽采钻孔设计示意图

### 6.4.1.3　新景公司钻孔设计

（1）新景公司简介

新景矿于 1998 年 10 月 1 日正式成立，2009 年 9 月 30 日改制为山西新景矿煤业有限责任公司（简称新景公司）。井田面积 64.747 $km^2$，主采 3#、8#、15# 煤层。截至 2015 年底公司保有资源储量 9.11 亿 t，可采储量 5.52 亿 t，均为优质无烟煤。根据晋煤行发〔2015〕678 号文件要求，矿井核定生产能力为 450 万 t/a。矿井为主斜井-副立井混合开拓方式。矿井目前有两个水平，其中＋525 m 为生产水平，＋420 m 为准备水平；布置 7 个采区，采区准备巷道共布置 4 条，轨道运输巷、胶带巷各 1 条，回风巷 2 条，轨道运输巷、胶带巷为采区的主要进风巷，各采区两翼分别布置两条主要回风巷。3#、8# 煤层采用走向长壁后退式综合机械化开采，15# 煤层采用走向长壁后退式综合机械化放顶煤开采，全部垮落法管理顶板；煤巷采用综合机械化掘进，岩巷采用爆破掘进。

3#、8#、15# 煤层均无煤尘爆炸危险性，3#、8# 煤层属不易自燃煤层，15# 煤层属Ⅱ类自燃煤层，其中 3# 煤层为突出煤层，其瓦斯含量为 18.17 $m^3/t$、瓦斯压力为 1.05 MPa、透气性系数为 0.000 375 mD。2016 年矿井相对瓦斯涌出量为 24.89 $m^3/t$，绝对瓦斯涌出量为 342.6 $m^3/min$。矿井采用多风井分区通风系统，机械抽出式通风方法，通风方式为分区式。矿井现有 11 个井筒，其中进风井 7 个、回风井 4 个。矿井总进风 68 507 $m^3/min$、总回风 69 073 $m^3/min$，有效风量率为 91.02%。矿井现有 3 个地面永久抽采泵站，分别为神堂嘴地面抽采泵站、佛洼地面抽采泵站和保安地面抽采泵站。瓦斯抽采泵站额定总流量为 10 450 $m^3/min$，装机额定总功率为 14 640 kW。矿井瓦斯抽采量 252.87 $m^3/min$，瓦斯抽采率 60.06%。矿井瓦斯涌出量由本煤层瓦斯及上、下邻近层瓦斯组成。

（2）应用工作面概况

抽采标准化研究应用的是 3217 工作面，该工作面位于井下 3# 煤佛洼采区南翼中部，东为南八正、副巷（已掘），南为太旧高速公路保护煤柱，西为南十正、副巷（未掘），北为北九正副巷（正掘），平均煤厚 2.56 m。该巷道设计 1 424 m，巷道断面 13 $m^2$，目前已施工 998 m。二区南九风机功率为 2×45 kW，风筒直径 800 mm，全负压风量为 1 680 $m^3/min$。

该工作面 3# 煤层赋存稳定，结构简单，属中灰、低硫的优质无烟煤，煤层以镜煤、亮煤为主，内生裂隙发育。煤层平均厚度为 2.56 m，煤层倾角为 3°～9°。

（3）钻孔设计

3217 工作面进风本煤层钻孔单排平行布置，钻孔距离工作面底板 1.5～1.7 m，深度均为 150 m，孔径为 132 mm，钻孔角度根据现场煤层要素而定。

## 6.4.2　本煤层顺层瓦斯抽采钻孔施工标准化

### 6.4.2.1　钻机及配套设备

（1）新元公司

新元公司原采用 ZDY4000L 型钻机配套 $\phi$110 mm 螺旋钻杆和 $\phi$120 mm 钻头、螺纹排渣工艺施工本煤层钻孔，由于排渣距离长、钻杆旋转阻力大、耗费功率多等原因，导致钻机老化严重、维修率高、“带病作业”情况严重，给抽采打钻工作造成诸多不便，同时采煤工作面遇地质构造引起煤层高低起伏，使用螺旋钻杆施工本煤层钻孔时，极易造成本煤层打钻盲区。

井下为了提高钻孔成孔率和打钻效率，新元公司推广使用三棱钻杆和肋骨钻杆，大幅提高了钻孔成孔率。现本煤层钻孔施工全部使用 ZDY4000L 型钻机配套 $\phi$73 mm 肋骨钻杆、三棱钻杆和 $\phi$113 mm 钻头，风水联动压排渣工艺，并全程下筛管，实现提高钻进能力及效率，降低钻机损耗，实际打钻效率提高至 1 个孔/小班，成孔率达 90%以上，有效消除工作面打钻盲区，做到钻孔覆盖到位。施工情况见图 6-4-6。

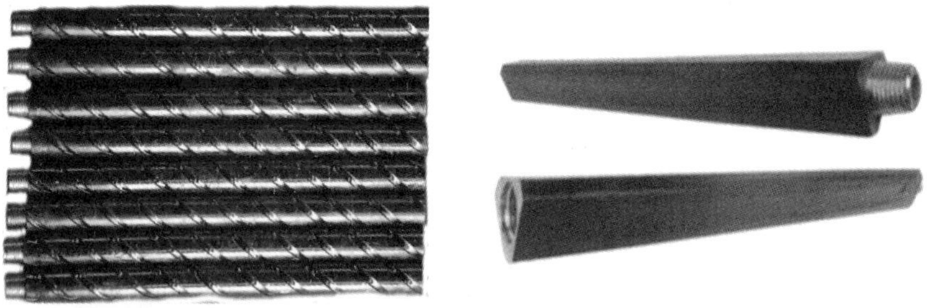

(a) 肋骨钻杆、三棱钻杆

(b) 新元公司井下钻机现场施工

图 6-4-6　新元公司所用钻杆与井下钻孔施工图

(2) 寺家庄公司

寺家庄公司选择西安 6500LP 钻机施工，施工前由地质测量队挂线，钻抽队技术员根据钻孔布置，在采帮上用铁丝画出两排钻孔的施工位置，开孔点用红油漆标定，用地质罗盘或坡度仪对钻孔定角度，专职验孔员监督，开孔位置误差不超过±100 mm，角度误差不大于±0.1°；钻进 5 m 后停钻再次核对钻孔角度。施工期间，采用孔内除尘装置，控制好水量，以减少粉尘。

(3) 新景公司

选择德国 EH260 钻机施工，施工前由钻机队组挂线，用地质罗盘或坡度仪对钻孔定角度，专职验孔员监督，开孔位置误差不超过±100 mm，角度误差不大于±0.1°；钻进 5 m 后停钻再次核对钻孔角度。施工期间，采用孔口除尘装置，控制好水量，以减少粉尘。实际打钻效率为 1 个孔/小班，成孔率达 87%以上，下筛管率达 90%以上，做到钻孔覆盖到位。

6.4.2.2　钻孔下筛管

本煤层顺层瓦斯抽采钻孔必须全程下筛管（护孔套管，见图 6-4-7），新元公司使用 ZDY4000L 型钻机、寺家庄使用选用西安 6500LP 钻机可以随钻下筛管，选用直径为 32 mm的聚氯乙烯材质，壁厚不小于 2.5～3 mm，连接方式采用螺纹连接。钻孔施工到位后，立即下筛管，下筛管率已经达到 83%以上。

图 6-4-7　筛管实物图

6.4.2.3　钻机连孔

标准连接单孔采用高压管外连接连孔工艺，每 8～10 个孔为一组，100 m 为一个评价单元，抽采钻孔每组安设一套集气装置（必须安设导流管，具有放水功能）连接于支管，每个集气装置能实现瓦斯浓度、负压、流量、温度等抽采参数的测定，实行单孔观测、分组计量；连孔结束后，通过测嘴，对单孔负压、浓度进行测定，保证单孔负压达 13 kPa 以上，不达标进行系统排查、整改；单孔负压达标前提下，测定单孔浓度，浓度不达 30%，钻孔进尺不予结算。钻孔施工完成，挂设单孔牌板，分组计量挂设分组计量牌板。本煤层钻孔连接需采用标准连接装置，该装置应为软连接设施。抽采瓦斯管路的漏气率要求，在负压 30 kPa 时不得超过每千米 3 $m^3$/min。抽采管路每个接口处螺丝应上全、拧紧、抹胶，防止漏气。

抽采钻孔采用囊袋式“两堵一注”水泥砂浆封孔后，孔口封孔管通过带测嘴弯头、球阀与竖向高压连孔管连接，各个钻孔竖向连孔管通过不锈钢三通与走向连孔管连接，本煤层钻孔每 10 个孔为一组，与放水排渣装置连接，后通过导流管与 $\phi$226 mm 单元抽采支管连接。连孔管、$\phi$226 mm（新景、寺家庄采用 $\phi$250 mm）单元支管、$\phi$400 mm 支管形成密闭的顺槽本煤层瓦斯抽采系统，见图 6-4-8 和图 6-4-9。

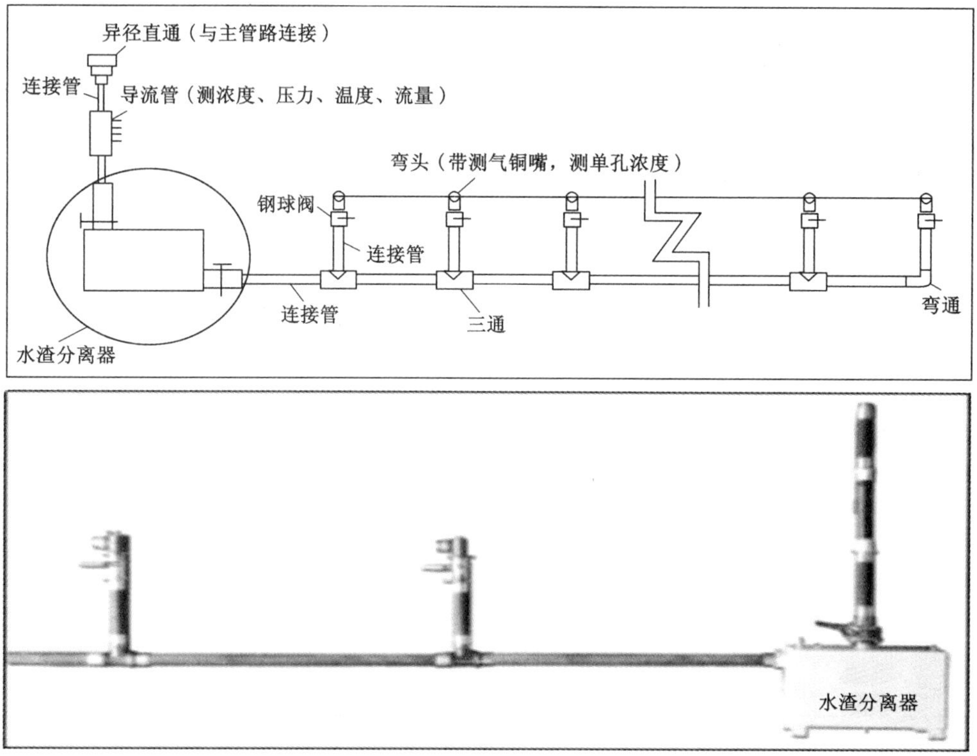


图 6-4-8　本煤层瓦斯抽采钻孔高压管连孔示意图

图 6-4-9　瓦斯抽采外部连接装置地面效果图片

6.4.2.4　钻孔封孔

由于煤层内存在大量的构造裂隙，尤其是在受采动影响较大的煤体内，裂隙发育程度更高。同时在钻机打钻的过程中，加剧了煤体的破坏程度，使裂隙贯穿煤帮和钻孔，如果封孔不严实，在负压状态下，空气由煤帮和钻孔周边进入孔内，会导致抽采浓度短期内严重下降。

新元、新景及寺家庄公司本煤层钻孔曾多采用聚氨酯封孔技术。聚氨酯封孔技术主要是采用徒手封孔，封孔长度不一致，不能有效封堵钻孔瓦斯抽采松动裂隙带，瓦斯抽采浓度低，钻孔抽采寿命短，而且由于聚氨酯发泡反应快，一般在 2～4 min 完成，操作不熟练的封孔工人往往很难成功封孔而造成废孔，严重影响封孔效果。

"两堵一注"带压水泥砂浆封孔技术，就是把钻孔两端堵住，中间一段注入水泥(封孔长度可达 8 m，超过巷道的裂隙带)，水泥在密闭的空间膨胀时，产生一定的压力，可进入钻孔壁周围的裂隙中，使钻孔周围的裂隙得到充填，消除开孔时形成的裂隙(见图 6-4-10)；另一方面能使钻孔得到可靠的支护，保证钻孔的稳定性，使钻孔周围不再产生新的裂隙。

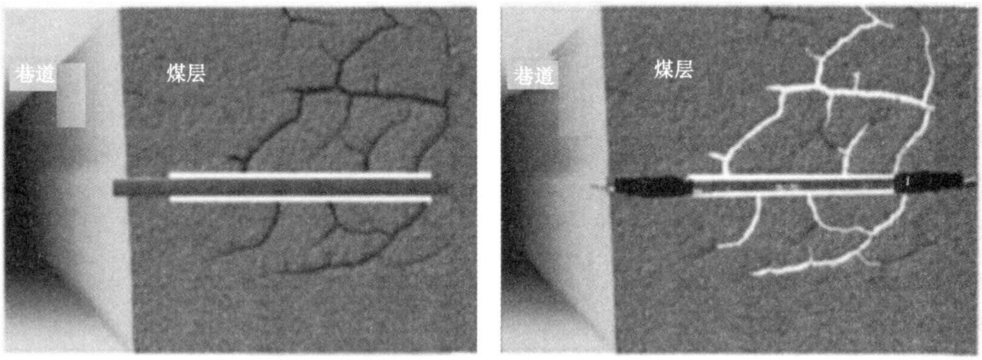


(a) A、B料，聚氨酯封孔效果图　　(b)（再堵一注）带压式注浆封孔效果图

图 6-4-10　"两堵一注"带压式注浆封孔效果图

鉴于以上分析，3 个公司的抽采技术试验采用囊袋式"两堵一注"带压水泥砂浆封孔技术。囊袋注浆式封孔器主要由前端囊袋、中间注浆管路及爆破阀、后端囊袋等构成(见图 6-4-11)。使用时，注浆泵先将浆料同时注入囊袋 1 和囊袋 2，囊袋迅速膨胀并封堵两端。注浆压力随之上升，当压力≥1 MPa 时，注浆管上的爆破阀爆破，浆料迅速从注浆管向封堵的空间内注浆。之后，随着注浆压力的进一步上升，当压力≥2.0 MPa 时，实现中间段的封堵，进而实现多层多段密封。

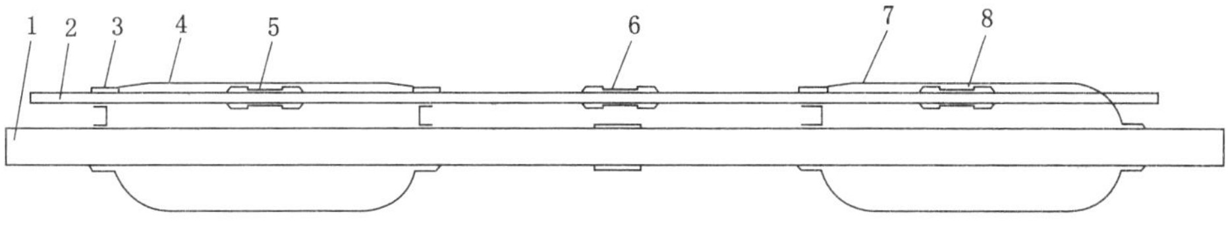


1—瓦斯封孔管；2—注浆管；3—注浆管锁扣；4—囊袋 1；5—单向阀；6—爆破阀；7—囊袋 2；8—单向阀 2。

图 6-4-11　囊袋式"两堵一注"带压封孔器结构示意图

选定封孔工艺之后，鉴于封孔材料生产厂家较多，效果和价格不一，其间新元、新景公司组织多个厂家进行了地面及井下封孔试验，通过试验对比确定了合适的封孔水泥、封孔管、封孔器。

实际使用囊袋式“两堵一注”带压水泥砂浆封孔时，采用直径 63 mm、壁厚 8 mm 的封孔管，连接部位能承受不小于 2 MPa 的压力，采用螺纹连接，以保证其抽采效果；封孔泵要设施齐全，注浆水灰配比 1∶1，注浆过程中注浆压力不低于 2 MPa。寺家庄公司封孔深度位于距孔口 28 m 处，封孔段 20～28 m，封孔段长度为 8 m（见图 6-4-12）；新元、新景公司封孔深度位于距孔口 17 m 处，封孔段 9～17 m，封孔段长度 8 m，外部剩余的孔内封孔管应至少固定 1～2 处，固定段长度不少于 0.5 m，封孔管外露 300～400 mm（见图 6-4-13）。图 6-4-14 所示为井下封孔操作现场。

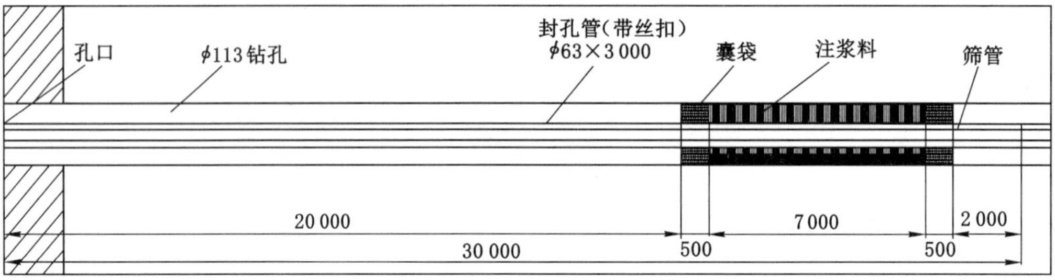


图 6-4-12　寺家庄公司本煤层顺层瓦斯抽采钻孔封孔示意图

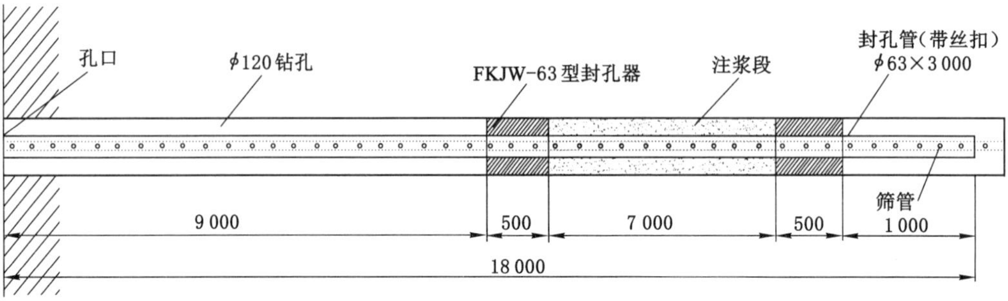


图 6-4-13　新元、新景公司本煤层顺层瓦斯抽采钻孔封孔示意图

抽采要求：孔口抽采负压达到 13 kPa 以上，在预抽 1 个月内确保钻孔瓦斯浓度不低于 20%，预抽 6 个月后不低于 10%，确保抽采达标。

封孔效果：目前新元公司 3# 煤层施工钻孔封孔合格率达 87%以上，最高单孔抽采浓度达 91%，9# 煤层新施工钻孔封孔合格率达 96%以上，最高单孔抽采浓度达 95%；新景公司 3# 煤层施工钻孔封孔合格率达 80%以上，最高单孔抽采浓度达 78%；寺家庄 15# 煤层施工钻孔封孔合格率达 96%以上，最高单孔抽采浓度达 88%。

图 6-4-14　井下现场封孔操作

6.4.2.5　钻孔验收

新元、寺家庄及新景公司钻孔施工完毕后，严格执行四级验孔制度，实行一钻一视频，实现地面钻、验远程监控。原先钻孔验孔采用人工验孔方式，每条本煤层钻孔施工巷道配备一名专职验孔员，需要验孔人员较多，而且容易出现钻孔进尺假报现象。现在每个钻机施工地点安装 1 套打钻视频监控系统，在地面调度室通过视频，对打钻现场的钻进、退杆进行实时监督，代替人工验孔，节约了大量验孔人员，而且保证了钻孔进尺数据的真实性，杜绝进尺假报现象，系统实现监控不中断、储存无失误，查询回放简便流畅，视频资料定期转存、清理，保存时间截止工作面采掘结束，且采用测斜仪进行验孔，测斜率不低于 15%。

## 6.4.3　本煤层顺层瓦斯抽采钻孔施工标准化评价

6.4.3.1　新元公司

（1）抽采效果分析

1）9105 进风工作面抽采标准化研究与应用抽采效果分析

9105 进风顺槽设计长度 1 874 m，现已施工 1 802 m。2016 年 2 月中旬开始施工本煤层孔，现已施工 7 个评价单元，共计封连孔 337 个，孔间距 2 m，平均单孔施工深度 128 m，成孔率 96%，平均单孔下筛管深度 119 m，下筛管率 93%。观测记录显示，单孔瓦斯浓度最高 95%、最低 36%，平均单孔抽采纯量 0.09 $m^3$/min，平均单孔日抽采量 130 $m^3$。评价单元的瓦斯抽采情况见表 6-4-1 和图 6-4-15。

**表 6-4-1　9105 进风顺槽本煤层瓦斯抽采统计表**

| 巷道名称 | 评价单元 | 开始抽采时间 | 孔数 | 抽采天数/d | 现抽采数据 | | | 累计抽采量/(万 $m^3$) | 平均纯量/($m^3$/min) |
|---|---|---|---|---|---|---|---|---|---|
| | | | | | 抽采浓度/% | 混合量/($m^3$/min) | 纯量/($m^3$/min) | | |
| 9105进风顺槽 | 第一单元 | 2016-2-21 | 50 | 278 | 72 | 0.90 | 0.65 | 66.7 | 1.7 |
| | 第二单元 | 2016-3-7 | 50 | 263 | 67 | 0.91 | 0.61 | 67.5 | 1.8 |
| | 第三单元 | 2016-3-30 | 50 | 239 | 74 | 1.07 | 0.79 | 60.5 | 1.8 |
| | 第四单元 | 2016-4-20 | 50 | 219 | 65 | 1.28 | 0.83 | 51.7 | 1.6 |
| | 第五单元 | 2016-5-12 | 53 | 199 | 63 | 1.62 | 1.02 | 50.8 | 1.8 |
| | 第六单元 | 2016-6-4 | 58 | 178 | 61 | 2.23 | 1.36 | 51.9 | 2.0 |
| | 第七单元 | 2016-6-29 | 26 | 143 | 72 | 2.5 | 1.8 | 42.1 | 2.1 |
| | 合计 | | 337 | 278 | | | | 391.2 | |

备注:9105 进风顺槽原始瓦斯含量 14.32 $m^3$/t,每评价单元瓦斯储量 79.4 万 $m^3$。

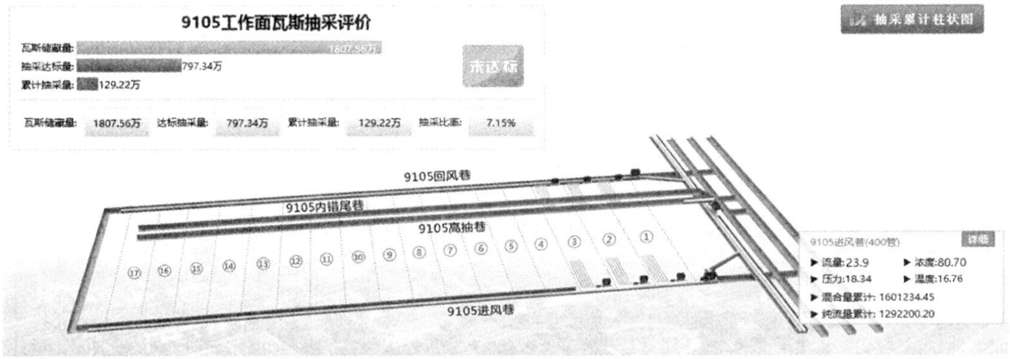


图 6-4-15　9105 工作面抽采评价图

① 顺槽支管瓦斯浓度及纯量

2016 年 2 月 21 日 9105 进风顺槽开始抽采瓦斯,抽采近一年时间后,累计抽采瓦斯 391.2 万 $m^3$。

瓦斯浓度分析:前 2 个月瓦斯抽采浓度平均维持在 90%左右,后几个月浓度维持在 70%～80%水平并趋于稳定,见图 6-4-16。

瓦斯抽采纯量分析:瓦斯抽采纯量随着钻孔数量的增加不断升高,最高达 20 $m^3$/min 以上;2016 年 7 月份以后,由于衔接原因,钻孔暂停施工,在施工钻孔数量固定的情况下,随着瓦斯含量和压力的降低,抽采纯量维持在 15 $m^3$/min 水平并有继续下降趋势。

② 单元抽采支管纯量及瓦斯浓度

各个单元抽采初期瓦斯浓度在 90%左右,抽采纯量在 5 $m^3$/min 以上,随时间推移,抽采浓度及纯量均呈下降趋势,三四个月以后,瓦斯抽采浓度维持在 60%～70%水平,抽采纯量降至 1 $m^3$/min 左右水平,累计抽采瓦斯量 36 万～40 万 $m^3$,煤层瓦斯含量下降至

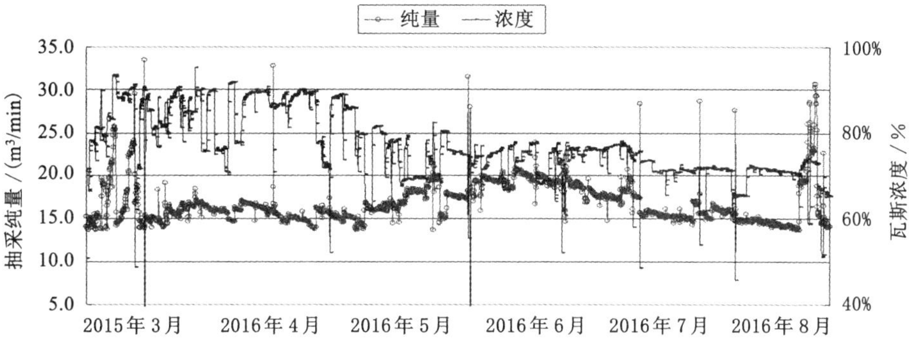


图 6-4-16　9105 进风顺槽瓦斯抽采数据汇总趋势图

7～8 $m^3/t$。

下面具体以第一、二、五单元为例，对评价单元瓦斯抽采效果进行详细分析。

a. 第一单元：

2016 年 2 月 21 日第一单元开始抽采，钻孔数量 50 个，抽采近一年时间时，累计抽采瓦斯 66.7 万 $m^3$。

瓦斯浓度分析：前 2 个月瓦斯抽采浓度平均维持在 90％以上水平，后几个月浓度维持在 60％～70％水平并趋于稳定，见图 6-4-17。

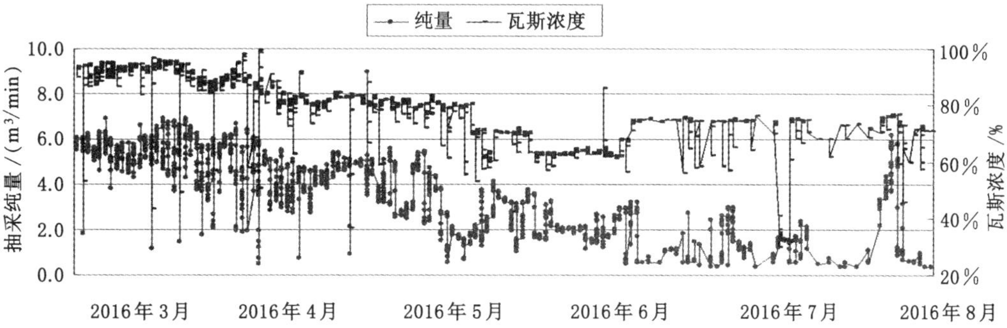


图 6-4-17　9105 进风顺槽第一单元瓦斯抽采数据汇总趋势图

瓦斯抽采纯量分析：瓦斯抽采纯量和瓦斯抽采浓度变化趋势基本一致，前 2 个月纯量较高，能够达到 5～7 $m^3/min$；至 6 月上旬，预抽 3 个多月以后，抽采纯量降至 1 $m^3/min$ 左右水平，并有继续下降趋势(此时累计抽采瓦斯量约 40 万 $m^3$)，说明该单元煤层瓦斯含量明显降低，已基本达标，与理论计算抽采达标时间基本一致。

b. 第二单元：

2016 年 3 月 7 日第二单元开始抽采，钻孔数量 50 个，抽采近一年时间后，累计抽采瓦斯 67.5 万 $m^3$。

瓦斯浓度分析：前 2 个月瓦斯抽采浓度平均维持在 75％以上水平，后几个月浓度维持在 70％～75％水平并趋于稳定，无明显下降迹象，见图 6-4-18。

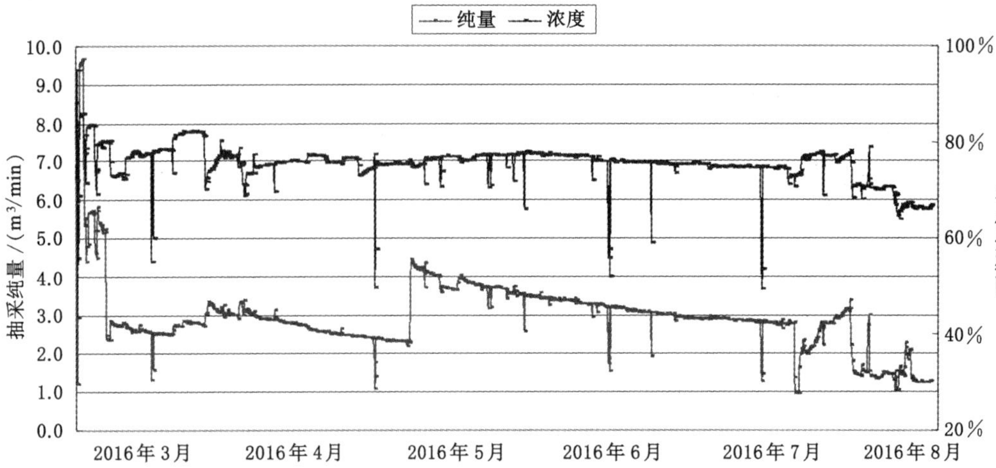


图 6-4-18　9105 进风顺槽第二单元瓦斯抽采数据汇总趋势图

瓦斯抽采纯量分析：前 2 个月纯量较低，基本保持在 2.5～3.5 $m^3/min$，后几个月最高时达 4.7 $m^3/min$ 水平，但呈下降趋势，至 7 月下旬，在抽采 4 个多月以后，抽采纯量降至 1 $m^3/min$ 左右水平(此时该单元累计抽采瓦斯约 38 万 $m^3$)，说明该单元煤层瓦斯含量明显降低，已基本达标。

c. 第五单元：

2016 年 5 月 12 日第五单元开始抽采，钻孔数量 53 个，抽采 7 个月后，累计抽采瓦斯 50.8 万 $m^3$。

瓦斯浓度分析：前 2 个月瓦斯抽采浓度平均维持在 90%水平，后几个月维持在 80%～85%水平并趋于稳定，无明显下降迹象，见图 6-4-19。

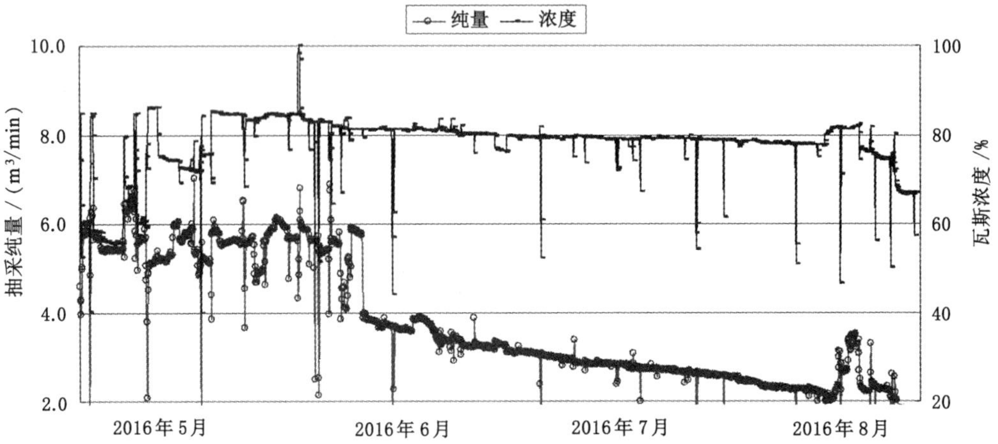


图 6-4-19　9105 进风顺槽第五单元瓦斯抽采数据汇总趋势图

瓦斯抽采纯量分析：瓦斯抽采纯量前 1 个月可达 5～6 $m^3/min$，后几个月随着瓦斯含量和压力降低，逐渐降至 2～3 m³/min 水平并有继续下降趋势，至 8 月上旬，抽采近 3 个以后，降至 2 m³/min 以下(此时该单元累计抽采瓦斯约 37 万 m³)，说明该单元煤层瓦斯含量明显降低，已基本达标，与理论计算抽采达标时间基本一致。

③ 抽采效果分析

以百米巷道为例，9# 煤层瓦斯抽采新工艺相比旧工艺，顺槽管路瓦斯抽采浓度提高了 8.7 倍，抽采纯量提高了 3.35 m³/min，吨煤瓦斯含量由原始 14.32 m³ 降至 8 m³ 以下需抽采天数减少 165 天，具体数据可见表 6-4-2。

**表 6-4-2　9# 煤层新旧抽采工艺瓦斯抽采效果对比表(100 m 计量单元)**

| 项目 | 施工地点 | 抽采浓度/% | 混合量/(m³/min) | 纯量/(m³/min) | 百米日抽采量/m³ | 吨煤瓦斯含量降至8 m³ 抽采天数/d |
|---|---|---|---|---|---|---|
| 新工艺 | 9105 进风顺槽 | 85 | 5.7 | 4.85 | 6 984 | 73 |
| 旧工艺 | 9101 进风顺槽 | 8.76 | 17.1 | 1.5 | 2 155 | 238 |
| 对比情况 | | +76.24 | −11.4 | +3.35 | +4 829 | −165 |

2）3412 辅助进风顺槽抽采标准化研究与应用抽采效果分析

3412 辅助进风顺槽设计长度 1 942 m，已施工 1 884 m。于 2016 年 4 月初开始施工本煤层钻孔，至 2016 年 11 月已施工 10 个评价单元，共计封连孔 336 个，孔间距 3 m，平均单孔施工深度 118 m，成孔率 90%，平均单孔下筛管深度 106 m，下筛管率 90%。观测记录显示，单孔瓦斯浓度最高 91%、最低 30%，平均单孔抽采纯量 0.06 m³/min，平均单孔日抽采量 86 m³。评价单元的瓦斯抽采情况见表 6-4-3 和图 6-4-20。

**表 6-4-3　3412 辅助进风顺槽本煤层瓦斯抽采统计表**

| 巷道名称 | 评价单元 | 开始抽采时间 | 孔数/个 | 抽采天数/d | 现抽采数据 | | | 累计抽采量/(万 m³) | 平均纯量/(m³/min) |
|---|---|---|---|---|---|---|---|---|---|
| | | | | | 抽采浓度/% | 混合量/(m³/min) | 纯量/(m³/min) | | |
| 3412 辅助进风顺槽 | 第一单元 | 2016-4-4 | 33 | 235 | 55.4 | 1.1 | 0.69 | 42.6 | 1.3 |
| | 第二单元 | 2016-4-18 | 33 | 221 | 53.5 | 1.2 | 0.75 | 38.3 | 1.2 |
| | 第三单元 | 2016-6-1 | 33 | 181 | 50.9 | 1.8 | 0.91 | 33.3 | 1.3 |
| | 第四单元 | 2016-6-19 | 34 | 163 | 50.2 | 1.5 | 0.75 | 27.6 | 1.2 |
| | 第五单元 | 2016-8-17 | 33 | 107 | 55.6 | 1.5 | 0.85 | 23.6 | 1.5 |
| | 第六单元 | 2016-8-26 | 33 | 99 | 60.3 | 1.9 | 1.17 | 24.5 | 1.7 |
| | 第七单元 | 2016-9-13 | 16 | 80 | 58.7 | 2.2 | 1.28 | 15.2 | 1.3 |
| | 第八单元 | 2016-9-22 | 28 | 71 | 62.5 | 2.2 | 1.35 | 16.3 | 1.6 |
| | 第九单元 | 2016-10-15 | 33 | 51 | 64.2 | 2.3 | 1.50 | 11.5 | 1.6 |
| | 第十单元 | 2016-10-27 | 33 | 41 | 60.0 | 2.0 | 1.20 | 8.3 | 1.4 |
| | 第十一单元 | 2016-11-15 | 27 | 24 | 61.7 | 2.6 | 1.60 | 6.2 | 1.8 |
| | 合计 | | 336 | 235 | | | | 247 | |

备注：3412 辅助进风顺槽原始瓦斯含量 11.77 m³/t，每评价单元瓦斯储量 48.1 万 m³。

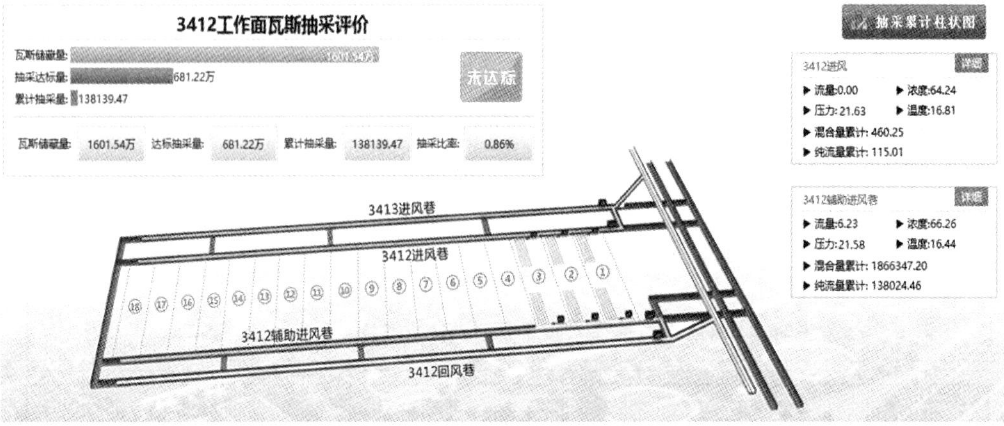


图 6-4-20　3412 工作面抽采评价图

① 顺槽管路瓦斯浓度及纯量

3412 辅助进风顺槽 2016 年 4 月 4 日开始抽采，抽采 8 个月后，累计抽采瓦斯 247 万 $m^3$。

瓦斯浓度分析：前 2 个月瓦斯抽采浓度平均维持在 80%左右水平，后几个月浓度维持在 60%左右水平并趋于稳定，见图 6-4-21。

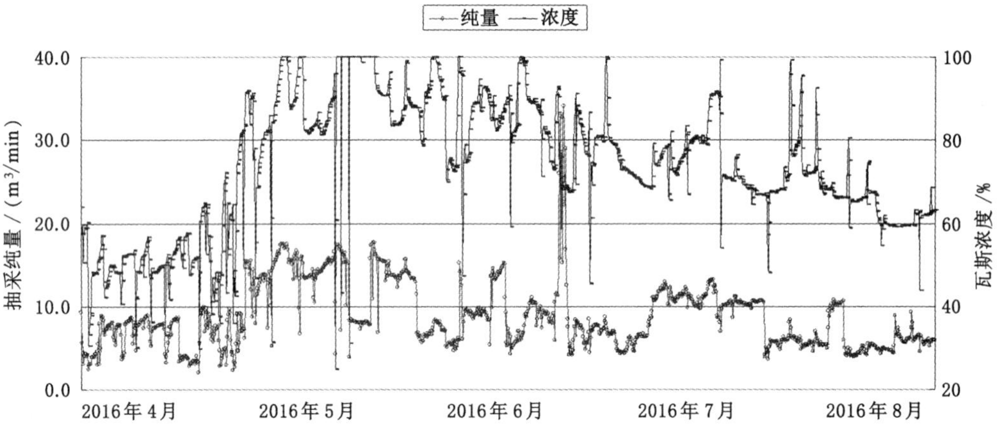


图 6-4-21　3412 辅助进风顺槽抽采数据汇总趋势图

抽采纯量分析：抽采纯量随着钻孔数量的增加不断升高，最高达 17 $m^3/min$，后几个月随着瓦斯含量和压力的降低，维持在 7 $m^3/min$ 水平并有继续下降趋势。

② 单元抽采支管瓦斯浓度及纯量

a. 第一单元：

第一单元 2016 年 4 月 4 日开始抽采，钻孔数量 33 个，抽采近 8 个月时间后，累计抽采瓦斯 42.6 万 $m^3$。

瓦斯浓度分析：瓦斯抽采浓度变化趋势不固定，随抽采时间出现数次降低和增长情况，整体在 60%水平，见图 6-4-22。

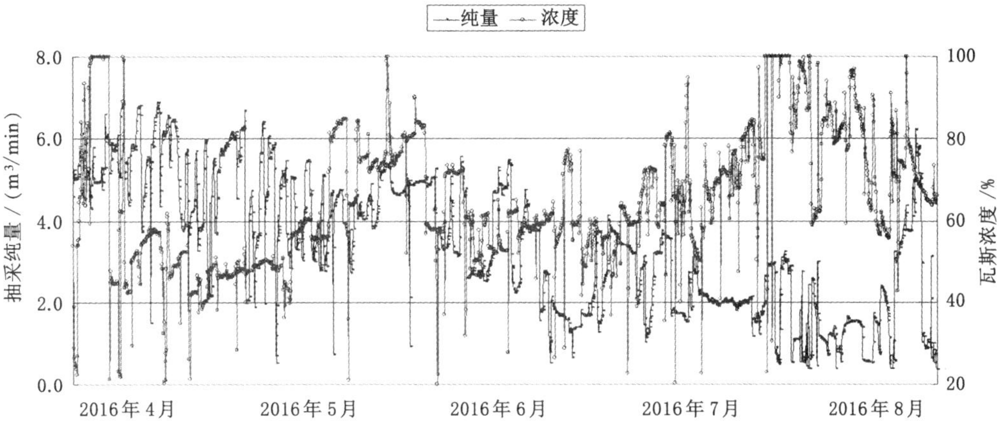


图 6-4-22　3412 辅助进风顺槽第一单元瓦斯抽采数据汇总趋势图

抽采纯量分析：抽采纯量开始抽采时处于平均 2 $m^3$/min 水平，与瓦斯浓度变化趋势基本一致，随抽采进行呈继续下降趋势，抽采近 2 个月后，降至 1 $m^3$/min 左右水平（此时该单元累计抽采瓦斯约 20 万 $m^3$），说明该单元煤层瓦斯含量明显降低，已基本达标，与理论计算抽采达标时间基本一致。

b. 第二单元：

第二单元 2016 年 4 月 18 日开始抽采，钻孔数量 33 个，抽采近 8 个月时间后，累计抽采瓦斯 38.3 万 $m^3$。

瓦斯浓度分析：瓦斯抽采浓度变化趋势不固定，随抽采的进行出现数次降低和增长情况，整体在 62%水平，见图 6-4-23。

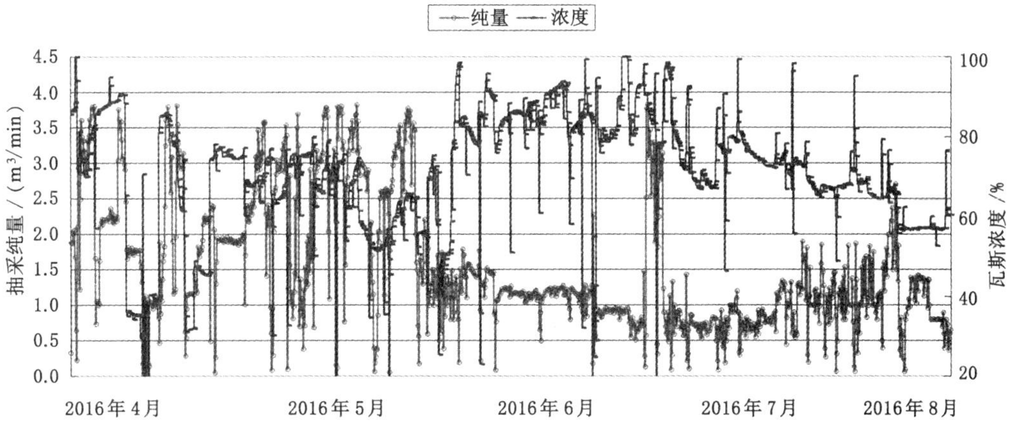


图 6-4-23　3412 辅助进风顺槽第二单元瓦斯抽采数据汇总趋势图

抽采纯量分析：抽采纯量平均在 3 $m^3$/min 水平，与瓦斯浓度变化趋势基本一致，逐渐稳定在 1～2 $m^3$/min 水平，抽采近 2 个月后，纯量降至 1 $m^3$/min 左右水平(此时该单元累计抽采瓦斯约 20 万 $m^3$)，说明该单元煤层瓦斯含量明显降低，已基本达标，与理论计算抽采达标时间基本一致。

c. 第三单元：

第三单元 2016 年 6 月 1 日开始抽采，钻孔数量 33 个，抽采半年时间后，累计抽采瓦斯 33.3 万 $m^3$。

瓦斯浓度分析：瓦斯抽采浓度平均维持在 70%～80%水平，整体变化趋势稳定，见图 6-4-24。

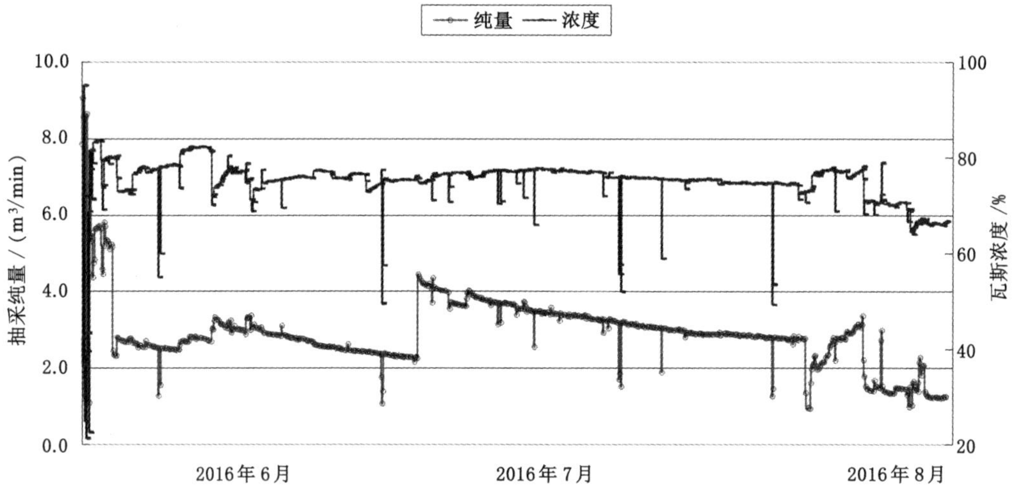


图 6-4-24　3412 辅助进风顺槽第三单元瓦斯抽采数据汇总趋势图

抽采纯量分析：抽采纯量在开始抽采时处于 3～4 $m^3$/min 水平，随着瓦斯含量和压力降低，逐渐稳定在 1.5 $m^3$/min 水平并有继续下降趋势，抽采近 2 月后，降至 1 $m^3$/min 左右水平(此时该单元累计抽采瓦斯约 17 万 $m^3$)，说明该单元煤层瓦斯含量明显降低，已基本达标，与理论计算抽采达标时间基本一致。

③ 抽采效果分析

以百米巷道为例，3# 煤层抽采新工艺相比旧工艺，顺槽管路瓦斯抽采浓度提高了 9.8 倍，抽采纯量提高了 1.27 $m^3$/min，吨煤瓦斯含量由原始 11.77 $m^3$ 降至 8 $m^3$ 以下需抽采天数减少 53 天，具体对比数据见表 6-4-4。

综上，相比原本煤层瓦斯抽采工艺，瓦斯抽采达标试验工艺都大大提高了本煤层瓦斯抽采浓度和抽采纯量，缩短了抽采达标时间，改善了本煤层瓦斯抽采效果。

(2) 抽采效果评价

1) 新、旧抽采工艺对比

① 顺槽支管路系统

**表 6-4-4　3# 煤层新旧抽采工艺瓦斯抽采效果对比表(100 m 计量单元)**

| 项目 | 施工地点 | 抽采浓度/% | 混合量/($m^3$/min) | 纯量/($m^3$/min) | 百米日抽采量/$m^3$ | 吨煤瓦斯含量降至 8 $m^3$ 抽采天数/d |
|---|---|---|---|---|---|---|
| 新工艺 | 3412 辅助进风 | 65 | 3.8 | 2.47 | 3 557 | 56 |
| 旧工艺 | 3415 进风 | 6 | 20 | 1.2 | 1728 | 109 |
| 对比情况 | | +59 | −16.2 | +1.27 | 1 829 | −53 |

3# 煤层、9# 煤层新工艺均采用由 $\phi$400 mm×3 mm×3 m 直缝焊钢管和 $\phi$226 mm×3 mm×4 m 单元直缝焊钢管组成的抽采管路系统，相比旧工艺采用的 $\phi$560 mm×1.7 mm×2 m 镀锌螺旋管抽采管路系统，它的气密性好、复用率高。两种工艺的管路规格对比见表 6-4-5。

**表 6-4-5　顺槽支管路新旧工艺对比表**

| 煤层 | | 9# 煤 | | 3# 煤 | |
|---|---|---|---|---|---|
| 工艺 | | 新工艺 | 旧工艺 | 新工艺 | 旧工艺 |
| 管路规格 | 材质 | 直缝焊钢管 | 镀锌螺旋管 | 直缝焊钢管 | 镀锌螺旋管 |
| | 管径/mm | 400、226 | 560 | 400、226 | 560 |
| | 壁厚/mm | 3 | 1.7 | 3 | 1.7 |
| | 长度/mm | 3($\phi$400 mm)<br>4($\phi$226 mm) | 2 | 3($\phi$400 mm)<br>4($\phi$226 mm) | 2 |

② 钻孔施工工艺

9# 煤新工艺采用 ZDY-4000L 型履带机、三棱钻杆施工本煤层钻孔，孔间距 2 m；旧工艺采用 ZDY-4000 型履带机及 CMS1-6500 型钻机、麻花钻杆施工本煤层钻孔，孔间距 1 m。新工艺相比旧工艺，钻孔平均施工深度提高了 22 m，成孔率提高了 15%。

3# 煤新工艺采用 ZDY-4000L 型履带机、肋骨钻杆施工本煤层钻孔，孔间距 3 m；旧工艺采用 ZDY-4000L 型履带机、麻花钻杆施工本煤层钻孔，孔间距 1 m。新工艺相比旧工艺，钻孔平均施工深度提高了 13 m，成孔率提高了 15%。见图 6-4-25。

对比可见，新工艺成孔率高，可有效减少工作面打钻盲区，进而减少工作面回采时卸压孔工程量。

③ 钻孔封孔、连孔

3# 煤、9# 煤新工艺均采用囊袋式“两堵一注”水泥砂浆封孔、高压管连孔工艺，9# 煤旧工艺采用聚氨酯“两堵一注”水泥砂浆封孔、PE 管连孔工艺，3# 煤旧工艺采用聚氨酯封孔工艺。

新工艺相比旧工艺，最高单孔瓦斯浓度 9# 煤提高了 35%、3# 煤提高了 61%，见

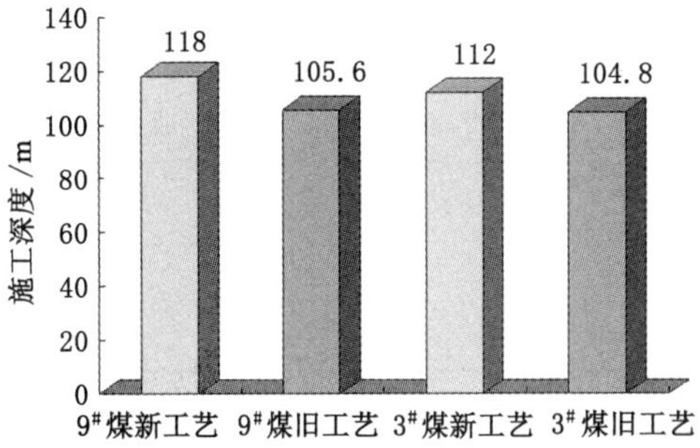

(a) 施工深度对比

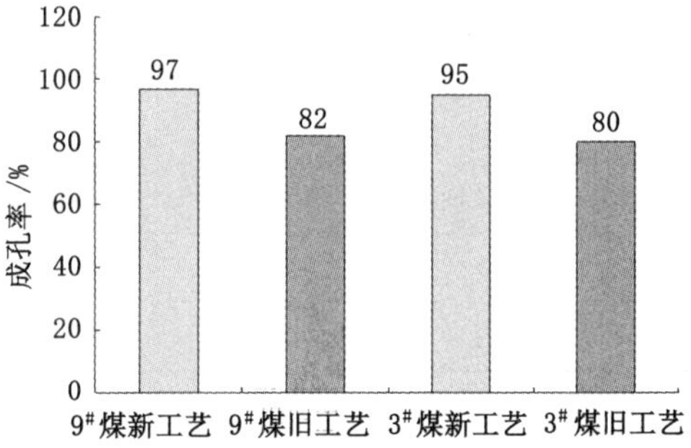

(b) 成孔率对比

图 6-4-25 新旧工艺钻孔施工深度与成孔率对比

图 6-4-26,且新连孔工艺可复用。

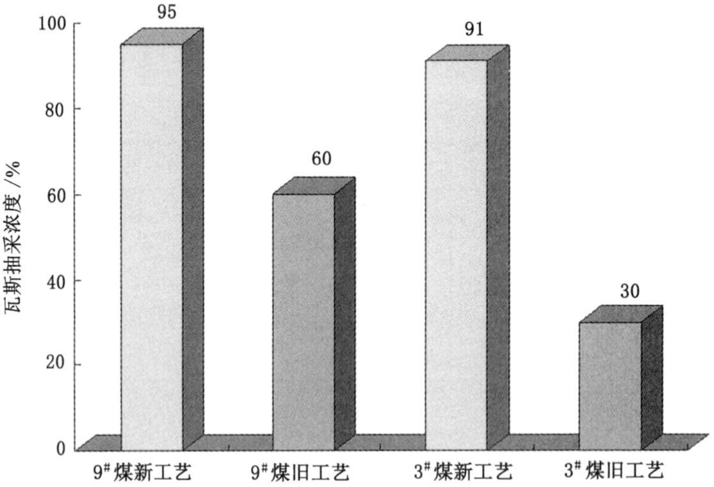


图 6-4-26 新旧工艺单孔瓦斯抽采浓度对比图

2）瓦斯抽采效果评价

以百米巷道的抽采为例,进行新旧工艺瓦斯抽采效果对比分析。

① 9# 煤抽采效果评价

9# 煤抽采新工艺相比旧工艺,顺槽管路瓦斯抽采浓度提高了 76.24%,是原来的 9.7 倍;抽采纯量提高了 3.35 $m^3/min$,是原来的 3.23 倍;吨煤瓦斯含量由原始 14.32 $m^3$ 降至 8 $m^3$ 以下需抽采天数减少 165 d,具体可见表 6-4-6。

② 3# 煤抽采效果评价

3# 煤抽采新工艺相比旧工艺,顺槽管路瓦斯抽采浓度提高了 59%,是原来浓度的 10.8倍;抽采纯量提高了1.27 $m^3/min$,是原来的 2.06 倍;吨煤瓦斯含量由原始11.77 $m^3$降至 8 $m^2$ 以下需抽采天数减少 53 d,具体可见表 6-4-7。

表 6-4-6　9# 煤新旧抽采工艺瓦斯抽采效果对比表(100 m 计量单元)

| 项目 | 施工地点 | 抽采浓度/% | 混合量 /($m^3$/min) | 纯量 /($m^3$/min) | 百米日抽采量 /$m^3$ | 吨煤瓦斯含量降至 8 $m^3$ 抽采天数/d |
|---|---|---|---|---|---|---|
| 新工艺 | 9105 进风 | 85.00 | 5.7 | 4.85 | 6 984 | 73 |
| 旧工艺 | 9101 进风 | 8.76 | 17.1 | 1.5 | 2 155 | 238 |
| 对比情况 | | +76.24 | −11.4 | +3.35 | +4 829 | −165 |

表 6-4-7　3# 煤新旧抽采工艺瓦斯抽采效果对比表(100 m 计量单元)

| 项目 | 施工地点 | 抽采浓度 /% | 混合量 /($m^3$/min) | 纯量 /($m^3$/min) | 百米日抽采量 /$m^3$ | 吨煤瓦斯含量降至 8 $m^3$ 抽采天数/d |
|---|---|---|---|---|---|---|
| 新工艺 | 3412 辅助进风 | 65 | 3.8 | 2.47 | 3 557 | 56 |
| 旧工艺 | 3415 进风 | 6 | 20 | 1.2 | 1 728 | 109 |
| 对比情况 | | +59 | −16.2 | +1.27 | +1 829 | −53 |

(3) 经济效益评价

1) 9# 煤百米巷道投入费用比较(100 m 计量单元、6.25 万 t 产量、90 d 瓦斯抽采量)

9# 煤抽采实施新工艺比旧工艺综合效益增加 43.75 万元/百米，吨煤降本增收 7 元/t。其中：

① 降耗情况：9105 进风巷(新工艺)抽采投入费用 36.52 万元/百米，比 9101 进风巷(旧工艺)投入费用 69.41 万元/百米降低 32.89 万元/百米，吨煤成本降低 5.26 元。

② 增收情况：按照供气管理中心对新元公司瓦斯结算单价(瓦斯浓度大于 40%时按照 0.25 元/$m^3$ 结算)，新工艺结算 15.71 万元/百米，比旧工艺 4.85 万元/百米增收 10.86 万元/百米，吨煤增收 1.74 元。

新旧工艺对比情况见图 6-4-27。

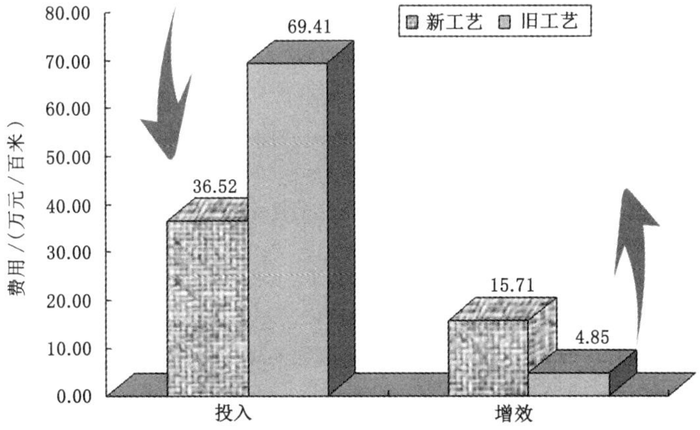


图 6-4-27　9# 煤百米巷道降本增收分析图

2) 3# 煤百米巷道投入费用比较(100 m 计量单元、5 万 t 产量、90 d 瓦斯抽采量)

3# 煤抽采实施新工艺比旧工艺综合效益增加 47.85 万元/百米,吨煤降本增收 9.57 元/t。其中:

① 降耗情况:3412 辅助进风巷(新工艺)抽采投入费用 25.68 万元/百米,比 3415 进风巷(旧工艺)投入费用(考虑材料复用)69.41 万元/百米降低 43.73 万元/百米,吨煤成本降低 8.74 元/t。

② 增效情况(90 d 抽采量):按照供气管理中心对新元公司瓦斯结算单价(瓦斯浓度大于 40%时按照 0.25 元/$m^3$ 结算),新工艺抽采瓦斯发电可结算 8.00 万元/百米,比旧工艺 3.89 万元/百米增收 4.11 万元/百米,吨煤增收 0.83 元/t。

新旧工艺对比情况见图 6-4-28。

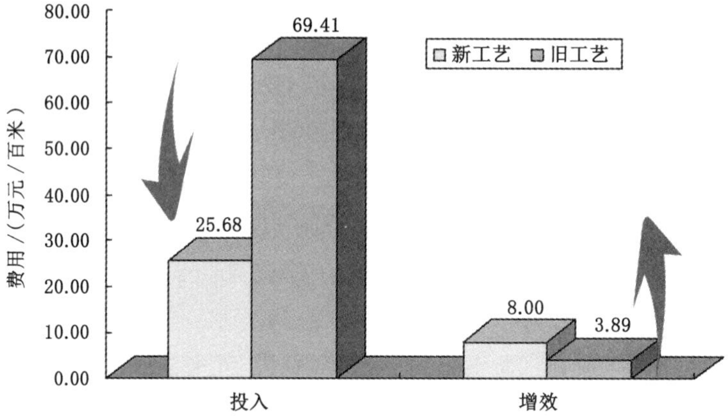


图 6-4-28 3# 煤百米巷道降本增收分析

6.4.3.2 寺家庄公司

(1) 抽采效果分析

1) 15106 进风顺槽瓦斯抽采标准化研究与应用抽采效果分析

15106 进风顺槽设计长度 1 856 m,现已施工 832 m(包含 15 个钻场 75 m)。2016 年 4 月中旬开始施工本煤层孔,目前划分 3 个评价单元,共计封连孔 310 个,单排孔间距3 m,平均单孔施工深度 150 m,成孔率 88%,平均单孔下筛管深度 120 m,下筛管率 83%。据观测记录显示,单孔瓦斯浓度最高 85%、最低 10%,单孔平均瓦斯抽采纯量 0.03 $m^3$/min,单孔平均日抽采量 43 $m^3$。评价单元瓦斯抽采情况见表 6-4-8。

① 顺槽支管浓度及纯量

15106 进风顺槽 2016 年 4 月 18 日开始抽采,抽采 8 个月,累计抽采瓦斯 206.734 9 万 $m^3$。

瓦斯浓度分析:前 2 个月瓦斯抽采浓度平均维持在 25%左右,后几个月浓度维持在 15%～20%并趋于稳定。

抽采纯量分析:抽采纯量先随钻孔数量的增加不断升高,最高达 2 $m^3$/min,后几个月随着瓦斯含量和压力的降低，维持在 1.5 $m^3$/min 左右。

**表 6-4-8　15106 进风顺槽本煤层瓦斯抽采数据统计表**

| 巷道名称 | 评价单元 | 开始抽采时间 | 孔数/个 | 抽采天数/d | 抽采数据 | | | 累计抽采量/(万 $m^3$) | 平均纯量/($m^3$/min) |
|---|---|---|---|---|---|---|---|---|---|
| | | | | | 抽采浓度/% | 混合量/($m^3$/min) | 纯量/($m^3$/min) | | |
| 15106进风顺槽 | 第一单元 | 2016-4-18 | 136 | 241 | 19 | 12.43 | 2.36 | 160.437 3 | 4.6 |
| | 第二单元 | 2016-8-27 | 110 | 110 | 24.5 | 12.61 | 3.09 | 35.018 0 | 2.2 |
| | 第三单元 | 2016-10-21 | 64 | 56 | 11.5 | 12.19 | 1.40 | 11.279 6 | 1.4 |
| | 合计 | | 310 | 241 | | | | 206.7349 | |

② 单元抽采支管瓦斯浓度及纯量

各单元抽采初期瓦斯浓度在 30%左右，抽采纯量在 2 $m^3$/min 左右，随时间推移，抽采浓度在 16%～20%，抽采纯量降至 1 $m^3$/min 左右，累计抽采瓦斯量 35 万～160 万 $m^3$。

a. 第一单元：

第一单元 2016 年 4 月 18 日开始抽采，钻孔数量 136 个，抽采 8 个月时间，累计抽采瓦斯 160.4373 万 $m^3$。

瓦斯浓度分析：瓦斯抽采浓度随抽采进行逐渐降低，最后处于 19%左右。

抽采纯量分析：抽采纯量平均 2 $m^3$/min 左右，变化趋势与瓦斯浓度基本一致。

b. 第二单元：

第二单元 2016 年 8 月 27 日开始抽采，钻孔数量 110 个，抽采近 4 个月时间，累计抽采瓦斯 35.018 万 $m^3$。

瓦斯浓度分析：瓦斯抽采浓度随抽采进行逐渐降低，最后稳定在 24%左右。

抽采纯量分析：抽采纯量与瓦斯浓度变化趋势基本一致，逐渐稳定在 3 $m^3$/min 左右。

c. 第三单元：

第三单元 2016 年 10 月 21 日开始抽采，钻孔数量 64 个，抽采近 2 个月时间，累计抽采瓦斯 11.279 6 万 $m^3$。

瓦斯浓度分析：瓦斯抽采浓度平均维持在 12%以上水平并趋于稳定，整体变化不大。

抽采纯量分析：抽采纯量与瓦斯浓度变化趋势基本一致，逐渐稳定在平均 1.4 $m^3$/min 左右。

③ 抽采效果分析

以百米巷道为例，抽采新工艺相比旧工艺，顺槽管路瓦斯抽采浓度提高了 17%，是原来浓度的 3.1 倍；抽采纯量提高了 0.57 $m^3$/min；瓦斯含量由原始10.29 $m^3$/t降至 8 $m^3$/t 以下需抽采天数减少 27 d，具体数据见表 6-4-9。

综上，相比原本煤层瓦斯抽采工艺，瓦斯抽采达标试验工程提高了本煤层瓦斯抽采浓度和抽采纯量,保证了瓦斯抽采效果。

表 6-4-9　新旧抽采工艺瓦斯抽采效果对比表(100 m 计量单元)

| 项目 | 施工地点 | 抽采浓度/% | 混合量/($m^3$/min) | 纯量/($m^3$/min) | 百米日抽采量/$m^3$ | 吨煤瓦斯含量降至 8 $m^3$ 抽采天数/d |
|---|---|---|---|---|---|---|
| 新工艺 | 15106 进风 | 25 | 8.2 | 2.05 | 2 950 | 72 |
| 旧工艺 | 15116 进风 | 8 | 18.5 | 1.48 | 2 140 | 99 |
| 对比情况 | | +17 | −10.3 | +0.57 | +810 | −27 |

备注:15106 进风顺槽原始瓦斯含量 10.29 $m^3$/t,每评价单元瓦斯储量 27.73 万 $m^3$。

2) 15117 进风顺槽瓦斯抽采标准化研究与抽采效果分析

15117 进风顺槽设计长度 1 788 m,已施工 1 195 m(含岩巷段长度 382 m,煤巷长度 813 m)。于 2016 年 4 月初开始施工本煤层钻孔,目前划分 9 个评价单元,共计封连孔 280 个,单排孔间距 3 m,平均单孔施工深度 120 m,成孔率 95%,平均单孔下筛管深度 90 m,下筛管率 85%。据观测记录显示,单孔瓦斯浓度最高 89%、最低 2%,平均单孔抽采纯量 1.4 $m^3$/min,平均单孔日抽采量 86 $m^3$。评价单元瓦斯抽采情况见表 6-4-10。

表 6-4-10　15117 进风巷本煤层瓦斯抽采统计表

| 巷道名称 | 评价单元 | 开始抽采时间 | 孔数/个 | 抽采天数/d | 抽采数据 | | | 累计抽采量/(万 $m^3$) | 平均纯量/($m^3$/min) |
|---|---|---|---|---|---|---|---|---|---|
| | | | | | 抽采浓度/% | 混合量/($m^3$/min) | 纯量/($m^3$/min) | | |
| 15117 进风顺槽 | 第一单元 | 2016-9-18 | 88 | 89 | 22 | 6.04 | 1.33 | 25.546 4 | 1.99 |
| | 第二单元 | 2016-10-21 | 93 | 56 | 16 | 7.52 | 1.20 | 15.546 5 | 1.93 |
| | 第三单元 | 2016-11-16 | 47 | 30 | 12.5 | 5.91 | 0.74 | 3.820 7 | 0.88 |
| | 第四单元 | 2016-12-11 | 52 | 5 | 7.5 | 12.1 | 0.91 | 0.656 9 | 0.91 |
| | 合计 | | 280 | 89 | | | | 45.570 5 | |

备注:15117 进风顺槽原始瓦斯含量 13.7 $m^3$/t,每评价单元瓦斯储量 42.196 万 $m^3$。

① 顺槽管路瓦斯抽采浓度及纯量

15117 进风顺槽 2016 年 9 月 18 日开始抽采,抽采 3 个月,累计抽采瓦斯 45.5705 万 $m^3$。

瓦斯浓度分析:前一个月瓦斯抽采浓度平均维持在 28%左右,后几个月浓度维持在 15%左右并趋于稳定。

抽采纯量分析:抽采纯量先随着钻孔数量的增加不断升高,最高达2.5 $m^3$/min;后几个月随着瓦斯含量和压力的降低,维持在 1.5 $m^3$/min 左右并趋于稳定。

② 单元支管瓦斯抽采浓度及纯量

a. 第一单元:

第一单元 2016 年 9 月 18 日开始抽采，钻孔数量 88 个，抽采 3 个月，累计抽采瓦斯 25.546 4 万 $m^3$。

瓦斯浓度分析：瓦斯抽采浓度随抽采进行逐渐降低，最后处于 20%上下。

抽采纯量分析：抽采纯量与瓦斯浓度变化趋势基本一致，最后逐渐降至 1.3 $m^3$/min 上下。

b. 第二单元：

第二单元 2016 年 10 月 21 日开始抽采，钻孔数量 56 个，抽采近 2 个月时间，累计抽采瓦斯 15.546 5 万 $m^3$。

瓦斯浓度分析：瓦斯抽采浓度随抽采进行逐渐降低，最后处于 14%上下。

抽采纯量分析：抽采纯量与瓦斯浓度变化趋势基本一致，最后逐渐稳定在 1 $m^3$/min 上下。

c. 第三单元：

第三单元 2016 年 11 月 16 日开始抽采，钻孔数量 47 个，抽采 1 个月时间，累计抽采瓦斯 3.820 7 万 $m^3$。

瓦斯浓度分析：瓦斯抽采浓度平均维持在 12%以上水平并趋于稳定，整体变化趋势平稳。

抽采纯量分析：抽采纯量最初处于 0.7 $m^3$/min 水平，随着瓦斯含量和压力降低，逐渐稳定在 0.6 $m^3$/min 左右。

③ 抽采效果分析

以百米巷道为例，抽采新工艺相比旧工艺，顺槽管路瓦斯抽采浓度提高了 20%，是原来浓度的 3.5 倍，抽采纯量提高了 0.53 $m^3$/min，吨煤瓦斯含量由原始 13.7 $m^3$ 降至 8 $m^3$ 以下需抽采天数减少 65 天，具体可见表 6-4-11。

**表 6-4-11　新旧抽采工艺瓦斯抽采效果对比表(100 m 计量单元)**

| 项目 | 施工地点 | 抽采浓度/% | 混合量/($m^3$/min) | 纯量/($m^3$/min) | 百米日抽采量/$m^3$ | 吨煤瓦斯含量降至 8 $m^3$ 抽采天数/d |
|---|---|---|---|---|---|---|
| 新工艺 | 15117 进风 | 28 | 7.18 | 2.01 | 2 895 | 181 |
| 旧工艺 | 15116 进风 | 8 | 18.50 | 1.48 | 2 140 | 246 |
| 对比情况 | | +20 | −11.32 | +0.53 | +755 | −65 |

综上，相比原本煤层瓦斯抽采工艺，瓦斯抽采达标试验工程大大提高了本煤层瓦斯抽采浓度和抽采纯量，缩短了抽采达标时间，改善本煤层瓦斯抽采效果明显。

(2) 抽采效果评价

1) 新、旧抽采工艺对比

① 顺槽支管路系统

新工艺均采用由 $\phi400$ mm×3 mm×3 m 螺旋焊钢管和 $\phi250$ mm×3 mm×3 m 单

元螺旋焊钢管组成的抽采管路系统，相比旧工艺采用的 $\phi$510 mm×1.7 mm×2.6 m 直缝焊钢管抽采管路系统，气密性好、复用率高，顺槽管路抽采负压 13 kPa，且实现了抽采单元评价，具体对比数据见表 6-4-12。

**表 6-4-12　顺槽支管路新旧工艺对比表**

| 煤层 | | 15#煤 | |
|---|---|---|---|
| 工艺 | | 新工艺 | 旧工艺 |
| 管路规格 | 材质 | 螺旋焊钢管 | 直缝焊钢管 |
| | 管径/mm | 400、250 | 510 |
| | 壁厚/mm | 3 | 1.7 |
| | 长度/m | 3($\phi$400 mm)、3($\phi$250 mm) | 2.6 |

② 钻孔施工工艺

新工艺采用山东 ZDY-4200LPS-A 型钻机、肋骨钻杆施工本煤层钻孔，单排孔间距 3 m；旧工艺采用江苏中煤 CMS1-1200 型和 CMS1-4200/58 型钻机、麻花钻杆施工本煤层钻孔，单排孔间距 3 m。新工艺相比旧工艺，钻孔施工效率提高了 25%，成孔率提高了 15%。

新工艺成孔率高，有效减少了工作面打钻盲区，进而减少了工作面回采时卸压孔工程量。

③ 钻孔封孔、连孔

新工艺均采用囊袋式“两堵一注”水泥砂浆封孔、高压管连孔工艺，旧工艺采用聚氨酯封孔工艺。

新工艺相比旧工艺，最高单孔瓦斯抽采浓度由平均 35%提高到 90%，且新连孔工艺可复用。

2）抽采效果评价

① 15106 进风工作面抽采标准化研究与应用抽采效果评价

以百米巷道为例，抽采新工艺相比旧工艺，顺槽管路瓦斯抽采浓度提高了 17%，是原来浓度的 3.1 倍；抽采纯量提高了 0.57 m³/min；吨煤瓦斯含量由原始 10.29 m³ 降至 8 m³ 以下需抽采天数减少 27 d。具体对比数据可见表 6-4-13。

**表 6-4-13　新旧抽采工艺瓦斯抽采效果对比表(100 m 计量单元)**

| 项目 | 施工地点 | 抽采浓度/% | 混合量/(m³/min) | 纯量/(m³/min) | 百米日抽采量/m³ | 吨煤瓦斯含量降至 8 m³ 抽采天数/d |
|---|---|---|---|---|---|---|
| 新工艺 | 15106 进风巷 | 25 | 8.2 | 2.05 | 2 950 | 72 |
| 旧工艺 | 15116 进风巷 | 8 | 18.5 | 1.48 | 2 140 | 99 |
| 对比情况 | | +17 | −10.3 | +0.57 | +810 | −27 |

备注：15106 进风巷原始瓦斯含量 10.29 m³/t，每评价单元瓦斯储量 27.73 万 m³。

② 15117 进风工作面抽采标准化研究与应用抽采效果评价

以百米巷道为例，抽采新工艺相比旧工艺，顺槽管路瓦斯抽采浓度提高了 20%，是原来浓度的 3.5 倍；抽采纯量提高了 0.53 $m^3/min$；吨煤瓦斯含量由原始 13.7 $m^3$ 降至 8 $m^3$ 以下需抽采天数减少 65 d。具体对比数据见表 6-4-4。

**表 6-4-14　新旧抽采工艺瓦斯抽采效果对比表(100 m 计量单元)**

| 项目 | 施工地点 | 抽采浓度/% | 混合量/($m^3$/min) | 纯量/($m^3$/min) | 百米日抽采量/$m^3$ | 吨煤瓦斯含量降至 8 $m^3$ 抽采天数/d |
|---|---|---|---|---|---|---|
| 新工艺 | 15117 进风巷 | 28 | 7.18 | 2.01 | 2 895 | 181 |
| 旧工艺 | 15116 进风巷 | 8 | 18.50 | 1.48 | 2 140 | 246 |
| 对比情况 | | +20 | −11.32 | +0.53 | +755 | −65 |

(3) 经济效益评价

抽采标准化研究与应用标准化巷道建设的主要转变有以下几点：

① 抽采支管敷设部分：原巷道只敷设一趟 $\phi$510 mm 瓦斯管为主抽采管路；标准巷道变更为加厚 $\phi$400 mm 与 $\phi$250 mm 瓦斯管上下平行敷设，其中 $\phi$400 mm 瓦斯管为主管，$\phi$250 mm 瓦斯管为支管。每 100 m 为一个抽采单元，用于分段抽采及汇总观测数据。

② 钻孔连接工艺部分：原巷道钻孔孔口使用 1 个弯头，另一端用 $\phi$64 mm 锁孔软管连接，锁孔软管再与集气装置连接，集气装置顶部用 1 根 $\phi$76 mm 锁孔软管与 $\phi$510 mm 瓦斯管连接，视觉呈现为蛛网状；标准巷道整套连接管路全部使用高压管，视觉呈现为网格状，并可实现每个钻孔的抽采负压关停。

③ 钻孔封孔工艺部分：原巷道只在孔口以里 12 m 处开始封孔，共封 8 m，并且不下筛管；标准单元抽采技术应用推广巷道为孔口以里 20 m 处开始封孔，共封 8 m，并且封孔管至钻孔底部全长下筛管。

④ 抽采瓦斯平均浓度由原抽采工艺的 8% 提高至 26.5%；日均抽采量由原来的 2 100 $m^3$ 提高至 2 920 $m^3$，目前已达到 7 850 $m^3$/d。

采取以上抽采标准化技术转变后，每米巷道的抽采工艺成本由原来的 424.09 元增加至 1 403.61 元，但抽采标准化工艺采用的材料使用寿命在 10 年以上，与原抽采工艺使用材料 2 年的寿命相比，节约了大量成本。按抽采 10 年计算，每米巷道节约成本约为 716.84元，而 2016 年已建设抽采标准化巷道 1 851 m，则可节约总成本约 132.7 万元。

采取抽采标准化技术后，巷道日均抽采量由 1 000 $m^3$ 提高到 4 100 $m^3$，按寺家庄公司瓦斯售价 0.15 元/$m^3$、每月 30 天、每年 12 个月计算，全年抽采量提高效益 16.74 万元。

6.4.3.3　新景公司

(1) 3217 进风巷瓦斯抽采标准化研究与应用抽采效果分析

3217 进风巷设计长度 1 424 m，现已施工 998 m。2016 年 2 月中旬开始施工本煤层孔,由于初期钻孔施工区域位于原千米钻机预抽影响范围内不予考虑,钻孔施工在影响范围外,目前划分 3 个评价单元,共计封连孔 107 个,钻孔间距 2.5 m,平均单孔施工深度 150 m,成孔率 87%,下筛管率 90%。据观测记录,单孔瓦斯浓度最高 78%、最低 14.2%,平均单孔抽采纯量 0.034 $m^3$/min,平均单孔日抽采量 49.5 $m^3$。评价单元瓦斯抽采情况见表 6-4-15。

**表 6-4-15　3217 进风巷本煤层瓦斯抽采统计表**

| 巷道名称 | 评价单元 | 开始抽采时间 | 孔数/个 | 抽采天数/d | 抽采数据 | | | 累计抽采量/(万 $m^3$) |
|---|---|---|---|---|---|---|---|---|
| | | | | | 抽采浓度/% | 混合量/($m^3$/min) | 纯量/($m^3$/min) | |
| 3217 进风巷 | 第一单元 | 2016-3-29 | 19 | 264 | 43.88 | 2.005 | 0.876 | 33.302 0 |
| | 第二单元 | 2016-4-6 | 48 | 257 | 43.98 | 3.432 | 1.444 2 | 53.447 0 |
| | 第三单元 | 2016-5-17 | 40 | 217 | 37.10 | 4.008 | 1.079 6 | 33.735 3 |
| | 合计 | | 107 | 264 | | | | 120.484 3 |

① 顺槽支管瓦斯浓度及抽采纯量

3217 进风巷 2016 年 3 月 29 日开始抽采,抽采 9 个月,累计抽采瓦斯 120.484 3 万 $m^3$。

瓦斯浓度分析:前 2 个月瓦斯抽采浓度平均维持在 52%左右,后几个月浓度维持在 30%~35%并趋于稳定。

抽采纯量分析:抽采纯量一开始随着钻孔数量的增加不断升高,最高达 4.15 $m^3$/min;后几个月随着瓦斯含量和压力的降低,抽采纯量维持在 1.01 $m^3$/min 左右。

② 单元抽采支管瓦斯浓度及抽采纯量

以下对评价单元瓦斯抽采效果进行详细分析。

a. 第一单元:

第一单元 2016 年 3 月 29 日开始抽采,钻孔数量 19 个,抽采近 9 个月,累计抽采瓦斯 33.302 0 万 $m^3$。

瓦斯浓度分析:瓦斯抽采浓度随抽采进行逐渐降低,最后稳定在 30%左右。

抽采纯量分析:抽采纯量初期平均 1.504 3 $m^3$/min 左右,随后逐渐降至0.54 $m^3$/min 左右。

b. 第二单元:

第二单元 2016 年 4 月 6 日开始抽采,钻孔数量 48 个,抽采 8 个月时间,累计抽采瓦斯 53.447 0 万 $m^3$。

瓦斯浓度分析:瓦斯抽采浓度随抽采进行逐渐降低,最后稳定在 30%左右。

抽采纯量分析:抽采纯量初期平均 2.49 $m^3$/min 左右,随后逐渐稳定在0.87 $m^3$/min 左右。

c. 第三单元：

第三单元 2016 年 5 月 17 日开始抽采，钻孔数量 40 个，抽采 7 个月，累计抽采瓦斯 33.735 3 万 $m^3$。

瓦斯浓度分析：瓦斯抽采浓度平均维持在 30%以上水平并逐渐趋于稳定。

抽采纯量分析：抽采纯量初期平均 2.24 $m^3$/min 左右，随着瓦斯含量和压力降低，逐渐稳定在 0.80 $m^3$/min 左右。

③ 抽采效果分析

以百米巷道为例，抽采新工艺相比旧工艺，顺槽管路瓦斯抽采浓度提高了 36.65%，抽采纯量提高了 1.355 $m^3$/min，吨煤瓦斯含量由原始 18 $m^3$ 降至 8 $m^3$ 以下需抽采天数减少 233 d。具体数据见表 6-4-16。

**表 6-4-16　新旧抽采工艺瓦斯抽采效果对比表(100 m 计量单元)**

| 项目 | 施工地点 | 抽采浓度/% | 混合量/($m^3$/min) | 纯量/($m^3$/min) | 百米日抽采量/$m^3$ | 吨煤瓦斯含量降至 8 $m^3$ 抽采天数/d |
|---|---|---|---|---|---|---|
| 新工艺 | 3217 进风巷 | 41.65 | 3.696 4 | 1.375 8 | 1 981 | 267 |
| 旧工艺 | 二区南八正巷 | 5 | 0.416 0 | 0.020 8 | 1 058 | 500 |
| 对比情况 | | +36.65 | +3.280 4 | +1.355 | +923 | −233 |

综上，相比原本煤层瓦斯抽采工艺，瓦斯抽采达标试验工程大大提高了本煤层瓦斯抽采浓度和抽采纯量，缩短了抽采达标时间，改善本煤层瓦斯抽采效果明显。

(2) 抽采效果评价

1) 新、旧抽采工艺对比

① 顺槽支管路系统

新工艺均采用由 $\phi$400 mm×3 mm×3 m 螺旋焊钢管和 $\phi$250 mm×3 mm×3 m 单元螺旋焊钢管组成的抽采管路系统，相比旧工艺采用的 $\phi$3 150 mm×1.7 mm×3 m 直缝焊钢管抽采管路系统，气密性好、复用率高，顺槽管路抽采负压 13 kPa，且实现了抽采单元评价。对比情况见表 6-4-17。

**表 6-4-17　顺槽支管路新旧工艺对比表**

| 煤层 | | 15# 煤 | |
|---|---|---|---|
| 工艺 | | 新工艺 | 旧工艺 |
| 管路规格 | 材质 | 螺旋焊钢管 | 螺旋镀锌铁管 |
| | 管径/mm | 400、250 | 3 150 |
| | 壁厚/mm | 3 | 1.7 |
| | 长度/m | 3($\phi$400 mm)、3($\phi$250 mm) | 3 |

② 钻孔施工工艺

新工艺均采用较成熟的德国 EH260 型钻机、螺旋钻杆施工本煤层钻孔，孔间距 2.5 m，满足现场施工需要，减少打钻盲区。

③ 钻孔封孔、连孔工艺

新工艺均采用囊袋式“两堵一注”水泥砂浆封孔、高压管连孔工艺，旧工艺采用聚氨酯封孔工艺。

新工艺相比旧工艺，最高单孔瓦斯浓度提高了 50%～60%，且新连孔工艺可复用。

2）抽采效果评价

以一个评价单元即 100 m 巷道抽采为例，进行新旧工艺对比分析。抽采新工艺相比旧工艺，顺槽管路瓦斯抽采浓度提高了 36.65%，是原来的 8.33 倍；抽采纯量提高了 1.355 $m^3$/min，是原来的 66 倍；吨煤瓦斯含量由原始 18 $m^3$ 降至 8 $m^3$ 以下需抽采天数减少 233 d。

（3）经济效益评价

抽采标准化研究与应用标准化巷道建设的主要转变有以下几点：

① 抽采主管敷设部分：原巷道只敷设一趟 $\phi$315 mm 瓦斯管为主抽采管路；标准巷道变更为加厚 $\phi$400 mm 与 $\phi$250 mm 瓦斯管上下平行敷设，其中 $\phi$400 mm 瓦斯管为主管，$\phi$250 mm 瓦斯管为支管。每 100 m 为一个抽采单元，用于分段抽采及汇总观测数据。

② 抽采瓦斯平均浓度由原抽采工艺的 5%提高至 41.65%，百米日均抽采量由原来的 1 058 $m^3$ 提高至 4 896 $m^3$。

③ 采取以上抽采标准化技术转变后，每米巷道的抽采工艺成本由原来的 590.7 元增加至 718 元，但抽采标准化工艺采用的材料使用寿命在 10 年以上，与原抽采工艺使用材料 2 年的寿命相比，可节约大量成本。按抽采 10 年计算，每米巷道节约成本约 2 235.5 元，而 2016 年已建设抽采标准化巷道 267.5 m，则可节约总成本约 59.8 万元。

④ 旧工艺钻孔间距为 1.5 m，新工艺钻孔间距为 2.5 m，百米巷道新工艺钻孔为 40 个，旧工艺钻孔为 66.7 个，根据钻孔每米 125.8 元施工成本计算，每米巷道新工艺比旧工艺节省施工成本 33.6 元。

⑤ 采取抽采标准化工艺后，巷道日均瓦斯抽采量由原工艺的 1 058 $m^3$ 提高到 4 896 $m^3$，按新景公司瓦斯售价 0.15 元/$m^3$、每月 30 天、每年 12 个月计，全年抽采量提高效益 20.73 万元。

## 参考文献：

[1] 何国益.矿井瓦斯治理实用技术[M].北京：煤炭工业出版社，2009.

[2] 蒋承林，杨胜强，石必明.矿井瓦斯灾害防治与利用[M].徐州：中国矿业大学出版社，2013.

[3] 宋学锋，李新春，曹庆仁，等.煤矿重大瓦斯事故风险预控管理理论与方法[M].徐州：中国矿业大学出版社，2010.

[4] 王平津.煤矿瓦斯安全多级监管中的信息技术[J].煤炭科学技术,2004,32(4):21-25.

[5] 肖汉.基于数据点表的矿井瓦斯远程监管系统设计[J].矿业研究与开发,2008(6):55-57.

[6] 谈国文.基于信息化技术的矿井通风瓦斯灾害预警平台建设与应用[J].煤炭技术,2015,34(3):338-340.

[7] 王怀珍,孙文标.通风瓦斯常用数据测量实用手册[M].北京:煤炭工业出版社,2010.

[8] 马丕梁.煤矿瓦斯灾害防治技术手册[M].北京:化学工业出版社,2007.

[9] 霍多特.煤与瓦斯突出[M].宋士钊,等译.北京:中国工业出版社,1966.

[10] 付建华,程远平. 中国煤矿煤与瓦斯突出现状及防治对策[C]//2007 中国(淮南)煤矿瓦斯治理技术国际会议论文集.[S.l:s.n],2007.

[11] 王魁军,程五一,高坤,等.矿井瓦斯涌出理论及预测技术[M].北京:煤炭工业出版社,2009.

[12] 冉启明,张传铭.防治矿井煤和瓦斯突出数据管理系统[J].煤田地质与勘探,1999(1):21-23.

[13] 陆铮.矿井瓦斯动态巡检与管控系统设计与应用[J].煤炭科学技术,2018,46(8):125-129.

[14] 郑文涛,汪涌,王璐.煤矿瓦斯灾害中地震活动因素探讨[J].中国地质灾害与防治学报,2004,15(4):54-59.

[15] 邵良杉,付贵祥.基于数据挖掘的瓦斯信息识别与决策[J].辽宁工程技术大学学报(自然科学版),2008,27(2):288-291.

[16] 程远平.煤矿瓦斯防治理论与工程应用[M].徐州:中国矿业大学出版社,2010.

[17] 林柏泉.矿井瓦斯防治理论与技术[M].2 版.徐州:中国矿业大学出版社,2010.

[18] 中华人民共和国煤炭工业部.防治煤与瓦斯突出细则[M].北京:煤炭工业出版社,1995.

[19] 周世宁,林柏泉.煤矿瓦斯动力灾害防治理论及控制技术[M].北京:科学出版社,2007.

[20] 聂百胜,何学秋.煤矿煤岩瓦斯动力灾害预防理论与技术进展[J].中国科技论文在线,2009(11):795-801.

[21] 程伟.煤与瓦斯突出危险性预测及防治技术[M].徐州:中国矿业大学出版社,2003.

[22] 王一,秦怀珠.阳泉矿区地质构造特征及形成机制浅析[J].山西煤炭,1998,18(3):27-30.

[23] 查文锋.新景矿煤与瓦斯突出危险性预测研究[J].山西煤炭,2018,38(4):32-36.

[24]闫江伟,张小兵,张子敏.煤与瓦斯突出地质控制机理探讨[J].煤炭学报,2013,

38(7):1174-1178.

[25] 姬光喜.矿井瓦斯抽采[M].2011 版.徐州:中国矿业大学出版社,2011.

[26] 程建业.煤矿瓦斯抽采作业安全培训教材[M].徐州:中国矿业大学出版社,2014.

[27] 尹金辉.阳煤寺家庄矿底抽巷抽采标准化研究与应用[J].神华科技,2018,16(5):38-40.

[28] 翟红,令狐建设.阳泉矿区瓦斯治理创新模式与实践[J].煤炭科学技术,2018,46(2):168-175.

# 第7章　阳泉矿区瓦斯利用技术

煤层气俗称瓦斯，是煤的伴生矿产资源。瓦斯在威胁到煤矿的安全生产的同时，也是一种新型的能源。煤层气的甲烷含量大于95%时，热值是通用煤的2～5倍，与天然气的热值很相近，属非常规天然气，可以与天然气混输混用，而且燃烧后很洁净，产生的废气较少。因此，煤层气是一种方便、高效、洁净的气体能源[1-2]。

煤层气根据瓦斯的浓度可分为三类：高浓度瓦斯、低浓度瓦斯及矿井乏风瓦斯。对于高浓度的瓦斯[4-5]，一般可以用来发电或者作为工业燃料；低浓度的瓦斯可以用来发电[6-7]，或浓缩提纯进行利用；对于超低浓度瓦斯[8-9]即矿井乏风瓦斯，则进行氧化蓄热或氧化热电联供进行利用。基于瓦斯浓度差异特征，阳泉矿区已经形成梯级利用模式；为进一步提高瓦斯利用效率，2019年，阳煤集团开始推进山西省揭榜招标项目"撬装式热声驱动煤层气纯化液化系统关键技术研究"，对不同浓度（特别是10%左右的低浓度）的煤层气实施"净化—纯化—低温液化"工艺处理，实现边远、零散地点和非连续性抽采矿区瓦斯的回收利用，大规模减少温室气体排放，推动煤炭资源利用方式变革。

## 7.1　阳泉矿区瓦斯利用体系

阳泉矿区属于山西沁水煤田，储层条件好、资源量十分丰富，是国内瓦斯涌出量最大的矿区之一，也是全国煤层气最富集地区之一。阳泉矿区已经被列为煤层气开发利用重点突破矿区之一。经过多年努力，阳泉矿区在瓦斯治理方面取得很大的突破，瓦斯开发利用也初具规模并形成了综合利用的特色。

根据阳泉矿区煤层气（煤矿瓦斯）开发利用规划，各可采煤层埋深均不超过2 000 m，含煤层气面积约4 869 $km^2$，预测煤层气资源量为5 788.84亿$m^3$，占沁水煤田煤层气资源总量的10.74%，其中：埋深1 000 m以浅区域（大中型矿井采煤区）面积2 014 $km^2$，煤层气资源量为2 165.27亿$m^3$；埋深1 000～1 500 m区域含煤面积2 082 $km^2$，煤层气资源量为2 665.67亿$m^3$；埋深1 500～2 000 m区域含煤面积773 $km^2$，煤层气资源量为957.9亿$m^3$。

阳泉矿区煤层气资源评价和勘查工作起步较早[10]，研究程度较高。20世纪70年代，原煤炭部就已在阳泉矿区开始煤矿瓦斯抽采和利用工作。1995—1996年，煤炭科学研究总院西安分院联合阳泉矿务局对阳泉矿区煤层气资源进行了评价和研究，提交了《阳泉矿区煤层气资源评价报告》和《阳泉矿区寿阳区煤层气勘探开发可行性研究报告》，为阳泉矿区煤层气勘探和开发提供了重要依据。

阳泉矿区真正的煤层气勘查工作始于1996年，2003年后发展加快，截止到2015年末，中联煤层气公司在寿阳区块开展了二维地震勘探，实施煤层气参数井和排采井数百口，提交煤层气探明地质储量 187 亿 $m^3$。中石化华东油气分公司在和顺区块开展了二维地震勘探，并施工煤层气探井和排采井 50 余口，取得了重要的地质参数和气井生产数据。寺家庄煤矿开展地面瓦斯抽采利用，共施工参数井、排采井超过 600 口，并在孟村勘查区、泊里煤矿开展了地面瓦斯抽采试验。五矿、大阳泉、南庄和荫营等煤矿实施了煤层气勘查，探明资源量 191.34 亿 $m^3$，并对新景煤矿 3$^{\#}$、15$^{\#}$ 煤层进行了抽采试验，获取了储层参数和气井生产数据，开展了煤层气开发评价。

数十年的勘查评价工作，积累了阳泉矿区丰富的煤储层参数和气井生产数据，初步查明了煤层的空间形态和煤层气赋存特征，为今后煤层气的开发利用奠定了基础。

据统计，2018 年度阳泉矿区抽采瓦斯总量(折纯量，下同)达到 14 亿 $m^3$(其中，低浓度 7.52 亿 $m^3$、高浓度 6.48 亿 $m^3$)，煤层气资源量 736 亿 $m^3$。自 20 世纪 50 年代开始开发利用煤层气，经过 60 多年的发展，阳泉矿区目前已建立了完备的煤层气集输、储存、利用系统，服务范围基本覆盖了整个阳泉市区、平定县及晋中寿阳、昔阳、和顺、左权等部分区域，阳泉市现已成为全国利用矿井井下瓦斯气规模最大的城市。

## 7.1.1 瓦斯开发利用现状

### 7.1.1.1 瓦斯开发利用的优势

阳泉矿区有 60 多年矿井煤层气抽采、集输、利用的经验，在国家产业政策的扶持和引领下，开发利用煤层气产业具有得天独厚的优势。

同时，近几年阳泉地区交通发展很快，天黎高速、和汾高速使阳泉出入河北、北京、天津、山东、江苏、河南非常方便，为煤层气产品运输创造便利条件。阳泉矿区煤层气产业立足山西省、面向京津冀、辐射苏鲁豫，这几个地区人口众多、工业发展空间大、环境压力严峻、清洁能源缺口大、进口天然气不方便，阳泉矿区煤层气开发利用可以针对以上地区，市场需求潜力巨大。

阳泉矿区各主力矿井已基本建成煤层气输配系统，为规模化、集约化发展煤层气产业铺垫了良好基础。周边已经建成陕京二线、陕京三线等国家级天然气输送干线从阳泉市北部过境，昔阳—阳泉—盂县、晋城—长治—和顺—阳泉省级天然气/煤层气输送管线也把阳泉市作为主要站点。发达的天然气管线为阳泉矿区煤层气产业接入天然气管网创造了良好的接入条件。阳泉矿区瓦斯利用体系如图 7-1-1 所示。

### 7.1.1.2 瓦斯利用现状

阳泉矿区 1958 年开始简单利用井下抽出的矿井瓦斯，主要用于煤矿食堂做饭、烧茶炉、烧锅炉等。20 世纪 80 年代初，阳泉矿区内部建立起形成网络的煤气利用系统。1984 年开始建设向市区供气的“矿井瓦斯利用工程”，工程于 1989 年底全部竣工，1991 年 9 月投入使用[10-11]。

阳煤集团 1996 年成立了煤层气开发总公司，并在 1997 年 12 月与阳煤集团煤气公司合并，负责集团公司煤层气开发和利用的规划、管理及实施，目前企业名称为山西华阳集团新能股份有限公司煤层气开发利用分公司。

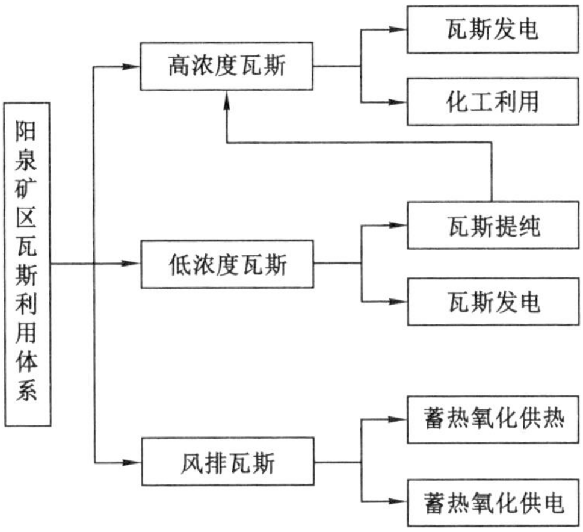


图 7-1-1　阳泉矿区瓦斯利用体系

(1) 阳泉老区煤层气输配系统及利用概况

阳泉老区建成运行的瓦斯储配站 7 座，在建储配站 3 座；瓦斯利用系统敷设管网 590 km，区调压站 107 座，城市居民用户近 15 万户及 300 多家公共福利、商业、工业用户，几乎涵盖了整个阳泉市区。瓦斯用户类型有民用、氧化铝焙烧、瓦斯发电、天然气(CNG)等。

随着采煤工作面的推移，阳泉老区瓦斯抽采泵站抽采气量及抽采甲烷浓度将逐渐衰减，新的抽采泵站离市区较远，为满足日益增长的供气量，确保阳泉市区及矿区煤层气用户的正常使用，决定将阳坡堰、佛洼抽采泵站的气源集输回神堂嘴，将神堂嘴作为气源中枢，经神堂嘴工业园区将气源加压输送至煤层气市区管网系统中，为此特建设了阳坡堰储配站(2 万 $m^3$)、佛洼储配站(2 万 $m^3$)和神堂嘴新储配站(5 万 $m^3$)。五矿煤层气系统用户主要是大型工业用户，包括贵石沟瓦斯发电站、氧化铝焙烧窑炉等，同时供应五矿自用、平定县民用。五矿贵石沟建有 2 座储配站(5 万 $m^3$+2 万 $m^3$)。

(2) 晋东区煤层气输配系统及利用概况

1) 寺家庄煤矿

寺家庄瓦斯抽采站接入寺家庄储配站，为保证气源稳定供应，减少气源变化波动，寺家庄矿建有 1 座储配站(规模 $3\times10^4$ $m^3$)。寺家庄储配站分别向矿井自用系统(锅炉、热风炉、空调系统、食堂和选煤厂干燥车间用气 5 部分)、瑞阳公司供气。山西瑞阳煤层气有限公司利用寺家庄矿抽采瓦斯已建成 CNG 项目，规模 $3.5\times10^7$ $m^3/a$，2012 年用气量 $1.43\times10^6$ $m^3$，2013 年用气量 $1.05\times10^7$ $m^3$。寺家庄矿自用系统 2012 年用气量 $9.28\times10^6$ $m^3$，2013 年用气量 $9.45\times10^6$ $m^3$。

2) 石港煤矿

石港矿原来抽采瓦斯除供石港矿食堂及在建锅炉房用气外，多余全部排空。为综合利用抽采瓦斯，石港矿新建了 1 座储配站，向本矿井、在建液化天然气(LNG)项目供气。

3）新大地煤矿自用

新大地矿原来抽采瓦斯除矿井自用气外，多余全部排空。为综合利用瓦斯气，在新大地新建1座储配站，供应新大地矿区自用气及规划的CNG项目用气。

4）坪上煤矿

坪上煤矿建设有瓦斯电站，电站规模 $32\times0.6$ MW。坪上瓦斯电站2012年用气量 $2.57\times10^7\ m^3$，2013年用气量 $1.7\times10^7\ m^3$。

7.1.1.3　发展思路及总体目标

阳泉矿区瓦斯利用的发展思路主要包括：

① 加强合作，注重创新。开展强强联合，采取多种合作方式，提高自主创新和集成创新能力。加大对煤层气开发利用的科技投入，开展煤层气开发利用基础理论和先进实用技术研究，以保障煤矿安全生产和提高瓦斯利用水平为目标，构建面向煤矿瓦斯灾害防治与综合利用的技术创新与服务平台。

② 统筹规划，合理布局。按照“就近利用、余气外输，民用优先、适度发展液化或压缩等项目”的利用原则，保障现有民用，逐步扩大其他利用，统筹、科学、合理规划和布局煤层气利用项目，为煤层气产业健康发展创造条件。

③ 立足矿区，气化山西。随着国家及山西省系列鼓励煤层气开发利用的产业政策出台，阳泉矿区煤层气的开发利用应紧紧围绕“气化山西”战略目标，依托丰富的煤层气资源、良好的产业发展基础和广阔的市场空间，立足矿区，统筹规划，科学实施，为“气化山西”提供可靠的气源保障，为促进山西省资源型经济转型、完成节能减排任务、建设低碳经济、实现绿色发展作出积极的贡献。

④ 立足山西，面向京津冀。山西省富煤、无油、缺气（天然气），长期以来，能源消费结构极不合理，生态环境、人民生活质量受到影响。因此，按照“省内优先、余气外输”的原则，在优先保证本省用气安全的前提下，创造条件外输余气（煤层气）。阳泉矿区是全国煤层气最富集地区之一，应充分发挥自身的资源优势以及独特的区位优势，立足山西，面向京津冀周边地区，以CNG、LNG开发培育煤层气终端市场，推动煤层气产业健康发展。

发展的总体目标就是将华阳集团打造成全国最强的煤层气开发利用基地，对全国煤层气的产业化开发和商业化利用起到重大推动作用。实现目标如下：① 建立国内最先进的国家级井下瓦斯抽采利用研究实验中心；② 建成国内最先进的利用井下抽采瓦斯生产CNG、LNG的产业集群；③ 建成国内最大的低浓度瓦斯发电产业集群；④ 建成国内第一个具有示范作用的瓦斯零排放示范园区；⑤ 建成一批通风瓦斯氧化利用示范项目；⑥ 打造国内实现煤层气综合利用率最高的煤炭企业。

## 7.1.2　瓦斯储存

煤矿瓦斯抽采出来后，在民用、工业等方面利用以及长距离输送时，需要按稳定气量进行供应及输送。但瓦斯消耗会因使用时间段和季节变化呈现不均匀性，因此，瓦斯输送系统需要采取调峰储气措施，即在用气低谷时，将供气源的剩余气体储存在储气设施中，而到用气高峰时，用储气设施内的储存气体来弥补供气量的不足。

煤层气储存分为大储存量的地下储存、地面储气装置储存和长输气管线储存三种方式[12]。可以利用地下开采形成的封闭空间作为煤层气的储存库，地面式储气装置是根据每日用气量设置的煤层气储气罐，另外可以利用调节输配煤层气管道的始末压力储存煤层气。

7.1.2.1　地下储存

地下储气是解决用气不均匀性的最优手段。所有特定地质构造形成的地下密闭性良好的大型构造空间，均可作为地下储气库。部分采空区，当岩层结构良好，且沉陷已经稳定的区域或废旧巷道，经过一定的封闭处理(特别注意不能向正在使用的采煤区泄漏)可以用作储气库。另外，有的地下水溶洞、含盐矿层也可将水抽出或利用淡水将盐溶化为饱和盐水排出，形成可用以储气的空间。地下储气库设置的关键是要对地质条件有较全面的了解，如地层确实不渗漏等；同时，对所打的探孔也要做好防渗漏处理。

地下储气库的储气容量远远高于地面储气罐储气量，是其不可比拟的。建设有足够容量的地下储气库，增大供气、调峰能力，可以确保缓解峰谷间的巨大差额气量。

7.1.2.2　储气罐储存

储气罐按其压力大小分为中压和低压两种，按其密封方式分为干式和湿式两种。

湿式储气罐下部为水槽，上部有若干个由钢板焊成的可升降的套筒形塔节，塔节随储气量的改变而升降。塔节之间设有水封，以保证塔节之间的连接和密封。塔节的升降方式有导柱式和螺旋导轨式两种，导柱式储气罐在水槽四周设置由导柱、交叉腹杆和环形梁等构成的具有相当刚度的导柱架，安装在塔节上端的导轮沿导柱上下滑行。螺旋导轨式储气罐在塔节外壁焊有坡角为45°的螺旋形导轨，各塔节上端的导轮能沿导轨做旋转运动而升降。储气罐水槽可用钢板制作，也可用预制或现灌的预应力混凝土建造。由于水槽内水的重量大，当建造在不良地基上时，为防止罐体沉降量过大可采用桩基，或将水槽设计成环形，以减小水量。而干式储气罐的罐体是用钢板焊接成的直立圆筒，内部装有活塞，活塞以下储存气体。活塞随储气量多少而升降。活塞的周边安装密封机构，以防止储存气体的外逸。活塞顶面上放置重块，以获得所要求的储气压力。干式储气罐的密封方式有油液密封式、油脂密封式和柔膜密封式。油液密封式储气罐筒身和活塞的横断面为正多边形，多边形的角上设有工字形立柱；壁板、顶板和活塞底板都由5～6 mm厚的钢板压制的槽形构件组成，具有一定的抗弯强度和刚度。活塞上部按辐射形布置桁架，桁架的上下两端装有导轮。密封机构是活塞外围的油槽和滑板，油槽内充满矿物油，以封住活塞下的气体。油脂密封式储气罐筒体横断面为圆形，筒壁外面每隔一定距离设置工字钢立柱，并沿全高装设若干道环形人行走廊，借以加强薄壁圆筒的刚度。活塞为球壳形，活塞顶面沿外周边设置桁架，桁架上下各有一个导轮，沿筒壁内侧随活塞升降而上下滑行。柔膜密封式储气罐外形为圆筒形，罐内设有球壳形活塞，活塞周边安装密封柔膜，柔膜的另一端与罐壁的内侧连接。这样，在活塞下方形成一个封闭空间，当活塞升降时，密封柔膜随之上下卷动。

根据煤矿瓦斯利用的特点，通常选用低压、湿式储气罐，其升降方式有外导架直升式、螺旋导轨式、无外导架直升式3种类型。

储气罐的容积应能满足供气地区高峰用气时补充气量的需要，当抽采泵因故停抽时也能保证部分用气之需。通常，储气罐的容积是按民用与工业用户的用气量比例来确定的，详见表 7-1-1。

**表 7-1-1 储气罐容积确定标准**

| 工业用量占日供气量/% | 民用量占日用气量/% | 储气罐容积占平均日供气量/% |
|---|---|---|
| 50 | 50 | 40～45 |
| >60 | <40 | 30～40 |
| <40 | >60 | 50～60 |

由于储气罐大都是钢结构，本身有相当大的质量，特别是湿式储气罐，罐内充满了水，5 000～10 000 $m^3$ 储气罐充水 3 000～4 000 t，这样大的质量通过基础加在地表上，将造成地表的沉降。加上所有储气罐各塔节的升降都是通过导轨、导轮、滑道运行的，如果地表发生不均匀沉降，造成储气罐偏斜，就会发生"卡罐"事故。因此，对储气罐地基有以下要求：

① 基础下的地质构造应均匀，不允许有不均匀下沉的可能性。

② 不能建在采空区、塌陷区及其波及区上。对于老采空区，必须经过足够的年限并经过地质部门出证确认沉降已经稳定后，储气罐方可建在其上。

③ 地下岩层结构平整，不能有较大的倾斜或溶洞。

④ 利用老矸石堆场、粉煤灰场等场所时，必须进行严格的地质处理。

储气罐或罐区与建筑物应具有一定的防火间距：

① 湿式储气罐总容积 1 000～10 000 $m^3$ 与明火或散发火花的地点，民用建筑，甲乙丙类液体储气罐，易燃材料堆场，甲类物品库房等，防火距离不应小于 30 m；

② 湿式储气罐总容积 1 000～10 000 $m^3$ 与其他建筑物防火距离，耐火等级一、二级不应小于 20 m，耐火等级三级不应小于 25 m，耐火等级四级不应小于 30 m；

③ 湿式储气罐之间的防火间距，不应小于相邻较大罐的半径；

④ 湿式储气罐与厂外道路路边防火间距不应小于 15 m，与场内主要道路路边防火间距不应小于 10 m，与厂内次要道路路边防火间距不应小于 5 m；

⑤ 湿式储气罐总容积 1 000～10 000 $m^3$ 与室外变、配电站的防火间距不应小于 30 m。

7.1.2.3 长输气管线储气

输气距离足够长，且输气量大，输气管径也较大时，长输气管线能够储存一定量的瓦斯气体。长输气管线储气主要是利用长输管道末段起、终点的压力变化，从而改变管道中的存气量，达到储气的目的。用气低峰时，多余的气体存入管道中，起、终点压力提高。用气高峰时，不足的气体，由管道中积存的气体补充，起、终点压力降低。

## 7.1.3 瓦斯输送

阳泉矿区主体矿井地处山西沁水煤田的东北部，太行山背斜的西翼，开采层平均瓦斯含量 17.2 $m^3/t$，透气系数 0.017 $m^2/(MPa^2 \cdot d)$，均为高瓦斯矿井或突出矿井。

阳泉矿区煤层按照煤层气赋存规律和特征可分为3个储气层段。上储气层段为3#煤层及其上下邻近层，3#煤层储层压力1.3 MPa，瓦斯含量18.17 $m^3/t$。中储气层段以太原组顶部的厚层泥岩为盖层，储气层包括12#煤层及上下邻近层和两层灰岩$K_4$和$K_3$。2#煤层储层压力1.1 MPa，瓦斯含量14.75 $m^3/t$。下储气层段以13#煤层下部的中厚泥岩为15#煤层储气层段的盖层，该层段的15#煤和$K_2$灰岩均含瓦斯。

采煤工作面瓦斯来源以邻近层为主，本煤层瓦斯为辅。其中邻近层瓦斯约占81.5%，本煤层瓦斯约占18.5%。

邻近层瓦斯抽采技术随着采煤方法的演变不断改进。长壁式综采工作面一般利用钻机打邻近层穿层钻孔抽采瓦斯。长壁式综采放顶煤工作面则利用走向高抽巷道抽采瓦斯。目前邻近层瓦斯抽采技术日臻完善，并且已经向全国推广。

阳泉矿区于2007年开始大规模开采本煤层瓦斯，本煤层开采主要是在突出煤层开展。预抽本煤层瓦斯主要采取顺层钻孔预抽回采区域煤层瓦斯和顺层钻孔预抽煤巷条带煤层瓦斯。回采区域煤层预抽时，利用钻机打顺层钻孔，在进回风顺槽垂直于煤层打孔，主要采用单侧和双侧两种布孔方式。煤巷条带煤层钻孔则有一巷、三巷耳状和一巷超前掩护相邻近巷道三种布孔方式。从2007年开始，钻孔工程量平均每年以80%的速度递增。一矿、二矿、三矿、五矿、新景矿、开元矿、平舒矿、寺家庄矿、石港矿等煤矿均已开展本煤层瓦斯抽采工作。

为保证本煤层瓦斯抽采的顺利进行，提高抽采能力，从2008年起阳泉矿区瓦斯抽采开始采用“本煤层、邻近层”两套抽采系统。目前每年抽采出的瓦斯中邻近层瓦斯超过80%，本煤层瓦斯抽采量近年来不断得到提高。2012年邻近层瓦斯占抽采总量的86%，本煤层瓦斯约占14%。

根据收集的资料统计，阳泉矿区地面瓦斯抽采泵超过70台，抽采主管道超过500 km。瓦斯抽采系统也不断进行改进，以提高瓦斯抽采能力，仅2009年就新增主抽采管路314 km，更换主管路210.5 km。2013年施工走向高抽巷115 km，本煤层抽采钻孔180万m，邻近层抽采钻孔51.3万m。

阳泉矿区的瓦斯抽采量逐年增加，2012年生产区抽采矿井瓦斯量达11.67亿$m^3$，利用量6.80亿$m^3$，利用率达58.3%，远高于全国水平；2013年瓦斯抽出总量达到11.8亿$m^3$。

抽采出的瓦斯处理方式有不利用和利用两种：当不利用时，地面瓦斯抽采泵站抽采出的瓦斯通过地面排空系统排放到大气中；利用方式主要有发电和作为民用燃料。如杨坡堰、大脑沟、神堂嘴等地面瓦斯抽采泵站通过瓦斯输送管路将抽采出的瓦斯输送至燃气公司或低浓度瓦斯发电站。当前已建成的瓦斯抽采泵站有五矿贵石沟瓦斯发电站、神堂嘴瓦斯发电站、赛鱼瓦斯发电站等。下面以一矿和三矿为例具体介绍阳泉矿区瓦斯抽采输送现状。

(1) 一矿主要抽采本煤层瓦斯和邻近层瓦斯，无采空区瓦斯抽采。邻近层抽采采用走向高抽巷。六号地面抽采泵站承担1204、8711工作面高抽巷瓦斯的抽采任务，阳坡堰瓦斯抽采泵站承担1301、8301、8202、4303工作面高抽巷瓦斯的抽采任务。

一矿抽采主管路敷设在南翼回风井、杨坡堰回风井，分管路敷设在北翼总回风巷和西翼总回风巷内，支管路敷设在各个采区的回风巷、采煤工作面尾巷、高抽巷。该矿现有抽采管路总长 65 444 m：主管路 $\phi$800 mm 的瓦斯管长 1 116 m，$\phi$630 mm 的瓦斯管长 8 000 m，$\phi$510 mm 的瓦斯管长 42 980 m；支管路 $\phi$510 mm 的瓦斯管长 6 168 m，$\phi$380 mm 的瓦斯管长 4 180 m，$\phi$226 mm 的瓦斯管长 3 000 m。

一矿井下瓦斯抽采管路布置如图 7-1-2 所示。

地面泵站现有两座，分别为六号抽采泵站和杨坡堰抽采泵站。

六号抽采泵站现安装 4 台水环式真空泵：2 台为 CBF510-2BG3 型，转速为 298 r/min；1 台为 2BEC72、1 台为 2BEC80 型，转速都为 350 r/min。装机容量为 2 240 kW，额定抽采量1 610 $m^3$/min。

杨坡堰瓦斯抽采泵站现安装 2 台型号为 2BEC72 的水环式真空泵，转速为 350 r/min；2 台型号为 ARH-800W 的罗茨泵，转速为 490 r/min。另有 2 台水环真空泵已经安装完毕，但尚未与瓦斯抽采管路相连，目前不能承担瓦斯抽采任务。杨坡堰瓦斯抽采泵站装机容量 3 800 kW，额定抽采量 2 800 $m^3$/min。

杨坡堰抽采泵站平面布置示意图如图 7-1-3 所示。

杨坡堰抽采系统目前有 A、B 两套抽采系统，井下瓦斯经负压 A 系统和负压 B 系统输送到地面瓦斯抽采泵站，通过送气门和排空门调节，经放空管排放在大气中或进行利用。

(2) 三矿现共有 4 个综采放顶煤工作面，在 11# 煤层布置走向高抽巷抽采工作面邻近层的瓦斯。矿井绝对瓦斯涌出量为 193.41 $m^3$/min，其中风排瓦斯量为 36.93 $m^3$/min，抽采瓦斯量为 156.48 $m^3$/min，矿井抽采率为 80.91%，现采煤工作面有竖井扩二区竖井 K8207、K8202，竖井扩四区南 K8401。

三矿本煤层预抽地点为竖井 K8207 工作面，其本煤层钻孔于 2011 年 10 月开始施工，至 2012 年 3 月结束。回采期间，为保证抽采采取边采边抽的预抽方法。尾巷施工 335 孔，本煤层抽采顺层钻孔施工 37 010 m。钻孔控制范围煤体瓦斯储量为234 万 $m^3$，抽出量 36 万 $m^3$，经计算本煤层抽采率为 15%。

三矿主要抽采邻近层瓦斯和本煤层瓦斯。目前有神堂瓦斯抽采泵站、大脑沟嘴瓦斯抽采泵站。

神堂嘴泵站目前有神堂嘴 1#、2# 抽采泵站。神堂嘴 1# 干式抽采泵站现有抽采泵 2 台，型号为 ZR7-700DWP，流量 616.4 $m^3$/min；2# 水循环抽采泵站现有抽采泵 2 台，型号为 2BES72-2BG3，流量介于 380～510 $m^3$/min。两个泵站共同负担着 15# 煤扩二区、扩三区和扩四区的瓦斯抽采，装机容量为 2 680 kW，额定抽采量 2 252.8 $m^3$/min，两个泵站都一备一运。

大脑沟瓦斯抽采泵站在 2013 年开始进行改造，2014 年上半年完成改造。抽采出的瓦斯除排空外，被直接输送到利用设备进行利用。大脑沟泵站地面瓦斯抽采管路仅有 1 条，抽采井下本煤层瓦斯和邻近层瓦斯。当抽采本煤层瓦斯时，瓦斯浓度最低时为 0.3%～0.4%；当抽采邻近层瓦斯时，瓦斯浓度不稳定，浓度较低时约为 10%。

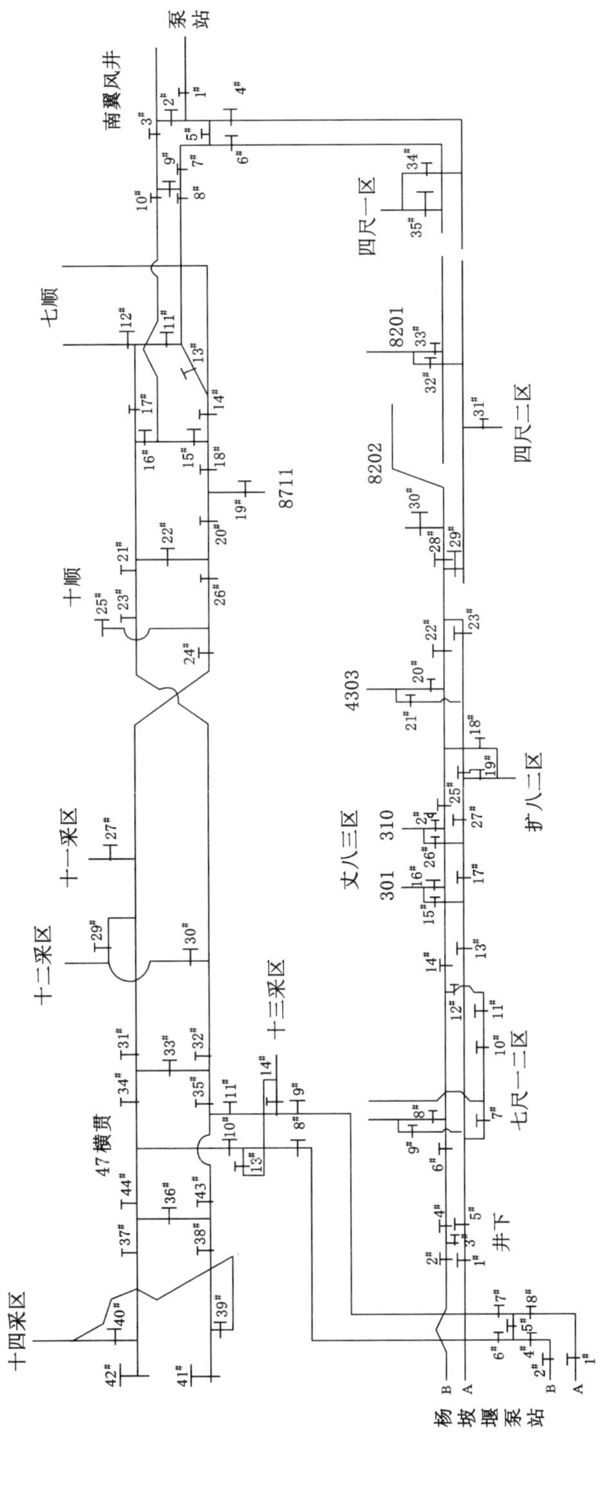


图 7-1-2　阳煤一矿井下瓦斯抽采管路布置图

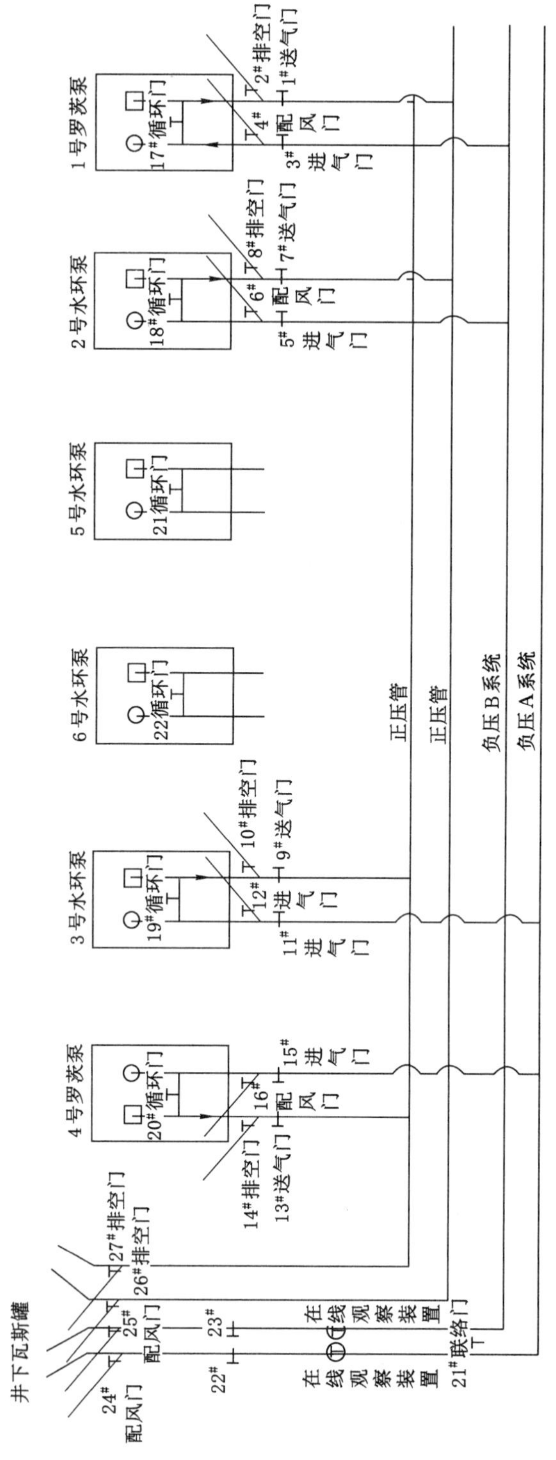


图 7-1-3　杨坡堰瓦斯抽放泵站平面布置示意图

## 7.1.4　瓦斯气体净化

由于煤矿瓦斯的成分会随着产地的不同、矿井的不同甚至时间的不同而发生变化，所以煤矿瓦斯的净化主要需要面对以下这些技术上的难题[13-14]：

① 非烃类杂质多，包括氧、硫、氮；

② 杂质含量的变化范围很大；

③ 处理过程需要安全、有效，并可以持续正常运转；

④ 需要考虑经济效益。

理想的净化工艺，需要对入口气体的氧气和氮气的含量要求具有较大弹性，高效、低运营成本、高操作性、具有友好的运行环境，同时是一种成熟稳定的工艺。净化流程包括除氧、除硫、除二氧化碳、除水和除氮等。通常煤矿瓦斯中不会含汞。图7-1-4给出了基本流程。

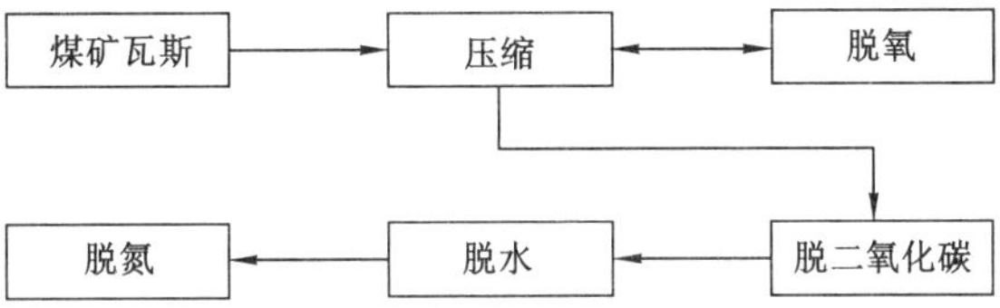


图7-1-4　煤矿瓦斯净化基本流程

#### 7.1.4.1　氧气的移除

煤矿瓦斯和天然气的一个重要区别在于，煤矿瓦斯通常都会含氧，而且可能含有大量的氧。甲烷的爆炸极限在5%～15%，出于后续工艺对安全的要求，以及管输气的要求，氧气需要被移除。目前的除氧技术一般分为催化脱氧和非催化脱氧两大类。除氧反应是剧烈的放热反应，考虑到装置的耐热性，以及工艺操作的最高温度，如果进气的氧含量超过1.5%时，需要进行循环稀释。或者可以考虑将部分反应热在装置内部进行混合。

催化剂法是通过催化剂催化甲烷和氧的燃烧，主要反应是：$CH_4+2O_2 \rightarrow CO_2+2H_2O$。这种方法可以彻底脱除氧气，同时相对而言反应中产生的热量更低一些。催化剂是其中的一个关键因素。目前这种方法是脱除氧气比较有效的方法，而且在美国已经有成功的先例。和非催化脱氧方法比较起来，它的工艺技术成熟可靠。

非催化脱氧法主要通过碳和瓦斯燃烧反应脱氧，主要反应有两个，分别是$2C+2O_2 \rightarrow CO_2+2CO$，$3CH_4+5O_2 \rightarrow 2CO+CO_2+6H_2O$。这种方法的成本相对比较低，但是无法完全去除氧气，同时反应中产生的热量更多。在使用这种脱氧处理后，会产生一定的副产品，比如CO，对于液化路线来讲，不利于下游的操作和加工。

#### 7.1.4.2　二氧化碳、水分的脱除

用于气体脱除$CO_2$的方法有溶剂吸收法、物理吸收法和氧化还原法，目前普遍公认和广泛应用的是溶剂吸收法。溶剂吸收法所用溶剂主要有一乙醇胺(MEA)、二乙醇胺

(DEA)、二异丙醇胺(DIPA)、甲基二乙醇胺(MDEA)等。胺液吸收法是成熟可靠的技术。

二氧化碳脱除系统包括吸收和解吸两部分,液化原料气与贫胺液在吸收塔中接触,脱除二氧化碳,而吸收了二氧化碳的富胺液则送入解吸塔中解吸,变成贫胺液,循环使用。

瓦斯脱水方法按原理可分为低温脱水、固体干燥剂吸附和溶剂吸收三大类。低温脱水和溶剂吸收法脱水深度较低,不能用于深冷装置,因此瓦斯液化脱水必须采取固体干燥剂吸附法,常见的是硅胶法、分子筛法或这两种方法的混合使用。由于分子筛具有吸附选择能力强、低水汽分压下的高吸附特性,与此同时可以进一步脱除残余酸性气体等优点,因此建议采用分子筛作为脱水吸附剂。

7.1.4.3　氮气的移除

通常而言脱氮单元(NRU)是煤层气/煤矿瓦斯浓缩提纯装置中最为关键也是最为昂贵的组成部分。尤其对于甲烷含量较低的煤矿瓦斯而言,氮气的含量可能达到40%或者更高,如何经济地将大量的氮气从煤矿瓦斯中脱除是整个净化流程中最大的技术难题。氮气的脱除通常有4种方法,即低温深冷技术、变压吸附、溶液吸附和膜法。

① 低温深冷工艺使用热交换器将高压的原料瓦斯液化,然后进行闪蒸,再用蒸馏塔对富氮和富甲烷物流分离。因为在深冷工艺中可以实现脱氮和瓦斯液化的一体化流程,深冷工艺是在所有的氮气脱除方向中,甲烷回收率最高的,可以达到99%左右。深冷工艺具有较大的产能调节能力,通常是最适合大规模瓦斯压缩和提纯的方法。出于对经济的考虑,对处理气的规模要求最好不少于10万 $m^3/d$。深冷工艺是目前最成熟可靠的技术路线,美国已有多个工厂利用深冷技术脱除煤矿瓦斯中的氮气。

② 变压吸附脱氮技术大多数利用大孔隙碳分子在平衡态下对氮气和甲烷的吸收率不同进行工作。一般来说,采用变压吸附可以回收95%的甲烷,能够连续运行并且具有出色的操作弹性。目前国内并没有成熟的可用于工业化规模生产的技术,还处于研发阶段。

③ 溶液吸附也叫选择性吸附,这种工艺是利用特殊的溶剂对不同的气体组分具有不同的吸收能力这一特性来进行分离的。这种技术在石油工业应用较为普遍。已经有一些小型(14万 $m^3/d$)的煤层气装置使用特殊的溶液对甲烷进行选择性吸附。选择性吸附的甲烷回收率在90%左右。

④ 膜法目前还没有成熟的工艺可以实现氮气脱离的工业化。目前的试验室结果是通过0.8个甲烷分子的同时通过一个氮分子,分离效果不明显,甲烷损失大。膜氮气分离法目前仍旧处于探索中。

## 7.2　瓦斯发电技术

瓦斯发电是一项多效益型瓦斯利用项目,能有效地将矿区抽采的瓦斯变为电能,方便输送到各地。瓦斯发电也是节能减排、符合国家政策的项目。不同型号的瓦斯发电设备,可以有效地利用不同浓度的瓦斯,这对于降低瓦斯发电成本,就地利用瓦斯非常重要。目前,直接燃用瓦斯发电的成熟技术工艺有:燃气轮机发电、汽轮机发电、燃气发动机发电和利用循环系统发电，以及热电冷联供瓦斯发电。

利用瓦斯发电具有以下优越性[15]：

① 瓦斯发电设备简单、已成系列、运行可靠，可根据气源数量选定利用规模。

② 燃气发电机组效率可达 80%以上，热能转化率较高，有利于节约能源。

③ 瓦斯发电机组可以直接使用从矿井抽采的低浓度瓦斯，有利于建设坑口电站。

④ 在我国天然气管道未大规模建成之前，电力输送比燃气输送简单易行。特别是对于一些离大电网较远的地区，可就近解决本地的部分用电量，经济效益较好。

⑤ 对于民用瓦斯系统，发电机组是有效的调峰手段。我国东北寒冷地区，冬、夏季节用气峰谷差异很大，建设瓦斯发电站有效地利用了夏季低谷期的富裕气量。

⑥ 瓦斯一般不含或甚少含硫化物，用于发电不会造成烟气污染，这对于我国西南部酸雨地区更具有环保效益。

早在 20 世纪 80 年代，美国、英国和澳大利亚等国家已经注意到瓦斯的价值，并将其利用到发电中，此时一般采用燃气轮机发电。最初的瓦斯发电一般都要对瓦斯进行压力提升，这时的瓦斯处于高温加压的情况下，因此瓦斯的爆炸上限将会提高，也就是说此时低浓度瓦斯更容易着火爆炸，因此当采用燃气轮机发电时，对瓦斯的浓度要求比较高，一般浓度在 40%以上的瓦斯才能用来发电。另外，瓦斯浓度降低时，压缩设备的压缩量会相应地增大，从而增加压缩设备的功耗，使经济效率降低。

我国的瓦斯发电起步较晚[16]。辽宁抚顺矿务局的老虎台电站是我国第一个煤层气发电示范项目，这时采用的仍然是燃气机轮发电。为了保障发电安全，其瓦斯浓度略高于 40%。采用燃气轮机发电的还有晋城寺河煤矿，其瓦斯浓度更高，一般为55%～60%。由于燃气轮机发电对瓦斯的要求太高，因此，瓦斯发电技术发展比较缓慢。

内燃机瓦斯发电机的出现，极大地改变了瓦斯发电发展缓慢的局面。内燃机瓦斯发电使甲烷浓度高于 30%的瓦斯可以得到充分的利用。

### 7.2.1　瓦斯发电技术原理

矿井中的瓦斯气体采用空气和水环式真空泵正压输出管收集，被输送到发电机组，经过稳压、过滤、净化后，送入预燃室，由火花塞点燃多个着火点，然后由机组程序控制装置将预燃的瓦斯气通过混合器送入各个气缸燃烧做功，带动发电机工作，完成瓦斯到电能的转换。每台发电机组有一个独立的控制柜，柜内安装有进口控制模块可自动检测同步，满足手动及自动的要求，多台机组并网运行时可实现负荷自动分配功能，满足并网、并联运行工况。发电机控制柜输出的 400 V 三相电源并柜后，经低压柜送到升压变压器的低压侧，将电压升到 10 kV 后，经高压开关柜控制、保护、测量、计量，再经 10 kV 线路送到矿井 110 kV 变电所的 10 kV 低压侧并网运行。这样，既解决了瓦斯问题，又达到了节能环保目的。根据相关资料：1 $m^3$ 浓度 100%的纯瓦斯，可以发电 3.2～4 kW·h；1 $m^3$ 浓度 30%的瓦斯大约可以发电 1 kW·h。

瓦斯发电机组利用煤矿瓦斯进行发电，燃气发电机排放的高温烟气温度约为 430 ℃左右，如不加以有效利用，将直接排向大气，不仅会造成能源浪费，还减小了不可再生能源的利用率。为了充分和合理地利用这部分余热，在尾气排放管道上设置余热利用锅炉，有效吸收高温烟气中的热量，生产具备一定参数的蒸汽，在夏季可以带动汽轮发电机发电，在冬季可以为矿井提供采暖用热源，取代现有的燃煤锅炉房。

瓦斯发电站的建设近几年发展迅猛，瓦斯发电是利用成熟的内燃机技术，通过燃气发动机带动发电机生产电能和利用余热锅炉产生热能的瓦斯发电技术日趋成熟，瓦斯发电投资小，见效快，在短时间内可收回全部投资，未来该技术会成为煤矿瓦斯利用的一种主要方式。

结合山西省煤矿瓦斯现状以及山西省“六大发展”和煤炭产业“六型转变”的目标，瓦斯发电已经成为一条技术成熟、设备完善的高效清洁安全的产业链，通过选用不同的发电机组和技术路线，可以将各种浓度瓦斯加以利用，实现煤矿瓦斯零排放。井下抽采甲烷浓度30%以上的高浓度瓦斯可选用高浓度瓦斯发电机组发电，甲烷浓度8%～30%的低浓度瓦斯可选用低浓度瓦斯发电机组发电；甲烷浓度8%以下的超低浓度瓦斯可与风排瓦斯混合至1%～1.2%浓度，通过乏风氧化机组氧化后通过余热蒸汽锅炉回收烟气余热产生过热蒸汽，再拖动蒸汽轮机发电机组进行发电。

由于受到煤矿开采工艺的影响，高负压系统抽采瓦斯和地面钻井抽采瓦斯的浓度一般大于30%，主要应用于小型燃气轮机和高浓度内燃机发电；低负压系统抽采瓦斯的浓度普遍低于30%，主要应用于低浓度内燃机发电；矿井回风井风排瓦斯（乏风瓦斯）浓度通常在1%以下，主要采用低浓度瓦斯与矿井乏风瓦斯的混合气（或低浓度瓦斯稀释气）进入热逆流反应器和催化氧化反应器进行氧化发电。

## 7.2.2 低浓度瓦斯发电技术

### 7.2.2.1 瓦斯发电系统

目前，低浓度瓦斯发电技术主要有应用内燃机发电、燃气轮机发电、低浓度瓦斯氧化发电[17-18]。内燃机发电功率输出较多，功率范围宽，故市场采用较多的是内燃机发电；燃气轮机发电由于受到瓦斯气源量和浓度的限制，总装机容量不大，以小型燃气轮机为主；低浓度瓦斯氧化技术通过氧化产生高温烟气，利用余热锅炉产生蒸汽推动蒸汽轮机发电，气源量充足，更具应用前景。各机型技术参数对比见表7-2-1。

**表7-2-1 不同瓦斯动力机组技术参数比较**

| 发电机组类型 | 额定功率/kW | 燃气热耗率/[MJ/(kW·h)] | 发电效率/% | 总效率/% | 启动时间 | 燃料压力/kPa | 瓦斯浓度要求 | $NO_x$ 排放量/[kg/(MW·h)] |
|---|---|---|---|---|---|---|---|---|
| 内燃机 | 500～4 000 | 9.7～10.5 | 27～40 | 70～80 | 10 s | 3 | 10%以上 | 0.18～4.50 |
| 燃气轮机 | 30～50 000 | 9.2～15.0 | 20～34 | 65～78 | 10 min～1 h | 900 | 40%以上 | 0.14～0.91 |

(1) 内燃机发电系统

煤矿瓦斯往复式内燃机发电系统由燃气内燃机、发电机、电气系统、冷却系统、预处理系统、瓦斯安全输送系统等组成。

低浓度瓦斯与高浓度瓦斯发电的最大区别是：处于爆炸极限内的瓦斯在进入机组前的过程中不允许设置储气罐和加压机，而高浓度瓦斯在输送过程中可不设计瓦斯安全输送系统。低浓度瓦斯经过瓦斯安全输送系统的传输，瓦斯预处理系统对气体杂质、液态水的过滤和气体温度的调控，进入机组内先进行预混合，之后由涡轮增压器增压、中冷器降温、在缸内用火花塞点火，燃烧后高温高压气体带动缸体活塞和曲轴运动，推动发动机做功，将机械能转化为电能。内燃机的燃料能量35%被机组转化为电能，约30%随废气排出，25%被发动机冷却水带走。往复式内燃机发电机组的主要特点：适宜于小容量电站，发电效率高，通常在27%～40%；启动时间短，通常短于10 s即可启动；燃气供气压力低(3 kPa)，适应能力强。国内生产厂家主要有山东胜动、山东济柴、中船河柴、山东淄柴等公司，内燃机功率范围通常在10～4 000 kW，市场上使用量最多的机型为500 kW瓦斯发电机组，其最具代表性机型的技术参数见表7-2-2。

**表7-2-2　国内500 kW发电机组主要技术参数**

| 参数类别 | 胜动公司 | 济柴公司 | 淄柴公司 |
|---|---|---|---|
| 发电机组型号 | 500GF1-3PWW | 500GF-WK | 500GFW |
| 额定功率/kW | 500 | 500 | 500 |
| 额定转速/(r/min) | 1 000 | 1 000 | 1 000 |
| 额定电压/V | 400 | 400 | 400 |
| 额定电流/A | 902 | 902 | 902 |
| 燃气压力/kPa | 3～10 | 7～15 | 5～20 |
| 燃气热耗率/[MJ/(kW·h)] | ≤10.3 | ≤10.5 | ≤10.3 |
| 机油消耗率/[g/(kW·h)] | 1.0 | ≤1.2 | ≤1.5 |
| 调压方式 | 自动 | 自动 | 自动 |
| 冷却方式 | 强制空冷 | 强制水冷 | 强制水冷 |
| 启动方式 | 直流启动 | 直流启动 | 压缩空气启动 |
| 大修周期/h | ≥30 000 | ≥30 000 | ≥30 000 |
| 外形尺寸/mm | 6 030×2 217×2 839 | 5 120×2 040×2 780 | 5 348×1 970×2 558 |
| 机组质量/kg | 10 750 | 12 500 | 5 000 |

(2) 燃气轮机发电系统

小型燃气轮机主要由压气机、燃烧室和透平等部件组成，其发电系统一般由湿式压缩机、燃气轮机、余热锅炉、汽轮机、冷凝器、发电机、冷却器、冷却塔等组成。湿式压缩机连续吸入压缩空气后进入燃料室与燃料混合燃烧，形成高温旋转气流膨胀做功带动涡轮转动，与涡轮连接的轴杆在高速旋转中不断切割轴周围的定子的磁力线，能量形式完成了热能到机械能、机械能到电能的转化，按这种原理工作的称为开式循环燃气轮机。剩余的高温尾气热量通过将热水注入余热锅炉的蒸发器中，使饱和蒸汽形成过热蒸汽，随后经蒸汽管道驱动蒸汽轮机发电，后面部分为余热发电。图7-2-1为中、小型燃气轮机发电工作原理图。

燃气轮机发电的主要特点：单机功率较大、启动快、污染排放率低、尺寸小、需用冷却水少。但其发电效率较内燃机小，一般在20%～30%，更适合对余热需求量大且高的用

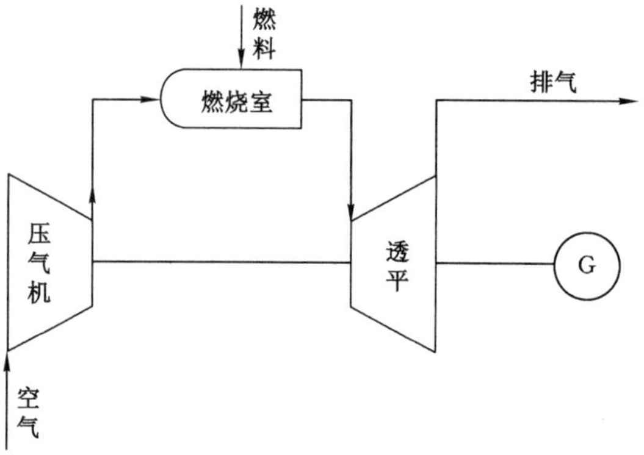


图 7-2-1　中、小型燃气轮机发电系统原理图

户，利用尾气余热后其总效率将达到 70%～80%。不过燃气轮机要求瓦斯气源浓度在 40%以上、气体压力在 0.9 MPa 以上。

7.2.2.2　低浓度瓦斯发电技术方案

（1）发电机组方案

低浓度瓦斯用于发电目前常用燃气发电机组实现。主要技术路线为：对低浓度瓦斯气体进行除硫、除湿、稳压处理后，通入管道；燃气发动机通过控制燃气电磁阀和空气阀开度，对瓦斯气和空气比例进行调节，以满足发动机缸内燃烧的适当空燃比，即 $\lambda$ 值。$\lambda$ 值控制的稳定程度，一方面代表机组控制水平；另一方面对于电能质量也有重要影响。发电机组各子系统构成及功能如下所述。

1）电磁阀

电磁阀包括燃气电磁阀、空气阀、防爆阀等。燃气电磁阀通过控制阀口开度控制进入燃气管系的瓦斯量，同理，空气阀用于控制发动机的空气进气量。而防爆阀，则是在进气管压力到达一定程度时开启，避免燃气和空气的混合气体在进入发动机气缸之前发生燃烧和爆炸。

2）点火系统

在发动机缸内的混合气体在活塞到达压缩上止点时，压力和温度并不足以使燃气点燃，需要给压缩后的混合气体进行额外的点火。点火系统的主要结构包括火花塞、点火控制器、点火线圈等部分。点火控制器通过控制点火能量、点火持续期以及点火时间等参数实现对发动机点火的控制。点火线圈为高低压线圈，通过电磁感应将低压信号转变为高压，通过火花塞放电击穿从而点燃混合气体。

3）控制系统

发电机组控制系统分为两部分。一部分为发动机单机控制系统（ECU），该部分主要完成对燃气进气量、空气进气量、转速控制、节气门开度等参数的控制，从而实现发动机的稳定运行。由于低浓度瓦斯气源的波动特性，故而在发动机控制系统中需增加负荷突变的自适应模块，以满足在气源质量发生波动导致 $\lambda$ 变化时引起的功率突变适应。控制系统另一部分为发电机组并网的控制，用以控制发电机组和电网的合闸分闸，同时控制包括无功因数、电压、电流以及频率等参数在内的电能质量，解决逆功、掉线等问题。

4）发电机部件

按照瓦斯电站的容量设计要求，选取相应的发电机。以2 000 kW电站为例，可选用2台1 000 kW发电机组，配1 200 kW左右单机，以满足发电机组输出功率需求。

（2）发电机组安全运行保障措施

低浓度瓦斯在输送利用过程中，由于其浓度较低，接近爆炸极限，故而在安全运输和使用方面要求较高，通常采取在瓦斯电站中使用阻火装置以及细水雾输送系统实现安全目的。

1）阻火技术

瓦斯电站常用被动式阻火技术，在爆炸发生时，阻止火焰及高温烟气向后继续传播。三级阻火系统由水封阻火器、瓦斯管道阻火器、溢流脱水阻火器等构成。

2）细水雾系统（见图7-2-2）

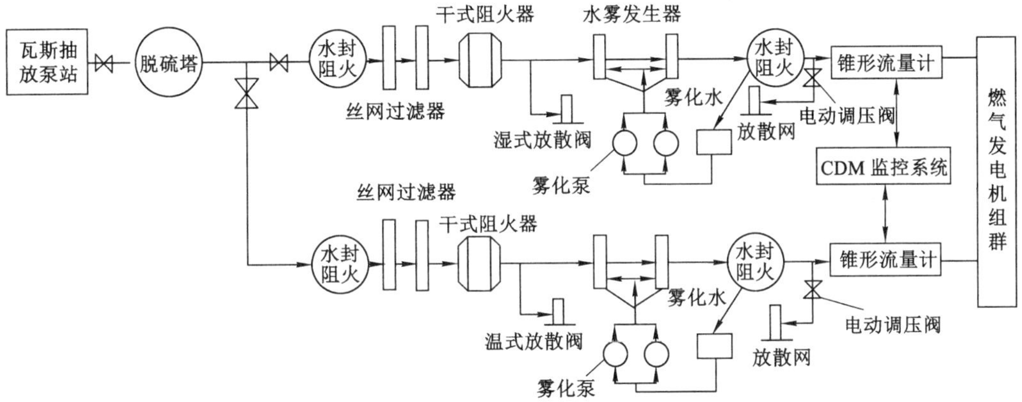


图7-2-2 细水雾输送系统

在瓦斯管道每隔一段距离设置细水雾发生装置，主要目的是防止在瓦斯输送过程中产生静电及着火点，从而引发爆炸。补加的细水雾由发电机组进气系统前的旋风式重力脱水装置进行脱水处理，保证燃气进气的湿度。

3）发电机组安全设置

发动机进气管设置有防爆电磁阀，能够保证进气压力在安全的范围之内。此外，发电机组设置有超速保护、超功率保护以及逆功率保护等功能，保障机组在运行过程中发生异常时能够及时停机，确保机组和运行人员的安全。

## 7.2.3 高浓度瓦斯发电技术

由于内燃机具有适用瓦斯浓度范围比较宽、维护和保养方便等优点[19-20]，在煤矿瓦斯发电领域已经广泛推广使用。利用内燃机瓦斯发电流程如图7-2-3所示。内燃机发电热效率虽然可达40%左右，相对较高，但仍有35%～40%的热能通过燃机尾气和缸套水散热被排放掉，这部分热能如不充分利用将会对环境造成热污染和资源浪费。对此，高浓度瓦斯发电要根据实际情况充分考虑余热的利用:利用内燃机 500 ℃以上的高温尾气通过余热锅炉,产生高温蒸汽驱动汽轮机发电;利用 90 ℃左右的缸套水通过换热给居民区供暖。经过余热的充分回收利用,瓦斯气中所蕴含的热能 80%以上可得到利用。

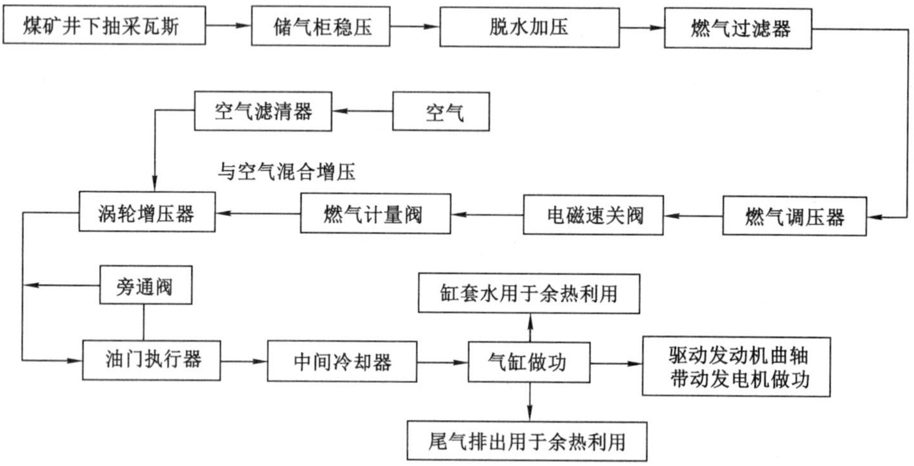


图 7-2-3　内燃机瓦斯发电流程图

不同厂家生产的内燃机虽有一定的差异但结构基本相同,一般都包含燃气进排气系统、点燃系统、冷却系统、润滑系统、控制系统这五大系统。燃气进排气系统包括燃气、空气过滤器、计量阀、节流阀和进排气门等,燃气、空气通过净化过滤后充分混合进入燃机缸内燃烧将热能转化为动能,推动活塞带动连杆、曲轴运动输出功率。冷却系统通过缸套水泵、中冷水泵的工作使冷却液在散热水箱与燃机本体间不断循环,为燃机缸体、瓦斯气、机油进行冷却。点燃系统,通过点火变压器、火花塞的工作点燃缸内混合气。润滑系统通过机油泵将润滑油送至燃机连杆瓦、曲轴瓦等转动部件对其进行润滑降温。控制系统通过控制计量阀、节流阀等阀门动作自动调整瓦斯气进气量,使其与空气充分混合后浓度达到6%~8%,进入缸内进行燃烧。通过监测燃气进气压力、温度传感器、机油温度、压力传感器、发动机速度、正时传感器、爆燃传感器等采集到的各类信号,控制燃机各系统的协调工作、监测燃机的运行状态。

瓦斯发电机组采用奥地利 GE 颜巴赫 JGS620GS-S.L 发电机组,该机组为往复式燃气发电机组,其外形如图 7-2-4 所示。往复式燃气发电机组的主要设备是燃气发动机和交流发电机。为了保证主机正常运行,还配备进气燃气系统、冷却系统、润滑系统、控制系统等辅助装置。设备安装采用集装箱布置方式,每个集装箱内安装一套完整的瓦斯发电机组及控制设备,集装箱内设有瓦斯泄露自动监测报警系统。

往复式燃气发电机组瓦斯发电的原理是当瓦斯气体进入燃气发动机汽缸内燃烧,所产生的动力驱动发动机曲轴旋转,发动机曲轴将动力传递给交流发电机,运转起来的发电机将动力转换为电能输出,瓦斯气体燃烧后产生的高温烟气排入大气或送入余热锅炉回收热能再加以利用。其工艺流程如图 7-2-5 所示。

图 7-2-4　GE 颜巴赫 JGS620GS-S.L 瓦斯发电机组安装图

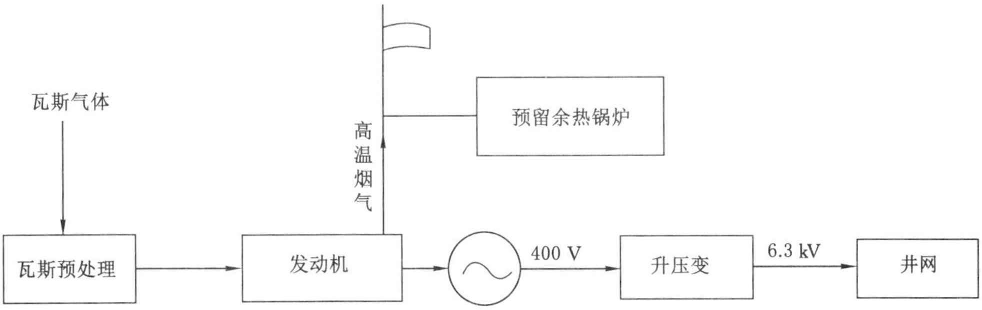


图 7-2-5　瓦斯发电工艺流程图

# 7.3　瓦斯提纯及资源化利用技术

## 7.3.1　低浓度瓦斯提纯技术

### 7.3.1.1　瓦斯浓缩提纯的必要性

根据相关数据统计，全国煤矿 55%以上的矿井是高瓦斯或瓦斯突出矿井，风排瓦斯量占瓦斯涌出量的 30%～40%，井下抽采量占瓦斯涌出量的 60%～70%，目前全国瓦斯利用率仅为 32.6%，其中低浓度瓦斯利用率仅为 10%左右。没有被浓缩提纯的瓦斯，由于受到运输成本和场地的限制，主要利用方式只能是就近送入煤层气管网或就地采用内燃式发电机组发电。要提高瓦斯整体利用率，就必须尽快开发瓦斯浓缩提纯技术，扩大瓦斯利用领域。国家近几年也制定了一系列鼓励和扶持政策，国内各研究院校纷纷投入人力物力进行开发、研究，大部分都在试验阶段，亟待大规模工业化生产的验证，目前市场上只有少数研究成果投入市场验证运行，但效果不甚理想。

瓦斯浓缩技术方法较多，主要有变压吸附（PSA）、深冷液化分离、膜分离、水合物法、溶剂吸收法、瓦斯水合物等[21-23]。这些方法的研究及应用进展程度各不相同。目前具备工程应用条件的主要是深冷液化分离、真空变压吸附、膜分离以及瓦斯水合物技术。

7.3.1.2　深冷液化分离技术

目前，我国最先进的提取分离甲烷气体的方法是深冷分离法。深冷分离法又被称为低温精馏法，在20世纪初被首次提出。此法一经推广就受到了业界人士的关注[24]。

低温精馏法是化工生产过程中常见的气体液化技术，主要的理论依据是不同气体的熔点和沸点不同。在生产过程中，有专门的技术设备对煤炭生产过程中产生的原料气进行压缩处理。当气体冷却后，使用蒸馏设备对产品进行精馏，利用 $N_2$、$O_2$ 和 $CH_4$ 的沸点差异进行分离。该技术能耗高，$CH_4$ 的体积浓度需在80%以上，在制取甲烷浓度95%以上的产品时，才能具有较好的经济效益。目前该技术在地面瓦斯抽采矿井广泛应用，但对 $CH_4$ 浓度低于80%的井下抽采瓦斯尚未被推广利用。

深冷分离法起初主要用于空气的分离，是为了从空气中得到大量的氮气和氧气，当时又被称为深冷法空气分离技术。随着工业的发展，我国对煤炭的需求量不断加大，出现了一系列的环境问题和生产过程中需解决的问题。比如，煤炭生产企业所面临的最大难题是无法处理工业废气，而且原料气中含有大量的甲烷气体，如果能够对甲烷气体进行分离，那么不仅可以减少对环境的影响，还可以为企业带来额外的收益。至此，有人提出了利用深冷分离法对甲烷气体进行分离，这项技术才正式用于煤炭工业中。

（1）甲烷深冷分离工艺

1）原料气压缩单元

来自净化装置的原料气，压力为2.4 MPa、温度为30 ℃，经过入口过滤器过滤后进入原料气压缩机进行压缩，压缩后的原料气压力为4.85 MPa、温度为112.2 ℃，在气体冷却器中被循环水冷却到35 ℃，然后再经分子筛过滤器过滤后，被送入分子筛干燥脱水单元。如果甲烷深冷分离装置发生故障，原料气可通过旁路直接进入下游装置。

2）分子筛干燥脱水单元

通过分子筛干燥脱水单元脱除原料气中携带的甲醇和水，以免造成液化和分离单元发生冻堵故障，导致生产过程无法继续并对设备造成损坏。

来自分子筛过滤器的压缩原料气由分子筛干燥器顶部进入，经过吸附床层的时候，原料气中的水和甲醇被吸附到床层上。被吸附后的原料气从分子筛床层底部出来，经过粉尘过滤器时被脱除其中的粉尘，进入脱汞床以脱除其中的汞，再进入炭粉过滤器以过滤活性炭粉，处理合格后即可进入液化和分离单元。

分子筛再生时，来自公用工程的低压氮气被再生气加热器加热到约232 ℃后，从分子筛再生床层底部进入，以脱除饱和床吸附的水和甲醇，然后从安全位置排放到大气中。在冷却阶段，再生气从蒸汽加热器旁路通过。

在任何时候，都是其中一个床层在吸附水和甲醇，另外一个床层处于再生状态，包括加热、冷却和备用。

3）混合冷剂循环单元

混合冷剂循环单元通过闭式循环，为原料气、氮冷剂提供足够的冷量。所添加的冷剂为氮气和碳氢化合物(C1～C5)的混合物，所有冷剂组分均通过冷剂吸入罐 F10 的入口管线加载。混合冷剂系统流程如图 7-3-1 所示。

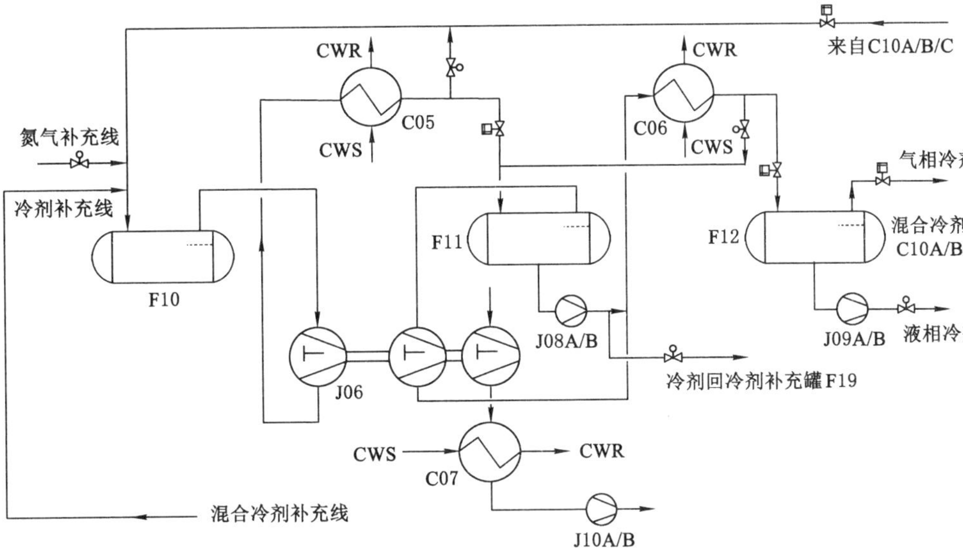


图 7-3-1 混合冷剂系统流程简图

来自 F10 的低压冷剂，温度为 27 ℃、压力为 0.163 MPa，被混合冷剂压缩机 J06 的一段压缩至 1.45 MPa、温度为 147.8 ℃；然后经过段间冷却器 C05 冷却到 33.3 ℃后进入段间分离罐 F11 进行气液分离，其中气相冷剂进入冷剂压缩机的二段，被压缩至3.29 MPa，温度为 93.5 ℃，液相经过段间冷剂泵 J08A/B 加压后与混合冷剂压缩机二段出来的高压气相冷剂进行混合，混合后的高压气液冷剂经过冷剂冷凝器 C06 冷却后进入冷剂出口分离器 F12 中进行分离。

来自 F12 的高压气相和液相冷剂分别经过各自管路进入冷箱。在冷箱内部混合后的高压冷剂从板翅式换热器的通道出来，温度为 −151 ℃，经 J-T 阀节流，温度降为 −159.2 ℃。经过降压的低压冷剂进入板翅式换热器的 D 通道，与其他通道的物料进行换热。来自 D 通道出口的低压冷剂，其温度为 27 ℃、压力为 0.19 MPa，进入 F10，然后再到混合冷剂压缩机进行下一个循环。

4）甲烷液化和分离单元

关键的分离步骤在合成气精馏塔 E01 完成。甲烷液化和分离流程如图 7-3-2 所示。

经过预处理的原料气进入冷箱内板翅式换热器 C10，温度为 35 ℃、压力为 4.69 MPa。原料气在 C10 的 A 通道被冷却至 −82 ℃，然后进入精馏塔再沸器 C11，用来加热来自精馏塔的物料；从再沸器 C11 出来的冷原料气，温度为 −113 ℃、压力为 4.65 MPa，返回到 C10 的 B 通道被进一步冷却至 −151 ℃，压力降至 4.62 MPa；之后在冷液分离器 F16 进行分离。除此之外，原料气还可以经过冷箱旁路进入再沸器和冷液分离器的入口，分别控制进入再沸器

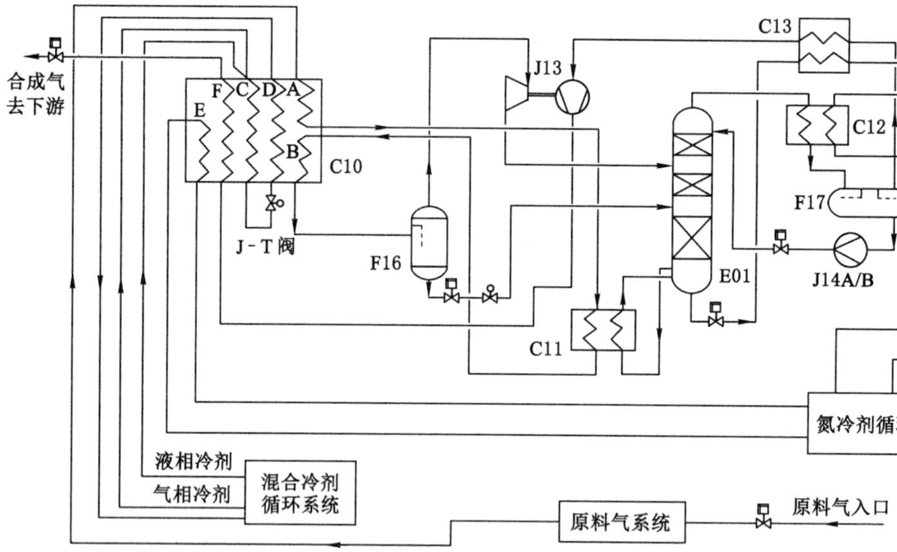


图 7-3-2　甲烷液化和分离流程

和冷液分离器的原料气温度。

从冷液分离器 F16 出来的气相物流进入增压膨胀机 J13，在此由 4.62 MPa 膨胀到约 1.2 MPa，然后进入合成气精馏塔 E01 上部。从冷液分离器 F16 底部出来的液相物流经节流阀降压到 1.21 MPa 后进入 E01 的中部。进入 E01 的低温合成气经过精馏被分离成两种馏分，塔顶的合成气（一氧化碳/氢）馏分，经过塔顶冷凝器 C12 部分冷凝到 −177.2 ℃后，进入回流罐 F17 中分离，液相通过回流泵 J14A/B 加压返回 E01 作为塔回流液。从 F17 出来的冷合成气产品在 LNG 过冷器 C13 中与 LNG 产品换热，再经 J13 增压端增压至 2.33 MPa，温度为 −129.8 ℃，然后进入 C10 进行换热，最后离开装置界区时的压力为 2.3 MPa、温度约为 30 ℃。

来自塔底的甲烷馏分，温度为 −118.6 ℃，在 LNG 过冷器 C13 中与冷合成气产品换热后被冷却到约 −162 ℃，即得到 LNG 产品，然后进入 LNG 储罐储存。

5）氮冷剂循环单元

氮冷剂循环单元通过闭式循环，为合成气精馏塔顶提供足够的冷量。所添加的氮冷剂来自公用工程系统，由氮吸入罐 F29 的入口管线加载。氮冷剂循环系统流程如图 7-3-3 所示。

来自 F29 的低压氮，温度为 −177.5 ℃、压力为 0.35 MPa，在氮压机 J15 中被压缩至 2.73 MPa、温度为 −90.5 ℃，经过氮气空冷器 C21 旁路进入板翅式换热器 C10 中被冷凝至 −151 ℃。被冷凝后的高压液氮进入液氮缓冲罐 F18 进行气液分离，其中气相返回 F29，液相经 J-T 阀 LV309 节流后进入液氮罐 F39，液氮温度下降至 −179.9 ℃。从 F39 底部出来的液氮进入合成气精馏塔冷凝器 C12，在与塔顶物料换热后返回 F39，从 F39 顶部出来的气相返回 F29。

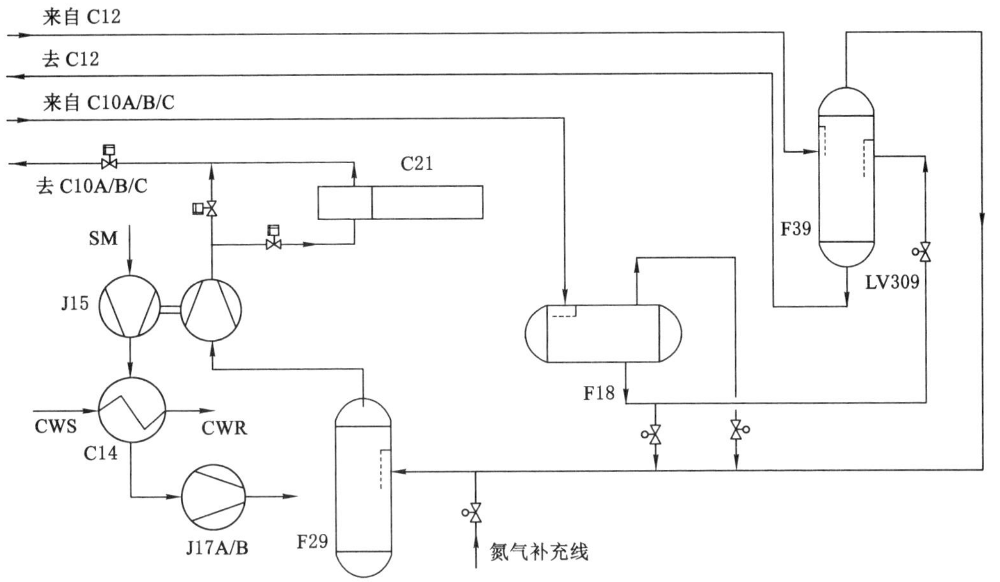


图 7-3-3 氮冷剂循环系统流程简图

6）冷剂补充单元

由一套共用的冷剂补充系统来支持双列甲烷分离装置。氮冷剂由公司的空分设备提供。甲烷深冷分离装置开车时，甲烷补充将用 LNG 槽车进行，也可在装置运行时从 LNG 产品中获取。由于原料气中的氧气在闪蒸气中累积，因此，闪蒸汽（BOG）不适合作为甲烷补充。需要的乙烯、丙烷、异戊烷来自专用的补充罐。

需要向冷剂回路补充各冷剂组分时，只需通过调节各自的补充阀，即可将各冷剂组分由冷剂补充总管添加至冷剂吸入罐。

来自混合冷剂压缩机 J06 一段出口至冷剂补充总管的高压热气体，作为吹扫气体用来完成各冷剂组分的补充。在装置维修或冷剂液体过多时，可以在冷剂补充罐 F19 中存放冷剂。这些冷剂可以根据需要再次加入系统中，从而可以最大限度地减少冷剂的损失。

7）BOG 压缩单元

来自 LNG 储罐的气态甲烷，温度 −162 ℃、压力 6 kPa，经过 BOG 换热器后进入 BOG 压缩机一段被压缩到 0.23 MPa，温度为 70 ℃，然后进入一段出口冷却器被冷却到 40 ℃；之后经压缩机二段压缩到 0.89 MPa，温度为 134 ℃，进入二段出口冷却器被冷却到45 ℃；冷却后的二段出口气体再经压缩机三段压缩到 2.7 MPa，温度为 134 ℃，然后进入 BOG 换热器中与入口气体换热后，进入三段出口冷却器，被冷却到 40 ℃后的三段出口气体经出口过滤器过滤后，被送到原料气压缩单元。

（2）甲烷深冷分离工艺的优缺点

1）优点

甲烷深冷分离工艺解决了我国煤炭产业的大难题，为我国整体经济的发展作出了贡献。从客观角度来说，利用深冷分离工艺对甲烷进行处理，气体的提取纯度高，而且工艺简便，这也是该工艺被大力推广的一个原因。对于企业而言，要谋求最大的利益，增加企业的市场占有率，就需要尽可能地简化生产工序，降低生产成本，而利用该工艺得到的甲烷气体可进行市场销售，从而创造更多的效益。

2）缺点

甲烷深冷分离工艺最大的缺点是压缩精馏等过程消耗的能量大，而且气体的利用率低，并非全部气体都能够被利用，生产过程中会出现气体泄漏现象，是目前工业生产过程中面临的主要问题。因此，深冷分离工艺因其生产成本高，主要适用于一些大规模煤炭生产企业，不适合小型企业使用。所以，改进该工艺的重点是提高气体的利用率。

7.3.1.3　变压吸附分离技术

变压吸附分离技术是吸附分离技术的一种实现方式，即利用吸附剂对气体混合物各组元吸附强度，在吸附剂颗粒内外扩散的动力学效应或吸附剂颗粒内微孔对各组元分子的位阻效应的不同，以压力的循环变化为分离推动力，使一种或多种组分得以浓缩或纯化的技术[25]。利用碳分子筛（或天然沸石）吸附 $CH_4$，分离 $N_2$、$O_2$，可将 $CH_4$ 的体积分数从 20%提高到 50%～95%。

利用变压吸附分离技术浓缩 $CH_4$，20 世纪 80 年代中期，我国西南化工院成功开发出 500 $m^3/h$ 浓缩甲烷装置。德国和美国也先后开发并建立了大型浓缩甲烷装置，为城市供气。变压吸附具有耗能低、吸附剂成本较低、初期投资少、运转周期短、气体处理量大等优点。随着变压吸附技术的不断完善和提高，目前在设计上更为完善，在配套上更为先进，自动化程度更高，检测监控技术更可靠，装置运行更为安全。实物图片如图 7-3-4 所示。

图 7-3-4　浓缩净化回收甲烷变压吸附装置外景

变压吸附分离技术在石油、化工、冶金、电子、国防、医疗、环境保护等方面得到了广泛应用，与其他气体分离技术相比，变压吸附分离技术具有以下优点：

① 低能耗。变压吸附工艺适应的压力范围较广，一些有压气源可以省去再次加压的能耗。变压吸附在常温下操作，可以省去加热或冷却的能耗。

② 产品纯度高且可灵活调节。例如，变压吸附制氢，产品纯度可达99.999%，并可根据工业条件的变化，在较大范围内随意调节产品氢的纯度。

③ 工艺流程简单，可实现多种气体的分离，对水、硫化物、氨、烃类等杂质有较强的承受能力，无须复杂的预处理工序。

④ 装置由计算机控制，自动化程度高，操作方便，每班只需稍加巡视即可，装置可以实现全自动操作。开停车简单迅速，通常开车半小时左右就可得到合格产品，数分钟就可完成停车。

⑤ 装置调节能力强，操作弹性大。变压吸附装置稍加调节就可以改变生产负荷，而且在不同负荷下生产时产品质量可以保持不变，仅回收率稍有变化。变压吸附装置对原料中杂质含量和压力等条件改变也有很强的适应能力，调节范围很宽。

⑥ 投资小，操作费用低，维护简单，检修时间少，开工率高。

⑦ 吸附剂使用周期长。一般可以使用10年以上。

⑧ 装置可靠性高。变压吸附装置通常只有程序控制阀是运动部件，其使用寿命长，故障率极低，而且由于计算机专家诊断系统的开发应用，具有故障自动诊断、吸附塔自动切换等功能，使装置的可靠性进一步提高。

⑨ 环境效益好。除因原料气的特性外，变压吸附装置的运行不会造成新的环境污染，几乎无“三废”产生。

(1) 吸附剂的选择

目前市场上用于瓦斯浓缩提纯的吸附剂主要分两类：一类为吸附$CH_4$的吸附剂，一类为吸附非$CH_4$的吸附剂。瓦斯浓缩无论是对高浓度瓦斯还是低浓度瓦斯，在吸附塔内都会有甲烷浓度为5%～15%爆炸范围内的气体存在，故吸附剂应选择具有抑爆性能的吸附剂；同时吸附剂应具有良好的强度，不易产生粉尘或破裂，保证吸附剂的吸附能力和尽可能避免产生火花；由于低浓度瓦斯气体含水量较高，脱水后安全性较难保证，故低浓度瓦斯浓缩采用的吸附剂应有较好的耐水性，高浓度瓦斯浓缩应进行净化处理，保证吸附剂的性能。

(2) 瓦斯提纯工艺

经研究，应根据拟提纯瓦斯原料气甲烷浓度、成品气标准、甲烷回收率选择吸附剂，再针对不同类型吸附剂采用不同的浓缩提纯工艺。通过研究与实践，提出了以下三种主要工艺技术路线。

1) 吸附剂全部吸附甲烷的工艺技术

该技术路线适合甲烷浓度低于30%的瓦斯，由于该部分原料气甲烷含量较低，采用吸附甲烷的吸附剂进行处理，可显著减少吸附剂用量，降低成本，将甲烷浓度提高到30%以上。一级吸附浓缩后若甲烷浓度达不到30%，可采用多级吸附浓缩。其主要工艺流程如图7-3-5所示。

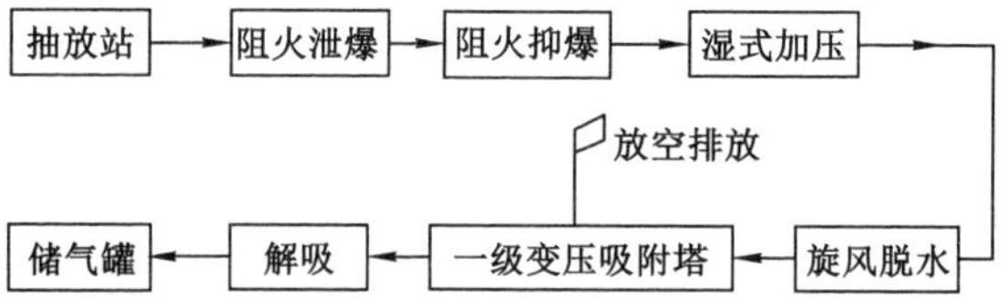


图 7-3-5　工艺流程一示意图

关键工艺技术及操作参数说明：① 按照《煤矿低浓度瓦斯管道输送安全保障系统设计规范》(AQ 1076—2009)，甲烷浓度在30%以下时，不能设置储气罐或缓冲罐，在靠近瓦斯抽采站瓦斯排放口处可能有火源点，必须设置抑爆、泄爆装置，故瓦斯利用管与抽采站放散管直接对接后应设置抑爆、泄爆装置，为了克服该段部分的阻力，应要求抽采站提供大于10 kPa的动力；② 为了满足变压吸附塔的压力，需对气体加压，由于该部分气体在爆炸范围内，气体的加压只能采用湿式加压，压力不高于《煤矿低浓度瓦斯管道输送安全保障系统设计规范》中规定的20 kPa，水环真空泵解吸的压力设置也应不超过20 kPa；③ 由于气体含水量较高，脱水方式宜选择在进入吸附塔之前先采用旋风脱水装置，去除游离水，再采用吸附方式进行深度脱水，吸附水的吸附剂和吸附甲烷的吸附剂可设置在吸附塔内；④ 为了减少粉尘颗粒对吸附剂的污染，可根据低浓度瓦斯输送的动力，确定是否设置过滤器；⑤ 为了确保系统安全，在进行吸附剂的装填数量和时间控制上，应确保吸附塔排空时的甲烷浓度小于5%，以成品气甲烷浓度大于30%为目标。

2）吸附剂全部吸附非甲烷的工艺技术

该技术路线适合将甲烷浓度大于30%的瓦斯浓缩至95%以上的瓦斯。为了简化系统，降低能耗，节约成本，对气体进行一次性加压至0.7 MPa，送入吸附塔进行浓缩提纯。设置三级浓缩，将甲烷浓度由30%浓缩提纯至95%以上，同时为了提高瓦斯的回收率，可将部分二级、三级解吸气回收至原料气罐，进行再循环浓缩。其主要工艺流程如图7-3-6所示。

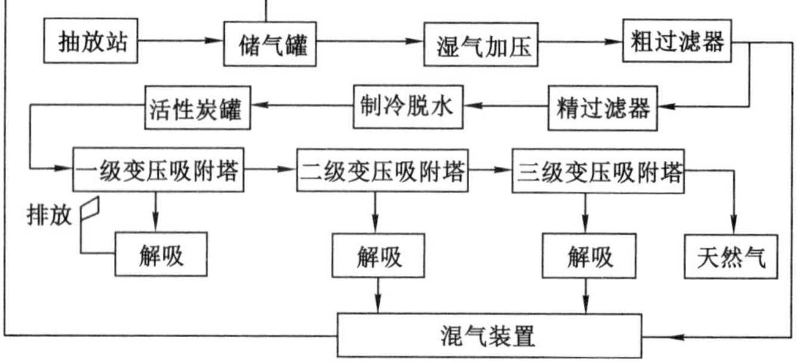


图 7-3-6　工艺流程二示意图

关键工艺技术及操作参数说明：

① 为了确保系统的稳定安全，抽采泵站提供甲烷浓度为30%以上的瓦斯应设储气罐，抽采泵站提供的动力以满足储气罐要求为标准，低压储气罐一般为5 kPa；

② 由于甲烷浓度为30%以上的瓦斯加压，爆炸范围会随着压力的升高上移，加压一般不宜超过0.70 MPa，且宜采用湿式加压；

③ 气体的除尘、除油、脱水净化处理以满足吸附剂要求为标准；

④ 以加压后的原料气为动力，将二级、三级的解吸气混合，回到原料气储气罐；

⑤ 为了确保系统安全，吸附塔在进行吸附剂的装填数量和时间控制上，一级以解吸气甲烷浓度小于5%，二、三级以解吸气含氧量小于12%为基本要求，以一级浓缩后气体浓度65%、二级浓缩后气体浓度82%、三级浓缩后气体浓度大于95%为目标；

⑥ 由于该技术路线电耗较高，在有条件地区可设置瓦斯发电机组，为系统提供动力。

3）采用不同吸附剂的工艺技术

瓦斯浓度小于30%的瓦斯，推荐采用工艺流程一，将瓦斯浓缩至30%以上，送入储气罐，然后采用吸附甲烷的吸附剂，将瓦斯浓度富集到45%以上。甲烷浓度45%以上瓦斯的浓缩又可分为以下两种工艺技术路线。

① 第一种技术工艺可称为两步法：第一步利用吸附非甲烷的吸附剂进行一次提纯浓缩，甲烷浓度控制在75%以上；第二步利用吸附甲烷的吸附剂最后一次提纯浓缩至95%以上，其工艺流程如图7-3-7所示。其中，甲烷浓度小于30%的浓缩详见工艺流程一，从第一个储气罐至第二个储气罐为甲烷的富集单元。

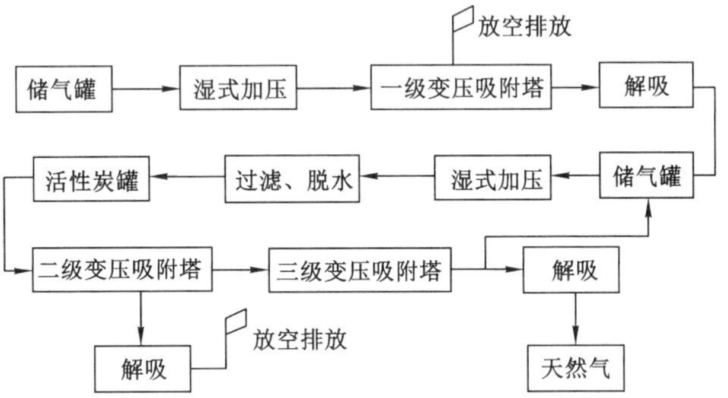


图7-3-7　工艺流程三示意图

其关键工艺技术及操作参数说明：

a. 采用吸附甲烷的吸附剂进行甲烷富集时，宜采用湿式加压，压力加到0.2 MPa，初步富集后的气体宜设储气罐，再进行二次加压至0.7 MPa。

b. 用于初步富集的吸附塔在进行吸附剂的装填数量和时间控制上，以排放气甲烷浓度小于5%为基本要求，以富集后甲烷浓度为45%为目标；二级吸附塔吸附非甲烷的吸附剂装填数量和时间控制上，以解吸气甲烷浓度小于5%为基本要求，二级浓缩后气体浓度75%为目标；三级吸附塔吸附非甲烷的吸附剂装填数量和时间控制上，以排放气甲烷浓度大于30%为基本要求，三级浓缩后甲烷浓度大于95%为目标。

c. 气体的净化处理要求同工艺流程二。

② 第二种技术工艺利用吸附非甲烷的吸附剂连续进行二次提纯浓缩，第一次提纯浓缩，甲烷浓度控制在 75%以上，二次提纯浓缩至 95%以上，其工艺流程如图 7-3-8 所示。其中，甲烷浓度小于 30%的浓缩详见工艺流程一（图 7-3-5），甲烷的富集详见工艺流程三（图 7-3-7）。

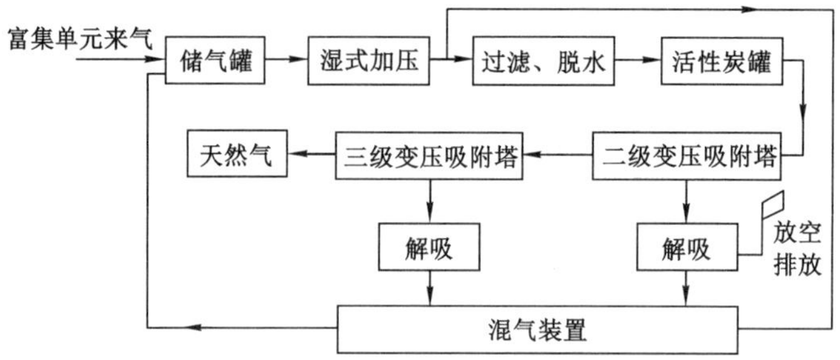


图 7-3-8　工艺流程四示意图

其关键工艺技术及操作参数说明：

a. 甲烷的富集、净化要求详见工艺流程三，二、三级的吸附要求详见工艺流程二；

b. 二级吸附塔在吸附非甲烷吸附剂装填数量和时间控制上，以解吸气甲烷浓度小于 5%为基本要求，二级浓缩后气体浓度 75%为目标；

c. 三级吸附塔在吸附非甲烷吸附剂装填数量和时间控制上，以三级浓缩后气体浓度大于 95%为目标，三级的解吸气返回到富集后气体储气罐。

（3）瓦斯浓缩提纯技术工程应用

阳泉神堂嘴瓦斯提纯项目的工艺技术路线与上述的工艺流程二基本相同，不同之处是二、三级返回气的混气方式不同，该项目采用同压混合，气体需预加压，同时需设置较多的调压装置，本文提供的工艺流程利用加压后原料气为动力，将二、三级返回气混合，系统更简单、投资更低、能耗更低。该项目年均营业（销售）收入 3 929 万元，年均总成本费用 3 051万元，年均净利润 537 万元。

7.3.1.4　膜分离技术

气体膜分离技术是一种新兴的先进的化工分离技术，已在许多领域发挥了重大作用[26-27]。膜分离技术是以膜两侧气体的分压差为推动力，通过溶解、扩散、脱附等步骤产生组分间传递速率的差异来实现分离的一种技术。膜分离法虽然存在膜分离效果对制膜技术依赖性强、成本高、膜易发生阻塞、易损等缺点，但与传统分离方法如低温蒸馏法和深冷吸附法相比，该方法具有分离效率高、设备紧凑、占地面积小、能耗较低、操作简单、维修保养容易、投资较少等优点，因此显示出优良的应用前景。采用膜分离技术，具有十分诱人的发展前景。

（1）膜分离的机理

膜法气体分离的基本原理是根据混合气体中各组分在压力的推动下透过膜的传递速率不同而进行分离的过程，主要用来从气相中制取高浓度组分（如在空气中制备富氧、富氮）、去除有害成分（如在瓦斯中脱去 $CO_2$、$H_2S$ 等气体）、回收有益成分（合成氨中氢气的回收)等,从而达到浓缩、回收、净化等目的。气体透过膜的渗透情况非常复杂,对不同膜其渗透情况不同,气体通过膜的传递扩散方式不同,因而分离机理也各异。目前常见的气体通过膜的分离机理有两种:努森扩散和表面扩散。多孔介质中气体传递机理包括分子扩散、黏性流动、努森扩散及表面扩散等。由于多孔介质孔径及内孔表面性质的差异使得气体分子与多孔介质之间的相互作用程度有所不同,从而表现出不同的传递特征。

首先膜与气体接触,然后气体向膜的表面溶解(溶解过程);其次因气体溶解产生的浓度使气体在膜中向前扩散(扩散过程),然后气体就到达膜的另一面,此时,过程始终处于非稳定状态,一直到膜中气体的浓度梯度沿膜厚方向变成直线时才达到稳定状态。从这个阶段开始,气体由另一膜面脱出去的速度也变为恒定。

气体对均质高分子膜的渗透,在很大程度上取决于高分子是"橡胶态"还是"玻璃态"。橡胶态聚合物具有较高的链迁移性和对透过物溶解的快速响应性。可以看到,气体与橡胶之间形成溶解平衡的过程,在时间上要比扩散过程快得多。

膜材料的性能对气体渗透的影响十分明显。例如,氧在硅橡胶中的渗透性要比在玻璃态聚丙烯中大数百倍。气体分离用聚合物膜的选定通常是在其选择性和渗透性之间取"折中"方法,即两性兼顾进行。因选择性和渗透性成反比关系,选择性增大,则渗透性减小,反之亦然。

(2) 膜材料的分类及其特征

膜按材料不同可分为有机膜和无机膜;按结构不同可分为对称膜和不对称膜;按推动力不同可分为压力差推动膜、浓差推动膜、电推动膜、热推动膜等;按分离机理不同可分为有孔膜、无孔膜及有反应性官能团作用的膜。

① 压力差推动膜。各种压力推动膜过程可以用于稀(水或非水)溶液的浓缩或净化。这类过程的特征是溶剂为连续相而溶质浓度相对较低。根据溶质粒子的大小及膜结构(即孔径大小和孔径分布)可对压力推动膜过程进行分类,即微滤、超滤、纳滤和反渗透。在压力作用下,溶剂和许多溶质通过膜,而另一些分子或颗粒截留,截留程度取决于膜结构。从微滤、超滤、纳滤到反渗透,被分离的分子或颗粒的尺寸越来越小,膜的孔径越来越小,所以操作压力渐大以获得相同的通量。但各种过程间并没有明显的分别和界限。

② 浓差推动膜。利用浓差为推动力的膜过程方式有:气体分离、蒸汽渗透、全蒸发、透析、扩散透析、载体介导过程和膜接触器。在全蒸发、气体分离和蒸汽渗透过程中,推动力通常表示为分压差或活度差,而不是浓度差。根据膜的结构和功能不同,可分为固件膜过程和液膜过程。

③ 电推动膜。以电位差为推动力的膜过程就是利用带电离子或分子的导电能力,向电解质与非电解质的混合液加电压,使阳离子向阴极迁移,阴离子向阳极迁移,不带电的分子不受这种推动力的影响,因此带电组分可与不带电组分分离。这里使用的膜起选择性屏障作用,可分为两类:允许带正电荷的离子通过的阳离子交换膜和允许带负电荷的离子通过的阴离子交换膜。使用这类膜的过程主要包括:电渗析、膜电解、双电性膜和燃料电池。前3个过程需要有电位差作为推动力,而燃料电池能将化学能转化为电能,其转化方式较常规的燃烧法更为有效。

④ 热推动膜。大多数膜传递过程均为等温过程,推动力可以是浓度差、压力差或电

位差等。当被膜分离的两相处于不同的温度时，热量将从高温侧传向低温侧。热量传递与相应的推动力即温差有关。通过均质膜的热传导过程，热量通常与膜材料的导热系数成正比，与温差成正比。在热量传递的同时，也发生质量传递，这一过程称为热渗透或热扩散，在这类过程中不发生相变。另一类热推动膜过程为膜蒸馏，用多孔膜将两个不能润湿膜的液体分开。如液体温度不同，两侧蒸气压不同，从而导致蒸气分子从高温（高蒸汽压）侧传向低温（低蒸汽压）侧。膜蒸馏是一种膜不直接参与分离作用的膜过程，膜只作为两相间的屏障，选择性完成由气-液平衡决定，这意味着蒸汽分压最高的组分渗透率也最大。

近年来，无机分离膜材料引起了人们普遍的关注，原因在于其价格上虽然高于有机膜，但在耐高温、耐磨和稳定的孔结构等方面却具有明显的优势。分子筛膜作为一种新型的无机膜，对其关注度也在逐渐升温，其中具有八元环孔道的小孔分子筛的气体渗透选择性较明显（表 7-3-1）。多项数据表明目前所研制的各种膜材料对于 $CH_4/N_2$ 的分离性能还未达到理想效果，选择性至少要达到 5，甚至 7，才具备工业应用的价值，因此要想解决瓦斯回收问题需继续研制稳定性好，对 $CH_4$、$N_2$ 选择性高的膜材料。

**表 7-3-1　分子筛膜的渗透性**

| 分子筛膜 | 渗透性/[mol/(m² · s)] | | 选择性 |
|---|---|---|---|
| | $N_2$ | $CH_4$ | $N_2/CH_4$ |
| SAPO-34 | $65\times10^{-3}$ | $3.7\times10^{-3}$ | 4.98 |
| Zeolite T | $0.17\times10^{-8}$ | $0.02\times10^{-8}$ | — |
| DDR | $10\times10^{-3}$ | $1.8\times10^{-3}$ | — |

（3）膜法分离净化瓦斯的工艺流程

从井下抽采的瓦斯其浓度一般比较低，为 30%左右，而甲烷浓度超过 80%才能作为高效燃料并入城市瓦斯供应网。瓦斯中含有 $H_2O$（气）、$N_2$、$CO_2$、$H_2S$ 等气体，水蒸气和 $CO_2$ 以及酸性气体 $H_2S$ 的存在会给瓦斯的运送带来不便，对设备、管道会造成腐蚀，$N_2$ 含量过高会降低瓦斯的热值和管输能力。因此，必须研究瓦斯的浓缩净化技术以满足用户对商品化产品的要求。瓦斯膜分离技术是利用瓦斯中不同的组分在压差作用下通过膜时渗透速度的差异来分离瓦斯的各种组分的。水蒸气、$H_2S$、$CO_2$ 等气体比烃类气体容易穿透膜，故渗透过膜的气体是渗透气（废气），而余下来的则是渗余气（净气），其分离原理如图 7-3-9 所示。

但是膜分离存在两个缺点：回收率较低；产品纯度不高，若要制取高纯产品，则需采用多级操作。对于瓦斯这种含有多种杂质气体的复杂气体，可以采用多级膜对混合气中的杂质气体逐级分离，如图 7-3-10 所示。80%～90%的煤矿瓦斯浓度低于 5%，风排瓦斯浓度一般为 0.2%～0.75%。极低的瓦斯浓度，加大了瓦斯利用的难度。一般对于低瓦斯浓度的提纯比较困难，分离系数一般都小于 6，所以采取除去杂质气体的方法，因为在混合气体中氧氮等杂质的浓度相对比较高。

从瓦斯中脱除 $H_2O$、$CO_2$、$H_2S$、$N_2$ 是利用各种气体通过膜的速率不相同这一原理，

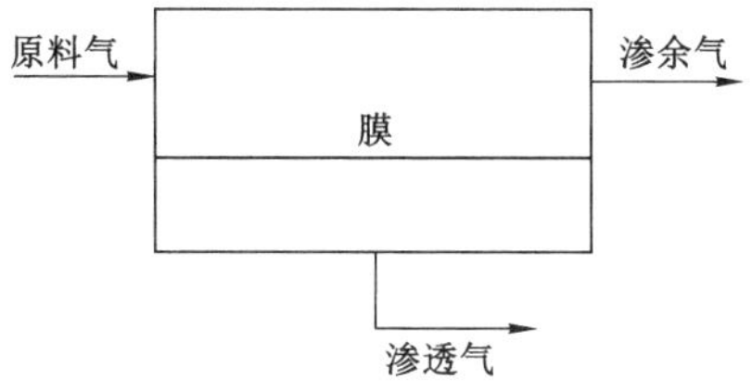


图 7-3-9　膜分离原理

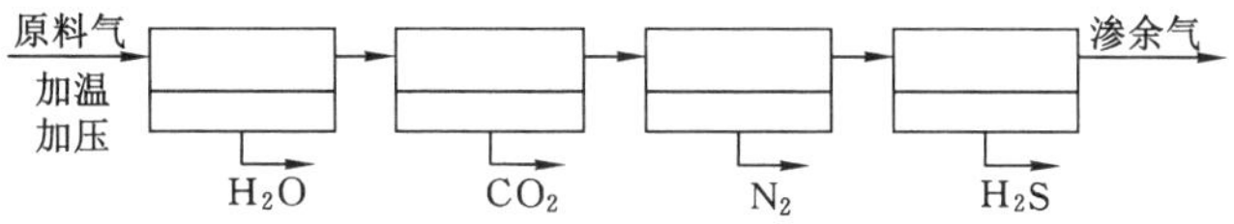


图 7-3-10　多级膜分离瓦斯原理

从而达到分离的。气体渗透过程可分 3 个阶段：气体分子溶解于膜表面→溶解的气体分在膜内活性扩散、移动→气体分子从膜的另一侧解吸。气体分离是一个浓缩驱动过程，它与进料气和渗透气的压力和组成有关。膜法脱水是近年来发展起来的新技术，它克服了传统膜净化的许多不足，表现出较大的发展潜力。

(4) MOFs 材料在分离膜中的应用

但是，多数膜存在通量增大后选择性降低的“trade off”现象，限制了分离膜的广泛应用。因此，开发反“trade off”效应的材料是当前膜材料研制的一个热点。近年来，人们发现在现有材料中引入多孔功能材料是行之有效的一条途径。

金属有机骨架材料（MOFs）是由金属离子与配体通过络合作用形成的多孔网络材料。常用金属离子有 $Cu^{2+}$、$Zn^{2+}$、$Mg^{2+}$、$Al^{3+}$、$Cr^{3+}$、$Fe^{3+}$、$In^{3+}$、$V^{4+}$、$Zr^{4+}$、$Ti^{4+}$、$Hf^{4+}$ 等，以过渡金属离子居多，主要在于它们拥有较多的 d 空轨道，更易形成多种配体构型。常用有机配体有羧酸类含氧配体、吡啶类含氮配体及有机膦类含磷配体等。目前，MOFs 主要分为以下几类：

① 以羧酸为配体的 HKUSTS、MILS、IRMOFs、UiOs 等化合物；

② 以含氮的杂环为配体的 ZIFs 等化合物；

③ 以其他绿色生物分子如环糊精为配体的 MBioFs 以及多配体、多中心离子的 MOFs 材料等。

MOFs 材料因其比表面积大、孔隙率高、孔径可调以及易引入官能团提高选择性分离等特点而被人们引入气体分离、微滤、超滤、反渗透、纳滤及渗透汽化等分离膜中。膜结构及性能的调控与多种因素相关，如共混法中铸膜液的浓度，高分子物的分子量、种类，溶剂与凝固浴的种类，温度；界面聚合法中基膜种类，单体的种类、结构、浓度，反应时间及温度等；层层自组装中组装分子的种类、层数、驱动力等。事实上，除上述因素外，MOFs 的表面官能团、粒度、形貌、孔径、用量、引入方式等也对膜的分离性能产生影响。

7.3.1.5 瓦斯水合物

水合化分离与其他分离方法相比，有其独特的优点[28]：

① 与变压吸附法相比，水合物法具有压力损失小，分离效率高等优点；

② 与低温液化法相比，水合物法可以在 0 ℃以上的温度下进行，节省制冷能量，对气体预处理要求低；

③ 与膜分离法相比，水合物法工艺流程简单，设备投资少；

④ 分离产物储存容易，安全性好。通常采取常压方式储存，在－10～15 ℃温度下几乎不分解。瓦斯水合物的热导率为 18.7 W/(m·K)，比一般的隔热材料还低，储存容器不需要特别的绝热措施，可在简易的绝热货舱或冷藏车中进行远距离输送。

(1) 煤层瓦斯水合物形成条件

煤层瓦斯水合物的形成主要受瓦斯含量和组分、煤体温度、瓦斯压力、孔隙率、孔隙水成分等条件的控制，既要有丰富的气、水物源，足够低的温度和足够高的地层压力，还要有足够的生长空间[29]。因此，瓦斯水合物的生成必须满足特定的物质条件和热力学条件。物质条件主要包括煤层瓦斯含量、水、储存水合物的空间、封闭水合物的盖层等；热力学条件主要包括水合物形成必需的温度和压力。

1) 物质条件

物质条件一般包括：瓦斯来源、瓦斯成分以及煤层的孔隙结构。

瓦斯水合物络合的主要物质原料是瓦斯气体。瓦斯水合物的高储气率特性，决定了瓦斯水合物络合过程中络合区周围围岩必须供给大量的瓦斯。在煤层中生成水合物所需瓦斯主要来源于煤层、围岩及煤系地层。煤储层为双重介质，基质中发育微孔隙裂构成渗流通道，煤层孔隙类型和连通程度具有较复杂的变化性，它们互相组合形成裂隙性多孔介质，为瓦斯水合物络合过程中瓦斯气体的传递提供了途径。在合适的温度和压力条件下瓦斯气体开始络合，瓦斯水合物消耗大量瓦斯，导致该处的瓦斯压力急剧下降，于是周围区域和络合区的压力梯度为瓦斯气体向水合物生成区域运移提供了驱动力，保证了瓦斯水合物生成过程重点气源供应。

瓦斯组分对水合物生成有较大的影响。甲烷中混有乙烷、丙烷等低碳烃类气体时有利于水合物的生成。重烃和二氧化碳含量越高，越有利于水合物的形成。在煤化作用过程中，重烃主要于气煤到瘦煤的煤化阶段产出，含量高时可以达到 10%以上。

煤和岩石是孔隙直径和裂隙宽度不同的微裂隙的多孔介质。孔隙率由原生结构形态和后期构造破坏程度决定，一般受构造破坏程度影响变化较大。国内外瓦斯研究资料证实，80%以上的煤与瓦斯突出发生在地质异常区。这类地区煤层受到构造破坏形成大量节理和微裂隙，增大了煤岩的孔隙性和相互间连通性。因此，研究这类煤层的孔隙变化及微结构，对瓦斯水合物在煤层中是否有足够的生成和储存空间具有特定意义。

2) 热力学条件

热力学条件包括温度以及压力。

瓦斯水合物的形成需要较低的温度和较高的压力，含有一定量主体分子(水)和客体分子(瓦斯)的反应体系满足一定的相平衡条件后才可能发生主客体分子间的络合，形成瓦斯水合物。

煤储层压力指作用于煤孔隙裂隙空间上的流体压力。对于地下水不十分充沛的煤层而言，煤储层压力即指煤层瓦斯压力。煤层中瓦斯压力的大小取决于埋藏的深度。大量实测数据统计分析表明，在天然条件下，煤层瓦斯压力接近地下水的静压力。也有电地应力异常而引起的瓦斯压力异常。在目前开采深度的地温条件下，形成瓦斯水合物需要较高的压力，煤层中的原始瓦斯压力为形成水合物提供了较为有利的条件。

(2) 瓦斯水合化分离与储运关键技术

瓦斯水合化分离与储运技术应用的关键，可概括为以下4个方面：

① 水合物在更为温和的热力学条件下快速生成，能够实现工业化连续生产；

② 分离设备和工艺达到高效分离低浓度瓦斯、水合物含气率高的目标；

③ 水合产物储存和运输稳定条件的确定；

④ 水合物分解的设备和工艺满足经济、高效和可控的工业需要。

因此，瓦斯水合化分离与储运技术基础和应用研究主要包括：多元-多相复杂体系瓦斯水合物相平衡热力学理论及数学模型、瓦斯水合化分离动力学理论及数学模型、瓦斯水合过程传热-传质规律、瓦斯快速水合化分离强化作用机理及方法、瓦斯水合物产物特征、分解特性(热力学和动力学规律)及控制方法。

(3) 水合物收集瓦斯的优点

① 蓄能密度大。据报道，1 $m^3$ NGH(天然气水合物)可携带标准状态下150～160 $m^3$的天然气。据计算，由80%甲烷、10%乙烷、5%丙烷、4%正(异)丁烷及1%惰性气体组成的天然气形成水合物后体积变为原来的1/156。

② 水合物的热物理性质稳定，储存容易。水合物可以储存在亚稳态，在大气压条件下，储存温度在−15 ℃时，水合物即可以实现稳定储存。一方面由于表层水合物分解后形成了保护冰层，防止了进一步分解。另外，水合物的融化需要很多热量，热量只能来自邻近的水合物颗粒。只要储存在隔热较好的罐中，这种水合物很容易保持在亚稳态。除非外部加热，否则它不易分解成气体和水。

③ 再气化技术比较简单。只要通过简单的加热手段就可将固体状水合物直接转化成可使用的气态天然气。水合物的分解一般可以改变水合物存在条件，使气体从水合物中分解出来。对确定成分的气体水合物，有两种方法可使其分解：在某个温度下降压使其压力低于相平衡压力，在某个压力下升温使其温度高于相平衡温度。

④ 可以推广瓦斯的使用范围，加快瓦斯的商业化进程。目前瓦斯利用的途径比较单一，这主要是由于以下原因：一是矿井瓦斯抽采量不大，普遍存在自给有余、发展不足的现象；二是大多数抽采矿井都远离城市，向城市供气一次性投资太大，煤矿难以承受；三是瓦斯浓度不高且不稳定，一般甲烷含量在25%～45%，长距离输送不经济。如果采用水合物技术来收集瓦斯，一方面有利于对瓦斯进行浓缩和提纯，另一方面便于长距离运输。而且在瓦斯资源利用结束时，可以很方便地移动水合物制取设备，省去铺设管道的投资。

由上述分析可见，应用水合物技术收集废弃矿井瓦斯具有很多优点。一方面水合物分离技术有利于废弃矿井瓦斯的提纯，另一方面水合物高密度储运技术有利于扩大废弃矿井瓦斯的商业应用范围。

## 7.3.2 高浓度瓦斯资源化利用技术

### 7.3.2.1 高浓度瓦斯能源利用

（1）直接用作燃料

1）民用燃料

瓦斯民用的基本技术条件为：① 瓦斯浓度大于30%；② 足够的气源，稳定的气压，当用于炊事时，气压应大于2 kPa；③ 气体混合物中无有害杂质；④ 输送设施。瓦斯民用系统一般由抽采泵、储气罐、调压站和输气管道组成。

我国目前有两类瓦斯供应系统：一类为低压一级供应系统，瓦斯压力维持在2 kPa以下；另一类为中、低压供应系统，中压为3.5 kPa，低压为2 kPa。一般情况下，储气罐内的气压为5～6 kPa。

瓦斯民用技术的技术保障[30-31]：

① 保持气源稳定。采空区瓦斯民用时，若抽出的瓦斯浓度大于40%，必须采取人工勾兑的方法将其灌气浓度降至35%～40%。因为甲烷浓度为35%～40%时最适宜民用；浓度大于40%时，属于工业用料浓度，民用将会造成浪费，且民用过程中容易产生炭黑和甲醛，会污染环境。人工勾兑方法是保证采空区能更长久地作为民用气源点的一种重要手段。

② 正确使用瓦斯燃料。燃气点必须保持气流畅通以防止输气管泄漏或点火不及时的情况下，能及时地将瓦斯排出室外；使用灶具和取暖灶具的地点必须安设抽油烟机、换气扇或烟囱。瓦斯的主要成分是甲烷，还含有一些其他诸如$SO_2$、$H_2S$、CO、$CO_2$等有毒有害气体，同时甲烷燃烧不完全能产生炭黑和甲醛及其他有毒有害气体，人长期生存在这种环境中易得皮肤病或呼吸道疾病，不利于人体健康。

③ 加强瓦斯管理。为确保采空区瓦斯民用的持续稳定可靠，供气单位应定期检修相关设备、管道及其附属装置，并派专人（专业人员）定期巡视、维护瓦斯输出及输入管道，及时将管道内积水放干，将漏气点堵上，确保民用瓦斯气源稳定、正常安全。

2）工业燃料

瓦斯可作为洁净的工业锅炉燃料，能够减少污染，改善工业产品质量。工业炉主要包括金属加工工业炉、硅酸盐工业炉和工业锅炉3种。工业炉以瓦斯为燃料，可以增加传热效率，提高工业炉的生产率。例如硅酸盐工业炉以瓦斯代煤作燃料，不仅能节能降耗，且能提高产品质量；燃用瓦斯的陶瓷窑炉，产品合格率和一级品率比燃煤窑炉分别提高10%～15%和10%，热能利用率提高70%以上；水泥窑炉燃用瓦斯后，可比较容易地控制窑内温度和窑炉的生产率。为了充分利用抽采的瓦斯，各公司积极将燃煤锅炉改装为燃瓦斯锅炉。锅炉改装有两种方式：一是将燃煤锅炉改为全部燃气锅炉，锅炉效率可提高30%～50%；另一个是将锅炉改装为调峰用气锅炉，即在居民用气低峰时，锅炉燃用瓦斯。

3）汽车燃料

煤矿瓦斯代替汽油作为运输燃料具有明显的环境效益和经济效益，与汽油车相比，天然气车可使汽车尾气中的一氧化碳减少89%，碳氢化合物降低72%，二氧化氮减少39%，二氧化硫、苯、铅和粉尘减少100%。作为汽车燃料的压缩天然气的工艺参数为：瓦斯浓度83%～100%，乙烷以上的烃类含量不超过6.5%。车用压缩瓦斯技术指标见表7-3-2。

**表 7-3-2　车用压缩瓦斯指标**

| 项　目 | 技术指标 | |
|---|---|---|
| | Ⅰ类 | Ⅱ类 |
| 甲烷含量(体积分数)/% | ≥90 | ≥83～90 |
| 高位发热量/(MJ/$m^3$) | ≥34 | ≥31.4～34 |
| 总硫含量/(mg/$m^3$) | ≤150 | |
| 硫化氢含量/(mg/$m^3$) | <12 | |
| 水露点 | 在煤层气交接点的压力和温度条件下,煤层气的水露点应比最低环境温度低 5 ℃ | |

推广应用瓦斯作为汽车燃料的目的及意义巨大:

① 有利于缓解燃油危机,减少汽车尾气排放对环境的污染。瓦斯燃料在汽车上的广泛应用,将有效地缓解常规能源供应不足,有利于减少环境污染。

② 有利于缓减瓦斯产生的温室效应。瓦斯的主要成分是甲烷,具有很强的温室效应。在体积相同的条件下甲烷产生的温室效应为二氧化碳的 21 倍以上。推广应用瓦斯汽车,则是变废为宝,能有效地缓减瓦斯直接排放到大气中导致的严重的温室效应。

③ 有利于拉动相关产业的发展。瓦斯汽车产业是一项庞大的系统工程,建设一个瓦斯生产基地将带动运输、钢铁、水泥、化工、电力、生活服务等相关产业的发展,增加就业机会,促进当地经济的发展。

④ 有利于缓解煤矿安全问题。推广应用瓦斯汽车必须加大对瓦斯的采集、加工、利用开发,将有效地降低由瓦斯引起的煤矿重大事故发生的频率,有利于从根本上防止煤矿瓦斯事故。

(2) 燃料电池直接发电技术

燃料电池是一种新能源,它是将燃料(瓦斯)的化学能直接转换为电能的一种装置。由于没有机械和热的中间媒介,燃料电池具有效率高、污染低、系统运行噪声低等特点,其利用率可达 90%以上。燃料电池可分为以下 5 类:碱性燃料电池(AFC)、磷酸盐燃料电池(PAFC)、熔融碳酸盐燃料电池(MCFC)、高温固体燃料电池(SOFC)和聚合物电解质燃料电池(PEFC),其中 PAFC 和 SOFC 特别适合以瓦斯作为燃料。

燃料电池的结构基本上是由两个电极和电解质组成。燃料和氧化剂分别在两个电极上进行电化学反应,电解质则构成电池的内回路。

在燃料处理单元,将预处理的瓦斯和发电单元过来的水蒸气在催化剂作用下发生反应,产生一种新的瓦斯:

$$2CH_4 + 3H_2O \longrightarrow 7H_2 + CO + CO_2$$

从重整装置出来转化的瓦斯,温度进一步降低,在转化中产生富氢燃料:

$$7H_2 + CO + CO_2 + H_2O \longrightarrow 8H_2 + 2CO_2$$

燃料电池的心脏是位于发电单元的燃料电池堆叠片。富氢燃料和空气中的氧在此发生化学反应,产生直流电:

在阳极:

$$2H_2 \longrightarrow 4H^+ + 4e^-$$

在阴极：

$$O_2 + 4H^+ + 4e^- \longrightarrow 2H_2O$$

电流转换单元是燃料电池最后一部分，主要是把直流电转换为交流电，供用户使用。它包括微处理交换器和主要过程控制器等。

由于燃料电池电能通过电化学反应产生，和传统的发电方式相比，燃料电池不受卡诺循环的限制，输出功率近似等于吉布斯函数的减少。

由于所有燃料都通过与氧反应而发出能量，燃料电池高转化效率的关键在于用催化剂来控制这个反应。只要不断地提供燃料，燃料电池就会永久地产生电能。对于催化剂要加强维护，否则在启动和关闭时，电池堆叠片会被氮覆盖。与其他发电方式一样，燃料电池也会排放 $CO_2$，但由于其效率高，其排放量要比常规发电少得多。

7.3.2.2 高浓度瓦斯化工利用

(1) 生产甲醛技术

三矿在 1970 年，以矿井瓦斯为原料建起了一座年产 500 t 的甲醛厂，并试产出甲醛溶液。甲醛为塑料、树脂、合成纤维等基本有机合成化学工业极重要的原料，广泛应用于国防建设、农业、印染、皮革、造纸、纺织、医药等国民经济部门，是重要的化工原料。

国内生产甲醛多采用两步法：即先用石油气、天然气制取甲醇，再利用甲醇催化氧化制得甲醛。采用两步法需要高压设备，工艺流程复杂，技术要求高，生产甲醛较困难。三矿生产甲醛采用一步法，即直接利用甲烷绝热常压催化氧化制取甲醛。一步法生产甲醛设备简单，建厂快，原料来源丰富。现将甲醛生产的过程分述如下：

1) 反应原理

在催化剂 NO 和硼砂的作用下，控制一定的条件，矿井气中的甲烷和氧气将发生下列三种反应：

主反应：$CH_4 + O_2 \longrightarrow CH_2O + H_2O + 0.28\ \text{MJ}$

副反应：$CH_4 + 3/2O_2 \longrightarrow CO + 2H_2O + 0.52\ \text{MJ}$

$CH_4 + 2O_2 \longrightarrow CO_2 + 2H_2O + 0.8\ \text{MJ}$

亦可认为：$CH_4 \rightarrow CH_2O \rightarrow CO \rightarrow CO_2$

甲烷在常压绝热催化剂制甲醛的反应中，最终产物是 $CO_2$，甲醛只是甲烷氧化过程中的反应物，极其不稳定，超过一定的时间，很快氧化为一氧化碳和二氧化碳。因此，当反应进行到一定程度时，对于反应气体必须采取急冷办法，才使生成的甲醛稳定下来。

将空气用配氧鼓风机送至配风管，与从瓦斯鼓风机来的矿井瓦斯混合，使配风后的瓦斯浓度在 30%左右，然后进行循环气路与循环气混合。混合气体经主鼓风机的转送，进入预热炉，预热至 610～630 ℃后，从反应速冷器的下部进入反应器。与此同时催化剂一氧化碳亦从反应速冷器下部送入反应器。一氧化碳的加入量一般为新鲜混合气体的 0.08%，反应器中装有挂着催化剂硼砂的瓷环，反应时间不宜过长，一般控制在 0.15 s，反应温度控制在 700 ℃左右，此时气体中的甲烷在反应区域里即氧化生产甲醛。反应后的气体立即进入紧装在反应器上部的速冷器中，急速冷却至 200 ℃左右，再经输气管输入冷却器，进一步冷却至 70 ℃左右，最后进入吸收塔，在吸收塔内气体中的甲醛被水吸收流入塔底，从塔底引出来的即为甲醛溶液。从吸收塔顶出来的气体大部分用来与新鲜空气一起循环使用，少部分引入预热炉燃烧，预热将参加反应的气体，整个反应为循环连续操作。

矿井瓦斯直接制取甲醛的工艺流程如图 7-3-11 所示。

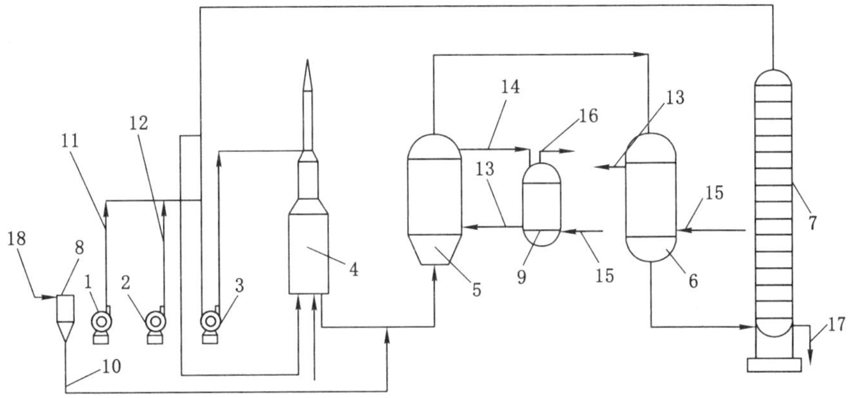


1—配氧鼓风机；2—瓦斯鼓风机；3—主鼓风机；4—预热炉；5—反应速冷器；6—冷却机；7—吸收塔；8—氨氧化器；9—气包；10—氧化氮；11—空气；12—瓦斯；13—热水；14—汽；15—水；16—供暖系统；17—甲醛溶液；18—氧与空气混合气。

图 7-3-11　矿井瓦斯制甲醛工艺流程图

2）主要设备

① 预热炉。预热炉为立筒式大炉，最上部为烟筒，烟筒下部为对流段，最下部是炉膛。在对流段内装有列管式热交换器，炉膛周围为辐射管，底部中央为燃烧喷嘴。混合气体经鼓风机输送，从大炉对流段上部进入交换器，气体从管内由上至下，烟道气在管外由下至上，两气体逆向对流，烟道气将热量传递给混合气体，被加热的混合气体再进入延伸至炉膛的辐射管，进一步加热至 620 ℃左右后进入反应速冷器。尾气从炉底进入大炉，从喷嘴喷出供燃烧。

② 反应速冷器。反应速冷器由两部分构成，下部是一锥形反应器，上部是一速冷器。反应器外壳用碳素钢做成，内衬是耐火砖，中间中有一层绝热材料。反应器内盛着用硼砂水溶液浸过的 25 mm×25 mm×3 mm 规格的瓷环。上部为一列管式冷却器，气体走管内，冷却水走管外，蒸气从速冷器上部引出。预热后的气体从反应器下部进入，在反应器内氧化反应生成甲醛，然后急速进入冷却器，气体冷却后从顶部引出。

③ 冷却器。冷却器为一般列管冷却器。气体从冷却器上部管内下流，水从管外上流，进行逆向热交换。从冷却器出来的气体温度不应低于 70 ℃，以免甲醛在管内发生聚合，影响热传递。

④ 吸收塔。吸收塔为鼓泡式筛板吸收塔。吸收塔共有 16 节塔板，每块板上钻有直径为 5 mm 的小孔 5 000 余个，塔板之间用溢流管连通，塔底为盛甲醛溶液的塔釜。吸收软水从塔顶淋下，在气流的作用下塔板上保持着 50 mm 高的液层。气体从下到上通过液层最后从塔顶引出，气液接触时甲醛被吸收。甲醛溶液经溢流管逐级下降，浓度越来越高，最后进入塔釜。塔釜内即为生产的甲醛溶液。为了冷却甲醛气体，应及时将吸收塔内

的热甲醛溶液取出，塔的上、下部装有冷却盘管。

(2) 氧化铝焙烧及煤泥烘干技术

氧化铝焙烧以前采用燃煤，热效率低，且污染环境，采用瓦斯焙烧后，热效率增加一倍，且瓦斯燃烧后几乎不产生任何废气，有利于改善环境。其工艺主要利用苛性碱、石灰和铝矿石反应，经过预脱硅后分解出氢氧化铝，将分解出的氢氧化铝涤液经过洗水排除杂质后，进入焙烧炉进行烘干除水，得到氧化铝原料。烘干设备为瓦斯燃烧设备，选用的是法国皮拉德公司生产的燃烧器。燃烧器由启动热发生器、立柱式水平单壳燃烧室(内砌耐火材料)、气体点火器、气体阀门架组成，安装燃烧室端可以自由膨胀。靠近燃烧器安装的附件有：流量计、气动流量控制阀、自动关闭回路阀组、压力控制表及开关、压缩空气管线、燃烧空气风机、入口消音器等。燃烧器及焙烧炉如图 7-3-12 和图 7-3-13 所示。

图 7-3-12　焙烧炉燃烧器安装图

图 7-3-13　氧化铝焙烧炉装配图

瓦斯流量:36 万 $m^3/d$,年用气 1.26 亿 $m^3/a$,纯瓦斯 0.591 $m^3/a$。

瓦斯参数:$CH_4$46.9%,$CO_2$0.2%,$N_2$44.21%,$O_2$8.66%。

瓦斯压力:一级压力(进入厂区前)40 kPa,由宋家庄站区供气。

二级压力(燃烧设备处):25 kPa,厂区降压后供气。

输配系统:一级系统,DN500,23 km。

二级系统:DN600,0.6 km。

氧化铝焙烧工艺如图 7-3-14 所示。

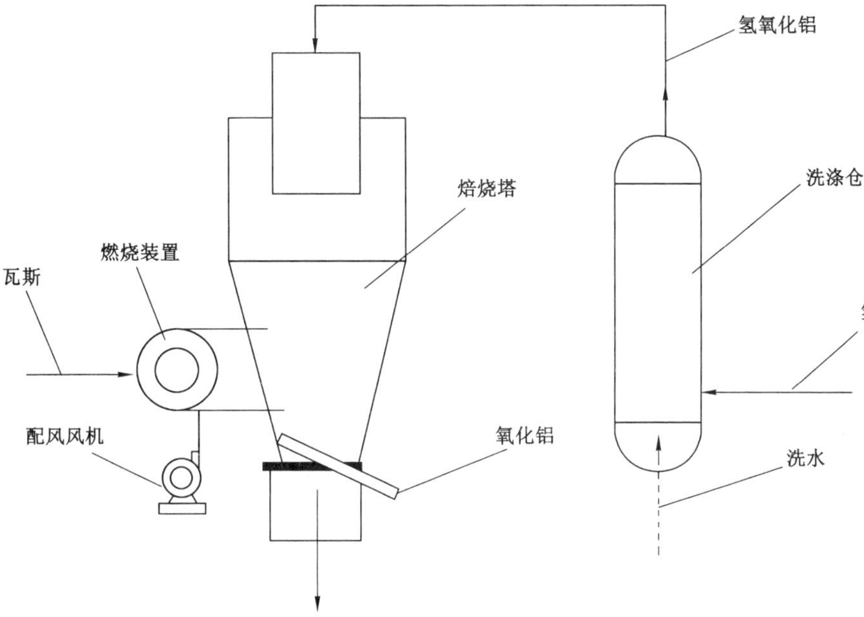


图 7-3-14　氧化铝焙烧工艺图

选煤系统粗煤泥干燥系统工程,采用旋翼式干燥工艺,设计规模小时处理湿煤泥 100 t,年生产能力 60 万 t,热源采用矿井瓦斯,干燥后煤泥水分≤12%(可调),物料粒度≤6 mm。此项工程的设备购置,分为煤泥干燥系统(包括干燥机、卸料器、热风炉、尾气净化系统、供配电系统、控制系统等),四部皮带机,一台给煤机,两部皮带秤,一台排污泵,四个配电盘,一台分料器;土建工程分为新建一个干燥车间、四部皮带走廊、三个转载点,安装消防、供排水,场面硬化;安装工程分为安装所有设备和场外供电、照明、控制、保护、岗位通讯、视频监控等。选煤系统粗煤泥干燥系统投运后,效益可观,湿煤粉灰分平均 26%左右,水分 25%左右,发热量 4 300 kcal 左右;烘干后水分按 12%计算,发热量约为5 000 kcal。

(3) 液化天然气技术

液化天然气(LNG)技术是利用矿井瓦斯经过净化处理,再经过一系列浓缩低温液化后的液体天然气,体积仅为原来的 1/625,比天然气更清洁、热值更高,在储存、运输、贸易和应用等方面更有优势,在天然气产业的发展过程中,液化天然气将是重要的组成部分。

利用深冷液化法生产液化天然气(LNG)的工艺流程采用 $N_2$ 膨胀制冷，在低压、低温下，通过分馏塔对 $CH_4$ 含量在35%以上的煤矿瓦斯脱氧脱氮、分离液化。该工艺对从抽采泵站送来的煤矿瓦斯，先除水除尘，用压缩机压缩，再冷却，脱水、脱碳，除尘和脱汞，最后进入制冷、液化分离系统，降温、液化和分离。

经压缩、净化，脱除了水分和 $CO_2$ 的煤矿瓦斯进入数个换热器中交换热量，降低温度。降温后的煤矿瓦斯再送入分馏塔，气体部分自下而上经过塔板。在分馏塔顶部原料气部分被冷凝为液体。液体在塔中向下流动，在分馏塔底部被蒸发，成为分馏塔的气体。气体再自下而上流过塔板，与向下走的液体进行热、质交换。

向上流动的气体被向下流的液体所冷却，其中高沸点的组分($CH_4$)先被冷凝。而向下流的液体被向上的气体所加热，其中，低沸点的组分(N,O)先被蒸发。因此，在分馏塔中，越向上气体中 $CH_4$ 的含量越少，越向下液体中 $CH_4$ 的含量越多。最后，在塔的顶部可得到纯度很高的空气($CH_4$ 含量小于0.1%)，在塔的底部得到纯度很高的液态 $CH_4$ 等燃料气，其纯度可以达到99%以上。被分离出来的空气，由于十分洁净，还可用来做分子筛干燥器的再生用气。

从分馏塔底部引出的是纯度为99.9%以上的液态 $CH_4$，为避免 LNG 在输液管中蒸发，先使 LNG 产品通过过冷器，成为过冷的 LNG 再输出，灌入 LNG 储罐储存。最后，用低温泵泵入低温槽车，运出厂外。

原料气含 $CH_4$ 浓度在35%以上，已超出了常温常压下 $CH_4$ 燃烧和爆炸5%～15%的浓度范围，因此是安全的。但是，$CH_4$ 燃烧和爆炸的浓度范围会随压力、温度的升高而变大，反之而变小。因此，如果采用的液化分离流程要求压缩瓦斯有较高的压力，就会使 $CH_4$ 进入燃烧范围，这就不得不先脱除 $O_2$。如果采用低压分离液化流程，使原料气在压缩和净化过程中，$CH_4$ 浓度始终保持在燃烧和爆炸范围之外，避免高温和高压，就能够消除压缩和净化过程的安全隐患，保证压缩和净化过程的安全生产。

## 7.4 风排瓦斯利用

风排瓦斯即煤矿采取通风方式排出的、浓度在1%以下的瓦斯。我国煤矿开采中，每年通过通风瓦斯排出的纯甲烷在100亿～150亿 $m^3$ 左右。一个煤炭产量在百万吨的高瓦斯矿井，每分钟的通风瓦斯量在5 000～10 000 $m^3$ 左右，每分钟通过通风瓦斯排出纯甲烷就是25～50 $m^3$，每年排出的纯甲烷就是1 000万～2 000万 $m^3$，相当于向大气排放了130万～250万 t 二氧化碳。

据原国家安监总局统计数据，我国通风瓦斯量2004年为90亿 $m^3$，到2017年已经达到170亿 $m^3$，翻了将近一番。但是随着国家一系列瓦斯抽采利用鼓励政策出台，我国的瓦斯抽采量大幅增长，乏风瓦斯排放量逐步降低，综合利用水平逐步提高，矿井瓦斯抽采率由2004年的17.4%上升到2017年的38.2%。估计我国每年的瓦斯排放量中有超过70%来自浓度低于1%的风排瓦斯。

### 7.4.1 风排瓦斯利用技术

由于风排瓦斯的浓度相对较低，因此利用起来的难度较大。常见的风排瓦斯利用技术有:催化氧化作用、热氧化和燃烧作用。其中,催化氧化作用依靠流向变换催化氧化反应器来实现;热氧化技术主要是通过双向流反应器实现;混合燃烧作用是在高温环境下,将风排瓦斯中甲烷进行氧化处理,从而产生大量的热量,减少其他燃料的消耗量(在实际处理过程中,针对混用的燃料,可以采取不同的混合方式、组织方式[32])。

以上三种风排瓦斯利用技术的对比情况如表7-4-1所示。

**表7-4-1　三种风排瓦斯利用技术对比**

| 风排瓦斯技术 | 实用性 | 应用 | 系统可靠程度 |
|---|---|---|---|
| 催化氧化 | 一般 | 供热 | 高 |
| 热氧化 | 优秀 | 供热、发电 | 一般 |
| 混合燃烧 | 较差 | 供热、发电 | 低 |

阳泉矿区对于风排瓦斯的利用技术主要包括:蓄热氧化供热技术以及蓄热氧化发电技术,这两种技术主要都是通过热氧化反应,将该化学反应产生的热量,一部分用于供热,另一部分通过热交换进行发电。目前,热氧化技术在风排瓦斯中的应用已经十分成熟,其在应用过程中可靠性高。其应用的一项主要缺点就是初期投资较大,在对设备应用期间,要连续运行,一旦出现突发性事件,处理能力差。

## 7.4.2　低浓度瓦斯蓄热氧化技术

### 7.4.2.1　低浓度瓦斯蓄热氧化技术原理

低浓度瓦斯蓄热氧化技术主要靠蓄热式热氧化器(简称RTO)来实现。热逆流氧化反应器主要由换向阀门、反应器床层、启动热装置等部分组成。反应器床层两端装填有硅土材料或者陶瓷之类的蓄热介质,中部有燃烧室、蓄热室、气流分布室、换热器等热交换装置。该装置的技术核心就是流向周期性地切换。与传统稳态操作的反应器相比,该方法大大提高了绝热温升,在控制好参数的情况下,即使没有外部加热,仍能维持自热运行,其基本运行原理如图7-4-1所示。

首先,使用外部预热的办法将反应器装置内部温度升高到750 ℃以上。预热完成后,将阀1、阀4打开,室温下的低浓度瓦斯(浓度1.2%)按照实线箭头方向流经反应器,进气低浓度瓦斯经上段蓄热陶瓷的预热,温度升高到将近900 ℃,开始发生热氧化反应并释放大量的化学反应热,一部分热量可以用来加热下段的蓄热陶瓷,同时通过换热器抽取多余热量,经过热交换之后的低温烟气经阀4从右端出口排出,这是半个周期的操作过程。下一个半周期开始时,将阀1、阀4关闭,打开阀2、阀3,流向进行切换,进口的低浓度瓦斯按照虚线箭头方向流动,此时下段的蓄热陶瓷内蓄积的大量热量可用来加热进口低浓度瓦斯,加热至900 ℃后,再次发生氧化反应,释放反应热,高温烟气将反应放出的热量蓄积在上段蓄热陶瓷后,再通过阀3流出反应器。此时,一个换向整周期(简称"换向周期")结束。不断重复流向切换过程可维持甲烷自热氧化反应的进行,不再需要额外的热量供给。而化学反应放出的热量除了能够维持反应器自热运行外,抽取的热量还可用来供热或发电。

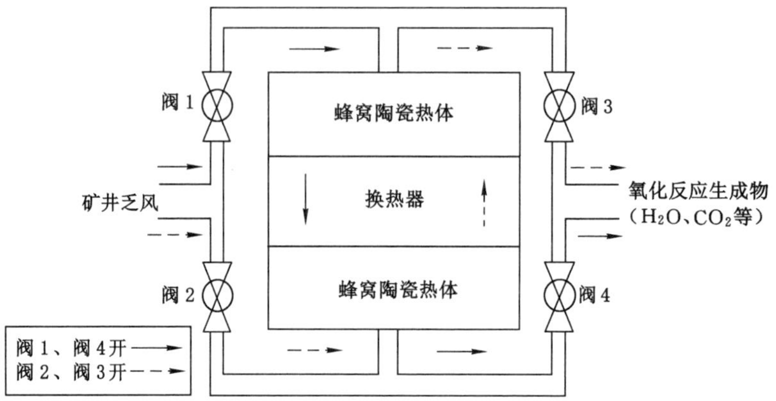


图 7-4-1　热逆流氧化反应器原理示意图

7.4.2.2　低浓度瓦斯蓄热氧化技术装置

低浓度瓦斯蓄热氧化井筒加热整套工艺系统的关键装置和技术有四床式蓄热氧化装置、热风换热器、蓄热氧化装置余热防冻技术，各工艺单元的系统包括低浓度瓦斯输送安全保障系统、掺混系统、蓄热氧化系统、新风加热系统、热水加热系统、仪表空气制备系统、监测监控系统等七大系统。

(1) 关键装置和技术

1) 四床式蓄热氧化装置

蓄热氧化装置是低浓度瓦斯蓄热氧化技术中的核心设备，其作用是将掺混后的瓦斯气体加热到 750 ℃以上，使甲烷与空气在炉内发生充分的氧化反应，达到消化甲烷、获得热量的目的。

其中，四床式蓄热氧化装置的设计主要包括：蓄热氧化装置的选择、蜂窝陶瓷蓄热体填料设计以及蓄热氧化装置设计三个部分。

蓄热氧化装置包括以下四种结构类型：

① 单体式结构，以最简单的一进一出为风流导向。

② 采用阀门切换形式，也是最常见的一种方式。其有两个或多个陶瓷填充床，通过阀门的切换，改变气流的方向，从而达到预热掺混瓦斯的目的。

③ 采用旋转式分流导向，并把炉膛内蓄热体分成多个等份的单体密封单元，通过不停转动把掺混瓦斯导向各个蓄热体单元进行氧化。

④ 采用旋转式阀门分流，把多个蓄热体紧凑结合为一个燃烧室，内置换热器或热风调节装置，达到处理掺混瓦斯的同时满足供热需求。

根据瓦斯抽采要求以及井筒加热要求，阳泉矿区选择了阀门切换式蓄热氧化装置。

蓄热陶瓷填料是蓄热氧化装置中的核心材料，相比于传统各种填料，蜂窝蓄热体用于流向变换反应器中可以提高装置中气流和填料的换热效率，同时降低装置的压力损失。

蓄热氧化装置的设计是根据装置发热量、掺混瓦斯处理量等工艺参数，对蓄热氧化装置的结构尺寸进行详细设计。其主要设计过程包括：① 一个换向周期内预热原料气所需热量 $Q$；② 蓄热室烟气出口温度；③ 对数平均温差 $\Delta t$；④ 原料气侧气体对流换热系数 $\alpha_f$ 及烟气侧 $\alpha_y$；⑤ 综合热交换系数 $K$、蓄热室上部 $K_s$ 和下部 $K_x$；⑥ 一个蓄热室的传热面积 $A$；⑦ 一个蓄热室的体积 $V$；⑧ 一个蓄热室的水平截面积 $F$；⑨ 蓄热室高度 $H$。

根据上述设计过程，得到所使用的蓄热氧化装置总体尺寸为 15 000 mm×4 000 mm×7 700 mm，质量约 170 t，共装填蓄热陶瓷材料 50 $m^3$。

2）高效换热器

高效换热器是关键设备之一，其作用是将蓄热氧化装置输出的高温烟气热量交换到冷空气中，以实现井筒加热和站场供暖的目标。

常用换热器形式包括 5 种：

① 夹套式换热器：容器外壁安装夹套制成，结构简单；但其加热面受容器壁面限制，传热系数也不高。为提高传热系数且使釜内液体受热均匀，在釜内安装搅拌器、在夹套中设置螺旋隔板或其他增加湍动的措施，以提高夹套一侧的给热系数。

② 喷淋式换热器：将换热管成排地固定在钢架上，热流体在管内流动，冷却水从上方喷淋装置均匀淋下，故也称喷淋式冷却器。喷淋式换热器的管外是一层湍动程度较高的液膜，管外给热系数较大。另外，这种换热器大多放置在空气流通之处，冷却水的蒸发亦带走一部分热量，可起到降低冷却水温度、增大传热推动力的作用。

③ 沉浸式换热器：将金属管弯绕成各种与容器相适应的形状，并沉浸在容器内的液体中。蛇管换热器的优点是结构简单，能承受高压，可用耐腐蚀材料制造；其缺点是容器内液体湍动程度低，管外给热系数小。为提高传热系数，容器内可安装搅拌器。

④ 管壳式换热器：主要由壳体、管束、管板和封头等部分组成，壳体多呈圆形，内部装有平行管束或者螺旋管，管束两端固定于管板上。在管壳换热器内进行换热的两种流体，一种在管内流动，其行程称为管程；一种在管外流动，其行程称为壳程。管束的壁面即为传热面。管子的型号不一，直径一般为 16 mm、20 mm 或 25 mm，管壁厚度一般为1 mm、1.5 mm、2 mm 以及 2.5 mm。进口换热器，直径最低可以到 8 mm，壁厚仅为 0.6 mm，大大提高了换热效率。若采用螺旋管束设计，可以最大限度地增加湍流效果，加大换热效率，内部壳层和管层的不对称设计，最大可以达到 4.6 倍。

⑤ 板式换热器：板式换热器是由一系列具有一定波纹形状的金属片叠装而成的一种高效换热器。各种板片之间形成薄矩形通道，通过板片进行热量交换。板式换热器是液-液、液-汽进行热交换的理想设备，它具有换热效率高、热损失小、结构紧凑轻巧、占地面积小、应用广泛、使用寿命长等特点。在相同压力损失情况下，其传热系数比管式换热器高 3～5 倍，占地面积为管式换热器的 1/3，热回收率可高达 90%以上。针对阳泉矿区的井筒加热及站场供暖需求，选择高效板式换热器。

根据设计资料，新风高效换热器外形尺寸为 4 600 mm×4 000 mm×3 300 mm，压力损失小于 1 000 Pa，质量约 10 t，换热面积为 1 730 $m^2$。新风高效换热器外形尺寸图见图 7-4-2。

3）蓄热氧化装置余热防冻技术

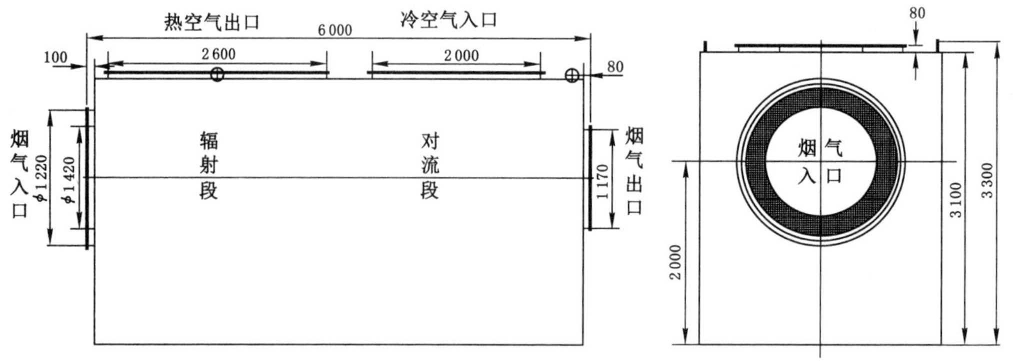


图 7-4-2　新风高效换热器外形尺寸图

在冬季低温条件下，低浓度瓦斯与室外空气掺混后在掺混装置中会发生结冰冻堵现象，并导致掺混器阻力增大，影响低浓度瓦斯蓄热氧化井筒加热系统的加热效果，详细过程见图 7-4-3。

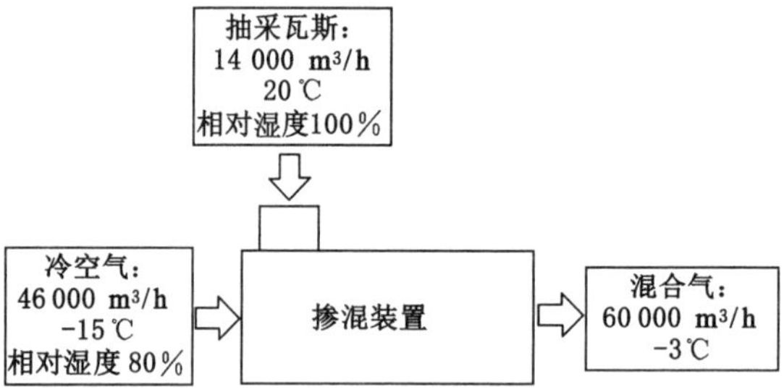


图 7-4-3　低浓度瓦斯与低温空气掺混过程示意图

要解决掺混装置冬季结冰冻堵问题，一方面是要降低低浓度瓦斯或环境空气中的含水量；另一方面要提高掺混装置中气体的温度，使其高于 0 ℃则可避免结冰冻堵。根据上述原则，可采用的技术包括：

① 先脱水再加热：先对低浓度瓦斯降温脱水，再与环境空气掺混，并对掺混装置进行加热；

② 直接加热冷空气：将冷空气加热后直接与低浓度瓦斯掺混。

在上述两种方式中，都需要对掺混装置或冷空气进行加热，加热方式有电加热、蓄热氧化装置余热利用、采暖热水伴热 3 种。

（2）各单元系统

1）低浓度瓦斯输送安全保障系统

低浓度瓦斯输送安全保障系统主要由执行机构和监测控制系统等组成。执行机构主要包括水封阻火泄爆装置、自动抑爆装置抑爆器、自动阻爆阀门、湿式放散罐、电动调节阀等；监测控制系统由稳压电源、爆炸信号控制器、电气转换控制箱、传感器、声光报警器等组成，如图 7-4-4 所示。

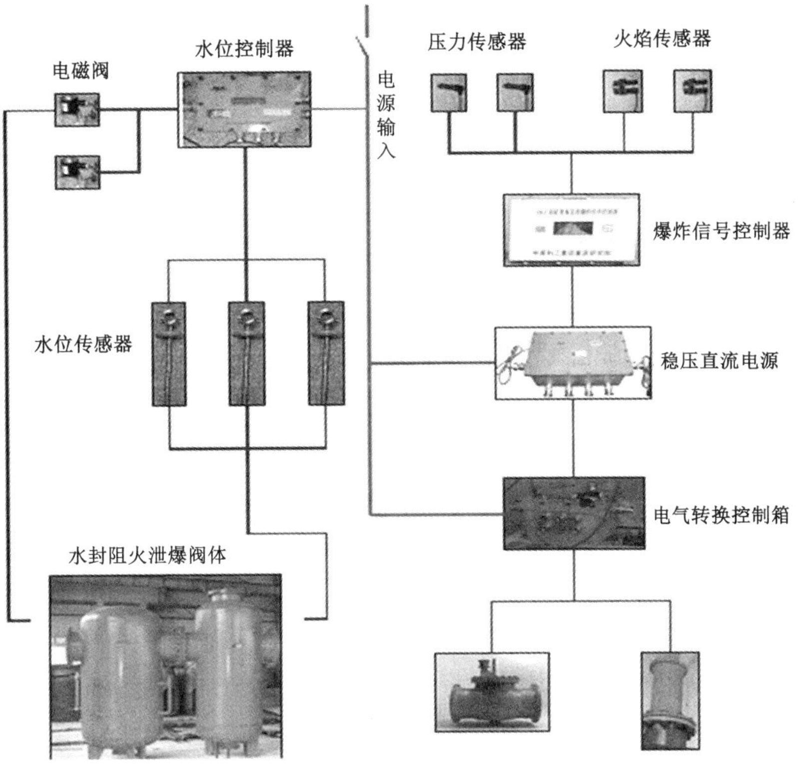


图 7-4-4　安全保障系统构成图

2）掺混系统

掺混系统由安装在抽采瓦斯管路上的 DN700 调节阀、DN700 快速关断阀、掺混空气管上手动调节阀、掺混装置，以及抽采瓦斯浓度传感器及流量传感器、压力传感器、混合后气体浓度传感器及流量传感器构成。掺混系统的处理量达到 60 000 $m^3/h$，浓度范围0.2%～1.2%。

3）蓄热氧化系统

瓦斯蓄热氧化系统主要由主风机、燃烧系统、瓦斯蓄热氧化装置、烟囱等几部分组成。

主风机需要克服的阻力包括掺混系统阻力、蓄热氧化装置阻力、新风/热水加热器烟气侧阻力及相关的管道阻力，因此风机应满足标况流量 70 000 $m^3/h$、工况流量 87 000 $m^3/h$、温度－20～50 ℃、全压 6 792 Pa 以上的要求。

供燃料安全阀组含稳压阀，稳定压力；含有高低压保护，假如燃烧器前管路燃料泄露等原因引起压力过低起低压保护作用，假如燃烧器前管路稳压阀坏掉或是堵塞管路致使压力超高起高压保护作用；含燃料快速切断阀；含比例调节阀，根据炉膛所需的温度变化来调节其开度，节省燃料，燃料和助燃空气同步变化，稳定燃烧。

4）新风加热系统

风井新风供应由两部分组成：一部分为冷风，直接从外界大气环境中取得；一部分为热风，由新风风机从外界大气环境中取得，然后送入新风换热器中被加热，热风与冷风在风井中混合，得到 2 ℃的新风。

在上述流程中，从蓄热氧化装置取得的 900 ℃高温烟气加热冷风，高温烟气温度降低为 150 ℃。可通过高温调节阀门改变烟气流量，使新风加热满足工艺要求。

5）热水加热系统

由从蓄热氧化装置取得的 900 ℃高温烟气加热热水，高温烟气加热热水后温度降低为 150 ℃。可通过高温调节阀门改变高温烟气的流量，使热水加热满足工艺要求。根据热水加热系统方案设计及用户需求，计算得到热水加热系统的主要工艺参数见表 7-4-2。

**表 7-4-2　热水加热系统主要工艺参数**

| 序号 | 工艺参数名称 | 流量 | 温度/℃ |
|---|---|---|---|
| 1 | 采暖系统回水 | 24.1 t/h | 60 |
| 2 | 采暖系统供水 | 24.1 t/h | 85 |
| 3 | 高温烟气 | 2 367 $m^3/h$ | 900 |
| 4 | 低温烟气 | 2 367 $m^3/h$ | 150 |

6）仪表空气系统

仪表空气系统采用双螺杆式空气压缩机采集自然界的大气，制成的压缩空气经储气罐存储，然后由冷冻式干燥机除水除油，最后由过滤器除尘后达到仪表空气使用洁净等级要求。主要相关设备技术参数如表 7-4-3 所示。

**表 7-4-3　双螺杆式空气压缩机参数**

| 名称 | 双螺杆式空气压缩机 |
|---|---|
| 型号 | SF18 L |
| 规格 | 3.2 $m^3$/min，0.7 MPa |
| 电机功率/kW | 18 |
| 冷却方式 | 风冷 |
| 噪声/dB(A) | 75 |
| 供气含油量/ppm | ≤3 |
| 质量/kg | 520 |
| 外形尺寸/mm | 1 080×880×1 298 |

7）监控系统

监控系统包括两个部分：低浓度瓦斯输送安全保障系统的监控系统和蓄热氧化井筒加热系统的监控系统。

① 低浓度瓦斯输送安全保障系统的监控系统

自动喷粉抑爆器和阻爆阀门由爆炸信号控制器控制。当低浓度瓦斯输送管路与混气装置接口处发生燃烧或爆炸事故时，管路上安装的火焰、压力传感器监测到爆炸信号后，迅速将开关量和模拟量信号传送给爆炸信号控制器，控制器经过逻辑判断，将控制命令发送给电气转换控制箱，而后控制箱发送控制信号驱动自动喷粉抑爆器和阻爆阀门动作，自动喷粉抑爆器喷出干粉灭火剂将可能传播到安设地点的火焰扑灭，自动阻爆阀门切断瓦斯输送管路，将可能传播到安设地点的燃烧或爆炸火焰阻断。

与此同时，安装在距离燃烧或爆炸地点最近的水封阻火泄爆装置起到实时泄爆和熄灭火焰的作用，在低浓度瓦斯的输送安全保障系统三级防护装置共同作用下，确保将瓦斯输送管道内的瓦斯燃烧或爆炸控制在有限范围内，有效防止爆炸或火焰沿低浓度瓦斯管道向瓦斯泵站传播。

水封阻火泄爆装置根据监测的水位信号，自动控制电磁阀的开闭，实现自动补水功能，保证装置内水位达到标准要求。

② 蓄热氧化井筒加热系统的监控系统

监控系统采集抽采瓦斯信息（浓度、流量、温度）、混合气信息（浓度、流量、温度、压力）等信息，当接收到蓄热氧化装置的开机信号时，根据设置的目标混合气流量和浓度参数，调节 DN700 调节阀、DN1000 手动蝶阀开度，使混合气浓度和流量达到目标值。

当监测到混合气浓度大于 1.3%时，控制系统缓慢调节 DN700 调节阀，使混合气浓度降低至 1.2%，同时 PLC 柜发出报警信号。当监测到混合气浓度达到 1.4%时，立即关闭 DN700 快速关断阀，关闭主风机，并关闭进入各蓄热室的换向阀门，并打开旁通阀，使管道内气体放散，同时发出报警信号。

监控系统采集蓄热氧化系统、余热利用系统部分所有的温度、压力、流量、浓度、阀门开度信号、阀门开关信号、主风机频率信号等信号，同时还采集混合气信息（浓度、流量、温度、压力）等参数。

#### 7.4.2.3　现场应用及效益

五矿小南庄燃煤热风炉大气污染物排放超标及脱硫污水的排放是一直以来存在的难题。因此，为实现井筒加热的清洁能源减排改造，探索适合阳泉矿区井筒加热新工艺就显得尤为迫切和重要，使用低浓度瓦斯蓄热氧化井筒加热技术能够有效地解决阳泉矿区井筒加热污染排放治理难题。

(1) 试验地点

本次试验地点选择五矿，位于阳泉市区以南平定县冶西镇境内，现有两对生产井口，分别为贵石沟井、五林井。井田总体为一单斜构造，地层总的走向为北西—北北西向，倾向南西，倾角平缓，一般在 3°～15°。受区域构造控制，井田内总的构造线方向为北北东及北东向，发育有较平缓的褶皱群和层间小断层，局部发育陡倾挠曲。主要发育一些短轴褶曲，断裂构造较少，断层规模一般较小，落差较大的多为逆断层。同时陷落柱相对发育，无岩浆岩活动。因此五矿井田内构造复杂程度定为构造中等（偏复杂）。采煤工作面布置进风巷、回风巷、内错尾巷和高抽巷。进风巷为煤巷，沿 15# 煤层底板布置，负担工作面进风；回风巷为煤巷，沿 15# 煤层底板布置，担负工作面的回风；内错尾巷为煤巷，沿 15# 煤层顶板布置，负担工作面的回风；高抽巷布置在采煤工作面上方 8.5 倍采高处，抽采 15# 煤层上方邻近层的瓦斯。即采煤工作面采用进风巷进风、回风巷和内错尾巷回风，同时配一条走向高抽巷抽采工作面上邻近层瓦斯。

(2) 系统方案设计

1) 系统功能要求及设计生产能力

为满足煤矿风井加热及站场供暖的需求，系统应具备如下功能：

① 低浓度瓦斯安全输送功能；

② 低浓度瓦斯、冷空气以及烟气均匀掺混功能；

③ 低浓度瓦斯安全蓄热氧化功能；

④ 冷风加热功能；

⑤ 热水加热功能；

⑥ 系统监测、监控、控制功能。

根据小南庄工业站场实际运行情况，系统生产能力应同时满足以下两个要求：

① 应满足进风量为10 000 $m^3$/min条件下，室外温度为－15.3 ℃时，将部分冷风加热至70 ℃，使冷热风在井筒内混合后温度不低于2 ℃送入井筒；

② 应满足小南庄工业站场冬季供暖要求，提供不低于700 kW的热量。

2) 系统工艺流程

为实现上述功能，系统工艺流程图如图7-4-5所示。

低浓度瓦斯经过泵站的阻火器、防爆器之后，与低浓度瓦斯输送及掺混系统管道连接。沿瓦斯流动方向，依次安装甲烷浓度传感器、手动阀门、低浓度安全保障系统(两路)、脱水器、传感器(流量、温度、火焰传感器、压力传感器)、气动调节阀、快速关断阀、掺混装置。低浓度瓦斯与空气、烟气在掺混装置内进行混合后，浓度降低至1.2%，在蓄热氧化装置主风机的作用下，输送至蓄热氧化装置内。

为保证系统安全，在泵站出口设置湿式放散罐用于低浓度瓦斯紧急放空，设置电动调节阀用于系统低浓度瓦斯的流量调节。

蓄热氧化装置为四床立式结构，每床分别有进气阀和出气阀，通过周期性调整进气阀和出气阀的开闭，使每个床层在蓄热流程和放热流程之间周期切换，始终保证两床进气、两床出气，维持系统的周期性运行。在蓄热氧化装置启炉阶段，需要通过燃油燃烧器燃烧柴油预热蓄热材料，当蓄热材料温度达到设定值后，则可通入低浓度瓦斯，系统进入正常运行状态后，燃油系统关闭。

当系统进入稳定运行状态后，从蓄热氧化装置高温区域抽出部分高温烟气，输送至新风加热器内作为热源，将新风风机送入的低温空气加热至70 ℃，送入进风井与低温空气再次掺混后输送至井下。同时，抽取部分高温烟气进入热水加热器，生产热水用于抽采泵站供暖。

从新风加热器与热水加热器流出的烟气部分进入烟囱放空，部分引至掺混装置处，与低浓度瓦斯与空气混合，确保掺混装置处气体温度高于2 ℃。

3) 系统总平面布置

根据小南庄现场实际情况，在小南庄进风井场地建设一套低浓度瓦斯蓄热氧化井筒加热系统，用以替代现有燃煤热风炉。根据现场踏勘了解的情况及风井场地总平面布置图，经与矿方沟通，在满足规范、工艺要求的前提下，确定低浓度瓦斯蓄热氧化井筒加热系

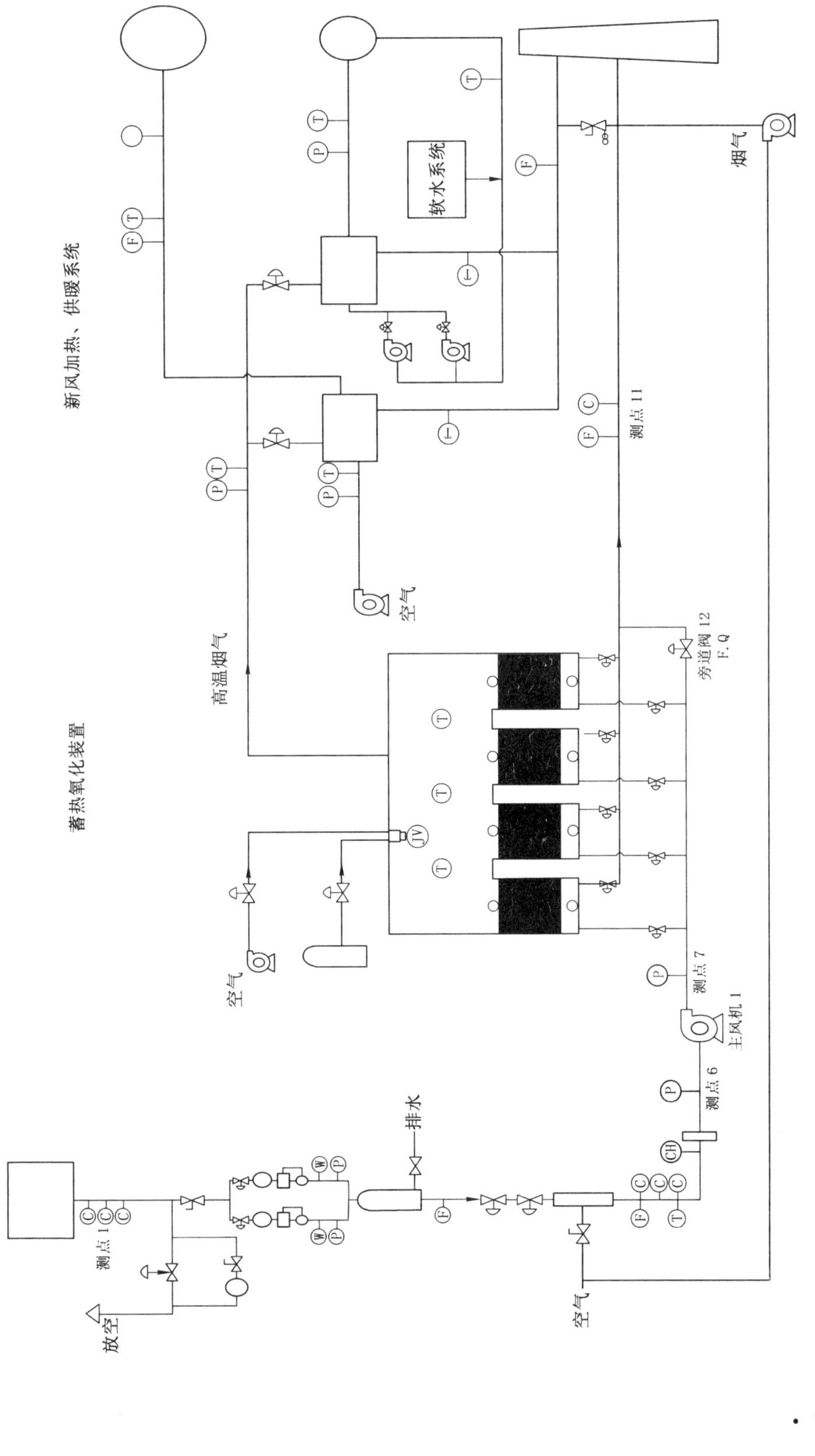


图 7-4-5　小南庄工业站场系统工艺流程图

统布置位置。

为了提高加热井筒的效果，减少加热管道的铺设长度，低浓度瓦斯蓄热氧化井筒加热系统应尽量布置在离进风井、进风道近的地方。结合现场实际条件，将主要工艺装置布置在热风炉东南侧，把配电室和控制室合建，布置在热风炉东北侧，空压机房、水处理间布置在热风炉房的休息室和热水锅炉间。

这种方案，将工艺装置与热风炉垂直布置，气体流向包括瓦斯进气、热风送入进风道、废气排入热风炉烟囱，非常顺直；建、构筑物与东侧挡护工程间隔一定距离，可以防止设施建设期、使用期的地质危害；将空压机房、水处理间布置在热风炉房的休息室和热水锅炉间，减少了投资；工艺装置周边较空旷，建、构筑物可以同时施工，也为将来使用、维修提供了方便。

低浓度瓦斯蓄热氧化井筒加热系统包括蓄热氧化器、新风加热器、热水换热器、配电室、空压站等，场内道路、站场防洪、排涝设施均已有，不再重新设计。

(3) 系统实施

1) 设备供应

对工艺设备进行了设计、采购、生产、加工、运输，最终将所有工艺设备按时运输到项目实施现场。根据合同约定和技术协议，本项目涉及的工艺设备见表7-4-4，包括低浓度输送安全保障系统1套、掺混系统1套、蓄热氧化系统1套、新风加热系统1套、热水加热系统1套、供配电及通信系统1套、监测及控制系统1套。

**表7-4-4　低浓度瓦斯蓄热氧化井筒加热技术研究与应用项目设备清单**

| 工艺单元名称 | 序号 | 设备名称 | 设备型号 | 设备数量 |
|---|---|---|---|---|
| 低浓度输送安全保障系统 | 1 | 矿用隔爆兼本安型阻爆阀用控制箱 | KXJ660H(A) | 2台 |
| | 2 | 矿用本安型管道抑爆器 | ZYBG-12Y | 2台 |
| | 3 | 瓦斯管道输送水封阻火泄爆装置 | ZGZS500 | 2台 |
| | 4 | 电动防爆调节阀门 | DN700 | 1台 |
| | 5 | 湿式放散罐 | DN700 | 1台 |
| | 6 | 脱水器 | DN700 | 1台 |
| | 7 | 手动蝶阀 | DN700 | 1台 |
| | 8 | 矿用隔爆型阻爆阀门 | ZFB80 DN500 | 2台 |
| | 9 | 矿用隔爆兼本安直流稳压电源 | KDW660/18A | 2台 |
| | 10 | 矿用本安型爆炸信号控制器 | KXJ18B | 2台 |
| 掺混系统 | 11 | 掺混装置 | 定制，掺混量6万$m^3/h$ | 1台 |
| | 12 | 气动调节阀 | DN700 | 1台 |
| | 13 | 气动快速关断阀 | DN700 | 1台 |
| | 14 | 手动蝶阀 | DN1000 | 1台 |

表 7-4-4(续)

| 工艺单元名称 | 序号 | 设备名称 | 设备型号 | 设备数量 |
|---|---|---|---|---|
| 蓄热氧化系统 | 15 | 气流分布室 | 定制,处理量 6 万 $m^3/h$ | 1 台 |
| | 16 | 蓄热室 | 定制,处理量 6 万 $m^3/h$,甲烷浓度 12% | 1 台 |
| | 17 | 燃烧室 | 定制,处理量 6 万 $m^3/h$,甲烷浓度 12% | 1 台 |
| | 18 | DN800 快速切断阀 | 定制,动作时间 2 s | 8 套 |
| | 19 | 蜂窝陶瓷 | 150 mm×150 mm×300 mm | 50 $m^3$ |
| | 20 | 主风机+电机 | 风量 87 000 $m^3/h$,全压 6 800 Pa | 1 台 |
| | 21 | 助燃风机+电机 | 风量 2 600 $m^3/h$,全压 10 000 Pa | 1 台 |
| | 22 | 柴油燃烧器 | North American,2 000 kW | 1 台 |
| | 23 | 柴油储罐 | 2 $m^3$ | 1 台 |
| | 24 | 双螺杆空气压缩机 | SF18L,3.2 $m^3/min$,18 kW | 1 台 |
| | 25 | 冷冻式干燥机 | ND-30AC,3.8 $m^3/min$,0.8 kW | 1 台 |
| | 26 | 储气罐 | 1 $m^3$ | 1 台 |
| | 27 | 阻火器 | DN1200 | 1 台 |
| | 28 | 旁通阀 | DN1200 | 1 台 |
| 新风加热系统 | 29 | 新风加热器(1 400 $m^2$+430 $m^2$) | 定制,烟气进出口温度 900/150 ℃,空气进出口温度－16/70 ℃ | 1 台 |
| | 30 | 内衬耐火砖高温蝶阀 | DN800,耐温 900 ℃ | 1 台 |
| | 31 | 新风风机+电机 | 风量 160 000 $m^3/h$,全压 2 500 Pa | 1 台 |
| 热水加热系统 | 32 | 热水换热器 100 $m^2$ | 供热功率 700 kW,供回水温度 80/65 ℃,循环水流量 24 t/h | 1 台 |
| | 33 | 内衬耐火砖高温蝶阀 | DN400,耐温 900 ℃ | 1 台 |
| | 34 | 循环水泵 | 流量 25 t/h,扬程 24 m | 2 台 |
| | 34 | 软水处理器 | 2 t/h,定制 | 1 台 |
| 供配电及通信系统 | 36 | 低压配电柜 | 定制 | 4 台 |
| | 37 | 变频柜-主风机 | 适配电机 0.38 kV,220 kW | 1 台 |
| | 38 | 变频柜-新风风机 | 适配电机 0.38 kV,200 kW | 1 台 |
| | 39 | 防爆照明灯具 | 220 V,150 W | 7 盏 |

表 7-4-4(续)

| 工艺单元名称 | 序号 | 设备名称 | 设备型号 | 设备数量 |
|---|---|---|---|---|
| 监测及控制系统 | 40 | PLC 控制柜 | 西门子 S7-400 | 2 套 |
| | 41 | 上位机及控制台 | 定制 | 2 台 |
| | 42 | UPS 电源 | 6 kV・A 延时 1 h | 1 台 |
| | 43 | 热电偶 | K 型 | 25 支 |
| | 44 | 压力变送器 | 防爆 | 5 台 |
| | 45 | 流量传感器 | 防爆 | 6 台 |
| | 45 | 高精度激光甲烷浓度传感器 | ELDS Series1000 | 1 台 |
| | 46 | 矿用火焰传感器 | GHZ500B | 4 台 |
| | 48 | 矿用压力传感器 | GPD100B | 4 台 |
| | 49 | 管道用激光甲烷浓度传感器 | GJG100J(B) | 7 台 |
| | 50 | 一氧化碳浓度传感器 | GTH500(B) | 1 台 |

2）工程建设

工程建设是为完成项目研究内容而开展的建设工程，包括土建工程、安装工程，主要内容是土石方施工，建构筑物、道路的施工，设备、管道、电缆、仪表的安装，以及给排水、照明、供暖、通风等公用工程的实施。

a. 土建工程。土建工程是在满足完成研究计划及研究内容的前提下，本着节约投资、美观大方的精神，同时满足采光、通风、防火、抗震等各方面要求而开展的土石方、建构筑物施工等工作，包括热风道、配电室、电缆沟、道路施工及附属的土石方开挖、换土、回填、夯实等工作。

b. 安装工程。安装工程是在满足完成研究计划及研究内容的前提下，本着节约、美观、科学合理的原则，同时满足消防、安全、防火、抗震等各方面要求而开展的设备管道安装工作，包括工艺设备、工艺管道、仪器仪表、供配电设备的安装等工作内容。

3）建设成果

通过为期 3 个月的建设工作，完成了小南庄低浓度瓦斯蓄热氧化井筒加热系统的建设，具体包括：低浓度输送安全保障系统 1 套，掺混系统 1 套，蓄热氧化系统 1 套，新风加热系统 1 套，热水加热系统 1 套，供配电及通信系统 1 套，监测及控制系统 1 套。见图 7-4-6～图 7-4-12。

（4）应用效果分析

1）系统供热量统计

低浓度瓦斯蓄热氧化井筒加热系统主要为小南庄进风井筒加热，同时为小南庄站场进行供暖，系统热量计量也由上述两部分组成。

a. 站场供暖热负荷

小南庄站场供暖热量是通过供暖循环水将热量带入站场建筑物中。供暖循环水通过

图 7-4-6　低浓度输送安全保障系统

图 7-4-7　掺混系统

图 7-4-8　蓄热氧化系统

图 7-4-9　新风加热系统

图 7-4-10　热水加热系统

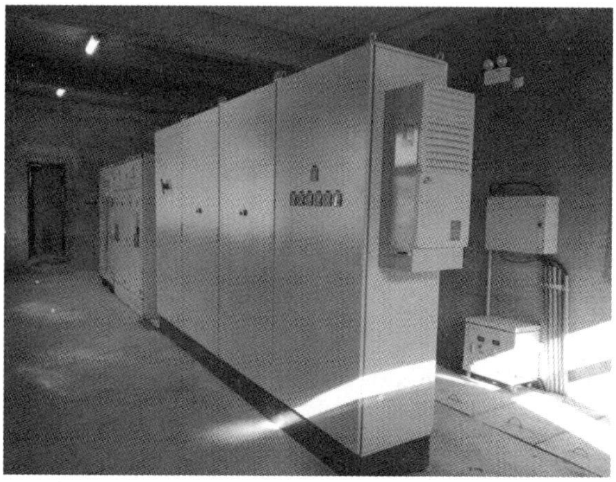

图 7-4-11　供配电及通信系统

图 7-4-12　监测及控制系统

散热片将热量用于室内供暖，当循环水温度降低后回到热水高效换热器，利用高温烟气加热低温热水得到高温热水，然后再由高温热水将热量带入建筑物中。

供暖热量由室内温度、热水温度、热水循环量、散热面积、散热系数等多种因素决定，由于影响参数众多，无法精确计量，所以无法通过散热量来评价实际供热量。

为方便评价供暖热负荷，可通过热水高效换热器中交换的热量来进行测算。供暖负荷可由供暖循环水量以及循环水进出热水高效换热器的温差来测算。

在系统运行中，小南庄站场供暖水循环量长期稳定在 25 t/h，1 月 25 日及 1 月 27 日循环水出水与回水温差在 40～50 ℃左右，见图 7-4-13 和图 7-4-14。其中，1 月 25 日循环水出水与回水平均温差为 43.92 ℃，1 月 27 为 42.51 ℃。可取循环水出水与回水温差为 43 ℃。

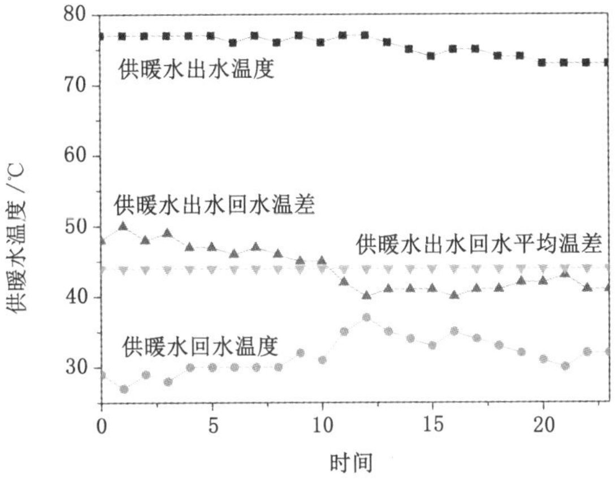


图 7-4-13　1 月 25 日循环水出水与回水整点温差变化图

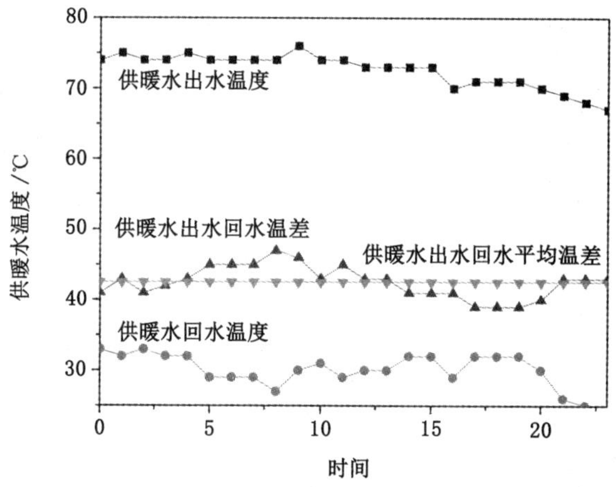


图 7-4-14　1 月 27 日循环水出水与回水整点温差变化图

根据试验数据可以得到，平均 1 h 小南庄站场供暖热量为：

$$Q_w = M_w C_{pw} \Delta T_w = M_w C_{pw} (T_{wout} - T_{win}) = 25\ 000 \times 4.2 \times 43 = 4\ 515\ (\mathrm{kW})$$

b. 井筒加热供暖热负荷

小南庄站场井筒加热是通过新风换热器，利用高温烟气将冷风加热后送入井筒中。为测算井筒加热供热量，可根据井筒实际进风量，以及加热效果进行计算。

小南庄进风井 1 月 25 日至 1 月 29 日井筒进风量为 10 465 $m^3/min$，环境温度及进风温度见图 7-4-15。

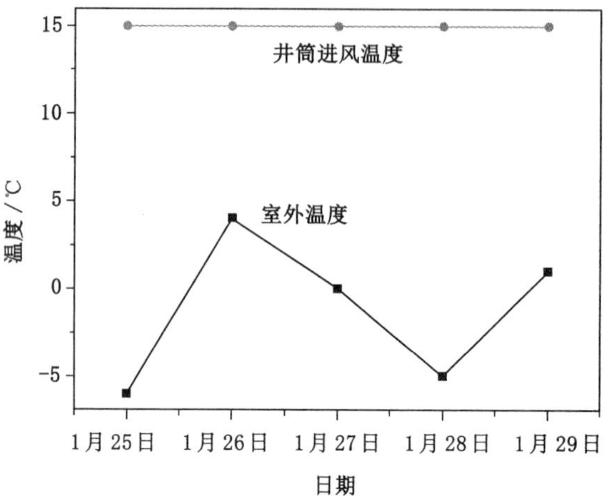


图 7-4-15　1 月 25 日至 1 月 29 日进风井进风温度变化图

将测量数据代入公式可以计算得到 1 月 25 日至 29 日井筒供热量，见图 7-4-16。

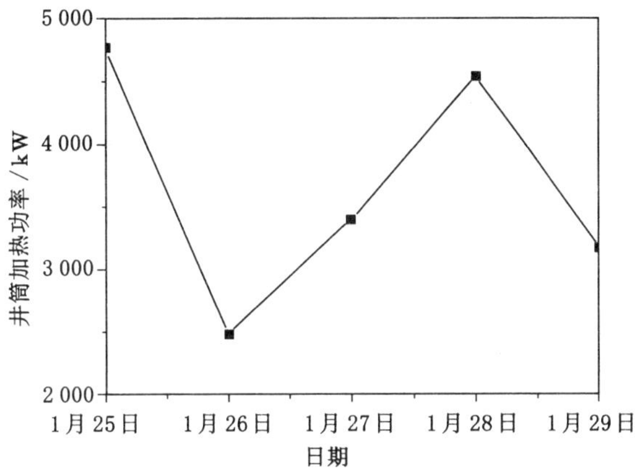


图 7-4-16 1月25日至1月29日进风井进风加热功率变化图

从图 7-4-16 中可以看出，1月25日至29日井筒加热功率最大为 4 754.879 kW，最小为 2 490.651 kW，但都将井筒进风温度加热到 15 ℃。

从井筒加热效果还可以看出，井筒加热功率随环境温度的变化而变化：1月25日与1月28日环境温度都低于－5 ℃，将井筒进风加热到 15 ℃所需要的功率较大，都超过了 4 500 kW；而1月26日和1月29日环境温度较高，都在 0 ℃以上，加热功率都小于 3 200 kW。这说明低浓度瓦斯蓄热氧化井筒加热系统能根据实际工况调节自身的运行参数，以满足不同的井筒加热负荷需求。

c. 供热量统计

通过工业试验及对供热量的测定结果，低浓度瓦斯蓄热氧化井筒加热系统能够满足小南庄站场井筒加热及站场供暖需求，其中可为井筒加热提供超过 4 100 kW 的加热功率，达到设计要求；可为小南庄站场供暖提供功率 1 254 kW，超出设计要求。

2）系统消耗瓦斯量统计

低浓度瓦斯蓄热氧化井筒加热系统自运行以来，累计消耗低浓度瓦斯 3 203 774 $m^3$，见图 7-4-17。其中低浓度瓦斯甲烷浓度在运行期间有所波动，变化范围在 10%～20%。图 7-4-18是1月13日到1月21日共计9天实测的低浓度瓦斯甲烷含量变化情况。通过1月13日到1月21日共计9天的实测数据，可以得到低浓度瓦斯甲烷浓度平均值为 15%。

根据实测低浓度瓦斯消耗量，以及低浓度瓦斯平均浓度，计算出系统运行期间实际消耗的甲烷量为 480 566.1 $m^3$。

3）系统运行效果分析

通过工业性试验考察，低浓度瓦斯蓄热氧化井筒加热系统各项指标均达到合同要求，系统运行期间井筒加热效果见图 7-4-19，详细数据见表 7-4-5。

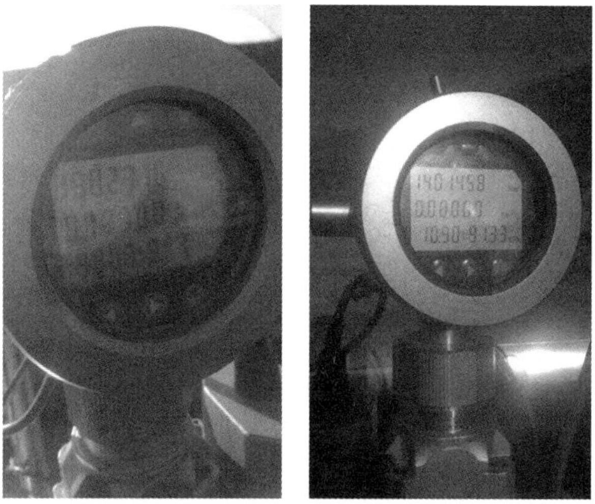

图 7-4-17　低浓度瓦斯消耗量

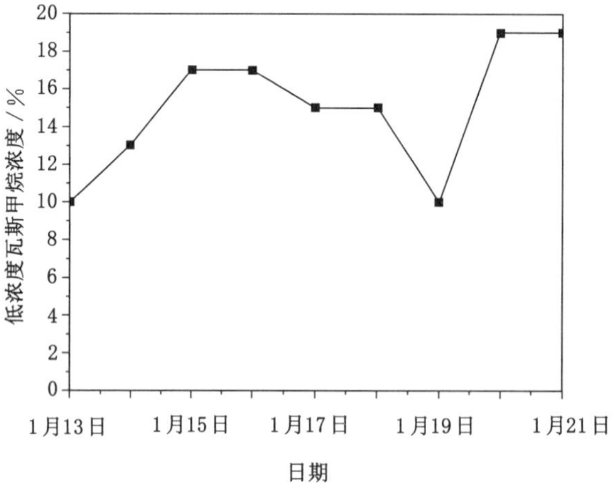


图 7-4-18　1 月 13 日至 1 月 21 日低浓度瓦斯中甲烷浓度变化图

**表 7-4-5　低浓度瓦斯蓄热氧化井筒加热装置技术指标完成合同情况**

| 序号 | 运行指标 | 合同要求 | 实际数据 | 完成情况 |
| --- | --- | --- | --- | --- |
| 1 | 井筒加热功率 | 4 100 kW | 可达 4 754.879 kW | 达标 |
| 2 | 站场供暖功率 | 700 kW | 可达 1 254 kW | 达标 |
| 3 | 蓄热氧化装置处理量 | 60 000 $m^3/h$ | 60 000 $m^3/h$ | 达标 |
| 4 | 蓄热氧化装置处理瓦斯浓度 | 1.2% | 1.2% | 达标 |
| 5 | 系统用水量 | 0 | 0 | 达标 |

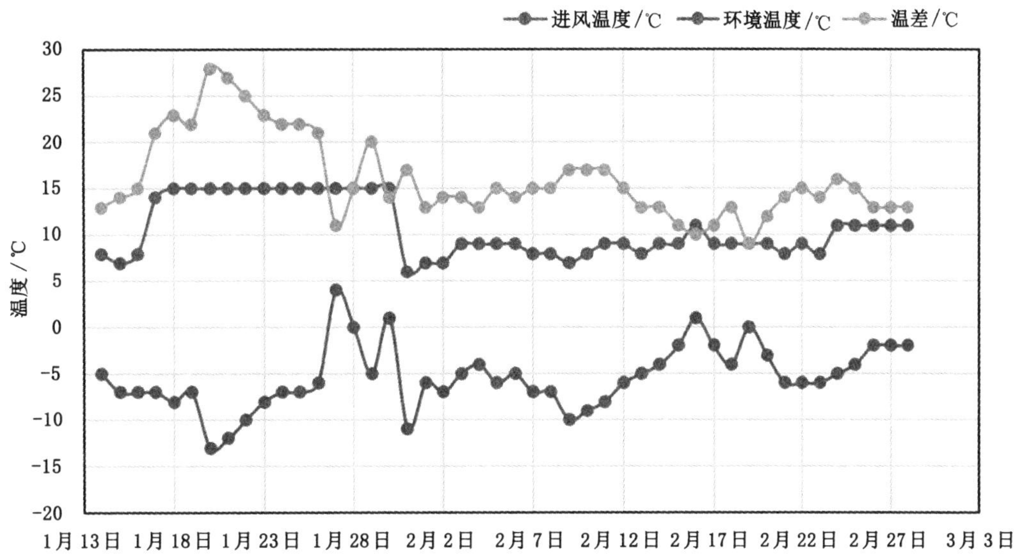


图 7-4-19　井筒加热效果图

（5）效益分析

1）经济效益分析

低浓度瓦斯蓄热氧化井筒加热系统设计处理能力为 60 000 $m^3/h$，处理甲烷浓度为 0.2%～1.2%，新风加热系统供热功率 4 100 kW，热水换热器供热功率 700 kW。该套系统替代了 3 台用于井筒加热的 ZRL-2.8/W 型燃煤热风炉和 1 台 700 kW 的用于建筑物供暖的燃煤热水锅炉。

经调研，单台 ZRL-2.8/W 型热风炉满负荷运行时，耗煤量 0.6 t/h、用电功率 120 kW，按每年运行 150 d 计算，将消耗燃煤 2 160 t、用电 43.2 万 kW・h，以煤价 400 元/t和电价 0.6 元/(kW・h)计算，每台热风炉年燃煤费用 86.4 万元、用电费用 25.92 万元，总计 112.32 万元。另外，脱硫除尘设备年运行费用约为 20 万元。因此，单台燃煤热风炉年运行成本约 132.32 万元。

一套 60 000 $m^3/h$ 低浓度瓦斯蓄热氧化井筒加热系统，可替代 2 台 ZRL-2.8/W 型热风炉，额定负荷运行时消耗低浓度瓦斯 12 $m^3/min$。系统满负荷最大用电功率 500 kW，新风风机、主风机可根据运行负荷变频运行。按每年运行 150 d 额定负荷运行计算，共用电 180 万 kW・h，减排瓦斯 259.2 万 $m^3$，以电价 0.6 元/(kW・h)计算，系统燃料动力费 108 万元。以抽采瓦斯利用补贴 0.4 元/$m^3$ 计算，可获财政补贴 103.7 万元；另外，减排的瓦斯相当于减排 3.6 万 t 二氧化碳，碳汇按 30 元/t 计算，预期碳汇收益 108 万元。

可见，按每年运行 150 d 计算，两台 ZRL-2.8/W 型热风炉运行成本为 264.64 万元；一套 60 000 $m^3/h$ 低浓度瓦斯蓄热氧化井筒加热系统运行成本为 108 万元，且可获得财政补贴 103.7 万元、预期碳汇收益 108 万元，与用热风炉相比每年可增加收益 368.03 万元。

2）社会效益分析

低浓度瓦斯蓄热氧化井筒加热技术在五矿小南庄工业站场的成功示范应用，对有效提高我国煤矿抽采瓦斯利用率、减少煤矿瓦斯排放量、节能减排、保护环境具有十分重要的意义，主要体现在：

① 将清洁能源进行综合利用，实现了煤矿区发展的能源结构优化调整和转型升级，实现了煤矿由使用传统能源燃煤到使用清洁绿色能源的转变。

② 可改变目前煤矿区因为使用燃煤，以及低浓度瓦斯直接放空造成的温室气体排放量大和排放强度大的问题，在保证能源供给情况下最大限度地减少温室气体排放，是应对气候变化的手段之一。甲烷温室效应是二氧化碳的 21 倍，对生态环境破坏性极强。本项目利用排空的低浓度抽采瓦斯作为燃料，可年减排甲烷 259.2 万 $m^3$，减排二氧化碳当量 3.6 万 t，节能减排效益明显。

③ 低浓度瓦斯蓄热氧化井筒加热系统采用低浓度瓦斯作为燃料，完全替代了燃煤热风炉和燃煤锅炉，烟气中烟尘、二氧化硫、氮氧化物含量值将大幅低于现行《锅炉大气污染物排放标准》(GB 13271—2014)的限值，避免了煤粒粉尘、煤渣、燃煤脱硫脱硝造成的煤矿区附近雾霾污染，保护大气环境，而且系统运行过程中不会产生任何污水，具有良好的环保效益。

## 参考文献：


[1] 于不凡，于庆，华福明.煤矿瓦斯灾害防治及利用技术手册[M].北京：煤炭工业出版社，2005.

[2] 唐晓东，孟英峰.我国煤矿抽放瓦斯利用方案的研究[J].中国煤层气，1995(2)：39-42.

[3] 朱英战.阳泉矿区煤层气开发利用规划与展望[J].洁净煤技术，2014，20(5)：101-104.

[4] 田文广，李五中，王一兵，等.关于煤矿区煤层气综合开发利用模式的思考[C]//煤层气勘探开发理论与实践.北京：石油工业出版社，2007.

[5] 林柏泉，李树刚.矿井瓦斯防治与利用[M].徐州：中国矿业大学出版社，2014.

[6] 龙伍见.我国煤矿低浓度瓦斯利用技术研究现状及前景展望[J].矿业安全与环保，2010，37(4)：74-77.

[7] 张增平，高峒，吴芳，等.低浓度瓦斯提浓技术及应用经验[C]//第十三届国际煤层气暨页岩气研讨会论文集.北京：[s.n]，2013.

[8] 谢凯萍，袁梅，马科伟，等.我国煤矿风排瓦斯利用的探讨[J]. 煤矿现代化，2010(2)：1-2.

[9] 叶建平，范志强.中国煤层气勘探开发利用技术进展：2006年煤层气学术研讨会论文集[M].北京：地质出版社，2006.

[10] 张东亮，蒋桂林.阳泉矿区煤层气（煤矿瓦斯）开发利用现状及展望[J].资源与产业，2018，20(4)：42-46.

[11] 王光伟.阳煤集团瓦斯治理利用的主要做法[J].山西煤炭管理干部学院学报，2010，23(2)：106-107.

[12] 中华人民共和国国家质量监督检验检疫总局，中国国家标准化管理委员会.民用煤层气（煤矿瓦斯）：GB 26569—2011[S].北京：中国标准出版社，2011.

[13] 李强.煤矿瓦斯气体净化技术研究[D].西安：西安科技学院，2002.

[14] 姚成林.煤层气梯级利用技术探讨[J].矿业安全与环保，2016，43(4)：94-97.

[15] 周世宁.瓦斯发电：煤矿瓦斯利用的好途径[J].能源技术与管理，2005，30(1)：i001.

[16] 张皖生，唐立朝.煤矿瓦斯发电现状与前景分析[C]//2005第五届国际煤层气论坛暨"国际甲烷市场化合作计划"中国地区会议论文集.[S.l：s.n]，2005.

[17] 李磊.低浓度瓦斯发电技术研究现状及展望[J].矿业安全与环保，2014，41(2)：86-89.

[18] 傅国廷.低浓度瓦斯发电技术及应用[J].煤，2009，18(11)：17-19.

[19] 李勇.矿区高瓦斯煤层气发电工艺技术及其设备情况简介[C]//中国煤炭工业协会.2002年第三届国际煤层气论坛论文集.[S.l：s.n]，2002.

[20] 何艳.瓦斯发电技术的改进探索[J].科技创新导报，2014，11(6)：30.

[21] 张增平.煤矿低浓瓦斯提纯技术及经济性分析[J].中国煤层气，2010，7(1)：42-44.

[22] 金学玉.煤矿瓦斯利用与液化提纯[C]//2007中国（淮南）煤矿瓦斯治理技术国际会议论文集.[S.l：s.n]，2007.

[23] 吴强.煤矿瓦斯水合化分离试验研究进展[J].煤炭科学技术，2014，42(6)：81-85.

[24] 肖露，姚成林.低浓度煤层气液化分离装置的气源适应性试验研究[J].煤炭学报，2017，42(1)：242-248.

[25] 张进华，曲思建，王鹏，等.变压吸附法提纯煤层气中甲烷研究进展[J].洁净煤技术，2019，25(6)：78-87.

[26] 王学松.膜分离技术及其应用[M].北京：科学出版社，1994.

[27] 王瑜.膜分离技术在低浓度煤层气提纯中的研究进展[J].科技经济导刊，2016(14)：123.

[28] 李智峰.利用瓦斯水合机理防治煤与瓦斯突出的基础研究[J].中国煤层气，2016，13(6)：45-46.

[29] 吴强，李成林，江传力.瓦斯水合物生成控制因素探讨[J].煤炭学报，2005，30(3)：283-287.

[30] 李春刚.煤与瓦斯共采及瓦斯综合利用分析[J].煤矿现代化,2019(1):8-10.

[31] 高鹏飞.乏风瓦斯提浓利用技术现状及展望[J].矿业安全与环保,2017,44(3):95-99.

[32] 姜洋.我国煤矿乏风瓦斯技术的发展与应用[J].黑龙江科学,2017(18):5.